動物1.4万
名前大辞典

日外アソシエーツ

A Name Dictionary of 14,000 Animals

Compiled by

Nichigai Associates, Inc.

© 2009 by Nichigai Associates, Inc.

Printed in Japan

本書はディジタルデータでご利用いただくことができます。詳細はお問い合わせください。

●編集担当● 星野 裕／山本 幸子
装　丁：浅海 亜矢子

刊行にあたって

　現存する生物の祖先はすべて新生代（6500万年前〜）に出現したと言われている。それ以前にも数多くの生物が生まれ進化したが、ほとんどの生物は絶滅したという。現在、森林伐採や大気汚染などの環境破壊により、1年1種類の割合で動物の絶滅が進んでいる。絶滅危惧種は増加の一途を辿り、現在ニホンカワウソやラッコ、イリオモテヤマネコなどが「絶滅危惧種」に指定されている。

　生物、特に動物は人間の生活に欠かすことのできない存在となっている。食用として、衣料用として、そして愛玩用・観賞用として、多くの動物が利用されている。しかし動物は種類が膨大であり、そのほとんどが名前すら知られていない。

　動物のことを調べたい場合には、動物を扱った事典や図鑑にあたればよいが、実際には「哺乳類」「爬虫類」「鳥類」「両生類」や「犬」「猫」「ヘビ」「カエル」など分野別・種類別に分けて刊行・掲載されていることが多いため、動物の基本的な情報をあらかじめ知っていないと調査が難しい。何巻にもわたる事典・図鑑であれば、目的の動物が掲載されている可能性が高いが、調査には手間と時間がかかってしまう。また、別名・異名で掲載されていれば、その関係に気づくこともできない。そこで、ひとまず基礎的な知識を得ることのできるツールが必要となる。

　本書は見出し数14,000という国内最大規模の「動物の名前」辞典である。本格的な研究調査を始める前の「基礎調査」に役立つよう、学名・英名、科名、正式名・別名、分布といった、最低限

必要な情報を記載した。本書だけでも動物の概略が分かるので、この一冊で調査が完了することもあるかもしれない。また本書で"あたり"を付けておいて、さらに詳しい図鑑・事典を参照する、という使い方もできるだろう。

　なお目的の動物がどの事典・図鑑にどんな見出しで掲載されているのかを調べるツールとして「動物レファレンス事典」(2004年6月刊)がある。併せてご利用いただきたい。

　本書が、動物の調査・研究の一助となることを願う。

　2009年4月

　　　　　　　　　　　　　　　　　　　　日外アソシエーツ

凡　　例

1．本書の内容

　　本書は、動物を名前の五十音順に並べた辞典である。見出しとしての名前の他、漢字表記、学名、科名、正式名、別名、大きさ、形状など、動物の特定に必要な情報を簡便に記載したものである。

2．収録対象

　　国内の代表的な図鑑・百科事典に掲載されている動物14,000件を収録した。

3．記載事項

〈例〉

ニホンカモシカ　日本氈鹿，日本羚羊

〈*Capricornis crispus*〉哺乳綱偶蹄目ウシ科の動物。別名タイワンカモシカ。頭胴長70～85cm。分布：台湾。日本では本州，四国，九州。絶滅危惧種。

(1) 見出し

　　動物の一般的な名称を見出しとして採用し、カナ読みを示した。漢字表記がある場合は、カナ読みの後に示した。見出しと異なる別名等は適宜、別見出しとして立てた。

(2) 排列

　　1) 見出しの五十音順に排列した。

　　2) 濁音・半濁音は清音扱いとし、ヂ→ジ、ヅ→ズとした。また拗促音は直音扱いとし、長音（音引き）は無視した。

(3) 記述

　見出しとした動物に関する記述の内容と順序は以下の通りである。
〈学名 または 英名〉 解説

1) 学名(英名)

　可能な限り学名を示した。学名が不明の場合は英名を示した。

2) 解説

　動物を同定するための情報して科名、動物の種類、別名、大きさ、原産地、分布地などを示した。また解説末尾には、出典などにより明らかな場合に限り「絶滅危惧(種)」と示した。

動物1.4万 名前大辞典

【ア】

アイアイ
〈*Daubentonia madagascariensis*〉哺乳綱霊長目アイアイ科の動物。体長40cm。分布：マダガスカル北西部，東部。絶滅危惧IB類。

アイイロショウビン
〈*Todirhamphus lazuli*〉鳥綱ブッポウソウ目カワセミ科の鳥。全長22cm。分布：インドネシアのモルッカ諸島南部。絶滅危惧II類。

アイイロツバメ 藍色燕
〈*Notiochelidon cyanoleuca*〉鳥綱スズメ目ツバメ科の鳥。全長12〜13cm。分布：メキシコから南アメリカ。

アイオハチドリ
〈*Chlorestes notatus*〉鳥綱アマツバメ目ハチドリ科の鳥。全長10.5cm。分布：トリニダードトバゴと南アメリカの熱帯地域。

アイガモ 間鴨，合鴨
〈*Anas platyrhynchos var. domestica*〉鳥綱カモ目カモ科の鳥。

アイガモ（合鴨）
ナキアヒルの別名。

アイサ 秋沙
〈*merganser*〉鳥綱ガンカモ目ガンカモ科のアイサ属の総称。分布：北海道。

アイスランディック
〈*Icelandic*〉哺乳綱偶蹄目ウシ科の動物。体高オス135〜145cm，メス125〜135cm。分布：アイスランド。

アイスランドカモメ アイスランド鷗
〈*Larus glaucoides*〉鳥綱チドリ目カモメ科の鳥。全長58〜64cm。分布：グリーンランドとカナダのエレスメーア島，バフィン島。

アイスランド・シープドッグ
〈*Iceland Dog*〉犬の一品種。別名アイスランド・ドッグ，アイスランド・スピッツ。体高31〜41cm。原産：アイスランド。

アイスランド・スピッツ
アイスランド・シープドッグの別名。

アイスランド・ドッグ
アイスランド・シープドッグの別名。

アイスランド・ホース
〈*Icelandic Horse*〉馬の一品種。123〜132cm。原産：北アイスランド。

アイスランド・ポニー
〈*Iceland Pony*〉馬の一品種。体高121〜132cm。原産：アイスランド。

アイゼントラウトモリジネズミ
〈*Myosorex eisentrauti*〉哺乳綱食虫目トガリネズミ科の動物。分布：カメルーンのカメルーン山西部および赤道ギニアのビオコ島。絶滅危惧IB類。

アイゾメヤドクガエル
〈*Dendrobates tinctorius*〉両生綱無尾目ヤドクガエル科のカエル。体長34〜50mm。分布：ガイアナ，ギアナ，スリナム及び隣接するブラジルの一部の低地の森林。

アイダホジリス
〈*Spermophilus brunneus*〉哺乳綱齧歯目リス科の動物。頭胴長16.5〜19.7cm。分布：アメリカ合衆国アイダホ州西部のウェイザー渓谷とペイエット渓谷。絶滅危惧IB類。

アイディ
〈*Aidi*〉犬の一品種。別名シャン・ダトラース。体高53〜61cm。原産：モロッコ。

アイヌヌ（アイヌ犬）
ホッカイドウケンの別名。

アイフィンガーガエル アイフィンガー蛙
〈*Chirixalus eiffingeri*〉両生綱無尾目アオガエル科のカエル。体長30〜40mm。分布：台湾，石垣島，西表島。

アイベックス
〈*Capra ibex*〉哺乳綱偶蹄目ウシ科に属する山岳性野生ヤギ7種類の総称。体長1.2〜1.7m。分布：ヨーロッパ南部，西アジア，南アジア，アフリカ北部。絶滅危惧IB類と推定。

アイリッシュ・ウォーター・スパニエル
〈*Irish Water Spaniel*〉哺乳綱食肉目イヌ科の動物。体高51〜58cm。分布：アイルランド。

アイリッシュ・ウルフハウンド
〈*Irish Wolfhound*〉哺乳綱食肉目イヌ科の動物。体高71〜90cm。分布：アイルランド。

アイリッシュ・セター
〈*Irish Setter*〉哺乳綱食肉目イヌ科の動物。別名アイリッシュ・レッド・セター。体高64〜69cm。分布：アイルランド。

アイリッシュ・ソフトコーテッド・ウィートン・テリア

アイリツシ

〈Irish Soft-coated Wheaten Terrier〉犬の一品種。

アイリッシュ・テリア
〈Irish Terrier〉哺乳綱食肉目イヌ科の動物。体高46〜48cm。分布：アイルランド。

アイリッシュ・ドロート
〈Irish Draught〉馬の一品種。160cm。原産：アイルランド。

アイリッシュ・ポニー
〈Irish Pony〉馬の一品種。原産：西アイルランド。

アイリッシュ・レッド・アンド・ホワイト・セター
〈Irish Red and White Setter〉犬の一品種。体高58〜69cm。原産：アイルランド。

アイリッシュ・レッド・セター
アイリッシュ・セターの別名。

アイルランド・コブ
馬の一品種。体高152〜154cm。原産：アイルランド。

アイルランド・ドラフト・ホース
〈Irish Draft Horse〉哺乳綱奇蹄目ウマ科の動物。体高155〜173cm。原産：アイルランド。

アイルランド・ハンター
〈Irish Hunter〉馬の一品種。体高162〜170cm。原産：アイルランド。

アインジードラー
〈Einsiedler〉馬の一品種。体高155〜164cm。原産：スイス。

アオアシカツオドリ
〈Sula nebouxii〉鳥綱カツオドリ科の鳥。体長81cm。分布：メキシコ北西部からガラパゴス諸島、ペルー北部にかけての太平洋東部。

アオアシシギ　青脚鷸, 青足鷸
〈Tringa nebularia〉鳥綱チドリ目シギ科の鳥。全長30cm。分布：ユーラシア大陸北部。

アオアシシロハラミズナギドリ　青足白腹水薙鳥
〈Pterodroma cookii〉鳥綱ミズナギドリ目ミズナギドリ科の鳥。体長33cm。分布：ニュージーランドの両端にある2つの小さな島で繁殖し、冬には太平洋の多くの海域に分散する。絶滅危惧II類。

アオアシミヤマテッケイ　青足深山竹鶏
〈Tropicoperdix chloropus〉鳥綱キジ目キジ科の鳥。全長30cm。分布：ビルマ, タイ, ラオス, カンボジア, ベトナム。

アオアズマヤドリ　青東屋鳥
〈Ptilonorhynchus violaceus〉ニワシドリ科。体長30cm。分布：オーストラリア東部。

アオウチワインコ
〈Prioniturus platenae〉鳥綱オウム目インコ科の鳥。別名アオウチワ。全長27cm。分布：フィリピンのパラワン島とその属島。絶滅危惧II類。

アオウミガメ　青海亀
〈Chelonia mydas〉爬虫綱カメ目ウミガメ科のカメ。別名正覚坊。甲長70cm。分布：世界の熱帯から温帯の海域。国内では小笠原諸島・鹿児島県屋久島・八重山諸島。絶滅危惧IB類。

アオエリシマヤイロチョウ
クロハラシマヤイロチョウの別名。

アオエリネズミドリ　青襟鼠鳥
〈Colius macrourus〉鳥綱ネズミドリ目ネズミドリ科の鳥。体長35cm。分布：セネガルからソマリアやタンザニアにかけての熱帯地域。

アオエリヤケイ　青襟野鶏, 緑襟野鶏
〈Gallus varius〉鳥綱キジ目キジ科の鳥。全長オス46〜70cm, メス38〜42cm。分布：ジャワ島, バリ, ロンボク・スンバワ・フローレス・アロール島。

アオカマドドリ
〈Asthenes huancavelicae〉鳥綱スズメ目カマドドリ科の鳥。全長15.5〜16.5cm。分布：ペルー中部。絶滅危惧II類。

アオビカザリドリ
〈Cotinga maculata〉鳥綱スズメ目カザリドリ科の鳥。全長18cm。分布：ブラジル南東部。絶滅危惧IB類。

アオビカワセミ
〈Ceyx cyanopectus〉鳥綱ブッポウソウ目カワセミ科の鳥。全長13cm。分布：フィリピン。

アオビコクジャク　青帯小孔雀
〈Polyplectron chalcurum〉鳥綱キジ目キジ科の鳥。全長56cm。分布：スマトラ島。

アオミヤコトカゲ
〈Emoia caeruleocauda〉スキンク科。全長10〜12cm。分布：アジア, オセアニア。

アオガエル　青蛙

〈*Rhacophorus viridis*〉両生綱無尾目アオガエル科に属するカエルのうち,体表が一様に緑色をしている種の総称。体長2.5〜12cm。分布：サハラ以南のアフリカ,インド南部,スリランカ,東南アジア,中国,日本。

アオガオミツスイ
アオツラミツスイの別名。

アオカケス 青橿鳥,青懸巣
〈*Cyanocitta cristata*〉カラス科。体長30cm。分布：カナダ南部からメキシコ湾に至る北アメリカ東部。

アオガシラタイヨウチョウ 青頭太陽鳥
〈*Nectarinia verticalis*〉鳥綱スズメ目タイヨウチョウ科の鳥。全長12cm。分布：ニジェールからザンビアまでのアフリカ中西部。

アオカタハナサシミツドリ
〈*Diglossa lafresnayii*〉ホオジロ科/フウキンチョウ亜科。体長14cm。分布：アンデス山脈,南はボリビアまで。

アオカナヘビ 青金蛇
〈*Takydromus smaragdinus*〉爬虫綱有鱗目トカゲ亜目カナヘビ科の動物。全長20〜25cm。分布：吐噶喇列島の宝島と小宝島,奄美大島,喜界島,徳之島,沖縄諸島,久米島など。

アオガラ 青雀
〈*Parus caeruleus*〉シジュウカラ科。体長11cm。分布：ヨーロッパ,東はヴォルガ川まで。小アジア,アフリカ北部。

アオカワセミ
アオショウビンの別名。

アオカワラヒワ
〈*Carduelis chloris*〉アトリ科/ヒワ亜科。体長14.5cm。分布：ヨーロッパ,アフリカ北部,小アジア,中東,中央アジア。

アオガン 蒼雁
〈*Branta ruficollis*〉カモ科。体長53〜55cm。分布：シベリア極北部で繁殖。黒海,カスピ海,アラル海近辺で越冬。絶滅危惧II類。

アオキコンゴウインコ
〈*Ara glaucogularis*〉鳥綱オウム目インコ科の鳥。全長85cm。分布：ボリビア北部。絶滅危惧IB類。

アオキノボリヘビ
〈*Thalerophis richardi*〉爬虫綱有鱗目ヘビ科のヘビ。

アオクビアヒル
〈*Anas platyrhynchos var. domestica*〉鳥綱ガンカモ目ガンカモ科の鳥。分布：中国。

アオクビホノオアリドリ 青首炎蟻鳥
〈*Phlegopsis barringeri*〉鳥綱スズメ目アリドリ科の鳥。全長18cm。分布：コロンビア,エクアドル北東部。

アオグロアリモズ
〈*Thamnomanes schistogynus*〉アリドリ科。体長14cm。分布：アマゾン川南西流域。

アオグロショウビン
〈*Halcyon nigrocyanea*〉鳥綱ブッポウソウ目カワセミ科の鳥。全長23cm。分布：ニューギニア。

アオゲラ 緑啄木鳥
〈*Picus awokera*〉鳥綱キツツキ目キツツキ科の鳥。全長29cm。分布：本州・四国・九州・佐渡島・粟島・飛島・種子島・屋久島。

アオコブホウカンチョウ 青瘤鳳冠鳥
〈*Crax alberti*〉鳥綱キジ目ホウカンチョウ科の鳥。全長91cm。分布：コロンビア北部。絶滅危惧IA類。

アオコンゴウインコ 青金剛
〈*Cyanopsitta spixii*〉鳥綱オウム目インコ科の鳥。全長56cm。分布：ブラジル。絶滅危惧IA類。

アオサギ 青鷺,蒼鷺
〈*Ardea cinerea*〉サギ科。体長90〜98cm。分布：ユーラシアとアフリカの全域。

アオサギ
コククジラの別名。

アオジ 青鵐,蒿雀
〈*Emberiza spodocephala*〉鳥綱スズメ目ホオジロ科の鳥。全長15cm。分布：南シベリア,サハリン,中国北東部,朝鮮半島。国内では本州中部以北の高原の明るい林で繁殖し,本州中部以南の平地・低山で越冬。

アオシギ 青鴫,青鷸
〈*Gallinago solitaria*〉鳥綱チドリ目シギ科の鳥。全長30cm。分布：ヒマラヤ北部,シベリア東北部,サハリン。

アオジタトカゲ
〈*Tiliqua scincoides*〉スキンク科。全長45〜60cm。分布：ニューギニア・セラム・ミシェル・アルー・ジャワなどの島々,オーストラリ

アオショウ

ア東部・北部のほぼ全域。

アオショウノガン 青小鴇
〈*Eupodotis caerulescens*〉鳥綱ツル目ノガン科の鳥。別名アオノガン。全長57cm。分布：南アフリカ。

アオショウビン 青翡翠
〈*Halcyon smyrnensis*〉鳥綱ブッポウソウ目カワセミ科の鳥。全長28cm。分布：中近東から中国南部，フィリピン。

アオスジトカゲ 青筋石竜子，藍尾石竜子
〈*Eumeces elegans*〉スキンク科。全長22cm。分布：台湾，中国，海南島など。国内では尖閣諸島の魚釣島，南小島など。

アオスジヒインコ
〈*Eos reticulata*〉体長31cm。分布：インドネシアタンニバル諸島・カイ諸島・ダマル島。

アオダイカー
〈*Caphalophus monticola*〉偶蹄目ウシ科。

アオダイショウ 青大将
〈*Elaphe climacophora*〉爬虫綱有鱗目ヘビ亜目ナミヘビ科のヘビ。全長100〜200cm。分布：北海道，本州，四国，九州のほか国後島，奥尻島，佐渡島，伊豆大島，新島，式根島，神津島，隠岐島，対馬，壱岐島，薩南諸島，口之島など。

アオツラカツオドリ 青面鰹鳥
〈*Sula dactylatra*〉カツオドリ科。体長76〜84cm。分布：全熱帯海域。国内では南西諸島。

アオツラミツスイ 青面蜜吸
〈*Entomyzon cyanotis*〉ミツスイ科。別名アオガオミツスイ。体長24〜30cm。分布：ニューギニア南部，オーストラリア北部および東部。

アオノガン
アオショウノガンの別名。

アオノスリ
〈*Leucopternis schistacea*〉タカ科。体長43〜46cm。分布：アマゾン川流域，ベネズエラ南部，コロンビア東部，エクアドル，ペルー，ボリビア。

アオノドゴシキドリ
〈*Megalaima asiatica*〉ゴシキドリ科。体長23cm。分布：北インド，東南アジア。

アオノドハチクイモドキ
〈*Aspatha gularis*〉鳥綱ブッポウソウ目ハチクイモドキ科の鳥。全長26cm。分布：メキシコ南部からグアテマラ，エルサルバドル，ホンジュラス。

アオノドハチドリ
〈*Eugenes fulgens*〉鳥綱アマツバメ目ハチドリ科の鳥。全長12.5cm。分布：アメリカ南西部からパナマの山地帯。

アオノドヒメウ
〈*Phalacrocorax penicillatus*〉鳥綱ペリカン目ウ科の鳥。

アオノドワタアシハチドリ
〈*Eriocnemis godini*〉鳥綱アマツバメ目ハチドリ科の鳥。全長10〜11cm。分布：コロンビア南西部，エクアドル北西部。絶滅危惧IA類。

アオハシインコ 青嘴鸚哥
〈*Cyanoramphus novaezelandiae*〉インコ科。体長25〜28cm。分布：ニュージーランド，ニューカレドニア。

アオハシキンパラ 青嘴金腹
〈*Spermophaga haematina*〉鳥綱スズメ目カエデチョウ科の鳥。別名グロガオアオハシキンパラ。全長16cm。分布：セネガルからザイール，コンゴ。

アオハシコチュウハシ 青嘴小中嘴
〈*Slenidera spectabilis*〉鳥綱キツツキ目キツツキ科の鳥。全長38cm。分布：ホンジュラスからパナマ，コロンビア。

アオハシチュウハシ
〈*Pteroglossus bitorquatus*〉オオハシ科。体長38cm。分布：ブラジルのアマゾン川下流域。

アオハシリカッコウ
〈*Carpococcyx radiceus*〉鳥綱ホトトギス目ホトトギス科の鳥。全長60cm。分布：スマトラ島，ボルネオ島。

アオバズク 青葉木菟，青葉梟，緑葉木菟，緑葉梟
〈*Ninox scutulata*〉鳥綱フクロウ目フクロウ科の鳥。全長20〜29cm。分布：インド，東南アジア，東アジア，旧ソ連。

アオハダカイモリ
〈*Siphonops annulatus*〉両生綱無足目アシナシイモリ科の動物。

アオバト 緑鳩
〈*Sphenurus sieboldii*〉鳥綱ハト目ハト科の鳥。全長33cm。分布：台湾，中国南部。国内では九州以北で繁殖。

アオバト　緑鳩
〈*green pigeon*〉広義には鳥綱ハト目ハト科に属する鳥のうち約120種いる果実食のハトの総称で、狭義にはそのうちの23種のアオバト属をさし、さらに狭義にはそのうちの1種をさす。

アオハナドリ　青花鳥
〈*Dicaeum concolor*〉鳥綱スズメ目ハナドリ科の鳥。全長8cm。分布：ヒマラヤ南麓から中国南部、インドシナ、マレー半島、台湾、海南島、アンダマン諸島、スマトラ島、ボルネオ島、バリ島、ジャワ島。

アオバネアメリカムシクイ
〈*Vermivora pinus*〉鳥綱スズメ目アメリカムシクイ科の鳥。

アオバネコノハドリ　青羽木葉鳥
〈*Chloropsis cochinchinensis*〉鳥綱スズメ目コノハドリ科の鳥。全長18cm。分布：インド南部、スリランカ・東南アジア・中国南西部・大スンダ列島。

アオバネヤマフウキンチョウ
〈*Anisognathus somptuosus*〉鳥綱スズメ目ホオジロ科の鳥。体長17cm。分布：ベネズエラからボリビアまでのアンデス山脈の森林地帯。

アオバネラッパチョウ　青羽喇叭鳥
〈*Psophia viridis*〉鳥綱ツル目ラッパチョウ科の鳥。別名クロラッパチョウ。体長50cm。分布：ブラジル中部のアマゾン中流域・下流域。

アオバネワライカワセミ
〈*Dacelo leachii*〉鳥綱ブッポウソウ目カワセミ科の鳥。全長44〜46.5cm。分布：オーストラリア北部とニューギニア南部。

アオハブ
〈*Trimeresurus stejnegeri*〉爬虫綱有鱗目クサリヘビ科ハブ属に含まれるヘビ。

アオハライソヒヨドリ
〈*Monticola solitarius pandoo*〉鳥綱スズメ目ツグミ科の鳥。

アオハラインコ　青腹鸚哥
〈*Triclaria malachitacea*〉鳥綱オウム目インコ科の鳥。全長28cm。分布：ブラジル。絶滅危惧IB類。

アオハラトキワスズメ
ムラサキトキワスズメの別名。

アオハラヤイロチョウ
〈*Pitta steerii*〉鳥綱スズメ目ヤイロチョウ科の鳥。全長18〜19.5cm。分布：フィリピンのミンダナオ島南部、レイテ島、サマール島、ボホール島。絶滅危惧II類。

アオハリトカゲ
〈*Scelopotus cyanogenys*〉爬虫綱有鱗目イグアナ科の動物。

アオヒゲショウビン
〈*Halcyon concreta*〉鳥綱ブッポウソウ目カワセミ科の鳥。全長23cm。分布：マレー半島、ボルネオ島、スマトラ島、タイ。

アオヒゲタイヨウチョウ　青髭太陽鳥
〈*Aethopyga shelleyi*〉鳥綱スズメ目タイヨウチョウ科の鳥。全長10cm。分布：フィリピン。

アオビタイエメラルドハチドリ
〈*Amazilia distans*〉鳥綱アマツバメ目ハチドリ科の鳥。全長9cm。分布：ベネズエラのタチラ州。絶滅危惧IB類。

アオヒツジ
バーラルの別名。

アオフウチョウ　青風鳥
〈*Paradisaea rudolphi*〉フウチョウ科。体長30cm。分布：ニューギニアの中央高地東部（標高1300〜1800mまで）。絶滅危惧種。

アオフタオハチドリ
〈*Aglaiocercus kingi*〉ハチドリ科。体長オス18cm、メス10cm。分布：ベネズエラ、コロンビア、エクアドル、ペルー、ボリビア。

アオヘビ
〈*green snake*〉爬虫綱有鱗目ナミヘビ科アオヘビ属に含まれる無毒ヘビの総称。

アオボウシインコ　青帽子鸚哥
〈*Amazona aestiva*〉鳥綱オウム目インコ科の鳥。別名アサギボウシインコ。体長37cm。分布：ブラジル東部・南部、ボリビア、パラグアイ、アルゼンチン北東部の内陸の森林。

アオボウシケラインコ
〈*Micropsitta pusio*〉インコ科。体長8cm。分布：ニューギニア北・東部の低地と沖合の島々、ビスマルク諸島。

アオボウシショウビン
〈*Actenoides hombroni*〉鳥綱ブッポウソウ目カワセミ科の鳥。全長27cm。分布：フィリピンのミンダナオ島。絶滅危惧II類。

アオボウシフウキンチョウ
〈*Pipraeidea melanonota*〉鳥綱スズメ目ホオ

アオホホタ
ジロ科の鳥。全長15cm。分布：南アメリカの熱帯域上部～亜熱帯域下部。

アオホオダレムクドリ
ハシブトホオダレムクドリの別名。

アオボシサラマンダー
〈*Ambystoma laterale*〉マルクチサラマンダー科。体長100～130mm。分布：カナダではプリンスエドワードアイランド州からマニトバ州にかけて。合衆国ではミネソタ州からオハイオ州にかけて。

アオマエカケインコ
〈*Pyrrhura cruentata*〉鳥綱オウム目インコ科の鳥。全長30cm。分布：ブラジル東部のバイーア州南部，ミナス・ジェライス州，エスピリト・サント州，リオ・デ・ジャネイロ州。絶滅危惧II類。

アオマタハリヘビ
〈*Maticora bivirgata*〉体長1.2～1.4m。分布：アジア南東部。

アオマダラウミヘビ 青斑海蛇
〈*Laticauda colubrina*〉爬虫綱有鱗目ヘビ亜目コブラ科のヘビ。全長80～150cm。分布：台湾，中国から南太平洋，インド洋東部。国内では南西諸島の主に宮古諸島，八重山諸島。

アオマネシツグミ 青真似師鶫
〈*Melanotis caerulescens*〉鳥綱スズメ目マネシツグミ科の鳥。全長25cm。分布：メキシコ，トレスマリアス諸島。

アオマユハチクイモドキ
〈*Eumomota superciliosa*〉ブッポウソウ目ハチクイモドキ科。全長33cm。分布：メキシコ南部からコスタリカ。

アオマルケサスヒタキ
〈*Pomarea iphis*〉スズメ目ヒタキ科(カササギヒタキ亜科)。全長17cm。分布：フランス領ポリネシアのマルケサス諸島のウア・フカ島。絶滅危惧II類。

アオミズナギドリ 青水薙鳥
〈*Halobaena caerulea*〉鳥綱ミズナギドリ目ミズナギドリ科の鳥。全長30cm。分布：サウスジョージア島。

アオミミインコ 青耳鸚哥
〈*Charmosyna placentis*〉鳥綱オウム目ヒインコ科の鳥。全長17cm。分布：ニューギニア，マルク諸島・カイ諸島・アル諸島・ビスマーク諸島・ニューブリテン島・ブーゲンビル島。

アオミミハチドリ
〈*Colibri coruscans*〉鳥綱アマツバメ目ハチドリ科の鳥。体長12cm。分布：ベネズエラからアルゼンチンにかけて。

アオムネオオヤブモズ
〈*Malaconotus gladiator*〉鳥綱スズメ目モズ科の鳥。全長27cm。分布：カメルーン西部，ナイジェリア東部。絶滅危惧II類。

アオムネオーストラリアムシクイ
〈*Malurus pulcherrimus*〉鳥綱スズメ目ヒタキ科の鳥。体長14cm。分布：オーストラリア南西部・南部。

アオムネカラスフウチョウ
〈*Manucodia chalybatus*〉鳥綱スズメ目フウチョウ科の鳥。全長36cm。分布：ニューギニア。

アオムネカワセミ
〈*Alcedo euryzona*〉鳥綱ブッポウソウ目カワセミ科の鳥。全長17cm。分布：マレーシア，タイ，ジャワ島，スマトラ島，ボルネオ島。

アオムネショウビン
〈*Halcyon malimbica*〉カワセミ科。体長25cm。分布：アフリカ西部の熱帯。

アオムネハチクイ
〈*Nyctyornis athertoni*〉鳥綱ブッポウソウ目ハチクイ科の鳥。分布：インド南西部からヒマラヤ南部・ビルマ・タイ・インドシナ・海南島。

アオムネヒメエメラルドハチドリ
〈*Chlorostilbon aureoventris*〉鳥綱アマツバメ目ハチドリ科の鳥。全長10.5cm。分布：南アメリカ北部・中部。

アオムネミドリヒロハシ 青胸緑広嘴
〈*Calyptomena hosii*〉鳥綱スズメ目ヒロハシ科の鳥。全長20cm。分布：ボルネオ島。

アオメアリドリ 青目蟻鳥
〈*Myrmeciza immaculata*〉鳥綱スズメ目アリドリ科の鳥。全長17cm。分布：コスタリカからベネズエラ北西部・エクアドル西部。

アオメウロコアリドリ 青目鱗蟻鳥
〈*Phaenostictus mcleannani*〉鳥綱スズメ目アリドリ科の鳥。体長19cm。分布：中央，南アメリカのホンジュラスからエクアドルにかけて。

アオメクイナ 赤目秧鶏
〈*Gymnocrex rosenbergii*〉鳥綱ツル目クイナ

科の鳥。全長30cm。分布：インドネシアのスラウェシ島の北部と中央北部，バンガイ諸島のペレン島。絶滅危惧II類。

アオメクロバンケンモドキ 青目黒蕃鵑擬
〈*Rhopodytes viridirostris*〉鳥綱ホトトギス目ホトトギス科の鳥。分布：南インド，スリランカ。

アオメハチマキミツスイ
アオメミツスイの別名。

アオメヒメバト
〈*Columbina cyanopis*〉鳥綱ハト目ハト科の鳥。全長15.5cm。分布：ブラジル中南部。絶滅危惧IA類。

アオメミツスイ 青目蜜吸
〈*Melithreptus gularis*〉鳥綱スズメ目ミツスイ科の鳥。別名アオメハチマキミツスイ，ノドグロハチマキミツスイ。全長16cm。分布：オーストラリア東部。

アオメルリハインコ
〈*Forpus conspicillatus*〉インコ科。体長12cm。分布：パナマ東部，コロンビア，ベネズエラ西部。

アオヤギインコ
〈*Agapornis swinderniana zenkeri*〉鳥綱オウム目オウム科の鳥。

アオヤマガモ
〈*Hymenolaimus malacorhynchus*〉鳥綱カモ目カモ科の鳥。体長53cm。分布：ニュージーランド。絶滅危惧II類。

アオライチョウ 青雷鳥
〈*Dendragapus obscurus*〉鳥綱キジ目キジ科の鳥。全長51cm。分布：北アメリカ北西部。

アカアシアオフバト 赤足青斑鳩
〈*Turtur afer*〉鳥綱ハト目ハト科の鳥。全長25cm。分布：アフリカ中南部。

アカアシアジサシ
〈*Sterna hirundo minussensis*〉鳥綱チドリ目カモメ科の鳥。

アカアシイワシャコ 赤足岩鷓鴣
〈*Alectoris rufa*〉鳥綱キジ目キジ科の鳥。別名ヨーロッパイワシャコ。全長34cm。分布：ポルトガル，スペイン，フランス南部からイタリア北西部，コルシカ島。

アカアシカツオドリ 赤足鰹鳥
〈*Sula sula*〉カツオドリ科。体長71〜79cm。

分布：全熱帯海域。国内では西表島。

アカアシカマドドリ 赤足竈鳥
〈*Furnarius leucopus*〉鳥綱スズメ目カマドドリ科の鳥。全長15〜20cm。分布：ベネズエラ，エクアドル，ペルー北部，ブラジル。

アカアシガメ
〈*Geochelone carbonaria*〉爬虫綱カメ目リクガメ科のカメ。最大甲長51cm。分布：南米パナマ，コロンビア，ベネズエラからパラグアイ，ブラジル，アルゼンチン。

アカアシクイナ
アカアシヒメクイナの別名。

アカアシクイナ
ハイイロクイナの別名。

アカアシシギ 赤脚鷸，赤足鷸
〈*Tringa totanus*〉鳥綱チドリ目シギ科の鳥。体長28cm。分布：アイスランドとイギリスから東アジアまでのユーラシアで繁殖し，ユーラシアの多くの地域とアフリカ，インド，東南アジアの海岸線で越冬する。国内では北海道東部で越冬。

アカアシチョウゲンボウ 赤足長元坊
〈*Falco amurensis*〉鳥綱ワシタカ目ハヤブサ科の鳥。全長オス25cm，メス30cm。分布：ヨーロッパ東部からシベリア西部。

アカアシドゥクモンキー
ドゥクモンキーの別名。

アカアシバト 赤足鳩
〈*Aplopelia larvata*〉鳥綱ハト目ハト科の鳥。全長28cm。分布：アフリカ中南部。

アカアシヒメクイナ 赤足姫秧鶏
〈*Neocrex erythrops*〉鳥綱ツル目クイナ科の鳥。別名アカアシクイナ。全長20cm。分布：ガラパゴス諸島，ペルー，ベネズエラ，ガイアナ，スリナム，ブラジル，パラグアイ，アルゼンチン北西部。

アカアシミズナギドリ 赤足水薙鳥
〈*Puffinus carneipes*〉鳥綱ミズナギドリ目ミズナギドリ科の鳥。全長45cm。分布：ロードハウ島，ニュージーランド北島，オーストラリア南西部。

アカアシミツユビカモメ 赤足三趾鷗
〈*Rissa brevirostris*〉鳥綱チドリ目カモメ科の鳥。全長35〜40cm。分布：アリューシャン列島，コマンドル諸島，プリビロフ諸島。絶滅危惧II類。

アカアシメ

アカアシメジロ　赤足目白
〈*Rukia ruki*〉メジロ科。体長14cm。分布：トラック諸島。絶滅危惧IB類。

アカアシヤブワラビー
〈*Thylogale stigmatica*〉有袋目カンガルー科。体長38〜58cm。分布：オーストラリア北部，東部，ニューギニア。

アカアリサザイ
〈*Conopophaga lineata*〉アリドリ科。体長13cm。分布：ブラジル東・南部，それに隣接するパラグアイおよびアルゼンチンの一部。

アカイワトビヒタキ
〈*Chaetops frenatus*〉鳥綱スズメ目ヒタキ科ツグミ亜科の鳥。体長24cm。分布：南アフリカの一部地域。

アカウアカリ
〈*Cacajao rubicundus*〉哺乳綱霊長目オマキザル科の動物。頭胴長オス43.5〜48.5cm，メス36.5〜44.5cm。分布：南アメリカ。絶滅危惧種。

アカウオクイフクロウ
〈*Scotopelia ussheri*〉鳥綱フクロウ目フクロウ科の鳥。全長40cm。分布：シエラレオネ，リベリア，コートジボアール，ガーナ，ギニア。絶滅危惧IB類。

アカウサギ
〈red hare〉哺乳綱ウサギ目ウサギ科アカウサギ属に含まれる動物の総称。

アカウソ
〈*Pyrrhula pyrrhula rosacea*〉鳥綱スズメ目アトリ科の鳥。

アカウミガメ　赤海亀
〈*Caretta caretta*〉爬虫綱カメ目ウミガメ科のカメ。甲長70〜107cm。分布：世界の熱帯，温帯の海域。絶滅危惧IB類。

アカウミガメ
ヒメウミガメの別名。

アカエボシニワシドリ
〈*Amblyornis subalaris*〉鳥綱スズメ目ニワシドリ科の鳥。全長22cm。分布：ニューギニア南東部。

アカエリエンビシキチョウ
〈*Enicurus ruficapillus*〉鳥綱スズメ目ヒタキ科の鳥。体長18cm。分布：マレー半島，スマトラ島，ボルネオ島。

アカエリカイツブリ　赤襟鸊鷉，赤襟鳰
〈*Podiceps grisegena*〉鳥綱カイツブリ目カイツブリ科の鳥。全長40〜50cm。分布：北半球北部。

アカエリカマドドリ
〈*Syndactyla ruficollis*〉鳥綱スズメ目カマドドリ科の鳥。全長18〜18.5cm。分布：エクアドル南西部からペルー北西部にかけて。絶滅危惧II類。

アカエリクマタカ
〈*Spizaetus ornatus*〉タカ科。体長61〜66cm。分布：中央・南アメリカ，トリニダード・トバゴ。

アカエリゴシキセイガイインコ
〈*Trichoglossus haematod rubritorquis*〉鳥綱オウム目オウム科の鳥。

アカエリシトド
〈*Zonotrichia capensis*〉ホオジロ科/ホオジロ亜科。体長14〜15cm。分布：メキシコ南部からティエラ・デル・フエゴ島，イスパニョーラ島，オランダ領アンティル。

アカエリツメナガホオジロ
〈*Calcarius ornatus*〉鳥綱スズメ目ホオジロ科の鳥。体長15cm。分布：北アメリカ中部で繁殖し，合衆国南部やメキシコで越冬。

アカエリノガン
アフリカチュウノガンの別名。

アカエリヒメアオバト
〈*Ptilinopus dohertyi*〉鳥綱ハト目ハト科の鳥。全長35cm。分布：インドネシアのスンバ島。絶滅危惧II類。

アカエリヒレアシシギ　赤襟鰭足鷸
〈*Phalaropus lobatus*〉シギ科。体長18〜19cm。分布：北極圏，温帯北部で繁殖。温帯で越冬。

アカエリホウオウジャク
〈*Euplectes ardens*〉鳥綱スズメ目ハタオリドリ科の鳥。体長オス28cm，メス13cm。分布：アフリカのサハラ砂漠以南の密な森林や砂漠をのぞく地域。

アカエリマキキツネザル
〈*Varecia variegata rubra*〉キツネザル科エリマキキツネザル属。頭胴長51〜55cm。分布：マダガスカル島。

アカエリミツスイ　赤襟蜜吸

〈*Myzomela lafargei*〉鳥綱スズメ目ミツスイ科の鳥。全長12cm。分布：ソロモン諸島。

アカエリモリハタオリ
〈*Malimbus rubricollis*〉鳥綱スズメ目ハタオリドリ科の鳥。全長18cm。分布：スーダン，ガーナ，ナイジェリア，コンゴ，ケニアからアンゴラ，南アフリカ。

アカエリヤケイ
セキショクヤケイの別名。

アカエリヤブシトド
〈*Atlapetes rufinucha*〉鳥綱スズメ目ホオジロ科の鳥。全長17cm。分布：南アメリカ北西部から中西部。

アカエリヨタカ 赤襟夜鷹
〈*Caprimulgus ruficollis*〉鳥綱ヨタカ目ヨタカ科の鳥。全長29cm。分布：スペインからアフリカ北部。

アカオアリドリ
〈*Myrmeciza ruficauda*〉鳥綱スズメ目アリドリ科の鳥。全長14cm。分布：ブラジル東部。絶滅危惧II類。

アカオイタチキツネザル
〈*Lepilemur mustelinus ruficaudatus*〉キツネザル科イタチキツネザル亜科。分布：マダガスカル島。

アカオイワビタキ
〈*Cercomela familiaris*〉鳥綱スズメ目ヒタキ科ツグミ亜科の鳥。全長15cm。分布：エチオピアから南アフリカ南部。

アカオオオハシモズ 赤尾大嘴鵙
〈*Calicalicus madagascariensis*〉鳥綱スズメ目オオハシモズ科の鳥。全長14cm。分布：マダガスカル。

アカオオカミ
ドールの別名。

アカオオタカ
〈*Erythrotriorchis radiatus*〉鳥綱ワシタカ目ワシタカ科の鳥。全長50〜58cm。分布：オーストラリア。絶滅危惧。

アカオオハシモズ 赤大嘴鵙
〈*Schetba rufa*〉鳥綱スズメ目オオハシモズ科の鳥。体長20cm。分布：マダガスカル。

アカオカギハシタイランチョウ 赤尾鉤嘴太蘭鳥
〈*Pseudattila phoenicurus*〉鳥綱スズメ目タイランチョウ科の鳥。全長21cm。分布：ベネズエラ南部・ブラジル中央部・南部・パラグアイ・アルゼンチン。

アカオカケス 赤尾橿鳥
〈*Perisoreus infaustus*〉鳥綱スズメ目カラス科の鳥。全長30cm。分布：スカンジナビア半島からシベリア，沿海州，サハリン。

アカオカマドドリ
アカオトゲオドリの別名。

アカオキリハシ
〈*Galbula ruficauda*〉鳥綱キツツキ目キリハシ科の鳥。体長20cm。分布：メキシコからブラジル北部までと，ブラジル中部からアルゼンチン北東部までの2つの個体群がいる。

アカオクロオウム 赤尾黒鸚鵡
〈*Calyptorhynchus magnificus*〉インコ科。体長50〜61cm。分布：オーストラリアの北，西部。

アカオコバシチメドリ
〈*Minla ignotincta*〉鳥綱スズメ目ヒタキ科の鳥。体長14cm。分布：ヒマラヤ山脈東部からベトナム北部にかけての山岳地帯。

アカオザル
〈*Cercopithecus ascanius*〉霊長目オナガザル科の1種で，赤く長い尾をもつ中型の旧世界ザル。頭胴長41〜48cm。分布：ザイール北東部，北部，ウガンダ南部，ケニア西部，タンザニア西部，ルワンダ南西部。

アカオタイヨウチョウ 赤尾太陽鳥
〈*Aethopyga ignicauda*〉鳥綱スズメ目タイヨウチョウ科の鳥。体長11cm。分布：中国南部やベトナム北部。

アカオタテガモ 赤尾立鴨
〈*Oxyura jamaicensis*〉カモ科。体長35〜43cm。分布：北アメリカ，南アメリカ。イギリスには移入。

アカオツパイ
〈*Tupaia splendidula*〉ツパイ科ツパイ属。分布：ボルネオ島南西部，スマトラ島北東部。

アカオトゲオドリ 赤尾刺尾鳥
〈*Certhiaxis vulpina*〉鳥綱スズメ目カマドドリ科の鳥。別名アカオカマドドリ。全長14cm。分布：南アメリカ，パナマ。

アカオナガカマドドリ 赤尾長竈鳥
〈*Synallaxis unirufa*〉鳥綱スズメ目カマドドリ科の鳥。全長18cm。分布：コロンビア，ベ

ア

アカオネツ

ネズエラ，ペルー北部。

アカオネッタイチョウ　赤尾熱帯鳥
〈*Phaethon rubricauda*〉鳥綱ペリカン目ネッタイチョウ科の鳥。全長46cm。分布：硫黄島・南鳥島。

アカオノスリ
〈*Buteo jamaicensis*〉タカ科。体長51〜63cm。分布：北アメリカ，中央アメリカ，カリブ海。

アカオパイプヘビ
〈*Cylindrophis ruffus*〉爬虫綱有鱗目ヘビ亜目パイプヘビ科のヘビ。全長50〜60cm。分布：ミャンマーからインドシナを経てインドネシア，中国南部。

アカオハチドリ
〈*Sappho sparganura*〉分布：中央アメリカから南アメリカ中・南部。

アカオヒキコウモリ
〈*Molossus ater*〉体長7〜10cm。分布：メキシコから南アメリカ中央部にかけて，トリニダード。

アカオビコバシタイヨウチョウ
〈*Anthreptes rubritorques*〉鳥綱スズメ目タイヨウチョウ科の鳥。全長8.5〜9cm。分布：タンザニア東部。絶滅危惧II類。

アカオビチュウハシ　赤帯中嘴
〈*Pteroglossus aracari*〉鳥綱キツツキ目オオハシ科の鳥。全長46cm。分布：ベネズエラ，スリナム，ギアナ，ブラジル。

アカオビヤドクガエル
〈*Dendrobates lehmanni*〉両生綱無尾目ヤドクガエル科のカエル。体長31〜36mm。分布：コロンビアのリオ，アンシカヤ峡谷。

アカオファスコガーレ
〈*Phascogale calura*〉フクロネコ目フクロネコ科。頭胴長オス10.5〜12.2cm，メス9.3〜10.5cm。分布：オーストラリア南西部。絶滅危惧。

アカオボウシインコ
〈*Amazona brasiliensis*〉鳥綱オウム目インコ科の鳥。別名アカオボウシ。全長35〜37cm。分布：ブラジル南東部のサン・パウロ州とパラナー州の沿岸部および沿岸の島々。絶滅危惧IB類。

アカガエル　赤蛙
〈*brown frog*〉両生綱無尾目アカガエル科に属するカエルのうち，背面の地色が赤みがかった種の総称。体長1.5〜35cm。分布：世界各地。

アカガオアメリカムシクイ
〈*Cardellina rubrifrons*〉鳥綱スズメ目アメリカムシクイ科の鳥。全長12cm。分布：アメリカ。

アカガオイロガタインコ
〈*Hapalopsittaca pyrrhops*〉鳥綱オウム目インコ科の鳥。別名ベニガオインコ。全長22〜23cm。分布：エクアドル南西部からペルー北西部にかけて。絶滅危惧IB類。

アカガオインコ　赤顔鸚哥
〈*Geoffroyus geoffroyi*〉インコ科。体長20〜25cm。分布：小スンダ列島，モルッカ諸島，ニューギニア，オーストラリア北東部。

アカガオオオガシラ
〈*Bucco capensis*〉オオガシラ科。体長20cm。分布：南アメリカ北部，南限はペルー北部。

アカガオゴジュウカラ　赤顔五十雀
〈*Daphoenositta miranda*〉鳥綱スズメ目ゴジュウカラ科の鳥。全長12cm。分布：ニューギニア。

アカガオコバシハエトリ
〈*Phylloscartes roquettei*〉鳥綱スズメ目タイランチョウ科の鳥。全長10cm。分布：ブラジル南東部のミナス・ジェライス州ジャヌアリア。絶滅危惧IB類。

アカガオタイランチョウ　赤顔太蘭鳥
〈*Taeniotriccus andrei*〉鳥綱スズメ目タイランチョウ科の鳥。全長12cm。分布：ベネズエラ，ブラジル。

アカガオチビオムシクイ
〈*Sylvietta whytii*〉鳥綱スズメ目ヒタキ科の鳥。体長10cm。分布：スーダン南部からモザンビークにかけてのアフリカ東部。

アカガオトゲオドリ
アカツラトゲオドリの別名。

アカガオハシリバト　赤顔走鳩
〈*Metriopelia ceciliae*〉鳥綱ハト目ハト科の鳥。全長22cm。分布：ペルー，ボリビア，チリ北部。

アカガオバンケンモドキ　赤顔蕃鵑擬
〈*Phaenicophaeus pyrrhocephalus*〉鳥綱ホトトギス目ホトトギス科の鳥。全長45〜47cm。分布：スリランカ。絶滅危惧II類。

アカガオマユムシクイ
〈*Abroscopus albogularis*〉鳥綱スズメ目ヒタキ科ウグイス亜科の鳥。全長10cm。分布：ネパールからビルマ・タイ・ラオス・中国南部・台湾。

アカガオヤブドリ
〈*Liocichla phoenicea*〉鳥綱スズメ目ヒタキ科チメドリ亜科の鳥。全長23cm。分布：ヒマラヤ、ビルマ、タイ、インドシナ、中国南部。

アカガオヤマミツスイ
〈*Melidects belfordi*〉鳥綱スズメ目ミツスイ科の鳥。

アカカザリフウチョウ 赤飾風鳥
〈*Paradisaea raggiana*〉フウチョウ科。体長33cm。分布：ニューギニア東部。

アカガシラインコ
〈*Geoffroyus geoffroyi cyanicollis*〉鳥綱オウム目オウム科の鳥。

アカガシラエボシドリ 赤頭烏帽子鳥, 赤頭鳥帽子鳥
〈*Tauraco erythrolophus*〉鳥綱ホトトギス目エボシドリ科の鳥。体長40cm。分布：アンゴラ西部。絶滅危惧II類と推定。

アカガシラカラスバト 赤頭烏鳩
〈*Columba janthina nitens*〉鳥綱ハト目ハト科の鳥。40cm。分布：小笠原群島, 火山列島。天然記念物。

アカガシラケラインコ 赤頭啄木鸚哥
〈*Micropsitta bruijnii*〉鳥綱オウム目インコ科の鳥。全長9cm。分布：インドネシア東部・ニューギニア。

アカガシラサイチョウ
〈*Aceros waldeni*〉鳥綱ブッポウソウ目サイチョウ科の鳥。全長80cm。分布：フィリピンのパナイ島、ギマラス島、ネグロス島。絶滅危惧IA類。

アカガシラサギ 赤頭鷺
〈*Ardeola bacchus*〉鳥綱コウノトリ目サギ科の鳥。全長50cm。分布：中国, 台湾, 海南島, ビルマ。国内では熊本県。

アカガシラシトド
〈*Melozone kieneri*〉鳥綱スズメ目ホオジロ科の鳥。全長15cm。分布：メキシコ。

アカガシラシャコ 赤頭鷓鴣
〈*Haematortyx sanguiniceps*〉鳥綱キジ目キジ科の鳥。全長27cm。分布：ボルネオ島北部。

アカガシラソリハシセイタカシギ
〈*Recurvirostra novaehollandiae*〉セイタカシギ科。体長40〜45cm。分布：オーストラリア南部および内陸部。

アカガシラチメドリ
〈*Timalia pileata*〉鳥綱スズメ目ヒタキ科チメドリ亜科の鳥。全長18cm。分布：ヒマラヤ東部からビルマ・タイ・インド・シナ・中国南部・ジャワ島。

アカガタインコ
〈*Hapalopsittaca amazonina*〉鳥綱オウム目インコ科の鳥。別名ホアカインコ, アマゾンホアカインコ。全長23cm。分布：コロンビア北部からベネズエラ国境付近にかけて。絶滅危惧IB類。

アカガタカマドドリ
〈*Synallaxis hellmayri*〉鳥綱スズメ目カマドドリ科の鳥。全長18cm。分布：ブラジル北東部。絶滅危惧II類。

アカガタホウオウジャク
〈*Euplectes axilliaris*〉鳥綱スズメ目ハタオリドリ科の鳥。全長16.5〜18cm。分布：アフリカ中部・南部。

アカガタミドリインコ
〈*Aratinga chloroptera*〉鳥綱オウム目インコ科の鳥。別名アカガタミドリ。全長32cm。分布：ハイチ, ドミニカ共和国, アメリカ領プエルト・リコ。絶滅危惧II類。

アカカナリア
〈*Serinus canaria × Carduelis cucullata var. domesticus*〉鳥綱スズメ目アトリ科の鳥。

アカカワセミ
〈*Ceyx melanurus*〉ブッポウソウ目カワセミ科。全長12cm。分布：フィリピン。絶滅危惧II類。

アカカワセミ
アカショウビンの別名。

アカカンガルー
〈*Macropus rufus*〉哺乳綱有袋目カンガルー科の動物。体長1〜1.6m。分布：オーストラリア。

アカギツネ
キツネの別名。

アカキノボリカンガルー
〈*Dendrolagus matschiei*〉二門歯目カンガルー科。頭胴長45.5〜61.5cm。分布：ニュー

アカキノホ

ギニア島東部, パプアニューギニアのウンボイ島。絶滅危惧。

アカキノボリハタネズミ
〈*Phenacomys longicaudus*〉哺乳綱齧歯目ネズミ亜目の動物。

アカクサインコ 赤草鸚哥
〈*Platycercus elegans*〉インコ科。体長36cm。分布：タスマニアを除くオーストラリア東部。

アカクビノウサギ
〈*Lepus saxatilis*〉哺乳綱ウサギ目ウサギ科の動物。分布：南アフリカ, ナミビア。

アカクビワラビー
〈*Macropus rufogriseus*〉有袋目カンガルー科。

アカクモザル 赤蜘蛛猿
〈*Ateles geoffroyi*〉オマキザル科クモザル属。体長50〜63cm。分布：メキシコ南部, 中央アメリカ。絶滅危惧II類。

アカクロカザリドリ
〈*Phoenicircus nigricollis*〉鳥綱スズメ目カザリドリ科の鳥。体長24cm。分布：コロンビア南部, ベネズエラ南西部からペルー北東部, ブラジル西部。

アカクロクマタカ
〈*Spizaetus isidori*〉タカ科。体長63〜74cm。分布：ベネズエラからアルゼンチンにかけてのアンデス山地。

アカクロノスリ
〈*Buteo rufofuscus*〉タカ科。体長46〜53cm。分布：アフリカ東, 南部。

アカクロマイコドリ
ムネアカマイコドリの別名。

アカクロムクドリモドキ 赤黒椋鳥擬, 赤里椋鳥擬
〈*Icterus spurius*〉鳥綱スズメ目ムクドリモドキ科の鳥。全長15〜18cm。分布：カナダ南東部・アメリカ東部・中部からメキシコ。

アカケアシノスリ
〈*Buteo regalis*〉鳥綱ワシタカ目ワシタカ科の鳥。全長60〜65cm。分布：カナダ南西部・アメリカ中西部。

アカゲザル 赤毛猿
〈*Macaca mulatta*〉哺乳綱霊長目オナガザル科の動物。頭胴長47〜64cm。分布：インド, アフガニスタンから中国, ベトナム。

アカゲラ 赤啄木鳥
〈*Dendrocopos major*〉キツツキ科。体長22〜23cm。分布：ユーラシア北部から中東およびアフリカ北部。国内では北海道と本州。

アカコウモリ
〈*Lasiurus borealis*〉英名には体色を表すred batや生息環境を表すtree batなどがある。

アカコオニキバシリ
〈*Dendrocincla homochroa*〉鳥綱スズメ目オニキバシリ科の鳥。別名ムジコオニキバシリ。全長18cm。分布：メキシコからベネズエラ, コロンビア。

アカコクジャク
〈*Polyplectron inopinatum*〉鳥綱キジ目キジ科の鳥。全長オス65cm, メス46cm。分布：マレー半島。絶滅危惧II類。

アカコッコ 赤鶫, 赤鶇, 島赤腹
〈*Turdus celaenops*〉鳥綱スズメ目ヒタキ科ツグミ亜科の鳥。全長23cm。分布：伊豆諸島。絶滅危惧II類, 天然記念物。

アカゴーラル
〈*Naemorhedus baileyi*〉哺乳綱偶蹄目ウシ科の動物。頭胴長80〜90cm。分布：インド北部, ブータン, 中国南部。絶滅危惧II類。

アカコロブス
〈*Colobus badius*〉霊長目オナガザル科の1種で, 長い尾をもった赤毛で中型の旧世界ザル。頭胴長47〜63cm。分布：セネガル, ガンビアからガーナ南西部。

アカサカオウム 赤冠鸚鵡
〈*Callocephalon fimbriatum*〉鳥綱オウム目オウム科の鳥。全長34cm。分布：オーストラリア南東部・タスマニア東北部。

アカサンショウウオ
〈*Pseudotriton ruber*〉ムハイサラマンダー科。別名レッドサラマンダー。体長100〜150mm。分布：合衆国ニューヨーク州からオハイオ州, 南はアラバマ州北部まで。

アカシカ 赤鹿
〈*Cervus elaphus*〉哺乳綱偶蹄目シカ科の動物。体長1.5〜2m。分布：ヨーロッパから東アジアにかけて, 北アメリカ。

アカジタミドリヤモリ
〈*Naultinus grayii*〉爬虫綱有鱗目トカゲ亜目ヤモリ科の動物。全長最大19cm。分布：ニュージーランドの北島北端部。

アカシマアジ 赤縞味
〈*Anas cyanoptera*〉鳥綱ガンカモ目ガンカモ科の鳥。体長40cm。分布：北アメリカ西部，オンタリオ州，中央アメリカ，南アメリカの一部で繁殖。高緯度で繁殖する個体群は冬に渡りをし，低緯度に移動する。

アカジマメズサアマガエル
テヅカミネコメガエルの別名。

アカジムグリ
〈*Elaphe conspicillata f.japonica*〉爬虫綱有鱗目ナミヘビ科のヘビ。

アカシャクケイ
コシアカシャクケイの別名。

アカショウビン 赤翡翠，赤翡翠
〈*Halcyon coromanda*〉鳥綱ブッポウソウ目カワセミ科の鳥。別名アメフリドリ，ミズコイドリ，ミズコイ，アメコイドリ，ナンバンチョウ，ナンバンドリ，トウガラシショウビン，アカカワセミ。全長27cm。分布：中国東部・台湾・アンダマン諸島・フィリピン・スンダ列島・スラウェシ島・インドシナ・ネパール・アッサム・日本。

アガシラミヤマテッケイ
チャガシラミヤマテッケイの別名。

アカジリムジインコ 赤尻無地鸚哥
〈*Charmosyna diadema*〉鳥綱オウム目ヒインコ科の鳥。全長18cm。分布：ニューカレドニア。絶滅危惧。

アカシロマダラホルスタイン 赤白斑ホルスタイン
〈*Red and White Holstein*〉牛の一品種。

アカスイギュウ
〈*Syncerus nanus*〉哺乳綱偶蹄目ウシ科の動物。

アカズキンカマドドリ
〈*Hylocryptus erythrocephalus*〉鳥綱スズメ目カマドドリ科の鳥。全長21cm。分布：エクアドル南西部，ペルー北西部。絶滅危惧II類。

アカズキンヒメジアリドリ
〈*Grallaricula cucullata*〉鳥綱スズメ目アリドリ科の鳥。全長10cm。分布：ベネズエラ西部，コロンビア西部。絶滅危惧II類。

アカズジクビナガガエル
〈*Phrynomantis bifasciatus*〉両生綱無尾目ジムグリガエル科のカエル。体長4～6cm。分布：アフリカ。

アカスジヤマガメ
〈*Rhinoclemmys pulcherima*〉爬虫綱カメ目ヌマガメ科のカメ。最大甲長20.6cm。分布：メキシコ，コスタリカ，グァテマラ，ホンジュラス。

アカスズメフクロウ
ブラジルスズメフクロウの別名。

アカズボンインコ
〈*Charmosyna amabilis*〉鳥綱オウム目インコ科の鳥。全長18cm。分布：フイジー。絶滅危惧II類。

アカソデボウシインコ
〈*Amazona pretrei*〉鳥綱オウム目インコ科の鳥。別名アカソデボウシ，キソメボウシ。全長32cm。分布：ブラジル南部のリオ・グランデ・ド・スル州，パラグアイ東部，アルゼンチン北東部のミシオネス州。絶滅危惧IB類。

アカダイカー
〈*Cephalophus natalensis*〉ウシ科ダイカー属。体長70～100cm。分布：アフリカ東部。

アカダイショウ
コーンスネークの別名。

アカダイヤガラガラ
〈*Crotalus ruber*〉爬虫綱有鱗目マムシ科のヘビ。

アカダンナ
ヤイロチョウの別名。

アカチャガシラミヤマテッケイ
チャガシラミヤマテッケイの別名。

アカチャキクガシラコウモリ
〈*Rhinolophus subrufus*〉哺乳綱翼手目キクガシラコウモリ科の動物。前腕長5.7～5.9cm。分布：フィリピンのルソン島，ミンダナオ島，タブラス島，ネグロス島，カミギン島。絶滅危惧II類。

アカチャシャコ 赤茶鷓鴣
〈*Caloperdix oculea*〉鳥綱キジ目キジ科の鳥。別名マレーアカチャシャコ。全長28cm。分布：タイ南部・マレーシア・スマトラ島・ボルネオ島。

アカツクシガモ 赤筑紫鴨
〈*Tadorna ferruginea*〉鳥綱ガンカモ目ガンカモ科の鳥。全長63～66cm。分布：アフリカ北部・ヨーロッパ南東部・地中海西部・中近東・

アカツハメ
アジア温帯部。

アカツバメ
コシアカツバメの別名。

アカツラトゲオドリ　赤面刺尾鳥
〈Certhiaxis erythrops〉鳥綱スズメ目カマドドリ科の鳥。別名アカガオトゲオドリ。全長13cm。分布：コスタリカ，パナマ西部，コロンビア，エクアドル。

アカテタマリン
ブラックタマリンの別名。

アカテホエザル
〈Alouatta belzebul〉オマキザル科ホエザル属。頭胴長オス56.5〜63cm，メス40〜65cm。分布：南アメリカ。

アカドクハキコブラ
〈Naja pallida〉爬虫綱有鱗目ヘビ亜目コブラ科のヘビ。全長60〜75cm。分布：アフリカ。

アカトビ
〈Milvus milvus〉鳥綱タカ科の鳥。体長オス58cm，メス65cm。分布：ヨーロッパの多くの地域，アフリカ北部・西部，中近東。絶滅危惧II類。

アカトマトガエル
〈Dyscophus antongilii〉両生綱無尾目ヒメガエル科のカエル。別名アントンギルガエル。体長オス60〜65mm，メス85〜105mm。分布：マダガスカル島北東部の沿岸地方，アントンジル湾周辺に集中して多い。絶滅危惧II類。

アカニシキヘビ
〈Python curtus〉爬虫綱有鱗目ヘビ亜目ボア科のヘビ。全長275cm。分布：タイ南部からマレー半島，スマトラ，バンカ，ボルネオ。

アカネズミ　赤鼠
〈Apodemus speciosus〉哺乳綱齧歯目ネズミ科の動物。頭胴長85〜135mm。分布：北海道，本州，四国，九州の全域，淡路島，小豆島，伊豆大島，新島，三宅島，佐渡島，隠岐，対馬，五島列島，種子島，屋久島。

アカネズミカンガルー
〈Aepyprymnus rufescens〉哺乳綱有袋目カンガルー科の動物。体長37〜52cm。分布：オーストラリア東部。

アカノガンモドキ　赤鴇擬
〈Cariama cristata〉ノガンモドキ科。別名ノガンモドキ，カンムリノガンモドキ。体長70cm。分布：ブラジル中・東部からパラグアイ，アルゼンチン北部。

アカノドカザドリ
〈Cephalopterus glabricollis〉鳥綱スズメ目カザリドリ科の鳥。全長37cm。分布：コスタリカ，パナマ西部。絶滅危惧II類。

アカノドサギ
ノドアカクロサギの別名。

アカノドシャコ
〈Francolinus afer〉キジ科。体長30〜41cm。分布：アフリカ中，南部。

アカノドツメナガタヒバリ
〈Macronyx capensis〉セキレイ科。体長19cm。分布：南アフリカ，ジンバブエ中部。

アカノドハチクイ
〈Merops bulocki〉鳥綱ブッポウソウ目ハチクイ科の鳥。

アカノドハチドリ
ノドアカハチドリの別名。

アカノドヒトリツグミ
〈Myadestes genibarbis〉ツグミ科。体長19cm。分布：西インド諸島。

アカノドボウシインコ
〈Amazona arausiaca〉鳥綱オウム目インコ科の鳥。全長39〜42cm。分布：ドミニカ国。絶滅危惧II類。

アカハシウシツツキ　赤嘴牛突
〈Buphagus erythrorhynchus〉ムクドリ科。体長18〜19cm。分布：エリトリア州（エチオピア）から南アフリカ。

アカハシカザリキヌバネドリ
カザリキヌバネドリの別名。

アカハシカモメ
〈Larus audouinii〉鳥綱チドリ目カモメ科の鳥。全長51cm。分布：モロッコ，レバノン，キプロス。絶滅危惧種。

アカハシクイナ　赤嘴秧鶏
〈Rallus caerulescens〉鳥綱ツル目クイナ科の鳥。全長37〜38cm。分布：アフリカ南部。

アカハシコサイチョウ　赤嘴小犀鳥
〈Tockus erythrorhynchus〉鳥綱ブッポウソウ目サイチョウ科の鳥。体長45cm。分布：サハラ砂漠南部からアフリカ東部，南アフリカ。

アカハシコチュウハシ
〈Selenidera reinwardtii〉オオハシ科。体長

33cm。分布：アンデス山脈東側の南アメリカ北西部。

アカハシコバシガモ
アンデスガンの別名。

アカハシサイチョウ
〈*Aceros leucocephalus*〉鳥綱ブッポウソウ目サイチョウ科の鳥。全長75cm。分布：フィリピンのミンダナオ島、ヴィサヤ諸島。絶滅危惧IB類。

アカハシチャツグミ
〈*Catharus aurantiirostris*〉ツグミ科。体長17cm。分布：メキシコ、中央アメリカ、ベネズエラ、コロンビア。

アカハシツカツクリ　赤嘴塚造
〈*Talegalla cuvieri*〉鳥綱キジ目ツカツクリ科の鳥。別名アカハシパプアツカツクリ。全長56cm。分布：ニューギニア西部・サラワティ島・ミソール島。

アカハシネッタイチョウ
〈*Phaethon aethereus*〉ネッタイチョウ科。体長90～100cm。分布：大西洋熱帯域、東太平洋、インド洋北西部。

アカハシハシリカッコウ
〈*Carpococcyx renauldi*〉鳥綱カッコウ科の鳥。体長68cm。分布：タイ北西部からベトナム南部にかけて。

アカハシハジロ　赤嘴羽白
〈*Netta rufina*〉カモ科。体長53～57cm。分布：東ヨーロッパ、アジア南・中部。

アカハシハチドリ
〈*Cynanthus latirostris*〉鳥綱アマツバメ目ハチドリ科の鳥。全長9.5cm。分布：アメリカ南部からメキシコ南部。

アカハシハナドリ　赤嘴花鳥
〈*Dicaeum erythrorhynchos*〉鳥綱スズメ目ハナドリ科の鳥。全長9cm。分布：インドからビルマ西部・スリランカ。

アカハシパプアツカツクリ
アカハシツカツクリの別名。

アカハシバンケンモドキ　赤嘴蕃鵑擬
〈*Zanclostmus javanicus*〉鳥綱ホトトギス目ホトトギス科の鳥。全長45cm。分布：マレー半島、スマトラ島、ジャワ島、ボルネオ島。

アカハシフウキンチョウ
〈*Lamprospiza melanoleuca*〉鳥綱スズメ目ホオジロ科の鳥。全長15.5cm。分布：ギアナ、ブラジル、ペルー南東部。

アカハシホウカンチョウ　赤嘴鳳冠鳥
〈*Crax blumenbachii*〉鳥綱キジ目ホウカンチョウ科の鳥。全長86cm。分布：ブラジル南東部。絶滅危惧IA類。

アカハシマメサイチョウ
〈*Tockus camurus*〉サイチョウ目サイチョウ科。

アカハシリュウキュウガモ　赤嘴琉球鴨
〈*Dendrocygna autumnalis*〉鳥綱ガンカモ目ガンカモ科の鳥。全長48～53cm。分布：中央アメリカ、南アメリカ中北部。

アカハジロ　赤羽白
〈*Aythya baeri*〉鳥綱ガンカモ目ガンカモ科の鳥。全長46cm。分布：シベリア東部。絶滅危惧II類。

アカハナグマ　赤鼻熊
〈*Nasua nasua*〉哺乳綱食肉目アライグマ科の動物。別名ハナグマ。体長41～70cm。分布：合衆国南西部、メキシコ、中央アメリカ、南アメリカ。

アカハナケワタガモ
ケワタガモの別名。

アカハナコメネズミ
〈*Wiedomys pyrrhorhinos*〉哺乳綱齧歯目ネズミ科の動物。分布：ブラジル東部。

アカハナネズミ属
〈*Bibimys*〉哺乳綱齧歯目ネズミ科の動物。分布：ブラジル南東部から西はアルゼンチン北西部まで。

アカバネオタテドリ
〈*Scelorchilus albicollis*〉鳥綱スズメ目オタテドリ科の鳥。全長20cm。分布：チリ。

アカバネシギダチョウ　赤羽鷸駝鳥
〈*Rhynchotus rufescens*〉鳥綱シギダチョウ目シギダチョウ科の鳥。全長40cm。分布：ブラジル、アルゼンチン。

アカハネジネズミ
〈*Elephantulus rufescens*〉体長12～12.5cm。分布：東アフリカ。

アカバネタイヨウチョウ
〈*Nectarinia rufipennis*〉鳥綱スズメ目タイヨウチョウ科の鳥。全長12cm。分布：タンザニア東部。絶滅危惧II類。

ア

アカハネテ

アカバネテリムク
〈*Onychognathus morio*〉鳥綱スズメ目ムクドリ科の鳥。体長28cm。分布：アフリカのサハラ砂漠以南の一部地域。

アカバネヒラハシタイランチョウ
〈*Platyrinchus leucoryphus*〉鳥綱スズメ目タイランチョウ科の鳥。全長13cm。分布：ブラジル南東部，パラグアイ東部。絶滅危惧II類。

アカバネモズチメドリ
〈*Pteruthius flaviscapis*〉鳥綱スズメ目ヒタキ科チメドリ亜科の鳥。全長16cm。分布：ヒマラヤ，ビルマ，ベトナム，タイ，マレーシア，ジャワ島，ボルネオ島，中国南部。

アカハラ　赤腹
〈*Turdus chrysolaus*〉鳥綱スズメ目ヒタキ科ツグミ亜科の鳥。全長23cm。分布：サハリン，南千島，日本の本州，北海道。

アカハライカル
〈*Saltator rufiventris*〉スズメ目ホオジロ科（コウカンチョウ亜科）。全長20cm。分布：ボリビア南部，アルゼンチン北西部。絶滅危惧II類。

アカハライモリ　赤腹井守，赤腹蠑螈
〈*Cynops pyrrhogaster*〉両生綱有尾目イモリ科の動物。全長オス80〜100mm，メス100〜130mm。分布：本州，四国，九州，佐渡島，隠岐，壱岐，五島列島，大隅諸島。

アカハライモリ
ニホンイモリの別名。

アカハラオナガアリドリ　赤腹尾長蟻鳥
〈*Drymophila ferruginea*〉鳥綱スズメ目アリドリ科の鳥。全長13cm。分布：ブラジル南東部・パラグアイ北東部。

アカハラガケビタキ
〈*Thamnolaea cinnamoneiventris*〉鳥綱スズメ目ヒタキ科ツグミ亜科の鳥。全長20cm。分布：アフリカ。

アカハラカマドドリ
〈*Synallaxis zimmeri*〉鳥綱スズメ目カマドドリ科の鳥。全長16.5cm。分布：ペルー中部。絶滅危惧IB類。

アカハラキツネザル
〈*Eulemur rubriventer*〉哺乳綱霊長目キツネザル科の動物。頭胴長35〜40cm。分布：マダガスカル北部のツァラタナナ山地からアンドリンギトラ山地にかけての降雨林地域。絶滅危惧II類。

アカハラグエノン
〈*Cercopithecus erythrogaster*〉哺乳綱霊長目オナガザル科の動物。頭胴長45.7cm。分布：ナイジェリア南西部，ベナン南部。絶滅危惧II類。

アカハラグエノン
アカミミグエノンの別名。

アカハラクサカリドリ　赤腹草刈鳥
〈*Phytotoma rutila*〉鳥綱スズメ目クサカリドリ科の鳥。全長18cm。分布：ボリビア・パラグアイ・ブラジル南部・ウルグアイ・アルゼンチン。

アカハラケンバネハチドリ
〈*Campylopterus hyperythrus*〉鳥綱アマツバメ目ハチドリ科の鳥。全長12cm。分布：ベネズエラ南東部・ブラジル北部。

アカハラコガネゲラ
〈*Reinwardtipicus validus*〉キツツキ科。体長30cm。分布：ミャンマー南部，タイ南部，マレーシア，スマトラ，ジャワ，カリマンタン島。

アカハラコノハドリ
〈*Chloropsis hardwickei*〉鳥綱スズメ目コノハドリ科の鳥。体長19cm。分布：ヒマラヤ山脈東部，中国南部からマレー半島にかけて。

アカハラシキチョウ
〈*Copsychus malabaricus*〉スズメ目ヒタキ科。

アカハラシャクケイ
〈*Penelope ochrogaster*〉鳥綱キジ目ホウカンチョウ科の鳥。全長67.5〜75cm。分布：ブラジル中央部。絶滅危惧II類。

アカハラタイランチョウ　赤腹太蘭鳥
〈*Neoxolmis rufiventris*〉鳥綱スズメ目タイランチョウ科の鳥。全長23cm。分布：アルゼンチン，チリ。

アカハラダカ　赤腹鷹
〈*Accipiter soloensis*〉鳥綱ワシタカ目ワシタカ科の鳥。全長30cm。分布：中国北東部・朝鮮半島。

アカハラツバメ
〈*Hirundo rustica saturata*〉鳥綱スズメ目ツバメ科の鳥。

アカハラトビ
〈*Harpagus bidentatus*〉鳥綱ワシタカ目ワシタカ科の鳥。全長オス30cm，メス36cm。分

アカハラハナドリ
オレンジハナドリの別名。

アカハラヒメウソ
〈*Sporophila minuta*〉鳥綱スズメ目ホオジロ科の鳥。全長10cm。分布：中央アメリカから南アメリカ。

アカハラブラックスネーク
〈*Pseudechis porphyriacus*〉爬虫綱有鱗目ヘビ亜目コブラ科のヘビ。全長2〜2.7m。分布：オーストラリアとその周辺。

アカハラマユシトド
〈*Poospiza garleppi*〉スズメ目ホオジロ科（ホオジロ亜科）。全長17cm。分布：ボリビア中央部。絶滅危惧IB類。

アカハラミズヘビ
〈*Sinonatrix annularis*〉爬虫綱有鱗目ナミヘビ科のヘビ。

アカハラミドリヤマセミ
〈*Chloroceryle inda*〉鳥綱ブッポウソウ目カワセミ科の鳥。全長22cm。分布：ニカラグアからコロンビア・エクアドル西部・ブラジル南部・ペルー東部・ボリビア北部。

アカハラムクドリモドキ　赤腹椋鳥擬
〈*Hypopyrrhus pyrohypogaster*〉鳥綱スズメ目ムクドリモドキ科の鳥。全長オス30cm，メス27cm。分布：コロンビア。絶滅危惧IB類。

アカハラメロミス
〈*Melomys fellowsi*〉齧歯目ネズミ科（ネズミ亜科）。頭胴長14cm。分布：ニューギニア島東部。絶滅危惧種。

アカハラモグリマウス
〈*Juscelimomys candango*〉哺乳綱齧歯目ネズミ科の動物。分布：ブラジルのブラジリア市周辺。

アカハラモズヒタキ
〈*Pachycephala rufiventris*〉鳥綱スズメ目ヒタキ科モズビタキ亜科の鳥。全長17cm。

アカハラモリフウキンチョウ
〈*Hemispingus goeringi*〉スズメ目ホオジロ科（フウキンチョウ亜科）。全長14cm。分布：ベネズエラ西部のメリダ山脈。絶滅危惧II類。

アカハラヤイロチョウ　赤腹八色鳥
〈*Pitta erythrogaster*〉鳥綱スズメ目ヤイロチョウ科の鳥。別名ムネアカヤイロ。体長16cm。分布：フィリピン，インドネシア東部，ニューギニアとオーストラリア北部。渡りをするものもいる。

アカハラヤブモズ
〈*Laniarius barbarus*〉モズ科。体長22cm。分布：アフリカ西部。

アカハラヤブワラビー
〈*Thylogale billardierii*〉有袋目カンガルー科。

アカハラヤマフウキンチョウ
〈*Anisognathus igniventris*〉鳥綱スズメ目ホオジロ科の鳥。体長16cm。分布：ベネズエラからボリビアまでのアンデス山脈の森林地帯。

アカハラレーサー
〈*Alsophis rufiventris*〉爬虫綱トカゲ目（ヘビ亜目）ナミヘビ科のヘビ。頭胴長80〜92cm。分布：オランダ領サバ島とシント・ユースタティウス島，セントクリストファー・ネイビス。絶滅危惧IB類。

アカハラワカバインコ
〈*Neophema chrysogaster*〉鳥綱オウム目インコ科の鳥。別名アカハラワカバ。全長20〜21cm。分布：オーストラリア南東部およびタスマニア島。絶滅危惧。

アカハワイミツスイ
〈*Himatione sanguinea*〉鳥綱スズメ目ハワイミツスイ科の鳥。全長13cm。分布：ハワイ諸島。

アカパンダ
レッサーパンダの別名。

アカヒゲ　赤髭，赤鬚
〈*Erithacus komadori*〉鳥綱スズメ目ヒタキ科ツグミ亜科の鳥。全長14cm。分布：南部沖縄。天然記念物。

アカヒゲ
ウスアカヒゲの別名。

アカヒゲハチドリ
〈*Calothorax lucifer*〉鳥綱アマツバメ目ハチドリ科の鳥。全長9.5cm。分布：アメリカ南部からメキシコ。

アカビタイアリツグミ
〈*Formicarius rufifrons*〉鳥綱スズメ目アリドリ科の鳥。全長18cm。分布：ペルー南東部。絶滅危惧II類。

アカビタイキツネザル
〈*Lemur fulvus rufus*〉キツネザル科キツネザ

アカヒタイ

ル属。頭胴長38〜45cm。分布：マダガスカル島。

アカビタイヒメコンゴウインコ
〈*Ara maracana*〉鳥綱オウム目インコ科の鳥。別名アカビタイヒメコンゴウ。全長36〜43cm。分布：ブラジル北東部・中央部・南東部，パラグアイ東部，アルゼンチン北東部。絶滅危惧II類。

アカビタイボウシインコ　赤額帽子鸚哥
〈*Amazona vittata*〉鳥綱オウム目インコ科の鳥。別名アカビタイボウシ。全長29cm。分布：プエルトリコ。絶滅危惧IA類。

アカビタイマユシトド
〈*Poospiza baeri*〉スズメ目ホオジロ科（ホオジロ亜科）。全長18cm。分布：アルゼンチン北西部。絶滅危惧II類。

アカヒメクマタカ
〈*Hieraaetus morphnoides*〉タカ科。体長オス47cm，メス53cm。分布：オーストラリア，ニューギニア，インドネシアのモルッカ諸島。

アカヒロハシ　赤広嘴
〈*Cymbirhynchus macrorhynchos*〉鳥綱スズメ目ヒロハシ科の鳥。別名クロアカヒロハシ。全長25cm。分布：スマトラ島，ボルネオ島，ビルマ，インドシナ，マレー半島。

アカフウキンチョウ　赤風琴鳥
〈*Piranga olivacea*〉ホオジロ科/フウキンチョウ亜科。体長16cm。分布：北アメリカ東部。主にアンデス山脈の東側の南アメリカ北部で越冬。

アカフサオナガタイヨウチョウ
〈*Nectarinia johnstoni*〉タイヨウチョウ科。体長25〜30cm。分布：ケニアおよびウガンダ，タンザニア。

アカフサカザリドリ
〈*Pyroderus scutatus*〉鳥綱スズメ目カザリドリ科の鳥。全長43cm。分布：ベネズエラ，コロンビア，エクアドル，ペルー，ギアナ，ブラジル，アルゼンチン。

アカフサゴシキドリ
〈*Psilopogon pyrolophus*〉鳥綱キツツキ目ゴシキドリ科の鳥。体長28cm。分布：マレー半島，スマトラ島の山地。

アカブサノガン
カンムリショウノガンの別名。

アカフタオハチドリ
〈*Sappho sparganura*〉ハチドリ科。体長20cm。分布：ボリビア，チリ，アルゼンチン西部のアンデス山中。

アカフトオハチドリ
〈*Selasphorus rufus*〉鳥綱アマツバメ目ハチドリ科の鳥。体長10cm。分布：北アメリカ北西部で繁殖し，カリフォルニア州南部やメキシコの海岸で越冬。

アカフルーツヘラコウモリ
〈*Stenoderma rufum*〉哺乳綱翼手目ヘラコウモリ科の動物。前腕長4.5〜5cm。分布：アメリカ領プエルト・リコ，アメリカ領セント・ジョン島。絶滅危惧II類。

アカボウクジラ　赤坊鯨
〈*Ziphius cavirostris*〉哺乳綱クジラ目アカボウクジラ科のクジラ。別名キュビエズ・ホエール，グースビーク・ホエール，グースビーク・ホエール。5.5〜7m。分布：熱帯・亜熱帯・温帯にかけての世界中の海域。国内では静岡県，神奈川県，千葉県の近海。

アカボウシインコ
〈*Amazona dufresniana*〉鳥綱オウム目インコ科の鳥。別名アカボウシ，ズアカボウシ。全長35cm。分布：ブラジル東部。絶滅危惧IB類。

アカボウシキツツキ
ホオジロシマアカゲラの別名。

アカボウシヤブシトド
〈*Atlapetes pileatus*〉鳥綱スズメ目ホオジロ科の鳥。全長12.7cm。分布：メキシコ。

アカボウモドキ
〈*Mesoplodon mirus*〉哺乳綱クジラ目アカボウクジラ科のクジラ。別名ワンダフル・ビークト・ホエール。4.9〜5.3m。分布：北大西洋の温帯域，アフリカ南東部，それにオーストラレーシア。

アカホエザル　赤吠猿
〈*Alouatta seniculus*〉哺乳綱霊長目オマキザル科の動物。体長51〜63cm。分布：南アメリカ北西部。

アカボシヒキガエル
〈*Bufo punctatus*〉両生綱無尾目ヒキガエル科のカエル。体長40〜75mm。分布：アメリカのカリフォルニア州南西部からカンザス州西部以南，メキシコのサンルイポトシまで。

アガマ

〈*agama*〉爬虫綱有鱗目アガマ科に属するトカゲの総称。体長4〜35cm。分布：北緯52度以南のアフリカ，アジア，オーストラリア。

アカマザマ
〈*Mazama americana*〉偶蹄目シカ科の哺乳類。別名マザマ。肩高71cm。分布：中央・南アメリカ，メキシコからアルゼンチン。

アカマシコ 赤猿子
〈*Carpodacus erythrinus*〉鳥綱スズメ目アトリ科の鳥。全長14cm。分布：ヨーロッパ東部からカフカス，イラン，インド，ヒマラヤ，シベリア東部。

アカマタ 赤棟蛇，赤楝蛇
〈*Dinodon semicarinatum*〉爬虫綱有鱗目ヘビ亜目ナミヘビ科のヘビ。全長80〜170cm。分布：奄美諸島，沖縄諸島。

アカマダラ 赤斑
〈*Dinodon rufozonatum rufozonatum*〉爬虫綱有鱗目ヘビ亜目ナミヘビ科のヘビ。全長60〜120cm。分布：朝鮮半島，中国，沿海州南端，台湾，ラオス，ベトナム北部。国内では対馬，尖閣諸島。

アカマユインコ
〈*Psitteuteles iris*〉鳥綱オウム目インコ科の鳥。全長20〜22cm。分布：インドネシアのティモール島，ウェタル島。絶滅危惧II類。

アカマユカラシモズ
〈*Cyclarhis gujanensis*〉モズモドキ科。体長16〜17cm。分布：中央アメリカおよびアンデス山脈東側からアルゼンチン北部，中央部に至る南アメリカ。

アカマユコバシハエトリ 赤眉小嘴蠅取
〈*Phylloscartes superciliaris*〉鳥綱スズメ目タイランチョウ科の鳥。全長10cm。分布：コスタリカからベネズエラ。

アカマユホウセキドリ 赤眉宝石鳥
〈*Pardalotus rubricatus*〉鳥綱スズメ目ハナドリ科の鳥。全長9cm。分布：オーストラリア西部，アーネムランド半島基部・ヨーク岬半島。

アカマユマシコ 赤眉猿子
〈*Callacanthis burtoni*〉鳥綱スズメ目アトリ科の鳥。全長17cm。分布：ヒマラヤ，パキスタン。

アカマングース
〈*Herpestes smithi*〉哺乳綱食肉目ジャコウネコ科の動物。体長45cm。分布：インド，スリランカ。

アカミソサザイ
〈*Cinnycerthia unirufa*〉鳥綱スズメ目ミソサザイ科の鳥。体長18cm。分布：アンデス山脈のベネズエラからペルーにかけて，標高3800メートルくらいまでの気候が温暖な場所。

アカミツスイ 赤蜜吸
〈*Myzomela cruentata*〉鳥綱スズメ目ミツスイ科の鳥。全長11cm。分布：ニューギニア，ビスマーク諸島。

アカミミアメリカイシガメ
ミュレンバーグイシガメの別名。

アカミミガメ
〈*Trachemys scripta*〉爬虫綱カメ目ヌマガメ科のカメ。最大甲長27cm。分布：米国，メキシコから中南米を経てコロンビア北部およびベネズエラまで。

アカミミガメ
ミシシッピアカミミガメの別名。

アカミミグエノン
〈*Cercopithecus erythrotis*〉哺乳綱霊長目オナガザル科の動物。頭胴長オス35.6〜40cm。分布：ナイジェリア東部，カメルーン西部，赤道ギニアのビオコ島。絶滅危惧II類。

アカミミコンゴウインコ
〈*Ara rubrogenys*〉鳥綱オウム目インコ科の鳥。全長55〜60cm。分布：ボリビア中央部。絶滅危惧IB類。

アカミミダレミツスイ
アカミミミツスイの別名。

アカミミミツスイ 赤耳蜜吸
〈*Anthochaera carunculata*〉鳥綱スズメ目ミツスイ科の鳥。別名アカミミダレミツスイ。全長33cm。分布：オーストラリア南部。

アカムネトビ
〈*Laphoictinia isura*〉鳥綱ワシタカ目ワシタカ科の鳥。全長50cm。分布：オーストラリア。

アカムラサキインコ
〈*Larius roratus*〉鳥綱オウム目オウム科の鳥。

アカメアフリカヒヨドリ
〈*Pycnonotus nigricans*〉鳥綱スズメ目ヒヨドリ科の鳥。別名ズグロオウラウン，ズグロコウラウン。全長19〜21cm。分布：アフリカ東部から南部。

アカメアマガエル
〈*Agalychnis callidryas*〉両生綱無尾目アマガエル科のカエル。体長オス最大56mm、メス71mm。分布：メキシコのベラクルスからパナマ中部まで。また太平洋側の低地ではコスタリカ南部からパナマ東部まで。

アカメアメガエル
〈*Litoria chloris*〉両生綱無尾目アマガエル科のカエル。体長43～65mm。分布：オーストラリアのクィーンズランド州からニューサウスウェールズ州にかけての東部沿岸地方。

アカメアメリカムシクイ
〈*Microligea palustris*〉鳥綱スズメ目アメリカムシクイ科の鳥。全長15cm。分布：西インド諸島。

アカメアレチカマドドリ 赤目荒地竈鳥
〈*Phacellodomus erythrophthalmus*〉鳥綱スズメ目カマドドリ科の鳥。全長19cm。分布：ブラジル東部。

アカメカモメ 赤目鷗
〈*Creagrus furcatus*〉カモメ科。体長55～60cm。分布：ガラパゴス諸島やコロンビアで繁殖。南アメリカ北西部の沖合で越冬。

アカメクイナ 赤目秧鶏
〈*Gymnocrex plumbeiventris*〉鳥綱ツル目クイナ科の鳥。全長32cm。分布：ニューギニア、ミソール島、カルカル島、ニューアイルランド島。

アカメシャコバト 赤目鷓鴣鳩
〈*Petrophassa smithii*〉鳥綱ハト目ハト科の鳥。全長25cm。分布：オーストラリア北部。

アカメタイランチョウ 赤目太蘭鳥
〈*Pyrope pyrope*〉鳥綱スズメ目タイランチョウ科の鳥。全長17cm。分布：チリ、アルゼンチン。

アカメミヤマバト 赤目深山鳩
〈*Gymnophaps albertisii*〉鳥綱ハト目ハト科の鳥。全長35cm。分布：ニューギニア、ニューアイルランド島、ニューブリテン島。

アカメモズモドキ
〈*Vireo olivaceus*〉モズモドキ科。体長14cm。分布：カナダからメキシコ湾に臨む5州で繁殖。南アメリカ北西部からアマゾン川流域にかけての地域で越冬。

アカモズ 赤百舌、赤鵙
〈*Lanius cristatus*〉鳥綱スズメ目モズ科の鳥。別名モズタカ、シロモズ、タカモズ。全長20cm。分布：旧ソ連・カムチャツカ半島からシベリア・モンゴル・アルタイ・ウスリー地方・中国北東部・朝鮮半島。国内ではアカモズが本州以北、シマアカモズが九州で夏鳥。

アカモモチドリ
〈*Charadrius cinctus*〉鳥綱チドリ目チドリ科の鳥。別名ワキアカチドリ。全長18cm。分布：オーストラリア。

アカヤケイ
セイロンヤケイの別名。

アカヤブリス
〈*Paraxerus palliatus*〉哺乳綱齧歯目リス科の動物。頭胴長17.4～25cm。分布：ソマリア、ケニア、マラウイ、タンザニア、モザンビーク、ジンバブエ、南アフリカ共和国。絶滅危惧II類。

アカヤマドリ
〈*Phasianus soemmerringii scintillans*〉鳥綱キジ目キジ科の鳥。

アカヤワゲトゲネズミ
〈*Diplomys rufodorsalis*〉哺乳綱齧歯目アメリカトゲネズミ科の動物。頭胴長19cm。分布：コロンビア北東部。絶滅危惧II類。

アカユビクサガエル
〈*Hyperolius cinctiventris*〉両生綱無尾目アオガエル科の動物。

アカユミハシオニキバシリ
〈*Campylorhamphus trochilirostris*〉オニキバシリ科。体長30cm。分布：パナマから南アメリカ北部を経てボリビア、パラグアイ、アルゼンチン北部。

アカリュウキュウガモ 赤琉球鴨
〈*Dendrocygna bicolor*〉鳥綱ガンカモ目ガンカモ科の鳥。全長45～53cm。分布：北アメリカ南部・西インド諸島・南アメリカ北部・中南部・インド・マダガスカル・アフリカ東部。

アーカル・テッケ
〈*Akhal-Teke*〉馬の一品種。体高144～154cm。原産：トルクメン共和国。

アカワラルー
〈*Macropus antilopinus*〉カンガルー科。

アキクサインコ 秋草鸚哥
〈*Neophema bourkii*〉鳥綱オウム目インコ科の鳥。体長19cm。分布：オーストラリア内陸部。

アキシスジカ
〈*Cervus axis*〉偶蹄目シカ科。分布：インド，セイロンの森。

アキシスジカ
アクシスジカの別名。

アキタケン　秋田犬
〈*Canis familiaris*〉哺乳綱食肉目イヌ科の動物。別名ジャパニーズ・アキタ。体高オス62cm，メス57cm。分布：秋田。天然記念物。

アク・カラマン
〈*Ak-Karaman*〉哺乳綱偶蹄目ウシ科の動物。体高オス67～72cm，メス63～66cm。分布：トルコ。

アクシスジカ
〈*Axis axis*〉哺乳綱偶蹄目シカ科の動物。体長1～1.5m。分布：南アジア。

アグーチ
〈*Dasyprocta aguti*〉哺乳綱齧歯目パカ科の動物。

アークティック・ホエール
ホッキョククジラの別名。

アークティックライト・ホエール
ホッキョククジラの別名。

アクバシュ・ドッグ
〈*Akbash Dog*〉犬の一品種。

アケキ
〈*Loxops caeruleirostris*〉鳥綱スズメ目ハワイミツスイ科の鳥。別名カウアイコバシハワイミツスイ。全長11cm。分布：アメリカ合衆国ハワイ州のカウアイ島。絶滅危惧IB類。

アケボノアレチネズミ
〈*Gerbillus principulus*〉齧歯目ネズミ科（アレチネズミ亜科）。頭胴長7.3cm。分布：スーダン。絶滅危惧IA類。

アケボノインコ　曙鸚哥
〈*Pionus menstruus*〉鳥綱オウム目インコ科の鳥。体長28cm。分布：コスタリカからボリビアやブラジル南東部にかけて。

アゲマキプリカ
〈*Plica plica*〉爬虫綱有鱗目トカゲ亜目イグアナ科の動物。全長27～41cm。分布：アンデス山脈より東の南米北部。

アゴジロミズナギドリ　顎白水薙鳥
〈*Procellaria aequinoctialis*〉鳥綱ミズナギドリ目ミズナギドリ科の鳥。全長55cm。分布：フォークランド諸島。

アゴヒゲアザラシ　顎髭海豹, 顎鬚海豹
〈*Erignathus barbatus*〉哺乳綱鰭脚目アザラシ科に属する海獣。頭胴長210～240cm。分布：北太平洋と北大西洋および北極海の北極圏。

アゴヒゲオマキザル
〈*Cebus xanthosternos*〉哺乳綱霊長目オマキザル科の動物。頭胴長35～48cm。分布：ブラジル南東部。絶滅危惧IA類。

アゴヒゲトカゲ
〈*Amphibolurus barbatus*〉爬虫綱有鱗目トカゲ亜目アガマ科のトカゲ。

アゴヒゲハチドリ
〈*Threnetes leucurus*〉鳥綱アマツバメ目ハチドリ科の鳥。全長13.5cm。分布：南アメリカ。

アゴヒゲヒヨドリ
〈*Criniger barbatus*〉鳥綱スズメ目ヒヨドリ科の鳥。体長20cm。分布：シエラレオネからガボンおよび中央アフリカ共和国。

アゴフセワタビタキ
〈*Batis molitor*〉カササギビタキ科。別名アゴブチワタゴシヒタキ。体長11.5cm。分布：スーダン南部，ケニア（海岸地域を除く），アフリカ南西部，モザンビーク，ケープ州東部。

アゴブチワタゴシヒタキ
アゴフセワタビタキの別名。

アザオーク
〈*Azaouak*〉牛の一品種。メス126cm，オス133cm。

アザオーク
アザワクの別名。

アサギアメリカムシクイ
〈*Parula americana*〉アメリカムシクイ科。体長11.5cm。分布：北アメリカ東部（巣はカリフォルニア州，ニューメキシコ州，メキシコにも分散）。フロリダ州, 西インド諸島, 中央アメリカで越冬。

アサギボウシインコ
アオボウシインコの別名。

アサギリチョウ　朝霧鳥
〈*Estrilda caerulescens*〉鳥綱スズメ目カエデチョウ科の鳥。全長10cm。分布：セネガルからナイジェリア，チャド南部。

アサクラサンショウクイ　朝倉山椒食
〈*Coracina melaschistos*〉鳥綱スズメ目サン

アサヒスス

ショウクイ科の鳥。全長22cm。分布：インド北部・ヒマラヤ・インドシナ・中国南部。

アサヒスズメ 旭雀
〈*Neochmia phaeton*〉鳥綱スズメ目カエデチョウ科の鳥。全長14cm。分布：オーストラリア北部。

アザラアグーチ
〈*Dasyprocta azarae*〉哺乳綱齧歯目アグーチ科の動物。体長50cm。分布：南アメリカ東部。絶滅危惧II類。

アザラシ 海豹
〈*earless seal*〉哺乳綱鰭脚目アザラシ科に属する動物の総称。

アザラシ
ワモンアザラシの別名。

アザラシサラマンダー
〈*Desmognathus monticola*〉両生綱有尾目ムハイサラマンダー科の動物。

アザワク
〈*Azawakh*〉犬の一品種。体高58～74cm。原産：マリ。

アジアアシナシイモリ
セイロンアシナシの別名。

アジアウキガエル
〈*Occidozyga lima*〉両生綱無尾目アカガエル科のカエル。体長25～35mm。分布：インドシナ半島からインドのベンガル地方まで，マレー半島からジャワ島にかけて。

アジアカワツバメ
〈*Pseudochelidon sirintarae*〉鳥綱スズメ目ツバメ科の鳥。体長15cm。分布：タイ中部。絶滅危惧IA類。

アジアクロクマ
ツキノワグマの別名。

アジアクロヒヨドリ
〈*Hypsipetes leucocephalus*〉鳥綱スズメ目ヒヨドリ科の鳥。体長23cm。分布：インド亜大陸の一部，東南アジア。北の個体群は冬に南方に渡る。

アジアコブラ
〈*Naja oxiana*〉爬虫綱コブラ科のヘビ。

アジアコブラ
インドコブラの別名。

アジアゴールデンキャット
〈*Felis temmincki*〉哺乳綱食肉目ネコ科の動物。別名テミンクヤマネコ。体長75～105cm。分布：ネパールから中国南部，スマトラ。

アジアサンショウウオ
〈*Asiatic salamander*〉両生綱有尾目サンショウウオ科の動物。全長10～21cm。分布：アジア中部，東部。

アジアジムグリガエル
〈*Kaloula pulchra*〉両生綱無尾目ヒメガエル科のカエル。体長55～75mm。分布：ネパール，中国南部からシンガポールまで，西はインド南部まで，またスリランカ，ボルネオ，スラウェシ。

アジアジャコウネコ
〈*Viverra tangalunga*〉哺乳綱食肉目ジャコウネコ科の動物。体長62～66cm。分布：東南アジア。

アジアスイギュウ
スイギュウの別名。

アジアゾウ
〈*Elephas maximus*〉哺乳綱長鼻目ゾウ科の動物。別名インドゾウ。体長3.5mまで。分布：南アジアおよび東南アジア。絶滅危惧IB類。

アジアツノガエル
コノハガエルの別名。

アジアツノガエル
ミツヅノコノハガエルの別名。

アジアノロバ
〈*Equus hemionus*〉哺乳綱奇蹄目ウマ科の動物。別名オナガー。体長2～2.5m。分布：西アジア，中央アジア，南アジア。絶滅危惧II類。

アジアバク
マレーバクの別名。

アジアハコスッポン
インドハコスッポンの別名。

アジアヒキガエル
両生綱カエル目ヒキガエル亜目ヒキガエル科のカエル。

アジアヒメキツツキ
〈*Picumnus innominatus*〉鳥綱キツツキ目キツツキ科の鳥。全長10cm。分布：ヒマラヤ，インド，ビルマから中国，ボルネオ島，スマトラ島。

アジアヒレアシ
〈*Heliopais personata*〉鳥綱ツル目ヒレアシ科

の鳥。別名マレーヒレアシ。全長55cm。分布：インド北東部からビルマ・ベトナム南部・マレー半島・スマトラ島。絶滅危惧II類。

アジアフサオヤマアラシ
〈*Atherurus macrourus*〉哺乳綱齧歯目ヤマアラシ科の動物。

アジアヘビウ　南洋蛇鵜
〈*Anhinga melanogaster*〉鳥綱ペリカン目ヘビウ科の鳥。体長85〜97cm。分布：アフリカ（サハラ砂漠以南），アジア南部および南東部，オーストラリア，ニューギニア。

アジアミドリガエル
〈*Rana erythraea*〉両生綱無尾目アカガエル科のカエル。体長オス32〜45mm、メス48〜75mm。分布：南ベトナムからインドのオリッサ州まで。及びマレー半島、ジャワ、ボルネオ、フィリピン（ネグロス島・パナイ島）。

アジアムフロン
〈*Ovis orientalis*〉哺乳綱偶蹄目ウシ科の動物。体長1.1〜1.3m。分布：西アジア。絶滅危惧IB類。

アジアレンカク
〈*Metopidius indicus*〉鳥綱チドリ目レンカク科の鳥。全長30cm。分布：インド，東南アジア，ジャワ島，スマトラ島。

アシカ　葦鹿, 海驢
〈*sea lion*〉広義には哺乳綱鰭脚目アシカ科の海産動物の総称で，狭義にはその1種をさす。

アシカ
カリフォルニアアシカの別名。

アシグロヒワミツドリ
〈*Dacnis nigripes*〉スズメ目ホオジロ科（フウキンチョウ亜科）。全長10cm。分布：ブラジル南東部。絶滅危惧II類。

アジサシ　鰺刺
〈*Sterna hirundo*〉鳥綱チドリ目カモメ科の鳥。体長37cm。分布：北半球全域で繁殖し、南半球の大陸の沿岸までの地域で越冬。

アジサシ　鰺刺
〈*tern*〉広義には鳥綱チドリ目カモメ科アジサシ亜科に属する海鳥の総称で、狭義にはそのうちの1種をさす。全長20〜56cm。分布：世界中。

アジサシモドキ
〈*Rynchops flavirostris*〉鳥綱チドリ目ハサミアジサシ科の鳥。別名アフリカハサミアジサシ。全長38cm。分布：アフリカ中部・南部。

アシナガアリドリ　足長蟻鳥
〈*Myrmothera campanisona*〉鳥綱スズメ目アリドリ科の鳥。全長13cm。分布：ギアナ・ベネズエラ南半部・コロンビア・ペルー・ブラジル。

アシナガウミツバメ　脚長海燕, 足長海燕
〈*Oceanites oceanicus*〉鳥綱ミズナギドリ目ウミツバメ科の鳥。別名アシナガコシジロウミツバメ。体長15〜19cm。分布：繁殖はティエラ・デル・フエゴ、フォークランド諸島から南極大陸沿岸にかけて。繁殖期後は北インド洋と北大西洋に渡って越冬。

アシナガコウモリ
〈*funnel-eared bat*〉虫食性で後肢が異常に細長く、体色が鮮やかな翼手目アシナガコウモリ科アシナガコウモリ属Natalusに属する哺乳類の総称。体長3.5〜5.5cm。分布：コロンビアとブラジルをへてメキシコ北部，カリブ海東部。

アシナガコシジロウミツバメ
アシナガウミツバメの別名。

アシナガコリンウズラ　足長古林鶉
〈*Rhynchortyx cinctus*〉鳥綱キジ目キジ科の鳥。全長17〜20cm。分布：ホンジュラス・ニカラグア・コスタリカ・パナマ・コロンビア北西部・エクアドル北西部。

アシナガシギ　足長鷸
〈*Micropalama himantopus*〉鳥綱チドリ目シギ科の鳥。全長22cm。分布：北アメリカ北部。

アシナガタイランチョウ　足長太蘭鳥
〈*Muscigralla brevicauda*〉鳥綱スズメ目タイランチョウ科の鳥。全長11cm。分布：エクアドル南西部からチリ北部。

アシナガツバメチドリ
〈*Stiltia isabella*〉鳥綱チドリ目ツバメチドリ科の鳥。体長20〜23cm。分布：オーストラリアの北部および内陸部で繁殖。ほとんどが、オーストラリアの最北部、ニューギニアなどパプアの島々、インドネシアで越冬。

アシナガネズミカンガルー
〈*Potorous longipes*〉二門歯目ネズミカンガルー科。体長38〜42cm。分布：オーストラリア南東部。絶滅危惧IB類。

アシナカミ

アシナガミズネズミモドキ
〈*Leptomys elegans*〉齧歯目ネズミ科（ミズネズミ亜科）。頭胴長14〜16.5cm。分布：ニューギニア島。絶滅危惧種。

アシナガワシ
〈*Aquila pomarina*〉鳥綱ワシタカ目ワシタカ科の鳥。全長60〜65cm。分布：ヨーロッパ中部・西部から旧ソ連南部，ギリシア，インド，ビルマ。

アシナシイモリ 足無蠑螈
〈*Caecilian*〉両生綱無足目に属する動物（無足類）の総称。全長30〜70cm。分布：中国南部，インド，スリランカからフィリピン南部まで，中央アフリカ，セイシェル諸島，中央・南アメリカ。

アシナシトカゲ
〈*lateral fold lizard*〉爬虫綱有鱗目アシナシトカゲ科に属するトカゲの総称。体長6〜30cm。分布：カナダ南西部，アメリカ合衆国の広域からアルゼンチン北西部，ヨーロッパ，アフリカ北西部から南アジア。

アシビロガエル
〈*Rana palmipes*〉両生綱無尾目アカガエル科のカエル。体長オス55〜104mm，メス78〜126mm。分布：メキシコのベラクルス以南ブラジル北東部からエクアドル，ペルー北西部まで。

アシボソコタイランチョウ
〈*Zimmerius gracilipes*〉タイランチョウ科。体長11.5cm。分布：ギアナ地方，ベネズエラ南部，コロンビア東部からボリビア北部およびブラジル東部。

アシボソジネズミ
〈*Crocidura gracilipes*〉哺乳綱食虫目トガリネズミ科の動物。分布：タンザニアのキリマンジャロだけから知られている。絶滅危惧IA類。

アシボソハイタカ
〈*Accipiter striatus*〉鳥綱タカ目タカ科の鳥。体長25〜33cm。分布：北・中央・南アメリカ，カリブ海に面した国々。

アシボチヤマガメ
〈*Rhinoclemmys punctularia*〉爬虫綱カメ目ヌマガメ科のカメ。最大甲長25.4cm。分布：ベネズエラ，ギアナ，ブラジル，トリニダード・トバコ。

アジルテナガザル
〈*Hylobates agilis*〉哺乳綱霊長目テナガザル科の動物。分布：マレー半島，スマトラ，ボルネオ南西部。

アジルマンガベイ
〈*Cercocebus galeritus*〉オナガザル科マンガベイ属。頭胴長44〜58cm。分布：カメルーン，ガボン，ケニア，タンザニア。

アズキヒロハシ 小豆広嘴
〈*Eurylaimus javanicus*〉鳥綱スズメ目ヒロハシ科の鳥。全長23cm。分布：ビルマ，インドシナ，マレー半島，大スンダ列島。

アストリアナ
〈*Asturiana*〉牛の一品種。

アスプコブラ
エジプトコブラの別名。

アズマヒキガエル 東蟇
〈*Bufo japonicus formosus*〉両生綱無尾目ヒキガエル科のカエル。体長90〜150mm。分布：本州の近畿付近から東北部，伊豆大島，北海道の一部。

アズマモグラ 小鼴鼠，神戸土竜，東鼴鼠，東土竜
〈*Mogera minor*〉哺乳綱食虫目モグラ科の動物。頭胴長121〜159mm。分布：朝鮮半島，中国東北部，シベリア沿海地方。国内では本州中部の神奈川，山梨，長野，石川の各県を結ぶ線以北に連続した分布域，紀伊半島南部，京都付近，広島県北部，四国剣山，石槌山，大滝山周辺，小豆島北部。

アズマヤドリ
ニワシドリの別名。

アズミトガリネズミ 安曇尖鼠
〈*Sorex hosonoi*〉哺乳綱食虫目トガリネズミ科の動物。頭胴長5〜6.6cm。分布：石川県，栃木県，静岡県，岐阜県に囲まれた本州中部の山地。絶滅危惧II類。

アゾレスヤマコウモリ
〈*Nyctalus azoreum*〉哺乳綱翼手目ヒナコウモリ科の動物。前腕長約3.7cm。分布：ポルトガル領アゾレス諸島。絶滅危惧II類。

アタカマホオヒゲコウモリ
〈*Myotis atacamensis*〉哺乳綱翼手目ヒナコウモリ科の動物。前腕長3.5cm。分布：ペルー南部，チリ北部。絶滅危惧II類。

アタカマミズガエル

〈*Telmatobius atacamensis*〉両生綱無尾目カエル目ユビナガガエル科のカエル。体長4.5〜7.2cm。分布：アルゼンチン北西部。絶滅危惧IB類。

アダースダイカー
〈*Cephalophus adersi*〉哺乳綱偶蹄目ウシ科の動物。頭胴長66〜72cm。分布：タンザニアのザンジバル島, ケニア東部の海岸。絶滅危惧IB類。

アダックス
〈*Addax nasomaculatus*〉哺乳綱偶蹄目ウシ科の動物。体長1.5〜1.7m。分布：アフリカ北西部。絶滅危惧IA類。

アダマワ
〈*Adamawa*〉牛の一品種。

アチェウシ　アチェ牛
〈*Atjeh Cattle*〉肩高メス100〜110cm。分布：インドネシア。

アーチビークト・ホエール
ハップスオオギハクジラの別名。

アーチボルド ネズミ
〈*Archboldomys luzonensis*〉齧歯目ネズミ科（ネズミ亜科）。頭胴長12.5cm。分布：フィリピンのルソン島。絶滅危惧IB類。

アーチームカシガエル
〈*Leiopelma archeyi*〉両生綱無尾目リオペルマ科の動物。

アーチャニセヤブヒバリ
〈*Heteromirafra archeri*〉鳥綱スズメ目ヒバリ科の鳥。全長14cm。分布：ソマリア北西部。絶滅危惧IB類。

アッサムモンキー
〈*Macaca assamensis*〉哺乳綱霊長目オナガザル科の動物。頭胴長オス53.8〜73cm, メス43.1〜58.7cm。分布：インド北部, タイ, ベトナム。絶滅危惧II類。

アッフェンピンシャー
〈*Affenpinscher*〉哺乳綱食肉目イヌ科の動物。

アッペンゼラー
〈*Appenzeller*〉犬の一品種。

アッペンツェラー・ゼネンフンド
アッペンツェラー・マウンテン・ドッグの別名。

アッペンツェラー・マウンテン・ドッグ
〈*Appenzeller Mountain Dog*〉犬の一品種。別名アッペンツェラー・ゼネンフンド。

アッペンツエール
トッゲンブルグの別名。

アデリーペンギン
〈*Pygoscelis adeliae*〉鳥綱ペンギン目ペンギン科の鳥。体長71cm。分布：南極。

アデレードアオジタトカゲ
〈*Tiliqua adelaidensis*〉トカゲ目（トカゲ亜目）トカゲ科（スベトカゲ亜科）。頭胴長9〜11cm。分布：オーストラリア南東部。絶滅危惧。

アデン
〈*Aden*〉牛の一品種。原産：アラビア。

アードウルフ　土狼
〈*Proteles cristatus*〉哺乳綱食肉目ハイエナ科の動物。別名ツチオオカミ。体長67cm。分布：東アフリカ, アフリカ南部。

アトラアガマ
〈*Agama atra*〉爬虫綱有鱗目アガマ科の動物。

アトラスガゼル
エドミガゼルの別名。

アトラスグンディ
〈*Ctenodactylus gundi*〉岩登りの巧みなテンジクネズミに似た齧歯目グンディ科の哺乳類。体長21cm。分布：モロッコ南東部, アルジェリア北部, チュニジア, リビア。

アトラスヒグマ
〈*Ursus arctos crowtheri*〉分布：北アフリカに生息。絶滅の危機にある。

アトランティック・パイロットホエール
ヒレナガゴンドウの別名。

アトランティック・ハンプバック・ドルフィン
アフリカウスイロイルカの別名。

アトランティックビークト・ホエール
コブハクジラの別名。

アトランティック・ホワイトサイデッド・ポーパス
タイセイヨウカマイルカの別名。

アトリ　猎子鳥, 花鶏, 臘子鳥
〈*Fringilla montifringilla*〉鳥綱スズメ目アトリ科の鳥。全長16cm。分布：スカンジナビア半島からカムチャッカ半島。

アトリ　猎子鳥, 花鶏, 臘子鳥
広義には鳥綱スズメ目アトリ科に属する鳥の

アトリカ

総称で、狭義にはそのうちの1種をさす。

アトリ科
鳥綱スズメ目アトリ亜科・ヒワ亜科の鳥。全長10～27cm。分布：全世界。

アナウサギ 穴兎, 飼兎
〈*Oryctolagus cuniculus*〉哺乳綱ウサギ目ウサギ科の動物。体長34～50cm。分布：ヨーロッパ、アフリカ北西部、オーストラリア、ニュージーランド、南アメリカ南部。

アナグマ 獾, 穴熊
〈*Meles meles*〉哺乳綱食肉目イタチ科の動物。体長56～90cm。分布：ヨーロッパから東アジア。

アナコンダ
〈*Eunectes murinus*〉爬虫綱有鱗目ヘビ亜目ボア科のヘビ。全長5～6m。分布：アマゾン河流域とコロンビアからトリニダードまで。

アナツバメ 穴燕
〈*cave swiftlet*〉鳥綱アマツバメ目アマツバメ科アナツバメ属の鳥の総称。

アナドリ 穴鳥
〈*Bulweria bulwerii*〉鳥綱ミズナギドリ目ミズナギドリ科の鳥。全長27cm。分布：アゾレス諸島、ハワイ諸島、マルキーズ諸島。国内では小笠原諸島、硫黄列島。

アナトリアクサリヘビ
〈*Vipera albizona*〉爬虫綱トカゲ目（ヘビ亜目）クサリヘビ科のヘビ。頭胴長35～45cm。分布：トルコのアナトリア地方中部。絶滅危惧IB類。

アナトリアヒョウ
〈*Panthera pardus tulliana*〉分布：トルコ南部からレヴァント地方にかけて生息する絶滅危惧種。

アナトリアン・カラバシュ・ドッグ
アナトリアン・シェパード・ドッグの別名。

アナトリアン・シェパード・ドッグ
〈*Anatolian Shepherd Dog*〉哺乳綱食肉目イヌ科の動物。別名アナトリアン・カラバシュ・ドッグ。

アナトリアン・シープドッグ
アナトリアン・シェパード・ドッグの別名。

アナホリゴファーガメ
〈*Gopherus polyphemus*〉爬虫綱カメ目リクガメ科のカメ。別名ゴファーガメ。最大甲長38.1cm。分布：米国南東部（フロリダからルイジアナ南西部およびサウスカロライナ南部）。絶滅危惧II類。

アナホリフクロウ 穴掘梟
〈*Athene cunicularia*〉鳥綱フクロウ目フクロウ科の鳥。体長18～25cm。分布：カナダの南西端、アメリカ西部、フロリダ、中央・南アメリカ（アマゾン川流域は除く）。

アナンキョクオットセイ
〈*Arctocephalus tropicalis*〉アシカ科ミナミオットセイ属。体長はオス180cm、メス145cm。分布：ゴフ島、ニュー・アムステルダム島、セント・ポール島、プリンス・エドワード島、マリオン島。

アナンブラカエデチョウ
〈*Estrilda poliopareia*〉鳥綱スズメ目カエデチョウ科の鳥。全長11～12cm。分布：ナイジェリア南部。絶滅危惧II類。

アヌビスヒヒ
ドグエラヒヒの別名。

アネガダイワイグアナ
〈*Cyclura pinguis*〉爬虫綱トカゲ目（トカゲ亜目）イグアナ科の動物。頭胴長オス40～54cm、メス35～48cm。分布：イギリス領ヴァージン諸島。絶滅危惧IA類。

アネハヅル 姉羽鶴
〈*Anthropoides virgo*〉鳥綱ツル目ツル科の鳥。体長90～100cm。分布：ヨーロッパ南東部、中央アジアで繁殖。アフリカ北東部、インド東部からミャンマーで越冬。

アノア
〈*Bubalus depressicornis*〉哺乳綱偶蹄目ウシ科の動物。別名セレベスヤマスイギュウ。体長1.6～1.7m。分布：スラベシ。絶滅危惧IB類。

アノアスイギュウ
アノアの別名。

アノボンアカハラサンコウチョウ
〈*Terpsiphone smithii*〉スズメ目ヒタキ科（カササギヒタキ亜科）。全長オス34cm、メス18cm。分布：赤道ギニアのパガル（アノボン）島。絶滅危惧II類。

アノボンメジロ
〈*Zosterops griseovirescens*〉鳥綱スズメ目メジロ科の鳥。全長12cm。分布：赤道ギニアのパガル（アノボン）島。絶滅危惧II類。

アノールトカゲ
〈Anolis aff. carolinensis〉爬虫綱有鱗目イグアナ科の動物。

アハガルイワハイラックス
〈Heterohyrax antineae〉哺乳綱イワダヌキ目ハイラックス科の動物。属としてのサイズ 頭胴長32～56cm, 肩高30cm。分布：アルジェリア南部のアハガル山脈。絶滅危惧II類。

アバーデアタケネズミ
〈Tachyoryctes audax〉齧歯目ネズミ科（タケネズミ亜科）。分布：ケニアのアバーデア山脈。絶滅危惧II類。

アバディーン・アンガス
〈Aberdeen Angus〉哺乳綱偶蹄目ウシ科の動物。オス約135cm, メス約128cm。分布：イギリス。

アバヒ
〈Avahi laniger〉哺乳綱霊長目インドリ科の動物。別名ヨウモウキツネザル。頭胴長26.5～29.5cm。分布：マダガスカル島。

アパポリスカイマン
〈Caiman crocodilus apaporiensis〉爬虫綱ワニ目アリゲータ科のワニ。

アパラチアワタオウサギ
〈Sylvilagus transitionalis〉哺乳綱ウサギ目ウサギ科の動物。頭胴長36.3cm。分布：アメリカ合衆国のニューイングランド南東部からアパラチア山脈沿いにアラバマ州までの間にモザイク状。絶滅危惧II類。

アパルーサ
〈Appaloosa〉哺乳綱奇蹄目ウマ科の動物。体高145～155cm。原産：アメリカ合衆国。

アビ 阿比
〈Gavia stellata〉鳥綱アビ目アビ科の鳥。体長53～69cm。分布：北極圏南部から温帯にかけて。国内では北海道から九州。

アビ科
アビ目。

アビシニアクイナ
〈Rougetius rougetii〉鳥綱ツル目クイナ科の鳥。全長30cm。分布：エチオピア。

アビシニアコロブス
〈Colobus guereza〉哺乳綱霊長目オナガザル科の動物。別名ゲレザ。体長52～57cm。分布：アフリカ中部, 東部。

アビシニアジェネット
〈Genetta abyssinica〉哺乳綱食肉目ジャコウネコ科の動物。体長40～46cm。分布：エチオピア高地, ソマリア山地。

アビシニアジャッカル
〈Canis simensis〉哺乳綱食肉目イヌ科の動物。体長1m。分布：アフリカ東部。絶滅危惧IA類。

アビシニアン
〈Abyssinian〉猫の一品種。原産：イギリス。

アビ目
〈Gaviiformes〉鳥綱アビ目の鳥。

アヒル 家鴨, 鶩
〈Anas platyrhynchos var. domestica〉鳥綱ガンカモ目ガンカモ科の鳥。

アビレーナ
〈Avilena〉牛の一品種。

アーフェンピンシャー
〈Affenpinscher〉犬の一品種。体高25cm。原産：ドイツ。

アフガニスタンサンショウウオ
〈Batrachuperus mustersi〉両生綱有尾目サンショウウオ科の動物。全長10.5～17.8cm。分布：アフガニスタン北東部のパフマン山脈。絶滅危惧IB類。

アフガン
〈Afghan〉牛の一品種。

アフガン・ハウンド
〈Afghan Hound〉哺乳綱食肉目イヌ科の動物。体高64～74cm。分布：アフガニスタン。

アブクガエル
〈Physalaemus biligonigerus〉両生綱無尾目ミナミガエル科のカエル。

アブクフキヤガマ
〈Atelopus spumiarius〉両生綱無尾目フキヤガマ科のカエル。

アブラコウモリ 油蝙蝠
〈Pipistrellus abramus〉哺乳綱翼手目ヒナコウモリ科の動物。前腕長3.0～3.7cm。分布：シベリア東部からベトナム, 台湾, 韓国。国内では本州, 四国, 九州, 対馬, 奄美大島。

アブラムシ
アブラコウモリの別名。

アブラヨタカ 脂怪鷹, 油夜鷹

アフラヨタ

ア

〈*Steatornis caripensis*〉鳥綱ヨタカ目アブラヨタカ科の鳥。別名オオヨタカ。体長48cm。分布：パナマから南アメリカ北部,トリニダード島。

アブラヨタカ科
ヨタカ目。

アフリカ
〈*African*〉ガチョウの一品種。原産：アフリカ。

アフリカアオゲラ
〈*Campethera nubica*〉鳥綱キツツキ目キツツキ科の鳥。別名ヌビアミドリゲラ。体長18cm。分布：アフリカ中東部。

アフリカアオバト
〈*Treron calva*〉鳥綱ハト目ハト科の鳥。体長28cm。分布：サハラ砂漠以南のアフリカ。

アフリカアシネズミ
〈*Thryonomys swinderianus*〉齧歯目アシネズミ科の哺乳類。別名アフリカタケネズミ。

アフリカアブラコウモリ
〈*Pipistrellus anchietai*〉哺乳綱翼手目ヒナコウモリ科の動物。前腕長約3.5cm。分布：アンゴラ,コンゴ民主共和国,ザンビア。絶滅危惧Ⅱ類。

アフリカウシガエル
〈*Pyxicephalus adspersus*〉両生綱無尾目アカガエル科のカエル。体長76～200mm。分布：ナイジェリアから東はソマリア,ケニア,タンザニア,南はマラウィ,ジンバブエ,アンゴラ,南アフリカ共和国。

アフリカウスイロイルカ
〈*Sousa teuszii*〉哺乳綱クジラ目マイルカ科の動物。別名アトランティック・ハンプバック・ドルフィン,カメルーン・ドルフィン。2～2.5m。分布：熱帯西アフリカの沿岸域。

アフリカウズラクイナ
〈*Crecopsis egregia*〉鳥綱ツル目クイナ科の鳥。全長22cm。分布：アフリカ中部・南部。

アフリカオウギセッカ
〈*Bradypterus baboecala*〉鳥綱スズメ目ウグイス科の鳥。体長15～19cm。分布：南アフリカ（乾燥した西部地域を除く）から北はチャドおよびエチオピアまで。

アフリカオオクサガエル
〈*Leptopelis modestus*〉両生綱無尾目クサガエル科のカエル。体長2.5～4.5cm。分布：アフリカ。

アフリカオオコノハズク
〈*Otus leucotis*〉鳥綱フクロウ科の鳥。体長28cm。分布：アフリカのサハラ砂漠以南。

アフリカオオノガン
〈*Choriotis kori*〉鳥綱ツル目ノガン科の鳥。別名オオノガン。全長オス135cm,メス112cm。分布：エチオピアからタンザニア,南アフリカ。

アフリカオットセイ
〈*Arctocephalus pusillus pusillus*〉食肉目アシカ科。

アフリカオニネズミ
〈*Cricetomys gambianus*〉体長35～40cm。分布：西アフリカ,中央アフリカ,東アフリカ,アフリカ南部。

アフリカガチョウ
ガチョウの別名。

アフリカカッコウハヤブサ
〈*Aviceda cuculoides*〉鳥綱ワシタカ目ワシタカ科の鳥。分布：アフリカ。

アフリカカワツバメ
〈*Pseudochelidon eurystomina*〉鳥綱スズメ目ツバメ科の鳥。別名カワラツバメ。全長14cm。分布：ザイール。

アフリカキヌバネドリ
〈*Apaloderma narina*〉鳥綱キヌバネドリ目キヌバネドリ科の鳥。体長32cm。分布：アフリカのサハラ砂漠以南の森林地帯。

アフリカキンイロネコ
〈*Felis aurata*〉ネコ科ネコ属。体長61～100cm。分布：西アフリカ,中央アフリカ。

アフリカクイナ
〈*Canirallus oculeus*〉鳥綱ツル目クイナ科の鳥。別名アフリカシラフクイナ。全長30.5cm。分布：西アフリカ。

アフリカクチナガワニ
〈*Crocodylus cataphractus*〉爬虫綱ワニ目クロコダイル科のワニ。

アフリカクロクイナ
〈*Limnocorax flavirostra*〉鳥綱ツル目クイナ科の鳥。全長19cm。分布：セネガルからスーダン,ソマリア,南アフリカ。

アフリカクロクビコブラ
〈*Naja nigricollis*〉爬虫綱有鱗目コブラ科の

ヘビ。

アフリカクロトキ
クロトキの別名。

アフリカコゲラ
〈*Dendropicos fuscescens*〉鳥綱キツツキ目キツツキ科の鳥。体長13〜15cm。分布：サハラ以南のアフリカ。

アフリカコシジロアマツバメ
〈*Apus caffer*〉鳥綱アマツバメ目アマツバメ科の鳥。全長14cm。分布：アフリカ中部・南部。

アフリカコショウビン
タテフコショウビンの別名。

アフリカコビトリス
〈*Myosciurus pumilio*〉哺乳綱齧歯目リス科の動物。頭胴長7.5cm以下。分布：ナイジェリア南西部, カメルーン, ガボン, 赤道ギニアのビオコ島。絶滅危惧II類。

アフリカゴマフジェネット
〈*Genetta felina*〉哺乳綱食肉目ジャコウネコ科の動物。体長40〜50cm。分布：アフリカ（サハラより南で, 多雨林を除く地域）, アラビア半島南部。

アフリカコミミズク
〈*Asio capensis*〉鳥綱フクロウ目フクロウ科の鳥。全長30.5〜38cm。分布：アフリカ北西部・中部・南部。

アフリカゴールデンキャット
〈*Profelis aurata*〉哺乳綱食肉目ネコ科の動物。

アフリカゴールデンキャット
アフリカキンイロネコの別名。

アフリカサシバ
〈*Butastur rufipennis*〉鳥綱タカ目タカ科の鳥。体長40〜43cm。分布：アフリカ西, 中, 東部。

アフリカサンコウチョウ
〈*Terpsiphone viridis*〉カササギビタキ科。体長40cm。分布：サハラ以南のアフリカ。

アフリカサンジャク
〈*Ptilostomus afer*〉鳥綱スズメ目カラス科の鳥。体長40cm。分布：アフリカ。セネガルから東にウガンダ, エチオピア, スーダンまで。

アフリカシマイタチ
〈*Poecilogale albinucha*〉哺乳綱食肉目イタチ科の動物。体長25〜35cm。分布：中央アフリカからアフリカ南部にかけて。

アフリカシマクイナ
〈*Sarothrura ayresi*〉鳥綱ツル目クイナ科の鳥。全長14〜16cm。分布：エチオピア, アフリカ南部。絶滅危惧IB類。

アフリカジムグリガエル
アメフクラガエルの別名。

アフリカジャコウネコ
〈*Civettictis civetta*〉哺乳綱食肉目ジャコウネコ科の動物。体長84cm。分布：北はセネガル東部からソマリア, 中央および東アフリカを通って, 南はズルランド, トランスバール, ボツワナ北部, ナミビア北部まで。

アフリカシラフクイナ
アフリカクイナの別名。

アフリカジリス
〈*Xerus erythropus*〉哺乳綱齧歯目リス科の動物。

アフリカスイギュウ
〈*Syncerus caffer*〉哺乳綱偶蹄目ウシ科の動物。別名クロスイギュウ。体長2.1〜3.4m。分布：アフリカ西部, 中部, 東部, 南部。

アフリカズキンオウチョウ
〈*Oriolus larvatus*〉鳥綱スズメ目コウライウグイス科の鳥。

アフリカスズメフクロウ
〈*Glaucidium perlatum*〉鳥綱フクロウ目フクロウ科の鳥。体長17〜18cm。分布：サハラ以南のアフリカ。

アフリカスナバシリ
〈*Cursorius temminckii*〉鳥綱ツバメチドリ科の鳥。体長20cm。分布：アフリカのサハラ砂漠以南のひらけた地域。

アフリカゾウ
〈*Loxodonta africana*〉哺乳綱長鼻目ゾウ科の動物。体長4〜5m。分布：アフリカ。絶滅危惧IB類。

アフリカタケネズミ
アフリカアシネズミの別名。

アフリカタマゴヘビ
〈*Dasypeltis scabra*〉爬虫綱有鱗目ヘビ亜目ナミヘビ科のヘビ。全長70cm。分布：サハラ砂漠や北西部を除くアフリカ全域, アラビア半島南端。

アフリカチ

アフリカチュウノガン
〈*Neotis cafra*〉鳥綱ツル目ノガン科の鳥。別名アカエリノガン。全長107cm。分布：サハラ以南のアフリカ。

アフリカツームコウモリ
〈*Taphozous mauritianus*〉体長7.5〜9.5cm。分布：西アフリカ，中央アフリカ，東アフリカ，アフリカ南部，マダガスカル。

アフリカツメガエル　爪蛙
〈*Xenopus laevis*〉両生綱無尾目ピパ科の動物。体長100mm。分布：南アフリカ共和国のサバンナ地帯から北へケニア，ウガンダ及びザイール北東部まで，西はカメルーンまで広範囲。

アフリカツリスガラ
〈*Anthoscopus caroli*〉鳥綱スズメ目ツリスガラ科の鳥。全長8cm。分布：ウガンダ，ケニアからモザンビーク。

アフリカトラフサギ
〈*Tigriornis leucolophus*〉鳥綱コウノトリ目サギ科の鳥。体長60〜80cm。分布：西アフリカ熱帯域。

アフリカトラフサギ
トラフサギの別名。

アフリカニシキヘビ
〈*Python sebae*〉爬虫綱有鱗目ヘビ亜目ボア科のヘビ。全長3〜4m。分布：アフリカ（セネガルとエチオピアを結ぶ線から南）。

アフリカノロバ
〈*Equus africanus*〉哺乳綱奇蹄目ウマ科の動物。体長2〜2.3m。分布：東アフリカ。絶滅危惧IA類。

アフリカハクセキレイ
ハジロハクセキレイの別名。

アフリカハゲコウ
〈*Leptoptilos crumeniferus*〉鳥綱コウノトリ目コウノトリ科の鳥。体長150cm。分布：アフリカ熱帯，亜熱帯地域。

アフリカハサミアジサシ
アジサシモドキの別名。

アフリカハシブトガラス
〈*Corvus rhipidurus*〉鳥綱スズメ目カラス科の鳥。全長46cm。分布：アフリカ北東部・アラビア半島。

アフリカヒキガエル
〈*Bufo regularis*〉両生綱無尾目ヒキガエル科の動物。

アフリカヒナフクロウ
〈*Strix woodfordii*〉鳥綱フクロウ目フクロウ科の鳥。体長30〜35cm。分布：サハラ以南のアフリカ（最南端を除く）。

アフリカヒナフクロウ
ヒナフクロウの別名。

アフリカヒヨドリ
〈*Pycnonotus barbatus*〉鳥綱スズメ目ヒヨドリ科の鳥。体長18cm。分布：アフリカ北部からタンザニアに。

アフリカヒレアシ
〈*Podica senegalensis*〉鳥綱ツル目ヒレアシ科の鳥。体長オス58cm，メス50cm。分布：アフリカのサハラ砂漠以南。

アフリカヒロハシ
〈*Smithornis capensis*〉ヒロハシ科。体長13cm。分布：アフリカ（コートジボアール，ケニアから南はナタール，アンゴラ）。

アフリカブッポウソウ
〈*Eurystomus glaucurus*〉鳥綱ブッポウソウ目ブッポウソウ科の鳥。全長25cm。分布：エチオピア以南のアフリカ。

アフリカヘラサギ
〈*Platalea alba*〉鳥綱コウノトリ目トキ科の鳥。全長90cm。分布：サハラ以南のアフリカ。

アフリカマナティー
〈*Trichechus senegalensis*〉哺乳綱海牛目マナティー科の動物。全長3〜4m。分布：中央アフリカ西部の沿岸とそこに流入する河川。北はセネガル川から南はアンゴラのクアンザ川に至る。絶滅危惧II類。

アフリカマメガン
〈*Nettapus auritus*〉カモ科。体長30〜33cm。分布：サハラ以南のアフリカ，マダガスカル。

アフリカミツユビコゲラ
〈*Sasia africana*〉鳥綱キツツキ目キツツキ科の鳥。全長8cm。分布：カメルーン，ザイール，コンゴ，アンゴラ，ウガンダ。

アフリカミドリヒロハシ
〈*Pseudocalyptomena graueri*〉鳥綱スズメ目ヒロハシ科の鳥。全長12cm。分布：ウガンダ，ザイール東部。絶滅危惧II類。

アホウトリ

アフリカミヤコドリ
〈*Haematopus moquini*〉鳥綱チドリ目ミヤコドリ科の鳥。全長40cm。分布：ガボンから南アフリカ。

アフリカメジロ
キイロメジロの別名。

アフリカモグラネズミ
デバネズミの別名。

アフリカヤイロチョウ
〈*Pitta angolensis*〉鳥綱スズメ目ヤイロチョウ科の鳥。別名アンゴラヤイロ。体長20cm。分布：アフリカ西部（シエラレオネ，カメルーン，アンゴラ北部）。ウガンダ，ザイール東部，タンザニア，ジンバブエ東部，モザンビーク。繁殖しない個体がケープ州（南ア）で見られることも。

アフリカヤシジャコウネコ
キノボリジャコウネコの別名。

アフリカヤマゲラ
〈*Campethera tullbergi*〉鳥綱キツツキ目キツツキ科の鳥。全長18cm。分布：ナイジェリア，ウガンダ，ケニア，タンザニア。

アフリカヤモリ
〈*Tarentola sp.*〉爬虫綱有鱗目ヤモリ科の動物。

アフリカラーテル
ラーテルの別名。

アフリカリンサン
〈*Poiana richardsoni*〉哺乳綱食肉目ジャコウネコ科の動物。体長33cm。分布：シエラレオネ，象牙海岸，ガボン，カメルーン，コンゴ北部，フェルナンド・ポー島。

アフリカレンカク
〈*Actophilornis africana*〉鳥綱チドリ目レンカク科の鳥。全長25cm。分布：中央，南アフリカ。

アフリカワシミミズク
〈*Bubo africanus*〉鳥綱フクロウ目フクロウ科の鳥。全長30〜40cm。分布：アフリカ中部・南部・アラビア半島東部。

アフリカワニ
ナイルワニの別名。

アフリカン
〈*African*〉鳥綱ガンカモ目ガンカモ科の鳥。分布：中国。

アフリカンダー
〈*Africander*〉哺乳綱偶蹄目ウシ科の動物。体高オス150cm，メス135cm。分布：アフリカ南部。

アフリカン・ライオン・ドッグ
ローデシアン・リッジバックの別名。

アプリコットアカカナリア
〈*Serinus canarius*〉鳥綱スズメ目アトリ科の鳥。

アプリマクカマドドリ
〈*Synallaxis courseni*〉鳥綱スズメ目カマドドリ科の鳥。全長19cm。分布：ペルー南部。絶滅危惧II類。

アブルッツォシャモア
〈*Rupicapra rupicapra ornata*〉哺乳綱偶蹄目反芻亜目ウシ科ヤギ亜科シャモア属。絶滅危惧種。

アブルッツォヒグマ
〈*Ursus arctos marsicanus*〉哺乳綱食肉目裂脚亜目クマ科ヒグマ亜科ヒグマ属。絶滅危惧種。

アベコベガエル
〈*Pseudis paradoxa*〉両生綱無尾目アベコベガエル科のカエル。体長50〜60mm。分布：コロンビアのリオ・マグダレナ・バレーから南米大陸の北部，南はアルゼンチン北東部まで，トリニダード島。

アベサンショウウオ 阿部山椒魚
〈*Hynobius abei*〉両生綱有尾目サンショウウオ科の動物。全長80〜120mm。分布：京都府，兵庫県，福井県の一部。絶滅危惧IB類。

アベリネーゼ
〈*Avelignese*〉馬の一品種。体高137〜140cm。原産：イタリア。

アペンツェラー・ゼネンフント
アペンツェル・キャトル・ドッグの別名。

アペンツェル・キャトル・ドッグ
〈*Appensell Mountain Dog*〉犬の一品種。別名アペンツェラー・ゼネンフント。体高48〜58cm。原産：スイス。

アポインコ
〈*Trichoglossus johnstoniae*〉鳥綱オウム目インコ科の鳥。全長20cm。分布：フィリピンのミンダナオ島中央部の山地。絶滅危惧II類。

アホウドリ 阿呆鳥，阿房鳥，信天翁

アホウトリ

アホウトリ
〈*Diomedea albatrus*〉鳥綱ミズナギドリ目アホウドリ科の鳥。全長84〜94cm。分布：北太平洋に生息し、繁殖地は伊豆諸島の鳥島と尖閣諸島。絶滅危惧IB類、特別天然記念物。

アホウドリ　信天翁
〈*albatross*〉広義には、鳥綱ミズナギドリ目アホウドリ科に属する海鳥の総称で、狭義にはそのうちの1種をさす。分布：南アメリカ、南アフリカ、南オーストラリア、ニュージーランド、日本までの太平洋。

アホウドリ科
ミズナギドリ目。全長70〜135cm。分布：南半球、北太平洋。

アポザンウチワインコ
〈*Prioniturus waterstradti*〉鳥綱オウム目インコ科の鳥。別名アポザンウチワ。全長27〜30cm。分布：フィリピンのミンダナオ島。絶滅危惧II類。

アポチメドリ
〈*Trichastoma woodi*〉スズメ目ヒタキ科(チメドリ亜科)。全長11cm。分布：フィリピンのミンダナオ島。絶滅危惧II類。

アボットダイカー
〈*Cephalophus spadix*〉哺乳綱偶蹄目ウシ科の動物。頭胴長100〜140cm。分布：タンザニア北部と南部の山地林の標高4000mまでの地帯。絶滅危惧II類。

アホロテトカゲ
〈*Bipes biporus*〉爬虫綱有鱗目トカゲ亜目フタアシミミズトカゲ科のトカゲ。全長17〜24cm。分布：北アメリカ。

アホロテトカゲ
〈*two-legged worm lizard*〉広義には爬虫綱有鱗目アホロテトカゲ科に属するトカゲの総称で、狭義にはそのうちの1種をさす。

アホロートル
メキシコサラマンダーの別名。

アボンダン
〈*Abondance*〉牛の一品種。

アマガエル　雨蛙
〈*tree frog*〉広義には両生綱無尾目アマガエル科に属するカエルの総称で、狭義にはニホンアマガエルの通称。体長1.6〜9cm。分布：南・北アメリカ大陸、ユーラシア大陸、アフリカ北部、オセアニア。

アマガエル
ニホンアマガエルの別名。

アマガサヘビ　雨傘蛇
〈*Bungarus multicinctus*〉爬虫綱有鱗目コブラ科のヘビ。

アマガサヘビ　雨傘蛇
〈*krait*〉爬虫綱有鱗目コブラ科アマガサヘビ属に含まれるヘビの総称。

アマサギ　亜麻鷺, 黄毛鷺, 尼鷺, 猩々鷺, 猩猩鷺
〈*Bubulcus ibis*〉鳥綱コウノトリ目サギ科の鳥。別名ショウジョウサギ。体長48〜53cm。分布：ユーラシア南部、アフリカ、オーストラリア、合衆国南部、南アメリカ北部。国内では本州以南。

アマゾンアミーバトカゲ
コモンアミーバの別名。

アマゾンイタチ
〈*Mustela africana*〉哺乳綱食肉目イタチ科の動物。体長オス31〜32cm。分布：ペルー東部、ブラジル。

アマゾンオオハチクイモドキ
〈*Baryphthengus martii*〉鳥綱ハチクイモドキ科の鳥。体長46cm。分布：ニカラグアからエクアドル西部までのものと、アマゾン流域の西部のものと2つの個体群がいる。

アマゾンカッコウ
〈*Guira guira*〉鳥綱ホトトギス目ホトトギス科の鳥。体長37cm。分布：南アメリカのボリビア、パラグアイ、ブラジル、アルゼンチン。

アマゾンカワイルカ
〈*Inia geoffrensis*〉アマゾンカワイルカ科。別名アマゾン・リバー・ドルフィン、ピンク・ポーパス、ピンク・ドルフィン。1.8〜2.5m。分布：南アメリカのオリノコ流域とアマゾン流域の全ての主要な河川。絶滅危惧II類。

アマゾンツノガエル
〈*Ceratophrys cornuta*〉両生綱無尾目ミナミガエル科のカエル。体長70〜150mm。分布：コロンビア、エクアドル、ペルー東部、ボリビア北部及びブラジルのアマゾン川水系。ベネズエラ南部、ギアナ三国にも分布。

アマゾンツリーボア
〈*Corallus hortulanus*〉爬虫綱有鱗目ヘビ亜目ボア科のヘビ。全長1.5〜2m。分布：南アメリカ。

アマゾンバンケン
アマゾンカッコウの別名。

アマゾンホオアカインコ
　アカガタインコの別名。

アマゾンマイマイヘビ
　〈*Dipsas indica*〉爬虫綱有鱗目ヘビ亜目ナミヘビ科のヘビ。全長60〜80cm。分布：南アメリカ。

アマゾンマナティー
　〈*Trichechus inunguis*〉哺乳綱海牛目マナティー科の動物。全長2.8m。分布：アマゾン川とガイアナのエセキボ川流域。絶滅危惧II類。

アマゾンヤドクガエル
　〈*Dendrobates ventrimaculatus*〉両生綱無尾目ヤドクガエル科のカエル。体長16〜21mm。分布：コロンビア・ペルー・エクアドル・ブラジルにまたがるアマゾン川流域, 及びギアナとブラジルの国境をはさんだ地域。

アマゾンヤマアラシ
　〈*Echinoprocta rufescens*〉アメリカヤマアラシ科。分布：コロンビア中央部。

アマツバメ 雨燕
　〈*Apus pacificus*〉鳥綱アマツバメ目アマツバメ科の鳥。別名カマツバメ。全長20cm。分布：東南アジア、ニューギニア、オーストラリア。国内では全国各地の夏鳥だが, 分布は局地的。

アマツバメ 雨燕
　〈*swift*〉鳥綱アマツバメ目アマツバメ科の鳥の1種で、また、広義にはアマツバメ科の鳥の総称。全長10〜30cm。分布：高緯度地方と一部の島々を除く全世界。

アマツバメ科
　アマツバメ目。全長10〜25.5cm。

アマツバメ目
　〈*Apodiformes*〉鳥綱の1目。

アマトラヒキガエル
　〈*Bufo amatolica*〉両生綱無尾目カエル目ヒキガエル科のカエル。体長3.5cm。分布：南アフリカ共和国。絶滅危惧II類。

アマミアオガエル 奄美青蛙
　〈*Rhacophorus viridis amamiensis*〉両生綱無尾目アオガエル科のカエル。体長オス45〜56mm, メス65〜77mm。分布：奄美大島, 徳之島。

アマミコゲラ
　〈*Dendrocopos kizuki amamii*〉鳥綱キツツキ目キツツキ科の鳥。

アマミシジュウカラ
　〈*Parus major amamiensis*〉鳥綱スズメ目シジュウカラ科の鳥。

アマミタカチホ 奄美高千穂
　〈*Achalinus werneri*〉爬虫綱有鱗目ヘビ亜目ナミヘビ科のヘビ。全長30〜50cm。分布：奄美大島, 枝手久島, 徳之島, 沖縄島, 渡嘉敷島。絶滅危惧II類。

アマミトゲネズミ 奄美棘鼠、琉球棘鼠、棘鼠
　〈*Tokudaia osimensis*〉齧歯目ネズミ科（ネズミ亜科）。頭胴長13〜17.5cm程度。分布：奄美大島, 徳之島。絶滅危惧IB類, 天然記念物。

アマミノクロウサギ 奄美黒兎
　〈*Pentalagus furnessi*〉哺乳綱ウサギ目ウサギ科の動物。体長42〜51cm。分布：奄美大島, 徳之島。絶滅危惧IB類, 特別天然記念物。

アマミハナサキガエル 奄美鼻先蛙
　〈*Rana amamiensis*〉両生綱無尾目アカガエル科のカエル。体長オス62〜70mm, メス68〜98mm。分布：奄美大島, 徳之島。

アマミヒヨドリ
　〈*Hypsipetes amaurotis ogawae*〉鳥綱スズメ目ヒヨドリ科の鳥。

アマミヤマガラ
　〈*Parus varius amamii*〉鳥綱スズメ目シジュウカラ科の鳥。

アマミヤマシギ 奄美山鷸
　〈*Scolopax mira*〉鳥綱チドリ目シギ科の鳥。全長36cm。分布：奄美大島・沖縄本島。絶滅危惧II類。

アマルゴサヒキガエル
　〈*Bufo nelsoni*〉両生綱無尾目カエル目ヒキガエル科のカエル。体長5〜7.5cm。分布：アメリカ合衆国カリフォルニア州南東部のネヴァダ州との州境近辺にあるアマルゴサ川渓谷。絶滅危惧IB類。

アミメウズラ
　ウロコウズラの別名。

アミメガメ
　〈*Deirochelys reticularia*〉爬虫綱カメ目ヌマガメ科のカメ。最大甲長25.4cm。分布：米国（テキサス南部, オクラホマ南東部からフロリダ及びバージニア南西部まで）。

アミメキリン

アミメスキ

〈*Giraffa camelopardalis reticulata*〉哺乳綱偶蹄目キリン科の動物。

アミメスキアシヒメ
〈*Scaphiophryne pustulosa*〉両生綱無尾目ヒメガエル科のカエル。体長40～50mm。分布：マダガスカル東部のマンジャカトンポ周辺。アンカラトラ山などで見られる。

アミメトラフサンショウウオ
〈*Ambystoma cingulatum*〉両生綱有尾目トラフサンショウウオ科の動物。全長8.9～12.9cm。分布：アメリカ合衆国のサウス・カロライナ州南部、ジョージア州南部、フロリダ州北部、アラバマ州南部。絶滅危惧II類。

アミメニシキヘビ 網目錦蛇
〈*Python reticulatus*〉爬虫綱有鱗目ヘビ亜目ボア科のヘビ。全長10m。分布：ベトナム、ラオス、タイ、ミャンマーからインドネシアをへてフィリピンまでとニコバル諸島。

アムステルダムアホウドリ
〈*Diomedea amsterdamensis*〉鳥綱ミズナギドリ目アホウドリ科の鳥。全長107～122cm。分布：フランス領アムステルダム島で繁殖。絶滅危惧IA類。

アムリット・マハール
〈*Amrit Mahal*〉牛の一品種。

アムールカナヘビ アムール金蛇
〈*Takydromus amurensis*〉爬虫綱有鱗目トカゲ亜目カナヘビ科の動物。全長20cm。分布：旧ソ連のアムール川周辺から朝鮮。国内では対馬。

アムールトラ
シベリアトラの別名。

アムールヒョウ
〈*Panthera pardus orientalis*〉食肉目ネコ科。分布：シベリア、中国東北部、北朝鮮。

アメコイドリ
アカショウビンの別名。

アメシストタイヨウチョウ
〈*Nectarinia amethystina*〉鳥綱スズメ目タイヨウチョウ科の鳥。全長15cm。分布：ソマリア、タンザニア、アンゴラ、ナミビア。

アメシストテンシハチドリ
〈*Heliangelus amethisticollis*〉鳥綱アマツバメ目ハチドリ科の鳥。全長10.5cm。分布：南アメリカ北西部・中西部。

アメジストニシキヘビ
〈*Morelia amethistina*〉爬虫綱有鱗目ヘビ亜目ボア科のヘビ。全長5.5m。分布：ニューギニアとその周辺の島、ビスマーク諸島、モルッカ諸島、オーストラリア北東部。

アメシストニジハチドリ
〈*Aglaeactis aliciae*〉鳥綱アマツバメ目ハチドリ科の鳥。全長12～13cm。分布：ペルー西部。絶滅危惧II類。

アメシストハチドリ
〈*Calliphlox amethystina*〉鳥綱アマツバメ目ハチドリ科の鳥。体長6～8cm。分布：南アメリカ（ペルー南部、ボリビア北部、パラグアイ、アルゼンチン北東部など、アンデス山脈東側）。

アメフクラガエル
〈*Breviceps adspersus*〉無尾目ヒメガエル科。別名アフリカジムグリガエル。

アメフリドリ
アカショウビンの別名。

アメラニスティック
〈*Elaphe guttata guttata*〉爬虫綱有鱗目ヘビ亜目ナミヘビ科ナメラ属のヘビ。

アメリカアカオオカミ
〈*Canis rufus*〉哺乳綱食肉目イヌ科の動物。別名フロリダオオカミ。体長1～1.2m。分布：合衆国東部（ノースキャロライナ）に再移入された。絶滅危惧IA類。

アメリカアカガエル
〈*Rana sylvatica*〉両生綱無尾目アカガエル科のカエル。体長3.5～8cm。分布：カナダ、アメリカ合衆国東部。

アメリカアカリス
〈*Tamiasciurus hudsonicus*〉齧歯目リス科。分布：北アメリカ。

アメリカアナグマ
〈*Taxidea taxus*〉哺乳綱食肉目イタチ科の動物。体長42～72cm。分布：カナダ南西部から合衆国にかけて、メキシコ北部。

アメリカアビ
ハシグロアビの別名。

アメリカアマガエル
〈*Hyla cinerea*〉両生綱無尾目アマガエル科のカエル。体長32～64mm。分布：合衆国デラウェア州からテキサス州まで。また内陸ではテネシー、ミズーリ州など。プエルトリコに

人為移入。

アメリカアリゲーター
〈*Alligator mississippiensis*〉爬虫綱ワニ目アリゲーター科のワニ。全長6m。分布：アメリカ合衆国南東部。

アメリカイイズナ
〈*Mustela nivalis rixosa*〉哺乳綱食肉目イタチ科の動物。体長オス15〜20cm。分布：北アメリカの南から北緯40度。

アメリカイソシギ
〈*Actitis macularia*〉鳥綱チドリ目シギ科の鳥。体長19cm。分布：北アメリカで繁殖。メキシコからブラジル南部で越冬。

アメリカウズラシギ　アメリカ鶉鷸, 亜米利加鶉鷸
〈*Calidris melanotos*〉鳥綱チドリ目シギ科の鳥。全長22cm。分布：シベリア北部・北アメリカ北部。

アメリカウミスズメ
〈*Ptychoramphus aleuticus*〉鳥綱チドリ目ウミスズメ科の鳥。全長20〜23cm。分布：北太平洋のアリューシャン列島, アラスカからカリフォルニア沿岸。

アメリカオオアジサシ
〈*Thalasseus maximus*〉アジサシ科。体長46〜53cm。分布：中央アメリカおよび西アフリカの海岸で繁殖。さらに南方の海岸部で越冬。

アメリカオオグンカンドリ
アメリカグンカンドリの別名。

アメリカオオコノハズク
〈*Otus asio*〉鳥綱フクロウ目フクロウ科の鳥。体長19〜23cm。分布：北アメリカ東部（ケベック最南端, オンタリオからモンタナ東部, テキサス中部。カナダ南部からフロリダの先端, メキシコ北東部）。

アメリカオオソリハシシギ
〈*Limosa fedoa*〉鳥綱チドリ目シギ科の鳥。全長41cm。分布：カナダからアメリカ。

アメリカオオハシシギ　アメリカ大嘴鷸, 大嘴鷸
〈*Limnodromus griseus*〉鳥綱チドリ目シギ科の鳥。体長27〜31cm。分布：北アメリカ北部で繁殖し, 北アメリカからブラジルにかけての地域で越冬。

アメリカオオバン
〈*Fulica americana*〉鳥綱ツル目クイナ科の鳥。体長39cm。分布：北・中央アメリカ, 西インド諸島, コロンビアで繁殖。北アメリカの個体群はコロンビアまで南下して越冬。

アメリカオオモズ
〈*Lanius ludovicianus*〉鳥綱スズメ目モズ科の鳥。体長21〜23cm。分布：カナダ南部からメキシコおよびフロリダまでの地域。

アメリカオガエル
オガエルの別名。

アメリカオグロシギ
〈*Limosa haemastica*〉鳥綱チドリ目シギ科の鳥。体長39cm。分布：アラスカとカナダ北極域で繁殖し, 南アメリカ南東部で越冬。

アメリカオシ
〈*Aix sponsa*〉鳥綱カモ目カモ科の鳥。別名アメリカオシドリ。体長43〜51cm。分布：北アメリカ。東方の個体群はカナダ南部からフロリダにかけて, 西方のものはブリティッシュ・コロンビア州からカリフォルニア州にかけて繁殖。繁殖域内の南部で越冬。

アメリカオシドリ
アメリカオシの別名。

アメリカカイギュウ
アメリカマナティーの別名。

アメリカカイツブリ
クビナガカイツブリの別名。

アメリカカケス
〈*Aphelocoma californica*〉鳥綱スズメ目カラス科の鳥。体長33cm。分布：合衆国西部からメキシコ中央部。フロリダ州に隔離されて生息する種も存在。

アメリカガーターヘビ
コモンガーターヘビの別名。

アメリカガモ
〈*Anas rubripes*〉カモ科。体長53〜61cm。分布：北アメリカ北東部。冬はメキシコ湾までの南に渡る。

アメリカガラス
〈*Corvus brachyrhynchos*〉鳥綱スズメ目カラス科の鳥。体長55cm。分布：カナダ南部からニューメキシコ州に至る北アメリカ。

アメリカカワガラス
メキシコカワガラスの別名。

アメリカキクイタダキ
〈*Regulus satrapa*〉鳥綱スズメ目ヒタキ科の鳥。体長9cm。分布：カナダの一部, 合衆国の

アメリカキ

大部分, メキシコやグアテマラの一部に分布する。一部の個体群は分布域内で渡りをする。

アメリカキバシリ
〈*Certhia americana*〉鳥綱スズメ目キバシリ科の鳥。体長13cm。分布：カナダ西部・南部, 合衆国の大部分, ニカラグア以北の中央アメリカの山岳地帯に分布する。北の個体群は, 合衆国南東部やメキシコ北部で越冬。

アメリカキンメフクロウ
〈*Aegolius acadicus*〉鳥綱フクロウ目フクロウ科の鳥。体長17～19cm。分布：北アメリカ中・東部(ノヴァスコシアから合衆国西部の北部), 北アメリカ西部(アラスカ南部からカリフォルニア南部), さらに南は東西の山岳地帯, 西はメキシコ南部。

アメリカグマ
アメリカクロクマの別名。

アメリカクロクマ
〈*Euarctos americanus*〉哺乳綱食肉目クマ科の動物。体長1.3～1.9m。分布：北アメリカ, メキシコ。

アメリカグンカンドリ
〈*Fregata magnificens*〉鳥綱ペリカン目グンカンドリ科の鳥。全長90～115cm。分布：中央アメリカと南アメリカ沿岸, アフリカ西岸のカボベルデ諸島。

アメリカコガモ
〈*Anas crecca carolinensis*〉鳥綱カモ目カモ科の鳥。

アメリカコガラ
〈*Parus atricapillus*〉鳥綱スズメ目シジュウカラ科の鳥。体長13cm。分布：アラスカ, カナダ, 合衆国南部から中央部にかけての地域。

アメリカ・コッカー・スパニエル
〈*Canis familiaris*〉犬の一品種。

アメリカコノハズク
〈*Otus flammeolus*〉鳥綱フクロウ目フクロウ科の鳥。全長16～17cm。分布：北アメリカ西部。

アメリカコハクチョウ
〈*Cygnus columbianus columbianus*〉鳥綱カモ目カモ科の鳥。体長120～150cm。分布：北アメリカ, ロシア極北部で繁殖。冬は温帯域までの南で越冬。

アメリカササゴイ
〈*Butorides virescens*〉鳥綱サギ科の鳥。体長46cm。分布：北・中央アメリカで繁殖し, 合衆国南西部から南アメリカ北部で越冬。

アメリカサンカノゴイ
〈*Botaurus lentiginosus*〉鳥綱コウノトリ目サギ科の鳥。体長64cm。分布：カナダ中部から合衆国中部。冬は合衆国南部, カリブ海, メキシコ, 中央アメリカに渡る。

アメリカサンショウウオ
〈*lungless salamander*〉プレトドン(アメリカサンショウウオ)科。全長4～21cm。分布：北アメリカ東部, 西部, 中央アメリカ, 南アメリカ北部。

アメリカシマクイナ
シマクイナの別名。

アメリカシロヅル
〈*Grus americana*〉鳥綱ツル目ツル科の鳥。体長130cm。分布：カナダ中部で繁殖。テキサス州沿岸で越冬。絶滅危惧IB類。

アメリカシロペリカン
〈*Pelecanus erythrorhynchos*〉鳥綱ペリカン目ペリカン科の鳥。体長127～178cm。分布：北アメリカ。

アメリカズグロカモメ アメリカ頭黒鷗
〈*Larus pipixcan*〉鳥綱チドリ目カモメ科の鳥。体長33～38cm。分布：北アメリカの大草原で繁殖。中央, 南アメリカの海岸で越冬。

アメリカソリハシセイタカシギ
〈*Recurvirostra americana*〉鳥綱チドリ目ソリハシセイタカシギ科の鳥。

アメリカダイシャクシギ
〈*Numenius americanus*〉鳥綱チドリ目シギ科の鳥。

アメリカダチョウ
レアの別名。

アメリカタヒバリ
〈*Anthus rubescens*〉鳥綱スズメ目セキレイ科の鳥。体長17cm。分布：シベリア北東部, 北アメリカ北部, グリーンランド西部で繁殖し, 東南アジアや中央アメリカで越冬。

アメリカチョウゲンボウ
〈*Falco sparverius*〉鳥綱タカ目ハヤブサ科の鳥。体長23～31cm。分布：アラスカ南東部, カナダから南アメリカ南端にかけて繁殖。北方のものはパナマに渡って越冬。

アメリカツリスガラ

〈*Auriparus flaviceps*〉鳥綱スズメ目ツリスガラ科の鳥。体長11cm。分布：合衆国南西部およびメキシコ北部。

アメリカツルヘビ
メキシコツルヘビの別名。

アメリカテン
〈*Martes americana*〉哺乳綱食肉目イタチ科の動物。体長30～45cm。分布：北アメリカの北部からシエラ・ネバダ，コロラドとカリフォルニアのロッキー山脈。

アメリカトキコウ
〈*Mycteria americana*〉鳥綱コウノトリ目コウノトリ科の鳥。体長86～102cm。分布：合衆国南東部，メキシコ，中央アメリカ，南アメリカ西部からアルゼンチン北部。

アメリカドクトカゲ
〈*Heloderma suspectum*〉爬虫綱有鱗目トカゲ亜目ドクトカゲ科のトカゲ。全長23～35cm。分布：米国南部（ユタ，ネバダ，カリフォルニア，アリゾナ，ニューメキシコ），メキシコ（ソノラ，シナロア）。絶滅危惧II類。

アメリカトゲネズミ
エキミスの別名。

アメリカトノサマガエル
〈*Rana palustris*〉両生綱無尾目アカガエル科のカエル。

アメリカナキウサギ
〈*Ochotona princeps*〉哺乳綱ウサギ目ナキウサギ科の動物。体長16～22cm。分布：カナダ南西部，合衆国西部。

アメリカニオイガメ
〈*Sternotherus odoratus*〉爬虫綱カメ目ドロガメ科のカメ。

アメリカヌマガメ
アカミミガメの別名。

アメリカヌマジカ
〈*Blastocerus dichotomus*〉哺乳綱偶蹄目シカ科の動物。体長2mまで。分布：南アメリカ南部。絶滅危惧II類。

アメリカバイソン
〈*Bison bison*〉哺乳綱偶蹄目ウシ科の動物。体長2.1～3.5m。分布：北アメリカ西部および北部。

アメリカバク
〈*Tapirus terrestris*〉哺乳綱奇蹄目バク科の動物。体長1.7～2m。分布：南アメリカ北部および中部。

アメリカハコガメ
〈*Terrapene carolina carolina*〉カメ科。分布：メキシコ北東部。食肉とするための濫獲で個体数が極めて少ない。

アメリカハチクイ
キリハシ科の別名。

アメリカハブ
熱帯アメリカで恐れられるクサリヘビ科アメリカハブ属Bothropsに属する毒ヘビの総称。

アメリカヒキガエル
〈*Bufo americanus*〉両生綱無尾目ヒキガエル科のカエル。体長51～110mm。分布：カナダのマニトバ州南東部から合衆国ジョージア州にかけて。

アメリカヒドリ　アメリカ緋鳥
〈*Anas americana*〉カモ科。体長45～56cm。分布：北アメリカ北，中部で繁殖。冬はメキシコ湾までの南に渡る。

アメリカビーバー
〈*Castor canadensis*〉哺乳綱齧歯目ビーバー科の動物。体長74～88cm。分布：北アメリカ。

アメリカヒバリシギ　アメリカ雲雀鴫，アメリカ雲雀鷸，雲雀鷸
〈*Calidris minutilla*〉鳥綱チドリ目シギ科の鳥。全長14cm。

アメリカヒメガラガラ
〈*Sistrurus miliarius*〉爬虫綱有鱗目ヘビ亜目クサリヘビ科のヘビ。全長38～56cm。分布：米国東部，南部。

アメリカヒレアシ
〈*Heliornis fulica*〉鳥綱ツル目ヒレアシ科の鳥。体長28～30cm。分布：メキシコからボリビアおよびアルゼンチン。絶滅危惧II類と推定。

アメリカヒレアシシギ　アメリカ鰭足鷸
〈*Phalaropus tricolor*〉鳥綱チドリ目シギ科の鳥。全長19cm。分布：北アメリカ中央部。

アメリカフクロウ
〈*Strix varia*〉鳥綱フクロウ目フクロウ科の鳥。体長53cm。分布：北アメリカ，多くはロッキー山脈の東側とメキシコ中央部の高原からベラクルスやオアハカにかけて分布する。

アメリカヘ

アメリカヘビウ
〈*Anhinga anhinga*〉鳥綱ペリカン目ヘビウ科の鳥。体長86cm。分布：アメリカ合衆国南東部から南アメリカ北部にかけて。

アメリカホシハジロ　アメリカ星羽白
〈*Aythya americana*〉鳥綱ガンカモ目ガンカモ科の鳥。全長40～46cm。分布：カナダ西部・アメリカ西部・中部。

アメリカマナティー
〈*Trichechus manatus*〉哺乳綱海牛目マナティー科の動物。別名アメリカカイギュウ。体長2.5～4.5cm。分布：合衆国南東部から北東部にかけて、南アメリカ、カリブ海。絶滅危惧II類。

アメリカマムシ
〈*Agkistrodon contortrix contortrix*〉爬虫綱有鱗目ヘビ亜目クサリヘビ科のヘビ。

アメリカマムシ
カパーヘッドの別名。

アメリカミドリヒキガエル
〈*Bufo debilis*〉両生綱無尾目ヒキガエル科のカエル。体長32～54mm。分布：合衆国カンザス州南西部からメキシコ湾岸まで。

アメリカミミズヘビ
〈*dawn blind snake*〉爬虫綱有鱗目ヘビ亜目アメリカミミズヘビ科のヘビ。全長11～30cm。分布：中央アメリカ南部および南アメリカの熱帯。

アメリカミヤコドリ
〈*Haematopus palliatus*〉鳥綱チドリ目ミヤコドリ科の鳥。

アメリカミンク
〈*Mustela vison*〉哺乳綱食肉目イタチ科の動物。体長30～54cm。分布：北アメリカ、南アメリカ南部、北および西ヨーロッパ、北アジア、東アジア。国内では北海道全域、岩手県。

アメリカムシクイ
〈*American warblers*〉鳥綱スズメ目アメリカムシクイ科に属する鳥の総称。体長10～16cm。分布：南・北アメリカ、西インド諸島。

アメリカムシクイ科
スズメ目。全長10～18cm。分布：アラスカ、カナダからウルグアイ、アルゼンチン北部。

アメリカムチオヘビ
〈*Masticophis flagellum*〉爬虫綱有鱗目ヘビ亜目ナミヘビ科のヘビ。全長0.9～2.5m。分布：北アメリカ。

アメリカムナグロ　アメリカ胸黒
〈*Pluvialis dominica*〉鳥綱チドリ目チドリ科の鳥。体長26cm。分布：北アメリカ北部で繁殖し、南アメリカで越冬。

アメリカムラサキバン
〈*Gallinula martinica*〉鳥綱ツル目クイナ科の鳥。体長33cm。分布：合衆国南東部、中央アメリカ、西インド諸島、南アメリカのアルゼンチン以北に生息する。

アメリカヤギュウ（アメリカ野牛）
アメリカバイソンの別名。

アメリカヤシアマツバメ
〈*Tachornis phoenicobia*〉鳥綱アマツバメ目アマツバメ科の鳥。全長11cm。分布：西インド諸島中部・西部。

アメリカヤマシギ
〈*Scolopax minor*〉鳥綱チドリ目シギ科の鳥。全長28cm。分布：北アメリカ東部。

アメリカヤマセミ
〈*Ceryle alcyon*〉鳥綱ブッポウソウ目カワセミ科の鳥。別名オビムネヤマセミ。体長30cm。分布：北アメリカのほぼ全域で繁殖。西インド諸島やコロンビア北部などの氷結しない地域で越冬。

アメリカヨタカ
〈*Chordeiles minor*〉鳥綱ヨタカ目ヨタカ科の鳥。体長24cm。分布：北アメリカ（最北端を除く）および西インド諸島で繁殖、アルゼンチンに至る南アメリカで越冬。

アメリカレーサー
〈*Coluber constrictor*〉有鱗目ナミヘビ科。

アメリカレンカク
〈*Jacana spinosa*〉鳥綱チドリ目レンカク科の鳥。体長24cm。分布：中央アメリカと、カリブ海の大きな島々。

アメリカワシミミズク
〈*Bubo virginianus*〉鳥綱フクロウ目フクロウ科の鳥。体長43～53cm。分布：北アメリカ（アラスカおよびカナダのツンドラ地帯を除く）からティエラ・デル・フエゴ。

アメリカワニ
〈*Crocodylus acutus*〉爬虫綱ワニ目クロコダイル科のワニ。全長6m。分布：フロリダ半島の先端、カリブ海の島々、中米、南米のマグダ

レナ川。絶滅危惧II類。

アメリカン・ウォーター・スパニエル
〈*American Water Spaniel*〉哺乳綱食肉目イヌ科の動物。

アメリカン・エスキモー・ドッグ
〈*American Eskimo Dog*〉犬の一品種。

アメリカン・カール
〈*American Curl*〉猫の一品種。原産：アメリカ。

アメリカン・カール・ショートヘア
〈*American Curl Shothair*〉猫の一品種。

アメリカン・クォーターホース
〈*American Quarter Horse*〉哺乳綱奇蹄目ウマ科の動物。152～160cm。分布：アメリカ。

アメリカン・コッカー・スパニエル
〈*American Cocker Spaniel*〉哺乳綱食肉目イヌ科の動物。別名アメリカン・コッカー。体高36～38cm。分布：アメリカ。

アメリカン・サドルブレッド
〈*American Saddlebred*〉哺乳綱奇蹄目ウマ科の動物。

アメリカン・サドルホース
〈*American-Saddle Horse*〉馬の一品種。体高152～162cm。原産：アメリカ合衆国。

アメリカン・シェトランド
〈*American Shetland*〉馬の一品種。原産：アメリカ。

アメリカン・ショートヘア
〈*American Shorthair*〉猫の一品種。原産：アメリカ。

アメリカン・スタッグハウンド
〈*American Staghound*〉犬の一品種。

アメリカン・スタッフォードシャー・テリア
〈*American Staffordshire Terrier*〉哺乳綱食肉目イヌ科の動物。体高43～48cm。分布：アメリカ。

アメリカン・トイ・テリア
〈*American Toy Terrier*〉犬の一品種。体高25cm。原産：アメリカ。

アメリカン・トロッター
〈*Equus caballus*〉哺乳綱奇蹄目ウマ科の動物。体高145～165cm。原産：アメリカ合衆国。

アメリカン・バーミーズ
〈*American Burmese*〉猫の一品種。

アメリカン・ピット・ブル・テリア
〈*American Pit Bull Terrier*〉犬の一品種。体高46～56cm。原産：アメリカ。

アメリカン・フォックスハウンド
〈*American Foxhound*〉哺乳綱食肉目イヌ科の動物。体高53～64cm。分布：アメリカ。

アメリカン・ブラック・アンド・タン・クーンハウンド
ブラック・アンド・タン・クーンハウンドの別名。

アメリカン・ブルドック
〈*American Bulldog*〉犬の一品種。体高48～71cm。原産：アメリカ。

アメリカン・ヘアレス・テリア
〈*American Hairless Terrier*〉犬の一品種。

アメリカン・ポニー
〈*American Pony*〉馬の一品種。体高114～132cm。原産：アメリカ合衆国。

アメリカン・ボブテイル
〈*American Bobtail*〉猫の一品種。

アメリカン・マンモス
〈*American Mammoth*〉哺乳綱奇蹄目ウマ科の動物。体高150～160cm。分布：アメリカ合衆国。

アメリカン・ランドレース
〈*American Landrace*〉豚の一品種。原産：アメリカ。

アメリカン・ランブイエ
〈*American Rambouillet*〉哺乳綱偶蹄目ウシ科の動物。分布：アメリカ合衆国。

アメリカン・ワイヤーヘア
〈*American Wirehair*〉猫の一品種。原産：アメリカ。

アモイオヒキコウモリ
オヒキコウモリの別名。

アモイトラ
〈*Panthera tigris amoyensis*〉ネコ科。分布：中国華南地方。近絶滅亜種。

アモイトラ
トラの別名。

アライグマ 洗熊, 浣熊
〈*Procyon lotor*〉哺乳綱食肉目アライグマ科の動物。体長40～65cm。分布：カナダ南部から中央アメリカにかけて。国内では北海道,

アライソカ

神奈川県, 岐阜県, 愛知県。

アライソカマドドリ
イソカマドドリの別名。

アライソシギ
〈Aphriza virgata〉鳥綱チドリ目シギ科の鳥。全長20cm。分布：アラスカ中央部。

アラオトラジェントルキツネザル
〈Hapalemur griseus alaotrensis〉キツネザル科ジェントルキツネザル属。頭胴長40cm。分布：マダガスカル島。

アラカイヒトリツグミ
〈Myadestes palmeri〉スズメ目ヒタキ科(ツグミ亜科)。全長18cm。分布：アメリカ合衆国ハワイ州のカウアイ島。絶滅危惧IA類。

アラゲアルマジロ
ケナガアルマジロの別名。

アラゲインコ 荒毛鸚哥
〈Psittrichas fulgidus〉鳥綱オウム目インコ科の鳥。体長46cm。分布：ニューギニア高地。絶滅危惧種。

アラゲウサギ
〈Caprolagus hispidus〉哺乳綱ウサギ目ウサギ科の動物。体長38～50cm。分布：南アジア。絶滅危惧IB類。

アラゲワタネズミ
〈Sigmodon hispidus〉哺乳綱齧歯目キヌゲネズミ科の動物。体長13～20cm。分布：合衆国南部から南アメリカ北部。

アラゴアスヒメアリサザイ
〈Myrmotherula snowi〉鳥綱スズメ目アリドリ科の鳥。全長9.5cm。分布：ブラジル東部のアラゴアス州。絶滅危惧IA類。

アラゴアスマユカマドドリ
〈Philydor novaesi〉鳥綱スズメ目カマドドリ科の鳥。全長18cm。分布：ブラジル東部。絶滅危惧IA類。

アラコウモリ 荒蝙蝠
〈false vampire bat〉哺乳綱翼手目アラコウモリ科に属する動物の総称。体長6.5～14cm。分布：中央アフリカからインド, 東南アジアをへて, フィリピン, オーストラリア。

アラスカン・クリー・カイ
〈Alaskan Klee Kai〉犬の一品種。

アラスカン・マラミュート
〈Alaskan Malamute〉哺乳綱食肉目イヌ科の動物。体高58～71cm。分布：アメリカ。

アラド
〈Aradó〉牛の一品種。

アラナミキンクロ 荒波金黒
〈Melanitta perspicillata〉鳥綱ガンカモ目ガンカモ科の鳥。全長46～55cm。分布：アラスカ西部からカナダ北部。

アラパハ・ブルー・ブラッド・ブルドッグ
〈Alapaha Blue Blood Bulldog〉犬の一品種。

アラバマアカハラガメ
〈Pseudemys alabamensis〉爬虫綱カメ目ヌマガメ科のカメ。最大甲長33.5cm。分布：米国(アラバマ)。絶滅危惧IB類。

アラバマチズガメ
〈Graptemys pulchra〉カメ目ヌマガメ科。

アラビアオリックス
〈Oryx leucoryx〉哺乳綱偶蹄目ウシ科の動物。頭胴長160～178cm。分布：オマーン。絶滅危惧IB類。

アラビアオリーブツグミ
イエメンツグミの別名。

アラビアガゼル
アラビアマウンテンガゼルの別名。

アラビアガマトカゲ
〈Phrynocephalus nejdensis〉爬虫綱有鱗目アガマ科のトカゲ。

アラビアスナネズミ
〈Meriones arimalius〉齧歯目ネズミ科(アレチネズミ亜科)。頭胴長13～15cm。分布：サウジアラビアからオマーンにかけてのルブー・アル・ハーリー砂漠。絶滅危惧IB類。

アラビアタール
〈Hemitragus jayakari〉哺乳綱偶蹄目ウシ科の動物。頭胴長87～130cm。分布：オマーン。絶滅危惧IB類。

アラビアテリムク
〈Onychognathus tristramii〉鳥綱スズメ目ムクドリ科の鳥。体長25cm。分布：イスラエル, ヨルダン, シナイ半島, アラビア半島西部。

アラビアマウンテンガゼル
〈Gazalla gazella arabica〉別名アラビアガゼル。

アラブ
〈Equus caballus〉ウマの1品種で乗用馬とし

て用いられる。体高145～155cm。原産：アジア。

アラブアブラコウモリ
〈*Pipistrellus arabicus*〉哺乳綱翼手目ヒナコウモリ科の動物。前腕長2.98～3.2cm。分布：オマーン北部。絶滅危惧II類。

アラフラヤスリヘビ
〈*Acrochordus arafurae*〉爬虫綱有鱗目ヘビ亜目ヤスリヘビ科のヘビ。全長1.5～2.5m。分布：オーストラリアとその周辺。

アラリイルカ
マダライルカの別名。

アラレチョウ 霰鳥
〈*Hypargos niveoguttatus*〉鳥綱スズメ目カエデチョウ科の鳥。全長13cm。分布：東アフリカ南部。

アラレブキオトカゲ
〈*Oplurus quadrimaculatus*〉爬虫綱有鱗目トカゲ亜目イグアナ科の動物。全長39cm。分布：主に中南部・南東部・南部・南西部を中心としたマダガスカル。

アランナガトカゲ
〈*Lerista allanae*〉トカゲ目（トカゲ亜目）トカゲ科（スベトカゲ亜科）。頭胴長9～9.5cm。分布：オーストラリア北東部。絶滅危惧種。

アランフトスベトカゲ
〈*Cyclodina alani*〉爬虫綱トカゲ目（トカゲ亜目）トカゲ科のトカゲ。頭胴長12.5～14.2cm。分布：ニュージーランド北島の北部沖の島嶼。絶滅危惧II類。

アリエージュ
〈*Ariègeois*〉馬の一品種。原産：イギリス北部。

アリエージュ・ポインター
〈*Ariége Pointer*〉犬の一品種。

アリクイ 蟻喰, 蟻食
〈anteater〉哺乳綱貧歯目アリクイ科に属する動物の総称。分布：メキシコ南部、中央アメリカから、南はパラグアイ、アルゼンチン北部までと、トリニダード島。

アリゲーター 鰐
〈alligator〉爬虫綱ワニ目アリゲーター科に属するワニの総称。全長2～4m。分布：合衆国南東部、中国東部、中央・南アメリカ。

アリゲートカゲ
〈*Gerrhonotus multicarinatus webbii*〉爬虫綱有鱗目トカゲ亜目アシナシトカゲ科のトカゲ。

アリサザイ
〈antpipit〉鳥綱スズメ目アリサザイ科に属する鳥の総称。

アリサザイ科
スズメ目。全長10～13cm。分布：南アメリカ。

アリシュアレチネズミ
〈*Gerbillus floweri*〉齧歯目ネズミ科（アレチネズミ亜科）。頭胴長約9.5cm。分布：エジプトのシナイ半島北東部。絶滅危惧IA類。

アリスイ 蟻吸
〈*Jynx torquilla*〉鳥綱キツツキ目キツツキ科の鳥。体長16～17cm。分布：ユーラシアから北アフリカで繁殖。アフリカ中部や南アジアで越冬。国内では北海道, 本州北部の森林で繁殖。

アリスイ
鳥綱キツツキ目キツツキ科アリスイ亜科の鳥の総称。全長16～17cm。分布：アフリカ, ユーラシア。

アリススプリングスハツカネズミモドキ
フィールドニセマウスの別名。

アリゾナアリゲータートカゲ
〈*Elgaria kingii*〉爬虫綱有鱗目トカゲ亜目アシナシトカゲ科のトカゲ。全長20～25cm。分布：北アメリカ。

アリゾナコットンラット
〈*Sigmodon arizonae*〉齧歯目ネズミ科（アメリカネズミ亜科）。頭胴長15cm。分布：アメリカ合衆国のカリフォルニア州とアリゾナ州からメキシコのナヤリト州にかけて。絶滅危惧IB類。

アリゾナサンゴヘビ
セイブサンゴヘビの別名。

アリゾナトガリネズミ
〈*Sorex arizonae*〉哺乳綱食虫目トガリネズミ科の動物。頭胴長4～7.3cm。分布：アメリカ合衆国のアリゾナ州南西部およびニューメキシコ州の山岳地, メキシコのチワワ州。絶滅危惧II類。

アリソンアノール
〈*Anolis allisoni*〉爬虫綱有鱗目トカゲ亜目イグアナ科の動物。全長10～15cm。分布：カリブ海域。

アリツカゲラ
〈Colaptes campestris〉鳥綱キツツキ目キツツキ科の鳥。体長30cm。分布：スリナムおよびアマゾン川下流域からボリビア東部，ブラジル南部，パラグアイ，ウルグアイ，アルゼンチン。

アリドリ 蟻鳥
〈antbird〉鳥綱スズメ目アリドリ科に属する鳥の総称。体長8～36cm。分布：メキシコ中南部からアルゼンチン中部。

アリドリ科
スズメ目。全長9～36cm。分布：メキシコからアルゼンチン。

アリヒタキ
〈Myrmecocichla aethiops〉鳥綱スズメ目ヒタキ科ツグミ亜科の鳥。全長20cm。分布：セネガルからナイジェリア，チャド，ケニア，タンザニア。

アリヤイロチョウ 蟻八色鳥
〈Pittasoma michleri〉鳥綱スズメ目アリドリ科の鳥。全長18cm。分布：コロンビア北西部・コスタリカ。

アリューシャンウミバト
〈Cepphus columba kaiurka〉鳥綱チドリ目ウミスズメ科の鳥。

アルガリ
〈Ovis ammon〉哺乳綱偶蹄目ウシ科の動物。体長1.2～1.8m。分布：中央アジア，南アジア，東アジア。絶滅危惧IB類。

アルコルンホリネズミ
〈Pappogeomys alcorni〉哺乳綱齧歯目ホリネズミ科の動物。分布：メキシコ西部。絶滅危惧II類。

アルサシアン
ジャーマン・シェパード・ドッグの別名。

アルシ
〈Arusi〉牛の一品種。原産：アフリカ東北部。

アルジェリアゴジュウカラ
〈Sitta ledanti〉鳥綱スズメ目ゴジュウカラ科の鳥。別名カビリアゴジュウカラ。体長12cm。分布：アルジェリア東部。絶滅危惧IB類。

アルジェリアトカゲ
〈Eumeces algeriensis〉有鱗目スキンク科。

アルジェリアハネジネズミ
〈Elephantulus rozeti〉哺乳綱食虫目ハネジネズミ科の動物。

アルゼンタビス
〈Argentavis magnificens〉全長翼開張6.5～7.5cm。分布：アルゼンチン。

アルゼンチンオオリオネズミ
〈Kunsia fronto〉齧歯目ネズミ科（アメリカネズミ亜科）。頭胴長16cm程度。分布：ブラジル南東部からアルゼンチン北東部にかけて。絶滅危惧II類。

アルゼンチンステップマウス
〈Andalgalomys olrogi〉齧歯目ネズミ科（アメリカネズミ亜科）。頭胴長8.5～11.5cm。分布：アルゼンチン北西部。絶滅危惧II類。

アルゼンチンステップマウス属
〈Andalgalomys〉哺乳綱齧歯目ネズミ科の動物。分布：パラグアイとアルゼンチンの北東部。

アルゼンチン・パンパスジカ
〈Ozotoceros bezoarticus celer〉分布：アルゼンチンにある大草原パンパ。絶滅危惧種。

アルゼンチンヒメウソ
〈Sporophila zelichi〉スズメ目ホオジロ科（ホオジロ亜科）。全長11cm。分布：アルゼンチン東部。絶滅危惧IA類。

アルゼンチンヒメクイナ
〈Porzana spiloptera〉鳥綱ツル目クイナ科の鳥。全長14～15cm。分布：アルゼンチン北部からウルグアイ南部にかけて。絶滅危惧II類。

アルゼンチンホオヒゲコウモリ
〈Myotis aelleni〉哺乳綱翼手目ヒナコウモリ科の動物。前腕長4cm前後。分布：アルゼンチン南西部。絶滅危惧II類。

アルゼンチンミズネズミ
〈Scapteromys tumidus〉哺乳綱齧歯目ネズミ科の動物。分布：ブラジル南東部，パラグアイ，アルゼンチン東部。

アルゼンチンヤママウス属
〈Graomys〉哺乳綱齧歯目ネズミ科の動物。分布：ボリビアのアンデス山地から，南はアルゼンチン北部とパラグアイまで。

アルタイイタチ
〈Mustela altaica〉哺乳綱食肉目イタチ科の動物。体長オス22～29cm。分布：アルタイから朝鮮，チベットの山岳地帯。

アルタイシデンヨウ 阿勒泰脂臀羊

〈Altay Fat-rump Sheep〉分布：中国西部・新疆省の乾燥した山地帯。

アルダブラオヒキコウモリ
〈Chaerephon pusilla〉哺乳綱翼手目オヒキコウモリ科の動物。前腕長4cm前後。分布：セイシェルのアルダブラ諸島。絶滅危惧II類。

アルダブラゾウガメ
〈Geochelone gigantea〉爬虫綱カメ目リクガメ科のカメ。最大甲長105cm。分布：西部インド洋のアルダブラ島（セイシェル諸島）。絶滅危惧II類。

アルテル
〈Alter-Real〉哺乳綱奇蹄目ウマ科の動物。体高154～165cm。原産：ポルトガル。

アルデンナー
〈Ardennes〉哺乳綱奇蹄目ウマ科の動物。153cm。原産：ヨーロッパ。

アルニスイギュウ　アルニ水牛
〈Arni buffalo〉牛の一品種。

アルパイン
ヤギの別名。

アルパイン・ダックスブラッケ
〈Alpine Dachsbracke〉犬の一品種。別名アルペンレンディッシェ・ダックスブラッケ。

アルパカ
〈Lama pacos〉哺乳綱偶蹄目ラクダ科の動物。体長120～225cm。分布：アンデス，ボリビア西部。

アルバガラガラヘビ
〈Crotalus unicolor〉爬虫綱トカゲ目（ヘビ亜目）クサリヘビ科のヘビ。頭胴長最大90cm前後。分布：オランダ領アンティルのアルバ島。絶滅危惧IA類。

アルバーティスニシキヘビ
〈Liasis albertisii〉有鱗目ボア科。

アルバーティスマゲクビガメ
〈Emydura albertisi〉カメ目ヘビクビガメ科。

アルビノ
〈Melopsittacus undulatus var. domestica〉鳥綱オウム目インコ科の鳥。体高141～162cm。原産：アメリカ合衆国。

アルピン・ダックスブラカ
〈Alpine Dachsbracke〉犬の一品種。

アルファクヘキチョウ
〈Lonchura vana〉鳥綱スズメ目カエデチョウ科の鳥。全長10cm。分布：ニューギニア島北西部。絶滅危惧種。

アルプスアイベックス
アイベックスの別名。

アルプスイモリ
〈Triturus alpestris〉両生綱有尾目イモリ科の動物。体長6～12cm。分布：ヨーロッパ。

アルプスインコ
〈Neopsittacus pullicauda〉鳥綱オウム目ヒインコ科の鳥。全長18cm。分布：ニューギニア。

アルプスサラマンダ
〈Salamandra atra〉両生綱有尾目イモリ科の動物。

アルプスマーモット
〈Marmota marmota〉齧歯目リス科の哺乳類。別名ヨーロッパモーマット。

アルプスモーマット
アルプスマーモットの別名。

アルフレッドサンバー
〈Cervus alfredi〉哺乳綱偶蹄目シカ科の動物。頭胴長100～151cm。分布：フィリピンのパナイ島，ネグロス島。絶滅危惧IB類。

アルベリコシロスジコウモリ
〈Platyrrhinus chocoensis〉哺乳綱翼手目ヘラコウモリ科の動物。前腕長5cm。分布：コロンビア西部。絶滅危惧II類。

アルペンレンディッシェ・ダックスブラッケ
アルパイン・ダックスブラッケの別名。

アルボミズカキサンショウウオ
〈Speleomantes flavus〉両生綱有尾目アメリカサンショウウオ科の動物。全長オス11cm，メス11.5cm。分布：イタリアのサルデーニャ島東北部のヌオロ県。絶滅危惧II類。

アルマジロ
〈armadillo〉哺乳綱貧歯目アルマジロ科に属する動物の総称。別名キウヨ。分布：アメリカ合衆国南東部，メキシコ東部から南アメリカのほぼ全域，トリニダード・トバゴ，グレナダ島，マルガリータ島。

アルマジロトカゲ
〈Cordylus cataphractus〉爬虫綱有鱗目トカゲ亜目ヨロイトカゲ科のトカゲ。全長12～16cm。分布：南アフリカ南西端。絶滅危惧II類。

アルメニアオナガネズミ
〈*Sicista armenica*〉哺乳綱齧歯目トビネズミ科の動物。頭胴長6〜8cm。分布：アルメニア北西部。絶滅危惧IA類。

アルメニアスナネズミ
〈*Meriones dahli*〉齧歯目ネズミ科（アレチネズミ亜科）。頭胴長10〜15cm。分布：アルメニア。絶滅危惧IB類。

アルーラケットカワセミ
〈*Tanysiptera hydrocharis*〉鳥綱ブッポウソウ目カワセミ科の鳥。全長30cm。分布：ニューギニア南部・アルー島。

アルール
〈*Alur*〉牛の一品種。

アルーワライカワセミ
〈*Dacelo tyro*〉鳥綱ブッポウソウ目カワセミ科の鳥。体長33cm。分布：ニューギニア南部，アルー諸島（ニューギニア南西沖）の低地。

アレキサンダークシマンセ
〈*Crossarchus alexandri*〉哺乳綱食肉目ジャコウネコ科の動物。体長40cm。分布：ザイール，ウガンダ西部，ケニアのエルゴン山。

アレチカマドドリ 荒地竈鳥
〈*Phacellodomus rufifrons*〉鳥綱スズメ目カマドドリ科の鳥。全長15cm。分布：ベネズエラ，ペルー北部，ブラジル東部からボリビア，パラグアイ。

アレチネズミ 荒地鼠
〈*Gerbillus gerbillus*〉哺乳綱齧歯目キヌゲネズミ科の動物。

アレチネズミ属
〈*Gerbillus*〉哺乳綱齧歯目ネズミ科の動物。分布：アフリカ北部，イラン，アフガニスタン，インド西部。

アレチハシリトカゲ
〈*Cnemidophorus uniparens*〉テグー科。全長15〜22cm。分布：北アメリカ。

アレンウッドラット
〈*Hodomys alleni*〉哺乳綱齧歯目ネズミ科の動物。分布：メキシコ中西部。

アレンガラゴ
〈*Galago alleni*〉哺乳綱霊長目ロリス科の動物。頭胴長20cm。分布：ガボン，コンゴ北部，中央アフリカ南東部，カメルーン南部，ナイジェリア南部。

アレンサンゴヘビ
〈*Micrurus alleni*〉爬虫綱有鱗目ヘビ亜目コブラ科のヘビ。全長0.8〜1.1m。分布：中央アメリカ。

アレンシマコウモリ
〈*Chalinolobus alboguttatus*〉哺乳綱翼手目ヒナコウモリ科の動物。頭胴長5.2cm。分布：コンゴ民主共和国東部，カメルーン。絶滅危惧II類。

アレンテヤーナ
〈*Alentejana*〉牛の一品種。

アレンハチドリ
〈*Selasphorus sasin*〉鳥綱アマツバメ目ハチドリ科の鳥。全長8.5cm。分布：カリフォルニア沿岸部。

アレンビアレチネズミ
〈*Gerbillus allenbyi*〉齧歯目ネズミ科（アレチネズミ亜科）。頭胴長6〜10cm。分布：イスラエルの海岸地帯。絶滅危惧II類。

アレンモンキー
〈*Allenopithecus nigroviridis*〉哺乳綱霊長目オナガザル科の動物。頭胴長41〜51cm。分布：コンゴ東部，ザイール西部。

アロウカナ
〈*Araucanas*〉ニワトリの一品種。原産：チリ。

アローカナ
〈*Araucana*〉ニワトリの一品種。チリ原産。

アワーグラス・ドルフィン
マイルカの別名。

アワシ
〈*Awassi*〉哺乳綱偶蹄目ウシ科の動物。体高60〜70cm。分布：シリア，レバノン，ヨルダン，イスラエル，イラク。

アンガス
〈*Angus*〉哺乳綱偶蹄目ウシ科の動物。分布：イギリス。

アングラー
〈*Angler*〉哺乳綱偶蹄目ウシ科の動物。体高オス138〜150cm，メス128〜132cm。分布：ドイツ北部。

アングルヘッドドラゴン
〈*Hypsilurus spinipes*〉爬虫綱有鱗目トカゲ亜目アガマ科のトカゲ。全長20〜30cm。分布：オーストラリア。

アングロ・アラブ

〈*Anglo-Arab*〉哺乳綱奇蹄目ウマ科の動物。160cm。原産：イギリス。

アングロ・ヌビアン
〈*Anglo-Nubian*〉哺乳綱偶蹄目ウシ科の動物。体高オス90〜100cm，メス70〜85cm。分布：アフリカ。

アングロ・ノルマン
〈*Anglo-Norman*〉哺乳綱奇蹄目ウマ科の動物。体高155〜165cm。原産：フランス。

アングロ・フランセ
〈*Anglo-Français*〉犬の一品種。

アングロ・フランセ・ド・プチ・ヴェヌリー
〈*Anglo-Français de Petite Vénerie*〉犬の一品種。

アンコーナ
〈*Ancona*〉鳥綱キジ目キジ科の鳥。分布：イタリア。

アンゴニ
〈*Angoni*〉牛の一品種。

アンゴノカリクガメ
ヘサキリクガメの別名。

アンコベルカナリア
〈*Serinus ankoberensis*〉鳥綱スズメ目アトリ科の鳥。全長12〜13cm。分布：エチオピア中央高地。絶滅危惧IB類。

アンゴラ（ウサギ）
〈*Angora*〉ウサギの品種。原産：イギリス，フランス。

アンゴラ（ヤギ）
〈*Angora*〉哺乳綱偶蹄目ウシ科のヒツジに似たヤギ。体高50〜70cm。分布：小アジアのアンゴラ地方。

アンゴラインパラ
カオグロインパラの別名。

アンゴラオオヤブモズ
〈*Malaconotus monteiri*〉鳥綱スズメ目モズ科の鳥。全長27cm。分布：アンゴラ，カメルーン。絶滅危惧IB類。

アンゴラオヒキコウモリ
〈*Mops condylurus*〉体長7〜8.5cm。分布：西アフリカ，中央アフリカ，東アフリカ，アフリカ南部，マダガスカル。

アンゴラクシマンセ
〈*Crossarchus ansorgei*〉哺乳綱食肉目ジャコウネコ科の動物。体長32cm。分布：アンゴラ北部，ザイール南東部。

アンゴラクロシロコロブス
〈*Colobus angolensis*〉オナガザル科コロブス属。頭胴長47〜66cm。分布：アンゴラ北東部，ザイール南西部，中央部，北東部，ウガンダ南西部，ルワンダ西部，ブルンジ西部，タンザニア西部，東部，ケニア南部。

アンゴラジェネット
〈*Genetta angolensis*〉哺乳綱食肉目ジャコウネコ科の動物。体長40〜50cm。分布：アンゴラ北部，モザンビーク，ザイール南部，ザンビア北西部，タンザニア南部。

アンゴラシャコ
〈*Francolinus griseostriatus*〉鳥綱キジ目キジ科の鳥。全長33cm。分布：アンゴラ。絶滅危惧II類。

アンゴラネコ
〈*Angora cat*〉猫の一品種。

アンゴラハシナガムシクイ
〈*Macrosphenus pulitzeri*〉スズメ目ヒタキ科（ウグイス亜科）。全長17cm。分布：アンゴラ西部。絶滅危惧IB類。

アンゴラホオヒゲコウモリ
〈*Myotis seabrai*〉哺乳綱翼手目ヒナコウモリ科の動物。頭胴長4cm。分布：アンゴラ，ナミビア，南アフリカ共和国。絶滅危惧II類。

アンゴラヤイロ
アフリカヤイロチョウの別名。

アンゴラン
〈*Angolan*〉牛の一品種。

アンコール
〈*Ankole*〉哺乳綱偶蹄目ウシ科の動物。体高オス140cm，メス120cm。分布：ウガンダ。

アンシエタフルーツコウモリ
〈*Plerotes anchietae*〉哺乳綱翼手目オオコウモリ科の動物。頭胴長8.7cm。分布：アンゴラ，ザンビア，コンゴ民主共和国南部。絶滅危惧II類。

アンジュアンコノハズク
〈*Otus capnodes*〉鳥綱フクロウ目フクロウ科の鳥。全長22cm。分布：コモロのアンジュアン島。絶滅危惧IA類。

アンソニーアブラコウモリ
〈*Pipistrellus anthonyi*〉哺乳綱翼手目ヒナコ

アンソニウ

ウモリ科の動物。前腕長3.8cm。分布：ミャンマー北東部。絶滅危惧IA類。

アンソニーウッドラット
〈*Neotoma anthonyi*〉齧歯目ネズミ科（アメリカネズミ亜科）。頭胴長19～21cm。分布：メキシコのトドス・サントス島。絶滅危惧IB類。

ア

アンダーウッド メガネトカゲ
〈*Gymnophthalmus underwoodi*〉テグー科。全長10～13cm。分布：南アメリカ。

アンタークティック・ボトルノーズド・ホエール
ミナミトックリクジラの別名。

アンダーソンアマガエル
〈*Hyla andersoni*〉両生綱無尾目アマガエル科のカエル。

アンダーソンマウスオポッサム
〈*Marmosa andersoni*〉オポッサム目オポッサム科。分布：ペルー南部。絶滅危惧IA類。

アンダーソンリス
〈*Callosciurus quinquestriatus*〉哺乳綱齧歯目リス科の動物。分布：ミャンマー北東部、中国の雲南省。絶滅危惧II類。

アンダマンオオクイナ
〈*Rallina canningi*〉鳥綱ツル目クイナ科の鳥。別名アンダマンクイナ。全長34cm。分布：インド領アンダマン諸島。絶滅危惧II類。

アンダマンキクガシラコウモリ
〈*Rhinolophus cognatus*〉翼手目キクガシラコウモリ科（キクガシラコウモリ亜科）。前腕長3.9cm。分布：インド領アンダマン諸島。絶滅危惧II類。

アンダマンクイナ
アンダマンオオクイナの別名。

アンダマンネズミ
〈*Crocidura andamanensis*〉哺乳綱食虫目トガリネズミ科の動物。頭胴長約11.4cm。分布：インド領アンダマン諸島の南アンダマン島。絶滅危惧IB類。

アンダルサ・レティンタ
アンダルシアンの別名。

アンダルシアン
〈*Andalusian*〉哺乳綱偶蹄目イノシシ科の動物。体高155～160cm。原産：スペイン南部。

アンダルシャン
〈*Andalusian*〉ニワトリの一品種。原産：スペイン。

アンチルコヤスガエル
〈*Eleutherodactylus antillensis*〉両生綱無尾目ミナミガエル科のカエル。体長33mm。分布：プエルトリコ及び周辺の島々（バージン諸島など）。パナマへは人為移入。

アンチルバト
〈*Columba inornata wetmorei*〉ハト目ハト科カワラバト亜科。

アンティグアンレーサー
〈*Alsophis antiguae*〉爬虫綱トカゲ目（ヘビ亜目）ナミヘビ科のヘビ。頭胴長50～66cm。分布：アンティグア・バーブーダのアンティグア島，グレート・バード島。絶滅危惧IA類。

アンティリアン・ビークト・ホエール
ヒガシアメリカオオギハクジラの別名。

アンティルカオジロヘラコウモリ
〈*Chiroderma improvisum*〉哺乳綱翼手目ヘラコウモリ科の動物。前腕長5.8cm。分布：フランス領グアドループ島，イギリス領モントセラート島。絶滅危惧IB類。

アンティルカンムリハチドリ
〈*Orthorhyncus cristatus*〉鳥綱アマツバメ目ハチドリ科の鳥。全長9cm。分布：西インド諸島のプエルトリコから小アンティル諸島。

アンティルバト
〈*Columba inornata*〉鳥綱ハト目ハト科の鳥。全長オス41cm，メス39cm。分布：キューバ，ジャマイカ，ハイチ，ドミニカ共和国，アメリカ領プエルト・リコ。絶滅危惧IB類。

アンテキヌス
〈*marsupial-mouse*〉哺乳綱有袋目フクロネコ科アンテキヌス属に含まれる動物の総称。

アンテキヌスモドキ
ディブラーの別名。

アンデスアレチゲラ
〈*Colaptes rupicola*〉鳥綱キツツキ目キツツキ科の鳥。全長32cm。分布：ペルー・ボリビア・チリ北部・アルゼンチン北西部。

アンデスイワドリ
〈*Rupicola peruviana*〉鳥綱スズメ目カザリドリ科の鳥。体長30cm。分布：ベネズエラからボリビアにかけてのアンデス山脈で，気候が亜熱帯にあたる標高の地域。

アンデスエナガカマドドリ

〈*Leptasthenura andicola*〉鳥綱スズメ目カマドドリ科の鳥。全長15cm。分布：コロンビアからペルー。

アンデスカモメ
〈*Larus serranus*〉鳥綱チドリ目カモメ科の鳥。全長48cm。分布：南アメリカ。

アンデスガン
〈*Chloephaga melanoptera*〉鳥綱ガンカモ目ガンカモ科の鳥。別名アカハシコバシガモ。全長75～80cm。分布：ペルー南部からボリビア、チリ、アルゼンチン。

アンデスコンドル
コンドルの別名。

アンデスシギダチョウ
〈*Nothoprocta pentlandii*〉鳥綱シギダチョウ目シギダチョウ科の鳥。体長28cm。分布：エクアドル南部からチリ南部およびアルゼンチン北部までのアンデス山脈。

アンデスティティ
〈*Callicebus oenanthe*〉哺乳綱霊長目オマキザル科の動物。頭胴長25～40cm。分布：ペルー北部。絶滅危惧II類。

アンデスヌマネズミ
〈*Neotomys ebriosus*〉哺乳綱齧歯目ネズミ科の動物。分布：ペルー南部からアルゼンチン北東部まで。

アンデスネコ
アンデスヤマネコの別名。

アンデスネズミ属
〈*Aepeomys*〉哺乳綱齧歯目ネズミ科の動物。分布：ベネズエラ、コロンビア、エクアドルのアンデス山脈の高地。

アンデスフラミンゴ
〈*Phoenicoparrus andinus*〉鳥綱フラミンゴ目フラミンゴ科の鳥。体長102cm。分布：ペルー、ボリビア、チリ、アルゼンチンの標高2500m以上のアンデス山地。絶滅危惧II類。

アンデスマウス
〈*Andinomys edax*〉哺乳綱齧歯目ネズミ科の動物。分布：ペルー南部、チリ北部。

アンデスヤマネコ
〈*Felis jacobita*〉哺乳綱食肉目ネコ科の動物。別名アンデスネコ。体長58～64cm。分布：南アメリカ西部。絶滅危惧II類。

アンデスヤマハチドリ
〈*Oreotrochilus estella*〉鳥綱アマツバメ目ハチドリ科の鳥。体長13cm。分布：アンデス山脈（エクアドルからアルゼンチン）、チリ、ペルー北部。

アンデスヨザル
〈*Aotus miconax*〉哺乳綱霊長目オマキザル科の動物。頭胴長22～34cm。分布：ペルー北部から中部にかけて。絶滅危惧II類。

アンデルセンハチマキカグラコウモリ
〈*Hipposideros demissus*〉翼手目キクガシラコウモリ科（カグラコウモリ亜科）。前腕長7.5～8cm。分布：ソロモン諸島。絶滅危惧種。

アンテロープ　羚羊
〈antelope〉哺乳綱偶蹄目ウシ科のうち、ウシ類、カモシカ類、ヤギ類、ヒツジ類を除いたものの総称であるが、系統的には1つのグループではない。別名レイヨウ。

アンテロープジャックウサギ
〈*Lepus alleni*〉哺乳綱ウサギ目ウサギ科の動物。分布：ニューメキシコ南部、アリゾナ南部から、メキシコのナヤリト北部、ティブロン島。

アントンギルガエル
アカトマトガエルの別名。

アントンジルネコツメヤモリ
〈*Homophoris antongilensis*〉爬虫綱有鱗目トカゲ亜目ヤモリ科の動物。全長20cm。分布：マダガスカル北東部のアントンジルとノシボラハ島。

アンナイドリ
〈*Pycnoptilus floccosus*〉鳥綱スズメ目ヒタキ科ゴウシュウムシクイ亜科の鳥。体長17cm。分布：オーストラリア南東部。

アンナハチドリ
〈*Calypte anna*〉鳥綱アマツバメ目ハチドリ科の鳥。体長9.5cm。分布：合衆国西部で繁殖し、メキシコ以北で越冬。

アンナンガメ
〈*Mauremys annamensis*〉爬虫綱カメ目ヌマガメ科のカメ。最大甲長17cm。分布：ベトナム中部。

アンナンキアシミヤマ
キアシミヤマテッケイの別名。

アンナンコサンケイ
〈*Lophura hatinensis*〉鳥綱キジ目キジ科の鳥。全長58～65cm。分布：ベトナム中部。絶

アンナンハシナガチメドリ
〈*Jabouilleia danjoui*〉鳥綱スズメ目ヒタキ科チメドリ亜科の鳥。全長20cm。分布：ベトナム。絶滅危惧Ⅱ類。

アンナンヤマゲラ
〈*Picus rabieri*〉鳥綱キツツキ目キツツキ科の鳥。全長28cm。分布：インドシナ半島東部，中国の雲南省南東部。絶滅危惧Ⅱ類。

アンパータ
ウスネズミクイの別名。

アンヒューマ
〈*amphiuma*〉アンヒューマ科 Amphiumidae の原始的な両生類で，コンゴウナギ Congo eel の別名で呼ばれる有尾類の総称およびその1種を指す。全長22～76cm。分布：アメリカ合衆国南東部。

アンヒューマ
フタユビアンフューマの別名。

アンワンティボ
〈*Arctocebus calabarensis*〉哺乳綱霊長目ロリス科の動物。別名ゴールデンポットー。体長22～26cm。分布：西アフリカ。

アンワンティボノロマザル
アンワンティボの別名。

【イ】

イイジマウミヘビ　飯島海蛇
〈*Emydocephalus ijimae*〉爬虫綱有鱗目ヘビ亜目コブラ科のヘビ。全長50～90cm。分布：南西諸島，台湾，フィリピン。国内では南西諸島の沿岸に分布。

イイジマムシクイ　飯島虫喰, 飯島虫食
〈*Phylloscopus ijimae*〉鳥綱スズメ目ヒタキ科ウグイス亜科の鳥。全長11.5cm。分布：繁殖地は伊豆諸島，吐噶喇列島の一部。越冬地はフィリピン北部。絶滅危惧Ⅱ類，天然記念物。

イイズナ　飯綱
〈*Mustela nivalis*〉哺乳綱食肉目イタチ科の動物。別名コエゾイタチ。体長16.5～24cm。分布：北アメリカ，ヨーロッパから北アジア，中央アジア，東アジアにかけて。国内では北海道の全域，青森県，山形県の月山地方。

イヴァ・スコティア・ダック・トーリング・レトリーバー

〈*Nova Scotia Duck Tolling Retriever*〉犬の一品種。体高43～53cm。原産：カナダ。

イーウィ
ベニハワイミツスイの別名。

イエアマガエル
〈*Hyla caerulea*〉両生綱無尾目アマガエル科のカエル。体長70～110mm。分布：オーストラリア北部から東部にかけて広く分布。ニューギニアの低地にも棲む。ニュージーランドに人為移入。

イエイヌ
イヌの別名。

イエウサギ
〈*Oryctolagus cuniculus var. domesticus.*〉哺乳綱ウサギ目ウサギ科の動物。

イエウマ
〈*Equus caballus*〉最少は野間馬の110cm，最大は木曽馬や北海道和種の135cm。

イエガラス　家鴉
〈*Corvus spendens*〉鳥綱スズメ目カラス科の鳥。全長43cm。分布：イランからインド，ビルマ，タイ。

イエスズメ　家雀
〈*Passer domesticus*〉スズメ科。体長14～18cm。分布：アジア東端を除くユーラシア大陸全域。世界中に移入。

イエネコ　家猫
〈*Felis catus*〉哺乳綱食肉目ネコ科の動物。頭胴長50cm前後。

イエネズミ　家鼠
〈*house rat*〉哺乳綱齧歯目ネズミ科に属する動物のうち，家住性のネズミの総称。

イエネズミ
クマネズミの別名。

イエバト　家鳩, 孔雀鳩, 伝書鳩, 堂鳩
〈*Columba livia var. domestida*〉鳥綱ハト目ハト科の鳥。

イエミソサザイ　家鷦鷯
〈*Troglodytes aedon*〉鳥綱スズメ目ミソサザイ科の鳥。体長12cm。分布：北，中央，南アメリカに広く分布する。

イエムトフンド
〈*Jämthund*〉哺乳綱食肉目イヌ科の動物。

イエメンガゼル

〈*Gazella bilkis*〉哺乳綱偶蹄目ウシ科の動物。分布：基産地はイエメン北西部。絶滅危惧IA類。

イエメンツグミ
〈*Turdus menachensis*〉スズメ目ヒタキ科（ツグミ亜科）。別名アラビアオリーブツグミ。全長23cm。分布：イエメン西部，サウジアラビア南西部。絶滅危惧II類。

イエメンムシクイ
〈*Sylvia buryi*〉スズメ目ヒタキ科（ウグイス亜科）。全長15cm。分布：イエメン西部，サウジアラビア南西部。絶滅危惧II類。

イエロオオカナヘビ
〈*Gallotia simonyi*〉爬虫綱トカゲ目（トカゲ亜目）カナヘビ科のヘビ。頭胴長14.3〜22.6cm。分布：スペイン領カナリア諸島のイエロ島。絶滅危惧IA類。

イエローグリーンレーサー
〈*Coluber viridiflavus*〉爬虫綱有鱗目ヘビ亜目ナミヘビ科のヘビ。全長1.5〜2m。分布：ヨーロッパ。

イエローストライプトサラマンダー
〈*Ambystoma macrodactylum*〉両生綱サンショウウオ目トラフサンショウウオ科の動物。

イエローセキセイ
〈*Melopsittacus undulatus*〉鳥綱オウム目オウム科の鳥。

イオウジマメジロ
〈*Zosterops japonicus alani*〉鳥綱スズメ目メジロ科の鳥。

イカケヤガエル
ハナナガタニガエルの別名。

イカヘカサンゴヘビ
〈*Micropechis ikaheka*〉爬虫綱有鱗目ヘビ亜目コブラ科のヘビ。全長1〜2m。分布：ニューギニア。

イカル 桑鳲，斑鳩，鵤
〈*Eophona personata*〉鳥綱スズメ目アトリ科の鳥。体長23cm。分布：シベリア南西部，中国北部，および日本の北部で繁殖し，日本の南部，中国中部で越冬。

イカルチドリ 桑鳲千鳥，斑鳩千鳥，鵤千鳥
〈*Charadrius placidus*〉鳥綱チドリ目チドリ科の鳥。全長20cm。分布：ウスリー地方・中国東部・日本。

イギリスタヒバリ
〈*Anthus petrosus*〉鳥綱スズメ目セキレイ科の鳥。体長17cm。分布：フランス北部，イギリス諸島，スカンジナビア半島，フェロー諸島で繁殖。北方種のなかには北西・南ヨーロッパで越冬するものもいる。

イグアナ
〈*iguana*〉広義には爬虫綱有鱗目イグアナ科に属するトカゲの総称で，狭義にはそのうちの1種をさす。体長5〜45cm。分布：カナダ南部からアルゼンチン。

イグアナ
グリーンイグアナの別名。

イケガキスズメ
ヨーロッパカヤクグリの別名。

イザベラモリジャコウネズミ
〈*Sylvisorex isabellae*〉哺乳綱食虫目トガリネズミ科の動物。分布：赤道ギニアのビオコ島。絶滅危惧II類。

イサログシマハナナガネズミ
〈*Chrotomys gonzalesi*〉齧歯目ネズミ科（ミズネズミ亜科）。頭胴長17cm程度。分布：フィリピンのルソン島。絶滅危惧IA類。

イサログハナナガネズミ
〈*Rhynchomys isarogensis*〉齧歯目ネズミ科（ミズネズミ亜科）。頭胴長18.5cm程度。分布：フィリピンのルソン島。絶滅危惧II類。

イシアタマアオガエル
〈*Rhacophorus otilophus*〉両生綱無尾目アオガエル科のカエル。

イシイルカ いし海豚，陸前海豚
〈*Phocoenoides dalli*〉哺乳綱クジラ目ネズミイルカ科の動物。別名スプレイ・ポーパス，トゥルーズ・ポーパス，ホワイトフランクト・ポーパス。1.7〜2.2m。分布：北太平洋北部の東西両側，および外洋域。国内では銚子以北の北太平洋，オホーツク海，日本海，ベーリング海。

イシガキカグラコウモリ
〈*Hipposideros turpis*〉翼手目カグラコウモリ科。分布：西表島に生息する土着種。

イシガキシジュウカラ
〈*Parus major nigriloris*〉鳥綱スズメ目シジュウカラ科の鳥。

イシガキトカゲ 石垣石竜子
〈*Eumeces stimpsoni*〉スキンク科。全長

イシガキヒ

15cm。分布：八重山諸島の石垣島，西表島，黒島，新城島，鳩間島，小浜島，下地島，竹富島，波照間島に分布する日本固有種。

イシガキヒヨドリ
〈*Hypsipetes amaurotis stejnegeri*〉鳥綱スズメ目ヒヨドリ科の鳥。

イシガメ 石亀
〈*Clemmys japonica*〉爬虫綱カメ目イシガメ科のカメ。

イシガメ 石亀
〈*pond-turtle*〉爬虫綱カメ目ヌマガメ科イシガメ属に含まれるカメの総称。

イシガメ
ニホンイシガメの別名。

イシカワガエル 石川蛙
〈*Rana ishikawae*〉両生綱無尾目アカガエル科のカエル。体長90〜110mm。分布：沖縄島北部，奄美大島。絶滅危惧II類。

イシクヒシメガエル
〈*Uperoleia lithomoda*〉両生綱無尾目カメガエル科のカエル。体長1.5〜3cm。分布：オーストラリア。

イシシャコ 石鷓鴣
〈*Ptilopachus petrosus*〉鳥綱キジ目キジ科の鳥。体長25cm。分布：アフリカのセネガルからケニアにかけて。

イシチドリ 石千鳥
〈*Burhinus oedicnemus*〉鳥綱チドリ目イシチドリ科の鳥。体長40〜44cm。分布：ヨーロッパ南・西部，西南アジア，北アフリカ，中東，インド亜大陸。

イシチドリ 石千鳥
〈*thick-knee*〉チドリ目イシチドリ科 Burhinidaeの鳥の総称，またはそのうちの1種を指す。体長40〜44cm。分布：ヨーロッパ，アフリカ，アジア，オーストラリア，南アメリカに分布。

イシチドリ科
チドリ目。分布：ヨーロッパ，アフリカ，中央アジア，東南アジア，中央アメリカ，南アメリカ。

イスカ 鶍, 交啄, 交喙
〈*Loxia curvirostra*〉鳥綱スズメ目アトリ科の鳥。体長16cm。分布：アラスカからグアテマラに至るアメリカ大陸，ユーラシア大陸，アルジェリア，チュニジア，バレアレス諸島。国内では本州中部，北部で不定期に少数が繁殖するほか，冬鳥として不定期な渡来がある。

イスタルスキ・ゴニッツ
犬の一品種。

イースタンローランドゴリラ
〈*Gorilla gorilla graueri*〉哺乳綱霊長目ショウジョウ科の動物。体長オス170〜180cm，メス150cm。分布：ザイール東部。絶滅危惧種。

イースト・シベリアン・ライカ
〈*East Siberian Laika*〉犬の一品種。体高56〜64cm。原産：ロシア。

イースト・ブルガリアン
〈*East Bulgarian*〉馬の一品種。体高150〜160cm。原産：ブルガリア。

イストリアン・シェパード
〈*Istrian Shepherd*〉犬の一品種。

イストリアン・スムースコーテッド・ハウンド
〈*Istrian Smooth-coated Hound*〉犬の一品種。

イストリアン・ラフコーテッド・ハウンド
〈*Istrian Rough-coated Hound*〉犬の一品種。

イスパニョーラアマガエル
ハイチオオアマガエルの別名。

イスパニョーラスライダー
ハイチスライダーの別名。

イスパノ
〈*Hispano*〉馬の一品種。体高150〜162cm。原産：スペイン。

イスパノ・アラブ
〈*Hispano Arab*〉馬の一品種。

イズミサラマンダー
〈*Gyrinophilus dunni*〉両生綱有尾目ムハイサラマンダー科の動物。

イスラエルスナネズミ
〈*Meriones sacramenti*〉齧歯目ネズミ科（アレチネズミ亜科）。頭胴長16〜18cm。分布：イスラエル。絶滅危惧IB類。

イースレンスキュール・フィアルフンドゥール
アイスランド・ドッグの別名。

イソカマドドリ 磯竈鳥
〈*Cinclodes taczanowskii*〉鳥綱スズメ目カマドドリ科の鳥。別名アライソカマドドリ。全長20cm。分布：ペルー南部。

イソシギ 磯鷸

⟨*Actitis hypoleucos*⟩鳥綱チドリ目シギ科の鳥。全長20cm。分布：ユーラシア大陸中部から北部。国内では北海道・本州・九州。

イソヒヨドリ 磯鶫
⟨*Monticola solitarius*⟩鳥綱スズメ目ヒタキ科ツグミ亜科の鳥。全長23cm。分布：ユーラシア大陸，地中海沿岸からヒマラヤ・中国，アフリカ北部。国内では全国の海岸の岩場にすみ，山地には入らない。

イタチ 鼬
⟨*Mustela sibirica*⟩哺乳綱食肉目イタチ科の動物。

イタチ
ニホンイタチの別名。

イタチアナグマ
⟨*Melogale*⟩哺乳綱食肉目イタチ科イタチアナグマ属に含まれる動物の総称。体長33〜43cm。分布：アジア。

イタチキツネザル
⟨*Lepilemur mustelinus*⟩哺乳綱霊長目キツネザル科の動物。体長30〜35cm。分布：マダガスカル北東部。

イタハシヤマオオハシ
⟨*Andigena laminirostris*⟩鳥綱オオハシ科の鳥。体長51cm。分布：南アメリカ北西部（コロンビア南西部からエクアドル西部）。

イタリアサラマンダー
⟨*Hydromantes italicus*⟩両生綱有尾目ムハイサラマンダー科の動物。

イタリアジュウバンバ イタリア重輓馬
⟨*Italian Heavy Draught*⟩哺乳綱奇蹄目ウマ科の動物。150〜160cm。原産：イタリア。

イタリアスイギュウ イタリア水牛
⟨*Italian*⟩メス135.5cm。分布：イタリア。

イタリアニンニクガエル
⟨*Pelobates fuscus insubricus*⟩体長8cm。分布：イタリア北部からスイス南東部。生活場所である湿地の埋め立てや農薬の影響で個体数が減少。

イタリアン・グレーハウンド
⟨*Italian Greyhound*⟩哺乳綱食肉目イヌ科の動物。別名ピッコロ・レブリエロ・イタリアーノ。体高33〜38cm。分布：イタリア。

イタリアン・スピッツ
イタリアン・ボルピノの別名。

イタリアン・スピノーネ
⟨*Italian Spinone*⟩犬の一品種。別名スピノーネ。

イタリアン・ボルピノ
犬の一品種。別名ボルピノ・イタリアーノ，イタリアン・スピッツ。

イチゴヤドクガエル
⟨*Dendrobates pumilio*⟩両生綱無尾目ヤドクガエル科のカエル。体長18〜24mm。分布：ニカラグア北部からパナマ西部に至るカリブ海沿岸の低地。

イチジクインコ 無花果鸚哥
⟨*Opopsitta diophthalma*⟩鳥綱インコ目インコ科の鳥。体長15cm。分布：ニューギニア，パプア諸島西部，オーストラリア北東部。

イチョウハクジラ 銀杏歯鯨
⟨*Mesoplodon ginkgodens*⟩哺乳綱クジラ目アカボウクジラ科のクジラ。別名ジャパニーズ・ビークト・ホエール，ギンコー・ビークト・ホエール。4.7〜5.2m。分布：太平洋とインド洋の暖温帯から熱帯の海域。国内では沖縄県，宮崎県，神奈川県，静岡県，千葉県，北海道。

イッカク 一角
⟨*Monodon monoceros*⟩哺乳綱クジラ目イッカク科の動物。別名ナー・ホエール。3.8〜5m。分布：積氷におおわれた北の高緯度地方にある極地地方。

イッカクサイ 一角犀
哺乳綱奇蹄目サイ科インドサイ属に含まれる動物の総称。

イッカクサイ
インドサイの別名。

イッコウチョウ 一紅鳥
⟨*Amadina fasciata*⟩鳥綱スズメ目カエデチョウ科の鳥。体長12cm。分布：アフリカのサハラ砂漠以南。

イツスジクサガエル
⟨*Hyperolius quinquevittatus*⟩両生綱無尾目アオガエル科のカエル。

イツユビカラカネトカゲ
⟨*Chalcides bedriagai*⟩爬虫綱有鱗目スキンク科のトカゲ。

イツユビコミミトビネズミ
⟨*Cardiocranius paradoxus*⟩哺乳綱齧歯目トビネズミ科の動物。頭胴長5〜7.5cm。分布：中国北部，モンゴル，中央シベリア南部。絶滅

危惧II類。

イツユビトビネズミ
〈*five-toed jerboa*〉哺乳綱齧歯目トビネズミ科イツユビトビネズミ属に含まれる動物の総称。

イツユビトビネズミ属
〈*Allactaga*〉分布：アフリカ北東部（リビア砂漠），アラビア半島，中央アジア。

イトンベヨタカ
〈*Caprimulgus prigoginei*〉鳥綱ヨタカ目ヨタカ科の鳥。全長19cm。分布：コンゴ民主共和国東部。絶滅危惧II類。

イナダヨシキリ 稲田葦切
〈*Acrocephalus agricola*〉鳥綱スズメ目ヒタキ科ウグイス亜科の鳥。全長12.5cm。分布：中央アジア・イラン東部・アフガニスタン北部からモンゴル・中国北東部。

イナバヒタキ 因幡鶲
〈*Oenanthe isabellina*〉鳥綱スズメ目ヒタキ科ツグミ亜科の鳥。全長16cm。分布：中近東・中央アジアから旧ソ連南部・中国北部。

イヌ 犬
〈*Canis familiaris*〉哺乳綱食肉目イヌ科に属する動物。別名イエイヌ。

イヌガオシロアシマウス
〈*Peromyscus caniceps*〉齧歯目ネズミ科（アメリカネズミ亜科）。頭胴長8.5～9.5cm。分布：メキシコのモンセラート島。絶滅危惧II類。

イヌザル
クロザルの別名。

イヌバオオガシラ
〈*Boiga cynodon*〉有鱗目ナミヘビ科。

イヌワシ 狗鷲, 犬鷲
〈*Aquila chrysaetos*〉鳥綱タカ目タカ科の鳥。体長76～99cm。分布：ヨーロッパ，北アジア，北アメリカ，北アフリカおよび中近東の一部。国内では本州。天然記念物。

イノシシ 猪, 野猪
〈*Sus scrofa*〉哺乳綱偶蹄目イノシシ科の動物。別名ユーラシアイノシシ。体長0.9～1.8m。分布：ヨーロッパ，アジア，北アフリカ。国内では北海道と日本海側の豪雪地帯を除くほぼ全域。

イノブタ 猪豚
哺乳綱偶蹄目イノシシ科の動物。

イビキドロガエル
〈*Phrynobatrachus natalensis*〉両生綱無尾目アカガエル科のカエル。

イビキヒキガエル
〈*Bufo gutturalis*〉体長5～10cm。分布：南アフリカ。

イビサイワカナヘビ
〈*Podarcis pityusensis*〉爬虫綱トカゲ目（トカゲ亜目）カナヘビ科のヘビ。体長15～21cm。分布：バレアレス諸島。絶滅危惧II類。

イビザン・ハウンド
〈*Ibizan Hound*〉哺乳綱食肉目イヌ科の動物。別名ポデンゴ・イビセンコ。体高57～70cm。分布：スペイン。

イブクロコモリガエル
カモノハシガエルの別名。

イヘヤトカゲモドキ 伊平屋蜥蜴擬
〈*Goniurosaurus kuroiwae toyamai*〉爬虫綱有鱗目トカゲ亜目トカゲモドキ科のヘビ。分布：沖縄諸島の伊平屋島に分布する日本固有亜種。

イベリアオオヤマネコ
〈*Lynx pardinus*〉哺乳綱食肉目ネコ科の動物。頭胴長85～110cm。分布：スペイン南西部，ポルトガル南部。絶滅危惧IB類。

イベリアカタシロワシ
〈*Aquila adalberti*〉鳥綱タカ目タカ科の鳥。全長82cm。分布：イベリア半島東部，モロッコ。絶滅危惧II類。

イベリアトゲイモリ
〈*Pleurodeles waltl*〉両生綱有尾目イモリ科の動物。別名スペインイモリ。体長170～300mm。分布：北部と北東部を除くイベリア半島及びモロッコ。

イベリアミミズトカゲ
〈*Blanus cinereus*〉爬虫綱有鱗目トカゲ亜目ミミズトカゲ科のトカゲ。全長10～30cm。分布：ヨーロッパ。

イボイノシシ 疣猪
〈*Phacochoerus aethiopicus*〉哺乳綱偶蹄目イノシシ科の動物。体長0.9～1.5m。分布：アフリカ（サハラ砂漠南部）。

イボイモリ 揖保井守, 疣井守, 疣蠑螈
〈*Tylototriton andersoni*〉両生綱有尾目イモリ科の動物。別名トゲイモリ。全長130～190mm。分布：奄美大島・徳之島・沖縄本

島・渡嘉敷島。

イボイモリ
ミナミイボイモリの別名。

イボウミヘビ
〈*Enhydrina schistosa*〉爬虫綱有鱗目ヘビ亜目コブラ科のヘビ。全長1〜1.4m。分布：インド洋, 太平洋。

イボガエル 疣蛙
両生綱無尾目に属するカエルのうち, 体表にいぼ状の皮膚隆起のある種の俗称。

イボガエル
ツチガエルの別名。

イボクビスッポン
〈*Palea steindachneri*〉爬虫綱スッポン科のカメ。最大甲長42.6cm。分布：中国南部, 海南島, ベトナム（ハワイ諸島の一部やモーリシャスに移入されている）。

イボヤドクガエル
〈*Dendrobates granuliferus*〉両生綱無尾目ヤドクガエル科のカエル。体長19〜22mm。分布：コスタリカの太平洋岸の森林。

イボヨルトカゲ
〈*Lepidophyma flavimaculatum*〉爬虫綱有鱗目トカゲ亜目ヨルトカゲ科のトカゲ。全長18cm。分布：メキシコからパナマまでの中米。

イモリ 井守, 蠑螈
〈*Triturus pyrrhogaster pyrrhogaster*〉両生綱有尾目イモリ亜目イモリ科の動物。

イモリ 井守, 蠑螈
〈newt〉広義には両生綱有尾目イモリ亜目, 狭義にはそのうちのイモリ科に属する種の総称であるが, 日本ではアカハライモリの通称としても用いられる。

イモリ
ニホンイモリの別名。

イラクオナガコウモリ
〈*Rhinopoma hadithaensis*〉哺乳綱翼手目オナガコウモリ科の動物。前腕長5cm前後。分布：イラク。絶滅危惧II類。

イラワジイルカ
カワゴンドウの別名。

イラワジリス
〈*Callosciurus pygerythrus*〉哺乳綱齧歯目リス科の動物。頭胴長約20cm。分布：ネパール, インド北東部のアッサム州とシッキム州, ミャンマー, 中国の雲南省。絶滅危惧II類。

イラワラ・ショートホーン
〈*Illawara Shorthorn*〉牛の一品種。

イランイツユビトビネズミ
〈*Allactaga firouzi*〉哺乳綱齧歯目トビネズミ科の動物。頭胴長10〜12cm。分布：イラン南西部。絶滅危惧IA類。

イランジネズミ
〈*Crocidura susiana*〉哺乳綱食虫目トガリネズミ科の動物。分布：イラン南西部のフゼスターンのデズフール近郊だけから知られる。絶滅危惧IB類。

イランスナネズミ
〈*Meriones zarudnyi*〉齧歯目ネズミ科（アレチネズミ亜科）。頭胴長12〜15cm。分布：トルクメニスタン南部, アフガニスタン北部, イラン北東部。絶滅危惧IB類。

イランダマジカ
〈*Dama mesopotamica*〉哺乳綱偶蹄目反芻亜目シカ科シカ亜科ダマジカ属。絶滅危惧種。

イランド
〈*Taurotragus oryx*〉哺乳綱偶蹄目ウシ科の動物。別名エランド。体長2.1〜3.5m。分布：アフリカ中部, 東部, 南部。

イリウマ 伊犁馬
〈*Ili Horse*〉オス154cm, メス144cm。分布：中国北西部, 新疆ウイグル地区の北西部。

イリエワニ
〈*Crocodylus porosus*〉爬虫綱ワニ目クロコダイル科のワニ。全長3〜7m。分布：インド南部からオーストラリア北部。

イリオモテキクガシラコウモリ 西表菊頭蝙蝠
〈*Rhinolophus imaizumii*〉翼手目キクガシラコウモリ科（キクガシラコウモリ亜科）。前腕長4.1〜4.2cm。分布：西表島。絶滅危惧IB類。

イリオモテヤマネコ 西表山猫
〈*Felis iriomotensis*〉哺乳綱食肉目ネコ科の動物。別名ヤママヤ, ヤマピカリャー。頭胴長50〜60cm。分布：八重山諸島の西表島。絶滅危惧IB類, 特別天然記念物。

イリナキウサギ
〈*Ochotona iliensis*〉哺乳綱ウサギ目ナキウサギ科の動物。分布：中国のシンチアン・ウイグル自治区の標高2800〜3300mの岩塊地。絶滅危惧II類。

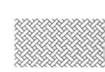

イリリアン・シープドッグ
〈*Illyrian Sheepdog*〉犬の一品種。

イリンフサオクモネズミ
〈*Crateromys paulus*〉齧歯目ネズミ科(ネズミ亜科)。頭胴長25.5cm程度。分布：フィリピンのイリン島。絶滅危惧IA類。

イルカ 海豚
〈*dolphin*〉哺乳綱クジラ目の動物のうち、広義のマイルカ類(マイルカ上科)のなかの小形種と、分類学的にはまったく別のグループに属するカワイルカ類(上科とすることもある)に対して習慣的に用いられている呼称。

イル・ド・フランス
〈*Ile-de-France*〉哺乳綱偶蹄目ウシ科の動物。体高オス68〜74cm、メス66〜70cm。分布：フランス。

イロイロウシ イロイロ牛
〈*Iloilo*〉牛の一品種。肩高オス118cm、メス106.6cm。原産：フィリピン。

イロオインコ 色尾鸚哥
〈*Touit dilectissima*〉鳥綱オウム目インコ科の鳥。分布：コスタリカ南部・パナマ西部・エクアドル西部。

イロカエカロテス
〈*Calotes versicolor*〉爬虫綱有鱗目トカゲ亜目アガマ科のトカゲ。全長35cm。分布：南西アジアからインド、インドシナ、中国南部、スマトラ、スリランカ、モーリシャス、レユニオンなどのインド洋の島々。

イロカエクサガエル
〈*Hyperolius marmoratus*〉体長2.5〜3.5cm。分布：アフリカ東部から南東部。

イロコスウシ イロコス牛
〈*Ilocos*〉肩高メス96〜106cm。分布：フィリピン。

イロマジリボウシインコ 色混帽子鸚哥
〈*Amazona versicolor*〉鳥綱オウム目インコ科の鳥。別名セントルシアボウシ。全長43cm。分布：セントルシア島。絶滅危惧II類。

イロワケイルカ 色分海豚
〈*Cephalorhynchus commersonii*〉哺乳綱クジラ目マイルカ科の動物。別名スカンク・ドルフィン、パイボールド・ドルフィン、ブラック・アンド・ホワイト・ドルフィン、ジャコバイト、パフィング・ピッグ。1.3〜1.7m。分布：フォークランド諸島を含む南アメリカ南部とインド洋のケルゲレン諸島。

イワインコ 岩鸚哥
〈*Cyanoliseus patagonus*〉鳥綱オウム目インコ科の鳥。体長46cm。分布：アルゼンチンとチリで繁殖する。不定期にアルゼンチン北部やウルグアイくらいまで北上して越冬。

イワオオミミマウス属
〈*Auliscomys*〉哺乳綱齧歯目ネズミ科の動物。分布：ボリビア、ペルー、チリ、アルゼンチンの山地。

イワカモメ
〈*Larus fuliginosus*〉鳥綱チドリ目カモメ科の鳥。全長51〜55cm。分布：エクアドルのガラパゴス諸島。絶滅危惧II類。

イワガラガラ
〈*Crotalus lepidus*〉有鱗目クサリヘビ科。

イワキツツキ 岩啄木鳥
〈*Geocolaptes olivaceus*〉鳥綱キツツキ目キツツキ科の鳥。体長28cm。分布：南アフリカ。

イワクサインコ
〈*Neophema petrophila*〉鳥綱インコ目インコ科の鳥。全長22cm。分布：オーストラリア南部、南西部の海岸に生息。

イワゴジュウカラ 岩五十雀
〈*Sitta neumayer*〉鳥綱スズメ目ゴジュウカラ科の鳥。全長14cm。分布：バルカン半島。

イワサキセダカヘビ 岩崎背高蛇
〈*Pareas iwasakii*〉爬虫綱有鱗目ヘビ亜目ナミヘビ科のヘビ。全長60cm。分布：石垣島、西表島。

イワサキワモンベニヘビ 岩崎輪紋紅蛇
〈*Calliophis maccllellandii iwasakii*〉爬虫綱有鱗目ヘビ亜目コブラ科のヘビ。全長30〜80cm。分布：八重山諸島(石垣島、西表島)、別の亜種が台湾、中国、東南アジアからインドにかけて分布する。

イワサザイ
〈*Xenicus gilviventris*〉鳥綱スズメ目イワサザイ科の鳥。

イワサザイ
〈*New Zealand wren*〉鳥綱スズメ目イワサザイ科に属する鳥の総称。

イワサザイ
鳥綱スズメ目イソサザイ科の鳥。全長8〜10cm。分布：ニュージーランド。

イワシクジラ 鰯鯨, 鰮鯨
〈*Balaenoptera borealis*〉哺乳綱クジラ目ナガスクジラ科のクジラ。別名ポラック・ホエール, コールフィッシュ・ホエール, サーディーン・ホエール, ジャパン・フィンナー, ルドルフズ・ロークエル, セイ。12～16m。分布：世界中の深くて温暖な海域。絶滅危惧IB類。

イワシクジラ
ニタリクジラの別名。

イワシャコ 岩鷓鴣
〈rock partridge〉鳥綱キジ目キジ科イワシャコ属に含まれる鳥の総称。

イワシャコ
ハイイロイワシャコの別名。

イワスズメ 岩雀
〈*Petronia petronia*〉スズメ科。体長15cm。分布：カナリア諸島, 地中海から中国。

イワスズメ
イワヒバリの別名。

イワダヌキ
イワダヌキ目ハイラックス科の総称。

イワツバメ 岩燕, 西岩燕
〈*Delichon urbica*〉鳥綱スズメ目ツバメ科の鳥。別名ダケノツバメ, ウミツバクラ, ヤマツバメ。体長13cm。分布：ヨーロッパ, アジア (極東, 南部を除く), アフリカ北部, 南アジア (不定期) で繁殖。サハラ以南のアフリカ, 東南アジアで越冬。国内では多数が夏鳥として渡来し, ごく少数は越冬。

イワテンジクネズミ
モコの別名。

イワトカゲ
〈*Egernia sp.*〉爬虫綱有鱗目トカゲ科のトカゲ。

イワトビカモシカ
クリップスプリンガーの別名。

イワトビヒタキ
〈*Pinarornis plumosus*〉鳥綱スズメ目ヒタキ科ツグミ亜科の鳥。全長25cm。分布：南アフリカ北東部。

イワトビペンギン
〈*Eudyptes chrysocome*〉鳥綱ペンギン目ペンギン科の鳥。体長55cm。分布：亜南極地帯の島々, 南アメリカ南部。

イワドリ 岩鳥
〈*Rupicola rupicola*〉カサドリ科。体長32cm。分布：ベネズエラ南部, ギアナ地方, ブラジル北部, コロンビア東部。

イワニセヨロイトカゲ
〈*Pseudocordylus microlepidotus*〉有鱗目ヨロイトカゲ科。

イワネズミ 岩鼠
〈*Petromus typicus*〉ジリスに似た齧歯目イワネズミ科の哺乳類。

イワハイラックス属
〈*Heterohyrax*〉哺乳綱イワダヌキ目ハイラックス科の動物。体長32～47cm。分布：南西, 南東から北東アフリカ。

イワバホオジロ
イワハイラックス属の別名。

イワハリトカゲ
〈*Sceloporus poinsetti*〉爬虫綱有鱗目トカゲ亜目イグアナ科の動物。全長21～28cm。分布：アメリカ合衆国南部 (ニューメキシコ州南部からテキサス州中央部にかけて) からメキシコ。

イワヒバリ 岩鶲, 岩雲雀
〈*Prunella collaris*〉鳥綱スズメ目イワヒバリ科の鳥。別名イワスズメ, ダケヒバリ。体長18cm。分布：イベリア半島および北西アフリカから東へ南アジア, 東アジア。国内では本州中部, 北部の岩石地帯で繁殖。

イワヒバリ科
スズメ目。全長13～18cm。分布：ヨーロッパ, アジア, アフリカ北部。

イワミセキレイ 岩見鶺鴒, 石見鶺鴒
〈*Dendronanthus indicus*〉鳥綱スズメ目セキレイ科の鳥。体長15cm。分布：中国北東部, 朝鮮, 旧ソ連東部で繁殖。東南アジア, インドネシアで越冬。国内では西日本に少数が冬鳥として渡来し, ごく少数が繁殖。

イワミソサザイ 胸白鷦鷯
〈*Salpinctes obsoletus*〉鳥綱スズメ目ミソサザイ科の鳥。体長15cm。分布：カナダ西部および合衆国北西部からコスタリカの地域で繁殖。繁殖地域の北部で越冬。

イワムシクイ
〈*Origma solitaria*〉トゲハシムシクイ科。体長14cm。分布：ニュー・サウス・ウェールズ州の沿岸部中央。

イワヤマブレートトカゲ
〈*Gerrhosaurus validus*〉有鱗目ヨロイトカゲ科。

イワシシミミズク
〈*Bubo capensis*〉鳥綱フクロウ目フクロウ科の鳥。全長46〜48cm。分布：エチオピア、ケニアからアフリカ。

インカアジサシ
〈*Larosterna inca*〉アジサシ科。体長40〜42cm。分布：エクアドルからチリ。

インカ・オーキッド・ドッグ
〈*Inca Orchid*〉犬の一品種。

インカシトド
〈*Incaspiza pulchra*〉鳥綱スズメ目ホオジロ科の鳥。全長16.5cm。分布：ペルー。

インカバト
〈*Scardafella inca*〉鳥綱ハト目ハト科の鳥。体長20cm。分布：アフリカ南西部からコスタリカ北部にかけて局地的。

インカ・ヘアレス・ドッグ
〈*Inca Hairless Dog*〉犬の一品種。体高25〜71cm。原産：ペルー。

インカ・ヘアレス・ドッグ
ペルービアン・ヘアレスの別名。

インカ・ヘアレス・ドッグ（グランデ）
〈*Inca Hairless Dog (Grande)*〉犬の一品種。

インカ・ヘアレス・ドッグ（メディオ）
〈*Inca Hairless Dog (Medio)*〉犬の一品種。

インカーマンニセマウス
〈*Pseudomys patrius*〉齧歯目ネズミ科（ネズミ亜科）。頭胴長6.5〜7cm。分布：オーストラリア南東部。絶滅危惧種。

インギードリ インギー鶏
〈*Ingie Fowl*〉分布：鹿児島県。

イングリッシュ・クーンハウンド
〈*English Coonhound*〉犬の一品種。体高53〜69cm。原産：アメリカ。

イングリッシュ・コッカー・スパニエル
〈*English Cocker Spaniel*〉哺乳綱食肉目イヌ科の動物。

イングリッシュ・スプリンガー・スパニエル
〈*English Springer Spaniel*〉哺乳綱食肉目イヌ科の動物。体高48〜51cm。分布：イギリス。

イングリッシュ・セッター
〈*English Setter*〉哺乳綱食肉目イヌ科の動物。別名セッター。体高61〜69cm。分布：イギリス。

イングリッシュ・トーイ・スパニエル
キング・チャールズ・スパニエルの別名。

イングリッシュ・トイ・テリア
トイ・マンチェスター・テリアの別名。

イングリッシュ・フォックスハウンド
〈*English Foxhound*〉犬の一品種。

イングリッシュ・フォックスハウンド
フォックスハウンドの別名。

イングリッシュ・ブルドッグ
ブルドッグの別名。

イングリッシュ・ポインター
〈*English Pointer*〉哺乳綱食肉目イヌ科の動物。

イングリッシュ・ロングホーン
〈*English Longhorn*〉哺乳綱偶蹄目ウシ科の動物。分布：イギリス。

インコ 音呼, 鸚哥
〈*parakeet*〉鳥綱オウム目オウム科ホンセイインコ属に含まれる鳥の総称。

インコ科
オウム目。分布：オーストラリア、ニューギニア、熱帯アジア、アフリカ、南アメリカ。

インダスカワイルカ
〈*Platanista minor*〉哺乳綱クジラ目カワイルカ科の動物。ガンジスカワイルカとの違いは明らかでない。分布：パキスタンのインダス川中流の約600kmの範囲。絶滅危惧IB類。

インダスカワイルカ
ガンジスカワイルカの別名。

インダス・ススウ
ガンジスカワイルカの別名。

インディアナチャイロコウモリ
インディアナホオヒゲコウモリの別名。

インディアナホオヒゲコウモリ
〈*Myotis sodalis*〉哺乳綱翼手目ヒナコウモリ科の動物。前腕長3.5〜4.1cm。分布：アメリカ合衆国の中部および東部。絶滅危惧IB類。

インディアン・ゲーム
〈*Indian Game*〉ニワトリの一品種。英国でアシールとマレーとオールドイングリッシュ

ゲームを交配させたもの。

インディアン・ランナー
〈Indian Runner〉鳥綱ガンカモ目ガンカモ科の鳥。分布：西マレーシア，インドネシア。

インディゴヘビ
〈Drymarchon corais〉爬虫綱有鱗目ヘビ亜目ナミヘビ科のヘビ。全長1.5〜2.6m。分布：米国南部からアルゼンチン北部まで。

インドアジサシ
〈Sterna acuticauda〉鳥綱チドリ目カモメ科の鳥。全長32〜35cm。分布：インド，ネパール，中国南西部，ミャンマー，インドシナ半島。絶滅危惧II類。

インドアマガサヘビ
〈Bungarus caeruleus〉爬虫綱有鱗目ヘビ亜目コブラ科のヘビ。全長0.8〜1.7m。分布：アジア。

インドアラコウモリ
〈Megaderma lyra〉翼手目アラコウモリ科。

インドイタチアナグマ
〈Melogale personata〉体長33〜43cm。分布：東南アジア，東アジア。

インドイノシシ
〈Sus scrofa cristatus〉哺乳綱偶蹄目イノシシ科の動物。分布：インド。

インドウシ
〈Zebu〉インド原産の役用または乳用牛。

インドオオコウモリ
〈Pteropus giganteus〉哺乳綱翼手目オオコウモリ科の動物。

インドオオノガン
〈Choriotis nigriceps〉鳥綱ツル目ノガン科の鳥。別名インドノガン。全長オス122cm，メス92cm。分布：インド北西部。絶滅危惧IB類。

インドオオリス
〈Ratufa indica〉哺乳綱齧歯目リス科の動物。体長35〜40cm。分布：南アジア。絶滅危惧II類。

インドカケス
ブドウイロカケスの別名。

インドガケネズミ
〈Cremnomys elvira〉齧歯目ネズミ科（ネズミ亜科）。頭胴長15cm程度。分布：インド南東部。絶滅危惧II類。

インドガビアル
〈Gavialis gangeticus〉爬虫綱ワニ目クロコダイル科のワニ。別名ガンジスワニ。4〜6m。分布：ネパール，インド，パキスタン。絶滅危惧IB類。

インドカベヤモリ
〈Hemidactylus maculatus〉爬虫綱有鱗目トカゲ亜目ヤモリ科のヘビ。

インドガン インド雁，印度雁
〈Anser indicus〉鳥綱ガンカモ目ガンカモ科の鳥。全長71〜76cm。分布：中国北東部からモンゴル，チベット。

インドキョン
ホエジカの別名。

インドクジャク 印度孔雀
〈Pavo cristatus〉鳥綱キジ目キジ科の鳥。体長オス200〜229cm，メス86cm。分布：スリランカ，インド，パキスタン，ヒマラヤ山脈。世界各地に移入。

インドコガシラスッポン
〈Chitra indica〉爬虫綱スッポン科のカメ。最大甲長183cm。分布：パキスタン，インド，ネパール，バングラデシュからミャンマー（ビルマ）を経てタイ西部，マレーシア北部（?）。絶滅危惧II類。

インドコブウシ
偶蹄目ウシ科。

インドコブラ 眼鏡蛇
〈Naja naja〉爬虫綱有鱗目ヘビ亜目コブラ科のヘビ。全長135〜150cm。分布：インド，スリランカ，ネパール，パキスタン。絶滅危惧。

インドサイ
〈Rhinoceros unicornis〉哺乳綱奇蹄目サイ科の動物。別名イッカクサイ。体長3.8mまで。分布：南アジア（ブラーマプトラ谷）。絶滅危惧IB類。

インドシナウォータードラゴン
〈Physignathus cocincinus〉爬虫綱有鱗目トカゲ亜目アガマ科のトカゲ。全長60〜90cm。分布：中国南部・タイ・インドシナ。

インドシナウシ インドシナ牛
〈Indo-Chinese〉牛の一品種。

インドシナオオスッポン
〈Amyda cartilaginea〉爬虫綱スッポン科のカメ。最大甲長70cm。分布：ミャンマー（ビル

イントシナ

マ）南部からベトナム，マレー半島にかけてのアジア大陸，スマトラ島，ボルネオ島，ジャワ島。絶滅危惧II類。

インドシナコブラ
〈*Naja siamensis*〉爬虫綱有鱗目ヘビ亜目コブラ科のヘビ。全長1.2〜1.6m。分布：アジア。

インドシナトラ
〈*Panthera tigris corbetti*〉食肉目ネコ科。分布：インドシナ半島，マレー半島。

インドシナトラ
トラの別名。

インドジャコウネコ
〈*Viverra zibetha*〉哺乳綱食肉目ジャコウネコ科の動物。体長81cm。分布：インド北部，ネパール，ビルマ，タイ，インドシナ，西マレーシア，中国南部。

インドショウノガン
〈*Eupodotis indica*〉鳥綱ツル目ノガン科の鳥。別名カンザシノガン。全長オス46cm，メス51cm。分布：インド。絶滅危惧IA類。

インドセダカガメ
ニシキセダカガメの別名。

インドセンザンコウ
〈*Manis crassicaudata*〉哺乳綱有鱗目センザンコウ科の動物。

インドセンニュウチメドリ
〈*Chrysomma altirostre*〉鳥綱スズメ目ヒタキ科チメドリ亜科の鳥。全長18cm。分布：パキスタン，インド，ビルマ。絶滅危惧II類。

インドゾウ
アジアゾウの別名。

インドタテガミヤマアラシ
〈*Hystrix indica*〉哺乳綱齧歯目ヤマアラシ科の動物。

インドチーター
ニシアジアチーターの別名。

インドチメドリ
〈*Dumetia hyperthra*〉鳥綱スズメ目ヒタキ科チメドリ亜科の鳥。全長13cm。分布：インド，スリランカ。

インドトキコウ
〈*Mycteria leucocephala*〉鳥綱コウノトリ科の鳥。体長102cm。分布：インド亜大陸，中国南西部，東南アジアの一部。

インドトサカゲリ
〈*Vanellus indicus*〉鳥綱チドリ目チドリ科の鳥。全長33cm。分布：イラン，イラクからインド，スリランカ，マレー半島。

インドトビイロマングース
〈*Herpestes fuscus*〉哺乳綱食肉目ジャコウネコ科の動物。体長38cm。分布：インド南部とスリランカ。

インドトラ
ベンガルトラの別名。

インドニシキヘビ
〈*Python molurus*〉爬虫綱有鱗目ヘビ亜目ニシキヘビ科のヘビ。全長5〜7m。分布：アジア。

インドヌマジカ
バラシンガジカの別名。

インドネシアスイギュウ インドネシア水牛
〈*Indonesian*（*brown & grey*）〉オス127cm，メス124cm。分布：インドネシア。

インドネシア・バタックザイライブタ インドネシア・バタック在来豚
〈*Batak native pig-Indonesia*〉55cm。分布：インドネシア。

インドネシアヤマアラシ属
〈*Thecurus*〉哺乳綱齧歯目ヤマアラシ科の動物。分布：アフリカとアジア。

インドネシアヤマイタチ
〈*Mustela lutreolina*〉哺乳綱食肉目イタチ科の動物。頭胴長29.7〜32.1cm。分布：インドネシアのスマトラ島，ジャワ島。絶滅危惧IB類。

インドノウサギ
〈*Lepus nigricollis*〉哺乳綱ウサギ目ウサギ科の動物。分布：パキスタン，インド，スリランカ。

インドノガン
インドオオノガンの別名。

インドノロバ
〈*Equus hemionus khur*〉ウマ科ウマ属アジアノロバ亜種。

インドハコスッポン 箱鼈
〈*Lissemys punctata*〉爬虫綱スッポン科のカメ。最大甲長37.0cm。分布：パキスタン，インド，ネパール，ミャンマー（ビルマ）西部，スリランカ，バングラデシュ。

インドパシフィック・ハンプバック・ドル

フィン
　シナウスイロイルカの別名。

インド パシフィック・ビークト・ホエール
　タイヘイヨウアカボウモドキの別名。

インド ハッカ
　〈Acridotheres tristis〉スズメ目ムクドリ科。分布：アフガニスタン，インド，ミャンマー，中国南西部。南アフリカ，東南アジア，オーストラリア，ニュージーランド，ハワイ，日本などに移入。

インド ハッカ
　カバイロハッカの別名。

インド ハリネズミ
　〈Paraechinus micropus〉体長14〜23cm。分布：南アジア。

インド ヒタキ
　〈Saxicoloides fulicata〉鳥綱スズメ目ヒタキ科ツグミ亜科の鳥。全長16cm。分布：インド，パキスタン。

インド ヒメクロアジサシ
　ヒメクロアジサシの別名。

インド ブッポウソウ
　〈Coracias benghalensis〉鳥綱ブッポウソウ目ブッポウソウ科の鳥。全長31cm。分布：インド，ビルマ，タイ，インドシナ，中国西部。

インド・ブラジリアン
　〈Indo-Brazilian〉牛の一品種。原産：ブラジル。

インド ホウギュウ インド犛牛
　〈Indian Zebu〉分布：インド。

インド ホシガメ
　ホシガメの別名。

インド マメジカ
　〈Tragulus meminna〉哺乳綱偶蹄目マメジカ科の動物。体長50〜58cm。分布：南アジア。

インド ミツオシエ
　〈Indicator xanthonotus〉鳥綱ミツオシエ。体長15cm。分布：ヒマラヤ山脈，パキスタンからミャンマー北部。

インド ミツユビコゲラ
　〈Sasia ochracea〉鳥綱キツツキ目キツツキ科の鳥。全長9cm。分布：ヒマラヤ，インド，ビルマ，タイ，中国，インドネシア。

インド ミラードヤワゲネズミ
　〈Millardia kondana〉齧歯目ネズミ科（ネズミ亜科）。頭胴長15〜20cm程度。分布：インド半島の北西部。絶滅危惧IB類。

インド ヤイロチョウ
　ヤイロチョウの別名。

インド ヤギュウ
　ガウルの別名。

インド ヤセイスイギュウ インド野生水牛
　〈Bubalus bubalis arnee〉153〜188cm。分布：インド。

インド ライオン
　〈Panthera leo persica〉哺乳綱食肉目裂脚亜目ネコ科ネコ亜科ヒョウ属。絶滅危惧種。

インドリ
　〈Indri indri〉哺乳綱霊長目インドリ科の動物。別名インドリス，ババコト。体長60cm。分布：マダガスカル東部。絶滅危惧IB類。

インドリス
　インドリの別名。

インニタライワアガマ
　〈Ctenophorus yinnietharra〉爬虫綱トカゲ目（トカゲ亜目）アガマ科の動物。頭胴長7.5〜87.7cm。分布：オーストラリア西部。絶滅危惧種。

インパラ
　〈Aepyceros melampus〉哺乳綱偶蹄目ウシ科の動物。体長1.1〜1.5m。分布：アフリカ東部および南部。

インプレッサムツアシガメ
　ベッコウムツアシの別名。

【ウ】

ウ 鵜
　〈cormorant〉鳥綱ペリカン目ウ科に属する海鳥の総称。全長45〜101cm。分布：世界中。

ウアカリ
　〈uakari〉哺乳綱霊長目オマキザル科ウアカリ属に含まれる動物の総称。

ウァームサラマンダー
　カリフォルニアホソサンショウウオの別名。

ヴァンクーヴァーマーモット
　〈Marmota vancouverensis〉哺乳綱齧歯目リス科の動物。頭胴長41〜46cm。分布：カナダのブリティッシュ・コロンビア州にあるヴァンクーヴァー島の山地。絶滅危惧IB類。

ウィアルダ
　オポッサムモドキの別名。

ヴィクトリアヒレアシトカゲ
　〈*Delma impar*〉爬虫綱トカゲ目（トカゲ亜目）ヒレアシトカゲ科のトカゲ。頭胴長8〜10cm。分布：オーストラリア南東部。絶滅危惧種。

ヴィクトリアペンギン
　キマユペンギンの別名。

ウィペット
　〈*Whippet*〉犬の一品種。体高43〜51cm。原産：イギリス。

ウイリアムズカエルガメ
　〈*Phrynops williamsi*〉爬虫綱カメ目ヘビクビガメ科のカメ。最大甲長33cm。分布：南米（ブラジル最南部，ウルグアイ，パラグアイおよびアルゼンチン北東部）。

ウィルズカメレオン
　〈*Furcifer willsii*〉爬虫綱有鱗目トカゲ亜目カメレオン科のトカゲ。全長オス最大17cm。分布：マダガスカル東部。

ウィルソンアメリカムシクイ　ウィルソンアメリカ虫食
　〈*Wilsonia pusilla*〉鳥綱スズメ目アメリカムシクイ科の鳥。全長11cm。分布：カナダ，アメリカ。

ウィルソンズ・ドルフィン
　ダンダラカマイルカの別名。

ウィルソンチドリ
　〈*Charadrius wilsonia*〉鳥綱チドリ目チドリ科の鳥。全長16cm。分布：北アメリカの南東部海岸から南アメリカの大西洋岸。

ウィルトシャー・ホーン
　〈*Wiltshire Horn*〉羊の一品種。原産：イングランド中央部。

ウィルドビースト
　オグロヌーの別名。

ウィルドビースト
　ヌーの別名。

ウィンストンクサビオモモンガ
　〈*Hylopetes winstoni*〉哺乳綱齧歯目リス科の動物。属としてのサイズ：頭胴長11〜33cm。分布：インドネシアのスマトラ島北部。絶滅危惧IA類。

ウインドフンド

犬の一品種。別名シャルト・ポルスキー，ジャン・ド・サン・ユベール。

ウィントンキンモグラ
　〈*Cryptochloris wintoni*〉哺乳綱食虫目キンモグラ科の動物。頭胴長8.7〜9cm，尾は痕跡的。分布：南アフリカ共和国。絶滅危惧II類。

ヴィントンキンモグラ属
　〈*Cryptochloris*〉キンモグラ科。分布：ケープ地方東部。

ヴィンマージネズミ
　〈*Crocidura wimmeri*〉哺乳綱食虫目トガリネズミ科の動物。分布：コートジボアール南部。絶滅危惧IB類。

ウェーククイナ
　〈*Rallus wakensis*〉鳥綱ツル目クイナ科の鳥。別名オオトリシマクイナ。翼長95〜100mm。

ウエスタン・ジャイアント・イランド
　クロクビイランドの別名。

ウェスタンローランドゴリラ
　〈*Gorilla gorilla gorilla*〉哺乳綱霊長目オランウータン科の動物。体長オス170〜180cm，メス150cm。分布：カメルーン，中央アフリカ共和国，ガボン，コンゴ，赤道ギニア。

ウエスティー
　ウエスト・ハイランド・ホワイト・テリアの別名。

ウェスト・アフリカン・ドワーフ
　〈*West African Dwarf*〉哺乳綱偶蹄目ウシ科の動物。体高40〜45cm。分布：西アフリカ。

ヴェストイェータスペッツ
　スウィーディッシュ・ヴァルハウンドの別名。

ヴェストゴーン・スピッツ
　スウィーディッシュ・ヴァルハウンドの別名。

ウェスト・シベリアン・ライカ
　〈*West Siberian Laika*〉犬の一品種。

ウェスト・シベリアン・ライカ
　〈*West Siberian Laika*〉犬の一品種。体高53〜61cm。原産：ロシア。

ウェスト・シベリアン・ライカ
　ライカの別名。

ウエスト・ハイランド・ホワイト・テリア
　〈*West Highland White Terrier*〉哺乳綱食肉目イヌ科の動物。別名ウエスティー。体高25〜28cm。分布：イギリス。

ウェストファリアン・ダックスブラッケ
犬の一品種。

ヴェストフェーリッシェ・ダックスブラッケ
ウェストファリアン・ダックスブラッケの別名。

ウェスト・フリーシアン
〈West Friesian〉馬の一品種。体高152〜160cm。原産：オランダ。

ウェストランドクロミズナギドリ
〈Procellaria westlandica〉鳥綱ミズナギドリ目ミズナギドリ科の鳥。全長50〜55cm。分布：ニュージーランド南島の北西部で繁殖。絶滅危惧II類。

ウェタルバト
〈Gallicolumba hoedtii〉鳥綱ハト目ハト科の鳥。全長27cm。分布：インドネシアのティモール島, ウェタル島。絶滅危惧II類。

ヴェッターフーン
〈Wetterhoun〉犬の一品種。別名オッターホーン, ダッチ・ウォーター・スパニエル。体高53〜58cm。原産：オランダ。

ヴェッターホーン
アメリカマナティーの別名。

ウェッデルアザラシ
〈Leptonychotes weddelli〉哺乳綱鰭脚目アザラシ科の動物。体長2.5〜2.9m。分布：南極海および亜南極水域。

ウェッテルフーン
ヴェッターフーンの別名。

ウエトモアフウキンチョウ
〈Wetmorethraupis sterrhopteron〉鳥綱スズメ目ホオジロ科の鳥。全長19cm。分布：ペルー北東部。絶滅危惧IB類。

ウエーラー
〈Waler〉哺乳綱奇蹄目ウマ科の動物。別名オーストラリア・ストック・ホース。体高147〜163cm。原産：オーストラリア。

ウェルサマー
〈Welsummer〉鳥綱キジ目キジ科の鳥。分布：オランダ。

ウェルシュ
〈Welsh〉哺乳綱偶蹄目イノシシ科の動物。分布：英国ウェールズ地方。

ウェルシュ・コーギー
〈Welsh corgi〉原産地がイギリスの家庭犬。

ウェルシュ・コーギー・カーディガン
〈Cardigan Welsh Corgi〉犬の一品種。体高27〜32cm。原産：イギリス。

ウェルシュ・コーギー・ペンブローク
〈Pembroke Welsh Corgi〉犬の一品種。体高25〜31cm。原産：イギリス。

ウェルシュ・コブ
〈Welsh Cob〉哺乳綱奇蹄目ウマ科の動物。体高142〜153cm。原産：ウェールズ。

ウェルシュ・スプリンガー・スパニエル
〈Welsh Springer Spaniel〉哺乳綱食肉目イヌ科の動物。体高46〜48cm。分布：イギリス。

ウェルシュ・テリア
〈Welsh Terrier〉哺乳綱食肉目イヌ科の動物。体高36〜39cm。分布：イギリス。

ウェルシュ・フォックスハウンド
犬の一品種。

ウエルシュ・ブラック
〈Welsh Black〉牛の一品種。

ウェルシュ・ポニー
〈Welsh Pony〉奇蹄目ウマ科。体高122〜134cm。原産：ウェールズ。

ウェルシュ・マウンテン
〈Welsh Mountain〉哺乳綱偶蹄目ウシ科の動物。分布：ウェールズ。

ウェルシュ・マウンテン・ポニー
〈Welsh Mountain Pony〉馬の一品種。体高最大121cm。原産：ウェールズ。

ウェンズレイデール
〈Wensleydale〉哺乳綱偶蹄目ウシ科の動物。分布：イングランドの北部ヨークシャー。

ウオガラス　魚鴉
〈Corvus ossifragus〉鳥綱スズメ目カラス科の鳥。全長40〜50cm。分布：アメリカ。

ウオクイコウモリ　魚食蝙蝠
〈Noctilio leporinus〉哺乳綱翼手目ウオクイコウモリ科の動物。体長6〜8cm。分布：中央アメリカ, 南アメリカ北部, 東部および中央部。

ウオクイコウモリ　魚食蝙蝠
〈fisherman bat〉哺乳綱翼手目ウオクイコウモリ科に属する動物の総称。体長6〜8cm。分布：中央アメリカ, 南アメリカ北部, 東部および中央部。

ウオクイネズミ属

ウオクイフ

〈*Ichthyomys*〉哺乳綱齧歯目ネズミ科の動物。分布：ベネズエラ，エクアドル，ペルーの低い山地。

ウオクイフクロウ
〈*Scotopelia peli*〉鳥綱フクロウ目フクロウ科の鳥。体長51～61cm。分布：サハラ以南のアフリカ（南西部は除く）。

ウオクイホオヒゲコウモリ
〈*Myotis vivesi*〉哺乳綱翼手目ヒナコウモリ科の動物。前腕長5.9～6.22cm。分布：メキシコの西部沿岸とバハ・カリフォルニア半島。絶滅危惧II類。

ウオクイマウス属
〈*Rheomys*〉哺乳綱齧歯目ネズミ科の動物。分布：メキシコ中部から，南はパナマ，コロンビアまで。

ウォーターバック
〈*Kobus ellipsiprymnus*〉哺乳綱偶蹄目ウシ科の動物。体長1.3～2.4m。分布：アフリカ西部，中部，東部。

ウォマ
〈*Aspidites ramsayi*〉爬虫綱トカゲ目（ヘビ亜目）ボア科の動物。頭胴長150～207cm。分布：オーストラリア中部，南西部，および北西部。絶滅危惧。

ウオミミズク　魚木菟
〈*Ketupa flavipes*〉鳥綱フクロウ目フクロウ科の鳥。全長48～51cm。分布：ヒマラヤから中国南部・台湾・インドシナ東部。

ヴォーリーヨタカ
〈*Caprimulgus centralasicus*〉鳥綱ヨタカ目ヨタカ科の鳥。全長19cm。分布：中国西部。絶滅危惧II類。

ヴォルピーノ・イタリアーノ
イタリアン・ボルピノの別名。

ウォルフグエノン
〈*Cercopithecus wolfi*〉オナガザル科オナガザル属。頭胴長45～51cm。分布：ザイール，アンゴラ北東部，ウガンダ西部，中央アフリカ。

ウォーレスクマタカ
〈*Spizaetus nanus*〉鳥綱タカ目タカ科の鳥。全長46～58cm。分布：ミャンマー，タイ，マレーシア，インドネシア，ブルネイ。絶滅危惧II類。

ウォーレストビガエル
ワラストビガエルの別名。

ウオンガバト
〈*Leucosarcia melanoleuca*〉鳥綱ハト目ハト科の鳥。体長37cm。分布：オーストラリア南東部と東部。

ウォンバット
〈*Vombatus ursinus*〉哺乳綱有袋目ウォンバット科の動物。体長70～120cm。分布：オーストラリア東部，タスマニア。

ウ科
ペリカン目。全長48～100cm。

ウカヤリクロトゲコメネズミ
〈*Scolomys ucayalensis*〉齧歯目ネズミ科（アメリカネズミ亜科）。頭胴長8.5cm。分布：ペルー北部。絶滅危惧IB類。

ウガンダイロムシクイ
〈*Apalis karamojae*〉スズメ目ヒタキ科（ウグイス亜科）。別名ウスハイイロムシクイ。全長14cm。分布：ウガンダ，タンザニア。絶滅危惧II類。

ウガンダクサウサギ
〈*Poelagus marjorita*〉哺乳綱ウサギ目ウサギ科の動物。分布：スーダン南部，ウガンダ北西部，ザイール北東部，中央アフリカ共和国，アンゴラ，サバンナ。

ウガンダコブ
〈*Kobus kob thomasi*〉哺乳綱偶蹄目ウシ科の動物。

ウガンダタケネズミ
〈*Tachyoryctes ankoliae*〉齧歯目ネズミ科（タケネズミ亜科）。分布：ウガンダ南部のブルンバ地方アンコレの崖地。絶滅危惧II類。

ウグイス　鶯
〈*Cettia diphone*〉鳥綱スズメ目ヒタキ科ウグイス亜科の鳥。全長14～15.5cm。分布：ウスリー，朝鮮半島，フィリピン。国内では全国の平地から亜高山の低木林，林縁などに生息し，秋冬は平地で生活。

ウクライナハイイロウシ　ウクライナ灰色牛
〈*Ukrainian Grey*〉牛の一品種。

ウクライナハクトウウシ　ウクライナ白頭牛
〈*Ukrainian Whitehead*〉牛の一品種。

ウコッケイ　烏骨鶏
〈*Gallus gallus var. domesticus*〉鳥綱キジ目キジ科の鳥。分布：マレー半島，インドシナ，中国。天然記念物。

ウサギ 兎, 野兎
〈hare〉広義には哺乳綱ウサギ目に属する動物の総称で、狭義にはそのうちのウサギ科の総称であるが、一般には、さらにそのうちのノウサギ亜科に属する仲間をよぶことが多い。

ウサギコウモリ 兎蝙蝠, 兎蝙蝠
〈Plecotus auritus〉哺乳綱翼手目ヒナコウモリ科の動物。別名ミミコウモリ。体長4〜5cm。分布：ヨーロッパ、中央アジア。国内では北海道、中国地方を除く本州、四国。

ウサギコウモリ
ニホンウサギコウモリの別名。

ウサギネズミ
〈Reithrodon physodes〉哺乳綱齧歯目ネズミ科の動物。分布：チリ、アルゼンチン、ウルグアイの草原。

ウサギバンディクート
ミミナガバンディクートの別名。

ウサギワラビー
ヒガシウサギワラビーの別名。

ウサンバラジネズミ
〈Crocidura usambarae〉哺乳綱食虫目トガリネズミ科の動物。分布：タンザニアのウサンバラ山地のシュメ。絶滅危惧II類。

ウサンバラワシミミズク
〈Bubo vosseleri〉鳥綱フクロウ目フクロウ科の鳥。全長約56cm。分布：タンザニア北東部のウサンバラ山地の標高900〜1500mの森林。絶滅危惧II類。

ウシ 牛
〈Bos taurus〉哺乳綱偶蹄目ウシ科の動物。

ウシ 牛
哺乳綱偶蹄目ウシ科動物に属するウシの総称。

ウシウマ 牛馬
〈Equus caballus var.〉哺乳綱奇蹄目ウマ科の動物。

ウシガエル 牛蛙
〈Rana catesbeiana〉両生綱無尾目アカガエル科のカエル。別名ショクヨウガエル。体長120〜150mm。分布：原産地はフロリダ州南部を除く北米東部。国内では北海道、本州、四国、九州、徳之島、沖縄島、石垣島など。

ウシカモシカ
ヌーの別名。

ウシタイランチョウ 牛太蘭鳥
〈Machetornis rixosus〉鳥綱スズメ目タイランチョウ科の鳥。体長19cm。分布：ベネズエラからコロンビア、ブラジル北東部から南部、またボリビア東部からアルゼンチン北部にかけての低地。

ウシハタオリ
〈Bubalornis albirostris〉鳥綱スズメ目ハタオリドリ科の鳥。全長23〜25cm。分布：アフリカ中部・南部。

ウスアカヒゲ
〈Erithacus komadori subrufus〉鳥綱スズメ目ツグミ科の鳥。14cm。分布：八重山諸島。

ウスアカヤマドリ
〈Syrmaticus soemmerringii scintillans〉鳥綱キジ目キジ科の鳥。

ウスアマツバメ
〈Apus pallidus〉鳥綱アマツバメ目アマツバメ科の鳥。全長16.5cm。分布：地中海沿岸、ペルシャ湾沿岸。

ウスアミメ
〈Lonchura punctulata nisoria〉鳥綱スズメ目カエデチョウ科の鳥。

ウスイロイルカ
〈Sousa plumbea〉マイルカ科ウスイロイルカ属。分布：中国広東省珠江。

ウスイロイルカ
アフリカウスイロイルカの別名。

ウスイロカギハシタイランチョウ 薄色鉤嘴太蘭鳥
〈Attila torridus〉鳥綱スズメ目タイランチョウ科の鳥。全長20cm。分布：エクアドル西部。絶滅危惧II類。

ウスガオコウヨウチョウ
〈Quelea quelea var. russi〉鳥綱スズメ目ハタオリドリ科の鳥。

ウスグロアリドリ 薄黒蟻鳥
〈Cercomacra tyrannina〉鳥綱スズメ目アリドリ科の鳥。全長15cm。分布：メキシコ南東部からエクアドル西部・ブラジル東部。

ウスグロアリモズ 薄黒蟻鵙
〈Thamnomanes caesius〉鳥綱スズメ目アリドリ科の鳥。全長15cm。分布：南アメリカのアマゾン川流域。

ウスグロキリハシ
〈Brachygalba salmoni〉鳥綱キツツキ目キリ

ウスクロサ

ハシ科の鳥。全長17～18cm。分布：パナマ東部からコロンビア北西部。

ウスグロサンショウウオ
〈Desmognathus ochrophaeus〉アメリカサンショウウオ（ムハイサラマンダー）科。別名ヤマダスキーサラマンダー。体長7～11cm。分布：北アメリカ。

ウスグロダルマエナガ
〈Paradoxornis zappeyi〉スズメ目ヒタキ科（ダルマエナガ亜科）。全長12.8cm。分布：中国の四川省，貴州省。絶滅危惧II類。

ウスグロノドツナギガエル
〈Smilisca phaeota〉両生綱無尾目アマガエル科のカエル。体長オス51～61mm，メス最大78mm。分布：ニカラグアのカリブ海沿岸地域からエクアドル北西部にかけて。

ウスグロハコヨコクビ
〈Pelusios subniger〉爬虫綱カメ目ヨコクビガメ科のカメ。最大甲長20cm。分布：アフリカ大陸の南東部，マダガスカルおよびセイシェル諸島。

ウスグロハチドリ
〈Aphantochroa cirrochloris〉鳥綱アマツバメ目ハチドリ科の鳥。全長12cm。分布：ブラジル東部・中央部。

ウスグロヤブシトド
〈Atlapetes schistaceus〉鳥綱スズメ目ホオジロ科の鳥。全長18.5cm。分布：南アメリカ北西部。

ウスグロヨタカ　薄黒夜鷹
〈Veles binotatus〉鳥綱ヨタカ目ヨタカ科の鳥。

ウスズミインコ
クロインコの別名。

ウスズミシトド
〈Haplospiza rustica〉鳥綱スズメ目モリツバメ科の鳥。全長12.5cm。分布：中央アメリカから南アメリカ北西部。

ウスズミモリツバメ　薄墨森燕
〈Artamus cyanopterus〉鳥綱スズメ目ホオジロ科の鳥。全長18cm。分布：オーストラリア，タスマニア島。

ウスタレカメレオン
〈Furcifer oustaleti〉爬虫綱有鱗目トカゲ亜目カメレオン科のトカゲ。全長最大68.5cm。分布：マダガスカル全域。絶滅危惧。

ウスチャカギハシタイランチョウ
ウスイロカギハシタイランチョウの別名。

ウスチャヒタキ
〈Bradornis pallidus〉鳥綱スズメ目ヒタキ科ヒタキ亜科の鳥。全長16cm。分布：アフリカ中部・南部。

ウスチャムジチメドリ
〈Illadopsis rufipennis〉チメドリ科。体長14cm。分布：西アフリカから東はケニア，タンザニアまで。

ウスチャメジロタイランチョウ
カッショクタイランチョウの別名。

ウスネズミクイ
〈Dasycercus hillieri〉フクロネコ目フクロネコ科。別名アンパータ，ウスマルガラ。頭胴長15cm。分布：オーストラリア中部。絶滅危惧。

ウスハイイロムシクイ
ウガンダイロムシクイの別名。

ウスヒメシロハラミズナギドリ
〈Pterodroma pycrofti〉鳥綱ミズナギドリ目ミズナギドリ科の鳥。全長28cm。分布：ニュージーランド北東の北部沿岸の島々で繁殖。絶滅危惧II類。

ウスブチタイランチョウ　薄斑太蘭鳥
〈Myiodynastes hemichrysus〉鳥綱スズメ目タイランチョウ科の鳥。全長20cm。分布：コスタリカからパナマ西部。

ウスボクシンヨウ　烏珠穆沁羊
〈Ujimqin Sheep〉分布：中国北部・内蒙古自治区。

ウスマルガラ
ウスネズミクイの別名。

ウスヤマヒバリ　薄山鶸
〈Prunella fulvescens〉鳥綱スズメ目イワヒバリ科の鳥。全長15cm。分布：アジア中部。

ウスユキガモ　薄雪鴨
〈Marmaronetta angustirostris〉カモ科。体長39～42cm。分布：地中海地方から東はパキスタンおよびインド北西部まで。絶滅危惧II類。

ウスユキバト　薄雪鳩
〈Geopelia cuneata〉鳥綱ハト目ハト科の鳥。体長19～22cm。分布：オーストラリア北部・内陸部。東部・南部の海岸地帯では普通見かけない。

ウズラ 鶉
〈*Coturnix coturnix*〉鳥綱キジ目キジ科の鳥。体長18cm。分布：ユーラシア。

ウズラオ 鶉尾
〈*Gallus gallus var. domesticus*〉鳥綱キジ目キジ科の鳥。分布：高知県。

ウズラクイナ 鶉秧鶏
〈*Crex crex*〉鳥綱ツル目クイナ科の鳥。体長28cm。分布：ヨーロッパと中央アジアで繁殖し、地中海沿岸やアフリカ全土で越冬。絶滅危惧II類。

ウズラシギ 鶉鷸
〈*Calidris acuminata*〉鳥綱チドリ目シギ科の鳥。全長21cm。分布：シベリア北東部。

ウズラスズメ 鶉雀
〈*Ostygospiza atricollis*〉鳥綱スズメ目カエデチョウ科の鳥。全長10cm。分布：アフリカ。

ウズラチャボ 鶉矮鶏
〈*Gallus gallus var. domesticus*〉鳥綱キジ目キジ科の鳥。分布：高知県。天然記念物。

ウズラバト 鶉鳩
〈*Geotrygon lawrencii*〉鳥綱ハト目ハト科の鳥。全長28cm。分布：パナマ西部・コスタリカ・メキシコ南部。

ウズラヒバリ 鶉雲雀
〈*Pseudalaemon fremantlii*〉鳥綱スズメ目ヒバリ科の鳥。分布：ソマリア・エチオピア南部・ケニア南東部・タンザニア北東部。

ウスリーコテングコウモリ 小天狗蝙蝠
〈*Murina ussuriensis*〉哺乳綱翼手目ヒナコウモリ科の動物。前腕長3.1〜3.2cm。分布：シベリア北東部、サハリン、千島列島、朝鮮半島。国内では北海道、本州、四国、九州、対馬、壱岐。絶滅危惧IB類。

ウスリドーベントンコウモリ
〈*Myotis daubentoni ussuriensis*〉哺乳綱翼手目ヒナコウモリ科の動物。

ウスリートラ
シベリアトラの別名。

ウスリホオヒゲコウモリ
〈*Myotis mystacinus gracilis*〉翼手目ヒナコウモリ科。分布：アイルランドからヨーロッパ、シベリア、サハリン。国内では北海道。

ウズングワシャコ
〈*Xenoperdix udzungwensis*〉鳥綱キジ目キジ科の鳥。全長29cm。分布：タンザニア南部。絶滅危惧IB類。

ウソ 鷽
〈*Pyrrhula pyrrhula*〉鳥綱スズメ目アトリ科の鳥。別名紅腹灰雀。体長15cm。分布：東ヨーロッパからアジア。国内では本州中部、北部、北海道、南千島の針葉樹林帯で繁殖。

ウタイチャーン
〈*Utai Chahn*〉ニワトリの一品種。原産：沖縄県。

ウタイマネシツグミ
〈*Oreoscoptes montanus*〉鳥綱スズメ目マネシツグミ科の鳥。全長22cm。分布：カナダ南西部、アメリカ西部。

ウタイムシクイ
〈*Hippolais polyglotta*〉鳥綱スズメ目ヒタキ科ウグイス亜科の鳥。別名ハシナガムシクイ。全長13cm。分布：フランス、イタリア、スペイン、ポルトガル、アフリカ北部。

ウタイモズモドキ
〈*Vireo gilvus*〉鳥綱スズメ目モズモドキ科の鳥。体長14cm。分布：北アメリカからメキシコで繁殖。中央アメリカのニカラグア以北で越冬。

ウタオオタカ
〈*Melierax metabates*〉鳥綱タカ目タカ科の鳥。体長41〜48cm。分布：サハラ以南のアフリカ、モロッコ南西部、アラビア半島西部。

ウタスズメ 歌雀
〈*Melospiza melodia*〉鳥綱スズメ目ホオジロ科の鳥。体長14cm。分布：アラスカ南部、カナダ中央部からメキシコ北部。

ウタツグミ 歌鶇
〈*Turdus philomelos*〉鳥綱スズメ目ヒタキ科ツグミ亜科の鳥。体長23cm。分布：ヨーロッパ、アフリカ北部、中東、中央アジア。

ウタミツスイ 歌蜜吸
〈*Meliphaga virescens*〉鳥綱スズメ目ミツスイ科の鳥。全長17cm。分布：メルビル島。

ウタムクドリモドキ
〈*Dives dives*〉鳥綱スズメ目ムクドリモドキ科の鳥。全長オス28cm、メス25cm。分布：メキシコ東部からエクアドル、ペルー。

ウーダン
〈*Houdans*〉鳥綱キジ目キジ科の鳥。分布：フ

ウチヤマシ

ランス。

ウチヤマシマセンニュウ
〈*Locustella achotensis pleskei*〉鳥綱スズメ目ウグイス科の鳥。15.5cm。分布：伊豆諸島。

ウチヤマセンニュウ　内山仙入
〈*Locustella pleskei*〉鳥綱スズメ目ウグイス科の鳥。全長16.5cm。絶滅危惧II類。

ウチワインコ　団扇鸚哥
〈*Prioniturus platurus*〉鳥綱オウム目インコ科の鳥。全長28cm。分布：インドネシア。

ウチワカマドドリ　団扇竈鳥
〈*Xenerpestes minlosi*〉鳥綱スズメ目カマドドリ科の鳥。全長10cm。分布：コロンビア北西部・パナマ東部。

ウチワキジ　団扇雉
〈*Lophura erythrophthalma*〉鳥綱キジ目キジ科の鳥。全長オス47〜50cm、メス42〜44cm。分布：マレーシア南部・スマトラ島北東部・ボルネオ島北部。絶滅危惧II類。

ウチワハチドリ
〈*Sericotes holosericeus*〉鳥綱アマツバメ目ハチドリ科の鳥。全長12cm。分布：プエルトリコ東部から小アンティル諸島。

ウチワヤモリ
〈*Ptyodactylus hasselquistii*〉爬虫綱有鱗目トカゲ亜目ヤモリ科の動物。全長16cm。分布：北アフリカからアラビア半島を経てイランまでと、アラビア湾のいくつかの島々。

ウツクシオナガタイヨウチョウ　美尾長太陽鳥
〈*Nectarinia pulchella*〉鳥綱スズメ目タイヨウチョウ科の鳥。全長オス15cm、メス9cm。分布：セネガルからエチオピア，西アフリカ・東アフリカ。

ウツクシミドリキヌバネドリ　美緑絹羽鳥
〈*Trogon elegans*〉鳥綱キヌバネドリ目キヌバネドリ科の鳥。全長25cm。分布：アメリカからメキシコ。

ウッドチャック
〈*Marmota monax*〉北アメリカに広く分布する半地下性のリス科最大の哺乳類。体長32〜52cm。分布：アラスカ，西カナダから東カナダ，合衆国東部にかけて。

ウッドフォードクイナ
〈*Nesoclopeus woodfordi*〉鳥綱ツル目クイナ科の鳥。全長30cm。分布：ソロモン諸島。絶滅危惧。

ウッドラット属
モリネズミの別名。

ウトウ　善知鳥
〈*Cerorhinca monocerata*〉鳥綱チドリ目ウミスズメ科の鳥。全長35〜38cm。分布：北太平洋。国内では南千島，北海道の天売島，大黒島，岩手県椿島，宮城県足島などで繁殖。

ウバヤガエル
〈*Colostethus trinitatis*〉無尾目ヤドクガエル科。

ウバンギハツカネズミ
〈*Mus oubanguii*〉齧歯目ネズミ科（ネズミ亜科）。分布：中央アフリカ共和国。絶滅危惧II類。

ウマ　馬
〈*Equus caballus*〉哺乳綱奇蹄目ウマ科ウマ属の動物。

ウマグマ
〈*Ursus arctos pruinosus*〉哺乳綱食肉目クマ科の動物。

ウマヅラコウモリ　馬面蝙蝠
〈*epauletted fruit bat*〉哺乳綱翼手目オオコウモリ科ウマヅラコウモリ属に含まれる動物の総称。

ウマヅラフルーツコウモリ
〈*Hypsignathus monstrasus*〉翼手目オオコウモリ科。

ウミアイサ　海秋沙
〈*Mergus serrator*〉カモ科。体長52〜58cm。分布：ユーラシア・北アメリカの北部。地中海，チリ東部，メキシコ湾までの南に渡って越冬。

ウミアオコンゴウインコ
〈*Anodorhynchus glaucus*〉オウム目インコ科スミレコンゴウインコ属。分布：パラグアイ，アルゼンチン北東部，ウルグアイ北西部。

ウミイグアナ
〈*Amblyrhynchus cristatus*〉爬虫綱有鱗目トカゲ亜目イグアナ科の動物。全長1.5m。分布：ガラパゴス諸島。絶滅危惧II類。

ウミウ　海鵜
〈*Phalacrocorax capillatus*〉鳥綱ペリカン目ウ科の鳥。全長翼開張150cm。分布：日本，朝鮮半島，サハリン，沿海州。

ウミウソ　海獺

ウミオウム　海鸚鵡
〈*Aethia psittacula*〉鳥綱チドリ目ウミスズメ科の鳥。全長23〜25cm。分布：アリューシャン列島やチェコト半島。

ウミガメ　海亀
〈*marine turtle*〉爬虫綱カメ目ウミガメ科とオサガメ科に属するカメの総称。甲長75〜213cm。分布：熱帯，亜熱帯，温帯の暖かい海洋。

ウミガモ　海鴨
〈*sea duck*〉鳥綱カモ目カモ科に属する潜水性のカモ類の総称。

ウミガラス　海烏，海鳥，海鴉
〈*Uria aalge*〉鳥綱チドリ目ウミスズメ科の鳥。別名オロロンチョウ。体長40〜43cm。分布：ユーラシア大陸および北アメリカの北極圏。国内では北海道の天売島・ユルリ島・モユルリ島。

ウミガラス　海烏
〈*murre*〉広義には鳥綱チドリ目ウミスズメ科ウミガラス属に含まれる鳥の総称で，狭義にはそのうちの1種をさす。

ウミスズメ　海雀
〈*Synthliboramphus antiquus*〉鳥綱チドリ目ウミスズメ科の鳥。体長24〜27cm。分布：北太平洋およびベーリング海からメキシコ。国内では南千島，北海道天売島，岩手県三貫島で少数が繁殖。

ウミスズメ　海雀
〈*murrelet*〉広義には鳥綱チドリ目ウミスズメ科に属する海鳥の総称で，狭義にはそのうちの1種をさす。全長はコウミスズメで16cm，ウミガラスで45cm。分布：北太平洋，北大西洋，北極海とその沿岸部。

ウミスズメ科
チドリ目。分布：北半球の北部海域。

ウミツバクラ
イワツバメの別名。

ウミツバメ　海燕
〈*storm-petrel*〉鳥綱ミズナギドリ目ウミツバメ科に属する海鳥の総称。全長14〜26cm。分布：全海域。

ウミツバメ科
ミズナギドリ目。全長14〜25cm。分布：北半球。

ウミトカゲ
爬虫綱有鱗目トカゲ亜目イグアナ科の動物。

ウミネコ　海猫
〈*Larus crassirostris*〉鳥綱チドリ目カモメ科の鳥。全長48cm。分布：サハリン南部・千島列島・ウスリー・日本・朝鮮半島・中国東部。

ウミバト　海鳩
〈*Cepphus columba*〉鳥綱チドリ目ウミスズメ科の鳥。全長30〜35cm。分布：千島列島からカムチャツカ半島，アリューシャン列島，北アメリカ北西岸。

ウミバト　海鳩
〈*guillemot*〉広義には鳥綱チドリ目ウミスズメ科ウミバト属に含まれる鳥の総称で，狭義にはそのうちの1種をさす。

ウミベイワバトカゲ
〈*Petrosaurus thalassinus*〉爬虫綱有鱗目トカゲ亜目イグアナ科の動物。全長30cm。分布：メキシコ（バハカリフォルニア半島南部）。

ウミベカマドドリ
ハマカマドドリの別名。

ウミヘビ　海蛇
〈*sea snake*〉爬虫綱有鱗目コブラ科ウミヘビ亜科およびエラブウミヘビ亜科に属するヘビの総称。

ウミヤツメ
〈*Petromyzon marinus*〉体長最大1.2m。分布：北大西洋，地中海，北アメリカ，ヨーロッパ。

ウミワシ　海鷲
〈*sea-eagle*〉鳥綱タカ目タカ科に属する鳥のなかで，海岸や水辺にすみ，魚を主食としているワシ類の総称。

ウラコアガラガラ
〈*Crotalus vegrandis*〉有鱗目クサリヘビ科。

ウラジミール
〈*Vladimir*〉馬の一品種。体高156〜163cm。原産：ロシア（ウラジミール地方）。

ヴランゲルレミング
〈*Dicrostonyx vinogradovi*〉齧歯目ネズミ科（ハタネズミ亜科）。頭胴長約13cm。分布：ロシアのヴランゲル島。絶滅危惧IA類。

ウリアル
〈*Ovis vignei*〉ヒツジに似て角が大きく，首の

下に長毛の房がある偶蹄目ウシ科の哺乳類。

ウーリーオポッサム
〈*Caluromys lanatus*〉哺乳綱有袋目オポッサム科の動物。

ウーリーオポッサム亜科
オポッサム科。分布：メキシコ南部から中央アメリカをへて，南アメリカ北部。

ウーリークモザル
〈*Brachyteles arachnoides*〉哺乳綱霊長目オマキザル科の動物。別名ムリキ，ヨウモウクモザル。体長55〜61cm。分布：南アメリカ中部（ブラジル南東部）。絶滅危惧IA類。

ウーリームササビ
〈*Eupetaurus cinereus*〉哺乳綱齧歯目リス科の動物。頭胴長51.5〜61cm。分布：パキスタン北部のカラコルム山脈にあるフンザやギルギットやカシミール地方，インドのシッキム州北部，中国の雲南省。絶滅危惧IB類。

ウーリーモンキー
〈*wooly monkey*〉哺乳綱霊長目オマキザル科ウーリーモンキー属に含まれる動物の総称。

ウーリーモンキー
フンボルトウーリーモンキーの別名。

ウルグアイモグリマウス
〈*Oxymycterus nasutus*〉体長9.5〜17cm。分布：南アメリカ東部。

ウルトゥー
〈*Bothrops alternatus*〉有鱗目クサリヘビ科。

ウルフ・スピッツ
キースホンドの別名。

ウルフスピッツ
〈*Wolfspitz*〉哺乳綱食肉目イヌ科の動物。

ウルフスピッツ
ケースホンドの別名。

ウロアカメアリドリ
〈*Pyriglena atra*〉鳥綱スズメ目アリドリ科の鳥。全長17.5cm。分布：ブラジル東部。絶滅危惧IB類。

ウロコウズラ　鱗鶉
〈*Callipepla squamata*〉鳥綱キジ目キジ科の鳥。別名アミメウズラ。全長25cm。分布：アメリカからメキシコ。

ウロコオリス
〈*Anomaluridae*〉哺乳綱齧歯目ウロコオリス科の動物。分布：西アフリカと中央アフリカ。

ウロコカザリドリ
〈*Ampelioides tschudii*〉鳥綱スズメ目カザリドリ科の鳥。全長20cm。分布：ベネズエラ，コロンビア，エクアドル，ペルー。

ウロコカマハシカマドドリ　鱗鎌嘴竈鳥
〈*Upucerthia dumetaria*〉カマドドリ科。体長25cm。分布：南アメリカ南部。

ウロコカワラバト
ウロコバトの別名。

ウロコクイナ
〈*Himantornis haematopus*〉鳥綱ツル目クイナ科の鳥。全長43cm。分布：アフリカ。

ウロコジアリドリ　鱗地蟻鳥
〈*Grallaria guatimalensis*〉アリドリ科。体長16〜19cm。分布：メキシコからペルー，トリニダード島。

ウロコジブッポウソウ
〈*Brachypteracias squamigera*〉鳥綱ブッポウソウ目ブッポウソウ科の鳥。体長30cm。分布：マダガスカル北東および中部。絶滅危惧II類。

ウロコシャコ　鱗鷓鴣
〈*Francolinus squamatus*〉鳥綱キジ目キジ科の鳥。全長31cm。分布：ナイジェリア南部・カメルーン・ガボン・ザイール・アンゴラ・ウガンダ・タンザニア・マラウィ・ケニア・エチオピア・スーダン南部。

ウロコタヒバリ　鱗田雲雀
〈*Anthus sokokensis*〉鳥綱スズメ目セキレイ科の鳥。全長14cm。分布：タンザニア北東部。絶滅危惧II類。

ウロコツグミモドキ　鱗鶫擬
〈*Allenia fusca*〉鳥綱スズメ目マネシツグミ科の鳥。全長23cm。分布：西インド諸島。

ウロコテンニョゲラ
〈*Celeus grammicus*〉鳥綱キツツキ目キツツキ科の鳥。全長23cm。分布：ボリビア，コロンビア，ブラジル。

ウロコハチドリ
〈*Taphrospilus hypostictus*〉鳥綱アマツバメ目ハチドリ科の鳥。全長14cm。分布：南アメリカ。

ウロコバト　鱗鳩
〈*Columba guinea*〉鳥綱ハト目ハト科の鳥。

体長33cm。分布：アフリカのサハラ砂漠以南の樹木の生えない2つの地域。

ウロコバンケンモドキ　鱗蕃鵑擬
〈*Lepidogrammus cumingi*〉鳥綱ホトトギス目ホトトギス科の鳥。全長45cm。分布：フィリピン。

ウロコフウチョウ
〈*Ptiloris paradiseus*〉鳥綱スズメ目フウチョウ科の鳥。全長28cm。分布：オーストラリア東部。

ウロコボウシインコ
〈*Amazona autumnalis salvini*〉鳥綱オウム目オウム科の鳥。

ウロコミカドバト
〈*Ducula carola*〉鳥綱ハト目ハト科の鳥。全長33cm。分布：フィリピン。絶滅危惧II類。

ウロコミツオシエ
〈*Indicator variegatus*〉鳥綱キツツキ目ミツオシエ科の鳥。全長19cm。分布：アフリカ。

ウロコメキシコインコ
〈*Pyrrhura frontalis*〉鳥綱オウム目インコ科の鳥。全長26cm。分布：ブラジル南東部・ウルグアイ・パラグアイ・アルゼンチン北部。

ウロコヤイロ
ルリヤイロチョウの別名。

ウロコヤブクグリ　鱗藪潜
〈*Sclerurus guatemalensis*〉鳥綱スズメ目カマドドリ科の鳥。全長17cm。分布：メキシコ南部からコロンビア北西部・エクアドル北西部。

ウワバミ
ニシキヘビの別名。

ウンナンガビチョウ
〈*Garrulax bieti*〉スズメ目ヒタキ科（チメドリ亜科）。全長27cm。分布：中国南西部。絶滅危惧II類。

ウンナンゴジュウカラ
〈*Sitta yunnanensis*〉鳥綱スズメ目ゴジュウカラ科の鳥。全長12cm。分布：中国のチベット自治区南西部, 四川省南部, 雲南省, 貴州省。絶滅危惧II類。

ウンナンコブウシ　雲南瘤牛
〈*Yunnan Zebu*〉分布：中国南部の雲南省。

ウンナンミミヒミズ
〈*Uropsilus investigator*〉哺乳綱食虫目モグラ科の動物。頭胴長6.7～8.3cm。分布：中国の雲南省北西高地。絶滅危惧IB類。

ウンナンロ　雲南驢
〈*Yunnan Ass*〉90～100cm。分布：中国南部の雲南省, 四川省, 広西自治区。

ウンピョウ　雲豹
〈*Neofelis nebulosa*〉哺乳綱食肉目ネコ科の動物。別名クモギレヒョウ。体長60～110cm。分布：南アジア, 東南アジア, 東アジア。絶滅危惧II類。

【エ】

エアシャー
〈*Ayrshire*〉哺乳綱偶蹄目ウシ科の動物。オス約138cm, メス約126cm。分布：イギリス。

エアデール・テリア
〈*Canis familiaris*〉原産地がイギリスの獣猟犬, 警察犬。体高56～61cm。分布：イギリス。

エイジアン
〈*Asian*〉猫の一品種。原産：イギリス。

エイジアン・グループ
〈*The Asian Group*〉猫の一品種。

エイジアン・シェーデッド
バーミラの別名。

エイジアン・スモーク
〈*Asian Smokes*〉猫の一品種。

エイジアン・セルフ
〈*Asian Selfs*〉猫の一品種。

エイジアン・タビー
〈*Asian Tabbies*〉猫の一品種。

エイシチョウ
トガリハシの別名。

エイネイゾウバ　永寧蔵馬
〈*Yongning Tibetan Pony*〉分布：雲南省。

エイヨウドリ　英陽鶏
〈*Yingyang Fowl*〉分布：中国広東省の英徳県と陽山県。

エキゾチック
〈*Exotic*〉猫の一品種。別名エキゾチック・ショートヘア。原産：アメリカ。

エキゾチック・ショートヘア
エキゾチックの別名。

エキミス
〈*arboreal spiny rat*〉齧歯目エキミス科に属す

エクアドル

る哺乳類の総称。別名アメリカトゲネズミ。

エクアドルウオクイネズミ
〈Neusticomys monticolus〉哺乳綱齧歯目ネズミ科の動物。分布：コロンビア南部とエクアドル北部のアンデス山地。

エクアドルクビワコウモリ
〈Eptesicus innoxius〉哺乳綱翼手目ヒナコウモリ科の動物。前腕長3cm。分布：パナマ，エクアドル西部およびプナ島，ペルー西部，アルゼンチン。絶滅危惧II類。

エクアドルテミンクオヒキコウモリ
〈Molossops aequatorianus〉哺乳綱翼手目オヒキコウモリ科の動物。前腕長4cm。分布：エクアドル西部。絶滅危惧II類。

エクアドルヒメサシオコウモリ
〈Balantiopteryx infusca〉哺乳綱翼手目サシオコウモリ科の動物。前腕長4cm。分布：エクアドル北部。絶滅危惧IB類。

エクアドルフルーツコウモリ
〈Artibeus fraterculus〉哺乳綱翼手目ヘラコウモリ科の動物。前腕長5〜6cm。分布：エクアドル，ペルー。絶滅危惧II類。

エクアドルヤドクガエル
〈Epipedobates bilinguis〉両生綱無尾目ヤドクガエル科のカエル。体長19〜21mm。分布：エクアドル東部のアグアリコ川，プツマヨ川流域。

エクアドルヤブシトド
〈Atlapetes pallidiceps〉スズメ目ホオジロ科（ホオジロ亜科）。全長15cm。分布：エクアドル南部。絶滅危惧IA類。

エクスムア
〈Exmoor〉哺乳綱奇蹄目ウマ科の動物。122〜123cm。原産：イギリス南西部。

エクスムーア・ポニー
〈Exmoor Pony〉馬の一品種。体高114〜125cm。原産：イングランド。

エコーオブトイワバネズミ
〈Zyzomys palatilis〉齧歯目ネズミ科（ネズミ亜科）。頭胴長13.7cm。分布：オーストラリア北部。絶滅危惧種。

エジプシャン
エジプトスイギュウの別名。

エジプシャン・マウ
〈Egyptian Mau〉猫の一品種。原産：エジプト。

エジプトガン
〈Alopochen aegyptiacus〉カモ科。体長63〜73cm。分布：ナイル渓谷，サハラ以南のアフリカ。

エジプトコブラ
〈Naja haje〉爬虫綱有鱗目ヘビ亜目コブラ科のヘビ。全長1.5〜2m。分布：アフリカの北部，東部，南部，アラビア半島南端。

エジプトスイギュウ エジプト水牛
〈Egyptian〉牛の一品種。原産：エジプト。

エジプトネズミ
〈Rattus rattus alexandrinus〉哺乳綱齧歯目ネズミ科の動物。

エジプトハゲワシ
〈Neophron percnopterus〉鳥綱タカ目タカ科の鳥。体長53〜66cm。分布：アフリカ北・中・東部，南ヨーロッパ，中近東，アジア南西部，インド。

エジプトハゲワシ
ジャノメドリの別名。

エジプトマングース
〈Herpestes ichneumon〉哺乳綱食肉目ジャコウネコ科の動物。体長57cm。分布：サハラ，中央・西アフリカの森林地帯，南西アフリカを除くアフリカ全域，イスラエル，スペイン南部，ポルトガル。

エジプトヨタカ
〈Caprimulgus aegyptius〉鳥綱ヨタカ目ヨタカ科の鳥。全長24cm。分布：アフリカから中近東。

エジプトリクガメ
〈Testudo kleinmanni〉爬虫綱カメ目リクガメ科のカメ。最大甲長13.5cm。分布：アフリカ北部から中東（リビア，エジプト，イスラエル南部）。絶滅危惧IB類。

エジプトルーセットオオコウモリ
〈Rousettus aegyptiacus〉翼手目オオコウモリ科。体長14〜16cm。分布：西アジア，北アフリカ（エジプト），西アフリカ，東アフリカ，アフリカ南部。

エジプトルーセットコウモリ
エジプトルーセットオオコウモリの別名。

エスキモーコシャクシギ
〈Numenius borealis〉鳥綱チドリ目シギ科の

鳥。体長29〜34cm。分布：以前はノースウエスト・テリトリーズ（カナダ北西部の連邦直轄地），カナダ，アラスカで繁殖し，主にブラジル南部からアルゼンチン中部で越冬した（現在は不明）。絶滅危惧IA類。

エスキモー・ドッグ　エスキモー犬
〈Eskimo Dog〉原産地がアラスカ，カナダ，グリーンランドの橇犬。体高51〜69cm。分布：カナダ。

エスショルツサンショウウオ
〈Ensatina eschscholtzii〉体長6〜8cm。分布：アメリカ合衆国西部。

エスターライヒッシャー・クルツハーリガー・ピンシャー
オーストリアン・ショートヘアード・ピンシャーの別名。

エスチュアライン・ドルフィン
コビトイルカの別名。

エスツバメ
ショウドウツバメの別名。

エストニアン・レッド
〈Estonian Red〉牛の一品種。

エストラマドラ
〈Extremadura Red〉豚の一品種。原産：スペイン南西部。

エストレラ・マウンテンドッグ
〈Estrela Mountain Dog〉犬の一品種。

エスパニュール・ド・ポンオード メル
ポンテオード メル・スパニエルの別名。

エゾアカガエル　蝦夷赤蛙
〈Rana chensinensis〉両生綱無尾目アカガエル科のカエル。体長オス46〜55mm，メス54〜72mm。分布：北海道。

エゾアカゲラ
〈Dendrocopos major japonicus〉鳥綱キツツキ目キツツキ科の鳥。

エゾアカネズミ
〈Apodemus speciosus ainu〉哺乳綱齧歯目ネズミ科の動物。

エゾイタチ
オコジョの別名。

エゾオオアカゲラ
〈Dendrocopos leucotos subcirris〉鳥綱キツツキ目キツツキ科の鳥。

エゾオオカミ　蝦夷狼
〈Canis lupus hattai〉哺乳綱食肉目イヌ科の動物。

エゾオコジョ
〈Mustela erminea orientalis〉ネコ目イタチ科。22.5〜24cm。分布：ベーリング海峡以南からサハリン，千島。国内では北海道。

エゾカヤクグリ
エゾオコジョの別名。

エゾクロテン　蝦夷黒貂
〈Martes zibellina brachyura〉頭胴長オス38〜56cm，メス35〜51cm。分布：北海道と南千島。

エゾコゲラ
〈Dendrocopos kizuki seebohmi〉鳥綱キツツキ目キツツキ科の鳥。

エゾサンショウウオ　蝦夷山椒魚
〈Hynobius retardatus〉両生綱有尾目サンショウウオ科の動物。全長140〜190mm。分布：北海道。

エゾシカ　蝦夷鹿
〈Cervus nippon yesoensis〉哺乳綱偶蹄目シカ科の動物。

エゾシマフクロウ
〈Ketupa blakistoni blakistoni〉鳥綱フクロウ目フクロウ科。分布：北海道。天然記念物。絶滅危惧種。

エゾシマリス　蝦夷縞栗鼠
〈Tamias sibiricus lineatus〉頭胴長12〜15cm。分布：北海道全域と利尻島，国後島。

エゾシマリス
シマリスの別名。

エゾセンニュウ　蝦夷仙入，蝦夷潜入
〈Locustella fasciolata〉鳥綱スズメ目ヒタキ科ウグイス亜科の鳥。全長18cm。分布：西シベリア低地南東部からウスリー・サハリン，北海道。

エゾタヌキ
〈Nyctereutes procyonoides viverrinus〉哺乳綱食肉目イヌ科の動物。

エゾテン
クロテンの別名。

エゾトガリネズミ　蝦夷尖鼠
〈Sorex caecutiens saevus〉頭胴長65〜78mm。分布：ユーラシア北部一帯。国内では北海道。

エゾナキウ

エゾナキウサギ 蝦夷鳴兎, 蝦夷啼兎
〈Ochotona hyperborea yesoensis〉ウサギ目ナキウサギ科。頭胴長115〜163mm。分布：北海道中央部。

エゾノウサギ
エゾユキウサギの別名。

エ エゾノウサギ
ユキウサギの別名。

エゾハツカネズミ
〈Mus musculus yesonis〉ネズミ科ネズミ亜科ハツカネズミ属。

エゾヒグマ
〈Ursus arctos yesoensis〉哺乳綱食肉目クマ科の動物。

エゾビタキ 蝦夷鶲
〈Muscicapa griseisticta〉鳥綱スズメ目ヒタキ科ヒタキ亜科の鳥。全長14.5cm。分布：旧ソ連、中国北東部・サハリン・カムチャツカ半島・千島列島。

エゾヒメネズミ
〈Apodemus argenteus hokkaidi〉ネズミ科ネズミ亜科ヒメネズミ属。頭胴長8〜9cm。分布：北海道全域、特に高山。

エゾフクロウ 蝦夷梟
〈Strix uralensis japonica〉鳥綱フクロウ目フクロウ科。

エゾホオヒゲコウモリ
〈Myotis yesoensis〉哺乳綱翼手目ヒナコウモリ科の動物。前腕長3.3〜3.55cm。分布：北海道南西部の日高山系。絶滅危惧II類。

エゾミユビゲラ
〈Picoides tridactylus inouyei〉鳥綱キツツキ目キツツキ科の鳥。22cm。分布：北海道。

エゾムシクイ 蝦夷虫喰, 蝦夷虫食
〈Phylloscopus tenellipes〉鳥綱スズメ目ヒタキ科ウグイス亜科の鳥。全長11.5cm。分布：旧ソ連の極東地域・サハリン・中国北東部・日本。

エゾモモンガ 蝦夷小飛鼠
〈Pteromys volans orii〉頭胴長15〜16cm。分布：北海道全域。

エゾヤチネズミ 蝦夷野地鼠, 大陸谷地鼠
〈Clethrionomys rufocanus bedfordiae〉哺乳綱齧歯目キヌゲネズミ科の動物。頭胴長110〜126mm。分布：北海道本島、利尻島、礼文島、大黒島、天売（てうり）島、焼尻（やぎしり）島。

エゾヤマセミ
〈Ceryle lugubris pallida〉鳥綱ブッポウソウ目カワセミ科の鳥。

エゾヤマドリ
エゾライチョウの別名。

エゾユキウサギ 蝦夷雪兎, 蝦夷野兎, 蝦夷野兔
〈Lepus timidus ainu〉哺乳綱ウサギ目ウサギ科の動物。頭胴長50〜58cm。分布：北海道全域。

エゾライチョウ 蝦夷雷鳥
〈Bonasa bonasia〉鳥綱キジ目キジ科の鳥。別名エゾヤマドリ、フミレイ。全長36cm。分布：ヨーロッパからシベリア、中国東北地区、ウスリー地方、サハリンや日本の北海道。

エゾリス 蝦夷栗鼠
〈Sciurus vulgaris orientis〉哺乳綱齧歯目リス科の動物。頭胴長22〜23cm。分布：北海道全域。

エダツノレイヨウ
プロングホーンの別名。

エダハシゴシキドリ
〈Semnornis frantzii〉鳥綱キツツキ目ゴシキドリ科の鳥。全長18cm。分布：コスタリカからパナマ西部。

エダハヘラオヤモリ
〈Uroplatus phantasticus〉爬虫綱有鱗目トカゲ亜目ヤモリ科の動物。全長7〜10cm。分布：東マダガスカル東地区中部。

エチオピアウーリーコウモリ
〈Kerivoula eriophora〉哺乳綱翼手目ヒナコウモリ科の動物。前腕長約2.8cm。分布：エチオピア北東部。絶滅危惧II類。

エチオピアオオタケネズミ
〈Tachyoryctes macrocephalus〉体長31cm。分布：東アジア。

エチオピアジネズミ
〈Crocidura baileyi〉哺乳綱食虫目トガリネズミ科の動物。分布：エチオピア高地のシミエン国立公園だけから知られている。絶滅危惧II類。

エチオピアシャコ
〈Francolinus harwoodi〉鳥綱キジ目キジ科の鳥。全長33cm。分布：エチオピア中央部。絶滅危惧II類。

エチオピアノウサギ
〈*Lepus starkei*〉哺乳綱ウサギ目ウサギ科の動物。分布：エチオピア。

エチオピアホオヒゲコウモリ
〈*Myotis morrisi*〉哺乳綱翼手目ヒナコウモリ科の動物。前腕長約4.5cm。分布：エチオピア，ナイジェリア，コンゴ民主共和国。絶滅危惧II類。

エチゴウサギ
トウホクノウサギの別名。

エチゴウサギ
ノウサギの別名。

エチゴモグラ
〈*Mogera etigo*〉哺乳綱食虫目モグラ科の動物。頭胴長16.3～18.2cm。分布：越後平野のうち弥彦，三条，加茂，新津，五泉，新発田を結ぶ線より西の平野の中心部。絶滅危惧IB類。

エートケンスミントプシス
カンガルーアイランドスミントプシスの別名。

エトピリカ 花魁鳥
〈*Lunda cirrhata*〉鳥綱チドリ目ウミスズメ科の鳥。体長38cm。分布：北太平洋に面した西海岸および東海岸で繁殖し，北太平洋の洋上で越冬。国内では北海道の東部。

エドミガゼル
〈*Gazella cuvieri*〉哺乳綱偶蹄目ウシ科の動物。別名アトラスガゼル，モロッコガゼル。頭胴長95～110cm。分布：モロッコとアルジェリアの国境地帯，チュニジア。絶滅危惧IB類。

エトロフウミスズメ 択捉海雀
〈*Aethia cristatella*〉鳥綱チドリ目ウミスズメ科の鳥。全長23cm。分布：チェコト半島，カムチャツカ半島，千島列島，アリューシャン列島。

エナガ 柄長
〈*Aegithalos caudatus*〉鳥綱スズメ目エナガ科の鳥。体長14cm。分布：ヨーロッパから中央アジア，日本まで。国内では九州以北の平地，低山の落葉広葉樹林。

エナガ 柄長
〈long-tailed tit〉広義には鳥綱スズメ目エナガ科に属する鳥の総称で，狭義にはそのうちの1種をさす。体長11～14cm。分布：ヨーロッパからアジア，北アメリカ（中央アメリカの一部）。

エナガ科
スズメ目。全長10～14cm。

エナガカマドドリ 柄長竈鳥
〈*Leptasthenura aegithaloides*〉鳥綱スズメ目カマドドリ科の鳥。全長15cm。分布：南アメリカ。

エニシダノウサギ
〈*Lepus castroviejoi*〉哺乳綱ウサギ目ウサギ科の動物。頭胴長50.3cm。分布：スペイン北部のカンタブリア山脈の限定された地域。絶滅危惧II類。

エパニュール・デュ・ポン・オードメル
〈*Épagneul Pont-Audemer*〉犬の一品種。体高51～58cm。原産：フランス。

エパニュール・ナン・コンチネンタル
パピヨンの別名。

エパニュール・ピカール
〈*Épagneul Picard*〉犬の一品種。体高56～61cm。原産：フランス。

エパニュール・フランセ
〈*Épagneul Francais*〉犬の一品種。体高53～61cm。原産：フランス。

エパニュール・ブルー・ド・ピカルディ
〈*Épagneul Bleu de Picardie*〉犬の一品種。体高56～61cm。原産：フランス。

エパニュール・ブルトン
ブリタニー・スパニエルの別名。

エパニュール・ポン・オードメル
〈*Épagneul Pont-Audemer*〉犬の一品種。

エバンアカコウモリ
〈*Lasiurus ebenus*〉哺乳綱翼手目ヒナコウモリ科の動物。分布：ブラジル南東部のサン・パウロ州。絶滅危惧II類。

エビチャインコ 海老茶鸚哥
〈*Trichoglossus rubiginosus*〉鳥綱オウム目ヒインコ科の鳥。別名ボナペインコ。全長24cm。分布：カロリン諸島。

エビチャゲラ
〈*Blythipicus rubiginosus*〉鳥綱キツツキ目キツツキ科の鳥。全長23cm。分布：ビルマ，タイ，マレー半島，ボルネオ島。

エビチャハシブトインコ
〈*Rhynchopsitta terrisi*〉鳥綱オウム目インコ科の鳥。全長40～45cm。分布：メキシコ北東部。絶滅危惧II類。

エベノーヘラオヤモリ
〈*Uroplatus ebenaui*〉爬虫綱有鱗目トカゲ亜目ヤモリ科の動物。全長6〜8cm。分布：マダガスカル北部, ノシベ島。

エボサギ
ミゾゴイの別名。

エボシアリモズ　烏帽子蟻鵙
〈*Sakesphorus canadensis*〉鳥綱スズメ目アリドリ科の鳥。全長14cm。分布：ギアナ・ベネズエラ・コロンビア北部, ペルー東部・ブラジル北部。

エボシウズラ　烏帽子鶉
〈*Lophortyx douglasii*〉鳥綱キジ目キジ科の鳥。別名ドウグラスウズラ, ナガサカウズラ。全長23cm。分布：メキシコ西部。

エボシカツカツクリ　烏帽子塚造
〈*Aepypodius arfakianus*〉鳥綱キジ目ツカツクリ科の鳥。全長42cm。分布：ニューギニア。

エボシカマドドリ　烏帽子竈鳥
〈*Pseudoseisura cristata*〉鳥綱スズメ目カマドドリ科の鳥。全長23cm。分布：ボリビア北部からブラジル。

エボシカメレオン
〈*Chamaeleo calyptoratus*〉爬虫綱有鱗目トカゲ亜目カメレオン科のトカゲ。全長最大オス65cm, メス45cm。分布：イエメン。

エボシガラ　烏帽子雀
〈*Parus bicolor*〉鳥綱スズメ目シジュウカラ科の鳥。体長17cm。分布：テキサス州までの北アメリカ東部, 最近ではオンタリオ州（カナダ）まで拡大。

エボシカラタイランチョウ　烏帽子雀太蘭鳥
〈*Anairetes parulus*〉鳥綱スズメ目タイランチョウ科の鳥。全長11cm。分布：コロンビア。

エボシキジ
カンムリキジの別名。

エボシキツツキ
エボシクマゲラの別名。

エボシクマゲラ
〈*Dryocopus pileatus*〉鳥綱キツツキ目キツツキ科の鳥。別名エボシキツツキ, カンムリキツツキ。体長38〜48cm。分布：カナダ南部, アメリカ東部や北西部。

エボシクマタカ
〈*Spizaetus occipitalis*〉鳥綱タカ目タカ科の鳥。体長51〜56cm。分布：サハラ以南のアフリカ。

エボシコクジャク
〈*Polyplectron malacense*〉鳥綱キジ目キジ科の鳥。全長オス50cm, メス40cm。分布：マレー半島。絶滅危惧II類。

エボシタイランチョウ　烏帽子太蘭鳥
〈*Aechmolophus mexicanus*〉鳥綱スズメ目タイランチョウ科の鳥。全長14cm。分布：メキシコ中部。

エボシドリ　烏帽子鳥
〈*Tauraco corythaix*〉鳥綱ホトトギス目エボシドリ科の鳥。全長40〜45cm。分布：サハラ以南のアフリカ。

エボシドリ　烏帽子鳥
〈*touraco*〉鳥綱ホトトギス目エボシドリ科 Musophagidae に属する鳥の総称。全長35〜75cm。分布：アフリカ中南部に分布し, 常緑樹林, 谷ぞいの林に生息。

エボシドリ科
ホトトギス目。全長37〜76cm。

エボシフジイロヒタキ
〈*Hypothymis coelestis*〉スズメ目ヒタキ科（カササギビタキ亜科）。全長16cm。分布：フィリピン。絶滅危惧IB類。

エボシメガネモズ　烏帽子眼鏡鵙
〈*Prionops plumata*〉メガネモズ科。体長21cm。分布：乾燥地域を除くサハラ以南のアフリカ, 南アフリカ南部, ナミビア。

エボニィリーフモンキー
〈*Trachypithecus auratus*〉哺乳綱霊長目オナガザル科の動物。頭胴長45〜75cm。分布：インドネシアのジャワ島, バリ島。絶滅危惧II類。

エボロンハタネズミ
〈*Microtus evoronensis*〉齧歯目ネズミ科（ハタネズミ亜科）。頭胴長12〜16cm。分布：ロシア極東のアムール川下流のエボロン湖周辺。絶滅危惧IA類。

エミスムツアシガメ
セマルムツアシの別名。

エミュー
〈*Dromaius novaehollandiae*〉エミュー科。頭高180cm。分布：オーストラリア。

エミュームシクイ

〈*Stipiturus malachurus*〉鳥綱スズメ目ヒタキ科ゴウシュウムシクイ亜科の鳥。全長18.5～20cm。分布：オーストラリア南東部・南西部。

エミリアジネズミオポッサム
〈*Monodelphis emiliae*〉オポッサム目オポッサム科。頭胴長12～16cm。分布：アマゾン川流域, ペルー北東部。絶滅危惧II類。

エムデン
〈*Emden*〉鳥綱ガンカモ目ガンカモ科の鳥。分布：西ドイツ。

エメラルドツリーボア
〈*Corallus caninus*〉爬虫綱有鱗目ヘビ亜目ボア科のヘビ。全長1m前後。分布：南米のアマゾン河流域とその周辺。

エメラルドテリオハチドリ
〈*Metallura tyrianthina*〉鳥綱アマツバメ目ハチドリ科の鳥。全長10cm。分布：南アメリカ北西部。

エメラルドトリーボア
〈*Boa canina*〉爬虫綱有鱗目ボア科のヘビ。

エメラルドハチドリ
〈*Amazilia amabilis*〉鳥綱アマツバメ目ハチドリ科の鳥。全長9.5cm。分布：中央アメリカから南アメリカ北西部。

エメラルドフウキンチョウ
〈*Chlorochrysa phoenicotis*〉鳥綱スズメ目ホオジロ科の鳥。全長13cm。分布：コロンビア, エクアドル。

エメラルドボア
エメラルドツリーボアの別名。

エヤーシャー
〈*Bos taurus*〉牛の一品種。

エヤーシャー
エアシャーの別名。

エラブウミヘビ　永良部海蛇
〈*Laticauda semifasciata*〉爬虫綱有鱗目ヘビ亜目コブラ科のヘビ。全長70～150cm。分布：南西諸島, 台湾, 中国, フィリピン, インドネシア東部。国内では南西諸島の沿岸域に分布。

エラブオオコウモリ
〈*Pteropus dasymallus dasymallus*〉東アジアのオオコウモリ属中最北に分布する, 首に黄褐色の輪がある翼手目オオコウモリ科の哺乳類。絶滅危惧, 天然記念物。

エランド
イランドの別名。

エリオットカメレオン
〈*Chamaeleo ellioti*〉爬虫綱有鱗目トカゲ亜目カメレオン科のトカゲ。全長16cm。分布：ザイール, ブルンディ, ルワンダ, ウガンダ, ケニア。

エリカジネズミ
〈*Crocidura erica*〉哺乳綱食虫目トガリネズミ科の動物。分布：アンゴラ西部のプンゴ・アンドンゴ付近。絶滅危惧II類。

エリクビキツネザル
〈*Lemur fulvus collaris*〉キツネザル科キツネザル属。分布：マダガスカル島。

エリグロアジサシ　襟黒鯵刺
〈*Sterna sumatrana*〉鳥綱チドリ目カモメ科の鳥。全長30～32cm。分布：インド洋, 太平洋。

エリトカゲ
クビワトカゲの別名。

エリトリアディクディク
〈*Madoqua saltiana*〉ウシ科ディクディク属。体長52～67cm。分布：エチオピア。

エリマキカマドドリ　襟巻竈鳥
〈*Pseudocolaptes boissonneautii*〉鳥綱スズメ目カマドドリ科の鳥。全長20cm。分布：ベネズエラからボリビア。

エリマキキツネザル
〈*Varecia variegata*〉哺乳綱霊長目キツネザル科の動物。体長55cm。分布：マダガスカル東部。絶滅危惧IB類。

エリマキシギ　襟巻鷸
〈*Philomachus pugnax*〉鳥綱チドリ目シギ科の鳥。体長20～32cm。分布：ユーラシア北部で繁殖。地中海, アフリカ南部, インド, オーストラリアで越冬。

エリマキティティ
〈*Callicebus torquatus*〉オマキザル科ティティ属。体長30～46cm。分布：南アメリカ北西部。

エリマキトカゲ　襟巻蜥蜴
〈*Chlamydosaurus kingii*〉爬虫綱有鱗目トカゲ亜目アガマ科のトカゲ。全長60～90cm。分布：オーストラリア北部とニューギニア南部。

エリマキバト　襟巻鳩
〈*jacobin*〉鳥綱ハト目ハト科の鳥。

エリマキバト

エリマキヒ

ジャコビンの別名。

エリマキヒタキ
〈*Arses telescophthalmus*〉鳥綱スズメ目ヒタキ科カササギヒタキ亜科の鳥。全長14〜17cm。分布：オーストラリア北東端,ニューギニア。

エリマキマメハチドリ
〈*Acestrura heliodor*〉鳥綱アマツバメ目ハチドリ科の鳥。全長7.5cm。分布：南アメリカ北西部。

エリマキミツスイ 襟巻蜜吸
〈*Prosthemadera novaeseelandiae*〉鳥綱スズメ目ミツスイ科の鳥。体長31cm。分布：ニュージーランド。

エリマキライチョウ 襟巻雷鳥
〈*Bonasa umbellus*〉ライチョウ科。体長43cm。分布：アラスカ,カナダ,合衆国北部。

エリンガー
〈*Eringer*〉哺乳綱偶蹄目ウシ科の動物。体高オス135cm,メス120〜130cm。分布：スイス。

エルク
ワピチの別名。

エルクハウンド
〈*Elkhound*〉犬の一品種。別名ノルウェージャン・エルクハウンド。

エルゴンジネズミ
〈*Crocidura elgonius*〉哺乳綱食虫目トガリネズミ科の動物。分布：ケニア西部のエルゴン山とタンザニア北東部。絶滅危惧II類。

エールスベリー
〈*Aylesbury*〉鳥綱ガンカモ目ガンカモ科の鳥。分布：イギリス。

エルデーイ・コポー
犬の一品種。別名トランシルバニアン・ハウンド。

エルドジカ
ターミンジカの別名。

エレオノラハヤブサ
〈*Falco eleonorae*〉鳥綱タカ目ハヤブサ科の鳥。体長36〜40cm。分布：カナリア諸島,モロッコ,地中海の島々で繁殖。主にマダガスカル島で越冬。絶滅危惧II類と推定。

エレガントボウヤモリ
〈*Stenodactylus sthenodactylus*〉体長9〜10.5cm。分布：アフリカ北部および東部,アジア西部。

エレガントマーガレットネズミ
〈*Margaretamys elegans*〉齧歯目ネズミ科（ネズミ亜科）。頭胴長18〜20cm。分布：インドネシアのスラウェシ島。絶滅危惧II類。

エレガントワラビー
〈*Macropus parryi*〉哺乳綱有袋目カンガルー科の動物。

エレクトラ・ドルフィン
カズハゴンドウの別名。

エレンカグラコウモリ
〈*Hipposideros marisae*〉翼手目キクガシラコウモリ科（カグラコウモリ亜科）。前腕長約4cm。分布：コートジボアール,ギニア,リベリア。絶滅危惧II類。

エローサセオリガメ
モリセオレガメの別名。

エロンガータリクガメ
〈*Indotestudo elongata*〉爬虫綱カメ目リクガメ科のカメ。最大甲長オス33cm,メス29cm。分布：北インド,ネパールからミャンマー（ビルマ）,インドシナ,マレー半島,東北へは中国東南部。絶滅危惧II類。

エンガノクマネズミ
〈*Rattus enganus*〉齧歯目ネズミ科（ネズミ亜科）。頭胴長23cm。分布：インドネシアのエンガノ島。絶滅危惧IA類。

エンダースコミミトガリネズミ
〈*Cryptotis endersi*〉哺乳綱食虫目トガリネズミ科の動物。頭胴長7.3cm。分布：パナマ。絶滅危惧IB類。

エントツアマツバメ
〈*Chaetura pelagica*〉鳥綱アマツバメ目アマツバメ科の鳥。体長13cm。分布：アメリカ東部やカナダ南部で繁殖,中央アメリカおよび南アメリカ北東部で越冬。

エントレブッハー・ゼネンフント
エントレブッフ・キャトル・ドッグの別名。

エントレブッフ・キャトル・ドッグ
〈*Entelbuch Mountain Dog*〉犬の一品種。体高48〜51cm。原産：スイス。

エントレブッフ・マウンテンドッグ
〈*Entelbuch Mountain Dog*〉犬の一品種。

エンビアマツバメ
〈*Schoutedenapus myoptilus*〉鳥綱アマツバメ

目アマツバメ科の鳥。全長16.5cm。分布：アフリカ中部・東部。

エンビコビトドリモドキ 燕尾小人鳥擬, 白筋小人鳥擬
〈*Ceratotriccus furcatus*〉鳥綱スズメ目タイランチョウ科の鳥。全長10cm。分布：ブラジル南東部。絶滅危惧II類。

エンビシキチョウ
〈*Enicurus leschenaulti*〉鳥綱スズメ目ツグミ科の鳥。体長20〜28cm。分布：ヒマラヤ地方から南はマレーシア, インドネシア, スマトラ, ジャワ, カリマンタン。

エンビセアオマイコドリ
〈*Chiroxiphia caudata*〉鳥綱スズメ目マイコドリ科の鳥。体長15cm。分布：ブラジル南東部, パラグアイ東部, アルゼンチン北東部の低地と亜熱帯の地域。

エンビタイヨウチョウ
アカオタイヨウチョウの別名。

エンビタイランチョウ
〈*Tyrannus forficata*〉タイランチョウ科。体長30〜38cm。分布：合衆国西部, 稀に東はミシシッピー川に至る地域で繁殖。渡りの途中からカナダに迷い込むこともある。冬は合衆国最南端からメキシコおよび中央アメリカ。

エンビタイランチョウ
オナガタイランチョウの別名。

エンビモリハチドリ
〈*Thalurania furcata*〉鳥綱アマツバメ目ハチドリ科の鳥。体長オス10cm, メス8cm。分布：南アメリカ北西部および中部（エクアドル西部からボリビア東部, パラグアイ）。

エンペラータマリン
〈*Saguinus imperator*〉哺乳綱霊長目マーモセット科の動物。体長23〜26cm。分布：南アメリカ西部。絶滅危惧II類。

エンペラーペンギン
コウテイペンギンの別名。

エンペンウシ 延辺牛
〈*Yanbian Cattle*〉分布：中国, 東北地方の吉林省, 延辺地区や黒竜江省。

【オ】

オアシスハチドリ
〈*Rhodopis vesper*〉鳥綱アマツバメ目ハチドリ科の鳥。全長14cm。分布：ペルー。

オアハカシロアシマウス
〈*Peromyscus melanurus*〉齧歯目ネズミ科（アメリカネズミ亜科）。頭胴長9.5〜14cm。分布：メキシコ西部。絶滅危惧II類。

オーヴェルニュ・ポインター
〈*Auvergne Pointer*〉犬の一品種。体高56〜61cm。原産：フランス。

オウカンエボシドリ
〈*Tauraco hartlaubi*〉カッコウ目エボシドリ科。分布：アフリカ中東部。

オウカンフウキンチョウ
〈*Stephanophorus diadematus*〉鳥綱スズメ目ホオジロ科の鳥。全長19.5cm。分布：ブラジル南東部からアルゼンチン。

オウギアイサ 扇秋沙
〈*Mergus cucullatus*〉カモ科。体長42〜50cm。分布：2種類の個体群がある。西の個体群はアラスカ南部から合衆国北西部にかけて繁殖。越冬はアラスカ南部からカリフォルニアにかけて, 東の個体群はカナダ南部, 合衆国北・中部で繁殖。越冬はフロリダ, メキシコ北部。

オウギアメリカムシクイ
〈*Euthlypis lachrymosa*〉鳥綱スズメ目アメリカムシクイ科の鳥。全長14cm。分布：メキシコ, グアテマラ, ホンジュラス, エルサルバドル, ニカラグア。

オウギオハチドリ
〈*Myrtis fanny*〉鳥綱アマツバメ目ハチドリ科の鳥。全長9.5cm。分布：エクアドル南部・ペルー。

オウギタイランチョウ 扇太蘭鳥
〈*Onychorhynchus coronatus*〉タイランチョウ科。体長16.5cm。分布：メキシコ南部からギアナ地方, ボリビア, ブラジル。

オウギハクジラ 扇歯鯨
〈*Stejneger's beaked whale*〉哺乳綱クジラ目アカボウクジラ科のオウギハクジラ属 Mesoplodonの総称, およびそのなかの1種。

オウギハチドリ
〈*Eulampis jugularis*〉鳥綱アマツバメ目ハチドリ科の鳥。全長12.5cm。分布：西インド諸島。

オウギバト 扇鳩
〈*Goura victoria*〉鳥綱ハト目ハト科の鳥。別名シロエリバト。体長66cm。分布：ニューギ

オウキハフ

ニア北部，ビアク島およびヤーペン島。絶滅危惧II類。

オウギパプアハナドリ
〈*Melanocharis versteri*〉ハナドリ科。体長10cm。分布：ニューギニア。

オウギヒタキ　扇鶲
〈*fantail*〉広義には鳥綱スズメ目ヒタキ科ヒタキ亜科オウギヒタキ属に含まれる鳥の総称で，狭義にはそのうちの1種をさす。体長12～30cm。分布：インド，中国南部，東南アジア，ニューギニア，オーストラリア，ニュージーランド，太平洋諸島。

オウギビタキ
〈*Rhipidura rufifrons*〉カササギビタキ科。体長15～16.5cm。分布：ニューギニア，太平洋およびインドネシアの島々，オーストラリア北部および東部。

オウギワシ　扇鷲
〈*Harpia harpyja*〉鳥綱タカ目タカ科の鳥。体長91～110cm。分布：メキシコ南部からアルゼンチン北部。

オウクイコウモリ
小魚を主食とする翼手目ウオクイコウモリ科 Noctilionidae に属する哺乳類の総称。

オウゴンアメリカムシクイ
〈*Protonotaria citrea*〉アメリカムシクイ科。体長14cm。分布：合衆国東部，オンタリオ州（カナダ）南部で繁殖。メキシコから南アメリカ北部にかけての地域で越冬。

オウゴンイカル
〈*Pheucticus chrysopeplus*〉鳥綱スズメ目ホオジロ科の鳥。全長20.5cm。分布：メキシコからベネズエラ，コロンビア。

オウゴンサファイアハチドリ
〈*Hylocharis eliciae*〉鳥綱アマツバメ目ハチドリ科の鳥。全長9cm。分布：メキシコからパナマ。

オウゴンチュウハシ　黄金中嘴
〈*Baillonius bailloni*〉鳥綱キツツキ目オオハシ科の鳥。全長37cm。分布：ブラジル南東部。

オウゴンチョウ　黄金鳥
〈*Euplectes afer*〉鳥綱スズメ目ハタオリドリ科の鳥。全長10～14cm。分布：アフリカ中部・南部。

オウゴンニワシドリ　黄金庭師鳥
〈*Prionodura newtoniana*〉鳥綱スズメ目ニワシドリ科の鳥。全長23～26cm。分布：オーストラリア。

オウゴンハチマキミツスイ
コガネミツスイの別名。

オウゴンヒワ　黄金鶸
〈*Carduelis tristis*〉鳥綱スズメ目アトリ科の鳥。体長11cm。分布：カナダ南部，合衆国。北方に生息するものは冬になると渡りを行う。

オウゴンフウチョウモドキ
〈*Sericulus aureus*〉鳥綱スズメ目ニワシドリ科の鳥。全長25cm。分布：ニューギニア。

オウゴンミツスイ　黄金蜜吸
〈*Cleptornis marchei*〉鳥綱スズメ目ミツスイ科の鳥。全長15cm。分布：マリアナ諸島のサイパン島。絶滅危惧II類。

オウゴンモズモドキ
〈*Vireo hypochryseus*〉鳥綱スズメ目モズモドキ科の鳥。全長13cm。分布：メキシコ西部。

オウゴンヤシハタオリ
〈*Ploceus bojeri*〉ハタオリドリ科/ハタオリドリ亜科。全長15cm。分布：ソマリアからタンザニア。

オウゴンヤマネコ
アジアゴールデンキャットの別名。

オウサマタイランチョウ　王様太蘭鳥
〈*Tyrannus tyrannus*〉タイランチョウ科。体長21～23cm。分布：カナダ南部からメキシコ湾岸に至る地域で繁殖。中央，南アメリカで越冬。

オウサマテンシハチドリ
〈*Heliangelus regalis*〉鳥綱アマツバメ目ハチドリ科の鳥。全長11～12cm。分布：ペルー北部。絶滅危惧II類。

オウサマペンギン
〈*Aptenodytes patagonicus*〉鳥綱ペンギン目ペンギン科の鳥。体長95cm。分布：亜南極，フォークランド諸島。

オウチュウ　烏秋
〈*Dicrurus macrocercus*〉鳥綱スズメ目オウチュウ科の鳥。全長28cm。分布：イランからインド，インドシナ，海南島，中国，台湾，ジャワ島。

オウチュウ
カザリオウチュウの別名。

オウチュウ科
スズメ目。全長20〜70cm。分布：アフリカ，インド，東南アジアからニューギニア，オーストラリア。

オウチュウカッコウ 烏秋郭公
〈*Surniculus lugubris*〉鳥綱ホトトギス目ホトトギス科の鳥。全長23cm。分布：インドから東南アジア。

オウチョウ
コウライウグイスの別名。

オウドインカモメ
アカハシカモメの別名。

オウハンプリマス・ロック 横斑プリマス・ロック
〈*Barred Plymouth Rock*〉ニワトリの一品種。別名ロック。原産：米国。

オウボウシインコ
〈*Amazona guildingii*〉鳥綱インコ目インコ科の鳥。体長40〜46cm。分布：セントビンセント島（小アンティル諸島）。絶滅危惧II類。

オウム 鸚鵡
〈parrot〉鳥綱オウム目オウム科の鳥。

オウム科
オウム目の科の一つ。分布：オーストラリア。

オウムハシハワイマシコ
〈*Pseudonestor xanthophrys*〉アトリ/ハワイミツスイ亜科。体長14cm。分布：ハワイ島。絶滅危惧II類。

オウムハシハワイミツスイ
オウムハシハワイマシコの別名。

オウムヒラセリクガメ
〈*Homopus areolatus*〉爬虫綱カメ目リクガメ科のカメ。最大甲長16cm。分布：南アフリカ共和国南部。

オウム目
インコ目の別称。分布：ニューギニア・オーストラリア・南アメリカ，アフリカ・熱帯アジア。

オーエンズ・ピグミー・スパーム・ホエール
オガワコマッコウの別名。

オオアオサギ 大蒼鷺
〈*Ardea herodias*〉鳥綱コウノトリ目サギ科の鳥。体長102〜127cm。分布：カナダ南部から中央アメリカ，カリブ海，ガラパゴス諸島。冬は合衆国南部から南アメリカ北部。

オオアオジタ
〈*Tiliqua gigas*〉スキンク科。全長50〜60cm。分布：アジア，ニューギニア。

オオアオバト 大緑鳩
〈*Treron capellei*〉鳥綱ハト目ハト科の鳥。全長35cm。分布：マレー半島，スマトラ，ジャワ，ボルネオ島。

オオアオムチヘビ
〈*Ahaetulla prasina*〉爬虫綱有鱗目ヘビ亜目ナミヘビ科のヘビ。全長1.5m。分布：中国南部，インド東部から，インドシナ，マレー半島 をへてフィリピンまで。

オオアカゲラ 大赤啄木鳥
〈*Dendrocopos leucotos*〉鳥綱キツツキ目キツツキ科の鳥。全長28cm。分布：スカンジナビア南部・ヨーロッパ東部・小アジア・シベリア南部・モンゴル・中国・ウスリー・朝鮮半島・台湾・日本。

オオアカハラ
〈*Turdus chrysolaus orii*〉鳥綱スズメ目ツグミ科の鳥。

オオアカムササビ 大赤鼯鼠
〈*Petaurista petaurista*〉哺乳綱齧歯目リス科の動物。

オオアジサシ 大鯵刺
〈*Sterna bergii*〉鳥綱チドリ目カモメ科の鳥。全長46〜48cm。分布：南アフリカからインド洋，ペルシャ湾，太平洋。国内では小笠原諸島，徳之島以南の南西諸島で繁殖。

オオアシシトド
〈*Pezopetes capitalis*〉鳥綱スズメ目ホオジロ科の鳥。全長19cm。分布：コスタリカ，パナマ西部。

オオアシジャコウネズミ
〈*Feroculus feroculus*〉哺乳綱食虫目トガリネズミ科の動物。頭胴長10.6〜11.8cm。分布：スリランカ。絶滅危惧IB類。

オオアシトガリネズミ 大足尖鼠
〈*Sorex unguiculatus*〉哺乳綱食虫目トガリネズミ科の動物。頭胴長54〜97mm。分布：サハリン，ロシア沿海地方。国内では北海道本島，利尻島，礼文島，大黒島。

オオアシドリ
オタテドリ科の別名。

オオアシナガマウス

オオアシマ

〈*Macrotarsomys ingens*〉齧歯目ネズミ科（アシナガマウス亜科）。頭胴長12cm程度。分布：マダガスカル。絶滅危惧IA類。

オオアシマウス属
〈*Notiomys*〉哺乳綱齧歯目ネズミ科の動物。分布：アルゼンチンとチリ。

オオアタマガメ　大頭亀
〈*Platysternon megacephalum*〉爬虫綱カメ目オオアタマガメ科のカメ。最大甲長18.4cm。分布：中国南東部、海南島、ベトナム北部、ミャンマー（ビルマ）、タイ。絶滅危惧。

オオアタマヘビクビ
〈*Acanthochelys macrocephala*〉爬虫綱カメ目ヘビクビガメ科のカメ。最大甲長23.5cm。分布：ボリビア中央部（マモレー川水系）とブラジル南西部（パラグアイ川上流域）。

オオアタマヤマカガシ
〈*Natrix megalocephala*〉爬虫綱トカゲ目（ヘビ亜目）ナミヘビ科のヘビ。頭胴長64〜96cm。分布：ロシア、トルコ、グルジアの黒海東岸地域。絶滅危惧II類。

オオアタマヨコクビガメ
〈*Peltocephalus dumerilianus*〉爬虫綱カメ目ヨコクビガメ科のカメ。背甲長最大44cm。分布：アマゾン川水系（ブラジル北部、コロンビア南部、エクアドル東部、ペルー北東部）、オリノコ川水系（ベネズエラ南西部、コロンビア北東部）、フランス領ギアナ。絶滅危惧II類。

オオアナコンダ
アナコンダの別名。

オオアブラコウモリ　大油蝙蝠
〈*Pipistrellus savii*〉前腕長3.4〜3.8cm。分布：イベリア半島、アフガニスタン、北アフリカ、朝鮮半島。国内では北海道（2頭）、青森県（1頭）、対馬（2頭）。

オオアフリカスゲヨシキリ
〈*Bradypterus graueri*〉スズメ目ヒタキ科（ウグイス亜科）。別名コンゴオオセッカ。全長18cm。分布：コンゴ民主共和国東部、ウガンダ南西部、ルワンダ、ブルンジ北部。絶滅危惧II類。

オオアメリカムシクイ
〈*Icteria virens*〉鳥綱スズメ目アメリカムシクイ科の鳥。体長19cm。分布：カナダ南部、合衆国の多くの地域で繁殖し、合衆国南部と中央アメリカのパナマまでの地域で越冬。

オオアラコウモリ
オーストラリアオオアラコウモリの別名。

オオアリクイ　大蟻喰
〈*Myrmecophaga tridactyla*〉異節目（貧歯目）アリクイ科。体長1〜2m。分布：中央アメリカから南アメリカにかけて。絶滅危惧II類。

オオアリモズ　大蟻鵙
〈*Taraba major*〉鳥綱スズメ目アリドリ科の鳥。体長20cm。分布：メキシコ南部から南アメリカのブラジル、アルゼンチン北部にまで分布する。

オオアルマジロ
〈*Priodontes maximus*〉異節目（貧歯目）アルマジロ科。体長75〜100cm。分布：南アメリカ北部、中部。絶滅危惧IB類。

オオイヲクイ
オキゴンドウの別名。

オオイシチドリ
〈*Esacus recurvirostris*〉鳥綱チドリ目イシチドリ科の鳥。全長51cm。分布：インド・パキスタン・スリランカ・ビルマ・ベトナム中部・海南島。

オオイタサンショウウオ　大分山椒魚
〈*Hynobius dunni*〉両生綱有尾目サンショウウオ科の動物。全長100〜140mm。分布：大分県、熊本県阿蘇郡、高知県土佐清水市。絶滅危惧II類。

オオイッコウチョウ　大一紅鳥
〈*Amadina erythrocephala*〉鳥綱スズメ目カエデチョウ科の鳥。全長14cm。分布：アフリカ南部。

オオイヌワシ
〈*Aquila audax*〉ワシタカ目ワシタカ科。分布：オーストラリア。

オオイワタイランチョウ
〈*Muscisaxicola albifrons*〉タイランチョウ科。体長23cm。分布：ペルーからボリビア北西部、チリ北部。

オオウロコツグミモドキ　大鱗鶫擬
〈*Margarops fuscatus*〉鳥綱スズメ目マネシツグミ科の鳥。全長28cm。分布：西インド諸島からヒスパニョラ島、プエルトリコ島、バージン諸島、小アンティル諸島やベネズエラ北部沿岸のボネール島。

オオウロコフウチョウ
〈*Ptiloris magnificus*〉フウチョウ科。体長

33cm。分布：ニューギニアの低地および丘陵地（標高700mまで）。それ以上の高地にはほとんどいない。ヨーク岬半島の先端，オーストラリア北東部。

オオオーストラリアトビネズミ
〈*Notomys amplus*〉哺乳綱齧歯目トビネズミ科。別名オオノトミス。

オオオナガカマドドリ 大尾長竈鳥
〈*Synallaxis phryganophila*〉鳥綱スズメ目カマドドリ科の鳥。全長23cm。分布：南アメリカ。

オオオニカッコウ 大鬼郭公
〈*Scythrops novaehollandiae*〉鳥綱カッコウ目カッコウ科の鳥。体長58～65cm。分布：オーストラリア北・東部で繁殖し，ニューギニアからスラウェシ島で越冬。

オオオニキバシリ
〈*Nasica longirostris*〉オニキバシリ科。体長36cm。分布：ベネズエラからボリビア北部，アマゾン川流域。

オオオビハシカイツブリ
〈*Podilymbus gigas*〉鳥綱カイツブリ目カイツブリ科の鳥。体長48cm。分布：アティトラン湖（グァテマラ）のみ。

オオガシラ 大頭
〈*puffbird*〉鳥綱キツツキ目オオガシラ科に属する鳥の総称。全長14～29cm。分布：メキシコからブラジル南部まで。

オオガシラ科
キツツキ目。分布：メキシコからブラジル，パラグアイ，アルゼンチン，ペルー。

オオガシラツカツクリ
セレベスツカツクリの別名。

オオガーターヘビ
〈*Thamnophis gigas*〉爬虫綱トカゲ目（ヘビ亜目）ナミヘビ科のヘビ。頭胴長95～130cm。分布：アメリカ合衆国カリフォルニア州南部。絶滅危惧II類。

オオガタミュンスターレンダー 大型ミュンスターレンダー
〈*Large Münsterländer*〉犬の一品種。体高59～61cm。原産：ドイツ。

オオガビチョウ
クビワガビチョウの別名。

オオガマグチヨタカ 大蝦蟇口夜鷹
〈*Batrachostomus auritus*〉鳥綱ヨタカ目ガマグチヨタカ科の鳥。全長40cm。分布：スマトラ島，ボルネオ島？マレー半島。

オオカマドドリ 大竈鳥
〈*Thripophaga hypochondriacus*〉鳥綱スズメ目カマドドリ科の鳥。全長18cm。分布：ペルー北部。

オオカミ 狼
〈*Canis lupus*〉哺乳綱食肉目イヌ科の動物。絶滅危惧種。

オオカミ
タイリクオオカミの別名。

オオカモシカ
イランドの別名。

オオカモメ
〈*Larus marinus*〉鳥綱チドリ目カモメ科の鳥。体長71～79cm。分布：北アメリカ北東部，グリーンランド南西部，ヨーロッパ北西部，海岸部。

オオガラゴ
〈*Galago crassicaudatus*〉哺乳綱霊長目ロリス科の動物。別名フトオガラゴ。体長25～40cm。分布：中央アフリカ，東アフリカ，アフリカ南部。

オオガラパゴスフィンチ
〈*Geospiza magnirostris*〉鳥綱スズメ目ホオジロ科の鳥。体長16.5cm。分布：ガラパゴス諸島。

オオカラモズ 大唐百舌，大唐鶸
〈*Lanius sphenocercus*〉鳥綱スズメ目モズ科の鳥。全長31cm。分布：ウスリー地方・朝鮮半島北部・中国北東部・モンゴル。

オオカワアイサ
〈*Mergus merganser merganser*〉鳥綱ガンモ目ガンガモ科の鳥。

オオカワウソ
〈*Pteronura brasiliensis*〉哺乳綱食肉目イタチ科の動物。体長1～1.4m。分布：南アメリカ北部，中部。絶滅危惧IB類。

オオカワセミ
〈*Alcedo hercules*〉鳥綱ブッポウソウ目カワセミ科の鳥。全長23cm。分布：ネパール，ブータン，インド北東部からインドシナ半島中部と中国の雲南省まで，および海南島。絶滅危惧II類。

オオカワラヒワ
〈*Carduelis sinica kawariba*〉鳥綱スズメ目アトリ科の鳥。

オオカンガルー
〈*Macropus giganteus*〉哺乳綱有袋目カンガルー科の動物。

オオカンガルーマウス
〈*Dipodomys ingens*〉哺乳綱齧歯目ポケットマウス科の動物。全長31.1～34.8cm。分布：アメリカ合衆国カリフォルニア州南部のサン・ホアキン渓谷西部。絶滅危惧IA類。

オオキアシシギ 大黄足鷸
〈*Tringa melanoleuca*〉鳥綱チドリ目シギ科の鳥。体長36cm。分布：繁殖期には北アメリカ北部に分布するが，繁殖しない個体は南部の海岸沿いの地域で過ごす。カナダ南西部から南アメリカ最南端に及ぶ地域で越冬するが，それ以外にもあちこちを転々とする。

オオキノボリマウス
〈*Megadendromus nikolausi*〉齧歯目ネズミ科（キノボリマウス亜科）。頭胴長9.7～12.9cm。分布：エチオピア東部の高地。絶滅危惧II類。

オオギハクジラ 扇歯鯨
〈*Mesoplodon stejnegeri*〉哺乳綱クジラ目アカボウクジラ科のクジラ。別名サーベルトース ト・ビークト・ホエール，ベーリングシー・ビークト・ホエール，ノースパシフィック・ビークト・ホエール。5～5.3m。分布：北太平洋と日本海の冷温帯および亜北極海海域。

オオギハクジラ属
〈*Mesoplodon sp.'A'*〉哺乳綱クジラ目アカボウクジラ科のクジラ。約5～5.5m。分布：東部熱帯太平洋の深く暖かい海域，沖合いで見られることが多い。

オオキボウシインコ
〈*Amazona oratrix*〉鳥綱オウム目インコ科の鳥。全長35cm。分布：メキシコおよびベリーズからホンジュラスにかけて。絶滅危惧IB類。

オオキミミミツスイ 大黄耳蜜吸
〈*Oreornis chrysogenys*〉鳥綱スズメ目ミツスイ科の鳥。全長20cm。分布：ニューギニア中央部。

オオギヤモリ
〈*Phyllodactylus europaeus*〉爬虫綱トカゲ目（トカゲ亜目）ヤモリ科の動物。頭胴長6～8cm。分布：チュニジア北岸沖の島嶼，サルジニア島，コルシカ島および周辺の島嶼，イタリア北西部とフランス南東部の地中海沿岸の限定された地域。絶滅危惧II類。

オオギャラゴ
オオガラゴの別名。

オオキリハシ
〈*Jacamerops aurea*〉鳥綱キツツキ目キリハシ科の鳥。体長30cm。分布：コスタリカから南アメリカ北部を経てボリビア北部まで。

オオギンカイツブリ
〈*Podiceps taczanowskii*〉鳥綱カイツブリ目カイツブリ科の鳥。別名ペルーカイツブリ。全長36cm。分布：ペルー中部のフニン湖。絶滅危惧IA類。

オオキンカチョウ 大錦花鳥
〈*Emblema guttata*〉鳥綱スズメ目カエデチョウ科の鳥。全長11cm。分布：オーストラリア南東部。

オオキンモグラ
〈*Chrysospalax trevelyani*〉哺乳綱食虫目キンモグラ科の動物。頭胴長19.8～23.5cm。分布：南アフリカ共和国。絶滅危惧IB類。

オオキンモグラ属
〈*Chrysospalax*〉キンモグラ科。分布：ケープ地方東部，トランスケイ，シスケイ。

オオキンランチョウ
〈*Euplectes orix orix*〉鳥綱スズメ目ハタオリドリ科の鳥。

オオキンランチョウ
キンランチョウの別名。

オオクイナ 大水鶏，大秧鶏
〈*Rallina eurizonoides*〉鳥綱ツル目クイナ科の鳥。別名リュウキュウオオクイナ。全長25cm。分布：台湾，フィリピン，スラウェシ島，インドシナ，インド。国内では石垣島・西表島・竹富島・小浜島・黒島・与那国島。

オオクビガメ
オオアタマガメの別名。

オオクモカリドリ 大蜘蛛狩鳥
〈*Arachnothera robusta*〉鳥綱スズメ目タイヨウチョウ科の鳥。別名オオハシナガクモカリドリ。全長23cm。分布：マレー半島，大スンダ列島。

オオクロムクドリモドキ 大黒椋鳥擬
〈*Quiscalus quiscula*〉ムクドリモドキ科。体長28～33cm。分布：合衆国東部。北方に生息

オオグンカンドリ　大軍艦鳥
〈*Fregata minor*〉鳥綱ペリカン目グンカンドリ科の鳥。体長86～100cm。分布：インド洋,太平洋,およびブラジル沖の熱帯,亜熱帯海域。

オオケビタイオタテドリ
〈*Merulaxis stresemanni*〉鳥綱スズメ目オタテドリ科の鳥。別名オオヒゲナガオタテドリ。全長19.5cm。分布：ブラジル東部。絶滅危惧IA類。

オオコウウチョウ　大香雨鳥
〈*Scaphidura oryzivora*〉鳥綱スズメ目ムクドリモドキ科の鳥。全長オス34cm,メス29cm。分布：メキシコ南東部からブラジル,アルゼンチン。

オオコウモリ　大蝙蝠
〈*flying fox*〉哺乳綱翼手目大翼手亜目に属する動物の総称。体長5～40cm。分布：アフリカから東アジア,オーストラレシア。

オオコウモリ
インドオオコウモリの別名。

オオコウモリ
クビワオオコウモリの別名。

オオゴシキドリ
〈*Megalaima virens*〉鳥綱キツツキ目ゴシキドリ科の鳥。全長33cm。分布：ヒマラヤ・インド・ビルマ・タイや中国西部・南部。

オオコノハズク　大木葉木菟,大木葉梟
〈*Otus bakkamoena*〉鳥綱フクロウ目フクロウ科の鳥。全長19～25cm。分布：インドから日本,ボルネオ・ジャワ島。国内では九州以北で繁殖。

オオコノハズク
アメリカオオコノハズクの別名。

オオコビトキツネザル
〈*Cheirogaleus major*〉哺乳綱霊長目コビトキツネザル科の動物。頭胴長23cm。分布：マダガスカル島。

オオコメワリ
〈*Oryzoborus crassirostris*〉鳥綱スズメ目ホオジロ科の鳥。全長14.5～16.5cm。分布：中央アメリカから南アメリカ。

オオコンドル
コンドルの別名。

オオサイチョウ　大犀鳥
〈*Buceros bicornis*〉サイチョウ科。体長100～120cm。分布：インドから東はタイ,南はスマトラまで。

オオサカアヒル　大阪アヒル
〈*Osaka Duck*〉分布：大阪。

オオサケイ
クロハラサケイの別名。

オオサザイチメドリ
〈*Napothera macrodactyla*〉チメドリ科。体長19cm。分布：マレー半島,ジャワ,スマトラ。

オオサシオコウモリ
〈*Emballonura furax*〉哺乳綱翼手目サシオコウモリ科の動物。前腕長4.6～5cm。分布：ニューギニア島南西部。絶滅危惧種。

オオサバクトガリネズミ
〈*Megasorex gigas*〉哺乳綱食虫目トガリネズミ科の動物。体長8～9cm。分布：メキシコ南西部。

オオサボテンミソサザイ
〈*Campylorhynchus griseus*〉鳥綱スズメ目ミソサザイ科の鳥。体長22cm。分布：コロンビア,ベネズエラ,ブラジル北部,ガイアナ。

オオサムクドリ
〈*Basilornis galeatus*〉鳥綱スズメ目ムクドリ科の鳥。翼長14.5cm。分布：バンガイ島。

オオサラマンダー
〈*Dicamptodon ensatus*〉有尾目マルクチサラマンダー科。

オオサラマンダー
オオトラフサンショウウオの別名。

オオサンショウウオ　大山椒魚,鯢魚
〈*Andrias japonicus*〉両生綱有尾目オオサンショウウオ科の動物。別名ハンザキ。全長50～144mm。分布：岐阜県以西の本州及び大分県。四国での分布は不明。絶滅危惧II類,特別天然記念物。

オオシカ
ヘラジカの別名。

オオジカ　大鹿
哺乳綱偶蹄目シカ科のうち,ワピチやヘラジカのような大形のシカをさしていう。

オオシギダチョウ　大鷸駝鳥
〈*Tinamus major*〉鳥綱シギダチョウ目シギダチョウ科の鳥。体長45cm。分布：メキシコ南

オオシシキ

東部からボリビア東部とブラジルにかけて。

オオジシギ 大地鴫, 大地鷸
〈*Gallinago hardwickii*〉鳥綱チドリ目シギ科の鳥。別名カミナリシギ。全長30cm。分布：サハリン南部から日本。

オオシチホウ
〈*Amauresthes fringilloides*〉鳥綱スズメ目カエデチョウ科の鳥。

オオシッポウ 大七宝
〈*Lonchura fringilloides*〉鳥綱スズメ目カエデチョウ科の鳥。全長13cm。分布：アフリカ。

オオジネズミ
〈*Crocidura flavescens*〉哺乳綱食虫目トガリネズミ科の動物。分布：南アフリカ共和国。絶滅危惧II類。

オオシベリアジュリン
シベリアジュリンの別名。

オオシマアカネズミ
〈*Apodemus speciosus insperatus*〉ネズミ科ネズミ亜科アカネズミ属。分布：伊豆諸島。

オオシマアシガエル
〈*Mixophyes iteratus*〉両生綱無尾目カエル目カメガエル科のカエル。体長オス6.8〜7.8cm, メス9.1〜11.5cm。分布：オーストラリア東部。絶滅危惧。

オオシマトカゲ 大島石竜子
〈*Eumeces marginatus oshimensis*〉スキンク科。全長20cm。分布：宝島, 小宝島, 喜界島, 奄美大島, 徳之島, 沖永良部島, 与論島に分布する日本固有亜種。

オオシャモ 大軍鶏
〈*Large Japanese Game*〉ニワトリの一品種。

オオジュウイチ 大慈悲心, 大十一
〈*Cuculus sparverioides*〉鳥綱ホトトギス目ホトトギス科の鳥。全長40cm。分布：ヒマラヤから東南アジア。

オオジュリン 大寿林
〈*Emberiza schoeniclus*〉鳥綱スズメ目ホオジロ科の鳥。体長15.5〜16.5cm。分布：ユーラシア大陸, 南はイベリア半島および旧ソ連南部, 東は北東アジアまで, 北地域および東地域に生息するものはアフリカ北部, イラン, 日本で越冬。国内では東北地方, 北海道, 南千島の草原, 河原などで繁殖し, 本州以南のヨシ原で越冬。

オオシロサシオコウモリ
〈*Diclidurus ingens*〉哺乳綱翼手目サシオコウモリ科の動物。前腕長7cm前後。分布：コロンビア, ベネズエラ, ガイアナ, ブラジル。絶滅危惧II類。

オオシロハラミズナギドリ 大白腹水薙鳥
〈*Pterodroma externa*〉鳥綱ミズナギドリ目ミズナギドリ科の鳥。全長43cm。分布：南アメリカ, ニュージーランド。絶滅危惧II類。

オオズクヨタカ
〈*Aegotheles insignis*〉鳥綱ズクヨタカ科の鳥。体長30cm。分布：ニューギニアの高地。

オオズグロカモメ 大頭黒鷗
〈*Larus ichthyaetus*〉鳥綱チドリ目カモメ科の鳥。全長69cm。分布：黒海・カスピ海・アラル海と旧ソ連南西部・モンゴル・中国。

オオスズメモドキ
〈*Aimophila rufescens*〉鳥綱スズメ目ホオジロ科の鳥。全長16.5cm。分布：メキシコからコスタリカ。

オオスナカナヘビ
〈*Psammodromus algirus*〉爬虫綱有鱗目カナヘビ科の動物。

オオスナネズミ
〈*Rhombomys opimus*〉哺乳綱齧歯目ネズミ科の動物。分布：アフガニスタン, 旧ソ連南西部, モンゴル, 中国北部。

オオヅル 大鶴
〈*Grus antigone*〉鳥綱ツル目ツル科の鳥。体長120〜140cm。分布：インド, 東南アジア, オーストラリア北部。

オオセグロカモメ 大背黒鷗
〈*Larus schistisagus*〉鳥綱チドリ目カモメ科の鳥。全長61cm。分布：カムチャツカ, サハリン, 千島列島, ウスリー, 北海道および東北地方の沿岸で繁殖し, 冬は繁殖地付近。

オオセグロミズナギドリ
〈*Puffinus auricularis*〉鳥綱ミズナギドリ目ミズナギドリ科の鳥。全長31〜35cm。分布：メキシコのレビジャヘド諸島で繁殖。絶滅危惧II類。

オオセタカガメ
〈*Kachuga dhongoka*〉爬虫綱カメ目ヌマガメ科のカメ。最大甲長41.3cm。分布：インド北部, バングラデシュ, ネパール（ガンジス川水系流域）。

オオセッカ 大雪加
〈*Megalurus pryeri*〉鳥綱スズメ目ヒタキ科ウグイス亜科の鳥。全長13cm。分布：中国の黒龍江、遼寧、河北省。国内では青森県、秋田県、茨城県。絶滅危惧II類。

オオセーブル
〈*Hippotragus niger variani*〉分布：南部アフリカ。

オオセンザンコウ 大穿山甲
〈*Manis gigantea*〉哺乳綱有鱗目センザンコウ科の動物。

オオソリハシシギ 大反嘴鷸
〈*Limosa lapponica*〉鳥綱チドリ目シギ科の鳥。体長37〜41cm。分布：ユーラシア大陸の北極圏で繁殖。アフリカ南部、オーストラレーシアまで南下して越冬。

オオダイガハラサンショウウオ 大台ケ原山椒魚, 大台ヶ原山椒魚
〈*Hynobius boulengeri*〉両生綱有尾目サンショウウオ科の動物。全長160〜200mm。分布：紀伊半島, 四国山地, 大分県。

オオダイサギ
〈*Egretta alba alba*〉コウノトリ目サギ科ダイサギの亜種。分布：冬期に渡来。

オオタカ 蒼鷹, 蒼鷲, 大鷹
〈*Accipiter gentilis*〉鳥綱タカ目タカ科の鳥。体長48〜66cm。分布：本州以南。

オオタケキツネザル
〈*Hapalemur simus*〉哺乳綱霊長目キツネザル科の動物。別名ヒロバナジェントルキツネザル。頭胴長40〜42cm。分布：マダガスカル南東部のラノマファナ国立公園とその周辺域、アンドリンギトラ山地、ボンドロズ周辺。絶滅危惧IA類。

オオタチヨタカ 大立夜鷹
〈*Nyctibius grandis*〉鳥綱ヨタカ目タチヨタカ科の鳥。全長50cm。分布：パナマからブラジル。

オオタテオヘビ
〈*Pseudotyphlops philippinus*〉爬虫綱有鱗目ヘビ亜目パイプヘビ科のヘビ。全長45〜50cm。分布：スリランカ。

オオダルマインコ 大達磨鸚哥
〈*Psittacula derbiana*〉鳥綱オウム目インコ科の鳥。全長50cm。分布：チベット南西部・アッサム北東部。

オオダルマエナガ
〈*Conostoma oemodium*〉鳥綱スズメ目ヒタキ科ダルマエナガ亜科の鳥。全長28cm。分布：ヒマラヤ、ビルマ、中国南西部。

オオチドリ 大千鳥
〈*Charadrius asiaticus*〉鳥綱チドリ目チドリ科の鳥。全長23cm。分布：カスピ海東部からアラル海、バルハシ湖の周辺。

オオチビオアレチネズミ
〈*Gerbillus maghrebi*〉齧歯目ネズミ科（アレチネズミ亜科）。頭胴長10〜12cm。分布：モロッコ。絶滅危惧II類。

オオツグミヒタキ
〈*Cossypha albicapilla*〉鳥綱スズメ目ヒタキ科ツグミ亜科の鳥。全長28cm。分布：アフリカ。

オオツチスドリ 大土巣鳥
〈*Corcorax melanorhamphos*〉オオツチスドリ科。体長45cm。分布：オーストラリア。

オオツノウシ
〈*Bos taurus*〉哺乳綱偶蹄目ウシ科の動物。

オオツノヒツジ
ビッグホーンの別名。

オオツパイ
〈*Lyonogale tana*〉ツパイ科オオツパイ属。分布：ボルネオ島、スマトラ島と周辺の島々。

オオリスアマツバメ
〈*Panyptila sanctihieronymi*〉鳥綱アマツバメ目アマツバメ科の鳥。全長17.8cm。分布：メキシコからニカラグア。

オオツリスドリ 大釣巣鳥
〈*Psarocolius montezuma*〉鳥綱スズメ目ムクドリモドキ科の鳥。全長オス51cm、メス38cm。分布：メキシコからパナマ。

オオテリアオバト
〈*Phapitreron cinereiceps*〉鳥綱ハト目ハト科の鳥。全長27cm。分布：フィリピンのミンダナオ島、バシラン島、タウィタウィ島。絶滅危惧II類。

オオトウゾクカモメ 大盗賊鷗
〈*Catharacta maccormicki*〉鳥綱チドリ目トウゾクカモメ科の鳥。体長51〜66cm。分布：北大西洋の温帯、北極圏地方。

オオトカゲ 大蜥蜴
〈*monitor*〉爬虫綱有鱗目オオトカゲ科に属す

オオトラツ

るトカゲの総称。体長12〜150cm。分布：アフリカから東南アジアをへてニューギニア，オーストラリア。

オオトラツグミ 虎鶫，大虎鶫
〈*Zoothera major*〉スズメ目ヒタキ科（ツグミ亜科）。全長30cm。分布：奄美大島，加計呂麻島。絶滅危惧IA類，天然記念物。

オオトラフサンショウウオ
〈*Dicamptodon tenebrosus*〉オオトラフサンショウウオ（オオサラマンダー）科。別名オオサラマンダー。体長17〜34cm。分布：北アメリカ。

オオトリシマクイナ
ウェーククイナの別名。

オオドルコプシス
〈*Dorcopsis muelleri*〉哺乳綱有袋目カンガルー科の動物。

オオニオイガメ
〈*Mexican musk turtle*〉爬虫綱カメ目オオニオイガメ科のカメ。甲長38cm。分布：メキシコ南部からホンジュラス。

オオニワシドリ
〈*Chlamydera nuchalis*〉ニワシドリ科。体長36cm。分布：オーストラリア北部，近隣の島々。

オオヌマミソサザイ 大沼鷦鷯
〈*Cistothorus apolinari*〉鳥綱スズメ目ミソサザイ科の鳥。全長13cm。分布：コロンビア中部。絶滅危惧IB類。

オオネズミクイ
〈*Dasyuroides byrnei*〉有袋目フクロネコ科。体長13.5〜18cm。分布：オーストラリア中部。絶滅危惧II類。

オオネズミクイ
コワリの別名。

オオノガン
アフリカオオノガンの別名。

オオノスリ 大鵟
〈*Buteo hemilasius*〉鳥綱ワシタカ目ワシタカ科の鳥。全長60cm。分布：中国北東部・モンゴル北東部・チベット・シベリア南東部。

オオノトミス
オオオーストラリアトビネズミの別名。

オオノビタキ
〈*Saxicola insignis*〉スズメ目ヒタキ科（ツグミ亜科）。全長14.5cm。分布：繁殖地はカザフスタン，モンゴル，中国東北部。越冬地は中国のチベット自治区，インド，ネパール。絶滅危惧II類。

オオハクチョウ 大鵠，大白鳥
〈*Cygnus cygnus*〉鳥綱ガンカモ目ガンカモ科の鳥。全長140〜165cm。分布：イギリス，イタリア北部。

オオハゲコウ
〈*Leptoptilos dubius*〉鳥綱コウノトリ目コウノトリ科の鳥。全長145cm。分布：インド北東部，カンボジア。絶滅危惧IB類。

オオハシ 巨嘴鳥，大嘴
〈*toucan*〉鳥綱キツツキ目オオハシ科に属する鳥の総称。全長33〜66cm。分布：メキシコ南部からボリビアとアルゼンチン北部までの，アンティル諸島を除く熱帯アメリカ。

オオハシアジサシ
〈*Phaetusa simplex*〉鳥綱チドリ目カモメ科の鳥。全長37cm。分布：コロンビアからアルゼンチン北部。

オオハシウミガラス 大嘴海烏，大嘴海鳥
〈*Alca torda*〉鳥綱チドリ目ウミスズメ科の鳥。体長43cm。分布：北アメリカとヨーロッパの北大西洋沿岸で繁殖し，北大西洋の洋上で越冬。

オオハシ科
キツツキ目。全長30〜62cm。分布：中央アメリカ，南アメリカ。

オオハシカッコウ 大嘴郭公
〈*Crotophaga ani*〉鳥綱ホトトギス目ホトトギス科の鳥。体長37cm。分布：合衆国南部（フロリダ中部）から中央アメリカ，エクアドル西部やアルゼンチン北部にかけてと，西インド諸島。

オオハシガラス 大嘴鴉
〈*Corvus crassirostris*〉鳥綱スズメ目カラス科の鳥。全長64cm。分布：エチオピア北部・中部。

オオハシゴシキドリ
〈*Semnornis ramphastinus*〉鳥綱キツツキ目ゴシキドリ科の鳥。体長20cm。分布：コロンビア西部，エクアドル西部。

オオハシシギ 大嘴鷸
〈*Limnodromus scolopaceus*〉鳥綱チドリ目シギ科の鳥。全長29cm。分布：シベリア北東

部, アラスカ。

オオハシタイランチョウ 大嘴太蘭鳥
〈*Megarhynchus pitangua*〉タイランチョウ科。体長23cm。分布：メキシコ中部からペルー北西部、ブラジル南部、アルゼンチン北部。

オオハシナガクモカリドリ
オオクモカリドリの別名。

オオハシバト 大嘴鳩
〈*Didunculus strigirostris*〉鳥綱ハト目ハト科の鳥。体長33cm。分布：ウポル島およびサバイイ島（サモア）。絶滅危惧II類。

オオハシメジロ 大嘴目白
〈*Chlorocharis emiliae*〉鳥綱スズメ目メジロ科の鳥。体長11.5cm。分布：カリマンタン島。

オオハシモズ 大嘴鵙
〈*vanga shrike*〉鳥綱スズメ目オオハシモズ科に属する鳥の総称。体長12～30cm。

オオハシモズ
ヘルメットモズの別名。

オオハシモズ科
スズメ目。全長14～32cm。分布：マダガスカル、コモロ諸島。

オオハタオリ
〈*Buffalo weaver*〉鳥綱スズメ目ハタオリドリ科の鳥。全長22～24cm。分布：サハラ以南のアフリカ。

オオバタン 大巴旦
〈*Cacatua moluccensis*〉鳥綱オウム目オウム科の鳥。別名トキサカオウム。全長52cm。分布：インドネシア東部。絶滅危惧II類。

オオハチクイモドキ
〈*Baryphthengus ruficapillus*〉鳥綱ブッポウソウ目ハチクイモドキ科の鳥。全長40cm。分布：パナマからエクアドル西部・ブラジル南部・東部。

オオハチドリ 大蜂鳥
〈*Patagona gigas*〉鳥綱アマツバメ目ハチドリ科の鳥。体長19～20cm。分布：エクアドルからチリおよびアルゼンチンまでのアンデス山中。

オオハッカ
オオハチドリの別名。

オオハナインコ 大花鸚哥
〈*Eclectus roratus*〉鳥綱インコ目インコ科の鳥。体長38～45cm。分布：小スンダ列島、ソロモン諸島、ニューギニア、オーストラリア北東部。

オオハナインコモドキ 大花鸚哥擬
〈*Tanygnathus megalorynchos*〉鳥綱オウム目インコ科の鳥。全長41cm。分布：インドネシア、フィリピン。

オオハナサキガエル 大鼻先蛙
〈*Rana supranarina*〉両生綱無尾目アカガエル科のカエル。体長オス60～77mm、メス82～115mm。分布：石垣島、西表島。

オオハナジログエノン
〈*Cercopithecus nictitans*〉オナガザル科オナガザル属。頭胴長44～66cm。分布：シエラレオネからザイール北西部。

オオバナナガエル
〈*Afrixalus fornasinii*〉両生綱無尾目クサガエル科のカエル。体長30～40mm。分布：ケニア沿岸地方からタンザニア、マラウィ、モザンビーク、南アフリカ共和国のナタル沿岸まで。

オオハム 大波武
〈*Gavia arctica*〉鳥綱アビ目アビ科の鳥。体長58～73cm。分布：北極圏、温帯北部。南に渡って越冬。

オオハム 大波武
〈*diver*〉広義には鳥綱アビ目アビ科に属するオオハム類の総称で、狭義にはそのうちの1種をさす。

オオハヤブサ
〈*Falco peregrinus pealei*〉鳥綱タカ目ハヤブサ科の鳥。

オオハリオアマツバメ
〈*Hirundapus gigantea*〉鳥綱アマツバメ目アマツバメ科の鳥。体長21cm。分布：インド、東南アジア、インドネシア。

オオバン 大鷭
〈*Fulica atra*〉鳥綱ツル目クイナ科の鳥。体長43cm。分布：ヨーロッパ、アジア、日本、オーストラリアシアに広く分布。国内では北海道、本州中部以北。

オオバンケン 大蕃鵑
〈*Centropus sinensis*〉鳥綱ホトトギス目ホトトギス科の鳥。全長53cm。分布：東南アジア。

オオパンダ
ジャイアントパンダの別名。

オオヒキガエル 大蟇
〈*Bufo marinus*〉両生綱無尾目ヒキガエル科のカエル。体長90～130mm。分布：合衆国テキサス州南端からブラジル中部・ペルーまで。国内では小笠原諸島、南・北大東島、石垣島に人為的に移入。

オオヒクイドリ 大火喰，大火喰鳥
〈*Casuarius casuarius*〉鳥綱ダチョウ目ヒクイドリ科の鳥。別名オーストラリアヒクイドリ。頭高160cm。分布：ニューギニア，オーストラリア北部。絶滅危惧II類。

オオヒゲナガオタテドリ
オオケビタイオタテドリの別名。

オオヒシクイ 大菱喰
〈*Anser fabalis middendorffii*〉鳥綱カモ目カモ科の鳥。

オオヒタキモドキ 大鶲擬
〈*Myiarchus crinitus*〉タイランチョウ科。体長18～20cm。分布：北アメリカ東部（カナダ中南部および東部からテキサスおよびメキシコ湾岸）で繁殖。冬はフロリダ南部からメキシコや南アメリカ。

オオヒバリ
〈*Alauda arvensis pekinensis*〉鳥綱スズメ目ヒバリ科の鳥。

オオヒロスジマングース
〈*Galidictis grandidieri*〉哺乳綱食肉目マングース科の動物。頭胴長45～48cm。分布：マダガスカル南西部。絶滅危惧IB類。

オオフウチョウ 大風鳥
〈*Paradisaea apoda*〉鳥綱スズメ目フウチョウ科の鳥。体長オス110cm, メス40cm。分布：ニューギニアの南東部と南西沖にあるアルー諸島。

オオフクロウ 大梟
〈*Strix leptogrammica*〉鳥綱フクロウ目フクロウ科の鳥。全長41～56cm。分布：インド・東南アジア・中国南部・台湾。

オオフクロネコ
〈*Dasyurus maculatus*〉フクロネコ目フクロネコ科。頭胴長オス38～76cm, メス35～45cm。分布：オーストラリア東部，タスマニア島。絶滅危惧種。

オオブチジェネット
〈*Genetta tigrina*〉哺乳綱食肉目ジャコウネコ科の動物。体長40～50cm。分布：南アフリカのケープ地方。

オオブッポウソウ 大仏法僧
〈*Leptosomus discolor*〉オオブッポウソウ科。体長42cm。分布：マダガスカルおよびコモロ諸島。

オオブッポウソウ科
ブッポウソウ目。全長41～46cm。分布：マダガスカル，コモロ諸島。

オオフナガモ
〈*Tachyeres pteneres*〉カモ科。体長61～84cm。分布：南アメリカ南端。

オオフラミンゴ
〈*Phoenicopterus ruber*〉鳥綱フラミンゴ目フラミンゴ科の鳥。体長125～145cm。分布：南ヨーロッパ，アジア南西部，アフリカ東・西・北部，西インド諸島，中央アメリカ，ガラパゴス諸島。

オオフラミンゴ
ヨーロッパフラミンゴの別名。

オオフルマカモメ 大管鼻鴎
〈*Macronectes giganteus*〉ミズナギドリ科。体長86～99cm。分布：南半球の海洋。北限は南緯10度。島，南極大陸沿岸で繁殖。

オオベニバト
〈*Streptopelia bitorquata*〉鳥綱ハト目ハト科の鳥。全長33cm。分布：インドネシア，フィリピン。

オオホウカンチョウ 大鳳冠鳥
〈*Crax rubra*〉鳥綱キジ目ホウカンチョウ科の鳥。体長97cm。分布：メキシコからエクアドル西部とコロンビア西部。

オオホシハジロ 大星羽白
〈*Aythya valisineria*〉カモ科。体長48～61cm。分布：カナダ南部からメキシコまで。

オオホリネズミ
〈*Orthogeomys grandis*〉体長10～35cm。分布：メキシコから中央アメリカ。

オオホンセイインコ 大本青鸚哥
〈*Psittacula eupatria*〉鳥綱オウム目インコ科の鳥。全長58cm。分布：アフガニスタン東部・インド・スリランカからインドシナ，アンダマン諸島。

オオマガン
〈*Anser albifrons gambeli*〉鳥綱カモ目カモ科の鳥。

オオマシコ　大猿子
〈*Carpodacus roseus*〉鳥綱スズメ目アトリ科の鳥。体長16cm。分布：シベリア東部とモンゴル北部。中国，朝鮮半島，日本に渡る個体群もいる。

オオマダラキーウィ
〈*Apteryx haastii*〉キーウィ目キーウィ科。全長50cm。分布：ニュージーランド南島。絶滅危惧II類。

オオマメジカ　大豆鹿
〈*Tragulus napu*〉哺乳綱偶蹄目マメジカ科の動物。体長50〜60cm。分布：東南アジア。

オオマルケサスヒタキ
〈*Pomarea whitneyi*〉スズメ目ヒタキ科（カササギヒタキ亜科）。全長19cm。分布：フランス領ポリネシアのマルケサス諸島のファトゥ・ヒヴァ島。絶滅危惧II類。

オオミカドバト　大帝鳩
〈*Ducula goliath*〉鳥綱ハト目ハト科の鳥。全長50cm。分布：ニューカレドニア・パイン島。絶滅危惧種。

オオミズナギドリ
〈*Calonectris leucomelas*〉鳥綱ミズナギドリ目ミズナギドリ科の鳥。

オオミズナギドリ
オニミズナギドリの別名。

オオミズネズミ
〈*Hydromys chrysogaster*〉体長29〜39cm。分布：ニューギニア，オーストラリア（タスマニアを含む）。

オオミゾコウモリ
〈*Nycteris major*〉哺乳綱翼手目ミゾコウモリ科の動物。前腕長4.7〜5cm, 耳介2.7〜3.2cm。分布：カメルーンからコンゴ民主共和国東部および南部。絶滅危惧II類。

オオミチバシリ　大道走，道走
〈*Geococcyx californianus*〉鳥綱カッコウ目カッコウ科の鳥。体長51〜61cm。分布：合衆国西部（東限はルイジアナ州）からメキシコ南部。

オオミツスイ
〈*Gymnomyza aubryana*〉鳥綱スズメ目ミツスイ科の鳥。全長40cm。分布：ニューカレドニア島。絶滅危惧種。

オオミットサラマンダー
〈*Bolitoglossa dofleini*〉ムハイサラマンダー科。体長180mm以上。分布：グァテマラのアルタ・ベラパズからホンジュラス北東部まで。

オオミツドリ
〈*Oreomanes fraseri*〉鳥綱スズメ目ホオジロ科の鳥。全長18.5cm。分布：アンデス山脈。

オオミドリカナヘビ
〈*Lacerta trilineata*〉爬虫綱有鱗目トカゲ亜目カナヘビ科の動物。全長34〜50cm。分布：バルカン半島とその周辺の島々。

オオミドリヤマセミ
〈*Chloroceryle amazona*〉鳥綱ブッポウソウ目カワセミ科の鳥。別名ムジミドリヤマセミ。全長26cm。分布：メキシコからアルゼンチン中部。

オオミアシナガマウス
〈*Hypogeomys antimera*〉齧歯目ネズミ科（アシナガマウス亜科）。体長30〜35cm。分布：マダガスカル西部。絶滅危惧IB類。

オオミアライグマ
オオミミカコミスルの別名。

オオミミオーストラリアトビネズミ
〈*Notomys macrotis*〉哺乳綱齧歯目トビネズミ科。

オオミミオヒキコウモリ
〈*Otomops papuensis*〉哺乳綱翼手目オヒキコウモリ科の動物。前腕長4.9cm。分布：ニューギニア島南東部。絶滅危惧種。

オオミミカコミスル
〈*Bassariscus astutus*〉体長30〜42cm。分布：合衆国中部, 西部からメキシコ南部にかけて。

オオミミギツネ　大耳狐
〈*Otocyon megalotis*〉哺乳綱食肉目イヌ科の動物。体長46〜66cm。分布：アフリカ東部, 南部。

オオミミキノボリネズミ
〈*Ototylomys phyllotis*〉哺乳綱齧歯目ネズミ科の動物。分布：メキシコ南部のユカタン半島から, 南はコスタリカまで。

オオミミキュウカンチョウ
〈*Gracula javanensis*〉鳥綱スズメ目ムクドリ科の鳥。

オオミミトビネズミ
〈*Euchoreutes naso*〉哺乳綱齧歯目トビネズミ科の動物。頭胴長7〜9cm。分布：中国のシンチアン・ウイグル自治区西部からモンゴル南

オオミミナ

部にかけて。絶滅危惧IB類。

オオミミナガバンディクート
ミミナガバンディクートの別名。

オオミミナシトカゲ
〈Holbrookia texana〉爬虫綱有鱗目イグアナ科の動物。

オオミミハリネズミ
〈Hemiechinus auritus〉体長15〜27cm。分布：西アジア，中央アジア，東アジア，北アフリカ。

オオミミフチア
〈Mesocapromys auritus〉哺乳綱齧歯目フチア科の動物。分布：キューバのサバナ諸島。絶滅危惧IA類。

オオミミマウス属
〈Phyllotis〉哺乳綱齧歯目ネズミ科の動物。分布：ペルー北西部からアルゼンチン北部，チリ中部まで。

オオミミミゾクチコウモリ
〈Chalinolobus dwyeri〉哺乳綱翼手目ヒナコウモリ科の動物。前腕長4〜4.2cm。分布：オーストラリア。絶滅危惧種。

オオムクドリモドキ 大椋鳥擬
〈Gymnomystax mexicanus〉鳥綱スズメ目ムクドリモドキ科の鳥。体長30cm。分布：南アメリカ北部・中部。

オオムジアマツバメ
〈Aerornis senex〉鳥綱アマツバメ目アマツバメ科の鳥。全長19cm。分布：南アメリカ中部。

オオムシナメ
フクロアリクイの別名。

オオメクラネズミ
〈Spalax giganteus〉齧歯目ネズミ科（メクラネズミ亜科）。頭胴長25〜35cm。分布：ロシアのカスピ海北西岸，ウクライナのウラル山脈南部。絶滅危惧II類。

オオメダイチドリ 大目大千鳥
〈Charadrius leschenaultii〉鳥綱チドリ目チドリ科の鳥。全長22cm。分布：旧ソ連南部からモンゴル，トルコ・ヨルダン・アフガニスタン。

オオモズ 大百舌, 大鵙
〈Lanius excubitor〉鳥綱スズメ目モズ科の鳥。全長24.5cm。分布：ユーラシア，アフリカ北部，北アメリカ。国内ではごく少数が北海道で繁殖するほか，少数が冬鳥として渡来。

オオモリジャコウネズミ
〈Sylvisorex megalura〉体長5〜7cm。分布：西・東・中央アフリカ，アフリカ南部。

オオモリドラゴン
〈Gonocephalus grandis〉爬虫綱有鱗目トカゲ亜目アガマ科のトカゲ。全長25〜55cm。分布：タイ，マレーシア，スマトラ，ボルネオなど。

オオヤブモズ
〈Melaconotus blanchoti〉スズメ目スズメ亜目モズ科。分布：ケニア，タンザニア。

オオヤマガメ
〈Heosemys grandis〉爬虫綱カメ目ヌマガメ科のカメ。最大甲長43.5cm。分布：ミャンマー（ビルマ），タイ，ベトナム，カンボジア，マレーシア。

オオヤマセミ
〈Ceryle maxima〉鳥綱ブッポウソウ目カワセミ科の鳥。全長40cm。分布：アフリカ。

オオヤマネ 大冬眠鼠
〈Glis glis〉体長13〜20cm。分布：中央ヨーロッパ，南ヨーロッパから西アジアにかけて。

オオヤマネコ 大山猫
〈Lynx lynx〉哺乳綱食肉目ネコ科の動物。体長0.8〜1.3m。分布：北ヨーロッパから東アジアにかけて。

オオヤモリ
トッケイヤモリの別名。

オオユキホオジロ
〈Plectrophenax nivalis townsendi〉鳥綱スズメ目ホオジロ科の鳥。

オオユビサラマンダー
オオユビサンショウウオの別名。

オオユビサンショウウオ
〈Ambystoma macrodactylum〉マルクチサラマンダー（トラフサンショウウオ）科。体長10〜17cm。分布：北アメリカ。

オオユビナガガエル
〈Leptodactylus labyrinthicus〉両生綱無尾目ミナミガエル科のカエル。体長幼生全長50mm。分布：ベネズエラ北部のクマナ周辺，ブラジル北部・中部・北東部・南東部，パラグアイ東部，アルゼンチン北部。

オオヨコクビガメ
〈*Podocnemis expansa*〉爬虫綱カメ目ヨコクビガメ科のカメ。

オオヨシガモ
オカヨシガモの別名。

オオヨシキリ　大葦切, 大葭切
〈*Acrocephalus arundinaceus orientalis*〉鳥綱スズメ目ヒタキ科ウグイス亜科の鳥。全長18.5cm。分布：旧ソ連から中国東部・日本。国内では九州から北海道のヨシ原に夏鳥として渡来。

オオヨシゴイ　大葦五位, 大葭五位
〈*Ixobrychus eurhythmus*〉鳥綱コウノトリ目サギ科の鳥。全長39cm。分布：シベリア南東部・日本・朝鮮半島・中国。国内では北海道,本州, 佐渡。

オオヨタカ　大夜鷹
〈*Nyctidromus albicollis*〉鳥綱ヨタカ目ヨタカ科の鳥。体長28cm。分布：テキサス州南部,メキシコ, ボリビア, ブラジル, アルゼンチン北東部。

オオヨタカ
アブラヨタカの別名。

オオヨロイトカゲ
〈*Cordylus giganteus*〉爬虫綱有鱗目トカゲ亜目ヨロイトカゲ科のトカゲ。全長20〜35cm。分布：南アフリカ。絶滅危惧II類。

オオライチョウ　大雷鳥
〈*Tetrao parvirostris*〉鳥綱キジ目キジ科の鳥。全長オス90cm, メス70cm。分布：シベリア東部・カムチャツカ半島・サハリン。

オオライチョウ
〈*capercaillie*〉広義には鳥綱キジ目キジ科ライチョウ亜科に属する2種の大形ライチョウの総称で, 狭義にはそのうちの1種Tetrao parvirostrisをさす。

オオライチョウ
ヨーロッパオオライチョウの別名。

オオリオネズミ属
〈*Kunsia*〉哺乳綱齧歯目ネズミ科の動物。分布：アルゼンチン北部, ボリビア, ブラジル南東部。

オオルリ　大瑠璃
〈*Cyanoptila cyanomelana*〉鳥綱スズメ目ヒタキ科の鳥。体長18cm。分布：中国北東部・西部, 日本を含む北東および東アジア。中国東部および南部を通過し, 南下して大スンダ列島に至る東南アジアで越冬。国内では九州から南千島の低山の森林に渡来する夏鳥。

オオルリチョウ
〈*Myiophoneus caeruleus*〉鳥綱スズメ目ツグミ科の鳥。別名キバシルリチョウ。体長30〜32cm。分布：中央アジア, インド, 中国西部,東南アジア, ジャワ, スマトラ。

オオワシ　大鷲, 羌鷲
〈*Haliaeetus pelagicus*〉鳥綱ワシタカ目ワシタカ科の鳥。全長オス88cm, メス102cm。分布：繁殖地はロシアのプリモルスキー, カムチャッカ, サハリン, 千島列島などオホーツク海沿岸。越冬地は日本, 朝鮮半島。国内ではオホーツク海沿岸。絶滅危惧II類, 天然記念物。

オカアリゲータートカゲ
〈*Elgaria multicarinata*〉爬虫綱有鱗目トカゲ亜目アンギストカゲ科のトカゲ。全長30〜46cm。分布：アメリカ合衆国太平洋岸, メキシコのバハ・カリフォルニア。

オカイグアナ
ガラパゴスリクイグアナの別名。

オガエル
〈*Ascaphus truei*〉両生綱無尾目オガエル科のカエル。体長2.5〜5cm。分布：北アメリカ。

オガエル
〈*tailed frog*〉両生綱無尾目ムカシガエル科に属するカエルの総称。体長2〜5cm。分布：北アメリカ西部, ニュージーランド。

オガサワラアブラコウモリ　小笠原油蝙蝠
〈*Pipistrellus sturdeei*〉哺乳綱翼手目ヒナコウモリ科の動物。前腕長約3cm。分布：小笠原諸島の母島。絶滅危惧IB類。

オガサワラオオコウモリ　小笠原大蝙蝠
〈*Pteropus pselaphon*〉哺乳綱翼手目オオコウモリ科の動物。前腕長平均13.7cm。分布：小笠原諸島の父島, 母島, 火山列島の北硫黄島,硫黄島, 南硫黄島。絶滅危惧II類, 天然記念物。

オガサワラガビチョウ　小笠原画眉鳥
〈*Turdus terrestris*〉鳥綱スズメ目ヒタキ科ツグミ亜科の鳥。

オガサワラカラスバト　小笠原烏鳩
〈*Columba versicolor*〉鳥綱ハト目ハト科の鳥。

オガサワラカワラヒワ

オガサワラ

〈*Carduelis sinica kittlitzi*〉鳥綱スズメ目アトリ科の鳥。13cm。分布：小笠原諸島，火山列島。

オガサワラトカゲ 小笠原蜥蜴，小笠原蜥蜴
〈*Cryptoblepharus boutoni nigropunctatus*〉スキンク科。全長12～13cm。分布：小笠原列島，鳥島，南鳥島。

オガサワラノスリ
〈*Buteo buteo toyoshimai*〉鳥綱タカ目タカ科の鳥。55cm。分布：父島，母島。天然記念物。

オガサワラヒヨドリ
〈*Hypsipetes amaurotis squamiceps*〉鳥綱スズメ目ヒヨドリ科の鳥。

オガサワラマシコ 小笠原猿子
〈*Chaunoproctus ferreorostris*〉鳥綱スズメ目アトリ科の鳥。

オガサワラミズナギドリ
〈*Puffinus lherminieri bannermani*〉鳥綱ミズナギドリ目ミズナギドリ科の鳥。

オガサワラヤモリ 小笠原守宮
〈*Lepidodactylus lugubris*〉爬虫綱有鱗目トカゲ亜目ヤモリ科の動物。全長7～8cm。分布：マレーシア・インドネシア・スリランカ・アンダマン・ニコバル・太平洋のほとんどの島々。国内では小笠原諸島と沖縄諸島以南の南西諸島に分布。

オカダトカゲ 岡田石竜子
〈*Eumeces okadae*〉スキンク科。全長25cm。分布：伊豆半島の一部と伊豆諸島に分布する日本固有種。

オカツギ
ムササビの別名。

オカピ
〈*Okapia johnstoni*〉哺乳綱偶蹄目キリン科の動物。体長2～2.2m。分布：アフリカ南部。

オカメインコ 阿亀鸚哥，片福面鸚哥
〈*Nymphicus hollandicus*〉鳥綱インコ目インコ科の鳥。体長32cm。分布：オーストラリアの奥地一帯。

オカメバト
レンジャクバトの別名。

オカヨシガモ 丘葦鴨，丘葭鴨
〈*Anas strepera*〉鳥綱ガンカモ目ガンカモ科の鳥。全長48～58cm。分布：ヨーロッパ，シベリア，北アメリカ。国内では北海道。

オガール・ポルスキ
犬の一品種。

オガワコマッコウ 小川小抹香
〈*Kogia simus*〉コマッコウ科。別名オーエンズ・ピグミー・スパーム・ホエール。2.1～2.7m。分布：北半球と南半球の温帯，亜熱帯，熱帯の深い海域。国内では太平洋側では和歌山県以南，日本海側では石川県。

オガワコマドリ 小川駒鳥
〈*Luscinia svecica*〉鳥綱スズメ目ツグミ科の鳥。体長14cm。分布：ユーラシア大陸，アラスカ西部。

オガワミソサザイ
〈*Troglodytes troglodytes orii*〉鳥綱スズメ目ミソサザイ科の鳥。

オカンポ
〈*Ocampo*〉牛の一品種。

オキアカネズミ
〈*Apodemus speciosus navigator*〉ネズミ科ネズミ亜科アカネズミ属。

オキゴンドウ 沖巨頭
〈*Pseudorca crassidens*〉哺乳綱クジラ目マイルカ科の動物。別名フォールス・パイロットホエール，シュードオルカ，キュウリゴンドウ，オオイヲクイ。4.3～6m。分布：主に熱帯，亜熱帯ならびに暖温帯域沖合いの深い海域。国内では日本海，東シナ海，三陸以南の太平洋。

オキサンショウウオ 隠岐山椒魚
〈*Hynobius okiensis*〉両生綱有尾目サンショウウオ科の動物。全長120～130mm。分布：島根県の隠岐諸島の島後。絶滅危惧IB類。

オキスミスネズミ
〈*Eothenomys smithi okiensis*〉ネズミ科ハタネズミ亜科カゲネズミ属。

オキタゴガエル 隠岐田子蛙
〈*Rana tagoi okiensis*〉両生綱無尾目アカガエル科のカエル。体長オス38～43mm，メス45～53mm。分布：隠岐島の島後に分布。

オキナインコ 翁鸚哥
〈*Myiopsitta monachus*〉鳥綱インコ目インコ科の鳥。体長29cm。分布：ボリビア中部，パラグアイおよびブラジル南部からアルゼンチン中部。アメリカ，プエルトリコにも移入。

オキナチョウ 翁鳥
〈*Lonchura griseicapilla*〉鳥綱スズメ目カエデ

チョウ科の鳥。体長12cm。分布：アフリカ北東部のスーダン、エチオピアからタンザニアにかけて分布する。

オキナワアオガエル　沖縄青蛙
〈*Rhacophorus viridis viridis*〉両生綱無尾目アオガエル科のカエル。体長オス41～54mm、メス52～68mm。分布：沖縄島、伊平屋島。

オキナワオオコウモリ　沖縄大蝙蝠
〈*Pteropus loochoensis*〉前腕長14cm前後。分布：沖縄島。

オキナワキネズミ
ケナガネズミの別名。

オキナワキノボリトカゲ　沖縄木登蜥蜴
〈*Japalura polygonata polygonata*〉爬虫綱有鱗目トカゲ亜目アガマ科のトカゲ。全長20cm。分布：奄美諸島、沖縄諸島の大部分。

オキナワコキクガシラコウモリ　沖縄小菊頭蝙蝠
〈*Rhinolophus pumilus*〉前腕長3.8～4.2cm。分布：沖縄島、伊平屋島、宮古島。絶滅危惧＝宮古島　危急＝沖縄諸島。

オキナワシジュウカラ
〈*Parus major okinawae*〉鳥綱スズメ目シジュウカラ科の鳥。

オキナワスイギュウ　沖縄水牛
〈*Okinawa Water Buffalo*〉オス129cm、メス124cm。分布：沖縄県。

オキナワトカゲ　沖縄石竜子
〈*Eumeces marginatus marginatus*〉スキンク科。別名リュウキュウトカゲ。全長19cm。分布：沖縄諸島に分布する日本固有種。

オキナワトゲネズミ　沖縄棘鼠
〈*Tokudaia osimensis muenninki*〉齧歯目ネズミ科（ネズミ亜科）。頭胴長13～17.5cm程度。分布：沖縄島。絶滅危惧IB類、天然記念物。

オキナワハツカネズミ　沖縄二十日鼠
〈*Mus caroli*〉頭胴長60～80mm。分布：台湾、海南島、中国華南からマレーほか。国内では沖縄島。

オキナワヤモリ
爬虫綱トカゲ目トカゲ亜目ヤモリ科のヤモリ。

オキナワユビナガコウモリ
リュウキュウユビナガコウモリの別名。

オキノウサギ
〈*Lepus brachyurus okiensis*〉ウサギ目ウサギ科。

オキノシマジネズミ
〈*Crocidura dsinezumi okinoshimae*〉モグラ目トガリネズミ科。

オキノテリハメキシコ
ソコロクサビオインコの別名。

オキヒミズ
〈*Urotrichus talpoides minutus*〉モグラ目モグラ科。

オキヒメネズミ
〈*Apodemus argenteus celatus*〉ネズミ科ネズミ亜科アカネズミ属。

オギルビーダイカー
〈*Cephalophus ogilbyi*〉ウシ科ダイカー属。体長85～115cm。分布：シエラレオネからカメルーン、ガボン。

オクケブカネズミ
〈*Lamottemys okuensis*〉齧歯目ネズミ科（ネズミ亜科）。頭胴長（4標本）10.8～13.5cm。分布：カメルーン。絶滅危惧IB類。

オクシュ
〈*Oksh*〉牛の一品種。

オクスフォード・ダウン
〈*Oxford Down*〉哺乳綱偶蹄目ウシ科の動物。分布：イングランド。

オクトドン
テグーの別名。

オークニー
〈*Orkney*〉哺乳綱偶蹄目ウシ科の動物。別名ロナルドセイ。分布：スコットランド北方。

オークヒキガエル
〈*Bufo quercicus*〉両生綱無尾目ヒキガエル科のカエル。体長20～30mm。分布：合衆国ルイジアナ州南西部からヴァージニア州南西部にかけての沿岸地方、及びフロリダ半島。

オグモドンヘビ
〈*Ogmodon vitianus*〉爬虫綱トカゲ目（ヘビ亜目）コブラ科の動物。頭胴長18～27cm。分布：フィジーのヴィティ・レヴ島。絶滅危惧II類。

オクモリジネズミ
〈*Myosorex okuensis*〉哺乳綱食虫目トガリネズミ科の動物。分布：カメルーンのバメンダ高原の山地森林。絶滅危惧II類。

オークランドウ
〈*Phalacrocorax colensoi*〉鳥綱ペリカン目ウ科の鳥。全長63cm。分布：ニュージーランドのオークランド諸島、南極大陸のエンダービー・ランド。絶滅危惧II類。

オークランドクイナ
〈*Lewinia muelleri*〉鳥綱ツル目クイナ科の鳥。全長21cm。分布：ニュージーランド。絶滅危惧II類。

オグロアリドリ
〈*Myrmoborus melanurus*〉鳥綱スズメ目アリドリ科の鳥。全長12.5cm。分布：ペルー北東部。絶滅危惧II類。

オグロイワラビー
〈*Petrogale penicillata*〉二門歯目カンガルー科。体長50〜60cm。分布：オーストラリア南東部。絶滅危惧II類。

オグロインコ 尾黒鸚哥
〈*Polytelis anthopeplus*〉鳥綱オウム目インコ科の鳥。全長40cm。分布：オーストラリアの南西部・南東部。

オグロオナガカマドドリ 尾黒尾長竈鳥
〈*Synallaxis rutilans*〉鳥綱スズメ目カマドドリ科の鳥。全長14cm。分布：南アメリカ。

オグロキノボリ 尾黒木攀
〈*Climacteris melanura*〉鳥綱スズメ目キノボリ科の鳥。全長17cm。分布：オーストラリア北西部。

オグロクリボー
〈*Drymarchon corais melanurus*〉爬虫綱有鱗目ヘビ亜目ナミヘビ科のヘビ。全長3m。分布：メキシコ東部から南米北部まで。

オグロジカ
ミュールジカの別名。

オグロシギ 尾黒鷸
〈*Limosa limosa*〉鳥綱チドリ目シギ科の鳥。全長40cm。分布：ユーラシア大陸の中部・北部。

オグロジネズミ
〈*Crocidura phaeura*〉哺乳綱食虫目トガリネズミ科の動物。分布：エチオピアのグラムバ山西麓のシダモだけから知られている。絶滅危惧IA類。

オグロジャックウサギ
〈*Lepus californicus*〉哺乳綱ウサギ目ウサギ科の動物。体長47〜63cm。分布：合衆国西部, 中部, 南部からメキシコ北部。

オグロシロタイランチョウ
〈*Heteroxolmis dominicana*〉鳥綱スズメ目タイランチョウ科の鳥。全長20cm。分布：ブラジル南東部、パラグアイ、ウルグアイ、アルゼンチン東部。絶滅危惧II類。

オグロシワコブサイチョウ
スンバシワコブサイチョウの別名。

オグロスナギツネ
〈*Vulpes pallida*〉イヌ科キツネ属。体長40〜45cm。分布：紅海から大西洋にいたる北アフリカ, セネガルからスーダン、およびソマリア。

オグロヅル 尾黒鶴
〈*Grus nigricollis*〉鳥綱ツル目ツル科の鳥。全長140cm。分布：インド北部・チベット・中国青海省。絶滅危惧II類。

オグロヌー
〈*Connochaetes taurinus*〉哺乳綱偶蹄目ウシ科の動物。別名オジロウィルドビースト, ウィルドビースト。肩高115cm。分布：南アフリカ。絶滅危惧種。

オグロフクロネコ
〈*Dasyurus geoffroii*〉フクロネコ目フクロネコ科。別名チャディッチ。頭胴長オス33.5〜36cm, メス27.5〜32.2cm。分布：オーストラリア南西部, ニューギニア島東部。絶滅危惧種。

オグロプレーリードッグ
プレーリードッグの別名。

オグロワラビー
〈*Wallabia bicolor*〉哺乳綱有袋目カンガルー科の動物。体長66〜85cm。分布：オーストラリア東部。

オコジョ
〈*Mustela erminea*〉哺乳綱食肉目イタチ科の動物。別名ヤマイタチ。体長17〜24cm。分布：北アメリカ, グリーンランド, ヨーロッパから北アジア, 東アジアにかけて。国内では亜種エゾオコジョ（M.e.orientalis）は北海道の大雪山, 亜種ホンドオコジョ（M.e.nippon）は本州の中部地方より北の山岳地帯。

オサガメ 革亀, 長亀, 筬亀
〈*Dermochelys coriacea*〉爬虫綱カメ目オサガメ科のカメ。別名革ガメ。甲長最大背甲256.5cm。分布：熱帯から亜寒帯までの極めて広い海域。国内では外洋を回遊し, 沿岸域

には定着はしない。絶滅危惧IA類。

オザークヘルベンダー
〈*Cryptobranchus alleganiensis*〉両生綱有尾目オオサンショウウオ科の動物。体長300〜500mm。分布：合衆国ミズーリ州南東部とアーカンソー州北部にまたがるオザーク山のブラックリバー及びホワイトリバー水系。

オサハシブトガラス
〈*Corvus macrorhynchos osai*〉鳥綱スズメ目カラス科の鳥。

オシキャット
〈*Ocicat*〉猫の一品種。原産：アメリカ。

オシドリ 鴛鴦
〈*Aix galericulata*〉鳥綱ガンカモ目ガンカモ科の鳥。体長47cm。分布：東アジアで繁殖し、中国南部まで南下し越冬。国内では全国。

オジロアリクイツグミ
〈*Neocossyphus poensis*〉鳥綱スズメ目ヒタキ科ツグミ亜科の鳥。全長21cm。分布：アフリカ西海岸からアンゴラ。

オジロウィルドビースト
オグロヌーの別名。

オジロウチワキジ 尾白団扇雉
〈*Lophura bulweri*〉鳥綱キジ目キジ科の鳥。全長77〜80cm。分布：ボルネオ島。絶滅危惧II類。

オジロエメラルドハチドリ
〈*Elvira chionura*〉鳥綱アマツバメ目ハチドリ科の鳥。全長7.5cm。分布：コスタリカ南西部・パナマ西部。

オジロオナガフウチョウ
〈*Astrapia mayeri*〉フウチョウ科。体長135cm。分布：ニューギニア（中央高地西部、標高2400〜3400m）。絶滅危惧種。

オジロオリーブヒタキ
〈*Microeca leucophaea*〉鳥綱スズメ目ヒタキ科の鳥。体長13cm。分布：砂漠、タスマニア島および北東端を除くオーストラリアの大部分。ニューギニア南部。

オジロキヌゲネズミ
〈*Mystromys albicaudatus*〉哺乳綱齧歯目ネズミ科の動物。分布：南アフリカ共和国ケープ地方、トランスバール州。

オジロキンノジコ
〈*Sicalis citrina*〉鳥綱スズメ目ホオジロ科の鳥。全長12cm。分布：南アメリカ。

オジロクロオウム
ボーダンクロオウムの別名。

オジロケンバネハチドリ
〈*Campylopterus ensipennis*〉鳥綱アマツバメ目ハチドリ科の鳥。全長13cm。分布：ベネズエラ北東部、トリニダード・トバゴのトバゴ島。絶滅危惧II類。

オジロサバクガラス
〈*Podoces biddulphi*〉鳥綱スズメ目カラス科の鳥。全長28cm。分布：中国のシンチアン・ウイグル自治区のタリム川からタリム盆地にかけてとタクラマカン砂漠。絶滅危惧II類。

オジロジカ 尾白鹿
〈*Odocoileus virginianus*〉哺乳綱偶蹄目シカ科の動物。体長1.8〜2.4m。分布：カナダ南部から南アメリカ北部にかけて。

オジロジャックウサギ
〈*Lepus townsendii*〉哺乳綱ウサギ目ウサギ科の動物。分布：ブリティッシュ・コロンビア南部、アルバータ南部、オンタリオ南西部、ウィスコンシン南西部、カンザス、ニューメキシコ北部、ネバダ、カリフォルニア東部。

オジロシルバーマーモセット
〈*Callithrix argentata leucippe*〉別名シロマーモセット。

オジロスナギツネ
〈*Vulpes ruppelli*〉哺乳綱食肉目イヌ科の動物。体長40〜52cm。分布：北アフリカ、西アジア。

オジロセンニョムシクイ
〈*Gerygone fusca*〉鳥綱スズメ目ヒタキ科ゴウシュウムシクイ亜科の鳥。全長10cm。分布：オーストラリア西部・北部・東部。

オジロツグミ
〈*Turdus plumbeus*〉鳥綱スズメ目ツグミ科の鳥。体長25〜28cm。分布：西インド諸島。

オジロツバメ
〈*Hirundo megaensis*〉鳥綱スズメ目ツバメ科の鳥。全長15cm。分布：エチオピア南部。絶滅危惧II類。

オジロトウネン 尾白当年
〈*Calidris temminckii*〉鳥綱チドリ目シギ科の鳥。全長14cm。分布：ユーラシア大陸北部。

オジロニジキジ 尾白虹雉

オ

〈*Lophophorus sclateri*〉鳥綱キジ目キジ科の鳥。全長72cm。分布：チベット南東部・ビルマ北部・中国雲南省。絶滅危惧II類。

オジロヌー
オグロヌーの別名。

オジロノスリ
〈*Buteo albicaudatus*〉鳥綱ワシタカ目ワシタカ科の鳥。全長52.5〜63cm。分布：メキシコからアルゼンチン中部。

オジロハチドリ
〈*Eupherusa poliocerca*〉鳥綱アマツバメ目ハチドリ科の鳥。全長7.5cm。分布：メキシコ。絶滅危惧IB類。

オジロハムスターモドキ
〈*Mystromys albicaudatus*〉齧歯目ネズミ科（ハムスターモドキ亜科）。頭胴長13.5〜18.5cm。分布：南アフリカ共和国, レソト。絶滅危惧II類。

オジロビタキ　尾白鶲
〈*Ficedula parva*〉鳥綱スズメ目ヒタキ科ヒタキ亜科の鳥。体長12cm。分布：ヨーロッパ中部の一部地域やヨーロッパ東部からカムツチャッカ半島にかけて繁殖する。そしてインド, 中国南部, そして東南アジアの一部地域で越冬。

オジロヒメドリ
〈*Pooecetes gramineus*〉鳥綱スズメ目ホオジロ科の鳥。全長15cm。分布：カナダ南部からアメリカ中部。

オジロヒヨドリ　尾白鵯
〈*Baeopogon indicator*〉鳥綱スズメ目ヒヨドリ科の鳥。体長20cm。分布：アフリカ西部（シエラレオネからコンゴ）。

オジロモズタイランチョウ
〈*Agriornis andicola*〉鳥綱スズメ目タイランチョウ科の鳥。全長22cm。分布：エクアドル, ペルー南部, ボリビア, チリ, アルゼンチン南部に局地的。絶滅危惧II類。

オジロヤブヒバリ　尾白藪雲雀
〈*Mirafra albicauda*〉鳥綱スズメ目ヒバリ科の鳥。全長16cm。分布：アフリカ中部・東部。

オジロヨタカ　尾白夜鷹
〈*Caprimulgus cayennensis*〉鳥綱ヨタカ目ヨタカ科の鳥。全長22cm。分布：ブラジル。

オジロライチョウ　尾白雷鳥
〈*Lagopus leucurus*〉鳥綱キジ目キジ科の鳥。全長32cm。分布：北アメリカ, コロラド。

オジロワシ　尾白鷲
〈*Haliaeetus albicilla*〉鳥綱タカ目タカ科の鳥。体長70〜90cm。分布：グリーンランド西部, アイスランド, ヨーロッパ北・中・南東部（最近, イギリス, インナー・ヘブリディーズ諸島のラム島に再移入）, アジア北部。国内では北海道東部・北部。天然記念物。

オスアカヒキガエル
オレンジヒキガエルの別名。

オスグッド シカマウス
〈*Osgoodmys bandaranus*〉哺乳綱齧歯目ネズミ科の動物。分布：メキシコ中西部。

オズグッド ジネズミオポッサム
〈*Monodelphis osgoodi*〉オポッサム目オポッサム科。頭胴長8〜11cm。分布：ボリビア南部, ペルー西部。絶滅危惧II類。

オススジヒキガエル
〈*Bufo marmoreus*〉両生綱無尾目ヒキガエル科のカエル。

オーストラリアアオバズク
〈*Ninox connivens*〉フクロウ目フクロウ科アオバズク属。

オーストラリアアシカ
〈*Neophoca cinerea*〉アシカ科オーストラリアアシカ属。体長はオス200cm, メス150cm。分布：ホートマン・アブロリュース諸島から, ルシェルシュ諸島, カンガルー島。

オーストラリアアブラコウモリ
〈*Pipistrellus mackenziei*〉哺乳綱翼手目ヒナコウモリ科の動物。前腕長5cm。分布：オーストラリア南西部。絶滅危惧種。

オーストラリアオオアラコウモリ
〈*Macroderma gigas*〉哺乳綱翼手目アラコウモリ科の動物。体長10〜12cm。分布：オーストラリア西部, 北部。絶滅危惧II類。

オーストラリアオオノガン
〈*Choriotis australis*〉鳥綱ツル目ノガン科の鳥。別名オーストラリアノガン。体長80〜120cm。分布：オーストラリア北部および内陸部。

オーストラリアオオミミナガコウモリ
〈*Nyctophilus timoriensis*〉哺乳綱翼手目ヒナコウモリ科の動物。前腕長4.7cm。分布：インドネシアのティモール島, ニューギニア島, オーストラリア, タスマニア島。絶滅危惧種。

オーストラリアカバーヘッド
〈*Austrelaps superbus*〉爬虫綱有鱗目ヘビ亜目コブラ科のヘビ。全長1.3〜1.7m。分布：オーストラリア。

オーストラリアガマグチヨタカ
〈*Podargus strigoides*〉鳥綱ヨタカ目ガマグチヨタカ科の鳥。体長35〜53cm。分布：オーストラリアおよびタスマニア。

オーストラリアガマヅギヨタカ
オーストラリアガマグチヨタカの別名。

オーストラリアクイナ
〈*Rallus pectoralis*〉鳥綱ツル目クイナ科の鳥。別名ゴウシュウクイナ。全長17〜20cm。分布：フィリピン, 小スンダ列島, ニューギニア, オーストラリア, タスマニア島, ニュージーランドのオークランド諸島。

オーストラリアゴジュウカラ
〈*Neositta chrysoptera*〉鳥綱スズメ目ゴジュウカラ科の鳥。体長11cm。分布：オーストラリア。

オーストラリアコノハヤモリ
〈*Phyllurus cornutus*〉体長15〜21cm。分布：オーストラリア東部。

オーストラリアサンカノゴイ
〈*Botaurus poiciloptilus*〉鳥綱コウノトリ目サギ科の鳥。全長66〜76cm。分布：オーストラリア, フランス領ニューカレドニアおよびロワヨテ諸島, ニュージーランド。絶滅危惧IB類。

オーストラリアズクヨタカ 深山菟夜鷹
〈*Aegotheles cristatus*〉鳥綱ヨタカ目ズクヨタカ科の鳥。別名カンムリズクヨタカ, フクロウヨタカ。体長21〜25cm。分布：オーストラリア, タスマニア, ニューギニア南部。

オーストラリア・ストック・ホース
ウエーラーの別名。

オーストラリアヅル
〈*Grus rubicundus*〉鳥綱ツル目ツル科の鳥。別名ゴウシュウヅル。体長95〜125cm。分布：オーストラリア北, 東部からビクトリア州。

オーストラリアセイタカシギ
〈*Himantopus himantopus leucocephalus*〉鳥綱チドリ目セイタカシギ科の鳥。

オーストラリアチョウゲンボウ
〈*Falco cenchroides*〉鳥綱タカ目ハヤブサ科の鳥。体長30〜35cm。分布：オーストラリア, タスマニア, ニューギニア。

オーストラリアツームコウモリ
〈*Taphozous troughtoni*〉哺乳綱翼手目サシオコウモリ科の動物。前腕長6cm。分布：オーストラリア。絶滅危惧種。

オーストラリアナガクビガメ
〈*Chelodina longicollis*〉爬虫綱カメ目ヘビクビガメ科のカメ。最大甲長27.5cm。分布：オーストラリア（南オーストラリア州南東部からクィーンズランド州東部にかけての沿岸から内陸部の水系）。

オーストラリアヌマガメモドキ
クビカシゲガメの別名。

オーストラリアノガン
オーストラリアオオノガンの別名。

オーストラリアヒクイドリ
オオヒクイドリの別名。

オーストラリアヒタキ
〈*Australian chat*〉オーストラリアヒタキ科。全長10〜13cm。分布：オーストラリア。

オーストラリアヒラオヤモリ
〈*Phyllurus platurus*〉爬虫綱有鱗目トカゲ亜目ヤモリ科のトカゲ。

オーストラリアペリカン
コシグロペリカンの別名。

オーストラリアマルハシ
〈*Pomatostomus temporalis*〉チメドリ科。体長25cm。分布：オーストラリア北部および東部。

オーストラリアムシクイ
体長12〜19cm。

オーストラリアワニ
〈*Crocodylus johnstoni*〉爬虫綱ワニ目クロコダイル科のワニ。全長3m。分布：オーストラリア北部。

オーストラリアン
〈*Australian*〉哺乳綱奇蹄目ウマ科の動物。

オーストラリアン・キャトル・ドッグ
〈*Australian Cattle Dog*〉哺乳綱食肉目イヌ科の動物。別名スタンピー・テール・キャトル・ドッグ。体高43〜51cm。分布：オーストラリア。

オーストラリアン・ケルピー
〈*Australian Kelpie*〉哺乳綱食肉目イヌ科の動

物。別名ケルピー。体高43〜51cm。分布：オーストラリア。

オーストラリアン・シェパード
〈Australian Shepherd〉犬の一品種。体高46〜58.5cm。原産：アメリカ。

オーストラリアン・ショートヘア・ピンシャー
犬の一品種。

オーストラリアン・シルキー・テリア
〈Australian Silky Terrier〉哺乳綱食肉目イヌ科の動物。

オーストラリアン・ストック・ホース
〈Australian Stock Horse〉馬の一品種。150〜162cm。原産：オーストラリア。

オーストラリアン・テリア
〈Australian Terrier〉哺乳綱食肉目イヌ科の動物。体高25.5cm。分布：オーストラリア。

オーストラリアン・ポニー
〈Australian Pony〉馬の一品種。120〜140cm。原産：シドニー（オーストラリア）。

オーストラリアン・ミスト
〈Australian Mist〉猫の一品種。

オーストラリアン・メリノー
〈Australian Merino〉哺乳綱偶蹄目ウシ科の動物。分布：オーストラリア。

オーストラロープ
〈Gallus gallus var. domesticus〉鳥綱キジ目キジ科の鳥。分布：イギリス原産。

オーストリアオンケツバ オーストリア温血馬
〈Austrian Warmblood〉分布：オーストリア。

オーストリアン・グランド・ブラッケ
犬の一品種。

オーストリアン・ショートヘアード・ピンシャー
犬の一品種。別名エスターライヒッシャー・クルツハーリガー・ピンシャー。

オーストリアン・スムース・ブラック
チロリアン・ブラッケの別名。

オーストリアン・ピンシャー
〈Austrian Pinscher〉犬の一品種。体高36〜51cm。原産：オーストリア。

オーストリアン・ブロンド
〈Austrian Blond〉牛の一品種。

オーストレリアン・シルキー・テリア
シルキー・テリアの別名。

オーストンアオガエル
ヤエヤマアオガエルの別名。

オーストンウミツバメ オーストン海燕
〈Oceanodroma tristrami〉鳥綱ミズナギドリ目ウミツバメ科の鳥。全長25cm。分布：伊豆諸島の蛇島・オンバセ岩・鳥島・北硫黄島。

オーストンオオアカゲラ
〈Dendrocopos leucotos owstoni〉鳥綱キツツキ目キツツキ科の鳥。28cm。分布：奄美大島。天然記念物。

オーストンヘミガルス
〈Chrotogale owstoni〉哺乳綱食肉目ジャコウネコ科の動物。頭胴長56〜72cm。分布：中国の雲南省と広西壮族自治区，ベトナム北部，ラオス。絶滅危惧II類。

オーストンヤマガラ
〈Parus varius owstoni〉鳥綱スズメ目シジュウカラ科の鳥。15cm。分布：三宅島・御蔵島・八丈島。

オゼホオヒゲコウモリ
〈Myotis ozensis〉コウモリ目ヒメコウモリ科。分布：本州・尾瀬ヶ原。情報不足（DD）。

オセロット
〈Felis pardalis〉哺乳綱食肉目ネコ科の動物。体長50〜100cm。分布：合衆国南部から中央アメリカ，南アメリカにかけて。絶滅危惧種。

オソリオジネズミ
〈Crocidura osorio〉哺乳綱食虫目トガリネズミ科の動物。頭胴長平均5.5cm。分布：スペイン領カナリア諸島のグラン・カナリア島の北部に分布する固有種。絶滅危惧II類。

オタゴオリゴソーマトカゲ
〈Oligosoma otagense〉爬虫綱トカゲ目（トカゲ亜目）トカゲ科のトカゲ。頭胴長12.5cm。分布：ニュージーランド南島。絶滅危惧II類。

オタテドリ 尾立鳥
〈tapaculo〉鳥綱スズメ目オタテドリ科に属する鳥の総称。体長11〜25cm。分布：中央，南アメリカ。

オタテドリ科
スズメ目。別名オオアシドリ。全長11〜26cm。分布：南アメリカ，チリ，コスタリカ。

オタテヤブコマドリ
〈Erythropygia galactotes〉鳥綱スズメ目ツグ

ミ科の鳥。体長15cm。分布：地中海地方，アジア南西部から東はパキスタン，中央アジア。

オタリア
〈*Otaria flavescens*〉哺乳綱鰭脚目アシカ科の海産動物。体長2.3〜2.8m。分布：南アメリカ西南部，東部，フォークランド諸島。絶滅危惧II類と推定。

オーチュウ　烏秋
〈*drongo*〉広義には鳥綱スズメ目オウチュウ科に属する鳥の総称で，狭義にはそのうちの1種をさす。

オッター・ハウンド
〈*Otter hound*〉哺乳綱食肉目イヌ科の動物。体高58〜69cm。分布：イギリス。

オッターピークサンショウウオ
〈*Plethodon hubrichti*〉両生綱有尾目アメリカサンショウウオ科の動物。全長7.6〜13.1cm。分布：アメリカ合衆国ヴァージニア州のベッドフォード郡とロックブリッジ郡。絶滅危惧II類。

オッターホーン
ヴェッターホーンの別名。

オットセイ　膃肭獣，膃肭臍
〈*Callorhinus ursinus*〉哺乳綱食肉目アシカ科の動物。別名キタオットセイ。体長2.1mまで。分布：北太平洋。絶滅危惧II類。

オットンガエル　オットン蛙
〈*Babina subaspera*〉両生綱無尾目アカガエル科のカエル。体長オス93〜126mm，メス111〜140mm。分布：奄美大島，加計呂麻島。絶滅危惧II類。

オトヒメチョウ　乙姫鳥
〈*Mandingoa nitidula*〉鳥綱スズメ目カエデチョウ科の鳥。全長9cm。分布：アフリカ西部・中央部・東部・南アフリカ東部。

オトメインコ　乙女鸚哥
〈*Lathamus discolor*〉鳥綱インコ目インコ科の鳥。体長25cm。分布：タスマニアで繁殖，オーストラリア南東部で越冬。絶滅危惧IB類。

オトメズグロインコ
ズグロオトメインコの別名。

オドリホウオウ
〈*Euplectes jacksoni*〉ハタオリドリ科/ハタオリドリ亜科。体長34cm。分布：ケニア，タンザニア。

オナガ　尾長
〈*Cyanopica cyana*〉鳥綱スズメ目カラス科の鳥。体長33cm。分布：東アジア，中国，モンゴル，朝鮮，日本。スペイン南部およびポルトガル。国内では本州の東半分。

オナガー
〈*Equus hemionus onager*〉ロバに似て，より四肢が長い優美な奇蹄目ウマ科の哺乳類。別名ペルシアノロバ，ペルシャノロバ。オス110〜127cm，メス110cm。分布：北イラン。

オナガー
アジアノロバの別名。

オナガアオバト
〈*Treron sphenra*〉鳥綱ハト目ハト科の鳥。全長約33cm。分布：ヒマラヤからインドシナ北部，ビルマ，マレー半島，大スンダ列島。

オナガアカボウシインコ
〈*Aratinga erythrogenys*〉鳥綱オウム目オウム科の鳥。

オナガイヌワシ
〈*Aquila audax*〉鳥綱タカ目タカ科の鳥。体長86〜104cm。分布：オーストラリア，タスマニア，ニューギニア南部。

オナガオオタカ
〈*Urotriorchis macrourus*〉鳥綱ワシタカ目ワシタカ科の鳥。全長60cm。分布：アフリカ中部・西部。

オナガオコジョ
〈*Mustela frenata*〉哺乳綱食肉目イタチ科の動物。体長オス23〜35cm。分布：北アメリカのだいたい北緯50度からパナマまで，南アメリカ北部のアンデスからボリビア。

オナガオーストラリアトビネズミ
〈*Notomys longicaudatus*〉哺乳綱齧歯目トビネズミ科。

オナガオニキバシリ
〈*Deconychura longicauda*〉鳥綱スズメ目オニキバシリ科の鳥。全長23cm。分布：ギアナ，ベネズエラ，コロンビア，ペルー，ブラジル。

オナガオンドリタイランチョウ　尾長雄鳥太蘭鳥
〈*Yetapa risoria*〉鳥綱スズメ目タイランチョウ科の鳥。全長15cm。分布：ブラジル南部・パラグアイ・ウルグアイ・アルゼンチン。絶滅危惧II類。

オナガカエデチョウ　尾長楓鳥

オナカカク

〈*Estrilda astrild*〉鳥綱スズメ目カエデチョウ科の鳥。体長10cm。分布：サハラ以南のアフリカ。多数の熱帯の島々には移入。

オナガカクレハチドリ
ユミハシハチドリの別名。

オナガカマハシフウチョウ
〈*Epimachus fastuosus*〉鳥綱スズメ目フウチョウ科の鳥。全長110cm。分布：ニューギニア中央部・北西部。絶滅危惧種。

オナガガモ　尾長鴨
〈*Anas acuta*〉カモ科。体長オス63～74cm（尾羽10cmを含む），メス43～63cm。分布：ユーラシア，北アメリカ。冬はパナマ，アフリカ中央部，インド，フィリピンまでの南に渡る。

オナガカラスモドキ
〈*Aplonis magna*〉鳥綱スズメ目ムクドリ科の鳥。体長35cm。分布：ニューギニア北西部にある，ビアク島とヌンフォール島。

オナガカワウソ
〈*Lutra longicaudis*〉イタチ科カワウソ類。体長50～79cm。分布：中央，南アメリカのメキシコからアルゼンチンまで。

オナガカンザシフウチョウ
〈*Parotia wahnesi*〉鳥綱スズメ目フウチョウ科の鳥。全長43cm。分布：ニューギニア島。絶滅危惧種。

オナガキゴシハエトリ　尾長黄腰蠅取
〈*Myiobius atricaudus*〉鳥綱スズメ目タイランチョウ科の鳥。全長13cm。分布：ベネズエラ・コロンビア西部・エクアドル南部・ペルー北部・ブラジル。

オナガキジ　尾長雉
〈*Syrmaticus reevesii*〉鳥綱キジ目キジ科の鳥。全長オス210cm，メス75cm。分布：中国。絶滅危惧II類。

オナガキリハシ
〈*Galbula dea*〉鳥綱キツツキ目キリハシ科の鳥。体長30cm。分布：ベネズエラ南部およびギアナからボリビア北部。

オナガキンセイチョウ　尾長錦静鳥
〈*Poephila acuticauda*〉鳥綱スズメ目カエデチョウ科の鳥。全長16cm。分布：オーストラリア北部。

オナガクロアリドリ
〈*Cercomacra carbonaria*〉鳥綱スズメ目アリドリ科の鳥。全長15cm。分布：ブラジル北部。絶滅危惧II類。

オナガクロムクドリモドキ　尾長黒椋鳥擬
〈*Quiscalus mexicanus*〉鳥綱スズメ目ムクドリモドキ科の鳥。全長オス46cm，メス38cm。分布：アメリカ南部からメキシコ，ペルー，ベネズエラ。

オナガコウモリ
〈*Rhinopoma hardwickei*〉翼手目オナガコウモリ科。

オナガゴシキタイヨウチョウ
〈*Nectarinia violacea*〉鳥綱スズメ目タイヨウチョウ科の鳥。体長オス17cm，メス13cm。分布：南アフリカ南部。

オナガコバシハエトリ
〈*Phylloscartes ceciliae*〉全長12cm。分布：ブラジル北東部のアラゴアス高原。絶滅危惧IB類。

オナガゴーラル
〈*Naemorhedus caudatus*〉哺乳綱偶蹄目ウシ科の動物。別名チョウセンカモシカ。頭胴長90～130cm。分布：シベリア東南端からミャンマーおよびタイ西部にかけて分布。絶滅危惧II類。

オナガサイチョウ
〈*Rhinoplax vigil*〉鳥綱ブッポウソウ目サイチョウ科の鳥。全長150cm。分布：タイ南部・マレーシア・ボルネオ島・スマトラ島。

オナガサイホウチョウ　尾長裁縫鳥
〈*Orthotomus sutorius*〉鳥綱スズメ目ウグイス科の鳥。体長12cm，繁殖期のオスは15.5cm。分布：インド亜大陸，東南アジアからジャワにかけて，および中国南部。東南アジアでは標高1600mまでの地域。

オナガサザイチメドリ
〈*Spelaeornis longicaudatus*〉鳥綱スズメ目ヒタキ科チメドリ亜科の鳥。全長11cm。分布：インド。絶滅危惧II類。

オナガサラマンダー
〈*Eurycea longicauda*〉有尾目ムハイサラマンダー科。

オナガザル　尾長猿
広義には，哺乳綱霊長目オナガザル科に属する動物をさし，狭義にはそのうちのオナガザル亜科をさす。

オナガサンショウウオ

〈*Eurycea sp.*〉有尾類イモリ亜目。

オナガシトド
〈*Saltatricula multicolor*〉鳥綱スズメ目ホオジロ科の鳥。全長16.5cm。分布：南アメリカ中南部。

オナガジネズミ
〈*Crocidura horsfieldii*〉モグラ目トガリネズミ科。

オナガジブッポウソウ
〈*Uratelornis chimaera*〉鳥綱ブッポウソウ目ジブッポウソウ科の鳥。全長45cm。分布：マダガスカル南西部。絶滅危惧II類。

オナガシュロマウス
〈*Vandeleuria nolthenii*〉齧歯目ネズミ科（ネズミ亜科）。頭胴長8〜12cm程度。分布：スリランカ。絶滅危惧II類。

オナガセアオマイコドリ
〈*Chiroxiphia linearis*〉マイコドリ科。体長オス20〜22cm，メス11cm。分布：中央アメリカ西部（メキシコ南部からコスタリカ北部）。

オナガセアオマイコドリ
オナガマイコドリの別名。

オナガセンザンコウ
〈*Manis tetradactyla*〉有鱗目センザンコウ科。

オナガタイランチョウ　尾長太蘭鳥
〈*Muscivora forficata*〉鳥綱スズメ目タイランチョウ科の鳥。別名エンビタイランチョウ。全長35cm。分布：北アメリカ中南部。

オナガダルマインコ　尾長達磨鸚哥
〈*Psittacula longicauda*〉鳥綱オウム目インコ科の鳥。全長42cm。分布：マレー半島，ボルネオ島，スマトラ島。

オナガテートネズミ
〈*Tateomys macrocercus*〉齧歯目ネズミ科（ネズミ亜科）。頭胴長11〜12cm。分布：インドネシアのスラウェシ島。絶滅危惧II類。

オナガテリカラスモドキ
〈*Aplonis metallica*〉鳥綱スズメ目ムクドリ科の鳥。体長21〜24cm。分布：モルッカ諸島，ソロモン諸島，ニューギニア，クイーンズランド州（オーストラリア）北東部。

オナガテリムクドリ
〈*Lamprotornis caudatus*〉鳥綱スズメ目ムクドリ科の鳥。全長オス35cm，メス28cm。分布：アフリカ赤道北部。

オナガトガリネズミ
〈*Sorex disper*〉哺乳綱モグラ目トガリネズミ科の動物。

オナガトゲオドリ
フタオカマドドリの別名。

オナガドリ　尾長鶏
〈*Gallus gallus var. domesticus*〉鳥綱キジ目キジ科の鳥。別名長尾鳥。分布：高知県。特別天然記念物。

オナガネズミ
〈*Sicista caudata*〉哺乳綱齧歯目オナガネズミ科の動物。

オナガネズミ亜科
齧歯目トビハツカネズミ科。体長5〜9cm。分布：ユーラシア。

オナガハウチワドリ
〈*Prinia burnesii*〉スズメ目ヒタキ科（ウグイス亜科）。全長17cm。分布：パキスタンおよびインド北西部のインダス平原，インド北東部およびバングラデシュ北部のブラフマプトラ川流域。絶滅危惧II類。

オナガハシリバト　尾長走鳩
〈*Uropelia campestris*〉鳥綱ハト目ハト科の鳥。全長25cm。分布：ブラジル東部・ボリビア東部。

オナガハチドリ
〈*Taphrolesbia griseiventris*〉鳥綱アマツバメ目ハチドリ科の鳥。全長17cm。分布：ペルー。絶滅危惧II類。

オナガバト　尾長鳩
〈*Macropygia phasianella*〉鳥綱ハト目ハト科の鳥。全長40cm。分布：オーストラリア東部，インドネシア，フィリピン。

オナガパプアインコ
〈*Charmosyna papou*〉鳥綱ヒインコ科の鳥。体長42cm。分布：ニューギニアの森林地帯。

オナガハヤブサ
〈*Falco femoralis*〉鳥綱タカ目ハヤブサ科の鳥。体長37〜45cm。分布：メキシコから南アメリカ南端にかけて繁殖。最北と最南のものは，それぞれ冬は南と北に渡って越冬。

オナガヒメフクロウ
ロッキースズメフクロウの別名。

オナガヒロハシ　尾長広嘴
〈*Psarisomus dalhousiae*〉鳥綱スズメ目ヒロ

オナカフク

ハシ科の鳥。体長28cm。分布：インド北部や中国南部からスマトラ島やボルネオ島にかけて分布する。

オナガフクロウ 尾長梟
〈Surnia ulula〉鳥綱フクロウ目フクロウ科の鳥。体長36～39cm。分布：ユーラシア北部および北アメリカの、主に北極圏に接する地域。

オナガフクロシマリス
〈Dactylopsila megalura〉二門歯目フクロモンガ科。頭胴長オス24cm，メス20～21.5cm。分布：ニューギニア島中部。絶滅危惧種。

オナガフルーツコウモリ
〈Notopteris macdonaldii〉哺乳綱翼手目オオコウモリ科の動物。前腕長6～7cm。分布：フィジー諸島，ニューカレドニア島，バヌアツのニューヘブリデス諸島。絶滅危惧種。

オナガベニサンショウクイ
〈Pericrocotus ethologus〉鳥綱スズメ目サンショウクイ科の鳥。体長18cm。分布：アフガニスタン東部からヒマラヤ山脈を経て東南アジアや中国，北は中国東北部までの地域で繁殖。

オナガヘビワシ
〈Eutriorchis astur〉鳥綱ワシタカ目ワシタカ科の鳥。全長55～58cm。分布：アフリカ西部からザイール。絶滅危惧IA類。

オナガマイコドリ 尾長舞子鳥
〈Chiroxiphia linearis〉鳥綱スズメ目マイコドリ科の鳥。別名オナガセアオマイコドリ。全長23cm。分布：メキシコからコスタリカ北部。

オナガマブヤトカゲ
〈Mabuya longicauda〉体長30～35cm。分布：アジア南東部。

オナガミズナギドリ 尾長水薙鳥
〈Puffinus pacificus〉鳥綱ミズナギドリ目ミズナギドリ科の鳥。全長39～46cm。分布：太平洋の熱帯，インド洋。国内では小笠原諸島・硫黄列島。

オナガミソサザイ 尾長鷦鷯
〈Odontorchilus cinereus〉鳥綱スズメ目ミソサザイ科の鳥。別名ハバシミソサザイ。全長12cm。分布：ブラジル北部。

オナガミツスイ 尾長蜜吸
〈Promerops cafer〉オナガミツスイ科。別名ニシオナガミツスイ。体長オス37～44cm，メス24～29cm。分布：南アフリカ南端。

オナガムシクイ
〈Sylvia undata〉鳥綱スズメ目ウグイス科の鳥。体長12.5cm。分布：イギリス南部，フランス西部，南ヨーロッパ，東はイタリアおよびシチリアまで。北アフリカ，東はチュニジアまで。

オナガムシクイ
シマハッコウチョウの別名。

オナガモリジネズミ
〈Myosorex longicaudatus〉哺乳綱食虫目トガリネズミ科の動物。分布：南アフリカ共和国の西ケープ州南東部。絶滅危惧II類。

オナガヨタカ 尾長夜鷹
〈Scotornis climacurus〉鳥綱ヨタカ目ヨタカ科の鳥。全長20cm。分布：アフリカ中央部。

オナガヨタカ
タテゴトヨタカの別名。

オナガラケットハチドリ
〈Loddigesia mirabilis〉鳥綱アマツバメ目ハチドリ科の鳥。体長オス29cm，メス10cm。分布：ペルー北部。絶滅危惧II類。

オナガレンジャクモドキ
〈Ptilogonys caudatus〉スズメ目レンジャク科。

オナシケンショウコウモリ
〈Epomops buettikoferi〉哺乳綱翼手目オオコウモリ科の動物。前腕長9～10cm（オスはメスより大きい）。分布：ギニアからナイジェリアまで。絶滅危惧II類。

オナシハナナガコウモリ
〈Leptonycteris nivalis〉哺乳綱翼手目ヘラコウモリ科の動物。前腕長5.5cm。分布：アメリカ合衆国アリゾナ州東南部，テキサス州南部からメキシコ南部，グアテマラにかけて。絶滅危惧IB類。

オナシプーズー
〈Pudu mephistophiles〉哺乳綱偶蹄目シカ科の動物。分布：エクアドル，ペルー，コロンビア。

オナジャー
オナガーの別名。

オニアオサギ 鬼青鷺，鬼蒼鷺
〈Ardea goliath〉鳥綱コウノトリ目サギ科の鳥。体長135～150cm。分布：アフリカ南・東

部,マダガスカル,イラク南部。

オニアオバズク
〈*Ninox strenua*〉鳥綱フクロウ目フクロウ科の鳥。全長52～60cm。分布：オーストラリア南東部。絶滅危惧種。

オニアカアシトキ
オニトキの別名。

オニアカガエル
ゴライアスガエルの別名。

オニアジサシ 鬼鯵刺
〈*Hydroprogne caspia*〉アジサシ科。体長48～59cm。分布：世界中に分布するが,繁殖地は限られている。

オニアリモズ 鬼蟻鵙
〈*Batara cinerea*〉鳥綱スズメ目アリドリ科の鳥。全長20cm。分布：ブラジル東部・パラグアイ・アルゼンチン北部・ボリビア。

オニオオハシ 鬼大嘴
〈*Ramphastos toco*〉鳥綱オオハシ科の鳥。体長61cm。分布：南アメリカ東部(ギアナ地方からブラジルを経てアルゼンチン北部まで)。

オニオオバン
〈*Fulica gigantea*〉鳥綱ツル目クイナ科の鳥。体長60cm。分布：ペルー,チリ,ボリビア,アルゼンチン。

オニカッコウ 鬼郭公
〈*Eudynamys scolopacea*〉鳥綱カッコウ目カッコウ科の鳥。体長39～46cm。分布：オーストラリア北・東部,インド,東南アジアからニューギニア,ソロモン諸島。

オニキバシリ 鬼木走
〈*woodcreeper*〉鳥綱スズメ目オニキバシリ科に属する鳥の総称。体長14～37cm。分布：メキシコ北部から,アルゼンチン中央部。

オニキバシリ科
スズメ目。別名キバシリモドキ。全長13～45cm。分布：メキシコから南アメリカ。

オニクイナ 鬼秧鶏
〈*Rallus longirostris*〉鳥綱ツル目クイナ科の鳥。全長32～47cm。分布：アメリカ東部・カリフォルニア沿岸部・メキシコ・西インド諸島・コロンビア・ベネズエラ・ギアナ北部・ブラジル東部・ペルー北部。

オニゴジュウカラ 鬼五十雀
〈*Sitta magna*〉鳥綱スズメ目ゴジュウカラ科

の鳥。全長20cm。分布：中国南西部・インドシナ北部。絶滅危惧II類。

オニコノハズク
〈*Mimizuku gurneyi*〉鳥綱フクロウ目フクロウ科の鳥。全長30cm。分布：ミンダナオ,マリンドック島。絶滅危惧IB類。

オニコミミズク
〈*Nesasio solomonensis*〉鳥綱フクロウ目フクロウ科の鳥。全長28～38cm。分布：ソロモン諸島。絶滅危惧種。

オニサンショウクイ
〈*Coracina novaehollandiae*〉鳥綱スズメ目サンショウクイ科の鳥。体長33cm。分布：インド,東南アジア,ニューギニア,オーストラリアで繁殖。オーストラリア南東部とタスマニアにすむものの多くはオーストラリア北部およびニューギニアで越冬。

オニジアリドリ
〈*Grallaria gigantea*〉鳥綱スズメ目アリドリ科の鳥。全長24cm。分布：コロンビア南部,エクアドル。絶滅危惧II類。

オニトキ
〈*Pseudibis gigantea*〉鳥綱コウノトリ目トキ科の鳥。別名オニアカアシトキ。全長105cm。分布：インドシナ半島。絶滅危惧IA類。

オニナキサンショウクイ 鬼鳴山椒喰
〈*Lalage melanoleuca*〉鳥綱スズメ目サンショウクイ科の鳥。全長23cm。分布：フィリピン。

オニネズミ 鬼鼠
〈*Bandicota indica*〉哺乳綱齧歯目ネズミ科の動物。

オニプレートトカゲ
〈*Gerrhosaurus major*〉爬虫綱有鱗目トカゲ亜目ヨロイトカゲ科のトカゲ。全長30～40cm。分布：エチオピア,ケニア,タンザニア,マラウィ,トーゴ,コンゴ,南アフリカなどに広く分布。

オニミズナギドリ 大水薙鳥
〈*Calonectris diomedea*〉鳥綱ミズナギドリ目ミズナギドリ科の鳥。体長46～53cm。分布：地中海と大西洋の島々で繁殖。越冬は北アメリカ東岸,南はウルグアイまで。一部西インド洋でも越冬。国内では岩手県三貫島。

オニメジロ 鬼目白
〈*Rukia palauensis*〉鳥綱スズメ目メジロ科の

オニヤイロ

鳥。全長14cm。分布：パラオ諸島。

オニヤイロチョウ 鬼八色鳥
〈*Pitta caerulea*〉鳥綱スズメ目ヤイロチョウ科の鳥。体長29cm。分布：マレー半島, スマトラ島とボルネオ島。

オバケメガネザル
スラウェシメガネザルの別名。

オバシギ 尾羽鷸
〈*Calidris tenuirostris*〉鳥綱チドリ目シギ科の鳥。全長28cm。分布：シベリア北東部で繁殖し,日本各地に旅鳥として渡来。

オバシギダチョウ
〈*Tinamus solitarius*〉鳥綱シギダチョウ科の鳥。体長45cm。分布：ブラジル東部,パラグアイ南東部,アルゼンチン北部。

オバーリン
〈*Melopsittacus undulatus var. domestica*〉鳥綱オウム目インコ科の鳥。

オバンボ
〈*Ovambo*〉牛の一品種。

オピアヒメディクディク
〈*Madoqua piacentinii*〉哺乳綱偶蹄目ウシ科の動物。別名ギンイロディクディク。頭胴長45～50cm。分布：ソマリア。絶滅危惧II類。

オビオタネワリ
〈*Catamenia analis*〉鳥綱スズメ目ホオジロ科の鳥。全長14cm。分布：南アメリカ西部からアンデス山脈。

オビオノスリ
〈*Buteo albonotatus*〉鳥綱タカ目タカ科の鳥。体長46～53cm。分布：合衆国南西部,中央・南アメリカ。

オビオヒメアリサザイ
〈*Myrmotherula urosticta*〉鳥綱スズメ目アリドリ科の鳥。全長9.5cm。分布：ブラジル南東部。絶滅危惧II類。

オビオヨタカ 帯尾夜鷹
〈*Nyctiprogne leucopyga*〉鳥綱ヨタカ目ヨタカ科の鳥。全長18cm。分布：ブラジル。

オヒキ 尾曳
〈*Gallus gallus var. domesticus*〉鳥綱キジ目キジ科の鳥。分布：高知県。

オヒキコウモリ 尾曳蝙蝠
〈*Tadarida insignis*〉哺乳綱翼手目オヒキコウモリ科の動物。前腕長5.7～6.5cm。分布：中国,朝鮮半島,台湾。国内では北海道,本州,四国,九州。

オヒキコウモリ
〈*free-tailed bat*〉長い尾を引きずって地上を敏しょうに歩く翼手目オヒキコウモリ科オヒキコウモリ属Tadaridaに属する哺乳類の総称。体長4～12cm。分布：アメリカ合衆国の中央部,アルゼンチン中央部,ヨーロッパ南部,アフリカ,日本,ソロモン諸島,オーストラリア。

オビククリヘビ
〈*Oligodon arnensis*〉有鱗目ナミヘビ科。

オビクスクス
〈*Phalanger rothschildi*〉二門歯目クスクス科。別名ロスチャイルドクスクス。頭胴長36～40cm。分布：インドネシアのオビ島。絶滅危惧II類。

オビタイガーサラマンダー
〈*Ambystoma tigrinum mavortium*〉マルクチサラマンダー科。体長200～270mm。分布：合衆国ネブラスカ州及びワイオミング州東端より南に分布。コロラド,テキサス各州を越えメキシコのソノラ州北部まで。

オビトカゲモドキ 帯蜥蜴擬
〈*Goniurosaurus kuroiwae splendense*〉爬虫綱有鱗目トカゲ亜目ヤモリ科の動物。全長14～16cm。分布：奄美諸島の徳之島に分布する日本固有亜種。

オビナシショウドウツバメ 帯無小洞燕
〈*Stelgidopteryx ruficollis*〉鳥綱スズメ目ツバメ科の鳥。全長13～14.5cm。分布：カナダ南部からアルゼンチン。

オビナゾガエル
〈*Phrynomerus bifasciatus*〉無尾目ヒメガエル科。

オビハシカイツブリ 帯嘴鳰
〈*Podilymbus podiceps*〉鳥綱カイツブリ目カイツブリ科の鳥。体長31～38cm。分布：南アメリカ南部から北はカナダ南部まで。

オビバネカマドドリ 帯羽竈鳥
〈*Furnarius figulus*〉鳥綱スズメ目カマドドリ科の鳥。全長20cm。分布：南アメリカ。

オビバネカワカマドドリ 帯羽川竈鳥
〈*Cinclodes fuscus*〉鳥綱スズメ目カマドドリ科の鳥。全長18cm。分布：南アメリカの西部。

オビムネヤマセミ

アメリカヤマセミの別名。

オビメガネヒタキ
〈*Platysteira laticincta*〉スズメ目ヒタキ科（ヒタキ亜科）。全長15cm。分布：カメルーン西部。絶滅危惧II類。

オビヤマシギ
〈*Scolopax rochussenii*〉鳥綱チドリ目シギ科の鳥。全長32〜40cm。分布：インドネシアのオビ島、バチャン島。絶滅危惧II類。

オビリンサン
〈*Prionodon linsang*〉哺乳綱食肉目ジャコウネコ科の動物。体長40cm。分布：西マレーシア、テナセリム、スマトラ、ジャワ、ボルネオ。

オビロアリモズ 尾広蟻鵙
〈*Mackenziaena leachii*〉鳥綱スズメ目アリドリ科の鳥。全長24cm。分布：ブラジル南東部・パラグアイ・アルゼンチン。

オビロホウオウジャク
〈*Vidua orientalis*〉鳥綱スズメ目ハタオリドリ科の鳥。全長25〜51cm。分布：アフリカ中部。

オーピントン（アヒル）
〈*Orpington*〉アヒルの一品種。

オーピントン（ニワトリ）
〈*Orpington*〉鳥綱キジ目キジ科の鳥。分布：ヨーロッパ。

オブトアレチネズミ
〈*Pachyuromys duprasi*〉哺乳綱齧歯目ネズミ科の動物。体長9.5〜13cm。分布：北アフリカ。

オブトコミミトビネズミ
〈*Salpingotus crassicauda*〉哺乳綱齧歯目トビネズミ科の動物。頭胴長4〜6cm。分布：アラル海からモンゴルにかけての砂漠地帯。絶滅危惧II類。

オブトスミントプシス
〈*Sminthopsis crassicaudata*〉有袋目フクロネコ科。体長6〜9cm。分布：オーストラリア。

オブトトビネズミ属
〈*Pygeretmus*〉齧歯目トビネズミ科。分布：旧ソ連。

オブトフクロネコ
〈*Pseudantechinus macdonnellensis*〉体長9.5〜10.5cm。分布：オーストラリア西部、中部。

オブトフクロモモンガ
〈*Petaurus norfolcensis*〉体長18〜23cm。分布：オーストラリア東部。

オブトミユビトビネズミ
〈*Stylodipus telum*〉齧歯目トビネズミ科。分布：ロシア、モンゴル、中国。

オーブラス
〈*Aubrace*〉牛の一品種。

オヘカエルガメ
〈*Phrynops hogei*〉爬虫綱カメ目ヘビクビガメ科のカメ。背甲長最大34.7cm。分布：ブラジル南東部の大西洋沿岸。絶滅危惧IB類。

オポッサム 袋鼠
〈*Didelphis marsupialis*〉哺乳綱有袋目オポッサム科に属する動物の総称。別名コウモリネズミ、フクロネズミ。

オポッサム亜科
オポッサム科。分布：中央・南アメリカ、北アメリカ東部をへてカナダ。

オポッサムモドキ
〈*Wyulda squamicaudata*〉哺乳綱有袋目クスクス科クスクス亜科オポッサムモドキ属。絶滅危惧種。

オボロテンニョゲラ
〈*Celeus flavus*〉鳥綱キツツキ科の鳥。体長28cm。分布：南アメリカのアンデス山脈の東側、コロンビアやギアナ高地からペルー、ボリビア、ブラジル東部にかけて分布する。

オマキザル 尾巻猿
〈*capuchin*〉広義には哺乳綱霊長目オマキザル科に属する動物の総称で、狭義にはそのうちのオマキザル属をさす。

オマキトカゲ
〈*Corucia zebrata*〉スキンク科。全長70〜80cm。分布：ソロモン群島。絶滅危惧II類と推定。

オマキトカゲモドキ
〈*Aeluroscalabotes felinus*〉爬虫綱有鱗目トカゲ亜目トカゲモドキ科のトカゲの一品種。

オマキヤマアラシ
ブラジルキノボリヤマアラシの別名。

オマキヤマアラシ属
〈*Coendou*〉アメリカヤマアラシ科。分布：パナマ南部、コロンビア北西部からアルゼンチン北部までのアンデス地帯、ブラジル北西部。

オマーンジネズミ

オミルテメ

〈Crocidura dhofarensis〉哺乳綱食虫目トガリネズミ科の動物。分布：オマーンのズファール地方のカドラフィだけから知られる。絶滅危惧IA類。

オミルテメワタオウサギ
〈Sylvilagus insonus〉哺乳綱ウサギ目ウサギ科の動物。頭胴長43.5cm。分布：メキシコ南部。絶滅危惧IA類。

オモナガマウスオポッサム
〈Marmosops cracens〉オポッサム目オポッサム科。頭胴長10～11cm。分布：ベネズエラ北西部。絶滅危惧IB類。

オヤユビジネズミ
〈Crocidura allex〉哺乳綱食虫目トガリネズミ科の動物。分布：ケニア南西部の高地、タンザニア北部のキリマンジャロ、メルーおよびンゴロンゴロなど。絶滅危惧II類。

オヤユビユウレイガエル
ユウレイガエルの別名。

オラバスティティ
〈Callicebus moloch〉哺乳綱霊長目オマキザル科の動物。体長27～43cm。分布：南アメリカ北部。

オランウータン
〈Pongo pygmaeus〉哺乳綱霊長目ヒト科の動物。別名ショウジョウ（猩々）。体長1.1～1.4m。分布：東南アジア（ボルネオ）。絶滅危惧IB類。

オランダオンケツシュ オランダ温血種
〈Dutch Warmblood〉馬の一品種。160cm。原産：オランダ。

オランダ・ドラフト
〈Dutch Draft〉哺乳綱奇蹄目ウマ科の動物。

オリイオオコウモリ
〈Pteropus dasymallus inopinatus〉翼手目オオコウモリ科。分布：沖縄本島。

オリイコキクガシラコウモリ
〈Rhinolophus cornutus orii〉翼手目キクガシラコウモリ科。分布：奄美諸島。絶滅危惧II類。

オリイコゲラ
〈Dendrocopos kizuki orii〉鳥綱キツツキ目キツツキ科の鳥。

オリイジネズミ 折居地鼠
〈Crocidura orii〉哺乳綱食虫目トガリネズミ科の動物。頭胴長6.5～9cm。分布：奄美大島、徳之島。絶滅危惧IB類。

オリイヒタキ
〈Hodgsonius phaenicuroides〉鳥綱スズメ目ヒタキ科ツグミ亜科の鳥。全長19cm。分布：ヒマラヤの北西部からビルマ・タイ北部・中国西部。

オリイヤマガラ
〈Parus varius olivaceus〉鳥綱スズメ目シジュウカラ科の鳥。

オリウンドモリジャコウネズミ
〈Sylvisorex oriundus〉哺乳綱食虫目トガリネズミ科の動物。分布：コンゴ民主共和国北東部。絶滅危惧II類。

オリエンタル・ショートヘア
〈Oriental Shorthair〉猫の一品種。原産：イギリス。

オリエンタル・スポッテド・タビー
〈Oriental Spotted Tabby〉猫の一品種。

オリエンタル・ロングヘア
〈Oriental Longhair〉猫の一品種。

オリックス
〈Oryx gazella〉哺乳綱偶蹄目ウシ科オリックス属の動物。別名ゲムズボック。体長1.6～2.4m。分布：アフリカ南西部。

オリックス
〈oryx〉雄、雌とも長いまっすぐな、またはサーベル状の角をもった偶蹄目ウシ科オリックス属に属する哺乳類の総称。

オリノコガン
〈Neochen jubata〉鳥綱ガンカモ目ガンカモ科の鳥。全長61～66cm。分布：ブラジル北部からベネズエラ。

オリノコワニ
〈Crocodylus intermedius〉爬虫綱ワニ目クロコダイル科のワニ。全長最大6.7m。分布：オリノコ川流域。絶滅危惧IA類。

オリビ
〈Ourebia ourebi〉小さなシカに似た優美な偶蹄目ウシ科の哺乳類。体長0.9～1.4m。分布：アフリカ西部から東部にかけて、南部。

オリーブアメリカムシクイ
〈Peucedramus taeniatus〉鳥綱スズメ目アメリカムシクイ科の鳥。全長13cm。分布：アメリカ南西部・メキシコ・グアテマラ・ホン

ジュラス・ニカラグア北部。

オリーブウミヘビ
〈*Aipysurus laevis*〉爬虫綱有鱗目ヘビ亜目コブラ科のヘビ。全長1.2～2.2m。分布：オーストラリアとその周辺。

オリーブオオヒタキモドキ
〈*Myiarchus tuberculifer*〉鳥綱スズメ目タイランチョウ科の鳥。全長15cm。分布：アメリカからアルゼンチン。

オリーブカッコウ
〈*Cercococcyx olivinus*〉鳥綱ホトトギス目ホトトギス科の鳥。分布：ガーナからカメルーン，アンゴラ北部。

オリーブコロブス
〈*Procolobus verus*〉オナガザル科プロコロブス属。頭胴長43～49cm。分布：シエラレオネからトーゴ南西部，ナイジェリア中央部。

オリーブシトド
〈*Arremonops rufivirgatus*〉鳥綱スズメ目ホオジロ科の鳥。全長14.5cm。分布：アメリカ南部からメキシコ。

オリーブセキセイインコ
〈*Melopsittacus undulatus*〉鳥綱オウム目オウム科の鳥。

オリーブセスジミツスイ
〈*Ptiloprora meekiana*〉鳥綱スズメ目ミツスイ科の鳥。全長17cm。分布：ニューギニア南東部。

オリーブタイランチョウ
〈*Tyrannus melancholicus*〉鳥綱スズメ目タイランチョウ科の鳥。全長18cm。分布：アメリカ南西部からアルゼンチン中部。

オリーブヒメウミガメ
ヒメウミガメの別名。

オリーブヒメキツツキ
〈*Picumnus olivaceus*〉鳥綱キツツキ目キツツキ科の鳥。全長8cm。分布：グアテマラ，ホンジュラスからコロンビア，エクアドル，ベネズエラ。

オリーブヒヨドリ
〈*Hypsipetes viridescens*〉鳥綱スズメ目ヒヨドリ科の鳥。別名サメイロヒヨドリ。全長19cm。分布：ビルマ，タイ，アッサム。

オリーブフウキンチョウ
〈*Chlorothraupis carmioli*〉鳥綱スズメ目ホオジロ科の鳥。全長16.5cm。分布：中央アメリカから南アメリカ西部。

オリーブマユミソサザイ
〈*Thryothorus nicefori*〉鳥綱スズメ目ミソサザイ科の鳥。全長14.5cm。分布：コロンビア北部。絶滅危惧IA類。

オリーブミツスイ
〈*Lichmera cockerelli*〉鳥綱スズメ目ミツスイ科の鳥。全長14cm。分布：オーストラリアのヨーク岬半島東部。

オリーブミツリンヒタキ
〈*Rhinomyias olivacea*〉鳥綱スズメ目ヒタキ科ヒタキ亜科の鳥。全長14cm。分布：マレーシア，ビルマ，タイ，中国南部。

オリーブミドリフウキンチョウ
〈*Orthogonys chloricterus*〉鳥綱スズメ目ホオジロ科の鳥。全長20.5cm。分布：ブラジル南東部。

オリーブメジロ
〈*Zosterops olivacea*〉鳥綱スズメ目メジロ科の鳥。分布：マスカリーン諸島。

オリーブモリフウキンチョウ
〈*Hemispingus superciliaris*〉鳥綱スズメ目ホオジロ科の鳥。全長15cm。分布：南アメリカ北西部から中西部。

オリーブヤブシトド
〈*Atlapetes flaviceps*〉スズメ目ホオジロ科（ホオジロ亜科）。全長18cm。分布：コロンビア。絶滅危惧IB類。

オリンゴ
〈*olingo*〉哺乳綱食肉目アライグマ科オリンゴ属に含まれる動物の総称。

オリンゴ
〈*Bassaricyon gabbii*〉哺乳綱食肉目アライグマ科オリンゴ属に含まれる動物の総称。体長36～42cm。分布：中央アメリカから南アメリカ北部。

オルカ
シャチの別名。

オルデンブルク
〈*Oldenburg*〉哺乳綱奇蹄目ウマ科の動物。体高165～175cm。原産：西ドイツ。

オールド・イングリッシュ・ゲーム
〈*Old English Game*〉鳥綱キジ目キジ科の鳥。分布：フェニキア。

オ

オールド・イングリッシュ・シープドッグ
〈Old English Sheepdog〉原産地がイギリスの牧羊犬。体高56〜61cm。分布：イギリス。

オールド・イングリッシュ・ブルドッグ
〈Olde English Bulldogge〉犬の一品種。体高51〜64cm。原産：アメリカ。

オールド・イングリッシュ・マスティフ
マスティフの別名。

オールド・クナーブストラップ
〈Old Knabstrup〉馬の一品種。

オールド・ダニッシュ・ポインター
〈Old Danish Pointer〉犬の一品種。体高51〜58cm。原産：デンマーク。

オルム
〈olm〉両生綱有尾目オルム（ホライモリ）科の動物。全長11〜33cm。分布：ユーゴスラビア，イタリア北部，北アメリカ東部，中部。

オルム
ホライモリの別名。

オルリオオトカゲ
〈Varanus doreanus〉爬虫綱有鱗目トカゲ亜目オオトカゲ科のトカゲ。全長63cm。分布：ニューギニア島，ビアク島，ニューブリテン島。

オルローグカモメ
〈Larus atlanticus〉鳥綱チドリ目カモメ科の鳥。全長50〜56cm，翼開張130〜140cm。分布：アルゼンチン，ウルグアイ。絶滅危惧II類。

オルロフ
〈Orlov〉馬の一品種。別名オルロフ・トロッター。体高155〜160cm。原産：旧ソ連。

オルロフ・トロッター
オルロフの別名。

オレンジカグラコウモリ
〈Rhinonycteris aurantia〉翼手目キクガシラコウモリ科（カグラコウモリ亜科）。前腕長4.5〜5cm。分布：オーストラリア北西部と北部。絶滅危惧種。

オレンジサンショウイ
〈Campochaera sloetii〉鳥綱スズメ目サンショウイ科の鳥。全長20cm。分布：ニューギニア。

オレンジズキンフウキンチョウ
〈Thlypopsis sordida〉鳥綱スズメ目ホオジロ科の鳥。全長17cm。分布：南アメリカ。

オレンジバト
〈Ptilinopus victor〉鳥綱ハト目ハト科の鳥。全長26cm。分布：フィジー諸島。

オレンジハナドリ
〈Dicaeum trigonostigma〉鳥綱スズメ目ハナドリ科の鳥。別名アカハラハナドリ，クロキハナドリ。全長8cm。分布：インド東部からインドシナ，マレー半島，フィリピン，大スンダ列島。

オレンジヒキガエル
〈Bufo periglenes〉両生綱無尾目カエル目ヒキガエル科のカエル。体長4〜5.5cm。分布：中央アメリカ（コスタリカ中央部）。絶滅危惧IA類。

オレンジヒトオビツグミ
〈Zoothera citrina〉鳥綱スズメ目ヒタキ科ツグミ亜科の鳥。全長21cm。分布：インド，パキスタンからインドシナ，ジャワ島，中国南部。

オレンジフルーツコウモリ
〈Melonycteris aurantius〉哺乳綱翼手目オオコウモリ科の動物。前腕長4.3〜5.4cm。分布：ソロモン諸島のショワズール島とフロリダ島。絶滅危惧種。

オレンジマウスオポッサム
〈Marmosa xerophila〉オポッサム目オポッサム科。分布：コロンビア北東部からベネズエラ北西部にかけて。絶滅危惧IB類。

オレンジローラーカナリア
〈Serinus canaria var. domesticus〉鳥綱スズメ目アトリ科の鳥。分布：日本，ドイツ。

オロロンチョウ
ウミガラスの別名。

オワリサンショウウオ　尾張山椒魚
〈Hynobius sp.〉両生綱サンショウウオ目サンショウウオ科の動物。分布：東海地方に分布，岐阜県南部にも生息。

オンキラ
ジャガーネコの別名。

オンゴール
〈Ongole〉哺乳綱偶蹄目ウシ科の動物。別名ネロール。肩高オス142〜155cm，メス122〜145cm。分布：インド東部。

オンゴール
ネロールの別名。

オンシツガエル

⟨*Eleutherodactylus planirostris*⟩両生綱無尾目ミナミガエル科のカエル。全長2.5～4cm。分布：カリブ海。

オンセンヘビ
⟨*Thermophis baileyi*⟩爬虫綱トカゲ目（ヘビ亜目）ナミヘビ科のヘビ。頭胴長55～71cm。分布：中国のチベット自治区南部。

オンドリタイランチョウ　雄鳥太蘭鳥
⟨*Alectrurus tricolor*⟩鳥綱スズメ目タイランチョウ科の鳥。全長オス20cm，メス13cm。分布：ボリビア北部・東部・ブラジル南部からパラグアイ・アルゼンチン北東部。

オンナダケヤモリ　恩納岳守宮
⟨*Gehyra mutilata*⟩爬虫綱有鱗目トカゲ亜目ヤモリ科の動物。全長10～12cm。分布：東南アジア～ニューギニア・太平洋やインド洋の島々・メキシコ・マダガスカルなど。国内では徳之島以南の南西諸島。

【カ】

ガイアナカエルガメ
⟨*Phrynops nasutus*⟩爬虫綱カメ目ヘビクビガメ科のカメ。最大甲長32.3cm。分布：南米（仏領ギアナおよびスリナム，隣接したブラジルにも分布すると考えられている）。

カイウサギ　飼兎
⟨*domestic rabbit*⟩哺乳綱ウサギ目ウサギ科に属する動物のうち，家畜として飼養されているウサギの総称。

カイウサギ
アナウサギの別名。

カイギュウ　海牛
⟨*sea cow*⟩カイギュウ目Sireniaに属する哺乳類の総称。

カイケン　甲斐犬
⟨*Canis familiaris*⟩哺乳綱食肉目イヌ科の動物。別名甲斐虎。体高46～58cm。分布：山梨県。天然記念物。

カイジュウ　海獣
⟨*marine mammals*⟩海洋を生活域とする，いわゆる海生哺乳類の総称。

カイツブリ　鸊鷉, 鳰
⟨*Tachybaptus ruficollis*⟩鳥綱カイツブリ目カイツブリ科の鳥。体長25～29cm。分布：ユーラシア南部，アフリカ，インドネシア，日本列島。北国で繁殖する種は南に渡って越冬。

カイツブリ　鸊鷉
⟨*grebe*⟩鳥綱カイツブリ目カイツブリ科に属する鳥の総称。分布：南・北アメリカ，ユーラシア，アフリカ，オーストラリア。

カイツブリ科
カイツブリ目。分布：全世界。

カイツブリ目
鳥綱の1目。

カイバト　飼鳩
鳥綱ハト目ハト科に属する鳥のうち，家禽化されたハトの俗称。

カイバブリス
⟨*Sciurus kaibabensis*⟩哺乳綱齧歯目リス亜目リス科リス亜科リス属。絶滅危惧種。

カイホオヒゲコウモリ
⟨*Myotis stalkeri*⟩哺乳綱翼手目ヒナコウモリ科の動物。前腕長4.8cm。分布：インドネシアのカイ諸島のアラ島。絶滅危惧IB類。

カイマン
⟨*caiman*⟩爬虫綱ワニ目アリゲーター科カイマン亜科に属するワニの総称。

カイマントカゲ
⟨*Dracaena guianensis*⟩爬虫綱有鱗目テユウトカゲ科のトカゲ。体長0.9～1.1m。分布：南アメリカ大陸北部。絶滅危惧II類。

カイユーズ・インディアン・ポニー
馬の一品種。原産：アメリカ西部。

カイリ
ビーバーの別名。

カイリネズミ
ヌートリアの別名。

カーイング・ホエール
ヒレナガゴンドウの別名。

ガウア
ガウルの別名。

カウアイキバシリ
⟨*Oreomystis bairdi*⟩鳥綱スズメ目ハワイミツスイ科の鳥。全長13cm。分布：アメリカ合衆国ハワイ州のカウアイ島。絶滅危惧IB類。

カウアイコバシハワイミツスイ
アケキの別名。

カウアイツグミ
⟨*Phaeornis palmeri*⟩鳥綱スズメ目ヒタキ科ツグミ亜科の鳥。全長18cm。分布：カウア

イ島。

カウアイヒトリツグミ
〈Myadestes myadestinus〉スズメ目ヒタキ科（ツグミ亜科）。全長20cm。分布：アメリカ合衆国ハワイ州のカウアイ島。絶滅危惧IA類。

カウアイミツスイ
〈Viridonia stejnegeri〉鳥綱スズメ目ハワイミツスイ科の鳥。全長11cm。分布：アメリカ合衆国ハワイ州のカウアイ島。絶滅危惧II類。

カヴァリア・キング・チャールズ・スパニエル
キャバリア・キング・チャールズ・スパニエルの別名。

カウバード
コウウチョウの別名。

ガウル
〈Bos gaurus〉哺乳綱偶蹄目ウシ科の動物。別名インドヤギュウ、ガウア、セラダン。体長2.5〜3.3m。分布：南アジアから東南アジアにかけて。絶滅危惧II類。

カエデチョウ 楓鳥
〈Estrilda troglodytes〉鳥綱スズメ目カエデチョウ科の鳥。全長10cm。分布：モーリタニア、リベリアからエチオピア南部。

カエデチョウ 楓鳥
〈waxbill〉広義には鳥綱スズメ目カエデチョウ科に属する鳥の総称で、狭義にはその1種をさす。体長9〜13cm。分布：アフリカ、アジア、オーストラリア。

カエデチョウ科
スズメ目。分布：アフリカ、アジア、オーストラリア。

カエル 蛙
〈frog〉両生綱無尾目に属する動物の総称。

カエルクイコウモリ
〈Trachops cirrhosus〉体長6.5〜9cm。分布：メキシコから南アメリカ北部。

カオグロアメリカムシクイ
〈Geothlypis trichas〉アメリカムシクイ科。体長10〜13cm。分布：メキシコ以北の北アメリカで繁殖。バハマ、西インド諸島から南アメリカ北部で越冬。

カオグロアリツグミ 顔黒蟻鶫
〈Formicarius analis〉アリドリ科。体長17〜19cm。分布：メキシコ南部からアマゾン川流域。

カオグロイソヒヨドリ
〈Monticola rufiventris〉鳥綱スズメ目ヒタキ科ツグミ亜科の鳥。全長24cm。分布：ヒマラヤ・中国南部・ビルマ。

カオグロインパラ
〈Aepyceros melampus petersi〉偶蹄目ウシ科ブルーバック亜科ハーテビースト属。別名アンゴラインパラ。

カオグロエボシドリ 顔黒烏帽子鳥
〈Corythaixoides personata〉鳥綱ホトトギス目エボシドリ科の鳥。全長50cm。分布：エチオピア南部からタンザニア、ザンビア。

カオグロカササギビタキ
〈Monarcha melanopsis〉カササギビタキ科。別名カオグロカササギビタキ。体長18cm。分布：オーストラリア東部およびニューギニア。

カオグロカザリドリ
〈Conioptilon mcilhennyi〉鳥綱スズメ目カザリドリ科の鳥。全長20cm。分布：ペルー。

カオグロガビチョウ
〈Garrulax perspicillatus〉鳥綱スズメ目ヒタキ科チメドリ亜科の鳥。全長30cm。分布：ベトナム北部・中国中部・南部・香港。

カオグロカマドドリ
クロツラカマドドリの別名。

カオグロキノボリカンガルー
〈Dendrolagus lumholtzi〉哺乳綱有袋目カンガルー科の動物。

カオグロキバラフウキンチョウ
〈Buthraupis wetmorei〉スズメ目ホオジロ科（フウキンチョウ亜科）。全長20cm。分布：コロンビア南西部、エクアドル東部、ペルー北西部。絶滅危惧II類。

カオグロクイナ 顔黒秧鶏
〈Porzana carolina〉鳥綱ツル目クイナ科の鳥。体長22cm。分布：北アメリカで繁殖し、合衆国南部から南アメリカ北西部あたりで越冬。

カオグロサイチョウ
〈Penelopides panini〉鳥綱ブッポウソウ目サイチョウ科の鳥。全長50〜65cm。分布：フィリピン。絶滅危惧IA類。

カオグロナキシャクケイ 顔黒鳴舎久鶏
〈Aburria jacutinga〉鳥綱キジ目ホウカンチョウ科の鳥。全長56cm。分布：ブラジル南東部・パラグアイ南東部・アルゼンチン北東部。

絶滅危惧II類。

カオグロハイツグミ
〈*Turdus ludoviciae*〉スズメ目ヒタキ科（ツグミ亜科）。全長24cm。分布：ソマリア北部。絶滅危惧IB類。

カオグロハタオリ
〈*Ploceus bannermani*〉鳥綱スズメ目ハタオリドリ科の鳥。全長14cm。分布：カメルーン西部のバメンダ高地とナイジェリア東部の山地。絶滅危惧II類。

カオグロハナサシミツドリ
〈*Diglossopis cyanea*〉鳥綱スズメ目ホオジロ科の鳥。体長15cm。分布：ベネズエラ北部からボリビアあたりにまで分布。

カオグロハワイミツスイ
〈*Melamprosops phaeosoma*〉鳥綱スズメ目ハワイミツスイ科の鳥。全長13cm。分布：マウイ島。絶滅危惧IA類。

カオグロヒタキ
〈*Oenanthe hispanica*〉鳥綱スズメ目ヒタキ科の鳥。

カオグロフウキンチョウ
〈*Schistochlamys melanopis*〉鳥綱スズメ目ホオジロ科の鳥。体長17cm。分布：南アメリカ北部の一部地域。

カオグロミフウズラ
ムナグロミフウズラの別名。

カオグロモリツバメ　顔黒森燕
〈*Artamus cinereus*〉鳥綱スズメ目モリツバメ科の鳥。体長18cm。分布：チモール島、ニューギニア南部、オーストラリア。

カオグロヤイロチョウ
〈*Pitta anerythra*〉鳥綱スズメ目ヤイロチョウ科の鳥。全長15〜20cm。分布：パプアニューギニアのブーゲンヴィル島、ソロモン諸島のショワズール島、サンタ・イザベル島。絶滅危惧種。

カオジロオタテガモ
〈*Oxyura leucocephala*〉鳥綱カモ目カモ科の鳥。体長46cm。分布：スペイン南部から中近東、中央アジアで繁殖する。東方にすむ個体群はインド北西部まで南下し越冬。絶滅危惧II類。

カオジロカマハシ
〈*Phoeniculus bollei*〉鳥綱ブッポウソウ目カマハシ科の鳥。別名カオジロモリヤツガシラ。全長35〜38cm。分布：西アフリカからケニア。

カオジロガン　顔白雁
〈*Branta leucopsis*〉鳥綱ガンカモ目ガンカモ科の鳥。全長58〜71cm。分布：グリーンランド北東部・スピッツベルゲン・ノバヤゼムリャ南島。

カオジロクロバト　顔白黒鳩
〈*Turacoena manadensis*〉鳥綱ハト目ハト科の鳥。全長35cm。分布：スラウェシ、ブトゥン島。

カオジロゴウシュウヒタキ
〈*Epthianura albifrons*〉鳥綱スズメ目ヒタキ科ゴウシュウムシクイ亜科の鳥。全長12cm。分布：オーストラリア南部、タスマニア島。

カオジロゴジュウカラ　顔白五十雀
〈*Sitta carolinensis*〉鳥綱スズメ目ゴジュウカラ科の鳥。全長13cm。分布：アメリカ、メキシコ北部。

カオジロサギ
〈*Egretta novaehollandiae*〉鳥綱サギ科の鳥。体長65cm。分布：ニューギニア南部、ニューカレドニア、オーストラリア、ニュージーランド。

カオジロシトド
〈*Melozone biarcuatum*〉鳥綱スズメ目ホオジロ科の鳥。全長14cm。分布：メキシコ、グアテマラ、エルサルバドル。

カオジロダルマエナガ
〈*Paradoxornis heudei*〉鳥綱スズメ目ヒタキ科ダルマエナガ亜科の鳥。体長18cm。分布：東アジアの大陸本土。

カオジロムササビ　顔白鼯鼠
〈*Petaurista alborufus*〉哺乳綱齧歯目リス科の動物。

カオジロムシクイ
〈*Aphelocephala leucopsis*〉鳥綱スズメ目ヒタキ科ゴウシュウムシクイ亜科の鳥。体長11cm。分布：オーストラリア中央部より南の内陸。

カオジロモリヤツガシラ
カオジロカマハシの別名。

カオ・ダ・カストロ・ラボレイロ
〈*Portuguese Cattle Dog*〉犬の一品種。体高51〜61cm。原産：ポルトガル。

カオ・ダ・セラ・ダ・エストレラ
エストレラ・マウンテンドッグの別名。

カオ・ダ・セラ・デ・アイレス
犬の一品種。

カオ・デ・アグア
ポーチュギーズ・ウォーター・ドッグの別名。

カオ・デ・セラ・ダ・エストレラ
〈*Estrela Mountain Dog*〉犬の一品種。体高62〜72cm。原産：ポルトガル。

カオ・デ・フィラ・デ・サン・ミゲル
〈*Cão de Fila de São Miguel*〉犬の一品種。

カオドリ 容鳥
春の季語。アオバト,カワガラス,キジ,オシドリ等諸説ある。

カオムラサキラングール
〈*Semnopithecus vetulus*〉哺乳綱霊長目オナガザル科の動物。頭胴長オス49.5〜60.8cm,メス48.4〜54cm。分布：スリランカ。絶滅危惧II類。

ガオラオ
〈*Gaolao*〉牛の一品種。

カカ
〈*Nestor meridionalis*〉鳥綱オウム目インコ科の鳥。全長45cm。分布：ニュージーランド。絶滅危惧II類。

カカポ
フクロウオウムの別名。

カキイロコノハズク 柿色木葉木菟
〈*Pyrroglaux podargina*〉鳥綱フクロウ目フクロウ科の鳥。全長22cm。分布：パラオ諸島。

カキイロツグミ
〈*Turdus feae*〉スズメ目ヒタキ科（ツグミ亜科）。全長22cm。分布：繁殖地は中国の北京市近郊,河北省,陝西省。越冬地はインド北東部,ミャンマー,タイ北西部。絶滅危惧II類。

カーキー・キャンベル
〈*Anas platyrhynchos var. domestica*〉鳥綱ガンカモ目ガンカモ科の鳥。分布：世界中で飼養。

カギハシオオハシモズ 鉤嘴大嘴鵙
〈*Vanga curvirostris*〉鳥綱スズメ目オオハシモズ科の鳥。全長25cm。分布：マダガスカル。

カギハシショウビン
〈*Melidora macrorrhina*〉鳥綱ブッポウソウ目カワセミ科の鳥。全長25cm。分布：ニューギニア。

カギバシトビ
〈*Chondrohierax uncinatus*〉鳥綱ワシタカ目ワシタカ科の鳥。全長35〜38cm。分布：アメリカからメキシコ,キューバ,ペルー,ボリビア,アルゼンチン。

カギハシハチドリ
〈*Glaucis dohrnii*〉鳥綱アマツバメ目ハチドリ科の鳥。全長12.5cm。分布：ブラジル南東部。絶滅危惧IA類。

カギハシヒヨドリ 鉤嘴鵯
〈*Setornis criniger*〉鳥綱スズメ目ヒヨドリ科の鳥。体長18cm。分布：カリマンタン,スマトラ,バンカの3島。

カキョクウマ 河曲馬
〈*Hequ Horse*〉オス141cm,メス134cm。分布：中国西部の青海省,甘粛省,四川省。

カグー
〈*Rhynochetos jubatus*〉鳥綱ツル目カグー科の鳥。別名カンムリサギモドキ。体長60cm。分布：ニューカレドニア。絶滅危惧IB類。

カグー科
鳥綱ツル目カンムリサギモドキ科の鳥。分布：ニューカレドニア島。

カクビオウチュウ 角尾烏秋
〈*Dicrurus ludwigii*〉鳥綱スズメ目オウチュウ科の鳥。全長18cm。分布：南アフリカ東部・モザンビーク・タンザニア・ケニアから中央アフリカを経てセネガル・ガボン。

カクビクロツバメ 角尾黒燕
〈*Psalidoprocne nitens*〉鳥綱スズメ目ツバメ科の鳥。全長12cm。分布：アフリカ中部から西部。

カグヤコウモリ かぐや蝙蝠
〈*Myotis frater*〉哺乳綱翼手目ヒナコウモリ科の動物。前腕長3.6〜4.1cm。分布：トルキスタンから,東シベリア,南東中国。国内では本州の岐阜県―石川県以北,北海道。

カグラコウモリ 神楽蝙蝠, 八重山神楽蝙蝠
〈*Hipposideros turpis*〉哺乳綱翼手目キクガシラコウモリ科の動物。前腕長6.5〜7.1cm,耳介2.8〜3.4cm。分布：石垣島,西表島,与那国島。絶滅危惧IB類。

カグラコウモリ

〈leaf-nosed bat〉顔の中央に神楽の面に似た四辺形の鼻葉がある翼手目カグラコウモリ科カグラコウモリ属Hipposiderosに属する哺乳類の総称。体長2.5～14cm。分布：アフリカから東南アジアを通り，フィリピン，ソロモン諸島，オーストラリア。

カクレガメ
〈Elusor macrurus〉爬虫綱カメ目ヘビクビガメ科のカメ。背甲長最大40.3cm。分布：オーストラリア東部。絶滅危惧。

カケイ
ミミキジの別名。

カケス 鵥，掛子，橿鳥，懸巣
〈Garrulus glandarius〉鳥綱スズメ目カラス科の鳥。別名カシドリ。体長33cm。分布：西ヨーロッパからアジアを横断して日本および東南アジアまで。国内では屋久島以北の森林に5亜種が分布。

カゲネズミ 鹿毛鼠
〈Eothenomys kageus〉哺乳綱齧歯目キヌゲネズミ科の動物。

ガケムシノネガエル
〈Syrrhophus marnockii〉両生綱無尾目ミナミガエル科のカエル。

カゲロウチョウ 陽炎鳥
〈Lagonosticta rubricata〉鳥綱スズメ目カエデチョウ科の鳥。全長9cm。分布：アフリカ。

カゴシマアオゲラ
〈Picus awokera horii〉鳥綱キツツキ目キツツキ科の鳥。

カコミスル
〈Bassariscus astutus〉哺乳綱食肉目アライグマ科の動物。体長31～38cm。分布：オレゴンからコロラドまでの合衆国西部，南はメキシコ。

カサイハツカネズミ
〈Mus kasaicus〉齧歯目ネズミ科（ネズミ亜科）。分布：コンゴ民主共和国南部。絶滅危惧IA類。

カササギ 鵲
〈Pica pica〉鳥綱スズメ目カラス科の鳥。別名カチガラス。体長45cm。分布：西ヨーロッパから日本に至るユーラシア大陸。北アメリカの温帯地域。国内では九州北部。

カササギガン 鵲雁
〈Anseranas semipalmata〉カモ科。体長75～85cm。分布：オーストラリア北部，ニューギニア南部。

カササギサイチョウ
〈Anthracoceros coronatus〉サイチョウ科。体長75～80cm。分布：インド。

カササギサンショウクイ
マダラナキサンショウクイの別名。

カササギビタキ
カササギビタキ亜科。体長12～30cm。分布：アフリカ，熱帯および東アジア，オーストララシア。

カササギフウキンチョウ
〈Cissopis leveriana〉鳥綱スズメ目ホオジロ科の鳥。体長27cm。分布：南アメリカの熱帯地域に広く分布する。

カササギフエガラス 鵲笛鴉
〈Gymnorhina tibicen〉フエガラス科。体長40cm。分布：オーストラリア，ニューギニア南部。ニュージーランドへは移入。

カササギムクドリ
〈Streptocitta albicollis〉鳥綱スズメ目ムクドリ科の鳥。体長23cm。分布：インドネシアにあるスラウェシ島。

カザック
馬の一品種。体高124～135cm。原産：カザック共和国。

カサドリ
〈Cephalopterus ornatus〉カザリドリ科。体長51cm。分布：南アメリカのアマゾン川流域，ベネズエラ南部。

カザノワシ
〈Ictinaetus malayensis〉鳥綱タカ目タカ科の鳥。体長69～81cm。分布：インド，スリランカ，ミャンマー，マレーシアから，南東のスラウェシ島，モルッカ諸島。

カザリオウチュウ 飾烏秋
〈Dicrurus paradiseus〉鳥綱スズメ目オウチュウ科の鳥。別名オウチュウ。体長35cm。分布：インド，スリランカ，中国南部，東南アジア，カリマンタン島。

カザリキヌバネドリ 飾絹羽鳥
〈Pharomachrus mocinno〉鳥綱キヌバネドリ目キヌバネドリ科。別名アカハシカザリキヌバネドリ，ケツァール。体長35～38cm。分布：メキシコ南部からパナマ西部。絶滅危惧II類。

カサリショ

カザリショウビン
〈Lacedo pulchella〉鳥綱ブッポウソウ目カワセミ科の鳥。全長21cm。分布：ビルマ，タイ，ボルネオ島，マレーシア。

カザリドリ 飾鳥
〈cotinga〉鳥綱スズメ目カザリドリ科に属する鳥の総称。体長9〜45cm。分布：メキシコ，中央・南アメリカの熱帯林から山地の温帯林にいたる各種の森林にすむ。

カザリドリ科
スズメ目。全長8〜48cm。分布：南アメリカ，メキシコ，アルゼンチン。

カザリヘビ
〈Denisonia maculata〉爬虫綱トカゲ目（ヘビ亜科）コブラ科の動物。分布：オーストラリア南東部。絶滅危惧II類。

カザリリュウキュウガモ
〈Dendrocygna eytoni〉鳥綱カモ科の鳥。体長60cm。分布：オーストラリア北部と東部。

カサレアボア
モーリシャスボアの別名。

カザンアナツバメ
〈Collocalia vulcanorum〉鳥綱アマツバメ目アマツバメ科の鳥。全長13〜14cm。分布：インドネシアのジャワ島西部。絶滅危惧I類。

カサントウ
〈Zaocys dhumnades〉爬虫綱有鱗目ヘビ亜目ナミヘビ科のヘビ。全長2m。分布：台湾，中国南部。

カザンマウス
〈Neotomodon alstoni〉哺乳綱齧歯目ネズミ科の動物。分布：メキシコ中部の山地。

カシアタイランチョウ
〈Casiornis rufa〉鳥綱スズメ目タイランチョウ科の鳥。全長18cm。分布：ブラジル東部・中央部，パラグアイ・ボリビア北部・東部・アルゼンチン北部。

カジカガエル 河鹿蛙
〈Buergeria buergeri〉両生綱無尾目アオガエル科のカエル。体長オス37〜44mm，メス49〜69mm。分布：離島を除く本州，四国，九州，五島列島。

カシドリ
カケスの別名。

カシミヤ
〈Cashmere〉哺乳綱偶蹄目ウシ科の動物。65〜80cm。分布：チベット。

カシミヤ
ヤギの別名。

カシミールアカシカ
〈Cervus elaphus hanglu〉哺乳綱偶蹄目シカ科の動物。別名ハングルアカシカ。分布：カシミール地方固有亜種。

カシミールオジロビタキ
〈Ficedula subrubra〉スズメ目ヒタキ科（ヒタキ亜科）。13cm。分布：繁殖地はインド北西部，パキスタン北部。越冬地はインド南西部，スリランカ。絶滅危惧II類。

カシミールコウザンネズミ
〈Alticola montosa〉齧歯目ネズミ科（ハタネズミ亜科）。頭胴長10cm程度。分布：インドのカシミール地方。絶滅危惧II類。

カシミールヤチネズミ属
〈Hyperacrius〉哺乳綱齧歯目ネズミ科の動物。分布：カシミールとパンジャーブ。

カジヤアマガエル
〈Hyla faber〉両生綱無尾目アマガエル科のカエル。

カシラダカ 頭高
〈Emberiza rustica〉鳥綱スズメ目ホオジロ科の鳥。全長15cm。分布：スウェーデンからカムチャツカ半島に至るユーラシア北部。

カスケードガエル
〈Rana cascadae〉両生綱無尾目カエル目アカガエル科のカエル。体長4.4〜7.5cm。分布：アメリカ合衆国ワシントン州のオリンピック山脈とワシントン州，オレゴン州，カリフォルニア州にまたがるカスケード山脈。絶滅危惧II類。

ガスケルニセクビワコウモリ
〈Hesperoptenus gaskelli〉哺乳綱翼手目ヒナコウモリ科の動物。前腕長4cm前後。分布：インドネシアのスラウェシ島中央部。絶滅危惧II類。

ガスコン・サントンジョワ・ハウンド
犬の一品種。

ガスコンヌ
〈Gasconne〉牛の一品種。

カスナーヒメジムグリトカゲ
〈Scelotes kasneri〉爬虫綱トカゲ目（トカゲ亜

カ

目)トカゲ科のトカゲ。頭胴長8～10.5cm。分布：南アフリカ共和国の西ケープ海岸のランバーツ・ベイからフレーデンバーグにかけて。絶滅危惧Ⅱ類。

カズハゴンドウ　数歯巨頭
〈*Peponocephala electra*〉哺乳綱クジラ目マイルカ科の動物。別名メロンヘッド・ホエール，メニートゥーズド・ブラックフィッシュ，リトル・キラー・ホエール，エレクトラ・ドルフィン。2.1～2.7m。分布：世界中の熱帯から亜熱帯にかけての沖合い。

カスピアセッケイ
〈*Tetraogallus caspius*〉体長60cm。分布：ヨーロッパ南東部，アジア西部。

カスピアン
〈*Caspian*〉哺乳綱奇蹄目ウマ科の動物。100～120cm。原産：カスピ海沿岸。

カスピイシガメ
〈*Mauremys caspica caspica*〉爬虫綱カメ目バタグールガメ科のカメ。

カスピカイアザラシ
〈*Phoca caspica*〉哺乳綱食肉目アザラシ科の動物。全長130～140cm（最大180cm）。分布：カスピ海。絶滅危惧Ⅱ類。

カスピトラ
ペルシアトラの別名。

カスミサンショウウオ　霞山椒魚，東京山椒魚
〈*Hynobius nebulosus*〉両生綱有尾目サンショウウオ科の動物。全長70～110mm。分布：鈴鹿山脈以西の本州，四国東部，九州北西部。壱岐島，五島列島，淡路島。

カスリイルカ
〈*Stenella plagiodon*〉哺乳綱クジラ目マイルカ科の動物。体長2.1m。分布：熱帯大西洋。

カスリホウセキドリ　絣宝石鳥
〈*Pardalotus substriatus*〉鳥綱スズメ目ハナドリ科の鳥。全長10cm。分布：オーストラリア。

ガゼル
〈*gazelle*〉哺乳綱偶蹄目ウシ科ガゼル属に含まれる動物の総称。

ガゼル・ハウンド
サルーキの別名。

カセンスイギュウ　河川水牛
〈*Arni buffalo*〉牛の一品種。

カソンブジネズミ
〈*Crocidura ansellorum*〉哺乳綱食虫目トガリネズミ科の動物。分布：ザンビア北西部。絶滅危惧ⅠA類。

カタアカノスリ
〈*Buteo lineatus*〉鳥綱タカ目タカ科の鳥。体長41～51cm。分布：北アメリカ。南はメキシコ中部まで。

ガタカケフウチョウ
〈*Lophorina superba*〉フウチョウ科。体長25cm。分布：ニューギニアの山地（標高1200～2300m）。

カタグモノスリ
〈*Leucopternis occidentalis*〉鳥綱タカ目タカ科の鳥。全長45～48cm。分布：エクアドル北西部からペルー北西部にかけて。絶滅危惧ⅠB類。

カタグロトビ　肩黒鳶
〈*Elanus caeruleus*〉タカ目タカ科。

カタジオナガモズ
カタジロオナガモズの別名。

カタジロアメリカムシクイ
〈*Myioborus pictus*〉鳥綱スズメ目アメリカムシクイ科の鳥。全長13cm。分布：アメリカ南西部・メキシコからニカラグア。

カタジロオナガモズ　肩白尾長鵙
〈*Lanius collaris*〉鳥綱スズメ目モズ科の鳥。体長22cm。分布：サハラ以南アフリカ。

カタジロクロシトド
〈*Calamospiza melanocorys*〉鳥綱スズメ目ホオジロ科の鳥。全長15cm。分布：カナダ，アメリカ，メキシコ。

カタジロダイカー
ソメワケダイカーの別名。

カタジロトキ
シロカタトキの別名。

カタジロフウキンチョウ
〈*Neothraupis fasciata*〉鳥綱スズメ目ホオジロ科の鳥。全長17cm。分布：ブラジル，ボリビア，パラグアイ。

カタシロワシ　肩白鷲
〈*Aquila heliaca*〉鳥綱タカ目タカ科の鳥。体長79～84cm。分布：東ヨーロッパから中央アジアにかけてとスペインで繁殖。一部は渡りをする（特に中央アジアで繁殖する個体群。

117

カタツムリ

インド北部に渡って越冬）。絶滅危惧II類。

カタツムリトビ
〈Rostrhamus sociabilis plumbeus〉分布：フロリダ半島南部。

カタツムリトビ
タニシトビの別名。

カタフーラ・レオパード・ドッグ
〈Catahoula Leopard Dog〉犬の一品種。体高51～66cm。原産：アメリカ。

ガーターヘビ
〈Thamnophis marcianus〉爬虫綱有鱗目ナミヘビ科ガーターヘビ属に含まれるヘビの総称。

カタラン・シープドッグ
犬の一品種。

カタラン・マンモス
〈Catalan Mammoth〉哺乳綱奇蹄目ウマ科の動物。体高145～160cm。分布：スペイン。

ガダルカナルハダカオネズミ
〈Uromys imperator〉齧歯目ネズミ科（ネズミ亜科）。頭胴長34～35cm。分布：ソロモン諸島のガダルカナル島。絶滅危惧。

ガダルカナルフルーツコウモリ
〈Pteralopex pulchra〉哺乳綱翼手目オオコウモリ科の動物。前腕長11.8cm。分布：ソロモン諸島のガダルカナル島。絶滅危惧種。

ガダループオットセイ
〈Arctocephalus townsendi〉哺乳綱食肉目アシカ科の動物。別名ガダループミナミオットセイ。全長オス1.8～1.9m, メス1.2～1.4m。分布：メキシコのグアダルーペ島（繁殖地）。絶滅危惧II類。

ガダループミナミオットセイ
ガダループオットセイの別名。

カタロニアン・シープドッグ
〈Catalan Sheepdog〉犬の一品種。体高46～51cm。原産：スペイン。

カチアワリ
〈Kathiawari〉馬の一品種。別名マルワリ。体高143cm。原産：インド。

カチガラス
カササギの別名。

カチクウマ　家畜ウマ
〈Equus caballus〉ウマ科ウマ亜属。体長200cm。分布：北,南アメリカ。

カチャロット
マッコウクジラの別名。

ガチョウ　鵞鳥, 鵞鳥
〈Anser anser var. domestica〉鳥綱ガンカモ目ガンカモ科の鳥。分布：ドイツ,オランダ。

カツオクジラ
ニタリクジラの別名。

カツオドリ　鰹鳥
〈Sula leucogaster〉鳥綱ペリカン目カツオドリ科の鳥。体長75～80cm。分布：全熱帯海域。国内では伊豆諸島南部・小笠原諸島・硫黄列島・琉球諸島南部。

カツオドリ　鰹鳥
〈booby〉ペリカン目カツオドリ科Sulidaeの鳥の総称、またはそのうちの1種を指す。全長60～85cm。分布：熱帯海域。

カツオドリ科
ペリカン目。分布：熱帯から温帯の海。

カツガ　豁鵝
〈Hou Goose〉分布：中国。

カッコウ　郭公, 閑古鳥, 霍公鳥
〈Cuculus canorus〉鳥綱カッコウ目カッコウ科の鳥。体長33cm。分布：ヨーロッパ,アジア（南限はネパール,中国,日本）で繁殖,冬はアフリカで越冬。国内では九州以北の夏鳥。

カッコウサンショウクイ
ジサンショウクイの別名。

カッコウドリ
ユビナガフクロウの別名。

カッコウハタオリ
〈Anomalospiza imberbis〉鳥綱スズメ目ハタオリドリ科の鳥。体長13cm。分布：アフリカのサハラ砂漠以南。

カッショクカケイ
ミミキジの別名。

カッショクキツネザル
〈Lemur fulvus〉哺乳綱霊長目キツネザル科の動物。体長38～50cm。分布：マダガスカル北部,西部。

カッショクコクジャク
〈Polyplectron germaini〉鳥綱キジ目キジ科の鳥。全長オス56cm, メス48cm。分布：ベトナム。絶滅危惧II類。

カッショクシロハラバンケン

マミジロバンケンの別名。

カッショクタイランチョウ 褐色太蘭鳥, 褐色太蘭鳥
〈*Empidonax fulvifrons*〉鳥綱スズメ目タイランチョウ科の鳥。別名ウスチャメジロタイランチョウ。全長10cm。分布：アメリカからメキシコ, グアテマラ, エルサルバドル, ホンジュラス。

カッショクハイエナ 褐色鬣犬
〈*Hyaena brunnea*〉哺乳綱食肉目ハイエナ科の動物。体長1.3m。分布：アフリカ南部。絶滅危惧種。

カッショクペリカン
〈*Pelecanus occidentalis*〉鳥綱ペリカン目ペリカン科の鳥。体長110〜137cm。分布：南北アメリカの太平洋および大西洋沿岸。

カッショクメジロ
ニッケイメジロの別名。

カッショクレグホーン 褐色レグホーン
〈*Brown Leghorn*〉ニワトリの一品種。原産：ヨーロッパ。

カッパドキアカナヘビ
〈*Lacerta cappadocica*〉爬虫綱有鱗目トカゲ亜目カナヘビ科の動物。全長21〜26cm。分布：トルコ, イラン, イラク。

カツモウワシュ 褐毛和種
〈*Japanese Brown*〉偶蹄目ウシ科。オス140cm, メス127cm。分布：熊本県, 高知県。

カツラチャボ
〈*Gallus gallus var. domesticus*〉鳥綱キジ目キジ科の鳥。

カツラバト
ジャコビンの別名。

カーディガン・ウェルシュ・コーギー
哺乳綱食肉目イヌ科の動物。

ガーディナルセイシェルガエル
〈*Sooglossus gardineri*〉両生綱無尾目セイシェルガエル科のカエル。体長1〜1.5cm。分布：セイシェル諸島。絶滅危惧II類。

カ・デ・ブー
ペロ・デ・プレサ・マヨルカンの別名。

カ・デ・ベスティア
〈*Ca de Bestiar*〉犬の一品種。

カ・デ・ボウ
〈*Ca de Bou*〉犬の一品種。

ガーデンツリーボア
〈*Corallus enydris*〉爬虫綱有鱗目ヘビ亜目ボア科のヘビ。全長1.5m前後。分布：コスタリカからブラジルにかけてアンデスの東側, ウィンドワード諸島。

カドバリカブトアマガエル
〈*Triprion petasatus*〉体長5.5〜7.5cm。分布：メキシコ（ユカタン地方）, 中央アメリカ北部。

カートランドアメリカムシクイ
〈*Dendroica kirtlandii*〉アメリカムシクイ科。体長15cm。分布：ミシガン州中央部の小区域で繁殖。バハマ諸島で越冬。絶滅危惧II類。

カトリタイランチョウ 蚊取太蘭鳥
〈*Serpophaga cinerea*〉タイランチョウ科。体長10cm。分布：コスタリカ, パナマ西部, ベネズエラ北西部, コロンビア, ボリビア北部。

カトリックガエル
〈*Notaden bennetti*〉両生綱無尾目ミナミガエル科のカエル。体長4〜7cm。分布：オーストラリア東部。

カナダカケス
〈*Perisoreus canadensis*〉鳥綱スズメ目カラス科の鳥。全長30cm。分布：アラスカ, カナダ, アメリカ西部。

カナダカモメ カナダ鷗
〈*Larus thayeri*〉チドリ目カモメ科。全長58cm。

カナダガラ
〈*Parus hudsonicus*〉鳥綱スズメ目シジュウカラ科の鳥。全長12cm。分布：カナダ, アラスカ。

カナダカワウソ
〈*Lutra canadensis*〉イタチ科カワウソ類。体長66〜110cm。分布：カナダ, アメリカ合衆国。

カナダガン
〈*Branta canadensis*〉カモ科。体長55〜110cm。分布：北アメリカ極北部および温帯域。ヨーロッパ, ニュージーランドにも移入。

カナダガン
シジュウカラガンの別名。

カナダヅル カナダ鶴, 加奈陀鶴
〈*Grus canadensis*〉鳥綱ツル目ツル科の鳥。体長107cm。分布：シベリア北東部, アラス

カ, カナダ, 合衆国北部で繁殖。合衆国南部からメキシコ中部にかけて越冬。フロリダおよびミシシッピー州, キューバには留鳥の小個体群が生息。

カナダホシガラス
ハイイロホシガラスの別名。

カナダヤマアラシ
〈*Erethizon dorsatum*〉哺乳綱齧歯目キノボリヤマアラシ科の動物。別名キノボリヤマアラシ。体長65～80cm。分布：カナダ, 合衆国。

カナディアン・エスキモーケン カナディアン・エスキモー犬
〈*Eskimo Dog*〉犬の一品種。

カナヘビ
〈*true lizard*〉広義には爬虫綱有鱗目カナヘビ科に属するトカゲの総称で, 狭義にはそのうちとくにカナヘビ属Takydromus, コモチカナヘビ属Lacertaなどに含まれるグループをさす。

カナヘビ
ニホンカナヘビの別名。

カナリア　金糸雀
〈*Serinus canaria*〉鳥綱スズメ目アトリ科の鳥。体長12.5cm。分布：アゾレス諸島, マデイラ諸島, カナリア諸島。

カナリアウサギコウモリ
〈*Plecotus teneriffae*〉哺乳綱翼手目ヒナコウモリ科の動物。前腕長約4.4cm。分布：スペイン領カナリア諸島。絶滅危惧II類。

カナリーアオアトリ
〈*Fringilla teydea*〉鳥綱スズメ目アトリ科の鳥。体長16.5cm。分布：カナリア諸島。

カナリージネズミ
〈*Crocidura canariensis*〉哺乳綱食虫目トガリネズミ科の動物。頭胴長平均5.5cm。分布：スペイン領カナリア諸島東部のフエルテベントゥーラ島, ランサローテ島, ロボス島の固有種。絶滅危惧II類。

カナリー・ドッグ
〈*Canary Dog*〉犬の一品種。

カナリーバト
〈*Columba bollii*〉鳥綱ハト目ハト科の鳥。全長35～37cm。分布：スペイン領カナリア諸島のラ・パルマ島, ゴメラ島, テネリフェ島, イエロ島。絶滅危惧II類。

カナーン・ドッグ
〈*Canaan Dog*〉犬の一品種。体高48～61cm。原産：イスラエル。

カニクイアザラシ　蟹喰海豹
〈*Lobodon carcinophagus*〉哺乳綱鰭脚目アザラシ科の動物。体長2.2～2.6m。分布：南極海および亜南極水域。

カニクイアライグマ
〈*Procyon cancrivorus*〉哺乳綱食肉目アライグマ科の動物。体長45～90cm。分布：中央アメリカから南アメリカ南部にかけて。

カニクイイヌ　蟹食犬
〈*Dusicyon thous*〉哺乳綱食肉目イヌ科の動物。体長60～70cm。分布：コロンビアおよびベネズエラから, 北アルゼンチンおよびパラグアイ。

カニクイギツネ
〈*Cerdocyon thous*〉体長64cm。分布：南アメリカ北部および東部。

カニクイザル　蟹食猿
〈*Macaca fascicularis*〉哺乳綱霊長目オナガザル科の動物。体長37～63cm。分布：東南アジア。

カニクイマングース
〈*Herpestes urva*〉哺乳綱食肉目ジャコウネコ科の動物。体長50cm。分布：中国南部, ネパール, アッサム, ビルマ, インドシナ半島, 台湾, 海南島, スマトラ, ボルネオ, フィリピン。

カニクイミズヘビ
〈*Fordonia leucobalia*〉爬虫綱有鱗目ヘビ亜目ナミヘビ科のヘビ。全長60～90cm。分布：アジア, オーストラリアとその周辺。

カニチドリ　蟹千鳥
〈*Dromas ardeola*〉鳥綱チドリ目カニチドリ科の鳥。体長38～41cm。分布：インド洋沿岸。繁殖期はオマーン湾, アデン湾, 紅海。

カニチドリ科
チドリ目。

カニンガムイワトカゲ
〈*Egernia cunninghami*〉スキンク科。全長30～52cm。分布：オーストラリア東南部。

ガニングキンモグラ
〈*Amblysomus gunningi*〉哺乳綱食虫目キンモグラ科の動物。頭胴長約10cm, 尾は痕跡的。分布：南アフリカ共和国。絶滅危惧II類。

カネ・コルソ

〈*Cane Cprso*〉犬の一品種。

カーネ・ダ・パストーレ・マレンマーノ・アブルツェーゼ
〈*Maremma Sheepdog*〉犬の一品種。体高60〜73cm。原産：イタリア。

ガーネットハチドリ
〈*Lamprolaima rhami*〉鳥綱アマツバメ目ハチドリ科の鳥。全長11.5cm。分布：メキシコからホンジュラス。

カノコショウビン
ヤマセミの別名。

カノコスズメ 鹿子雀
〈*Poephila bichenovii*〉鳥綱スズメ目カエデチョウ科の鳥。体長10cm。分布：オーストラリア北部・東部。

カノコバト 鹿子鳩
〈*Streptopelia chinensis*〉鳥綱ハト目ハト科の鳥。別名シンジュバト。全長30cm。分布：インド・スリランカから中国南東部，スラウェシ島。

カバ 河馬
哺乳綱偶蹄目カバ科の動物。体長2.7m。分布：アフリカ。

カバ 河馬
〈*Hippopotamus amphibius*〉哺乳綱偶蹄目カバ科の動物。体長2.7m。分布：アフリカ。

カバイロハッカ 樺色八哥
〈*Acridotheres tristis*〉鳥綱スズメ目ムクドリ科の鳥。体長23cm。分布：アフガニスタン，インド，スリランカからミャンマー。最近ではマレーシアおよびロシアにも分布域を広げつつある。南アフリカ，ニュージーランド，オーストラリアには移入。

カパーヘッド
〈*Agkistrodon contortrix*〉爬虫綱有鱗目ヘビ亜目クサリヘビ科のヘビ。全長50〜90cm。分布：米国の東部，中部，南部（フロリダ半島を除く）からメキシコの北端。

カバルディン
〈*Kabardin*〉馬の一品種。体高145〜153cm。原産：旧ソ連。

ガビアル
〈*Gavialis gangeticus*〉爬虫綱ワニ目正鰐亜目ガビアル科ガビアル属。絶滅危惧種。

ガビアル
インドガビアルの別名。

ガビアルモドキ
マレーガビアルの別名。

ガビチョウ 画眉鳥
〈*Garrulax canorus*〉鳥綱スズメ目ヒタキ科チメドリ亜科の鳥。全長25cm。分布：インド，東南アジア，中国。

ガビチョウ 画眉鳥
〈*laughing thrush*〉鳥綱スズメ目ヒタキ科チメドリ亜科ガビチョウ属に含まれる鳥の総称。

カピバラ
〈*Hydrochaerus hydrochoeris*〉哺乳綱齧歯目カピバラ科の動物。体長1.1〜1.3m。分布：南アフリカ北部，東部。

カビリアゴジュウカラ
アルジェリアゴジュウカラの別名。

カフカスアイベックス
〈*Capra caucasica*〉哺乳綱偶蹄目ウシ科の動物。別名ニシコーカサスツール，ニシツール。頭胴長150〜165cm。分布：カフカス山脈とその周辺。絶滅危惧IB類。

カフカスツール
〈*Capra cylindricornis*〉哺乳綱偶蹄目ウシ科の動物。別名ヒガシコーカサスツール，ヒガシツール。頭胴長130〜150cm。分布：カフカス山脈東部。絶滅危惧II類。

カフカツカヤ・オフチャルカ
コーカサス・メリノーの別名。

カブトシロアゴ
〈*Polypedates otilophus*〉両生綱無尾目アオガエル科のカエル。体長オス64〜80mm，メス82〜97mm。分布：ボルネオ，及びスマトラ南東部。

カブトトカゲ
〈*Tribolonotus cf.gracilis*〉スキンク科。全長10〜24cm。分布：ニューギニアやその周辺の島々。

カブトニオイガメ
〈*Kinosternon carinatum*〉爬虫綱カメ目ドロガメ科のカメ。最大甲長17.6cm。分布：米国南部（オクラホマ東部，テキサスからミシシッピ東部）。

カブトホウカンチョウ 兜鳳冠鳥
〈*Crax pauxi*〉鳥綱キジ目ホウカンチョウ科の鳥。全長90cm。分布：ベネズエラ北部，コロ

カフトミツ

ンビア北東部。絶滅危惧IB類。

カブトミツスイ 兜蜜吸
〈*Meliphaga cassidix*〉鳥綱スズメ目ミツスイ科の鳥。全長21cm。分布：オーストラリア南東部。

カブトモズ
〈*Helmet shrike*〉カブトモズ科。全長19〜25cm。分布：アフリカのサハラ以南。

カブトモズ
キンカンメガネモズの別名。

カブラオヤモリ
〈*Thecadactylus rapicauda*〉爬虫綱有鱗目トカゲ亜目ヤモリ科の動物。全長14〜18cm。分布：北, 中央, 南アメリカ。

カブレラフチア
〈*Mesocapromys angelcabrerai*〉哺乳綱齧歯目フチア科の動物。分布：キューバのアナ・マリア諸島。絶滅危惧IA類。

カベカナヘビ
〈*Lacerta muralis*〉爬虫綱有鱗目カナヘビ科の動物。

カーペットカメレオン
〈*Furcifer lateralis*〉爬虫綱有鱗目トカゲ亜目カメレオン科のトカゲ。全長20〜25cm。分布：マダガスカルのほぼ全域。

カーペットニシキヘビ
〈*Morelia spilota*〉爬虫綱有鱗目ヘビ亜目ボア科のヘビ。全長120〜250cm。分布：オーストラリア。

カーペットノコギリ
ノコギリヘビの別名。

カベバシリ 壁走
〈*Tichodroma muraria*〉鳥綱スズメ目ゴジュウカラ科の鳥。体長15cm。分布：スペイン北部からヒマラヤ山脈。

ガベラシロスジヤブモズ
〈*Laniarius amboimensis*〉鳥綱スズメ目モズ科の鳥。全長19cm。分布：アンゴラ。絶滅危惧IB類。

カーペンタリアスミントプシス
キンバリースミントプシスの別名。

ガボンアダー
〈*Bitis gabonica*〉爬虫綱有鱗目ヘビ亜目クサリヘビ科のヘビ。全長120〜180cm。分布：ナイジェリア, スーダン南部から, アンゴラ, タ

ンザニア, 南アフリカ東端まで。

ガボンクサリヘビ
ガボンアダーの別名。

ガボンジャコウネズミ
〈*Suncus remyi*〉哺乳綱食虫目トガリネズミ科の動物。最小のトガリネズミ類のひとつ。分布：ガボン北東部のベリンガとマコクの雨林。絶滅危惧IA類。

ガボンバイパー
ガボンアダーの別名。

カマイルカ 鎌海豚
〈*Lagenorhynchus obliquidens*〉哺乳綱クジラ目マイルカ科の動物。別名ラグ, パシフィック・ストライプト・ドルフィン, ホワイト・ストライプト・ドルフィン, フックフィンド・ポーパス。1.7〜2.4m。分布：北太平洋北部の温暖な深い海域で, 主に沖合い。

ガマグチヨタカ 蝦蟇口夜鷹
〈*frogmouth*〉鳥綱ヨタカ目ガマグチヨタカ科に属する鳥の総称。体長23〜58cm。分布：東南アジア, オーストラリア, インドネシア, スリランカ。

ガマグチヨタカ科
ヨタカ目。分布：オーストラリアから東南アジア。

カマツバメ
アマツバメの別名。

カマドドリ 竈鳥
〈*ovenbird*〉鳥綱スズメ目カマドドリ科に属する鳥の総称。体長15〜25cm。分布：メキシコ中部, 中央・南アメリカ, トリニダード・トバゴ, フォークランド諸島, フアン・フェルナンデス諸島。

カマドドリ科
スズメ目。分布：メキシコ南部からアルゼンチン。

カマドムシクイ
〈*Seiurus aurocapillus*〉アメリカムシクイ科。別名ジアメリカムシクイ。体長13cm。分布：カナダ南部および合衆国東部からコロラド州, ジョージア州にかけての地域で繁殖。合衆国南西部から西インド諸島, バハマ諸島, パナマ, ベネズエラ北部およびコロンビアで越冬。

カマハシ 鎌嘴
〈*scimitarbill*〉鳥綱ブッポウソウ目カマハシ科カマハシ属に含まれる鳥の総称。全長23〜

46cm。分布：サハラ砂漠以南のアフリカ。

カマハシ科　鎌嘴
ブッポウソウ目。分布：アフリカ中部から南部。

カマハシタイランチョウ　鎌嘴太蘭鳥
〈*Oncostoma cinereigulare*〉鳥綱スズメ目タイランチョウ科の鳥。全長10cm。分布：メキシコ南部からパナマ西部。

カマハシハチドリ
〈*Eutoxeres aquila*〉鳥綱アマツバメ目ハチドリ科の鳥。体長13cm。分布：コスタリカからエクアドル西部およびペルー北東部。

カーマハーテビースト
〈*Alcelaphus caama*〉哺乳綱偶蹄目ウシ科の動物。

カマバネカザリドリ
〈*Chirocylla uropygialis*〉鳥綱スズメ目カザリドリ科の鳥。全長27cm。分布：ボリビア。

カマバネキヌバト　鎌羽絹鳩
〈*Drepanoptila holosericea*〉鳥綱ハト目ハト科の鳥。全長30cm。分布：ニューカレドニア・パイン島。絶滅危惧種。

カマバネヨタカ　鎌羽夜鷹
〈*Eleothreptus anomalus*〉鳥綱ヨタカ目ヨタカ科の鳥。分布：ブラジル南東部・アルゼンチン北部。

カマバネライチョウ　鎌羽雷鳥
〈*Dendragapus falcipennis*〉鳥綱キジ目キジ科の鳥。全長37cm。分布：旧ソ連東部・サハリン。

カマビレサカマタ
ハナゴンドウの別名。

ガマヒロハシ
〈*Corydon sumatranus*〉鳥綱スズメ目ヒロハシ科の鳥。全長28cm。分布：インドシナ、スマトラ島，ボルネオ島。

カマルグ
〈*Camargue*〉哺乳綱偶蹄目ウシ科の動物。体高134～147cm。原産：フランス。

ガーマンアノール
〈*Anolis garmanni*〉爬虫綱有鱗目トカゲ亜目イグアナ科の動物。全長20～25cm。分布：ジャマイカ。

カミカザリバト　髪飾鳩
〈*Lopholaimus antarcticus*〉鳥綱ハト目ハト科の鳥。体長42～45cm。分布：オーストラリア東海岸。

カミツキガメ　噛付亀
〈*Chelydra serpentina*〉爬虫綱カメ目カミツキガメ科のカメ。最大甲長49.4cm。分布：北米東部（カナダ南部から米国東部）から南米北部太平洋側（コロンビア，エクアドル）。国内では印旛沼水系で繁殖が確認。

カミナガシャコ　髪長鷓鴣
〈*Francolinus sephaena*〉鳥綱キジ目キジ科の鳥。全長34cm。分布：スーダン南部からエチオピア，ソマリア，タンザニア，マラウィ，ザンビア，ジンバブエ，モザンビーク，ナミビア。

カミナリシギ
オオジシギの別名。

カムチャッカケアシノスリ
〈*Buteo lagopus kamtschatkensis*〉タカ目タカ科。分布：北半球の寒帯のツンドラ地方や亜寒帯北部の針葉樹林帯からツンドラ地帯へ移行する地方で繁殖。国内ではほぼ全土で記録があるが，日本海側のほうが多い。

カムピン
〈*Campine*〉鳥綱キジ目キジ科の鳥。分布：ベルギー。

カメ　亀
〈*turtle*〉爬虫綱カメ目に属する動物の総称。

カメガエル
〈*myobatrachid frog*〉両生綱無尾目カメガエル科のカエル。体長2～11.5cm。分布：オーストラリア，タスマニア，ニューギニア。

カメルーンアカコロブス
〈*Procolobus preussi*〉オナガザル科プロコロブス属。頭胴長56～64cm。分布：カメルーン西部。

カメルーンオオクサガエル
アフリカオオクサガエルの別名。

カメルーンカレハカメレオン
カメルーンコビトカメレオンの別名。

カメルーンキノボリマウス
〈*Dendromus oreas*〉齧歯目ネズミ科（キノボリマウス亜科）。頭胴長7～7.5cm。分布：カメルーン（カメルーン山地の標高500～2800mの地帯で捕獲されている）。絶滅危惧II類。

カメルーンクロジネズミ
〈*Crocidura picea*〉哺乳綱食虫目トガリネズミ

123

カメルンコ

科の動物。分布：カメルーンのマンフェ地域から知られている。絶滅危惧IA類。

カメルーンコビトカメレオン
〈*Rhampholeon spectrum*〉爬虫綱有鱗目トカゲ亜目カメレオン科のトカゲ。全長8〜10cm。分布：アフリカ。

カメルーンジネズミ
〈*Crocidura eisentrauti*〉哺乳綱食虫目トガリネズミ科の動物。分布：カメルーンのカメルーン山の高標高域。絶滅危惧IA類。

カメルーンズグロメジロモドキ
〈*Speirops melanocephalus*〉鳥綱スズメ目メジロ科の鳥。全長11cm。分布：カメルーン。絶滅危惧II類。

カメルーンスジマウス
〈*Hybomys eisentrauti*〉齧歯目ネズミ科（ネズミ亜科）。属としてのサイズ，頭胴長10〜16cm。分布：カメルーン西部の山地で標高2400mの地帯。絶滅危惧IB類。

カメルーン・ドルフィン
アフリカウスイロイルカの別名。

カメルーンモリジャコウネズミ
〈*Sylvisorex morio*〉哺乳綱食虫目トガリネズミ科の動物。分布：カメルーンのカメルーン山。絶滅危惧IB類。

カメルーンヤブカローネズミ
〈*Otomys occidentalis*〉齧歯目ネズミ科（カローネズミ亜科）。頭胴長12〜22cm。分布：カメルーン，ナイジェリア。絶滅危惧IB類。

カメルーンヤマシャコ
〈*Francolinus camerunensis*〉鳥綱キジ目キジ科の鳥。全長33cm。分布：カメルーンのカメルーン山の斜面。絶滅危惧II類。

カメルーンヤワゲネズミ
〈*Praomys morio*〉齧歯目ネズミ科（ネズミ亜科）。頭胴長10.2〜13cm。分布：カメルーンのカメルーン山地。絶滅危惧II類。

カメレオン
〈*chameleon*〉トカゲ類のうちで，形態的にも生態的にももっとも樹上生活に適応したカメレオン科Chamaeleonidaeに属する爬虫類の総称。体長2〜28cm。分布：マダガスカル，アフリカ，スペイン南部，アラビア半島南部，パキスタン，インド，スリランカ。

カモ 鴨
鳥綱ガンカモ目ガンカモ科のカモの総称。全長30〜150cm。分布：世界各地。

カモシカ 氈鹿
〈*serow*〉哺乳綱偶蹄目ウシ科カモシカ属に含まれる動物の総称。特別天然記念物。

カモシカ 氈鹿
〈*Capricornis crispus*〉哺乳綱偶蹄目ウシ科カモシカ属に含まれる動物の総称。

カモノハシ 鴨嘴
〈*Ornithorhynchus anatinus*〉哺乳綱単孔目カモノハシ科の動物。体長40〜60cm。分布：オーストラリア，タスマニア。絶滅危惧II類と推定。

カモノハシガエル
〈*Rheobatrachus silus*〉両生綱無尾目カエル目カメガエル科のカエル。別名イブクロコモリガエル。体長3.5〜5.5cm。分布：オーストラリア（クイーンズランド南東部）。絶滅危惧種。

カモメ 鷗
〈*Larus canus*〉鳥綱チドリ目カモメ科の鳥。体長40〜46cm。分布：ユーラシア大陸の温帯地域および北部，北アメリカ北西部。

カモメ 鷗
〈*gull*〉鳥綱チドリ目カモメ科の鳥。体長40〜46cm。分布：ユーラシア大陸の温帯地域および北部，北アメリカ北西部。

カモメ科
チドリ目。分布：世界的。

カモ目
鳥綱の1目。

カモン・ロークエル
ナガスクジラの別名。

カヤクグリ 茅潜，茅潜過，萱潜
〈*Prunella rubida*〉鳥綱スズメ目イワヒバリ科の鳥。全長14cm。分布：四国・本州・北海道・南千島。

カヤクグリ科
カヤクグリ科。全長13〜18cm。分布：ヨーロッパ，サハラより北のアフリカ，南の半島部を除くアジア。

カヤネズミ 茅鼠，萱鼠
〈*Micromys minutus*〉哺乳綱齧歯目ネズミ科の動物。体長5〜8cm。分布：西ヨーロッパから西アジア。国内では本州の太平洋側では福島県以南，日本海側では石川県以南，四国，九

州, 隠岐, 淡路島, 豊島, 因島, 対馬, 天草諸島下島など。

カヤネズミモドキ
〈*Vernaya fulva*〉齧歯目ネズミ科（ネズミ亜科）。頭胴長9cm程度。分布：ミャンマー北部, 中国南部。絶滅危惧II類。

カヤノボリ　萱昇
〈*Spizixos semitorques*〉鳥綱スズメ目ヒヨドリ科の鳥。全長18cm。分布：中国南部・台湾。

カヤマウス属
〈*Reithrodontomys*〉哺乳綱齧歯目ネズミ科の動物。分布：カナダ西部と合衆国から, 南はメキシコをへてパナマ西部まで。

ガヤール
〈*Gayal*〉牛の一品種。肩高140〜160cm。原産：中国。

ガヤル
ガウルの別名。

カユガ
〈*Catyga*〉鳥綱ガンカモ目ガンカモ科の鳥。分布：アメリカ合衆国。

カラアカハラ　唐赤腹
〈*Turdus hortulorum*〉鳥綱スズメ目ヒタキ科ツグミ亜科の鳥。全長23cm。分布：インド北東部から中国南西部・インドシナ北部。

カラウギャリワスプ
〈*Diploglossus carraui*〉爬虫綱トカゲ目（トカゲ亜目）アンギストカゲ科のトカゲ。頭胴長26〜28cm。分布：ドミニカ共和国。絶滅危惧IB類。

カラエナガ
カラウギャリワスプの別名。

カラオオセッカ
ノドフオウギセッカの別名。

カラオナガ
カラウギャリワスプの別名。

カラカラ
〈*Polyborus plancus*〉鳥綱タカ目ハヤブサ科の鳥。体長51〜61cm。分布：フロリダ州および合衆国南西部, 中央・南アメリカ。

カラカラ
〈*caracara*〉広義には鳥綱タカ目ハヤブサ科カラカラ亜科に属する鳥の総称で, 狭義にはそのうちの1種オーデュボンカラカラをさす。

ガラガラアマガエル
〈*Hyla crepitans*〉両生綱無尾目アマガエル科のカエル。

ガラガラヘビ
〈*rattle snake*〉爬虫綱有鱗目クサリヘビ科マムシ亜科のうち, ガラガラヘビ属とヒメガラガラヘビ属に含まれるヘビの総称。

ガラガラヘビ
ニシダイヤガラガラの別名。

カラカル
〈*Felis caracal*〉哺乳綱食肉目ネコ科の動物。体長60〜91cm。分布：アフリカ, 西アジア, 中央アジア, 南アジア。

カラーク
〈*Caracú*〉牛の一品種。

カラク
〈*Kalak*〉羊の一品種。原産：イラン北部。

カラクール
〈*Karakul*〉哺乳綱偶蹄目ウシ科の動物。分布：中央アジア東部。

カラグールガメ
〈*Callagur borneoensis*〉爬虫綱カメ目ヌマガメ科のカメ。最大甲長76cm。分布：マレー半島（タイ南部, マレーシア）, ボルネオ島, スマトラ島。絶滅危惧IA類。

ガラゴ
〈*galago*〉哺乳綱霊長目ロリス科ガラゴ亜科に属する動物の総称。

カラゴウニコ
〈*Karagouniko*〉哺乳綱偶蹄目ウシ科の動物。体高65cm。分布：ギリシア。

カラシラサギ　唐白鷺
〈*Egretta eulophotes*〉鳥綱コウノトリ目サギ科の鳥。全長65cm。分布：朝鮮半島北部・中国南東部。絶滅危惧II類。

カラス　烏, 鴉
〈*crow*〉広義には鳥綱スズメ目カラス科に属する鳥の総称で, 狭義かつ一般的にはカラス属およびそれに近縁な属に含まれる鳥をさす。体長20〜66cm。分布：北極, 南極, 南アメリカ南部, ニュージーランド, 大洋島の多くを除く世界中。

カラス科
スズメ目。分布：世界中。

カラスバト　烏鳩, 黒鳩

カラスヒハ

カラスバト
〈*Columba janthina*〉鳥綱ハト目ハト科の鳥。全長40cm。分布：中国東北部, 朝鮮半島, 日本。国内では伊豆七島・沖縄諸島・奄美大島。天然記念物。

ガラスヒバァ 烏ヒバァ
〈*Amphiesma pryeri*〉爬虫綱有鱗目ヘビ亜目ナミヘビ科のヘビ。全長75～110cm。分布：奄美諸島, 沖縄諸島。

カラスヘビ 烏蛇
〈*Elaphe quadrivirgata f.atra*〉爬虫綱有鱗目ナミヘビ科のヘビ。

カラスモドキ
〈*Aplonis opaca*〉鳥綱スズメ目ムクドリ科の鳥。全長12～13cm。分布：カロリン, マリアナ, パラオ諸島。

カラダイショウ
〈*Elaphe schrencki*〉有鱗目ナミヘビ科。

カラチメドリ 唐知目鳥
〈*Rhopophilus pekinensis*〉鳥綱スズメ目ヒタキ科ウグイス亜科の鳥。全長15.5cm。分布：中国中部から北西部。

カラニジキジ 唐虹雉
〈*Lophophorus lhuysii*〉鳥綱キジ目キジ科の鳥。別名キタニジキジ, シナニジキジ, キタニジキジ。全長81cm。分布：中国西部の青海, 甘粛, 四川省。絶滅危惧II類。

ガラノ
〈*Garrano*〉哺乳綱奇蹄目ウマ科の動物。

カラバク
馬の一品種。体高143～145cm。原産：アゼルバイジャン共和国。

ガラパゴスアシカ
〈*Zalophus californianus wollebacki*〉食肉目アシカ科。

ガラパゴスアホウドリ
〈*Diomedea irrorata*〉鳥綱ミズナギドリ目アホウドリ科の鳥。体長84～94cm。分布：太平洋南東部。フッド島（ガラパゴス諸島）, ラ・プラタ島（エクアドル西部）で繁殖。

ガラパゴスオカイグアナ
ガラパゴスリクイグアナの別名。

ガラパゴスオットセイ
〈*Arctocephalus galapagoensis*〉哺乳綱食肉目アシカ科の動物。全長オス1.6m, メス1.1～1.3m。分布：エクアドルのガラパゴス諸島。絶滅危惧II類。

ガラパゴスクイナ
〈*Laterallus spilonotus*〉鳥綱ツル目クイナ科の鳥。別名ガラパゴスコビトクイナ。全長15.5cm。分布：ガラパゴス諸島。

ガラパゴスコバネウ 小羽鵜
〈*Nannopterum harrisi*〉鳥綱ペリカン目ウ科の鳥。体長89cm。分布：ガラパゴス諸島。絶滅危惧IB類。

ガラパゴスコビトクイナ
ガラパゴスクイナの別名。

ガラパゴスコメネズミ属
〈*Nesoryzomys*〉哺乳綱齧歯目ネズミ科の動物。分布：ガラパゴス諸島。

ガラパゴスシロハラミズナギドリ
ハワイシロハラミズナギドリの別名。

ガラパゴスゾウガメ
〈*Geochelone nigra*〉爬虫綱カメ目リクガメ科のカメ。最大甲長130cm。分布：エクアドル（ガラパゴス諸島）。絶滅危惧II類。

ガラパゴスノスリ
〈*Buteo galapagoensis*〉鳥綱タカ目タカ科の鳥。体長55cm。分布：ガラパゴス諸島。絶滅危惧II類。

ガラパゴスバト
〈*Zenaida galapagoensis*〉鳥綱ハト目ハト科の鳥。体長20cm。分布：ガラパゴス諸島。

ガラパゴスフィンチ
〈*Geospiza fortis*〉鳥綱スズメ目ホオジロ科の鳥。全長15cm。分布：ガラパゴス諸島。

ガラパゴスペンギン
〈*Spheniscus mendiculus*〉鳥綱ペンギン目ペンギン科の鳥。体長50cm。分布：ガラパゴス諸島。絶滅危惧II類。

ガラパゴスマネシツグミ
〈*Galapagos Mockingbird*〉鳥綱スズメ目マネシツグミ科の鳥。全長25cm。分布：ガラパゴス諸島。

ガラパゴスリクイグアナ
〈*Conolophus subcristatus*〉爬虫綱有鱗目トカゲ亜目イグアナ科の動物。全長1.1m。分布：ガラパゴス諸島。絶滅危惧II類。

カラハタオリ 唐機織
〈*Pholidornis rushiae*〉鳥綱スズメ目カエデチョウ科の鳥。全長8cm。分布：シエラレオ

ネ・ガボン, フェルナンドポー島。

カラハナドリ 雀花鳥
〈*Oreocharis arfaki*〉鳥綱スズメ目ハナドリ科の鳥。別名パプアハナドリ。全長13cm。分布：ニューギニア。

カラビーヤブワラビー
〈*Thylogale calabyi*〉二門歯目カンガルー科。頭胴長オス47～55cm, メス33.4～41.6cm。分布：ニューギニア島南東部。絶滅危惧。

カラフトアオアシシギ 樺太青脚鷸, 樺太青足鷸
〈*Tringa guttifer*〉鳥綱チドリ目シギ科の鳥。全長30cm。分布：サハリン南部。絶滅危惧IB類。

カラフトアカネズミ 樺太赤鼠
〈*Apodemus peninsulae giliacus*〉齧歯目ネズミ科。頭胴長72～81mm。分布：北海道本島。

カラフトウグイス
〈*Cettia diphone sakhalinensis*〉鳥綱スズメ目ウグイス科の鳥。

カラフトケン 樺太犬
哺乳綱食肉目イヌ科に属する家畜のイヌのうち, かつて樺太(サハリン)で荷役に従事していた大形のそり犬の総称。

カラフトコガラ
〈*Parus montanus sakhalinensis*〉鳥綱スズメ目シジュウカラ科の鳥。

カラフトコヒバリ
ヒメコウテンシの別名。

カラフトチュウヒバリ
〈*Alauda arvensis lonnbergi*〉鳥綱スズメ目ヒバリ科の鳥。

カラフトビンズイ
〈*Anthus hodgsoni yunnanensis*〉鳥綱スズメ目セキレイ科の鳥。

カラフトフクロウ 樺太梟
〈*Strix nebulosa*〉鳥綱フクロウ目フクロウ科の鳥。体長65～70cm。分布：北ヨーロッパ, 北アメリカ, 北アジア。

カラフトムシクイ 樺太虫喰, 樺太虫食
〈*Phylloscopus proregulus*〉鳥綱スズメ目ウグイス科の鳥。体長9cm。分布：ヒマラヤ地方, アルタイ山脈からサハリンまで。西の地域でもしばしば迷鳥が記録される。北インド, 中国南部で越冬。

カラフトムジセッカ 樺太無地雪加
〈*Phylloscopus schwarzi*〉鳥綱スズメ目ヒタキ科ウグイス亜科の鳥。全長12.5cm。分布：シベリア南東部・サハリン・中国北東部・北朝鮮。

カラフトライチョウ 樺太雷鳥
〈*Lagopus lagopus*〉ライチョウ科。別名ヌマライナチョウ。体長37～42cm。分布：北緯50°以北の北半球。

カラフトワシ 樺太鷲
〈*Aquila clanga*〉鳥綱タカ目タカ科の鳥。体長66～74cm。分布：ヨーロッパ極東部からアジア北部一帯で繁殖。一部は留鳥, 一部は冬は生息地域の南部に移動。その他の多数はアフリカ北東部, 中近東, インド北部, 中国に渡って越冬。絶滅危惧II類。

カラベール
〈*Karabair*〉馬の一品種。体高147～152cm。原産：ウズベク共和国。

カラー・ポインテッド・ブリティッシュ・ショートヘア
〈*Colour Pointed British Shorthair*〉猫の一品種。原産：イギリス。

カラー・ポインテッド・ヨーロピアン・ショートヘア
〈*Colour Pointed European Shorthair*〉猫の一品種。別名カラー・ポイント・ショートヘア。原産：イタリア。

カラー・ポインテッド・ロングヘア
ヒマラヤンの別名。

カラーポイント・ショートヘア
〈*Colorpoint Shorthair*〉猫の一品種。

カラマヨン
〈*Karamajong*〉牛の一品種。

カラミアジカ
〈*Axis calamianensis*〉哺乳綱偶蹄目シカ科の動物。頭胴長100cm(推定)。分布：フィリピンのカラミアン諸島。絶滅危惧IB類。

カラミツドリ
〈*Xenodacnis parina*〉鳥綱スズメ目ホオジロ科の鳥。全長12～14cm。分布：ペルー。

カラムクドリ 唐椋鳥
〈*Sturnus sinensis*〉鳥綱スズメ目ムクドリ科の鳥。全長19cm。分布：中国南東部から台湾。

カラヤマドリ 唐山鳥

カランチヨ

〈*Syrmaticus ellioti*〉鳥綱キジ目キジ科の鳥。全長オス80cm, メス50cm。分布：中国南東部。絶滅危惧II類。

ガランチョウ
　ハイイロペリカンの別名。

カリ
　ガンの別名。

カリガネ　雁金
〈*Anser erythropus*〉鳥綱ガンカモ目ガンカモ科の鳥。全長53〜66cm。分布：ユーラシア極北部。絶滅危惧II類。

カーリーコーテッド・レトリーバー
〈*Curly-coated Retriever*〉哺乳綱食肉目イヌ科の動物。体高64〜69cm。分布：イギリス。

ガリセニョ
〈*Galiceño*〉哺乳綱奇蹄目ウマ科の動物。体高121〜137cm。原産：メキシコ。

カリッカーマルミミヘラコウモリ
〈*Tonatia carrikeri*〉哺乳綱翼手目ヘラコウモリ科の動物。前腕長4.5〜4.7cm。分布：ベネズエラ，スリナム，ボリビア。絶滅危惧II類。

ガリドフチア
〈*Mysateles garridoi*〉哺乳綱齧歯目フチア科の動物。分布：キューバのロス・カナレオス諸島。絶滅危惧IA類。

カリノウスキーオヒキコウモリ
〈*Mormopterus kalinowskii*〉哺乳綱翼手目オヒキコウモリ科の動物。前腕長3.5cm。分布：ペルー中部，チリ北部。絶滅危惧II類。

カリブー
　トナカイの別名。

カリフォルニアアシカ
〈*Zalophus californianus*〉哺乳綱食肉目アシカ科の動物。体長2.4mまで。分布：合衆国西部からガラパゴス諸島。絶滅危惧II類と推定。

カリフォルニアアマガエル
〈*Hyla regilla*〉両生綱無尾目アマガエル科のカエル。

カリフォルニアイモリ
〈*Taricha torosa*〉両生綱有尾目イモリ科の動物。体長120〜190mm。分布：合衆国カリフォルニア州沿岸地域。

カリフォルニアオオミミナガコウモリ
〈*Macrotus californicus*〉哺乳綱翼手目ヘラコウモリ科の動物。前腕長4.7〜5.5cm。分布：アメリカ合衆国カリフォルニア州南部。絶滅危惧II類。

カリフォルニアカモメ　カリフォルニア鷗
〈*Larus californicus*〉チドリ目カモメ科。全長53cm。

カリフォルニアギンイロアシナシトカゲ
〈*Anniella geronimensis*〉体長10〜15cm。分布：メキシコ（バハカリフォルニア）。

カリフォルニアキングヘビ
〈*Lampropeltis getulus californiae*〉爬虫綱有鱗目ヘビ亜目ナミヘビ科のヘビ。全長1〜1.5m。分布：米国西部の海岸沿いの地域から，メキシコのカリフォルニア半島にかけて。

カリフォルニア・グレイ・ホエール
　コククジラの別名。

カリフォルニアコンドル
〈*Gymnogyps californianus*〉鳥綱ワシタカ目コンドル科の鳥。体長115cm。分布：合衆国西部（現在は，動物園で見られるものがほとんどである）。絶滅危惧IA類。

カリフォルニアコンドル
　コンドルの別名。

カリフォルニア・スパングルド
〈*California Spangled*〉猫の一品種。原産：アメリカ。

カリフォルニアトラフサンショウウオ
〈*Ambystoma californiense*〉両生綱有尾目トラフサンショウウオ科の動物。全長15.2〜21.6cm。分布：アメリカ合衆国カリフォルニア州北部のセントラル・ヴァレーと周辺の峡谷や丘陵。絶滅危惧II類。

カリフォルニアホソサラマンダー
　カリフォルニアホソサンショウウオの別名。

カリフォルニアホソサンショウウオ
〈*Batrachoseps attenuatus*〉アメリカサンショウウオ（ムハイサラマンダー）科。体長7.5〜14cm。分布：北アメリカ。

カリブカイモンクアザラシ
〈*Monachus tropicalis*〉食肉目アザラシ科。

カリヤランカルフコイラ
　カレリアン・ベアドッグの別名。

ガルガニカ
〈*Garganica*〉哺乳綱偶蹄目ウシ科の動物。体高オス70〜75cm，メス65cm。分布：イタリア。

カルガモ 軽鴨
〈*Anas poecilorhyncha*〉鳥綱ガンカモ目ガンカモ科の鳥。別名クロガモ,タガモ,ドロガモ,ナツガモ。全長54〜61cm。分布：アジア東部・南東部。国内では全国。

カルカヤインコ 刈萱鸚哥
〈*Agapornis cana*〉鳥綱オウム目インコ科の鳥。全長14cm。分布：マダガスカル。

カルカヤバト 苅萱鳩
〈*Ptilinopus melanospila*〉鳥綱ハト目ハト科の鳥。全長28cm。分布：フィリピン,ボルネオ島,ジャワ島,スラウェシ島,小スンダ列島。

ガルゴ・エスパニョール
犬の一品種。

カルスト・シープドッグ
〈*Istrian Sheepdog*〉犬の一品種。体高51〜61cm。原産：旧ユーゴスラビア。

カルチャキーヤマイグアナ
〈*Liolaemus huacahuasicus*〉爬虫綱トカゲ目(トカゲ亜目)イグアナ科の動物。頭胴長5.9〜7.6cm。分布：アルゼンチン北西部。絶滅危惧II類。

カルパチアン
〈*Carpathian*〉哺乳綱偶蹄目ウシ科の動物。体高60〜70cm。分布：ポーランド南部,ルーマニア。

カルバルホクジャクガメ
マラニャンクジャクガメの別名。

ガルファグニーナ
〈*Garfagnina*〉牛の一品種。

ガルフオブカリフォルニア・ポーパス
コガシラネズミイルカの別名。

ガルフコーストヒキガエル
ワンガンヒキガエルの別名。

ガルフ・ストリーム・スポッテッド・ドルフィン
タイセイヨウマダライルカの別名。

ガルフストリーム・ビークト・ホエール
ヒガシアメリカオオギハクジラの別名。

カルボエーロ
〈*Brachyteles hypoxanthus*〉哺乳綱霊長目オマキザル科の動物。別名クロガオウーリーキモザル。頭胴長65〜80cm。分布：ブラジル南東部の大西洋沿岸域と内陸部。絶滅危惧IB類。

カルメント ガリネズミ
〈*Sorex milleri*〉哺乳綱食虫目トガリネズミ科の動物。頭胴長9.5cm。分布：メキシコのコアウイラ州およびヌエボ・レオン州の東シエラ・マドレ山脈。絶滅危惧II類。

ガレーガ
〈*Galega*〉牛の一品種。

カレハゲラ
〈*Meiglyptes tukki*〉鳥綱キツツキ目キツツキ科の鳥。全長21cm。分布：スマトラ島,ボルネオ島,タイ,マレー半島。

カレハムシ
〈*Agkistrodon rhodostoma*〉爬虫綱有鱗目ヘビ亜目クサリヘビ科のヘビ。

カレハミツスイ 枯葉蜜吸
〈*Phylidonyris melanops*〉鳥綱スズメ目ミツスイ科の鳥。全長16cm。分布：オーストラリア南東部・南西部。

カレリアン・ベアドッグ
〈*Karelian Bear Dog*〉哺乳綱食肉目イヌ科の動物。体高48〜58cm。分布：フィンランド。

カーレン
ハッカチョウの別名。

カロク
タイワンジカの別名。

カローネズミ
〈*Parotomys brantsii*〉体長12.5〜16.5cm。分布：アフリカ南部。

ガロヒルキノボリヒキガエル
〈*Pedostibes kempi*〉両生綱無尾目カエル目ヒキガエル科のカエル。体長3cm。分布：インド北東部。絶滅危惧II類。

カロライナコガラ
〈*Parus carolinensis*〉鳥綱スズメ目シジュウカラ科の鳥。全長12cm。分布：アメリカ東部。

カロライナ・ドッグ
〈*Carolina Dog*〉犬の一品種。体高56cm。原産：アメリカ。

カロリナハコガメ
〈*Terrapene carolina*〉爬虫綱カメ目ヌマガメ科のカメ。最大甲長21.6cm。分布：米国(東部,中部,南部),メキシコ。

カロリンオオコウモリ
〈*Pteropus molossinus*〉哺乳綱翼手目オオコ

カロンヌ

ウモリ科の動物。前腕長9〜10cm。分布：ミクロネシア連邦のモートロック諸島, ポンペイ島。絶滅危惧IA類。

ガロンヌ
〈Garonne〉牛の一品種。

カワアイサ　川秋沙
〈Mergus merganser〉鳥綱ガンカモ目ガンカモ科の鳥。体長65cm。分布：北アメリカ北部, ユーラシアで繁殖し, 合衆国南部や中国中部あたりまで南下し越冬。

カワアイサ
オオカワアイサの別名。

カワイノシシ　河猪
〈Potamochoerus porcus〉哺乳綱偶蹄目イノシシ科の動物。体長1〜1.5m。分布：アフリカ西部から中部にかけて。

カワイルカ　河海豚
哺乳綱クジラ目カワイルカ科に属するハクジラの総称。

カワウ　河鵜
〈Phalacrocorax carbo〉鳥綱ペリカン目ウ科の鳥。体長80〜100cm。分布：北大西洋, アフリカ, ユーラシア, オーストララシア。国内では青森, 東京, 愛知, 三重。

カワウソ　川獺, 獺
〈Lutra lutra〉哺乳綱食肉目イタチ科の動物。

カワウソジネズミ
ポタモガーレの別名。

カワガメ
〈Dermatemys mawii〉爬虫綱カメ目カワガメ科のカメ。最大甲長65cm。分布：メキシコ西部からユカタン半島, ベリーズ, グァテマラ, ホンジュラスの大西洋岸の斜面。絶滅危惧IB類。

カワガメ
オサガメの別名。

カワガラス　河烏, 川烏, 川鴉
〈Cinclus pallasii〉鳥綱スズメ目カワガラス科の鳥。全長20cm。分布：アフガニスタン・トルキスタンからヒマラヤ・インドシナ北部・中国を経て, 朝鮮・ウスリー・アムール川下流域・サハリン・カムチャツカ半島・千島列島・日本・台湾。国内では屋久島以北の山地の渓流。

カワガラス　川烏
〈dipper〉広義には鳥綱スズメ目カワガラス科に属する鳥の総称で, 狭義にはそのうちの1種をさす。体長15〜21cm。分布：北アメリカ西部, 南アメリカ, ヨーロッパ, 北アフリカ, アジア。

カワガラス科
スズメ目。全長14〜20cm。分布：ユーラシア・アフリカ北部, 北アメリカ西部からアルゼンチン。

カワゴンドウ　河巨頭
〈Orcaella brevirostris〉哺乳綱クジラ目マイルカ科の動物。別名スナブフィン・ドルフィン, イラワジイルカ。2.1〜2.6m。分布：ベンガル湾からオーストラリア北部の暖かい沿岸海域や河川。

カワセミ　魚狗, 川蟬, 翡翠
〈Alcedo atthis〉鳥綱ブッポウソウ目カワセミ科の鳥。体長16cm。分布：ヨーロッパ, アフリカ北西部, アジア, インドネシアからソロモン諸島で繁殖。これら分布域の南部で越冬。国内では全国各地の河川, 湖沼。

カワセミ　翡翠
〈kingfisher〉広義には鳥綱ブッポウソウ目カワセミ科に属する鳥の総称で, 狭義にはそのうちの1種をさす。全長10〜45cm（尾の長い飾り羽は除く）。分布：極圏を除くあらゆる土地。

カワセミ科
ブッポウソウ目。

カワセンニュウ
〈Locustella fluviatilis〉鳥綱スズメ目ヒタキ科ウグイス亜科の鳥。全長13cm。分布：ヨーロッパから西シベリア。

カワチヤッコ　河内奴鶏
〈Gallus gallus var. domesticus〉鳥綱キジ目キジ科の鳥。分布：三重県。天然記念物。

カワネズミ　河鼠, 川鼠, 日本河鼠
〈Chimarrogale himalayica〉哺乳綱食虫目トガリネズミ科の動物。体長8〜12cm。分布：東南アジア（セランゴル）。国内では北海道と沖縄を除く全国。絶滅危惧IA類。

カワノマス
カワウソの別名。

カワビタキ
〈Rhyacornis fuliginosus〉鳥綱スズメ目ヒタキ科ツグミ亜科の鳥。全長13cm。分布：パキ

スタンからタイ北部・中国西部・海南島・台湾。

カワラツバメ
アフリカカワツバメの別名。

カワラバト 河原鳩
〈*Columba livia*〉鳥綱ハト目ハト科の鳥。別名ドバト。体長31〜34cm。分布：ユーラシア南部と北アフリカに土着。家畜化してドバトとなり世界中に広がった。

カワラヒワ 河原鶸, 川原鶸, 川原鶸
〈*Carduelis sinica*〉スズメ目アトリ科の鳥。全長14cm。分布：アムール・ウスリー地域から中国東部・南部やカムチャツカ半島・サハリン, 日本。国内では九州以北の平地, 低山の林に1年中生息し, カムチャツカ, 千島列島, サハリンから冬鳥として渡来するものもある。

カワラヤモリ
〈*Tropiocolotes cf.tripolitanus*〉爬虫綱有鱗目トカゲ亜目ヤモリ科の動物。全長7cm。分布：北アフリカ。

カワリウタオオタカ
〈*Micronisus gabar*〉鳥綱タカ目タカ科の鳥。体長28〜36cm。分布：サハラ以南のアフリカ, アラビア半島南西部。

カワリオオタカ
〈*Accipiter novaehollandiae*〉鳥綱タカ目タカ科の鳥。体長33〜55cm。分布：オーストラリア北・東部の沿岸, タスマニア, ニューギニア, インドネシア東部, ソロモン諸島。

カワリオハチドリ
〈*Eulidia yarrellii*〉鳥綱アマツバメ目ハチドリ科の鳥。全長9cm。分布：チリ北部。絶滅危惧II類。

カワリカマハシハワイミツスイ
カワリハシハワイミツスイの別名。

カワリクマタカ
〈*Spizaetus cirrhatus*〉鳥綱タカ目タカ科の鳥。体長56〜81cm。分布：インド, スリランカ, 東南アジア。

カワリサンコウチョウ
〈*Terpsiphone paradisi*〉鳥綱スズメ目ヒタキ科カササギヒタキ亜科の鳥。体長オス20cm, メス50cm。分布：インド亜大陸, 中央アジア, 中国の一部地域, 朝鮮半島で繁殖する。北の個体群はインド南部, スリランカ, インドネシア東部で越冬。

カワリシロハラミズナギドリ 変白腹水薙鳥
〈*Pterodroma neglecta*〉鳥綱ミズナギドリ目ミズナギドリ科の鳥。全長38cm。分布：ケルマデック諸島。

カワリツバメ
〈*Pseudhirundo griseopyga*〉鳥綱スズメ目ツバメ科の鳥。全長16.5cm。分布：アフリカ西部・中部・東部・南部。

カワリハシハワイミツスイ
〈*Hemignathus munroi*〉アトリ/ハワイミツスイ亜科。体長14cm。分布：ハワイ島。絶滅危惧IB類。

カワリヒタキ
〈*Metabolus rugensis*〉スズメ目ヒタキ科(カササギヒタキ亜科)。全長20cm。分布：ミクロネシア連邦のトラック諸島。絶滅危惧IB類。

カワリヒタキタイランチョウ
〈*Ochthoeca cinnamomeiventris*〉鳥綱スズメ目タイランチョウ科の鳥。体長13cm。分布：ベネズエラからボリビアまでのアンデス山脈の, 亜熱帯気候にあたる標高の地域。

カワリヒメウソ
〈*Sporophila americana*〉鳥綱スズメ目ホオジロ科の鳥。体長11〜11.5cm。分布：メキシコからパナマを通過し, コロンビアの一部地域, エクアドル, ペルー, ベネズエラ, ブラジル, ガイアナに至る地域。

カワリヒメシャクケイ
〈*Ortalis motmot*〉体長38cm。分布：南アメリカ北部。

カワリホリネズミ
〈*Orthogeomys heterodus*〉哺乳綱齧歯目ホリネズミ科の動物。分布：コスタリカ中部。絶滅危惧II類。

カワリミズナギドリ
カワリシロハラミズナギドリの別名。

カワリモリモズ
〈*Pitohui kirhocephalus*〉モズヒタキ科。体長23cm。分布：ニューギニアおよび西方の隣接する島々。

ガン 雁
〈*goose*〉鳥綱ガンカモ目ガンカモ科のガン類の総称。別名カリ。分布：宮城県。

ガンカモ科
ガンカモ目。分布：全世界。

カンカヤム
〈Kangayam〉牛の一品種。原産：インド。

カンガルー
〈kangaroo〉哺乳綱有袋目カンガルー科に属する動物の総称。分布：オーストラリア，ニューギニア。

カンガルーアイランドスミントプシス
〈Sminthopsis aitkeni〉フクロネコ目フクロネコ科。別名エートケンスミントプシス。頭胴長オス8.8cm，メス8.5cm。分布：オーストラリア南部。絶滅危惧。

カンガルーネズミ
〈Dipodomys deserti〉哺乳綱齧歯目ポケットネズミ科カンガルーネズミ属に含まれる動物の総称。

カンガルーハムスター
〈Mouse-like hamster〉哺乳綱齧歯目ネズミ科の動物。分布：イラン，アフガニスタン，旧ソ連南部，パキスタン。

カンギュウ 韓牛
〈Korean Cattle〉偶蹄目ウシ科。別名朝鮮牛。オス約128cm，メス約118cm。分布：韓国。

カンクレイ
〈Kankrej〉哺乳綱偶蹄目ウシ科の動物。別名グゼラ。オス136cm。分布：インド西部。

カンクレージ
カンクレイの別名。

カンコクザイライドリ 韓国在来鶏
〈Native fowl-Korea〉分布：韓国。

カンコクザイライヤギ 韓国在来山羊
〈Native goat-Korea〉分布：韓国。

カンザシノガン
インドショウノガンの別名。

カンザシフウチョウ
〈Parotia sefilata〉鳥綱スズメ目フウチョウ科の鳥。全長33cm。分布：ニューギニア北西部。

ガーンジー
〈Guernsey〉哺乳綱偶蹄目ウシ科の動物。オス約137cm，メス約125cm。分布：イギリス。

ガンジー
〈Bos taurus〉哺乳綱偶蹄目ウシ科の動物。

ガンジェティック・ドルフィン
ガンジスカワイルカの別名。

カンジキウサギ 橇兎
〈Lepus americanus〉哺乳綱ウサギ目ウサギ科の動物。分布：アラスカ，ハドソン湾岸，ニューファンドランド，アパラチア南部，ミシガン南部，ダコタ北部，ニューメキシコ北部，ユタ，カリフォルニア東部。

ガンジスカワイルカ
〈Platanista gangetica〉ガンジスカワイルカ科。別名インダス・スス，ガンジス・スス，ガンジェティック・ドルフィン（ガンジ），ブラインド・リバー・ドルフィン，サイドスイミング・ドルフィン。1.5～2.5m。分布：パキスタン，インド，バングラデシュ，ネパール，ブータンのインダス川，ガンジス川，ブラフマプトラ川，メーグナ川。絶滅危惧IB類。

ガンジス・スス
ガンジスカワイルカの別名。

ガンジススッポン
〈Aspideretes gangeticus〉爬虫綱スッポン科のカメ。最大甲長94.0cm。分布：パキスタン，インド北部，ネパール南部，バングラデシュのインダス川，ガンジス川，マハナディ川水系。

ガンジスワニ
インドガビアルの別名。

カンシュクコウザンサイモウウシ 甘粛高山細毛牛
〈Gansu Alpine Fine-wool〉分布：中国，甘粛省。

カンシン
〈Canchin〉ウシの一品種。原産：ブラジル。

カンスーガビチョウ
〈Garrulax sukatschewi〉スズメ目ヒタキ科（チメドリ亜科）。全長29cm。分布：中国の甘粛省南西部，四川省北部。絶滅危惧II類。

カンスートガリネズミ
〈Sorex cansulus〉哺乳綱食虫目トガリネズミ科の動物。頭胴長6.4cm。分布：中国の甘粛省の模式標本の産地だけから知られる。絶滅危惧IA類。

カンチュウロ 関中驢
〈Guanzhong Ass〉130～140cm。分布：中国の陝西省。

ガンチョウ
ライチョウの別名。

カントールマルスッポン

マルスッポンの別名。

カントンクサガメ
〈Chinemys nigricans〉爬虫綱カメ目ヌマガメ科のカメ。最大甲長25.7cm。分布：中国南部，海南島，ベトナム北部。

カンバン・カビヤン
〈Kambang Kabjang〉哺乳綱偶蹄目ウシ科の動物。体高50～60cm。分布：ビルマ，インドネシア，マレーシア，台湾，タイ，フィリピン。

ガンビアタイヨウリス
〈Heliosciurus gambianus〉体長15.5～21cm。分布：アフリカ。

ガンビアマングース
〈Mungos gambianus〉哺乳綱食肉目ジャコウネコ科の動物。体長32cm。分布：ガンビアからナイジェリア。

カンピン
〈Campine〉ニワトリの一品種。原産：ベルギー。

カンボジアミヤマテッケイ
〈Arborophila cambodiana〉鳥綱キジ目キジ科の鳥。全長29cm。分布：タイ東南部からカンボジア。絶滅危惧II類。

カンムリアカハシカワセミ
〈Alcedo cristata〉鳥綱ブッポウソウ目カワセミ科の鳥。全長13cm。分布：エチオピア以南のアフリカ。

カンムリアマツバメ 冠雨燕
〈Hemiprocne longipennis〉鳥綱アマツバメ目カンムリアマツバメ科の鳥。体長15cm。分布：インド，東南アジア。

カンムリアマツバメ 冠雨燕
〈crested swift〉鳥綱アマツバメ目カンムリアマツバメ科に属する鳥の総称。全長17～33cm。分布：インドから東南アジア，ニューギニア。

カンムリアマツバメ科
アマツバメ目。全長16～30cm。分布：インド以東の南アジアからソロモン諸島。

カンムリアリドリ 冠蟻鳥
〈Rhegmatorhina gymnops〉鳥綱スズメ目アリドリ科の鳥。全長14cm。分布：ブラジル。

カンムリアリフウキンチョウ
〈Habia cristata〉鳥綱スズメ目ホオジロ科の鳥。全長19cm。分布：コロンビア。

カンムリアリモズ 冠蟻鵙
〈Frederickena viridis〉鳥綱スズメ目アリドリ科の鳥。全長20cm。分布：ギアナ，ベネズエラ，アマゾン。

カンムリウズラ 冠鶉
〈Lophortyx californica〉鳥綱キジ目キジ科の鳥。体長24～28cm。分布：ブリティッシュ・コロンビアから南はバハカリフォルニアまで。

カンムリウズラバト
〈Geotrygon versicolor〉鳥綱ハト目ハト科の鳥。全長約30cm。分布：ジャマイカ島。

カンムリウミスズメ 冠海雀
〈Synthliboramphus wumizusume〉鳥綱チドリ目ウミスズメ科の鳥。全長26cm。分布：伊豆諸島。絶滅危惧II類，天然記念物。

カンムリエナガカマドドリ 冠柄長竈鳥
〈Leptasthenura setaria〉鳥綱スズメ目カマドドリ科の鳥。全長18cm。分布：アルゼンチン北東部。

カンムリエボシドリ 冠烏帽子鳥
〈Corythaeola cristata〉鳥綱カッコウ目エボシドリ科の鳥。体長75cm。分布：ギニアからナイジェリアにかけてのアフリカ西部，コンゴ川流域からケニア，タンザニア。

カンムリオウチュウ 冠烏秋
〈Dicrurus hottentottus〉鳥綱スズメ目オウチュウ科の鳥。体長33cm。分布：インド，中国南部，東南アジア，フィリピン，インドネシア。

カンムリオオツリスドリ 冠大釣巣鳥
〈Psarocolius decumanus〉ムクドリモドキ科。体長オス43～48cm，メス38～41cm。分布：パナマから南アメリカ中央部。

カンムリオタテドリ
〈Rhinocrypta lanceolata〉鳥綱スズメ目オタテドリ科の鳥。全長23cm。分布：ボリビア，パラグアイ，アルゼンチン。

カンムリカイツブリ 冠鸊鷉, 冠鳰
〈Podiceps cristatus〉鳥綱カイツブリ目カイツブリ科の鳥。体長46～51cm。分布：ユーラシア温帯部，アフリカ東・南部，オーストラリア，ニュージーランド。国内では青森県下北半島。

カンムリカグラコウモリ
〈Hipposideros inexpectatus〉翼手目キクガシラコウモリ科（カグラコウモリ亜科）。前腕長

カンムリカ

約10cm。分布：インドネシアのスラウェシ島。絶滅危惧II類。

カンムリカケス　冠橿鳥
〈*Platylophus galericulatus*〉鳥綱スズメ目カラス科の鳥。体長33cm。分布：東南アジアのタイ南西部からボルネオ島、ジャワ島にかけて。

カンムリカザリドリ
〈*Ampelion rufaxilla*〉鳥綱スズメ目カザリドリ科の鳥。全長23cm。分布：コロンビア、ペルー、ボリビア。

カンムリカッコウ　冠郭公
〈*Clamator coromandus*〉鳥綱ホトトギス目ホトトギス科の鳥。全長25cm。分布：インドから東南アジア。

カンムリカッコウハヤブサ
〈*Aviceda subcristata*〉鳥綱タカ目タカ科の鳥。体長35〜46cm。分布：オーストラリア北・東部、ニューギニア、モルッカ諸島、ビスマーク諸島、ソロモン諸島。

カンムリガメ
〈*Hardella thurjii*〉爬虫綱カメ目ヌマガメ科のカメ。最大甲長61cm。分布：インド北部とパキスタン（インダス、ガンジス、ブラマプートラ川流域）。

カンムリガモ　冠鴨
〈*Anas specularioides*〉鳥綱ガンカモ目ガンカモ科の鳥。全長51〜61cm。分布：ペルー、ボリビア、チリ、アルゼンチン。

カンムリカヤノボリ　冠萱昇
〈*Spizixos canifrons*〉鳥綱スズメ目ヒヨドリ科の鳥。体長20cm。分布：アッサム地方、ミャンマー西部。

カンムリガラ　冠雀
〈*Parus cristatus*〉鳥綱スズメ目シジュウカラ科の鳥。体長11.5cm。分布：ヨーロッパおよびスカンジナビア半島、東はウラル山脈まで。

カンムリキウズラ
カンムリコリンウズラの別名。

カンムリキジ　冠雉
〈*Catreus wallichii*〉鳥綱キジ目キジ科の鳥。別名エボシキジ。体長オス90〜118cm、メス61〜76cm。分布：ヒマラヤ山脈。絶滅危惧II類。

カンムリキツツキ
エボシマゲラの別名。

カンムリキツネザル
〈*Lemur coronatus*〉哺乳綱霊長目キツネザル科の動物。頭胴長34〜36cm。分布：マダガスカル最北端のブハウンビ半島、ベマリボ川、マハバビ川に挟まれた地域。絶滅危惧II類。

カンムリクマタカ
〈*Spizaetus coronatus*〉鳥綱タカ目タカ科の鳥。体長81〜91cm。分布：サハラ以南のアフリカ。

カンムリゲノン
〈*Cercopithecus milis*〉哺乳綱霊長目オナガザル科の動物。

カンムリコゲラ
〈*Hemicircus concretus*〉鳥綱キツツキ目キツツキ科の鳥。全長13cm。分布：タイ南部からマレー半島、ボルネオ島、スマトラ島、ジャワ島。

カンムリコサイチョウ
〈*Tockus alboterminatus*〉鳥綱ブッポウソウ目サイチョウ科の鳥。全長43〜51cm。分布：アフリカ中部から南部。

カンムリコリンウズラ　冠古林鶉
〈*Colinus cristatus*〉鳥綱キジ目キジ科の鳥。別名カンムリキウズラ。全長20cm。分布：グアテマラからコロンビア、ベネズエラ、ブラジル北部。

カンムリサギ
〈*Ardeola ralloides*〉鳥綱コウノトリ目サギ科の鳥。体長44〜47cm。分布：ヨーロッパ南部、アジア南西部、アフリカ。

カンムリサギモドキ
カグーの別名。

カンムリサケビドリ　冠叫鳥
〈*Chauna torquata*〉鳥綱ガンカモ目サケビドリ科の鳥。体長85〜95cm。分布：ブラジル南部、ウルグアイ、アルゼンチン北部。

カンムリサンジャク　冠山鵲
〈*Calocitta formosa*〉鳥綱スズメ目カラス科の鳥。全長59〜66cm。分布：メキシコ南部からコスタリカ。

カンムリジカッコウ　冠地郭公
〈*Coua cristata*〉鳥綱ホトトギス目ホトトギス科の鳥。別名カンムリマダガスカルカッコウ、カンムリマダガスカルジカッコウ。全長35cm。分布：マダガスカル。

カンムリシギダチョウ　冠鷸駝鳥

〈*Eudromia elegans*〉鳥綱シギダチョウ目シギダチョウ科の鳥。別名シギダチョウ。体長40cm。分布：アルゼンチン，パラグアイ，ボリビア，チリ北部。

カンムリシジュウカラ 冠四十雀
〈*Parus rubidiventris*〉鳥綱スズメ目シジュウカラ科の鳥。全長13cm。分布：ヒマラヤ・中国西部・ビルマ北部。

カンムリシファカ
〈*Propithecus diadema*〉哺乳綱霊長目インドリ科の動物。別名ダイアデムシファカ。頭胴長42～55cm。分布：マダガスカル北東部のアンダパ盆地からマナナラ川にかけての降雨林地帯。絶滅危惧IB類。

カンムリシャクケイ 冠舎久鶏
〈*Penelope purpurascens*〉鳥綱キジ目ホウカンチョウ科の鳥。体長91cm。分布：メキシコからエクアドル西部およびベネズエラ北部。

カンムリシャコ 冠鷓鴣
〈*Rollulus roulroul*〉鳥綱キジ目キジ科の鳥。体長25cm。分布：ミャンマー南部，タイ，マレーシア，スマトラ島，カリマンタン島。

カンムリショウノガン 冠小鴇
〈*Lophotis ruficrista*〉鳥綱ツル目ノガン科の鳥。別名アカブサノガン。体長50cm。分布：サハラ南辺，セネガル北部からスーダン西・東部にかけ局地的に。東アフリカ，エチオピアからタンザニア東中部。アフリカ南部，南アフリカ北部まで。

カンムリシロムク 冠白椋
〈*Leucopsar rothschildi*〉鳥綱スズメ目ムクドリ科の鳥。体長22cm。分布：バリ島北西部。絶滅危惧IA類。

カンムリズク
〈*Lophostrix cristata*〉鳥綱フクロウ目フクロウ科の鳥。別名ミミナガフクロウ。体長38～40cm。分布：メキシコ南部からボリビア，エクアドル東部，ブラジルのアマゾン川流域地方（アンデス山脈の東側）。

カンムリズクヨタカ
オーストラリアズクヨタカの別名。

カンムリヅル 冠鶴
〈*Balearica pavonina*〉鳥綱ツル目ツル科の鳥。体長110～130cm。分布：セネガルからエチオピア中部にかけて，ウガンダ北部，ケニア北西部。

カンムリセイラン 冠青鸞
〈*Rheinardia ocellata*〉鳥綱キジ目キジ科の鳥。全長オス195～235cm，メス74～75cm。分布：ベトナム，マレーシア。絶滅危惧II類。

カンムリタイランチョウ 冠太蘭鳥
〈*Polystictus pectoralis*〉鳥綱スズメ目タイランチョウ科の鳥。全長11cm。分布：ギアナ・スリナム・ベネズエラ南西部・コロンビア・ブラジル南東部・パラグアイ・ボリビア東部・アルゼンチン北東部。

カンムリチャイロガラ
〈*Sphenostoma cristatum*〉鳥綱スズメ目ヒタキ科ハシリチメドリ亜科の鳥。全長20cm。分布：オーストラリア中央部。

カンムリツクシガモ 冠筑紫鴨
〈*Tadorna cristata*〉鳥綱ガンカモ目ガンカモ科の鳥。全長63～71cm。分布：中国東北部（詳細不明）。絶滅危惧IA類。

カンムリトカゲ
〈*Laemanctus longipes*〉爬虫綱有鱗目トカゲ亜目イグアナ科の動物。全長60～70cm。分布：メキシコ，ベリセ，ガテマラ，ホンデュラス，ニカラグア。

カンムリトゲオハチドリ
〈*Popelairia popelairii*〉鳥綱アマツバメ目ハチドリ科の鳥。全長オス12.7cm，メス9cm。分布：南アメリカ。

カンムリニワシドリ
〈*Amblyornis macgregoriae*〉鳥綱スズメ目ニワシドリ科の鳥。全長26cm。分布：ニューギニア中央高地。

カンムリノガンモドキ
アカノガンモドキの別名。

カンムリノスリ
〈*Harpyhaliaetus coronatus*〉鳥綱タカ目タカ科の鳥。体長74～81cm。分布：ボリビア東部からパタゴニア北部。絶滅危惧II類。

カンムリハエトリ 冠蠅取
〈*Lophotriccus pileatus*〉鳥綱スズメ目タイランチョウ科の鳥。全長9cm。分布：コスタリカからベネズエラ北部・ブラジル西部・ペルー南部。

カンムリハチドリ
〈*Stephanoxis lalandi*〉鳥綱アマツバメ目ハチドリ科の鳥。体長9cm。分布：ブラジル南東部からアルゼンチン北東部にかけて分布する。

カンムリバト　冠鳩
〈*Goura cristata*〉鳥綱ハト目ハト科の鳥。全長82cm。分布：ニューギニア。絶滅危惧種。

カンムリバト　冠鳩
〈*common crowned pigeon*〉広義には鳥綱ハト目ハト科カンムリバト属に含まれる鳥の総称で，狭義にはそのうちの1種をさす。

カンムリハナドリ　冠花鳥
〈*Paramythia montium*〉ハナドリ科。別名カンムリミヤマハナドリ。体長20cm。分布：ニューギニア中央部および南東部。

カンムリハワイミツスイ
〈*Palmeria dolei*〉アトリ/ハワイミツスイ亜科。体長18cm。分布：マウイ島。モロカイ島では絶滅。絶滅危惧II類。

カンムリバンケンモドキ　冠蕃鵑擬
〈*Dasylophus superciliosus*〉鳥綱ホトトギス目ホトトギス科の鳥。全長42cm。分布：フィリピン北部。

カンムリヒタキ
〈*Trochocercus cyanomelas*〉鳥綱スズメ目ヒタキ科カササギヒタキ亜科の鳥。全長16cm。分布：ケニアから南アフリカ。

カンムリヒバリ　冠雲雀
〈*Galerida cristata*〉鳥綱スズメ目ヒバリ科の鳥。体長19cm。分布：アフリカ北部，ヨーロッパ，中東からインド，中国北部，朝鮮。

カンムリフウキンチョウ
〈*Eucometis penicillata*〉鳥綱スズメ目ホオジロ科の鳥。全長18cm。分布：中央アメリカから南アメリカ。

カンムリフウチョウモドキ
〈*Cnemophilus macgregorii*〉フウチョウ科。体長25cm。分布：ニューギニア中央部，南部および東部の高地（標高2400～3500m）。

カンムリヘビ
〈*Spalerosophis diadema*〉爬虫綱有鱗目ヘビ亜目ナミヘビ科のヘビ。全長100～140cm。分布：アフリカ北部から，中近東を経て中央アジア，インドまで。

カンムリホウカンチョウ　冠鳳冠鳥
〈*Nothocrax urumutum*〉鳥綱キジ目ホウカンチョウ科の鳥。体長66cm。分布：南アメリカ北西部からペルー東部。

カンムリホロホロチョウ　冠珠鶏
〈*Guttera edouardi*〉鳥綱キジ目キジ科の鳥。全長55cm。分布：アフリカ西部・中南部。

カンムリマイコドリ　冠舞子鳥
〈*Antilophia galeata*〉鳥綱スズメ目マイコドリ科の鳥。別名ヘルメットマイコドリ。全長15cm。分布：ブラジル南部・パラグアイ北東部。

カンムリマダガスカルカッコウ
カンムリジカッコウの別名。

カンムリマダガスカルジカッコウ
カンムリジカッコウの別名。

カンムリミヤマハナドリ
カンムリハナドリの別名。

カンムリメジロ
〈*Lophozosterops dohertyi*〉鳥綱スズメ目メジロ科の鳥。体長12cm。分布：スンバワ島，フロレス島（インドネシア）。

カンムリモズヒタキ
〈*Oreoica gutturalis*〉鳥綱スズメ目ヒタキ科モズヒタキ亜科の鳥。別名パンパンパララ。全長20～23cm。分布：オーストラリア北部・東部。

カンムリヤマガメ
〈*Rhinoclemmys diademata*〉爬虫綱カメ目ヌマガメ科のカメ。最大甲長25.4cm。分布：ベネズエラ（マラカイボ湖周辺）。

カンムリワシ　冠鷲
〈*Spilornis cheela*〉鳥綱タカ目タカ科の鳥。体長28～53cm。分布：インド，中国，東南アジア，インドネシア，フィリピン。国内では西表島・石垣島。特別天然記念物。絶滅危惧種。

カンヨウ　寒羊
〈*Hang-yang*〉分布：中国。

【キ】

キアオジ　黄青鵐
〈*Emberiza citrinella*〉鳥綱スズメ目ホオジロ科の鳥。体長16cm。分布：ヨーロッパの大部分，アフリカ北西部や中央アジアの一部地域。

キアシアカクイナ
マングローブクイナの別名。

キアシガメ
〈*Geochelone denticulata*〉爬虫綱カメ目リクガメ科のカメ。最大甲長82cm。分布：南米（アンデス山脈以南，コロンビア及びベネズエ

ラからボリビアおよびブラジル)。絶滅危惧II類。

キアシカラスバト
〈*Columba pallidiceps*〉鳥綱ハト目ハト科の鳥。全長36〜38cm。分布：パプアニューギニアのニューブリテン島,デュークオブヨーク島,ニューアイルランド島,およびソロモン諸島。絶滅危惧種。

キアシクロウタドリ
〈*Platycichla flavipes*〉鳥綱スズメ目ヒタキ科ツグミ亜科の鳥。全長22cm。分布：ベネズエラ,コロンビア,ギアナ,ブラジル,アルゼンチン。

キアシクロハタオリ
〈*Malimbus flavipes*〉鳥綱スズメ目ハタオリドリ科の鳥。全長15cm。分布：コンゴ民主共和国東部。絶滅危惧II類。

キアシシギ 黄脚鷸,黄足鷸
〈*Tringa brevipes*〉鳥綱チドリ目シギ科の鳥。全長25cm。分布：シベリア北東部。

キアシシギ
メリケンキアシシギの別名。

キアシセグロカモメ 黄足背黒鷗
〈*Larus cachinnans*〉チドリ目カモメ科。

キアシナンベイアマガエル
〈*Scinax ruber*〉体長2.5〜4cm。分布：中央アメリカ南部から南アメリカ大陸北部,カリブ諸島。

キアシミツオシエ
〈*Melignomon eisentrauti*〉鳥綱キツツキ目ミツオシエ科の鳥。全長12cm。分布：シエラレオネ,リベリア,コートジボアール,ガーナ,カメルーン。絶滅危惧II類。

キアシミヤマテッケイ
〈*Arborophila merlini*〉鳥綱キジ目キジ科の鳥。別名アンナンキアシミヤマ。全長30cm。分布：ベトナム中部。絶滅危惧IB類。

ギアナウズラ
〈*Odontophorus gujanensis*〉鳥綱キジ目キジ科の鳥。全長23〜28cm。分布：コスタリカからブラジル北部・ボリビア。

ギアナオヒキコウモリ
〈*Eumops maurus*〉哺乳綱翼手目オヒキコウモリ科の動物。前腕長5cm前後。分布：ベネズエラ,ギアナ,スリナム。絶滅危惧II類。

ギアナカイマントカゲ
〈*Dreceana guianensis*〉テグー科。全長0.9〜1.1m。分布：南アメリカ。絶滅危惧。

ギアナキノボリトゲネズミ
〈*Echimys chrysurus*〉哺乳綱齧歯目アメリカトゲネズミ科の動物。頭胴長23.2〜30cm。分布：ガイアナ南部,スリナム,フランス領ギアナ,ブラジル北東部のアマゾン川流域低地帯。絶滅危惧II類。

ギアナコビトイルカ
〈*Sotalia guianensis*〉哺乳綱クジラ目マイルカ科の動物。体長1.5m。分布：南アメリカの沿岸域,河川。

ギアナヒメウオクイネズミ
〈*Neusticomys oyapocki*〉齧歯目ネズミ科(アメリカネズミ亜科)。頭胴長11.4cm程度。分布：フランス領ギアナ。絶滅危惧IB類。

ギアナミズコメネズミ
〈*Nectomys parvipes*〉齧歯目ネズミ科(アメリカネズミ亜科)。頭胴長13.5cm程度。分布：フランス領ギアナ。絶滅危惧IA類。

ギアナヨウガントカゲ
〈*Tropidurus hispidus*〉爬虫綱有鱗目トカゲ亜目イグアナ科の動物。全長13〜18cm。分布：南アメリカ。

キアニナ
〈*Chiana*〉哺乳綱偶蹄目ウシ科の動物。メス150cm。分布：イタリア。

キイバネカザリドリ
ハイバネカザリドリの別名。

キイロアナコンダ
〈*Eunectes notaeus*〉爬虫綱有鱗目ヘビ亜目ボア科のヘビ。全長2〜3m。分布：ボリビア,パラグアイ,ウルグアイ,ブラジル西部,アルゼンチン東北部。

キイロアマガサ
マルオアマガサヘビの別名。

キイロアメリカムシクイ
〈*Dendroica petechia*〉鳥綱スズメ目アメリカムシクイ科の鳥。体長13cm。分布：カナダ,合衆国,中央・南アメリカに分布する。北の個体群には,冬に南へ渡るものもいる。

キイロウタイムシクイ
〈*Hippolais icterina*〉鳥綱スズメ目ウグイス科の鳥。別名キイロハシナガムシクイ。体長13cm。分布：北および東ヨーロッパから南は

キイロオオ

アルプス地方, 小アジア, カフカスまで。アジア, 東はアルタイ山脈まで。アフリカの東部および熱帯域で越冬。

キイロオオトカゲ
〈*Varanus flavescens*〉爬虫綱有鱗目トカゲ亜目オオトカゲ科のトカゲ。全長1m以下。分布：バングラデシュ, インド, ネパール, パキスタン。

キイロキンモグラ属
〈*Calcochloris*〉キンモグラ科。分布：ズールーランドからモザンビーク。

キイロコウヨウジャク
〈*Ploceus megarhynchus*〉鳥綱スズメ目ハタオリドリ科の鳥。全長17cm。分布：インド北部と北東部, ネパール。絶滅危惧II類。

キイロコバシハエトリ 黄色小嘴蠅取
〈*Casiempis flaveola*〉鳥綱スズメ目タイランチョウ科の鳥。全長10cm。分布：ニカラグアからボリビア・パラグアイ・アルゼンチン北部・ブラジル南東部。

キイロサキ
〈*Pithecia albicans*〉オマキザル科サキ属。頭胴長オス40〜41cm, メス36.5〜40.5cm。分布：ブラジル。

キイロジネズミ
〈*Crocidura xantippe*〉哺乳綱食虫目トガリネズミ科の動物。分布：ケニア南東部ツァボ国立公園のヴォイおよびタンザニアのウサンバラ山地。絶滅危惧II類。

キイロソデジロインコ
〈*Brotogeris chiriri*〉鳥綱インコ科の鳥。体長22cm。分布：ブラジル中部からアルゼンチン北部, パラグアイにかけて分布する。

キイロドロガメ
〈*Kinosternon flavescens*〉爬虫綱カメ目ドロガメ科のカメ。最大甲長16.5cm。分布：米国（ネブラスカ南部からアリゾナ南部）とメキシコ（ソノラ, ドゥランゴ, タマウリーパス, ベラクルス各州）。

キイロネズミヘビ
〈*Elaphe obsoleta quadrivittata*〉爬虫綱有鱗目ヘビ亜目ナミヘビ科のヘビ。全長100〜180cm。分布：米国東南部（フロリダ半島から大西洋沿岸地域）。

キイロハシナガムシクイ
キイロウタイムシクイの別名。

キイロヒゲヒヨドリ
〈*Criniger olivaceus*〉鳥綱スズメ目ヒヨドリ科の鳥。全長17cm。分布：ガーナ, ギニア, コートジボアール, リベリア, マリ, セネガル, シエラレオネ。絶滅危惧II類。

キイロヒバリヒタキ
〈*Ashbyia lovensis*〉鳥綱スズメ目ヒタキ科ゴウシュウムシクイ亜科の鳥。全長12.5cm。分布：オーストラリア。

キイロヒヒ 黄色狒々
〈*Papio cynocephalus*〉哺乳綱霊長目オナガザル科の動物。

キイロボウシインコ
〈*Amazona oratrix*〉鳥綱インコ科の鳥。体長35cm。分布：メキシコ, ベリーズ, ホンジュラス北西部の沿岸域。

キイロマダラ
〈*Dinodon flavozonatum*〉爬虫綱有鱗目ナミヘビ科のヘビ。

キイロマングース
〈*Cynictis penicillata*〉哺乳綱食肉目ジャコウネコ科の動物。体長23〜33cm。分布：アフリカ南部。

キイロミツスイ 黄色蜜吸
〈*Meliphaga flava*〉鳥綱スズメ目ミツスイ科の鳥。全長17cm。分布：オーストラリア。

キイロミミマーモセット
〈*Callithrix flaviceps*〉哺乳綱霊長目キヌザル科の動物。別名キガシラマーモセット。頭胴長17〜25cm。分布：ブラジル南東部の大西洋沿岸域。絶滅危惧IB類。

キイロメジロ
〈*Zosterops senegalensis*〉鳥綱スズメ目メジロ科の鳥。体長10cm。分布：サハラ以南のアフリカ。

キイロモフアムシクイ
〈*Mohoua ochrocephala*〉鳥綱スズメ目ヒタキ科ゴウシュウムシクイ亜科の鳥。全長15cm。分布：ニュージーランド南島。絶滅危惧II類。

キーウィ 奇異鳥
〈*Apteryx australis*〉鳥綱ダチョウ目キーウィ科の鳥。体長70cm。分布：ニュージーランド。絶滅危惧II類。

キーウィ 奇異鳥
〈*kiwi*〉鳥綱ダチョウ目キーウィ科に属する鳥の総称。別名タテジマキーウィ。分布：

ニュージーランド。

キーウィ科
キーウィ目。全長45〜80cm。分布：ニュージーランド。

キーウィ目
分布：ニュージーランド。

キウヨ
アルマジロの別名。

キエリクロボタンインコ　黄襟黒牡丹鸚哥
〈Agapornis personata personata〉鳥綱オウム目インコ科の鳥。全長15cm。分布：タンザニア北東部。

キエリテン
〈Martes flavigula〉哺乳綱食肉目イタチ科の動物。体長48〜70cm。分布：南アジア，東南アジア，東アジア。絶滅危惧IB類。

キエリヒメウソ
〈Sporophila collaris〉鳥綱スズメ目ホオジロ科の鳥。分布：ブラジル東部からアルゼンチン。

キエリボウシインコ
〈Amazona ochrocephala auro-palliata〉鳥綱オウム目オウム科の鳥。

キエリボタンインコ
〈Agapornis personatus〉鳥綱インコ科の鳥。体長14.5cm。分布：タンザニアの高地に分布する。最近，タンザニアの沿岸部やケニア北部に移入された。

キエリマイコドリ
〈Manacus vitellinus〉鳥綱スズメ目マイコドリ科の鳥。体長10cm。分布：パナマからコロンビア西部にかけての低地。

キーオジロジカ
〈Odocoileus virginianus clavium〉別名キージカ。絶滅危惧種。

キオス
〈Chios〉哺乳綱偶蹄目ウシ科の動物。体高オス81cm，メス70〜76cm。分布：ギリシア，キプロス，トルコ。

キオビカオグロムシクイ
〈Geothlypis beldingi〉鳥綱スズメ目アメリカムシクイ科の鳥。全長14cm。分布：メキシコのバハ・カリフォルニア半島。絶滅危惧II類。

キオビフウキンチョウ
〈Bangsia aureocincta〉スズメ目ホオジロ科（フウキンチョウ亜科）。全長16cm。分布：コロンビア西部。絶滅危惧II類。

キオビメジロタイランチョウ　黄帯目白太蘭鳥
〈Empidonax minimus〉鳥綱スズメ目タイランチョウ科の鳥。全長13cm。分布：カナダからアメリカ北東部。

キオビヤドクガエル
〈Dendrobates leucomelas〉両生綱無尾目ヤドクガエル科のカエル。体長31〜37mm。分布：ベネズエラのオリノコ川水系流域及び隣接するコロンビアの一部。ガイアナのエキセボ川水系と隣接するブラジル南端。

キガオアメリカムシクイ
〈Myioborus pariae〉鳥綱スズメ目アメリカムシクイ科の鳥。全長13cm。分布：ベネズエラ北東部のパリア半島。絶滅危惧IA類。

キガオヒワ
〈Carduelis yarrellii〉鳥綱スズメ目アトリ科の鳥。全長10cm。分布：ブラジル東部。絶滅危惧II類。

キガオミツスイ　黄顔蜜吸
〈Xanthomyza phrygia〉鳥綱スズメ目ミツスイ科の鳥。全長22cm。分布：オーストラリア南東部・カンガルー島。絶滅危惧。

キガオムクドリ
〈Mino dumontii〉鳥綱スズメ目ムクドリ科の鳥。体長25cm。分布：ニューギニア，ビスマーク諸島，ソロモン諸島。

キガシラアオハシインコ　黄頭青嘴鸚哥
〈Cyanoramphus auriceps〉鳥綱オウム目インコ科の鳥。全長23cm。分布：ニュージーランド。

キガシラウミワシ
〈Haliaeetus leucoryphus〉鳥綱タカ目タカ科の鳥。全長72〜84cm。分布：繁殖地はユーラシア大陸中央部の温帯。越冬地は同大陸の亜熱帯。絶滅危惧II類。

キガシラケラインコ
〈Micropsitta keiensis〉鳥綱インコ目インコ科の鳥。全長9.5cm。分布：ニューギニア南部およびその周辺の島々の低地の原生林，二次林。

キガシラコウライウグイス
ニシコウライウグイスの別名。

キガシラシトド　黄頭鵐
〈Zonotrichia atricapilla〉鳥綱スズメ目ホオジロ科の鳥。全長17cm。分布：アラスカ，カ

ナダ西部。

キガシラセキレイ 黄頭鶺鴒
〈*Motacilla citreola*〉鳥綱スズメ目セキレイ科の鳥。全長16.5cm。分布：ヒマラヤからモンゴル，北ウラルから西シベリア。

キガシラソメワケヤモリ
〈*Gonatodes albogularis*〉爬虫綱有鱗目トカゲ亜目ヤモリ科の動物。全長10cm。分布：メキシコ南東部以南の中米から南米北部にかけてと，キューバなど西インドの島々，フロリダ南東部。

キガシラハタオリドリ
〈*Ploceus vitellinus*〉鳥綱スズメ目ハタオリドリ科の鳥。

キガシラハワイマシコ
〈*Psittirostra psittacea*〉鳥綱スズメ目ハワイミツスイ科の鳥。全長18cm。分布：ハワイ諸島。絶滅危惧IA類。

キガシラハワイミツスイ
キガシラハワイマシコの別名。

キガシラヒメモズモドキ
〈*Hylophilus ochraceiceps*〉鳥綱スズメ目モズモドキ科の鳥。全長12cm。分布：メキシコ南部からエクアドル，ペルー，ブラジル北部。

キガシラヒヨドリ 黄頭鵯
〈*Pycnonotus zeylanicus*〉鳥綱スズメ目ヒヨドリ科の鳥。体長28cm。分布：マレー半島，スマトラ島，ボルネオ島，ジャワ島。絶滅危惧II類。

キガシラペンギン
キンメペンギンの別名。

キガシラマイコドリ 黄頭舞子鳥
〈*Pipra erythrocephala*〉鳥綱スズメ目マイコドリ科の鳥。全長9cm。分布：南アメリカ北部。

キガシラマメルリハインコ
〈*Forpus xanthops*〉鳥綱オウム目インコ科の鳥。全長14～15cm。分布：ペルー北西部。絶滅危惧II類。

キガシラマーモセット
キイロミミマーモセットの別名。

キガシラミドリマイコドリ 黄頭緑舞子鳥
〈*Chloropipo flavicapilla*〉鳥綱スズメ目マイコドリ科の鳥。全長11cm。分布：コロンビア。

キガシラムクドリ
〈*Ampeliceps coronatus*〉鳥綱スズメ目ムクドリ科の鳥。全長20cm。分布：インド，ビルマ，タイ，ベトナム，マレーシア北部。

キガシラムクドリモドキ 黄頭椋鳥擬
〈*Xanthocephalus xanthocephalus*〉鳥綱スズメ目ムクドリモドキ科の鳥。体長24cm。分布：カナダ南西部，合衆国の多くの地域で繁殖し，合衆国南西部，メキシコ西部で越冬。

キガタハゴロモガラス
〈*Agelaius xanthomus*〉鳥綱スズメ目ムクドリモドキ科の鳥。全長オス23cm，メス20cm。分布：プエルトリコ。絶滅危惧IB類。

キガタヒメマイコドリ
ズアカヒメマイコドリの別名。

キガタホウオウジャク
〈*Euplectes macrourus*〉鳥綱スズメ目ハタオリドリ科の鳥。全長23～31cm。分布：アフリカ中部。

キカムリタイランチョウ
〈*Empidonomus varius*〉鳥綱スズメ目タイランチョウ科の鳥。全長19cm。分布：南アメリカ，アルゼンチン。

ギガンテエダアシガエル
ギガンテヒラタガエルの別名。

ギガンテヒラタガエル
〈*Platymantis insulatus*〉両生綱無尾目カエル目アカガエル科のカエル。別名ギガンテエダアシガエル。体長3.8～4.5cm。分布：フィリピン。絶滅危惧II類。

キキョウインコ 桔梗鸚哥
〈*Neophema pulchella*〉鳥綱オウム目インコ科の鳥。体長20cm。分布：オーストラリア東部。

キクイタダキ 鶎，菊戴
〈*Regulus regulus*〉鳥綱スズメ目ウグイス科の鳥。体長9cm。分布：連続していないが，アゾレス諸島，北西ヨーロッパおよびスカンジナビア半島から東アジアまで。国内では本州中部以北の亜高山帯で繁殖し，冬は低地に下りる。

キクイタダキアメリカムシクイ
キンイタダキアメリカムシクイの別名。

キクイタダキカザリドリ
〈*Calyptura cristata*〉カザリドリ科。体長7.5cm。分布：ブラジルのリオ・デ・ジャネイロ付近。絶滅危惧IA類。

キクガシラコウモリ　菊頭蝙蝠
〈horseshoe bat〉広義には哺乳綱翼手目キクガシラコウモリ科に属する動物の総称で, 狭義にはそのうちの1種をさす。体長3.5〜11cm。分布：ヨーロッパ, アジア, 日本。

キクガシラコウモリ　菊頭蝙蝠
〈Rhinolophus ferrumequinum〉哺乳綱翼手目キクガシラコウモリ科の動物。前腕長5.6〜6.5cm。分布：イギリス, モロッコから北部インド, 東アジア。国内では北海道, 本州, 四国, 九州, 佐渡島, 対馬, 五島列島, 屋久島。

キクサインコ　黄草鸚哥
〈Platycercus caledonicus〉鳥綱オウム目インコ科の鳥。全長36cm。分布：オーストラリア。

キクザトアオヘビ
〈Opheodrys kikuzatoi〉爬虫綱有鱗目ナミヘビ科のヘビ。

キクザトサワヘビ　喜久里沢蛇
〈Opisthotropis kikuzatoi〉爬虫綱有鱗目ヘビ亜目ナミヘビ科のヘビ。全長50〜60cm。分布：久米島。絶滅危惧IA類。

キクスズメ
〈Sporopipes squamifrons〉鳥綱スズメ目ハタオリドリ科の鳥。全長10cm。分布：アフリカ南部。

キクチハタネズミ
〈Microtus kikuchii〉齧歯目ネズミ科（ハタネズミ亜科）。頭胴長13cm程度。分布：台湾。絶滅危惧II類。

キクチメジロ
キクチハタネズミの別名。

キクビアカネズミ
〈Apodemus flavicollis〉体長8.5〜13cm。分布：西ヨーロッパから西アジア, 中央アジアにかけて。

キゴシアリサザイ
〈Terenura sharpei〉鳥綱スズメ目アリドリ科の鳥。全長11cm。分布：ペルー南東部, ボリビア西部。絶滅危惧II類。

キゴシダイカー
〈Cephalophus silvicultor〉哺乳綱偶蹄目ウシ科の動物。

キゴシタイヨウチョウ　黄腰太陽鳥
〈Aethopyga siparaja〉タイヨウチョウ科。体長10cm。分布：スマトラ, カリマンタン, マレーシア, インド。

キゴシタイランチョウ　黄腰太蘭鳥
〈Myiotriccus ornatus〉鳥綱スズメ目タイランチョウ科の鳥。全長11cm。分布：コロンビア。

キゴシツリスドリ　黄腰釣巣鳥
〈Cacicus cela〉ムクドリモドキ科。体長オス28〜32cm, メス24〜26cm。分布：パナマから南アメリカ中央部。

キゴシトゲハシムシクイ
〈Acanthiza iredalei〉スズメ目ヒタキ科（オーストラリアムシクイ亜科）。全長8〜9.5cm。分布：オーストラリア南西部。絶滅危惧種。

キゴシハゴロモスズメ
〈Euplectes capensis〉鳥綱スズメ目ハタオリドリ科の鳥。全長15〜16.5cm。分布：アフリカ中部・南部。

キゴシヒメゴシキドリ
〈Pogoniulus bilineatus〉鳥綱キツツキ目ゴシキドリ科の鳥。体長10cm。分布：サハラ以南のアフリカ。

キゴシフウキンチョウ
〈Hemithraupis flavicollis〉鳥綱スズメ目ホオジロ科の鳥。全長14cm。分布：パナマから南アメリカ。

キゴシヘイワインコ
ヘイワインコの別名。

キコブホウカンチョウ
〈Crax daubentoni〉体長90cm。分布：南アメリカ北部。

キゴロモコメワリ
〈Loxipasser anoxanthus〉鳥綱スズメ目ホオジロ科の鳥。全長12.5cm。分布：ジャマイカ。

キサキインコ　皇后鸚哥
〈Prosopeia tabuensis〉鳥綱オウム目インコ科の鳥。全長45cm。分布：フィジー諸島。

キサキスズメ　皇后雀
〈Vidua fischeri〉鳥綱スズメ目ハタオリドリ科の鳥。全長25〜33cm。分布：アフリカ東部。

ギザミネヘビクビ　南米蛇頸亀
〈Hydromedusa tectifera〉爬虫綱カメ目ヘビクビガメ科のカメ。最大甲長30cm。分布：南米（ブラジル南部, ウルグアイ, アルゼンチン北東部, パラグアイ）。

キサンツ

〈Kisantu〉牛の一品種。

キジ 雉
〈Phasianus versicolor〉鳥綱キジ目キジ科の鳥。全長オス80cm、メス60cm。分布：本州以南、屋久島。

キジ 雉
〈pheasant〉広義には鳥綱キジ目キジ科キジ亜科キジ属に含まれる鳥で尾の長いもののうち、クジャク類とセイラン類以外の総称。全長14～122cm。分布：北アメリカ、南アメリカ北部、ユーラシア、アフリカ、オーストラリア。

キジ
コウライキジの別名。

キジ
トウカイキジの別名。

キジインコ 雉鸚哥
〈Pezoporus wallicus〉鳥綱オウム目インコ科の鳥。全長30cm。分布：オーストラリア南東部・南西部、タスマニア島。

キジオライチョウ 雉尾雷鳥
〈Centrocercus urophasianus〉鳥綱キジ目キジ科の鳥。体長オス80cm、メス55cm。分布：北アメリカ西部の奥地。

キージカ
キーオジロジカの別名。

キジ科
キジ目。全長12～300cm。

キジカッコウ 雉郭公
〈Urodynamis taitensis〉鳥綱ホトトギス目ホトトギス科の鳥。全長40cm。分布：ニュージーランド。

キシノウエトカゲ 岸上石竜子
〈Eumeces kishinouyei〉スキンク科。全長35～39cm。分布：宮古群島、八重山群島。天然記念物。

キジバト 雉鳩
〈Streptopelia orientalis〉鳥綱ハト目ハト科の鳥。全長33cm。分布：シベリア西部から中国・インド南部・ビルマ。国内では全国に分布。

キジバンケン
〈Centropus phasianius〉鳥綱カッコウ目カッコウ科の鳥。体長50～70cm。分布：オーストラリア北・東部、ニューギニア、ティモール島。

キシベアリサザイ
〈Formicivora littoralis〉鳥綱スズメ目アリドリ科の鳥。全長12.5cm。分布：ブラジル南東部のリオ・デ・ジャネイロ州。絶滅危惧IB類。

キジマミドリヒヨドリ 黄縞緑鵯
〈Phyllastrephus flavostriatus〉鳥綱スズメ目ヒヨドリ科の鳥。体長20cm。分布：ナイジェリアおよびカメルーンから南アフリカ。

キジミチバシリ
〈Dromococcyx phasianellus〉鳥綱ホトトギス目ホトトギス科の鳥。全長38cm。分布：中央アメリカ、南アメリカ中部・北部。

キジ目
鳥綱の1目。分布：世界。

キシュウケン 紀州犬
〈Canis familiaris〉哺乳綱食肉目イヌ科の動物。体高オス50cm、メス47cm。分布：和歌山県（紀伊）、三重県（伊勢）。天然記念物。

キスイガメ
ダイヤモンドガメの別名。

キスゲレンジャク
〈Phainopepla nitens〉鳥綱スズメ目レンジャク科の鳥。

キスジサラマンダ
フランスファイアサラマンダーの別名。

キスジヒバァ
〈Amphiesma stolatum〉爬虫綱有鱗目ヘビ亜目ナミヘビ科のヘビ。全長60cm。分布：中国南部、インドシナから、西はパキスタン、スリランカまで。

キスジフキヤガエル
〈Phyllobates vittatus〉無尾目ヤドクガエル科。

キスジレーサー
〈Coluber spinalis〉爬虫綱有鱗目ヘビ亜目ナミヘビ科のヘビ。全長1m。分布：済州島、朝鮮半島から、中国北部を経て、カザフスタン東部まで、およびロシアの一部。

キヅタアメリカムシクイ
〈Dendroica coronata〉アメリカムシクイ科。体長13～15cm。分布：北アメリカ、南はメキシコ中央部および南部、グアテマラまでで繁殖。繁殖域の南地域から中央アメリカまでで越冬。

キースホンド
〈Keeshond〉犬の一品種。別名ウルフ・ス

ピッツ。体高43〜48cm。原産：オランダ。

キセキレイ 黄鶺鴒
〈*Motacilla cinerea*〉鳥綱スズメ目セキレイ科の鳥。体長19cm。分布：ヨーロッパ，アフリカ，アジア。一部の個体群は南に渡る。国内では九州以北で繁殖し，冬は暖地へ移るものがある。

キソウマ 木曽馬
〈*Equus caballus*〉哺乳綱奇蹄目ウマ科の動物。体高135cm。分布：木曾郡開田村，岐阜県下の牧場。

キソデインコ
〈*Brotogeris versicolurus chiriri*〉鳥綱オウム目オウム科の鳥。

キソメボウシ
アカソデボウシインコの別名。

キタアマツバメ
〈*Apus pacificus pacificus*〉鳥綱アマツバメ目アマツバメ科の鳥。

キタイタチキツネザル
〈*Lepilemur septentrionalis*〉哺乳綱霊長目メガラダピス科の動物。頭胴長約28cm。分布：マダガスカル北端部。絶滅危惧II類。

キタオチバヤモリ
〈*Coleodactylus septentrionalis*〉爬虫綱有鱗目トカゲ亜目ヤモリ科の動物。全長4〜5cm。分布：南アメリカ。

キタオットセイ
オットセイの別名。

キタオブトイワバネズミ
〈*Zyzomys pedunculatus*〉齧歯目ネズミ科（ネズミ亜科）。頭胴長11〜14cm。分布：オーストラリア中部。絶滅危惧種。

キタオポッサム
〈*Didelphis marsupialis*〉哺乳綱有袋目オポッサム科の動物。体長33〜50cm。分布：アメリカ西部，中部，東部，メキシコ，中央アメリカ。

キタカササギサイチョウ
〈*Anthracoceros malabaricus*〉鳥綱ブッポウソウ目サイチョウ科の鳥。全長76〜89cm。分布：インド，マレーシア，タイ，ビルマ，中国南東部。

キタカモノハシガエル
〈*Rheobatrachus vitellinus*〉両生綱無尾目カエル目カメガエル科のカエル。別名ユーンゲラ

イブクロコモリガエル。体長オス5〜5.3cm，メス6.6〜7.9cm。分布：オーストラリア北東部。絶滅危惧。

キタキツネ 北狐
〈*Vulpes vulpes schrencki*〉哺乳綱食肉目イヌ科の動物。頭胴長60〜80cm。分布：北海道，国後，択捉，ほかにサハリンにも分布。

キタキバシリ
〈*Certhia familiaris daurica*〉鳥綱スズメ目キバシリ科の鳥。

キタキフサタイヨウチョウ 北黄房太陽鳥
〈*Nectarinia osea*〉タイヨウチョウ科。体長11cm。分布：シリア，イスラエル，アラビア半島の西端および南端。

キタクビワコウモリ
ヒメホリカワコウモリの別名。

キタケバナウォンバット
〈*Lasiorhinus krefftii*〉二門歯目ウォンバット科。頭胴長オス102.1cm，メス107.3cm。分布：オーストラリア東部。絶滅危惧種。

キタコオロギガエル
〈*Acris crepitans*〉両生綱無尾目アマガエル科のカエル。体長1.5〜4cm。分布：北アメリカ。

キタコゲチャヤブワラビー
〈*Thylogale brownii*〉二門歯目カンガルー科。別名ビズマークコゲチャヤブワラビー。頭胴長オス53.5〜66.7cm，メス48.7〜56cm。分布：パプアニューギニアのビズマーク諸島。絶滅危惧種。

キタコビトマウス
〈*Baiomys taylori*〉体長5〜6.5cm。分布：合衆国南部からメキシコ中部。

キタサバンナノウサギ
〈*Lepus crawshayi*〉哺乳綱ウサギ目ウサギ科の動物。分布：南アフリカ，ケニア，スーダン南部。

キタサンショウウオ 北山椒魚
〈*Salamandrella keyserlingii*〉両生綱有尾目サンショウウオ科の動物。全長80〜120mm。分布：ロシア西部からモンゴル北部，中国北東部，朝鮮半島，サハリン。国内では釧路湿原。

キタシロズキンヤブモズ 北白頭巾藪鵙
〈*Eurocephalus rueppelli*〉鳥綱スズメ目モズ科の鳥。全長23cm。分布：スーダン南部からタンザニア。

キタスマト

キタスマトラヤイロチョウ
〈*Pitta schneideri*〉鳥綱スズメ目ヤイロチョウ科の鳥。全長20.7〜23cm。分布：インドネシアのスマトラ島。絶滅危惧II類。

キタセミクジラ
〈*Eubalaena glacialis*〉体長13〜17m。分布：世界中の温帯と亜寒帯水域。絶滅危惧IB類。

キタゾウアザラシ 北象海豹
〈*Mirounga angustirostris*〉哺乳綱鰭脚目アザラシ科の動物。体長はオス420cm，メス310cm。分布：カリフォルニア州中部からバハ・カリフォルニアにかけての小島，チャンネル諸島，アメリカ大陸。

キタタキ 木啄
〈*Dryocopus javensis*〉鳥綱キツツキ目キツツキ科の鳥。全長46cm。分布：インド西部・中国西部・インドシナ・マレー半島・アンダマン諸島・スマトラ島・ボルネオ島・ジャワ島・フィリピン・朝鮮半島。

キタチャクワラ
〈*Sauromalus obesus*〉爬虫綱有鱗目トカゲ亜目イグアナ科の動物。全長28〜42cm。分布：アメリカ合衆国南西部（カリフォルニア州・ネバダ州・ユタ州・アリゾナ州），メキシコ北西部。

キタツメナガセキレイ
〈*Motacilla flava macronyx*〉鳥綱スズメ目セキレイ科の鳥。

キタトックリクジラ 徳利鯨
〈*Hyperoodon ampullatus*〉哺乳綱クジラ目アカボウクジラ科のクジラ。別名ノースアトランティック・ボトルノーズド・ホエール，フラットヘッド，ボトルヘッド，スティーブヘッド。7〜9m。分布：大西洋北部に分布している。特に1,000メートルより深い海域に多い。

キタニジキジ
カラニジキジの別名。

キタニセチズガメ
〈*Graptemys pseudogeographica*〉爬虫綱カメ目ヌマガメ科のカメ。最大甲長27.3cm。分布：米国（ノースダコタからオハイオ南西部，南へはルイジアナ及びテキサス西部まで）。

キタパインヘビ
〈*Pituophis melanoleucus melanoleucus*〉爬虫綱有鱗目ヘビ亜目ナミヘビ科のヘビ。全長120〜170cm。分布：米国の東部。

キタハーテビースト
ハーテビーストの別名。

キタパロットヘビ
〈*Leptophis diplotropis*〉爬虫綱有鱗目ヘビ亜目ナミヘビ科のヘビ。全長1〜1.5m。分布：北アメリカ。

キタヒョウガエル
ヒョウガエルの別名。

キタフサオネズミカンガルー
〈*Bettongia tropica*〉二門歯目ネズミカンガルー科。頭胴長オス26.7〜34.5cm，メス27.7〜40.4cm。分布：オーストラリア北東部。絶滅危惧。

キタフトオアンテキヌス
〈*Pseudantechinus mimulus*〉フクロネコ目フクロネコ科。頭胴長オス8〜9cm，メス7.7〜9.1cm。分布：オーストラリア北部。絶滅危惧種。

キタホオジロガモ 北頬白鴨
〈*Bucephala islandica*〉カモ目カモ科。

キタホソオツパイ
〈*Dendrogale murina*〉ツパイ科ホソオツパイ属。分布：ベトナム南部，カンボジア，タイ南部。

キタミユビトビネズミ
ミユビトビネズミの別名。

キタムクドリモドキ
ボルチモアムクドリモドキの別名。

キタメグロヤブコマ
〈*Drymodes superciliaris*〉鳥綱スズメ目ヒタキ科の鳥。体長22cm。分布：ニューギニアや，オーストラリアのクイーンズランド州北東部。

キタヤナギムシクイ 北柳虫食
〈*Phylloscopus trochilus*〉鳥綱スズメ目ウグイス科の鳥。体長10.5cm。分布：スカンジナビア半島および北西ヨーロッパから東シベリア，アラスカまで。熱帯および南アフリカで越冬。

キタリス 北栗鼠
〈*Sciurus vulgaris*〉哺乳綱齧歯目リス科の動物。体長20〜25cm。分布：ヨーロッパ西部から東アジアにかけて。

キツツキ 啄木鳥
〈woodpecker〉鳥綱キツツキ目キツツキ科に属する鳥の総称。全長16〜55cm。分布：アメリカ，アフリカ，ユーラシア。

キツツキ科
　キツツキ目。全長8〜56cm。分布：全世界。

キツツキフィンチ
　〈Camarhynchus pallidus〉鳥綱スズメ目ホオジロ科の鳥。体長15cm。分布：ガラパゴス諸島（サン・クリストバル島とフロレアナ島では絶滅）。

キツツキ目
　鳥綱の1目。分布：熱帯から温帯。

キットギツネ
　〈Vulpes macrotis〉体長38〜52cm。分布：合衆国西部。絶滅危惧II類と推定。

キツネ 狐, 赤狐
　〈Vulpes vulpes〉哺乳綱食肉目イヌ科の動物。体長58〜90cm。分布：北極, 北アメリカ, ヨーロッパ, アジア, 北アフリカ, オーストラリア。

キツネザル
　〈lemur〉哺乳綱霊長目キツネザル科に属する動物の総称。別名リマー。

キツネチョウゲンボウ
　〈Falco alopex〉鳥綱ワシタカ目ハヤブサ科の鳥。翼長26.6〜30.8cm。分布：ガーナ, スーダン, エチオピア, ケニア。

キツネツバメ 狐燕
　〈Alopochelidon fucata〉鳥綱スズメ目ツバメ科の鳥。全長12cm。分布：コロンビア, ベネズエラからアルゼンチン中部。

キツネヘビ
　〈Elaphe vulpina〉爬虫綱有鱗目ヘビ亜目ナミヘビ科のヘビ。全長90〜140cm。分布：米国中北部からカナダを含む五大湖周辺。

キツリンコクチョ 吉林黒猪
　〈Jilin Black Pig〉豚の一品種。原産：吉林省。

キティブタバナコウモリ
　〈Craseonycteris thonglongyai〉哺乳綱翼手目ブタバナコウモリ科の動物。前腕長2.1〜2.6cm。分布：タイ西部。絶滅危惧IB類。

キテンタヒバリ
　〈Anthus chloris〉鳥綱スズメ目セキレイ科の鳥。全長17cm。分布：レソト, スワジランド, 南アフリカ共和国。絶滅危惧II類。

ギドラン
　〈Gidran〉馬の一品種。体高160〜170cm。原産：ハンガリー。

ギニアヒヒ
　〈Papio papio〉オナガザル科ヒヒ属。体長69cm。分布：アフリカ西部。

キヌゲクスクス
　〈Phalanger vestitus〉二門歯目クスクス科。頭胴長42〜48.5cm。分布：ニューギニア島。絶滅危惧種。

キヌゲネズミ 絹毛鼠
　〈Cricetulus triton〉哺乳綱齧歯目キヌゲネズミ科の動物。

キヌゲレンジャク
　レンジャクモドキの別名。

キヌザル
　〈marmoset〉広義には哺乳綱霊長目マーモセット科に属する動物の総称であるが, 狭義かつ普通にはそのうちのマーモセット属のみをさす。別名マーモセット。

キヌバネドリ 絹羽鳥
　〈trogon〉鳥綱キヌバネドリ目キヌバネドリ科に属する鳥の総称。体長23〜38cm。分布：アフリカの南半部, インド, マレーシア, フィリピンなどの東南アジア, アメリカ合衆国アリゾナ, テキサス南部から中央・南アメリカ, 西インド諸島。

キヌバネドリ科
　キヌバネドリ目。全長20〜36cm。

キヌバネドリ目
　鳥綱の1目。分布：中央アメリカ, 南アメリカ, アフリカ, アジア。

キネズミ
　ツパイの別名。

キノガーレ
　〈Cynogale bennettii〉哺乳綱食肉目ジャコウネコ科の動物。頭胴長57〜68cm。分布：中国南部（雲南省など）, マレー半島, インドネシアのスマトラ島, カリマンタン（ボルネオ）島。おそらくベトナム, タイ南部などにも分布。絶滅危惧IB類。

キノドオニキバシリ
　〈Xiphorhynchus guttatus〉鳥綱スズメ目オニキバシリ科の鳥。全長23cm。分布：グアテマラからボリビア, ブラジル。

キノドカナリア
　〈Serinus flavigula〉鳥綱スズメ目アトリ科の鳥。全長10〜11.5cm。分布：エチオピア。絶滅危惧IB類。

キノtrキカ

キノドキガラシ
キノドヒヨドリの別名。

キノドコノハヒヨドリ
〈*Chlorocichla flavicollis*〉鳥綱スズメ目ヒヨドリ科の鳥。体長18cm。分布：アフリカ西部（セネガルからカメルーン，中央アフリカ共和国およびコンゴ）。

キノドツメナガタヒバリ
キムネツメナガタヒバリの別名。

キノドハシブトカマドドリ
ハシブトカマドドリの別名。

キノドハナグロ
〈*Phalacrocorax capensis*〉鳥綱ペリカン目ウ科の鳥。体長61〜64cm。分布：南アフリカ，ナミビア。

キノドヒヨドリ 黄喉鵯
〈*Pycnonotus xantholaemus*〉鳥綱スズメ目ヒヨドリ科の鳥。別名キノドキガラシ。全長20cm。分布：インド南部。

キノドヒラハシタイランチョウ 黄喉平嘴太蘭鳥
〈*Platyrinchus flavigularis*〉鳥綱スズメ目タイランチョウ科の鳥。全長10cm。分布：ベネズエラ北西部・コロンビア・エクアドル北東部・ペルー。

キノドマユカマドドリ
マユカマドドリの別名。

キノドミドリヤブモズ
〈*Telephorus zeylonus*〉鳥綱スズメ目モズ科の鳥。体長23cm。分布：アフリカ南部の一部地域。

キノドミヤビゲラ
〈*Melanerpes flavifrons*〉鳥綱キツツキ科の鳥。体長22cm。分布：南アメリカのブラジル南東部，パラグアイ，アルゼンチン北東部など。

キノドムシクイヒヨ 黄喉虫喰鵯
〈*Nicator vireo*〉鳥綱スズメ目ヒヨドリ科の鳥。全長14cm。分布：カメルーンからアンゴラ北部・ウガンダ。

キノドメジロタイランチョウ 黄喉目白太蘭鳥
〈*Empidonax difficilis*〉鳥綱スズメ目タイランチョウ科の鳥。体長13.5cm。分布：カナダとアメリカ合衆国の西部で繁殖し，冬にはメキシコ西部まで南下する。

キノドメジロハエトリ
キノドメジロタイランチョウの別名。

キノドモズモドキ
〈*Vireo flavifrons*〉モズモドキ科。体長14cm。分布：カナダ南部および中東部，メキシコ湾に臨む5州に至る合衆国で繁殖。フロリダ州南部，メキシコ中南部および大アンティル諸島からコロンビア，ベネズエラ北部にかけての地域で越冬。

キノドヤブフウキンチョウ
〈*Chlorospingus flavigularis*〉鳥綱スズメ目ホオジロ科の鳥。全長16.5cm。分布：南アメリカ北西部。

キノボリ 木登
〈*Australian treecreeper*〉鳥綱スズメ目キノボリ科に属する鳥の総称。

キノボリアデガエル
〈*Mantella laevigata*〉両生綱無尾目マダガスカルガエル科のカエル。体長24〜30mm。分布：マダガスカル東部から北東部にかけて。

キノボリ科
スズメ目。分布：オーストラリア，ニューギニア。

キノボリカマドドリ 木攀竈鳥
〈*Pygarrhichas albogularis*〉鳥綱スズメ目カマドドリ科の鳥。全長13cm。分布：チリ南部。

キノボリカンガルー
〈*tree kangaroo*〉哺乳綱有袋目カンガルー科キノボリカンガルー属に含まれる動物の総称。

キノボリグマ
ビントロングの別名。

キノボリコメネズミ
〈*Rhagomys rufescens*〉齧歯目ネズミ科（アメリカネズミ亜科）。頭胴長9.5cm程度。分布：ブラジル南東部。絶滅危惧IA類。

キノボリジャコウネコ
〈*Nandinia binotata*〉テンに似た食肉目ジャコウネコ科の哺乳類。別名アフリカヤシジャコウネコ。体長50cm。分布：北はギニア（フェルナンド・ポー島を含む）からスーダン南部まで，南はモザンビーク，ジンバブウェ東部，アンゴラ中部まで。

キノボリトカゲ 木登蜥蜴
〈*Japalura polygonata*〉爬虫綱有鱗目アガマ科のトカゲ。別名リュウキュウキノボリトカゲ。

キノボリネズミ属
〈*Tylomys*〉哺乳綱齧歯目ネズミ科の動物。分布：メキシコ南部からパナマ東部まで。

キノボリハイラックス
〈*tree hyrax*〉哺乳綱ハイラックス目ハイラックス科キノボリハイラックス属に含まれる動物の総称。分布：東アフリカおよびアフリカ南部。

キノボリハイラックス
〈*Dendrohyrax arboreus*〉哺乳綱ハイラックス目ハイラックス科の動物。体長40～70cm。分布：東アフリカおよびアフリカ南部。絶滅危惧II類。

キノボリハイラックス属
〈*Dendrohyrax*〉哺乳綱イワダヌキ目ハイラックス科の動物。体長32～60cm。分布：南東・東アフリカ、西・中央アフリカ、キリマンジャロ、メル、ウサンバラ、ザンジバル、ケニア沿岸。

キノボリモドキ
〈*Philipin creeper*〉鳥綱スズメ目キノボリモドキ科に属する鳥の総称。

キノボリヤチネズミ属
〈*Phenacomys*〉哺乳綱齧歯目ネズミ科の動物。分布：アメリカ合衆国西部とカナダ。

キノボリヤマアラシ
〈*prehensile-tailed porcupine*〉哺乳綱齧歯目キノボリヤマアラシ科キノボリヤマアラシ属に含まれる動物の総称。分布：メキシコ南部、中央アメリカ、アルゼンチン北部までの南アメリカ。

キノボリヤマアラシ
カナダヤマアラシの別名。

キノボリヤマアラシ
ブラジルキノボリヤマアラシの別名。

キノボリヤモリ 木登守宮
〈*Hemiphyllodactylus typus typus*〉爬虫綱有鱗目トカゲ亜目ヤモリ科のヤモリ。分布：東南アジアからニューギニア、太平洋の熱帯・亜熱帯域の島々。国内では西表島、宮古島、多良間島に分布。

キバカマアリサザイ
トウバラアリサザイの別名。

キバシイカル
〈*Saltator aurantiirostris*〉鳥綱スズメ目ホオジロ科の鳥。全長21.5cm。分布：南アメリカ中西部。

キバシウシツツキ
〈*Buphagus africanus*〉鳥綱スズメ目ムクドリ科の鳥。体長22cm。分布：アフリカのサハラ砂漠以南。

キバシオオミツスイ 黄嘴大蜜吸
〈*Gymnomyza viridis*〉鳥綱スズメ目ミツスイ科の鳥。全長26cm。分布：フィジー諸島。

キバシオオライチョウ
ヨーロッパオオライチョウの別名。

キバシオナガモズ
〈*Corvinella corvina*〉鳥綱スズメ目モズ科の鳥。体長30cm。分布：アフリカ西部および中央部から東にケニア西部まで。

キバシカッコウ 黄嘴郭公
〈*Coccyzus americanus*〉鳥綱カッコウ目カッコウ科の鳥。体長31cm。分布：カナダ南部および合衆国から中央アメリカにかけての地域。南アメリカで越冬。

キバシカマハシ
〈*Phoeniculus minor*〉鳥綱ブッポウソウ目カマハシ科の鳥。全長23cm。分布：ソマリア、エチオピア、ウガンダ、ケニア、タンザニア南部。

キバシガラス 黄嘴鴉
〈*Pyrrhocorax graculus*〉鳥綱スズメ目カラス科の鳥。体長38cm。分布：スペイン、アフリカ北西部から、ヨーロッパ南部、中東、アジアにかけて分布。

キバシキジカッコウ
キバシバンケンモドキの別名。

キバシキリハシ
〈*Galbula albirostris*〉鳥綱キツツキ目キリハシ科の鳥。全長18cm。分布：コロンビア南部・エクアドル・ペルー・ブラジル西部・北部・ベネズエラ東部・ギアナ。

キバシキンクロシメ
〈*Coccothraustes affinis*〉鳥綱スズメ目アトリ科の鳥。全長20cm。分布：ヒマラヤからアッサム・ビルマ北部・中国西部。

キバシキンセイチョウ 黄嘴錦静鳥
〈*Poephila personata*〉鳥綱スズメ目カエデチョウ科の鳥。全長12cm。分布：オーストラリア北部。

キバシコウトウチョウ

キハシコサ

〈*Paroaria capitata*〉鳥綱スズメ目ホオジロ科の鳥。

キバシコサイチョウ
〈*Tockus flavirostris*〉サイチョウ科。体長50～60cm。分布：アフリカ北東部。

キバシゴジュウカラ
〈*Sitta solangiae*〉鳥綱スズメ目ゴジュウカラ科の鳥。全長12.5～13.5cm。分布：中国，ベトナム。絶滅危惧II類。

キバシサンジャク 黄嘴山鵲
〈*Urocissa flavirostris*〉鳥綱スズメ目カラス科の鳥。分布：ヒマラヤ西部からビルマ北部・中国南西部。

キバシショウビン
〈*Halcyon torotoro*〉鳥綱ブッポウソウ目カワセミ科の鳥。全長18～21cm。分布：ニューギニア，オーストラリア北部。

キバシセイコウチョウ 黄嘴青紅鳥
〈*Erythrura kleinschmidti*〉鳥綱スズメ目カエデチョウ科の鳥。全長14cm。分布：ビティレブ島。絶滅危惧IB類。

キバシバンケンモドキ
〈*Ceuthmochares aereus*〉鳥綱ホトトギス目ホトトギス科の鳥。別名キバシキジカッコウ。体長35cm。分布：アフリカのサハラ砂漠以南。

キバシミドリチュウハシ 黄嘴緑中嘴
〈*Aulacorhynchus prasinus*〉鳥綱オオハシ科の鳥。体長30～33cm。分布：メキシコ中部からペルー南東部，ベネズエラ北西部まで。

キバシユキカザリドリ
〈*Carpodectes antoniae*〉鳥綱スズメ目カザリドリ科の鳥。全長20cm。分布：コスタリカ南東部からパナマ西端にかけて。絶滅危惧II類。

キバシリ 木走
〈*Certhia familiaris*〉鳥綱スズメ目キバシリ科の鳥。体長12.5cm。分布：西ヨーロッパから日本。国内では四国以北（九州ではごく少数）の亜高山針葉樹林などにすむ，冬は低山に下りる。

キバシリ 木走
〈tree creeper〉広義には鳥綱スズメ目キバシリ科に属する鳥の総称で，狭義にはそのうちの1種をさす。体長10～16.5cm。分布：ユーラシアからインドシナ，アフリカ，北アメリカ。

キバシリ科
スズメ目。全長12～18cm。分布：ユーラシア，アフリカ。

キバシリカマドドリ 木走竈鳥
〈*Certhiaxis cinnamomea*〉鳥綱スズメ目カマドドリ科の鳥。全長14cm。分布：南アメリカ。

キハシリトカゲ
〈*Tropidurus plica*〉爬虫綱有鱗目トカゲ亜目イグアナ科の動物。全長30～40cm。分布：南アメリカ。

キバシリハワイミツスイ
〈*Paroreomyza maculata*〉鳥綱スズメ目ハワイミツスイ科の鳥。全長11cm。分布：アメリカ合衆国ハワイ州のオアフ島。絶滅危惧IA類。

キバシリモドキ 木走擬
〈*Rhabdornis mysticalis*〉鳥綱スズメ目キバシリモドキ科の鳥。全長14cm。分布：フィリピン。

キバシリモドキ
キバシリモドキ科。体長15cm。分布：フィリピン諸島。

キバシリモドキ
オニキバシリ科の別名。

キバシリモドキ科
スズメ目。全長14～15cm。分布：フィリピン。

キバシルリチョウ
オオルリチョウの別名。

キハタオリドリ
オウゴンヤシハタオリの別名。

キバタン 黄巴旦
〈*Cacatua galerita*〉鳥綱インコ目インコ科の鳥。体長38～50cm。分布：メラネシア，ニューギニア，オーストラリア北・東部。

キハチマキヒタキモドキ 黄鉢巻鶲擬
〈*Conopias cinchoneti*〉鳥綱スズメ目タイランチョウ科の鳥。全長17cm。分布：ベネズエラ北西部・コロンビア西部・エクアドル東部・ペルー中部。

キバナアホウドリ
〈*Thalassarche chlororhynchos*〉体長76cm。分布：南大西洋。

キバナシマゲラ
〈*Melanerpes aurifrons*〉鳥綱キツツキ目キツ

ツキ科の鳥。全長25cm。分布：アメリカからメキシコ, グアテマラ, ホンジュラス。

キバナシマセゲラ
キバナシマゲラの別名。

キバネインコ
スミインコの別名。

キバネオナガカマドドリ 黄羽尾長竈鳥
〈*Synallaxis spixi*〉鳥綱スズメ目カマドドリ科の鳥。全長17cm。分布：南アメリカ。

キバネゴジュウカラ
オーストラリアゴジュウカラの別名。

キバネヒヨドリ
ハイイロヒヨドリの別名。

キバノロ 牙獐
〈*Hydropotes inermis*〉哺乳綱偶蹄目シカ科の動物。肩高オス52cm, メス48cm。分布：中国, 朝鮮。

キバライタチ
〈*Mustela kathiah*〉哺乳綱食肉目イタチ科の動物。体長オス23～29cm。分布：ヒマラヤ, 中国西部および南部, ビルマ北部。

キバラオウギヒタキ
〈*Chelidorhynx hypoxantha*〉鳥綱スズメ目ヒタキ科オウギヒタキ亜科の鳥。全長13cm。分布：ヒマラヤから中国南西部, ビルマ・タイ・ラオス。

キバラオオタイランチョウ 黄腹大太蘭鳥
〈*Pitangus sulphuratus*〉タイランチョウ科。体長23～25cm。分布：テキサス南部からアルゼンチン。

キバラカエデチョウ 黄腹楓鳥
〈*Estrilda melanotis*〉鳥綱スズメ目カエデチョウ科の鳥。全長9cm。分布：アンゴラ西部・スーダン東部・エチオピア西部からタンザニア, ジンバブウェから南アフリカ南東部。

キバラガメ
〈*Pseudemys scripta scripta*〉爬虫綱有鱗目ヌマガメ科のカメ。

キバラガメ
アカミミガメの別名。

キバラガラ 黄腹雀
〈*Parus venustulus*〉鳥綱スズメ目シジュウカラ科の鳥。全長10cm。分布：中国南東部。

キバラカラカラ
〈*Milvago chimachima*〉鳥綱タカ目ハヤブサ科の鳥。体長39～46cm。分布：パナマからアルゼンチン北部。

キバラクロガシラ
ノドジロヒヨドリの別名。

キバラコタイランチョウ 黄腹小太蘭鳥
〈*Ornithion semiflavum*〉鳥綱スズメ目タイランチョウ科の鳥。全長8cm。分布：メキシコ南東部からコスタリカ。

キバラコバシタイヨウチョウ 黄腹小嘴太陽鳥
〈*Anthreptes collaris*〉鳥綱スズメ目タイヨウチョウ科の鳥。全長10cm。分布：サハラ以南のアフリカ。

キバラシジュウカラ 黄腹四十雀
〈*Parus monticolus*〉鳥綱スズメ目シジュウカラ科の鳥。全長13cm。分布：ヒマラヤ・中国西部・インドシナ北部・台湾。

キバラシャコバト
〈*Leptotila ochraceiventris*〉鳥綱ハト目ハト科の鳥。全長23～25cm。分布：エクアドル西部, ペルー北西部。絶滅危惧II類。

キバラシラギクタイランチョウ 黄腹白菊太蘭鳥
〈*Elaenia flavogaster*〉鳥綱スズメ目タイランチョウ科の鳥。全長15cm。分布：メキシコ東部からアルゼンチン北部・ブラジル南東部, 小アンティル諸島。

キバラスズガエル
〈*Bombina variegata*〉両生綱無尾目スズガエル科のカエル。体長40～50mm。分布：イベリア半島, ブルターニュ半島を除くヨーロッパ中部・南部から, ウクライナのカルパチア山脈にかけて。

キバラタイヨウチョウ
〈*Nectarinia jugularis*〉タイヨウチョウ科。体長10～12cm。分布：インドネシアからソロモン諸島にかけての東南アジア, オーストラリア北東部。

キバラツチチビガエル
〈*Geocrinia vitellina*〉両生綱無尾目カエル目カメガエル科のカエル。体長オス2.1～2.4cm, メス1.8cm。分布：オーストラリア南西部。絶滅危惧種。

キバラツパイ
〈*Tupaia chrysogaster*〉哺乳綱ツパイ目ツパイ科の動物。分布：インドネシアのメンタワ

キハラツリ

イ諸島のシポラ島，北パガイ島，南パガイ島。絶滅危惧II類。

キバラツリスガラ
〈Anthoscopus minutus〉鳥綱スズメ目ツリスガラ科の鳥。全長8cm。分布：アフリカ南部。

キバラヒタキ
体長11〜18cm。

キバラヒタキモドキ 黄腹鶲擬
〈Myiozetetes cayanensis〉鳥綱スズメ目タイランチョウ科の鳥。全長18cm。分布：ガイアナ南部・ベネズエラ南部・コロンビア・エクアドル西部・ボリビア東部。

キバラヒメコノハドリ
ヒメコノハドリの別名。

キバラヒメムシクイ
〈Eremomela icteropygialis〉鳥綱スズメ目ウグイス科の鳥。体長10〜11cm。分布：アフリカ，スーダン，エチオピア，ソマリアからケニア，タンザニア，ジンバブエ，トランスヴァール州まで。

キバラヒヨドリ
セリンヒヨドリの別名。

キバラフィジーヒタキ
〈Mayrornis versicolor〉スズメ目ヒタキ科（カササギヒタキ亜科）。全長11cm。分布：フィジーのラウ諸島。絶滅危惧II類。

キバラブチタイランチョウ 黄腹斑太蘭鳥
〈Myiodynastes luteiventris〉鳥綱スズメ目タイランチョウ科の鳥。全長17cm。分布：アリゾナ南東部からコスタリカ。

キバラヘキチョウ
〈Lonchura flaviprymna〉鳥綱スズメ目カエデチョウ科の鳥。

キバラマメタイランチョウ 黄腹豆太蘭鳥
〈Inezia subflava〉鳥綱スズメ目タイランチョウ科の鳥。全長13cm。分布：ギアナ・ベネズエラ・ブラジル北部・コロンビア東部。

キバラマーモット
〈Marmota flaviventris〉体長34〜50cm。分布：カナダ南西部から合衆国南西部にかけて。

キバラマルハシタイランチョウ 黄腹丸嘴太蘭鳥
〈Rhynchocyclus fulvipectus〉鳥綱スズメ目タイランチョウ科の鳥。全長17cm。分布：コロンビアからエクアドル西部。

キバラムクドリモドキ 黄腹椋鳥擬
〈Xanthopsar flavus〉鳥綱スズメ目ムクドリモドキ科の鳥。全長19cm。分布：ブラジル南東部からアルゼンチン北東部。

キバラムシクイ 黄腹虫食
〈Phylloscopus affinis〉鳥綱スズメ目ウグイス科の鳥。

キバラメジロ 黄腹目白
〈Zosterops lutea〉鳥綱スズメ目メジロ科の鳥。全長10cm。分布：オーストラリア北部。

キバラメジロタイランチョウ 黄腹目白太蘭鳥
〈Empidonax flaviventris〉鳥綱スズメ目タイランチョウ科の鳥。全長12cm。分布：カナダ，アメリカ北東部。

キバラモズヒタキ
〈Pachycephala pectoralis〉モズヒタキ科。体長16cm。分布：オーストラリア東・南部，タスマニア島，ニューギニア，インドネシア，太平洋の島々。

キバラユミハチドリ
〈Phaethornis syrmatophorus〉鳥綱アマツバメ目ハチドリ科の鳥。全長16.5cm。分布：南アメリカ。

キバラルリノジコ
〈Passerina leclancherii〉鳥綱スズメ目ホオジロ科の鳥。体長13cm。分布：メキシコ西部，太平洋岸の山麓や斜面。

キビタイコノハドリ 黄額木葉鳥
〈Chloropsis aurifrons〉コノハドリ科。別名キビタエコノハドリ。体長19cm。分布：スリランカ，インド，ヒマラヤ地方から東南アジア，スマトラ。

キビタイシメ
〈Hesperiphona vespertina〉鳥綱スズメ目アトリ科の鳥。体長20cm。分布：北アメリカ西部からメキシコおよびカナダ。

キビタイチメドリ
〈Alcippe variegaticeps〉スズメ目ヒタキ科（チメドリ亜科）。全長11cm。分布：中国南部。絶滅危惧II類。

キビタイヒスイインコ
ヒスイインコの別名。

キビタイヒメゴシキドリ
〈Pogoniulus chrysoconus〉鳥綱キツツキ目ゴシキドリ科の鳥。体長11cm。分布：セネガルから南アフリカ北部までのアフリカ各地。

キビタイボウシインコ　黄額帽子鸚哥
〈*Amazona ochrocephala*〉鳥綱インコ目インコ科の鳥。体長35cm。分布：メキシコ中部, トリニダードからアマゾン川流域およびペルー東部。カリフォルニア・フロリダ両州の南部にも移入。

キビタイマイコドリ　黄額舞子鳥
〈*Neopelma aurifrons*〉鳥綱スズメ目マイコドリ科の鳥。全長12cm。分布：ブラジル東部。

キビタイマユカマドドリ　黄額眉竈鳥
〈*Philydor rufus*〉カマドドリ科。体長19cm。分布：コスタリカからアルゼンチン北部。

キビタイメジロ　黄額目白
〈*Zosterops flavifrons*〉鳥綱スズメ目メジロ科の鳥。全長11〜13cm。分布：ニューヘブリデス諸島。

キビタエコノハドリ
キビタイコノハドリの別名。

キビタキ　黄鶲, 金花
〈*Ficedula narcissina*〉鳥綱スズメ目ヒタキ科ヒタキ亜科の鳥。全長13.5cm。分布：サハリン, 日本, 中国河北省。国内では全国の広葉樹林, 混交林に渡来する夏鳥。

キヒバリ
ビンズイの別名。

ギフジドリ　岐阜地鶏
〈"Gifu" Native Fowl〉分布：岐阜県。

キブジネズミ
〈*Crocidura kivuana*〉哺乳綱食虫目トガリネズミ科の動物。分布：コンゴ民主共和国のカフジ＝ビエガ国立公園の山地湿原。絶滅危惧II類。

キプロス
〈*Cyprus*〉哺乳綱奇蹄目ウマ科の動物。体高130cm。分布：キプロス島。

キプロスムシクイ
〈*Sylvia melanothorax*〉鳥綱スズメ目ウグイス科の鳥。体長13.5cm。分布：キプロス(ただし, 地中海東岸付近まで行くこともある)。

キプロスレーサー
〈*Coluber cypriensis*〉爬虫綱トカゲ目(ヘビ亜目)ナミヘビ科のヘビ。頭胴長60〜62cm。分布：キプロス。絶滅危惧IB類。

キベリハナナガミジカオ
〈*Rhinophis trevelyanus*〉有鱗目ミジカオヘビ科。

キボウシインコ　黄帽子鸚哥
〈*Amazona barbadensis*〉鳥綱オウム目インコ科の鳥。全長33cm。分布：ベネズエラ沿岸部, アンティル諸島。絶滅危惧II類。

キボウシマルオマイコドリ　黄帽子丸尾舞子鳥
〈*Heterocercus flavivertex*〉鳥綱スズメ目マイコドリ科の鳥。全長13cm。分布：ベネズエラ南部からブラジル北部。

キボウシミドリインコ　黄帽子緑鸚哥
〈*Brotogeris sanctithomae*〉鳥綱オウム目インコ科の鳥。全長17cm。分布：ブラジル北部, エクアドル東部からボリビア北部。

キボウシヤマフウキンチョウ
〈*Anisognathus lacrymosus*〉鳥綱スズメ目ホオジロ科の鳥。全長18cm。分布：南アメリカ北東部。

キホオアメリカムシクイ
〈*Dendroica chrysoparia*〉鳥綱スズメ目アメリカムシクイ科の鳥。全長14cm。分布：繁殖地はアメリカ合衆国テキサス州。越冬地はメキシコ, グアテマラ, ホンジュラス, ニカラグアなど。絶滅危惧IB類。

キホオカンムリガラ　黄頬冠雀
〈*Parus xanthogenys*〉鳥綱スズメ目シジュウカラ科の鳥。全長13cm。分布：ヒマラヤ, インド。

キホオボウシインコ　黄頬帽子鸚哥
〈*Amazona autumnalis*〉鳥綱オウム目インコ科の鳥。全長34cm。分布：メキシコ南西部からコロンビア, エクアドル。

キホオミツスイ　黄頬蜜吸
〈*Melipotes fumigatus*〉鳥綱スズメ目ミツスイ科の鳥。全長22cm。分布：ニューギニア。

キボシアマガエル
〈*Litoria flavipunctata*〉両生綱無尾目カエル目アマガエル科のカエル。体長オス5.8〜7.3cm, メス6.4〜9.2cm。分布：オーストラリア南東部。絶滅危惧種。

キボシアリドリ　黄星蟻鳥
〈*Hylophylax naevia*〉鳥綱スズメ目アリドリ科の鳥。全長10cm。分布：ギアナ・ベネズエラ・コロンビア東部からボリビア北部, ブラジル。

キボシイシガメ

キホシサン

〈*Clemmys guttata*〉爬虫綱カメ目ヌマガメ科のカメ。最大甲長12.5cm。分布：カナダ南部,アメリカ合衆国(イリノイ北東部,ミシガンからメイン南部,東海岸を経てフロリダまで)。絶滅危惧II類。

キボシサンショウウオ
スポットサラマンダーの別名。

キボシビロードヤモリ
〈*Oedura tryoni*〉有鱗目ヤモリ科。

キボシホウセキドリ
〈*Pardalotus striatus*〉ホウセキドリ科。体長10cm。分布：オーストラリア。

キホホハッカ
ハイイロハッカの別名。

ギボン
〈*gibbon*〉哺乳綱霊長目ショウジョウ科テナガザル属に含まれる動物の総称。

ギボン
テナガザルの別名。

キマダラアマガエル
〈*Hyla abraccata*〉両生綱カエル目アマガエル科のカエル。

キマダラサラマンダー
〈*Ensatina croceator*〉両生綱有尾目ムハイサラマンダー科の動物。

キマダラチズガメ
〈*Graptemys flavimaculata*〉カメ目ヌマガメ科(ヌマガメ亜科)。背甲長最大18cm。分布：アメリカ合衆国ミシシッピ州南部のメキシコ湾に注ぐパスカゴーラ川水系。絶滅危惧IB類。

キマダラヒキガエル
〈*Bufo spinulosus*〉両生綱無尾目ヒキガエル科の動物。

キマユアメリカムシクイ
〈*Dendroica fusca*〉鳥綱スズメ目アメリカムシクイ科の鳥。体長13cm。分布：カナダ中部・北東部,合衆国東部で繁殖し,コスタリカからペルー,西インド諸島で越冬。

キマユオオヒラハシハエトリ 黄眉大平嘴蠅取
〈*Ramphotrigon megacephala*〉鳥綱スズメ目タイランチョウ科の鳥。全長15cm。分布：ベネズエラ北部・コロンビア東部・ペルー・ボリビア・ブラジル北東部・アルゼンチン北東部・パラグアイ東部。

キマユオタテドリ
〈*Melanopareia maranonica*〉鳥綱スズメ目オタテドリ科の鳥。全長16cm。分布：ペルー。

キマユクビワスズメ
〈*Tiaris olivacea*〉鳥綱スズメ目ホオジロ科の鳥。体長10cm。分布：メキシコ東部からコロンビア,ベネズエラ,大アンティル諸島。

キマユコオニキバシリ
〈*Dendrocincla anabatina*〉鳥綱スズメ目オニキバシリ科の鳥。全長18cm。分布：メキシコからパナマ。

キマユコバシハエトリ
〈*Phylloscartes paulistus*〉鳥綱スズメ目タイランチョウ科の鳥。全長11cm。分布：ブラジル南東部,パラグアイ東部,アルゼンチン北東部。絶滅危惧II類。

キマユシマヤイロチョウ
〈*Pitta guajana*〉鳥綱スズメ目ヤイロチョウ科の鳥。体長22cm。分布：マレー半島,スマトラ島,ボルネオ島,ジャワ島とバリ島。

キマユタイランチョウ 黄眉太蘭鳥
〈*Satrapa icterophrys*〉鳥綱スズメ目タイランチョウ科の鳥。全長16cm。分布：ブラジル東部・中央部・ウルグアイ・パラグアイ・ボリビア北部・東部・アルゼンチン。

キマユヒヨドリ 黄眉鵯
〈*Hypsipetes indicus*〉鳥綱スズメ目ヒヨドリ科の鳥。全長20cm。分布：インド,スリランカ。

キマユペンギン
〈*Eudyptes pachyrhynchus*〉鳥綱ペンギン目ペンギン科の鳥。別名ヴィクトリアペンギン,フィヨードペンギン。体長71cm。分布：ニュージーランド南島南西部(フィヨルドランド),スチュアート島。絶滅危惧II類。

キマユホオジロ 黄眉頬白
〈*Emberiza chrysophrys*〉鳥綱スズメ目ホオジロ科の鳥。全長16cm。分布：シベリア中部。

キマユマダガスカルチメドリ
〈*Crossleyia xanthophrys*〉スズメ目ヒタキ科(チメドリ亜科)。全長15cm。分布：マダガスカル。絶滅危惧II類。

キマユミドリモズ
〈*Vireolanius leucotis*〉鳥綱スズメ目モズモドキ科の鳥。体長15cm。分布：南アメリカ北部のボリビア北部あたりにまで分布する。

キマユムクドリ
〈*Enodes erythrophris*〉鳥綱スズメ目ムクドリ科の鳥。全長11cm。分布：スラウェシ島北部。

キマユムシクイ　黄眉虫喰, 黄眉虫食
〈*Phylloscopus inornatus*〉鳥綱スズメ目ヒタキ科ウグイス亜科の鳥。全長10.5cm。分布：シベリア, 中央アジア・モンゴル・中国北東部・ヒマラヤ北西部。

キミドリイカル
〈*Caryothraustes canadensis*〉鳥綱スズメ目ホオジロ科の鳥。全長18cm。分布：パナマ東部からブラジル。

キミドリフウキンチョウ
〈*Tangara schrankii*〉鳥綱スズメ目ホオジロ科の鳥。体長13cm。分布：ベネズエラの低地, ブラジルやボリビアのアマゾン川上流域。

キミドリヤブフウキンチョウ
〈*Chlorospingus flavovirens*〉スズメ目ホオジロ科（フウキンチョウ亜科）。全長15cm。分布：コロンビア南西部, エクアドル北西部。絶滅危惧II類。

キミミインコ　黄耳鸚哥
〈*Ognorhynchus icterotis*〉鳥綱オウム目インコ科の鳥。全長42cm。分布：コロンビア, エクアドル北部。絶滅危惧IA類。

キミミクモカリドリ　黄耳蜘蛛狩鳥
〈*Arachnothera chrysogenys*〉鳥綱スズメ目タイヨウチョウ科の鳥。全長18cm。分布：ビルマ, インドシナ, マレー半島, ボルネオ島, 大スンダ列島。

キミミクロオウム
〈*Calyptorhynchus funereus*〉鳥綱オウム科の鳥。体長68cm。分布：クイーンズランド南部からエア半島, タスマニア島にかけてのオーストラリア東部, 南部。

キミミダレミツスイ
〈*Anthochaera paradoxa*〉鳥綱スズメ目ミツスイ科の鳥。体長44～48cm。分布：タスマニア島東部およびキング島。

キミミミツスイ　黄耳蜜吸
〈*Meliphaga lewinii*〉鳥綱スズメ目ミツスイ科の鳥。全長18cm。分布：オーストラリア。

キミミモリチメドリ
〈*Stachyris speciosa*〉スズメ目ヒタキ科（チメドリ亜科）。全長12cm。分布：フィリピンのパナイ島, ネグロス島。絶滅危惧IB類。

キムネアメリカムシクイ
〈*Myioborus cardonai*〉鳥綱スズメ目アメリカムシクイ科の鳥。全長13cm。分布：ベネズエラ南東部のボリバル州。絶滅危惧II類。

キムネアメリカムシクイ
オオアメリカムシクイの別名。

キムネオオハシ　黄胸大嘴
〈*Ramphastos carinatus*〉鳥綱キツツキ目オオハシ科の鳥。

キムネオオハシ
サンショクキムネオオハシの別名。

キムネクロハタオリ
〈*Ploceus golandi*〉鳥綱スズメ目ハタオリドリ科の鳥。全長13～13.2cm。分布：ケニアのアラブコ=ソコケ森林のみ。絶滅危惧II類。

キムネコウヨウジャク
〈*Ploceus philippinus*〉ハタオリドリ科／ハタオリドリ亜科。体長14～15cm。分布：パキスタンから東にスリランカまで, インドネシア, スマトラ島。

キムネゴシキセイガイインコ
〈*Trichoglossus haematod capistratus*〉鳥綱オウム目オウム科の鳥。

キムネコビトドリモドキ
〈*Hemitriccus mirandae*〉鳥綱スズメ目タイランチョウ科の鳥。全長9cm。分布：ブラジル東部。絶滅危惧II類。

キムネタヒバリ
〈*Anthus nattereri*〉鳥綱スズメ目セキレイ科の鳥。全長13.5cm。分布：ブラジル南東部, パラグアイ南東部, アルゼンチン北東部。絶滅危惧IB類。

キムネタヒバリ
キムネツメナガタヒバリの別名。

キムネチュウハシ
〈*Pteroglossus viridis*〉鳥綱オオハシ科の鳥。体長30cm。分布：コロンビア, ボリビア北部, ベネズエラ, ギアナ地方, ブラジル。

キムネツメナガタヒバリ　黄胸爪長田雲雀
〈*Macronyx croceus*〉鳥綱スズメ目セキレイ科の鳥。別名キノドツメナガタヒバリ, キムネタヒバリ。全長20cm。分布：アフリカ中央部・東部。

キムネハシビロヒタキ

キムネハナ

〈*Machaerirhynchus flaviventer*〉カササギビタキ科。体長11〜12cm。分布：クイーンズランド北東部，ニューギニア。

キムネハナドリ　黄胸花鳥
〈*Prionochilus maculatus*〉鳥綱スズメ目ハナドリ科の鳥。別名キムネハナドリモドキ。全長9cm。分布：ビルマ南部からマレー半島，大スンダ列島。

キムネハナドリモドキ
キムネハナドリの別名。

キムネハワイマシコ
〈*Loxioides bailleui*〉アトリ／ハワイミツスイ亜科。別名パリラ。体長15cm。分布：ハワイ島。絶滅危惧IB類。

キムネハワイマシコ
コハワイマシコの別名。

キムネヒメジアリドリ　黄胸姫地蟻鳥
〈*Grallaricula flavirostris*〉鳥綱スズメ目アリドリ科の鳥。全長11cm。分布：コロンビア・エクアドル東部，西部・ペルー北部・ボリビア北部。

キムネマユアリサザイ
〈*Herpsilochmus axillaris*〉鳥綱スズメ目アリドリ科の鳥。全長11cm。分布：コロンビア西部・エクアドル東部・ペルー東部。

キムネミツスイ　黄胸蜜吸
〈*Meliphaga melanops*〉鳥綱スズメ目ミツスイ科の鳥。全長18cm。分布：オーストラリア南東部。

キムネミドリカザリドリ
〈*Pipreola aureopectus*〉鳥綱スズメ目カザリドリ科の鳥。全長17cm。分布：ベネズエラ，コロンビア。

キムネメジロ　黄胸目白
〈*Zosterops everetti*〉鳥綱スズメ目メジロ科の鳥。全長10cm。分布：マレー半島，フィリピン，ボルネオ島。

キムリック
〈*Cymric*〉猫の一品種。原産：カナダ。

キモモシトド
〈*Pselliophorus luteoviridis*〉鳥綱スズメ目ホオジロ科の鳥。全長18cm。分布：パナマ西部。絶滅危惧II類。

キモモマイコドリ　黄腿舞子鳥
〈*Pipra mentalis*〉マイコドリ科。体長10cm。分布：メキシコ南部からコロンビア西部およびエクアドル西部。

キモモミツスイ　黄腿蜜吸
〈*Moho braccatus*〉鳥綱スズメ目ミツスイ科の鳥。体長20cm。分布：カウアイ島（ハワイ）。絶滅危惧IA類。

キャタフーラ・レパード・ドッグ
〈*Catahoula Leopard Dog*〉犬の一品種。

キャッタロ
〈*Cattalo*〉牛の一品種。

キャバリア・キング・チャールズ・スパニエル
〈*Cavalier King Charles*〉哺乳綱食肉目イヌ科の動物。体高31〜33cm。分布：イギリス。

ギャラゴ
〈*Galago*〉哺乳綱霊長目ロリス科の動物。

キャリア
〈*Columba livia var. domestida*〉鳥綱ハト目ハト科の鳥。分布：イギリス，アメリカ。

ギャロウェイ
〈*Galloway*〉哺乳綱偶蹄目ウシ科の動物。分布：スコットランド西南部。

ギャロスレーサー
〈*Coluber gyarosensis*〉爬虫綱トカゲ目（ヘビ亜目）ナミヘビ科のヘビ。頭胴長53〜67cm。分布：ギリシアのキクラデス諸島のギャロス島。絶滅危惧IA類。

キャロラインハナフルーツコウモリ
〈*Syconycteris carolinae*〉哺乳綱翼手目オオコウモリ科の動物。前腕長6cm。分布：インドネシアのモルッカ諸島北部のハルマヘラ島。絶滅危惧II類。

キャン
〈*Equus kiang*〉奇蹄目ウマ科の哺乳類。別名チベットロバ。140〜150cm。分布：チベット。

キャンプホソサンショウウオ
〈*Batrachoseps campi*〉両生綱有尾目アメリカサンショウウオ科の動物。全長5.2〜11.4cm。分布：アメリカ合衆国カリフォルニア州のインヨー山脈の標高550〜2620mの地域。絶滅危惧IB類。

キャンベルウ
ノドオビムナジロウの別名。

キャンベルモンキー
〈*Cercopithecus campbelli*〉オナガザル科オナ

ガザル属。頭胴長36〜55cm。分布：ガンビアからガーナ。

キュウカンチョウ　九官鳥
〈*Gracula religiosa*〉鳥綱スズメ目ムクドリ科の鳥。体長29cm。分布：インド，スリランカからマレーシアおよびインドネシア。

キュウシュウエナガ
〈*Aegithalos caudatus kiusiuensis*〉鳥綱スズメ目エナガ科の鳥。

キュウシュウキジ
〈*Phasianus colchicus versicolor*〉鳥綱キジ目キジ科の鳥。

キュウシュウコゲラ
〈*Dendrocopos kizuki kizuki*〉鳥綱キツツキ目キツツキ科の鳥。

キュウシュウゴジュウカラ
〈*Sitta europaea roseilia*〉鳥綱スズメ目ゴジュウカラ科の鳥。

キュウシュウノウサギ
〈*Lepus brachyurus brachyurus*〉ウサギ目ウサギ科。

キュウシュウノレンコウモリ
〈*Myotis nattereri bombinus*〉哺乳綱翼手目ヒナコウモリ科の動物。

キュウシュウフクロウ
〈*Strix uralensis fuscescens*〉鳥綱フクロウ目フクロウ科の鳥。

キュウセカイザル　旧世界ザル
〈*Old-World monkeys*〉霊長目オナガザル科 Cercopithecidae。アフリカ，アジアの旧大陸に生息するサル類を指す。

キュウセカイヒタキ　旧世界ヒタキ
ヒタキ亜科。体長10〜21cm。分布：ヨーロッパ，アジア，アフリカ，オーストラリア，太平洋諸島。

キュウセカイムシクイ　旧世界ムシクイ
ウグイス亜科。体長9〜20cm。分布：ヨーロッパ，アジア，アフリカ。

キュウリゴンドウ
オキゴンドウの別名。

キューバアオゲラ
〈*Xiphidiopicus percussus*〉鳥綱キツツキ目キツツキ科の鳥。全長19cm。分布：キューバ。

キューバイワイグアナ
キューバツチイグアナの別名。

キューバオヒキコウモリ
〈*Mormopterus minutus*〉哺乳綱翼手目オヒキコウモリ科の動物。前腕長3cm。分布：キューバ中部。絶滅危惧II類。

キューバキヌバネドリ
〈*Priotelus temnurus*〉鳥綱キヌバネドリ目キヌバネドリ科の鳥。分布：キューバ。

キューバクイナ
〈*Cyanolimnas cerverai*〉鳥綱ツル目クイナ科の鳥。全長29cm。分布：キューバ中部。絶滅危惧IA類。

キューバクロウソ
〈*Melopyrrha nigra*〉鳥綱スズメ目ホオジロ科の鳥。全長14〜14.5cm。分布：キューバ。

キューバコビトドリ
〈*Todus multicolor*〉鳥綱ブッポウソウ目コビトドリ科。体長11cm。分布：キューバおよびピノス島。

キューバシトド
〈*Torreornis inexpectata*〉鳥綱スズメ目ホオジロ科の鳥。体長16.5cm。分布：キューバ。絶滅危惧IB類。

キューバソレノドン
〈*Solenodon cubanus*〉哺乳綱食虫目ソレノドン科の動物。頭胴長25〜31cm。分布：キューバ。絶滅危惧IB類。

キューバタイランチョウ
〈*Tyrannus cubensis*〉鳥綱スズメ目タイランチョウ科の鳥。全長26cm。分布：キューバ。絶滅危惧IB類。

キューバツチイグアナ
〈*Cyclura nubila*〉爬虫綱トカゲ目（トカゲ亜目）イグアナ科の動物。頭胴長オス68〜75cm，メス53〜62cm。分布：キューバ，イギリス領ケイマン諸島，アメリカ領プエルト・リコ。絶滅危惧II類。

キューバハシボソキツツキ
〈*Colaptes fernandinae*〉鳥綱キツツキ目キツツキ科の鳥。全長32〜34cm。分布：キューバ。絶滅危惧IB類。

キューバヒメエメラルドハチドリ
〈*Chlorostilbon ricordii*〉鳥綱アマツバメ目ハチドリ科の鳥。全長10〜11.5cm。分布：バハマ諸島，キューバ。

キューバヒメボア
〈*Tropidophis melanurus*〉ヒメボア科。全長 0.8〜1m。分布：キューバ。

キューバボア
〈*Epicrates angulifer*〉爬虫綱有鱗目ボア科のヘビ。

キューバワニ
〈*Crocodylus rhombifer*〉爬虫綱ワニ目クロコダイル科のワニ。全長3.5m。分布：キューバ本島のサパタ半島のサパタ沼、ピノス島のラニエル沼。絶滅危惧IB類。

キュビエズ・ホエール
アカボウクジラの別名。

キュビエブキオトカゲ
〈*Oplurus cuvieri*〉爬虫綱有鱗目トカゲ亜目イグアナ科の動物。全長30〜37cm。分布：マダガスカル。

キュビエムカシカイマン
コビトカイマンの別名。

キューブフチア
〈*Capromys spp.*〉齧歯目カプロミス科。

ギュンターシマヤモリ
〈*Christinus guentheri*〉爬虫綱トカゲ目（トカゲ亜目）ヤモリ科の動物。頭胴長8〜10cm。分布：オーストラリアのロード・ハウ島、フィリップ島、およびそれらの周辺の小島嶼。絶滅危惧種。

ギュンターディクディク
〈*Madoqua guentheri*〉ウシ科ディクディク属。体長62〜75cm。分布：北ウガンダから東へ、ケニアとエチオピアを通ってソマリア。

ギュンターヒメジムグリトカゲ
〈*Scelotes guentheri*〉爬虫綱トカゲ目（トカゲ亜目）トカゲ科のトカゲ。頭胴長10cm。分布：南アフリカ共和国のクワズール・ナタール州ダーバン。絶滅危惧II類。

ギュンターヒルヤモリ
〈*Phelsuma guentheri*〉爬虫綱トカゲ目（トカゲ亜目）ヤモリ科の動物。頭胴長9.6〜14cm。分布：モーリシャスのラウンド島。絶滅危惧IB類。

ギュンタームカシトカゲ
〈*Sphenodon guntheri*〉爬虫綱有鱗目ムカシトカゲ亜目ムカシトカゲ目ムカシトカゲ科のトカゲ。頭胴長25〜30cm。分布：ニュージーランドのノースブラザー島。絶滅危惧II類。

キョウジョシギ　京女鷸
〈*Arenaria interpes*〉鳥綱チドリ目シギ科の鳥。体長21〜26cm。分布：北極圏、スカンジナビア半島温帯北部で繁殖。冬は南下してアルゼンチン中部、南アフリカ、オーストラリアなど、世界各地で越冬。

キョクアジサシ　極鯵刺
〈*Sterna paradisaea*〉アジサシ科。体長33〜38cm。分布：北極圏および北極圏に接する地方で繁殖し、南下して南極海で越冬。

キョン　羌
〈*Muntiacus reevesi*〉哺乳綱偶蹄目シカ科の動物。別名タイワンキョン。体長75〜95cm。分布：東アジア。

キョン　羌
〈*muntjac*〉哺乳綱偶蹄目シカ科キョン属に含まれる動物の総称。

キララツヤヘビ
〈*Liophis poecilogyrus*〉爬虫綱有鱗目ヘビ亜目ナミヘビ科のヘビ。全長オス80cm、メス100cm。分布：ベネズエラ南東部、ギアナからブラジルを経てアルゼンチン東北部まで。

キラリー
〈*Khillari*〉牛の一品種。原産：インド。

キリアイ　錐合
〈*Limicola falcinellus*〉鳥綱チドリ目シギ科の鳥。全長17cm。分布：ユーラシア大陸北部。

ギリアードオオコウモリ
〈*Pteropus gilliardi*〉哺乳綱翼手目オオコウモリ科の動物。前腕長11.4cm。分布：パプアニューギニアのニューブリテン島など。絶滅危惧種。

キリオオナガ　錐尾尾長
〈*Temnurus temnurus*〉鳥綱スズメ目カラス科の鳥。全長30.5cm。分布：ベトナム北部から中国南部。

キリキオリンゴ
〈*Bassaricyon pauli*〉哺乳綱食肉目アライグマ科の動物。頭胴長43cm。分布：パナマ西部。絶滅危惧IB類。

ギリシアガメ
ギリシアリクガメの別名。

ギリシアリクガメ
〈*Testudo graeca*〉爬虫綱カメ目リクガメ科のカメ。甲長20〜25cm。分布：北アフリカ、

ヨーロッパ南西部, ユーゴスラビアからイランおよび旧ソ連西部。絶滅危惧II類。

ギリシャイシガメ
〈*Mauremys caspica rivulata*〉爬虫綱カメ目バタグールガメ科のカメ。

キリハシ　錐嘴
〈*jacamar*〉鳥綱キツツキ目キリハシ科に属する鳥の総称。全長13～31cm。分布：メキシコからブラジル南部まで。

キリハシ科
キツツキ目。別名アメリカハチクイ。全長12.5～31cm。分布：メキシコ南部からブラジル南部。

キリハシチメドリ
〈*Sphenocichla humei*〉鳥綱スズメ目ヒタキ科チメドリ亜科の鳥。全長20cm。分布：インド, ビルマ北部。

キリハシハチドリ
〈*Schistes geoffroyi*〉鳥綱アマツバメ目ハチドリ科の鳥。全長9.5cm。分布：南アメリカ北西部・中西部。

キリハシミツスイ　錐嘴蜜吸
〈*Acanthorhynchus tenuirostris*〉鳥綱スズメ目ミツスイ科の鳥。全長12～15cm。分布：オーストラリア東部から南東部, タスマニア島。

キリン　麒麟
〈*Giraffa camelopardalis*〉哺乳綱偶蹄目キリン科の動物。別名ジラフ。体長3.8～4.7m。分布：アフリカ。

キリン
アミメキリンの別名。

キリン
マサイキリンの別名。

ギール
〈*Gir*〉ウシの一品種。体高オス140cm, メス130cm。原産：インド。

キルギス
馬の一品種。体高147～153cm。原産：キルギス共和国。

キルギスディクディク
〈*Rhynchotragus kirki*〉哺乳綱偶蹄目ウシ科の動物。

キルギスモグラレミング
〈*Ellobius alaicus*〉齧歯目ネズミ科(ハタネズミ亜科)。頭胴長10～15cm。分布：キルギス。絶滅危惧IB類。

キルクディクディク
〈*Madoqua kirkii*〉哺乳綱偶蹄目ウシ科の動物。体長52～72cm。分布：アフリカ東部および南西部。

ギルジェンタ
〈*Girgenta*〉哺乳綱偶蹄目ウシ科の動物。体高オス70～75cm, メス65～70cm。分布：イタリア。

キルデイ
〈*Kirdi*〉牛の一品種。

キルネコ・デルエトナ
〈*Cirneco dell'Etna*〉犬の一品種。

ギルバートネズミカンガルー
〈*Potorous gilbertii*〉二門歯目ネズミカンガルー科。頭胴長35.3～38cm。分布：オーストラリア南西部。絶滅危惧種。

ギルバートヨシキリ
〈*Acrocephalus rehsei*〉スズメ目ヒタキ科(ウグイス亜科)。全長15cm。分布：ナウル。絶滅危惧II類。

キールヒメボア
キューバヒメボアの別名。

キー・レオ
〈*Kyi Leo*〉犬の一品種。体高23～28cm。原産：アメリカ。

キレンジャク　黄連雀
〈*Bombycilla garrulus*〉鳥綱スズメ目レンジャク科の鳥。全長20cm。分布：ユーラシア大陸北部および北アメリカで繁殖。温帯地方に不規則な渡りを行い, 北緯35度まで南下して越冬。

キンイタダキアメリカムシクイ
〈*Basileuterus culicivorus*〉アメリカムシクイ科。別名キクイタダキアメリカムシクイ。体長12.5cm。分布：メキシコ中央部からボリビア東部, パラグアイ, ウルグアイ, アルゼンチン北部。

キンイロアデガエル
〈*Mantella aurantiaca*〉両生綱無尾目マダガスカルガエル科のカエル。体長20～26mm。分布：マダガスカル東部のアンダシベ周辺。絶滅危惧II類。

キンイロアメリカハブ

キンイロカ

ゴールデンランスヘッドの別名。

キンイロガエル
〈*Brachycephalus ephippium*〉体長1〜2cm。分布：南アメリカ大陸東部。

キンイロガエル
〈*gold frog*〉両生綱無尾目キンイロガエル科のカエル。体長2cm。分布：ブラジル南東部。

キンイロコウヨウジャク
〈*Ploceus hypoxanthus*〉鳥綱スズメ目ハタオリドリ科の鳥。全長15cm。分布：東南アジア。

キンイロジェントルキツネザル
キンイロタケキツネザルの別名。

キンイロジャッカル
〈*Canis aureus*〉哺乳綱食肉目イヌ科の動物。体長60〜110cm。分布：ヨーロッパ南東部、アフリカ北部、東部、西アジアから東南アジアにかけて。

キンイロタケキツネザル
〈*Hapalemur aureus*〉哺乳綱霊長目キツネザル科の動物。別名キンイロジェントルキツネザル、ゴールデンバンブーリーマー。頭胴長34〜38cm。分布：マダガスカル南東部のラノマファナ国立公園、アンドリンギトラ山地。絶滅危惧IA類。

キンイロツバメ 金色燕
〈*Kalochelidon euchrysea*〉鳥綱スズメ目ツバメ科の鳥。全長13cm。分布：西インド諸島。

ギンイロディクディク
オピアヒメディクディクの別名。

ギンイロテナガザル
ハイイロテナガザルの別名。

キンイロネコ
ゴールデンキャットの別名。

キンイロパームシベット
〈*Paradoxurus zeylonensis*〉哺乳綱食肉目ジャコウネコ科の動物。体長51cm。分布：スリランカ。

キンイロヒキガエル
〈*Bufo guttatus*〉両生綱無尾目ヒキガエル科のカエル。体長100〜177mm。分布：エクアドル・コロンビア・ギアナ3国、ベネズエラ、ブラジルのアマゾナス州及び中部。

ギンイロヒゴロモ
〈*Oriolus mellianus*〉鳥綱スズメ目コウライウグイス科の鳥。全長25cm。分布：繁殖地は中国の四川省中央部、貴州省南部、広西壮族自治区、広東省北部。越冬地はカンボジア、タイ南部と思われる。絶滅危惧II類。

キンイロフウキンチョウ
〈*Tangara arthus*〉鳥綱スズメ目ホオジロ科の鳥。体長13cm。分布：ベネズエラからボリビアにかけての山岳地帯と、その沿岸地域。

キンイロマウス
〈*Ochrotomys nuttalli*〉哺乳綱齧歯目ネズミ科の動物。分布：合衆国南西部。

キンイロマダガスカルガエル
キンイロアデガエルの別名。

ギンイロマーモセット
シルバーマーモセットの別名。

キンイロライオンタマリン
ライオンタマリンの別名。

キンイロラングール
ゴールデンラングールの別名。

キンエリハタオリ
〈*Ploceus aureonucha*〉鳥綱スズメ目ハタオリドリ科の鳥。全長14cm。分布：コンゴ民主共和国東部。絶滅危惧II類。

キンエリヒワ 金襟鶸
〈*Linurgus olivaceus*〉鳥綱スズメ目アトリ科の鳥。体長13cm。分布：カメルーン、ナイジェリア。

ギンガオサイチョウ
〈*Bycanistes brevis*〉鳥綱ブッポウソウ目サイチョウ科の鳥。全長66〜74cm。分布：エチオピア、スーダン、ケニア、タンザニア。

キンガオサンショウクイ 金顔山椒喰
〈*Chlamydochaera jefferyi*〉鳥綱スズメ目サンショウクイ科の鳥。全長23cm。分布：ボルネオ島。

キンガオムクドリモドキ
〈*Agelaius flavus*〉鳥綱スズメ目ムクドリモドキ科の鳥。全長20cm。分布：ブラジル南部、パラグアイ東部、ウルグアイ、アルゼンチン北東部。絶滅危惧IB類。

キンカジュー
〈*Potos flavus*〉哺乳綱食肉目アライグマ科の動物。体長39〜76cm。分布：メキシコ南部から南アメリカ。絶滅危惧IB類と推定。

キンガシラアメリカムシクイ
〈*Myioborus ornatus*〉アメリカムシクイ科。

体長14cm。分布：ベネズエラ最西部およびコロンビアのアンデス山脈。

ギンガシラミツスイ　銀頭蜜吸
〈*Philemon argenticeps*〉鳥綱スズメ目ミツスイ科の鳥。全長29cm。分布：オーストラリア北部。

キンカチョ　金華猪
〈*Jinhua Pig*〉豚の一品種。原産：中国。

キンカチョウ　錦花鳥，錦華鳥
〈*Poephila guttata*〉鳥綱スズメ目カエデチョウ科の鳥。体長10cm。分布：オーストラリア，小スンダ列島。

キンカムリマイコドリ　金羽舞子鳥
〈*Masius chrysopterus*〉マイコドリ科。体長10cm。分布：アンデス山脈（ベネズエラ西部からエクアドル），ペルー北部のアンデス山脈東側。

ギンカモメ　銀鷗
〈*Larus novaehollandiae*〉鳥綱チドリ目カモメ科の鳥。体長38〜43cm。分布：アフリカ南部，オーストラリア，ニュージーランド。

キンカンカブトモズ
キンカンメガネモズの別名。

キンカンクロマシコ
〈*Pyrrhoplectes epauletta*〉鳥綱スズメ目アトリ科の鳥。全長15cm。分布：ヒマラヤ，ビルマ，チベット，中国雲南省。

キンカンメガネモズ　金冠眼鏡鵙
〈*Prionops alberti*〉鳥綱スズメ目モズ科の鳥。別名カブトモズ，キンカンカブトモズ。全長22cm。分布：ザイール東部，コンゴ民主共和国，ウガンダ。絶滅危惧II類。

ギンギツネ　銀狐
〈*silver fox*〉哺乳綱食肉目イヌ科に属するキツネの一色相。

キング
〈*Columba livia var. domestica*〉鳥綱ハト目ハト科の鳥。分布：アメリカ。

キングアリゲータートカゲ
アリゾナアリゲータートカゲの別名。

キングコブラ
〈*Ophiophagus hannah*〉爬虫綱有鱗目ヘビ亜目コブラ科のヘビ。全長4〜5.5m。分布：インド，ネパール，バングラデシュ，中国南部からインドネシアを経てフィリピンまで。

キングコロブス
〈*Colobus polykomos*〉真っ白なほおの毛や尾先，マントのような肩毛と黒い体毛とのコントラストが美しい霊長目オナガザル科の旧世界ザル。頭胴長57〜68cm。分布：ギニアからナイジェリア西部。

キング・シェパード
〈*King Shepherd*〉犬の一品種。

キング・チャールズ・スパニエル
〈*King Charles Spaniel*〉原産地がイギリスの愛玩犬。体高25〜27cm。分布：イギリス。

キングハダカオネズミ
〈*Uromys rex*〉齧歯目ネズミ科（ネズミ亜科）。頭胴長27〜29cm。分布：ソロモン諸島のガダルカナル島。絶滅危惧種。

キングブラウンスネーク
〈*Pseudechis australis*〉爬虫綱有鱗目ヘビ亜目コブラ科のヘビ。全長1.5〜2.7m。分布：オーストラリアとその周辺。

キングヘビ
〈*king snake*〉爬虫綱有鱗目ナミヘビ科キングヘビ属に含まれるヘビの総称。

キングペンギン
オウサマペンギンの別名。

キンクロハジロ　金黒羽白
〈*Aythya fuligula*〉カモ科。体長40〜47cm。分布：ユーラシア。国内では北海道。

キンクロヒメキツツキ
〈*Picumnus exilis*〉鳥綱キツツキ目キツツキ科の鳥。全長8cm。分布：ベネズエラ，ブラジル，ギアナ。

キンクロライオンタマリン
〈*Leontopithecus chrysomelas*〉哺乳綱霊長目キヌザル科の動物。別名ドウグロタマリン，ドウグロライオンタマリン。頭胴長20〜30cm。分布：ブラジル南東部の大西洋沿岸域。絶滅危惧IB類。

キンケイ　金鶏
〈*Chrysolophus pictus*〉鳥綱キジ目キジ科の鳥。全長オス100〜110cm，メス64〜67cm。分布：中国甘粛，四川，陝西，湖北省。

ギンケイ　銀鶏
〈*Chrysolophus amherstiae*〉鳥綱キジ目キジ科の鳥。体長オス115〜150cm，メス58〜68cm。分布：中国，ミャンマー北東部。イギ

キンコシラ

リスに移入。

キンゴシライオンタマリン
〈*Leontopithecus chrysopygus*〉哺乳綱霊長目キヌザル科の動物。頭胴長20～30cm。分布：ブラジル南東部の大西洋沿岸域。絶滅危惧IA類。

ギンコー・ビークト・ホエール
イチョウハクジラの別名。

キンコブサイチョウ
〈*Ceratogymna elata*〉鳥綱ブッポウソウ目サイチョウ科の鳥。全長95cm。分布：アフリカ西岸のギニアからカメルーン。

キンコミミバンディクート
〈*Isoodon auratus*〉バンディクート目バンディクート科。頭胴長21～29.5cm。分布：オーストラリア北部と北西部。絶滅危惧種。

ギンザンマシコ　銀山猿子
〈*Pinicola enucleator*〉鳥綱スズメ目アトリ科の鳥。体長20cm。分布：北アメリカ北部および西部、スカンジナビア北部から北シベリア。国内では北海道、南千島のハイマツ林で少数が繁殖し、冬は平地、低山へ下りる。

キンシコウ（金糸猴）
ゴールデンモンキーの別名。

キンショウジョウインコ　金猩々鸚哥
〈*Alisterus scapularis*〉鳥綱インコ目インコ科の鳥。体長43cm。分布：タスマニアを除くオーストラリア東部。

キンスジアマガエル
〈*Litoria aurea*〉両生綱無尾目アマガエル科のカエル。体長50～80mm。分布：オーストラリアのニューサウスウェールズ州東部から南東部（南太平洋側）。ニュージーランドに人為移入。

キンスジイモリ
キンスジサンショウウオの別名。

キンスジサラマンダー
キンスジサンショウウオの別名。

キンスジサンショウウオ
〈*Chioglossa lusitanica*〉両生綱有尾目イモリ科の動物。体長12～14cm。分布：ヨーロッパ。絶滅危惧II類。

ギンスジリングテイル
〈*Pseudochirops corinnae*〉二門歯目リングテイル科。頭胴長31～37.3cm。分布：ニューギ

ニア島。絶滅危惧種。

キンセイチョウ　錦静鳥
〈*Poephila cincta*〉鳥綱スズメ目カエデチョウ科の鳥。全長10cm。分布：オーストラリア北東部。

キンソデウロコインコ
〈*Pyrrhura calliptera*〉鳥綱オウム目インコ科の鳥。全長23cm。分布：コロンビア東部。絶滅危惧II類。

キンタロドロガメ
〈*Kinosternon angustipons*〉爬虫綱カメ目ドロガメ科のカメ。別名ハラガケドロガメ。背甲長12cm。分布：ニカラグア南部、コスタリカ、パナマ西部。絶滅危惧II類。

キンチャハシボソハタオリ
キンチャハタオリの別名。

キンチャハタオリ
〈*Ploceus subpersonatus*〉鳥綱スズメ目ハタオリドリ科の鳥。別名キンチャハシボソハタオリ。全長13cm。分布：ガボン、コンゴ民主共和国、アンゴラ。絶滅危惧II類。

キントリーイワトカゲ
〈*Egernia kintorei*〉トカゲ目（トカゲ亜目）トカゲ科（スベトカゲ亜科）。頭胴長18.5～20cm。分布：オーストラリア中部。絶滅危惧種。

キンノジコ
〈*Sicalis flaveola*〉鳥綱スズメ目ホオジロ科の鳥。体長14cm。分布：南アメリカ全域にまばらに分布し、またトリニダード島にも生息する。パナマ、ジャマイカ、プエルトリコに移入された。

ギンノドアオカケス
〈*Cyanolyca argentigula*〉鳥綱スズメ目カラス科の鳥。体長33cm。分布：コスタリカ。

キンノドゴシキドリ
〈*Megalaima franklinii*〉鳥綱キツツキ目ゴシキドリ科の鳥。全長23cm。分布：ネパールからタイ・ビルマ・ベトナム・中国南部・マレーシア。

ギンバシ　銀嘴
〈*Lonchura malabarica*〉鳥綱スズメ目カエデチョウ科の鳥。別名スイギンチョウ。全長11cm。分布：インド、パキスタン、イラン、オマーン、スリランカ。

ギンバシベニフウキンチョウ

〈*Ramphocelus carbo*〉鳥綱スズメ目ホオジロ科の鳥。体長16〜17cm。分布：アンデス山脈の東側の南アメリカ北部。

キンバト 金鳩
〈*Chalcophaps indica*〉鳥綱ハト目ハト科の鳥。全長25cm。分布：インド・スリランカ，スラウェシ島，マルク諸島，オーストラリア北東部。国内では沖縄南部。天然記念物。

ギンバト 銀鳩
鳥綱ハト目ハト科の鳥。

キンバネアメリカムシクイ
〈*Vermivora chrysoptera*〉鳥綱スズメ目アメリカムシクイ科の鳥。

キンバネオナガタイヨウチョウ
〈*Nectarinia reichenowi*〉タイヨウチョウ科。別名コバシゴシキタイヨウチョウ。体長23cm。分布：ウガンダ，ケニア，タンザニア西部。

キンバネマイコドリ
キンカムリマイコドリの別名。

ギンバネモリゲラ
〈*Piculus rubiginosus*〉鳥綱キツツキ目キツツキ科の鳥。体長19〜23cm。分布：メキシコからアルゼンチン。トリニダード・トバゴ両島。

キンバラ 金腹
〈*Lonchura malacca atricapilla*〉鳥綱スズメ目カエデチョウ科の鳥。

ギンバラ 銀腹
〈*Lonchura malacca*〉鳥綱スズメ目カエデチョウ科の鳥。全長11cm。分布：インド北東部から中国南部，インドシナ・マレー半島・スマトラ島・フィリピン南部・ボルネオ島・スラウェシ島。

キンバラインカハチドリ
〈*Coeligena bonapartei*〉鳥綱アマツバメ目ハチドリ科の鳥。全長14cm。分布：コロンビア，ベネズエラ。

キンバリースミントプシス
〈*Sminthopsis butleri*〉フクロネコ目フクロネコ科。別名カーペンタリアスミントプシス。頭胴長8.8cm。分布：オーストラリア北西部。絶滅危惧種。

キンボウシマイコドリ
〈*Pipra vilasboasi*〉鳥綱スズメ目マイコドリ科の鳥。全長9cm。分布：ブラジル北部のパラー州南部。絶滅危惧II類。

キンホオインコ 金頬鸚哥
〈*Pionopsitta barrabandi*〉鳥綱オウム目インコ科の鳥。全長25cm。分布：ベネズエラ，ブラジル，エクアドル東部。

キンマユアメリカムシクイ
〈*Basileuterus belli*〉鳥綱スズメ目アメリカムシクイ科の鳥。全長13cm。分布：メキシコ，グアテマラ，エルサルバドル，ホンジュラス。

ギンマユフウキンチョウ
〈*Dubusia taeniata*〉鳥綱スズメ目ホオジロ科の鳥。全長19cm。分布：南アメリカ北西部。

キンミノバト
ミノバトの別名。

キンミノフウチョウ 金蓑風鳥
〈*Diphyllodes magnificus*〉鳥綱スズメ目フウチョウ科の鳥。全長18cm。分布：ニューギニア。

ギンミミガビチョウ
〈*Garrulax yersini*〉スズメ目ヒタキ科（チメドリ亜科）。全長27cm。分布：ベトナム南部。絶滅危惧II類。

ギンミミミツスイ
〈*Anthochaera chrysoptera*〉鳥綱スズメ目ミツスイ科の鳥。

ギンムクドリ 銀椋鳥
〈*Sturnus sericeus*〉鳥綱スズメ目ムクドリ科の鳥。全長22cm。

ギンムネアリドリ 銀胸蟻鳥
〈*Sclateria naevia*〉アリドリ科。体長14〜15cm。分布：アマゾン川流域。

キンムネオナガテリムク
〈*Cosmopsarus regius*〉鳥綱スズメ目ムクドリ科の鳥。体長35cm。分布：アフリカ東部のソマリアからタンザニアにかけて分布する。

キンムネチョウビテリムク
〈*Cosmopsarus regius*〉鳥綱スズメ目ムクドリ科の鳥。全長35cm。分布：エチオピア，ケニア，タンザニア。

ギンムネヒロハシ 銀胸広嘴
〈*Serilophus lunatus*〉鳥綱スズメ目ヒロハシ科の鳥。全長18cm。分布：ネパール・中国南部・海南島・インドシナ・スマトラ島。

キンムネホオジロ
〈*Emberiza flaviventris*〉鳥綱スズメ目ホオジロ科の鳥。体長16cm。分布：アフリカのサハ

ラ砂漠以南のひらけた地域。

キンメセンニュウチメドリ
〈*Chrysomma sinense*〉鳥綱スズメ目ヒタキ科チメドリ亜科の鳥。全長18cm。分布：ヒマラヤ，インド，パキスタン，スリランカ，東南アジア，中国南部。

キンメフクロウ　金目梟
〈*Aegolius funereus*〉鳥綱フクロウ目フクロウ科の鳥。体長25cm。分布：ユーラシア北部，北アメリカ北部，ワイオミング州からニューメキシコ州。南方に渡りをする個体群もいる。

キンメペンギン
〈*Megadyptes antipodes*〉鳥綱ペンギン目ペンギン科の鳥。別名グランドペンギン，キガシラペンギン。体長76cm。分布：ニュージーランド南島南西部，スチュアート島，オークランド諸島，キャンベル島。絶滅危惧II類。

キンメミカドバト　金目帝鳩
〈*Ducula concinna*〉鳥綱ハト目ハト科の鳥。全長45cm。分布：インドネシア東部。

キンモグラ　金鼴鼠
〈*Chrysochloris asiatica*〉哺乳綱食虫目キンモグラ科の哺乳類。モグラに似るが尾がない。別名ケープキンモグラ。

キンモグラ　金鼴鼠
〈*golden mole*〉哺乳綱食虫目キンモグラ科に属する動物の総称。

ギンモリバト
〈*Columba argentina*〉鳥綱ハト目ハト科の鳥。全長38cm。分布：インドネシアのスマトラ島，シムル島，リンガ諸島，アナンバス諸島，ナトゥナ諸島，カリマタ諸島。絶滅危惧II類。

キンランチョウ　金蘭鳥，金襴鳥，金襴島
〈*Euplectes orix*〉ハタオリドリ科/ハタオリドリ亜科。体長12～14cm。分布：サハラ以南のアフリカ。

【ク】

グアダルーペウミツバメ
〈*Oceanodroma macrodactyla*〉鳥綱ミズナギドリ目ウミツバメ科の鳥。全長21cm，翼開張47cm。分布：太平洋東部に生息し，メキシコのグアダルーペ島で繁殖。絶滅危惧IA類。

グアダルーペオットセイ
ガダルーブオットセイの別名。

グアダルーペユキヒメドリ
〈*Junco insularis*〉スズメ目ホオジロ科（ホオジロ亜科）。全長14cm。分布：メキシコのグアダルーペ島。絶滅危惧IA類。

クアッカワラビー
〈*Setonix brachyurus*〉二門歯目カンガルー科。別名クオッカ。体長40～54cm。分布：オーストラリア南西部（ロトネスト島とバルド島）。絶滅危惧II類。

グアテマラカイツブリ
オオオビハシカイツブリの別名。

グアテマラクジャクガメ
〈*Trachemys scripta groyi*〉爬虫綱カメ目ヌマガメ科のカメ。

グアテマラコアカヒゲハチドリ
〈*Atthis ellioti*〉鳥綱アマツバメ目ハチドリ科の鳥。全長6.5cm。分布：メキシコ南部からホンジュラス。

グアテマラホオヒゲコウモリ
〈*Myotis cobanensis*〉哺乳綱翼手目ヒナコウモリ科の動物。前腕長4cm。分布：グアテマラ中部。絶滅危惧IA類。

グアテマラミルクヘビ
〈*Lampropeltis triangulum amaura*〉爬虫綱有鱗目ヘビ亜目ナミヘビ科のヘビ。全長120～150cm。分布：グアテマラのカリブ海側とその周辺。

グアテマラワニ
モレットワニの別名。

グアドループアライグマ
〈*Procyon minor*〉哺乳綱食肉目アライグマ科の動物。分布：フランス領グアドループ島。絶滅危惧IB類。

グアドループクビワコウモリ
〈*Eptesicus guadaloupensis*〉哺乳綱翼手目ヒナコウモリ科の動物。分布：フランス領グアドループ島。絶滅危惧IB類。

グアナイウ
グアナイムナジロヒメウの別名。

グアナイムナジロヒメウ
〈*Phalacrocorax bougainvillei*〉鳥綱ペリカン目ウ科の鳥。体長76cm。分布：ペルーおよびチリの沿岸部。

グアナコ
〈*Lama guanicoe*〉哺乳綱偶蹄目ラクダ科の動

物。体長0.9〜2.1m。分布：南アメリカ西部から南部。絶滅危惧II類。

グアムガラス
マリアナガラスの別名。

グアムクイナ
〈*Rallus owstoni*〉鳥綱ツル目クイナ科の鳥。全長28cm。分布：グアム島。

クイ属
〈*Galea*〉哺乳綱齧歯目テンジクネズミ科の動物。分布：南アメリカの全域。

クイナ　水鶏，秧鶏
〈*Rallus aquaticus*〉鳥綱ツル目クイナ科の鳥。別名フユクイナ。体長28cm。分布：ユーラシア，北アメリカ，中東で繁殖。一部の個体群は中東や東南アジアへ渡る。国内では東日本。

クイナ　秧鶏
〈rail〉広義には鳥綱ツル目クイナ科に属する鳥の総称で，狭義にはそのうちの1種をさす。体長10〜60cm。分布：ヨーロッパ，アジア，オーストラリア，北アメリカ，南アメリカ。

クイナ科
ツル目，全長12〜65cm。分布：全世界。

クイナチメドリ
〈*Eupetes macrocerus*〉鳥綱スズメ目ヒタキ科ハシリチメドリ亜科の鳥。全長29cm。分布：タイ，マレーシア，スマトラ島，ボルネオ島。

クイナモドキ　秧鶏擬
〈mesite〉ツル目クイナモドキ科 Mesoenatidaeの鳥の総称，またはそのうちの1種を指す。体長25〜30cm。分布：マダガスカル。

クイナモドキ
クリイロクイナモドキの別名。

クイナモドキ科
ツル目。分布：マダガスカル。

クイナモドキ・チャイロクイナモドキ
クリイロクイナモドキの別名。

クィーンズランドウォンバット
〈*Lasiorhinus barnardi*〉哺乳綱有袋目ウォンバット科ケバナウォンバット属。絶滅危惧種。

クイーンズランドニセマウス
〈*Pseudomys glaucus*〉齧歯目ネズミ科（ネズミ亜科）。頭胴長9.5cm。分布：オーストラリア南東部。絶滅危惧種。

クイーンズランドヒレアシトカゲ
〈*Paradelma orientalis*〉爬虫綱トカゲ目（トカゲ亜目）ヒレアシトカゲ科のトカゲ。頭胴長15〜20cm。分布：オーストラリア東部。絶滅危惧種。

グエノン
〈guenon〉霊長目オナガザル科オナガザル属 Cercopithecusに属する旧世界ザルの総称。

クォーターホース
〈*Quarter Horse*〉馬の一品種。143〜160cm。原産：アメリカ。

クオッカ
クアッカワラビーの別名。

クサガエル　草蛙
〈reed frog〉半透明の皮膚と美しい色彩をもつ小型のカエルで，クサガエル科クサガエル属 Hyperoliusの総称。体長2〜8cm。分布：サハラ以南のアフリカ，マダガスカル。

クサガメ　臭亀
〈*Chinemys reevesii*〉爬虫綱カメ目ヌマガメ科のカメ。甲長オス17cm，メス35cm。分布：本州，四国，九州およびその周辺の島嶼，国外では中国，朝鮮半島，台湾。

クサカリドリ　草刈鳥
〈plantcutter〉鳥綱スズメ目クサカリドリ科に属する鳥の総称。体長18〜19.5cm。分布：南アメリカ西部および南部。

クサカリドリ科
スズメ目。分布：ペルー西部・チリ・ボリビア・ブラジル南部・アルゼンチン・パタゴニア。

クサシギ　草鷸
〈*Tringa ochropus*〉鳥綱チドリ目シギ科の鳥。全長24cm。分布：ユーラシア大陸の中部・北部。

クサチヒメドリ　サバンナ鵐，草地姫鳥
〈*Passerculus sandwichensis*〉鳥綱スズメ目ホオジロ科の鳥。別名サバンナシトド。全長14cm。分布：アラスカ，カナダからニカラグア。

クサビオノジコ
〈*Emberizoides herbicola*〉鳥綱スズメ目ホオジロ科の鳥。全長18〜20cm。分布：コスタリカから南アメリカ。

クサビオヒメインコ　楔尾姫鸚哥

クサムシク

〈*Psittaculirostris desmarestii*〉鳥綱オウム目インコ科の鳥。全長18cm。分布：ニューギニア西部・南部。

クサムシクイ
〈*Sphenoeacus afer*〉鳥綱スズメ目ヒタキ科ウグイス亜科の鳥。体長22cm。分布：ジンバブウェの一部，モザンビーク，そして南アフリカ。

クサムラツカツクリ 草叢塚造
〈*Leipoa ocellata*〉鳥綱キジ目ツカツクリ科の鳥。体長60cm。分布：オーストラリア南部の内陸部。一部地域では内陸から海岸。絶滅危惧II類。

クサムラドリ 叢鳥
〈*scrub-bird*〉スズメ目クサムラドリ科 Atrichornithidaeの鳥の総称。体長16〜23cm。

クサムラドリ科
鳥綱スズメ目ソウチョウ科の鳥。全長16〜24cm。分布：オーストラリア東部，南西部。

クサヤブウズラ
ヤブウズラの別名。

クサリヘビ 鎖蛇
〈*viper*〉爬虫綱有鱗目クサリヘビ科クサリヘビ亜科に属するヘビの総称。全長25cm〜3.65m。分布：カナダからアルゼンチン，シベリア南部からアジア，アフリカ，スカンジナビア西部からヨーロッパ。

クシイモリ
〈*Triturus cristatus*〉繁殖期の雄にはひれ状隆起を生じ，華やかな求愛行動を行うサンショウウオ科のイモリの1種。体長10〜14cm。分布：ヨーロッパ，アジア中央部。

クシマンセ
〈*Crossarchus obscurus*〉哺乳綱食肉目ジャコウネコ科の動物。体長35cm。分布：シエラレオネからカメルーン。

クジャク 孔雀
〈*peacock*〉広義には鳥綱キジ目キジ科のコンゴクジャク，およびコクジャク属とクジャク属に含まれる鳥の総称で，狭義にはクジャク属だけをさす。

クジャクスッポン
〈*Aspideretes hurum*〉爬虫綱スッポン科のカメ。最大甲長60cm。分布：インド東部およびバングラデシュのインダス川，ブラマプートラ川水系。

クジャクバト 孔雀鳩
〈*Columba livia var. domestida*〉鳥綱ハト目ハト科の鳥。分布：イギリス。

クシユビトカゲ
〈*Uma notata*〉有鱗目イグアナ科。

クジラ 鯨
〈*whale*〉哺乳綱クジラ目に属する動物の総称。

クジラドリ 鯨鳥
〈*prion*〉鳥綱ミズナギドリ目ミズナギドリ科クジラドリ属の海鳥の総称。

クーズー
〈*Tragelaphus strepsiceros*〉哺乳綱偶蹄目ウシ科の動物。別名ダイクーズー。体長2〜2.5m。分布：アフリカ東部から南部にかけて。

クスクス
〈*cuscus*〉哺乳綱有袋目クスクス科クスクス属に含まれる動物の総称。体長34〜70cm。分布：オーストラリア，ニューギニアおよび隣接する島々，ニュージーランド。

クスシヘビ
〈*Elaphe longissima*〉爬虫綱有鱗目ヘビ亜目ナミヘビ科のヘビ。全長140cm以下。分布：フランス中部から，ヨーロッパの南部，東部，カフカズ地方，トルコ，イラン北部。

クスターナイ
〈*Kustanai*〉馬の一品種。体高153〜158cm。原産：カザフ共和国。

クスダマインコ 薬玉鸚哥
〈*Trichoglossus versicolor*〉鳥綱オウム目ヒインコ科の鳥。全長19cm。分布：オーストラリア北部。

グースビークト・ホエール
アカボウクジラの別名。

クズリ 屈狸，熊貂
〈*Gulo gulo*〉哺乳綱食肉目イタチ科の動物。別名クロアナグマ。体長65〜105cm。分布：カナダ，合衆国北西部，北ヨーロッパから北アジア，東アジアにかけて。絶滅危惧II類。

グゼラ
カンクレイの別名。

クチグロスジカモシカ
〈*Tragelaphus euryceros*〉体長1.7〜2.5m。分布：アフリカ西部および中部。

クチグロナキウサギ
〈*Ochotona curzoniae*〉体長14〜18.5cm。分

布：東アジア。

クチジマカラタケトカゲ
〈*Eugongylus rufescens*〉スキンク科。全長25〜29cm。分布：オーストラリアとその周辺。

クチジロジカ
〈*Cervus albirostris*〉哺乳綱偶蹄目シカ科の動物。頭胴長190〜230cm。分布：中国のシンチアン・ウイグル自治区、チベット自治区、青海省、甘粛省、四川省。絶滅危惧II類。

クチジロペッカリー
〈*Tayassu pecari*〉哺乳綱偶蹄目ペッカリー科の動物。体長100〜120cm。分布：メキシコからアルゼンチン北部。

クチニセマウス
〈*Pseudomys oralis*〉齧歯目ネズミ科（ネズミ亜科）。頭胴長13〜17cm。分布：オーストラリア南東部。絶滅危惧。

クチノシマウシ 口之島牛
〈*Kuchinoshima Cattle*〉120cm。分布：鹿児島県。

クチバテングコウモリ 朽葉天狗蝙蝠
〈*Murina tenebrosa*〉前腕長3.4cm。分布：対馬の廃坑で今までにタイプ標本が1頭採集されただけである。

クチヒゲゲエノン
クチヒゲゲノンの別名。

クチヒゲゲノン
〈*Cercopithecus cephus*〉哺乳綱霊長目オナガザル科の動物。頭胴長48〜56cm。分布：カメルーン南部からアンゴラ北部。

クチヒゲタマリン
〈*Saguinus mystax*〉マーモセット科タマリン属。分布：ボリビア、ペルー、ブラジル。

クチビルコウモリ
〈*Leaf-chinned bat*〉哺乳綱翼手目クチビルコウモリ科の動物。体長4〜7.7cm。分布：アメリカ合衆国南西部、中央アメリカ、ブラジル中南部。

クチヒロカイマン
〈*Caiman latirostris*〉爬虫綱ワニ目アリゲーター科のワニ。全長2.5m。分布：南アメリカ南東部。

クチブエサラマンダー
〈*Ensatina eschscholtzi*〉両生綱有尾目ムハイサラマンダー科の動物。

クチボソヒメカメレオン
〈*Brookesia nasus*〉爬虫綱有鱗目トカゲ亜目カメレオン科のトカゲ。全長49〜60mm。分布：マダガスカル東、南東、南中央の各地区。

クックアナツバメ
〈*Collocalia sawtelli*〉鳥綱アマツバメ目アマツバメ科の鳥。全長10cm。分布：ニュージーランド領クック諸島のアティウ島。絶滅危惧II類。

クックコヤスガエル
〈*Eleutherodactylus cooki*〉両生綱無尾目カエル目ユビナガガエル科のカエル。体長3.7〜5.4cm。分布：アメリカ領プエルト・リコ。絶滅危惧II類。

クックツリーボア
〈*Corallus enydris cokii*〉爬虫綱有鱗目ヘビ亜目ボア科のヘビ。分布：コスタリカからベネズエラ、ウィンドワード諸島。

クツワアメガエル
〈*Litoria infrafrenata*〉両生綱無尾目アマガエル科のカエル。体長60〜135mm。分布：ニューギニア島からビスマルク諸島にかけて、オーストラリアではヨーク岬半島周辺。ジャワ島に人為移入。

クテノミス
〈*ctenomys*〉外形がモグラに似た齧歯目ヤマアラシ亜目クテノミス科Ctenomyidaeの哺乳類の総称で、1属約32種がある。

クナーブストラップ
〈*Knabstrup*〉哺乳綱奇蹄目ウマ科の動物。152〜153cm。原産：デンマーク。

クニトモイルカ
クナーブストラップの別名。

クーバース
〈*Kuvasz*〉哺乳綱食肉目イヌ科の動物。体高56〜66cm。分布：ハンガリー。

クーパーナガトカゲ
〈*Lerista vittata*〉トカゲ目（トカゲ亜目）トカゲ科（スベトカゲ亜科）。頭胴長6.5cm。分布：オーストラリア北東部。絶滅危惧。

クーパーハイタカ
〈*Accipiter cooperii*〉鳥綱タカ目タカ科の鳥。体長36〜51cm。分布：カナダ南部から南はメキシコ北西部まで。

クーパーヤブリス

〈*Paraxerus cooperi*〉哺乳綱齧歯目リス科の動物。分布：カメルーン。絶滅危惧II類。

クバリーガラス
マリアナガラスの別名。

クビカシゲガメ
〈*Pseudemydura umbrina*〉爬虫綱カメ目ヘビクビガメ科のカメ。別名オーストラリアヌマガメモドキ。背甲長最大14cm。分布：オーストラリア南西部。絶滅危惧種。

クビドヘラコウモリ
〈*Scleronycteris ega*〉哺乳綱翼手目ヘラコウモリ科の動物。前腕長3.5cm前後。分布：ベネズエラ南部、ブラジル北西部。絶滅危惧II類。

クビナガカイツブリ
〈*Aechmophorus occidentalis*〉鳥綱カイツブリ目カイツブリ科の鳥。体長56〜74cm。分布：北アメリカ西部のカナダ南部からメキシコにかけて。

クビワアマツバメ
〈*Streptoprocne zonaris*〉鳥綱アマツバメ目アマツバメ科の鳥。全長21.5cm。分布：中央アメリカから南アメリカ。

クビワウズラ　首輪鶉
〈*Odontophorus strophium*〉鳥綱キジ目キジ科の鳥。全長26cm。分布：コロンビア。絶滅危惧IB類。

クビワオオコウモリ　首輪大蝙蝠, 頸輪大蝙蝠
〈*Pteropus dasymallus*〉哺乳綱翼手目オオコウモリ科の動物。前腕長12.4〜13.8cm。分布：大隅諸島の口永良部島から吐噶喇列島、奄美諸島、沖縄諸島、大東諸島、先島諸島まで。絶滅危惧IB類。

クビワオオシロハラミズナギドリ
鳥綱ミズナギドリ目ミズナギドリ科の鳥。

クビワカギハシゴシキドリ
〈*Lybius torquatus*〉鳥綱キツツキ目ゴシキドリ科の鳥。全長20cm。分布：ケニア、ザイール、タンザニア、アンゴラ、ジンバブウェ、南アフリカ。

クビワガビチョウ
〈*Garrulax pectoralis*〉鳥綱スズメ目ヒタキ科チメドリ亜科の鳥。別名オオガビチョウ。体長28cm。分布：ヒマラヤ山脈東部から中国南部やベトナム北部にかけて分布する。ハワイ諸島に移入された。

クビワカモメ　首輪鷗, 頸輪鷗
〈*Larus sabini*〉鳥綱チドリ目カモメ科の鳥。体長33〜36cm。分布：北極圏。

クビワガラス　首輪鴉
〈*Corvus torquatus*〉鳥綱スズメ目カラス科の鳥。全長48cm。分布：中国。

クビワカワセミ
〈*Ceryle torquata*〉鳥綱ブッポウソウ目カワセミ科の鳥。別名シロクビカワセミ。全長41cm。分布：メキシコからペルー・アルゼンチン・チリ、小アンティル諸島。

クビワキヌバネドリ　首輪緑絹羽鳥
〈*Trogon collaris*〉鳥綱キヌバネドリ目キヌバネドリ科。体長25cm。分布：メキシコの熱帯域からエクアドル西部、ボリビア北部、ブラジル東部。トリニダード島。

クビワキンクロ　首輪金黒, 頸輪金黒
〈*Aythya collaris*〉鳥綱ガンカモ目ガンカモ科の鳥。全長40〜46cm。分布：北アメリカ中央部。

クビワクイナ
ムナオビクイナの別名。

クビワコウテンシ　首輪告天子
〈*Melanocorypha bimaculata*〉鳥綱スズメ目ヒバリ科の鳥。全長17cm。分布：小アジア、イラク、アフガニスタン、トルキスタン。

クビワコウモリ　首輪蝙蝠, 頸輪蝙蝠
〈*Eptesicus japonensis*〉哺乳綱翼手目ヒナコウモリ科の動物。前腕長3.8〜4.3cm。分布：本州中部以北。

クビワコウモリ　首輪蝙蝠, 頸輪蝙蝠
〈*brown bat*〉翼手目ヒナコウモリ科クビワコウモリ属Eptesicusに属する哺乳類の総称の動物。

クビワゴシキセイガイインコ
〈*Trichoglossus haematod forsteni*〉鳥綱オウム目オウム科の鳥。

クビワシャコ
ムナグロシャコの別名。

クビワスズメ　頸輪雀
〈*Tiaris canora*〉鳥綱スズメ目ホオジロ科の鳥。体長11cm。分布：キューバ。バハマ諸島のニュープロビデンス島に移入。

クビワスナバシリ
〈*Rhinoptilus bitorquatus*〉鳥綱チドリ目ツバメチドリ科の鳥。全長約27cm。分布：インド

北部。絶滅危惧IB類。

クビワツグミ
〈*Turdus torquatus*〉鳥綱スズメ目ヒタキ科ツグミ亜科の鳥。全長24cm。分布：ノルウェー・イギリス北部、アルプス、小アジア。

クビワテンニョゲラ
〈*Celeus torquatus*〉鳥綱キツツキ目キツツキ科の鳥。全長28cm。分布：ベネズエラ、ブラジル、ペルー。

クビワトカゲ
〈*Crotaphytus collaris*〉爬虫綱有鱗目トカゲ亜目イグアナ科の動物。全長20〜35cm。分布：アメリカ合衆国南西部からメキシコにかけて。

クビワペッカリー
〈*Tayassu tajacu*〉哺乳綱偶蹄目ペッカリー科の動物。体長75〜100cm。分布：合衆国南東部から南アメリカ南部にかけて。

クビワヘビ
〈*Diadophis punctatus*〉有鱗目ナミヘビ科。

クビワミドリキヌバネドリ
クビワキヌバネドリの別名。

クビワミフウズラ 首輪三斑鶉、頸輪三斑鶉
〈*Pedionomus torquatus*〉鳥綱ツル目クビワミフウズラ科の鳥。体長15〜17cm。分布：オーストラリア南東の内陸部。絶滅危惧IB類。

クビワミフウズラ科
ツル目。全長15〜17.5cm。分布：オーストラリア南東部。

クビワレミング属
〈*Dicrostonyx*〉哺乳綱齧歯目ネズミ科の動物。

クープレイ
ハイイロヤギュウの別名。

クマ 熊
〈bear〉哺乳綱食肉目クマ科に属する動物の総称。

クマ
ツキノワグマの別名。

クマウニ
〈*Kumauni*〉牛の一品種。

クマオオコウモリ
〈*Pteropus niger*〉哺乳綱翼手目オオコウモリ科の動物。前腕長15〜17cm。分布：モーリシャスのマスカリン諸島。絶滅危惧II類。

クマオンキュウリョウウシ クマオン丘陵牛
〈*Kumaon Hill Cattle*〉分布：インド北部。

クマゲラ 熊啄木鳥
〈*Dryocopus martius*〉鳥綱キツツキ目キツツキ科の鳥。体長45cm。分布：ユーラシア（中国南西部は除く）。国内では北海道、本州北部。天然記念物。

クマシャコ 熊鷓鴣
〈*Melanoperdix nigra*〉鳥綱キジ目キジ科の鳥。全長27cm。分布：マレーシマ、スマトラ島、ボルネオ島。

クマタカ 角鷹、熊鷹
〈*Spizaetus nipalensis*〉鳥綱ワシタカ目ワシタカ科の鳥。全長オス72cm、メス80cm。分布：スリランカ・インド・ヒマラヤ・中国南東部・台湾。国内では北海道・本州・四国・九州。

クマドリバト
〈*Phaps histrionica*〉鳥綱ハト目ハト科の鳥。体長27〜29cm。分布：北オーストラリアの内陸部。

クマドリマムシ
〈*Agkistrodon bilineatus*〉爬虫綱有鱗目ヘビ亜目クサリヘビ科のヘビ。全長60〜100cm。分布：メキシコ中部からコスタリカ。

クマネズミ 家鼠、熊鼠
〈*Rattus rattus*〉哺乳綱齧歯目ネズミ科の動物。体長16〜24cm。分布：全世界（極地方を除く）。国内では北海道から沖縄県まで。

クメジマハイ 久米島ハイ
〈*Sinomicrurus japonicus takarai*〉爬虫綱有鱗目ヘビ亜目コブラ科のヘビ。分布：久米島、伊江島、座間味島、安室島、慶留間島、阿嘉島、渡名喜島に分布。

クメトカゲモドキ 久米蜥蜴擬
〈*Goniurosaurus kuroiwae yamashinae*〉爬虫綱有鱗目トカゲ亜目トカゲモドキ科のトカゲの一品種。原産：沖縄諸島の久米島に分布する日本固有亜種。

クモカリドリ 蜘蛛狩鳥
〈*spider hunter*〉鳥綱スズメ目タイヨウチョウ科クモカリドリ属の鳥の総称。全長9〜30cm（全長の約1/3を占める尾を含める）。分布：アフリカからヒマラヤを含めてオーストラリア北部までの旧世界の熱帯。

クモギレヒョウ
ウンピョウの別名。

クモサル

クモザル　蜘蛛猿
〈spider monkey〉哺乳綱霊長目オマキザル科クモザル属に含まれる動物の総称。

クモノスガメ
〈Pyxis arachnoides〉爬虫綱カメ目リクガメ科のカメ。最大甲長15cm。分布：マダガスカル島（南西岸）。絶滅危惧II類。

クライズデール
〈Clydesdale〉哺乳綱奇蹄目ウマ科の動物。体高164〜170cm。原産：スコットランド。

クライメンイルカ
〈Stenella clymene〉哺乳綱クジラ目マイルカ科の動物。別名クライメン・ドルフィン, ヘルメット・ドルフィン, セネガル・ドルフィン。1.7〜2m。分布：大西洋の熱帯, 亜熱帯, 時折温帯域まで分布。

クラインスピッツ
〈Kleinspitz〉哺乳綱食肉目イヌ科の動物。

グラウアージャコウネズミ
〈Paracrocidura graueri〉哺乳綱食虫目トガリネズミ科の動物。分布：コンゴ民主共和国東部イトンベ山地。絶滅危惧IA類。

グラウフィー
〈Grauvieh〉牛の一品種。

クラウングエノン
〈Cercopithecus pogonias〉オナガザル科オナガザル属。頭胴長46cm。分布：カメルーン南部からコンゴ盆地。

クラオン
〈Craon〉哺乳綱偶蹄目イノシシ科の動物。分布：フランス。

クラカケアザラシ　鞍掛海豹
〈Phoca fasciata〉哺乳綱鰭脚目アザラシ科の海産動物。頭胴長150〜175cm。分布：オホーツク海とベーリング海。

クラカケシチホウ
〈Spemestes nigriceps〉鳥綱スズメ目カエデチョウ科の鳥。

クラカケジネズミ
〈Diplomesodon pulchellum〉哺乳綱食虫目トガリネズミ科の動物。体長5〜7cm。分布：中央アジア。

クラカケハナアテヘビ
〈Phyllorhynchus browni〉爬虫綱有鱗目ナミヘビ科のヘビ。

クラカケヒインコ
〈Eos cyanogenia〉鳥綱オウム目インコ科の鳥。全長30cm。分布：ニューギニア島北西部の島嶼。絶滅危惧種。

クラカケビロードヤモリ
〈Oedura robusta〉有鱗目ヤモリ科。

クラークカイツブリ
〈Aechmophorus clarkii〉鳥綱カイツブリ目カイツブリ科の鳥。体長56〜74cm。分布：北アメリカ西部のカナダ南部からメキシコにかけて。

クラークカナヘビ
〈Lacerta clarkorum〉爬虫綱トカゲ目（トカゲ亜目）カナヘビ科のヘビ。頭胴長4.7〜6.6cm。分布：トルコ北東部, グルジア。絶滅危惧IB類。

クラークハリトカゲ
〈Sceloporus clarki〉爬虫綱有鱗目トカゲ亜目イグアナ科の動物。全長19〜32cm。分布：アメリカ合衆国のアリゾナ州中央〜南部とニューメキシコ州南西部から, メキシコにかけて。

グラシリスカメレオン
〈Chamaeleo gracilis〉爬虫綱有鱗目トカゲ亜目カメレオン科のトカゲ。全長30cm。分布：セネガル, アンゴラからスーダン, エチオピア, タンザニアにかけての熱帯アフリカ。

クラズキ・オフツァル
犬の一品種。

グラスジネズミ
〈Crocidura glassi〉哺乳綱食虫目トガリネズミ科の動物。分布：エチオピアの大地溝帯の東部高地。絶滅危惧II類。

グラダルーペオットセイ
ガダループオットセイの別名。

グラチ
〈Grati〉牛の一品種。

クラドルーバー
〈Kladruber〉哺乳綱奇蹄目ウマ科の動物。体高167〜183cm。原産：旧チェコスロバキア。

クラハシコウ　鞍嘴鸛
〈Ephippiorhynchus senegalensis〉鳥綱コウノトリ目コウノトリ科の鳥。体長145cm。分布：アフリカのサハラ砂漠以南。

クラリオンミソサザイ

〈*Troglodytes tanneri*〉鳥綱スズメ目ミソサザイ科の鳥。全長12.5〜14cm。分布：メキシコのレビジャヒヘド諸島のクラリオン島。絶滅危惧II類。

クラルキイロメジロ
〈*Zosterops kulalensis*〉鳥綱スズメ目メジロ科の鳥。全長11cm。分布：ケニア。絶滅危惧IA類。

クラレイロ
〈*Curraleiro*〉牛の一品種。

クーラン
〈*Equus hemionus kulan*〉アジアノロバの1亜種。分布：旧ソ連。

グラン・アングロ・フランセ・トリコロール
〈*Gran Anglo-Français Tricolore*〉犬の一品種。

グラン・アングロ・フランセ・ブラン・エ・ノワール
〈*Gran Anglo-Français Blanc et Noir*〉犬の一品種。

クランウェルツノガエル
〈*Ceratophrys cranwelli*〉両生綱無尾目ミナミガエル科のカエル。体長75〜125mm。分布：アルゼンチン, ボリビア, パラグアイ, 及びブラジルのチャコ地帯。

グラン・ガスコン・サントンジョワ
〈*Grand Gascon-Saintongeois*〉犬の一品種。体高63〜71cm。原産：フランス。

グラン・グリフォン・バンデーン
〈*Grand Griffon Vendéen*〉犬の一品種。体高60〜66cm。原産：フランス。

グランドオリゴソーマトカゲ
〈*Oligosoma grande*〉爬虫綱トカゲ目（トカゲ亜目）トカゲ科のトカゲ。頭胴長最大10.3cm。分布：ニュージーランド南島のオタゴ州。絶滅危惧II類。

グラントガゼル
〈*Gazella granti*〉哺乳綱偶蹄目ウシ科の動物。体長140〜166cm。分布：タンザニア, ケニア, エチオピアの一部, ソマリア, スーダン。

グラントシマウマ
〈*Equus burchelli bohmi*〉哺乳綱奇蹄目ウマ科の動物。105〜135cm。分布：モザンビークの北部から, タンザニア, ケニア。

グランドペンギン
キンメペンギンの別名。

グラントモリジャコウネズミ
〈*Sylvisorex granti*〉哺乳綱食虫目トガリネズミ科の動物。分布：アフリカ。

グランパス
シャチの別名。

グランパス
ハナゴンドウの別名。

クランバー・スパニエル
〈*Clumber Spaniel*〉哺乳綱食肉目イヌ科の動物。体高48〜51cm。分布：イギリス。

グラン・バセー・グリフォン・バンデーン
〈*Grand Basset Griffon Vendéen*〉犬の一品種。体高38〜42cm。原産：フランス。

クラン・フォレスト
〈*Clun Forest*〉羊の一品種。原産：イングランド。

グラン・ブルー・ド・ガスコーニュ
〈*Grand Bleu de Gascogne*〉犬の一品種。体高64〜71cm。原産：フランス。

クリ
〈*Kuri*〉牛の一品種。原産：アフリカ大陸。

クリイタダキアメリカムシクイ
〈*Myioborus miniatus*〉鳥綱スズメ目アメリカムシクイ科の鳥。全長13cm。分布：メキシコからペルー北西部・ブラジル北西部。

クリイロオオコウモリ
〈*Pteropus speciosus*〉哺乳綱翼手目オオコウモリ科の動物。前腕長12〜15cm。分布：フィリピン, インドネシアのタラウド諸島。絶滅危惧II類。

クリイロカマドドリ
〈*Asthenes steinbachi*〉鳥綱スズメ目カマドドリ科の鳥。全長16cm。分布：アルゼンチン北西部。絶滅危惧II類。

クリイロキノボリカンガルー
〈*Dendrolagus spadix*〉哺乳綱有袋目カンガルー科の動物。

クリイロクイナモドキ
〈*Mesitornis unicolor*〉鳥綱ツル目クイナモドキ科の鳥。別名クイナモドキ・チャイロクイナモドキ。体長30cm。分布：マダガスカル東部。絶滅危惧II類。

クリイロジネズミオポッサム

クリイロハ

ク

クリイロオポッサム
〈*Monodelphis rubida*〉オポッサム目オポッサム科。頭胴長13～14cm。分布：ブラジル南東部。絶滅危惧II類。

クリイロバンケンモドキ　栗色蕃鵑擬
〈*Rhinortha chlorophaea*〉鳥綱ホトトギス目ホトトギス科の鳥。別名ハイガシラキジカッコウ。全長33cm。分布：マレー半島，スマトラ島，ボルネオ島。

クリイロヒメカッコウ
〈*Penthoceryx sonneratii*〉鳥綱ホトトギス目ホトトギス科の鳥。全長23cm。分布：インドから東南アジア。

クリイロヒメキツツキ
〈*Picumnus cinnamomeus*〉鳥綱キツツキ目キツツキ科の鳥。全長8cm。分布：コロンビア，ベネズエラ。

クリイロリーフモンキー
〈*Presbytis rubicunda*〉オナガザル科プレスビティス属。頭胴長45～55cm。分布：カリマタ島，サラワク中央部，ボルネオ北西部。

クリオアリドリ　栗尾蟻鳥
〈*Myrmeciza hemimelaena*〉アリドリ科。体長12cm。分布：アマゾン川流域（ほとんど川より南）。

クリオオニハタオリ
〈*Histurgops ruficauda*〉鳥綱スズメ目ハタオリドリ科の鳥。全長22cm。分布：タンザニア北部。

クリオジョ
ミルキング・クリオロの別名。

クリオーロ
〈*Criollo*〉哺乳綱偶蹄目ウシ科の動物。体高オス120～150cm，メス110～150cm。原産：アルゼンチン。

クリガオムシクイ
〈*Scepmycter winifredae*〉スズメ目ヒタキ科（ウグイス亜科）。全長15cm。分布：タンザニア東部。絶滅危惧II類。

クリガシラコビトサザイ
〈*Oligura castaneocoronata*〉鳥綱スズメ目ヒタキ科ウグイス亜科の鳥。全長10cm。分布：ヒマラヤ・中国南西部・東南アジア。

クリガシラジツグミ
〈*Zoothera interpres*〉鳥綱スズメ目ヒタキ科ツグミ亜科の鳥。体長16cm。分布：マレーシア，タイの一部，インドネシア，フィリピン。

クリガシラシマクイナ
〈*Sarothrura lugens*〉鳥綱クイナ科の鳥。体長15cm。分布：アフリカの熱帯域。赤道付近からジンバブウェ北部まで。

クリガシラハタオリ
〈*Ploceus batesi*〉鳥綱スズメ目ハタオリドリ科の鳥。全長14cm。分布：カメルーン西部。絶滅危惧II類。

クリガシラフウキンチョウ
〈*Pyrrhocoma ruficeps*〉鳥綱スズメ目ホオジロ科の鳥。全長12.5cm。分布：ブラジル南東部からアルゼンチン北東部。

クリークネズミ
〈*Pelomys isseli*〉齧歯目ネズミ科（ネズミ亜科）。頭胴長10～15cm。分布：ウガンダのヴィクトリア湖の中の三つの島。絶滅危惧II類。

クリーザードロガメ
〈*Kinosternon creaseri*〉爬虫綱カメ目ドロガメ科のカメ。最大甲長12.1cm。分布：メキシコ（ユカタン半島）。

クリシュナ・バレー
〈*Krishna Valley*〉牛の一品種。

クリスクロス・ドルフィン
マイルカの別名。

クリスティーガエル
〈*Rana christyi*〉両生綱無尾目アカガエル科のカエル。

クリストバルミツスイ
〈*Meliarchus sclateri*〉鳥綱スズメ目ミツスイ科の鳥。全長25～28cm。分布：サンクリストバル島。

グリスボック
〈*Raphicerus melanotis*〉偶蹄目ウシ科の哺乳類。分布：ケープ南部。

クリスマスヒメヤモリ
〈*Lepidodactylus listeri*〉爬虫綱トカゲ目（トカゲ亜目）ヤモリ科の動物。頭胴長5cm。分布：オーストラリア領クリスマス島。絶滅危惧II類。

クリスマスミカドバト
〈*Ducula whartoni*〉鳥綱ハト目ハト科の鳥。全長42～45cm。分布：オーストラリア領クリスマス島。絶滅危惧II類。

クリスマスメクラヘビ

〈*Ramphotyphlops exocoeti*〉爬虫綱トカゲ目（ヘビ亜目）メクラヘビ科のヘビ。頭胴長30〜32cm。分布：オーストラリア領クリスマス島。絶滅危惧II類。

グリズリー
ヒグマの別名。

クリセアリドリ　栗背蟻鳥
〈*Myrmeciza exsul*〉鳥綱スズメ目アリドリ科の鳥。体長13cm。分布：ホンジュラスからエクアドル西部。

クリセタイヨウチョウ
〈*Nectarinia zeylonica*〉タイヨウチョウ科。体長10cm。分布：インド半島部, バングラデシュ, スリランカ。

グリソン
〈*Galictis vittata*〉哺乳綱食肉目イタチ科の動物。体長47〜55cm。分布：メキシコ南部, 中央および南アメリカ。

グリソン
〈*grison*〉哺乳綱食肉目イタチ科グリソン属に含まれる動物の総称。

グリソンモドキ
〈*Lyncodon patagonicus*〉哺乳綱食肉目イタチ科の動物。体長30〜35cm。分布：アルゼンチンとチリのパンパス。

クリチャミヤマテッケイ
〈*Arborophila charltonii*〉鳥綱キジ目キジ科の鳥。全長26〜32cm。分布：タイ南部, ミャンマー, マレー半島, マレーシアのカリマンタン（ボルネオ）島北部, インドネシアのスマトラ島北部。絶滅危惧II類。

クリップスプリンガー
〈*Oreotragus oreotragus*〉偶蹄目ウシ科の哺乳類。体長0.8〜1.2m。分布：アフリカ東部, 中部, 南部。

クリバネテリムク
〈*Onychognathus fulgidus*〉鳥綱スズメ目ムクドリ科の鳥。翼長15cm。分布：ギニア, ナイジェリア, コンゴ, ウガンダ, アンゴラ。

クリハラエメラルドハチドリ
〈*Amazilia castaneiventris*〉鳥綱アマツバメ目ハチドリ科の鳥。全長9cm。分布：コロンビア。絶滅危惧IB類。

クリハラカザリドリ
〈*Doliornis remseni*〉鳥綱スズメ目カザリドリ科の鳥。全長20cm。分布：コロンビア, エクアドル, ペルー。絶滅危惧II類。

クリハラクロキンパラ　栗腹黒金腹
〈*Nigrita bicolor*〉鳥綱スズメ目カエデチョウ科の鳥。全長11cm。分布：アフリカ。

クリハラショウビン
〈*Todirhamphus farquhari*〉鳥綱ブッポウソウ目カワセミ科の鳥。全長21cm。分布：バヌアツのエスピリトゥ・サント島, マロ島, マラクラ島。絶滅危惧種。

クリハラフウキンチョウ
〈*Delothraupis castaneoventris*〉鳥綱スズメ目ホオジロ科の鳥。全長16.5cm。分布：ペルー, ボリビア。

クリビタイヒメムシクイ
〈*Eremomela turneri*〉スズメ目ヒタキ科（ウグイス亜科）。別名チャビタイヒメムシクイ。全長11cm。分布：ケニア西部, コンゴ民主共和国中西部, ウガンダ南西部。絶滅危惧II類。

グリフォン・ア・ポワル・レノー
犬の一品種。

グリフォン・ダレー・ア・ポワル・デュール
ワイアーヘアド・ポインティング・グリフォンの別名。

グリフォン・ニヴェルネ
〈*Griffon Nivernais*〉犬の一品種。体高53〜62cm。原産：フランス。

グリフォン・フォーヴ・ド・ブルターニュ
〈*Griffon Fauve de Bretagne*〉犬の一品種。体高51〜56cm。原産：フランス。

グリフォン・ブリュッセル
ブリュッセル・グリフォンの別名。

グリフォン・ブリュッセロイズ
ブリュッセル・グリフォンの別名。

グリフォン・ブリュッセロワ
ブラッセル・グリフォンの別名。

クリーブランド・ベイ
〈*Cleveland Bay*〉哺乳綱奇蹄目ウマ科の動物。別名チャップマン・ホース。体高154〜163cm。原産：イギリス。

クリボウシオオガシラ　栗帽子大頭
〈*Bucco macrodactylus*〉鳥綱キツツキ目オオガシラ科の鳥。体長14cm。分布：コロンビア, ベネズエラからボリビア, ブラジル西部にまで分布する。

クリホウシ

クリボウシオーストラリアマルハシ
〈*Pomatostomus ruficeps*〉鳥綱スズメ目ヒタキ科の鳥。体長22cm。分布：オーストラリア南東部の内陸。

クリボウシチメドリ
〈*Alcippe castaneceps*〉チメドリ科。体長10cm。分布：ヒマラヤ地方，東南アジア。

クリボウシヤブシトド
〈*Atlapetes brunneinucha*〉鳥綱スズメ目ホオジロ科の鳥。全長19cm。分布：コロンビア，エクアドル西部。

クリミチメドリ
〈*Yuhina castaniceps*〉鳥綱スズメ目ヒタキ科チメドリ亜科の鳥。体長13cm。分布：ヒマラヤ山脈東部や中国南部からベトナム北部にかけて分布する。

クリムネウタミソサザイ　栗胸歌鷦鷯
〈*Cyphorhinus thoracicus*〉鳥綱スズメ目ミソサザイ科の鳥。別名チャムネウタミソサザイ。全長14〜15cm。分布：コロンビア南部・エクアドル・ペルー。

クリムネサケイ
〈*Pterocles namaqua*〉体長28cm。分布：アフリカ南部。

クリムネリスカッコウ
〈*Hyetornis rufigularis*〉カッコウ目カッコウ科。全長41cm。分布：ハイチ，ドミニカ共和国。絶滅危惧II類。

クリメコバシハエトリ　栗目小嘴蠅取
〈*Leptotriccus sylviolus*〉鳥綱スズメ目タイランチョウ科の鳥。全長11cm。分布：ブラジル南東部・パラグアイ南東部・アルゼンチン北東部。

クリル・アイランド・ボブテイル
〈*Kurile Island Bobtail*〉猫の一品種。

グリーンアノール
〈*Anolis carolinensis*〉爬虫綱有鱗目トカゲ亜目イグアナ科の動物。体長12〜20cm。分布：アメリカ合衆国南東部，西インド諸島。国内では小笠原諸島に移入され，父島・母島で定着，那覇市内の限られた地域で繁殖集団が確認された。絶滅危惧。

グリーンイグアナ
〈*Iguana iguana*〉爬虫綱有鱗目トカゲ亜目イグアナ科の動物。全長60〜130cm。分布：メキシコ〜パラグアイ，西インド諸島。

グリーンウッドジネズミ
〈*Crocidura greenwoodi*〉哺乳綱食虫目トガリネズミ科の動物。分布：ソマリア南部。絶滅危惧II類。

グリーンサラマンダー
〈*Aneides aeneus*〉両生綱有尾目ムハイサラマンダー科の動物。

グリーンツリーバイパー
〈*Atheris squamiger*〉有鱗目クサリヘビ科。

グリーンパイソン
〈*Chondropython viridis*〉爬虫綱有鱗目ヘビ亜目ボア科のヘビ。全長160〜180cm。分布：ニューギニア，アルー諸島，オーストラリアのケープヨーク半島北東部。

グリーンバシリスク
〈*Basiliscus plumifrons*〉爬虫綱有鱗目トカゲ亜目イグアナ科の動物。全長60〜70cm。分布：ホンデュラス，ニカラグア，コスタリカ，パナマ。

グリーンマンバ
ヒガシアフリカグリーンマンバの別名。

グリーンランド・ドッグ
エスキモー・ドッグの別名。

グリーンランド・ホエール
ホッキョククジラの別名。

グリーンランド・ライト・ホエール
ホッキョククジラの別名。

クールガエル
〈*Rana kuhli*[*Limnonectes kuhli*]〉両生綱無尾目アカガエル科のカエル。体長30〜95mm。分布：インドのアッサム州，雲南省以東の中国南部，台湾，インドシナ半島，マレー半島，スラウェシ以西のインドネシア。

クルディ
〈*Kurdi*〉牛の一品種。

クールトビヤモリ
パラシュートヤモリの別名。

グルピオマキザル
〈*Cebus kaapori*〉哺乳綱霊長目オマキザル科の動物。頭胴長33〜45cm。分布：ブラジル北東部のグルビー川流域。絶滅危惧II類。

クルペオギツネ
〈*Dusicyon culpaeus*〉哺乳綱食肉目イヌ科の動物。体長60〜120cm。分布：南アメリカ西部。

クルマサカインコ
　クルマサカオウムの別名。

クルマサカオウム　車冠鸚鵡
　〈Cacatua leadbeateri〉鳥綱オウム目オウム科の鳥。別名クルマサカインコ。全長35cm。分布：オーストラリア。

グレイオオトカゲ
　〈Varanus grayi〉爬虫綱トカゲ目（トカゲ亜目）オオトカゲ科のトカゲ。頭胴長50〜70cm。分布：フィリピンのカタンドゥアネス島。絶滅危惧Ⅱ類。

グレイ・グランパス
　ハナゴンドウの別名。

グレイズ・ドルフィン
　スジイルカの別名。

グレイ・ドルフィン
　ハナゴンドウの別名。

グレイハウンド
　〈Canis familiaris〉哺乳綱食肉目イヌ科の動物。

グレイミズトカゲ
　〈Tropidophorus grayi〉スキンク科。全長20〜24cm。分布：アジア。

グレイリスザル
　〈Saimiri vanzolinii〉哺乳綱霊長目オマキザル科の動物。頭胴長23〜32cm。分布：ブラジル北西部のアマゾン川とジャプラー川の合流地帯。絶滅危惧Ⅱ類。

グレーキングヘビ
　〈Lampropeltis mexicana〉爬虫綱有鱗目ヘビ亜目ナミヘビ科のヘビ。全長60〜90cm。分布：メキシコ中央部の山地に断続的に。

クレコドリ　久連子鶏
　〈"Kureko" Fowl〉ニワトリの一品種。原産：熊本県。

グレーダイカー
　サバンナダイカーの別名。

グレータークーズー
　クーズーの別名。

グレーターサイレン
　〈Siren lacertina〉両生綱有尾目サイレン科の動物。体長500〜978mm。分布：合衆国ワシントンD.C.から南へアラバマ州、フロリダ半島にかけての沿岸地域。

グレーター・スイス・マウンテン・ドッグ
　犬の一品種。

クレタトゲマウス
　〈Acomys minous〉齧歯目ネズミ科（ネズミ亜科）。体長9〜12cm。分布：ヨーロッパ（クレタ島）。絶滅危惧Ⅱ類。

クレタヤマジネズミ
　〈Crocidura zimmermanni〉哺乳綱食虫目トガリネズミ科の動物。頭胴長6.6〜7.8cm。分布：ギリシアのクレタ島のイダ山脈の高地だけから知られる。絶滅危惧Ⅱ類。

グレートキラーホエール
　シャチの別名。

グレート・ジャパニーズ・ドッグ
　犬の一品種。

グレート・スイス・マウンテンドッグ
　〈Great Swiss Mountain Dog〉犬の一品種。体高60〜72cm。原産：スイス。

グレート・スパーム・ホエール
　マッコウクジラの別名。

グレート・デーン
　〈Great Dane〉哺乳綱食肉目イヌ科の動物。別名ドイチェ・ドッゲ、ジャーマン・マスチフ。体高76〜81cm。分布：ドイツ。

グレート・ノーザン・ロークエル
　シロナガスクジラの別名。

グレート・ピレネーズ
　〈Great Pyrenees〉犬の一品種。別名ピレニアン・マウンテン・ドッグ。体高65〜81cm。原産：フランス。

グレートベーズンスキアシガエル
　〈Scaphiopus intermontanus〉両生綱無尾目スキアシガエル科のカエル。

グレートポーラー・ホエール
　ホッキョククジラの別名。

クレナイミツスイ　紅蜜吸
　〈Myzomela sanguinolenta〉鳥綱スズメ目ミツスイ科の鳥。全長10〜11cm。分布：オーストラリア東部・スラウェシ島, ニューカレドニア島。

グレナダバト
　〈Leptotila wellsi〉鳥綱ハト目ハト科の鳥。全長30cm。分布：グレナダ島。絶滅危惧ⅠA類。

グレナンダール

〈*Groenendael*〉哺乳綱食肉目イヌ科の動物。

グレーハウンド
〈*Greyhound*〉哺乳綱食肉目イヌ科の動物。体高69～76cm。分布：イギリス。

クレバーコメネズミ
〈*Oecomys cleberi*〉齧歯目ネズミ科（アメリカネズミ亜科）。頭胴長9.5cm程度。分布：ブラジル南東部。絶滅危惧IB類。

グレビーシマウマ
〈*Equus grevyi*〉哺乳綱奇蹄目ウマ科の動物。別名ホソシマウマ。体長2.5～3m。分布：東アフリカ。絶滅危惧IB類。

クレフトマゲクビガメ
〈*Emydura kreffti*〉爬虫綱カメ目ヘビクビガメ科のカメ。最大甲長25.6cm。分布：オーストラリア（クィーンズランド州東部から北部の太平洋およびアラフラ海に注ぐ河川の水系）。

グレン・オブ・イマール・テリア
〈*Glen of Imaal Terrier*〉哺乳綱食肉目イヌ科の動物。体高36cm。分布：アイルランド。

グレーンランズフンド
エスキモー・ドッグの別名。

クロアイサ
〈*Mergus octosetaceus*〉鳥綱カモ目カモ科の鳥。全長58cm。分布：ブラジル南部，パラグアイ南部，アルゼンチン北東部のパラナ川の上・中流域。絶滅危惧IA類。

クロアカイカル
〈*Rhodothraupis celaeno*〉鳥綱スズメ目ホオジロ科の鳥。全長19cm。分布：メキシコ。

クロアカウソ
〈*Loxigilla violacea*〉鳥綱スズメ目ホオジロ科の鳥。全長15～17.5cm。分布：バハマ諸島，ヒスパニョラ島，ジャマイカ島。

クロアカオタテドリ
〈*Pteroptochos tarnii*〉オタテドリ科。体長24cm。分布：チリ南部，そこに隣接するアルゼンチンの一部。

クロアカコウモリ　黒赤蝙蝠
〈*Myotis formosus*〉哺乳綱翼手目ヒナコウモリ科の動物。前腕長4.5～5.0cm。分布：アフガニスタン東部から朝鮮，台湾，フィリピン。国内では対馬。

クロアカハネジネズミ
〈*Rhynchocyon petersi*〉ハネジネズミ目ハネジネズミ科。頭胴長26cm。分布：マフィア諸島，ザンジバル島を含むタンザニア東部，ケニア南東部。絶滅危惧IB類。

クロアカヒメウソ
〈*Sporophila nigrorufa*〉スズメ目ホオジロ科（ホオジロ亜科）。全長10cm。分布：ボリビア東部，ブラジル西部。絶滅危惧IB類。

クロアカヒロハシ
アカヒロハシの別名。

クロアカマユシトド
〈*Poospiza nigrorufa*〉鳥綱スズメ目ホオジロ科の鳥。体長15cm。分布：ブラジル南東部，パラグアイ東部，ウルグアイ，そしてアルゼンチン北東部のラ・プラタ川流域。

クロアゴアリドリ　黒頸蟻鳥
〈*Hypocnemoides melanopogon*〉鳥綱スズメ目アリドリ科の鳥。全長11cm。分布：ガイアナ・ベネズエラ東部・南部・コロンビア東部・ペルー北西部。

クロアゴカササギビタキ
〈*Monarcha boanensis*〉スズメ目ヒタキ科（カササギビタキ亜科）。全長16cm。分布：インドネシアのボアナ島。絶滅危惧IB類。

クロアゴハタオリ
〈*Ploceus nigrimentum*〉鳥綱スズメ目ハタオリドリ科の鳥。全長17cm。分布：アンゴラ西部，コンゴ共和国，ガボン東部。絶滅危惧II類。

クロアゴヒメアオバト
ノドグロヒメアオバトの別名。

クロアゴヒメゴシキドリ
〈*Pogoniulus makawai*〉鳥綱キツツキ目ゴシキドリ科の鳥。全長11cm。分布：ザンビア北西部。絶滅危惧II類。

クロアシアカノドシャコ　黒足赤喉鷓鴣
〈*Francolinus swainsonii*〉鳥綱キジ目キジ科の鳥。全長34～39cm。分布：南アフリカ。

クロアシアホウドリ　黒脚阿房鳥，黒脚信天翁，黒足阿呆鳥，黒足信天翁
〈*Diomedea nigripes*〉鳥綱ミズナギドリ目アホウドリ科の鳥。全長70cm。分布：ハワイ諸島，マーシャル諸島。国内では小笠原諸島，鳥島。絶滅危惧II類。

クロアシイタチ　黒足鼬
〈*Mustela nigripes*〉哺乳綱食肉目イタチ科の動物。体長38～41cm。分布：合衆国中部に再移入された。絶滅危惧種。

クロアシウッドラット
〈*Neotoma fuscipes*〉齧歯目ネズミ科(アメリカネズミ亜科)。頭胴長18〜23cm。分布：アメリカ合衆国北西部からメキシコ西部にかけて。絶滅危惧II類。

クロアシカ
カリフォルニアアシカの別名。

クロアシカコミスル
カコミスルの別名。

クロアジサシ 黒鯵刺
〈*Anous stolidus*〉アジサシ科。体長40〜45cm。分布：赤道付近。国内では4〜10月に小笠原諸島,硫黄列島,八重山列島で繁殖。

クロアシサンケイ
クロウチワキジの別名。

クロアシドゥクモンキー
〈*Pygathrix nigripes*〉オナガザル科テングザル属。頭胴長55〜72cm。分布：ベトナム南部,ラオス南部,カンボジア東部。

クロアシネコ
〈*Felis nigripes*〉足の底が黒い小型の食肉目ネコ科の哺乳類。体長34〜50cm。分布：アフリカ南部。

クロアシノガンモドキ
ハイイロノガンモドキの別名。

クロアシマングース
〈*Bdeogale nigripes*〉哺乳綱食肉目ジャコウネコ科の動物。体長60cm。分布：ナイジェリアからアンゴラ北部,ケニア中央部,ウガンダ南東部。

クロアタマウアカリ
クロウアカリの別名。

クロアチアン・シープドッグ
〈*Croatian Sheepdog*〉犬の一品種。

クロアナグマ
クズリの別名。

クロアミメ
〈*Lonchura punctulata punctulata*〉鳥綱スズメ目カエデチョウ科の鳥。

クロイカル
ノドジロクロイカルの別名。

クロイソカマドドリ
〈*Cinclodes antarcticus*〉鳥綱スズメ目カマドドリ科の鳥。体長20cm。分布：フォークランド諸島,テイエラ・デル・フエゴ島南部とその沖合の島々。

クロイワトカゲモドキ 黒岩蜥蜴擬,黒岩蜴蜴擬
〈*Eublepharis kuroiwae kuroiwae*〉爬虫綱有鱗目トカゲ亜目ヤモリ科の動物。全長14〜16cm。分布：沖縄諸島および奄美諸島の徳之島。絶滅危惧II類。

クロインカハチドリ
〈*Coeligena prunellei*〉鳥綱アマツバメ目ハチドリ科の鳥。全長13〜15cm。分布：コロンビア。絶滅危惧II類。

クロインコ 黒鸚哥
〈*Coracopsis vasa*〉鳥綱インコ目インコ科の鳥。別名ウスズミインコ。体長50cm。分布：マダガスカル,コモロ諸島。

クロウアカリ
〈*Cacajao melanocephalus*〉オマキザル科ウアカリ属。別名クロアタマウアカリ。分布：南アメリカ。絶滅危惧種。

クロウタドリ 黒歌鳥
〈*Turdus merula*〉鳥綱スズメ目ツグミ科の鳥。体長24〜25cm。分布：北西アフリカ,ヨーロッパから東はインド,中国南部で繁殖。北方および東方のものの一部はエジプト,南西アジア,東南アジアで越冬。オーストラリア,ニュージーランドには移入。

クロウチワキジ
〈*Lophura inornata*〉鳥綱キジ目キジ科の鳥。別名クロアシサンケイ。全長50cm。分布：インドネシアのスマトラ島。絶滅危惧II類。

クロウミガメ 黒海亀
〈*Chelonia agassizi*〉爬虫綱カメ目ウミガメ科のカメ。最大甲長107cm。分布：太平洋の南北アメリカ大陸沿岸,ガラパゴス諸島。日本ではごくまれに見られる。

クロウミツバメ 黒海燕
〈*Oceanodroma matsudairae*〉鳥綱ミズナギドリ目ウミツバメ科の鳥。全長25cm。分布：北硫黄島。

クロエボシシトド
〈*Lophospingus pusillus*〉鳥綱スズメ目ホオジロ科の鳥。全長13cm。分布：ボリビア,パラグアイ,アルゼンチン。

クロエリイロムシクイ
ムナオビイロムシクイの別名。

クロエリオウゴンチョウ

クロエリコ

〈*Euplectes taha*〉鳥綱スズメ目ハタオリドリ科の鳥。

クロエリコウテンシ 黒襟告天子
〈*Melanocorypha calandra*〉鳥綱スズメ目ヒバリ科の鳥。全長19cm。分布：ヨーロッパ南部・アフリカ北部・イラン・アフガニスタン・ヨルダン・トルコ。

クロエリサケビドリ 黒襟叫鳥
〈*Chauna chavaria*〉鳥綱ガンカモ目サケビドリ科の鳥。全長68.5～73.5cm。分布：コロンビア北部，ベネズエラ北西部。

クロエリショウノガン 黒襟小鴇
〈*Afrotis afra*〉鳥綱ツル目ノガン科の鳥。別名クロエリノガン。体長53cm。分布：アフリカ南部。

クロエリセイタカシギ
〈*Himantopus mexicanus*〉鳥綱セイタカシギ科の鳥。体長35cm。分布：合衆国とカナダの国境からブラジル南部までで繁殖。北部の個体群は南へ渡りをする。

クロエリノガン
クロエリショウノガンの別名。

クロエリハクチョウ 黒襟白鳥
〈*Cygnus melanocoryphus*〉鳥綱カモ目カモ科の鳥。全長120cm。

クロエリヒタキ
〈*Hypothymis azurea*〉カササギビタキ科。体長16cm。分布：インドネシア，フィリピン，中国，インド。

クロエリヒヨドリ 黒襟鵯
〈*Neolestes torquatus*〉鳥綱スズメ目ヒヨドリ科の鳥。体長15cm。分布：ガボン，コンゴ，ザイール，アンゴラ。

クロオウチュウ 黒烏秋
〈*Dicrurus adsimilis*〉鳥綱スズメ目オウチュウ科の鳥。全長23～26cm。分布：サハラ以南のアフリカ。

クロオアブラコウモリ
〈*Pipistrellus savii velox*〉哺乳綱コウモリ目ヒナコウモリ科の動物。

クロオオハシモズ
クロマダガスカルモズの別名。

クロオガラガラ
〈*Crotalus molossus*〉爬虫綱有鱗目マムシ科のヘビ。

クロオタテドリ
〈*Scytalopus unicolor*〉オタテドリ科。体長13cm。分布：ボリビア北部までのアンデス山脈。

クロオナガ 黒尾長
〈*Crypsirina temia*〉鳥綱スズメ目カラス科の鳥。全長33cm。分布：ビルマ南部・タイ・ベトナム。

クロオナガテンレック
〈*Microgale pulla*〉哺乳綱食虫目テンレック科の動物。絶滅危惧II類。

クロオニタイヨウチョウ
〈*Nectarinia thomensis*〉タイヨウチョウ科。体長23cm。分布：サントメ島（アフリカ西部）。絶滅危惧II類。

クロオビオオヤブモズ
〈*Malaconotus cruentus*〉鳥綱スズメ目モズ科の鳥。体長25cm。分布：アフリカ西部および南部。

クロオビツバメ 黒帯燕
〈*Atticora melanoleuca*〉鳥綱スズメ目ツバメ科の鳥。全長14cm。分布：南アメリカ。

クロオビトウヒチョウ
〈*Pipilo ocai*〉鳥綱スズメ目ホオジロ科の鳥。全長20.5cm。分布：メキシコ。

クロオビヒメアオバト
〈*Ptilinopus superbus*〉鳥綱ハト目ハト科の鳥。体長22cm。分布：スラウェシ島からニューギニアを経てソロモン諸島，オーストラリア北東部・東部にかけて分布する。

クロオビミツスイ 黒帯蜜吸
〈*Cissomela pectoralis*〉鳥綱スズメ目ミツスイ科の鳥。体長14cm。分布：オーストラリア北部。

クロオファスコガーレ
〈*Phascogale tapoatafa*〉有袋目フクロネコ科。

クロオマーモセット
シルバーマーモセットの別名。

クロカイマン
〈*Melanosuchus niger*〉爬虫綱ワニ目アリゲーター科のワニ。全長5m。分布：オリノコ川，アマゾン河流域。絶滅危惧IB類。

クロガオアオハシキンパラ
アオハシキンパラの別名。

クロガオウーリークモザル

カルボエーロの別名。

クロガオコウギョクチョウ
〈*Estrilda vinacea*〉鳥綱スズメ目カエデチョウ科の鳥。

クロガオミツスイ
〈*Monarina melanocephala*〉鳥綱スズメ目ミツスイ科の鳥。体長25～29cm。分布：オーストラリア東部, タスマニア島。

クロガオライオンタマリン
〈*Leontopithecus caissara*〉哺乳綱霊長目キヌザル科の動物。頭胴長20～30cm。分布：ブラジル南東部の大西洋上に浮かぶスペラギ島とその対岸。絶滅危惧IA類。

クロガケス 黒橿鳥
〈*Platysmurus leucopterus*〉スズメ目カラス科。全長40cm。分布：マレー半島。

クロガシラ 黒頭
〈*Pycnonotus taivanus*〉鳥綱スズメ目ヒヨドリ科の鳥。全長19cm。分布：台湾。

クロガシラウアカリ
クロウアカリの別名。

クロガシラウミヘビ 黒頭海蛇
〈*Hydrophis melanocephalus*〉爬虫綱有鱗目ヘビ亜目コブラ科のヘビ。全長80～140cm。分布：南西諸島, 台湾, 中国, フィリピン, 本州の近海に来ることもある。

クロガシラオグロムシクイ
〈*Geothlypis speciosa*〉鳥綱スズメ目アメリカムシクイ科の鳥。全長13cm。分布：メキシコ中部。絶滅危惧II類。

クロカシワ 黒柏
〈*Gallus gallus var. domesticus*〉鳥綱キジ目キジ科の鳥。分布：島根, 山口県。天然記念物。

クロガタインコ
〈*Hapalopsittaca melanotis*〉鳥綱オウム目インコ科の鳥。全長24cm。分布：ペルー中部, ボリビア中西部。

クロカッコウ 黒郭公
〈*Cuculus clamosus*〉鳥綱ホトトギス目ホトトギス科の鳥。全長30cm。分布：サハラ以南のアフリカ。

クロカマハシフウチョウ
〈*Drepanornis albertisi*〉鳥綱スズメ目フウチョウ科の鳥。全長36cm。分布：ニューギニア。

クロカマバネシャクケイ
クロシャクケイの別名。

クロガミインコ 黒髪鸚哥
〈*Nandayus nenday*〉鳥綱オウム目インコ科の鳥。別名ズグロメキシコインコ。全長30cm。分布：ボリビア南東部・ブラジル・パラグアイ・アルゼンチン北部。

クロガミスペイドリ
ズグロメジロモドキの別名。

クロガモ 黒鴨
〈*Melanitta nigra*〉カモ科。体長44～54cm。分布：ユーラシア, 北アメリカの極北部と温帯北部。冬は南に渡る。国内では本州以北。

クロガモ
カルガモの別名。

クロカンガルー
〈*Macropus fuliginosus*〉哺乳綱有袋目カンガルー科の動物。体長0.9～1.4m。分布：オーストラリア南部。

クロカンガルーネズミ
〈*Dipodomys agilis*〉哺乳綱齧歯目ポケットマウス科の動物。

クロカンムリコゲラ
〈*Hemicircus canente*〉鳥綱キツツキ目キツツキ科の鳥。全長15cm。分布：インド, バングラデシュ, ビルマ, タイ, カンボジア, ベトナム。

クロカンムリリーフモンキー
〈*Presbytis melalophos*〉オナガザル科プレスビティス属。頭胴長42～57cm。分布：スマトラ南西部。

クロギツネ 黒狐
〈*black fox*〉哺乳綱食肉目イヌ科に属するキツネの一色相。

クロキツネザル
〈*Lemur macaco*〉哺乳綱霊長目キツネザル科の動物。体長30～45cm。分布：マダガスカル北部。絶滅危惧II類。

クロキノボリカンガルー
〈*Dendrolagus ursinus*〉哺乳綱有袋目カンガルー科の動物。

クロキハナドリ
オレンジハナドリの別名。

クロキハラ

クロキバラフウキンチョウ
〈*Bangsia melanochlamys*〉鳥綱スズメ目ホオジロ科の鳥。全長16.5cm。分布：コロンビア。絶滅危惧IB類。

クロキモモシトド
〈*Pselliophorus tibialis*〉鳥綱スズメ目ホオジロ科の鳥。全長18cm。分布：コスタリカ，パナマ西部。

クロキョウジョシギ　黒京女鷸
〈*Arenaria melanocephala*〉鳥綱チドリ目シギ科の鳥。全長20cm。分布：アラスカ。

クロキョン
マエガミホエジカの別名。

クロキングヘビ
〈*Lampropeltis getula nigrita*〉爬虫綱有鱗目ヘビ亜目ナミヘビ科のヘビ。全長60〜90cm。分布：メキシコ北西部のソノラ州。

クロクビイランド
〈*Taurotragus derbianus derbianus*〉哺乳綱偶蹄目反芻亜目ウシ科ブッシュバック亜科イランド属。絶滅危惧種。

クロクビタマリン
〈*Saguinus nigricollis*〉哺乳綱霊長目マーモセット科の動物。分布：エクアドル，ペルー，ブラジル，コロンビア南部。

クロクビミズナギドリ
〈*Pterodroma incerta*〉鳥綱ミズナギドリ目ミズナギドリ科の鳥。別名ズキンミズナギドリ。全長44cm，翼開張104cm。分布：イギリス領トリスタン・ダ・クーニャ諸島，イギリス領ゴフ島。絶滅危惧II類。

クロクビワシャコ　黒首輪鷓鴣
〈*Francolinus swierstrai*〉鳥綱キジ目キジ科の鳥。翼長182〜187mm。分布：アンゴラ南西部。絶滅危惧II類。

クロクモインコ
〈*Poicephalus rueppellii*〉鳥綱インコ科の鳥。体長23cm。分布：アフリカ南西部。

クロクモザル　黒蜘蛛猿
〈*Ateles paniscus*〉オマキザル科クモザル属。体長40〜52cm。分布：南アメリカ西部。絶滅危惧種。

クロケアシノスリ
クロクモザルの別名。

クロゲワシュ　黒毛和種
哺乳綱偶蹄目ウシ科の動物。オス137cm，メス125cm。分布：中国，近畿地方。

クロコウウチョウ
〈*Molothrus aeneus*〉ムクドリモドキ科。体長17〜22cm。分布：合衆国南部からパナマ。

クロコウテンシ
〈*Melanocorypha yeltoniensis*〉鳥綱スズメ目ヒバリ科の鳥。体長19cm。分布：旧ソ連南部，中央アジア。

クロコサギ
〈*Egretta ardesiaca*〉鳥綱コウノトリ目サギ科の鳥。体長44〜47cm。分布：サハラ以南のアフリカ，マダガスカル。

クロコシジロウミツバメ　黒腰白海燕
〈*Oceanodroma castro*〉鳥綱ミズナギドリ目ウミツバメ科の鳥。全長20cm。分布：ハワイ・ガラパゴス・日本，マデイラ・アセンション諸島。国内では日出島，三貫島。

クロコダイル
〈*crocodile*〉爬虫綱ワニ目クロコダイル科に属するワニの総称。全長1.5〜7.5m。分布：アフリカ，マダガスカル，西アジア，インド亜大陸，オーストラリア，中央アメリカ，南アメリカ北部，西インド諸島，フロリダ半島南部。

クロコダイルテグー
〈*Crocodilurus lacertinus*〉テグー科。全長55〜70cm。分布：南アメリカ。

クロコビトクイナ
ヒメクロクイナの別名。

クロコブサイチョウ
〈*Ceratogymna atrata*〉鳥綱ブッポウソウ目サイチョウ科の鳥。全長91cm。分布：リベリア，中央アフリカ，ガボン，カメルーン，コンゴ。

クロコブチズガメ
〈*Graptemys nigrinoda*〉爬虫綱カメ目ヌマガメ科のカメ。最大甲長19.1cm。分布：米国（アラバマ，ミシシッピ）。

クロコロブス
サタニッククロコロブスの別名。

クロコンドル
〈*Coragyps atratus*〉鳥綱ワシタカ目コンドル科の鳥。全長55〜65cm。分布：アメリカ。

クロサイ　黒犀
〈*Diceros bicornis*〉哺乳綱奇蹄目サイ科の動物。体長2.9〜3.1m。分布：東アフリカおよ

びアフリカ南部。絶滅危惧IA類。

クロサイチョウ
〈*Anthracoceros malayanus*〉鳥綱ブッポウソウ目サイチョウ科の鳥。全長76cm。分布：マレーシア，ボルネオ島，タイ。

クロサギ　黒鷺
〈*Egretta sacra*〉鳥綱コウノトリ目サギ科の鳥。全長62.5cm。分布：日本，中国，南アジア沿岸，太平洋諸島，オーストラリア，ニュージーランド。国内では本州以南。

グローサー・シュヴァイツァー・ゼネンフント
グレーター・スイス・マウンテン・ドッグの別名。

クロサバクヒタキ
〈*Oenanthe leucura*〉鳥綱スズメ目ヒタキ科ツグミ亜科の鳥。全長18cm。分布：スペイン・，ルトガル，モロッコ，アルジェリア。

クロザル　黒猿
〈*Macaca nigra*〉哺乳綱霊長目オナガザル科の動物。体長52～57cm。分布：東南アジア（スラベシ北部）。絶滅危惧IB類。

クロサンショウウオ　黒山椒魚
〈*Hynobius nigrescens*〉両生綱有尾目サンショウウオ科の動物。全長130～150mm。分布：福井県以北の中部地方から北関東，東北地方にかけて。佐渡島にも分布。

クロサンショウクイ　黒山椒喰
〈*Campephaga phoenicea*〉鳥綱スズメ目サンショウクイ科の鳥。全長20cm。分布：ガンビアからザイール北部・ウガンダ・エチオピア南部。

クロジ　黒鵐
〈*Emberiza variabilis*〉鳥綱スズメ目ホオジロ科の鳥。全長17cm。分布：カムチャッカ半島，サハリン，日本。国内では本州中部以北の落葉広葉樹林，亜高山針葉樹林で繁殖するが，局地的.冬は本州以南の低山ですごす。

クロシチホウ
〈*Spemestes bicolor*〉鳥綱スズメ目カエデチョウ科の鳥。

クロシッポウ　黒七宝
〈*Lonchura bicolor*〉鳥綱スズメ目カエデチョウ科の鳥。全長9cm。分布：アフリカのサハラ以南。

クロシャクケイ　黒舎久鶏
〈*Chamaepetes unicolor*〉鳥綱キジ目ホウカンチョウ科の鳥。別名クロカマバネシャクケイ。全長67cm。分布：コスタリカ，パナマ西部。

クロシャコ
ムナグロシャコの別名。

クロジャコウネズミ
〈*Suncus ater*〉哺乳綱食虫目トガリネズミ科の動物。頭胴長7.5cm。分布：マレーシアのカリマンタン（ボルネオ）島サバ州のキナバル山だけから知られる。絶滅危惧IA類。

クロジャックウサギ
〈*Lepus insularis*〉哺乳綱ウサギ目ウサギ科の動物。分布：メキシコ。

クロショウジョウ
チンパンジーの別名。

クロジョウビタキ　黒常鶲
〈*Phoenicurus ochruros*〉鳥綱スズメ目ヒタキ科ツグミ亜科の鳥。体長15cm。分布：ヨーロッパの一部地域，アフリカ北部・東部，中東に分布する。一部の個体群は冬になると南へ渡る。

クロシロコロブス
キングコロブスの別名。

クロシロタマリン
フタイロタマリンの別名。

クロシロヒメハヤブサ
〈*Microhierax erythrogonys*〉鳥綱ワシタカ目ハヤブサ科の鳥。全長15～17cm。分布：フィリピン。

クロスイギュウ　黒水牛
〈*Black buffalo*〉牛の一品種。

クロスキハシコウ
〈*Anastomus lamelligerus*〉鳥綱コウノトリ目コウノトリ科の鳥。体長90cm。分布：サハラ以南のアフリカ，マダガスカル。

クロズキンアメリカムシクイ
〈*Wilsonia citrina*〉鳥綱スズメ目アメリカムシクイ科の鳥。体長13cm。分布：合衆国東部で繁殖し，中央アメリカ，コロンビア北部，ベネズエラ北部で越冬。

クロズキンガビチョウ
〈*Garrulax milleti*〉スズメ目ヒタキ科（チメドリ亜科）。全長29cm。分布：ベトナム南部。絶滅危惧II類。

クロズキンヤマシトド
〈*Phrygilus atriceps*〉鳥綱スズメ目ホオジロ

クロスシカ

科の鳥。全長15cm。分布：南アメリカ西部。

クロスジカエデチョウ
〈*Estrilda nigriloris*〉鳥綱スズメ目カエデチョウ科の鳥。全長10～11cm。分布：コンゴ民主共和国中南部。絶滅危惧II類。

クロスジゾウカダ
〈*Xenochrophis vittatus*〉爬虫綱有鱗目ヘビ亜目ナミヘビ科のヘビ。全長50～60cm。分布：スマトラ、バンカ、ジャワ、スラウェシ。シンガポールには帰化している。

クロスジマングース
〈*Herpestes vitticollis*〉哺乳綱食肉目ジャコウネコ科の動物。体長54cm。分布：インド南部、スリランカ。

グロススピッツ
〈*Grossspitz*〉哺乳綱食肉目イヌ科の動物。

グロスター（オールド）
〈*Gloucester (Old)*〉牛の一品種。

グロスター・オールド・スポット
〈*Glucester Old Spot*〉哺乳綱偶蹄目イノシシ科の動物。分布：イギリス。

クロスッポン
〈*Aspideretes nigricans*〉爬虫綱カメ目スッポン科のカメ。背甲長最大91cm。分布：バングラデシュのチッタゴン近郊。絶滅危惧IA類。

クロステナガザル
〈*Hylobates klossi*〉哺乳綱霊長目テナガザル科の動物。頭胴長45.7cm。分布：インドネシアのメンタワイ諸島。絶滅危惧II類。

クロスマトラカモシカ
〈*Capricornis sumatraensis sumatraensis*〉別名スマトラシーロー。

グロース・ミュンスターレンダー
ラージ・モンスターランダーの別名。

クロヅル 黒鶴
〈*Grus grus*〉鳥綱ツル目ツル科の鳥。体長110～120cm。分布：ユーラシア温帯域の北部。冬は北アフリカ、インド、東南アジアに渡る。

クロセイタカシギ 黒背高鴨
〈*Himantopus novaezelandiae*〉鳥綱チドリ目セイタカシギ科の鳥。全長38cm。分布：ニュージーランド。絶滅危惧IA類。

クロダイカー
〈*Cephalophus niger*〉ウシ科ダイカー属。体長80～90cm。分布：ギニアからナイジェリア。

クロッカーウミヘビ
〈*Laticauda crockeri*〉爬虫綱トカゲ目（ヘビ亜目）ウミヘビ科のヘビ。頭胴長45～80cm。分布：ソロモン諸島のレンネル島。絶滅危惧種。

クロツキタイランチョウ 黒月太蘭鳥
〈*Sayornis nigricans*〉鳥綱スズメ目タイランチョウ科の鳥。全長20cm。分布：アメリカ西部からベネズエラ、コロンビア、ペルー、ボリビア、アルゼンチン北西部。

クロツキヒメハエトリ
〈*Sayornis nigricans*〉鳥綱スズメ目タイランチョウ科の鳥。体長19cm。分布：合衆国南西部から、中央アメリカ、ボリビアやアルゼンチン北西部のアンデス山脈。

クロツグミ 黒鶫
〈*Turdus cardis*〉鳥綱スズメ目ヒタキ科ツグミ亜科の鳥。全長21cm。分布：日本、中国の安徽・湖北・貴州省。国内では九州から北海道の低地、山地の造林針葉樹林、落葉広葉樹林で繁殖。

グロッベンアレチネズミ
〈*Gerbillus grobbeni*〉齧歯目ネズミ科（アレチネズミ亜科）。頭胴長8～10cm。分布：リビア北東部。絶滅危惧IA類。

クロツラカマドドリ 黒面竈鳥
〈*Synallaxis tithys*〉鳥綱スズメ目カマドドリ科の鳥。別名カオグロカマドドリ。全長15cm。分布：エクアドル南部。絶滅危惧II類。

クロツラヘラサギ 黒面箆鷺
〈*Platalea minor*〉鳥綱コウノトリ目トキ科の鳥。全長73.5cm。分布：中国東北地区の一部、朝鮮半島西部の島。絶滅危惧IA類。

クロテクモザル
〈*Ateles geoffroyi*〉霊長目オマキザル科。

クロテナガザル 黒手手長猿
〈*Hylobates concolor*〉哺乳綱霊長目テナガザル科の動物。体長45～64cm。分布：東南アジア。絶滅危惧IA類。

クロテン 黒貂
〈*Martes zibellina*〉哺乳綱食肉目イタチ科の動物。体長32～46cm。分布：北アジア、東アジア。絶滅危惧IB類と推定。

クロトウゾクカモメ 黒盗賊鷗
〈*Stercorarius parasiticus*〉鳥綱チドリ目トウゾクカモメ科の鳥。全長43～51cm。分布：カ

ナダ,アラスカ,シベリア。

クロトキ 黒朱鷺
〈Threskiornis melanocephalus〉鳥綱コウノトリ目トキ科の鳥。体長65〜75cm。分布：サハラ以南のアフリカ,マダガスカル,イラク。

クロトゲコメネズミ
〈Scolomys melanops〉齧歯目ネズミ科（アメリカネズミ亜科）。頭胴長9cm。分布：エクアドル東部。絶滅危惧IB類。

クロトゲスッポン
〈Apalone ater〉爬虫綱カメ目スッポン科のカメ。背甲長最大25cm。分布：メキシコ北部。絶滅危惧IA類。

クロード・ランシャン
〈Croad Langshan〉ニワトリの一品種。

クロドルコプシス
〈Dorcopsis atrata〉二門歯目カンガルー科。頭胴長55cm。分布：パプアニューギニアのグッドイナフ島。絶滅危惧。

クロナキヤブモズ 黒鳴藪鵙
〈Laniarius fulleborni〉鳥綱スズメ目モズ科の鳥。全長19cm。分布：タンザニア中央部・ザンビア北部・マラウィ北部。

グロニンゲン（ウシ）
〈Groningen〉哺乳綱偶蹄目ウシ科の動物。メス132cm,オス145cm。原産：オランダ。

グロニンゲン（ウマ）
〈Groningen〉哺乳綱奇蹄目ウマ科の動物。体高157〜163cm。

クローニンヘビ
〈Echiopsis atriceps〉爬虫綱トカゲ目（ヘビ亜目）コブラ科の動物。頭胴長35〜48cm。分布：オーストラリア南西部。絶滅危惧種。

クロネコマネドリ 黒猫真似鳥
〈Melanoptila glabrirostris〉鳥綱スズメ目マネシツグミ科の鳥。全長22cm。分布：メキシコ南東部・グアテマラ北部・ベリーズ・ホンジュラス北端部。

グローネンダール
ベルジアン・シェパードの別名。

クロノスリ
〈Buteogallus anthracinus〉鳥綱タカ目タカ科の鳥。体長46〜58cm。分布：合衆国南部から南アメリカ沿岸部,カリブ海に面した国々。

クロノドアオジ
〈Emberiza cirlus〉鳥綱スズメ目ホオジロ科の鳥。

クロノドオオハシモズ
クロノドハシボソオオハシモズの別名。

クロノドハシボソオオハシモズ 黒喉嘴細大嘴鵙
〈Xenopirostris polleni〉鳥綱スズメ目オオハシモズ科の鳥。別名ノドグロオオハシモズ。全長21cm。分布：マダガスカル。絶滅危惧II類。

クロノビタキ 黒野鶲
〈Saxicola caprata〉鳥綱スズメ目ツグミ科の鳥。

クロパインヘビ
〈Pituophis melanoleucus lodingi〉爬虫綱有鱗目ヘビ亜目ナミヘビ科のヘビ。全長120〜160cm。分布：米国のアラバマ州からルイジアナ州にかけて。

クロハゲワシ 黒禿鷲
〈Aegypius monachus〉鳥綱タカ目タカ科の鳥。別名ハゲワシ。体長100〜110cm。分布：南ヨーロッパ,トルコから東は中国まで。

クロハサミアジサシ 黒鋏鯵刺
〈Rynchops niger〉鳥綱チドリ目ハサミアジサシ科の鳥。体長40〜50cm。分布：北アメリカ南部,カリブ海および南アメリカ。

クロハチドリ
〈Melanotrochilus fuscus〉鳥綱アマツバメ目ハチドリ科の鳥。全長12.5cm。分布：ブラジル東部。

クロパプアハナドリ
〈Melanocharis nigra〉鳥綱スズメ目ハナドリ科の鳥。全長11cm。分布：ニューギニア。

クロハラアジサシ 黒腹鯵刺
〈Chlidonias hybrida〉鳥綱チドリ目カモメ科の鳥。全長25〜26cm。分布：ヨーロッパ・アジア南西部,アフリカの北部・南部,オーストラリア・ニューギニア。

クロハラアリサザイ
〈Conopophaga melanogaster〉鳥綱スズメ目アリサザイ科の鳥。全長13cm。分布：ブラジル,ボリビア。

クロハラキンランチョウ
〈Euplectes nigroventris〉鳥綱スズメ目ハタオリドリ科の鳥。全長10〜13cm。分布：ケニアからモザンビーク。

クロハラコ

クロハラコビトサザイ
〈*Tesia olivea*〉鳥綱スズメ目ヒタキ科ウグイス亜科の鳥。全長8.5cm。分布：インド北東部から中国南西部・ビルマ・タイ・ラオス・ベトナム。

クロハラサケイ　黒腹沙鶏
〈*Pterocles orientalis*〉鳥綱ハト目サケイ科の鳥。別名オオサケイ。体長33〜35cm。分布：ヨーロッパ南部から南東部、北アフリカ、西南アジア。

クロハラサラマンダー
〈*Desmognathus quadramaculatus*〉ムハイサラマンダー科。体長89〜208mm。分布：合衆国ウェストバージニア州南部からアパラチア山脈沿いにジョージア州まで分布。その周辺にも点在する。

クロハラシマヤイロチョウ　黒腹縞八色鳥
〈*Pitta gurneyi*〉鳥綱スズメ目ヤイロチョウ科の鳥。別名アオエリシマヤイロチョウ，クロハラヤイロ。体長21cm。分布：タイおよびミャンマーの半島部。絶滅危惧IA類。

クロハラチュウノガン　黒腹中鴇
〈*Lissotis melanogaster*〉鳥綱ツル目ノガン科の鳥。別名クロハラノガン。全長65cm。分布：セネガルからエチオピア，アンゴラ，ザンビアとアフリカ南東部。

クロハラノガン
クロハラチュウノガンの別名。

クロハラハコガメ
〈*Cuora zhoui*〉爬虫綱カメ目ヌマガメ科のカメ。最大甲長16cm以上。分布：中国（雲南省，広西チュワン族自治区）。

クロハラハムスター
〈*Cricetus cricetus*〉哺乳綱齧歯目ネズミ科の動物。体長20〜34cm。分布：ヨーロッパから東アジア。

クロハラヘビクビ
〈*Acanthochelys spixii*〉爬虫綱カメ目ヘビクビガメ科のカメ。最大甲長17cm。分布：サンフランシスコ川上流からパラナ川流域にかけてのブラジル，アルゼンチン，ウルグアイ，パラグアイ（?）。

クロハラヘビクビガメ
〈*Platemys spixi*〉カメ目ヘビクビガメ科。

クロハラミズナギドリ
〈*Puffinus opisthomelas*〉鳥綱ミズナギドリ目ミズナギドリ科の鳥。全長34cm、翼開張82cm。分布：北太平洋東部に生息し、メキシコのバハ・カリフォルニア半島沖の離島で繁殖。絶滅危惧II類。

クロハラヤイロチョウ
クロハラシマヤイロチョウの別名。

クロハリオツバメ
〈*Hirundo atrocaerulea*〉鳥綱スズメ目ツバメ科の鳥。体長20cm。分布：アフリカ東，南部の一部。絶滅危惧II類。

クロハワイミツスイ
〈*Drepanis funerea*〉鳥綱スズメ目ハワイミツスイ科の鳥。全長24cm。分布：モロカイ島。

クロバンケンモドキ
〈*Rhopodytes diardi*〉鳥綱ホトトギス目ホトトギス科の鳥。全長36cm。分布：マレー半島，スマトラ島，ボルネオ島。

クロヒキガエル
〈*Bufo exsul*〉両生綱無尾目カエル目ヒキガエル科のカエル。体長4.4〜7.1cm。分布：アメリカ合衆国カリフォルニア州のディープ，スプリングズ渓谷。絶滅危惧II類。

クロヒゲゲラ
〈*Dendropicos namaquus*〉鳥綱キツツキ目キツツキ科の鳥。全長23cm。分布：エチオピア，ソマリアから南アフリカ。

クロヒゲサキ
〈*Pithecia hirsuta*〉オマキザル科サキ属。別名ブラックヒゲサキ。頭胴長オス38〜44cm，メス38〜46cm。分布：南アメリカ。

クロヒゲスズメハタオリ
〈*Plocepasser rufoscapulatus*〉鳥綱スズメ目ハタオリドリ科の鳥。全長18cm。分布：アンゴラ南部・ザイール南東部からマラウィ。

クロヒゲツームコウモリ
〈*Taphozous melanopogon*〉哺乳綱翼手目サシオコウモリ科の動物。前腕長5.5〜7cm前後。分布：中国南部，インドからインドネシアのジャワ島にかけて，小スンダ列島，フィリピン，カリマンタン（ボルネオ）島。絶滅危惧II類。

クロヒゲバト　黒髭鳩
〈*Starnoenas cyanocephala*〉鳥綱ハト目ハト科の鳥。全長30cm。分布：キューバ。絶滅危惧IB類。

クロビタイアジサシ　黒額鯵刺
〈*Sterna albistriata*〉鳥綱チドリ目カモメ科の

鳥。全長30〜33cm。分布：ニュージーランド。絶滅危惧II類。

クロビタイアマドリ
〈*Monasa nigrifrons*〉鳥綱キツツキ目オオガシラ科の鳥。体長29cm。分布：コロンビア，ペルー，ボリビア北部，ブラジルなどの南アメリカのアンデス山脈東部。

クロビタイアリツグミ　黒額蟻鶫
〈*Chamaeza nobilis*〉鳥綱スズメ目アリドリ科の鳥。全長22cm。分布：コロンビア東部からペルー南東部。

クロビタイウズラ　黒額鶉
〈*Odontophorus atrifrons*〉鳥綱キジ目キジ科の鳥。全長27cm。分布：コロンビア北部，ベネズエラ北西部。

クロビタイオオハナインコモドキ
〈*Tanygnathus gramineus*〉鳥綱オウム目インコ科の鳥。別名クロビタイオオハナモドキ。全長40cm。分布：インドネシアのモルッカ諸島のブル島北西部。絶滅危惧II類。

クロビタイオジロハチドリ
〈*Eupherusa cyanophrys*〉鳥綱アマツバメ目ハチドリ科の鳥。全長10〜11cm。分布：メキシコ。絶滅危惧IB類。

クロビタイサケイ
〈*Pterocles lichtensteinii*〉鳥綱サケイ科の鳥。体長25cm。分布：モロッコからアラビア，パキスタンに局所的。

クロヒメアマガエル
〈*Melanobatrachus indicus*〉両生綱無尾目カエル目ジムグリガエル科のカエル。体長3.4cm。分布：インド南西部。絶滅危惧IB類。

クロヒメカンガルーマウス
〈*Microdipodops megacephalus*〉体長6.5〜7.5cm。分布：ヨーロッパ。

クロヒメシャクケイ　黒姫舎久鶏
〈*Penelopina nigra*〉鳥綱キジ目ホウカンチョウ科の鳥。全長57〜63cm。分布：メキシコ，グアテマラ，ホンジュラス，エルサルバドル，ニカラグア。

クロヒョウ
ヒョウの別名。

クロヒヨドリ　黒鵯
〈*Hypsipetes madagascariensis*〉鳥綱スズメ目ヒヨドリ科の鳥。体長23cm。分布：インド南西部，ネパールからベトナム，タイ，中国。

クロヒラハシ
カオグロササギビタキの別名。

クロフウキンチョウ
〈*Tachyphonus rufus*〉鳥綱スズメ目ホオジロ科の鳥。全長18cm。分布：中央アメリカから南アメリカ。

クロフクスクス
〈*Spilocuscus rufoniger*〉二門歯目クスクス科。別名マヌスブチクスクス。頭胴長オス58.3cm，メス64cm。分布：ニューギニア島北部。絶滅危惧。

クロフヒメドリ
〈*Amphispiza belli*〉鳥綱スズメ目ホオジロ科の鳥。全長14cm。分布：アメリカ西部からメキシコ北西部。

グローブヤモリ
〈*Chondrodactylus angulifer*〉爬虫綱有鱗目トカゲ亜目ヤモリ科の動物。全長13〜16cm。分布：ナミビア西部（ナミブ砂漠）・南部，ボツワナ南西部，南アフリカ共和国。

クロヘミガルス
〈*Diplogale hosei*〉哺乳綱食肉目ジャコウネコ科の動物。頭胴長47〜54cm。分布：マレーシアのカリマンタン（ボルネオ）島。絶滅危惧II類。

クロボウシオマキザル
〈*Cebus apella*〉霊長目オマキザル科。

クロボウシカッコウ　黒帽子郭公
〈*Microdynamis parva*〉鳥綱ホトトギス目ホトトギス科の鳥。全長20cm。分布：ニューギニア。

クロボウシヒメウソ
〈*Sporophila bouvreuil*〉鳥綱スズメ目ホオジロ科の鳥。全長10.5cm。分布：南アメリカ北部から中央部。

クロホエザル
〈*Alouatta caraya*〉オマキザル科ホエザル属。頭胴長オス60〜65cm，メス50cm。分布：南アメリカ。

クロホエジカ
マエガミホエジカの別名。

クロホオヒゲコウモリ　黒頬髭蝙蝠
〈*Myotis pruinosus*〉哺乳綱翼手目ヒナコウモリ科の動物。前腕長3〜3.3cm。分布：青森県，岩手県，秋田県，宮城県，愛媛県。絶滅危惧IB類。

クロボシアサナキヒタキ
〈*Cichladusa guttata*〉鳥綱スズメ目ヒタキ科ツグミ亜科の鳥。全長16cm。分布：エチオピア，ケニア，タンザニア。

クロボシウミヘビ　黒星海蛇
〈*Hydrophis ornatus maresinensis*〉爬虫綱有鱗目ヘビ亜目コブラ科のヘビ。分布：台湾などに分布し，基亜種はオーストラリア近海からペルシア湾まで分布。国内では南西諸島の沿岸に分布。

クロボシジツグミ
〈*Zoothera cinerea*〉スズメ目ヒタキ科（ツグミ亜科）。全長21cm。分布：フィリピンのルソン島，ミンドロ島。絶滅危惧II類。

クロボシマユミソサザイ　黒星眉鷦鷯
〈*Thryothorus maculipectus*〉鳥綱スズメ目ミソサザイ科の鳥。別名クロボシミソサザイ。全長13～14cm。分布：メキシコ南東部からコスタリカ北部。

クロボシミソサザイ
クロボシマユミソサザイの別名。

クロボシユキカザリドリ
〈*Carpodectes hopkei*〉鳥綱スズメ目カザリドリ科の鳥。全長20cm。分布：コロンビアからエクアドル。

クロホソオオトカゲ
〈*Varanus beccarii*〉爬虫綱有鱗目トカゲ亜目オオトカゲ科のトカゲ。全長1m弱cm。分布：アルー諸島（インドネシア）。

クロボタンインコ　黒牡丹鸚哥
〈*Agapornis nigrigenis*〉鳥綱オウム目インコ科の鳥。全長14cm。分布：ザンビア南西部。絶滅危惧IB類。

クロホロホロチョウ　黒珠鶏
〈*Phasidus niger*〉鳥綱キジ目キジ科の鳥。全長40cm。分布：アフリカ。

クロマイコドリ　黒舞子鳥
〈*Xenopipo atronitens*〉鳥綱スズメ目マイコドリ科の鳥。全長13cm。分布：ギアナ・ベネズエラ南部・コロンビア東部，ブラジル。

クロマクトビガエル
ワラストビガエルの別名。

クロマダガスカルモズ
〈*Oriolia bernieri*〉鳥綱スズメ目オオハシモズ科の鳥。全長25cm。分布：マダガスカル。絶滅危惧II類。

クロマユムジチメドリ
〈*Malacocincla perspicillata*〉スズメ目ヒタキ科（チメドリ亜科）。全長16cm。分布：インドネシアのカリマンタン（ボルネオ）島。絶滅危惧II類。

クロミズナギドリ
〈*Procellaria parkinsoni*〉鳥綱ミズナギドリ目ミズナギドリ科の鳥。全長46cm。分布：ニュージーランドのリトル・バリア島，グレート・バリア島で繁殖。絶滅危惧II類。

クロミツスイ　黒蜜吸
〈*Certhionyx niger*〉鳥綱スズメ目ミツスイ科の鳥。全長12cm。分布：オーストラリア。

クロミミマーモセット
〈*Callithrix penicillata*〉マーモセット科マーモセット属。分布：ブラジル中南部。

クロミヤコドリ　黒都鳥
〈*Haematopus bachmani*〉鳥綱チドリ目ミヤコドリ科の鳥。体長38cm。分布：北アメリカの太平洋岸（アラスカからバハカリフォルニアまで）。

クロムクドリモドキ　黒椋鳥擬
〈*Euphagus carolinus*〉鳥綱スズメ目ムクドリモドキ科の鳥。体長23cm。分布：五大湖地方よりも西のカナダ南部と合衆国西部で繁殖し，北アメリカのカナダ南西部からフロリダ州，メキシコ中部までで越冬。

クロムジアマツバメ
〈*Nephoecetes niger*〉鳥綱アマツバメ目アマツバメ科の鳥。体長18cm。分布：アラスカからカリフォルニアに至る北アメリカ西部，コスタリカまでの中央アメリカ，西インド諸島，アメリカ大陸の熱帯域で越冬。

クロムネオオサンショウクイ
〈*Coracina mindanensis*〉鳥綱スズメ目サンショウクイ科の鳥。全長29cm。分布：フィリピン。絶滅危惧II類。

クロムネヤマガメ
〈*Rhinoclemmys melanosterna*〉爬虫綱カメ目ヌマガメ科のカメ。最大甲長29cm。分布：パナマ東部からコロンビア北西部，エクアドル北西部まで。

クロムフォルレンダー
〈*Kromfohrländer*〉犬の一品種。体高38～43cm。原産：ドイツ。

クロメアリゲータートカゲ
〈*Gerrhonotus coeruleus*〉有鱗目アンギストカゲ科。

クロモズガラス　黒鵙鴉
〈*Cracticus quoyi*〉鳥綱スズメ目フエガラス科の鳥。全長34cm。分布：ニューギニア，オーストラリア北部。

クロヤブアリドリ　黒藪蟻鳥
〈*Neoctantes niger*〉鳥綱スズメ目アリドリ科の鳥。全長15cm。分布：コロンビア南東部・ペルー北東部からブラジル。

クロヤマガメ
〈*Melanochelys trijuga*〉爬虫綱カメ目ヌマガメ科のカメ。最大甲長38.3cm。分布：インド，ネパール，スリランカ，バングラデシュ，ミャンマー（ビルマ），タイ。

クロヨコクビハコガメ
〈*Pelusios niger*〉カメ目ヨコクビガメ科。

クロヨタカ　黒夜鷹
〈*Caprimulgus nigrescens*〉鳥綱ヨタカ目ヨタカ科の鳥。全長20cm。分布：ギアナ，コロンビアからボリビア，ブラジル。

クロライチョウ　黒雷鳥
〈*Tetrao tetrix*〉鳥綱キジ目キジ科の鳥。体長オス55cm，メス43cm。分布：イギリスからシベリア東部までのユーラシア。

クロラッパチョウ
アオバネラッパチョウの別名。

グロリアスタニガエル
〈*Taudactylus diurnus*〉両生綱無尾目カエル目カメガエル科のカエル。体長オス2.2～2.7cm，メス2.2～3.1cm。分布：オーストラリア東部。絶滅危惧種。

クロルリノジコ
〈*Passerina cyanoides*〉鳥綱スズメ目ホオジロ科の鳥。全長17cm。分布：中央アメリカから南アメリカ北西部・北中部。

クロワカモメ
〈*Larus delawarensis*〉鳥綱チドリ目カモメ科の鳥。体長45cm。分布：北アメリカ北部で繁殖し，北・中央アメリカ，バハマ諸島，西インド諸島北部で越冬。

クロワシミミズク
〈*Bubo lacteus*〉鳥綱フクロウ目フクロウ科の鳥。全長53～61cm。分布：アフリカ中部・南部。

クワドリ
メガネコウライウグイスの別名。

クワンシー　広西牛
〈*Kwangsi*〉牛の一品種。

クワントン　広東牛
〈*Kwantung*〉牛の一品種。

グンカンドリ　軍艦鳥
〈*frigatebird*〉鳥綱ペリカン目グンカンドリ科に属する海鳥の総称。全長79～104cm。分布：熱帯海域。

グンカンドリ
コグンカンドリの別名。

グンカンドリ科
ペリカン目。全長70～115cm。分布：亜熱帯，熱帯の海。

クンスジネズミオポッサム
〈*Monodelphis kunsi*〉オポッサム目オポッサム科。頭胴長7～9cm。分布：ブラジルからボリビアにかけての低地，アルゼンチン北部。絶滅危惧IB類。

グンディ
アトラスグンディの別名。

クンディナマルカジアリドリ
〈*Grallaria kaestneri*〉鳥綱スズメ目アリドリ科の鳥。全長15.5cm。分布：コロンビア中部。絶滅危惧II類。

グンディハツカネズミ
〈*Mus goundae*〉齧歯目ネズミ科（ネズミ亜科）。頭胴長6.5～9.5cm。分布：中央アフリカ共和国北部。絶滅危惧II類。

クーンハウンド
〈*Coonhound*〉哺乳綱食肉目イヌ科の動物。

【ケ】

ケア
ミヤマオウムの別名。

ケアオウム
ミヤマオウムの別名。

ケアシスズメバト　毛足雀鳩
〈*Columbina talpacoti*〉鳥綱ハト目ハト科の鳥。全長18cm。分布：中央アメリカから南アメリカ北部・東部。

ケアシトビネズミ

ケアシノス
〈*Paradipus ctenodactylus*〉哺乳綱齧歯目トビネズミ科の動物。分布：旧ソ連。

ケアシノスリ　毛脚鵟，毛足鵟
〈*Buteo lagopus*〉鳥綱タカ目タカ科の鳥。体長51〜61cm。分布：北ヨーロッパからアジア一帯，北アメリカ。

ケアンズタニガエル
〈*Taudactylus rheophilus*〉両生綱無尾目カエル目カメガエル科のカエル。体長オス2.4〜2.7cm，メス2.4〜3.1cm。分布：オーストラリア北東部。絶滅危惧種。

ケアーン・テリア
〈*Cairn Terrier*〉原産地がイギリスの家庭犬，愛玩犬。体高25〜30cm。分布：イギリス。

ケイグルチズガメ
〈*Graptemys caglei*〉カメ目ヌマガメ科（ヌマガメ亜科）。背甲長最大21.3cm。分布：アメリカ合衆国テキサス州南西部のサン・アントニオ−グアダループ川水系。絶滅危惧II類。

ケイブサラマンダー
〈*Eurycea lucifuga*〉両生綱有尾目ムハイサラマンダー科の動物。

ケイマフリ　海鴿
〈*Cepphus carbo*〉鳥綱チドリ目ウミスズメ科の鳥。全長38cm。分布：カムチャツカ半島，サハリン，日本北部。国内ではオホーツク海と日本海北部に分布。

ケガエル
〈*Trichobatrachus robustus*〉両生綱無尾目サエズリガエル科のカエル。体長オス98〜130mm，メス44〜62mm。分布：ナイジェリア東部からカメルーンを経てザイールのマヨンベ丘陵まで。

ケースホンド
〈*Keeshond*〉哺乳綱食肉目イヌ科の動物。

ケヅメリクガメ
〈*Geochelone sulcata*〉爬虫綱カメ目リクガメ科のカメ。最大甲長76cm。分布：アフリカ東部，中部，西部（モーリタニアからエチオピア，セネガルまでのサハラ砂漠周辺）。絶滅危惧II類。

ケダー・ケランタンウシ　ケダー・ケランタン牛
〈*Kedah-Kelantan*〉肩高オス112cm，メス100〜105cm。分布：マレーシア。

ケツァール
カザリキヌバネドリの別名。

ゲッケイジュバト
〈*Columba junoniae*〉鳥綱ハト目ハト科の鳥。体長37〜38cm。分布：カナリア諸島（ラス・パルマス，ゴメラ，テネリフェ）。絶滅危惧II類。

ゲッチンゲン・ミニチュア・ピッグ
〈*Göttingen Miniature*〉豚の一品種。原産：ドイツ。

ケナガアメリカフルーツコウモリ
〈*Artibeus hirsutus*〉哺乳綱翼手目ヘラコウモリ科の動物。前腕長5.4〜6cm。分布：アメリカ合衆国アリゾナ州，メキシコ，ベネズエラ，ボリビア，トリニダード・トバゴ。絶滅危惧II類。

ケナガアルマジロ
〈*Chaetophractus villosus*〉体長22〜40cm。分布：南アメリカ南部。

ケナガイタチ
ヨーロッパケナガイタチの別名。

ケナガクモザル
〈*Ateles belzebuth*〉哺乳綱霊長目オマキザル科の動物。体長42〜58cm。分布：南アメリカ北西部。絶滅危惧IB類。

ケナガグンディ
〈*Massoutiera mzabi*〉グンディ科。分布：アルジェリア，ニジェール，チャド。

ケナガネズミ　毛長鼠
〈*Diplothrix legata*〉哺乳綱齧歯目ネズミ科の動物。別名ドオジロ，ジュジュロ，オキナワキネズミ。18.5〜26.7cm。分布：奄美大島・徳之島・沖縄本島。絶滅危惧，天然記念物。

ケナガフルーツコウモリ
〈*Alionycteris paucidentata*〉哺乳綱翼手目オオコウモリ科の動物。前腕長4.4〜4.6cm。分布：フィリピンのミンダナオ島。絶滅危惧II類。

ケナガワラルー
〈*Macropus robustus*〉哺乳綱有袋目カンガルー科の動物。体長0.8〜1.4m。分布：オーストラリア。

ケナシコウモリ
〈*Pteronotus davyi*〉体長4〜5.5cm。分布：メキシコから南アメリカ北部および東部。

ケニアオオタケネズミ
〈*Tachyoryctes rex*〉齧歯目ネズミ科（タケネズミ亜科）。分布：ケニアのケニア（キリニャ

ガ）山西斜面。絶滅危惧IB類。

ケニアオヒキコウモリ
〈*Tadarida lobata*〉哺乳綱翼手目オヒキコウモリ科の動物。前腕長6.3cm。分布：ケニア，ジンバブエ。絶滅危惧II類。

ケニアスナボア
〈*Eryx colubrinus loveridgei*〉有鱗目ボア科。

ケニアチチヤワゲネズミ
〈*Mastomys pernanus*〉齧歯目ネズミ科（ネズミ亜科）。別名ケニヤヤワゲネズミ。頭胴長6.2～7.7cm。分布：ヴィクトリア湖周辺。絶滅危惧II類。

ケニアツームコウモリ
〈*Taphozous hildegardeae*〉哺乳綱翼手目サシオコウモリ科の動物。前腕長6.5～7cm。分布：ケニア中央部および海岸部，タンザニアの北東部。絶滅危惧II類。

ケニアホオブクロネズミ
〈*Beamys hindei*〉齧歯目ネズミ科（アフリカオニネズミ亜科）。頭胴長13～18.7cm。分布：ケニア南部からマラウイ，ザンビア北東部。絶滅危惧II類。

ケニアモリジネズミ
〈*Surdisorex polulus*〉哺乳綱食虫目トガリネズミ科の動物。頭胴長8.9～10cm。分布：ケニアのケニア（キリニャガ）山。絶滅危惧II類。

ケニヤヤワゲネズミ
ケニアチチヤワゲネズミの別名。

ケノレステス
〈*Caenolestes fuliginosus*〉有袋目ケノレステス科の哺乳類。

ゲノン
〈*Guenon*〉哺乳綱霊長目オナガザル科の動物。

ケバナウォンバット
ミナミケバナウォンバットの別名。

ケバネウズラ 毛羽鶉
〈*Ophrysia superciliosa*〉鳥綱キジ目キジ科の鳥。全長25cm。分布：ヒマラヤ西部。絶滅危惧IA類。

ケバネキジ
ベニキジの別名。

ケビタイオタテドリ
〈*Merulaxis ater*〉オタテドリ科。体長19cm。分布：ブラジル南東部。

ケープアラゲジリス
〈*Xerus inauris*〉体長20～30cm。分布：アフリカ南部。

ケープイシチドリ
〈*Burhinus capensis*〉鳥綱チドリ目イシチドリ科の鳥。体長43cm。分布：アフリカのサハラ砂漠以南。

ケープウスカワガエル
ケープユウレイガエルの別名。

ケープエダアシガエル
ネグロスドウクツヒラタガエルの別名。

ケープカラムシクイ
〈*Parisoma subcaeruleum*〉鳥綱スズメ目ウグイス科の鳥。体長14～16cm。分布：南アフリカからアンゴラ，ザンビア南部。

ケープカワガエル
〈*Rana fuscigula*〉両生綱無尾目アカガエル科のカエル。

ケープキクガシラコウモリ
〈*Rhinolophus capensis*〉翼手目キクガシラコウモリ科（キクガシラコウモリ亜科）。前腕長4.7～5cm。分布：モザンビーク，ジンバブエ，南アフリカ共和国。絶滅危惧II類。

ケープキジシャコ
鳥綱キジ目キジ科の鳥。全長42cm。分布：南アフリカ。

ケープギツネ
〈*Vulpes chama*〉イヌ科キツネ属。体長45～61cm。分布：アフリカ，ジンバブウェの南部，およびアンゴラ。

ケープキンモグラ
キンモグラの別名。

ケープキンモグラ属
〈*Chrysochloris*〉哺乳綱食虫目キンモグラ科。分布：中央，東アフリカ。

ケープグレイマングース
〈*Herpestes pulverulentus*〉哺乳綱食肉目ジャコウネコ科の動物。体長34cm。分布：アンゴラ南部，ナミビア，南アフリカ。

ケープコブラ
〈*Naja nivea*〉爬虫綱有鱗目ヘビ亜目コブラ科のヘビ。全長1.2～1.7m。分布：アフリカ。

ケープコヤスガエル
〈*Eleutherodactylus cavernicola*〉両生綱無尾目カエル目ユビナガガエル科のカエル。体長

2.8〜4.1cm。分布：ジャマイカ南部。絶滅危惧II類。

ケープサンカクヘビ
〈*Mehelya capensis*〉爬虫綱有鱗目ヘビ亜目ナミヘビ科のヘビ。全長1.2〜1.6m。分布：アフリカ。

ケープダイカー
サバンナダイカーの別名。

ケープタテガミヤマアラシ
〈*Hystrix africaeaustralis*〉哺乳綱齧歯目ヤマアラシ亜目の動物。体長63〜80cm。分布：中央アフリカからアフリカ南部にかけて。

ケープツメガエル
〈*Xenopus gilli*〉カエル目ピパ科。体長5cm。分布：南アフリカ共和国。絶滅危惧II類。

ケープ・ドルフィン
マイルカの別名。

ケープノウサギ
〈*Lepus capensis*〉哺乳綱ウサギ目ウサギ科の動物。分布：アフリカ、スペイン南部(?)、モンゴル、中国西部、チベット、イラン、アラビア半島。

ケープハイラックス
〈*Procavia capensis*〉管歯目ハイラックス科。体長30〜58cm。分布：南アフリカ、東アフリカ、西アジア。

ケープハゲワシ
〈*Gyps coprotheres*〉鳥綱タカ目タカ科の鳥。全長105cm。分布：南アフリカ共和国、ナミビア、ボツワナ、ジンバブエ、モザンビーク、スワジランド、レソト。絶滅危惧II類。

ケープハネジネズミ
〈*Elephantulus edwardii*〉ハネジネズミ目ハネジネズミ科。分布：南アフリカ共和国ケープ地方の南西部と中央部。絶滅危惧II類。

ケープフクラガエル
〈*Breviceps gibbosus*〉両生綱無尾目カエル目ジムグリガエル科のカエル。体長7.4〜8cm。分布：南アフリカ共和国。絶滅危惧II類。

ケープベルデアシナガヨシキリ
ケープベルデヨシキリの別名。

ケープベルデミズナギドリ
〈*Pterodroma feae*〉鳥綱ミズナギドリ目ミズナギドリ科の鳥。全長35cm、翼開張90cm。分布：カーボベルデ、ポルトガル領マデイラ諸島。絶滅危惧II類。

ケープベルデヨシキリ
〈*Acrocephalus brevipennis*〉スズメ目ヒタキ科（ウグイス亜科）。別名ケープベルデアシナガヨシキリ。全長14cm。分布：カーボベルデ。絶滅危惧II類。

ケープペンギン
〈*Spheniscus demersus*〉鳥綱ペンギン目ペンギン科の鳥。体長70cm。分布：アフリカ南部の海岸。

ケープマルメヤモリ
〈*Lygodactylus capensis*〉有鱗目ヤモリ科。

ケープユウレイガエル
〈*Heleophryne purcelli*〉両生綱無尾目ユウレイガエル科のカエル。体長3〜6cm。分布：アフリカ。

ゲマルジカ
〈*Odocoileus bisulcus*〉偶蹄目シカ科の哺乳類。

ゲマルジカ
チリゲマルジカの別名。

ケミミミツスイ　毛耳蜜吸
〈*Anthochaera rufogularis*〉鳥綱スズメ目ミツスイ科の鳥。全長25cm。分布：オーストラリア。

ゲムズボック
オリックスの別名。

ケムリジネズミ
〈*Crocidura fumosa*〉哺乳綱食虫目トガリネズミ科の動物。分布：ケニアのケニア（キリニャガ）山およびアバーデア地域。絶滅危惧II類。

ケムリニセマウス
〈*Pseudomys fumeus*〉齧歯目ネズミ科（ネズミ亜科）。頭胴長8.5〜10cm。分布：オーストラリア南東部。絶滅危惧種。

ケムリリングテイル
〈*Pseudocheirus occidentalis*〉二門歯目リングテイル科。頭胴長30〜39cm。分布：オーストラリア南西部。絶滅危惧種。

ケラ　啄木鳥
鳥綱キツツキ目キツツキ科に属する鳥（キツツキ類）の総称で、アカゲラ、コゲラなどのように個々の種名に用いられる。

ケラインコ　啄木鳥鸚哥
〈*Pygmy parrot*〉鳥綱オウム目インコ科ケラ

インコ属に含まれる鳥の総称。

ケラエノテングフルーツコウモリ
〈*Nyctimene celaeno*〉哺乳綱翼手目オオコウモリ科の動物。前腕長8cm。分布：ニューギニア島北西部と西部。絶滅危惧種。

ゲラダヒヒ
〈*Theropithecus gelada*〉哺乳綱霊長目オナガザル科の動物。体長70〜74cm。分布：アフリカ東部。絶滅危惧種。

ケラマジカ 慶良間鹿
〈*Cervus nippon keramae*〉哺乳綱偶蹄目シカ科の動物。頭胴長100cm(推定)、肩高70cm。分布：慶良間諸島。絶滅危惧IA類。

ケリ 計里, 鳧
〈*Vanellus cinereus*〉鳥綱チドリ目チドリ科の鳥。全長35cm。分布：日本, 中国北東部・モンゴル。

ケリー
〈*Kerry*〉哺乳綱偶蹄目ウシ科の動物。体高オス130cm, メス122cm。分布：イギリス。

ケリガー
〈*Kherigarh*〉哺乳綱偶蹄目ウシ科の動物。体高オス130cm, メス130cm。分布：インド。

ケリー・ビーグル
〈*Kerry Beagle*〉犬の一品種。体高56〜66cm。原産：アイルランド。

ケリー・ヒル
〈*Kerry Hill*〉羊の一品種。原産：ウェールズ。

ケリー・ブルー・テリア
〈*Kerry Blue Terrier*〉原産地がイギリスの家庭犬。体高46〜48cm。分布：アイルランド。

ケルゲレンアジサシ
〈*Sterna virgata*〉鳥綱チドリ目カモメ科の鳥。全長約33cm, 翼開張約70cm。分布：南アフリカ共和国領プリンス・エドワード諸島, フランス領ケルゲレン諸島およびクロゼ諸島。絶滅危惧II類。

ケルゲレンオットセイ
〈*Arctocephalus gazella*〉食肉目アシカ科。

ケルシー
〈*Quercy*〉牛の一品種。

ゲルジアマガエル
〈*Fritziana goeldii*〉雌が卵を背負って保護するアマガエル科の1種。

ゲルディマーモセット
ゲルディモンキーの別名。

ゲルディモンキー
〈*Callimico goeldii*〉哺乳綱霊長目キヌザル科の動物。体長22〜23cm。分布：南アメリカ北西部。絶滅危惧II類。

ゲルデルランド
〈*Gelderland*〉馬の一品種。体高154〜163cm。原産：オランダ。

ケルピー
オーストラリアン・ケルピーの別名。

ゲルプフィー
〈*Gelbvieh*〉牛の一品種。原産：ドイツ。

ケルマデックミズナギドリ
カワリシロハラミズナギドリの別名。

ケルマーンハタネズミ
〈*Microtus kermanensis*〉齧歯目ネズミ科(ハタネズミ亜科)。頭胴長10〜16cm。分布：イラン南東部。絶滅危惧IB類。

ケルンキャニオンホソサンショウウオ
〈*Batrachoseps simatus*〉両生綱有尾目アメリカサンショウウオ科の動物。全長9.2〜12.5cm。分布：アメリカ合衆国カリフォルニア州のシエラ・ネヴァダ山脈南端のカーン川峡谷。絶滅危惧II類。

ゲレザ
〈*guereza*〉哺乳綱霊長目オナガザル科コロブス亜科コロブス属Colobusに含まれる動物の総称。

ゲレザ
アビシニアコロブスの別名。

ケレタロホリネズミ
〈*Pappogeomys neglectus*〉哺乳綱齧歯目ホリネズミ科の動物。頭胴長21.4cm。分布：メキシコ。絶滅危惧IA類。

ゲレヌク
ジェレヌクの別名。

ケワタガモ 毛綿鴨
〈*Somateria spectabilis*〉鳥綱ガンカモ目ガンカモ科の鳥。別名アカハナケワタガモ。体長55cm。分布：アラスカ北部, カナダ, ユーラシアで繁殖し, アラスカ南部, ニューイングランド州, カムチャッカで越冬。

ケワタガモ 毛綿鴨
〈*eider*〉鳥綱カモ目カモ科ケワタガモ属に含

まれる鳥の総称。

ケント
〈Kent〉哺乳綱偶蹄目ウシ科の動物。分布：イギリス。

ケント
ロムニー・マーシュの別名。

ケンハシオニキバシリ
〈Xiphorhynchus picus〉鳥綱スズメ目オニキバシリ科の鳥。全長22cm。分布：ボリビア，ブラジル。

ケンプヒメウミガメ
〈Lepidochelys kempi〉爬虫綱カメ目ウミガメ科のカメ。背甲長メス55～75cm。分布：メキシコのメキシコ湾。絶滅危惧IA類。

【コ】

コアオアシシギ　小青脚鷸，小青足鷸
〈Tringa stagnatilis〉鳥綱チドリ目シギ科の鳥。全長24cm。分布：ヨーロッパ南部から中央アジア。

コアオバト　小緑鳩
〈Treron vernans〉鳥綱ハト目ハト科の鳥。全長26cm。分布：インドシナ，スマトラ島，ジャワ島，フィリピン。

コアカゲラ　小赤啄木鳥
〈Dendrocopos minor〉鳥綱キツツキ目キツツキ科の鳥。全長14cm。分布：ヨーロッパ，アフリカ北部から小アジア，シベリア・ウスリー・カムチャツカ半島・サハリン・日本。国内では北海道の針葉樹林，針広混交林。

コアカヒゲハチドリ
〈Atthis heloisa〉鳥綱アマツバメ目ハチドリ科の鳥。全長7cm。分布：メキシコ。

コアシウミツバメ
ヒメウミツバメの別名。

コアジサシ　小鯵刺
〈Sterna albifrons〉鳥綱チドリ目カモメ科の鳥。全長20～28cm。分布：北アメリカ南部・メキシコ湾沿岸・西インド諸島・ヨーロッパ・地中海沿岸・旧ソ連西部・インド・東南アジア・中国沿岸・日本・オーストラリア。国内では本州以南で夏鳥。

コアシミズネズミモドキ
〈Paraleptomys wilhelmina〉齧歯目ネズミ科（ミズネズミ亜科）。頭胴長12～14cm。分布：

ニューギニア島西部。絶滅危惧種。

コアホウドリ　小阿呆鳥，小阿房鳥，小信天翁，小信天翁鳥
〈Diomedea immutabilis〉鳥綱ミズナギドリ目アホウドリ科の鳥。全長80cm。分布：ハワイ諸島，マーシャル諸島。国内では小笠原諸島。

コアメリカケンショウコウモリ
〈Sturnira nana〉哺乳綱翼手目ヘラコウモリ科の動物。前腕長4cm。分布：ペルー中部から南部にかけて。絶滅危惧II類。

コアメリカヨタカ
〈Chordeiles acutipennis〉鳥綱ヨタカ目ヨタカ科の鳥。全長19cm。分布：北アメリカ南東部。

コアラ
〈Phascolarctos cinereus〉哺乳綱有袋目クスクス科の動物。体長65～82cm。分布：オーストラリア東部。

コアリクイ　小蟻喰，南小蟻喰
〈Tamandua tetradactyla〉哺乳綱貧歯目アリクイ科の動物。体長53～88cm。分布：南アメリカ北部および東部。絶滅危惧II類と推定。

コイカル　小桑鳲，小斑鳩，小鵤
〈Eophona migratoria〉鳥綱スズメ目アトリ科の鳥。全長19cm。分布：シベリア，中国北東部。国内では西日本に多い冬鳥だが，熊本県，島根県で繁殖例。

コイケルホンド
〈Kooiker Dog〉犬の一品種。体高35～41cm。原産：オランダ。

ゴイサギ　五位鷺
〈Nycticorax nycticorax〉鳥綱コウノトリ目サギ科の鳥。体長58～65cm。分布：温帯北部とオーストラリア以外の世界全域。国内では本州・佐渡・四国・九州。

ゴイシチャボ　碁石チャボ
〈Black-and-White Spangled Japanese Bantam〉鳥綱キジ目キジ科の鳥。

コイタチ
〈Mustela sibirica sho〉哺乳綱ネコ目イタチ科の動物。

コイヌワシ
ヒメイヌワシの別名。

コイバアグーチ
〈Dasyprocta coibae〉哺乳綱齧歯目アグーチ

コイミドリインコ　濃緑鸚哥
〈*Enicognathus ferrugineus*〉鳥綱オウム目インコ科の鳥。全長33cm。分布：南アメリカ南端。

コイワシクジラ
ミンククジラの別名。

コウウチョウ　香雨鳥
〈*Molothrus ater*〉鳥綱スズメ目ムクドリモドキ科の鳥。別名カウバード。体長19cm。分布：北アメリカの大部分で繁殖する。

コウエンウシ　公園牛
〈*Park Cattle*〉分布：イギリス。

コウオクイワシ
〈*Ichthyophaga nana*〉鳥綱ワシタカ目ワシタカ科の鳥。翼長35.4〜39.7cm。分布：東南アジア，インドネシア。

コウカイガケツバメ
〈*Hirundo perdita*〉鳥綱スズメ目ツバメ科の鳥。全長14cm。分布：スーダン。絶滅危惧II類。

コウカンチョウ　紅冠鳥
〈*Paroaria coronata*〉鳥綱スズメ目ホオジロ科の鳥。体長19cm。分布：ボリビア東部，パラグアイ，ウルグアイ，ブラジル南部，アルゼンチン北部。ハワイには移入。

コウカンチョウ
鳥綱スズメ目ホオジロ科コウカンチョウ属の鳥の総称。体長12.5〜22cm。

コウギュウ　黄牛
ミャンマー，タイ，インドネシア，フィリピンなど南方地域で飼育されている役用牛。オス120cm，メス110cm。

コウギョクチョウ　紅玉鳥
〈*Lagonosticta senegala*〉鳥綱スズメ目カエデチョウ科の鳥。体長9cm。分布：サハラ以南のアフリカ。

コウゲンジカマドドリ　高原地竈鳥
〈*Geositta punensis*〉鳥綱スズメ目カマドドリ科の鳥。全長15cm。分布：南アメリカ。

コウゲンスナマウス
〈*Eligmodontia typus*〉哺乳綱齧歯目ネズミ科の動物。分布：ペルー南部，チリ北部，アルゼンチン。

コウゲンタネワリ
〈*Catamenia homochroa*〉鳥綱スズメ目ホオジロ科の鳥。全長13.5cm。分布：南アメリカ北西部。

コウゴウインコ
〈*Charmosyma josefinae*〉鳥綱インコ目インコ科の鳥。体長24cm。分布：ニューギニア西部および中部。

コウサイワイバ　広西矮馬
〈*Guangxi Pony*〉馬の一品種。100cm。原産：中国・西南部の雲南，四川両省，広西壮族自治区。

コウザンネズミ属
〈*Alticola*〉哺乳綱齧歯目ネズミ科の動物。分布：中央アジア。

ゴウシュウクイナ
オーストラリアクイナの別名。

ゴウシュウヅル
オーストラリアヅルの別名。

コウジョウセンガゼル
〈*Gazella subgutturosa*〉哺乳綱偶蹄目ウシ科の動物。体長38〜109cm。分布：パレスチナ，アラビア半島からイラン，トルキスタンを通って，中国東部。

コウスズミインコ
〈*Coracopsis nigra barklyi*〉鳥綱オウム目オウム科の鳥。

コウチイヌ（高知犬）
シコクケンの別名。

コウテイタマリン
エンペラータマリンの別名。

コウテイペンギン
〈*Aptenodytes forsteri*〉鳥綱ペンギン目ペンギン科の鳥。体長115cm。分布：南極。

コウテンシ　告天子
〈*Melanocorypha mongolica*〉鳥綱スズメ目ヒバリ科の鳥。

ゴウナキンモグラ
〈*Chrysochloris visagiei*〉哺乳綱食虫目キンモグラ科の動物。分布：南アフリカ共和国。絶滅危惧IA類。

コウナンギュウ（広南牛）
ブンザンギュウの別名。

コウノトリ　鸛

コウノトリ

コウノトリ
〈*Ciconia ciconia*〉鳥綱コウノトリ目コウノトリ科の鳥。体長100～115cm。分布：ヨーロッパ温帯域および南部，北アフリカ，アジア南・西部。アフリカ，インド，南アジアで越冬。絶滅危惧IB類，特別天然記念物。

コウノトリ 鸛
〈stork〉広義には鳥綱コウノトリ目コウノトリ科に属する鳥の総称で，狭義にはそのうちの1種をさす。全長75～150cm。分布：北アメリカ南部，南アメリカ，アフリカ，ユーラシア，オーストラリア，東インド，湿原，サバンナ。絶滅危惧種。

コウノトリ科
コウノトリ目。分布：熱帯，亜熱帯，温帯。

コウノトリ目
鳥綱の1目。全長30～150cm。分布：世界的。

コウハシショウビン 鸛嘴翡翠
〈*Pelargopsis capensis*〉鳥綱ブッポウソウ目カワセミ科の鳥。体長33～36cm。分布：東南アジア，東パキスタン，インド，ネパール，スリランカ。

コウベモグラ 神戸鼹鼠，神戸土竜
〈*Mogera kobeae*〉哺乳綱食虫目モグラ科の動物。

コウミスズメ 小海雀
〈*Aethia pusilla*〉鳥綱チドリ目ウミスズメ科の鳥。全長15cm。分布：チェコト半島，アリューシャン列島，プリビロフ諸島。

コウミツバメ 小海燕
〈*Halocyptena microsoma*〉鳥綱ミズナギドリ目ウミツバメ科の鳥。全長14cm。分布：カリフォルニア半島。

コウモリ 蝙蝠
〈bat〉哺乳綱翼手目に属する動物の総称。

コウモリダカ
〈*Machaerhamphus alcinus*〉鳥綱タカ目タカ科の鳥。体長47cm。分布：東南アジア，熱帯アフリカ。

コウモリネズミ
オポッサムの別名。

コウユウガモ 高郵鴨
〈*Gaoyou Duck*〉アヒルの一品種。原産：中国江蘇省。

コウヨウジャク 紅葉雀
〈*Ploceus manyar*〉鳥綱スズメ目ハタオリドリ科の鳥。全長14～15cm。分布：東南アジアからパキスタン。

コウヨウチョウ 紅葉鳥
〈*Quelea quelea*〉ハタオリドリ科/ハタオリドリ亜科。体長11～13cm。分布：サハラ以南のアフリカ。

コウライアイサ 高麗秋沙，高麗秋紗
〈*Mergus squamatus*〉鳥綱カモ目カモ科の鳥。全長60cm。分布：繁殖地はロシア東部のハバロフスクとプリモルスキー，中国東北部，朝鮮半島北部。越冬地は中国南部。絶滅危惧II類。

コウライウグイス 高麗鶯
〈*Oriolus chinensis*〉鳥綱スズメ目コウライウグイス科の鳥。全長26cm。分布：シベリア東部から中国，インドネシア，台湾，フィリピン。

コウライウグイス 高麗鶯
〈oriole〉鳥綱スズメ目コウライウグイス科に属する鳥の総称。全長26cm。分布：シベリア東部から中国，インドネシア，台湾，フィリピン。

コウライウグイス科
スズメ目。全長20～30cm。分布：ユーラシア大陸南半分，アフリカ，マレー諸島。

コウライオオアブラコウモリ
〈*Pipistrellus savii coreensis*〉哺乳綱コウモリ目ヒナコウモリ科の動物。

コウライキジ 高麗雉，雉，雉子
〈*Phasianus colchicus*〉鳥綱キジ目キジ科の鳥。体長オス75～90cm，メス52～64cm。分布：アジア。ヨーロッパ，オーストラリア，北アメリカに移入。

コウライクイナ
〈*Porzana paykullii*〉鳥綱ツル目クイナ科の鳥。全長23cm。

コウライヒクイナ
コウライクイナの別名。

コウラウン 紅羅雲
〈*Pycnonotus jocosus*〉鳥綱スズメ目ヒヨドリ科の鳥。体長20cm。分布：中国，アッサム地方，ネパール，インド。

コウリュウスイギュウ 興隆水牛
〈*Xinglong Water Buffalo*〉オス125.7cm，メス121.6cm。分布：広東省の海南島。

コエゾイタチ
イイズナの別名。

コエヨシ 声良
〈*Koeyoshi*〉ニワトリの一品種。分布：秋田。天然記念物。

コオイセイシェルガエル
セイシェルガエルの別名。

コオオハナインコモドキ
〈*Tanygnathus lucionensis*〉鳥綱オウム目インコ科の鳥。別名コオオハナモドキ。全長31cm。分布：フィリピン，インドネシアのタラウド諸島，マレーシアのカリマンタン（ボルネオ）島のサバ州。絶滅危惧IB類。

コオナガコウモリ
〈*Rhinopoma hardwickei*〉体長5.5～7cm。分布：西アジアから南アジアにかけて，北アフリカ，東アフリカ。

コオナガテンレック
〈*Microgale parvula*〉哺乳綱食虫目テンレック科の動物。頭胴長5～6.5cm。分布：マダガスカル東部。絶滅危惧IB類。

コオニクイナ 小鬼秧鶏
〈*Rallus limicola*〉鳥綱ツル目クイナ科の鳥。全長23cm。分布：南北アメリカ。

コオバシギ 小姥鷸，小尾羽鷸
〈*Calidris canutus*〉鳥綱チドリ目シギ科の鳥。体長23～25cm。分布：カナダの北極圏，シベリアで繁殖。南アメリカ，アフリカ南部，オーストラリアで越冬。

コオリガモ 氷鴨
〈*Clangula hyemalis*〉カモ科。体長36～47cm。分布：ユーラシア，北アメリカの極北部。冬は温帯の寒冷地までの南に渡る。

コオロギヒキガエル
〈*Ansonia sp.*〉両生綱無尾目ヒキガエル科の動物。

コーカサスイシガメ
〈*Mauremys caspica*〉爬虫綱カメ目ヌマガメ科のカメ。最大甲長35cm。分布：ユーゴ，ブルガリア，ギリシャ，キプロス，トルコ，イスラエル，シリア，サウジアラビア，イラン，イラク，旧ソ連。

コーカサス・オーチャッカ
ロシアン・シープドッグの別名。

コーカサスクサリヘビ
〈*Vipera kaznakovi*〉爬虫綱トカゲ目（ヘビ亜目）クサリヘビ科のヘビ。頭胴長48～60cm。分布：ロシアの黒海東岸地域，グルジア，トルコ東北部。絶滅危惧IB類。

コーカサス・シープドッグ
〈*Caucasian Sheepdog*〉犬の一品種。

コーカサス・メリノー
〈*Caucasian Merino*〉哺乳綱偶蹄目ウシ科の動物。分布：旧ソ連。

コーカシアン・オフチャルカ
コーカサス・メリノーの別名。

コガシラアマガエル
〈*Hyla microcephala*〉両生綱無尾目アマガエル科のカエル。体長オス24mm，メス30mm。分布：メキシコのベラクルス以南，コスタリカのパンタレス半島まで。

コガシラスッポン
インドコガシラスッポンの別名。

コガシラネズミイルカ
〈*Phocoena sinus*〉哺乳綱クジラ目ネズミイルカ科の動物。別名コチト，ガルフオブカリフォルニア・ポーパス。1.2～1.5m。分布：メキシコのカリフォルニア湾（コルテズ海）の最北端。絶滅危惧IA類。

コガタナゾガエル
〈*Phrynomantis microps*〉両生綱無尾目ヒメガエル科のカエル。体長38～44mm。分布：コートジボアール以東のギニア湾沿岸諸国からザイールまで。

コガタハナサキガエル 小型鼻先蛙
〈*Rana utsunomiyaorum*〉両生綱無尾目アカガエル科のカエル。体長オス42～46mm，メス52～60mm。分布：石垣島，西表島。

コガタフラミンゴ
〈*Phoeniconaias minor*〉鳥綱コウノトリ目フラミンゴ科の鳥。別名コフラミンゴ。全長80～90cm。分布：アフリカ，インド北西部。

コガタミュンスターレンダー 小型ミュンスターレンダー
〈*Small Münsterländer*〉犬の一品種。体高48～56cm。原産：ドイツ。

コガネインコ
〈*Touit surda*〉鳥綱オウム目インコ科の鳥。全長16cm。分布：ブラジル東部。絶滅危惧IB類。

コガネオオコウモリ
〈*Pteropus phaeocephalus*〉哺乳綱翼手目オオ

コカネオハ

コウモリ科の動物。前腕長10cm前後。分布：ミクロネシア連邦のモートロック諸島。絶滅危惧IA類。

コガネオハチドリ
〈*Chrysuronia oenone*〉鳥綱アマツバメ目ハチドリ科の鳥。全長11cm。分布：トリニダード島, 南アメリカ。

コガネガエル
〈*Brachycephalus epphippium*〉無尾目コガネガエル科。

コガネゲラ
〈*Chrysocolaptes lucidus*〉鳥綱キツツキ目キツツキ科の鳥。体長33cm。分布：南アジア（インドから中国南西部, 大スンダ列島, フィリピン）。

コガネスズメ
〈*Passer luteus*〉スズメ科。体長10〜13cm。分布：セネガルからアラビアに至るサハラ砂漠南部の乾燥地帯。

コガネマエカケインコ
〈*Pyrrhura orcesi*〉鳥綱オウム目インコ科の鳥。全長22cm。分布：エクアドル南西部。絶滅危惧II類。

コガネミツスイ　黄金蜜吸
〈*Melithreptus laetior*〉鳥綱スズメ目ミツスイ科の鳥。別名オウゴンハチマキミツスイ。全長15cm。分布：オーストラリア中央部から北西部。

コガネメキシコインコ
〈*Aratinga solstitialis*〉鳥綱インコ目インコ科の鳥。体長30cm。分布：南アメリカ北東部。

コガマグチヨタカ　小蝦蟇口夜鷹
〈*Batrachostomus affinis*〉鳥綱ヨタカ目ガマグチヨタカ科の鳥。全長23cm。分布：インドシナからスマトラ島, ボルネオ島。

コガモ　小鴨
〈*Anas crecca*〉カモ科。体長34〜38cm。分布：北アメリカ, ユーラシア北部で繁殖。合衆国南部, 中央アメリカ, カリブ海, ユーラシア温帯域, アジア熱帯域で越冬。国内では北海道と本州。

コガラ　小雀
〈*Parus montanus*〉鳥綱スズメ目シジュウカラ科の鳥。全長12.5cm。分布：ユーラシア。国内では九州から北海道の落葉広葉樹林, 亜高山帯針葉樹林で繁殖し, 低山で越冬。

コガラ
アメリカコガラの別名。

コガラパゴスフィンチ
〈*Geospiza fuliginosa*〉鳥綱スズメ目ホオジロ科の鳥。体長11cm。分布：ガラパゴス諸島（エクアドル沖）。

コカワラヒワ
〈*Carduelis sinica minor*〉鳥綱スズメ目アトリ科の鳥。

コキアシシギ　小黄足鷸
〈*Tringa flavipes*〉鳥綱チドリ目シギ科の鳥。全長25cm。分布：北アメリカ北部。

コキクガシラコウモリ　小菊頭蝙蝠
〈*Rhinolophus cornutus*〉哺乳綱翼手目キクガシラコウモリ科の動物。前腕長3.6〜4.4cm。分布：北海道, 本州, 四国, 九州, 伊豆七島, 対馬, 壱岐, 屋久島, 奄美大島, 徳之島, 沖永良部島。

コキーコヤスガエル
〈*Eleutherodactylus coqui*〉両生綱無尾目ミナミガエル科のカエル。体長33〜58mm。分布：プエルトリコ。バージン諸島や合衆国のルイジアナ州, フロリダ州へ人為移入されている。

コキジバト　小雉鳩
〈*Streptopelia turtur*〉鳥綱ハト目ハト科の鳥。体長26〜28cm。分布：ヨーロッパ, 北アフリカ, 西南アジア。サハラ以南赤道以北のアフリカで越冬。

コキバシリカマドドリ　小木走竈鳥
〈*Certhiaxis mustelina*〉鳥綱スズメ目カマドドリ科の鳥。全長13cm。分布：ブラジル北部。

コギュウ　湖牛
〈*Hu Sheep*〉分布：中国の江蘇省, 湖江省など太湖地区周辺。

コキンチョウ　胡錦鳥
〈*Chloebia gouldiae*〉鳥綱スズメ目カエデチョウ科の鳥。体長14cm。分布：オーストラリア北部。絶滅危惧。

コキンメフクロウ　小金目梟
〈*Athene noctua*〉鳥綱フクロウ目フクロウ科の鳥。体長21〜23cm。分布：ヨーロッパ, 北アフリカ, 中東, アジア。

コクイシャコ
〈*Francolinus coqui*〉鳥綱キジ目キジ科の鳥。全長28cm。分布：アフリカ南部・東部。

コクガン 黒雁
〈*Branta bernicla*〉鳥綱ガンカモ目ガンカモ科の鳥。全長55～66cm。分布：北極。天然記念物。

コクカンチョウ 黒冠鳥
〈*Gubernatrix cristata*〉鳥綱スズメ目ホオジロ科の鳥。全長20.5cm。分布：ブラジル南東部，アルゼンチン東部。絶滅危惧IB類。

コククジラ 克鯨
〈*Eschrichtius robustus*〉哺乳綱クジラ目コククジラ科のクジラ。別名カリフォルニア・グレイ・ホエール，デビル・フィッシュ，マスル・ディッガー，スクラッグ・ホエール，アオサギ，チゴクジラ，シャレ。12～14m。分布：北太平洋と北大西洋の浅い沿岸地域。絶滅危惧IB類。

コクジャク 小孔雀
〈peacock-pheasant〉鳥綱キジ目キジ科コクジャク属に含まれる鳥の総称。

コクジャク
ハイイロコクジャクの別名。

コクショクミノルカ 黒色ミノルカ
〈*Black Minorca*〉ニワトリの一品種。原産：スペイン領ミノルカ島。

コクジラ
〈*Eschrichtius gibbosus*〉哺乳綱クジラ目コクジラ科の動物。

コクチョウ 黒鵠，黒鳥
〈*Cygnus atratus*〉カモ科。体長115～140cm。分布：オーストラリア。ニュージーランドに移入。

コクホウジャク 黒鳳雀
〈*Euplectes progne*〉鳥綱スズメ目ハタオリドリ科の鳥。全長61～76cm。分布：アフリカ東部・南部。

コクマルガラス 黒丸鴉
〈*Corvus dauuricus*〉鳥綱スズメ目カラス科の鳥。全長33～36cm。分布：シベリア南部・沿海州・中国南部。

ゴクラクインコ 極楽鸚哥
〈*Psephotus pulcherrimus*〉鳥綱オウム目インコ科の鳥。全長27cm。分布：オーストラリア東部。

ゴクラクチョウ
フウチョウ科。

ゴクラクバト 極楽鳩
〈*Otidiphaps nobilis*〉鳥綱ハト目ハト科の鳥。体長46cm。分布：ニューギニアおよび沖合の島々，アル諸島。

ゴクラクフウキンチョウ
ナナイロフウキンチョウの別名。

コクレルコビトキツネザル
〈*Mirza coquereli*〉哺乳綱霊長目コビトキツネザル科の動物。頭胴長20～22.5cm。分布：マダガスカル北西部および西部の沿岸域，南部のゾンビツェの森。絶滅危惧II類。

コクレルネズミキツネザル
〈*Microcebus coquereli*〉哺乳綱霊長目コビトキツネザル科の動物。頭胴長21cm。分布：マダガスカル島。

コグンカンドリ 小軍艦鳥
〈*Fregata ariel*〉鳥綱ペリカン目グンカンドリ科の鳥。別名グンカンドリ（旧）。全長70～80cm。分布：インド洋，太平洋。

コーケイルホンド
犬の一品種。

コゲチャミツスイ 焦茶蜜吸
〈*Myzomela obscura*〉鳥綱スズメ目ミツスイ科の鳥。全長13cm。分布：オーストラリア北東部・メルビル島・ニューギニア南部・アル諸島・オビ諸島・マルク諸島。

コゲチャヤブワラビー
〈*Thylogale brunii*〉二門歯目カンガルー科。頭胴長オス58～60cm，メス45～53cm。分布：ニューギニア島南部，インドネシアのアル諸島，カイ諸島。絶滅危惧種。

コゲラ 小啄木鳥
〈*Dendrocopos kizuki*〉鳥綱キツツキ目キツツキ科の鳥。全長15cm。分布：中国東北地区から朝鮮半島・ウスリー・カムチャツカ半島・サハリン，日本。国内では全国に9亜種が分布。

コケワタガモ 小毛綿鴨
〈*Polysticta stelleri*〉鳥綱ガンカモ目ガンカモ科の鳥。全長43～48cm。分布：シベリア東部からアラスカの北極圏。絶滅危惧II類。

ココカッコウ
〈*Coccyzus ferrugineus*〉カッコウ目カッコウ科。全長32cm。分布：コスタリカのココス島。絶滅危惧II類。

ココスタイランチョウ

ココスフイ

ココスフイ
⟨*Nesotriccus ridgwayi*⟩鳥綱スズメ目タイランチョウ科の鳥。全長13cm。分布：コスタリカのココス島。絶滅危惧II類。

ココスフィンチ
⟨*Pinaroloxias inornata*⟩鳥綱スズメ目ホオジロ科の鳥。全長11.5cm。分布：ココス島。絶滅危惧II類。

ココノエインコ　九重鸚哥
⟨*Platycercus icterotis*⟩鳥綱オウム目インコ科の鳥。全長25cm。分布：オーストラリア南西部。

ココノオビアルマジロ
⟨*Dasypus novemcinctus*⟩哺乳綱貧歯目アルマジロ科の動物。体長35～57cm。分布：合衆国南部，メキシコ，カリブ諸島，中央アメリカ，南アメリカ。

コサギ　小鷺
⟨*Egretta garzetta*⟩鳥綱コウノトリ目サギ科の鳥。体長55～65cm。分布：ユーラシア南部，アフリカ，オーストラレシア。国内では本州・四国・九州・対馬。

コザクラインコ　小桜鸚哥
⟨*Agapornis roseicollis*⟩鳥綱インコ目インコ科の鳥。体長15cm。分布：アンゴラ南西部，ナミビア（北東部を除く），ケープ州（南ア）北部。

コサックギツネ
⟨*Vulpes corsac*⟩イヌ科キツネ属。体長50～60cm。分布：旧ソ連および中国側のトルキスタン，モンゴル，バイカル湖にそって北部中国東北部まで，および北アフガニスタン。

コサメビタキ　小鮫鶲
⟨*Muscicapa latirostris*⟩鳥綱スズメ目ヒタキ科ヒタキ亜科の鳥。全長13cm。分布：旧ソ連，中国北東部・サハリン・日本，インド。国内では九州以北の平地，低山の広葉樹林に夏鳥として渡来。

コサンケイ　小山鶏
⟨*Lophura edwardsi*⟩鳥綱キジ目キジ科の鳥。全長58～65cm。分布：ベトナム中部。絶滅危惧IA類。

コシアカアリサザイ
⟨*Terenura callinota*⟩鳥綱スズメ目アリドリ科の鳥。全長10cm。分布：パナマ西部からベネズエラ北西部・ペルー中部・ギアナ。

コシアカウサギワラビー
⟨*Lagorchestes hirsutus*⟩二門歯目カンガルー科。別名マラ。頭胴長オス31～36cm，メス36～39cm。分布：オーストラリア西部。絶滅危惧種。

コシアカカワセミ
⟨*Halcyon pyrrhopygia*⟩鳥綱ブッポウソウ目カワセミ科の鳥。全長20～24cm。分布：オーストラリア。

コシアカキジ　腰赤雉
⟨*Lophura ignita*⟩鳥綱キジ目キジ科の鳥。全長オス65～67cm，メス56～57cm。分布：タイ南部・マレーシア・スマトラ島・ボルネオ島。絶滅危惧II類。

コシアカシャクケイ　腰赤舎久鶏
⟨*Penelope perspicax*⟩鳥綱キジ目ホウカンチョウ科の鳥。別名アカシャクケイ。全長86cm。分布：コロンビア西部。絶滅危惧IB類。

コシアカショウビン
⟨*Halcyon pyrrhopygia*⟩鳥綱ブッポウソウ目カワセミ科の鳥。

コシアカセッカ
⟨*Graminicola bengalensis*⟩鳥綱スズメ目ヒタキ科ウグイス亜科の鳥。全長16cm。分布：ネパールからタイ，中国南部。

コシアカツバメ　腰赤燕
⟨*Hirundo daurica*⟩鳥綱スズメ目ツバメ科の鳥。別名トックリツバメ，アカツバメ，トウツバメ。全長18.5cm。分布：イベリア半島・バルカン半島から中央アジア・インド・スリランカ・中国北部・ウスリー地方・朝鮮半島・日本・フィリピン・小スンダ列島・北アフリカ西部。国内では九州以北の夏鳥で，近畿地方より西に多い。

コシアカハゲラ
⟨*Veniliornis kirkii*⟩鳥綱キツツキ目キツツキ科の鳥。全長19cm。分布：パナマ，コスタリカ，コロンビア，エクアドル，ベネズエラ。

コシアカホウセキドリ　赤眉宝石鳥，宝石鳥
⟨*Pardalotus hunctatus*⟩鳥綱スズメ目ハナドリ科の鳥。

コシアカマユシトド
⟨*Poospiza lateralis*⟩鳥綱スズメ目ホオジロ科の鳥。全長14cm。分布：ブラジル南東部からアルゼンチン東部。

コシアカミツスイ　腰赤蜜吸

〈*Myzomela eichhorni*〉鳥綱スズメ目ミツスイ科の鳥。全長12cm。分布：ソロモン諸島。

コシアカモリチメドリ
〈*Stacyris maculata*〉鳥綱スズメ目ヒタキ科の鳥。体長16.5cm。分布：マレー半島, スマトラ島, ボルネオ島。

コシアカヤブタイランチョウ　腰赤藪太蘭鳥
〈*Myiotheretes erythropygius*〉鳥綱スズメ目タイランチョウ科の鳥。全長23cm。分布：コロンビアからボリビア。

コシアカユミハチドリ
〈*Phaethornis augusti*〉鳥綱アマツバメ目ハチドリ科の鳥。全長15.5cm。分布：南アメリカ。

コシギ　小鷸
〈*Lymnocryptes minimus*〉鳥綱チドリ目シギ科の鳥。全長19cm。分布：ユーラシア大陸北部。

ゴシキインカハチドリ
〈*Coeligena helianthea*〉鳥綱アマツバメ目ハチドリ科の鳥。全長14cm。分布：ベネズエラ, コロンビア。

ゴシキエメラルドフウキンチョウ
〈*Chlorochrysa nitidissima*〉スズメ目ホオジロ科（フウキンチョウ亜科）。全長13cm。分布：コロンビア北部と西部。絶滅危惧II類。

ゴシキセイガイインコ　五色青海鸚哥
〈*Trichoglossus haematodus*〉鳥綱インコ目インコ科の鳥。体長28〜32cm。分布：インドネシアなどの太平洋南西部, ニューギニア, オーストラリア北・東部。

ゴシキソウシチョウ
〈*Leiothrix argentauris*〉鳥綱スズメ目ヒタキ科の鳥。体長13cm。分布：ヒマラヤ山脈東部や中国南部からスマトラ島にかけて分布する。

コシキダイカー
〈*Cephalophus sylvicultor*〉ウシ科ダイカー属。体長115〜145cm。分布：ギニア・ビサウからスーダン, ウガンダ。

ゴシキタイヨウチョウ　五色太陽鳥
〈*Nectarinia mediocris*〉鳥綱スズメ目タイヨウチョウ科の鳥。全長12cm。分布：ケニア, タンザニア, モザンビーク, ザンビア。

ゴシキタイランチョウ　五色太蘭鳥
〈*Tachuris rubrigastra*〉タイランチョウ科。体長11cm。分布：ペルーの一部, ボリビア, パラグアイ, ブラジル南部, ウルグアイ, アルゼンチン東部。

コシギダチョウ　小鷸駝鳥
〈*Crypturellus soui*〉鳥綱シギダチョウ目シギダチョウ科の鳥。体長24cm。分布：メキシコ南部からボリビア東部とブラジル中南部にかけて。

ゴシキドリ　五色鳥
〈*Megalaima oorti*〉鳥綱キツツキ目ゴシキドリ科の鳥。全長20cm。分布：中国南部からスマトラ島, マレーシア。

ゴシキドリ　五色鳥
〈*barbet*〉広義には鳥綱キツツキ目ゴシキドリ科に属する鳥の総称で, 狭義にはそのうちの1種をさす。全長9cm（ヒメゴシキドリ類）〜33cm（オオゴシキドリ）。分布：サハラより南のアフリカ, インド, スリランカ, 東南アジア大陸部からフィリピン, ジャワ, バリ, ボルネオ, 南アメリカ北西部からパナマ, コスタリカに分布。

ゴシキドリ科
キツツキ目。全長9〜32cm。分布：サハラ以南のアフリカ, 南アジア, 中央アメリカから南アメリカ北西部。

ゴシキドリモドキ
〈*Calorhamphus fuliginosus*〉鳥綱キツツキ目ゴシキドリ科の鳥。全長18cm。分布：パキスタンからマレーシア, タイ, ビルマ。

ゴシキノジコ　五色野路子
〈*Passerina ciris*〉鳥綱スズメ目ホオジロ科の鳥。体長12.5〜14cm。分布：合衆国南東部および南部。メキシコ湾岸地域北部からパナマ, キューバで越冬。

コシキハネジネズミ
〈*Rhynchocyon chrysopygus*〉ハネジネズミ目ハネジネズミ科。体長27〜29cm。分布：東アフリカ。絶滅危惧IB類。

ゴシキヒワ　五色鶸
〈*Carduelis carduelis*〉鳥綱スズメ目アトリ科の鳥。体長12cm。分布：アフリカ北部, ヨーロッパ, 中東から中央アジア。

ゴシキメキシコインコ
〈*Aratinga auricapilla*〉鳥綱オウム目インコ科の鳥。全長30cm。分布：ブラジル南東部。絶滅危惧II類。

コシグロキンパラ　腰黒金腹, 腹黒金腹
〈*Lonchura leucogastroides*〉鳥綱スズメ目カ

コシクロク
エデチョウ科の鳥。全長11cm。分布：ジャワ島, バリ島, スンバワ島。

コシグロクサガエル
〈*Hyperolius fusciventris*〉両生綱無尾目クサガエル科のカエル。体長オス20〜25mm, メス23〜28mm。分布：シェラレオーネからカメルーン西部。

コシグロペリカン
〈*Pelecanus conspicillatus*〉鳥綱ペリカン目ペリカン科の鳥。体長150〜180cm。分布：オーストラリア, タスマニア。

コシジマシギダチョウ
〈*Crypturellus kerriae*〉鳥綱シギダチョウ目シギダチョウ科の鳥。全長30cm。分布：パナマ東部, コロンビア北西部。絶滅危惧II類。

コシジロアジサシ 腰白鯵刺
〈*Sterna aleutica*〉鳥綱チドリ目カモメ科の鳥。全長33〜38cm。分布：シベリア東部沿岸, アリューシャン列島, アラスカ沿岸。

コシジロイソヒヨドリ 腰白磯鶫
〈*Monticola saxatilis*〉鳥綱スズメ目ツグミ科の鳥。体長18.5cm。分布：北西アフリカ, 南および中央ヨーロッパから東はバイカル湖, 中国までの地域で繁殖。西アフリカで越冬。

コシジロイヌワシ
〈*Aquila verreauxii*〉鳥綱タカ目タカ科の鳥。体長81〜96cm。分布：サハラ以南のアフリカ, シナイ半島, アラビア半島南部。

コシジロインコ 腰白鸚哥
〈*Pseudeos fuscata*〉鳥綱オウム目ヒインコ科の鳥。全長25cm。分布：ニューギニア。

コシジロウズラシギ
〈*Calidris ferruginea*〉鳥綱チドリ目シギ科の鳥。全長18cm。分布：北アメリカ北部。

コシジロウタオオタカ
〈*Melierax canorus*〉鳥綱タカ科の鳥。体長オス50cm, メス58cm。分布：アフリカのサハラ砂漠以南。

コシジロウミツバメ 腰白海燕
〈*Oceanodroma leucorhoa*〉鳥綱ミズナギドリ目ウミツバメ科の鳥。体長19〜22cm。分布：日本から北東はアラスカまで, 南はメキシコまでの地域で繁殖。越冬は太平洋沿岸部, 南大西洋。国内では大黒島。

コシジロオオソリハシシギ
〈*Limosa lapponica menzbieri*〉鳥綱チドリ目シギ科の鳥。

コシジロガモ 腰白鴨
〈*Thalassornis leuconotus*〉鳥綱カモ科の鳥。体長38〜40cm。分布：サハラ以南のアメリカ。

コシジロキンパラ 腰白金腹
〈*Lonchura striata*〉鳥綱スズメ目カエデチョウ科の鳥。体長10cm。分布：インド, スリランカからスマトラ島。

コシジロハゲワシ
〈*Gyps africanus*〉鳥綱ワシタカ目ワシタカ科の鳥。翼長55〜60cm。分布：セネガルからスーダン, アフリカ南部。

コシジロフウキンチョウ
〈*Cypsnagra hirundinacea*〉鳥綱スズメ目ホオジロ科の鳥。全長15cm。分布：ブラジル, パラグアイ, ボリビア。

コシジロミツスイ
〈*Manorina flavigula*〉鳥綱スズメ目ミツスイ科の鳥。体長28cm。分布：オーストラリアのほぼ全域。

コシジロモズガラス 腰白鵙鴉
〈*Cracticus louisiadensis*〉鳥綱スズメ目フエガラス科の鳥。全長29cm。分布：ルイシェード群島。

コシジロヤマドリ 腰白鷳雉
〈*Phasianus soemmerringii ijimae*〉鳥綱キジ目キジ科の鳥。

コシジロラッパチョウ
ハジロラッパチョウの別名。

コジドリ 小地鶏
〈"Tosa" Native Fowl〉ニワトリの一品種。分布：高知県。

コジネズミ 小地鼠
〈*Crocidura suaveolens*〉哺乳綱食虫目トガリネズミ科の動物。分布：ユーラシア, アフリカ。

コシベニペリカン
〈*Pelecanus rufescens*〉鳥綱ペリカン目ペリカン科。

コジムヌラ
〈*Hylomys parvus*〉哺乳綱食虫目ハリネズミ科の動物。頭胴長9〜10.5cm。分布：インドネシアの西スマトラ州のクリンチ山。絶滅危

惧IA類。

コシャクシギ 小杓鷸
〈*Numenius minutus*〉鳥綱チドリ目シギ科の鳥。全長31cm。分布：シベリア北部。

コジャコウネコ
〈*Viverricula indica*〉哺乳綱食肉目ジャコウネコ科の動物。体長57cm。分布：中国南部，ビルマ，西マレーシア，タイ，スマトラ，ジャワ，バリ島，海南島，台湾，インドシナ，インド，スリランカ，ブータン。

コシャチイルカ
〈*Cephalorhynchus heavisidii*〉哺乳綱クジラ目マイルカ科の動物。別名サウスアフリカン・ドルフィン，ベンゲラ・ドルフィン。1.6〜1.7m。分布：南アフリカ南部からナミビア中央部まで北上する冷たい沿岸水域。

コシャモ 小軍鶏
〈*Japanese Game Bantam*〉ニワトリの一品種。

ゴジュウカラ 五十雀
〈*Sitta europaea*〉鳥綱スズメ目ゴジュウカラ科の鳥。体長11〜13cm。分布：西ヨーロッパから東は日本およびカムチャッカ半島。国内では広葉樹林，混交林。

ゴジュウカラ 五十雀
〈*nuthatch*〉広義には鳥綱スズメ目ゴジュウカラ科に属する鳥の総称で，狭義にはそのうちの1種をさす。全長9.5〜20cm。分布：北アメリカ，ヨーロッパ，北アフリカ，アジア，ニューギニア，オーストラリア。

ゴジュウカラ科
スズメ目。全長8〜20cm。分布：北半球からニューギニア，オーストラリア。

コジュケイ 小寿鶏，小授鶏，小綬鶏
〈*Bambusicola thoracica*〉鳥綱キジ目キジ科の鳥。別名ノウリンドリ。全長27cm。分布：中国南部・台湾。

コジュリン 小寿林
〈*Emberiza yessoensis*〉鳥綱スズメ目ホオジロ科の鳥。全長15cm。分布：中国北東部・ウスリー地方・朝鮮半島・日本。国内では本州，九州。

コシラヒゲオオガシラ
〈*Malacoptila panamensis*〉鳥綱キツツキ目オオガシラ科の鳥。全長19cm。分布：メキシコ南部からエクアドル西部。

コスズガモ 小鈴鴨
〈*Aythya affinis*〉鳥綱ガンカモ目ガンカモ科の鳥。全長38〜48cm。分布：北アメリカ北西部から中西部。

ゴス・ダトゥラ・カタラ
カタラン・シープドッグの別名。

コスタハチドリ
〈*Calypte costae*〉鳥綱アマツバメ目ハチドリ科の鳥。全長8cm。分布：アメリカ南西部・メキシコ北西部。

コスタリカカヤマウス
〈*Reithrodontomys rodriguezi*〉齧歯目ネズミ科（アメリカネズミ亜科）。頭胴長8cm。分布：コスタリカ。絶滅危惧II類。

コスタリカコメネズミ
〈*Sigmodontomys aphrastus*〉齧歯目ネズミ科（アメリカネズミ亜科）。頭胴長15.2cm。分布：コスタリカ。絶滅危惧IA類。

コスタリカルリカザリドリ
〈*Cotinga ridgwayi*〉鳥綱スズメ目カザリドリ科の鳥。全長17cm。分布：コスタリカ西部から中央部にかけて，パナマ西端。絶滅危惧II類。

コスタリカワタオウサギ
〈*Sylvilagus dicei*〉哺乳綱ウサギ目ウサギ科の動物。分布：コスタリカ，パナマ。絶滅危惧IB類。

ゴーストガエル
〈*ghost frog*〉両生綱無尾目ゴーストガエル科のカエル。体長6cm。分布：南アフリカ。

コストローマ
〈*Kostroma*〉牛の一品種。

コスミレコンゴウインコ
〈*Anodorhynchus leari*〉鳥綱オウム目インコ科の鳥。全長70〜75cm。分布：ブラジルのバイーア州北東部のカタリーナ平原。絶滅危惧IA類。

コズメルアライグマ
〈*Procyon pygmaeus*〉哺乳綱食肉目アライグマ科の動物。頭胴長42〜44cm。分布：メキシコのコスメル島。絶滅危惧IB類。

コスメルカヤマウス
〈*Reithrodontomys spectabilis*〉齧歯目ネズミ科（アメリカネズミ亜科）。頭胴長8〜9cm。分布：メキシコのコスメル島。絶滅危惧IB類。

コスメルハナグマ
〈Nasua nelsoni〉哺乳綱食肉目アライグマ科の動物。頭胴長40〜43cm。分布：メキシコのユカタン半島とコスメル島。絶滅危惧IB類。

コスメルモズモドキ
〈Vireo bairdi〉モズモドキ科。体長11〜12cm。分布：コスメル島（メキシコ）。

コズロフトガリネズミ
〈Sorex kozlovi〉哺乳綱食虫目トガリネズミ科の動物。分布：中国のチベット自治区。絶滅危惧IA類。

コズロフナキウサギ
〈Ochotona koslowi〉哺乳綱ウサギ目ナキウサギ科の動物。分布：中国のクンルン山脈のアルカーグ山地。絶滅危惧IB類。

コセイインコ 小青鸚哥
〈Psittacula cyanocephala〉鳥綱オウム目インコ科の鳥。体長33cm。分布：インド亜大陸の大部分の地域。

コセイガイインコ 小青海鸚哥
〈Trichoglossus chlorolepidotus〉鳥綱オウム目ヒインコ科の鳥。全長23cm。分布：オーストラリア北東部。

コセキレイタイランチョウ 小鶺鴒太蘭鳥
〈Stigmatura napensis〉鳥綱スズメ目タイランチョウ科の鳥。全長14cm。分布：エクアドル東部。ブラジル。

コセグロフクレヤブモズ 小背黒脹藪鵙
〈Dryoscopus pringlii〉鳥綱スズメ目モズ科の鳥。全長13cm。分布：エチオピア南部からソマリア南部。

コセミクジラ 小背美鯨
〈Caperea marginata〉哺乳綱クジラ目コセミクジラ科のクジラ。5.5〜6.5m。分布：沿海,遠洋両方の南半球温帯海域。

コーセンズアレチネズミ
〈Gerbillus cosensis〉齧歯目ネズミ科（アレチネズミ亜科）。分布：ケニア。絶滅危惧IA類。

コダイキンカチョウ
鳥綱スズメ目カエデチョウ科の鳥。

コダイマキエゴシキインコ 古代蒔絵五色鸚哥
〈Barnardius zonarius〉鳥綱オウム目インコ科の鳥。分布：オーストラリア中央部・西部。

コタイランチョウ 小太蘭鳥
〈Phyllomyias fasciatus〉鳥綱スズメ目タイランチョウ科の鳥。全長11cm。分布：ブラジル東部・パラグアイ東部・アルゼンチン北部。

コータオアシナシイモリ
〈Ichthyophis kohtaoensis〉無足目ヌメアシナシイモリ科。

コタネワリキンパラ
タネワリキンパラの別名。

コーターホース
馬の一品種。体高154〜162cm。原産：アメリカ合衆国。

コーチェラヴァレーフサアシトカゲ
〈Uma inornata〉爬虫綱トカゲ目（トカゲ亜目）イグアナ科の動物。頭胴長6.9〜12.2cm。分布：アメリカ合衆国カリフォルニア州南部。絶滅危惧IB類。

コーチスキアシガエル
〈Scaphiopus couchii〉両生綱無尾目スキアシガエル科のカエル。体長60〜80mm。分布：合衆国カリフォルニア州南東部からオクラホマ州南西部以南。メキシコ高原及びカリフォルニア半島にも分布。

コチト
コガシラネズミイルカの別名。

コチドリ 小千鳥
〈Charadrius dubius〉鳥綱チドリ目チドリ科の鳥。全長15cm。分布：ユーラシア大陸・アフリカ北部・日本・フィリピン・ニューギニア。国内ではおもに夏鳥.河岸の小石原,海浜。

コチャバラオオルリ
〈Niltava sundara〉鳥綱スズメ目ヒタキ科の鳥。体長18cm。分布：ヒマラヤ地方から中国西部,ミャンマー。

コチャバンバモグリマウス
〈Oxymycterus hucucha〉齧歯目ネズミ科（アメリカネズミ亜科）。頭胴長11.6cm。分布：ボリビア中央部。絶滅危惧II類。

コチャバンバヤチマウス
〈Akodon siberiae〉齧歯目ネズミ科（アメリカネズミ亜科）。頭胴長10cm。分布：ボリビア中央部。絶滅危惧II類。

コチョウゲンボウ 小長元坊
〈Falco columbarius〉鳥綱ワシタカ目ハヤブサ科の鳥。体長オス27cm、メス32cm。分布：北アメリカとユーラシアの多くの地域で繁殖。南アメリカ北部,アフリカ北部,インド北部,ベトナム南部まで南下して越冬。

コーチン
〈Cochin〉鳥綱キジ目キジ科の鳥。分布：中国中北部。

コーチン・バンタム
〈Cochin Bantam〉鳥綱キジ目キジ科の鳥。分布：中国。

コツウォルド
〈Cotswold〉羊の一品種。原産：イングランド中南部。

コッカー・スパニエル
〈Cocker Spaniel〉犬の品種。体高38〜41cm。分布：イギリス。

コッカープー
〈Cockerpoo〉犬の一品種。

コックスカグラコウモリ
〈Hipsideros coxi〉翼手目キクガシラコウモリ科（カグラコウモリ亜科）。前腕長5.1〜5.2cm。分布：マレーシアのカリマンタン（ボルネオ）島北西部。絶滅危惧II類。

ゴットランド
〈Gotland〉馬の一品種。体高122〜123cm。原産：スウェーデン（ゴットランド島）。

コツメカワウソ 小爪獺
〈Aonyx cinerea〉哺乳綱食肉目イタチ科の動物。体長45〜61cm。分布：南アジア，東アジア，東南アジア。

コツメデバネズミ
〈Cryptomys hottentotus〉哺乳綱齧歯目デバネズミ科の動物。体長10〜18.5cm。分布：アフリカ南部。

コディアクヒグマ
〈Ursus arctos middendorffi〉食肉目クマ科。

コーデッド・プードル
〈Corded Poodle〉犬の一品種。

コテハナアシナシトカゲ
〈Aniella pulchra〉有鱗目コテハナアシナシトカゲ科。

コテングコウモリ 小天狗蝙蝠
〈Murina silvatica〉哺乳綱翼手目ヒナコウモリ科の動物。

コテングコウモリ
ウスリーコテングコウモリの別名。

コテングコウモリ
ニホンコテングコウモリの別名。

コトウ
コビレゴンドウの別名。

コドコド
〈Felis guigna〉哺乳綱食肉目ネコ科の動物。体長42〜51cm。分布：南アメリカ西部。絶滅危惧II類。

コトドリ 琴鳥
〈Menura novaehollandiae〉コトドリ科。体長オス80〜98cm，メス74〜84cm。分布：オーストラリア南東部。タスマニアにも移入。

コトドリ 琴鳥
〈lyrebird〉広義には鳥綱スズメ目コトドリ科に属する鳥の総称で，狭義にはそのうちの1種をさす。体長90〜100cm。分布：オーストラリア東部の温帯と亜熱帯の多雨林に生息。

コトドリ科
スズメ目。全長76〜100cm。分布：オーストラリア南東部。

コトラツグミ
〈Zoothera dauma horsfieldi〉鳥綱スズメ目ツグミ科。

ゴトランド
〈Gotland〉哺乳綱奇蹄目ウマ科の動物。

ゴードン・セター
〈Gordon Setter〉哺乳綱食肉目イヌ科の動物。体高62〜66cm。分布：イギリス。

コトン・デ・チュレアール
〈Coton de Tulear〉犬の一品種。体高25〜30cm。原産：マダガスカル。

コトンラット
アラゲワタネズミの別名。

コトンラット属
〈Sigmodon〉哺乳綱齧歯目ネズミ科の動物。分布：合衆国南部，メキシコ，中央アメリカと，南アメリカはブラジル北東部まで。

コニクススナボア
〈Gongylophis conicus〉爬虫綱有鱗目ヘビ亜目ボア科のヘビ。全長0.5〜1m。分布：アジア。

コニック
〈Konik〉馬の一品種。体高130〜140cm。原産：ポーランド。

コーニッシュ
〈Gallus gallus var. domesticus〉鳥綱キジ目キジ科の鳥。分布：イギリス。

コーニッシュ・レックス
〈Cornish Rex〉猫の一品種。原産：イギリス。

コネマラ
〈Connemara〉哺乳綱奇蹄目ウマ科の動物。体高132〜142cm。原産：アイルランド（コンノート地方）。

コノドジロムシクイ
ハッコウチョウの別名。

コノハガエル 木葉蛙
〈Megophrys monticola〉両生綱無尾目スキアシガエル科のカエル。

コノハズク 木葉木菟
〈Otus sunia〉鳥綱フクロウ目フクロウ科の鳥。全長20cm。分布：アフガニスタンからアジア東部，日本，台湾，スラウェシ島の森林。

コノハズク
ヨーロッパコノハズクの別名。

コノハドリ 木葉鳥
〈leafbird〉鳥綱スズメ目コノハドリ科に属する鳥の総称。全長14〜27cm。分布：パキスタンからインド，東南アジアをへてフィリピンまで。

コノハドリ科
スズメ目。分布：インドからインドシナ・中国南部・フィリピン。

コノハヒキガエル
〈Bufo typhonius〉無尾目ヒキガエル科。

コノハヤモリ
〈Phyllurus sp.〉爬虫綱有鱗目ヤモリ科の動物。

コノマサンショウウオ
〈Aneides lugubris〉体長11〜18cm。分布：アメリカ合衆国西部（カリフォルニア）。

コハクインコ
コバタンの別名。

コハクオウム
コバタンの別名。

コハクチョウ 小鵠，小白鳥
〈Cygnus columbianus jankowskyi〉カモ科。体長120〜150cm。分布：北アメリカ，ロシア極北部で繁殖。冬は温帯域までの南で越冬。

コハゲコウ
〈Leptoptilos javanicus〉鳥綱コウノトリ目コウノトリ科の鳥。全長115cm。分布：南アジアから東南アジアにかけて広く分布していたが，現在はかなり局地的。国内ではVU。絶滅危惧II類。

コバシウミスズメ
〈Brachyramphus brevirostris〉全長24cm。

コバシカマドドリ 小嘴竈鳥
〈Thripophaga baeri〉鳥綱スズメ目カマドドリ科の鳥。全長14cm。分布：アルゼンチン北部・パラグアイ南部・ウルグアイ。

コバシカンムリヒバリ 小嘴冠雲雀
〈Galerida theklae〉鳥綱スズメ目ヒバリ科の鳥。全長17cm。分布：スペイン・ポルトガル，モロッコからエジプト，エチオピア・ケニア・ソマリア。

コバシギンザンマシコ
〈Pinicola enucleator kamtschatkensis〉鳥綱スズメ目アトリ科の鳥。

コバシゴシキタイヨウチョウ
キンバネオナガタイヨウチョウの別名。

コバシジカマドドリ 小嘴地竈鳥
〈Geositta antarctica〉鳥綱スズメ目カマドドリ科の鳥。全長15cm。分布：南アメリカ。

コバシタイヨウチョウ
ホオアカコバシタイヨウチョウの別名。

コバシタイランチョウ 小嘴太蘭鳥
〈Tyrannopsis sulphurea〉鳥綱スズメ目タイランチョウ科の鳥。全長19cm。分布：ガイアナ・ベネズエラ北東部・コロンビア・エクアドル・ペルー，ブラジル。

コバシチドリ 小嘴千鳥
〈Eudromias morinellus〉鳥綱チドリ目チドリ科の鳥。体長20〜22cm。分布：北極地方，ユーラシアの山岳地帯で繁殖，北アフリカや中東で越冬。

コバシニセタイヨウチョウ
〈Neodrepanis hypoxantha〉鳥綱スズメ目マミヤイロチョウ科の鳥。全長9〜10cm。分布：マダガスカル。絶滅危惧IB類。

コバシヌマミソサザイ
〈Cistothorus platensis〉鳥綱スズメ目ミソサザイ科の鳥。体長11cm。分布：カナダ南部から合衆国東部および中央部，中央メキシコ南部から西パナマにかけての地域で繁殖。合衆国東部，メキシコ東部で越冬。

コバシハエトリモドキ 小嘴蠅取擬

〈*Pseudotriccus pelzelni*〉鳥綱スズメ目タイランチョウ科の鳥。全長11cm。分布：パナマ東部からペルー南部。

コバシハチドリ
〈*Abeillia abeillei*〉鳥綱アマツバメ目ハチドリ科の鳥。全長7.5cm。分布：メキシコからニカラグア北部。

コバシハワイミツスイ
〈*Loxops coccinea*〉鳥綱スズメ目ハワイミツスイ科の鳥。全長11cm。分布：ハワイ諸島。絶滅危惧IB類。

コバシヒメアオバト 小嘴姫緑鳩
〈*Ptilinopus roseicapilla*〉鳥綱ハト目ハト科の鳥。全長24cm。分布：マリアナ諸島。

コバシフラミンゴ
〈*Phoenicopterus jamesi*〉鳥綱コウノトリ目フラミンゴ科の鳥。体長1.1m。分布：南アメリカ西部。絶滅危惧II類。

コバシベニサンショウクイ 小嘴紅山椒喰
〈*Pericrocotus brevirostris*〉鳥綱スズメ目サンショウクイ科の鳥。全長18cm。分布：ヒマラヤから中国南部・インドシナ。

コバシマダガスカルヒヨドリ
〈*Phyllastrephus zosterops*〉鳥綱スズメ目ヒヨドリ科の鳥。全長オス16cm、メス15cm。分布：マダガスカル。

コバシミツオシエ
〈*Melignomon zenkeri*〉鳥綱キツツキ目ミツオシエ科の鳥。全長13cm。分布：カメルーン南部からコンゴ北部。

コバシミツスイ 小嘴蜜吸
〈*Meliphaga fusca*〉鳥綱スズメ目ミツスイ科の鳥。全長15cm。分布：オーストラリア東部・南東部、ニューギニア島南東部。

コバシミドリムシクイ
〈*Hylia prasina*〉鳥綱スズメ目ウグイス科の鳥。全長11.5cm。分布：ギニアからケニア西部、およびアンゴラ北部に至るアフリカ西部・中央部。

コバシムシクイ
〈*Smicrornis brevirostris*〉トゲハシムシクイ科。体長8～9cm。分布：オーストラリアのほぼ全域。

コハタオリドリ
ヒメハタオリの別名。

コバタン 小巴旦
〈*Cacatua sulphurea*〉鳥綱オウム目オウム科の鳥。別名コハクオウム、コハクインコ。全長33cm。分布：スラウェシ島、小スンダ列島、フロレス諸島。絶滅危惧IB類。

コハチクイモドキ
〈*Hylomanes momotula*〉鳥綱ブッポウソウ目ハチクイモドキ科の鳥。全長17cm。分布：メキシコ南部からコロンビア北西部。

コハナインコ 小花鸚哥
〈*Agapornis pullaria*〉鳥綱オウム目インコ科の鳥。全長15cm。分布：アフリカ中部・中西部。

コバネウ
ガラパゴスコバネウの別名。

コバネカイツブリ
〈*Rollandia micropterum*〉鳥綱カイツブリ目カイツブリ科の鳥。体長28cm。分布：ティティカカ湖、ウマヨ湖、ポーポー湖（ペルーおよびボリビア）のみ。絶滅危惧II類と推定。

コバネハエトリ 小羽蠅取、小羽蠅取
〈*Atalotriccus pilaris*〉鳥綱スズメ目タイランチョウ科の鳥。全長9cm。分布：パナマからコロンビア、ベネズエラ、ギアナ。

コバネヒタキ
〈*Brachypteryx montana*〉鳥綱スズメ目ツグミ科の鳥。体長15cm。分布：ネパール東部から中国西部および南部、台湾、フィリピン、カリマンタン、スマトラ、ジャワ。

コバネマダガスカルヒヨドリ
〈*Phyllastrephus apperti*〉鳥綱スズメ目ヒヨドリ科の鳥。全長15cm。分布：マダガスカル南西部。絶滅危惧II類。

コバフルーツコウモリ
〈*Neopteryx frosti*〉哺乳綱翼手目オオコウモリ科の動物。前腕長10.5～11cm。分布：インドネシアのスラウェシ島。絶滅危惧II類。

コバマングース
〈*Eupleres goudotii*〉食肉目ジャコウネコ科（エウプレレス亜科）。体長48～56cm。分布：東および北マダガスカル。絶滅危惧IB類。

コバミナガコウモリ
〈*Nyctophilus microdon*〉哺乳綱翼手目ヒナコウモリ科の動物。前腕長3.9～4.1cm。分布：ニューギニア島、インドネシアのサラワティ島。絶滅危惧種。

コハリイルカ
〈*Phocoena spinipinnis*〉哺乳綱クジラ目ネズミイルカ科の動物。別名ブラック・ポーパス。1.4～2m。分布：ペルーからウルグアイまでの南アメリカ沿岸域，フォークランド諸島。

コバルトセキセイ
〈*Melopsittacus undulatus*〉鳥綱オウム目オウム科の鳥。

コバルトヤドクガエル
〈*Dendrobates azureus*〉両生綱無尾目ヤドクガエル科のカエル。体長38～45mm。分布：スリナムのVier Gebroeders山の西斜面にあるシパリウイニ・サバンナ。絶滅危惧。

コハワイマシコ
〈*Psittirostra bailleui*〉鳥綱スズメ目ハワイミツスイ科の鳥。全長16cm。分布：ハワイ島。

コハワイミツスイ
〈*Viridonia parva*〉鳥綱スズメ目ハワイミツスイ科の鳥。全長10cm。分布：アメリカ合衆国ハワイ州のカウアイ島。絶滅危惧II類。

コヒクイドリ
〈*Casuarius bennetti*〉鳥綱ダチョウ目ヒクイドリ科の鳥。頭高110cm。分布：ニューギニア，ニューブリテン島。

ゴビズキンカモメ ゴビ頭巾鷗
〈*Larus relictus*〉鳥綱チドリ目カモメ科の鳥。全長39～40cm。分布：カザフ共和国，シベリア南東部。絶滅危惧II類。

コビトアメリカヨタカ
〈*Chordeiles pusillus*〉鳥綱ヨタカ目ヨタカ科の鳥。全長15cm。分布：ブラジル。

コビトアレチネズミ属
〈*Gerbillurus*〉哺乳綱齧歯目ネズミ科の動物。分布：アフリカ西部。

コビトイノシシ
〈*Sus salvanius*〉哺乳綱偶蹄目イノシシ科の動物。体長50～71cm。分布：南アジア。絶滅危惧IA類。

コビトイルカ 小人海豚
〈*Sotalia fluviatilis*〉哺乳綱クジラ目マイルカ科の動物。別名エスチュアライン・ドルフィン。1.3～1.8m。分布：南アメリカの北東部や中央アメリカ東部の浅い沿岸部や河川。

コビトウ
〈*Phalacrocorax pygmaeus*〉鳥綱ペリカン目ウ科の鳥。体長45～55cm。分布：ユーラシア。

コビトカイマン
〈*Paleosuchus palpebrosus*〉爬虫綱ワニ目アリゲーター科のワニ。別名キュビエムカシカイマン。全長1.5m。分布：南アメリカ熱帯域。

コビトカバ 小人河馬
〈*Choeropsis liberiensis*〉哺乳綱偶蹄目カバ科の動物。別名リベリアカバ。体長1.4～1.6m。分布：西アフリカ。絶滅危惧II類。

コビトガラゴ
〈*Galago demidovii*〉哺乳綱霊長目ロリス科の動物。別名デミドフガラゴ。頭胴長12cm。分布：ガボンから中央アフリカ，ウガンダ，タンザニア西部，ブルンジ，ザイール，コンゴ，セネガルからマリ南部，ブルキナファソ，ナイジェリア南西部，ベニン。

コビトカワセミ
〈*Myioceyx lecontei*〉鳥綱ブッポウソウ目カワセミ科の鳥。全長10cm。分布：西アフリカ。

コビトキツネザル
〈*dwarf lemur*〉哺乳綱霊長目キツネザル科コビトキツネザル属に含まれる動物の総称。

コビトグエノン
〈*Miopithecus talapoin*〉オナガザル科コビトグエノン属。別名タラポワン。頭胴長34～37cm。分布：カメルーン南部からアンゴラ。

コビトコブウシ
〈*Bos indicus*〉哺乳綱偶蹄目ウシ科の動物。

コビトコブウシ
コブウシの別名。

コビトサザイ
コビトサザイ科。体長8～10cm。分布：ニュージーランド。

コビトジャコネズミ
〈*Suncus etruscus*〉体長4～5cm。分布：南ヨーロッパ，南アジアから東南アジアにかけて，スリランカ。

コビトタイランチョウ 小人太蘭鳥
〈*Myiornis ecaudatus*〉タイランチョウ科。体長7cm。分布：コスタリカからボリビア北部，ブラジルのアマゾン川流域，ギアナ地方，トリニダード島。

コビトトガリネズミ
〈*Microsolex hoyi*〉哺乳綱食虫目トガリネズミ科の動物。分布：北アメリカ。

コビトドリ 小人鳥

〈*tody*〉鳥綱ブッポウソウ目コビトドリ科に属する鳥の総称。全長11〜12cm。分布：カリブ海の大きな島のみ。

コビトドリ科
ブッポウソウ目。全長10〜11cm。分布：西インド諸島。

コビトニセヨロイトカゲ
〈*Pseudocordylus nebulosus*〉爬虫綱トカゲ目（トカゲ亜目）ヨロイトカゲ科のトカゲ。頭胴長7〜7.6cm。分布：南アフリカ共和国南部。絶滅危惧II類。

コビトハチドリ
〈*Mellisuga minima*〉鳥綱アマツバメ目ハチドリ科の鳥。全長6.5〜7cm。分布：西インド諸島。

コビトハヤブサ
〈*Polihierax semitorquatus*〉鳥綱タカ目ハヤブサ科の鳥。体長19〜24cm。分布：アフリカ東，南部。

コビトバーラル
〈*Pseudois schaeferi*〉哺乳綱偶蹄目ウシ科の動物。頭胴長約115cm。分布：中国の四川省。絶滅危惧IB類。

コビトフタコブラクダ
哺乳綱偶蹄目ラクダ科。絶滅危惧種。

コビトフチア
〈*Mesocapromys nanus*〉哺乳綱齧歯目フチア科の動物。分布：キューバ中西部。絶滅危惧IA類。

コビトペンギン
〈*Eudyptula minor*〉鳥綱ペンギン目ペンギン科の鳥。体長40cm。分布：ニュージーランド，チャタム島，オーストラリア南部，タスマニア。

コビトマイコドリ 小人舞子鳥
〈*Tyranneutes stolzmanni*〉鳥綱スズメ目マイコドリ科の鳥。全長8cm。分布：ベネズエラからコロンビア東部，ペルー南東部，ボリビア北西部。

コビトマウス属
〈*Baiomys*〉哺乳綱齧歯目ネズミ科の動物。分布：合衆国南西部から，南はニカラグアまで。

コビトマザマ
〈*Mazama chunyi*〉哺乳綱偶蹄目シカ科の動物。肩高35cm。分布：ボリビア北部，ペルー，アンデス。

コビトマングース
〈*Helogale parvula*〉哺乳綱食肉目ジャコウネコ科マングース亜科の動物。体長18〜28cm。分布：東アフリカ，アフリカ南部。

コビトマングース
〈*dwarf mongoose*〉哺乳綱食肉目ジャコウネコ科マングース亜科コビトマングース属に含まれる動物の総称。

コビトミソサザイ 小人鷦鷯
〈*Uropsila leucogastra*〉鳥綱スズメ目ミソサザイ科の鳥。全長9〜10cm。分布：メキシコ東部・南西部からグアテマラ・ホンジュラス北部。

コビトミツスイ 小人蜜吸
〈*Oedistoma pygmaeum*〉鳥綱スズメ目ミツスイ科の鳥。全長7cm。分布：ニューギニア。

コビトメジロ
ヒメメジロの別名。

コビトワニ
ニシアフリカコビトワニの別名。

コヒバリ 小雲雀
〈*Calandrella rufescens*〉鳥綱スズメ目ヒバリ科の鳥。体長13cm。分布：カナリア諸島，アフリカ北部から中東・中央アジアを経て中国北部。

コヒバリチドリ 小雲雀千鳥
〈*Thinocorus rumicivorus*〉鳥綱チドリ目ヒバリチドリ科の鳥。全長17cm。分布：エクアドル，ボリビア以南の南アメリカ，フォークランド諸島。

ゴビフタコブラクダ
フタコブラクダの別名。

コビレゴンドウ 小鰭巨頭，真巨頭
〈*Globicephala macrorhynchus*〉哺乳綱クジラ目マイルカ科の動物。別名ポットヘッドホエール，ショートフィン・パイロットホエール，パシフィック・パイロットホエール，ゴンドウ，コトウ，マゴンドウ，タッパナガ。3.6〜6.5m。分布：世界中の熱帯，亜熱帯それに暖温帯海域。国内では北海道から沖縄にかけての太平洋岸。

コーブ
〈*Kobus kob*〉ウシ科コーブ属。体長1.3〜2.4m。分布：アフリカ西部から東部。

コブ
〈*Cob*〉馬の一品種。151cm。原産：イギリス。

コフアカメ

ゴファーガメ
アナホリゴファーガメの別名。

ゴファーヘビ
パインヘビの別名。

コブウシ 瘤牛
〈*Bos taurus indicus*〉哺乳綱偶蹄目ウシ科の動物。別名ゼビュー，幇牛。

コフウチョウ 小風鳥
〈*Paradisaea minor*〉鳥綱スズメ目フウチョウ科の鳥。全長32cm。分布：ニューギニア北西部。

コブガタウェルシュ・ポニー コブ型ウェルシュ・ポニー
〈*Welsh Pony of Cob Type*〉馬の一品種。体高134cm。原産：ウェールズ。

コブガモ 瘤鴨
〈*Sarkidiornis melanotos*〉カモ科。体長56～76cm。分布：サハラ以南のアフリカ，インド，アジア南東部，南アメリカ熱帯域。

ゴーフシトド
ゴーフフィンチの別名。

コブチジュウシマツ
ジュウシマツの別名。

コープハイイロアマガエル
〈*Hyla chrysoscelis*〉両生綱無尾目アマガエル科のカエル。体長3～6cm。分布：北アメリカ。

コブハクジラ 瘤歯鯨
〈*Mesoplodon densirostris*〉哺乳綱クジラ目アカボウクジラ科のクジラ。別名アトランティックビークト・ホエール，デンス・ビークト・ホエール，トロピカル・ビークト・ホエール。4.5～6m。分布：米国の大西洋岸を中心に，暖温帯から熱帯の海域に広く分布。国内では沖縄県周辺，静岡県。

コブハクチョウ 瘤鵠，瘤白鳥
〈*Cygnus olor*〉カモ科。体長125～155cm。分布：ユーラシア温帯域。北アメリカ，南アフリカ，オーストラリアの一部に移入。

コブハシコウ
マレーコウノトリの別名。

コブバト 瘤鳩
〈*Ducula oceanica*〉鳥綱ハト目ハト科の鳥。全長35cm。分布：ミクロネシア。

コブハナカメレオン
〈*Calumma globifer*〉爬虫綱有鱗目トカゲ亜目カメレオン科のトカゲ。全長36cm。分布：マダガスカル東部。

コブハナトカゲ
〈*Lyriocephalus scutatus*〉爬虫綱有鱗目トカゲ亜目アガマ科のトカゲ。全長24～34cm。分布：スリランカ。

ゴーフフィンチ
〈*Rowettia goughensis*〉鳥綱スズメ目ホオジロ科の鳥。別名ゴーフシトド。全長20cm。分布：イギリス領ゴフ島。絶滅危惧II類。

コブラ
〈*cobra*〉爬虫綱有鱗目コブラ科コブラ属に含まれるヘビの総称。全長38cm～5.6m。分布：南・北アメリカ，アジア，アフリカ，オーストラリアの熱帯，亜熱帯。

コフラミンゴ
コガタフラミンゴの別名。

コープレイ
ハイイロヤギュウの別名。

コベニヒワ 小紅鶸
〈*Acanthis hornemanni*〉鳥綱スズメ目アトリ科の鳥。全長13cm。分布：ユーラシア大陸，北アメリカ。

コボウシインコ 小帽子鸚哥
〈*Amazona albifrons*〉鳥綱オウム目インコ科の鳥。全長26cm。分布：メキシコからコスタリカ西部。

コホオアカ 小頬赤
〈*Emberiza pusilla*〉鳥綱スズメ目ホオジロ科の鳥。全長13cm。分布：ヨーロッパ北部からシベリア，モンゴル。

コマ
ウマの別名。

コマウロコオリゴソーマトカゲ
〈*Oligosoma microlepis*〉爬虫綱トカゲ目（トカゲ亜目）トカゲ科のトカゲ。頭胴長6～6.7cm。分布：ニュージーランド北島。絶滅危惧II類。

ゴマシオキノボリカンガルー
〈*Dendrolagus inustus*〉哺乳綱有袋目カンガルー科の動物。

コマダラキーウィ
〈*Apteryx owenii*〉鳥綱ダチョウ目キーウィ科の鳥。体長50cm。分布：ニュージーランド南

島。絶滅危惧II類。

ゴマダラタイランチョウ　小斑太蘭鳥
〈Fluvicola pica〉タイランチョウ科。体長12〜14cm。分布：パナマ・アンデス山脈東側の南アメリカ北・中部，トリニダード島。

ゴマダラパタゴニアガエル
〈Atelognathus reverberii〉両生綱無尾目カエル目ユビナガガエル科のカエル。体長オス3.5〜3.8cm，メス3.6〜4.5cm。分布：アルゼンチン中部。絶滅危惧II類。

コマチスズメ　小町雀
〈Emblema picta〉鳥綱スズメ目カエデチョウ科の鳥。全長10cm。分布：オーストラリア北西部。

コマツグミ　駒鶫
〈Turdus migratorius〉鳥綱スズメ目ツグミ科の鳥。体長23〜28cm。分布：北アメリカ。

コマッコウ　小抹香
〈Kogia breviceps〉コマッコウ科。別名レッサー・スパーム・ホエール，ショートヘディッド・スパーム・ホエール，レッサー・カチャロット。2.7〜3.4m。分布：温帯，亜熱帯，熱帯の大陸棚を越えた海域。国内では太平洋側では宮城県以南。

コマッコウ　小抹香
歯クジラ亜目マッコウクジラ科コマッコウ属Kogiaに属する哺乳類の総称。

コマドリ　駒鳥
〈Erithacus akahige〉鳥綱スズメ目ヒタキ科ツグミ亜科の鳥。全長14cm。分布：サハリン。国内では北海道・本州・四国・九州。

コマドリモズ　駒鳥鵙
〈Lanioturdus torquatus〉鳥綱スズメ目モズ科の鳥。全長14cm。分布：アフリカ南西部。

コマネズミ　独楽鼠
哺乳綱齧歯目ネズミ科の動物。

ゴマバラワシ
〈Polemaetus bellicosus〉鳥綱タカ目タカ科の鳥。体長81〜96cm。分布：サハラ以南のアフリカ。絶滅危惧II類と推定。

ゴマフアザラシ　胡麻斑海豹
〈Phoca largha〉鰭脚目アザラシ科の哺乳類。頭胴長オス170cm，メス160cm。分布：オホーツク海とベーリング海。

ゴマフオオナガゴシキドリ
〈Trachyphonus darnaudii〉体長20cm。分布：東アフリカ。

ゴマフカマドリ
ゴマフトゲオドリの別名。

ゴマフガモ　胡麻斑鴨
〈Stictonetta naevosa〉カモ科。体長50〜55cm。分布：オーストラリア。絶滅危惧種。

ゴマフジツグミ
〈Zoothera guttata〉スズメ目ヒタキ科（ツグミ亜科）。全長22cm。分布：タンザニア，ケニア，モザンビーク，南アフリカ共和国，マラウイ，スーダン，コンゴ民主共和国。絶滅危惧IB類。

ゴマフスズメ　胡摩斑雀，胡麻斑雀
〈Passerella iliaca〉鳥綱スズメ目ホオジロ科の鳥。体長18cm。分布：カナダや合衆国西部で繁殖し，カナダ南西部から合衆国南部で越冬。

ゴマフトゲオドリ　胡麻斑刺尾鳥
〈Certhiaxis gutturata〉鳥綱スズメ目カマドドリ科の鳥。別名ゴマフカマドリ。全長13cm。分布：ブラジル。

ゴマフハウチワドリ
〈Prinia maculosa〉鳥綱スズメ目ウグイス科の鳥。体長13〜15cm。分布：ナミビア南部，南アフリカ共和国の南部および東部。

ゴマフヒメアリサザイ
〈Myrmotherula haematonota〉鳥綱スズメ目アリドリ科の鳥。全長10cm。分布：エクアドル東部，ペルー南部・中東部。

ゴマフヒメドリ
〈Xenospiza baileyi〉スズメ目ホオジロ科（ホオジロ亜科）。全長13cm。分布：メキシコ西部。絶滅危惧IB類。

コマホオジロ
〈Emberiza jankowskii〉鳥綱スズメ目ホオジロ科の鳥。全長16.5cm。分布：中国東北部からロシア東部のウスリー地方南部，朝鮮半島北部にかけて。一部は中国の東北平原などに渡って越冬するが，最近の記録はない。絶滅危惧II類。

コマミジロタヒバリ　小眉白田鷚，小眉白田雲雀
〈Anthus godlewskii〉鳥綱スズメ目セキレイ科の鳥。全長16.5cm。分布：中国北東部・モンゴル。

コマルハシフウキンチョウ

コマルメク

〈*Conothraupis mesoleuca*〉スズメ目ホオジロ科(フウキンチョウ亜科)。全長13cm。分布：ブラジル中西部のマト・グロッソ州。絶滅危惧II類。

コマルメクサンショウウオ
〈*Eurycea tridentifera*〉両生綱有尾目アメリカサンショウウオ科の動物。全長3.8〜8.5cm。分布：アメリカ合衆国テキサス州のハニー・クリーク洞窟，シボロ洞窟，エルム・スプリングズ洞窟。絶滅危惧II類。

コミズナギドリ　小水薙鳥
〈*Puffinus nativitatis*〉鳥綱ミズナギドリ目ミズナギドリ科の鳥。別名ミズナギドリ。全長36cm。分布：ハワイ諸島。

コミドリフタオハチドリ
〈*Lesbia nuna*〉鳥綱アマツバメ目ハチドリ科の鳥。全長17cm。分布：南アメリカ北西部。

コミドリヤマセミ
〈*Chloroceryle aenea*〉鳥綱ブッポウソウ目カワセミ科の鳥。全長13cm。分布：メキシコ南部からエクアドル西部・ブラジル南部。

コミナミムクドリモドキ
〈*Curaeus forbesi*〉鳥綱スズメ目ムクドリモドキ科の鳥。全長オス22cm，メス20cm。分布：ブラジル東部。絶滅危惧IA類。

コミミアレチネズミ
〈*Desmodillus auricularis*〉哺乳綱齧歯目ネズミ科の動物。分布：アフリカ南部。

コミミイヌ
〈*Atelocynus microtis*〉耳介と四肢が短く暗色の食肉目イヌ科の哺乳類。体長72〜100cm。分布：南アメリカ。

コミミズク　小耳木菟，小耳梟
〈*Asio flammeus*〉鳥綱フクロウ目フクロウ科の鳥。体長37〜39cm。分布：北ヨーロッパ，北アジア，北・南アメリカ。北方の種は東，西，南方へ渡りを行い，なかには繁殖地域の南にまで下るものもいる。

コミミハネジネズミ　小耳跳地鼠
〈*Macroscelides proboscideus*〉ハネジネズミ目ハネジネズミ科。頭胴長9.5〜10.4cm。分布：南アフリカ共和国ケープ地方の西部および北西部からナミビア南西部の砂漠。絶滅危惧II類。

コミミバンディクート
〈*Thylacis obesulus*〉哺乳綱有袋目バンディクート科の動物。

コムクドリ　小椋鳥
〈*Sturnus philippensis*〉鳥綱スズメ目ムクドリ科の鳥。全長19cm。分布：サハリン南部，日本で繁殖し，フィリピン，ボルネオなどに渡って越冬。国内では北海道，本州中部以北。

コムネアカマキバドリ
〈*Sturnella militaris*〉鳥綱スズメ目ムクドリモドキ科の鳥。全長19cm。分布：ブラジル南部，ウルグアイ，アルゼンチン東部。絶滅危惧IB類。

コムラサキインコ　小紫鸚哥
〈*Eos squamata*〉鳥綱オウム目インコ科の鳥。全長27cm。分布：北マルク諸島。

コメクイドリ
ボボリンクの別名。

コメテンレク
〈*rice tenrec*〉広義には哺乳綱食虫目テンレク科コメテンレク属Oryzorictesに含まれる動物の総称であるが，狭義にはそのうちの1種O.hovaをさす。

コメネズミ　米鼠
〈*rice rat*〉哺乳綱齧歯目キヌゲネズミ科コメネズミ属に含まれる動物の総称。分布：合衆国南東部から，南は中央アメリカと南アメリカ北部をへてボリビアとブラジル中部まで。

コメボソムシクイ
〈*Phylloscopus borealis borealis*〉鳥綱スズメ目ウグイス科の鳥。

コメンガタハタオリ
メンハタオリドリの別名。

コモグラ
アズマモグラの別名。

コモチカナヘビ　子持金蛇
〈*Lacerta vivipara*〉爬虫綱有鱗目トカゲ亜目カナヘビ科の動物。全長12〜16cm。分布：ヨーロッパの大部分，旧ソ連とその周辺諸国。国内では北海道のサロベツ原野周辺から稚内，猿払原野周辺に分布。

コモチガマ
〈*Nectophrynoides vivipara*〉無尾目ヒキガエル科。

コモチミミズトカゲ
〈*Trogonophis wiegmanni*〉爬虫綱有鱗目トカゲ亜目フトミミズトカゲ科のトカゲ。全長20

~25cm。分布：アフリカ。

コモドオオトカゲ
〈*Varanus komodoensis*〉爬虫綱有鱗目トカゲ亜目オオトカゲ科のトカゲ。体長2~3m。分布：インドネシア・コモド島, リンチャ島, ギリモンタン島, パダール島, フローレス島。絶滅危惧II類。

コモドネズミ
〈*Komodomys rintjanus*〉齧歯目ネズミ科（ネズミ亜科）。頭胴長13~20cm。分布：インドネシアの小スンダ列島。絶滅危惧II類。

コモモジロ
チュウダイサギの別名。

コモリガエル 子守蛙
〈*Pipa pipa*〉両生綱無尾目ピパ科の動物。体長オス100~150mm, メス100~170mm。分布：ボリビア, ペルー, エクアドル, ブラジルのアマゾン川上流。ベネズエラのオリノコ川下流域とガイアナ, トリニダード島。

コモリネズミ
哺乳綱有袋目オポッサム科の動物。

コモロオウチュウ
〈*Dicrurus fuscipennis*〉鳥綱スズメ目オウチュウ科の鳥。全長24cm。分布：コモロのグランド・コモロ島。絶滅危惧IA類。

コモロオオコウモリ
〈*Pteropus livingstonii*〉哺乳綱翼手目オオコウモリ科の動物。耳介長約3cm。分布：コモロのモヘリ島, アンジュアン島。絶滅危惧IA類。

コモロコノハズク
〈*Otus pauliani*〉鳥綱フクロウ目フクロウ科の鳥。全長15~20cm。分布：コモロのグランド・コモロ島。絶滅危惧IA類。

コモロヒタキ
〈*Humblotia flavirostris*〉スズメ目ヒタキ科（ヒタキ亜科）。全長14cm。分布：コモロのグランド・コモロ島。絶滅危惧II類。

コモロメジロ
〈*Zosterops mouroniensis*〉鳥綱スズメ目メジロ科の鳥。全長13cm。分布：コモロのグランド・コモロ島。絶滅危惧IA類。

コモロルリバト
〈*Alectroenas sganzini*〉鳥綱ハト目ハト科の鳥。全長約35cm。分布：インド洋のコモロ諸島, アルダブラ諸島。

コモンアミーバ
〈*Ameiva ameiva*〉テグー科。全長40~57cm。分布：南アメリカ。

コモンイエヘビ
〈*Lamprophis fuliginosus*〉爬虫綱有鱗目ヘビ亜目ナミヘビ科のヘビ。全長0.9~1.5m。分布：アフリカ。

コモンガーターヘビ
〈*Thamnophis sirtalis*〉爬虫綱有鱗目ヘビ亜目ナミヘビ科のヘビ。全長45~130cm。分布：極地を除くカナダと砂漠を除く米国, メキシコのチワワ州。

コモンキングヘビ
〈*Lampropeltis getula*〉爬虫綱有鱗目ヘビ亜目ナミヘビ科のヘビ。全長0.9~1.8m。分布：北アメリカ。

コモンクイナ 小紋秧鶏
〈*Porzana porzana*〉鳥綱ツル目クイナ科の鳥。別名チュウクイナ。全長23cm。分布：ヨーロッパ, アジア西部。

コモンシギ 小紋鷸
〈*Tryngites subruficollis*〉鳥綱チドリ目シギ科の鳥。全長20cm。分布：北アメリカ北部。

コモンシャコ 小紋鷓鴣
〈*Francolinus pintadeanus*〉鳥綱キジ目キジ科の鳥。全長33cm。分布：インド北東部・インドシナ・中国南部。

コモンチョウ 小紋鳥
〈*Bathilda ruficauda*〉鳥綱スズメ目カエデチョウ科の鳥。全長12cm。分布：オーストラリア北部。絶滅危惧種。

コモンツパイ
〈*Tupaia glis*〉哺乳綱霊長目ツパイ科の動物。分布：マレー半島南部, スマトラ島と周辺の島々。

コモンデスアダー
〈*Acanthophis praelongus*〉爬虫綱有鱗目ヘビ亜目コブラ科のヘビ。全長1m。分布：オーストラリア北部と, ニューギニア。

コモンドール
〈*Komondor*〉哺乳綱食肉目イヌ科の動物。体高66~81cm。分布：ハンガリー。

コモンネズミヘビ
〈*Elaphe obsoleta*〉爬虫綱有鱗目ヘビ亜目ナミヘビ科のヘビ。全長1~2.5m。分布：北アメリカ。

コモン・ポーパス
　ネズミイルカの別名。

コモンマーモセット
　〈Callithrix jacchus〉哺乳綱霊長目マーモセット科の動物。分布：北東ブラジル。

コモンヨタカ　小紋夜鷹
　〈Nyctiphrynus ocellatus〉鳥綱ヨタカ目ヨタカ科の鳥。全長20cm。分布：ニカラグアからアルゼンチン，ボリビア。

コモンランスヘッド
　〈Bothrops atrox〉爬虫綱有鱗目ヘビ亜目クサリヘビ科のヘビ。全長0.8～1.5m。分布：南アメリカ。

コモンリスザル
　リスザルの別名。

コヤカネズミ
　〈Leporillus conditor〉齧歯目ネズミ科（ネズミ亜科）。体長17～26cm。分布：南オーストラリア（フランクリン島）。絶滅危惧IB類。

コヤマコウモリ　小山蝙蝠
　〈Nyctalus furvus〉哺乳綱翼手目ヒナコウモリ科の動物。体長7～8cm。分布：ヨーロッパから西アジア，東アジア，南アジアにかけて。国内では岩手県，福島県。

コユビナガコウモリ
　リュウキュウユビナガコウモリの別名。

コユミハシハチドリ
　〈Phaethornis longuemareus〉鳥綱アマツバメ目ハチドリ科の鳥。全長11.5cm。分布：中央アメリカから南アメリカ。

コヨウ　胡羊
　〈Hu〉哺乳綱偶蹄目ウシ科の動物。体高オス67cm，メス64cm。分布：中国の浙江省，江蘇省。

コヨシキリ　小葦切，小葭切
　〈Acrocephalus bistrigiceps bistrigiceps〉鳥綱スズメ目ヒタキ科ウグイス亜科の鳥。全長13.5cm。分布：バイカル湖東部・モンゴル北東部・ウスリー・中国北東部からオホーツク海，サハリン，日本。国内では本州中部以北の草原，湿原に夏鳥として渡来。

コヨシゴイ
　〈Ixobrychus minutus〉鳥綱コウノトリ目サギ科の鳥。体長27～36cm。分布：ヨーロッパの一部，西アジア，サハラ以南のアフリカ，オーストラリア。ヨーロッパの個体群は熱帯アフリカに渡って越冬。

コヨーテ
　〈Canis latrans〉哺乳綱食肉目イヌ科の動物。別名コヨテ，ソウゲンオオカミ（草原狼）。体長70～97cm。分布：北アメリカから中央アメリカ北部にかけて。

ゴライアスガエル
　〈Conraua goliath〉両生綱無尾目カエル目アカガエル科のカエル。別名オニアカガエル。体長10～40cm。分布：カメルーン，赤道ギニア。絶滅危惧II類。

ゴライアスジネズミ
　〈Crocidura odorata〉哺乳綱食虫目トガリネズミ科の動物。分布：ユーラシア，アフリカ。

コラット
　〈Korat〉猫の一品種。原産：タイ。

ゴーラル
　〈Nemorhaedus goral〉哺乳綱偶蹄目ウシ科の動物。体長オス106～117cm，メス106～118cm。分布：インド北部，ビルマからシベリア南東部，タイ。

ゴーラル
　〈goral〉哺乳綱偶蹄目ウシ科ゴーラル属に含まれる動物の総称。

コリー
　〈Canis familiaris〉哺乳綱食肉目イヌ科の動物。

ゴリアテガエル
　ゴライアスガエルの別名。

コリアン
　カンギュウの別名。

コリーカンムリサンジャク
　〈Calocitta colliei〉鳥綱スズメ目カラス科の鳥。体長70cm。分布：メキシコ北西部の太平洋沿岸部。

コリデール
　〈Corriedale〉哺乳綱偶蹄目ウシ科の動物。分布：ニュージーランド。

ゴリラ
　〈Gorilla gorilla〉哺乳綱霊長目ヒト科の動物。体長1.3～1.9m。分布：中央アフリカ。絶滅危惧IB類。

コリンウズラ　古林鶉
　〈Colinus virginianus〉鳥綱キジ目キジ科の

鳥。別名バージニアキウズラ。体長20〜28cm。分布：合衆国東部から南西部およびメキシコ。

コリンガゼル
〈*Gazella rufifrons*〉哺乳綱偶蹄目ウシ科の動物。頭胴長オス105〜140cm, 肩高65〜82cm, 尾長15〜25cm, 角長23〜35cm, メス15〜25cm。分布：セネガルからナイジェリア、スーダンを経てエリトリアに至る北緯9度〜16度のサヘル地帯。絶滅危惧II類。

コール
デコイの別名。

ゴルガンサンショウウオ
〈*Batrachuperus gorganensis*〉両生綱有尾目サンショウウオ科の動物。全長22.6cm。分布：カスピ海南岸のエルブルズ山脈のゴルガン村付近。絶滅危惧II類。

ゴルゴンコメネズミ
〈*Oryzomys gorgasi*〉齧歯目ネズミ科（アメリカネズミ亜科）。頭胴長11.5cm。分布：コロンビア北西部。絶滅危惧IA類。

コルシカアカシカ
〈*Cervus elaphus corsicanus*〉哺乳綱偶蹄目反芻亜目シカ科シカ亜科シカ属。絶滅危惧種。

コルシカミミナシガエル
〈*Discoglossus montalentii*〉両生綱無尾目カエル目スズガエル科のカエル。体長オス6.2cm, メス5.4cm。分布：フランスのコルシカ島。絶滅危惧II類。

コールダック
デコイの別名。

ゴールデン・ガンジー
〈*Golden Guernsey*〉哺乳綱偶蹄目ウシ科の動物。体高オス75〜85cm, メス65〜75cm。分布：イギリス。

ゴールデンキャット
〈*golden cat*〉哺乳綱食肉目ネコ科プロフェリス属に含まれる動物の総称。別名キンイロネコ。

ゴールデンキャット
アジアゴールデンキャットの別名。

ゴールデン・シーブライト・バンタム
〈*Golden Sebright Bantam*〉ニワトリの一品種。原産：ヨーロッパ。

ゴールデンジャッカル
キンイロジャッカルの別名。

ゴールデン・ターキン
キンイロターキンの別名。

ゴールデントビヘビ
〈*Chrysopelea ornata*〉爬虫綱有鱗目ヘビ亜目ナミヘビ科のヘビ。全長1m。分布：スリランカ、インドからマレー半島, ベトナム, 中国の雲南と海南。

ゴールデンハムスター
〈*Mesocricetus auratus*〉齧歯目ネズミ科（キヌゲネズミ亜科）。体長13〜13.5cm。分布：西アジア。絶滅危惧IB類。

ゴールデンバンブーリーマー
キンイロタケキツネザルの別名。

ゴールデンポットー
アンワンティボの別名。

ゴールデンマンガベー
〈*Cercocebus galeritus chrysogaster*〉哺乳綱霊長目オナガザル科の動物。

ゴールデンモンキー 金糸猴
〈*Rhinopithecus roxellana*〉哺乳綱霊長目オナガザル科の動物。体長54〜71cm。分布：東アジア。絶滅危惧II類。

ゴールデンライオンタマリン
ライオンタマリンの別名。

ゴールデンライオンマーモセット
ライオンタマリンの別名。

ゴールデンラングール
〈*Semnopithecus geei*〉オナガザル科ラングール属。別名キンイロラングール。頭胴長49〜72cm。分布：ブータン, アッサム地方。

ゴールデンランスヘッド
〈*Bothrops insularis*〉爬虫綱有鱗目ヘビ亜目クサリヘビ科のヘビ。全長0.7〜1m。分布：ケイマダグランデ島。絶滅危惧IA類。

ゴールデン・レトリーバー
〈*Golden Retriever*〉哺乳綱食肉目イヌ科の動物。体高51〜61cm。分布：イギリス。

ゴールドツリーコブラ
〈*Pseudohaje goldii*〉爬虫綱有鱗目ヘビ亜目コブラ科のヘビ。全長2.2〜2.7m。分布：アフリカ。

コルトハルス・グリフォン
ワイアーヘアド・ポインティング・グリフォ

ゴルバトフアカウシ ゴルバトフ赤牛
〈*Red Gorbatov*〉牛の一品種。

コールフィッシュ・ホエール
イワシクジラの別名。

コルリ 小瑠璃
〈*Erithacus cyane*〉鳥綱スズメ目ヒタキ科ツグミ亜科の鳥。全長14cm。分布：シベリア南部、旧ソ連、中国北東部・サハリン。国内では本州中部以北で夏鳥。

コロコロ
〈*Felis colocolo*〉食肉目ネコ科の哺乳類。別名パンパスキャット。体長52〜70cm。分布：エクアドルからパタゴニア。

コロナドスウッドラット
〈*Neotoma bunkeri*〉齧歯目ネズミ科（アメリカネズミ亜科）。頭胴長21〜23cm。分布：メキシコのコロナドス島。絶滅危惧IB類。

コロナド スシロアシマウス
〈*Peromyscus pseudocrinitus*〉齧歯目ネズミ科（アメリカネズミ亜科）。頭胴長8.5cm。分布：メキシコのコロナドス島。絶滅危惧IA類。

コロブスモンキー
〈*colobus monkey*〉霊長目オナガザル科コロブス属Colobusに属する旧世界ザルの総称。

コロボリーガエル
コロボリーヒキガエルモドキの別名。

コロボリーヒキガエルモドキ
〈*Pseudophryne corroboree*〉両生綱無尾目カエル目カメガエル科のカエル。別名コロボリーガエル。体長2.5〜3cm。分布：オーストラリア（ニューサウスウェールズ南東部）。絶滅危惧IB類。

コロラドヒキガエル
〈*Bufo alvarius*〉両生綱無尾目ヒキガエル科のカエル。体長150mm以上。分布：合衆国カリフォルニア州南端からニューメキシコ州までを北限とし、南はメキシコのシナロア州北部まで。

コロンバンガラムシクイ
〈*Phylloscopus amoenus*〉スズメ目ヒタキ科（ウグイス亜科）。全長10cm。分布：ソロモン諸島のコロンバンガラ島。絶滅危惧種。

コロンビアイタチ
〈*Mustela felipei*〉哺乳綱食肉目イタチ科の動物。頭胴長21.7〜22.5cm。分布：コロンビア。絶滅危惧IB類。

コロンビアキノボリヤマアラシ
〈*Sphiggurus vestitus*〉哺乳綱齧歯目キノボリヤマアラシ科の動物。頭胴長29cm。分布：コロンビア、ベネズエラ西部（マラカイボ湖以南）。絶滅危惧II類。

コロンビアクジャクガメ
〈*Trachemys scripta callirostris*〉爬虫綱カメ目ヌマガメ科のカメ。

コロンビアゴシキドリ
〈*Capito quinticolor*〉鳥綱キツツキ目ゴシキドリ科の鳥。全長17cm。分布：コロンビア西部。絶滅危惧II類。

コロンビアゴッドマンヘラコウモリ
〈*Choeroniscus periosus*〉哺乳綱翼手目ヘラコウモリ科の動物。前腕長4cm。分布：コロンビア西部、エクアドル西部。絶滅危惧II類。

コロンビアシャコバト
〈*Leptotila conoveri*〉鳥綱ハト目ハト科の鳥。全長22.5〜25cm。分布：コロンビア。絶滅危惧IB類。

コロンビアジリス
〈*Citellus columbianus*〉哺乳綱齧歯目リス科の動物。体長25〜29cm。分布：カナダ南西部から合衆国西部にかけて。

コロンビアツノガエル
〈*Ceratophrys calcarata*〉両生綱無尾目ミナミガエル科のカエル。体長70〜80mm。分布：コロンビア北東部からベネズエラにかけて。

コロンビアニジボア
〈*Epicrates cenchria maurus*〉爬虫綱有鱗目ヘビ亜目ボア科のヘビ。分布：コスタリカからコロンビア北部をへてトリニダード・トバゴまで。

コロンビアホオアカインコ
フェアテスイロガタインコの別名。

コロンビアミミナガコウモリ
〈*Lonchorhina marinkellei*〉哺乳綱翼手目ヘラコウモリ科の動物。前腕長6cm。分布：コロンビア、フランス領ギアナ。絶滅危惧II類。

コロンビアモリマウス
〈*Chilomys instans*〉哺乳綱齧歯目ネズミ科の動物。分布：ベネズエラ西部から南はコロンビアとエクアドルまでのアンデス山脈の高地。

コワリ
〈*Dasycercus byrnei*〉フクロネコ目フクロネコ目フクロネコ科。別名オオネズミクイ。頭胴長オス14〜18cm, メス13.5〜16cm。分布：オーストラリア中部。絶滅危惧種。

コンイロショウビン
〈*Todirhamphus winchelli*〉鳥綱ブッポウソウ目カワセミ科の鳥。全長25cm。分布：フィリピン。絶滅危惧IB類。

コーンウォール
ラージ・ブラックの別名。

コンゴイール
フタユビアンフューマの別名。

コンゴイワハイラックス
〈*Heterohyrax chapini*〉哺乳綱イワダヌキ目ハイラックス科の動物。頭胴長40〜57cm。分布：基産地はコンゴ民主共和国西部のバス・コンゴ地方マタディの南西5km, ローディ丘の頂上。分布はこの基産地周辺。絶滅危惧II類。

コンゴウインコ　金剛鸚哥
〈*Ara macao*〉鳥綱インコ目インコ科の鳥。体長85cm。分布：メキシコ南部, 中央アメリカからボリビア北部およびブラジル中部。

コンゴウインコ　金剛鸚哥
〈*macaw*〉鳥綱オウム目オウム科に属する鳥のうち, 嘴が巨大で尾が著しく長い特徴をもつ19種の総称。

コンゴウクイナ　金剛秧鶏
〈*Aramides cajanea*〉鳥綱ツル目クイナ科の鳥。全長35cm。分布：メキシコ南部からアルゼンチン北部。

コンゴエンビアマツバメ
〈*Schoutedenapus schoutedeni*〉鳥綱アマツバメ目アマツバメ科の鳥。全長16.5cm。分布：コンゴ民主共和国東部。絶滅危惧II類。

コンゴオオセッカ
オオアフリカスゲヨシキリの別名。

コンゴクジャク
〈*Afropavo congensis*〉鳥綱キジ目キジ科の鳥。体長58〜71cm。分布：コンゴとその一帯の水系。絶滅危惧II類。

コンゴゴシキタイヨウチョウ
〈*Nectarinia rockefelleri*〉鳥綱スズメ目タイヨウチョウ科の鳥。全長オス11cm, 翼長5.5〜5.8cm, メス5.2cm。分布：コンゴ民主共和国東部。絶滅危惧II類。

コンゴコビトワニ
〈*Osteolaemus tetraspis osborni*〉爬虫綱ワニ目クロコダイル科のワニ。全長1.5m。分布：ザイール中部。

コンゴサメビタキ
〈*Muscicapa lendu*〉スズメ目ヒタキ科（ヒタキ亜科）。全長12.5〜13cm。分布：コンゴ民主共和国東部, ウガンダ, ケニア。絶滅危惧II類。

コンゴジネズミ
〈*Crocidura congobelgica*〉哺乳綱食虫目トガリネズミ科の動物。分布：コンゴ民主共和国北東部。絶滅危惧II類。

コンゴ・ドッグ
バセンジーの別名。

コンゴニセメンフクロウ
〈*Phodilus prigoginei*〉鳥綱フクロウ目メンフクロウ科の鳥。全長28cm。分布：コンゴ民主共和国東部, ブルンジ。絶滅危惧II類。

コンゴニーハーテビースト
〈*Alcelaphus buselaphus cokii*〉哺乳綱偶蹄目ウシ科の動物。

コンゴモリシャコ
〈*Francolinus nahani*〉鳥綱キジ目キジ科の鳥。全長25cm。分布：ザイール北東部, ウガンダ。

コンゴヤワゲネズミ
〈*Praomys minor*〉齧歯目ネズミ科（ネズミ亜科）。分布：コンゴ民主共和国中央部。絶滅危惧II類。

コンコンヤイロ
ルソンヤイロチョウの別名。

コンジハーテビースト
〈*Alcelaphus lichtensteini*〉ウシ科ハーテビースト属。体長190cm。分布：タンザニア, ザイール南東部, アンゴラ, ザンビア, モザンビーク, ジンバブウェ。

コーンスネーク
〈*Elaphe guttata*〉爬虫綱有鱗目ヘビ亜目ナミヘビ科のヘビ。全長1〜1.8m。分布：北アメリカ。

コンセイインコ
〈*Vini ultramarina*〉鳥綱オウム目インコ科の鳥。全長18cm。分布：フランス領ポリネシアのマルケサス諸島。絶滅危惧IB類。

コンチネン

コンチネンタル・トイ・スパニエル：パピヨン
　パピヨンの別名。
コンチネンタル・トイ・スパニエル：ファレン
　ファレンの別名。
ゴンドウ
　コビレゴンドウの別名。
ゴンドウクジラ　巨頭鯨
　〈pilot whale〉哺乳綱クジラ目マイルカ科ゴンドウクジラ属に含まれるハクジラの総称。
コンドル
　〈Vultur gryphus〉鳥綱タカ目コンドル科の鳥。体長110cm。分布：ベネズエラ西部からティエラ・デル・フエゴまでのアンデス山地。
コンドル
　〈condor〉広義には鳥綱タカ目コンドル科に属する鳥の総称で、狭義にはそのうちの1種をさす。
コンドル科
　ワシタカ目。体長60〜120cm。分布：カナダ南部から南アメリカ。
コンヒタキ　紺鶲
　〈Cinclidium leucurum〉鳥綱スズメ目ヒタキ科ツグミ亜科の鳥。体長17cm。分布：インド北東部、中国南部、東南アジアの一部地域。

【サ】

サイ　犀
　〈rhinoceros〉哺乳綱奇蹄目サイ科に属する動物の総称。
サイイグアナ
　〈Cyclura cornuta〉爬虫綱有鱗目トカゲ亜目イグアナ科の動物。全長1.2m。分布：西インド諸島（ヒスパニオラ島、ネバッサ島、モナ島）。絶滅危惧II類。
サイガ
　〈Saiga tatarica〉哺乳綱偶蹄目ウシ科の動物。体長1〜1.4m。分布：中央アジア。絶滅危惧IA類。
サイクスモンキー
　〈Cercopithecus mitis albogularis〉哺乳綱霊長目オナガザル科の動物。
サイゴクジネズミ
　〈Crocidura dsinezumi dsinezumi〉哺乳綱モグラ目トガリネズミ科の動物。
サイゴンミヤマテッケイ

　〈Arborophila davidi〉鳥綱キジ目キジ科の鳥。全長28cm。分布：ベトナム南部。絶滅危惧IA類。
サイシュウトウバ　済州島馬
　〈Jeju Island Pony〉オス115.2cm、メス117.0cm。分布：韓国。
サイチョウ　犀鳥
　〈Buceros rhinoceros〉鳥綱ブッポウソウ目サイチョウ科の鳥。体長オス125cm、メス90cm。分布：東南アジア、マレー半島、スマトラ島、ボルネオ島、ジャワ島。
サイチョウ　犀鳥
　〈hornbill〉広義には鳥綱ブッポウソウ目サイチョウ科に属する鳥の総称で、狭義にはそのうちの1種をさす。全長38〜160cm。分布：サハラ以南のアフリカ、南アジアと、ニューギニアにいたる島々。
サイチョウ科
　ブッポウソウ目。全長40〜150cm。分布：サハラ以南のアフリカ、インドからビルマ・タイ・マレーシア・スンダ列島・フィリピン。
サイトカゲ
　〈Hydrosaurus sp.〉爬虫綱有鱗目アガマ科のトカゲ。
サイドスイミング・ドルフィン
　ガンジスカワイルカの別名。
サイドワインダー
　〈Crotalus cerastes〉爬虫綱有鱗目ヘビ亜目クサリヘビ科のヘビ。別名ヨコバイガラガラヘビ。全長60〜80cm。分布：北アメリカ。
サイナンウシ　済南牛
　〈Jinan Cattle〉分布：中国、山東省中西部の済南市周辺。
サイベリアン
　〈Siberian Forest Cat〉猫の一品種。
サイホウチョウ　裁縫鳥
　〈tailorbird〉ヒタキ科サイホウチョウ属に属する約8種の鳥の総称。
ザイールオヒキコウモリ
　〈Chaerephon gallagheri〉哺乳綱翼手目オヒキコウモリ科の動物。前腕長3.75cm。分布：コンゴ民主共和国中部。絶滅危惧IA類。
ザイールジネズミ
　〈Crocidura zimmeri〉哺乳綱食虫目トガリネズミ科の動物。分布：コンゴ民主共和国のウ

サキシマア

ペンバ国立公園周辺。絶滅危惧II類。

ザイールジャコウネズミ
〈*Paracrocidula schoutedeni*〉哺乳綱食虫目トガリネズミ科の動物。分布：カメルーン。

ザイールスズメフクロウ
〈*Glaucidium albertinum*〉鳥綱フクロウ目フクロウ科の鳥。別名ザイールフクロウ。全長20cm。分布：コンゴ民主共和国北東部とルワンダ北部に広がるアルバート地溝帯。絶滅危惧II類。

ザイールダイカー
〈*Cephalophus weynsi*〉ウシ科ダイカー属。分布：ザイール，ウガンダ，ルワンダ，西ケニア。

ザイールフクロウ
ザイールスズメフクロウの別名。

ザイールモリジネズミ
〈*Congosorex polli*〉哺乳綱食虫目トガリネズミ科の動物。分布：コンゴ民主共和国南部のカサイ川流域の1ヵ所から知られているのみ。絶滅危惧IA類。

サイレン
〈*Siren lacertina*〉両生綱有尾目サイレン科の哺乳類。別名シレン。体長50～90cm。分布：アメリカ合衆国東部および南東部。

サイレン
〈*sirenn*〉有尾目サイレン科Sirenidaeの両生類の一種およびこの科に属するものの総称。全長10～90cm。分布：アメリカ合衆国東部，メキシコ北東部。

サヴァ・ハウンド
〈*Posavac Hound*〉犬の一品種。体高43～59cm。原産：旧ユーゴスラビア。

サウスアフリカン・ドルフィン
コシャチイルカの別名。

サウスダウン
〈*Southdown*〉哺乳綱偶蹄目ヒツジ科の動物。分布：イングランド南東部。

サウス・チャイナ・ゴート
〈*South China Goat*〉哺乳綱偶蹄目ウシ科の動物。体高50～60cm。分布：中国南西部。

サウス・デボン
〈*South Devon*〉牛の一品種。原産：イギリス。

サウス・ロシア・オーチャッカ
ロシアン・シープドッグの別名。

サウス・ロシアン・オフチャルカ
犬の一品種。

サウス・ロシアン・シープドッグ
〈*South Russian Sheepdog*〉犬の一品種。

サエズリアマガエル
〈*Pseudacris crucifer*〉体長2～3.5cm。分布：カナダ南東部，アメリカ合衆国東部。

サオトメジネズミ
〈*Crocidura thomensis*〉哺乳綱食虫目トガリネズミ科の動物。分布：サントメ・プリンシペのサントメ島だけから知られている。絶滅危惧II類。

サオラ
〈*Pseudoryx nghetinhensis*〉哺乳綱偶蹄目ウシ科の動物。別名ベトナムレイヨウ。頭胴長150～200cm。分布：ラオス，ベトナム。絶滅危惧IB類。

サカゲチャボ　逆毛チャボ
〈*Frizzled Japanese Bantam*〉ニワトリの一品種。

サカツラウ
〈*Phalacrocorax gaimardi*〉鳥綱ペリカン目ウ科の鳥。体長71～76cm。分布：南アメリカ南西部。

サカツラガン　酒面雁
〈*Anser cygnoides*〉鳥綱ガンカモ目ガンカモ科の鳥。全長81～94cm。分布：シベリア中部・南部，サハリン。絶滅危惧IB類。

サカツラハグロドリ
〈*Tityra semifasciata*〉タイランチョウ科。体長20cm。分布：メキシコ南部からエクアドル西部，ギアナ地方，アマゾン川流域。

サカマタ
シャチの別名。

サキ
〈*saki*〉哺乳綱霊長目オマキザル科サキ属に含まれる動物の総称。

サギ　鷺
〈*heron*〉鳥綱コウノトリ目サギ科に属する鳥の総称。

サギ科
コウノトリ目。

サキシマアオヘビ　先島青蛇
〈*Cyclophiops herminae*〉爬虫綱有鱗目ヘビ亜目ナミヘビ科のヘビ。全長50～80cm。分布：

サキシマカ
宮古諸島, 八重山諸島。

サキシマカナヘビ　先島金蛇
〈*Apeltonotus dorsalis*〉爬虫綱有鱗目トカゲ亜目カナヘビ科の動物。全長30cm。分布：八重山諸島の西表島, 石垣島, 黒島に分布する日本固有種。

サキシマキノボリトカゲ　先島木登蜥蜴
〈*Japalura polygonata ishigakiensis*〉爬虫綱有鱗目トカゲ亜目アガマ科のトカゲ。全長18cm。分布：宮古諸島, 八重山諸島。

サキシマスジオ　先島筋尾
〈*Elaphe taeniura schmackeri*〉爬虫綱有鱗目ヘビ亜目ナミヘビ科のヘビ。全長180～250cm。分布：宮古島, 大神島, 池間島, 伊良部島, 下地島, 来間島, 多良間島, 石垣島, 西表島, 小浜島に分布。

サキシマスベトカゲ　先島滑蜥蜴, 先島滑蜥蜴
〈*Scincella boettgeri*〉スキンク科。全長10～13cm。分布：宮古諸島と八重山諸島に分布する日本固有種。

サキシマヌマガエル　先島沼蛙
〈*Rana sp.*〉両生綱カエル目アカガエル科のカエル。分布：先島諸島に分布。

サキシマバイカダ　先島梅花蛇
〈*Dinodon septentrionalis multifasciatus*〉爬虫綱有鱗目ナミヘビ科のヘビ。70cm。分布：石垣島・西表島。

サキシマハブ　先島波布
〈*Trimeresurus elegans*〉爬虫綱有鱗目ヘビ亜目クサリヘビ科のヘビ。全長60～120cm。分布：八重山諸島に分布。ただし与那国島, 波照間島には見られない。

サキシマダラ　先島斑
〈*Dinodon rufozonatum walli*〉爬虫綱有鱗目ヘビ亜目ナミヘビ科のヘビ。分布：宮古島, 八重山諸島に広く分布。

サキシママダラ
シロマダラの別名。

サクソニー
〈*Saxony*〉羊の一品種。

サクラスズメ　桜雀
〈*Aidemosyne modesta*〉鳥綱スズメ目カエデチョウ科の鳥。全長11cm。分布：オーストラリア東部。

サクラドリ
ムクドリの別名。

サクラブンチョウ
〈*Padda oryzivora*〉鳥綱スズメ目カエデチョウ科の鳥。

サクラボウシインコ
〈*Amazona leucocephala bahamensis*〉鳥綱オウム目オウム科。

サケイ　沙鶏
〈*Syrrhaptes paradoxus*〉鳥綱ハト目サケイ科の鳥。体長30～41cm。分布：ロシア南西部から中国およびモンゴル地方。

サケイ　沙鶏
〈*sandgrouse*〉広義には鳥綱ハト目サケイ科に属する鳥の総称で, 狭義にはそのうちの1種をさす。全長27～48cm。分布：アフリカ, イベリア半島南部とフランス, 中東からインド, 中国にかけて。

サケイ科
ハト目。全長23～40cm。分布：ユーラシア, アフリカ。

サケビドリ　叫鳥
〈*screamer*〉鳥綱カモ目サケビドリ科に属する鳥の総称。

サケビドリ科
ガンカモ目。全長70～95cm。分布：南アメリカ。

サコビアンハチネズミ
〈*Apomys sacobianus*〉齧歯目ネズミ科（ネズミ亜科）。頭胴長14cm程度。分布：フィリピンのルソン島。絶滅危惧II類。

サザイカマドドリ　鷦鷯竈鳥
〈*Spartonoica maluroides*〉鳥綱スズメ目カマドドリ科の鳥。全長13cm。分布：アルゼンチン, ウルグアイ, ブラジル南部。

ササグマ
アナグマの別名。

ササグロオオアジサシ
〈*Thalasseus zimmermanni*〉鳥綱チドリ目カモメ科の鳥。別名ヒガシシナアジサシ。全長38cm。

ササゴイ　笹五位
〈*Butorides striatus*〉鳥綱コウノトリ目サギ科の鳥。体長40～48cm。分布：熱帯, 亜熱帯全域。

サザナミアリモズ　小波蟻鵙

〈*Cymbilaimus lineatus*〉鳥綱スズメ目アリドリ科の鳥。体長17cm。分布：ホンジュラスからコロンビア，エクアドル北西部までと，アンデス山脈東側のコロンビアからボリビア北部，ブラジル。

サザナミインコ 小波鸚哥
〈*Bolborhynchus lineola*〉鳥綱オウム目インコ科の鳥。全長16cm。分布：メキシコ南部からパナマ南西部，ベネズエラ・ペルー。

サザナミオオハシガモ 小波大嘴鴨
〈*Malacorhynchus membranaceus*〉鳥綱ガンカモ目ガンカモ科の鳥。体長42cm。分布：オーストラリア西部と東部（おもに南東部）。

サザナミガモ
〈*Salvadorina waigiuensis*〉鳥綱カモ目カモ科の鳥。全長43cm。分布：ニューギニア島。絶滅危惧種。

サザナミシャコ 小波鷓鴣
〈*Francolinus adspersus*〉鳥綱キジ目キジ科の鳥。全長31cm。分布：アンゴラ南部からナミビア・ボツワナ・ジンバブウェ，南アフリカ。

サザナミスズメ 小波雀
〈*Emblema bella*〉鳥綱スズメ目カエデチョウ科の鳥。全長12cm。分布：オーストラリア南東部。

サザナミスズメバト
サザナミバトの別名。

サザナミバト 小波鳩
〈*Scardafella squammata*〉鳥綱ハト目ハト科の鳥。別名サザナミスズメバト。全長20cm。分布：南アメリカ北部，東部。

サザナミミツスイ
マングローブミツスイの別名。

ササハインコ 笹葉鸚哥
〈*Tanygnathus sumatranus*〉鳥綱オウム目インコ科の鳥。全長32cm。分布：フィリピン，インドネシア。

ササフサケイ
〈*Pterocles coronatus*〉体長27～30cm。分布：アフリカ北部，アジア西部～南部。

ササフショウドウツバメ 笹斑小洞燕
〈*Phedina brazzae*〉鳥綱スズメ目ツバメ科の鳥。全長10cm。分布：ザイール南部からアンゴラ北部。

ササフミフウズラ
〈*Turnix varia*〉体長17～23cm。分布：オーストラリア南西部および東部，ニューカレドニア。

ササメスキンクヤモリ
〈*Teratoscincus microlepis*〉爬虫綱有鱗目トカゲ亜目ヤモリ科の動物。全長10～12cm。分布：イラン南東部，パキスタン北西部。

ササメトゲオアガマ
〈*Uromastyx microlepis*〉有鱗目アガマ科。

サザン・ジャイアント・ボトルノーズ・ホエール
ミナミツチクジラの別名。

サザン・ドルフィン
ミナミカマイルカの別名。

サザン・ビークト・ホエール
ミナミオオギハクジラの別名。

サザン・ビークト・ホエール
ミナミツチクジラの別名。

サザン・フォートゥーズド・ホエール
ミナミツチクジラの別名。

サザン・ポーパス・ホエール
ミナミツチクジラの別名。

サザン・ホワイトサイデッド・ドルフィン
ダンダラカマイルカの別名。

サシオコウモリ 挿尾蝙蝠
〈*sheath-tailed bat*〉翼手目サシオコウモリ科 Emballonuridaeの哺乳類の総称。体長3.5～10cm。分布：世界中。

サシバ 鵟鳩, 差羽, 鸇鳩
〈*Butastur indicus*〉鳥綱ワシタカ目ワシタカ科の鳥。全長50cm。分布：日本，ウスリー地方，中国北東部。

サジマブラジルガエル
〈*Hylodes sazimai*〉両生綱無尾目カエル目ユビナガガエル科のカエル。体長オス2.7～2.9cm。分布：ブラジル南東部。絶滅危惧II類。

サセックス（ウシ）
〈*Sussex*〉ウシの品種の一つ。原産：イングランド。

サセックス（トリ）
〈*Sussex*〉鳥綱キジ目キジ科の鳥。原産：イギリス。

サセックス・スパニエル

サソリトロ

〈Sussex Spaniel〉哺乳綱食肉目イヌ科の動物。体高38〜41cm。分布：イギリス。

サソリドロガメ
〈Kinosternon scorpioides〉爬虫綱カメ目ドロガメ科のカメ。最大甲長27cm。分布：中南米（メキシコのタマウリーパスからアルゼンチン，ブラジル）。

サタニッククロコロブス
〈Colobus satanas〉哺乳綱霊長目オナガザル科の動物。頭胴長オス67cm，メス63.5cm。分布：カメルーン南部，ガボン，コンゴ共和国，赤道ギニアのビオコ島の熱帯雨林。絶滅危惧II類。

サツマドリ 薩摩鶏
〈Gallus gallus var. domesticus〉鳥綱キジ目キジ科の鳥。別名大地鶏，剣付鶏。分布：鹿児島県。天然記念物。

サツマヒキガエル
ニホンヒキガエルの別名。

サーディーン・ホエール
イワシクジラの別名。

サドアカネズミ
〈Apodemus speciosus sadoensis〉哺乳綱齧歯目ネズミ亜科の動物。

ザトウクジラ 座頭鯨
〈Megaptera novaeangliae〉哺乳綱クジラ目ナガスクジラ科のクジラ。別名ハンプバック・ホエール。11.5〜15m。分布：極地から熱帯にかけての全海洋に広く分布。絶滅危惧II類。

サトウチョウ 砂糖鳥
〈Loriculus galgulus〉鳥綱インコ目インコ科の鳥。体長12cm。分布：マラヤ，シンガポール，スマトラ，カリマンタン，その他近隣の島々。

サトウチョウ 砂糖鳥
〈hanging parrakeet〉鳥綱オウム目オウム科サトウチョウ属に含まれる鳥の総称。

サド カケス
〈Garrulus glandarius tokugawae〉鳥綱スズメ目カラス科の鳥。

サドトガリネズミ 佐渡尖鼠
〈Sorex sadonis〉哺乳綱食虫目トガリネズミ科の動物。頭胴長5.9〜7.8cm。分布：佐渡島。絶滅危惧IB類。

サドノウサギ
〈Lepus brachyurus lyoni〉ウサギ目ウサギ科。

サドハタネズミ
〈Microtus montebelli brevicorpus〉哺乳綱齧歯目ネズミ亜科の動物。

サドヒゲジドリ 佐渡髯地鶏
〈"Sado-Hige" Native Fowl〉ニワトリの一品種。分布：佐渡。

サドモグラ 佐渡土竜
〈Mogera tokudae〉哺乳綱食虫目モグラ科の動物。頭胴長15.7〜16.7cm。分布：佐渡島。絶滅危惧IB類。

サドルバック・ドルフィン
マイルカの別名。

サドルブレッド
〈Saddlebred〉馬の一品種。150〜160cm。原産：アメリカ南部。

ザーネン
〈Saanen〉哺乳綱偶蹄目ウシ科の動物。75〜85cm。分布：スイス西部。

サバアノール
〈Anolis sabanus〉爬虫綱有鱗目トカゲ亜目イグアナ科の動物。全長12cm。分布：レッサーアンチル諸島のサバ島。

サバクアメガエル
〈Litoria rubella〉両生綱無尾目アマガエル科のカエル。

サバクイグアナ
〈Dipsosaurus dorsalis〉爬虫綱有鱗目トカゲ亜目イグアナ科の動物。全長30〜40cm。分布：北米南西部（カリフォルニア・ネバダ・アリゾナ），メキシコ北西部。

サバクオオトカゲ
〈Varanus griseus〉爬虫綱有鱗目トカゲ亜目オオトカゲ科のトカゲ。全長最大140cm。分布：アフリカのサハラ砂漠からアラビア半島，中央アジアの砂漠地帯からインドまで。

サバクオオミミコウモリ
〈Otonycteris hemprichi〉体長6〜7cm。分布：北アフリカから西アジア。

サバクガラス 砂漠鴉
〈Podoces panderi〉鳥綱スズメ目カラス科の鳥。体長33cm。分布：ロシア南西部。

サバクキンモグラ
〈Eremitalpa granti〉哺乳綱食虫目キンモグラ科の動物。体長7〜8cm。分布：アフリカ南部。絶滅危惧II類。

サバクキンモグラ属
⟨*Eremitalpa*⟩キンモグラ科。分布：ケープ地方南西部。

サバククロヘビ
⟨*Walterinnesia aegyptia*⟩爬虫綱有鱗目ヘビ亜目コブラ科のヘビ。全長1～1.3m。分布：アフリカ、中東。

サバクグンディ
⟨*Ctenodactylus vali*⟩グンディ科。分布：モロッコ南東部、アルジェリア北西部、リビア。

サバクコウモリ
⟨*Antrozous pallidus*⟩哺乳綱翼手目の動物。体長5.5～8cm。分布：北アメリカ西部からメキシコ、キューバ。絶滅危惧II類と推定。

サバクゴファーガメ
⟨*Gopherus agassizii*⟩爬虫綱カメ目リクガメ科のカメ。最大甲長37cm。分布：米国南西部（カリフォルニア、ネバダ、ユタ、アリゾナ）メキシコ北西部（ソノラからシナロア北部）。絶滅危惧II類。

サバクコブラ
サバククロヘビの別名。

サバクスズメ 砂漠雀
⟨*Passer simplex*⟩鳥綱スズメ目ハタオリドリ科の鳥。全長13cm。分布：アフリカのサハラ砂漠、中央アジアのカラクム砂漠。

サバクツノトカゲ
⟨*Phrynosoma platyrhinos*⟩爬虫綱有鱗目トカゲ亜目イグアナ科の動物。全長7～13cm。分布：アメリカ合衆国のオレゴン州南東部・アイダホ州南部からカリフォルニア州東部・アリゾナ州西部を経て、メキシコまで。

サバクテンジクネズミ
ヤマクイ属の別名。

サバクトガリネズミ
オオサバクトガリネズミの別名。

サバクトゲオアガマ
⟨*Uromastyx acanthinurus*⟩爬虫綱有鱗目トカゲ亜目アガマ科のトカゲ。全長30～40cm。分布：アフリカ。

サバクナメラ
⟨*Bogertophis subocularis*⟩爬虫綱有鱗目ヘビ亜目ナミヘビ科のヘビ。全長90～140cm。分布：米国南西部からメキシコ北部にかけて（チワワ砂漠を中心に分布）。

サバクネズミカンガルー
⟨*Caloprymnus campestris*⟩哺乳綱有袋目カンガルー科の動物。

サバクハムスター
⟨*Phodopus roborovskii*⟩体長5.5～10cm。分布：東アジア。

サバクヒタキ 砂漠鶲
⟨*Oenanthe deserti*⟩鳥綱スズメ目ツグミ科の鳥。体長14～15cm。分布：北アフリカ、中東、中央アジア、モンゴル地方。

サバクフクラガエル
⟨*Breviceps macrops*⟩両生綱無尾目カエル目ジムグリガエル科のカエル。体長4.8cm。分布：南アフリカ共和国、ナミビア。絶滅危惧II類。

サバクホソサンショウウオ
⟨*Batrachoseps aridus*⟩両生綱有尾目アメリカサンショウウオ科の動物。別名サバクミミズサンショウウオ。全長オス7.3cm、メス7cm。分布：アメリカ合衆国カリフォルニア州南部のサンタ・ローザ山脈東斜面のヒドゥンパーム渓谷。絶滅危惧IA類。

サバクミミズサンショウウオ
サバクホソサンショウウオの別名。

サバクヤマネ
⟨*Selevinia betpakdalensis*⟩哺乳綱齧歯目ヤマネ科の動物。頭胴長7.5～9.5cm。分布：カザフスタンのバルハシ湖の西部および北部。絶滅危惧IB類。

サバクヨルトカゲ
⟨*Xantusia vigillis*⟩有鱗目ヨルトカゲ科。

サバクワタオウサギ 砂漠綿尾兎
⟨*Sylvilagus audubonii*⟩哺乳綱ウサギ目ウサギ科の動物。分布：モンタナ中部、ノース・ダコタ南西部、ユタ中部、ネバダ中部、カリフォルニア北部と中部、メキシコのバハ・カリフォルニア、シナロア中部、プエブラ北東部、ベラクルス西部。

サハラゾリラ
⟨*Poecilictis libyca*⟩哺乳綱食肉目イタチ科の動物。体長22～28cm。分布：モロッコとエジプトからナイジェリア北部とスーダンに至る、サハラ周辺の半砂漠地帯。

サハラツノクサリヘビ
⟨*Cerastes cerastes*⟩爬虫綱有鱗目ヘビ亜目クサリヘビ科のヘビ。全長60～80cm。分布：ア

フリカの北部からシナイ半島, アラビア半島南部。

サーバル
〈*Felis serval*〉哺乳綱食肉目ネコ科の動物。体長70～100cm。分布：アフリカのサバンナ。

サーバルジェネット
〈*Genetta servalina*〉哺乳綱食肉目ジャコウネコ科の動物。体長42～53cm。分布：中央アフリカ, 東アフリカの限られた地域。

サバンナオオトカゲ
〈*Varanus exanthematicus*〉爬虫綱有鱗目トカゲ亜目オオトカゲ科のトカゲ。全長1m。分布：アフリカ大陸西部から中央部。

サバンナシトド
〈*Ammodramus sandwichensis*〉鳥綱スズメ目ホオジロ科の鳥。

サバンナシトド
クサチヒメドリの別名。

サバンナシマウマ
〈*Equus burchelli*〉哺乳綱奇蹄目ウマ科の動物。体長2.2～2.5m。分布：東アフリカおよびアフリカ南部。

サバンナセンザンコウ
〈*Manis temmincki*〉有鱗目センザンコウ科。体長50～60cm。分布：東アフリカからアフリカ南部にかけて。

サバンナダイカー
〈*Sylvicapra grimmia*〉哺乳綱偶蹄目ウシ科の動物。体長0.7～1.2m。分布：アフリカ西部, 中部, 東部, 南部。

サバンナツルヘビ
〈*Thelotornis capensis*〉爬虫綱有鱗目ヘビ亜目ナミヘビ科のヘビ。全長0.6～1m。分布：アフリカ。

サバンナノスリ
〈*Buteogallus meridionalis*〉鳥綱タカ目タカ科の鳥。体長51～61cm。分布：パナマ東部からアルゼンチン中部。

サバンナヒヒ
〈*Papio cynocephalus*〉哺乳綱オナガザル科ヒヒ属の動物。頭胴長56～79cm。分布：エチオピアからアフリカ南部, アンゴラ。

サバンナヒヒ
〈*savannah baboon*〉哺乳綱霊長目オナガザル科ヒヒ属に含まれる動物のうち, サハラ砂漠以南のアフリカに分布しサバンナ地帯にすむものをさす総称。

サバンナモンキー
〈*Cercopithecus aethiops*〉哺乳綱霊長目オナガザル科の動物。頭胴長46～66cm。分布：セネガルからソマリア, 南アフリカ。

サビイロオナガカマドドリ 錆色尾長竈鳥
〈*Synallaxis fuscorufa*〉鳥綱スズメ目カマドドリ科の鳥。全長17cm。分布：ベネズエラ西部, コロンビア東部。

サビイロカマドドリ 錆色竈鳥
〈*Automolus rubiginosus*〉鳥綱スズメ目カマドドリ科の鳥。体長19cm。分布：メキシコからボリビアにかけて。ギアナ高地にも分布。

サビイロネコ
〈*Felis rubiginosus*〉ネコ科ネコ属。体長35～48cm。分布：インド南部とスリランカ。

サビガマトカゲ
〈*Phrynocephalus maculatus*〉爬虫綱有鱗目トカゲ亜目アガマ科のトカゲ。全長15cm。分布：サウジアラビア, イラク, イラン, アフガニスタン, パキスタン。

サビトマトガエル
〈*Dyscophus guineti*〉両生綱無尾目ヒメガエル科のカエル。体長オス60～65mm, メス90～95mm。分布：マダガスカル島東岸。

サヒワール
〈*Sahiwal*〉牛の一品種。原産：パキスタン。

サファイアハチドリ
〈*Hylocharis sapphirina*〉鳥綱アマツバメ目ハチドリ科の鳥。全長10.5cm。分布：南アメリカ。

サファリ
〈*Safari, Feral-Domestic Hybrid*〉哺乳綱食肉目ネコ科の動物。

サブエソ・エスパニョール
〈*Sabueso Español*〉犬の一品種。体高46～56cm。原産：スペイン。

サフォーク
〈*Suffolk*〉哺乳綱偶蹄目ヒツジ科の動物。分布：イングランド南東部。

サフォーク・パンチ
〈*Suffolk Punch*〉哺乳綱奇蹄目ウマ科の動物。体高160～170cm。原産：イングランド（東部アングリア）。

サフランヒワ
〈*Carduelis siemiradzkii*〉鳥綱スズメ目アトリ科の鳥。全長11cm。分布：エクアドル南西部, ペルー北西部。絶滅危惧II類。

サーベルトースト・ビークト・ホエール
オオギハクジラの別名。

サーペントホソユビヤモリ
〈*Nactus serpensinsula*〉爬虫綱トカゲ目（トカゲ亜目）ヤモリ科の動物。頭胴長4.5〜7cm。分布：モーリシャスのサーペント島, ラウンド島。絶滅危惧II類。

サホークダウン
〈*Ovis aries*〉哺乳綱偶蹄目ウシ科の動物。

サボテンインコ
〈*Aratinga cactorum*〉鳥綱オウム目インコ科の鳥。全長25cm。分布：ブラジル北東部。

サボテンカマドドリ
〈*Thripophaga modesta*〉鳥綱スズメ目カマドドリ科の鳥。全長16cm。分布：ペルー中部・ボリビア・アルゼンチン西部・チリ。

サボテンフィンチ
〈*Geospiza scandens*〉鳥綱スズメ目ホオジロ科の鳥。分布：ガラパゴス諸島。

サボテンフクロウ 仙人掌梟
〈*Micrathene whitneyi*〉鳥綱フクロウ目フクロウ科の鳥。体長13.5〜14.5cm。分布：アフリカ南西部からバハカリフォルニアおよびメキシコ北部。メキシコで越冬。

サボテンミソサザイ 仙人掌鷦鷯
〈*Campylorhynchus brunneicapillus*〉鳥綱スズメ目ミソサザイ科の鳥。体長22cm。分布：北アメリカに生息するミソサザイの仲間ではいちばん大きい。

サボテンムジツグミモドキ
〈*Toxostoma lecontei*〉鳥綱スズメ目マネシツグミ科の鳥。全長28cm。分布：アメリカ, メキシコ。

サマールスンダリス
〈*Sundasciurus samarensis*〉哺乳綱齧歯目リス科の動物。属としてのサイズ：頭胴長12〜29cm。分布：フィリピンのサマール島, レイテ島。絶滅危惧II類。

サメイロオオコノハズク
〈*Otus lempiji ussuriensis*〉鳥綱フクロウ目フクロウ科の鳥。

サメイロタイヨウチョウ
〈*Nectarinia souimanga*〉鳥綱スズメ目タイヨウチョウ科の鳥。全長15cm。分布：マダガスカル, アルダブラ諸島。

サメイロヒヨドリ
オリーブヒヨドリの別名。

サメイロミツスイ
〈*Lichmera indistincta*〉鳥綱スズメ目ミツスイ科の鳥。全長12〜15cm。分布：オーストラリア北部・西部, ニューギニア南部・小スンダ列島・アルー諸島。

サメキバラヒタキ
〈*Tregellasia capito*〉鳥綱スズメ目ヒタキ科ヒタキ亜科の鳥。全長13cm。分布：オーストラリア北東部, 南東部。

サメクサインコ 褪草鸚哥
〈*Platycercus adscitus*〉鳥綱オウム目インコ科の鳥。全長30cm。分布：オーストラリア北東部。

サメハダイモリ
〈*Taricha granulosa*〉両生綱有尾目イモリ科の動物。

サメハダヒキガエル
〈*Bufo granulosus*〉両生綱無尾目ヒキガエル科のカエル。体長55mm。分布：パナマからギニア3国より南方へペルー北東部, ボリビア東部, パラグアイ北西部, アルゼンチン北東部。

サメビタキ 鮫鶲
〈*Muscicapa sibirica*〉鳥綱スズメ目ヒタキ科ヒタキ亜科の鳥。全長13.5cm。分布：旧ソ連南東部・モンゴル・中国北東部・カムチャツカ半島・サハリン・日本, ヒマラヤ。国内では本州中部以北の亜高山針葉樹林に夏鳥として渡来。

サメヒメコマドリ
〈*Sheppardia gabela*〉スズメ目ヒタキ科（ツグミ亜科）。全長オス13cm, 翼長6〜6.5cm, メス6.6cm。分布：アンゴラ。絶滅危惧IB類。

サメメジロ
〈*Zosterops pallida*〉鳥綱スズメ目メジロ科の鳥。全長11cm。分布：南アフリカ, ボツワナ, ナミビア。

サモアオオコウモリ
〈*Pteropus samoensis*〉哺乳綱翼手目オオコウモリ科の動物。前腕長13cm前後。分布：フィジー, サモア, アメリカ合衆国領サモア。絶滅

サモアオク

危惧II類。

サモアオグロバン
〈*Pareudiastes pacifica*〉鳥綱ツル目クイナ科の鳥。別名サモアバン。全長25cm。分布：サモア諸島。絶滅危惧IA類。

サモアバン
サモアオグロバンの別名。

サモアヒラハシ
〈*Myiagra albiventris*〉スズメ目ヒタキ科(カササギヒタキ亜科)。全長15cm。分布：サモアのサバイイ島とウポル島。絶滅危惧II類。

サモアメジロ
〈*Zosterops samoensis*〉鳥綱スズメ目メジロ科の鳥。全長10cm。分布：サモアのサバイイ島。絶滅危惧II類。

サモエド
〈*Samoyed*〉哺乳綱食肉目イヌ科の動物。体高46～56cm。分布：ロシア。

サヤツメトカゲモドキ
〈*Coleonyx elegans*〉爬虫綱有鱗目トカゲ亜目ヤモリ科の動物。全長16cm。分布：メキシコ南東部・ユタカン半島、ベリセ、グァテマラ、エルサルバドル。

サヤハシチドリ　鞘嘴千鳥
〈*Chionis alba*〉鳥綱チドリ目サヤハシチドリ科の鳥。体長40cm。分布：南極半島や周辺の島々からサウスジョージア島にかけての地域で繁殖し、北のパタゴニアやフォークランド諸島で越冬。絶滅危惧II類と推定。

サヤハシチドリ　鞘嘴千鳥
〈*sheath bill*〉広義には鳥綱チドリ目サヤハシチドリ科に属する鳥の総称で、狭義にはそのうちの1種をさす。全長38～41cm。分布：南極と亜南極地方の島々。

サヤハシチドリ科
チドリ目。分布：南極、南シェトランド・南ジョージア・プリンスエドワード・ケルゲレン島。

サヨナキドリ(小夜鳴鳥)
ナイチンゲールの別名。

ザラクビオオトカゲ
〈*Varanus rudicollis*〉爬虫綱有鱗目トカゲ亜目オオトカゲ科のトカゲ。全長最大146cm。分布：タイ南部、ミャンマー(ビルマ)、マレー半島、リオー諸島、ボルネオ島、スマトラ島、バンカ島。

サラサナメラ
〈*Elaphe dione*〉爬虫綱有鱗目ヘビ亜目ナミヘビ科のヘビ。全長80cm前後。分布：朝鮮半島から、沿海州、中国中部および北部、モンゴル、中央アジアを経て、カフカズ地方まで。

サラノマングース
〈*Salanoia concolor*〉哺乳綱食肉目マングース科の動物。頭胴長25～30cm。分布：マダガスカル北東部。絶滅危惧II類。

ザラハダツチイグアナ
〈*Cyclura carinata*〉爬虫綱トカゲ目(トカゲ亜目)イグアナ科の動物。頭胴長オス22～36cm、メス20～29cm。分布：バハマ、イギリス領タークス・カイコス諸島。絶滅危惧IA類。

ザラハダヘビ
〈*Tropidechis carinatus*〉爬虫綱有鱗目ヘビ亜目コブラ科のヘビ。全長0.7～1m。分布：オーストラリア。

サラブレッド
〈*Thoroughbred*〉哺乳綱奇蹄目ウマ科の動物。体高150～173cm。原産：イングランド。

サラマンドラ
〈*newt*〉両生綱有尾目イモリ科の動物の総称。全長7～30cm。分布：北アメリカ東部、西部、ヨーロッパ、アフリカ地中海沿岸、小アジア、東南アジア、中国、日本。

サラマンドラ
ファイアサラマンダーの別名。

サラモチコウモリ　皿持蝙蝠
〈*Myzopoda aurita*〉哺乳綱翼手目サラモチコウモリ科の動物。前腕長5cm前後。分布：マダガスカル。絶滅危惧II類。

サラワクイルカ　サラワク海豚
〈*Lagenodelphis hosei*〉哺乳綱クジラ目マイルカ科の動物。別名サラワク・ドルフィン、ショートスナウト・ドルフィン、ボルニアン・ドルフィン、ホワイトベリード・ドルフィン、フレーザーズ・ポーパス。2～2.6m。分布：太平洋、大西洋およびインド洋の深い熱帯および温帯海域。

サラワクジャコウネズミ
〈*Suncus hosei*〉哺乳綱食虫目トガリネズミ科の動物。分布：マレーシアのカリマンタン(ボルネオ)島のサバ州とサラワク州北部。絶滅危惧II類。

サラワク・ドルフィン

サラワクイルカの別名。

サリマリフルーツコウモリ
〈*Latidens salimalii*〉哺乳綱翼手目オオコウモリ科の動物。前腕長6.6〜6.9cm。分布：インド南部。絶滅危惧IA類。

サル 猿
〈*monkey*〉哺乳綱霊長目中ヒトを除いた部分 non-human primatesに対する一般呼称。

サル
ニホンザルの別名。

サルーキ
〈*Saluki*〉原産地が中央アジアの獣猟犬。別名ガゼル・ハウンド。体高56〜71cm。分布：イラン。

サルクイワシ
フィリピンワシの別名。

サルジニアナガレイモリ
〈*Euproctus platycephalus*〉両生綱有尾目イモリ科の動物。全長最大14cm。分布：イタリアのサルジニア島東部の3地域。絶滅危惧IA類。

サルジニアン
サルダの別名。

サルース・ウルフホンド
〈*Saarloos Wolfhond*〉犬の一品種。

サルダ
〈*Sarda*〉哺乳綱偶蹄目ウシ科の動物。別名サルジニアン。体高オス63〜75cm、メス50〜70cm。分布：イタリア。

サルタンガラ
〈*Melanochlora sultanea*〉鳥綱スズメ目シジュウカラ科の鳥。体長22cm。分布：ネパール東部から中国南部、東南アジア。

サルディニアン
〈*Sardinian*〉馬の一品種。体高135〜145cm。原産：イタリア（サルディニア島）。

サルトルシボン
〈*Sibon sartorii*〉爬虫綱有鱗目ヘビ亜目ナミヘビ科のヘビ。全長約60cm。分布：メキシコ中部からホンジュラス、ニカラグア。

サルバドールカナリア
〈*Serinus xantholaema*〉鳥綱スズメ目アトリ科の鳥。全長11cm。分布：エチオピア南部。絶滅危惧II類。

サルハマシギ 猿浜鷸
〈*Calidris ferruginea*〉鳥綱チドリ目シギ科の鳥。全長22cm。分布：シベリア北部、アラスカ。

サルビンオオニオイガメ
〈*Staurotypus salvinii*〉爬虫綱カメ目ドロガメ科のカメ。最大甲長25cm。分布：中米（メキシコのオアハカ南部からグァテマラ、エルサルバドルの太平洋側）。

サルファー・ボトム
シロナガスクジラの別名。

サルプナニナック
犬の一品種。

サルプラニナッツ
〈*Illyrian Sheepdog*〉犬の一品種。体高56〜61cm。原産：旧ユーゴスラビア。

サールロース・ウォルフホント
犬の一品種。

サレール
〈*Salers*〉牛の一品種。

サレルノ
〈*Salerno*〉馬の一品種。体高158〜166cm。原産：イタリア（サレルノ地方）。

サレンスキーケムリトガリネズミ
〈*Soriculus salenskii*〉哺乳綱食虫目トガリネズミ科の動物。頭胴長8.1cm。分布：中国の四川省北部の山地。絶滅危惧IA類。

サーロス・ウルフドッグ
〈*Saarloos Wolfhound*〉犬の一品種。体高70〜75cm。原産：オランダ。

サワカヤマウス
〈*Reithrodontomys raviventris*〉齧歯目ネズミ科（アメリカネズミ亜科）。体長7〜7.5cm。分布：合衆国西部（サンフランシスコ沿岸地域）。絶滅危惧II類。

ザン
ジュゴンの別名。

サンエステバンシロアシマウス
〈*Peromyscus stephani*〉齧歯目ネズミ科（アメリカネズミ亜科）。頭胴長10〜10.5cm。分布：メキシコのサン・エステバン島。絶滅危惧IB類。

サンオウケイ 三黄鶏
〈*Sanhuang Fowl*〉分布：中国南部、広東省。

サンカウマ 三河馬

サンカクマ

〈*Sanhe Horse*〉オス155cm、メス145cm。分布：中国の内蒙古自治区北東部・三河地区。

サンガクマムシ
〈*Agkistrodon saxatilis*〉爬虫綱有鱗目ヘビ亜目クサリヘビ科のヘビ。全長50〜75cm。分布：朝鮮半島から中国東北部, ロシアの極東部。

サンカノゴイ 山家五位
〈*Botaurus stellaris*〉鳥綱コウノトリ目サギ科の鳥。全長68.5cm。分布：ユーラシア大陸中部・アフリカ南部。国内では北海道, 本州の一部。

サンカノゴイ
鳥綱コウノトリ目サギ科の鳥。全長60〜85cm。分布：ユーラシア, オーストラリア, 北アメリカ, 南アメリカ。

サンギヘサトウチョウ
〈*Loriculus catamene*〉鳥綱オウム目インコ科の鳥。別名サンジールコシミノサトウ。全長12cm。分布：インドネシアのサンギヘ島。絶滅危惧IB類。

サンギヘタイヨウチョウ
〈*Aethopyga duyvenbodei*〉鳥綱スズメ目タイヨウチョウ科の鳥。全長11cm。分布：インドネシアのサンギヘ島, シアウ島。絶滅危惧IB類。

サンキンティンカンガルーマウス
〈*Dipodomys gravipes*〉哺乳綱齧歯目ポケットマウス科の動物。全長28.6〜31cm。分布：メキシコのバハ・カリフォルニア半島北部。絶滅危惧IB類。

サンクリストバルオグロバン
〈*Gallinula silvestris*〉鳥綱ツル目クイナ科の鳥。別名サンクリストバルバン。全長26cm。分布：ソロモン諸島のサン・クリストバル島。絶滅危惧種。

サンクリストバルギャリワスプ
〈*Diploglossus anelpistus*〉爬虫綱トカゲ目（トカゲ亜目）アンギストカゲ科のトカゲ。頭胴長29cm。分布：ドミニカ共和国。絶滅危惧IA類。

サンクリストバルコメネズミ
〈*Oryzomys galapagoensis*〉齧歯目ネズミ科（アメリカネズミ亜科）。頭胴長15cm。分布：エクアドルのガラパゴス諸島。絶滅危惧IA類。

サンクリストバルトガリネズミ
〈*Sorex stizodon*〉哺乳綱食虫目トガリネズミ科の動物。頭胴長10.7cm。分布：メキシコ南東部。絶滅危惧IB類。

サンクリストバルバン
サンクリストバルオグロバンの別名。

サンクルーズバト
〈*Gallicolumba sanctaecrucis*〉鳥綱ハト目ハト科の鳥。全長22〜25cm。分布：ソロモン諸島南部のティナクラ島とウトゥプア島およびバヌアツのエスピリトゥ・サント島。絶滅危惧種。

サンケイ 山鶏
〈*Lophura swinhoii*〉鳥綱キジ目キジ科の鳥。全長オス80cm、メス60cm。分布：台湾。絶滅危惧種。

サンコウチョウ 三光鳥
〈*Terpsiphone atrocaudata*〉鳥綱スズメ目ヒタキ科カササギヒタキ亜科の鳥。全長オス45cm、メス17.5cm。分布：日本, 台湾, フィリピン。国内では南西諸島で越冬し, 屋久島から本州の平地・低山の森林へ夏鳥として渡来。

サンゴパイプヘビ
〈*Anilius scytale*〉爬虫綱有鱗目ヘビ亜目サンゴパイプヘビ科のヘビ。全長70〜90cm。分布：南アメリカ。

サンゴヘビ 珊瑚蛇
〈*coral snake*〉爬虫綱有鱗目コブラ科サンゴヘビ属に含まれるヘビの総称。

サンゴローガ
〈*Sangologa*〉牛の一品種。

サンサルバドルイワイグアナ
〈*Cyclura rileyi*〉爬虫綱トカゲ目（トカゲ亜目）イグアナ科の動物。頭胴長オス25〜31cm、メス20〜25cm。分布：バハマのサン・サルバドル島。絶滅危惧IB類。

サンジェルマン・ポインター
〈*Saint-Germain Pointer*〉犬の一品種。

サンジニアボア
〈*Boa manditra*〉爬虫綱有鱗目ヘビ亜目ボア科のヘビ。全長2〜2.5m。分布：マダガスカル。絶滅危惧II類。

ザンジバル・ゼビウ
〈*Zanzibar Zebu*〉牛の一品種。

サンジャク 山鵲

⟨*Urocissa erythrorhyncha*⟩鳥綱スズメ目カラス科の鳥。体長70cm。分布：ヒマラヤ山脈周辺から東の中国，南はミャンマー，タイにかけての，標高2100メートルくらいまでの山地の森林。

サンショウウオ　山椒魚
⟨*Salamander*⟩両生綱有尾目に属する動物。

サンショウクイ　山椒喰，山椒食
⟨*Pericrocotus divaricatus*⟩鳥綱スズメ目サンショウクイ科の鳥。全長20cm。分布：ウスリーから朝鮮半島，本州以南の日本。

サンショウクイ　山椒喰
⟨*minivet*⟩広義には鳥綱スズメ目サンショウクイ科に属する鳥の総称で，狭義にはそのうちの1種をさす。体長14〜40cm。分布：アフリカのサハラ以南，マダガスカル，インド，東南アジア，フィリピン，ボルネオ，スラウェシ，ニューギニア，オーストラリア，ポリネシアおよびインド洋上のいくつかの島，中国南・東部，日本，旧ソ連南東部。

サンショウクイ科
スズメ目。全長12〜36cm。分布：アフリカ，オーストラリア。

サンショクアメリカムシクイ
ハゴロモムシクイの別名。

サンショクウミワシ　三色海鷲
⟨*Haliaeetus vocifer*⟩鳥綱タカ目タカ科の鳥。体長74〜84cm。分布：サハラ以南のアフリカ。

サンショクキムネオオハシ　黄胸大嘴，三色黄胸大嘴
⟨*Ramphastos sulfuratus*⟩鳥綱オオハシ科の鳥。体長45〜56cm。分布：メキシコの熱帯域からコロンビア北部およびベネズエラ北西部。

サンショクサギ　三色鷺
⟨*Hydranassa tricolor*⟩鳥綱コウノトリ目サギ科の鳥。全長63〜76cm。分布：北アメリカ南部から中央アメリカ，西インド諸島，南アメリカ北部。

サンショクツバメ　三色燕
⟨*Petrochelidon pyrrhonota*⟩鳥綱スズメ目ツバメ科の鳥。全長13〜15cm。分布：北アメリカ。

サンショクハゴロモガラス　三色羽衣鳥
⟨*Agelaius tricolor*⟩鳥綱スズメ目ムクドリモドキ科の鳥。全長19〜23cm。分布：アメリカ西部。

サンショクヒタキ
⟨*Petroica multicolor*⟩鳥綱スズメ目ヒタキ科ヒタキ亜科の鳥。体長12cm。分布：オーストラリア，ソロモン諸島，バヌアツ諸島，フィジー諸島，サモア諸島。

サンショクマイコドリ　三色舞子鳥
⟨*Manacus candei*⟩鳥綱スズメ目マイコドリ科の鳥。全長11cm。分布：メキシコ南部からコスタリカ。

サンショクヤマオオハシ　三色山大嘴
⟨*Andigena hypoglauca*⟩鳥綱キツツキ目オオハシ科の鳥。全長50cm。分布：コロンビア中央部からエクアドル東部・ペルー東部。

サンジールコシミノサトウ
サンギヘサトウチョウの別名。

サンタイザベルネズミ
⟨*Solomys sapientis*⟩齧歯目ネズミ科（ネズミ亜科）。頭胴長25cm。分布：ソロモン諸島のサンタ，イザベル島。絶滅危惧種。

サンタカタリナシロアシマウス
⟨*Peromyscus slevini*⟩齧歯目ネズミ科（アメリカネズミ亜科）。頭胴長10.5cm。分布：メキシコのサンタ・カタリナ島。絶滅危惧IA類。

サンタ・ガートルーデス
⟨*Santa Gertrudis*⟩哺乳綱偶蹄目ウシ科の動物。体高オス170cm，メス140cm。分布：アメリカ合衆国。

サンタクルーズオオコウモリ
⟨*Pteropus nitendiensis*⟩哺乳綱翼手目オオコウモリ科の動物。前腕長12.1cm。分布：ソロモン諸島東部のサンタ・クルーズ諸島のニテンディ島，サンタ・クルーズ島。絶滅危惧種。

サンタクルスコメネズミ
⟨*Nesoryzomys indefessus*⟩齧歯目ネズミ科（アメリカネズミ亜科）。頭胴長13.5cm。分布：エクアドルのガラパゴス諸島。絶滅危惧IB類。

サンタマルガリータカンガルーネズミ
マルガリータカンガルーマウスの別名。

サンタマルタタイランチョウ
⟨*Myiotheretes pernix*⟩鳥綱スズメ目タイランチョウ科の鳥。全長21cm。分布：コロンビア北部。絶滅危惧II類。

サンダルウッド

サンタレム

馬の一品種。体高123〜133cm。原産：インドネシア。

サンタレムマーモセット
〈*Callithrix humeralifer*〉マーモセット科マーモセット属。分布：ブラジル, アマゾン。

サンデーシロハラミズナギドリ
オオシロハラミズナギドリの別名。

サンドイッチアジサシ
〈*Thalasseus sandvicensis*〉鳥綱チドリ目カモメ科の鳥。全長40〜45cm。分布：アメリカ南東部・メキシコ沿岸・ヨーロッパ・カスピ海沿岸。

サントメインコ
〈*Aratinga pertinax*〉鳥綱オウム目インコ科の鳥。全長25cm。分布：南アメリカ北部, カリブ海沿岸。

サントメオナガモズ
〈*Lanius newtoni*〉鳥綱スズメ目モズ科の鳥。全長19cm。分布：サントメ・プリンシペ。絶滅危惧IA類。

サントメオヒキコウモリ
〈*Chaerephon tomensis*〉哺乳綱翼手目オヒキコウモリ科の動物。前腕長約4cm。分布：サントメ・プリンシペのサントメ島。絶滅危惧II類。

サントメオリーブトキ
〈*Bostrychia bocagei*〉鳥綱コウノトリ目トキ科の鳥。全長50cm。分布：サントメ・プリンシペのサントメ島。絶滅危惧IA類。

サントメオリーブバト
〈*Columba thomensis*〉鳥綱ハト目ハト科の鳥。全長37〜40cm。分布：サントメ・プリンシペのサントメ島。絶滅危惧II類。

サントメクビワフルーツコウモリ
〈*Myonycteris brachycephala*〉哺乳綱翼手目オオコウモリ科の動物。前腕長6.4cm。分布：サントメ・プリンシペのサントメ島。絶滅危惧II類。

サントメコウライウグイス
〈*Oriolus crassirostris*〉鳥綱スズメ目コウライウグイス科の鳥。全長25cm。分布：サントメ・プリンシペのサントメ島。絶滅危惧II類。

サントメハリオアマツバメ
〈*Zoonavena thomensis*〉鳥綱アマツバメ目アマツバメ科の鳥。翼長11.5cm。分布：サントメ島。

サントメマシコ
〈*Neospiza concolor*〉鳥綱スズメ目アトリ科の鳥。全長19〜20cm。分布：サントメ・プリンシペのサントメ島。絶滅危惧IA類。

サントメムシクイ
〈*Amaurocichla bocagii*〉スズメ目ヒタキ科（ウグイス亜科）。全長14cm。分布：サントメ・プリンシペのサントメ島。絶滅危惧II類。

ザンノイオ
ジュゴンの別名。

ザンノウオ
ジュゴンの別名。

サンバー　水鹿
〈*Cervus unicolor*〉哺乳綱偶蹄目シカ科の動物。別名スイロク。肩高61〜142cm。分布：フィリピン, インドネシア, 中国南部, ビルマ, インド, スリランカ。

サンバガエル　産婆蛙
〈*Alytes obstetricans*〉両生綱無尾目スズガエル科のカエル。体長3〜5cm。分布：ヨーロッパ。

サンビームヘビ
〈*Xenopeltis unicolor*〉爬虫綱有鱗目ヘビ亜目サンビームヘビ科のヘビ。全長1.2m。分布：中国南部, ミャンマーからインドシナマレー半島, インドネシア, フィリピン。

サンフォードキツネザル
〈*Lemur fulvus sanfordi*〉キツネザル科キツネザル属。頭胴長36〜43cm。分布：マダガスカル島。

サンフォードヒメアオヒタキ
〈*Cyornis sanfordi*〉スズメ目ヒタキ科（ヒタキ亜科）。全長14.5cm。分布：インドネシアのスラウェシ島。絶滅危惧II類。

サンフォードメジロ
〈*Woodfordia lacertosa*〉鳥綱スズメ目メジロ科の鳥。全長15cm。分布：サンタクルーズ諸島。

サンホウ　三河牛
〈*Sanho*〉牛の一品種。原産：中国北部の内蒙古自治区, 呼盟草原地帯。

サンホセウサギ
〈*Sylvilagus mansuetus*〉哺乳綱ウサギ目ウサギ科の動物。分布：カリフォルニア湾サン・ホセ島。

サンホセカンガルーマウス
　〈Dipodomys insularis〉哺乳綱齧歯目ポケットマウス科の動物。全長24.9cm。分布：メキシコのカリフォルニア湾にあるサン・ホセ島。絶滅危惧IA類。

サンボーンコケンショウフルーツコウモリ
　〈Epomophorus grandis〉哺乳綱翼手目オオコウモリ科の動物。前腕長6.6cm。分布：アンゴラ北東部，コンゴ共和国。絶滅危惧IB類。

サンマルコスオナガサンショウウオ
　〈Eurycea nana〉両生綱有尾目アメリカサンショウウオ科の動物。全長3.8〜5.6cm。分布：アメリカ合衆国テキサス州のサン・マルコス川。絶滅危惧II類。

サンマルティンウッドラット
　〈Neotoma martinensis〉齧歯目ネズミ科（アメリカネズミ亜科）。頭胴長18.5cm。分布：メキシコのサン・マルティン島。絶滅危惧IB類。

サンルーカスゴファーヘビ
　〈Pituophis melanoleucus vertebralis〉爬虫綱有鱗目ヘビ亜目ナミヘビ科のヘビ。分布：メキシコのバハ・カリフォルニア南端。

サンロレンソシロアシマウス
　〈Peromyscus interparietalis〉齧歯目ネズミ科（アメリカネズミ亜科）。頭胴長9〜10cm。分布：メキシコのサン・ロレンソ島。絶滅危惧IB類。

【シ】

ジアメリカムシクイ
　カマドムシクイの別名。

シェスキー・テリア
　〈Cesky Terrier〉犬の一品種。別名ボヘミアン・テリア。体高25〜36cm。原産：旧チェコスロバキア。

シェー・ダルトワ
　〈Chien d'Artois〉犬の一品種。

シェトランド（ヒツジ）
　〈Shetland〉羊の一品種。原産：英国シェトランド諸島。

シェトランド・シープドッグ
　〈Shetland sheepdog〉哺乳綱食肉目イヌ科の動物。別名シェルティー。体高35〜37cm。分布：イギリス。

シェトランドポニー
　〈Shetland pony〉哺乳綱奇蹄目ウマ科の動物。体高90〜103cm。原産：スコットランド。

シェナンドアサンショウウオ
　〈Plethodon shenandoah〉両生綱有尾目アメリカサンショウウオ科の動物。全長7〜10.2cm。分布：アメリカ合衆国ヴァージニア州のシェナンドア国立公園にあるブルー，リッジ山脈の三つの山。絶滅危惧IB類。

ジェヌビ
　〈Jenubi〉牛の一品種。

ジェネット
　〈genet〉広義には哺乳綱食肉目ジャコウネコ科ジェネット属に含まれる動物の総称で，狭義にはそのうちの1種をさす。

ジェネット
　ヨーロッパジェネットの別名。

ジェネットモドキ
　〈Genetta thierryi〉哺乳綱食肉目ジャコウネコ科の動物。分布：西アフリカの森林，ギニアのサバンナ。

シェパード
　〈Canis familiaris〉哺乳綱食肉目イヌ科の動物。

ジェフロイクモザル
　〈Ateles geoffroyi〉哺乳綱霊長目オマキザル科の動物。

ジェフロイクロシロコロブス
　〈Colobus vellerosus〉哺乳綱霊長目オナガザル科の動物。頭胴長オス61〜64.1cm，メス61〜66cm。分布：コートジボアールからナイジェリアにかけて。絶滅危惧II類。

シエラネバダサンショウウオ
　〈Ensatina eschscholtzii platensis〉両生綱有尾目プレソドン科の動物。

シエラレオネハウチワドリ
　〈Prinia leontica〉スズメ目ヒタキ科（ウグイス亜科）。全長15cm。分布：シエラレオネ北東部，ギニア，リベリア，コートジボアール。絶滅危惧II類。

シェルティー
　シェトランド・シープドッグの別名。

ジェレヌク
　〈Litocranius walleri〉哺乳綱偶蹄目ウシ科の動物。体長1.4〜1.6m。分布：東アフリカ。

ジェロニモギンイロアシナシトカゲ

〈*Anniella geroninensis*〉爬虫綱有鱗目トカゲ亜目ギンイロアシナシトカゲ科のトカゲ。全長10〜15cm。分布：北アメリカ。

ジェンキンスジネズミ
〈*Crocidura jenkinsii*〉哺乳綱食虫目トガリネズミ科の動物。頭胴長10.7cm。分布：インド領アンダマン諸島の南アンダマン島だけから知られる。絶滅危惧IA類。

シェンシーハコガメ
〈*Cuora pani*〉爬虫綱カメ目ヌマガメ科のカメ。最大甲長16cm。分布：中国（陝西省，雲南省）。

ジェンツーペンギン
〈*Pygoscelis papua*〉鳥綱ペンギン目ペンギン科の鳥。体長81cm。分布：南極，亜南極，南アメリカ南部。

ジェンティレ・ディ・プグリア
〈*Gentile di Puglia*〉哺乳綱偶蹄目ウシ科の動物。体高オス64〜68cm，メス58〜62cm。分布：イタリア南部。

ジェントルキツネザル
〈*gentle lemur*〉哺乳綱霊長目キツネザル科ジェントルキツネザル属に含まれる動物の総称。

ジェントルキツネザル
ハイイロジェントルキツネザルの別名。

シオゴンドウ
〈*Globicephala scammonii*〉哺乳綱イルカ科の動物。別名タッパナガ。体長6〜8m。

シカ 鹿
〈*deer*〉哺乳綱偶蹄目シカ科に属する動物の総称。

シカ
ニホンジカの別名。

シー・カナリー
シロイルカの別名。

シカネズミ
〈*deer mouse*〉外形がアカネズミに似た齧歯目ネズミ科アメリカネズミ亜科Hesperomyinaeの哺乳類の総称。

ジカマドドリ 地竈鳥
〈*Geositta cunicularia*〉カマドドリ科。体長17〜19cm。分布：南アフリカ南部（ペルーおよびブラジルからティエラ・デル・フエゴ）。

シカヤワゲマウス

〈*Habromys simulatus*〉齧歯目ネズミ科（アメリカネズミ亜科）。頭胴長8cm。分布：メキシコ中央部。絶滅危惧IB類。

シギ 鴫，鷸
〈*sandpiper*〉広義には鳥綱チドリ目シギ科およびその近縁の数科に属する鳥の総称で，狭義にはシギ科の鳥だけをさす。全長13〜66cm。分布：ほとんどの種は北半球で繁殖し，少数がアフリカや南アメリカの熱帯で繁殖する。

シギ科
チドリ目。

シギダチョウ 鷸駝鳥
〈*tinamou*〉鳥綱シギダチョウ目シギダチョウ科に属する鳥の総称。全長20〜53cm。分布：メキシコ南部から南アメリカ南部。

シギダチョウ
カンムリシギダチョウの別名。

シギダチョウ科
シギダチョウ目。全長15〜55cm。分布：メキシコ南部から南アメリカ。

シギダチョウ目
鳥綱の1目。分布：中央アメリカから南アメリカ。

シキチョウ 四季鳥
〈*Copsychus saularis*〉鳥綱スズメ目ツグミ科の鳥。体長20cm。分布：インド，中国南部，中南アジア，インドネシア，フィリピン。

シキチョウ 四季鳥
広義には鳥綱スズメ目ヒタキ科ツグミ亜科シキチョウ属に含まれる鳥の総称で，狭義にはそのうちの1種をさす。

シコクケン 四国犬
〈*Shikoku dog*〉哺乳綱食肉目イヌ科の動物。体高オス52cm，メス46cm。分布：徳島県の剣山から愛媛県の石鎚山。

シコクコゲラ
〈*Dendrocopos kizuki shikokuensis*〉鳥綱キツツキ目キツツキ科の鳥。

シコクトガリネズミ 四国尖鼠
〈*Sorex caecutiens shikokensis*〉頭胴長64〜76mm。分布：愛媛県石鎚山，佐々連尾山や新居浜市の下寒山，徳島県剣山。

シコクヤマドリ
〈*Syrmaticus soemmerringii scintillans*〉鳥綱キジ目キジ科の鳥。

シコンコメワリ
〈*Amaurospiza concolor*〉鳥綱スズメ目ホオジロ科の鳥。全長11.5cm。分布：中央アメリカから南アメリカ北西部。

シコンチョウ　紫紺鳥
〈*Vidua chalybeata*〉鳥綱スズメ目ハタオリドリ科の鳥。全長10～11.5cm。分布：アフリカ中部・南部。

シコンツグミ
ムラサキツグミの別名。

シコンヒワ
〈*Volatinia incarini*〉鳥綱スズメ目ホオジロ科の鳥。全長11cm。分布：中央アメリカから南アメリカ。

ジサイチョウ　地犀鳥
〈*Bucorvus abyssinicus*〉鳥綱ブッポウソウ目サイチョウ科の鳥。全長109cm。分布：セネガル，ガンビア，ギニアからチャド，中央アフリカ。

ジサンショウクイ
〈*Pteropodocys maxima*〉鳥綱スズメ目サンショウクイ科の鳥。別名カッコウサンショウクイ。全長33cm。分布：オーストラリア内陸部。

シシ（獅子）
ライオンの別名。

シシオザル　獅子尾猿
〈*Macaca silenus*〉哺乳綱霊長目オナガザル科の動物。頭胴長オス51～61cm，メス46cm。分布：インド南西部。絶滅危惧IB類。

シシガシラカロテス
〈*Calotes liocephalus*〉爬虫綱トカゲ目（トカゲ亜目）アガマ科の動物。頭胴長8～9cm。分布：スリランカ中部。絶滅危惧IB類。

ジシギ　地鴫，地鷸
〈*snipe*〉鳥綱チドリ目シギ科に属するオオジシギGallinago hardwickiiとチュウジシギG.megalaの総称。

シシバナザル　獅子鼻猿
〈*snub-nosed monkey*〉哺乳綱霊長目オナガザル科シシバナザル属に含まれる動物の総称。

シジミマブヤ
〈*Mabuya macularia*〉スキンク科。全長13～17cm。分布：パキスタン，インド，スリランカ，バングラデシュ，ミャンマー，タイなど。

シジュウカラ　四十雀
〈*Parus major*〉鳥綱スズメ目シジュウカラ科の鳥。体長14cm。分布：イギリスからロシア，南アジアを経て日本に至るユーラシア大陸。国内では全国の低地から亜高山の広葉樹林。

シジュウカラ　四十雀
〈*great tit*〉広義には鳥綱スズメ目シジュウカラ科に属する鳥の総称で，狭義にはそのうちの1種をさす。体長11～22cm。分布：ヨーロッパ，アジア，アフリカ，北アメリカ（メキシコの一部を含む）。

シジュウカラ科
スズメ目。全長8～20cm。分布：アフリカ，ユーラシア，北アメリカ，中央アメリカ北部。

シジュウカラガン　四十雀雁
〈*Branta canadensis*〉鳥綱カモ目カモ科の鳥。別名カナダガン。68cm。分布：アリューシャン列島。絶滅危惧種。

シシリアン
〈*Sicilian, Ragusan*〉哺乳綱奇蹄目ウマ科の動物。体高140cm。分布：シチリア島。

シシリアン・ハウンド
チルネコ・デル・エトナの別名。

シー・ズー
〈*Shih Tzu*〉哺乳綱食肉目イヌ科の動物。別名シー・ツェ・コウ。体高27cm。分布：中国。

シズカカマドドリ　静竈鳥
〈*Siptornis striaticollis*〉鳥綱スズメ目カマドドリ科の鳥。全長10cm。分布：コロンビア，エクアドル。

シズカシトド
〈*Arremon taciturnus*〉鳥綱スズメ目ホオジロ科の鳥。全長16.5cm。分布：南アメリカ。

シセンタカネサンショウウオ
〈*Batrachuperus pinchonii*〉体長13～15cm。分布：チベット東部，中国（四川省）。

シセンフクロウ
〈*Strix davidi*〉鳥綱フクロウ目フクロウ科の鳥。全長58cm。分布：中国四川省中部から西部，青海省南東部。絶滅危惧II類。

シセンミヤマテッケイ
〈*Arborophila rufipectus*〉鳥綱キジ目キジ科の鳥。全長28～30.5cm。分布：中国の四川省。絶滅危惧IA類。

シダセッカ

シタツンカ
〈*Bowdleria punctata*〉鳥綱スズメ目ウグイス科の鳥。体長18cm。分布：ニュージーランド。

シタツンガ
〈*Tragelaphus spekei*〉哺乳綱偶蹄目ウシ科の動物。体長1.2〜1.7m。分布：アフリカ西部および中部。

シタナガオオコウモリ　舌長大蝙蝠
〈*long-tongued fruit bat*〉翼手目オオコウモリ科シタナガオオコウモリ亜科Macroglossinaeに属する哺乳類の総称。

シダムシクイ
〈*Crateroscelis gutturalis*〉トゲハシムシクイ科。体長12〜14cm。分布：オーストラリア北東部。

シダモニセヤブヒバリ
〈*Heteromirafra sidamoensis*〉鳥綱スズメ目ヒバリ科の鳥。全長14cm。分布：エチオピア。絶滅危惧IB類。

シチトウメジロ　七島目白
〈*Zosterops japonica stejnegeri*〉鳥綱スズメ目メジロ科の鳥。

シチメンチョウ　七面鳥
〈*Meleagris gallopavo*〉シチメンチョウ科。体長オス122cm、メス86cm。分布：合衆国、メキシコ。

シチメンチョウ
シチメンチョウ科の鳥の総称。全長90〜120cm。分布：アメリカ。

シチリアーナ
〈*Siziliana*〉牛の一品種。

シチリアン
〈*Sicilian*〉馬の一品種。体高150〜155cm。原産：イタリア。

シチロウネズミ
ドブネズミの別名。

シー・ツェ・コウ
シー・ズーの別名。

シッキムクマネズミ
〈*Rattus sikkimensis*〉齧歯目ネズミ科（ネズミ亜科）。頭胴長20cm程度。分布：中国南部、ネパール東部、インド北東部、ミャンマー、タイ湾の島嶼、ベトナム。絶滅危惧II類。

シッキムホオヒゲコウモリ
〈*Myotis sicarius*〉哺乳綱翼手目ヒナコウモリ科の動物。前腕長5.3cm。分布：インド、シッキム州北部。絶滅危惧II類。

シツゲンジネズミ
〈*Crocidura lucina*〉哺乳綱食虫目トガリネズミ科の動物。分布：エチオピア東部の山岳湿地。絶滅危惧II類。

ジットコ　地頭鶏
〈*Gallus gallus var. domesticus*〉鳥綱キジ目キジ科の鳥。分布：鹿児島県。

シッバァールド・ロークエル
シロナガスクジラの別名。

シッパーキー
〈*Schipperke*〉犬の一品種。体高25〜33cm。原産：ベルギー。

シッポウチョウ　七宝鳥
鳥綱スズメ目カエデチョウ科キンパラ属シッポウチョウ亜属に含まれる鳥の総称。

シッポウチョウ
キンカチョウの別名。

シッポウバト　七宝鳩
〈*Oena capensis*〉鳥綱ハト目ハト科の鳥。体長26〜28cm。分布：サハラ以南のアフリカ、アラビア半島、イスラエル南部。

シーデット・トレンデルフェ
〈*Sidet Tr onderfe（og Nordlandsfe）*〉牛の一品種。

ジドッコ　地頭鶏
〈*Japanese Creeper*〉分布：鹿児島県。天然記念物。

シトド　鵐
鳥綱スズメ目ホオジロ科ホオジロ属のうちの幾種かに対して古くから一般につけられた地方名であり、日本で普通にみられる種に限られる。

シトドフウキンチョウ
〈*Spindalis zena*〉鳥綱スズメ目ホオジロ科の鳥。全長15〜20.5cm。分布：バハマ諸島、大アンティル諸島。

ジドリ　地鶏
〈*Gallus gallus var. domesticus*〉鳥綱キジ目キジ科の鳥。分布：日本。天然記念物。

シナアヒル　支那鶩
〈*Chinese duck*〉鳥綱カモ目カモ科の鳥。

シナアマガエル
〈*Hyla chinensis*〉両生綱無尾目アマガエル科

のカエル。体長25～30mm。分布：河南省以南の中国中部・南東部,ベトナム北部,台湾。

シナイアレチネズミ
〈*Gerbillus bonhotei*〉齧歯目ネズミ科（アレチネズミ亜科）。頭胴長9～10cm。分布：エジプトのシナイ半島北東部。絶滅危惧II類。

シナイトゲオアガマ
〈*Uromastyx ornatus*〉爬虫綱有鱗目アガマ科のトカゲ。

シナイモリ
〈*Cynops orientalis*〉両生綱有尾目イモリ科の動物。体長90mm。分布：中国中東部（江南省,安徽省,江蘇省,浙江省,広西省,福建省,湖北省南部,湖南省）。

シナウスイロイルカ
〈*Sousa chinensis*〉哺乳綱クジラ目マイルカ科の動物。別名インドパシフィック・ハンプバック・ドルフィン,スペックルド・ドルフィン。2～2.8m。分布：インド洋および西部太平洋の浅い沿岸域。

シナオオサンショウウオ
〈*Megalobatrachus davidianus*〉両生綱有尾目オオサンショウウオ科の動物。

シナガチョウ 支那鵞鳥
〈*Cygnopsis cygnoid var. orientalis*〉鳥綱カモ目カモ科の鳥。

シナガドリ
カイツブリの別名。

シナキョン
キョンの別名。

シナククリヘビ
〈*Oligodon chinensis*〉爬虫綱有鱗目ヘビ亜目ナミヘビ科のヘビ。全長60cm。分布：中国中部から南部,ベトナム北部。

シナコブイモリ
〈*Paramesotriton chinensis*〉両生綱サンショウウオ目サンショウウオ科の動物。

シナシュ（支那種）
チュウゴクシュの別名。

シナスッポン
〈*Trionyx sinensis sinensis*〉爬虫綱カメ目スッポン科のカメ。

シナニジキジ
カラニジキジの別名。

シナノウサギ
〈*Lepus sinensis*〉哺乳綱ウサギ目ウサギ科の動物。分布：中国南東部,台湾,朝鮮半島南部。

シナノホオヒゲコウモリ 信濃頰髭蝙蝠
〈*Myotis hosonoi*〉哺乳綱翼手目ヒナコウモリ科の動物。4.4cm。分布：長野県。

シナモグラネズミ
〈*Myospalax fontanierii*〉齧歯目ネズミ科（モグラネズミ亜科）。頭胴長20～27cm。分布：中国の四川省,甘粛省,湖北省。絶滅危惧II類。

シナロアミルクヘビ
ミルクヘビの別名。

シナワニトカゲ
〈*Shinisaurus crocodilurus*〉爬虫綱有鱗目トカゲ亜目ワニトカゲ科のトカゲ。全長30～40cm。分布：中国南西部の広西大瑤山地区。絶滅危惧II類。

ジネズミ 地鼠
〈*Crocidura dsinezumi*〉哺乳綱食虫目トガリネズミ科の動物。頭胴長61～84mm。分布：北海道中央部以南,本州,四国,九州,隠岐,佐渡,伊豆諸島新島,種子,屋久,五島,吐噶喇列島中之島,福岡県沖の島。

ジネズミ 地鼠
〈*white-toothed shrew*〉広義には哺乳綱食虫目トガリネズミ科ジネズミ属に含まれる動物の総称で,狭義にはそのうちの1種をさす。

シノビヘビ
〈*Telescops fallax*〉有鱗目ナミヘビ科。

シノリガモ 晨鴨,晨鳧
〈*Histrionicus histrionicus*〉カモ科。体長34～45cm。分布：アイスランド,グリーンランド,ラブラドル,北アメリカ北西部,シベリア北東部,日本。国内では北海道と東北地方。

シバイヌ 柴犬
〈*Canis familiaris*〉哺乳綱食肉目イヌ科の動物。体高36～40cm。分布：本州,四国,九州。天然記念物。

シバヤギ 柴山羊
〈*Shiba Goat*〉哺乳綱偶蹄目ウシ科の動物。50cm。分布：五島列島や長崎県西海岸一帯。

シファカ
〈*Propithecus*〉哺乳綱霊長目インドリ科シファカ属に含まれる動物の総称。

ジフウキンチョウ

231

シフソウ
〈Calyptophilus frugivorus〉鳥綱スズメ目ホオジロ科の鳥。全長18〜20.5cm。分布：西インド諸島。絶滅危惧II類。

シフゾウ　四不像
〈Elaphurus davidianus〉哺乳綱偶蹄目シカ科の動物。体長2.2m。分布：東アジア。絶滅危惧IA類。

ジブッポウソウ　地仏法僧
〈Brachypteracias leptosomus〉鳥綱ブッポウソウ目ジブッポウソウ科の鳥。全長38cm。分布：マダガスカル東部。絶滅危惧II類。

ジブッポウソウ科
ブッポウソウ目。全長24〜45cm。分布：マダガスカル東部・南西部。

シーブライト・バンタム
〈Sebright Bantam〉鳥綱キジ目キジ科の鳥。分布：イギリス。

シベリアアイベックス
〈Capra sibirica〉哺乳綱偶蹄目ウシ科の動物。

シベリアアオジ
〈Emberiza spodocephala spodocephala〉鳥綱スズメ目ホオジロ科の鳥。

シベリアアリスイ
〈Jynx torquilla chinensis〉鳥綱キツツキ目キツツキ科の鳥。

シベリアイワツバメ
シベリアイタチの別名。

シベリアオオカミ
エゾオオカミの別名。

シベリアオオハシシギ　シベリア大嘴鷸
〈Limnodromus semipalmatus〉鳥綱チドリ目シギ科の鳥。全長33cm。分布：シベリア, 中国北東部。

シベリアオオモズ
〈Lanius excubitor mollis〉鳥綱スズメ目モズ科の鳥。

シベリアガラ
〈Parus cinctus〉鳥綱スズメ目シジュウカラ科の鳥。全長12cm。分布：ユーラシア北部, アラスカ。

シベリアコクイナ
シマクイナの別名。

シベリアサバクヒタキ
シベリアガラの別名。

シベリアサンショウウオ
セイホウサンショウウオの別名。

シベリアシマリス
シマリスの別名。

シベリアシメ
〈Coccothraustes coccothraustes japonicus〉鳥綱スズメ目アトリ科の鳥。

シベリアジャコウジカ
〈Moschus moschiferus〉哺乳綱偶蹄目ジャコウジカ科の動物。頭胴長80〜100cm。分布：ロシアのアルタイ地方からシベリアにかけて, サハリン, 中国, 朝鮮半島。絶滅危惧II類。

シベリアジュリン　シベリア寿林
〈Emberiza pallasi〉鳥綱スズメ目ホオジロ科の鳥。全長14cm。分布：シベリア, 天山山脈からモンゴル・中国北東部に至ル地域, ウスリー・朝鮮半島。

シベリアセンニュウ　シベリア仙入
〈Locustella certhiola〉鳥綱スズメ目ヒタキ科ウグイス亜科の鳥。全長13.5cm。分布：中央アジアからシベリア, 中国北東部・カムチャツカ半島。

シベリアツメナガセキレイ
シベリアセンニュウの別名。

シベリアトラ
〈Panthera tigris altaica〉哺乳綱食肉目ネコ科の動物。別名アムールトラ, ウスリートラ, チョウセントラ, マンシュウトラ。全長オス270〜330cm, メス240〜275cm。分布：ロシア東部のウスリー地方および中国東北部。絶滅危惧IB類。

シベリアハタネズミ
〈Microtus mujanensis〉齧歯目ネズミ科（ハタネズミ亜科）。頭胴長16cm。分布：ロシアのブリヤート自治共和国。絶滅危惧IA類。

シベリアハヤブサ
〈Falco peregrinus harterti〉鳥綱タカ目ハヤブサ科の鳥。

シベリアビッグホーン
〈Ovis nivicola〉ヤギ亜科ヒツジ属。別名ユキヒツジ。体長オス162〜178cm。分布：シベリア北東部。

シベリアムクドリ　シベリア椋鳥
〈Sturnus sturninus〉鳥綱スズメ目ムクドリ科の鳥。全長18cm。分布：朝鮮半島北部から中国北東部・ウスリー地方。

シベリアレミング
〈*Lemmus sibericus*〉体長12〜15cm。分布：北東ヨーロッパから北アジアにかけて，アラスカから北西カナダにかけて。

シベリアン・ハスキー
〈*Siberian Husky*〉原産地がシベリアのそり犬。体高51〜60cm。分布：ロシア。

シベリアン・フォレスト
〈*Siberian Forest*〉猫の一品種。原産：ロシア。

シベリアン・ライカ
〈*East Siberian Laika*〉犬の一品種。

ジーベンロックナガクビ
〈*Chelodina siebenrocki*〉爬虫綱カメ目ヘビクビガメ科のカメ。最大甲長30cm。分布：ニューギニア島南岸（インドネシアのイリアン，ジャヤとパプアニューギニア）およびトレス海峡の一部の島々。

シホテアリニオナガネズミ
〈*Sicista caudata*〉哺乳綱齧歯目トビネズミ科の動物。頭胴長5〜7cm。分布：中国北東部からロシアのシホテ・アリニ山脈にかけて。絶滅危惧IB類。

シボラクサビオモモンガ
〈*Hylopetes sipora*〉哺乳綱齧歯目リス科の動物。頭胴長14cm。分布：インドネシアのメンタワイ諸島のシボラ島。絶滅危惧IB類。

シボラセアカモモンガ
〈*Iomys sipora*〉哺乳綱齧歯目リス科の動物。属としてのサイズ：頭胴長14.6〜23.1cm。分布：インドネシアのメンタワイ諸島のシボラ島と北パガイ島。絶滅危惧II類。

シボリズキンゴシキドリ
〈*Capito maculicoronatus*〉鳥綱キツツキ目ゴシキドリ科の鳥。全長16〜17cm。分布：パナマからコロンビア西部。

シマアオジ 島青鵐，島蒿雀
〈*Emberiza aureola*〉鳥綱スズメ目ホオジロ科の鳥。全長14cm。分布：フィンランドからカムチャツカ半島，オホーツク海沿岸・モンゴル北部・中国北東部・ウスリー地方。国内では青森県，北海道，南千島の平地の草原に夏鳥として渡来。

シマアカモズ
〈*Lanius cristatus lucionensis*〉鳥綱スズメ目モズ科の鳥。

シマアジ 縞味，島鴨
〈*Anas querquedula*〉鳥綱ガンカモ目ガンカモ科の鳥。全長38cm。分布：ヨーロッパ，アジア中部。国内では愛知県と北海道。

シマアメリカジカッコウ
〈*Neomorphus radiolosus*〉カッコウ目カッコウ科。全長50cm。分布：コロンビア，エクアドル。絶滅危惧IB類。

シマアリモズ 縞蟻鵙
〈*Thamnophilus doliatus*〉アリドリ科。体長14〜17cm。分布：メキシコからアルゼンチン最北端。

シマウサギワラビー
〈*Lagostrophus fasciatus*〉二門歯目カンガルー科。別名マーニン。頭胴長40〜45cm。分布：オーストラリア西部。絶滅危惧種。

シマウマ 縞馬
〈*zebra*〉哺乳綱奇蹄目ウマ科のシマウマ亜属とグレビーシマウマ亜属に含まれる動物の総称。別名ゼブラ。

シマエナガ
〈*Aegithalos caudatus japonicus*〉鳥綱スズメ目エナガ科の鳥。

シマエリヒレアシトカゲ
〈*Delma torquata*〉爬虫綱トカゲ目（トカゲ亜目）ヒレアシトカゲ科のトカゲ。頭胴長5.5〜6.5cm。分布：オーストラリア東部。絶滅危惧種。

シマオアフリカキヌバネドリ
〈*Apaloderma vittatum*〉鳥綱キヌバネドリ目キヌバネドリ科。体長28cm。分布：ナイジェリアからモザンビークの山地。

シマオイワラビー
〈*Petrogale xanthopus*〉哺乳綱有袋目カンガルー科カンガルー亜科イワワラビー属。絶滅危惧種。

シマオオセッカ
〈*Megalurus gramineus*〉鳥綱スズメ目ウグイス科の鳥。体長13cm。分布：オーストラリア東部および南西部，タスマニア島。

シマオナガアリドリ 縞尾長蟻鳥
〈*Drymophila devillei*〉鳥綱スズメ目アリドリ科の鳥。全長12cm。分布：ペルー南東部からボリビア北部。

シマガエル
〈*Nesomantis thomasseti*〉両生綱無尾目カエル目セイシェルガエル科のカエル。別名トマ

シマカサリ

セットセイシェルガエル。体長オス3.5cm, メス4.5cm。分布：セイシェル。絶滅危惧IB類。

シマカザリドリモドキ
〈*Pachyramphus versicolor*〉鳥綱スズメ目カザリドリ科の鳥。体長13cm。分布：コスタリカからベネズエラ西部, ボリビア西部にかけて分布する。

シマカザリハチドリ
〈*Lophornis magnifica*〉鳥綱アマツバメ目ハチドリ科の鳥。体長7cm。分布：ブラジル東, 中部。

シマガシラオニキバシリ　縞頭鬼木走
〈*Lepidocolaptes souleyetii*〉鳥綱スズメ目オニキバシリ科の鳥。別名シマズオニキバシリ。全長21cm。分布：ベネズエラからブラジル, コロンビア, エクアドル, ペルー。

シマカマハシカマドドリ　縞鎌嘴竈鳥
〈*Upucerthia serrana*〉鳥綱スズメ目カマドドリ科の鳥。全長20cm。分布：ペルー。

シマキクガシラコウモリ
〈*Rhinolophus keyensis*〉翼手目キクガシラコウモリ科（キクガシラコウモリ亜科）。前腕長4cm前後。分布：インドネシアのモルッカ諸島, ウェタル島, カイ諸島。絶滅危惧IB類。

シマキジ
〈*Phasianus colchicus tanensis*〉鳥綱キジ目キジ科の鳥。

シマキンカ　縞錦花
〈*Amandava formosa*〉鳥綱スズメ目カエデチョウ科の鳥。別名シマキンカチョウ, ミドリスズメ。体長10cm。分布：インド中央部。絶滅危惧II類。

シマキンパラ　縞金腹
〈*Lonchura punctulata*〉鳥綱スズメ目カエデチョウ科の鳥。全長11cm。分布：インド, スリランカ。

シマクイナ　縞水鶏, 縞秧鶏
〈*Porzana exquisita*〉鳥綱ツル目クイナ科の鳥。別名シベリアコクイナ。全長18cm。分布：北アメリカ, 中央アメリカ。絶滅危惧II類。

シマクマゲラ
〈*Dryocopus lineatus*〉鳥綱キツツキ目キツツキ科の鳥。全長42cm。分布：メキシコからコスタリカ, パナマ, エクアドル, ペルー, ブラジル。

シマコキン　縞胡錦
〈*Lonchura castaneothorax*〉鳥綱スズメ目カエデチョウ科の鳥。全長10cm。分布：オーストラリア北部・東部, ニューギニア。

シマコゲラ
〈*Picoides mixtus*〉鳥綱キツツキ目キツツキ科の鳥。全長15cm。分布：ブラジル南東部からボリビア, パラグアイ, ウルグアイ, アルゼンチン。

シマゴマ　鳥駒, 島駒
〈*Erithacus sibilans*〉鳥綱スズメ目ヒタキ科ツグミ亜科の鳥。全長13cm。分布：南部シベリアから中国北東部・サハリン。

シマシャコ　縞鷓鴣
〈*Francolinus pondicerianus*〉鳥綱キジ目キジ科の鳥。体長33cm。分布：イラン東部, インド, スリランカ。

シマズオニキバシリ
シマガシラオニキバシリの別名。

シマスカンク
〈*Mephitis mephitis*〉哺乳綱食肉目イタチ科の動物。体長55〜75cm。分布：カナダ中央部からメキシコ北部にかけて。

シマスレリ
〈*Presbytis femoralis*〉オナガザル科プレスビティス属。頭胴長43〜60cm。分布：マレー半島, スマトラ中央部, バツ諸島, ボルネオ北西部。

シマセゲラ
〈*Melanerpes carolinus*〉鳥綱キツツキ目キツツキ科の鳥。体長24cm。分布：北アメリカ北部に分布する。北部の個体群は分布域の南部に移動し越冬。

シマセンニュウ　島仙入
〈*Locustella ochotensis*〉鳥綱スズメ目ヒタキ科ウグイス亜科の鳥。全長15.5cm。分布：カムチャツカ半島, オホーツク沿岸, コマンドル諸島, サハリン, 千島列島。国内では北海道, 南千島, 三重県尾鷲市, 伊豆諸島の三宅島, 福岡県大机島。

シマダイカー
〈*Cephalophus zebra*〉哺乳綱偶蹄目ウシ科の動物。頭胴長85〜90cm。分布：シエラレオネ, リベリア, コートジボアール西部。絶滅危惧II類。

シマツパイ

〈*Lyonogale dornalis*〉ツパイ科オオツパイ属。分布：ボルネオ島北西部。

シマテンニョゲラ
〈*Celeus undatus*〉鳥綱キツツキ目キツツキ科の鳥。全長22cm。分布：ベネズエラ,ブラジル,ギアナ。

シマテンレック
〈*Hemicentetes semispinosus*〉哺乳綱食虫目テンレク科の動物。体長16～19cm。分布：マダガスカル。

シマノジコ 縞野路子,島野路子
〈*Emberiza rutila*〉鳥綱スズメ目ホオジロ科の鳥。別名チョウセンノジコ。全長14cm。分布：シベリアからアムール・ウスリー川流域,オホーツク海沿岸・中国北東部・朝鮮半島。

シマハイイロギツネ
〈*Vulpes littoralis*〉イヌ科キツネ属。体長59～79cm。分布：アメリカ合衆国西部の諸島。

シマハイエナ 縞鬣犬
〈*Hyaena hyaena*〉哺乳綱食肉目ハイエナ科の動物。体長1.1m。分布：西アフリカ,北アフリカ,東アフリカ,西アジアから南アジアにかけて。

シマハッカン
〈*Lophura diardi*〉鳥綱キジ目キジ科の鳥。全長オス80cm,メス60cm。分布：インドシナ半島。絶滅危惧Ⅱ類。

シマハッコウチョウ 縞白喉鳥
〈*Sylvia nisoria*〉鳥綱スズメ目ウグイス科の鳥。別名ハッコウチョウ,ズグロムシクイ,オナガムシクイ,シマムシクイ。体長15cm。分布：中央および東ヨーロッパ。アジア,東は天山山脈まで。

シマハヤブサ
〈*Falco peregrinus furuitii*〉鳥綱タカ目ハヤブサ科の鳥。49cm。分布：北硫黄島。

シマヒメアリサザイ
〈*Myrmotherula longicauda*〉鳥綱スズメ目アリドリ科の鳥。全長11cm。分布：コロンビア南東部からペルー東部・ボリビア。

シマヒヨドリ
シロズキンヒヨドリの別名。

シマフクロウ 島梟
〈*Ketupa blakistoni*〉鳥綱フクロウ目フクロウ科の鳥。全長51～71cm。分布：中国北東部から旧ソ連,サハリン南部・南千島。国内では北海道。絶滅危惧IB類,天然記念物。

シマベニスズメ 縞紅雀
〈*Amandava subflava*〉鳥綱スズメ目カエデチョウ科の鳥。体長9cm。分布：アフリカの中部・南部。

シマヘビ 縞蛇
〈*Elaphe quadrivirgata*〉爬虫綱有鱗目ヘビ亜目ナミヘビ科のヘビ。全長80～120cm。分布：北海道,本州,四国,九州のほか伊豆諸島,大隅諸島,佐渡島,隠岐島,国後島などに分布。

シマホンセイインコ
モーリシャスホンセイインコの別名。

シママングース
〈*Mungos mungo*〉哺乳綱食肉目ジャコウネコ科の動物。体長30～45cm。分布：アフリカ。

シマミドリカザリドリ
〈*Pipreola arcuata*〉カザリドリ科。体長22cm。分布：アンデス山脈の東,西側斜面（ベネズエラ西部およびコロンビア北部からボリビア中部）。

シマムシクイ
シマハッコウチョウの別名。

シマムネモリジアリドリ 縞胸森地蟻鳥
〈*Hylopezus perspicillatus*〉鳥綱スズメ目アリドリ科の鳥。全長13cm。分布：コロンビア,エクアドル西部。

シマメジロ
〈*Zosterops japonicus insularis*〉鳥綱スズメ目メジロ科の鳥。

シマメジロガモ
マダガスカルメジロガモの別名。

シマヨルトカゲ
〈*Xantusia riversiana*〉爬虫綱トカゲ目（トカゲ亜目）ヨルトカゲ科のトカゲ。頭胴長6.2～9.4cm。分布：アメリカ合衆国カリフォルニア州南部沿岸の島嶼。絶滅危惧Ⅱ類。

シマリス 縞栗鼠
〈*Tamias sibiricus*〉哺乳綱齧歯目リス科の動物。別名エゾシマリス。

ジムグリ 地潜
〈*Elaphe conspicillata*〉爬虫綱有鱗目ヘビ亜目ナミヘビ科のヘビ。全長70～100cm。分布：北海道,本州,四国,九州のほか国後島,壱岐島,隠岐島,伊豆大島,屋久島,種子島などに分布。

ジムグリガエル 地潜蛙

シムクリカ

〈*Kaloula borealis*〉両生綱無尾目ヒメアマガエル科のカエル。

ジムグリガエル
〈*narrow-mouthed toad*〉後肢で土を掘り、巧みに潜るヒメアマガエル（ジムグリガエル）科ジムグリガエル属Kaloulaに属するカエルの総称。体長1〜8cm。分布：アメリカ合衆国南部からアルゼンチン北部、サハラ以南のアフリカ、マダガスカル、東アジア、ニューギニア、オーストラリア北部。

ジムグリコブラ
〈*Paranaja multifasciata*〉爬虫綱有鱗目ヘビ亜目コブラ科のヘビ。全長50〜80cm。分布：アフリカ。

ジムグリニシキヘビ
〈*Calabaria reinhardtii*〉爬虫綱有鱗目ヘビ亜目ボア科のヘビ。全長70〜100cm。分布：リベリアからザイールまで。

ジムヌラ
〈*Echinosorex gymnura*〉哺乳綱食虫目ハリネズミ科の動物。体長26〜46cm。分布：東南アジア。

シムメンタール
シンメンタールの別名。

シメ 鳿、蠟嘴
〈*Coccothraustes coccothraustes japonicus*〉鳥綱スズメ目アトリ科の鳥。体長18cm。分布：ヨーロッパ、北アフリカ、アジア。国内では北海道、南千島の平地、低山の落葉広葉樹林で繁殖し、全国の平地の明るい林で越冬。

シメニアジャッカル
アビシニアジャッカルの別名。

シモフリアレチヘビ
〈*Psammophis punctulatus*〉爬虫綱有鱗目ヘビ亜目ナミヘビ科のヘビ。全長150〜170cm。分布：スーダン、エチオピア、ウガンダ、ソマリア、ケニア、タンザニア北部。

シモフリオオリス
〈*Ratufa macroura*〉哺乳綱齧歯目リス科の動物。属としてのサイズ：頭胴長29〜41cm。分布：インド南部のタミル高原、スリランカ。絶滅危惧II類。

シモフリキングヘビ
〈*Lampropeltis getula holbrooki*〉爬虫綱有鱗目ヘビ亜目ナミヘビ科のヘビ。全長90〜160cm。分布：米国中部東よりの地域。

シモフリスンダリス
〈*Sundasciurus juvencus*〉哺乳綱齧歯目リス科の動物。属としてのサイズ：頭胴長12〜29cm。分布：フィリピンのパラワン島。絶滅危惧IB類。

シモフリヒラセリクガメ
〈*Homopus signatus*〉体長6〜8cm。分布：南アフリカ西部。

シャイアー
シャイヤーの別名。

ジャイアントイランド
〈*Taurotragus derbianus*〉ウシ科イランド属。体長オス290cm, メス220cm。分布：西、中央アフリカ。

ジャイアントオオミミオヒキコウモリ
〈*Otomops martiensseni*〉哺乳綱翼手目オヒキコウモリ科の動物。前腕長5.2cm。分布：エチオピアからアンゴラ、南アフリカ共和国まで、およびマダガスカル島。絶滅危惧II類。

ジャイアントジェネット
〈*Genetta victoriae*〉哺乳綱食肉目ジャコウネコ科の動物。体長50〜60cm。分布：ウガンダ, ザイール北部。

ジャイアント・ジャーマン・スピッツ
〈*Giant German Spitz*〉犬の一品種。体高41cm。原産：ドイツ。

ジャイアント・シュナウザー
〈*Giant Schnauzer*〉哺乳綱食肉目イヌ科の動物。体高60〜70cm。分布：ドイツ。

ジャイアント・シュナウザー
シュナウザーの別名。

ジャイアントパンダ
〈*Ailuropoda melanoleuca*〉哺乳綱食肉目クマ科の動物。別名オオパンダ。体長1.6〜1.9m。分布：東アジア。絶滅危惧IB類。

ジャイアント・フォートゥーズド・ホエール
ツチクジラの別名。

シャイヤー
〈*Shire*〉哺乳綱奇蹄目ウマ科の動物。体高172〜183cm。原産：イングランド。

ジャガー
〈*Panthera onca*〉哺乳綱食肉目ネコ科の動物。体長1.1〜1.9m。分布：中央アメリカから南アメリカ北部。絶滅危惧種。

シャカイハタオリ 社会機織

〈*Philetairus socius*〉ハタオリドリ科/スズメ目ハタオリドリ亜科。体長14cm。分布：アフリカ南部の西および中央地域。

ジャガタラ
〈*Lonchura punctulata topela*〉鳥綱スズメ目カエデチョウ科の鳥。

ジャガーネコ
〈*Felis tigrina*〉ネコ科ネコ属。別名オンキラ。体長40〜55cm。分布：コスタリカからアルゼンチン北部。絶滅危惧種。

ジャガランディ
〈*Felis yagouaroundi*〉哺乳綱食肉目ネコ科の動物。体長55〜77cm。分布：合衆国南部から南アメリカにかけて。絶滅危惧種。

シャギア・アラブ
〈*Shagya Arab*〉馬の一品種。体高152cm。原産：ハンガリー。

シャクケイ 舎久鶏
〈*guan*〉鳥綱キジ目ホウカンチョウ科のうち、ヒメシャクケイ属Ortalis, シャクケイ属Penelope, ナキシャクケイ属Aburria, カマバネシャクケイ属Chamaepetes, クロヒメシャクケイ属Penelopina, ツノシャクケイ属Oreophasisに含まれる鳥の総称。全長52〜96cm。分布：北アメリカの南端部、中央アメリカ、南アメリカ。

ジャクソンカミンマウス
〈*Steatomys jacksoni*〉齧歯目ネズミ科（キノボリマウス亜科）。頭胴長12cm。分布：ガーナ西部、ナイジェリア南西部。絶滅危惧II類。

ジャクソンカメレオン
〈*Chamaeleo jacksoni*〉爬虫綱有鱗目トカゲ亜目カメレオン科のトカゲ。全長30cm。分布：ケニア、タンザニア。

ジャクソントガリネズミ
〈*Sorex jacksoni*〉哺乳綱食虫目トガリネズミ科の動物。頭胴長9.4〜10.7cm。分布：アメリカ合衆国アラスカ州のセント，ローレンス島。絶滅危惧IB類。

ジャクソンマングース
〈*Bdeogale jacksoni*〉哺乳綱食肉目マングース科の動物。頭胴長55〜65cm。分布：ケニア、ウガンダ東部。絶滅危惧II類。

シャクドウタイヨウチョウ 赤銅太陽鳥
〈*Nectarinia cuprea*〉鳥綱スズメ目タイヨウチョウ科の鳥。全長13cm。分布：アフリカ。

シャークベイニセマウス
〈*Pseudomys praeconis*〉齧歯目ネズミ科（ネズミ亜科）。頭胴長8.5〜11.5cm。分布：オーストラリア西部。絶滅危惧種。

シヤーグレイ
〈*Chargrey*〉牛の一品種。

シャコ 鷓鴣
〈*francolin*〉広義には鳥綱キジ目キジ科シャコ属に含まれる鳥の総称で，狭義にはそのうちの1種をさす。

ジャコウアンテロープ
スニの別名。

ジャコウインコ 麝香鸚哥
〈*Glossopsitta concinna*〉鳥綱オウム目ヒインコ科の鳥。全長22cm。分布：オーストラリア南東部、タスマニア島。

ジャコウウシ 麝香牛
〈*Ovibos moschatus*〉哺乳綱偶蹄目ウシ科の動物。体長1.9〜2.3m。分布：北アメリカ北部、グリーンランド。

ジャコウジカ 麝香鹿
〈*Moschidae*〉現生の偶蹄目シカ科の哺乳類の中でもっとも原始的な特徴を備えた小型のシカ。体長80〜100cm。分布：シベリア、アジア、ヒマラヤ。

ジャコウジカ
シベリアジャコウジカの別名。

ジャコウネコ 麝香猫
〈*viverrid*〉広義には哺乳綱食肉目ジャコウネコ科に属する動物の総称で，狭義にはそのうちの1種をさす。

ジャコウネズミ 麝香鼠
〈*Suncus murinus*〉哺乳綱食虫目トガリネズミ科の動物。頭胴長オス115〜133mm，メス105〜120mm。分布：東南アジア。国内では長崎市、野母半島、福江島、鹿児島市の限られた地域および徳之島、沖縄本島など南西諸島。

ジャコウネズミモドキ
〈*Ruwenzorisorex suncoides*〉哺乳綱食虫目トガリネズミ科の動物。頭胴長9.2〜9.5cm。分布：コンゴ民主共和国、ウガンダ、ルワンダ、ブルンジの山地森林。絶滅危惧II類。

シャコスズメ
〈*Ortygospiza oatricillus*〉鳥綱スズメ目カエデチョウ科の鳥。

シャコハイ

ジャコバイト
　イロワケイルカの別名。

ジャコビン
　〈Columba livia var. domestida〉鳥綱ハト目ハト科の鳥。別名カツラバト，エリマキバト。分布：ヨーロッパ，アメリカ。

ジャージー
　〈Bos taurus〉哺乳綱偶蹄目ウシ科の動物。成メス120〜125cm，成オス130〜145cm。分布：イギリス。

シャシレイチョ　沙子岭猪
　〈Shaziling Pig〉豚の一品種。メスの大型64〜68cm，小型57〜65cm。原産：中国，湖北省。

シャスタサラマンダー
　シャスタミズカキサンショウウオの別名。

シャスタミズカキサンショウウオ
　〈Hydromantes shastae〉両生綱有尾目アメリカサンショウウオ科の動物。全長7.6〜10.8cm。分布：アメリカ合衆国カリフォルニア州北部のシャスタ貯水池源流付近。絶滅危惧II類。

シャチ　鯱
　〈Orcinus orca〉哺乳綱クジラ目マイルカ科の動物。別名オルカ，グランパス，グレートキラーホエール，サカマタ。5.5〜9.8m。分布：世界中の全ての海域，特に極地付近。国内では北海道から沖縄までの海域。

ジャッカル
　〈jackal〉広義には哺乳綱食肉目イヌ科イヌ属に含まれる動物のうち，旧世界に産するオオカミに似た小形種の総称で，狭義にはそのうちの1種をさす。

ジャッカル
　キンイロジャッカルの別名。

ジャックウサギ
　〈jack rabbit〉哺乳綱ウサギ目ウサギ科ノウサギ属に含まれる動物のうち5種の総称。

ジャック・ラッセル・テリア
　〈Jack Russell Terrier〉哺乳綱食肉目イヌ科の動物。

ジャードンパームシベット
　〈Paradoxurus jerdoni〉哺乳綱食肉目ジャコウネコ科の動物。頭胴長59cm。分布：インド南西部。絶滅危惧II類。

ジャノメイシガメ
　〈Sacalia bealei〉カメ目ヌマガメ科（バタグールガメ亜科）。背甲長最大16cm。分布：中国南部の福建省から広東省東部にかけて。絶滅危惧II類。

ジャノメカザリハチドリ
　〈Lophornis pavonina〉鳥綱アマツバメ目ハチドリ科の鳥。全長11cm。分布：ギアナ，ベネズエラ。

ジャノメドリ　蛇の目鳥，蛇目鳥
　〈Eurypyga helias〉鳥綱ツル目ジャノメドリ科の鳥。体長46cm。分布：メキシコ南部からボリビアおよびブラジル中部。絶滅危惧II類と推定。

ジャノメドリ科
　ツル目。分布：メキシコ南部から南アメリカ。

ジャバニーズ
　〈Javanese〉猫の一品種。原産：イギリス。

ジャパニーズ・アキタ
　アキタケンの別名。

ジャパニーズ・スパニエル
　チンの別名。

ジャパニーズ・スピッツ
　ニホンスピッツの別名。

ジャパニーズ・チン
　チンの別名。

ジャパニーズ・テリア
　ニホンテリアの別名。

ジャパニーズ・ビークト・ホエール
　イチョウハクジラの別名。

ジャパニーズ・ボブテイル
　〈Japanese Bobtail〉猫の一品種。別名ニホンネコ。原産：日本。

ジャパニーズ・ボブテイル・ロングヘア
　〈Japanese Bobtail Longhair〉猫の一品種。

ジャパニーズ・マスティフ
　トサイヌの別名。

シャハバディ
　〈Shahabadi〉牛の一品種。

ジャパン・フィンナー
　イワシクジラの別名。

シャーフォード
　〈Charford〉牛の一品種。

シャープグリスボック

〈*Raphicerus sharpei*〉ウシ科ボック属。体長61〜75cm。分布：タンザニア, ザンビア, モザンビーク, ジンバブウェ。

シャープヘッディッド・フィンナー
ミンククジラの別名。

シャーブレイ
〈*Charbray*〉牛の一品種。

シャー・ペイ
〈*Shar Pei*〉犬の一品種。別名チャイニーズ・ファイティング・ドッグ。体高46〜51cm。原産：中国。

シャー・ペイ
チャイニーズ・シャー・ペイの別名。

シャペンドース
〈*Schapendoes*〉犬の一品種。

ジャマイカオビオバト
〈*Columba caribaea*〉鳥綱ハト目ハト科の鳥。全長オス38〜48.5cm, メス38〜43cm。分布：ジャマイカ。絶滅危惧IA類。

ジャマイカクロムクドリモドキ
〈*Nesopsar nigerrimus*〉鳥綱スズメ目ムクドリモドキ科の鳥。全長オス20cm, メス18cm。分布：ジャマイカ島。

ジャマイカコビトドリ
〈*Todus todus*〉鳥綱ブッポウソウ目コビトドリ科の鳥。体長9cm。分布：ジャマイカにのみ分布する。

ジャマイカコヤスガエル
〈*Eleutherodactylus fuscus*〉両生綱無尾目カエル目ユビナガガエル科のカエル。体長3〜3.7cm。分布：ジャマイカ西部。絶滅危惧II類。

ジャマイカコヨタカ
〈*Siphonorhis americanus*〉鳥綱ヨタカ目ヨタカ科の鳥。全長23〜25cm。分布：ジャマイカ。絶滅危惧IA類。

ジャマイカシロハラミズナギドリ
〈*Pterodroma caribbaea*〉鳥綱ミズナギドリ目ミズナギドリ科の鳥。全長約38cm。分布：大西洋西部の熱帯に分布し, ジャマイカで繁殖。絶滅危惧IA類。

ジャマイカズク
〈*Pseudoscops grammicus*〉鳥綱フクロウ目フクロウ科の鳥。体長30〜36cm。分布：ジャマイカ。

ジャマイカスライダー
〈*Trachemys terrapen*〉爬虫綱カメ目ヌマガメ科のカメ。最大甲長27cm。分布：ジャマイカ。絶滅危惧II類。

ジャマイカツチイグアナ
〈*Cyclura collei*〉爬虫綱トカゲ目（トカゲ亜目）イグアナ科の動物。頭胴長オス35〜43cm, メス30〜38cm。分布：ジャマイカ。絶滅危惧IA類。

ジャマイカハイイロタチヨタカ
ハイイロタチヨタカの別名。

ジャマイカフチア
〈*Geocapromys brownii*〉哺乳綱齧歯目フチア科の動物。頭胴長33〜45cm。分布：ジャマイカ。絶滅危惧II類。

ジャマイカ・ブラック
〈*Jamaica Black*〉牛の一品種。

ジャマイカ・ブラーマン
〈*Jamaica Brahman*〉牛の一品種。

ジャマイカフラワーコウモリ
〈*Phyllonycteris aphylla*〉哺乳綱翼手目ヘラコウモリ科の動物。前腕長4〜5cm。分布：ジャマイカ。絶滅危惧IB類。

ジャマイカボア
〈*Epicrates subflavus*〉爬虫綱有鱗目ヘビ亜目ボア科のヘビ。全長2〜2.5m。分布：ジャマイカ。絶滅危惧II類。

ジャマイカ・ホープ
〈*Jamaica Hope*〉牛の一品種。

ジャマイカ・レッド・ポール
〈*Jamaica Red Poll*〉牛の一品種。

ジャーマン・イェロー
〈*German Yellow*〉哺乳綱偶蹄目ウシ科の動物。体高オス150〜155cm, メス134〜140cm。分布：ドイツ南部。

ジャーマン・ウルフスピッツ
〈*German Wolfspitz*〉犬の一品種。

ジャーマン・ウルフスピッツ
キースホンドの別名。

ジャーマン・シェパード・ドッグ
〈*German Shepherd Dog*〉哺乳綱食肉目イヌ科の動物。別名アルサシアン。体高57〜62cm。分布：ドイツ。

ジャーマン・ショートヘアード・ポインター

〈German Short-haired Pointer〉哺乳綱食肉目イヌ科の動物。

ジャーマン・スパニエル
〈German Spaniel〉犬の一品種。体高40〜51cm。原産：ドイツ。

ジャーマン・スピッツ
〈German Spitz〉犬の一品種。

ジャーマン・スピッツ・クライン
〈German Spitz: Klein〉犬の一品種。体高23〜28cm。原産：ドイツ。

ジャーマン・スピッツ：ミッテル
〈German Spitz: Mittel〉犬の一品種。体高29〜36cm。原産：ドイツ。

ジャーマン・ダックスフンド
〈German Dachshunds〉犬の一品種。

ジャーマン・ハンティング・テリア
〈German Hunting Terrier〉犬の一品種。別名ドイチェ・ヤクート・テリア。体高41cm。原産：ドイツ。

ジャーマン・ピンシャー
〈German Pinscher〉犬の一品種。体高41〜48cm。原産：ドイツ。

ジャーマン・ピンシャー
ピンシャーの別名。

ジャーマン・ブラックフェース
〈German Blackface〉哺乳綱偶蹄目ウシ科の動物。分布：西ドイツ。

ジャーマン・ポインター
〈German Pointers〉犬の一品種。別名ドイチェ・クルツハール，ドイチェ・ドラートハール。

ジャーマン・マスチフ
グレート・デーンの別名。

ジャーマン・ロングヘアード・ポインター
〈German Long-haired Pointer〉犬の一品種。

ジャーマン・ワイアーヘアド・ポインター
〈German Wire-haired Pointer〉哺乳綱食肉目イヌ科の動物。体高56〜66cm。分布：ドイツ。

シャーミ
〈Shami〉牛の一品種。別名ダマスカス。

ジャムナパリ
〈Jamnapari〉哺乳綱偶蹄目ウシ科の動物。オス100cm，メス85cm。分布：インド，東南アジア一帯。

シャムネコ
〈Felis catus〉猫の一品種。原産：タイ。

シャムワニ
〈Crocodylus siamensis〉爬虫綱ワニ目クロコダイル科のワニ。全長3〜4m。分布：ベトナム，カンボジア，タイ，ラオス南部，マレー半島の一部。絶滅危惧IA類。

シャモ　軍鶏
〈Gallus gallus var. domesticus〉鳥綱キジ目キジ科の鳥。分布：タイ。国内では関東地方，東北地方，高知県。天然記念物。

シャモア
〈Rupicapra rupicapra〉哺乳綱偶蹄目ウシ科の動物。体長0.9〜1.3m。分布：ヨーロッパ，西アジア。絶滅危惧IA類。

シャモア
トッゲンブルグの別名。

シャモラ
シャモアの別名。

シャラビ
〈Sharabi〉牛の一品種。

シャラーモリジネズミ
〈Myosorex schalleri〉哺乳綱食虫目トガリネズミ科の動物。分布：コンゴ民主共和国東部イトンベ山地。絶滅危惧IA類。

ジャララカ
〈Bothrops jararaca〉爬虫綱有鱗目ヘビ亜目クサリヘビ科のヘビ。全長1〜1.6m。分布：南アメリカ。

シャル
〈Shal〉羊の一品種。原産：イラン。

シャルト・ポルスキー
ウインドフンドの別名。

シャルトリュー
〈Chartreux〉食肉目ネコ科。原産：フランス。

シャルモアーズ
〈Charmoise〉哺乳綱偶蹄目ウシ科の動物。体高オス70cm，メス65cm。分布：フランス。

シャレ
コククジラの別名。

シャローエボシドリ
〈Tauraco schalowi〉鳥綱エボシドリ科の鳥。体長40cm。分布：アンゴラ，アフリカ東部の

一部地域，ジンバブウェ北部の森林地帯。

シャロレー
　〈*Bos taurus*〉哺乳綱偶蹄目ウシ科の動物。体高オス142cm，メス137cm。分布：フランス中部。

ジャワ
　馬の一品種。体高123cm。原産：インドネシア（ジャワ島）。

ジャワアナツバメ
　〈*Aerodramus fuciphagus*〉鳥綱アマツバメ目アマツバメ科の鳥。体長10cm。分布：マレーシア，インドネシア。

ジャワイボイノシシ
　スンダイボイノシシの別名。

ジャワエナガ
　〈*Psaltria exilis*〉鳥綱スズメ目エナガ科の鳥。全長8.5cm。分布：ジャワ島。

ジャワオオナシフルーツコウモリ
　〈*Megaerops kusnotoi*〉哺乳綱翼手目オオコウモリ科の動物。前腕長4.9～5.3cm。分布：インドネシアのジャワ島。絶滅危惧II類。

ジャワオヒキコウモリ
　〈*Otomops formosus*〉哺乳綱翼手目オヒキコウモリ科の動物。前腕長5～6cm。分布：インドネシアのジャワ島。絶滅危惧II類。

ジャワクマタカ
　〈*Spizaetus bartelsi*〉鳥綱タカ目タカ科の鳥。全長56～61cm。分布：インドネシアのジャワ島。絶滅危惧IB類。

ジャワクマネズミ
　〈*Sundamys maxi*〉齧歯目ネズミ科（ネズミ亜科）。頭胴長22～27cm。分布：インドネシアのジャワ島。絶滅危惧IB類。

ジャワコノハズク
　〈*Otus angelinae*〉鳥綱フクロウ目フクロウ科の鳥。全長16～18cm。分布：インドネシアのジャワ島。絶滅危惧II類。

ジャワサイ
　〈*Rhinoceros sondaicus*〉哺乳綱奇蹄目サイ科の動物。体長3～3.5m。分布：東南アジア。絶滅危惧IA類。

ジャワジャコウネコ
　アジアジャコウネコの別名。

ジャワダルマインコ
　〈*Psittacula alexandri alexandri*〉鳥綱オウム目オウム科の鳥。

ジャワツパイ
　〈*Tupaia javanica*〉ツパイ科ツパイ属。分布：ジャワ島，スマトラ島。

ジャワトビガエル
　〈*Rhacophorus reinwardti*〉両生綱無尾目アオガエル科のカエル。体長5～8cm。分布：アジア。

ジャワハッカ
　ジャワトビガエルの別名。

ジャワバンケン
　〈*Centropus nigrorufus*〉カッコウ目カッコウ科。全長46cm。分布：インドネシアのジャワ島。絶滅危惧II類。

ジャワマメジカ
　〈*Tragulus javanicus*〉哺乳綱偶蹄目マメジカ科の動物。体長44～48cm。分布：東南アジア。

ジャワマングース
　〈*Herpestes javanicus*〉哺乳綱食肉目ジャコウネコ科の動物。頭胴長オス30～38cm，メス29～33cm。分布：アラビア半島からインド，インドシナ半島，マレー半島，ジャワ島。国内では奄美大島，沖縄本島。

ジャワミゾコウモリ
　〈*Nycteris javanica*〉哺乳綱翼手目ミゾコウモリ科の動物。前腕長4.5～5cm。分布：インドネシアのジャワ島，バリ島，カンケーン島。絶滅危惧II類。

ジャワヤギュウ
　バンテンの別名。

ジャワヤスリヘビ
　〈*Acrochordus javanicus*〉爬虫綱有鱗目ヘビ亜目ヤスリヘビ科のヘビ。全長オス110cm，メス180cm。分布：タイ，カンボジア，ベトナム，マレーシア，インドネシア。

ジャワヤマジネズミ
　〈*Crocidura orientalis*〉哺乳綱食虫目トガリネズミ科の動物。頭胴長8.5～9cm。分布：インドネシアの西ジャワ州のパンランゴ山とゲデ山を含むシボダス付近。絶滅危惧II類。

ジャングルキャット
　〈*Felis chaus*〉哺乳綱食肉目ネコ科の動物。体長50～94cm。分布：西アジア，中央アジア，南アジア，東南アジア，アフリカ北東部。

ジャングルランナー
コモンアミーバの別名。

ジャンセンナメラ
〈*Elaphe janseni*〉爬虫綱有鱗目ヘビ亜目ナミヘビ科のヘビ。

シャン・ダトラース
アイディの別名。

シャン・ダルトワ
〈*Chien d'Artois*〉犬の一品種。体高52～58cm。原産：フランス。

シャンティイ/ティファニー
〈*Chantilly/Tiffany*〉猫の一品種。

シャン・ド・サン・ユベール
ブラッドハウンドの別名。

ジャン・ド・サン・ユベール
ウインドフンドの別名。

シャントン 山東牛
〈*Shantung*〉牛の一品種。

ジャンパー
タイセイヨウカマイルカの別名。

シャンハイスイギュウ 上海水牛
〈*Shanghai Water Buffalo*〉オス156cm、メス140cm。分布：上海。

シャンハイハクチョ 上海白猪
〈*Shanghai White Pig*〉分布：上海。

シュイロウフウキンチョウ
〈*Calochaetes coccineus*〉鳥綱スズメ目ホオジロ科の鳥。全長17cm。分布：コロンビア、ペルー。

シュイロタイランチョウ
ベニタイランチョウの別名。

シュイロマシコ 朱色猿子
〈*Haematospiza sipahi*〉鳥綱スズメ目アトリ科の鳥。全長19cm。分布：ヒマラヤからビルマ・ベトナム北部・中国雲南省西部。

シュヴァイツァークサリヘビ
〈*Macrovipera schweizeri*〉爬虫綱トカゲ目（ヘビ亜目）クサリヘビ科のヘビ。頭胴長90～115cm。分布：ギリシアのキクラデス諸島西部。絶滅危惧IA類。

シュヴァイツァー・ラウフフント
〈*Schweizer Laufhund*〉犬の一品種。別名スイス・ハウンド。体高46～58cm。原産：スイス。

ジュウイチ 慈悲心、慈悲心鳥、十一
〈*Cuculus fugax*〉鳥綱ホトトギス目ホトトギス科の鳥。全長28cm。分布：インド北部から中国東北部、ウスリー、南は大スンダ列島。国内では北海道・本州・四国。

シュヴィーツ・ラウフフンド
シュヴァイツァー・ラウフフントの別名。

ジュウカチョウ
〈*Diuca diuca*〉鳥綱スズメ目ホオジロ科の鳥。全長18.5cm。分布：ブラジル南東部・ウルグアイ・アルゼンチン・チリ。

ジュウサンボンセンジリス
〈*Citellus tridecemlineatus*〉哺乳綱齧歯目リス科の動物。

ジュウジカクシトカゲ
〈*Acanthosaura crucigera*〉爬虫綱有鱗目トカゲ亜目アガマ科のトカゲ。全長20～25cm。分布：タイ、ミャンマー。

ジュウジギツネ 十字狐
〈*cross fox*〉哺乳綱食肉目イヌ科に属するキツネの一色相。

ジュウシマツ 十姉妹
〈*Lonchura striata var. domestica*〉鳥綱スズメ目カエデチョウ科の鳥。全長11cm。

ジュウシマツ
コシジロキンパラの別名。

シュウダ 臭蛇
〈*Elaphe carinata*〉爬虫綱有鱗目ナミヘビ科のヘビ。

シュウダ
チュウゴクシュウダの別名。

ジュウタンニシキヘビ
カーペットニシキヘビの別名。

シュウダンハタオリドリ 集団機織鳥
〈*social weaver*〉鳥綱スズメ目ハタオリドリ科シュウダンハタオリドリ属に含まれる鳥の総称。

シュウダンムクドリ
〈*Scissirostrum dubium*〉鳥綱スズメ目ムクドリ科の鳥。体長20cm。分布：スラウェシ島。

ジュウニセンフウチョウ
〈*Seleucidis melanoleuca*〉フウチョウ科。体長34cm。分布：ニューギニアの低地、サラワティ島。

ジュケイ 綬鶏
〈*Tragopan caboti*〉鳥綱キジ目キジ科の鳥。別名ツノキジ。全長オス61cm、メス51cm。分布：中国南東部。絶滅危惧II類。

ジュケイ 綬鶏
〈*tragopan*〉広義には鳥綱キジ目キジ科ジュケイ属に含まれる鳥の総称で、狭義にはそのうちの1種をさす。

ジュゴン 儒艮
〈*Dugong dugon*〉哺乳綱海牛目ジュゴン科の動物。別名ザン、ザンノイオ。体長2.5～4m。分布：東アフリカ、西アジア、南アジア、東南アジア、オーストラリア、太平洋諸島。国内では南西諸島。絶滅危惧II類、天然記念物。

ジュジュロ
ケナガネズミの別名。

ジュズカケバト 数珠掛鳩
〈*Streptopelia risoria*〉鳥綱ハト目ハト科の鳥。全長25cm。分布：アメリカ。

シュタバイフーン
〈*Stabyhoun*〉犬の一品種。体高50～53cm。原産：オランダ。

シュトゥンプフヒメカメレオン
〈*Brookesia stumpffi*〉爬虫綱有鱗目トカゲ亜目カメレオン科のトカゲ。全長81～93mm。分布：マダガスカル北部。

シュードオルカ
オキゴンドウの別名。

シュナイダーカグラコウモリ
〈*Hipposideros speoris*〉体長4.5～6cm。分布：南アジア。

シュナイダートカゲ
〈*Eumeces schneideri*〉スキンク科。全長36～42cm。分布：アフリカ、アジア。

シュナイダームカシカイマン
ブラジルカイマンの別名。

シュナウザー
〈*schnauzer*〉哺乳綱食肉目イヌ科の動物。

シュバシキンセイ
〈*Poephila acuticauda hecki*〉鳥綱スズメ目カエデチョウ科。

シュバシコウ 朱嘴鸛
〈*Ciconia ciconia ciconia*〉鳥綱コウノトリ目コウノトリ科の鳥。

シュバシサトウチョウ 朱嘴砂糖鳥
〈*Loriculus philippensis*〉鳥綱オウム目インコ科の鳥。全長14cm。分布：フィリピン。

シュミットオオトカゲ
〈*Varanus jobiensis*〉爬虫綱有鱗目トカゲ亜目オオトカゲ科のトカゲ。全長120cm以上。分布：ニューギニア島およびヤーペン島。

シュモクドリ 撞木鳥
〈*Scopus umbretta*〉鳥綱コウノトリ目シュモクドリ科の鳥。体長50cm。分布：アフリカ南・中部、マダガスカル。

シュモクドリ科
コウノトリ目。

シュライバーミドリカナヘビ
〈*Lacerta schreiberi*〉体長36cm。分布：ヨーロッパ南西部。

ジュラニ
〈*Julani*〉牛の一品種。

ジュラ・ハウンド
〈*Jura Hound, Bruno*〉哺乳綱食肉目イヌ科の動物。

ジュリアクリークスミントプシス
〈*Sminthopsis douglasi*〉フクロネコ目フクロネコ科。頭胴長オス9.8～13.5cm。分布：オーストラリア北東部。絶滅危惧。

ジュリアナキンモグラ
〈*Amblysomus julianae*〉哺乳綱食虫目キンモグラ科の動物。頭胴長約10cm。分布：南アフリカ共和国。絶滅危惧IA類。

シューリハム・テリア
食肉目イヌ科。

ジュリンスカヤ
〈*Jurinskaja*〉牛の一品種。

シュルツマルミミヘラコウモリ
〈*Tonatia schultzi*〉哺乳綱翼手目ヘラコウモリ科の動物。前腕長4cm前後。分布：ガイアナ、スリナム、フランス領ギアナ、ブラジル北東部。絶滅危惧II類。

シュレーゲルアオガエル シュレーゲル青蛙
〈*Rhacophorus schlegelii*〉両生綱無尾目アオガエル科のカエル。体長オス35～40mm、メス50～60mm。分布：本州、四国、九州、五島列島。

シュレーゲルメクラヘビ
〈*Rhinotyphlops schlegelii*〉爬虫綱有鱗目ヘビ

シュレスウ

亜目メクラヘビ科のヘビ。全長60〜95cm。分布：アフリカ。

シュレスウィッチ
哺乳綱奇蹄目ウマ科の動物。体高155〜165cm。原産：西ドイツ。

シュレーターペンギン
マユダチペンギンの別名。

シュロクマネズミ
〈*Rattus palmarum*〉齧歯目ネズミ科（ネズミ亜科）。頭胴長27.5cm程度。分布：インド領ニコバル諸島。絶滅危惧II類。

シュロプシャー
〈*Shropshire*〉羊の一品種。原産：イギリス。

シューワ
〈*Shuwa*〉牛の一品種。

ショウアジアサンショウウオ
〈*Mertensiella luschani*〉両生綱有尾目イモリ科の動物。全長オス12.6cm，メス12.9cm。分布：ギリシアのカルパソス，カソス，サリア，カステロリゾンの各島，トルコのアナトリア西南部。絶滅危惧II類。

ショウオウドリ　湘黄鶏
〈*Xianghuang Fowl*〉分布：中国の湖南省の衡東，衡山，衡南，永興，留陽の諸県。

ショウガクボウ（正覚坊）
アオウミガメの別名。

ショウガラゴ
〈*Galago senegalensis*〉哺乳綱霊長目ロリス科の動物。別名セネガルガラゴ。体長15〜17cm。分布：東アフリカ，中央アフリカ，アフリカ南部。

ショウキバト　鍾馗鳩
〈*Petrophassa plumifera*〉鳥綱ハト目ハト科の鳥。体長19〜23cm。分布：北オーストラリアの内陸部。

ショウギャラゴ
ショウガラゴの別名。

ショウコク　小国，小国鶏
〈*Gallus gallus var. domesticus*〉鳥綱キジ目キジ科の鳥。分布：近畿地方。天然記念物。

ショウジョウ
オランウータンの別名。

ショウジョウインコ　猩々鸚哥
〈*Lorius garrulus*〉鳥綱オウム目ヒインコ科の鳥。全長30cm。分布：マルク諸島。絶滅危惧II類。

ショウジョウコウカンチョウ　猩々紅冠鳥
〈*Cardinalis cardinalis*〉鳥綱スズメ目ホオジロ科の鳥。体長22cm。分布：カナダ南東部，合衆国東部，中央部および南西部，メキシコからベリーズにかけての地域，ハワイには移入。

ショウジョウサギ
アマサギの別名。

ショウジョウジドリ　猩々地鶏
〈*"Shojo" Native Fowl*〉分布：三重県。

ショウジョウトキ　猩々朱鷺
〈*Eudocimus ruber*〉鳥綱コウノトリ目トキ科の鳥。体長61cm。分布：ベネズエラ，コロンビア，ギアナ地方およびブラジル沿岸，トリニダード島。

ショウジョウハワイミツスイ
ベニハワイミツスイの別名。

ショウジョウヒワ
〈*Carduelis cucullata*〉鳥綱スズメ目アトリ科の鳥。体長10cm。分布：コロンビア北部，ベネズエラ北部。絶滅危惧IB類。

ショウジョウフウチョウモドキ
〈*Sericulus bakeri*〉鳥綱スズメ目ニワシドリ科の鳥。全長22cm。分布：ニューギニア島北東部。絶滅危惧種。

ショウタクスイギュウ　沼沢水牛
〈*Arni buffalo*〉牛の一品種。

ショウツウウシ　昭通牛
〈*Zhaotong Cattle*〉分布：中国，雲南省の東北部の昭通地区。

ショウドウツバメ　小洞燕
〈*Riparia riparia*〉鳥綱スズメ目ツバメ科の鳥。別名スナムグリツバメ，エスツバメ。体長12〜14cm。分布：北アメリカおよびユーラシアで繁殖。南アメリカ，アフリカ，地中海，近東，インド北部，中国東部，東南アジアで越冬。国内では北海道，南千島に夏鳥として渡来。

ショウドウツバメ
体長12〜23cm。

ショウネズミキツネザル
ハイイロショウネズミキツネザルの別名。

ショウハナジログエノン
〈*Cercopithecus petaurista*〉オナガザル科オナガザル属。頭胴長36〜46cm。分布：シエラ

レオネからベニン。

ショウパンダ
レッサーパンダの別名。

ジョウビタキ 尉鶲, 上鶲, 常鶲
〈*Phoenicurus auroreus*〉鳥綱スズメ目ヒタキ科ツグミ亜科の鳥。全長15cm。分布：シベリア南東部、サハリン・中国北部・中央部。国内では冬鳥として渡来。

ジョウモンヒキガエル
アフリカヒキガエルの別名。

ショカーアレチヘビ
〈*Psammophis schokari*〉有鱗目ナミヘビ科。

ショクヨウアナツバメ
〈*Collocalia fuciphaga*〉鳥綱アマツバメ目アマツバメ科の鳥。全長13cm。分布：インドシナ、マレー半島、大スンダ列島、小スンダ列島、ボルネオ島、フィリピン。

ショクヨウガエル 食用蛙
〈*edible frog*〉食用とするカエルをさすが、一般にはウシガエルRana catesbeianaの通称として用いる。

ショクヨウガエル
ウシガエルの別名。

ジョージアメクラサラマンダー
〈*Haideotriton wallacei*〉両生綱有尾目サラマンダー科の動物。

ショートスナウト・ドルフィン
サラワクイルカの別名。

ショートフィン・パイロットホエール
コビレゴンドウの別名。

ショートヘアード・ハンガリアン・ビズラ
犬の一品種。

ショートヘディッド・スパーム・ホエール
コマッコウの別名。

ショートホーン
〈*Bos taurus*〉哺乳綱偶蹄目ウシ科の動物。オス約140cm、メス約130cm。分布：イングランド北東部。

ジョニースナボア
〈*Eryx johni*〉爬虫綱有鱗目ヘビ亜目ボア科のヘビ。

ジョフロアカエルガメ
〈*Phrynops geoffroanus*〉爬虫綱カメ目ヘビクビガメ科のカメ。最大甲長35cm。分布：南米（コロンビア、ベネズエラ、ギアナ、ブラジル、パラグアイ、アルゼンチン北部のオリノコ川からパラナ川の水系）。

ショフロアクモザル
〈*Ateles geoffroyi*〉哺乳綱霊長目オマキザル科の動物。

ジョフロワタマリン
〈*Saguinus geoffroyi*〉マーモセット科タマリン属。分布：コロンビア北西部、パナマ、コスタリカ。

ジョフロワネコ
〈*Felis geoffroyi*〉ネコ科ネコ属。体長42〜66cm。分布：南アメリカ中部から南部。絶滅危惧II類と推定。

ジョフロワホオヒゲコウモリ
〈*Myotis emarginatus*〉哺乳綱翼手目ヒナコウモリ科の動物。前腕長3.95cm。分布：ヨーロッパ南西部からトルクメニスタンにかけて、イラン東部、モロッコ。絶滅危惧II類。

ジョフロワマーモセット
〈*Callithrix geoffroyi*〉哺乳綱霊長目キヌザル科の動物。体長20cm。分布：南アメリカ東部。絶滅危惧II類。

ジョムベニジネズミ
〈*Crocidura ultima*〉哺乳綱食虫目トガリネズミ科の動物。分布：ケニアのナイイェリ地方ジョムベニ。絶滅危惧IA類。

ジョルダンサラマンダー
ジョルダンサンショウウオの別名。

ジョルダンサンショウウオ
〈*Plethodon jordani*〉アメリカサンショウウオ（ムハイサラマンダー）科。別名ジョルダンサラマンダー。体長9〜18.5cm。分布：北アメリカ。

ショロイェツクウィントリ
メキシカン・ヘアレスの別名。

ジョンストンオヒキコウモリ
〈*Otomops johnstonei*〉哺乳綱翼手目オヒキコウモリ科の動物。前腕長約6cm。分布：基産地のインドネシアのアロール島だけから知られる。絶滅危惧II類。

ジョンストンカメレオン
〈*Chamaeleo johnstoni*〉爬虫綱有鱗目トカゲ亜目カメレオン科のトカゲ。全長25cm。分布：ルワンダ、ブルンディ、ザイール、ウガンダ。

ジョンストンジェネット
〈*Genetta johnstoni*〉哺乳綱食肉目ジャコウネコ科の動物。体長40～46cm。分布：リベリア。

シラオオナガカワセミ
〈*Tanysiptera sylvia*〉鳥綱ブッポウソウ目カワセミ科の鳥。全長20cm。分布：ニューギニア, ビスマーク諸島, オーストラリア東部。

シラオキヌバネドリ
ハグロキヌバネドリの別名。

シラオネッタイチョウ　白尾熱帯鳥
〈*Phaethon lepturus*〉鳥綱ペリカン目ネッタイチョウ科の鳥。体長71～80cm。分布：熱帯, 亜熱帯の全海洋。

シラガエボシドリ　白髪烏帽子鳥
〈*Tauraco ruspolii*〉鳥綱カッコウ目エボシドリ科の鳥。体長41cm。分布：エチオピア国内の2カ所。絶滅危惧IB類。

シラガオナガ　白髪尾長
〈*Dendrocitta occipitalis*〉鳥綱スズメ目カラス科の鳥。全長40cm。分布：スマトラ島, ボルネオ島。

シラガカイツブリ
〈*Poliocephalus poliocephalus*〉鳥綱カイツブリ目カイツブリ科の鳥。体長25～29cm。分布：オーストラリア西・南東部, ニュージーランド。

シラガガモ　白髪鴨
〈*Pteronetta hartlaubii*〉鳥綱ガンカモ目ガンカモ科の鳥。全長56～58cm。分布：ギニア, ザイール, スーダン南西部。

シラガゴイ　白髪五位
〈*Nyctanassa violacea*〉鳥綱コウノトリ目サギ科の鳥。全長56～68cm。分布：北アメリカ南部からブラジル沿岸, ガラパゴス諸島。

シラガトビ
〈*Lophoictinia isura*〉鳥綱タカ目タカ科の鳥。全長50～56cm。分布：オーストラリア。絶滅危惧種。

シラガフウキンチョウ
〈*Sericossypha albocristata*〉鳥綱スズメ目ホオジロ科の鳥。全長25.5cm。分布：南アメリカ北西部。

シラガフタオタイランチョウ　白髪双尾太蘭鳥
〈*Colonia colonus*〉鳥綱スズメ目タイランチョウ科の鳥。体長23cm。分布：ホンジュラスからコロンビアにかけての, ブラジル南部とアルゼンチン北東部, ギアナ。

シラガホオジロ　白髪頬白
〈*Emberiza leucocephala*〉鳥綱スズメ目ホオジロ科の鳥。全長18cm。分布：シベリア・モンゴル・中国北東部・サハリン・千島列島。

シラコバト　白子鳩
〈*Streptopelia decaocto*〉鳥綱ハト目ハト科の鳥。体長30cm。分布：ヨーロッパ, 中東, 南・東アジアから, 中国や朝鮮半島まで分布する。天然記念物。

シラサギ　白鷺
〈*white egret*〉コウノトリ目サギ科のうち全身が白色の鳥の総称。分布：徳島県。

シラー・シュトーバレ
〈*Schillerstövare*〉犬の一品種。体高53～57cm。原産：スウェーデン。

シラーステーヴァレ
シラー・シュトーバレの別名。

シラナミヒメアリサザイ
〈*Myrmotherula minor*〉鳥綱スズメ目アリドリ科の鳥。全長9cm。分布：ブラジル南東部。絶滅危惧II類。

シラヒゲウミスズメ　白髪海雀, 白鬚海雀
〈*Aethia pygmaea*〉鳥綱チドリ目ウミスズメ科の鳥。全長17～18cm。分布：カムチャツカ半島, 千島列島, アリューシャン列島, アラスカ沿岸。

シラヒゲオタテドリ
〈*Pteroptochos megapodius*〉鳥綱スズメ目オタテドリ科の鳥。全長23cm。分布：チリ。

シラヒゲドリ
〈*Psophodes nigrogularis*〉鳥綱スズメ目ヒタキ科ハシリチメドリ亜科の鳥。全長20～25cm。分布：オーストラリア南部。絶滅危惧種。

シラヒゲハナドリ
〈*Dicaeum proprium*〉鳥綱スズメ目ハナドリ科の鳥。全長9cm。分布：フィリピンのミンダナオ島。絶滅危惧II類。

シラヒゲムシクイ
〈*Sylvia cantillans*〉鳥綱スズメ目ヒタキ科の鳥。体長12cm。分布：地中海で繁殖し, 中東やアフリカ北部で越冬。

シラヒゲヤマミツスイ
　〈*Melidectes princeps*〉鳥綱スズメ目ミツスイ科の鳥。体長27cm。分布：ニューギニア，中央山脈の東側の高地。絶滅危惧種。

ジラフ
　キリンの別名。

シラフクイナ
　マダラクイナの別名。

シラフサザイチメドリ
　〈*Kenopia striata*〉鳥綱スズメ目ヒタキ科チメドリ亜科の鳥。全長14cm。分布：マレーシア，スマトラ島，ボルネオ島。

シラボシオタテドリ
　〈*Acropternis orthonyx*〉鳥綱スズメ目オタテドリ科の鳥。全長23cm。分布：ベネズエラ，コロンビア，エクアドル。

シラボシサザイチメドリ
　〈*Napothera rabori*〉スズメ目ヒタキ科（チメドリ亜科）。全長26cm。分布：フィリピンのルソン島。絶滅危惧II類。

シラボシモリチメドリ
　〈*Stachyris leucotis*〉チメドリ科。体長15cm。分布：タイ南部からスマトラ，カリマンタン。

シラボシヤブコマ
　〈*Pogonocichla stellata*〉鳥綱スズメ目ヒタキ科ツグミ亜科の鳥。全長16cm。分布：南アフリカ南部・南東部。

シリ
　〈*Siri*〉牛の一品種。

シリアカゴシキタイヨウチョウ　尻赤五色太陽鳥
　〈*Nectarinia regia*〉タイヨウチョウ科。体長11cm。分布：ウガンダ西部，タンザニア西部。

シリアカヒヨドリ　尻赤鵯
　〈*Pycnonotus cafer*〉鳥綱スズメ目ヒヨドリ科の鳥。全長23cm。分布：インド・スリランカ・パキスタン・ヒマラヤ西部・ビルマ，中国の雲南省。

シリアカマルハシミツドリ
　〈*Conirostrum speciosum*〉アメリカムシクイ科。体長10〜11.5cm。分布：コロンビア東部から東はギアナ地方，南はアルゼンチン北部までのアンデス山脈の東側。

シリアカモリハタオリ
　〈*Malimbus scutatus*〉ハタオリドリ科／ハタオリドリ亜科。体長12cm。分布：シエラレオネからカメルーン。

シリアン・アラブ
　馬の一品種。体高148〜158cm。原産：シリア。

シリケンイモリ　尻剣井守
　〈*Cynops ensicauda*〉両生綱有尾目イモリ科の動物。全長110〜140mm。分布：奄美大島とその属島，沖縄島，渡嘉敷島，渡名喜島。

ジリス　地栗鼠
　〈*ground squirrel*〉齧歯目リス科ジリス属Citellusに属する哺乳類の総称。ユーラシアと北アメリカの草原，岩地，砂漠で穴を掘ってすむ地上生のリス類。

シリトゲオオトカゲ
　〈*Varanus tristis*〉爬虫綱有鱗目トカゲ亜目オオトカゲ科のトカゲ。全長80cm。分布：オーストラリア（南岸と南東部を除く全域）。

シーリハム・テリア
　〈*Sealyham Terrier*〉哺乳綱食肉目イヌ科の動物。体高25〜30cm。分布：イギリス。

シルキー・テリア
　〈*Australian Silky Terrier*〉原産地がオーストラリアの愛玩犬。体高23cm。分布：オーストラリア。

シルキー・バンタム
　〈*Silkie Bantam*〉鳥綱キジ目キジ科の鳥。分布：アジア。

ジルキンモグラ
　〈*Cryptochloris zyli*〉哺乳綱食虫目キンモグラ科の動物。頭胴長8cm，尾は痕跡的。分布：南アフリカ共和国。絶滅危惧IA類。

シルスイキツツキ
　〈*Sphyrapicus varius*〉鳥綱キツツキ目キツツキ科の鳥。体長22cm。分布：カナダと合衆国北部および東部で繁殖する。合衆国南部，パナマ南部から中部，西インド諸島で越冬。

シールドノーズスネーク
　〈*Aspidelaps scutatus*〉爬虫綱有鱗目ヘビ亜目コブラ科のヘビ。全長50〜75cm。分布：アフリカ。

シルバーマーモセット
　〈*Callithrix argentata*〉哺乳綱霊長目マーモセット科の動物。体長20〜23cm。分布：南アメリカ中部。

シルバールトン
〈*Semnopithecus cristatus*〉オナガザル科ラングール属。頭胴長40〜60cm。分布：スマトラ，リアウ―リンガ諸島，バンカ島，ビリトゥン島，ボルネオ，セラサン，マレーシア西部の西海岸，タイ中南部，カンボジア，南ベトナム。

シレン
サイレンの別名。

シーロー
スマトラカモシカの別名。

シロアゴガエル 白顎蛙
〈*Polypedates leucomystax*〉両生綱無尾目アオガエル科のカエル。分布：インドのアッサム州から東はインドシナ半島，南はマレー半島を経てインドネシア，フィリピン。国内では沖縄島，宮古島に人為分布。

シロアゴカマドドリ
〈*Asthenes anthoides*〉鳥綱スズメ目カマドドリ科の鳥。全長16.5cm。分布：チリ，アルゼンチン。絶滅危惧II類。

シロアゴモズモドキ
〈*Vireo brevipennis*〉鳥綱スズメ目モズモドキ科の鳥。全長11cm。分布：メキシコ南部。

シロアゴヨタカ 白顎夜鷹
〈*Caprimulgus affinis*〉鳥綱ヨタカ目ヨタカ科の鳥。全長24cm。分布：インドから中国南部・台湾・フィリピン。

シロアシイタチキツネザル
〈*Lepilemur leucopus*〉キツネザル科イタチキツネザル亜科。分布：マダガスカル島。

シロアジサシ 白鯵刺
〈*Gygis alba*〉アジサシ科。体長28〜33cm。分布：赤道付近。

シロアシスレリ
〈*Presbytis siamensis*〉オナガザル科プレスビティス属。頭胴長41〜61cm。分布：リアウ諸島，マレー半島南部，スマトラ中東部，ナツナ諸島。

シロアシタマリン
シロテタマリンの別名。

シロアシネズミ 白足鼠
〈*Peromyscus leucopus*〉哺乳綱齧歯目キヌゲネズミ科の動物。頭胴長9〜10.5cm。分布：カナダ南東部からメキシコにかけて。

シロアシマウス属
〈*Peromyscus*〉哺乳綱齧歯目ネズミ科の動物。分布：カナダ北部から，南はメキシコをへてパナマまで。

シロアシユーカリネズミ
〈*Mesembriomys macrurus*〉齧歯目ネズミ科（ネズミ亜科）。頭胴長19〜24.5cm。分布：オーストラリア北西部。絶滅危惧種。

シロアタマクロリーフモンキー
〈*Semnopithecus leucocephalus*〉オナガザル科ラングール属。頭胴長47〜62cm。分布：中国，広西チワン族自治区南西部。

シロイシガメ
ミナミイシガメの別名。

シロイルカ 白海豚
〈*Delphinapterus leucas*〉哺乳綱クジラ目イッカク科の動物。別名ベルーハ，シー・カナリー，ホワイト・ホエール，ベルーガ。約3〜5m。分布：北極，亜北極の季節的に結氷する海域周辺。絶滅危惧I類。

シロイワヤギ 白岩山羊
〈*Oreamnos americanus*〉哺乳綱偶蹄目ウシ科の動物。体長1.2〜1.6m。分布：カナダ西部，合衆国北部および西部。

シロウアカリ
ハゲウアカリの別名。

シロエボシアリドリ 白烏帽子蟻鳥
〈*Pithys albifrons*〉アリドリ科。体長11cm。分布：アマゾン川流域（ほとんど川より北）。

シロエリインカハチドリ
〈*Coeligena torquata*〉鳥綱アマツバメ目ハチドリ科の鳥。体長15cm。分布：ベネズエラ北西部からボリビア北部。

シロエリオオガシラ 白襟大頭
〈*Notharchus macrorhynchos*〉鳥綱キツツキ目オオガシラ科の鳥。体長25cm。分布：メキシコ南部から南アメリカ北部，ボリビア北部，ブラジル南東部，パラグアイ，アルゼンチン北部。

シロエリオオハシガラス 白襟大嘴鴉
〈*Corvus albicollis*〉鳥綱スズメ目カラス科の鳥。体長55cm。分布：アフリカ東部および南部。

シロエリオオハム 白襟大波武
〈*Gavia pacifica*〉鳥綱アビ目アビ科の鳥。全長65cm。分布：北極海周辺。

シロエリガラス　白襟鴉
〈*Corvus cryptoleucus*〉鳥綱スズメ目カラス科の鳥。全長50cm。分布：アメリカからメキシコ中部。

シロエリクビキツネザル
〈*Lemur fulvus albocollaris*〉キツネザル科キツネザル属。頭胴長40〜44cm。分布：マダガスカル島。

シロエリコメワリ
〈*Dolospingus fringilloides*〉鳥綱スズメ目ホオジロ科の鳥。全長15cm。分布：ベネズエラ，ブラジル。

シロエリシロマブタザル
シロエリマンガベイの別名。

シロエリスズメヒバリ
〈*Eremopteryx verticalis*〉鳥綱スズメ目ヒバリ科の鳥。体長13cm。分布：アフリカ南部の一部地域。

シロエリタイランチョウ　白襟太蘭鳥
〈*Xenopsaris albinucha*〉鳥綱スズメ目タイランチョウ科の鳥。全長13cm。分布：ベネズエラ・ブラジル東部・パラグアイ・アルゼンチン北部・ボリビア北部。

シロエリテリムク
〈*Grafisia torquata*〉鳥綱スズメ目ムクドリ科の鳥。全長12.5cm。分布：カメルーン北西部。

シロエリノスリ
〈*Leucopternis lacernulata*〉鳥綱タカ目タカ科の鳥。全長43〜48cm。分布：ブラジル東部。絶滅危惧II類。

シロエリハゲワシ
〈*Gyps fulvus*〉鳥綱ワシタカ科の鳥。

シロエリハサミアジサシ
〈*Rynchops albicollis*〉鳥綱チドリ目ハサミアジサシ科の鳥。全長38〜43cm，翼開張102〜114cm。分布：繁殖地はインド中部、カンボジアのメコン川流域。越冬地はバングラデシュ、ミャンマーのイラワジ川河口域。絶滅危惧II類。

シロエリハチドリ
〈*Florisuga mellivora*〉鳥綱アマツバメ目ハチドリ科の鳥。全長12cm。分布：トリニダードトバゴ、中央アメリカから南アメリカ。

シロエリバト
オウギバトの別名。

シロエリヒタキ
〈*Ficedula albicollis*〉鳥綱スズメ目ヒタキ科ヒタキ亜科の鳥。全長13〜14cm。分布：ヨーロッパ中部・南部、中央アジア。

シロエリマイコドリ
ノドジロマイコドリの別名。

シロエリマンガベイ
〈*Cercocebus torquatus*〉哺乳綱霊長目オナガザル科の動物。体長50〜60cm。分布：アフリカ西部。絶滅危惧IA類。

シロエリモリハヤブサ
〈*Micrastur semitorquatus*〉鳥綱ワシタカ目ハヤブサ科の鳥。全長45〜60cm。分布：メキシコ中部・ボリビア・アルゼンチン北部・パラグアイ。

シロエリヤブシトド
〈*Atlapetes albinucha*〉鳥綱スズメ目ホオジロ科の鳥。全長16.5cm。分布：メキシコ東部。

シロエンビハチドリ
〈*Urosticte benjamini*〉鳥綱アマツバメ目ハチドリ科の鳥。全長11.5cm。分布：南アメリカ。

シロオオカミ
タイリクオオカミの別名。

シロオオタカ
シロエンビハチドリの別名。

シロオビアメリカムシクイ
〈*Dendroica magnolia*〉鳥綱スズメ目アメリカムシクイ科の鳥。体長13cm。分布：カナダや合衆国北東部で繁殖し、中央アメリカのパナマあたりまでで越冬。

シロオビオオヒタキモドキ　白帯大鶲擬
〈*Myiarchus apicalis*〉鳥綱スズメ目タイランチョウ科の鳥。全長20cm。分布：コロンビア南西部。

シロオビコビトクイナ
〈*Laterallus xenopterus*〉鳥綱ツル目クイナ科の鳥。全長14cm。分布：ブラジル中央部の連邦直轄区、パラグアイ中部。絶滅危惧II類。

シロオビツバメ
〈*Atticora fasciata*〉鳥綱スズメ目ツバメ科の鳥。体長15cm。分布：ベネズエラ南部、ギアナ、ブラジルのアマゾン川流域、ボリビア北西部。

シロオビツームコウモリ
〈*Taphozous kapalgensis*〉哺乳綱翼手目サシ

シロオヒネ

オコウモリ科の動物。前腕長6cm。分布：オーストラリア北部。絶滅危惧種。

シロオビネズミカンガルー
〈Bettongia lesueur〉二門歯目ネズミカンガルー科。頭胴長28〜36cm。分布：オーストラリア西部。絶滅危惧種。

シロオマングース
〈Ichneumia albicauda〉哺乳綱食肉目ジャコウネコ科の動物。体長58cm。分布：中央・西アフリカの森林地帯および南西アフリカを除くサハラ以南, アラビアの南部。

シロオリックス
〈Oryx dammah〉哺乳綱偶蹄目ウシ科の動物。別名ソリヅノオリックス。体長1.5〜2.4m。分布：アフリカ北部。絶滅危惧IA類。

シロガオアマドリ
〈Hapaloptila castanea〉鳥綱キツツキ目オオガシラ科の鳥。全長25cm。分布：エクアドル, コロンビア西部。

シロガオオマキザル
〈Cebus albifrons〉哺乳綱霊長目オマキザル科の動物。頭胴長オス35〜44cm, メス33〜42cm。分布：南アメリカ。

シロガオサキザル
〈Pithecia pithecia〉オマキザル科サキ属。体長34〜35cm。分布：南アフリカ北部。

シロガオマーモセット
〈Callithrix leucocephala〉哺乳綱霊長目キヌザル科の動物。

シロガオリュウキュウガモ
〈Dendrocygna viduata〉カモ科。体長43〜48cm。分布：南アメリカ熱帯域, サハラ以南のアフリカ, マダガスカル, コモロ諸島。

シロカケイ
〈Crossoptilon crossoptilon〉別名シロミミキジ。絶滅危惧種。

シロカケイ
シロミミキジの別名。

シロカザリフウチョウ
〈Paradisaea guilielmi〉鳥綱スズメ目フウチョウ科の鳥。全長29cm。分布：ニューギニア東部。

シロガシラ　白頭
〈Pycnonotus sinensis〉鳥綱スズメ目ヒヨドリ科の鳥。全長18.5cm。分布：四川省・長江下流域以南の中国南部, 海南島, ベトナム北部, 台湾。国内では沖縄本島以西の森林に1年中生息。

シロガシラ
ヤエヤマシロガシラの別名。

シロガシラアリヒタキ
〈Myrmecocichla arnoti〉鳥綱スズメ目ツグミ科の鳥。体長18cm。分布：中央・東・南アフリカ。

シロガシラウシハタオリ
〈Dinemellia dinemelli〉ハタオリドリ科/ウシハタオリ亜科。体長23cm。分布：エチオピア, スーダンからタンザニア。

シロガシラオニハタオリ
シロガシラウシハタオリの別名。

シロガシラカワガラス　白頭河烏
〈Cinclus leucocephalus〉鳥綱スズメ目カワガラス科の鳥。全長15cm。分布：コロンビア, ベネズエラ, エクアドル, ペルー, ボリビア。

シロガシラキリハシ
〈Brachygalba goeringi〉鳥綱キツツキ目キリハシ科の鳥。全長18cm。分布：コロンビア東部・ベネズエラ北部。

シロガシラショウビン
〈Halcyon saurophaga〉鳥綱ブッポウソウ目カワセミ科の鳥。全長28cm。分布：マルク諸島からニューギニア北部, ビスマーク諸島・ソロモン諸島。

シロガシラセイタカシギ
ムネアカセイタカシギの別名。

シロガシラタイランチョウ　白頭太蘭鳥
〈Arundinicola leucocephala〉鳥綱スズメ目タイランチョウ科の鳥。全長12cm。分布：ボリビア, パラグアイ, アルゼンチン北部。

シロガシラツグミヒタキ
〈Cossypha heinrichi〉スズメ目ヒタキ科(ツグミ亜科)。全長26cm。分布：アンゴラ北部, コンゴ民主共和国西部。絶滅危惧II類。

シロガシラトビ
〈Haliastur indus〉鳥綱タカ目タカ科の鳥。体長48cm。分布：アジア南部および南東部, オーストラリア北部。

シロガシラネズミドリ　白頭鼠鳥
〈Colius leucocephalus〉鳥綱ネズミドリ目ネズミドリ科の鳥。全長30cm。分布：ソマリ

ア, ケニア, タンザニア北部。

シロガシラハゲワシ
〈*Trigonoceps occipitalis*〉鳥綱ワシタカ目ワシタカ科の鳥。全長75〜80cm。分布：南アフリカ。

シロガシラモズチメドリ
〈*Gampsorhynchus rufus*〉鳥綱スズメ目ヒタキ科チメドリ亜科の鳥。全長24cm。分布：アッサム, ビルマ, タイ, ベトナム, マレーシア。

シロカタトキ
〈*Pseudibis davisoni*〉鳥綱コウノトリ目トキ科の鳥。別名カタジロトキ。全長77cm。分布：中国の雲南省西部, インドシナ半島からインドネシア。絶滅危惧IB類。

シロカツオドリ
〈*Sula bassana*〉鳥綱ペリカン目カツオドリ科の鳥。体長90cm。分布：北大西洋東, 西岸。

シロカモメ　白鷗
〈*Larus hyperboreus*〉鳥綱チドリ目カモメ科の鳥。全長71cm。分布：ユーラシア大陸, 北アメリカ, グリーンランドの北極圏。

シロカンムリマンガベイ
〈*Cercocebus torquatus lunulatus*〉哺乳綱霊長目オナガザル科の動物。

シロキツツキ
〈*Melanerpes candidus*〉鳥綱キツツキ目キツツキ科の鳥。体長27cm。分布：スリナム南部およびブラジルからボリビア東部, パラグアイ, ウルグアイ西部, アルゼンチン北部。

シロキンカチョウ
鳥綱スズメ目カエデチョウ科。

シロクチアオハブ
〈*Trimeresurus albolabris*〉爬虫綱有鱗目ヘビ亜目クサリヘビ科のヘビ。全長0.6〜1m。分布：アジア。

シロクチカワガエル
〈*Hylarana albolabris*〉両生綱無尾目アカガエル科のカエル。体長6〜10cm。分布：アフリカ。

シロクチタマリン
〈*Saguinus labiatus*〉マーモセット科タマリン属。分布：ブラジル, ボリビア。

シロクチドロガメ
〈*Kinosternon leucostomum*〉爬虫綱カメ目ドロガメ科のカメ。最大甲長13.5cm。分布：メキシコ(ソノラ州南部とシナロア州北部)。

シロクチニシキヘビ
〈*Leiopython albertisii*〉爬虫綱有鱗目ヘビ亜目ボア科のヘビ。全長2〜3m。分布：ニューギニア, トレス海峡のいくつかの島。

シロクチユビナガガエル
〈*Leptodactylus albilabris*〉両生綱無尾目ミナミガエル科のカエル。体長50mm。分布：プエルトリコ全域及びドミニカ(イスパニオラ島)北東部。

シロクビカワセミ
クビワカワセミの別名。

シロクビワウズラ
クビワウズラの別名。

シロクマ
ホッキョクグマの別名。

シロクロアメリカムシクイ
〈*Mniotilta varia*〉アメリカムシクイ科。体長11.5〜14cm。分布：北アメリカ東部, 北はノースウェスト・テリトリーズ, 西はモンタナ州, 南はテキサス州中央部までで繁殖。合衆国の南端から南アメリカ北部で越冬。

シロクロアリドリ　白黒蟻鳥
〈*Myrmochanes hemileucus*〉鳥綱スズメ目アリドリ科の鳥。全長11cm。分布：エクアドル東部からボリビア北部, ブラジル。

シロクロエリマキキツネザル
〈*Varecia variegata variegata*〉キツネザル科エリマキキツネザル属。頭胴長54〜56cm。分布：マダガスカル島。

シロクロオオガシラ　白黒大頭
〈*Notharchus tectus*〉鳥綱キツツキ目オオガシラ科の鳥。全長15cm。分布：コスタリカからコロンビア, エクアドル。

シロクロオオタカ
〈*Accipiter imitator*〉鳥綱タカ目タカ科の鳥。全長28〜33cm。分布：パプアニューギニアのブーゲンヴィル島, ソロモン諸島。絶滅危惧。

シロクロオナガモズ　白黒尾長鵙
〈*Corvinella melanoleuca*〉鳥綱スズメ目モズ科の鳥。体長45cm。分布：ケニアからモザンビークにかけての, アフリカ東部および南部。

シロクロゲリ　白黒鳧
〈*Vanellus armatus*〉鳥綱チドリ目チドリ科の鳥。体長28〜31cm。分布：ケニアから南アフ

シロクロサ

リカにかけての地域。

シロクロサイチョウ
〈*Berenicornis comatus*〉鳥綱ブッポウソウ目サイチョウ科の鳥。全長86～101cm。分布：マレーシア，スマトラ島，ボルネオ島，ベトナム。

シロクロシキチョウ
〈*Enicurus scouleri*〉鳥綱スズメ目ヒタキ科ツグミ亜科の鳥。全長12cm。分布：旧ソ連南西部・ヒマラヤ・インド北部・中国西部・台湾。

シロクロタマリン
〈*Leontocebus bicolor*〉哺乳綱霊長目キヌザル科のサル。

シロクロマイコドリ　白黒舞子鳥
〈*Manacus manacus*〉マイコドリ科。体長10cm。分布：南アメリカの熱帯域，アルゼンチン北東部，トリニダード島。

シロクロモズ　白黒鵙
〈*Lanius nubicus*〉鳥綱スズメ目モズ科の鳥。別名シロビタイモズ。全長17cm。分布：ヨーロッパ南東部・キプロス・小アジアからイラン南西部。

シロサイ　白犀
〈*Ceratotherium simum*〉哺乳綱奇蹄目サイ科の動物。体長3.7～4m。分布：西アフリカ，東アフリカ，アフリカ南部。絶滅危惧種。

シロー・シェパード
〈*Shiloh Shepherd*〉犬の一品種。

シロジクオナガフウチョウ
〈*Astrapia stephaniae*〉鳥綱スズメ目フウチョウ科の鳥。全長84cm。分布：ニューギニア。

シロジリクロリーフモンキー
〈*Trachypithecus delacouri*〉哺乳綱霊長目オナガザル科の動物。頭胴長55.9～83.8cm。分布：ベトナム北部から中部にかけて。絶滅危惧IA類。

シロズキンヒヨドリ　白頭巾鵯
〈*Hypsipetes thompsoni*〉鳥綱スズメ目ヒヨドリ科の鳥。別名シマヒヨドリ。全長20cm。分布：ビルマ，タイ。

シロズキンヤブモズ
〈*Eurocephalus anguitimens*〉鳥綱スズメ目モズ科の鳥。体長24cm。分布：アフリカ南部の一部分。

シロスジイワリス
〈*Sciurotamias forresti*〉哺乳綱齧歯目リス科の動物。分布：中国の四川省と雲南省。絶滅危惧II類。

シロスジガモ
〈*Anas bernieri*〉鳥綱カモ目カモ科の鳥。全長40cm。分布：マダガスカル南西部。絶滅危惧IB類。

シロスジコガモ
シロスジガモの別名。

シロスジコビトドリモドキ　白筋小人鳥擬
〈*Hemitriccus flammulatus*〉鳥綱スズメ目タイランチョウ科の鳥。全長12cm。分布：ペルー南東部・ボリビア北部・ブラジル。

シロスジハチドリ
〈*Heliomaster squamosus*〉鳥綱ハチドリ科の鳥。体長10cm。分布：ブラジル東部。

シロスジヒメキツツキ
〈*Picumnus cirratus*〉体長10cm。分布：南アメリカ北東部および中部。

シロスジヤマヒヨドリ
ミヤマヒヨドリの別名。

シロタイランチョウ　白太蘭鳥
〈*Xolmis irupero*〉タイランチョウ科。体長17cm。分布：ブラジル東部，ウルグアイ，パラグアイ，ボリビア東部，アルゼンチン北部。

シロタマシャコ　白玉鷓鴣
〈*Francolinus pictus*〉鳥綱キジ目キジ科の鳥。全長31cm。分布：インドの北部・南部，スリランカ。

シロチドリ　白千鳥
〈*Charadrius alexandrinus*〉鳥綱チドリ目チドリ科の鳥。体長15～17.5cm。分布：温帯ユーラシア南部，北アメリカ，南アメリカ，アフリカ。国内では全国の海岸に分布し，寒地のものはやや南下して越冬。

シロチャボ
〈*Gallus gallus var. domesticus*〉鳥綱キジ目キジ科の鳥。

シロツノミツスイ
〈*Notiomystis cincta*〉鳥綱スズメ目ミツスイ科の鳥。体長18～19cm。分布：リトル・バリア島（ニュージーランド），ヘン島およびカピティ島には移入。絶滅危惧II類。

シロツノミツスイ
ツノミツスイの別名。

シロツノユウジョハチドリ
〈*Paphosia adorabilis*〉鳥綱アマツバメ目ハチドリ科の鳥。全長7.5cm。分布：コスタリカ中部・南西部、パナマ西部。

シロップシャー
シュロプシャーの別名。

シロテタマリン
〈*Saguinus leucopus*〉哺乳綱霊長目キヌザル科の動物。別名シロアシタマリン。頭胴長25〜30cm。分布：コロンビア北西部。絶滅危惧II類。

シロテテナガザル　白手手長猿
〈*Hylobates lar*〉哺乳綱霊長目ショウジョウ科の動物。体長42〜59cm。分布：東南アジア。絶滅危惧IB類。

シロテナガザル
シロテテナガザルの別名。

シロテンアマガエルモドキ
〈*Hyalinobatrachium valerioi*〉体長2〜3.5cm。分布：中央アメリカ南部から南アメリカ大陸北西部。

シロテンカラカネトカゲ
〈*Chalcides ocellatus*〉体長30cm。分布：ヨーロッパ南部、アフリカ北部および北東部。

シロトキ　白朱鷺
〈*Eudocimus albus*〉鳥綱コウノトリ目トキ科の鳥。全長60cm。分布：西インド諸島、フロリダ半島、メキシコ湾沿岸、南カリフォルニア、中央アメリカ、南アメリカ北部。

シロトキコウ
〈*Mycteria cinerea*〉鳥綱コウノトリ目コウノトリ科の鳥。全長97cm。分布：ベトナム、カンボジア、マレーシア、インドネシア。絶滅危惧II類。

シロナガスクジラ　白長須鯨
〈*Balaenoptera musculus*〉哺乳綱クジラ目ナガスクジラ科のクジラ。別名サルファー・ボトム、シッバァールド・ロークエル、グレート・ノーザン・ロークエル、シロナガソ、ナガソ、ナガス、ニタリナガス。24〜27m。分布：世界中にパッチ状に分布（特に寒冷海域と遠洋）。絶滅危惧IB類。

シロノスリ
〈*Leucopternis albicollis*〉鳥綱ワシタカ目ワシタカ科の鳥。全長48〜58cm。分布：メキシコ以南の中央アメリカ、南アメリカ北部・西部。

シロノドオオハシモズ
シロノドハシボソオオハシモズの別名。

シロノドハシボソオオハシモズ　白喉嘴細大嘴鵙
〈*Xenopirostris damii*〉鳥綱スズメ目オオハシモズ科の鳥。別名ノドジロオオハシモズ、スキハシマダガスカルモズ。全長21cm。分布：マダガスカル。絶滅危惧II類。

シロノドミツリンヒタキ
〈*Rhinomyias albigularis*〉スズメ目ヒタキ科（ヒタキ亜科）。全長15cm。分布：フィリピンのネグロス島、ギマラス島。絶滅危惧IA類。

シロハシオニキバシリ
〈*Xiphorhynchus flavigaster*〉鳥綱スズメ目オニキバシリ科の鳥。全長23cm。分布：メキシコからコスタリカ。

シロハチマキヒタキモドキ　白鉢巻鶲擬
〈*Conopias parva*〉鳥綱スズメ目タイランチョウ科の鳥。全長16cm。分布：ギアナ・ベネズエラ南部・コロンビア南東部・ブラジル北部、エクアドル西部。

シロハナキングヘビ
〈*Lampropeltis pyromelana*〉爬虫綱有鱗目ヘビ亜目ナミヘビ科のヘビ。全長70〜90cm。分布：米国西南部からメキシコ北部にかけての山地。

シロハネオオサンショウクイ
〈*Coracina ostenta*〉鳥綱スズメ目サンショウクイ科の鳥。全長25cm。分布：フィリピンのパナイ島、ネグロス島。絶滅危惧II類。

シロハヒメメクラネズミ
〈*Nannospalax leucodon*〉齧歯目ネズミ科（メクラネズミ亜科）。頭胴長19〜23cm。分布：東ヨーロッパ南部からウクライナ南東部にかけて。絶滅危惧II類。

シロハメロミス
〈*Coccymys albidens*〉齧歯目ネズミ科（ネズミ亜科）。頭胴長12cm。分布：ニューギニア島西部。絶滅危惧。

シロハヤブサ　白隼
〈*Falco rusticolus*〉鳥綱タカ目ハヤブサ科の鳥。体長51〜58cm。分布：グリーンランド、アイスランド、ヨーロッパ北極地方、アジア、北アメリカ。

シロハラ　白腹
〈*Turdus pallidus*〉鳥綱スズメ目ヒタキ科ツグ

シロハラア

ミ亜科の鳥。全長24cm。分布：アムール川下流域, ウスリー地方。

シロハラアカアシミズナギドリ
〈Puffinus creatopus〉鳥綱ミズナギドリ目ミズナギドリ科の鳥。全長約48cm、翼開張110cm。分布：太平洋東部に広く生息し、チリのフアン・フェルナンデス諸島で繁殖。絶滅危惧II類。

シロハラアナツバメ
〈Collocalia esculenta〉鳥綱アマツバメ目アマツバメ科の鳥。全長10cm。分布：東南アジアからオーストラリア北部。

シロハラアマツバメ
〈Apus melba〉鳥綱アマツバメ目アマツバメ科の鳥。体長22cm。分布：地中海および南アジアからインド。アフリカ南、東部にも分布。北方の種は南アフリカまでのアフリカ一帯やインドで越冬。

シロハラアマツバメ
シロハラアナツバメの別名。

シロハラインコ 白腹鸚哥
〈Pionites leucogaster〉鳥綱オウム目インコ科の鳥。全長23cm。分布：ブラジル北部・ボリビア北部・ペルー東部・エクアドル東部。

シロハラウミワシ
〈Haliaeetus leucogaster〉鳥綱ワシタカ目ワシタカ科の鳥。分布：インド・スリランカ・中国東部・中国南部・オーストラリア南部・タスマニア島・ニューギニア・ビスマルク諸島・フィリピン。

シロハラオオヒタキモドキ 白腹大鶲擬
〈Myiarchus tyrannulus〉鳥綱スズメ目タイランチョウ科の鳥。全長23cm。分布：北アメリカ南西部からアルゼンチン北部。

シロハラオオヒバリチドリ
〈Attagis malouinus〉鳥綱チドリ目ヒバリチドリ科の鳥。体長26〜29cm。分布：ティエラ・デル・フエゴからチリ南部やアルゼンチンまでの地域。

シロハラオオヨタカ 白腹大夜鷹
〈Podager nacunda〉鳥綱ヨタカ目ヨタカ科の鳥。全長30cm。分布：コロンビア東部・ギアナからアルゼンチン南部、トリニダードトバゴ。

シロハラカワカマドドリ
〈Cincledes palliatus〉鳥綱スズメ目カマドド

リ科の鳥。全長24cm。分布：ペルー西部。絶滅危惧II類。

シロハラキノボリカンガルー
〈Dendrolagus mbaiso〉二門歯目カンガルー科。別名ディンギソ。頭胴長オス66cm、メス67cm。分布：ニューギニア島西部。絶滅危惧種。

シロハラクイナ 白腹水鶏, 白腹秧鶏
〈Amaurornis phoenicurus〉鳥綱ツル目クイナ科の鳥。全長33cm。分布：中国南部・台湾・フィリピン・スラウェシ島・大スンダ列島・インドシナ・インド。国内では沖縄県。

シロハラクロシトド
〈Latoucheornis siemsseni〉鳥綱スズメ目ホオジロ科の鳥。全長16cm。分布：中国中央部。

シロハラクロヒタキ
〈Melaenornis silens〉鳥綱スズメ目ヒタキ科ヒタキ亜科の鳥。全長19cm。分布：南アフリカ南部・南東部。

シロハラグンカンドリ
〈Fregata andrewsi〉鳥綱ペリカン目グンカンドリ科の鳥。体長89〜102cm。分布：クリスマス島と周辺海域。絶滅危惧II類。

シロハラゴジュウカラ
〈Sitta europaea asiatica〉鳥綱スズメ目ゴジュウカラ科の鳥。

シロハラコバシタイヨウチョウ 白腹小嘴太陽鳥
〈Anthreptes pallidigaster〉鳥綱スズメ目タイランチョウ科の鳥。全長10cm。分布：ケニア東部, タンザニア北東部。絶滅危惧II類。

シロハラサギ
〈Ardea insignis〉鳥綱コウノトリ目サギ科の鳥。全長130cm。分布：インド北東部, ブータン, バングラデシュ。絶滅危惧IB類。

シロハラサケイ 白腹沙鶏
〈Pterocles alchata〉鳥綱ハト目サケイ科の鳥。体長28cm。分布：ポルトガル, スペイン, フランス南部, 中東, アフリカ北部, アフリカ中央部に分布する。中央アジアに分布する個体群は、パキスタンとインド北西部まで南下し越冬。

シロハラシギダチョウ
〈Crypturellus undulatus〉鳥綱シギダチョウ科の鳥。体長30cm。分布：アマゾン川流域と、それに沿った地域。

シロハラジネズミ
〈*Crocidura leucodon*〉体長4〜18cm。分布：ヨーロッパから西アジア。

シロハラススメハタオリ
マミジロスズメハタオリの別名。

シロハラセスジムシクイ
〈*Amytornis goyderi*〉鳥綱スズメ目ヒタキ科ゴウシュウムシクイ亜科の鳥。全長14cm。分布：オーストラリア。

シロハラセミイルカ
〈*Lissodelphis peronii*〉哺乳綱クジラ目マイルカ科の動物。別名ミーリーマウスド・ポーパス。1.8〜2.9m。分布：南半球の深い冷温海域。

シロハラセンザンコウ
〈*Manis tricuspus*〉哺乳綱有鱗目の動物。

シロハラダイカー
〈*Cephalophus leucogaster*〉ウシ科ダイカー属。体長90〜100cm。分布：カメルーンからザイール。

シロハラチャイロヒヨドリ　白腹茶色鵯
〈*Phyllastrephus terrestris*〉鳥綱スズメ目ヒヨドリ科の鳥。全長18cm。分布：ケニアから南アフリカの北部・東部。

シロハラチュウシャクシギ　白腹中杓鷸
〈*Numenius tenuirostris*〉鳥綱チドリ目シギ科の鳥。全長41cm。分布：シベリア南西部。絶滅危惧IA類。

シロハラツチビガエル
〈*Geocrinia alba*〉両生綱無尾目カエル目カメガエル科のカエル。体長オス2〜2.4cm、メス1.7cm。分布：オーストラリア南西部。絶滅危惧。

シロハラツミ
〈*Accipiter brachyurus*〉鳥綱タカ目タカ科の鳥。全長27〜34cm。分布：パプアニューギニアのニューブリテン島。絶滅危惧種。

シロハラテリムク
〈*Speculipastor bicolor*〉鳥綱スズメ目ムクドリ科の鳥。全長19cm。分布：ケニア・ウガンダ北部・エチオピア・ソマリア南部。

シロハラトウゾクカモメ　白腹盗賊鷗
〈*Stercorarius longicaudus*〉鳥綱チドリ目トウゾクカモメ科の鳥。体長50〜58cm。分布：高緯度の北極圏で繁殖。南半球で越冬。

シロハラノガン
セネガルショウノガンの別名。

シロハラハイイロエボシドリ
〈*Corythaixoides leucogaster*〉鳥綱エボシドリ科の鳥。体長50cm。分布：アフリカ東部のエチオピアからタンザニアにかけて分布する。

シロハラハウチワドリ
〈*Prinia socialis*〉鳥綱スズメ目ウグイス科の鳥。体長12.5cm。分布：インド亜熱帯およびミャンマー西部。

シロハラハナドリ　白腹花鳥
〈*Dicaeum hypoleucum*〉鳥綱スズメ目ハナドリ科の鳥。全長8cm。分布：フィリピン。

シロハラヒメウソ
〈*Sporophila leucoptera*〉鳥綱スズメ目ホオジロ科の鳥。全長12.5cm。分布：南アメリカ中央部。

シロハラヒメコマドリ
〈*Sheppardia gunningi*〉スズメ目ヒタキ科（ツグミ亜科）。全長13cm。分布：ケニア、タンザニア、モザンビーク、マラウイ。絶滅危惧II類。

シロハラヒメシャクケイ　白腹姫舎久鶏
〈*Ortalis leucogasta*〉鳥綱キジ目ホウカンチョウ科の鳥。全長63cm。分布：メキシコ南東部・グアテマラ・エルサルバドル・ニカラグア北西部。

シロハラホオジロ　白腹頬白
〈*Emberiza tristrami*〉鳥綱スズメ目ホオジロ科の鳥。全長15cm。分布：シベリア，中国北東部。

シロハラマミジロバト　白腹眉白鳩
〈*Turtur tympanistria*〉鳥綱ハト目ハト科の鳥。全長23cm。分布：アフリカ中南部。

シロハラマングローブメジロ
〈*Zosterops citrinellus*〉鳥綱スズメ目メジロ科の鳥。体長10〜12cm。分布：小スンダ列島およびトレス海峡。オーストラリア北部の沖に点在する孤島。

シロハラミズナギドリ　白腹水薙鳥
〈*Pterodroma hypoleuca*〉鳥綱ミズナギドリ目ミズナギドリ科の鳥。全長30cm。分布：日本近海からハワイ諸島。

シロハラミズナギドリ
鳥綱ミズナギドリ目ミズナギドリ科の鳥。全長26〜87cm。分布：全海洋。

シロハラミズヘビ
〈*Sinonatrix percarinata*〉爬虫綱有鱗目ナミヘビ科のヘビ。

シロハラミソサザイ　白腹鷦鷯
〈*Thryomanes bewickii*〉鳥綱スズメ目ミソサザイ科の鳥。体長13cm。分布：合衆国の大部分やメキシコ北部で繁殖する。北の個体群には，分布域の南部へ渡るものもいる。

シロハラミミズトカゲ
〈*Amphisbaena alba*〉爬虫綱有鱗目トカゲ亜目ミミズトカゲ科のトカゲ。全長50～55cm。分布：南アメリカ。

シロハラムクドリ
〈*Cinnyricinclus leucogaster*〉鳥綱スズメ目ムクドリ科の鳥。体長16～18cm。分布：アラビア南西部，サハラ以南のアフリカ，南アフリカ，ガボン，ザイール。

シロハラムラサキツバメ　白腹紫燕
〈*Progne dominicensis*〉鳥綱スズメ目ツバメ科の鳥。全長18～19cm。分布：西インド諸島，メキシコ北西部。

シロハラメジロ　白腹目白
〈*Zosterops abyssinica*〉鳥綱スズメ目メジロ科の鳥。全長12cm。分布：アラビア半島南部，スーダン・エチオピアからタンザニア東部。

シロハラモリチメドリ
〈*Stachyris grammiceps*〉スズメ目ヒタキ科（チメドリ亜科）。全長15cm。分布：インドネシアのジャワ島。絶滅危惧II類。

シロビタイアジサシ
〈*Sterna striata*〉鳥綱チドリ目カモメ科の鳥。全長35～43cm。分布：ニュージーランド。

シロビタイアマドリ
〈*Monasa morphoeus*〉鳥綱キツツキ目オオガシラ科の鳥。体長30cm。分布：中央アメリカ，ベネズエラ西部からボリビア北部，ブラジルのアマゾン川流域。

シロビタイキジバト　白額雉鳩
〈*Leptotila verreauxi*〉鳥綱ハト目ハト科の鳥。体長28cm。分布：テキサス南部およびメキシコからペルー西部，アルゼンチン中部，ウルグアイ。トリニダード・トバゴ，アルバ島。

シロビタイキツネザル
〈*Lemur fulvus albifrons*〉キツネザル科キツネザル属。頭胴長38～42cm。分布：マダガスカル島。

シロビタイシマセゲラ
〈*Melanerpes rubricapillus*〉鳥綱キツツキ目キツツキ科の鳥。全長18cm。分布：ユカタン半島からベネズエラ，コロンビア北部。

シロビタイシャコバト
シロビタイキジバトの別名。

シロビタイジョウビタキ　白額常鶲
〈*Phoenicurus phoenicurus*〉鳥綱スズメ目ツグミ科の鳥。体長14cm。分布：ヨーロッパ，アジアの南はイラン，東はバイカル湖まで。アラビア，西・東アフリカまで南下して越冬。

シロビタイハチクイ
〈*Merops bullockoides*〉鳥綱ブッポウソウ目ハチクイ科の鳥。体長23cm。分布：南アフリカ。

シロビタイバト　白額鳩
〈*Columba leucocephala*〉鳥綱ハト目ハト科の鳥。全長34cm。分布：カリブ海沿岸や西インド諸島，フロリダ半島。

シロビタイヒメウソ
〈*Sporophila frontalis*〉スズメ目ホオジロ科（ホオジロ亜科）。全長12cm。分布：ブラジル南東部，アルゼンチン北東部。絶滅危惧IB類。

シロビタイモズ
シロクロモズの別名。

シロビタイリーフモンキー
〈*Presbytis frontata*〉オナガザル科プレスビティス属。頭胴長42～60cm。分布：ボルネオ東部，南東部，中央部。

シロフクロウ　白梟
〈*Nyctea scandiaca*〉鳥綱フクロウ目フクロウ科の鳥。体長53～66cm。分布：北極圏。

シロフサハワイミツスイ
カンムリハワイミツスイの別名。

シロフデオアシナガマウス
〈*Eliurus penicillatus*〉齧歯目ネズミ科（アシナガマウス亜科）。頭胴長14.5cm程度。分布：マダガスカル。絶滅危惧IA類。

シロフムササビ
〈*Petaurista elegans*〉体長30～45cm。分布：東アジア，東南アジア。

シロフルマカモメ　雪鳥
〈*Pagodroma nivea*〉鳥綱ミズナギドリ目ミズナギドリ科の鳥。別名ユキドリ。全長30～35cm。分布：南極大陸の一部。

シロヘビ　白蛇
〈*Elaphe climacophora f.albino*〉爬虫綱有鱗目ナミヘビ科の無毒ヘビであるアオダイショウの白化型（アルビノ）をいう。天然記念物。

シロペリカン
アメリカシロペリカンの別名。

シロボウシカワビタキ
〈*Chaimarrornis leucocephalus*〉鳥綱スズメ目ヒタキ科ツグミ亜科の鳥。全長18cm。分布：アフガニスタンからチベット、ブータン、中国中央部。

シロボウシマイコドリ　白帽子舞子鳥
〈*Pipra pipra*〉鳥綱スズメ目マイコドリ科の鳥。全長9cm。分布：中央アメリカから南アメリカ東部。

シロボシアリサザイ
〈*Microrhopias quixensis*〉鳥綱スズメ目アリドリ科の鳥。全長12cm。分布：メキシコ南東部からボリビア、ブラジル。

シロボシウズラ　白星鶉
〈*Odontophorus balliviani*〉鳥綱キジ目キジ科の鳥。全長27cm。分布：ボリビア北部、ペルー南東部。

シロボシオオゴシキドリ
〈*Megalaima lineata*〉鳥綱キツツキ目ゴシキドリ科の鳥。全長28cm。分布：ヒマラヤからインド、マレーシア、インドシナ。

シロボシオニキバシリ
〈*Xiphorhynchus erythropygius*〉鳥綱スズメ目オニキバシリ科の鳥。全長23cm。分布：メキシコからグアテマラ、ホンジュラス。

シロボシオリーブハエトリ
〈*Mionectes olivaceus*〉鳥綱スズメ目タイランチョウ科の鳥。全長13cm。分布：コスタリカからベネズエラ北部・ペルー南部。

シロボシガビチョウ
〈*Garrulax ocellatus*〉鳥綱スズメ目ヒタキ科の鳥。体長33cm。分布：ヒマラヤ山脈、チベット東部、ビルマ北部、中国南部・西部。

シロボシズグロアリドリ　星頭黒蟻鳥, 白星頭黒蟻鳥
〈*Percnostola leucostigma*〉鳥綱スズメ目アリドリ科の鳥。全長13cm。分布：ギアナ・ブラジル北東部・ベネズエラ南部・コロンビア東部・エクアドル東部・ペルー東部。

シロボシヒヨドリ　白星鵯
〈*Ixonotus guttatus*〉鳥綱スズメ目ヒヨドリ科の鳥。体長15cm。分布：ガーナおよびガボンからザイール中部。

シロボシマシコ
〈*Carpodacus rubicilla*〉鳥綱スズメ目アトリ科の鳥。体長20cm。分布：カフカス地方および中央アジア。

シロボシムジヒタキ
〈*Sheppardia lowei*〉スズメ目ヒタキ科（ツグミ亜科）。全長13cm。分布：タンザニア。絶滅危惧II類。

シロボタンインコ
〈*Agapornis personata*〉鳥綱オウム目オウム科の鳥。

シロマダラ　先島斑, 白斑
〈*Dinodon orientale*〉爬虫綱有鱗目ヘビ亜目ナミヘビ科のヘビ。全長35〜70cm。分布：北海道, 本州, 四国, 九州, さらに佐渡島, 隠岐島, 壱岐島, 五島列島, 種子島, 屋久島, 硫黄島, 伊豆大島などに分布。

シロマダラウズラ　白斑鶉
〈*Cyrtonyx montezumae*〉鳥綱キジ目キジ科の鳥。体長18cm。分布：アリゾナ州南部, ニューメキシコ州, テキサス州, メキシコ北部。

シロマダラサンショウウオ
マーブルサラマンダーの別名。

シロマーモセット
オジロシルバーマーモセットの別名。

シロマユオナガウズラ　白眉尾長鶉
〈*Dendrortyx leucophrys*〉鳥綱キジ目キジ科の鳥。全長31cm。分布：メキシコ南東部からグアテマラ, ホンジュラス, エルサルバドル, ニカラグア, コスタリカ。

シロマユコゴシキドリ
〈*Tricholaema leucomelan*〉鳥綱キツツキ目ゴシキドリ科の鳥。全長16cm。分布：アフリカ南部。

シロマユテナガザル
フーロックテナガザルの別名。

シロミミオオコウモリ
〈*Acerodon leucotis*〉哺乳綱翼手目オオコウモリ科の動物。前腕長13.7〜14.2cm。分布：フィリピンのブスアンガ島, バラバック島, パラワン島。絶滅危惧II類。

シロミミキジ　白耳雉

シロミミキ

シロミミキ
〈*Crossoptilon crossoptilon*〉鳥綱キジ目キジ科の鳥。別名シロカケイ。全長96cm。分布：中国、チベット。絶滅危惧II類。

シロミミキジ
シロカケイの別名。

シロミミマーモセット
〈*Callithrix aurita*〉哺乳綱霊長目キヌザル科の動物。頭胴長20〜25cm。分布：ブラジル南東部の大西洋沿岸域。絶滅危惧IB類。

シロムネオオハシ
〈*Ramphastos tucanus*〉鳥綱オオハシ科の鳥。体長53cm。分布：コロンビア東部、ベネズエラ東部からギアナ、ブラジル北部までのアマゾン北部。

シロモズ
アカモズの別名。

シロワキジャックウサギ
〈*Lepus callotis*〉哺乳綱ウサギ目ウサギ科の動物。分布：アリゾナ南東部、ニューメキシコ南西部、メキシコ。

シワコブサイチョウ
〈*Aceros undulatus*〉鳥綱ブッポウソウ目サイチョウ科の鳥。全長90〜100cm。分布：インド東部から中国南東部、アンダマン諸島・大スンダ列島。

シワハイルカ　皺歯海豚
〈*Steno bredanensis*〉哺乳綱クジラ目マイルカ科の動物。別名スロープヘッド。2.1〜2.6m。分布：世界の深い熱帯、亜熱帯および温帯海域。

シンガプーラ
〈*Singapura*〉猫の一品種。原産：シンガポール。

シンガポールカグラコウモリ
リドリーカグラコウモリの別名。

シンジュアリモズ　真珠蟻鵙
〈*Megastictus margaritatus*〉鳥綱スズメ目アリドリ科の鳥。全長12cm。分布：ベネズエラ南部・コロンビア南東部・エクアドル東部・ペルー北東部、ブラジル。

シンジュカマドドリ　真珠竈鳥
〈*Margarornis squamiger*〉鳥綱スズメ目カマドドリ科の鳥。体長16cm。分布：アンデス山脈のベネズエラからボリビア。

シンジュバト
カノコバトの別名。

シンシン
〈*Kobus defassa*〉哺乳綱偶蹄目ウシ科の動物。

シンセカイザル　新世界ザル
〈*New World monkey*〉哺乳綱霊長目真猿亜目オマキザル上科に属する動物の総称。

シンセンウシ　秦川牛
〈*Qinchuan Cattle*〉牛の一品種。原産：中国の中部、陝西省関中平原。

シンド
〈*Sind*〉牛の一品種。オス130cm、メス118cm。

ジンド
〈*Jindo*〉犬の一品種。

シントウトガリネズミ　神道尖鼠, 本州尖鼠
〈*Sorex shinto*〉哺乳綱食虫目トガリネズミ科の動物。頭胴長59.0〜72.5mm。分布：本州中部以北。

シンドクビワコウモリ
〈*Eptesicus nasutus*〉哺乳綱翼手目ヒナコウモリ科の動物。前腕長3.3〜3.9cm。分布：アラビア半島南部からパキスタンにかけて。絶滅危惧II類。

シンナンウシ　晋南牛
〈*Jinnan Cattle*〉牛の一品種。原産：中国・山西省南部、晋南地域。

ジンバブエヨロイトカゲ
〈*Cordylus rhodesianus*〉体長12〜17cm。分布：南アフリカ。

シンハラ
〈*Sinhala*〉牛の一品種。肩高オス102〜109cm、メス100cm。原産：スリランカ。

シンメンタール
〈*Simmental*〉哺乳綱偶蹄目ウシ科の動物。オス140〜145cm、メス130〜132cm。分布：スイス。

シンリンガラガラ
〈*Crotalus horridus*〉爬虫綱有鱗目ヘビ亜目クサリヘビ科のヘビ。全長90〜150cm。分布：米国東部、中部、南部（フロリダ半島は除く）。絶滅危惧。

シンリンコブラ
〈*Naja melanoleuca*〉爬虫綱有鱗目ヘビ亜目コブラ科のヘビ。全長1.5〜2.7m。分布：西はセネガルから、東はエチオピア、ソマリア、南西はアンゴラ、南は南アフリカの東部。

シンレイコウバ 新麗江馬
〈Improved Lijiang Horse〉馬の一品種。115～117cm。原産：中国南部, 雲南省。

シンワイチョ 新淮猪
〈Improved Huai Pig〉豚の一品種。体長150cm。原産：中国, 江蘇省淮陰地区。

【ス】

ズアオアトリ 頭青花鶏, 頭蒼花鶏
〈Fringilla coelebs〉鳥綱スズメ目アトリ科の鳥。体長15cm。分布：ヨーロッパから西シベリアにかけて, 中東, 北アフリカ, 大西洋上の島々。

ズアオウチワインコ
〈Prioniturus discurus〉鳥綱インコ目インコ科の鳥。体長27cm。分布：フィリピン, ホロ島（スールー諸島）。

ズアオキヌバネドリ
鳥綱キヌバネドリ科の鳥。体長24cm。分布：コロンビア, ブラジル北西部からペルー, ボリビア, パラグアイ, アルゼンチン北東部にまで分布する。

ズアオトリ
ズアオキヌバネドリの別名。

ズアオホオジロ 頭青頬白
〈Emberiza hortulana〉鳥綱スズメ目ホオジロ科の鳥。全長16.5cm。

ズアカアオバト 頭赤青鳩, 頭赤緑鳩
〈Sphenurus formosae〉鳥綱ハト目ハト科の鳥。全長35cm。分布：南西諸島, 台湾・フィリピン。

ズアカアリフウキンチョウ
〈Habia rubica〉鳥綱スズメ目ホオジロ科の鳥。全長17～20.5cm。分布：中央アメリカから南アメリカ。

ズアカアリヤイロチョウ
〈Pittasoma rufopileatum〉鳥綱スズメ目アリドリ科の鳥。体長16.5cm。分布：アンデス山脈西側に位置する, コロンビアとエクアドルの低地や山麓。

ズアカアレチカマドドリ
〈Phacellodomus rufifrons〉鳥綱カマドドリ科の鳥。

ズアカエナガ 頭赤柄長
〈Aegithalos concinnus〉鳥綱スズメ目エナガ科の鳥。全長11cm。分布：ヒマラヤから中国南部。

ズアカエボシゲラ
〈Campephilus guatemalensis〉鳥綱キツツキ目キツツキ科の鳥。全長33cm。分布：メキシコからパナマ。

ズアカエミュームシクイ
〈Stipiturus ruficeps〉オーストラリアムシクイ科。体長14cm。分布：オーストラリア中央部。

ズアカオナガカマドドリ 頭赤尾長竈鳥
〈Synallaxis ruficapilla〉鳥綱スズメ目カマドドリ科の鳥。全長16cm。分布：南アメリカ東部。

ズアカカンムリウズラ 頭赤冠鶉
〈Lophortyx gambelii〉鳥綱キジ目キジ科の鳥。全長28cm。分布：アメリカ, メキシコ北部。

ズアカキツツキ
〈Melanerpes erythrocephalus〉鳥綱キツツキ目キツツキ科の鳥。体長19cm。分布：アメリカ東部およびカナダ南部。

ズアカキヌバネドリ 頭赤絹羽鳥
〈Harpactes erythrocephalus〉鳥綱キヌバネドリ目キヌバネドリ科の鳥。全長36cm。分布：スマトラ島, ボルネオ島, マレー半島。

ズアカキバラニワシドリ
〈Chlamydera lauterbachi〉鳥綱スズメ目カラス小目コトドリ上科の鳥。

ズアカコウヨウチョウ
〈Quelea erythrops〉鳥綱スズメ目ハタオリドリ科の鳥。全長11.5～13cm。分布：アフリカ中部・南部。

ズアカゴシキドリ
〈Eubucco bourcierii〉鳥綱キツツキ目ゴシキドリ科の鳥。体長15cm。分布：コスタリカ, パナマ, コロンビア, エクアドル, ベネズエラ西部, ペルー北部。

ズアカコマドリ
〈Luscinia ruficeps〉スズメ目ヒタキ科（ツグミ亜科）。全長15cm。分布：中国の陝西省, 四川省。絶滅危惧II類。

ズアカサイホウチョウ
〈Orthotomus sericeus〉鳥綱スズメ目ヒタキ科の鳥。体長13.5cm。分布：マレー半島, スマトラ島, ボルネオ島, そして, フィリピン西部の小さな島々。

スアカサト

ズアカサトウチョウ 頭赤砂糖鳥
〈*Loriculus beryllinus*〉鳥綱オウム目インコ科の鳥。全長13cm。分布：スリランカ。

ズアカジネズミオポッサム
〈*Monodelphis scalops*〉オポッサム目オポッサム科。頭胴長13〜15cm。分布：ブラジル南東部のリオ・デ・ジャネイロ近郊。絶滅危惧II類。

ズアカショウビン
〈*Halcyon cinnamomina*〉鳥綱ブッポウソウ目カワセミ科の鳥。分布：ミクロネシア。

ズアカチメドリ
〈*Stachyris ruficeps*〉鳥綱スズメ目ヒタキ科チメドリ亜科の鳥。全長12cm。分布：ヒマラヤからビルマ・インドシナ・ベトナム、中国中部から南部、台湾・海南島。

ズアカツグミヒタキ
〈*Cossypha natalensis*〉鳥綱スズメ目ツグミ科の鳥。体長20cm。分布：南アフリカの北はソマリア、エチオピア南西部まで、西はカメルーンまで。

ズアカハエトリモドキ
〈*Pseudotriccus ruficeps*〉鳥綱スズメ目タイランチョウ科の鳥。体長11cm。分布：コロンビア、エクアドル、ペルー、ボリビアとつづくアンデス山脈。

ズアカハゲチメドリ
〈*Picathartes oreas*〉スズメ目ヒタキ科（チメドリ亜科）。全長40cm。分布：カメルーン北西部、ガボン、ナイジェリア、赤道ギニア。絶滅危惧II類。

ズアカハゴロモキンパラ
〈*Cryptospiza shelleyi*〉鳥綱スズメ目カエデチョウ科の鳥。全長13cm。分布：コンゴ民主共和国東部からウガンダ南西部とルワンダ北西部。絶滅危惧II類。

ズアカハシナガハエトリ 頭赤嘴長蠅取
〈*Poecilotriccus ruficeps*〉鳥綱スズメ目タイランチョウ科の鳥。全長10cm。分布：ベネズエラ北西部・コロンビア・エクアドル・ペルー。

ズアカヒゲムシクイ
〈*Dasyornis broadbenti*〉トゲハシムシクイ科。体長27cm。分布：オーストラリア南東部の一地区。オーストラリア南部では絶滅したと思われる。

ズアカヒメミシャクケイ

ズアカヒメシャクケイ
〈*Ortalis erythroptera*〉鳥綱キジ目ホウカンチョウ科の鳥。全長56〜66cm。分布：エクアドル西部からペルー北西部。絶滅危惧II類。

ズアカヒメマイコドリ 頭赤姫舞子鳥
〈*Allocotopterus deliciosus*〉鳥綱スズメ目マイコドリ科の鳥。別名キガタヒメマイコドリ。全長9cm。分布：コロンビアからエクアドル北西部。

ズアカヘビクビガメ
ヒラタヘビクビの別名。

ズアカボウシ
アカボウシインコの別名。

ズアカマシコ
〈*Carpodacus cassinii*〉鳥綱スズメ目アトリ科の鳥。

ズアカミツスイ 頭赤蜜吸
〈*Myzomela erythrocephala*〉鳥綱スズメ目ミツスイ科の鳥。全長11〜12cm。分布：オーストラリア北部・ニューギニア南部・アルー諸島。

ズアカミドリトキ
ハゲトキの別名。

ズアカミユビゲラ
〈*Dinopium javanense*〉鳥綱キツツキ目キツツキ科の鳥。全長31cm。分布：インド、インドシナ、マレーシア、ボルネオ島、フィリピン南西部。

ズアカムジヒタキ
〈*Alethe castanea*〉鳥綱スズメ目ツグミ科の鳥。体長16〜17cm。分布：中央アフリカ。

ズアカモズ 頭赤鵙
〈*Lanius senator*〉鳥綱スズメ目モズ科の鳥。全長17cm。分布：ヨーロッパ南部から地中海沿岸、小アジア・アフリカ北部・アラビア・イラン。

ズアカヤドクガエル
〈*Dendrobates fantasticus*〉両生綱無尾目ヤドクガエル科のカエル。体長16mm。分布：ペルーのロレト西部及びサン・マルタン地方東部のアマゾン川上流域。

ズアカヨコクビガメ
〈*Podocnemis erythrocephala*〉爬虫綱カメ目ヨコクビガメ科のカメ。背甲長最大32cm。分布：アマゾン川水系（ブラジル北西部）、オリノコ川水系（ベネズエラ南部、コロンビア東部）。絶滅危惧II類。

スイギュウ　水牛
　〈*Bubalus bubalis*〉哺乳綱偶蹄目ウシ科の動物。体長2.4〜3m。分布：南アジア。絶滅危惧IB類。

スイギンチョウ
　ギンバシの別名。

スイスカイリョウシュ　スイス改良種
　〈*Swiss Improved Landrace*〉分布：スイス。

スイス・ハウンド
　〈*Swiss Hound*〉哺乳綱食肉目イヌ科の動物。

スイス・ハウンド
　シュヴァイツァー・ラウフフントの別名。

スイス・ブラウン
　〈*Swiss Brown*〉牛の一品種。原産：スイス北東部。

スイツキコウモリ　吸付蝙蝠
　〈*disc-winged bat*〉翼手目スイツキコウモリ科 Thyropteridaeに属する虫食性コウモリの総称。前・後足に吸盤がある。体長3.4〜5.2cm。分布：ホンジュラスからペルー，ブラジル。

スイリリハエトリ
　〈*Suiriri suiriri*〉鳥綱スズメ目タイランチョウ科の鳥。体長15cm。分布：ブラジル北東部から南はアルゼンチン中央部までと，ブラジル北部から国境を越えてスリナムまで。

スイロク
　哺乳綱偶蹄目シカ科の動物。

スイロク
　サンバーの別名。

スインホーガラ
　〈*Remiz pendulinus consobrinus*〉鳥綱スズメ目シジュウカラ科の鳥。別名ツリスガラ。

スウィーディッシュ・ヴァルハウンド
　〈*Swedish Vallhund*〉哺乳綱食肉目イヌ科の動物。別名ヴェストゴーン・スピッツ。体高31〜35cm。分布：スウェーデン。

スウィーディッシュ・エルクハウンド
　〈*Swedish Elkhound*〉犬の一品種。体高58〜64cm。原産：スウェーデン。

スウィーディッシュ・ラップ・ドッグ
　〈*Swedish Lapphund*〉犬の一品種。体高44〜49cm。原産：スウェーデン。

スウィフトギツネ
　〈*Vulpes velox*〉イヌ科キツネ属。体長38〜53cm。分布：合衆国中部。

スウェインソンノスリ
　〈*Buteo swainsonii*〉鳥綱ワシタカ目ワシタカ科の鳥。全長45〜53cm。分布：北アメリカからメキシコ。

スウェーディッシュ・ダックスブラッケ
　ドレーファーの別名。

スウェーディッシュ・バルフンド
　スウィーディッシュ・ヴァルハウンドの別名。

スウェーディッシュ・ポールド
　スウェーデンムカクウシの別名。

スウェーデンアカシロマダラウシ　スウェーデン赤白斑牛
　〈*Swedish Red and White*〉牛の一品種。原産：スウェーデン。

スウェーデン・アルデンネ
　〈*Swedish Ardennes*〉馬の一品種。体高153〜163cm。原産：スウェーデン。

スウェーデン・サドル・ホース
　〈*Swedish Saddle Horse*〉馬の一品種。体高164〜170cm。原産：スウェーデン。

スウェーデン・トロッター
　馬の一品種。体高153〜156cm。原産：スウェーデン。

スウェーデンハンケツシュ　スウェーデン半血種
　〈*Swedish Halfbred*〉哺乳綱奇蹄目ウマ科の動物。

スウェーデンムカクウシ　スウェーデン無角牛
　〈*Swedish Polled*〉牛の一品種。別名スウェーディッシュ ポールド。

スウェールデール
　〈*Swaledale*〉分布：イングランド北部，主にスコットランド地方，ペナイン山脈，ウェールズ地方。

スオメンアヨコイラ
　フィニッシュ・ハウンドの別名。

スオメンピュステュコルヴァ
　フィニッシュ・スピッツの別名。

スカイ・テリア
　〈*Skye Terrier*〉哺乳綱食肉目イヌ科の動物。体高23〜25cm。分布：イギリス。

スカーレットキングヘビ
　〈*Lampropeltis triangulum elapsoides*〉爬虫綱

スカーレット
　有鱗目ヘビ亜目ナミヘビ科のヘビ。全長35〜50cm。分布：米国東南部。

スカーレットキングヘビ
　ミルクヘビの別名。

スカーレットヘビ
　〈Cemophora coccinea〉爬虫綱有鱗目ヘビ亜目ナミヘビ科のヘビ。全長35〜50cm。分布：米国の東部から南部にかけて。

スカンク
　〈skunk〉哺乳綱食肉目イタチ科スカンク亜科に属する動物の総称。

スカンクアナグマ
　〈Mydaus javanensis〉哺乳綱食肉目イタチ科の動物。体長37〜51cm。分布：ボルネオ，スマトラ，北ナトゥーナ諸島，ジャワの山岳地帯。

スカンク・ドルフィン
　イロワケイルカの別名。

スカンパーダウン・ホエール
　ミナミオオギハクジラの別名。

スキアシガエル
　〈spadefoot toad〉両生綱無尾目スキアシガエル科のカエル。体長4〜10cm。分布：北アメリカ，ヨーロッパ，アフリカ北西部，小アジア，インド東部，東南アジア。

スキッパーキ
　〈Schippaerke〉哺乳綱食肉目イヌ科の動物。

スキバシコウ　隙嘴鸛
　〈Anastomus oscitans〉鳥綱コウノトリ目コウノトリ科の鳥。全長81cm。分布：インド，スリランカ，ビルマ，インドシナ。

スキハシマダガスカルモズ
　シロノドハシボソオオハシモズの別名。

スキュービークト・ホエール
　ニュージーランドオオギハクジラの別名。

スギレンジャク
　ヒメレンジャクの別名。

スキロス
　〈Skyros〉哺乳綱奇蹄目ウマ科の動物。体高94〜112cm。原産：ギリシア。

ズキンアザラシ　頭巾海豹
　〈Cystophora cristata〉哺乳綱食肉目アザラシ科の動物。体長2.5〜2.7m。分布：北大西洋から北極海にかけて。

ズキンカザリドリ
　〈Carpornis cucullatus〉鳥綱スズメ目カザリドリ科の鳥。全長23cm。分布：ブラジル。

ズキンカメレオン
　〈Calumma cucullata〉爬虫綱有鱗目トカゲ亜目カメレオン科のトカゲ。全長最大38cm。分布：マダガスカル東部。

ズキンキバラフウキンチョウ
　〈Buthraupis montana〉鳥綱スズメ目ホオジロ科の鳥。体長21cm。分布：アンデス山脈。

スキンク
　〈skink〉スキンク（トカゲ）科。体長2.8〜35cm。分布：アフリカ，南アジア，ニューギニア，オーストラリア，ニュージーランド，カナダ南部からアルゼンチン北部。

ズキンコウカンチョウ
　〈Catamblyrhynchus diadema〉鳥綱スズメ目ホオジロ科の鳥。体長14cm。分布：ベネズエラ北部からアルゼンチン北部に至るアンデス山脈。

ズキンヒメアリサザイ
　〈Myrmotherula erythronotos〉鳥綱スズメ目アリドリ科の鳥。全長12cm。分布：ブラジル南東部。絶滅危惧IA類。

ズキンヒメウソ
　〈Sporophila melanops〉スズメ目ホオジロ科（ホオジロ亜科）。全長13cm。分布：ブラジル中部のゴイアス州。絶滅危惧II類。

ズキンフウキンチョウ
　〈Nemosia pileata〉鳥綱スズメ目ホオジロ科の鳥。全長13.5cm。分布：南アメリカ。

ズキンミズナギドリ
　クロクビミズナギドリの別名。

スクイッドハウンド
　ハナジロカマイルカの別名。

スクム
　〈Sukumu〉牛の一品種。

ズクヨタカ　木菟夜鷹
　〈owlet nightjar〉鳥綱ヨタカ目ズクヨタカ科に属する鳥の総称。体長20〜30cm。分布：ニューギニアの熱帯多雨林，オーストラリアの平原。

ズクヨタカ科　木菟夜鷹
　ヨタカ目。分布：オーストラリア，ニューギニア。

スクラッグ・ホエール

コククジラの別名。

スクレーターグエノン
〈*Cercopithecus sclateri*〉哺乳綱霊長目オナガザル科の動物。分布：ナイジェリアのニジェール川左岸の限られた地域。絶滅危惧IB類。

スクレーターモリジネズミ
〈*Myosorex sclateri*〉哺乳綱食虫目トガリネズミ科の動物。分布：南アフリカ共和国クワズール・ナタール州のクワズールの湿潤地帯。絶滅危惧II類。

ズグロアオサギ 頭黒蒼鷺
〈*Ardea melanocephala*〉鳥綱コウノトリ目サギ科の鳥。全長92cm。分布：アフリカ。

ズグロアカイカル
〈*Periporphyrus erythromelas*〉鳥綱スズメ目ホオジロ科の鳥。全長21.5cm。分布：ギアナ，ベネズエラ，ブラジル北東部。

ズグロアカムシクイ
〈*Bathmocercus cerviniventris*〉スズメ目ヒタキ科（ウグイス亜科）。別名ズグロカワムシクイ。全長11cm。分布：ギニア，シエラレオネ，リベリア，コートジボアール，ガーナ。絶滅危惧II類。

ズグロイカル
〈*Saltator atriceps*〉鳥綱スズメ目ホオジロ科の鳥。全長24cm。分布：メキシコからパナマ。

ズグロインコ 頭黒鸚哥
〈*Lorius domicellus*〉鳥綱オウム目ヒインコ科の鳥。全長28cm。分布：インドネシア東部。絶滅危惧II類。

ズグロインドチメドリ
〈*Rhopocichla atriceps*〉鳥綱スズメ目ヒタキ科チメドリ亜科の鳥。全長13cm。分布：インド，パキスタン。

ズグロウタイチメドリ
〈*Heterophasia capistrata*〉鳥綱スズメ目ヒタキ科の鳥。体長22cm。分布：パキスタン北部からインド北部をへて，中国南部までのヒマラヤ山脈。

ズグロウロコハタオリ
〈*Ploceus cucullatus*〉ハタオリドリ科/ハタオリドリ亜科。体長15～18cm。分布：スーダンおよびエチオピアからアンゴラ，ケープ州（南ア）まで。

ズグロエンビタイランチョウ
〈*Tyrannus savana*〉鳥綱スズメ目タイランチョウ科の鳥。体長23cm。分布：メキシコ東部からアルゼンチンにかけての低地とフォークランド諸島に分布する。冬期には，分布域の北端や南端に分布するものは渡りをする。

ズグロエンビタイランチョウ
ズグロオナガタイランチョウの別名。

ズグロオウラウン
アカメアフリカヒヨドリの別名。

ズグロオオサンショウクイ
〈*Coracina robusta*〉鳥綱スズメ目サンショウクイ科の鳥。別名ヒメカッコウサンショウクイ。全長28cm。分布：オーストラリア南東部。

ズグロオトメインコ 頭黒乙女鸚哥
〈*Lorius lory*〉鳥綱インコ目インコ科の鳥。別名オトメズグロインコ。体長28cm。分布：ニューギニアの低地および沖合の島々。

ズグロオナガタイランチョウ 頭黒尾長太蘭鳥
〈*Muscivora tyrannus*〉鳥綱スズメ目タイランチョウ科の鳥。別名ズグロエンビタイランチョウ。全長30cm。分布：メキシコ南部からアルゼンチン中部。

ズグロオリーブツグミ
〈*Turdus helleri*〉スズメ目ヒタキ科（ツグミ亜科）。全長24cm。分布：ケニア南東部。絶滅危惧IA類。

ズグロカザリドリ
〈*Carpornis melanocephalus*〉鳥綱スズメ目カザリドリ科の鳥。全長18cm。分布：ブラジル東部。絶滅危惧II類。

ズグロガモ
〈*Heteronetta atricapilla*〉鳥綱カモ目カモ亜目カモ科の鳥。

ズグロカモメ 頭黒鷗
〈*Larus saundersi*〉鳥綱チドリ目カモメ科の鳥。全長30～33cm。分布：中国北東部。絶滅危惧II類。

ズグロコウライウグイス 頭黒高麗鶯
〈*Oriolus xanthornus*〉鳥綱スズメ目コウライウグイス科の鳥。全長25cm。分布：中国南西部・インド・アンダマン諸島・スマトラ島・ボルネオ島・東南アジア。

ズグロゴシキインコ 頭黒五色鸚哥
〈*Trichoglossus ornatus*〉鳥綱オウム目ヒインコ科の鳥。全長25cm。分布：スラウェシ島。

スクロコシ

ズグロゴシキセイガイインコ
ズグロゴシキインコの別名。

ズグロサイチョウ
〈*Aceros corrugatus*〉鳥綱ブッポウソウ目サイチョウ科の鳥。全長81cm。分布：マレーシア、スマトラ島、ボルネオ島、タイ。絶滅危惧II類。

ズグロサメクサインコ 頭黒褪草鸚哥
〈*Platycercus venustus*〉鳥綱オウム目インコ科の鳥。全長28cm。分布：オーストラリア北部。

ズグロシロハラミズナギドリ
〈*Pterodroma hasitata*〉鳥綱ミズナギドリ目ミズナギドリ科の鳥。全長約42cm、翼開張約95cm。分布：大西洋西部の熱帯に生息し、キューバ、ハイチ、ドミニカ共和国で繁殖。絶滅危惧IB類。

ズグロスズメヒバリ 頭黒雀雲雀
〈*Eremopterix nigriceps*〉鳥綱スズメ目ヒバリ科の鳥。体長10.5cm。分布：カーボベルデ諸島、サハラ砂漠南部、アフリカ東部、アラビア南部、パキスタン西部、インド北西部。

ズグロダイカー
〈*Cephalophus nigrifrons*〉ウシ科ダイカー属。体長85〜107cm。分布：カメルーンからアンゴラ、ザイールからケニア。

ズグロチドリ
〈*Charadrius rubricollis*〉鳥綱チドリ目チドリ科の鳥。全長20cm。分布：オーストラリア南部、タスマニア島。絶滅危惧種。

ズグロチャキンチョウ 頭黒茶金鳥
〈*Emberiza melanocephala*〉鳥綱スズメ目ホオジロ科の鳥。全長16cm。分布：地中海沿岸、カフカス・イラン。

ズグロトサカゲリ
〈*Vanellus miles*〉鳥綱チドリ目チドリ科の鳥。全長35cm。分布：オーストラリア東部・北部、パプアニューギニア南部。

ズグロニジハチドリ
〈*Aglaeactis pamela*〉鳥綱アマツバメ目ハチドリ科の鳥。全長12.5cm。分布：ボリビア。

ズグロハイイロカケス 頭黒灰色橿鳥
〈*Perisoreus internigrans*〉鳥綱スズメ目カラス科の鳥。全長29cm。分布：中国の四川省から青海省。絶滅危惧II類。

ズグロパイソン
〈*Aspidites melanocephalus*〉爬虫綱有鱗目ヘビ亜目ボア科のヘビ。全長平均175cm。分布：オーストラリア。

ズグロハイタカ
〈*Accipiter gundlachi*〉鳥綱タカ目タカ科の鳥。全長42〜52cm。分布：キューバ。絶滅危惧IB類。

ズグロハゲミツスイ 頭黒禿蜜吸, 禿蜜吸
〈*Philemon corniculatus*〉鳥綱スズメ目ミツスイ科の鳥。別名ボウズミツスイ。体長30〜34cm。分布：ニューギニア南部、オーストラリア東部。

ズグロハシジロチメドリ
〈*Lioptilus nigricapillus*〉鳥綱スズメ目ヒタキ科チメドリ亜科の鳥。全長27cm。分布：南アフリカ南東部。

ズグロハシナガタイランチョウ 頭黒嘴長太蘭鳥
〈*Todirostrum nigriceps*〉鳥綱スズメ目タイランチョウ科の鳥。全長8cm。分布：コスタリカからベネズエラ西部・エクアドル西部。

ズグロハシナガミツスイ
〈*Toxorhamphus poliopterus*〉鳥綱スズメ目ミツスイ科の鳥。体長13cm。分布：ニューギニア。

ズグロハタオリ
〈*Ploceus melanocephalus*〉鳥綱スズメ目ハタオリドリ科の鳥。全長14cm。分布：アフリカ西部・中部。

ズグロハチマキミツスイ
ハチマキミツスイの別名。

ズグロヒメアリサザイ
〈*Myrmotherula grisea*〉鳥綱スズメ目アリドリ科の鳥。全長10cm。分布：ボリビア西部。絶滅危惧II類。

ズグロヒヨドリ 頭黒鵯
〈*Pycnonotus atriceps*〉鳥綱スズメ目ヒヨドリ科の鳥。全長18cm。分布：アンダマン諸島、インドからボルネオ、パラワン、バリ、スマトラ島。

ズグロヒワ
〈*Spinus ictericus*〉鳥綱スズメ目アトリ科の鳥。

ズグロホウセキドリ 頭黒宝石鳥
〈*Pardalotus melanocephalus*〉鳥綱スズメ目ハナドリ科の鳥。全長9cm。分布：オースト

ラリア。

ズグロホシアリドリ 頭黒星蟻鳥
〈*Hylophylax naevioides*〉鳥綱スズメ目アリドリ科の鳥。全長10cm。分布：コロンビア西部からエクアドル西部。

ズグロマイコドリ
〈*Piprites pileatus*〉鳥綱スズメ目マイコドリ科の鳥。全長11cm。分布：ブラジル南東部。絶滅危惧I類。

ズグロマーモセット
〈*Callithrix nigriceps*〉哺乳綱霊長目キヌザル科の動物。頭胴長15～20cm。分布：ブラジル中西部、アマゾン川南側のマデイラ川とジパラナ川（ないしアリプアナン川）より西。絶滅危惧II類。

ズグロマユアリサザイ
〈*Herpsilochmus pileatus*〉鳥綱スズメ目アリドリ科の鳥。全長12cm。分布：ブラジル。

ズグロミズナギドリ 頭黒水薙鳥
〈*Puffinus gravis*〉鳥綱ミズナギドリ目ミズナギドリ科の鳥。全長49cm。分布：トリスタンダクーナ諸島、ガフ島。

ズグロミゾゴイ 頭黒溝五位
〈*Gorsachius melanolophus*〉鳥綱コウノトリ目サギ科の鳥。全長47cm。分布：台湾・中国南部・フィリピン・スラウェシ島・マレー半島・スマトラ島・ボルネオ島・インド・ニコバル諸島。国内では西表島・石垣島・黒島。

ズグロミツスイ 頭黒蜜吸
〈*Manorina melanocephala*〉鳥綱スズメ目ミツスイ科の鳥。全長27cm。分布：オーストラリア東部・南東部。

ズグロミツドリ
〈*Chlorophanes spiza*〉鳥綱スズメ目ホオジロ科の鳥。体長13cm。分布：中央アメリカ、アンデス山脈北部,ブラジル東部のアマゾン川流域。

ズグロミドリカザリドリ
〈*Pipreola riefferii*〉鳥綱スズメ目カザリドリ科の鳥。全長20cm。分布：ベネズエラ、コロンビア、エクアドル、ペルー。

ズグロムクドリ
〈*Sturnus pagodarum*〉鳥綱スズメ目ムクドリ科の鳥。全長22cm。分布：アフガニスタン、インド、スリランカ。

ズグロムシクイ
〈*Sylvia atricapilla*〉鳥綱スズメ目ウグイス科の鳥。体長14cm。分布：ユーラシア大陸・東はシベリアのイルトゥイシ川、イラン北部まで。北西アフリカ、大西上洋の島々。地中海地方およびタンザニア以北のアフリカで越冬。

ズグロムシクイ
シマハッコウチョウの別名。

ズグロムシクイカマドドリ 頭黒虫喰竈鳥
〈*Thripadectes rufobrunneus*〉鳥綱スズメ目カマドドリ科の鳥。全長20cm。分布：コスタリカ、パナマ西部。

ズグロムナジロヒメウ
〈*Phalacrocorax atriceps*〉鳥綱ペリカン目ウ科の鳥。体長72cm。分布：南アメリカ南部,亜南極の島、南極半島部。

ズグロメキシコインコ
クロガミインコの別名。

ズグロメジロモドキ
〈*Speirops lugubris*〉鳥綱スズメ目メジロ科の鳥。体長13cm。分布：カメルーン、サントメ島（ギニア湾）。

ズグロモズガラス 頭黒鴟鴉
〈*Cracticus cassicus*〉鳥綱スズメ目フエガラス科の鳥。全長32cm。分布：ニューギニア。

ズグロモズモドキ
〈*Vireo atricapillus*〉鳥綱スズメ目モズモドキ科の鳥。全長11cm。分布：北アメリカ中南部。絶滅危惧IB類。

ズグロモリモズ
〈*Pitohui dichrous*〉鳥綱スズメ目ヒタキ科の鳥。体長23cm。分布：ニューギニアとヤーペン島。

ズグロヤイロチョウ 頭黒八色鳥
〈*Pitta sordida*〉鳥綱スズメ目ヤイロチョウ科の鳥。全長18.5cm。

ズグロヤシフウキンチョウ
〈*Phaenicophilus palmarum*〉鳥綱スズメ目ホオジロ科の鳥。全長18cm。分布：ヒスパニョラ島。

スケスケアマガエルモドキ
〈*glass frog*〉アマガエルモドキ科。体長2～6cm。分布：中央アメリカ、南アメリカ北部、ブラジル南東部、パラグアイ。

スゲヨシキリ
〈*Acrocephalus schoenobaenus*〉鳥綱スズメ目

スコツツク

ウグイス科の鳥。体長12.5cm。分布：ヨーロッパ（スペイン，ポルトガル，地中海沿岸地方の一部を除く），東はシベリアまで，南東はイランまで。サハラ砂漠南部，ナイジェリア東部で越冬。

スコッツ・グレイ
〈Scots Grey〉分布：スコットランド。

スコットキノボリカンガルー
〈Dendrolagus scottae〉二門歯目カンガルー科。頭胴長62cm。分布：ニューギニア島中北部。絶滅危惧。

スコットハイランド
〈Bos taurus〉哺乳綱偶蹄目ウシ科の動物。

スコットホオヒゲコウモリ
〈Myotis scotti〉哺乳綱翼手目ヒナコウモリ科の動物。前腕長3.8cm。分布：エチオピア。絶滅危惧II類。

スコティッシュ・ディアハウンド
〈Deerhound〉犬の一品種。体高71〜76cm。原産：イギリス。

スコティッシュ・テリア
〈Scottish Terrier〉哺乳綱食肉目イヌ科の動物。体高25〜28cm。分布：イギリス。

スコティッシュ・フォールド
〈Scottish Fold〉猫の一品種。原産：スコットランド。

スコティッシュ・フォールド・ロングヘア
〈Scottish Fold Longhair〉猫の一品種。

スコティッシュ・ブラックフェイス
〈Scottish Blackface〉哺乳綱偶蹄目ウシ科の動物。分布：スコットランドおよびイングランド北部。

スジイモリ
〈Triturus vittatus〉両生綱サンショウウオ目イモリ科の動物。

スジイルカ 筋海豚
〈Stenella coeruleoalba〉哺乳綱クジラ目マイルカ科の動物。別名ユーフロシネ・ドルフィン，ホワイトベリー，ブルーホワイト・ドルフィン，マイエンズ・ドルフィン，グレイズ・ドルフィン，ストリカー・ポーパス。1.8〜2.5m。分布：世界の温帯，亜熱帯，熱帯海域。

スジオイヌ
〈Dusicyon vetulus〉イヌ科クルペオギツネ属。体長60cm。分布：ブラジル中南部，ミナス・ジェライス，マト・グロッソ高原。

スジオオニオイガメ
〈Staurotypus triporcatus〉爬虫綱カメ目ドロガメ科のカメ。最大甲長37.9cm。分布：中米（メキシコのベラクルスからベリーズ，グァテマラを経てホンジュラスの大西洋側）。

スジオナガムシクイ
〈Amytornis striatus〉鳥綱ウグイス科の鳥。

スジオナメラ
〈Elaphe taeniura〉爬虫綱有鱗目ヘビ亜目ナミヘビ科のヘビ。全長2m以上。分布：先島諸島，台湾，中国中部以南，アッサムからマレー半島，ボルネオ。

スジオヘビ
スジオナメラの別名。

スジオリゴソーマトカゲ
〈Oligosoma striatum〉爬虫綱トカゲ目（トカゲ亜目）トカゲ科のトカゲ。頭胴長最大7.6cm。分布：ニュージーランド北島の北部から西部にかけて。絶滅危惧II類。

スジカブリヤブチメドリ
〈Turdoides caudatus〉チメドリ科。体長23cm。分布：イラン南部，デカン高原から東はバングラデシュまで。

スジカモシカ
ニヤラの別名。

スジグロオニキバシリ
〈Xiphorhynchus lachrymosus〉鳥綱スズメ目オニキバシリ科の鳥。全長24cm。分布：ニカラグアからコロンビア，エクアドル。

スジグロモリチメドリ
〈Stachyris striata〉スズメ目ヒタキ科（チメドリ亜科）。全長12cm。分布：フィリピンのルソン島。絶滅危惧II類。

スジドワーフサイレン
ドワーフサイレンの別名。

スジナシアマガエル
〈Hyla meridionalis〉両生綱カエル目アマガエル科のカエル。

スジハラスナヘビ
〈Psammophis subtaeniatus〉爬虫綱有鱗目ヘビ亜目ナミヘビ科のヘビ。全長1〜1.3m。分布：アフリカ。

スジヘラオヤモリ
〈Uroplatus lineatus〉爬虫綱有鱗目トカゲ亜

目ヤモリ科の動物。全長18〜25cm。分布：マダガスカルのトアマシナ地域, マランテトラ地域。

スジマダラクサガエル
〈*Hyperolius marmoratus taeniatus*〉無尾目クサガエル科。

ススイロアホウドリ 煤色信天翁
〈*Phoebetria fusca*〉鳥綱ミズナギドリ目アホウドリ科の鳥。体長84〜89cm。分布：大西洋, インド洋。繁殖は前記海域の数島。

ススイロカマドドリ 煤色竈鳥
〈*Synallaxis brachyura*〉鳥綱スズメ目カマドドリ科の鳥。全長17cm。分布：ブラジル南東部, ホンジュラスからエクアドル。

ススイロホップマウス
〈*Notomys fuscus*〉齧歯目ネズミ科（ネズミ亜科）。頭胴長8〜11.5cm。分布：オーストラリア中東部。絶滅危惧種。

ススイロミヤコドリ 煤色都鳥
〈*Haematopus fuliginosus*〉鳥綱チドリ目ミヤコドリ科の鳥。全長45cm。分布：オーストラリア。

スズガエル 鈴蛙
〈*Bombina orientalis*〉両生綱無尾目スズガエル科のカエル。体長3〜5cm。分布：アジア。

スズガエル
〈*fire-bellied toad*〉英名のとおり腹面に鮮やかな色彩の警告色をもつスズガエル科スズガエル属Bombinaのカエルの総称。体長3〜7cm。分布：ヨーロッパ, アフリカ北西部, 小アジア, 中国, 朝鮮。

スズガモ 鈴鴨
〈*Aythya marila*〉鳥綱ガンカモ目ガンカモ科の鳥。全長40〜51cm。分布：北ヨーロッパから西シベリア北部。

ススケマダガスカルヒヨドリ
〈*Phyllastrephus tenebrosus*〉鳥綱スズメ目ヒヨドリ科の鳥。全長14.5cm。分布：マダガスカルの東部から中部にかけて。絶滅危惧IB類。

スズドリ
〈*Procnias alba*〉鳥綱スズメ目カザリドリ科の鳥。全長27cm。分布：ギアナ, ベネズエラ, ブラジル。

スズミツスイ 鈴蜜吸
〈*Manorina melanophrys*〉鳥綱スズメ目ミツスイ科の鳥。全長18cm。分布：オーストラリア南東部。

スズメ 雀
〈*Passer montanus*〉鳥綱スズメ目ハタオリドリ科の鳥。全長14〜15cm。分布：ユーラシア大陸。国内では全国の市街地, 村落にすむ。

スズメ
鳥綱スズメ目ハタオリドリ科の鳥の総称。体長10〜20cm。分布：アフリカ, ヨーロッパ, アジア。

スズメインコ
ルリハインコの別名。

スズメタカ
モズの別名。

スズメバト 雀鳩
〈*Columbina passerina*〉鳥綱ハト目ハト科の鳥。体長16.5cm。分布：合衆国南部およびカリブ海から, エクアドル, ブラジル。バハマ。

スズメフクロウ 雀梟
〈*Glaucidium passerinum*〉鳥綱フクロウ目フクロウ科の鳥。全長16〜17cm。分布：ユーラシア大陸中央。

スズメ目
鳥綱の1目。全長8〜110cm。

スゼチュワン 四川牛
〈*Szechwan*〉牛の一品種。

スタイルカナリア
〈*Serimus canaria var. domesticus*〉鳥綱スズメ目アトリ科の鳥。分布：イギリス。

スタインボック
〈*Raphicerus campestris*〉偶蹄目ウシ科の哺乳類。細くスマートな体型をした小型のアンテロープの1種。体長61〜95cm。分布：アフリカ東部および南部。

スタッフォードシャー・ブル・テリア
〈*Staffordshire Bull Terrier*〉哺乳綱食肉目イヌ科の動物。体高36〜41cm。分布：イギリス。

スーダニーズ・ヌビアン
〈*Sudanese Nubian*〉哺乳綱偶蹄目ウシ科の動物。体高70〜75cm。分布：スーダン, 北東アフリカ。

スダネーズ
〈*Sudanese*〉牛の一品種。

スダネーズ・フラニ
〈*Sudanese Fulani*〉牛の一品種。

スタンダード・シュナウザー
〈*Standard Schnauzer*〉食肉目イヌ科。

スタンダード・シュナウザー
シュナウザーの別名。

スタンダード・プードル
〈*Standard Poodle*〉犬の一品種。体高38cm以上。分布：ドイツ。

スタンダード・プードル
プードルの別名。

スタンダードブレッド
〈*Standardbred*〉哺乳綱奇蹄目ウマ科の動物。152cm。原産：米国。

スタンダード・メキシカン・ヘアレス
〈*Standard Mexican Hairless*〉犬の一品種。

スタンディングヒルヤモリ
〈*Phelsuma standingi*〉爬虫綱有鱗目トカゲ亜目ヤモリ科の動物。全長最大33.5cm。分布：マダガスカル（西マダガスカルの南西地区）。絶滅危惧Ⅱ類。

スタンピー・テイル・キャトル・ドッグ
犬の一品種。

スチュアートウ
〈*Phalacrocorax chalconotus*〉鳥綱ペリカン目ウ科の鳥。全長65～71cm。分布：ニュージーランド南島南東部とスチュアート島。絶滅危惧Ⅱ類。

スチュワートミルクヘビ
〈*Lampropeltis triangulum stuarti*〉爬虫綱有鱗目ヘビ亜目ナミヘビ科のヘビ。全長100～120cm。分布：グァテマラからコスタリカにかけての太平洋岸。

スーチョワンアカシカ
〈*Cervus elaphus macneilli*〉哺乳綱偶蹄目シカ科の動物。

スーチョワントビハツカネズミ
〈*Eozapus setchuanus*〉哺乳綱齧歯目トビネズミ科の動物。頭胴長8～10cm。分布：中国の西部と南西部。絶滅危惧Ⅱ類。

スツ
シー・ズーの別名。

スッポン 日本鼈，鼈
〈*Pelodiscus sinensis*〉爬虫綱スッポン科のカメ。別名ニホンスッポン。甲長30cm。分布：本州，四国，九州，種子島，石垣島，西表島，与那国島，沖縄本島，国外は中国，朝鮮半島，海南島，台湾，インドシナ北部。絶滅危惧Ⅱ類。

スッポン 日本鼈，鼈
〈*soft-shelled turtle*〉爬虫綱スッポン科のカメ。別名ニホンスッポン。甲長30cm。分布：本州，四国，九州，種子島，石垣島，西表島，与那国島，沖縄本島，国外は中国，朝鮮半島，海南島，台湾，インドシナ北部。絶滅危惧Ⅱ類。

スッポン
ニホンスッポンの別名。

スッポンモドキ 擬鼈
〈*Carettochelys insculpta*〉爬虫綱スッポンモドキ科のカメ。別名ブタバナガメ，ニューギニアスッポン。最大甲長70cm。分布：ニューギニア島南部（インドネシアのイリアン・ジャヤ，パプアニューギニア）とオーストラリア（ノーザン・テリトリーの北部）。絶滅危惧Ⅱ類。

スティープヘッド
キタトックリクジラの別名。

スティムソンニシキヘビ
〈*Antaresis stimsoni*〉爬虫綱有鱗目ヘビ亜目ボア科のヘビ。全長平均90cm。分布：オーストラリア。

スティリアン・ラフヘアード・マウンテン・ハウンド
〈*Styrian Rough-haired Mountain Hound*〉犬の一品種。

ステップケナガイタチ
〈*Mustela eversmanni*〉哺乳綱食肉目イタチ科の動物。体長オス32～56cm。分布：旧ソ連およびモンゴルから中国までのステップおよび半砂漠地帯。

ステップナキウサギ
〈*Ochotona pusilla*〉哺乳綱ウサギ目ナキウサギ科の動物。頭胴長14.5～18.5cm。分布：ロシアのヴォルガ川上流から南はウラル山脈南部にかけて，東はカザフスタン北部のイルトゥイシ川上流部のステップ地帯を経て中国との国境付近にかけて。絶滅危惧Ⅱ類。

ステップノウサギ
〈*Lepus europaeus*〉哺乳綱ウサギ目ウサギ科の動物。体長48～70cm。分布：ヨーロッパ，オーストラリア，ニュージーランド，北アメリ

カ, 南アメリカ。

ステップレミング
〈*Lagurus lagurus*〉哺乳綱齧歯目ネズミ亜目ネズミ科の動物。体長8～12cm。分布：東ヨーロッパから東アジア。

ステップレミング属
〈*Lagurus*〉哺乳綱齧歯目ネズミ科の動物。分布：中央アジアとアメリカ合衆国西部。

ステッペンフィー
〈*Steppenvieh*〉牛の一品種。

ステビンズホソサンショウウオ
〈*Batrachoseps stebbinsi*〉両生綱有尾目アメリカサンショウウオ科の動物。全長9～12.2cm。分布：アメリカ合衆国カリフォルニア州のシエラ・ネヴァダ山脈南端のカーン郡。絶滅危惧II類。

ステファンスヤモリ
〈*Hoplodactylus stephensi*〉爬虫綱トカゲ目（トカゲ亜目）ヤモリ科の動物。頭胴長6.2～8cm。分布：ニュージーランドのステファンス島。絶滅危惧II類。

ステラーカケス
〈*Cyanocitta stelleri*〉鳥綱スズメ目カラス科の鳥。体長29cm。分布：アラスカからニカラグアにかけての北アメリカ西部。

ステルツナーガエル
〈*Melanophryniscus steltzneri*〉無尾目ヒキガエル科。

ストケスイワトカゲ
〈*Egernia stokesi*〉分布：オーストラリア西部から中部。

ストームサンショウウオ
〈*Plethodon stormi*〉両生綱有尾目アメリカサンショウウオ科の動物。全長9.8～14cm。分布：アメリカ合衆国のカリフォルニア州シスキウ郡、オレゴン州西南部。絶滅危惧II類。

ストラッサー
〈*Columba livia var. domestida*〉鳥綱ハト目ハト科の鳥。分布：オーストリア。

ストラップトゥース・ビークト・ホエール
ヒモハクジラの別名。

ストリカー・ポーパス
スジイルカの別名。

ストーンシープ
ドールシープの別名。

スナイロアメリカヨタカ
〈*Chordeiles rupestris*〉鳥綱ヨタカ目ヨタカ科の鳥。全長24cm。分布：ブラジル。

スナイロツメオワラビー
〈*Onychogalea unguifera*〉有袋目カンガルー科。

スナイロヒタキタイランチョウ 砂色鶲太蘭鳥
〈*Ochthornis littoralis*〉鳥綱スズメ目タイランチョウ科の鳥。全長14cm。分布：ガイアナ・フランス領ギアナ・ベネズエラ・コロンビア東部・エクアドル東部・ブラジル北東部。

スナイロヒメキツツキ
〈*Picumnus limae*〉鳥綱キツツキ目キツツキ科の鳥。全長8cm。分布：ブラジル東部。絶滅危惧II類。

スナイロモズモドキ
〈*Vireo huttoni*〉鳥綱スズメ目モズモドキ科の鳥。全長12cm。分布：カナダ南西部からアメリカ, メキシコ, グアテマラ。

スナイロワラビー
〈*Macropus agilis*〉哺乳綱有袋目カンガルー科の動物。

スナオオトカゲ
ヒャクメオオトカゲの別名。

スナギツネ
哺乳綱食肉目イヌ科の動物。

スナゴヘビ
ベアードネズミヘビの別名。

スナジアガマ
〈*Phrynocephalus helioscopus*〉爬虫綱有鱗目トカゲ亜目アガマ科のトカゲ。

スナシャコ 砂鷓鴣
〈*Ammoperdix heyi*〉鳥綱キジ目キジ科の鳥。全長24cm。分布：ヨルダン・イスラエル・シナイ半島からエジプト・スーダン北部, アラビア半島, 紅海沿岸部。

スナスミントプシス
〈*Sminthopsis psammophila*〉フクロネコ目フクロネコ科。頭胴長オス10.5～11.4cm, メス9.1cm。分布：オーストラリア中部と南部。絶滅危惧。

スナチムシクイ
〈*Scotocerca inquieta*〉鳥綱スズメ目ウグイス科の鳥。体長10cm。分布：モロッコから紅海に至る北アフリカ, イランおよびアフガニス

スナトリコ

タン。

スナドリコウモリ
〈*Pizonyx vivesi*〉哺乳綱翼手目の動物。

スナドリネコ　漁猫
〈*Felis viverrina*〉哺乳綱食肉目ネコ科の動物。体長75〜86cm。分布：南アジアから東南アジアにかけて。

スナネコ　砂猫
〈*Felis margarita*〉食肉目ネコ科の哺乳類。体長45〜57cm。分布：北アフリカ, 西アジア, 中央アジア, 南アジア。絶滅危惧IB類と推定。

スナネズミ　砂鼠
〈*Meriones unguiculatus*〉哺乳綱齧歯目キヌゲネズミ科の動物。体長10〜12.5cm。分布：東アジア。

スナネズミ属
〈*Meriones*〉哺乳綱齧歯目ネズミ科の動物。分布：アフリカ北部, トルコ, イラン, アフガニスタン, インド北西部, モンゴル, 中国北部。

スナバシリ　砂走
〈*Cursorius cursor*〉鳥綱チドリ目ツバメチドリ科の鳥。体長21〜24cm。分布：アフリカ北・東部からパキスタン西部にかけての地域。北アフリカのものはサハラ砂漠のすぐ南で, 中東のものはアラビアで, 西南アジアのものはインド北西部でそれぞれ越冬。

スナバシリ　砂走
〈*courser*〉広義には鳥綱チドリ目ツバメチドリ科スナバシリ属に含まれる鳥の総称で, 狭義にはそのうちの1種をさす。分布：ヨーロッパ, アジア, アフリカ, オーストラリア。

スナヒバリ　砂雲雀
〈*Ammomanes deserti*〉鳥綱スズメ目ヒバリ科の鳥。全長16cm。分布：アフリカ北部・アラビア半島・イラン・アフガニスタンからインド北西部。

スナブフィン・ドルフィン
カワゴンドウの別名。

スナボア
ジョニースナボアの別名。

スナホリヤモリ
〈*Ptenopus garrulus*〉爬虫綱有鱗目トカゲ亜科ヤモリ科のヤモリ。体長6〜10cm。分布：南アフリカ。

スナムグリツバメ
ショウドウツバメの別名。

スナメクラネズミ
〈*Spalax arenarius*〉齧歯目ネズミ科（メクラネズミ亜科）。頭胴長24〜27cm。分布：ウクライナ南部。絶滅危惧II類。

スナメリ　砂滑
〈*Neophocaena phocaenoides*〉哺乳綱クジラ目ネズミイルカ科の動物。別名ブラック・ポーパス, ブラック・フィンレス・ポーパス, チアンツー。1.2〜1.9m。分布：インド洋および西部太平洋の沿岸海域と全ての主要な河川。国内では仙台湾から東京湾, 伊勢湾・三河湾, 瀬戸内海, 有明海, 橘湾, 大村湾。絶滅危惧IB類。

スニ
〈*Neotragus moschatus*〉ウシ科ローヤルアンテロープ属。別名ジャコウアンテロープ。分布：ズールーランドからモザンビーク, タンザニアを通ってケニア。

スネアカドゥクモンキー
ドゥクモンキーの別名。

スネアズペンギン
ハシブトペンギンの別名。

スネトゲトカゲ
〈*Enyaliosaurus clarki*〉有鱗目イグアナ科。

スノーコーン
〈*Elaphe guttata guttata*〉爬虫綱有鱗目ヘビ亜目ナミヘビ科のヘビ。

スノーシュー
〈*Snowshoe*〉猫の一品種。原産：アメリカ。

スパーディングスコヤスガエル
〈*Eleutherodactylus junori*〉両生綱無尾目カエル目ユビナガガエル科のカエル。体長1.9〜2.7cm。分布：ジャマイカ中部。絶滅危惧II類。

スパニエル
〈*spaniel*〉鳥獣犬種で, 原産地はイギリス, アメリカ, ドイツ, フランス, オランダなど。

スパニッシュ
〈*Spanish*〉哺乳綱偶蹄目ウシ科の動物。体高オス70cm, メス65cm。分布：スペイン。

スパニッシュ・ウォーター・ドッグ
〈*Spanish Water Dog*〉犬の一品種。

スパニッシュ・グレーハウンド
〈*Spanish Greyhound*〉犬の一品種。体高66〜71cm。原産：スペイン。

スパニッシュ・ポインター
〈Spanish Pointer〉哺乳綱食肉目イヌ科の動物。

スパニッシュ・マスティフ
〈Spanish Mastiff〉犬の一品種。体高66〜74cm。原産：スペイン。

スパニッシュ・メリノー
〈Spanish Merino〉哺乳綱偶蹄目ウシ科の動物。体高オス55〜70cm、メス45〜55cm。分布：スペイン。

スハペンドゥス
〈Schapendoes〉犬の一品種。体高43〜51cm。原産：オランダ。

スパーレルアカメガエル
〈Agalychnis spurrelli〉両生綱無尾目アマガエル科のカエル。体長75〜90mm。分布：コスタリカ南東部からパナマ、コロンビアの太平洋岸の低地にかけて。

スピックススイツキコウモリ
〈Thyroptera tricolor〉哺乳綱コウモリ目小翼手亜目スイツキコウモリ科の動物。体長4cm。分布：メキシコから中央アメリカにかけて、南アメリカ、トリニダード。

スピッチ
〈Spiti〉馬の一品種。体高122cm。原産：インド。

スピッツ
〈Canis familiaris〉哺乳綱食肉目イヌ科の動物。

スピナー
ハシナガイルカの別名。

スピノーネ
〈Spinone〉哺乳綱食肉目イヌ科の動物。体高61〜66cm。分布：イタリア。

スピノーネ
イタリアン・スピノーネの別名。

スピノーネ・イタリアーノ
イタリアン・スピノーネの別名。

スフィンクス
〈Sphynx〉猫の一品種。原産：カナダ。

スプリンガー
タイセイヨウカマイルカの別名。

スプリングサラマンダー
〈Gyrinophilus porphyriticus〉ムハイサラマンダー科。体長120〜190mm。分布：カナダのケベック州、合衆国メーン州からアパラチア山脈に沿ってジョージア州北部、ミシシッピ州北東部まで。

スプリングボック
〈Antidorcas marsupialis〉哺乳綱偶蹄目ウシ科の動物。体長1.2〜1.4m。分布：アフリカ南部。

スプレイトゥースト・ビークト・ホエール
タイヘイヨウオオギハクジラの別名。

スプレイ・ポーパス
イシイルカの別名。

スベイザリトカゲ
〈Delma spp.〉有鱗目イザリトカゲ科。

スベイモリ
〈Triturus vulgaris〉両生綱有尾目イモリ科の動物。体長70〜90mm。分布：イベリア半島、イタリア南部、スカンジナビア半島北部などを除くヨーロッパ全域。東はロシア東部、小アジアまで。

スペインアイベックス
〈Capra pyrenaica〉ヤギ亜科ヤギ属。体長オス130〜140cm、メス100〜110cm。分布：ピレネー山脈。

スペインイモリ
イベリアトゲイモリの別名。

スペインオオヤマネコ
〈Felis lynx pardina〉哺乳綱食肉目裂脚亜目ネコ科ネコ亜科ネコ属。体長85〜110cm。分布：ヨーロッパ南西部。絶滅危惧IA類。

スペインキールカナヘビ
〈Algyroides marchi〉爬虫綱トカゲ目（トカゲ亜目）カナヘビ科のヘビ。頭胴長5cm前後。分布：スペイン南部。絶滅危惧II類。

スペインサンバガエル
〈Alytes dickhilleni〉両生綱無尾目カエル目スズガエル科のカエル。体長3.3〜4.8cm。分布：スペイン南部のアンダルシア地方のバエティカ山とサブ・バエティカ。絶滅危惧II類。

スペインスズメ
〈Passer hispaniolensis〉鳥綱スズメ目ハタオリドリ科の鳥。全長15〜16.5cm。分布：地中海周辺から中国西端。

スペインノロバ　スペインの驢馬
〈Ass-Spain〉哺乳綱奇蹄目ウマ科の動物。分

スベカラタ

布：スペイン。

スベカラタケトカゲ
〈*Eugongylus albofasciolatus*〉スキンク科。全長38cm。分布：モルッカ諸島，ニューギニア，ソロモン群島，トレスストレイトの島々，オーストラリアのヨーク半島北端部。

スペクルド・ドルフィン
シナウスイロイルカの別名。

スベスッポンノシキヘンコタイ スベスッポンの色変個体
〈*Apalone mutica*〉爬虫綱スッポン科のカメ。最大甲長オス17.8cm，メス35.6cm。分布：米国中部。

スベセヒラタトカゲ
〈*Platysaurus guttatus*〉有鱗目ヨロイトカゲ科。

スペチャイロガエル
〈*Rana subsigillata*〉両生綱カエル目のカエル。

スペックガゼル
〈*Gazella spekei*〉哺乳綱偶蹄目ウシ科の動物。頭胴長オス95～115cm，肩高50～60cm，尾長15～20cm，角長25～30cm，メス15～25cm。分布：エチオピアのオガデンからソマリア北部と中部。絶滅危惧II類。

スベトカゲ
〈*brown skink*〉爬虫綱有鱗目スキンク科スベトカゲ亜科に属するトカゲの総称。

スベトビヤモリ
〈*Ptychozoon lionotum*〉爬虫綱有鱗目トカゲ亜目ヤモリ科の動物。全長16cm。分布：ミャンマー南部，タイ。

スベヒタイヘラオヤモリ
〈*Uroplatus henkeli*〉爬虫綱有鱗目トカゲ亜目ヤモリ科の動物。全長25cm。分布：マダガスカル北部のサンビラノ地域，ノシベ島。

スベヒタイヘルメットイグアナ
〈*Corytophanes cristatus*〉爬虫綱有鱗目トカゲ亜目イグアナ科の動物。全長35cm。分布：メキシコからコロンビア北東部。

スペングラーヤマガメ
〈*Geoemyda spengleri*〉爬虫綱カメ目ヌマガメ科のカメ。最大甲長16cm。分布：中国南部，ベトナム。

スペンサーアマガエル
〈*Litoria spenceri*〉両生綱無尾目カエル目アマガエル科のカエル。体長オス2.4～4.1cm，メス3.7～5.2cm。分布：オーストラリア南東部。絶滅危惧種。

スポッター
タイセイヨウマダライルカの別名。

スポッター
マダライルカの別名。

スポッティッド・ドルフィン
マダライルカの別名。

スポッテッド・ポーパス
タイセイヨウマダライルカの別名。

スポットサラマンダー
〈*Ambystoma maculatum*〉マルクチサラマンダー科。体長150～200mm。分布：カナダではノバスコシア半島からオンタリオ州中部まで，合衆国では，ジョージア・ルイジアナ・テキサス州東部まで分布。

スマトラウサギ
〈*Nesolagus netscheri*〉哺乳綱ウサギ目ウサギ科の動物。頭胴長36.8～41.7cm。分布：インドネシアのスマトラ島。絶滅危惧IA類。

スマトラオヒキコウモリ
〈*Mormopterus doriae*〉哺乳綱翼手目オヒキコウモリ科の動物。前腕長3cm前後。分布：インドネシアのスマトラ島北西部。絶滅危惧II類。

スマトラカモシカ
〈*Capricornis sumatraensis*〉哺乳綱偶蹄目ウシ科の動物。別名シーロー。頭胴長130～180cm。分布：インド北部，ネパール，ブータン，バングラデシュ，中国南部，インドシナ半島，マレー半島，スマトラ島。絶滅危惧II類。

スマトラカワウソ
〈*Lutra sumatrana*〉哺乳綱食肉目イタチ科の動物。頭胴長70～83cm。分布：インドシナ半島，マレー半島，インドネシア。絶滅危惧II類。

スマトラカワネズミ
〈*Chimarrogale sumatrana*〉哺乳綱食虫目トガリネズミ科の動物。模式標本の外部計測値なし。頭骨はボルネオカワネズミよりやや大型。分布：インドネシアのスマトラ島西部のバダン高地だけから知られる。絶滅危惧IA類。

スマトラキジ
〈*Lophura hoogerwerfi*〉鳥綱キジ目キジ科の

鳥。全長50cm。分布：インドネシアのスマトラ島北部。絶滅危惧II類。

スマトラクマネズミ
〈*Rattus hoogerwerfi*〉齧歯目ネズミ科（ネズミ亜科）。頭胴長17～20cm。分布：インドネシアのスマトラ島。絶滅危惧II類。

スマトラサイ
〈*Dicerorhinus sumatrensis*〉哺乳綱奇蹄目サイ科の動物。体長2.5～3.2m。分布：南アジア，東南アジア。絶滅危惧IA類。

スマトラシーロー
クロスマトラカモシカの別名。

スマトラトラ
〈*Panthera tigris sumatrae*〉哺乳綱食肉目ネコ科の動物。全長249cm（一例）。分布：インドネシアのスマトラ島。絶滅危惧IB類。

スマトラヒヨドリ
〈*Pycnonotus tympanistrigus*〉鳥綱スズメ目ヒヨドリ科の鳥。全長16cm。分布：インドネシアのスマトラ島。絶滅危惧II類。

スマトラミヤマツグミ
〈*Cochoa beccarii*〉スズメ目ヒタキ科（ツグミ亜科）。全長28cm。分布：インドネシアのスマトラ島。絶滅危惧II類。

スマトラムジチメドリ
〈*Malacocincla vanderbilti*〉スズメ目ヒタキ科（チメドリ亜科）。全長15cm。分布：インドネシアのスマトラ島。絶滅危惧II類。

スミインコ 墨鸚哥
〈*Chalcopsitta atra*〉鳥綱インコ目インコ科の鳥。体長30cm。分布：ニューギニア西部および近隣の島々。

スミゴロモ
〈*Oriolus hosii*〉鳥綱スズメ目コウライウグイス科の鳥。体長22cm。分布：カリマンタン島，スラウェシ島。

スミスアカウサギ
〈*Pronolagus rupestris*〉哺乳綱ウサギ目ウサギ科の動物。分布：南アフリカ共和国からケニア。

スミスクサガエル
〈*Hyperolius tuberilinguis*〉両生綱無尾目クサガエル科のカエル。体長3～4.5cm。分布：アフリカ。

スミスコビトカメレオン
〈*Bradypodion taeniabronchum*〉爬虫綱トカゲ目（トカゲ亜目）カメレオン科の動物。頭胴長4.5～5.8cm。分布：南アフリカ共和国南部。絶滅危惧IA類。

スミスセタカガメ
〈*Kachuga smithii*〉爬虫綱カメ目ヌマガメ科のカメ。最大甲長23cm。分布：インド北部，ネパール，パキスタン，バングラデシュ（インダス，ガンジスおよびブラマプートラ川流域）。

スミスネズミ
〈*Eothenomys smithii*〉哺乳綱齧歯目ネズミ科の動物。頭胴長70～115mm。分布：本州の新潟・福島県以南，九州，四国，隠岐諸島島後（どうご）。

スミスヤモリ
〈*Gekko smithi*〉爬虫綱有鱗目トカゲ亜目ヤモリ科の動物。全長25～37cm。分布：ミャンマー・タイ南部，マレーシア，インドネシア。アンダマン諸島，ニコバル諸島，インド＝オーストラリア群島。

スミレガシラハチドリ
〈*Klais guimeti*〉鳥綱アマツバメ目ハチドリ科の鳥。全長10cm。分布：中央アメリカから南アメリカ。

スミレコンゴウインコ 菫金剛鸚哥
〈*Anodorhynchus hyacinthinus*〉鳥綱インコ目インコ科の鳥。別名スミレコンゴウ，ヒヤシンスコンゴウ。体長95～100cm。分布：ブラジル中部，ボリビア東部，パラグアイ北東部。絶滅危惧IB類。

スミレシコンチョウ
〈*Vidua purpurascens*〉鳥綱スズメ目ハタオリドリ科の鳥。全長12cm。分布：ケニアからアンゴラ。

スミレセンニョハチドリ
〈*Heliothryx barroti*〉鳥綱アマツバメ目ハチドリ科の鳥。全長オス11.5cm，メス13.5cm。分布：中央アメリカからコロンビア，エクアドル。

スミレハラハチドリ
〈*Damophila julie*〉鳥綱アマツバメ目ハチドリ科の鳥。全長9cm。分布：パナマ，南アメリカ。

スミレビタイテリハチドリ
〈*Heliodoxa leadbeateri*〉鳥綱アマツバメ目ハチドリ科の鳥。全長13.5cm。分布：南アメリカ北西部。

スミレフウ

スミレフウキンチョウ
〈*Euphonia violacea*〉鳥綱スズメ目ホオジロ科の鳥。全長12.5cm。分布：南アメリカ。

スミレフタオハチドリ
〈*Polyonymus caroli*〉鳥綱アマツバメ目ハチドリ科の鳥。全長オス13.5cm、メス12.5cm。分布：ペルー。

スミレミドリツバメ
〈*Tachycineta thalassina*〉鳥綱スズメ目ツバメ科。

スミレムネハチドリ
〈*Sternoclyta cyanopectus*〉鳥綱アマツバメ目ハチドリ科の鳥。全長14.5cm。分布：ベネズエラ。

スムース・コリー
〈*Smooth Collie*〉犬の一品種。体高51～61cm。原産：イギリス。

スムース・フォックス・テリア
〈*Smooth Fox Terrier*〉犬の一品種。体高39cm。原産：イギリス。

スムース・フォックス・テリア
フォックス・テリア・スムースの別名。

スモーラント・シュトーバレ
〈*Smalandsstovare*〉犬の一品種。体高46～50cm。原産：スウェーデン。

スモーランド・ハウンド
〈*Smalands Hound*〉哺乳綱食肉目イヌ科の動物。

スモール・イースト・アフリカン
〈*Small East African*〉哺乳綱偶蹄目ウシ科の動物。体高60cm。分布：東アフリカ。

スモール・イースト・アフリカン・ゼブウ
〈*Small East African Zebu*〉別名東アフリカ小型肩峰牛。分布：コンゴ、スーダン、ウガンダ、ケニア、タンガニカ、ザンジバル。

スモール・イロコス
〈*Small Ilocos*〉牛の一品種。

スモール・ソマリ・ゼビウ
〈*Small Somali Zebu*〉牛の一品種。

スラウェシメガネザル
〈*Tarsius spectrum*〉哺乳綱霊長目メガネザル科の動物。別名セレベスメガネザル、オバケメガネザル。頭胴長9.5～14cm。分布：スラウェシ、サンギヘ、ペレン。

スラメンフクロウ
〈*Tyto nigrobrunnea*〉鳥綱フクロウ目メンフクロウ科の鳥。全長32cm。分布：インドネシアのスラ諸島。絶滅危惧II類。

ズリアカエルガメ
〈*Phrynops zuliae*〉爬虫綱カメ目ヘビクビガメ科のカメ。背甲長最大28cm。分布：ベネズエラのマラカイボ湖の南西部。絶滅危惧II類。

スリカータ
ミーアキャットの別名。

スリナムオヒキコウモリ
〈*Molossops neglectus*〉哺乳綱翼手目オヒキコウモリ科の動物。前腕長3.5cm。分布：スリナム、ブラジル北東部、ペルー東部。絶滅危惧IB類。

スリランカクマネズミ
〈*Rattus montanus*〉齧歯目ネズミ科（ネズミ亜科）。頭胴長16～18cm程度。分布：スリランカ。絶滅危惧IA類。

スリランカザイライウシ　スリランカ在来牛
〈*Lanka*〉肩高オス102～109cm、メス100cm。分布：スリランカ。

スリランカジャコウネズミ
〈*Podihik kura*〉哺乳綱食虫目トガリネズミ科の動物。分布：スリランカ中北部。

スリランカノザイライドリ　スリランカの在来鶏
〈*Sri Lanka native fowl*〉分布：スリランカ。

スリランカヤセイスイギュウ
〈*Bubalus bubalis migona*〉オス142cm、メス138cm。分布：スリランカ。

スルーギ
〈*Sloughi*〉哺乳綱食肉目イヌ科の動物。体高61～72cm。分布：モロッコ。

スールーズアカウチワインコ
〈*Prioniturus verticalis*〉鳥綱オウム目インコ科の鳥。別名スールーズアカウチワ。全長30cm。分布：フィリピン南部のスールー諸島。絶滅危惧IB類。

スレドネアジアツカヤ・オフチャルカ
ミドル・エイジアン・オフチャルカの別名。

スレンダー・パイロットホエール
ユメゴンドウの別名。

スレンダービークト・ドルフィン
マダライルカの別名。

スレンダー・ブラックフィッシュ
　ユメゴンドウの別名。

スレンダーロリス
　ホソロリスの別名。

スロヴァック・ツヴァッツ
　犬の一品種。

スロヴェンスキー・クバック
　〈Slovensky Kuvac〉犬の一品種。

スロヴェンスキ・コポフ
　犬の一品種。

スロヴェンスキ・ツヴァッツ
　スロヴァック・ツヴァッツの別名。

スロヴェンスキ・フルボスルスティ・スタヴァッツ
　犬の一品種。

スロヴェンスキー・ポインター
　〈Slovensky Pointer〉犬の一品種。

スローギー
　〈Sloughi〉犬の一品種。

スロープヘッド
　シワハイルカの別名。

スローロリス
　〈Nycticebus coucang〉哺乳綱霊長目ロリス科の動物。体長26～38cm。分布：東南アジア。

スンダイボイノシシ
　〈Sus verrucosus〉哺乳綱偶蹄目イノシシ科の動物。別名ジャワイボイノシシ。頭胴長90～160cm。分布：インドネシアのジャワ島、マドゥラ島、バウェアン島。絶滅危惧IB類。

スンダガラス
　〈Corvus enca〉鳥綱スズメ目カラス科の鳥。全長46cm。分布：マレー半島、スマトラ島、ボルネオ島、ミンダナオ島。

スンダリーフモンキー
　〈Presbytis comata〉哺乳綱霊長目オナガザル科の動物。頭胴長オス43～59.5cm、メス47.5～57cm。分布：インドネシアのジャワ島。絶滅危惧IB類。

スンバ
　〈Sumbawa〉馬の一品種。別名スンバワ。体高122～123cm。原産：インドネシア（スンバ島、スンバワ島）。

スンバアオハズク
　〈Ninox rudolfi〉鳥綱フクロウ目フクロウ科の鳥。全長35～40cm。分布：インドネシアのスンバ島。絶滅危惧II類。

スンバシワコブサイチョウ
　〈Aceros everetti〉鳥綱ブッポウソウ目サイチョウ科の鳥。別名オグロシワコブサイチョウ。全長70cm。分布：インドネシアのスンバ島。絶滅危惧II類。

スンバミフウズラ
　〈Turnix everetti〉鳥綱ツル目ミフウズラ科の鳥。全長14cm。分布：インドネシアの小スンダ列島のスンバ島。絶滅危惧II類。

スンバワ
　スンバの別名。

【セ】

セアオエンビシキチョウ
　〈Enicurus schistaceus〉鳥綱スズメ目ヒタキ科ツグミ亜科の鳥。全長25cm。分布：ヒマラヤ、ビルマ、タイ、インドシナ、中国南部。

セアオフウキンチョウ
　〈Cyanicterus cyanicterus〉鳥綱スズメ目ホオジロ科の鳥。全長16.5cm。分布：南アメリカ北部。

セアカウタイチメドリ
　〈Heterophasia anntecteus〉鳥綱スズメ目ヒタキ科チメドリ亜科の鳥。全長19cm。分布：ヒマラヤからビルマ、タイ、ベトナム。

セアカオーストラリアムシクイ
　〈Malurus melanocephalus〉鳥綱スズメ目ヒタキ科ゴウシュウムシクイ亜科の鳥。体長13cm。分布：オーストラリア北部や東部。

セアカカマドドリ　背赤竈鳥
　〈Furnarius rufus〉カマドドリ科。体長20cm。分布：南アメリカ東部（ブラジルからアルゼンチン）。

セアカクロムシクイ
　セアカオーストラリアムシクイの別名。

セアカサンショウウオ
　〈Plethodon cinereus〉アメリカサンショウウオ（ムハイサラマンダー）科。別名セアカヌメサラマンダー。体長7～12cm。分布：北アメリカ。

セアカスナヒバリ
　〈Certhilauda burra〉鳥綱スズメ目ヒバリ科の鳥。全長19cm。分布：南アフリカ共和国西部。絶滅危惧II類。

セアカタイヨウチョウ　背赤太陽鳥
〈*Nectarinia zeylonica*〉鳥綱スズメ目タイヨウチョウ科の鳥。全長10cm。分布：ビルマ西部・インド・スリランカ。

セアカタイランチョウ　背赤太蘭鳥
〈*Lessonia rufa*〉鳥綱スズメ目タイランチョウ科の鳥。全長13cm。分布：ペルー・ボリビア西部・チリ北部・アルゼンチン西部。

セアカチメドリ
〈*Cutia nipalensis*〉鳥綱スズメ目ヒタキ科チメドリ亜科の鳥。全長19cm。分布：ヒマラヤ、インドシナ、マレー半島。

セアカヌメサラマンダー
セアカサンショウウオの別名。

セアカハゲラ
〈*Veniliornis callonotus*〉鳥綱キツツキ目キツツキ科の鳥。体長14cm。分布：コロンビア南西部，エクアドル西部，ペルー北西部。

セアカハナドリ　背赤花鳥
〈*Dicaeum cruentatum*〉ハナドリ科。体長10cm。分布：インドから中国南部，東南アジア，インドネシア。

セアカヒメミフウズラ
〈*Turnix castanota*〉鳥綱ツル目ミフウズラ科の鳥。別名セアカミフウズラ。全長15～20cm。分布：オーストラリア北部。絶滅危惧種。

セアカホオダレムクドリ　背赤頰垂椋鳥
〈*Creadion carunculatus*〉ホオダレムクドリ科。体長25cm。分布：ニュージーランド沖合いの島々。

セアカミツユビカワセミ
〈*Ceyx rufidorsum*〉鳥綱ブッポウソウ目カワセミ科の鳥。体長14cm。分布：マレーシア，インドネシア，フィリピン。

セアカミフウズラ
セアカヒメミフウズラの別名。

セアカモズ　背赤百舌，背赤鵙
〈*Lanius collurio*〉鳥綱スズメ目モズ科の鳥。体長17cm。分布：ヨーロッパ，西シベリア，西アジア。主にアフリカ東部および南部で越冬。

セアカヤドクガエル
〈*Dendrobates reticulatus*〉両生綱無尾目ヤドクガエル科のカエル。体長14～16mm。分布：ペルー北部及び隣接するコロンビアとブラジルの一部。

セアカラッパチョウ
ラッパチョウの別名。

セアカリスザル
〈*Saimiri oerstedii*〉哺乳綱霊長目オマキザル科の動物。頭胴長25～35cm。分布：コスタリカ，パナマ。絶滅危惧IB類。

セイ
イワシクジラの別名。

セイウチ　海象
〈*Odobenus rosmarus*〉哺乳綱鰭脚目セイウチ科に属する海産動物。体長3～3.6m。分布：北極海域。絶滅危惧II類と推定。

セイオウチョウ
〈*Serinus mozambicus*〉鳥綱スズメ目アトリ科の鳥。

セイガイインコ　青海鸚哥
〈*lorikeet*〉鳥綱オウム目ヒインコ科セイガイインコ属に含まれる鳥の総称。

セイカイダイツウボウギュウ　青海大通牦牛
〈*Qinghai-Datong Yak*〉分布：中国・青海省，四川省。

セイガイハチドリ
〈*Phaeochroa cuvierii*〉鳥綱アマツバメ目ハチドリ科の鳥。全長12.5cm。分布：グアテマラからコロンビア。

セイカチョ　成華猪
〈*Chenghua Pig*〉分布：四川省成都。

セイキインコ　青輝鸚哥
〈*Psephotus varius*〉鳥綱オウム目インコ科の鳥。別名ニシキビセイ。全長27cm。分布：オーストラリア南部。

セイキチョウ　青輝鳥
〈*Uraeginthus bengalus*〉鳥綱スズメ目カエデチョウ科の鳥。全長13cm。分布：アフリカ西部からエチオピア，ザンビア。

セイキテリムク
〈*Lamprotornis splendidus*〉鳥綱スズメ目ムクドリ科の鳥。体長30cm。分布：セネガルからエチオピア，南はアンゴラおよびタンザニアまで。南地域に生息するものは北方に移動して越冬。

セイキヒノマルチョウ　青輝日の丸鳥
〈*Erythrura cyaneovirens*〉鳥綱スズメ目カエデチョウ科の鳥。全長13cm。分布：ニューヘ

セイケイ　青鶏
〈*Porphyrio porphyrio*〉鳥綱ツル目クイナ科の鳥。全長63cm。分布：ヨーロッパ，インドネシア・メラネシア，オーストラリア・ニュージーランド，アフリカ・マダガスカル・アジア南部・シリア・インド・フィリピン・ニューギニア・ミクロネシア。

セイコウチョウ　青紅鳥
〈*Erythrura prasina*〉鳥綱スズメ目カエデチョウ科の鳥。全長14cm。分布：ビルマ東部・インドシナ・マレー半島・スマトラ島・ボルネオ島。

セイコウチョウ　青紅鳥
〈*parrot-finch*〉鳥綱スズメ目カエデチョウ科の鳥。全長14cm。分布：ビルマ東部・インドシナ・マレー半島・スマトラ島・ボルネオ島。

セイシェルアナツバメ
〈*Collocalia elaphra*〉鳥綱アマツバメ目アマツバメ科の鳥。全長11cm。分布：セイシェル。絶滅危惧II類。

セイシェルガエル
〈*Sooglossus sechellensis*〉両生綱無尾目カエル科セイシェルガエル科のカエル。別名コイセイシェルガエル。体長オス1.6～1.9cm，メス2.5cm。分布：セイシェル。絶滅危惧II類。

セイシェルガエル
〈*Seychelles frog*〉両生綱無尾目セイシェルガエル科の総称。体長2～2.5cm。分布：セイシェル諸島。

セイシェルクサガエル
〈*Tachycnemis seychellensis*〉両生綱無尾目カエル目クサガエル科のカエル。別名セイシェルコオイガエル。体長オス3.3～5.2cm，メス4.8～7.7cm。分布：セイシェル。絶滅危惧II類。

セイシェルコオイガエル
セイシェルクサガエルの別名。

セイシェルコノハズク
〈*Otus insularis*〉鳥綱フクロウ目フクロウ科の鳥。全長20cm。分布：セイシェル諸島。絶滅危惧IA類。

セイシェルサシオコウモリ
〈*Coleura seychellensis*〉哺乳綱翼手目サシオコウモリ科の動物。前腕長5.5cm前後。分布：セイシェル，タンザニアのザンジバル島。絶滅危惧IA類。

セイシェルサンコウチョウ
〈*Terpsiphone corvina*〉スズメ目ヒタキ科（カササギヒタキ亜科）。全長オス36cm，メス18cm。分布：セイシェルのラ・ディグ島。絶滅危惧IA類。

セイシェルシキチョウ
〈*Copsychus sechellarum*〉鳥綱スズメ目ヒタキ科ツグミ亜科の鳥。全長18～20cm。分布：フリゲート島。絶滅危惧IA類。

セイシェルタイヨウチョウ
〈*Nectarinia dussumieri*〉鳥綱スズメ目タイヨウチョウ科の鳥。全長10cm。分布：セイシェル諸島。

セイシェルチョウゲンボウ
〈*Falco araea*〉鳥綱タカ目ハヤブサ科の鳥。全長15～23cm。分布：セイシェル。絶滅危惧II類。

セイシェルハイイロメジロ
セイシェルメジロの別名。

セイシェルハコヨコクビガメ
〈*Pelusios seychellensis*〉爬虫綱カメ目ヨコクビガメ科のカメ。背甲長最大16.5cm。分布：セイシェル。絶滅危惧II類。

セイシェルベニノジコ
〈*Foudia sechellarum*〉鳥綱スズメ目ハタオリドリ科の鳥。別名セイシェルベニハタオリ。全長12～13cm。分布：セイシェル。絶滅危惧II類。

セイシェルベニハタオリ
セイシェルベニノジコの別名。

セイシェルメジロ
〈*Zosterops modesta*〉鳥綱スズメ目メジロ科の鳥。別名セイシェルハイイロメジロ。全長10cm。分布：マヘー島。絶滅危惧IA類。

セイシェルヤブセンニュウ
〈*Bebrornis sechellensis*〉鳥綱スズメ目ウグイス科の鳥。体長13cm。分布：カズン島およびアリッド島（セイシェル）。絶滅危惧II類。

セイソウバンノウトウケイ　西双版納闘鶏
〈*Xishuangbanna Game*〉ニワトリの一品種。分布：雲南省景洪県。

セイタカコウ
〈*Xenorhynchus asiaticus*〉鳥綱コウノトリ目コウノトリ科の鳥。

セイタカシギ 丈高鷸, 背高鷸
〈*Himantopus himantopus*〉鳥綱チドリ目セイタカシギ科の鳥。体長35〜40cm。分布：熱帯, 亜熱帯, 温帯に広く分布。国内では千葉県, 愛知県などで繁殖, 越冬。

セイタカシギ
セイタカシギ科に属する7種の鳥の総称。全長30〜46cm。分布：ヨーロッパ, アジア, オーストララシア, アフリカ, 北・南アメリカ。

セイタカシギ科
チドリ目。分布：南北アメリカ, アフリカ, ユーラシア, 東南アジア, オーストラリア。

セイタカノスリ
〈*Geranospiza caerulescens*〉鳥綱タカ目タカ科の鳥。体長41〜51cm。分布：メキシコからアルゼンチン。

セイブアブラコウモリ
〈*Pipistrellus hesperus*〉哺乳綱コウモリ目ヒナコウモリ科の動物。

セイブサンゴヘビ
〈*Micruroides euryxanthus*〉爬虫綱有鱗目ヘビ亜目コブラ科のヘビ。全長40〜55cm。分布：北アメリカ。

セイブシシバナヘビ
〈*Heterodon nasicus*〉爬虫綱有鱗目ヘビ亜目ナミヘビ科のヘビ。全長40〜60cm。分布：カナダ南部から米国中部を縦断して, メキシコ北部まで。

セイブジムグリガエル
〈*Gastrophryne olivacea*〉両生綱無尾目ジムグリガエル科のカエル。体長2〜4cm。分布：北アメリカ。

セイブスキアシガエル
〈*Spea hammondi*〉両生綱無尾目スキアシガエル科のカエル。

セイブスキハナヘビ
〈*Chionactis occipitalis*〉爬虫綱有鱗目ヘビ亜目ナミヘビ科のヘビ。全長25〜43cm。分布：米国南西部からメキシコ北西部。

セイブダイヤガラガラヘビ
ニシダイヤガラガラの別名。

セイブニセマウス
〈*Pseudomys occidentalis*〉齧歯目ネズミ科（ネズミ亜科）。頭胴長9〜11cm。分布：オーストラリア南西部。絶滅危惧。

セイブヒキガエル
〈*Bufo boreas*〉両生綱無尾目ヒキガエル科のカエル。全長6〜12cm。分布：北アメリカ。絶滅危惧IB類。

セイブホソメクラヘビ
〈*Leptotyphlops humilis*〉爬虫綱有鱗目ホソメクラヘビ科のヘビ。

セイブリボンヘビ
〈*Thamnophis proximus*〉爬虫綱有鱗目ヘビ亜目ナミヘビ科のヘビ。全長0.7〜1.2m。分布：北, 中央アメリカ。

セイホウサンショウウオ
〈*Ranodon sibiricus*〉両生綱有尾目サンショウウオ科の動物。全長14〜21.3cm。分布：中国北西部からカザフスタン南東部までのジュンガル・アラタウ山脈。絶滅危惧II類。

セイラン 青鸞
〈*Argusianus argus*〉鳥綱キジ目キジ科の鳥。体長オス203cmまで, メス76cmまで。分布：カリマンタン島, スマトラ島, マレー半島, タイ。

セイロン
〈Ceylon〉哺乳綱奇蹄目ウマ科の動物。体高75〜90cm。分布：スリランカ。

セイロンアシナシ
〈*Ichthyophis glutinosus*〉両生綱有尾目ヌメアシナシイモリ科の動物。体長230〜370mm。分布：スリランカ。

セイロンオナガジネズミ
〈*Crocidura miya*〉哺乳綱食虫目トガリネズミ科の動物。頭胴長6.5〜8cm。分布：スリランカ。絶滅危惧IB類。

セイロンカノコモリバト
〈*Columba torringtoni*〉鳥綱ハト目ハト科の鳥。全長33〜36cm。分布：スリランカ南部。絶滅危惧II類。

セイロンガビチョウ
〈*Garrulax cinereifrons*〉スズメ目ヒタキ科（チメドリ亜科）。全長23cm。分布：スリランカ。絶滅危惧II類。

セイロンキョケイ
セイロンケヅメシャコの別名。

セイロンケヅメシャコ
〈*Galloperdix bicalcarata*〉鳥綱キジ目キジ科の鳥。別名セイロンキョケイ。体長33〜36cm。分布：スリランカ。

セイロンコビトジャコウネズミ
〈*Suncus fellowsgordoni*〉哺乳綱食虫目トガリネズミ科の動物。頭胴長5cm前後。分布：スリランカ（旧セイロン）の中央高地。絶滅危惧IB類。

セイロンサンジャク
〈*Urocissa ornata*〉鳥綱スズメ目カラス科の鳥。全長42〜47cm。分布：スリランカ。絶滅危惧II類。

セイロンジャコウネズミ
〈*Suncus zeylanicus*〉哺乳綱食虫目トガリネズミ科の動物。頭胴長11〜12cm。分布：スリランカ（旧セイロン）の中央部と南部。絶滅危惧IB類。

セイロンゾウ
〈*Elephas maximus maximus*〉哺乳綱長鼻目ゾウ科の動物。

セイロンヌメアシナシイモリ
セイロンアシナシの別名。

セイロンパイプヘビ
〈*Cylindrophis maculatus*〉爬虫綱有鱗目ミジカオヘビ科のヘビ。

セイロンバンケン
〈*Centropus chlororhynchus*〉カッコウ目カッコウ科。全長43〜46cm。分布：スリランカ南西部。絶滅危惧IB類。

セイロンメジロ
〈*Zosterops ceylonensis*〉鳥綱スズメ目メジロ科の鳥。全長11cm。分布：スリランカ。

セイロンヤケイ
〈*Gallus lafayettei*〉鳥綱キジ目キジ科の鳥。別名アカヤケイ。全長オス66〜72cm，メス36cm。分布：スリランカ。

セイロンヤマガメ
〈*Melanochelys trijuga thermalis*〉爬虫綱カメ目ヌマガメ科のカメ。

セイロンルリチョウ
〈*Myiophonus blighi*〉スズメ目ヒタキ科（ツグミ亜科）。全長20cm。分布：スリランカ南部。絶滅危惧IB類。

セオリガメ
〈*hinge-backed tortoise*〉爬虫綱カメ目リクガメ科セオリガメ属に含まれるカメの総称。

セオリガメ
ベルセオレガメの別名。

セキコ（石虎）
タイワンヤマネコの別名。

セキショクヤケイ 声良，赤色野鶏
〈*Gallus gallus*〉鳥綱キジ目キジ科の鳥。別名アカエリヤケイ。体長オス60〜80cm，メス43〜46cm。分布：東南アジア。国内では秋田県。

セキセイインコ 背黄青鸚哥
〈*Melopsittacus undulatus*〉鳥綱インコ目インコ科の鳥。体長17cm。分布：オーストラリアの内陸部一帯。

セキレイ 鶺鴒
〈*wagtail*〉広義には鳥綱スズメ目セキレイ科に属する鳥の総称で，狭義にはそのうちのセキレイ属，イワミセキレイ属の鳥をさす。全長12.5〜22cm。分布：高緯度地方や一部の大洋島を除く全世界。

セキレイ科
スズメ目。分布：全世界。

セキレイタイランチョウ
〈*Stigmatura budytoides*〉鳥綱スズメ目タイランチョウ科の鳥。体長15cm。分布：ボリビア南部，アルゼンチンの一部とブラジル東部。

セグージョ・イタリアーノ
〈*Italian Hound*〉犬の一品種。体高52〜58cm。原産：イタリア。

セグロアカネズミ
〈*Apodemus speciosus dorsalis*〉哺乳綱齧歯目ネズミ亜科の動物。

セグロアカハラショウビン
ハイガシラショウビンの別名。

セグロアジサシ 背黒鯵刺
〈*Sterna fuscata*〉アジサシ科。体長43〜45cm。分布：熱帯，亜熱帯。国内では3〜11月に小笠原諸島，南鳥島，沖縄本島，仲御神島で繁殖。

セグロアマツバメ
〈*Apus acuticauda*〉鳥綱アマツバメ目アマツバメ科の鳥。全長17cm。分布：繁殖地はインド東部。越冬地はミャンマーなど。絶滅危惧II類。

セグロイロオインコ
〈*Touit melanonota*〉鳥綱オウム目インコ科の鳥。全長15cm。分布：ブラジル南東部。絶滅危惧IB類。

セグロウミヘビ 背黒海蛇

セクロオウ

〈*Pelamis platurus*〉爬虫綱有鱗目ヘビ亜目コブラ科のヘビ。全長1～1.5m。分布：インド洋, 太平洋。国内では日本近海に広く分布する。

セグロオウゴンイカル
〈*Pheucticus aureoventris*〉鳥綱スズメ目ホオジロ科の鳥。全長21.5cm。分布：南アメリカ。

セグロオオヤブモズ　背黒大藪鵙
〈*Malaconotus alius*〉鳥綱スズメ目モズ科の鳥。全長23cm。分布：タンザニア東部。絶滅危惧IA類。

セグロカッコウ　背黒郭公
〈*Cuculus micropterus*〉鳥綱ホトトギス目ホトトギス科の鳥。全長33cm。分布：インドから東南アジア。

セグロカモメ　背黒鷗
〈*Larus argentatus*〉鳥綱チドリ目カモメ科の鳥。体長56～66cm。分布：極地, 温帯, 地中海地方。

セグロクマタカ
〈*Spizastur melanoleucus*〉鳥綱タカ目タカ科の鳥。体長53～61cm。分布：中央, 南アフリカ。

セグロサバクヒタキ　背黒砂漠鵙
〈*Oenanthe pleschanka*〉鳥綱スズメ目ヒタキ科ツグミ亜科の鳥。全長14.5cm。分布：ユーラシア大陸内陸部の黒海沿岸からモンゴル。

セグロサバクヒタキ
〈*Oenanthe pleschanka pleschanka*〉鳥綱スズメ目ツグミ科の鳥。

セグロシトド
〈*Urothraupis stolzmanni*〉鳥綱スズメ目ホオジロ科の鳥。全長17cm。分布：コロンビア, エクアドル。

セグロシマアリモズ
〈*Thamnophilus palliatus*〉鳥綱スズメ目アリドリ科の鳥。体長15cm。分布：ブラジルの大部分と, 北はコロンビアから南はボリビアまでの隣接する国々。

セグロジャッカル
〈*Canis mesomelas*〉哺乳綱食肉目イヌ科の動物。体長45～90cm。分布：アフリカ東部, 南部。

セグロシロバト　背黒白鳩
〈*Ptilinopus cinctus*〉鳥綱ハト目ハト科の鳥。全長28cm。分布：小スンダ列島からオーストラリア北部。

セグロセキレイ　背黒鶺鴒
〈*Motacilla grandis*〉鳥綱スズメ目セキレイ科の鳥。全長21cm。分布：九州以北。

セグロヒタキ
マダラヒタキの別名。

セグロフウキンチョウ
〈*Tangara peruviana*〉スズメ目ホオジロ科（フウキンチョウ亜科）。全長15cm。分布：ブラジル南東部。絶滅危惧IB類。

セグロフルマカモメ
〈*Thalassoica antarctica*〉鳥綱ミズナギドリ目ミズナギドリ科の鳥。全長40～46cm。分布：南極大陸。

セグロミズナギドリ　背黒水薙鳥
〈*Puffinus lherminieri*〉鳥綱ミズナギドリ目ミズナギドリ科の鳥。全長30cm。分布：小笠原諸島, 硫黄列島。

セグロミズナギドリ
オガサワラミズナギドリの別名。

セグロミユビゲラ
〈*Picoides arcticus*〉鳥綱キツツキ目キツツキ科の鳥。全長24cm。分布：カナダ, アメリカ西部・北部。

セグロモズガラス　背黒鵙鴉
〈*Cracticus mentalis*〉鳥綱スズメ目フエガラス科の鳥。全長28cm。分布：ニューギニア南東部, オーストラリア北部。

セグロヤイロチョウ
〈*Pitta superba*〉鳥綱スズメ目ヤイロチョウ科の鳥。全長17.5～20cm。分布：パプアニューギニアのアドミラルティ諸島のマヌス島。絶滅危惧種。

セグロレンジャクモドキ　背黒連雀擬
〈*Phainoptila melanoxantha*〉鳥綱スズメ目レンジャク科の鳥。全長22cm。分布：コスタリカ, パナマ西部。

セジマカマドドリ
〈*Thripophaga wyatti*〉カマドドリ科。体長15cm。分布：ベネズエラ北西部, コロンビア北東部, エクアドルからペルー南部。

セジマミソサザイ　背縞鷦鷯
〈*Ferminia cerverai*〉鳥綱スズメ目ミソサザイ科の鳥。体長16cm。分布：サパタ湿地（キューバ）。絶滅危惧IA類。

セジロアカゲラ

〈*Picoides villosus*〉鳥綱キツツキ目キツツキ科の鳥。体長18〜24cm。分布：アラスカおよびカナダから，南下して中央アメリカ（パナマ西部およびバハマ）まで。

セジロアカメアリドリ 背白赤目蟻鳥
〈*Pyriglena leuconota*〉鳥綱スズメ目アリドリ科の鳥。全長17cm。分布：コロンビア南東部・エクアドル東部・ペルー北部。

セジロウーリーオポッサム
〈*Caluromys derbianus*〉オポッサム目オポッサム科。頭胴長20〜25cm。分布：メキシコからコロンビア，エクアドルにかけて。絶滅危惧II類。

セジロカワセミ
〈*Ceyx argentatus*〉鳥綱ブッポウソウ目カワセミ科の鳥。全長13cm。分布：フィリピン。

セジロコゲラ
〈*Picoides pubescens*〉鳥綱キツツキ目キツツキ科の鳥。全長17cm。分布：カナダ南部，アメリカ。

セジロゴシキドリ
〈*Capito hypoleucus*〉鳥綱キツツキ目ゴシキドリ科の鳥。全長17cm。分布：コロンビア北部。絶滅危惧IB類。

セジロスカンク
〈*Mephitis macroura*〉哺乳綱食肉目イタチ科の動物。分布：アメリカ合衆国南西部。

セジロタヒバリ 背白田鶲, 背白田雲雀
〈*Anthus gustavi*〉鳥綱スズメ目セキレイ科の鳥。全長14cm。分布：シベリア北部，コマンドル諸島・ウスリー地方・中国北東部。

セジロツバメ 背白燕
〈*Cheramoeca leucosternum*〉鳥綱スズメ目ツバメ科の鳥。体長15cm。分布：オーストラリア南，東，西部。

セジロミソサザイ
〈*Telmatodytes palustris*〉鳥綱スズメ目ミソサザイ科。

セジロミソサザイ
ハシナガヌマミソサザイの別名。

セジロルリムシクイ
〈*Malurus leuconotus*〉鳥綱スズメ目ヒタキ科ゴウシュウムシクイ亜科の鳥。全長14.5cm。分布：オーストラリア。

セジロイタチ
〈*Mustela strigidorsa*〉哺乳綱食肉目イタチ科の動物。頭胴長25〜32.5cm。分布：ネパール，ブータン，インド東部，ミャンマー，タイ，ベトナム，中国の雲南省と広西壮族自治区。絶滅危惧II類。

セスジウーリーオポッサム
〈*Caluromysiops irrupta*〉オポッサム目オポッサム科。体長21〜26cm。分布：南アメリカ西部。絶滅危惧II類。

セスジカッコウ
〈*Tapera naevia*〉鳥綱ホトトギス目ホトトギス科の鳥。全長30cm。分布：中央アメリカ，南アメリカ。

セスジキヌゲネズミ
〈*Cricetulus barabensis*〉哺乳綱齧歯目ネズミ科の動物。

セスジキノボリカンガルー
〈*Dendrolagus goodfellowi shawmayeri*〉二門歯目カンガルー科。頭胴長57.4〜62.5cm。分布：ニューギニア島。絶滅危惧。

セスジゴナトデスヤモリ
〈*Gonatodes vittatus*〉体長7〜7.5cm。分布：カリブ諸島南部，トリニダード。

セスジコヨシキリ
〈*Acrocephalus sorghophilus*〉スズメ目ヒタキ科（ウグイス亜科）。全長12〜13cm。分布：繁殖地は中国の遼寧省，河北省。越冬地は中国南部。絶滅危惧II類。

セスジスナガエル
〈*Tomopterna cyptotis*〉両生綱無尾目アカガエル科のカエル。体長50mm。分布：サハラ砂漠以南のアフリカの乾燥地帯に広く分布。南アフリカ共和国のケープ地方にはいない。

セスジダイカー
〈*Cephalophus dorsalis*〉ウシ科ダイカー属。体長70〜100cm。分布：ギニア・ビサウからザイール，アンゴラ。

セスジトガリネズミ
〈*Sorex cylindricauda*〉哺乳綱食虫目トガリネズミ科の動物。頭胴長7〜7.7cm。分布：中国の四川省中央部の標高3000mの山地。絶滅危惧IB類。

セスジネズミ 背筋鼠
〈*Apodemus agrarius*〉哺乳綱齧歯目トガリネズミ科の動物。頭胴長130.1mm。分布：朝鮮半島，中国の華南・華北・東北部，台湾，ヨー

ロッパ大陸。国内では尖閣諸島の魚釣島。

セスジハウチワドリ
〈*Prinia gracilis*〉鳥綱スズメ目ヒタキ科の鳥。体長13cm。分布：エジプトやソマリアから中東, インド。

セスジハツカネズミ
〈*Muriculus imberbis*〉齧歯目ネズミ科（ネズミ亜科）。分布：エチオピアの高地, 標高1900〜3400mの地帯。絶滅危惧II類。

セスジバブアクイナ
〈*Rallicula leucospila*〉鳥綱ツル目クイナ科の鳥。全長22cm。分布：ニューギニア。

セスジリングテイル
〈*Pseudochirops albertisii*〉二門歯目リングテイル科。頭胴長オス32.5〜33.9cm, メス28.9〜34cm。分布：ニューギニア島北部と西部, インドネシアのヤーペン島。絶滅危惧種。

セタローコビトカメレオン
〈*Bradypodion setaroi*〉爬虫綱トカゲ目（トカゲ亜目）カメレオン科の動物。頭胴長4.5〜5.9cm。分布：南アフリカ共和国東部。隣接するモザンビーク南西部にも分布するのではないかと予想されるが, 確認はされていない。絶滅危惧IB類。

セチュラギツネ
〈*Dusicyon sechurae*〉イヌ科クルペオギツネ属。体長53〜59cm。分布：北ペルーおよび南エクアドル。

セッカ 雪下, 雪加
〈*Cisticola juncidis*〉鳥綱スズメ目ウグイス科の鳥。体長10cm。分布：連続していないが, 地中海沿岸地方, フランス西部, サハラ以南のアフリカ, インド, スリランカ, 東南アジア, インドネシア, オーストラリア北部。国内では本州以南の低地から山地の草原にすみ, 冬はやや南下する。

セッカカマドドリ 雪加竈鳥
〈*Phleocryptes melanops*〉鳥綱スズメ目カマドドリ科の鳥。全長13cm。分布：チリ南部・ボリビア南部・ペルー・アルゼンチン。

セツザルヤマネ
〈*Myomimus setzeri*〉哺乳綱齧歯目ヤマネ科の動物。頭胴長6〜11cm。分布：イラン北東部。絶滅危惧IB類。

セッター
〈*Canis familiaris*〉犬の一品種。

セッター
イングリッシュ・セッターの別名。

セッパリイルカ 背張海豚
〈*Cephalorhynchus hectori*〉哺乳綱クジラ目マイルカ科の動物。別名リトル・パイド・ドルフィン, ニュージーランド・ドルフィン, ニュージーランド・ホワイトフロント・ドルフィン。1.2〜1.5m。分布：ニュージーランドの特に南島の沿岸海域と, 北島の西岸。絶滅危惧II類。

ゼテクガエル
ゼテクヤセヒキガエルの別名。

ゼテクガエル
ヤセヤドクガエルの別名。

ゼテクヤセヒキガエル
〈*Atelopus zeteki*〉両生綱無尾目プロコエラ亜目アテロプス科アテロプス属。体長3.5〜6cm。分布：中央アメリカ南部（パナマ）。絶滅危惧IB類と推定。

セドロスウッドラット
〈*Neotoma bryanti*〉齧歯目ネズミ科（アメリカネズミ亜科）。頭胴長20〜22cm。分布：メキシコのセドロス島。絶滅危惧IB類。

ゼニガタアザラシ 銭形海豹
〈*Phoca vitulina*〉哺乳綱鰭脚目アザラシ科の動物。別名陸上繁殖型ゴマフアザラシ。体長1.4〜1.9m。分布：北大西洋, 北太平洋。国内では道東沿岸から千島, アリューシャン列島。絶滅危惧。

ゼニガメ 銭亀
爬虫綱カメ目ヌマガメ科に属し, 本州, 四国, 九州および対馬などの離島に産するニホンイシガメ *Mauremys japonica* の子ガメの呼称。

セネガルアルキガエル
セネガルガエルの別名。

セネガルガエル
〈*Kassina senegalensis*〉両生綱無尾目クサガエル科のカエル。体長45mm以下。分布：熱帯アフリカのサバンナ地帯全域。セネガルからカメルーンを経て東はケニアまで, 南はナミビア, 南アフリカ共和国まで。

セネガルカメレオン
ツブシキカメレオンの別名。

セネガルガラゴ
ショウガラゴの別名。

セネガルグンディ
〈*Felovia vae*〉哺乳綱齧歯目（ヤマアラシ亜目）グンディ科の動物。頭胴長17〜23cm。分布：モーリタニア，セネガル東部，マリ西部など。絶滅危惧II類。

セネガルショウノガン
〈*Eupodoitis senegalensis*〉鳥綱ツル目ノガン科の鳥。別名シロハラノガン。全長61cm。分布：セネガルからスーダン，エチオピア，ソマリア，ケニア，タンザニア。

セネガルショウビン
〈*Halcyon senegalensis*〉鳥綱ブッポウソウ目カワセミ科の鳥。全長20cm。分布：アフリカ。

セネガル・ドルフィン
クライメンイルカの別名。

セネガルバンケン
〈*Centropus senegalensis*〉鳥綱ホトトギス目ホトトギス科の鳥。別名ヒメズグロシロハラバンケン。全長40cm。分布：アフリカ。

セネガル・フラニ
〈*Senegal Fulani*〉牛の一品種。

セバストポール
〈*Sebastopol*〉ガチョウの一品種。分布：英国。

ゼブー
コブウシの別名。

セブイボイノシシ
〈*Sus cebifrons*〉哺乳綱偶蹄目イノシシ科の動物。頭骨平均29.9cm，近縁種のサイズ：頭胴長85〜105cm。分布：フィリピンのパナイ島，ギマラス島，セブ島，ネグロス島，シキホール島。絶滅危惧IA類。

セブシキチョウ
〈*Copsychus cebuensis*〉スズメ目ヒタキ科（ツグミ亜科）。全長20cm。分布：フィリピンのセブ島。絶滅危惧IB類。

セブヒヨドリ
ヤブヒヨドリの別名。

ゼブラ
シマウマの別名。

セーブルアンテロープ
〈*Hippotragus niger*〉哺乳綱偶蹄目ウシ科の動物。体長1.9〜2.7m。分布：アフリカ東部から南東部。

ゼブロース
〈*Equus burchelli* × *Equus caballus*〉シマウマの雄とウマの雌を掛け合わせた動物。

セボシアリモズ　背星蟻鵙
〈*Hypoedaleus guttatus*〉鳥綱スズメ目アリドリ科の鳥。全長19cm。分布：ブラジル・パラグアイ東部・アルゼンチン北東部。

セボシカンムリガラ
〈*Parus spilonotus*〉鳥綱スズメ目シジュウカラ科の鳥。体長14cm。分布：ネパール，ミャンマー，タイ，中国南部。

セボシクイナ　背星秧鶏
〈*Micropygia schomburgkii*〉鳥綱ツル目クイナ科の鳥。別名ナンベイヒクイナ。全長14cm。分布：ギアナ，ベネズエラ・コロンビア，ボリビア。

ゼマイトカ
〈*Zemaituka*〉馬の一品種。体高133〜135cm。原産：リトアニア共和国。

セマダラタマリン
〈*Saguinus fuscicollis*〉マーモセット科タマリン属。分布：ブラジル，ボリビア，ペルー，エクアドル。

セマルハコガメ　背丸箱亀，八重山背丸箱亀
〈*Cistoclemmys flavomarginata*〉爬虫綱カメ目ヌマガメ科のカメ。甲長最大17cm。分布：八重山群島の西表島と石垣島。国外では中国南部，台湾。絶滅危惧IB類，天然記念物。

セマルムツアシ
〈*Manouria emys*〉爬虫綱カメ目リクガメ科のカメ。別名エミスムツアシガメ，セマルムツアシガメ。背甲長最大60cm。分布：インド西部からベトナム南部，南へはマレー半島，スマトラ，ボルネオまで。絶滅危惧II類。

セミイルカ　背美海豚
〈*Lissodelphis borealis*〉哺乳綱クジラ目マイルカ科の動物。別名パシフィック・ライトホエール・ポーパス。2〜3m。分布：北太平洋北部の冷たく深い温帯海域。

セミクジラ　南背美鯨，背乾鯨，背美鯨
〈*Balaena glacialis*〉哺乳綱クジラ目セミクジラ科のクジラ。別名ブラック・ライト・ホエール，ライト・ホエール，ビスケイアン・ライト・ホエール。11〜18m。分布：南北両半球の温帯と極地地方の寒冷な水域。絶滅危惧IB類。

セミサンショウクイ　蟬山椒喰
〈*Coracina tenuirostris*〉鳥綱スズメ目サン

セミトリキ
ショウクイ科の鳥。全長25cm。分布：スラウェシ島・ニューギニア・オーストラリア北部・東部，ソロモン諸島。

セミドリキリハシ
〈Galbula pastazae〉鳥綱キツツキ目キリハシ科の鳥。全長23cm。分布：コロンビア，エクアドル。絶滅危惧II類。

ゼメリングガゼル
〈Gazella soemmerringi〉哺乳綱偶蹄目ウシ科の動物。頭胴長120～150cm。分布：ヌビアからエリトリア，エチオピア，ソマリア。絶滅危惧II類。

セラスマングース
〈Paracynictis selousi〉哺乳綱食肉目ジャコウネコ科の動物。体長45cm。分布：アンゴラ南部，ナミビア北部，ボツワナ北部，ザンビア南部，ジンバブウェ，南アフリカ北部，モザンビーク。

セラダン
ガウルの別名。

セラムオオコウモリ
〈Pteropus ocularis〉哺乳綱翼手目オオコウモリ科の動物。前腕長13～14cm。分布：インドネシアのモルッカ諸島南部のブル島，セラム島。絶滅危惧II類。

セリン
〈Serinus serinus〉鳥綱スズメ目アトリ科の鳥。別名セリンヒワ。体長12cm。分布：ヨーロッパの大陸地域のほとんど，地中海の島々，アフリカ北部，トルコ。

セリンヒヨドリ
〈Calyptocichla serina〉鳥綱スズメ目ヒヨドリ科の鳥。別名キバラヒヨドリ。翼長90mm。分布：シエラレオネ，ガボン，ザイール北部。

セリンヒワ
セリンの別名。

セルカーク・レックス
〈Selkirk Rex〉猫の一品種。原産：アメリカ。

セルトシノ
〈Certosino〉馬の一品種。体高155cm。原産：スペイン。

セル・フランセ
〈Selle Français〉哺乳綱奇蹄目ウマ科の動物。小型：153cm未満，中型：153～161cm，大型：161cm以上。原産：フランス。

セル・フランセ
アングロ・ノルマンの別名。

セレベスイノシシ
〈Sus celebensis〉哺乳綱偶蹄目イノシシ科の動物。分布：スラウェシ島。

セレベスイボイノシシ
セレベスイノシシの別名。

セレベスクイナ
〈Aramidopsis plateni〉鳥綱ツル目クイナ科の鳥。全長29cm。分布：スラウェシ（セレベス）島。絶滅危惧II類。

セレベスコノハズク
〈Otus manadenis〉鳥綱フクロウ目フクロウ科の鳥。全長22cm。

セレベスツカツクリ
〈Macrocephalon maleo〉鳥綱キジ目ツカツクリ科の鳥。別名オオガシラツカツクリ。全長56cm。分布：スラウェシ（セレベス）島。絶滅危惧II類。

セレベスナガレネズミ
〈Crunomys celebensis〉齧歯目ネズミ科（ネズミ亜科）。頭胴長11.5～13cm。分布：インドネシアのスラウェシ島。絶滅危惧IB類。

セレベスバト
〈Cryptophaps poecilorrhoa〉鳥綱ハト目ハト科の鳥。全長45cm。分布：スラウェシ（セレベス）島北部・南東部。

セレベスパームシベット
〈Macrogalidia musschenbroekii〉哺乳綱食肉目ジャコウネコ科の動物。頭胴長71.5cm。分布：インドネシアのスラウェシ島。絶滅危惧II類。

セレベスヒゲナシヨタカ
〈Eurostopodus diabolicus〉鳥綱ヨタカ目ヨタカ科の鳥。全長26cm。分布：インドネシアのスラウェシ島。絶滅危惧II類。

セレベスマメリス
〈Prosciurillus abstrusus〉哺乳綱齧歯目リス科の動物。属としてのサイズ：頭胴長10～18cm。分布：インドネシアのスラウェシ島の中央部と南東部。絶滅危惧II類。

セレベスメガネザル
スラウェシメガネザルの別名。

セレベスヤマスイギュウ
アノアの別名。

セレベスヤマヒタキ
〈*Ficedula bonthaina*〉スズメ目ヒタキ科（ヒタキ亜科）。全長10〜11cm。分布：インドネシアのスラウェシ島。絶滅危惧IB類。

セレベスヤワゲネズミ
〈*Eropeplus canus*〉齧歯目ネズミ科（ネズミ亜科）。頭胴長19.5〜24cm。分布：インドネシアのスラウェシ島。絶滅危惧IB類。

セレボン
〈*Cirebon*〉分布：インドネシア。

セワタビタキ
鳥綱スズメ目ヒタキ科の鳥。体長8〜16cm。

センカクモグラ 尖閣土竜
〈*Nesoscaptor uchidai*〉哺乳綱食虫目モグラ科の動物。頭胴長13cm。分布：尖閣諸島の魚釣島。絶滅危惧IB類。

センザンコウ 耳穿山甲，穿山甲
〈*Manis pentadactyla*〉哺乳綱有鱗目センザンコウ科の動物。体長54〜80cm。分布：東アジアから東南アジアにかけて。

センザンコウ 耳穿山甲，穿山甲
〈*pangolin*〉体が角質のうろこでおおわれた有鱗目センザンコウ科Manidaeに属する哺乳類の総称。

ゼンジョウナガオドリ 墠上長尾鶏
〈*Ruanshan Long-tailed Fowl*〉分布：中国，河北省北部。

センダイムシクイ 仙台虫喰，仙台虫食
〈*Phylloscopus coronatus*〉鳥綱スズメ目ヒタキ科ウグイス亜科の鳥。全長12.5cm。分布：中央アジア，アフガニスタン。国内では九州以北の低山の落葉広葉樹林に夏鳥として渡来。

セントアンドルーモズモドキ
〈*Vireo caribaeus*〉鳥綱スズメ目モズモドキ科の鳥。全長12.5cm。分布：コロンビア領サン・アンドレス島。絶滅危惧IA類。

セントクロイアメイバ
〈*Ameiva polops*〉爬虫綱トカゲ目（トカゲ亜目）テュートカゲ科のトカゲ。頭胴長6〜7cm。分布：アメリカ領ヴァージン諸島。絶滅危惧IA類。

セント・バーナード
〈*Saint Bernard*〉哺乳綱食肉目イヌ科の動物。体高61〜71cm。分布：スイス。

セントヒューバート・ジュラ・ハウンド
〈*St.Hubert Jura Hound*〉犬の一品種。

セントビンセントコメネズミ
〈*Oligoryzomys victus*〉齧歯目ネズミ科（アメリカネズミ亜科）。頭胴長9.6cm。分布：セントビンセントおよびグレナディーン諸島。絶滅危惧IB類。

セントビンセントブラックスネーク
〈*Chironius vincenti*〉爬虫綱トカゲ目（ヘビ亜目）ナミヘビ科のヘビ。頭胴長70〜76cm。分布：セントビンセント・グレナディーン諸島。絶滅危惧IA類。

セントヘレナチドリ
〈*Charadrius sanctaehelenae*〉鳥綱チドリ目チドリ科の鳥。全長15cm。分布：イギリス領セント・ヘレナ島。絶滅危惧IB類。

セントラル・アジア・オーチャッカ
ロシアン・シープドッグの別名。

セントラル・エィジアン・シープドッグ
〈*Central Asian Sheepdog*〉犬の一品種。

セントルシアアメリカムシクイ
〈*Leucopeza semperi*〉鳥綱スズメ目アメリカムシクイ科の鳥。全長15cm。分布：セントルシア島。絶滅危惧IA類。

セントルシアクロシトド
〈*Melanospiza richardsoni*〉鳥綱スズメ目ホオジロ科の鳥。全長13.5〜14cm。分布：セントルシア島。

セントルシアハシリトカゲ
〈*Cnemidophorus vanzoi*〉爬虫綱トカゲ目（トカゲ亜目）テュートカゲ科のトカゲ。頭胴長オス10〜12cm，メス8〜9.5cm。分布：セントルシアのマリア諸島。絶滅危惧II類。

セントルシアボウシ
イロマジリボウシインコの別名。

セントルシアレーサー
〈*Liophis ornatus*〉爬虫綱トカゲ目（ヘビ亜目）ナミヘビ科のヘビ。頭胴長55〜124cm。分布：セントルシア。絶滅危惧IB類。

センニュウ 仙入
〈*grasshopper warbler*〉鳥綱スズメ目ヒタキ科ウグイス亜科センニュウ属に含まれる鳥の総称。

ゼンマイトカゲ
〈*Leiocephalus carinatus*〉爬虫綱有鱗目イグアナ科の動物。

センメリングガゼル
ゼメリングガゼルの別名。

【ソ】

ゾー
〈*Dzo*〉ヤクとウシの雑種。分布：中国。

ソアイ
〈*Soay*〉ヒツジの一品種。体高56cm。分布：スコットランド・ソアイ島。

ゾウ　象
〈*elephant*〉哺乳綱長鼻目ゾウ科に属する動物の総称。

ゾウアザラシ　象海豹
〈*elephant seal*〉哺乳綱鰭脚目アザラシ科ゾウアザラシ属に含まれる動物の総称。

ゾウガメ　象亀
〈*giant tortoise*〉陸生では最大のリクガメ科 Testudinidaeのカメ。

ゾウゲカモメ　象牙鷗
〈*Pagophila eburnea*〉鳥綱チドリ目カモメ科の鳥。体長40～46cm。分布：高緯度北極圏の島々や海岸。絶滅危惧II類と推定。

ソウゲンオオカミ
コヨーテの別名。

ソウゲンコウギュウ　草原紅牛
〈*Steppe Red*〉牛の一品種。分布：中国北部の内蒙古自治区,吉林,遼寧,河北の各省。

ソウゲンノジコ
〈*Embernagra platensis*〉鳥綱スズメ目ホオジロ科の鳥。全長21.5cm。分布：南アメリカ中南部から中東部。

ソウゲンハヤブサ
〈*Falco mexicanus*〉鳥綱ワシタカ目ハヤブサ科の鳥。全長40～48cm。分布：カナダ南西部・アメリカ西部・メキシコ北西部。

ソウゲンライチョウ　草原雷鳥
〈*Tympanuchus cupido*〉ライチョウ科。体長43～48cm。分布：カナダ南中部からメキシコ湾。絶滅危惧種。

ソウシチョウ　想思鳥,相思鳥
〈*Leiothrix lutea*〉チメドリ科。体長13cm。分布：ヒマラヤ地方,ミャンマー,中国南部。

ゾウチョ　蔵猪
〈*Tibetan Pig*〉分布：チベット高原。

ソウチョウルイ（早走類）
ダチョウ目の別名。

ゾウヨウ　蔵羊
〈*Tibetan Sheep*〉羊の一品種。分布：チベット。

ソコト
〈*Sokoto*〉牛の一品種。

ソコトラセッカ
〈*Cisticola haesittatus*〉スズメ目ヒタキ科（ウグイス亜科）。全長12cm。分布：イエメンのソコトラ島。絶滅危惧II類。

ソコトラテリムク
〈*Onychognathus frater*〉鳥綱スズメ目ムクドリ科の鳥。全長25cm。分布：イエメンのソコトラ島。絶滅危惧II類。

ソコトラホオジロ
〈*Emberiza socotrana*〉鳥綱スズメ目ホオジロ科の鳥。別名ソコトラヤマシトド。全長13cm。分布：イエメンのソコトラ島。絶滅危惧II類。

ソコトラヤマシトド
ソコトラホオジロの別名。

ソコルスク
馬の一品種。体高153～163cm。原産：ポーランド。

ソコロクサビオインコ
〈*Aratinga brevipes*〉鳥綱オウム目インコ科の鳥。別名オキノテリハメキシコ。全長31～33cm。分布：メキシコのレビジャヒヘド諸島のソコロ島。絶滅危惧II類。

ソコロマネシツグミ
〈*Mimodes graysoni*〉鳥綱スズメ目マネシツグミ科の鳥。全長27cm。分布：ソコロ島。絶滅危惧IB類。

ソシエテマミムナジロバト
〈*Gallicolumba erythroptera*〉鳥綱ハト目ハト科の鳥。全長25cm。分布：フランス領ポリネシアのトゥアモトゥ諸島。絶滅危惧IA類。

ソーシュルハナナガコウモリ
〈*Leptonycteris curasoae*〉哺乳綱翼手目ヘラコウモリ科の動物。前腕長5cm。分布：アメリカ合衆国アリゾナ州南部からメキシコ,エルサルバドル,コロンビア,ベネズエラにかけて。絶滅危惧II類。

ソディーエンガノクマネズミ

〈*Rattus adustus*〉齧歯目ネズミ科（ネズミ亜科）。頭胴長18cm。分布：インドネシアのエンガノ島。絶滅危惧II類。

ソデグロガラス 袖黒鴉
〈*Zavattriornis stresemanni*〉鳥綱スズメ目カラス科の鳥。全長28cm。分布：エチオピア南部。絶滅危惧II類。

ソデグロヅル 袖黒鶴
〈*Grus leucogeranus*〉鳥綱ツル目ツル科の鳥。体長120〜140cm。分布：シベリア北部の2地域で繁殖。カスピ海周辺、インドや、おそらく中国でも越冬。絶滅危惧IA類。

ソデグロバト 袖黒鳩
〈*Ducula bicolor*〉鳥綱ハト目ハト科の鳥。全長40cm。分布：フィリピン，マルク諸島，大スンダ列島，ボルネオ島。

ソデジロインコ 袖白鸚哥
〈*Brotogeris versicolurus chiriri*〉鳥綱オウム目インコ科の鳥。全長22cm。分布：南アメリカ，アルゼンチン北部・パラグアイ。

ソトイワトカゲ
〈*Egernia frerei*〉スキンク科。全長40cm。分布：オーストラリア北東部の沿岸部をヨーク半島北端までと、トレスストレイトの島々、ニューギニア南部のごく一部。

ソートンピークアマガエル
〈*Litoria lorica*〉両生綱無尾目アマガエル科のカエル。体長オス3〜3.2cm，メス3.3〜3.7cm。分布：オーストラリア北東部。絶滅危惧種。

ソナンサンショウウオ
〈*Hynobius sonani*〉両生綱有尾目サンショウウオ科の動物。体長98〜129mm。分布：台湾中央山脈。

ソノラスキハナヘビ
〈*Chionactis palarostris*〉爬虫綱有鱗目ナミヘビ科のヘビ。

ソノラドロガメ
〈*Kinosternon sonoriense*〉爬虫綱カメ目ドロガメ科のカメ。背甲長最大17.5cm。分布：アメリカ合衆国南西部からメキシコ北部にかけて。絶滅危惧II類。

ソノラヒキガエル
ソノラミドリヒキガエルの別名。

ソノラプロングホーン
〈*Antilocapra americana sonoriensis*〉哺乳綱偶蹄目プロングホーン科の動物。

ソノラミドリヒキガエル
〈*Bufo retiformis*〉両生綱無尾目ヒキガエル科のカエル。体長38〜57mm。分布：メキシコのソノラ州中西部から合衆国アリゾナ州中西部まで。

ソバオシキ
ムササビの別名。

ソビエトジュウバンバ ソビエト重輓馬
〈*Soviet Heavy Draft Horse*〉馬の一品種。体高160cm。原産：旧ソ連。

ソフトコーテッド・ウィートン・テリア
〈*Soft-coated Wheaten Terrier*〉イヌの一品種。体高46〜48cm。原産：アイルランド。

ソマリ
〈*Somali*〉猫の一品種。原産：アメリカ。

ソマリアヒバリ
〈*Mirafra ashi*〉鳥綱スズメ目ヒバリ科の鳥。全長14cm。分布：ソマリア南部。絶滅危惧IB類。

ソマリアヤブヒバリ
〈*Mirafra somalica*〉鳥綱スズメ目ヒバリ科の鳥。全長16cm。分布：ソマリア。

ソマリアヤブモズ
〈*Laniarius liberatus*〉鳥綱スズメ目モズ科の鳥。全長18cm。分布：ソマリア中央部。絶滅危惧IA類。

ソマリーシャコ
〈*Francolinus ochropectus*〉鳥綱キジ目キジ科の鳥。全長33cm。分布：ジブチのコダ山，マブラ山のたいへん狭い地域。絶滅危惧IA類。

ソマリスナネズミ
〈*Ammodillus imbellis*〉齧歯目ネズミ科（アレチネズミ亜科）。頭胴長8.5〜10.5cm。分布：エチオピア南部，ソマリア。絶滅危惧II類。

ソマリノロバ
〈*Equus africanus somalicus*〉哺乳綱奇蹄目ウマ科の動物。

ソマリハネジネズミ
〈*Elephantulus revoili*〉ハネジネズミ目ハネジネズミ科。分布：ソマリア北部。絶滅危惧IB類。

ソマリヒメキンモグラ
〈*Chlorotalpa tytonis*〉哺乳綱食虫目キンモグラ科の動物。分布：ソマリア。絶滅危惧IA類。

ソマリヒメ

ソマリーヒメモリバト
〈Columba oliviae〉鳥綱ハト目ハト科の鳥。全長28cm。分布：ソマリア北東部。絶滅危惧II類。

ソムンクラガエル
〈Somuncuria somuncurensis〉両生綱無尾目カエル目ユビナガガエル科のカエル。体長オス2.8～3.5cm、メス3～4.4cm。分布：アルゼンチン中部。絶滅危惧IB類。

ソメワケクサビオモモンガ
〈Hylopetes alboniger〉哺乳綱齧歯目リス科の動物。属としてのサイズ：頭胴長11～33cm。分布：ネパール、ヒマラヤ東部とインド北東部のアッサム州から、中国の四川省、雲南省、海南島とインドシナ半島にかけて。絶滅危惧IB類。

ソメワケササクレヤモリ
〈Paroedura pictus〉爬虫綱有鱗目トカゲ亜目ヤモリ科の動物。全長12～15cm。分布：マダガスカル南部・西部。

ソメワケダイカー
〈Cephalophus jentinki〉哺乳綱偶蹄目ウシ科の動物。別名カタジロダイカー。頭胴長135cm。分布：リベリアのいくつかの地域、コートジボアールの南西部、シエラレオネに限られる。絶滅危惧II類。

ソライア
〈Sorraia〉馬の一品種。体高132cm。原産：スペイン、ポルトガル。

ソライア・ポニー
馬の一品種。120～130cm。

ソライロノジコ
〈Passerina glaucocaerulea〉鳥綱スズメ目ホオジロ科の鳥。全長15cm。分布：ブラジル南部・ウルグアイ・アルゼン。

ソライロヒタキ
〈Elminia longicauda〉カササギビタキ科。体長14cm。分布：アフリカ西部から東はケニア、南はアンゴラまで地域。

ソライロフウキンチョウ
〈Thraupis episcopus〉鳥綱スズメ目ホオジロ科の鳥。全長18cm。分布：中央アメリカからボリビア。

ソーラーグエノン
〈Cercopithecus solatus〉哺乳綱霊長目オナガザル科の動物。分布：ガボン中央部のアベイユ森林とロペ保護区。絶滅危惧II類。

ソリガメ
〈Chersina angulata〉爬虫綱カメ目リクガメ科のカメ。最大甲長オス30cm、メス16cm。分布：アフリカ南部（ナミビアおよび南アフリカ共和国）。

ソリヅノオリックス
シロオリックスの別名。

ソリハシカマドドリ 反嘴竈鳥
〈Megaxenops parnaguae〉鳥綱スズメ目カマドドリ科の鳥。全長14cm。分布：ブラジル東部。絶滅危惧II類。

ソリハシシギ 反嘴鷸
〈Xenus cinereus〉鳥綱チドリ目シギ科の鳥。全長23cm。分布：ユーラシア大陸北部。

ソリハシセイタカシギ 反嘴丈高鷸, 反嘴背高鷸
〈Recurvirostra avosetta〉鳥綱チドリ目セイタカシギ科の鳥。体長42～45cm。分布：ユーラシア中・西部で繁殖、主にアフリカと中東で越冬。

ソリハシハチドリ
〈Opisthoprora euryptera〉鳥綱アマツバメ目ハチドリ科の鳥。全長11.5cm。分布：コロンビア、エクアドル北西部。

ソリハシヤブアリドリ 反嘴藪蟻鳥
〈Clytoctantes alixii〉鳥綱スズメ目アリドリ科の鳥。全長16cm。分布：ベネズエラ北西部からコロンビア北部。絶滅危惧IB類。

ソリハナハブ
〈Porthidium nasutum〉爬虫綱有鱗目ヘビ亜目クサリヘビ科のヘビ。全長40cm以下。分布：メキシコ東部からエクアドル北部まで。

ゾリラ
〈Ictonyx striatus〉肛門線から強い悪臭のある物質を発するスカンクに似たアフリカ産の食肉目イタチ科の哺乳類。体長28～38cm。分布：西アフリカ、東アフリカからアフリカ南部にかけて。

ゾリラモドキ
アフリカシマイタチの別名。

ソレノドン
〈solenodon〉哺乳綱食虫目ソレノドン科に属する動物の総称。

ソレンクロシロマダラウシ ソ連黒白斑牛
〈Russian Black and White〉牛の一品種。

ソロモンウミワシ
〈Haliaeetus sanfordi〉鳥綱タカ目タカ科の鳥。全長70～90cm。分布：パプアニューギニアのブーゲンヴィル島とブカ島, ソロモン諸島。絶滅危惧種。

ソロモンカグラコウモリ
〈Anthops ornatus〉翼手目キクガシラコウモリ科（カグラコウモリ亜科）。前腕長4.8cm～5cm。分布：ソロモン諸島。絶滅危惧種。

ソロモンキツネオオコウモリ
〈Pteralopex anceps〉哺乳綱翼手目オオコウモリ科の動物。前腕長14～17cm。分布：ソロモン諸島のショワズール島, ブーゲンヴィル島。絶滅危惧種。

ソロモンツノガエル
ハナトガリガエルの別名。

ソロモンネズミ
〈Solomys ponceleti〉齧歯目ネズミ科（ネズミ亜科）。頭胴長33cm。分布：ソロモン諸島のブーゲンヴィル島。絶滅危惧。

ソロモンバト
〈Gallicolumba salamonis〉鳥綱ハト目ハト科の鳥。全長25cm。分布：ソロモン諸島のラモス島とサン・クリストバル島。絶滅危惧種。

ソロモンミカドバト
〈Ducula brenchleyi〉鳥綱ハト目ハト科の鳥。全長40cm。分布：ソロモン諸島。絶滅危惧。

【タ】

ダイアデムシファカ
カンムリシファカの別名。

ダイアナサシオコウモリ
〈Emballonura dianae〉哺乳綱翼手目サシオコウモリ科の動物。前腕長4.6～4.7cm。分布：ソロモン諸島のレンネル島, マライタ島。絶滅危惧種。

ダイアナモンキー
〈Cercopithecus diana〉哺乳綱霊長目オナガザル科の動物。頭胴長オス57cm, メス44.5cm。分布：シエラレオネ, リベリア, コートジボアール, ガーナ, ギニアの南端。絶滅危惧II類。

ダイイシチョ　大囲子猪
〈Daweizi Pig〉分布：中国, 湖南省長沙県の大托舗。

タイウシ　タイ牛
〈Thai〉牛の一品種。

タイオオガタザイライブタ　タイ大型在来豚
〈Large-Thai native pig〉豚の一品種。70cm。分布：タイ。

ダイカー
〈duiker〉哺乳綱偶蹄目ウシ科ダイカー属に含まれる動物の総称。

タイガーサラマンダー
〈Ambystoma tigrinum〉マルクチサラマンダー（トラフサンショウウオ）科。別名トラフサンショウウオ。体長18～25cm。分布：北アメリカ。

タイガーシベット
〈Hemigalus derbyanus〉哺乳綱食肉目ジャコウネコ科の動物。体長53cm。分布：ビルマの半島部, 西マレーシア, スマトラ, ボルネオ, シポラ島, 南パガイ島。

タイガースネーク
〈Notechis scutatus〉爬虫綱有鱗目ヘビ亜目コブラ科のヘビ。全長1.2～2.1m。分布：オーストラリア。

タイカチョ　大河猪
〈Dahe Pig〉分布：雲南省, 貴州省および四川省。

タイカハクチョ　大花白猪
〈Large Black-White Pig〉分布：広東省広州市南西。

タイカンチョウ　戴冠鳥
〈Garrulax chinensis〉鳥綱スズメ目ヒタキ科チメドリ亜科の鳥。

ダイクーズー
クーズーの別名。

タイクビワコウモリ
〈Eptesicus demissus〉哺乳綱翼手目ヒナコウモリ科の動物。前腕長4.2cm。分布：タイ南西部。絶滅危惧II類。

タイケダー
〈Thai-Kedah〉牛の一品種。

タイコウチザイライヤギ　タイ高地在来山羊
〈Native goat-Thailand（highland）〉分布：タイ。

タイコガシラスッポン
〈Chitra chitra〉爬虫綱カメ目スッポン科のカメ。背甲長最大140cm。分布：タイ西部。絶滅危惧IA類。

タイコガタザイライブタ　タイ小型在来豚

タイコクシ

〈Small-Thai native pig〉豚の一品種。50cm。
分布：タイ。

ダイコクシュ（大黒種）
ラージ・ブラックの別名。

ダイコクネズミ
哺乳綱齧歯目ネズミ科の動物。

ダイコクネズミ
ラットの別名。

タイコブラ
〈Naja kaouthia〉爬虫綱有鱗目ヘビ亜目コブラ科のヘビ。全長135～150cm。分布：インドとネパールの東部から、タイ、マレー半島の北部、中国（雲南）。

タイゴン
〈tigon〉哺乳綱食肉目ネコ科の動物。

タイザイライウシ タイ在来牛
〈Native cattle-Thailand〉肩高オス115cm、メス105cm。分布：タイ。

タイザイライバ タイ在来馬
〈Native horse-Thailand〉オス117.01cm、メス114.69cm。分布：タイ国。

タイザイライヤギ タイ在来山羊
〈Native goat-Thailand（lowland）〉分布：タイ。

ダイサギ 大鷺，中大鷺
〈Egretta alba〉鳥綱コウノトリ目サギ科の鳥。体長85～102cm。分布：世界全域。特に南半球に広く分布。国内では本州と九州。

ダイサギ
ストケスイワトカゲの別名。

ダイシャクシギ 大杓鷸
〈Numenius arquata〉鳥綱チドリ目シギ科の鳥。体長50～60cm。分布：ユーラシア大陸の北部や温帯域で繁殖。アフリカ、インド、東南アジアで越冬。

タイシュウマ
〈Taishu Pony〉馬の一品種。別名ツシマウマ。体高120～130cm。原産：長崎県対馬。

タイズアカチメドリ
〈Stachyris rodolphei〉スズメ目ヒタキ科（チメドリ亜科）。全長11cm。分布：タイ北西部。絶滅危惧II類。

タイスイギュウ タイ水牛
〈Siamese〉オス186～209cm、メス179～195cm。分布：タイ。

タイスッポン
〈Trionyx cartilagineus〉爬虫綱カメ目スッポン科のカメ。

ダイスヤマカガシ
〈Natrix tessellata〉爬虫綱有鱗目ナミヘビ科のヘビ。

タイセイヨウカマイルカ
〈Lagenorhynchus acutus〉哺乳綱クジラ目マイルカ科の動物。別名ジャンパー、スプリンガー、ラグ、アトランティック・ホワイトサイデッド・ポーパス。1.9～2.5m。分布：北大西洋北部の冷海域および亜寒帯域。

タイセイヨウマダライルカ
〈Stenella frontalis〉哺乳綱クジラ目マイルカ科の動物。別名スポッテッド・ポーパス、スポッター、ブライドルド・ドルフィン、ガルフ・ストリーム・スポッテッド・ドルフィン、ロングスナウティッド・ドルフィン。1.7～2.3m。分布：南北両大西洋の温帯、亜熱帯および熱帯海域。

ダイゼン 大膳
〈Pluvialis squatarola〉鳥綱チドリ目チドリ科の鳥。体長27～30cm。分布：北極圏で繁殖、冬には南下して海岸地帯に広く分布。

ダイダイバト
〈Philinopus victor〉鳥綱ハト目ハト科の鳥。全長約20cm。分布：太平洋フィジー諸島のバヌア・レブ島、タベウニ島など。

ダイダイハナガメ
〈Ocadia philippeni〉爬虫綱カメ目ヌマガメ科のカメ。最大甲長21.9cm。分布：中国（海南島）。

タイタイロムシクイ
〈Apalis fuscigularis〉スズメ目ヒタキ科（ウグイス亜科）。全長13cm。分布：ケニア。絶滅危惧IA類。

タイタハヤブサ
〈Falco fasciinucha〉鳥綱タカ目ハヤブサ科の鳥。全長28cm。分布：エチオピア南部、ケニア、タンザニア、ザンビア東部など。絶滅危惧II類。

タイタヤマメジロ
〈Zosterops silvanus〉鳥綱スズメ目メジロ科の鳥。全長11cm。分布：ケニア。絶滅危惧IA類。

ダイトウウグイス
〈*Cettia diphone restricta*〉鳥綱スズメ目ヒタキ科の鳥。

ダイトウオオコウモリ
〈*Pteropus dasymallus daitoensis*〉哺乳綱翼手目コウモリ目オオコウモリ科の動物。22.1cm。分布：南大東島，北大東島。絶滅危惧，天然記念物。

ダイトウカイツブリ
〈*Tachybaptus ruficollis kunikyonis*〉鳥綱カイツブリ目カイツブリ科の鳥。

ダイトウコノハズク
〈*Otus elegans interpositus*〉鳥綱フクロウ目フクロウ科の鳥。

ダイトウノスリ
〈*Buteo buteo oshiroi*〉鳥綱タカ目タカ科の鳥。分布：南大東島。

ダイトウヒヨドリ
〈*Hypsipetes amaurotis borodinonis*〉鳥綱スズメ目ヒヨドリ科の鳥。

ダイトウミソサザイ
〈*Troglodytes troglodytes orii*〉鳥綱スズメ目ミソサザイ科の鳥。

ダイトウメジロ
〈*Zosterops japonicus daitoensis*〉鳥綱スズメ目メジロ科の鳥。

ダイトウヤマガラ
〈*Parus varius orii*〉鳥綱スズメ目シジュウカラ科の鳥。

タイハイナントウブタ タイ海南島豚
〈*Hainan Pig-Thailand*〉豚の一品種。55〜60cm。分布：タイ。

タイハクオウム 大白鸚鵡
〈*Cacatua alba*〉鳥綱オウム目オウム科の鳥。別名ムジオウム。全長46cm。分布：ハルマヘラ島。絶滅危惧II類。

タイパン
〈*Oxyuranus scutellatus*〉爬虫綱有鱗目ヘビ亜目コブラ科のヘビ。全長2m。分布：オーストラリア(東部，北部)，ニューギニア南部。絶滅危惧II類と推定。

ダイビカンヨウ 大尾寒羊
〈*Large-tailed Han Sheep*〉羊の一品種。分布：中国，華北の農業地帯。

タイヘイヨウアカボウモドキ
〈*Mesoplodon pacificus*〉哺乳綱クジラ目アカボウクジラ科のクジラ。別名パシフィック・ビークト・ホエール，インドパシフィック・ビークト・ホエール。約7〜7.5m。分布：おそらくインド洋と太平洋の深い熱帯海域。

タイヘイヨウオオギハクジラ
〈*Mesoplodon bowdoini*〉哺乳綱クジラ目アカボウクジラ科のクジラ。別名スプレイトゥースト・ビークト・ホエール，ボウドインズ・ビークト・ホエール，ディープクレスト・ビークト・ホエール。約4〜4.7m。分布：ニュージーランドやオーストラリア南岸沿いのオーストラレーシアの冷温帯地域。

タイヘイヨウモンクアザラシ
ハワイモンクアザラシの別名。

タイマイ 瑇瑁，玳瑁
〈*Eretmochelys imbricata*〉爬虫綱カメ目ウミガメ科のカメ。甲長53〜114cm。分布：世界の熱帯から亜熱帯の海域に広く分布し，日本で産卵が見られるのは八重山諸島の石垣島と黒島。絶滅危惧IA類。

ダイヤモンドガメ 汽水亀
〈*Malaclemys terrapin*〉爬虫綱カメ目ヌマガメ科のカメ。最大甲長23.8cm。分布：米国(マサチューセッツからテキサス南部までの沿岸)。

ダイヤモンドニシキヘビ
〈*Morelia spilota spilota*〉爬虫綱有鱗目ヘビ亜目ボア科のヘビ。全長2m。分布：オーストラリア東南部。

ダイヤモンドハナドリ
ホウセキドリの別名。

ダイヤモンドミズベヘビ
〈*Nerodia rhombifera*〉爬虫綱有鱗目ヘビ亜目ナミヘビ科のヘビ。全長80〜120cm。分布：米国中南部からメキシコ北東部。

タイヨウチョウ 太陽鳥
〈*sunbird*〉鳥綱スズメ目タイヨウチョウ科に属する鳥の総称。体長8〜22cm。分布：アフリカからヒマラヤを含めてオーストラリア北部までの旧世界の熱帯。

タイヨウチョウ科
スズメ目。全長9〜23cm。分布：アフリカ，アジア，オセアニア。

ダイヨークシャー 大ヨークシャー
〈*Large White*〉豚の一品種。分布：イングラ

ンドの北部。

タイラ
〈Eira barbara〉哺乳綱食肉目イタチ科の動物。

タイランチョウ 太蘭鳥
〈tyrant flycatcher〉鳥綱スズメ目タイランチョウ科に属する鳥の総称。体長5～38cm。分布：北・中央・南アメリカ（北アメリカの極地圏は除く），西インド諸島，ガラパゴス諸島。

タイランチョウ科
スズメ目。全長7～45cm。分布：南北アメリカ。

ダイリウマ 大理馬
〈Dali Horse〉馬の一品種。分布：雲南省の麗江，大理，鶴慶，中旬。

タイリクイタチ（大陸鼬）
チョウセンイタチの別名。

タイリクオオカミ
〈Canis lupus〉イヌ科イヌ属。別名オオカミ，マダラオオカミ，シロオオカミ。体長1～1.5m。分布：北アメリカ，グリーンランド，ヨーロッパ，アジア。絶滅危惧II類。

タイリクオオサンショウウオ
〈Andrias davidianus〉両生綱有尾目オオサンショウウオ科の動物。体長1000mm以上。分布：中国東部，北は青海省，東は江蘇省，南は広西省，広東省まで。

タイリクオオサンショウウオ
チュウゴクオオサンショウウオの別名。

タイリクモモンガ 大陸鼯鼠
〈Pteromys volans〉哺乳綱齧歯目リス科の動物。

タイリクヤチネズミ
エゾヤチネズミの別名。

タイリクワシミミズク
〈Bubo bubo kiautschensis〉鳥綱フクロウ目フクロウ科の鳥。

タイ・リッジバック
〈Thai Ridgeback〉犬の一品種。

タイワンアオヘビ
〈Cyclophiops major〉爬虫綱有鱗目ヘビ亜目ナミヘビ科のヘビ。全長最大1m。分布：台湾, 中国南部, ベトナム北部。

タイワンアマガサ
〈Bungarus multicinctus〉爬虫綱有鱗目ヘビ亜目コブラ科のヘビ。全長140cm。分布：台湾, 中国南部, ミャンマー, ラオス, ベトナム北部。

タイワンウサギコウモリ
〈Plecotus taivanus〉哺乳綱翼手目ヒナコウモリ科の動物。前腕長3.7～3.8cm。分布：台湾。絶滅危惧II類。

タイワンオナガドリ 台湾尾長鳥
〈Dendrocitta formosae〉鳥綱スズメ目カラス科の鳥。全長40cm。分布：ネパールからビルマ・タイ・ベトナム・中国南部・台湾。

タイワンカナヘビ
〈Takydromus formosanus〉爬虫綱有鱗目トカゲ亜目カナヘビ科の動物。全長20～22cm。分布：台湾。

タイワンカモシカ 台湾氈鹿
〈Capricornis swinhoei〉哺乳綱偶蹄目ウシ科の動物。頭胴長80～90cm。分布：台湾。絶滅危惧II類。

タイワンカモシカ
ニホンカモシカの別名。

タイワンキョン
キョンの別名。

タイワンギンパラ
〈Lonchura malacca formosana〉鳥綱スズメ目カエデチョウ科の鳥。

タイワンコウギュウ 台湾黄牛
〈Taiwan Yellow Cattle〉牛の一品種。オス122cm, メス113cm。原産：中国, 台湾省。

タイワンコウグイス 台湾小鶯
〈Cettia fortipes〉鳥綱スズメ目ヒタキ科ウグイス亜科の鳥。全長13cm。分布：パキスタン・インド北西部・ネパール・中国南部・台湾。

タイワンコノハズク 台湾木葉木菟
〈Otus spilocephalus〉鳥綱フクロウ目フクロウ科の鳥。全長16.5～20cm。分布：ルソン, ネグロス, スマトラ, ジャワ, 台湾。

タイワンコブラ
〈Naja naja atra〉爬虫綱有鱗目コブラ科のヘビ。

タイワンザル 台湾猿
〈Macaca cyclopis〉哺乳綱霊長目オナガザル科の動物。頭胴長オス45～55cm, メス40～50cm。分布：台湾。絶滅危惧II類。

タイワンサンショウウオ
〈*Hynobius formosanus*〉両生綱有尾目サンショウウオ科の動物。体長80〜110mm。分布：台湾中央山脈。

タイワンジカ 花鹿, 台湾鹿
〈*Cervus nippon taiouanus*〉哺乳綱偶蹄目シカ科の動物。別名ハナジカ。

タイワンシジュウカラ
〈*Parus holsti*〉鳥綱スズメ目シジュウカラ科の鳥。全長13cm。分布：台湾。

タイワンジュズカケバト 台湾数珠掛鳩
〈*Columba pulchricollis*〉鳥綱ハト目ハト科の鳥。全長39cm。分布：チベット、ネパール、アッサム、ビルマ。

タイワンショウジチョ 台湾小耳猪
〈*Taiwan Small-eared Pig*〉豚の一品種。メス40.2cm。分布：台湾。

タイワンショウドウツバメ
ヒメショウドウツバメの別名。

タイワンシロアゴ
〈*Polypedates megacephalus*〉両生綱無尾目アオガエル科のカエル。体長70mm。分布：台湾, 中国南部(香港, 海南島を含む)、西はチベット自治区まで, 北は甘粛省まで, またインドのアッサム州にも分布。

タイワンスジオ 台湾筋尾
〈*Elaphe taeniura friesi*〉爬虫綱有鱗目ヘビ亜目ナミヘビ科のヘビ。全長2.3m。分布：台湾。国内では沖縄島に帰化して生息するが, まだ島全体に広がっているわけではなく中部に限られている。

タイワンセイブノザイライヤギ 台湾西部の在来山羊
〈*Native goat-western Taiwan*〉山羊の一品種。50cm。分布：台湾。

タイワンセッカ 台湾雪加
〈*Cisticola exilis*〉鳥綱スズメ目ヒタキ科ウグイス亜科の鳥。全長11cm。分布：インド・中国南部・台湾・フィリピン・タイ・ジャワ島・スラウェシ島・ニューギニア・ソロモン諸島, オーストラリア北部・南東部。

タイワンツグミ
〈*Turdus poliocephalus*〉鳥綱スズメ目ツグミ科の鳥。体長24〜25cm。分布：クリスマス島, 台湾, インドネシアからメラネシアを含んでサモア, フィジーまで。

タイワンテングコウモリ
〈*Murina puta*〉哺乳綱翼手目ヒナコウモリ科の動物。前腕長3〜3.6cm。分布：台湾。絶滅危惧II類。

タイワントウブノザイライヤギ 台湾東部の在来山羊
〈*Native goat-eastern Taiwan*〉山羊の一品種。分布：台湾東部。

タイワンハクセキレイ
〈*Motacilla alba ocularis*〉鳥綱スズメ目セキレイ科の鳥。

タイワンハブ 台湾波布
〈*Trimeresurus mucrosquamatus*〉爬虫綱有鱗目クサリヘビ科のヘビ。分布：台湾, 中国から東南アジア北部。国内では沖縄島の名護付近に移入され定着した。

タイワンヒバリ 台湾雲雀
〈*Alauda gulgula*〉鳥綱スズメ目ヒバリ科の鳥。

タイワンヒョウ 台湾豹
〈*Neofelis nebulosa brachyurus*〉哺乳綱食肉目ネコ科の動物。

タイワンヒヨドリ
〈*Hypsipetes amaurotis nagamichii*〉鳥綱スズメ目ヒヨドリ科の鳥。

タイワンミゾイ
ズグロミゾゴイの別名。

タイワンヤマネコ
〈*Prionailurus bengalensis chinensis*〉哺乳綱食肉目ネコ科の動物。体長60cm。分布：中国南部と台湾。

タイワンリス 台湾栗鼠
〈*Callosciurus caniceps thaiwanensis*〉哺乳綱齧歯目リス科の動物。頭胴長20〜26cm。分布：台湾南部。国内では東京都伊豆大島, 神奈川県江ノ島, 鎌倉市, 静岡県浜松市, 岐阜県金華山, 大阪府大阪城, 和歌山県友ケ島, 和歌山城, 兵庫県姫路城, 大分県高島。

タイワンリス
ミケリスの別名。

タウィタウィクマネズミ
〈*Rattus tawitawiensis*〉齧歯目ネズミ科(ネズミ亜科)の動物。頭胴長21cm程度。分布：フィリピンのタウィタウィ島。絶滅危惧II類。

タウィタウィヒメネバト

タウインカ

〈*Gallicolumba menagei*〉鳥綱ハト目ハト科の鳥。全長30cm。分布：フィリピンのタウィタウィ島。絶滅危惧IA類。

ダーウィンガエル
ダーウィンハナガエルの別名。

ダーウィンハナガエル
〈*Rhinoderma darwinii*〉両生綱無尾目ハナガエル科のカエル。体長2.5〜3cm。分布：南アメリカ大陸南部。

ダーウィンハナガエル
〈*mouth-brooding frog*〉両生綱無尾目ハナガエル科に属するカエルの総称。体長3cm。分布：チリ南部、アルゼンチン南部。

ダーウィンフィンチ
〈*Darwin's finch*〉スズメ目ホオジロ科の一グループ。全長10〜15cm。

ダーウィンレア
〈*Pterocnemia pennata*〉鳥綱レア目レア科の鳥。全長96cm。分布：アンデス山脈の東からパタゴニア。

タウンゼンドアメリカムシクイ
〈*Dendroica townsendi*〉鳥綱スズメ目アメリカムシクイ科の鳥。体長13cm。分布：カナダ西部、合衆国西部で繁殖し、合衆国西部、ニカラグア、コスタリカまでの中央アメリカで越冬。

タウンゼンドウサギコウモリ
〈*Plecotus townsendii*〉哺乳綱翼手目ヒナコウモリ科の動物。前腕長3.9〜4.7cm。分布：カナダ南西部、アメリカ合衆国西部からメキシコにかけて。絶滅危惧II類。

タカ 鷹
〈*hawk*〉ワシタカ目ワシタカ科のうち、比較的小型の種を一般にタカと呼ぶ。

タカ科
鳥綱タカ目タカ科の鳥。

タカサゴクロサギ 高砂黒鷺
〈*Ixobrychus flavicollis*〉鳥綱コウノトリ目サギ科の鳥。全長58cm。分布：インド・東南アジア・台湾・中国南部・フィリピン・大スンダ列島・マルク諸島・オーストラリア。

タカサゴナメラ
〈*Elaphe mandarina*〉爬虫綱有鱗目ヘビ亜目ナミヘビ科のヘビ。全長80〜100cm。分布：台湾、中国の中部、南部、ベトナム、ミャンマー。

タカサゴミソサザイ
〈*Pnoepyga pusilla*〉鳥綱スズメ目ヒタキ科チメドリ亜科の鳥。全長8cm。分布：ヒマラヤ、インドシナ、ビルマ、タイ、マレーシア、スマトラ島、ジャワ島、台湾。

タカサゴモズ 高砂百舌, 高砂鵙
〈*Lanius schach*〉鳥綱スズメ目モズ科の鳥。体長25cm。分布：イラン、中央アジアから中国までの地域、東南アジア、フィリピン、インドネシア、ニューギニア。

タカチホヘビ 高千穂蛇
〈*Achalinus spinalis*〉爬虫綱有鱗目ヘビ亜目ナミヘビ科のヘビ。全長30〜50cm。分布：本州、四国、九州とその周辺島嶼。

タカネカラタイランチョウ
〈*Anairetes alpinus*〉鳥綱スズメ目タイランチョウ科の鳥。全長12cm。分布：ペルーの中部と南部、ボリビア西部。絶滅危惧IB類。

タカネクマネズミ
〈*Rattus baluensis*〉齧歯目ネズミ科（ネズミ亜科）。頭胴長15〜19cm。分布：マレーシアのカリマンタン（ボルネオ）島。絶滅危惧IB類。

タカネシギダチョウ 高根鷸駝鳥
〈*Nothocercus bonapartei*〉鳥綱シギダチョウ目シギダチョウ科の鳥。全長38〜41cm。分布：コスタリカ、パナマ、コロンビア。

タカブシギ 鷹斑鷸
〈*Tringa glareola*〉鳥綱チドリ目シギ科の鳥。全長21cm。分布：ユーラシア大陸北部。

タカヘ ツル目クイナ科, 青鶏
〈*Porphyrio mantelli*〉鳥綱ツル目クイナ科の鳥。別名ノトルニス。体長63cm。分布：ニュージーランド。現在は南島南西部のマーチソンおよびケプラー動物区にのみ分布。マン島に移入。絶滅危惧IB類。

タカベ
コガモの別名。

タガモ
カルガモの別名。

タカモズ
アカモズの別名。

タカモズ
チゴモズの別名。

タカモンズ
モズの別名。

タカラヤモリ　宝守宮
〈*Gekko sp.*〉爬虫綱トカゲ亜目ヤモリ科のヤモリ。分布：吐噶喇列島の宝島・小宝島に分布する日本固有種。

ターキー
〈Turkey〉牛の一品種。

ターキッシュ・アンゴラ
〈Turkish Angora〉猫の一品種。原産：トルコ。

ターキッシュ・バン
〈Turkish Van〉猫の一品種。原産：トルコ。

ターキン
〈*Budorcas taxicolor*〉哺乳綱偶蹄目ウシ科の動物。頭胴長100〜237cm。分布：中国のチベット自治区，四川省，ブータン，インドのシッキム地方とアッサム地方北部，ミャンマー北部。絶滅危惧II類。

ダグラスツノトカゲ
〈*Phrynosoma douglassi*〉爬虫綱有鱗目トカゲ亜目イグアナ科の動物。全長6〜14cm。分布：アメリカ合衆国西部・南西部，メキシコ北部。

タケゲラ
〈*Gecinulus grantia*〉鳥綱キツツキ目キツツキ科の鳥。全長25cm。分布：ネパール，ブータンからビルマ，タイ，インドシナ，中国南部。

タケドリ
ライチョウの別名。

タケネズミ　竹鼠
〈*Rhizomys sinensis*〉原始的な齧歯類で，ネズミ科タケネズミ亜科に属する。体長22〜40cm。分布：東アジア。

ダケノツバメ
イワツバメの別名。

ダケヒバリ
イワヒバリの別名。

タゲリ　田計里，田鳧
〈*Vanellus vanellus*〉鳥綱チドリ目チドリ科の鳥。体長28〜31cm。分布：ユーラシア大陸の温帯域で繁殖。冬にはたいてい地中海，インド，中国など南方に移動。国内では冬鳥だが，本州中部で繁殖することがある。

タゴガエル　田子蛙
〈*Rana tagoi tagoi*〉両生綱無尾目アカガエル科のカエル。体長30〜50mm。分布：本州，四国，九州，五島列島。

ダコタカベヤモリ
〈*Hemidactylus triedrus*〉爬虫綱トカゲ亜目ヤモリ科のヤモリ。

ターシオペロ
〈*Bothrops asper*〉爬虫綱有鱗目ヘビ亜目クサリヘビ科のヘビ。全長1.2〜2.5m。分布：中央，南アメリカ。

タシギ　田鴫，田鷸
〈*Gallinago gallinago*〉鳥綱チドリ目シギ科の鳥。体長25〜27cm。分布：北アメリカ，ユーラシアの温帯域で繁殖。多くは南方に広く分布して越冬。

タシロヤモリ　田代守宮
〈*Hemidactylus bowringii*〉爬虫綱有鱗目トカゲ亜目ヤモリ科の動物。全長10cm。分布：台湾・中国南部・ビルマ・インドなど。国内では奄美諸島，沖縄諸島，宮古諸島，八重山諸島に分布。

タスキカメレオン
〈*Furcifer balteatus*〉爬虫綱有鱗目トカゲ亜目カメレオン科のトカゲ。全長25〜44cm。分布：マダガスカル東地区中部。

ダスキーサラマンダー
〈*Desmognathus fuscus*〉両生綱有尾目イモリ科の動物。

ダスキータマリン
〈*Saguinus inustus*〉マーモセット科タマリン属。分布：ブラジルからコロンビア。

ダスキーティティザル
オラバスティティの別名。

ダスキールトン
〈*Presbytis obscura*〉霊長目オナガザル科の旧世界ザル。頭胴長42〜68cm。分布：インド北東部，バングラデシュ，ビルマ南部，南西部。

タヅナツメオワラビー
〈*Onychogalea fraenata*〉二門歯目カンガルー科。頭胴長オス51〜70cm，メス43〜54cm。分布：オーストラリア東部。絶滅危惧。

タスマニアオグロバン
〈*Tribonyx mortierii*〉鳥綱ツル目クイナ科の鳥。全長42cm。分布：タスマニア島。

タスマニアクジラ
〈*Tasmacetus shepherdi*〉哺乳綱クジラ目アカボウクジラ科のクジラ。別名タスマンクジラ，

タスマニア

タスマン・ビークト・ホエール。6～7m。分布：南半球の冷温帯海域, ニュージーランド付近が多い。

タスマニアクチバシクジラ
タスマニアクジラの別名。

タスマニアデビル
〈Sarcophilus harrisii〉哺乳綱有袋目フクロネコ科の動物。別名フクロアナグマ。体長52～80cm。分布：タスマニア。

タスマン・ビークト・ホエール
タスマニアクジラの別名。

タターサルシファカ
〈Propithecus tattersalli〉哺乳綱霊長目インドリ科の動物。頭胴長45～47cm。分布：マダガスカル北東部のロキ川とマナンバト川に挟まれた狭い地域にパッチ状。絶滅危惧IA類。

ダチョウ 駝鳥
〈Struthio camelus〉鳥綱ダチョウ目ダチョウ科の鳥。頭高200～250cm。分布：アフリカ。以前はアフリカ全域に分布し中近東まで及んでいたが, 現在では分散して生息するだけである。主な生息地はアフリカ東部および西部と南アフリカ。

ダチョウ科
ダチョウ目。

ダチョウ目
鳥綱の1目。別名走鳥類。

タチヨタカ
〈potoo〉鳥綱ヨタカ目タチヨタカ科に属する鳥の総称。体長23～50cm。分布：南, 中央アメリカと北アメリカの南部。

タチヨタカ科
ヨタカ目。全長25～50cm。分布：ブラジルからパラグアイ。

ダックスブラッケ
〈Dachsbracke〉哺乳綱食肉目イヌ科の動物。

ダックスフント
〈Canis familiaris〉哺乳綱食肉目イヌ科の動物。別名テッケル。

ダッチ
〈Columba livia var. domestica〉鳥綱ハト目ハト科の鳥。分布：ヨーロッパ, アメリカ。

ダッチ・ウォーター・スパニエル
ヴェッターホーンの別名。

ダッチ・シェパード
犬の一品種。

ダッチ・シェパード・ドッグ
〈Dutch Shepherd Dog〉犬の一品種。

ダッチ・シープドッグ
〈Dutch Shepherd Dog〉犬の一品種。体高58～64cm。原産：オランダ。

ダッチ・スムースホント
〈Dutch Smoushound〉犬の一品種。別名ホランジェ・スムースホント。

ダッチ・パートリッジ・ドッグ
〈Dutch Partridge Dog〉犬の一品種。体高56～64cm。原産：オランダ。

ダッチ・フリーシアン
〈Dutch Friesian〉分布：ヨーロッパ。

タッパナガ
コビレゴンドウの別名。

タツバナガ
シオゴンドウの別名。

タテガミオオカミ 鬣狼
〈Chrysocyon brachyurus〉哺乳綱食肉目イヌ科の動物。体長1.2～1.3m。分布：南アメリカ中部, 東部。絶滅危惧種。

タテガミガン
〈Chenonetta jubata〉鳥綱ガンカモ目ガンカモ科の鳥。全長48～56cm。分布：オーストラリア, タスマニア島。

タテガミジェネット
〈Genetta cristata〉哺乳綱食肉目ジャコウネコ科の動物。頭胴長約53cm。分布：基産地はカメルーンのオコイヨン, マンフェ地区。クロス川沿いの森林地帯。絶滅危惧IB類。

タテガミズク
〈Jubula lettii〉鳥綱フクロウ目フクロウ科の鳥。全長44cm。分布：アフリカ中西部。

タテガミナマケモノ
タテガミミツユビナマケモノの別名。

タテガミネズミ 鬣鼠
〈Lophiomys imhausi〉齧歯目ネズミ科タテガミネズミ亜科の哺乳類。

タテガミヒツジ
バーバリーシープの別名。

タテガミミツユビナマケモノ
〈Bradypus torquatus〉異節目（貧歯目）ミユ

ビナマケモノ科。体長45〜50cm。分布：南アメリカ東部。絶滅危惧IB類。

タテガミヤマアラシ 鬣豪猪
〈*Hystrix cristata*〉哺乳綱齧歯目ヤマアラシ科の動物。

タテゴトアザラシ 竪琴海豹
〈*Pagophilus groenlandica*〉哺乳綱鰭脚目アザラシ科に属する海獣。体長1.7m。分布：北大西洋から北極海。

タテゴトヘビ
〈*Trimorphodon biscutatus*〉爬虫綱有鱗目ヘビ亜目ナミヘビ科のヘビ。全長0.5〜1.2m。分布：北, 中央アメリカ。

タテゴトミツオシエ
〈*Melichneutes robustus*〉鳥綱キツツキ目ミツオシエ科の鳥。全長17cm。分布：コートジボアール・ナイジェリア南部・カメルーン・コンゴ・アンゴラ。

タテゴトヨタカ 竪琴夜鷹
〈*Uropsalis lyra*〉鳥綱ヨタカ目ヨタカ科の鳥。別名オナガヨタカ。全長79cm。分布：ブラジル。

タテジマアリドリ 縦縞蟻鳥
〈*Myrmorchilus strigilatus*〉鳥綱スズメ目アリドリ科の鳥。全長15cm。分布：ブラジル東部・パラグアイからボリビア東部・アルゼンチン北部。

タテジマカラタイランチョウ 縦縞雀太蘭鳥
〈*Uromyias agilis*〉鳥綱スズメ目タイランチョウ科の鳥。全長13cm。分布：ベネズエラ北西部・コロンビア・エクアドル北部。

タテジマキーウィ
キーウィの別名。

タテジマフクロウ
〈*Rhinoptynx clamator*〉鳥綱フクロウ目フクロウ科の鳥。全長30.5〜38cm。分布：メキシコからボリビア, ブラジル。

タテジマミドリゲラ
〈*Campethera abingoni*〉鳥綱キツツキ目キツツキ科の鳥。全長18cm。分布：スーダン南部・ソマリア南部からケニア・タンザニア・中央アフリカ。

タテスジクサガエル
〈*Hyperolius parallelus argentovittis*〉両生綱無尾目クサガエル科のカエル。体長30mm。分布：タンガニイカ湖沿いにウガンダ南部, ルワンダ, ブルンジ, タンザニア西部, ザイール東部。

タテスジマブヤ
〈*Mabuya striata*〉スキンク科。全長22〜25cm。分布：アフリカ。

タテフコショウビン
〈*Halcyon chelicuti*〉鳥綱ブッポウソウ目カワセミ科の鳥。別名アフリカコショウビン。全長17cm。分布：アフリカ東部・中央部。

タテフバンケンモドキ 縦斑蕃鵑擬
〈*Taccocua leschenaultii*〉鳥綱ホトトギス目ホトトギス科の鳥。分布：インド, スリランカ。

タテフヒヨドリ
〈*Pycnonotus striatus*〉鳥綱スズメ目ヒヨドリ科の鳥。体長20cm。分布：ヒマラヤ山脈東部, ミャンマー西部。

タテフミツスイ 縦斑蜜吸
〈*Meliphaga versicolor*〉鳥綱スズメ目ミツスイ科の鳥。全長20cm。分布：オーストラリア, ニューギニア。

ダートムア
〈*Dartmoor*〉哺乳綱奇蹄目ウマ科の動物。122cm。原産：イギリス。

ダートムーア・ポニー
〈*Dartmoor Pony*〉馬の一品種。体高124cm。原産：イングランド。

タトラ・マウンテン・シープドッグ
〈*Tatra Mountain Sheepdog*〉犬の一品種。

ダナキル
〈*Danakil*〉牛の一品種。

タナボウシマンガベイ
〈*Cercocebus galeritus galeritus*〉哺乳綱霊長目オナガザル科のサル。

タナリバーアカコロブス
〈*Procolobus rufomitratus*〉オナガザル科プロコロブス属。分布：ケニア。

タニアマガエル
〈*Litoria rheocola*〉両生綱無尾目カエル目アマガエル科のカエル。体長オス2.9〜3.2cm, メス3.3〜3.8cm。分布：オーストラリア北東部。絶滅危惧。

タニシトビ 蝸牛鳶
〈*Rostrhamus sociabilis*〉鳥綱タカ目タカ科の鳥。体長43cm。分布：フロリダ, キューバ, メキシコ東部からアルゼンチン。

タニユフ

ダニューブ
〈*Danubian*〉馬の一品種。体高154cm。原産：ブルガリア。

タヌキ　狸
〈*Nyctereutes procyonoides*〉哺乳綱食肉目イヌ科の動物。体長50～60cm。分布：ヨーロッパ中部，北部，東アジア。国内では沖縄県を除く全都道府県。

タネアオゲラ
〈*Picus awokera takatsukasae*〉鳥綱キツツキ目キツツキ科の鳥。

タネコマドリ
〈*Erithacus akahige tanensis*〉鳥綱スズメ目ヒタキ科の鳥。

タネシギ
ヒバリチドリの別名。

タネジネズミ
〈*Crocidura dsinezumi intermedia*〉哺乳綱モグラ目トガリネズミ科の動物。

タネズミ
タネジネズミの別名。

ターネットカワリメクラヘビ
〈*Liotyphlops ternetzii*〉爬虫綱有鱗目ヘビ亜目カワリメクラヘビ科のヘビ。全長15～21cm。分布：南アメリカ。

タネハツカネズミ
〈*Mus musculus orii*〉哺乳綱齧歯目ネズミ亜科の動物。

タネヒメネズミ
〈*Apodemus argenteus tanei*〉哺乳綱齧歯目ネズミ亜科の動物。

タネヤマガラ
〈*Parus varius sunsunpi*〉鳥綱スズメ目シジュウカラ科の鳥。

タネワリキンパラ　種割金腹
〈*Pyrenestes minor*〉鳥綱スズメ目カエデチョウ科の鳥。別名コタネワリキンパラ。全長13cm。分布：タンザニア南部・モザンビーク北部・マラウィ・ジンバブウェ北東部。

タノシアオヒヨドリ　楽青鵯
〈*Chlorocichla laetissima*〉鳥綱スズメ目ヒヨドリ科の鳥。全長10cm。分布：ザイール東部からスーダン・ケニア西部，ザイール南東部・タンザニア南西部・ザンビア北東部。

タパジョスマーモセット
〈*Callithrix leucippe*〉哺乳綱霊長目キヌザル科の動物。頭胴長18～25cm。分布：ブラジル中西部，アマゾン川南側のタパジョース川下流右岸。絶滅危惧II類。

タバスコクジャクガメ
〈*Trachemys scripta venusta*〉爬虫綱カメ目ヌマガメ科のカメ。

ダービーシャー・グリットストーン
〈*Derbyshire Gritstone*〉羊の一品種。分布：イングランド中央部。

タヒチアナツバメ
〈*Collocalia leucophaeus*〉鳥綱アマツバメ目アマツバメ科の鳥。全長10cm。分布：フランス領ポリネシアのソシエテ諸島。絶滅危惧II類。

タヒチコバト
〈*Ducula aurorae*〉鳥綱ハト目ハト科の鳥。全長51cm。分布：フランス領ポリネシアのソシエテ諸島のタヒチ島，トゥアモトゥ諸島のマカテア島。絶滅危惧II類。

タヒチヒタキ
〈*Pomarea nigra*〉スズメ目ヒタキ科（カササギヒタキ亜科）。全長15cm。分布：フランス領ポリネシアのソシエテ諸島のタヒチ島。絶滅危惧IA類。

タヒバリ　田鷸，田雲雀
〈*Anthus spinoletta*〉鳥綱スズメ目セキレイ科の鳥。体長17cm。分布：南ヨーロッパの山岳地帯からアジアを横断してバイカル湖。中央，東アジアの亜種は東南アジアや日本で越冬。

タヒバリ
鳥綱スズメ目セキレイ科の鳥。体長14～19cm。分布：高緯度地方や一部の大洋島を除く全世界。

タービュレン
〈*Tervueren*〉犬の一品種。

タービュレン
ベルジアン・シェパードの別名。

タマウリーバスミルクヘビ
〈*Lampropeltis triangulum amaura*〉爬虫綱有鱗目ヘビ亜目ナミヘビ科のヘビ。全長60～75cm。分布：米国テキサス州からメキシコ北部のメキシコ湾に沿った地域。

ダマガゼル
〈*Gazella dama*〉哺乳綱偶蹄目ウシ科の動物。頭胴長140～165cm。分布：モロッコ南部から

セネガルまでの西アフリカとマリ,ニジェール,チャド,スーダン。絶滅危惧IB類。

タマゴヘビ
アフリカタマゴヘビの別名。

ダマジカ
〈*Dama dama*〉哺乳綱偶蹄目シカ科の動物。体長1.4〜1.9m。分布:ヨーロッパ。

タマシギ 玉鷸,鷸
〈*Rostratula benghalensis*〉鳥綱チドリ目タマシギ科の鳥。体長17〜23cm。分布:アフリカ,アジア,オーストラリア。国内では本州以南で繁殖,越冬。絶滅危惧II類と推定。

タマシギ 玉鷸
チドリ目タマシギ科Rostratulidaeの鳥の総称,またはそのうちの1種を指す。全長20〜26cm。分布:アフリカ,インド,東南アジア,オーストラリア,南アメリカ南部。

タマシギ科
チドリ目。

ダマスカス
シャーミの別名。

ダマスクス
〈*Damascus, White Egyptian*〉哺乳綱奇蹄目ウマ科の動物。体高120〜140cm。分布:シリア,パレスティナ。

タマフウズラ 玉斑鶉
〈*Cyrtonyx ocellatus*〉鳥綱キジ目キジ科の鳥。全長21cm。分布:メキシコ南部からグアテマラ,エルサルバドル,ホンジュラス,ニカラグア。

ダマヤブワラビー
ダマワラビーの別名。

ダマラアジサシ
〈*Sterna balaenarum*〉鳥綱チドリ目カモメ科の鳥。全長23cm。分布:南アフリカからアンゴラ。

タマラオ
〈*Bubalus mindorensis*〉哺乳綱偶蹄目ウシ科の動物。別名ミンドロヤマスイギュウ。頭胴長150〜180cm(一説に220cm)。分布:フィリピンのミンドロ島。絶滅危惧IB類。

ダマリスクス
〈*Damaliscus lunatus*〉哺乳綱偶蹄目ウシ科の動物。別名トピ。体長1.2〜2.1m。分布:アフリカ西部,中部,東部,南部。

タマリン
〈*tamarin*〉哺乳綱霊長目マーモセット科タマリン属に含まれる動物の総称。

タマルゴマルハシミツドリ
〈*Conirostrum tamarugense*〉鳥綱スズメ目アメリカムシクイ科の鳥。全長11.5cm。分布:ペルー南西部,チリ北部。絶滅危惧II類。

ダマールヒタキ
〈*Ficedula henrici*〉スズメ目ヒタキ科(ヒタキ亜科)。全長11〜12cm。分布:インドネシアのダマール島。絶滅危惧II類。

ダマワラビー
〈*Macropus eugenii*〉哺乳綱有袋目カンガルー科の動物。

ターミンジカ
〈*Cervus eldi*〉哺乳綱偶蹄目シカ科の動物。別名エルドジカ。頭胴長150〜170cm。分布:インド北東部のアッサム州から中国南東部(海南島を含む)およびインドシナ半島にかけて。絶滅危惧II類。

タムワース
〈*Tamworth*〉哺乳綱偶蹄目イノシシ科の動物。分布:イングランド中央部。

タラウドオオコウモリ
〈*Acerodon humilis*〉哺乳綱翼手目オオコウモリ科の動物。前腕長約14cm。分布:インドネシアのタラウド諸島。絶滅危惧II類。

ダラ・ディン・パナ
〈*Dara Din Panah*〉哺乳綱偶蹄目ウシ科の動物。体高70〜82cm。分布:インド。

タラポアン
コビトグエノンの別名。

タランテー
〈*Tarentaise*〉牛の一品種。

タリアブクマネズミ
〈*Rattus elaphinus*〉齧歯目ネズミ科(ネズミ亜科)。頭胴長17〜21.5cm。分布:インドネシアのタリアブ島。絶滅危惧II類。

ダリーモグリヘビ
〈*Adelphicos daryi*〉爬虫綱トカゲ目(ヘビ亜目)ナミヘビ科のヘビ。頭胴長40〜57cm。分布:グアテマラ南東部。絶滅危惧IB類。

タール
〈*tahr*〉哺乳綱偶蹄目ウシ科タール属に含まれる動物の総称。

ダールカエルガメ
〈*Phrynops dahli*〉爬虫綱カメ目ヘビクビガメ科のカメ。背甲長最大21.5cm。分布：コロンビア北部。絶滅危惧IA類。

タルシア
メガネザルの別名。

タルトゥサホリネズミ
〈*Orthogeomys cuniculus*〉哺乳綱齧歯目ホリネズミ科の動物。頭胴長23.5cm。分布：メキシコ。絶滅危惧IA類。

タルパーカー
〈*Tharparkar*〉哺乳綱偶蹄目ウシ科の動物。体高オス130cm, メス130cm。分布：パキスタン。

タルパーカー
タルパルカーの別名。

タルバガン
〈*Marmota bobak*〉哺乳綱齧歯目リス科の動物。

タルバガン
ボバックの別名。

タルパルカー
〈*Tharparkar*〉牛の一品種。肩高オス127～132cm, メス124～127cm。原産：パキスタン南東部。

ダルマインコ 達磨鸚哥
〈*Psittacula alexandri*〉鳥綱オウム目インコ科の鳥。全長33cm。分布：ネパールからインド北部・アッサム・中国南部・ビルマ・インドシナ, アンダマン諸島・ジャワ島・バリ島・スマトラ島。

ダルマエナガ 達磨柄長
〈*Paradoxornis webbianus*〉ダルマエナガ科。体長12cm。分布：中国東北部から南は朝鮮, ミャンマーまで。

ダルマエナガ 達磨柄長
〈*parrot bill*〉スズメ目ヒタキ科チメドリ亜科ダルマエナガ属Paradoxornisの鳥の総称, またはそのうちの1種を指す。体長12～15cm。分布：東アジア。

ダルマガエル 達磨蛙
〈*Rana brevipoda*〉両生綱無尾目アカガエル科のカエル。体長5～6cm。分布：本州, 香川県。

ダルマガエル
ナゴヤダルマガエルの別名。

ダルマチアアカガエル
ハネアカガエルの別名。

ダルマチアペリカン
ハイイロペリカンの別名。

ダルマチャボ 達磨チャボ
〈*Pinch-tailed Japanese Bantam*〉ニワトリの一品種。分布：熊本。

ダルマチャンハイイロペリカン
ハイイロペリカンの別名。

ダルマハリオアマツバメ
〈*Neafrapus boehmi*〉鳥綱アマツバメ目アマツバメ科の鳥。全長10cm。分布：アフリカ中央部。

ダルマメキシコインコ
〈*Aratinga nana*〉鳥綱オウム目インコ科の鳥。全長26cm。分布：中央アメリカ。

ダルマワシ
〈*Terathopius ecaudatus*〉鳥綱タカ目タカ科の鳥。体長56～61cm。分布：サハラ以南のアフリカ, アラビア半島南西部。

ダルメシアン
〈*Canis familiaris*〉哺乳綱食肉目イヌ科の動物。体高56～61cm。分布：旧ユーゴスラビア。

ダレフスキークサリヘビ
〈*Vipera darevskii*〉爬虫綱トカゲ目（ヘビ亜目）クサリヘビ科のヘビ。頭胴長26～42cm。分布：グルジアとアルメニアの国境にある山地。絶滅危惧IA類。

ダロンアレチネズミ
〈*Gerbillus dalloni*〉齧歯目ネズミ科（アレチネズミ亜科）。分布：チャド。絶滅危惧IA類。

タワヤモリ 多和守宮
〈*Gekko tawaensis*〉爬虫綱有鱗目トカゲ亜目ヤモリ科の動物。全長9～12cm。分布：大阪府, 兵庫県, 岡山県, 和歌山県, 広島県, 四国, 大分県に分布する日本固有種。

ダンカー
ドンケルの別名。

ダンギ
〈*Dangi*〉牛の一品種。

タンギュウ 灘牛
〈*Tan Sheep*〉牛の一品種。分布：中国西部の陝西省, 甘粛省, 寧夏省に接する地帯。

タンザニアイロムシクイ
〈*Apalis argentea*〉スズメ目ヒタキ科（ウグイス亜科）。別名ハネグロイロムシクイ。全長14cm。分布：タンザニア西部，コンゴ民主共和国，ルワンダ，ブルンジ。絶滅危惧II類。

タンザニアカワベハタオリ
〈*Ploceus burnieri*〉鳥綱スズメ目ハタオリドリ科の鳥。全長15cm。分布：タンザニアの中央南部。絶滅危惧II類。

タンザニアジネズミ
〈*Crocidura tansaniana*〉哺乳綱食虫目トガリネズミ科の動物。分布：タンザニアのウサンバラ山地。絶滅危惧II類。

タンザニア・ゼビウ
〈*Tanzania Zebu*〉牛の一品種。

タンザニアモリジネズミ
〈*Myosorex geata*〉哺乳綱食虫目トガリネズミ科の動物。分布：タンザニアのウルグル山地。絶滅危惧IB類。

タンザニアヤマハタオリ
〈*Ploceus nicolli*〉鳥綱スズメ目ハタオリドリ科の鳥。全長13.2〜14cm。分布：タンザニア北東部。絶滅危惧II類。

タンシキバシリ 短趾木走
〈*Certhia brachydactyla*〉鳥綱スズメ目キバシリ科の鳥。別名ニワキバシリ。全長13cm。分布：ヨーロッパ南部・トルコ・アフリカ北部。

ダンジョヒバカリ 男女日計，男女日量
〈*Amphiesma vibakari danjoenes*〉爬虫綱ヘビ亜目ナミヘビ科のヘビ。分布：長崎県男女群島・男島に特産。

ダンダラカマイルカ
〈*Lagenorhynchus cruciger*〉哺乳綱クジラ目マイルカ科の動物。別名ウィルソンズ・ドルフィン，サザン・ホワイトサイデッド・ドルフィン。約1.6〜1.8m。分布：南半球の冷水域，主に45°から65°の間。

ダンダラミミズトカゲ
〈*Amphisbaena fuliginosa*〉爬虫綱有鱗目トカゲ亜目ミミズトカゲ科のトカゲ。全長30〜45cm。分布：南アメリカ。

タンチョウ 丹頂
〈*Grus japonensis*〉鳥綱ツル目ツル科の鳥。別名タンチョウヅル。体長140cm。分布：シベリア東部，中国北部で繁殖。朝鮮半島，中国北東部，日本で越冬。国内では北海道東部。絶滅危惧IB類，特別天然記念物。

ダンディ・ディンモント・テリア
〈*Dandie Dinmont Terrier*〉哺乳綱食肉目イヌ科の動物。体高20〜28cm。分布：イギリス。

ダンドロガメ
〈*Kinosternon dunni*〉爬虫綱カメ目ドロガメ科のカメ。背甲長17.5cm。分布：コロンビア西部。絶滅危惧II類。

ダンニ
〈*Dhanni*〉牛の一品種。

タンビアリドリ 短尾蟻鳥
〈*Sipia berlepschi*〉鳥綱スズメ目アリドリ科の鳥。全長12cm。分布：コロンビアからエクアドル北西部。

タンビアリモズ 短尾蟻鵙
〈*Pygiptila stellaris*〉鳥綱スズメ目アリドリ科の鳥。全長12cm。分布：ペルー，ボリビア北部からブラジル。

タンビカンザシフウチョウ
〈*Parotia lawesii*〉鳥綱スズメ目フウチョウ科の鳥。全長28cm。分布：ニューギニア中東部。

タンビキヅノフウチョウ
〈*Paradigalla brericauda*〉鳥綱スズメ目フウチョウ科の鳥。全長23cm。分布：ニューギニア東部。

タンビコヒバリ
〈*Spizocorys fringillaris*〉鳥綱スズメ目ヒバリ科の鳥。全長12cm。分布：南アフリカ共和国。絶滅危惧II類。

タンビシトド
〈*Idiopsar brachyurus*〉鳥綱スズメ目ホオジロ科の鳥。全長18.5cm。分布：ペルーからアルゼンチン北西部。

タンビヘキサン 短尾碧鵲
〈*Cissa thalassina*〉鳥綱スズメ目カラス科の鳥。全長32cm。分布：ジャワ島・ボルネオ島北部・ベトナム南部。

タンビムジチメドリ
〈*Malacocincla malaccensis*〉鳥綱スズメ目ヒタキ科チメドリ亜科の鳥。体長13cm。分布：東南アジアのマレー半島，スマトラ島，そしてボルネオ島。

タンビモリチメドリ

〈*Phyllanthus atripennis*〉鳥綱スズメ目ヒタキ科チメドリ亜科の鳥。全長24cm。分布：ガーナ，セネガルからリベリア・ナイジェリア・ザイール・ウガンダ。

タンビヨタカ
ハンエリヨタカの別名。

ダンモールヘビ
〈*Furina dunmalli*〉爬虫綱トカゲ目（ヘビ亜目）コブラ科の動物。頭胴長50～60cm。分布：オーストラリア東部。絶滅危惧種。

【チ】

チアパスキノボリネズミ
〈*Tylomys bullaris*〉齧歯目ネズミ科（アメリカネズミ亜科）。頭胴長16.6cm。分布：メキシコ南部。絶滅危惧IA類。

チアパスシロアシマウス
〈*Peromyscus zarhynchus*〉齧歯目ネズミ科（アメリカネズミ亜科）。頭胴長14～15cm。分布：メキシコ南部。絶滅危惧II類。

チアパストガリネズミ
〈*Sorex sclateri*〉哺乳綱食虫目トガリネズミ科の動物。頭胴長12.5cm。分布：メキシコ南東部。絶滅危惧IB類。

チアパスハシナガミソサザイ
〈*Hylorchilus navai*〉鳥綱スズメ目ミソサザイ科の鳥。全長15～16.5cm。分布：メキシコ南部。絶滅危惧II類。

チアンツー
スナメリの別名。

チェク・ウルフドッグ
〈*Czech Wolfdog*〉犬の一品種。

チェコスロヴァキアン・ウルフドッグ
チェク・ウルフドッグの別名。

チェサピーク・ベイ・レトリーバー
〈*Chesapeake Bay Retriever*〉哺乳綱食肉目イヌ科の動物。体高53～66cm。分布：アメリカ。

チェスキー・テリア
〈*Czesky Terrier*〉哺乳綱食肉目イヌ科の動物。

チェスキー・フォーセク
〈*Czesky Fousek*〉犬の一品種。体高61～66cm。原産：旧チェコスロバキア。

チェッカーガーター
ガーターヘビの別名。

チェビオット
〈*Cheviot*〉羊の一品種。分布：イギリス。

チェンスナネズミ
〈*Meriones chengi*〉齧歯目ネズミ科（アレチネズミ亜科）。頭胴長10～15cm。分布：中国北西部のトルファン盆地。絶滅危惧IA類。

チゴクジラ
コククジラの別名。

チゴハイイロギツネ
〈*Dusicyon griseus*〉イヌ科クルペオギツネ属。体長42～68cm。分布：エクアドル，ペルーからフエゴ島。

チゴハヤブサ　稚児隼
〈*Falco subbuteo*〉鳥綱タカ目ハヤブサ科の鳥。体長31～36cm。分布：ヨーロッパ，アフリカ北西部，アジアで繁殖。アフリカ東・南部からケープ州にかけて，および，インド北部と中国南部にかけて越冬。国内では北海道。

チゴモズ　児鵙，稚児百舌，稚児鵙
〈*Lanius tigrinus*〉鳥綱スズメ目モズ科の鳥。別名モズタカ，タカモズ，トラモズ。全長18.5cm。分布：ウスリー地方・朝鮮半島・中国北東部・日本。国内では本州中部，東北地方に夏鳥として渡来。

チシマウガラス　千島鵜烏，千島鵜鴉
〈*Phalacrocorax urile*〉鳥綱ペリカン目ウ科の鳥。全長79～89cm。分布：北海道東部から千島，アリューシャン列島。

チシマシギ　千島鷸
〈*Calidris ptilocnemis*〉鳥綱チドリ目シギ科の鳥。全長21cm。分布：チュコト半島，アラスカ西部，アリューシャン列島，プリビロフ諸島，コマンドル諸島。

チヂレゲカラスフウチョウ
〈*Manucodia comrii*〉鳥綱スズメ目フウチョウ科の鳥。全長44cm。分布：ダントラカスト一諸島。

チスイコウモリ　血吸い蝙蝠，血吸蝙蝠
〈*vampire bat*〉広義には哺乳綱翼手目チスイコウモリ科に属する動物の総称で，狭義にはそのうちの1種をさす。体長6.5～9cm。分布：メキシコから北アルゼンチン。

チスイコウモリモドキ
〈*Vampyrum spectrum*〉哺乳綱翼手目ヘラコ

ウモリ科の動物。体長13.5〜15cm。分布：メキシコから南アメリカ北部, トリニダード。

チーター
〈*Acinonyx jubatus*〉哺乳綱食肉目ネコ科の動物。体長1.1〜1.5m。分布：アフリカ, 西アジア。絶滅危惧II類。

チチカカミズガエル
〈*Telmatobius culeus*〉両生綱無尾目ミナミガエル科のカエル。全長8〜12cm。分布：南アメリカ。

チチブコウモリ 秩父蝙蝠
〈*Barbastella leucomelas*〉哺乳綱翼手目ヒナコウモリ科の動物。前腕長3.9〜4.4cm。分布：イスラエルからコーカサス。国内では北海道, 本州中部以北, 四国。

チチュウカイカメレオン
〈*Chamaeleo chamaeleon*〉爬虫綱有鱗目カメレオン科の動物。

チチュウカイキクガシラコウモリ
〈*Rhinolophus euryale*〉翼手目キクガシラコウモリ科（キクガシラコウモリ亜科）。前腕長4.3〜5.1cm。分布：ヨーロッパ南部の地中海の島々, アフリカ北部, 東はイランおよびトルクメニスタンまで。絶滅危惧II類。

チチュウカイムフロン
ムフロンの別名。

チチュウカイモンクアザラシ
〈*Monachus monachus*〉哺乳綱食肉目アザラシ科の動物。体長2.4〜2.8m。分布：地中海, 黒海, 大西洋（アフリカ北西部）。絶滅危惧IA類。

チチュウカイヤマカガシ
〈*Natrix maura*〉爬虫綱有鱗目ヘビ亜目ナミヘビ科のヘビ。全長0.7〜1m。分布：ヨーロッパ, アフリカ。

チッタゴンキュウリョウウシ チッタゴン丘陵牛
〈*Chittagong Hill Cattle*〉牛の一品種。肩高オス105〜110cm, メス100cm。分布：バングラデシュ東部。

チドリ 千鳥
〈*plover*〉鳥綱チドリ目チドリ科に属する鳥の総称。全長14〜41cm。分布：永久凍土地帯を除く全世界。

チドリ科
チドリ目。分布：世界。

チドリ目
鳥綱の1目。分布：世界。

チヌーク
〈*Chinook*〉犬の一品種。体高53〜66cm。原産：アメリカ。

チビアレチネズミ
〈*Microdillus peeli*〉哺乳綱齧歯目ネズミ科の動物。分布：ケニア北部, ソマリア, エチオピア東部。

チビアレチネズミ属
〈*Microdillus*〉哺乳綱齧歯目ネズミ科の動物。分布：サハラ西部およびアフリカの地中海沿岸諸国。

チビオケムリトガリネズミ
〈*Soriculus nigrescens*〉哺乳綱食虫目トガリネズミ科の動物。分布：ヒマラヤ, 中国。

チビオジムヌラ
〈*Hylomys suillus*〉哺乳綱モグラ目ハリネズミ科の動物。体長10〜15cm。分布：東南アジア。

チビオセッカ
〈*Cisticola brunnescnes*〉鳥綱スズメ目ヒタキ科の鳥。体長11cm。分布：アフリカのサハラ砂漠以南にまばら。

チビオチンチラ
〈*Chinchilla brevicaudata*〉哺乳綱齧歯目チンチラ科の動物。頭胴長20〜32cm。分布：ボリビア南部, チリ。絶滅危惧IA類。

チビオニキバシリ
〈*Glyphorhynchus spirurus*〉オニキバシリ科。体長14cm。分布：メキシコ南部からボリビア北部, アマゾン川流域。

チビオハチドリ
〈*Myrmia micrura*〉鳥綱アマツバメ目ハチドリ科の鳥。全長7.5cm。分布：エクアドル, ペルー。

チビオハナナガマウス
〈*Neohydromys fuscus*〉齧歯目ネズミ科（ミズネズミ亜科）。頭胴長9cm。分布：ニューギニア島北東部。絶滅危惧種。

チビオマングース
〈*Herpestes brachyurus*〉哺乳綱食肉目ジャコウネコ科の動物。体長49cm。分布：フィリピン, マレーシア, スマトラ, ジャワ。

チビオムシクイ

チヒオモク

〈*Sylvietta brachyura*〉鳥綱スズメ目ウグイス科の鳥。体長9cm。分布：西はセネガルから東はソマリアまでのサハラ砂漠外縁のサヘル地帯に広く分布。ウガンダ, ケニア, タンザニア。

チビオモグラ
〈*Euroscaptor micrura*〉体長7〜10cm。分布：南アジアから東南アジア。

チビオワラビー
クアッカワラビーの別名。

チビタイランチョウ
〈*Terenotriccus erythrurus*〉鳥綱スズメ目タイランチョウ科の鳥。全長10cm。分布：ギアナ・ベネズエラ・コロンビア北東部・ボリビアやブラジル。

チビトガリネズミ
〈*Sorex minutissimus*〉哺乳綱食虫目トガリネズミ科の動物。

チビバナナガエル
〈*Megalixalus stuhlmanni*〉両生綱無尾目バナナガエル科のカエル。

チビフクロモモンガ
〈*Acrobates pygmaeus*〉哺乳綱有袋目ブーラミス科の動物。体長6.5〜8cm。分布：オーストラリア東部。

チビフクロヤマネ
〈*Cercartetus lepidus*〉哺乳綱有袋目クスクス科の動物。体長5〜6.5cm。分布：オーストラリア南東部, タスマニア。

チビミチバシリ
〈*Morococcyx erythropygus*〉鳥綱ホトトギス目ホトトギス科の鳥。全長26cm。分布：メキシコから中央アメリカ。

チビミミナガコウモリ
〈*Micronycteris pusilla*〉哺乳綱翼手目ヘラコウモリ科の動物。前腕長3.4cm。分布：コロンビア東部, ブラジル北部。絶滅危惧II類。

チビミミナガバンディクート
〈*Macrotis leucura*〉哺乳綱バンディクート目バンディクート科の動物。

チビヤマポッサム
〈*Burramys parvus*〉哺乳綱有袋目ブーラミス科の動物。

チフチャフ
〈*Phylloscopus collybita*〉鳥綱スズメ目ヒタキ科ウグイス亜科の鳥。体長11cm。分布：ヨーロッパ, 中央アジア, シベリア, そしてアフリカ北部で繁殖する。

チベタン
〈*Tibetan*〉哺乳綱偶蹄目ウシ科の動物。分布：チベット。

チベタン・キュイ・アプソ
〈*Tibetan Kyi Apso*〉犬の一品種。

チベタン・スパニエル
〈*Tibetan Spaniel*〉哺乳綱食肉目イヌ科の動物。体高25cm。分布：チベット。

チベタン・テリア
〈*Tibetan Terrier*〉哺乳綱食肉目イヌ科の動物。体高36〜41cm。分布：チベット。

チベタン・マスティフ
〈*Tibetan Mastiff*〉犬の一品種。体高61〜71cm。原産：チベット。

チベット
馬の一品種。体高124cm。原産：チベット。

チベットウシ チベット牛
〈*Tibet*〉牛の一品種。

チベット ガゼル
〈*Procapra picticaudata*〉ウシ科チベットガゼル属。体長91〜105cm。分布：チベット。

チベット カモシカ
ユキヒョウの別名。

チベット キジシャコ 西蔵雉鷓鴣
〈*Tetraophasis szechenyii*〉鳥綱キジ目キジ科の鳥。全長45cm。分布：チベット南東部, 中国の四川省・雲南省。

チベット コバナテングザル
シシバナザルの別名。

チベット シロミミキジ
〈*Crossoptilon harmani*〉鳥綱キジ目キジ科の鳥。全長86〜96cm。分布：中国のチベット自治区南西部からインド北西部にかけて。絶滅危惧II類。

チベット スナギツネ
〈*Vulpes ferrilata*〉イヌ科キツネ属。体長67cm。分布：チベットおよびネパールの高山のステップ地帯（標高4500〜4800m）。

チベット セッケイ 西蔵雪鶏
〈*Tetraogallus tibetanus*〉鳥綱キジ目キジ科の鳥。全長53cm。分布：インド北部・ネパー

ル・チベット・中国西部。

チベットノウサギ
〈*Lepus oiostolus*〉哺乳綱ウサギ目ウサギ科の動物。分布：チベット高原。

チベットモンキー
〈*Macaca thibetana*〉オナガザル科マカク属。頭胴長60cm。分布：チベットから中国。

チベットヤマウズラ　西蔵山鶉
〈*Perdix hodgsoniae*〉鳥綱キジ目キジ科の鳥。全長30cm。分布：インド北部からネパール，チベット，中国西部。

チベットロバ
キャンの別名。

チメドリ　知目鳥
〈*Alcippe brunnea*〉鳥綱スズメ目ヒタキ科の鳥。

チメドリ　知目鳥
〈*babbler*〉広義には鳥綱スズメ目ヒタキ科チメドリ亜科に属する鳥の総称で，狭義にはそのうちの1種をさす。体長10〜35cm。分布：アジア，アフリカ，オーストラレシア，1種は北アメリカ西部。

チモール
〈*Timor*〉哺乳綱奇蹄目ウマ科の動物。体高92〜110cm。原産：インドネシア（チモール島）。

チモールニシキヘビ
〈*Python timorensis*〉爬虫綱有鱗目ボア科のヘビ。

チモールメガネコウライウグイス
〈*Sphecotheres viridis*〉鳥綱スズメ目コウライウグイス科の鳥。体長28cm。分布：オーストラリア北部および東部，ニューギニア。

チャイニーズ・クレステッド・ドッグ
〈*Chinese Crested Dog*〉犬の一品種。別名パウダー・パフ。体高23〜33cm。分布：中国。

チャイニーズ・ドルフィン
ヨウスコウカワイルカの別名。

チャイニーズハムスター
〈*Cricetulus barabensis griseus*〉哺乳綱齧歯目キヌゲネズミ科の動物。

チャイニーズハムスター
キヌゲネズミの別名。

チャイニーズ・ファイティング・ドッグ
シャー・ペイの別名。

チャイニーズ・レオパードゲッコー
〈*Goniurosaurus luii*〉爬虫綱トカゲ亜目トカゲモドキ科の動物。

チャイロアマガエル
〈*Litoria ewingii*〉両生綱無尾目アマガエル科のカエル。体長35mm。分布：オーストラリアのニューサウスウェールズ州南部から南端を省くタスマニア州まで。ニュージーランドに人為移入。

チャイロイエヘビ
コモンイエヘビの別名。

チャイロオナガカマドドリ　茶色尾長竈鳥
〈*Synallaxis cabanisi*〉鳥綱スズメ目カマドドリ科の鳥。全長17cm。分布：ガイアナ・ベネズエラ・コロンビア・エクアドル・ペルー北部・ボリビア北部。

チャイロカケス　茶色橿鳥
〈*Psilorhinus morio*〉鳥綱スズメ目カラス科の鳥。全長43cm。分布：メキシコからパナマ西部。

チャイロカマハシフウチョウ
〈*Epimachus meyeri*〉鳥綱スズメ目フウチョウ科の鳥。全長100cm。分布：ニューギニア。

チャイロキツネザル
カッショクキツネザルの別名。

チャイロキノボリ　茶色木攀
〈*Climacteris picumnus*〉鳥綱スズメ目キノボリ科の鳥。全長15cm。分布：オーストラリア東部。

チャイロキリハシ
〈*Brachygalba lugubris*〉鳥綱キツツキ目キリハシ科の鳥。全長18cm。分布：コロンビア，ペルー，ベネズエラ。

チャイロコガモ
〈*Anas aucklandica*〉カモ科。体長34〜46cm。分布：ニュージーランドの孤立した地域。絶滅危惧II類。

チャイロコツグミ
〈*Catharus guttatus*〉鳥綱スズメ目ツグミ科の鳥。体長15〜20cm。分布：北アメリカおよび中央アメリカ。

チャイロシギダチョウ　茶色鷸駝鳥
〈*Crypturellus obsoletus*〉鳥綱シギダチョウ目シギダチョウ科の鳥。全長27cm。分布：マト

チヤイロシ
グロッソ高原,ブラジル高地。

チャイロシャクケイ
〈*Penelope ortoni*〉鳥綱キジ目ホウカンチョウ科の鳥。全長66cm。分布：コロンビア西部,エクアドル西部。絶滅危惧II類。

チャイロタイランチョウ　茶色太蘭鳥
〈*Cnipodectes subbrunneus*〉鳥綱スズメ目タイランチョウ科の鳥。全長18cm。分布：コロンビア北西部・南西部・エクアドル西部・ペルー北東部・ブラジル西部。

チャイロツキタイランチョウ　茶色月太蘭鳥
〈*Sayornis saya*〉鳥綱スズメ目タイランチョウ科の鳥。全長18cm。分布：アメリカ,カナダ西部。

チャイロツグミモドキ　茶色鶫擬
〈*Toxostoma rufum*〉マネシツグミ科。別名チャイロマネシツグミ。体長25cm。分布：合衆国東部,カナダ南部からロッキー山脈の麓の丘陵地帯。

チャイロツバメ　茶色燕
〈*Ptyonoprogne rupestris*〉鳥綱スズメ目ツバメ科の鳥。全長14.5cm。分布：南ヨーロッパ,アフリカ北東部から南西アジアをへて中央アジア,インド,モロッコ。

チャイロトゲハシムシクイ
チャビタイトゲハシの別名。

チャイロニワシドリ
〈*Amblyornis inornatus*〉ニワシドリ科。体長25cm。分布：イリアン・ジャヤ（ニューギニア島）西部（標高1000〜2000m）。

チャイロネズミドリ　茶色鼠鳥
〈*Colius striatus*〉鳥綱ネズミドリ目ネズミドリ科の鳥。体長30〜36cm。分布：アメリカ中,東,南部。絶滅危惧II類。

チャイロハイエナ
哺乳綱食肉目ハイエナ科の動物。絶滅危惧種。

チャイロハイエナ
カッショクハイエナの別名。

チャイロハエトリ　茶色蝿取,茶色蠅取
〈*Cnemotriccus fuscatus*〉鳥綱スズメ目タイランチョウ科の鳥。全長15cm。分布：ガイアナ・ベネズエラ・コロンビア北部・ペルー北東部・ブラジル北部・パラグアイ・アルゼンチン北東部。

チャイロハヤブサ
〈*Falco berigora*〉鳥綱ハヤブサ科の鳥。体長オス43cm,メス50cm。分布：ニューギニア南部,オーストラリアの多くの地域。

チャイロヒタキ
〈*Ficedula crypta*〉スズメ目ヒタキ科（ヒタキ亜科）。全長12cm。分布：フィリピンのミンダナオ島。絶滅危惧II類。

チャイロヒメキツツキ
〈*Picumnus fulvescens*〉鳥綱キツツキ目キツツキ科の鳥。全長8cm。分布：ブラジル東部のペルナンブーコ州とアラゴアス州。絶滅危惧II類。

チャイロフウキンチョウ
〈*Orchesticus abeillei*〉鳥綱スズメ目ホオジロ科の鳥。全長18.5cm。分布：ブラジル南東部。

チャイロブユムシクイ
〈*Micrcbates collaris*〉鳥綱スズメ目ヒタキ科ブユムシクイ亜科の鳥。全長11cm。分布：ベネズエラ,コロンビア,ブラジル北部。

チャイロマウス属
〈*Scotinomys*〉哺乳綱齧歯目ネズミ科の動物。分布：ブラジル,ボリビア,アルゼンチン。

チャイロマネシツグミ　茶色真似師鶫
〈*Mimus dorsalis*〉鳥綱スズメ目マネシツグミ科の鳥。全長25cm。分布：ボリビア,アルゼンチン北西部。

チャイロマネシツグミ
チャイロツグミモドキの別名。

チャイロミツスイ　茶色蜜吸
〈*Pycnopygius ixoides*〉鳥綱スズメ目ミツスイ科の鳥。全長18cm。分布：ニューギニア。

チャイロミミキジ
ミミキジの別名。

チャイロムジカザリドリ
〈*Lipaugus lanioides*〉鳥綱スズメ目カザリドリ科の鳥。全長24cm。分布：ブラジル南東部。絶滅危惧II類。

チャイロモリクイナ　茶色森秧鶏
〈*Aramides wolfi*〉鳥綱ツル目クイナ科の鳥。全長33cm。分布：コロンビアからエクアドル南西部。絶滅危惧II類。

チャイロモリフウキンチョウ
〈*Hemispingus frontalis*〉鳥綱スズメ目ホオジロ科の鳥。全長15cm。分布：南アメリカ北西部。

チャイロヤブモズ
〈*Tchagra senegala*〉鳥綱スズメ目モズ科の鳥。体長22cm。分布：サハラ以南のアフリカ，アフリカ北西部，アラビア南西部。

チャイロユミハチドリ
〈*Phaethornis ruber*〉鳥綱アマツバメ目ハチドリ科の鳥。体長9cm。分布：コロンビア，ベネズエラからボリビア，ブラジル南部。

チャウチャウ
〈*Canis familiaris*〉哺乳綱食肉目イヌ科の動物。体高46～56cm。分布：中国。

チャエリカンムリチメドリ
〈*Yuhina flavicollis*〉チメドリ科。体長13cm。分布：ヒマラヤから東はミャンマー，ラオス。

チャエリキクスズメ
〈*Sporopipes frontalis*〉鳥綱スズメ目ハタオリドリ科の鳥。体長11cm。分布：サハラ砂漠南部から，エチオピア，ケニアあたりまでのアフリカの熱帯域。

チャエリシャコ　茶襟鷓鴣
〈*Francolinus castaneicollis*〉鳥綱キジ目キジ科の鳥。全長32cm。分布：エチオピア，ソマリア。

チャエリヤブヒバリ　茶襟藪雲雀
〈*Mirafra africana*〉鳥綱スズメ目ヒバリ科の鳥。全長18cm。分布：サハラ以南のアフリカ。

チャオビクイナ
〈*Lewinia mirificus*〉鳥綱ツル目クイナ科の鳥。全長20～23cm。分布：フィリピンのルソン島。絶滅危惧IB類。

チャオビジアリドリ
〈*Grallaria milleri*〉鳥綱スズメ目アリドリ科の鳥。全長16.5cm。分布：コロンビア。絶滅危惧IB類。

チャオビチドリ
〈*Charadrius bicinctus*〉鳥綱チドリ目チドリ科の鳥。全長18cm。分布：ニュージーランド。

チャガシラカモメ　茶頭鷗
〈*Larus brunnicephalus*〉鳥綱チドリ目カモメ科の鳥。

チャガシラコバシガン
〈*Chloephaga rubidiceps*〉鳥綱カモ目カモ科の鳥。

チャガシラシワコブサイチョウ
〈*Rhyticeros narcondami*〉鳥綱サイチョウ目サイチョウ科の鳥。

チャガシラニシブッポウソウ
〈*Coracias naevia*〉鳥綱ブッポウソウ目ブッポウソウ科の鳥。全長33cm。分布：エチオピア，セネガル，タンザニアから南アフリカ。

チャガシラハシリブッポウソウ
〈*Atelornis crossleyi*〉鳥綱ブッポウソウ目ジブッポウソウ科の鳥。全長26cm。分布：マダガスカル東部。絶滅危惧II類。

チャガシラハチクイ
〈*Merops leschenaulti*〉鳥綱ブッポウソウ目ハチクイ科の鳥。全長21cm。分布：インドから中国南西部・アンダマン諸島・ジャワ島・スマトラ島。

チャガシラハチドリ
〈*Anthocephala floriceps*〉鳥綱アマツバメ目ハチドリ科の鳥。全長9cm。分布：コロンビア。

チャガシラヒメドリ
〈*Spizella passerina*〉鳥綱スズメ目ホオジロ科の鳥。体長12.5～14cm。分布：カナダから南にニカラグア北部まで。

チャガシラフウキンチョウ
〈*Tangara gyrlola*〉鳥綱スズメ目ホオジロ科の鳥。全長12.5～14cm。分布：コスタリカから南アメリカ。

チャガシラミヤマテッケイ　茶頭深山竹鶏
〈*Arborophila torqueola*〉鳥綱キジ目キジ科の鳥。別名アガシラミヤマテッケイ，アカチャガシラミヤマテッケイ。体長25cm。分布：インド北・東部，チベット南部。

チャガシラモリムシクイ
〈*Seicercus montis*〉鳥綱スズメ目ウグイス科の鳥。体長10cm。分布：マレーシア，スマトラからカリマンタン，パラワンおよびチモール島にかけて，標高2000m以上のところが多い。

チャカブリアメリカムシクイ
〈*Limnothlypis swainsonii*〉鳥綱スズメ目アメリカムシクイ科の鳥。全長13cm。分布：アメリカ。

チャカメレオン
〈*Chamaeleo pumilus*〉爬虫綱有鱗目トカゲ亜目カメレオン科のトカゲ。

チャキンチョウ　茶金鳥
〈*Emberiza bruniceps*〉鳥綱スズメ目ホオジロ

科の鳥。全長17cm。分布：キルギス，イラン，アルタイ。

チャクビガラス　茶首鴉
〈*Corvus ruficollis*〉鳥綱スズメ目カラス科の鳥。全長50〜54cm。分布：サハラ・ケニア北部以北のアフリカ，アラビア半島・イラン・アフガニスタン。

チャクマヒヒ
〈*Papio ursinus*〉哺乳綱霊長目オナガザル科の動物。体長60〜82cm。分布：アフリカ南部。

チャクワラ
〈*Sauromalus obesus*〉爬虫綱有鱗目イグアナ科のトカゲ。

チャコアルマジロ
〈*Chlamyphorus retusus*〉異節目（貧歯目）アルマジロ科。頭胴長14〜17.5cm。分布：ボリビア西部および中央部，パラグアイ，アルゼンチン北東部。絶滅危惧II類。

チャコガエル
〈*Chacophrys pierotti*〉両生綱無尾目ミナミガエル科のカエル。体長55mm。分布：アルゼンチン北部のグランチャコ。コルドバ，サルタ，サンチャゴ・デル・エステロなど。

チャコペッカリー
〈*Catagonus wagneri*〉哺乳綱偶蹄目ペッカリー科の動物。頭胴長92〜111cm。分布：ボリビア，パラグアイ，アルゼンチン。絶滅危惧IB類。

チャコヘビクビガメ
〈*Acanthochelys chacoensis*〉爬虫綱カメ目ヘビクビガメ科のカメ。背甲長最大20.4cm。分布：パラグアイのグラン・チャコ地方。絶滅危惧II類。

チャコリクガメ
〈*Geochelone chilensis*〉爬虫綱カメ目リクガメ科のカメ。最大甲長43cm。分布：南米南部（アルゼンチンとパラグアイ）。絶滅危惧II類。

チャズキンハチクイモドキ
〈*Momotus mexicanus*〉鳥綱ブッポウソウ目ハチクイモドキ科の鳥。全長28cm。分布：メキシコ，グアテマラ。

チャスジヌマチガエル
〈*Limnodynastes peronii*〉両生綱無尾目カメガエル科のカエル。体長3〜6cm。分布：オーストラリア。

チャタムウ
〈*Phalacrocorax onslowi*〉鳥綱ペリカン目ウ科の鳥。全長63cm。分布：ニュージーランドのチャタム諸島。絶滅危惧II類。

チャタムヒタキ
〈*Petroica traversi*〉鳥綱スズメ目ヒタキ科ヒタキ亜科の鳥。全長15cm。分布：チャタム諸島。絶滅危惧IB類。

チャタムミズナギドリ
〈*Pterodroma axillaris*〉鳥綱ミズナギドリ目ミズナギドリ科の鳥。全長30cm。分布：ニュージーランドのチャタム諸島で繁殖。絶滅危惧IA類。

チャタムミヤコドリ
〈*Haematopus chathamensis*〉鳥綱チドリ目ミヤコドリ科の鳥。全長47〜49cm。分布：ニュージーランドのチャタム諸島。絶滅危惧IB類。

チャタムムカシジシギ
〈*Coenocorypha pusilla*〉鳥綱チドリ目シギ科の鳥。全長19〜20cm。分布：ニュージーランドのチャタム諸島。絶滅危惧II類。

チャックウィルヨタカ
〈*Caprimulgus carolinensis*〉鳥綱ヨタカ目ヨタカ科の鳥。全長27cm。分布：北アメリカ東部。

チャップマンシマウマ
〈*Equus burchelli chapmani*〉哺乳綱奇蹄目ウマ科の動物。

チャップマン・ホース
クリーブランド・ベイの別名。

チャディッチ
オグロフクロネコの別名。

チャート・ポルスキー
〈*Chart Polski*〉犬の一品種。

チャノドサザイチメドリ
〈*Spelaeornis badeigularis*〉スズメ目ヒタキ科（チメドリ亜科）。全長9cm。分布：インド北東部のアルナーチャル・プラデーシュ州。絶滅危惧II類。

チャノドタイヨウチョウ
〈*Anthreptes malacensi*〉鳥綱スズメ目タイヨウチョウ科の鳥。

チャノドニジハバト

〈*Phaps elegans*〉鳥綱ハト科の鳥。体長29cm。分布：オーストラリア南西部と南東部、そしてタスマニア島。

チャノドムクドリ
〈*Saroglossa spiloptera*〉鳥綱スズメ目ムクドリ科の鳥。全長19cm。分布：インドから東南アジア。

チャノドヤブウズラ　茶喉藪鶉
〈*Perdicula manipurensis*〉鳥綱キジ目キジ科の鳥。全長20cm。分布：インド。絶滅危惧II類。

チャバネコウハシショウビン
〈*Pelargopsis amauroptera*〉鳥綱ブッポウソウ目カワセミ科の鳥。全長34cm。分布：パキスタン、インド、ビルマ、マレーシア。

チャバネテンニョゲラ
〈*Celeus castaneus*〉鳥綱キツツキ目キツツキ科の鳥。体長23〜25cm。分布：メキシコからパナマ。

チャバホソオトゲヤマネ
〈*Typhlomys chapensis*〉齧歯目ネズミ科（トゲヤマネ亜科）。頭胴長8〜10cm程度。分布：ベトナム北部、中国南部。絶滅危惧IA類。

チャバラアメリカジカッコウ
〈*Neomorphus geoffroyi dulcis*〉鳥綱ホトトギス目ホトトギス科の鳥。全長45cm。分布：中央アメリカ、南アメリカ。

チャバラアラレチョウ　茶腹霰鳥
〈*Clytospiza monteiri*〉鳥綱スズメ目カエデチョウ科の鳥。全長9cm。分布：カメルーン北部からビクトリア湖北岸地域、コンゴからタンガニーカ湖西岸地域。

チャバラオオツリスドリ
〈*Psarocolius bifasciatus*〉鳥綱スズメ目ムクドリモドキ科の鳥。体長オス50cm、メス40cm。分布：コロンビア、ギアナからボリビア、ブラジル西部までのアマゾン川流域。

チャバラオリーブハエトリ
〈*Pipromorpha oleaginea*〉鳥綱スズメ目タイランチョウ科の鳥。全長11cm。分布：メキシコ南部からボリビア、ブラジル。

チャバラキノボリ　茶腹木登
〈*Climacteris rufa*〉鳥綱スズメ目キノボリ科の鳥。

チャバラクイナ　茶腹秧鶏

〈*Amaurolimnas concolor*〉鳥綱ツル目クイナ科の鳥。全長20〜22cm。分布：メキシコ南部からペルー、ブラジル南部。

チャバラヒタキ
〈*Morarcha takatsukasae*〉スズメ目ヒタキ科（カササギヒタキ亜科）。全長15cm。分布：アメリカ合衆国領北マリアナ諸島のテニアン島。絶滅危惧II類。

チャバラヒメクイナ　茶腹姫秧鶏
〈*Aenigmatolimnas marginalis*〉鳥綱ツル目クイナ科の鳥。全長20cm。分布：中央アフリカ、南部アフリカ。

チャバラホウカンチョウ　茶腹鳳冠鳥
〈*Crax mitu*〉鳥綱キジ目ホウカンチョウ科の鳥。体長90cm。分布：ブラジル中部、ペルー東部、ボリビア北部にかけてのアマゾン流域。ブラジル東部の小さな個体群は絶滅した可能性がある。

チャバラマユミソサザイ　茶腹眉鷦鷯
〈*Thryothorus ludovicianus*〉鳥綱スズメ目ミソサザイ科の鳥。体長14.5cm。分布：合衆国とメキシコ。

チャバラヤブシトド
〈*Atlapetes nationi*〉鳥綱スズメ目ホオジロ科の鳥。全長18cm。

チャバラヤブフウキンチョウ
〈*Chlorospingus semifuscus*〉鳥綱スズメ目ホオジロ科の鳥。全長14cm。分布：コロンビア、エクアドル。

チャバラワライカワセミ
〈*Decelo gaudichaud*〉鳥綱ブッポウソウ目カワセミ科の鳥。全長28cm。分布：アルー諸島ニューギニア。

チャバリーフモンキー
〈*Trachypithecus poliocephalus*〉哺乳綱霊長目オナガザル科の動物。分布：ベトナム北部のチャバ島。絶滅危惧IB類。

チャビタイインコ　小波鸚哥
〈*Bolborhynchus ferrugineifrons*〉鳥綱オウム目インコ科の鳥。全長18〜19cm。分布：コロンビア。絶滅危惧IB類。

チャビタイトゲハシ
〈*Acanthiza pusilla*〉鳥綱スズメ目ヒタキ科ゴウシュウムシクイ亜科の鳥。体長10cm。分布：オーストラリアの南回帰線以南。

チャビタイヒメムシクイ

クリビタイヒメムシクイの別名。

チャボ　矮鶏
〈*Gallus gallus var. domesticus*〉鳥綱キジ目キジ科の鳥。分布：インドシナ半島。

チャボウシイワタイランチョウ　茶帽子岩太蘭鳥
〈*Muscisaxicola alpina*〉鳥綱スズメ目タイランチョウ科の鳥。全長18cm。分布：コロンビア，エクアドル・ペルー北部からボリビア・チリ北部・アルゼンチン西部。

チャボウシコビトハエトリ　茶帽子小人蠅取，茶帽子小人蠅取
〈*Euscarthmus meloryphus*〉鳥綱スズメ目タイランチョウ科の鳥。全長11cm。分布：ベネズエラ北部・コロンビア・ペルー東部・ボリビア東部・パラグアイ・アルゼンチン北部・ブラジル東部。

チャボウシハエトリ　茶帽子蠅取，茶帽子蠅取
〈*Leptopogon amaurocephalus*〉鳥綱スズメ目タイランチョウ科の鳥。全長12cm。分布：メキシコ南部からアルゼンチン北部・ブラジル南東部。

チャマダラパタゴニアガエル
〈*Atelognathus solitarius*〉両生綱無尾目カエル目ユビナガガエル科のカエル。体長3～3.5cm。分布：アルゼンチン中部。絶滅危惧II類。

チャミミカマドドリ
〈*Synallaxis kollari*〉鳥綱スズメ目カマドドリ科の鳥。全長15cm。分布：ブラジル北部，ガイアナ南部。絶滅危惧II類。

チャミミチュウハシ
〈*Pteroglossus castanotis*〉鳥綱オオハシ科の鳥。体長37cm。分布：コロンビア東部，エクアドルから南はボリビア，アルゼンチン北東部までの地域。

チャムネウタミソサザイ
クリムネウタミソサザイの別名。

チャムネカオジロムシクイ
〈*Aphelocephala pectoralis*〉スズメ目ヒタキ科（オーストラリアムシクイ亜科）。全長10cm。分布：オーストラリア中部。絶滅危惧種。

チャムネクイナ　茶胸秧鶏
〈*Rallus madagascariensis*〉鳥綱ツル目クイナ科の鳥。別名マダガスカルクイナ。全長25cm。分布：マダガスカル。

チャムネゴシキタイヨウチョウ
チャムネタイヨウチョウの別名。

チャムネシトド
〈*Poospiza thoracica*〉鳥綱スズメ目ホオジロ科の鳥。全長12.5cm。分布：ブラジル南東部。

チャムネタイヨウチョウ　茶胸太陽鳥
〈*Nectarinia mariquensis*〉鳥綱スズメ目タイヨウチョウ科の鳥。別名ヒガシニシキタイヨウチョウ。全長14cm。分布：エチオピア，スーダンからアンゴラ，ジンバブウェ。

チャムネバンケンモドキ　茶胸蕃鵑擬
〈*Rhamphococcyx curvirostris*〉鳥綱ホトトギス目ホトトギス科の鳥。全長45cm。分布：南ビルマからマレー半島，大スンダ列島。

チャムネヒメジアリドリ
〈*Grallaricula ferrugineipectus*〉鳥綱スズメ目アリドリ科の鳥。

チャムネミフウズラ
ヒメミフウズラの別名。

チャールズマネシツグミ
〈*Nesomimus trifasciatus*〉鳥綱スズメ目マネシツグミ科の鳥。全長25cm。分布：エクアドルのガラパゴス諸島。絶滅危惧IB類。

チャンシージカ
〈*Cervus hortulorum kopschi*〉哺乳綱偶蹄目シカ科の動物。絶滅危惧種。

チャンシージカ
ナンシジカの別名。

チャンチム
〈*Chanchim*〉牛の一品種。

チュウエイヤギ　中衛山羊
〈*Zhongwei Goat*〉山羊の一品種。分布：中国。

チュウクイナ
コモンクイナの別名。

チュウコウセイサギ　昼行性サギ
〈*Day heron*〉鳥綱コウノトリ目サギ科の鳥。全長39～140cm。分布：全世界。

チュウゴク（ウンナンショウ）ザイライヤギ　中国（雲南省）在来山羊
〈*Native goat-China（Yunnan）*〉メス60cm以上。分布：中国。

チュウゴクオオサンショウウオ
〈*Andrias davidanus*〉両生綱サンショウウオ目オオサンショウウオ科の動物。別名タイリ

クオオサンショウウオ。

チュウゴクシシバナザル
　ゴールデンモンキーの別名。

チュウゴクシュ　中国種
　〈Sus scrofa var. domesticus〉ブタの一品種。別名支那種。原産：中国大陸。

チュウゴクシュウダ　臭蛇, 中国臭蛇
　〈Elaphe carinata carinata〉爬虫綱有鱗目ヘビ亜目ナミヘビ科のヘビ。全長130～250cm。分布：中国, 台湾, ベトナム北部。国内では尖閣諸島の魚釣島, 南小島, 北小島に分布。

チュウゴクスッポン
　スッポンの別名。

チュウゴクセイナンサンチバ　中国西南山地馬
　オス115.5cm, メス115.4cm。分布：中国・雲南, 貴州, 四川。

チュウゴクヤマネ
　〈Dryomys sichuanensis〉哺乳綱齧歯目ヤマネ科の動物。頭胴長8cm。分布：中国の四川省。絶滅危惧IB類。

チュウコセイインコ
　〈Psittacula intermedia〉鳥綱オウム目インコ科の鳥。全長36cm。分布：インド北部。絶滅危惧II類。

チュウサギ　中鷺
　〈Egretta intermedia〉鳥綱コウノトリ目サギ科の鳥。全長65～72cm。分布：インド, 東南アジア, フィリピン, スンダ列島, 日本。

チュウジシギ　中地鷸
　〈Gallinago megala〉鳥綱チドリ目シギ科の鳥。全長27cm。分布：シベリア中部。

チュウシャクシギ　中杓鷸
　〈Numenius phaeopus〉鳥綱チドリ目シギ科の鳥。全長41cm。分布：北ヨーロッパ・シベリア北東部・アラスカ北部。

チュウダイサギ
　〈Egretta alba modesta〉鳥綱コウノトリ目サギ科の鳥。

チュウダイズアカアオバト
　〈Sphenurus formosae medioximus〉鳥綱ハト目ハト科の鳥。

チュウテンボウギュウ　中甸牦牛
　〈Zhongdian Yak〉分布：中国, 雲南省の迪慶蔵族自治州。

チュウテンメンヨウ　中甸緬羊
　〈Zhongdian Sheep〉羊の一品種。分布：中国, 雲南省の迪慶蔵族自治州。

チュウハシ　中嘴
　〈aracari〉鳥綱キツツキ目オオハシ科チュウハシ属に含まれる鳥の総称。

チュウヒ　沢鵟
　〈Circus aeruginosus〉鳥綱タカ目タカ科の鳥。体長48～58cm。分布：西ヨーロッパから東はアジア一帯, マダガスカル, カリマンタン, オーストラリア。国内では北海道, 本州。

チュウヒ　沢鵟
　鳥綱タカ目タカ科の鳥。体長48～58cm。分布：西ヨーロッパから東はアジア一帯, マダガスカル, カリマンタン, オーストラリア。国内では北海道, 本州。

チュウヒダカ
　〈Polyboroides typus〉鳥綱タカ目タカ科の鳥。体長61～68cm。分布：サハラ以南のアフリカ。

チュウヒワシ
　〈Circaetus gallicus〉鳥綱タカ目タカ科の鳥。別名ハラジロワシ。体長62～67cm。分布：ヨーロッパ南・東部, アフリカ北西部, 中近東, アジア南西部, インド。

チュウベイカワガメ
　〈Dermatemys mawi〉爬虫綱カメ目カワガメ科のカメ。

チュウベイクモザル
　〈Ateles geoffroyi〉哺乳綱霊長目オマキザル科のサル。

チュウベイサンゴヘビ
　〈Micrurus nigrocinctus〉爬虫綱有鱗目ヘビ亜目コブラ科のヘビ。全長1m以下。分布：太平洋岸はメキシコの東端から, カリブ海側はベリーズから, コロンビアの北西端まで。

チュウベイバク
　ベアードバクの別名。

チュウヨークシャー　中ヨークシャー
　〈Middle Yorkshire〉豚の一品種。分布：イギリス。

チュウヨシキリ
　〈Acrocephalus stentoreus〉鳥綱スズメ目ウグイス科の鳥。体長16cm。分布：北東アフリカ, 南アジアからオーストラリアまで。

チューニ
〈*Tuni*〉牛の一品種。

チュニジアン・バーバリー
〈*Tunisian Barbary*〉哺乳綱偶蹄目ウシ科の動物。体高60〜80cm。分布：チュニジア。

チューリ
〈*Tuli*〉牛の一品種。

チュロ
〈*Churro*〉哺乳綱偶蹄目ウシ科の動物。体高オス45〜80cm，メス35〜65cm。分布：スペイン。

チョウゲンボウ　長元坊
〈*Falco tinnunculus*〉鳥綱タカ目ハヤブサ科の鳥。体長31〜35cm。分布：ヨーロッパのほぼ全域，アフリカ，アジアで繁殖。北方および東方のものは，それぞれイギリスからアフリカ南部に，インド北部からスリランカに渡って越冬。

チョウサギ
チュウサギの別名。

チョウショウバト　長嘯鳩
〈*Geopelia striata*〉鳥綱ハト目ハト科の鳥。全長23cm。分布：マレー半島・ボルネオ島，オーストラリア南部。

チョウセンアオバズク
〈*Ninox scutulata macroptera*〉鳥綱フクロウ目フクロウ科の鳥。

チョウセンイタチ　朝鮮鼬
〈*Mustela sibirica coreana*〉哺乳綱食肉目イタチ科の動物。別名タイリクイタチ。頭胴長オス325〜435mm，メス280〜330mm。分布：旧ソ連のヨーロッパ部分からシベリア東部，朝鮮，中国，日本，台湾。国内では対馬のみに分布していたが，九州，四国，本州（富山―長野―愛知以西）には近年侵入。

チョウセンウグイス　朝鮮鶯
〈*Cettia canturians*〉鳥綱スズメ目ウグイス科の鳥。

チョウセンウシ（朝鮮牛）
カンギュウの別名。

チョウセンエナガ
〈*Aegithalos caudatus magnus*〉鳥綱スズメ目エナガ科の鳥。

チョウセンカモシカ
オナガゴーラルの別名。

チョウセンコジネズミ　朝鮮小地鼠
〈*Crocidura suaveolens shantungensis*〉モグラ目トガリネズミ科。6〜6.9cm。分布：中国中北部・朝鮮半島。国内では対馬。

チョウセンコジネズミ
コジネズミの別名。

チョウセンゴジュウカラ　朝鮮五十雀
〈*Sitta villosa*〉鳥綱スズメ目ゴジュウカラ科の鳥。全長11cm。分布：モンゴルから東北地区南部・朝鮮半島。

チョウセンサンショウウオ
〈*Hynobius leechii*〉両生綱有尾目サンショウウオ科の動物。体長85〜114mm。分布：中国北東部（遼寧，吉林，黒竜江省）から朝鮮半島まで。済州島。

チョウセンスズガエル
〈*Bombina orientalis*〉両生綱無尾目スズガエル科のカエル。体長40〜50mm。分布：中国北東部（南は安徽省まで），ロシアの沿海州，朝鮮半島，済州島。

チョウセンダルマエナガ
鳥綱スズメ目ウグイス科の鳥。

チョウセンダルマエナガ
チョウセンスズガエルの別名。

チョウセンツグミ
ヤイロチョウの別名。

チョウセントラ
〈*Panthera tigris coreensis*〉哺乳綱食肉目ネコ科の動物。

チョウセントラ
シベリアトラの別名。

チョウセンノジコ
シマノジコの別名。

チョウセンハシブトガラス
〈*Corvus macrorhynchos mandshuricus*〉鳥綱スズメ目カラス科の鳥。

チョウセンプランシーガエル
〈*Rana plancyi chosenica*〉両生綱無尾目アカガエル科の動物。

チョウセンミフウズラ　朝鮮三斑鶉
〈*Turnix tanki*〉鳥綱ツル目ミフウズラ科の鳥。全長14〜15cm。分布：インド・ニコバル島・アンダマン島・ビルマ・インドシナ・中国東部・朝鮮半島中部。

チョウセンメジロ　朝鮮目白
〈*Zosterops erythropleura*〉鳥綱スズメ目メジロ科の鳥。体長11cm。分布：朝鮮北部，中国。

チョウセンヤマアカガエル　朝鮮山赤蛙
〈*Rana dybowskii*〉両生綱無尾目アカガエル科のカエル。体長オス52〜64mm，メス58〜84mm。分布：朝鮮半島から沿海州にかけて。国内では対馬に分布。

チョウセンヤマネコ（朝鮮山猫）
ツシマヤマネコの別名。

チョウソウケイチョ　頂双渓猪
〈*Dingshuangxi Pig*〉豚の一品種。分布：中国大陸。

チョウヒ
チュウヒの別名。

チョウペイ　周北牛
〈*Chowpei*〉牛の一品種。

チョコモズモドキ
〈*Vireo masteni*〉鳥綱スズメ目モズモドキ科の鳥。全長12cm。分布：コロンビア。絶滅危惧II類。

チョルニュイ・テリア
ブラック・ロシアン・テリアの別名。

チリアン・ドルフィン
ハラジロイルカの別名。

チリアン・ブラック・ドルフィン
ハラジロイルカの別名。

チリカマドドリ
〈*Chilia melanura*〉鳥綱スズメ目カマドドリ科の鳥。全長20cm。分布：チリ。

チリカワウソ
〈*Lutra provocax*〉哺乳綱食肉目イタチ科の動物。頭胴長57〜61cm（一説には70cm）。分布：チリ中部および南部と，近辺のアルゼンチンの一部。絶滅危惧II類。

チリークサカリドリ
〈*Phytotoma rara*〉クサカリドリ科。体長19〜20cm。分布：チリ中部・中南部，アルゼンチン最西端。

チリケノレステス
〈*Rhyncholestes raphanurus*〉ケノレステス目ケノレステス科。頭胴長11〜13cm。分布：チリ南部。絶滅危惧II類。

チリゲマルジカ
〈*Hippocamelus bisulcus*〉哺乳綱偶蹄目シカ科の動物。頭胴長145〜165cm。分布：チリ，アルゼンチン。絶滅危惧IB類。

チリスベイグアナ
〈*Liolaemus tenuis*〉体長19〜31cm。分布：南アメリカ大陸南西部。

チリチンチラ
チンチラの別名。

チリネズミ
〈*Irenomys tarsalis*〉哺乳綱齧歯目ネズミ科の動物。分布：アルゼンチン北部，チリ北部。

チリフラミンゴ
〈*Phoenicopterus ruber chilensis*〉鳥綱フラミンゴ目フラミンゴ科の鳥。

チリメンナガクビ
〈*Chelodina rugosa*〉爬虫綱カメ目ヘビクビガメ科のカメ。最大甲長40cm。分布：オーストラリア北部（ケープヨーク半島から西オーストラリア州のキンバリー地方まで）。

チリヨツメガエル
〈*Pleurodema thaul*〉両生綱無尾目ミナミガエル科のカエル。体長35〜50mm。分布：チリ，アルゼンチン，ボリビア。

チリンガム
〈*Chillingham*〉哺乳綱偶蹄目ウシ科の動物。体高オス115cm，メス110cm。分布：イギリス。

チルー
〈*Pantholops hodgsoni*〉体型はアンテロープに似るが鼻が膨れサイガに近縁の偶蹄目ウシ科の哺乳類。体長170cm。分布：チベット，中国の青海省，四川省，インド。

チルー
ユキヒョウの別名。

チルドレンニシキヘビ
〈*Antaresia childreni*〉爬虫綱有鱗目ヘビ亜目ニシキヘビ科のヘビ。全長0.8〜1m。分布：オーストラリア。

チルネコ・デル・エトナ
〈*Cirneco dell'Etna*〉犬の一品種。別名シシリアン・ハウンド。体高42〜50cm。原産：イタリア。

チロエオポッサム
〈*Dromiciops gliroides*〉ミクロビオテリウム目ミクロビオテリウム科。頭胴長8〜13cm。

チロリアン
分布：チリ中部から南部にかけて。絶滅危惧II類。

チロリアン・ハウンド
チロリアン・ブラッケの別名。

チロリアン・ブラッケ
犬の一品種。別名チロリアン・ハウンド，オーストリアン・スムース・ブラック。

チワワ
〈Canis familiaris〉哺乳綱食肉目イヌ科の動物。体高15～23cm。分布：メキシコ。

チワワシロアシマウス
〈Peromyscus polius〉齧歯目ネズミ科（アメリカネズミ亜科）。頭胴長9.5～11.5cm。分布：メキシコ北部。絶滅危惧II類。

チン　狆
〈Canis familiaris〉哺乳綱食肉目イヌ科の動物。別名ジャパニーズ・スパニエル。体高28cm。原産：中国，日本。

チンチュワン　涇川牛
〈Chinchwan〉牛の一品種。

チンチラ
〈Chinchilla lanigera〉哺乳綱齧歯目チンチラ科の動物。体長22～23cm。分布：南アメリカ南西部。絶滅危惧II類。

チンチラ
〈chinchilla〉齧歯目チンチラ科Chinchillidaeの哺乳類の総称。分布：南アメリカ南西部。

チンチラ（ウサギ）
〈Chinchilla〉毛用のカイウサギの一品種。

チンチラネズミ
〈chinchilla rat〉齧歯目チンチラネズミ科Abrocomidaeの哺乳類の総称。

チンチラマウス
〈Chinchillula sahamae〉哺乳綱齧歯目ネズミ科の動物。分布：ペルー南部，ボリビア西部，チリ北部，およびアルゼンチンの高地。

チンパンジー
〈Pan troglodytes〉哺乳綱霊長目ヒト科の動物。別名クロショウジョウ。体長63～90cm。分布：西アフリカから中央アフリカにかけて。絶滅危惧IA類。

【ツ】

ツアモツシギ
トゥアモトゥシギの別名。

ツアモツショウビン
トゥアモトゥショウビンの別名。

ツウェルクスピッツ
〈Zwergspitz〉哺乳綱食肉目イヌ科の動物。

ツカツクリ　塚造
〈Megapodius freycinet〉鳥綱キジ目ツカツクリ科の鳥。全長30～43cm。分布：フィリピン・インドネシア東部からメラネシア・オーストラリア北部，ニコバル諸島。

ツカツクリ　塚造
〈megapode〉鳥綱キジ目ツカツクリ科に属する鳥の総称。全長27～60cm。分布：ニコバル諸島からマレーシア，インドネシア，フィリピン，オーストラリア，ニューギニアをへてトンガ，マリアナ諸島，パラオ諸島。

ツカツクリ科
キジ目。全長25～70cm。分布：フィリピン，インドネシア，ニューギニア，ニコバル諸島，オーストラリア。

ツギオミカドヤモリ
〈Rhacodactylus leachianus〉爬虫綱有鱗目トカゲ亜目ヤモリ科の動物。全長34～38cm。分布：ニューカレドニア。絶滅危惧II類と推定。

ツキタイランチョウ　月太蘭鳥
〈Sayornis phoebe〉鳥綱スズメ目タイランチョウ科の鳥。全長17cm。分布：北アメリカ中東部。

ツキノワインコ
ホンセイインコの別名。

ツキノワグマ　月輪熊
〈Selenarctos thibetanus〉哺乳綱食肉目クマ科の動物。別名アジアクロクマ，ヒマラヤグマ。体長1.3～1.9m。分布：東アジア，南アジア，東南アジア。国内では本州（北限は下北半島），四国。絶滅危惧II類。

ツキノワグマ
クマの別名。

ツキノワテリムク
〈Spreo superbus〉鳥綱スズメ目ムクドリ科の鳥。体長18cm。分布：スーダン南東部，東にソマリア，南にタンザニアまで。

ツキヒメハエトリ
〈Sayornis phoebe〉タイランチョウ科。体長18cm。分布：北アメリカ北・東部で繁殖，合衆国南東・中南部からメキシコにかけての地

域で越冬。

ツギホコウモリ
〈Mystacina tuberculata〉哺乳綱翼手目ツギホコウモリ科の動物。前腕長4.5cm前後。分布：ニュージーランド。絶滅危惧II類。

ツギホコウモリ
〈Short-tailed bat〉哺乳綱翼手目ツギホコウモリ科に属するコウモリの総称。体長6cm。分布：ニュージーランド。

ツクシガモ 筑紫鴨
〈Tadorna tadorna〉カモ科。体長58〜67cm。分布：ユーラシア温帯域。冬は北アフリカ，インド，中国，日本までの南に渡る。

ツグミ 鶫
〈Turdus naumanni〉鳥綱スズメ目ヒタキ科ツグミ亜科の鳥。全長24cm。分布：シベリア北部, カムチャツカ半島。

ツグミ 鶫
〈thrush〉広義には鳥綱スズメ目ヒタキ科ツグミ亜科に属する鳥の総称で，狭義にはそのうちのツグミ属をさし，さらに狭義にはそのうちの1種をさす。体長12.5〜30cm。分布：全世界。

ツグミマイコドリ 鶫舞子鳥
〈Schiffornis turdinus〉マイコドリ科。体長17cm。分布：メキシコ南部からエクアドル西部，アマゾン川流域，ベネズエラ，ギアナ地方。

ツグミモドキ
〈thrasher〉鳥綱スズメ目マネシツグミ科ツグミモドキ属に含まれる鳥の総称。

ツコツコ
〈tucotuco〉哺乳綱齧歯目クテノミス科ツコツコ属に含まれる動物の総称。

ツシマアカガエル 対馬赤蛙
〈Rana tsushimensis〉両生綱無尾目アカガエル科のカエル。体長30〜45mm。分布：対馬。

ツシマアカネズミ
〈Apodemus speciosus tusimaensis〉哺乳綱齧歯目ネズミ科の動物。

ツシマウマ
タイシュウウマの別名。

ツシマカヤネズミ
〈Micromys minutus aokii〉哺乳綱齧歯目ネズミ科の動物。

ツシマクロアカコウモリ
〈Myotis formosus tsuensis〉哺乳綱コウモリ目ヒナコウモリ科の動物。

ツシマコゲラ
〈Dendrocopos kizuki kotataki〉鳥綱キツツキ目キツツキ科の鳥。

ツシマサンショウウオ 対馬山椒魚
〈Hynobius tsuensis〉両生綱有尾目サンショウウオ科の動物。全長100〜120mm。分布：長崎県対馬の固有種で，上島・下島両島に生息。

ツシマジカ
〈Cervus pulchellus〉ウシ目シカ科。76cm。分布：本州・四国・九州。

ツシマスベトカゲ 対馬滑蜥蜴, 対馬滑蜥蜴
〈Scincella vandenburghi〉スキンク科。全長10cm。分布：対馬。

ツシマテン 対馬貂
〈Martes melampus tsuensis〉哺乳綱食肉目イタチ科の動物。頭胴長45〜54.5cm。分布：朝鮮半島の一部。国内では対馬。絶滅危惧II類，天然記念物。

ツシマヒミズ
〈Urotrichus talpoides adversus〉哺乳綱食虫目モグラ科の動物。

ツシマヒメネズミ
〈Apodemus argenteus sagax〉哺乳綱齧歯目ネズミ科の動物。

ツシママムシ 対馬蝮
〈Gloydius tsushimaensis〉爬虫綱ヘビ亜目クサリヘビ科のヘビ。分布：対馬に分布。

ツシマヤマアカガエル
両生綱カエル目アカガエル科のカエル。

ツシマヤマネコ 対馬山猫
〈Felis bengalensis euptilura〉ネコ目ネコ科。41.5〜90cm。分布：アムール・中国東北部・朝鮮半島・済州島。国内では長崎県対馬。絶滅危惧，天然記念物。

ツタナガフルーツコウモリ
〈Macroglossus minimus〉哺乳綱翼手目オオコウモリ科のコウモリ。

ツダンカ
〈Santander〉牛の一品種。原産：スペイン。

ツチオオカミ
哺乳綱食肉目ハイエナ科の動物。

ツチオオカミ

ツチカエル

アードウルフの別名。

ツチガエル　土蛙
〈*Rana rugosa*〉両生綱無尾目アカガエル科のカエル。別名イボガエル。体長オス37～46mm，メス44～53mm。分布：ロシア沿海州南部，中国東北部，朝鮮半島。本州，四国，九州，及びその属島。北海道西南部，伊豆大島，ハワイへ移入。

ツチクジラ　槌鯨
〈*Berardius bairdii*〉哺乳綱クジラ目アカボウクジラ科のクジラ。別名ノーザン・ジャイアント・ボトルノーズ・ホエール，ノースパシフィック・ボトルノーズ・ホエール，ジャイアント・フォートゥーズド・ホエール，ノーザン・フォートゥーズド・ホエール，ノースパシフィック・フォートゥーズド・ホエール，ツチンボウ。10.7～12.8m。分布：北太平洋の温帯域から亜北極域の海域。国内では相模湾，日本海以北。

ツチスドリ　土巣鳥
〈*Grallina cyanoleuca*〉ツチスドリ科。体長27cm。分布：オーストラリア。

ツチスドリ　土巣鳥
〈*Magpie-lark*〉スズメ目ツチスドリ科の鳥の1種，またはツチスドリ科の鳥の総称。体長20～26cm。分布：オーストラリア，チモール島，ロード・ハウ島，ニューギニア。

ツチスドリ科
スズメ目。全長20～50cm。分布：オーストラリアとニューギニア。

ツチブタ　土豚
〈*Orycteropus afer*〉哺乳綱管歯目ツチブタ科の動物。体長1.6m。分布：アフリカ（サハラ砂漠の南部）。

ツチンボウ
ツチクジラの別名。

ツヅドリ　筒鳥
〈*Cuculus saturatus*〉鳥綱ホトトギス目ホトトギス科の鳥。全長33cm。分布：シベリア，中国，朝鮮，日本，ヒマラヤ。国内では四国以北の落葉樹林の夏鳥。

ツナギトゲオイグアナ
〈*Ctenosaura similis*〉爬虫綱有鱗目トカゲ亜目イグアナ科の動物。全長1m。分布：メキシコからパナマにかけての中米。

ツナヒ

コマッコウの別名。

ツノウズラ　角鶉
〈*Oreortyx picta*〉鳥綱キジ目キジ科の鳥。全長28cm。分布：アメリカ，メキシコ。

ツノオオバン　角大鷭
〈*Fulica cornuta*〉鳥綱ツル目クイナ科の鳥。全長47cm。分布：ボリビア，ペルー，チリ，アルゼンチン。絶滅危惧II類。

ツノガエル　角蛙
〈*Ceratophrys calcarata*〉両生綱無尾目レプトダクチルス科のカエル。

ツノガエル　角蛙
〈*horned frog*〉両生綱無尾目レプトダクチルス科ツノガエル属に含まれるカエルの総称。体長4～10cm。分布：北アメリカ，ヨーロッパ，アフリカ北西部，小アジア，インド東部，東南アジア。

ツノガラガラ
サイドワインダーの別名。

ツノキジ
ジュケイの別名。

ツノサケビドリ　角叫鳥
〈*Anhima cornuta*〉鳥綱ガンカモ目サケビドリ科の鳥。全長84～89cm。分布：コロンビア・ベネズエラからボリビア南東部・ブラジル南部。

ツノシャクケイ　角舎久鶏
〈*Oreophasis derbianus*〉鳥綱キジ目ホウカンチョウ科の鳥。全長88cm。分布：メキシコ南東部。絶滅危惧II類。

ツノスナクサリヘビ
サハラツノクサリヘビの別名。

ツノトカゲ　角蜥蜴
〈*horned lizard*〉爬虫綱有鱗目イグアナ科ツノトカゲ属に含まれるトカゲの総称。

ツノトカゲ
テキサスツノトカゲの別名。

ツノナシアダー
〈*Bitis inornata*〉爬虫綱トカゲ目（ヘビ亜目）クサリヘビ科のヘビ。頭胴長23～30.2cm（メスのほうが大きくなる傾向がある）。分布：南アフリカ共和国南部。絶滅危惧II類。

ツノハシフウチョウモドキ
〈*Loboparadisea sericea*〉鳥綱スズメ目フウチョウ科の鳥。全長18cm。分布：ニューギ

ニア。

ツノホウセキハチドリ
〈*Heliactin cornuta*〉鳥綱アマツバメ目ハチドリ科の鳥。全長10.5cm。分布：スリナム，ブラジル，ボリビア。

ツノマムシ
〈*Bitis caudalis*〉爬虫綱有鱗目ヘビ亜目クサリヘビ科のヘビ。全長30～50cm。分布：アフリカ。

ツノミツスイ　角蜜吸
〈*Notiomystis cincta*〉鳥綱スズメ目ミツスイ科の鳥。別名シロツノミツスイ。全長19cm。分布：リトルバリアー島。

ツノメドリ　角目鳥
〈*Fratercula corniculata*〉鳥綱チドリ目ウミスズメ科の鳥。全長36～41cm。分布：千島列島，カムチャツカ半島，チュコト半島，アリューシャン列島，アラスカ西部。国内では南千島で繁殖するほか，少数が冬鳥として北海道沖に渡来。

ツノヤイロチョウ　角八色鳥
〈*Pitta phayrei*〉鳥綱スズメ目ヤイロチョウ科の鳥。全長22cm。分布：ビルマ南東部・タイ・ベトナム。

ツパイ
〈*treeshrew*〉哺乳綱霊長目ツパイ科に属する原猿の総称。別名キネズミ。

ツバイ
コモンツパイの別名。

ツバクラ
ツバメの別名。

ツバクロ
ツバメの別名。

ツバメ　燕，玄鳥
〈*Hirundo rustica*〉鳥綱スズメ目ツバメ科の鳥。別名ツバクロ，ツバクラ，ツバクラメ，マンタラゲシ，ツバクロ，ツバクラ，ツバクラメ。体長18cm。分布：ヨーロッパおよびアジア，アフリカ北部，北アメリカで繁殖。南半球で越冬。国内では種子島以北に多数が夏鳥として渡来して繁殖し，少数は越冬。

ツバメ　燕
〈*swallow*〉広義には鳥綱スズメ目ツバメ科に属する鳥の総称で，狭義にはそのうちのツバメ属をさし，さらに狭義にはそのうちの1種をさす。全長11.5～21.5cm。分布：両極地と一部の離島を除く全世界。

ツバメオオガシラ　燕大頭
〈*Chelidoptera tenebrosa*〉鳥綱キツツキ目オオガシラ科の鳥。体長15cm。分布：アンデス山脈東側の南アメリカ北部から，ボリビア北部およびブラジル南部。

ツバメ科
スズメ目。全長10～23cm。分布：世界的。

ツバメカザリドリ
〈*Phibalura flavirostris*〉鳥綱スズメ目カザリドリ科の鳥。全長23cm。分布：パラグアイ，アルゼンチンやボリビア。

ツバメタイランチョウ　燕太蘭鳥
〈*Hirundinea ferruginea*〉鳥綱スズメ目タイランチョウ科の鳥。体長18cm。分布：ベネズエラからアルゼンチンにかけてのアンデス山脈の高地，ギアナからブラジル，ウルグアイにかけて分布する。

ツバメチドリ　燕千鳥
〈*Glareola maldivarum*〉鳥綱チドリ目ツバメチドリ科の鳥。全長25cm。分布：シベリア南部・モンゴル・中国・台湾・東南アジア・インド。国内では数少ない夏鳥で，九州，本州で局地的に繁殖。干潟，河川でみられる。

ツバメチドリ　燕千鳥
〈*pratincole*〉広義には鳥綱チドリ目ツバメチドリ科ツバメチドリ属に含まれる鳥の総称で，狭義にはそのうちの1種をさす。分布：ヨーロッパ，アジア，アフリカ，オーストラリア。

ツバメチドリ
ニシツバメチドリの別名。

ツバメチドリ科
チドリ目。

ツバメトビ
〈*Elanoides forficatus*〉鳥綱タカ目タカ科の鳥。体長60cm。分布：合衆国南東部，メキシコからアルゼンチン北部。

ツバメハチドリ
〈*Eupetomena macroura*〉鳥綱アマツバメ目ハチドリ科の鳥。全長16cm。分布：南アメリカ北部・中部。

ツバメフウキンチョウ
〈*Tersina viridis*〉鳥綱スズメ目ホオジロ科の鳥。体長14cm。分布：パナマ東部からアルゼンチン北部。

ツフシキカ

ツブシキカメレオン
〈Chamaeleo senegalensis〉爬虫綱有鱗目トカゲ亜目カメレオン科のトカゲ。全長最大25cm。分布：アフリカ（スーダン，エチオピアから南へウガンダ，タンザニア，ザンビア，西へアンゴラ，北へトーゴ，セネガル）。

ツベルク・スピッツ
ポメラニアンの別名。

ツベルク・ピンシャー
ミニチュア・ピンシャーの別名。

ツマコヒメウソ
〈Sporophila insulata〉スズメ目ホオジロ科（ホオジロ亜科）。全長10cm。分布：コロンビア南西部沖のトゥマコ島。絶滅危惧IA類。

ツマジロカササギビタキ
〈Monarcha everetti〉スズメ目ヒタキ科（カササギビタキ亜科）。全長14cm。分布：インドネシアのタナジャンペア島。絶滅危惧II類。

ツマベニナメラ
〈Elaphe moellendorffi〉爬虫綱有鱗目ヘビ亜目ナミヘビ科のヘビ。全長2m前後。分布：中国の広東，広西，ベトナム北部。

ツミ 雀鷹，雀鷂
〈Accipiter gularis〉鳥綱ワシタカ目ワシタカ科の鳥。全長オス27cm，メス30cm。分布：アジア東部。国内では全国。

ツミ
ミナミツミの別名。

ツメガエル 爪蛙
〈clawed frog〉ピパ科ツメガエル属Xenopusに属する水生ガエルの総称。体長4.5〜12cm。分布：アフリカ，中央アメリカ南部，南アメリカ。

ツメガエル
アフリカツメガエルの別名。

ツメナガセキレイ 爪長鶺鴒
〈Motacilla flava〉鳥綱スズメ目セキレイ科の鳥。体長17cm。分布：ヨーロッパからアジアを経てアラスカの海岸部で繁殖。アフリカ，南アジアで越冬。

ツメナガフクロマウス
〈Neophascogale lorentzii〉哺乳綱フクロネズミ目フクロネコ科の動物。体長16〜23cm。分布：南アメリカ西部。

ツメナガホオジロ 爪長頰白
〈Calcarius lapponicus〉鳥綱スズメ目ホオジロ科の鳥。体長15.5〜16.5cm。分布：北極付近。南下してフランス北東部，旧ソ連南部，合衆国のニューメキシコ州およびテキサス州で越冬。

ツメナガマウス
〈Melasmothrix naso〉齧歯目ネズミ科（ネズミ亜科）。頭胴長11〜12.5cm。分布：インドネシアのスラウェシ島。絶滅危惧IB類。

ツメナガモグラレミング
〈Prometheomys schaposchnikowi〉哺乳綱齧歯目ネズミ科の動物。分布：カフカス，旧ソ連。

ツメナシカワウソ
〈Aonyx capensis〉哺乳綱食肉目イタチ科の動物。体長73〜95cm。分布：西アフリカ，東アフリカ，中央アフリカ，アフリカ南部。

ツメナシコウモリ 爪無蝙蝠
〈smoky bat〉翼手目ツメナシコウモリ科Furipteridaeの虫食性コウモリの総称で2属2種がある。体長3.5〜6cm。分布：パナマとトリニダード島からペルー，ブラジル。

ツメバガン 爪羽雁
〈Plectropterus gambensis〉カモ科。体長75〜100cm。分布：サハラ以南のアフリカ各地。

ツメバケイ 爪羽鶏
〈Opisthocomus hoazin〉ツメバケイ科。別名ホアジン。体長60cm。分布：アマゾンおよびオリノコ川流域，ギアナ地方の諸川，ガイアナおよびブラジルからエクアドル，ボリビア。

ツメバケイ科
キジ目。全長62cm。

ツメバゲリ 爪羽計里
〈Vanellus spinosus〉鳥綱チドリ目チドリ科の鳥。全長30cm。分布：エジプト，エチオピア，セネガル，ナイジェリア，ケニア。

ツリーイング・ウォーカー・クーンハウンド
〈Treeing Walker Coonhound〉犬の一品種。体高51〜69cm。原産：アメリカ。

ツリスアマツバメ
〈Panyptila cayennensis〉鳥綱アマツバメ目アマツバメ科の鳥。体長13cm。分布：メキシコ南部からペルー，ブラジル。

ツリスガラ 吊巣雀，釣巣雀
〈Remiz pendulinus〉鳥綱スズメ目ツリスガラ

科の鳥。体長11cm。分布：ヨーロッパ南部および東部, シベリア西部, 小アジア, 中央アジアからインド北西部, 中国北部および朝鮮。

ツリスガラ 吊巣雀, 釣巣雀
〈*penduline tit*〉鳥綱スズメ目ツリスガラ科の鳥。体長11cm。分布：ヨーロッパ南部および東部, シベリア西部, 小アジア, 中央アジアからインド北西部, 中国北部および朝鮮。

ツリスガラ
スインホーガラの別名。

ツリスガラ科
スズメ目。全長8〜11cm。分布：アフリカ, ユーラシア, 北アメリカ。

ツリスドリ 釣巣鳥
〈*Icterus icterus*〉鳥綱スズメ目ムクドリモドキ科の鳥。分布：南アメリカの東北部沿岸。

ツリスドリ
〈*oropendola*〉鳥綱スズメ目ムクドリモドキ科のなかの熱帯性の2属に含まれる鳥の総称。

ツール
〈*Capra caucasica*〉偶蹄目ウシ科の哺乳類。分布：コーカサス。

ツール
〈*tur*〉偶蹄目ウシ科の哺乳類。分布：コーカサス。

ツル 鶴
〈*crane*〉鳥綱ツル目ツル科に属する鳥の総称。体長0.9〜1.8m。分布：南アメリカ。

ツル
〈*Crane*〉鳥綱ツル目ツル科の鳥。体長0.9〜1.8m。分布：南アメリカ。

ツル科
ツル目。全長90〜152cm。分布：ヨーロッパ, アジア, アフリカ, 北アメリカ, オーストラリア, ニューギニア。

ツルクイナ 鶴水鶏, 鶴秧鶏
〈*Gallicrex cinerea*〉鳥綱ツル目クイナ科の鳥。全長42cm。分布：朝鮮半島, 中国北東部から南部, 台湾・フィリピン・スラウェシ島・ジャワ島・スマトラ島・インドシナ・インド・スリランカ。国内では先島諸島。

ツルシギ 鶴鷸
〈*Tringa erythropus*〉鳥綱チドリ目シギ科の鳥。全長42cm。分布：ユーラシア大陸。

ツルハシガラス 鶴嘴鴉
〈*Corvus capensis*〉鳥綱スズメ目カラス科の鳥。全長43〜50cm。分布：アフリカ東部・南部。

ツル目
分布：ユーラシア, アフリカ。

ツルモドキ 擬鶴, 鶴擬
〈*Aramus guarauna*〉鳥綱ツル目ツルモドキ科の鳥。体長58〜71cm。分布：合衆国南東部, アンティル諸島, メキシコ南部からアンデス山脈東部, アルゼンチン北部にかけて。

ツルモドキ科
ツル目。

ツンガラガエル
トゥンガラガエルの別名。

【テ】

ディアトリマ
〈*Diatryma gigantea*〉ディアトリマ目ディアトリマ科。全長1.8〜2.1m。分布：北アメリカ。

ディアハウンド
〈*Deerhound*〉哺乳綱食肉目イヌ科の動物。

ディアハウンド
スコティッシュ・ディアハウンドの別名。

ディアミメアマガエル
〈*Nyctimystes dayi*〉両生綱無尾目カエル目アマガエル科のカエル。体長オス3〜4.2cm, メス4.5〜5.5cm。分布：オーストラリア北東部。絶滅危惧。

ディアリ
〈*Diali*〉牛の一品種。

テイオウキクガシラコウモリ
〈*Rhinolophus rex*〉翼手目キクガシラコウモリ科（キクガシラコウモリ亜科）。前腕長5.8cm。分布：中国南西部。絶滅危惧II類。

テイオウキジ 帝王雉
〈*Lophura imperialis*〉鳥綱キジ目キジ科の鳥。全長オス75cm, メス60cm。分布：ベトナム中部, ラオス。絶滅危惧IA類。

テイオウキツツキ
〈*Campephilus imperialis*〉鳥綱キツツキ目キツツキ科の鳥。全長56cm。分布：メキシコ。絶滅危惧IA類。

ディクディク
〈*dik-dik*〉哺乳綱偶蹄目ウシ科ディクディク属

テイケイシ
に含まれる動物の総称。

ディケイシロアシマウス
〈Peromyscus dickeyi〉齧歯目ネズミ科(アメリカネズミ亜科)。頭胴長10cm。分布：メキシコのトルトゥガ島。絶滅危惧IB類。

ティーゲル
〈Tegel〉分布：インドネシア。

デイジャコウネズミ
〈Suncus dayi〉哺乳綱食虫目トガリネズミ科の動物。頭胴長7cm。分布：インド南部のトリチャー丘陵とパルニ丘陵。絶滅危惧IB類。

テイチハナナガリス
〈Hyosciurus ileile〉哺乳綱齧歯目リス科の動物。頭胴長19.5～25cm。分布：インドネシアのスラウェシ島の北部と中央部の標高1500m以下の地帯。絶滅危惧II類。

ティティモンキー
〈titi monkey〉哺乳綱霊長目オマキザル科ティティ属に含まれる動物の総称。

ディナガットフサオクモネズミ
〈Crateromys australis〉齧歯目ネズミ科(ネズミ亜科)。頭胴長26.5cm程度。分布：フィリピンのディナガット島。絶滅危惧IB類。

ディバタグ
〈Ammodorcas clarkei〉哺乳綱偶蹄目ウシ科の動物。頭胴長150～170cm、肩高80～88cm。分布：エチオピア、ソマリア。絶滅危惧II類。

ティファニー
〈Tiffanie〉猫の一品種。原産：アメリカ。

ディープクレスト・ビークト・ホエール
タイヘイヨウオオギハクジラの別名。

ディブラー
〈Parantechinus apicalis〉フクロネコ目フクロネコ科。別名アンテキヌスモドキ。体長10～16cm。分布：オーストラリア南西部。絶滅危惧IB類。

ティベタン・マスティフ
チベタン・マスティフの別名。

デイマンホソクマネズミ
〈Stenomys vandeuseni〉齧歯目ネズミ科(ネズミ亜科)。頭胴長13cm。分布：ニューギニア島南東部。絶滅危惧。

ティモールアオバト
〈Treron psittacea〉鳥綱ハト目ハト科の鳥。全長28cm。分布：インドネシアのティモール島、セマウ島、ロティ島。絶滅危惧II類。

ティモールクロバト
〈Turacoena modesta〉鳥綱ハト目ハト科の鳥。全長39cm。分布：インドネシアのティモール島、ウェタル島。絶滅危惧II類。

ティモールジネズミ
〈Crocidura tenuis〉哺乳綱食虫目トガリネズミ科の動物。頭胴長7cm。分布：インドネシアのティモール島だけから知られる。絶滅危惧II類。

ティモールミカドバト
〈Ducula cineracea〉鳥綱ハト目ハト科の鳥。全長42cm。分布：インドネシアのティモール島、ウェタル島。絶滅危惧II類。

テイラーヤモリ
〈Gekko taylori〉爬虫綱有鱗目トカゲ亜目ヤモリ科の動物。全長24～28cm。分布：タイ。

デイリー・ショートホーン
〈Dairy Shorthorn〉哺乳綱偶蹄目ウシ科の動物。体高オス142cm、メス135cm。分布：イギリス。

ディレピスカメレオン
〈Chamaeleo dilepis〉爬虫綱有鱗目トカゲ亜目カメレオン科のトカゲ。全長25～30cm。分布：アフリカ熱帯部から南アフリカ。

ディンギソ
シロハラキノボリカンガルーの別名。

ディンゴ
〈Canis dingo〉哺乳綱食肉目イヌ科の動物。体長72～110cm。分布：オーストラリア。

ティンシャンマーモット
〈Marmota menzbieri〉哺乳綱齧歯目リス科の動物。頭胴長31～45cm。分布：カザフスタンのカルザンタン山地と隣接するウガム山脈、キルギスとウズベキスタンにまたがるチャトカル山脈南西部とクラミンスキ山脈北西部。絶滅危惧II類。

ディンニッククサリヘビ
〈Vipera dinniki〉爬虫綱トカゲ目(ヘビ亜目)クサリヘビ科のヘビ。頭胴長40～49cm。分布：カフカス地方におけるロシア、グルジア、アゼルバイジャンの国境地帯。絶滅危惧II類。

デオニ
〈Deoni〉牛の一品種。

デカニー

〈*Deccani*〉哺乳綱偶蹄目ウシ科の動物。体高オス67cm,メス64cm。分布：インド半島中央部。

テキサスカンガルーマウス
〈*Dipodomys elator*〉哺乳綱齧歯目ポケットマウス科の動物。頭胴長14.6cm。分布：アメリカ合衆国テキサス州中央北部。絶滅危惧II類。

テキサスゴファーガメ
〈*Gopherus berlandieri*〉爬虫綱カメ目リクガメ科のカメ。最大甲長22.2cm。分布：米国（テキサス南部）とメキシコ北西部（コアウィラ，ヌエボレオン，タマウリッパス）。

テキサスチズガメ
〈*Graptemys versa*〉爬虫綱カメ目ヌマガメ科のカメ。最大甲長21.4cm。分布：米国（テキサス中部のコロラド川流域）。

テキサスツノトカゲ
〈*Phrynosoma cornutum*〉爬虫綱有鱗目トカゲ亜目イグアナ科の動物。

テキサスドウクツサンショウウオ
〈*Typhlomolge rathbuni*〉両生綱有尾目アメリカサンショウウオ科の動物。全長8.3〜13.7cm。分布：アメリカ合衆国テキサス州サン・マルコス川周辺。絶滅危惧II類。

テキサス・バンデッドゲッコー
〈*Coleonyx brevis*〉爬虫綱トカゲ亜目トカゲモドキ科の動物。

テキサスホソメクラヘビ
〈*Leptotyphlops dulcis*〉爬虫綱有鱗目ヘビ亜目ホソメクラヘビ科のヘビ。全長15〜27cm。分布：北アメリカ。

テキサス・ロングホーン
〈*Texas Longhon*〉哺乳綱偶蹄目ウシ科の動物。体高オス130cm,メス120cm。分布：メキシコ。

デキスター
〈*Dexter*〉牛の一品種。原産：イギリス。

テグー
〈*Tupinambis teguixin*〉テュー科。別名デグー。全長60〜100cm。分布：南米北部・中部。

テグー
〈*tegu*〉テュー科。別名デグー。全長60〜100cm。分布：南米北部・中部。

テグー
ブラックテグーの別名。

デクスター
〈*Dexter*〉哺乳綱偶蹄目ウシ科の動物。体高オス120cm,メス110cm。分布：アイルランド。

テクセル
〈*Texel*〉羊の一品種。分布：オランダ。

テクタセタカガメ
〈*Kachuga tecta*〉爬虫綱カメ目ヌマガメ科のカメ。最大甲長23cm。分布：インド北部,パキスタン,ネパール,バングラデシュ。

デケイサーシタナガコウモリ
〈*Lonchophylla dekeyseri*〉哺乳綱翼手目ヘラコウモリ科の動物。前腕長3.5〜3.8cm。分布：ブラジル中央部の連邦直轄区。絶滅危惧II類。

デケイヘビ
〈*Storeria dekayi*〉爬虫綱有鱗目ナミヘビ科のヘビ。

デコイ
〈*Decoy*〉狩猟の囮用に開発された小型のカモの一品種。別名コールダック，コール。原産：イギリス。

デゴディヒバリ
〈*Mirafra degodiensis*〉鳥綱スズメ目ヒバリ科の鳥。全長14cm。分布：エチオピア南部。絶滅危惧II類。

デザートイグアナ
サバクイグアナの別名。

テジナハツカネズミ
〈*Mus famulus*〉齧歯目ネズミ科（ネズミ亜科）。頭胴長9cm程度。分布：インド南部。絶滅危惧IB類。

テヅカミネコメガエル
〈*Phyllomedusa hypochondrialis*〉両生綱無尾目アマガエル科のカエル。体長オス35mm,メス45mm。分布：東はコロンビアからボリビアまで，西はガイアナ，南はブラジル南東部からパラグアイ，アルゼンチンまで。

デスマレストフチア
〈*Capromys pilorides*〉体長55〜60cm。分布：カリブ。絶滅危惧IB類と推定。

デスマン
〈*desman*〉哺乳綱食虫目モグラ科のなかで水生適応した2種の動物の総称。分布：ヨーロッパ,アジア,北アメリカ。

テセル

テツケイ

〈Texel〉哺乳綱偶蹄目ウシ科の動物。体高オス75〜82cm, メス68〜72cm。分布：オランダ。

テツケイ
〈Bambusicola thoracica sonorivox〉鳥綱キジ目キジ科の鳥。

テッケル
ダックスフントの別名。

テツハシメキシコインコ
〈Aratinga aurea〉鳥綱オウム目インコ科の鳥。全長26cm。分布：ブラジル。

テートネズミ
〈Tateomys rhinogradoides〉齧歯目ネズミ科（ネズミ亜科）。頭胴長13.5〜16cm。分布：インドネシアのスラウェシ島。絶滅危惧II類。

テートフクロシマリス
ファーガソンフクロシマリスの別名。

テナガザル　手長猿
〈gibbon〉哺乳綱霊長目ショウジョウ科テナガザル亜科に属する動物の総称。別名ギボン。

デニッシュ/スウェディッシュ・ファーム・ドッグ
〈Danish/Swedish Farm Dog〉犬の一品種。

テネシー・ウォーカー
〈Tennessee Walker〉哺乳綱奇蹄目ウマ科の動物。150〜160cm。原産：アメリカ。

テネシー・ウォーキング・ホース
〈Tennessee Walking Horse〉馬の一品種。体高152〜162cm。原産：アメリカ合衆国。

テネントツノアガマ
〈Ceratophora tennentii〉爬虫綱トカゲ目（トカゲ亜目）アガマ科の動物。頭胴長5.5〜7cm。分布：スリランカ中部。絶滅危惧IB類。

デバネズミ　出歯鼠
〈African mole-rat〉齧歯目デバネズミ科の哺乳類の総称。別名アフリカモグラネズミ。

デビル・フィッシュ
コククジラの別名。

デブスナネズミ属
〈Psammomys〉哺乳綱齧歯目ネズミ科の動物。分布：北アフリカ諸国。

デボン
〈Devon〉牛の一品種。原産：イングランド西南部。

デボン・クローズウール
〈Devon Closewool〉羊の一品種。分布：イングランド南西部デボンシャー。

デボン・レックス
〈Devon Rex〉猫の一品種。原産：イギリス。

デボン・ロングウール
〈Devon Longwool〉羊の一品種。分布：イングランド南西部デボンシャー。

デマレルーセットオオコウモリ
〈Rousettus leschnaulti〉哺乳綱コウモリ目オオコウモリ科。

デミドフガラゴ
コビトガラゴの別名。

テミンクヤマネコ
アジアゴールデンキャットの別名。

デモフィックアカカナリア
〈Serinus canarius〉鳥綱スズメ目アトリ科の鳥。

デュポンヒバリ
〈Chersophilus duponti〉鳥綱スズメ目ヒバリ科の鳥。全長16cm。分布：モロッコ, アルジェリア, チュニジア, リビア, エジプト北西部。

デュメリルオオトカゲ
〈Varanus dumerilii〉爬虫綱有鱗目トカゲ亜目オオトカゲ科のトカゲ。全長最大135cm。分布：ミャンマー（ビルマ）, タイ, マレー半島, ボルネオ島, スマトラ島およびその周辺の島嶼。

デュメリルボア
〈Boa dumerili〉爬虫綱有鱗目ヘビ亜目ボア科のヘビ。全長1.5〜2m。分布：マダガスカル。絶滅危惧II類。

デュルメン
〈Dülmen〉哺乳綱奇蹄目ウマ科の動物。

デュロック
〈Duroc〉哺乳綱偶蹄目イノシシ科の動物。分布：アメリカ。

テリア
〈Terria〉イヌの品種群。

テリアオバト　照緑鳩
〈Phapitreron leucotis〉鳥綱ハト目ハト科の鳥。全長25cm。分布：フィリピン。

テリクロオウム
〈Calyptorhynchus lathami〉鳥綱オウム目イ

ンコ科の鳥。全長46～51cm。分布：オーストラリア東部。絶滅危惧種。

デ・リディア
〈De Lidia〉哺乳綱偶蹄目ウシ科の動物。体高オス120cm，メス110cm。分布：スペイン，ポルトガル。

テリノドエメラルドハチドリ
〈Amazilia fimbriata〉鳥綱アマツバメ目ハチドリ科の鳥。体長8cm。分布：南アメリカ北部，アンデス山脈の東側からボリビア南部およびブラジル南部。

テリムクドリモドキ
〈Euphagus cyanocephalus〉鳥綱スズメ目ムクドリモドキ科の鳥。全長オス25cm，メス20cm。分布：五大湖地方よりも西のカナダ南部と合衆国西部で繁殖し，北アメリカのカナダ南西部からフロリダ州，メキシコ中部までで越冬。

デリーンコブオヤモリ
〈Nephrurus deleani〉爬虫綱トカゲ目(トカゲ亜目)ヤモリ科の動物。頭胴長8～9.5cm。分布：オーストラリア南部。絶滅危惧。

デール
〈Dales〉馬の一品種。体高142～144cm。原産：イングランド。

デール・グッドブランダール
〈Döle-Gudbrandsdal〉哺乳綱奇蹄目ウマ科の動物。体高145～155cm。原産：ノルウェー。

デールズ
〈Dales〉哺乳綱奇蹄目ウマ科の動物。

テルフォルドジネズミ
〈Crocidura telfordi〉哺乳綱食虫目トガリネズミ科の動物。分布：タンザニアのウルグル山地の標高1150mのモーニングサイドだけから知られている。絶滅危惧IA類。

テレケイヨコクビガメ
モンキヨコクビガメの別名。

テレザジネズミオポッサム
〈Monodelphis theresa〉オポッサム目オポッサム科。頭胴長9cm程度。分布：ブラジル南東部のリオ・デ・ジャネイロ近郊。絶滅危惧II類。

テレック
馬の一品種。体高150～154cm。原産：旧ソ連。

テレフォミンクスクス
〈Phalanger matanim〉二門歯目クスクス科。頭胴長オス34.4～43.8cm，メス41cm。分布：ニューギニア島中部。絶滅危惧。

テレフォミンヒゲネズミ
〈Pogonomys championi〉齧歯目ネズミ科(ネズミ亜科)。頭胴長10～13.5cm。分布：ニューギニア島中部。絶滅危惧種。

テレマーク
〈Telemark〉哺乳綱偶蹄目ウシ科の動物。体高オス135cm，メス110～120cm。分布：ノルウェー。

テワンテペクジャックウサギ
〈Lepus flavigularis〉哺乳綱ウサギ目ウサギ科の動物。頭胴長56.5～61cm。分布：メキシコ南部。絶滅危惧IB類。

テン 貂
〈Martes melampus〉哺乳綱食肉目イタチ科の動物。頭胴長オス45～49cm，メス41～43cm。分布：日本，朝鮮。国内では本州，四国，九州(ニホンテン)，対馬(ツシマテン)，佐渡島と北海道に人為的に移入。

テン 貂
〈marten〉食肉目イタチ科テン属Martesに属する哺乳類の総称，またはそのうちの1種を指す。

テングカメレオン
〈Calumma antimena〉爬虫綱有鱗目トカゲ亜目カメレオン科のトカゲ。全長最大オス338mm，メス177mm。分布：マダガスカル(南西部)。

テングキノボリヘビ
〈Langaha madagascariensis〉爬虫綱有鱗目ヘビ亜目ナミヘビ科のヘビ。全長70～90cm。分布：マダガスカル。

テングコウモリ 天狗蝙蝠
〈Murina leucogaster〉哺乳綱翼手目ヒナコウモリ科の動物。前腕長4.1～4.6cm。分布：北東インド，中国，東シベリア。国内では北海道，本州，四国，九州。

テングコウモリ
ニホンテングコウモリの別名。

テングザル 天狗猿
〈Nasalis larvatus〉哺乳綱霊長目オナガザル科の動物。体長73～76cm。分布：東南アジア。絶滅危惧IB類。

テングハネジネズミ
〈*Rhynchocyon cirnei*〉ハネジネズミ目ハネジネズミ科。頭胴長25.5〜30cm。分布：モザンビーク, マラウイ, タンザニア南部, ザンビア北東部, コンゴ民主共和国, ウガンダ。絶滅危惧II類。

テングフルーツコウモリ
〈*tube-nosed fruit bat*〉広義には哺乳綱翼手目オオコウモリ科テングフルーツコウモリ亜科に属する動物の総称で, 狭義にはそのうちの1種をさす。

テンジクニシキヘビ
〈*Python molurus molurus*〉爬虫綱有鱗目ヘビ亜目ボア科のヘビ。全長平均3m。分布：スリランカ, インド, パキスタン, バングラデシュ, ネパール。

テンジクネズミ 天竺鼠
〈*Cavia porcellus*〉哺乳綱齧歯目テンジクネズミ科の動物。体長25〜30cm。分布：ヨーロッパ, アメリカ合衆国。

テンジクネズミ属
〈*Cavia*〉哺乳綱齧歯目テンジクネズミ科の動物。分布：南アメリカの全域。

テンジクバタン 天竺巴旦
〈*Cacatua tenuirostris*〉鳥綱オウム目オウム科の鳥。全長38cm。分布：オーストラリア南東部・南西部。

テンシュクハクボウギュウ 天祝白牦牛
〈*Tianzhu White Yak*〉牛の一品種。110〜120cm。分布：中国のチベット高原の北縁, 天祝蔵族自治区。

デンショバト 伝書鳩
〈*homing pigeon*〉鳥綱ハト目ハト科のカワラバトColumba liviaが, 方向感覚, 帰巣性に優れ, 長距離飛行の能力が高く, また飼養が容易なことに着目して, 通信に利用するため家禽化したものをいう。

デンス・ビークト・ホエール
コブハクジラの別名。

テンセンナガスキンク
〈*Lerista punctatovittata*〉スキンク科。全長20cm。分布：沿岸域を除くオーストラリア南東部。

テンセンリオパ
〈*Riopa punctata*〉爬虫綱有鱗目スキンク科のトカゲ。

テントコウモリ
〈*Uroderma bilobatum*〉体長6〜6.5cm。分布：メキシコから南アメリカ中央部, トリニダード。

テントセタカガメ
〈*Kachuga tentoria*〉爬虫綱カメ目ヌマガメ科のカメ。最大甲長26.5cm。分布：インド亜大陸（最南部と北西部を除く）。

テントヤブガメ
〈*Psammobates tentorius*〉爬虫綱カメ目リクガメ科のカメ。最大甲長14.5cm。分布：アフリカ南部（ナミビアと南アフリカ共和国）。

テンニョインコ 天女鸚哥
〈*Polytelis alexandrae*〉鳥綱オウム目インコ科の鳥。体長45cm。分布：オーストラリア中部・西部の内陸部。絶滅危惧種。

テンニョハチドリ
〈*Oreonympha nobilis*〉鳥綱アマツバメ目ハチドリ科の鳥。全長16.5cm。分布：ペルー。

テンニンチョウ 天人鳥
〈*Vidua macroura*〉ハタオリドリ科/テンニンチョウ亜科。体長オス33cm（繁殖期）・15cm（非繁殖期）, メス13cm。分布：サハラ以南のアフリカ。

テンニンチョウ
鳥綱スズメ目ハタオリドリ科の鳥。全長11.5〜41cm。分布：サハラ以南のアフリカ。

デンマークオンケツシュ デンマーク温血種
〈*Danish Warmblood*〉馬の一品種。161〜162cm。原産：デンマーク。

デンマークジャイアント
〈*Oryctolagus cuniculus var. domesticus.*〉哺乳綱ウサギ目ウサギ科の動物。

デンマーク・ランドレース
〈*Danish Landrace*〉哺乳綱偶蹄目イノシシ科の動物。分布：デンマーク。

テンレック
〈*Tenrec ecaudatus*〉ハリネズミに似た食虫目テンレック科の哺乳類。体長26〜39cm。分布：マダガスカル。

【ト】

トイ・アメリカン・エスキモー
〈*Toy American Eskimo*〉犬の一品種。体高28〜31cm。原産：アメリカ。

ドイチェ・クルツハール
　ジャーマン・ポインターの別名。

ドイチェ・ドッゲ
　グレート・デーンの別名。

ドイチェ・ドラートハール
　ジャーマン・ポインターの別名。

ドイチェ・ブラッケ
　犬の一品種。

ドイチェ・ヤクート・テリア
　ジャーマン・ハンティング・テリアの別名。

ドイチャー・ヴァハテルフント
　犬の一品種。

ドイツカイリョウシュ　ドイツ改良種
　〈German Improved Landrace〉分布：ドイツ北西部。

ドイツクロシロマダラウシ　ドイツ黒白斑牛
　〈German Black Pied〉牛の一品種。分布：ドイツ北部。

ドイツ・メリノー
　〈Deutsches Merinolandschaf〉哺乳綱偶蹄目ウシ科の動物。分布：ドイツ南部, フランス。

トイ・プードル
　〈Toy Poodle〉犬の一品種。別名プードル。体高25〜28cm。原産：フランス。

トイ・プードル
　プードルの別名。

トイ・マンチェスター・テリア
　〈Toy Manchester terrier〉犬の一品種。別名イングリッシュ・トイ・テリア, ブラック・アンド・タン・トイ・テリア。原産：イギリス。

トゥアモトゥシギ
　〈Prosobonia cancellata〉鳥綱チドリ目シギ科の鳥。全長16cm。分布：ツアモツ諸島, ガンビエル諸島。絶滅危惧IB類。

トゥアモトゥショウビン
　〈Todirhamphus gambieri〉鳥綱ブッポウソウ目カワセミ科の鳥。別名ツアモツショウビン。全長17cm。分布：フランス領ポリネシアのトゥアモトゥ諸島のニアウ島。絶滅危惧II類。

ドウイロアブラコウモリ
　〈Pipistrellus cuprosus〉哺乳綱翼手目ヒナコウモリ科の動物。前腕長3.3〜3.6cm。分布：マレーシアのカリマンタン（ボルネオ）島サバ州。絶滅危惧II類。

トウエンチョ　桃園猪
　〈Taoyuan Pig〉哺乳綱偶蹄目イノシシ科の動物。メス63.5cm。原産：中国大陸, 台湾。

トウカイキジ
　〈Phasianus colchicus tohkaidi〉鳥綱キジ目キジ科の鳥。

トウガラシショウビン
　アカショウビンの別名。

トウキョウサンショウウオ　東京山椒魚
　〈Hynobius tokyoensis〉両生綱有尾目サンショウウオ科の動物。全長90〜130mm。分布：福島県から関東地方にかけて。および愛知県。

トウキョウサンショウウオ
　カスミサンショウウオの別名。

トウキョウダルマガエル　東京達磨蛙
　〈Rana porosa〉両生綱無尾目アカガエル科のカエル。体長オス39〜75mm, メス43〜87mm。分布：仙台平野, 関東平野, 新潟県中部・南部, 長野県中部・北部。

トウキョウトガリネズミ　東京尖鼠
　〈Sorex minutissimus hawkeri〉モグラ目トガリネズミ科。4.5〜4.9cm。分布：ユーラシア北部一帯および朝鮮半島の一部。国内では北海道の東部・北部。

ドウキョウナメラ
　〈Senticolis triaspis〉爬虫綱有鱗目ヘビ亜目ナミヘビ科のヘビ。全長60〜120cm。分布：米国アリゾナ州東南部から, コスタリカまで。

ドウクツミズカキサンショウウオ
　〈Hydromantes brunus〉両生綱有尾目アメリカサンショウウオ科の動物。全長7〜11.1cm。分布：アメリカ合衆国カリフォルニア州中部のロワー, マーセッド峡谷。絶滅危惧II類。

ドゥクモンキー
　〈Pygathrix nemaeus〉哺乳綱霊長目オナガザル科の動物。頭胴長オス55〜63cm, メス59.7cm。分布：カンボジア東部, ラオス南部, ベトナム。絶滅危惧IB類。

ドウグラスウズラ
　エボシウズラの別名。

ドゥクラングール
　ドゥクモンキーの別名。

ドウグロタマリン
　キンクロライオンタマリンの別名。

ドウグロライオンタマリン

トウケン

キンクロライオンタマリンの別名。

ドウケン（道犬）
ホッカイドウケンの別名。

トウゲンチョ（桃源猪）
トウエンチョの別名。

トウセンウシ 鄧川牛
〈*Dengchuan Cattle*〉牛の一品種。分布：中国・雲南省の西北部・鄧川。

トウゾクカモメ 盗賊鷗
〈*Stercorarius pomarinus*〉鳥綱チドリ目トウゾクカモメ科の鳥。全長53～56cm。分布：シベリア，アラスカ，カナダ。

トウゾクカモメ 盗賊鷗
〈*skua*〉広義には鳥綱チドリ目トウゾクカモメ科に属する鳥の総称で，狭義にはそのうちの1種をさす。分布：南極，亜南極，南アメリカ南部，アイスランド，フェロー諸島，イギリス北部。

トウゾクカモメ科
チドリ目。分布：北極圏，南極。

トウツバメ
コシアカツバメの別名。

トウテンコウ 東天紅
〈*Totenko*〉日本在来の愛玩用鶏の一品種。原産：高知県。天然記念物。

トウナンアジアノザイライシュ 東南アジアの在来鶏
〈*Chickens of Southeast Asia*〉分布：東南アジア諸国。

トウネン 当年
〈*Calidris ruficollis*〉鳥綱チドリ目シギ科の鳥。全長15cm。分布：シベリア北東部，アラスカの一部。

トウバラアリサザイ
〈*Terenura sicki*〉鳥綱スズメ目アリドリ科の鳥。別名キバカマアリサザイ。全長10cm。分布：ブラジル東部。絶滅危惧II類。

ドウビアスティティ
〈*Callicebus dubius*〉哺乳綱霊長目オマキザル科の動物。頭胴長26～40cm。分布：ブラジル北西部，アマゾン川南側のプルス川とマデイラ川に挟まれた地域。絶滅危惧II類。

トウヒチョウ
ワキアカトウヒチョウの別名。

トウブアシナシトカゲ
〈*Ophisaurus ventralis*〉爬虫綱有鱗目アンギストカゲ科の動物。体長45～108cm。分布：アメリカ合衆国南東部。

トウブキングヘビ
〈*Lampropeltis getula getula*〉爬虫綱有鱗目ヘビ亜目ナミヘビ科のヘビ。全長120～200cm。分布：米国東部。

トウブコクチガエル
〈*Gastrophryne carolinensis*〉両生綱無尾目ヒメガエル科のカエル。

トウブサンゴヘビ
〈*Micrurus fulvius*〉爬虫綱有鱗目ヘビ亜目コブラ科のヘビ。全長0.7～1m。分布：北アメリカ。

トウブシシバナヘビ
〈*Heterodon platyrhinos*〉爬虫綱有鱗目ヘビ亜目ナミヘビ科のヘビ。全長50～80cm。分布：カナダの最南部，米国の東部，中部。

トウブシマリス
〈*Tamias striatus*〉哺乳綱齧歯目リス科の動物。体長15.5～16.5cm。分布：カナダ南東部から合衆国中部，東部にかけて。

トウブスキアシガエル
ホルブルックスキアシガエルの別名。

トウブタイガーサラマンダー
〈*Ambystoma tigrinum tigrinum*〉マルクチサラマンダー科。体長180～200mm。分布：西はカナダのマニトバ州南東部から合衆国テキサス州まで，東はオハイオ州からフロリダ州北部まで。

トウブドロガメ
〈*Kinosternon subrubrum*〉爬虫綱カメ目ドロガメ科のカメ。最大甲長12.5cm。分布：米国東部（コネチカットからフロリダ，インディアナからテキサス東部）。

トウブニセマウス
〈*Pseudomys australis*〉齧歯目ネズミ科（ネズミ亜科）。頭胴長10～14cm。分布：オーストラリア南部と東部。絶滅危惧種。

トウブハイイロリス 東部灰色栗鼠
〈*Sciurus carolinensis*〉哺乳綱齧歯目リス科の動物。体長23～28cm。分布：カナダ南部，南東部から合衆国南部にかけて，ヨーロッパ。

トウブヘビトカゲ

〈*Ophisaurus uentralis*〉爬虫綱有鱗目トカゲ亜目アンギストカゲ科のトカゲ。全長46～106cm。分布：アメリカ合衆国東南部。

トウブヘビトカゲ
トウブアシナシトカゲの別名。

トウブホリネズミ　東部掘鼠
〈*Geomys bursarius*〉哺乳綱齧歯目ホリネズミ科の動物。

トウブミルクヘビ
〈*Lampropeltis triangulum triangulum*〉爬虫綱有鱗目ヘビ亜目ナミヘビ科のヘビ。全長90～150cm。分布：カナダ東南部から米国北東部。

トウブモグラ
〈*Scalopus aquaticus*〉哺乳綱モグラ目モグラ科の動物。

トウブワタオウサギ
〈*Sylvilagus floridanus*〉哺乳綱ウサギ目ウサギ科の動物。体長38～49cm。分布：カナダ南東部からメキシコにかけて、中央アメリカ、南アメリカ北部、ヨーロッパ。

トウホクサンショウウオ　東北山椒魚
〈*Hynobius lichenatus*〉両生綱有尾目サンショウウオ科の動物。全長100～140mm。分布：東北地方に広く分布。新潟県、群馬・栃木両県の北部にも生息。

トウホクノウサギ
〈*Lepus brachyurus angustidens*〉哺乳綱ウサギ目ウサギ科の動物。

トウホクミンチョ　東北民猪
〈*Dongbei Min Pig*〉豚の一品種。分布：中国東北部吉林省の大民、吉林、長春、徳恵。

トウホクヤチネズミ
〈*Aschizomys andersoni*〉哺乳綱齧歯目ネズミ科の動物。

トウホクヤチネズミ
ヤチネズミの別名。

トウマウス属
〈*Zygodontomys*〉哺乳綱齧歯目ネズミ科の動物。分布：コスタリカと南アメリカ北部。

トウマル　唐丸，蜀鶏
〈*Tmaru*〉鳥綱キジ目キジ科の鳥。別名鳴唐丸，蜀鶏。分布：新潟県。天然記念物。

トウヨウヒナコウモリ　東洋雛蝙蝠
〈*Vespertilio orientalis*〉哺乳綱翼手目ヒナコウモリ科の動物。前腕長5cm前後。分布：中国東部、台湾、日本の本州。絶滅危惧II類。

ドゥルガダスカグラコウモリ
〈*Hipposideros durgadasi*〉翼手目キクガシラコウモリ科（カグラコウモリ亜科）。前腕長3～3.7cm。分布：インド中部。絶滅危惧II類。

トゥルカナハコヨコクビガメ
〈*Pelusios broadleyi*〉爬虫綱カメ目ヨコクビガメ科のカメ。背甲長最大15.5cm。分布：ケニアのトゥルカナ（ルドルフ）湖。絶滅危惧II類。

トゥールーズ
〈*Touluse*〉鳥綱ガンカモ目ガンカモ科の鳥。分布：フランス。

トゥルーズ・ポーパス
イシイルカの別名。

トゥルネルウッドラット
〈*Neotoma varia*〉齧歯目ネズミ科（アメリカネズミ亜科）。頭胴長16.5cm。分布：メキシコのトゥルネル島。絶滅危惧IB類。

ドゥンカー
〈*Dunker*〉犬の一品種。体高47～57cm。原産：ノルウェー。

トゥンガラガエル
〈*Physalaemus pustulosus*〉両生綱無尾目ユビナガガエル科のカエル。体長3～4cm。分布：中央アメリカ。

ドゥンケル
ドゥンカーの別名。

トゥンバラキノボリネズミ
〈*Tylomys tumbalensis*〉齧歯目ネズミ科（アメリカネズミ亜科）。頭胴長21.5cm。分布：メキシコ南部。絶滅危惧IA類。

ドオジロ
ケナガネズミの別名。

ド・カイ
チベタン・マスティフの別名。

トカゲ　石竜子，蜥蜴
〈*lizard*〉爬虫綱有鱗目トカゲ亜目に属する動物の総称。

トカゲ
ニホントカゲの別名。

トカゲカッコウ
〈*Saurothera vetula*〉鳥綱ホトトギス目ホトト

ギス科の鳥。全長40cm。分布：ジャマイカ。

トカゲノスリ
〈Kaupifalco monogrammicus〉鳥綱タカ目タカ科の鳥。体長35〜38cm。分布：サハラ以南のアフリカ。

トカゲモドキ
〈banded gecko〉爬虫綱有鱗目ヤモリ科トカゲモドキ亜科に属するヤモリの総称。

トカラウマ　吐噶喇馬
〈Tokara Pony〉哺乳綱奇蹄目ウマ科の動物。体高115〜120cm。原産：鹿児島県吐噶喇列島宝島。

トカラハブ　吐噶喇波布
〈Trimeresurus tokarensis〉爬虫綱有鱗目ヘビ亜目クサリヘビ科のヘビ。全長60〜110cm。分布：吐噶喇列島の宝島と小宝島に分布。

トカラヤギ　吐噶喇山羊
〈Tokara Goat〉哺乳綱偶蹄目ウシ科の動物。分布：吐噶喇列島。

トガリエンビハチドリ
〈Doricha enicura〉鳥綱アマツバメ目ハチドリ科の鳥。全長11cm。分布：中央アメリカ。

トガリジネズミオポッサム
〈Monodelphis sorex〉オポッサム目オポッサム科。頭胴長11〜13cm。分布：ブラジル南部，パラグアイ南東部，アルゼンチン北東部。絶滅危惧II類。

トガリツノハナトカゲ
〈Ceratophora stoddartii〉爬虫綱有鱗目トカゲ亜目アガマ科のトカゲ。全長25cm。分布：スリランカ。

トガリネズミ　尖鼠
〈Sorex caecutiens〉哺乳綱食虫目トガリネズミ科トガリネズミ属に含まれる動物の総称。

トガリネズミ
シントウトガリネズミの別名。

トガリネズミ
チビトガリネズミの別名。

トガリバキツネオオコウモリ
〈Pteralopex atrata〉哺乳綱翼手目オオコウモリ科の動物。前腕長13.8〜14.7cm。分布：ソロモン諸島のサンタ・イザベル島，ガダルカナル島。絶滅危惧種。

トガリハシ
〈Oxyruncus cristatus〉トガリハシ科。別名

エイシチョウ。体長15cm。分布：コスタリカ，パナマ，ベネズエラ南東部，ガイアナ，スリナム，ペルー東部，ブラジル東・南東部，パラグアイ。

トガリハシ科
スズメ目。

トガリハナアマガエル
〈Sphaenorhynchus sp.〉両生綱無尾目アマガエル科のカエル。体長20〜48mm。分布：アマゾン河及びオリノコ川流域とギアナ三国，トリニダード及びブラジル東部。

トガリヤチマウス属
〈Microxus〉哺乳綱齧歯目ネズミ科の動物。分布：コロンビア，ベネズエラ，エクアドル，ペルーの山地。

トキ　䴉，朱鷺，桃花鳥，鴾，鵇，鵇鵇
〈Nipponia nippon〉鳥綱コウノトリ目トキ科の鳥。全長76cm。分布：ウスリー地方，中国，朝鮮半島。絶滅危惧IB類，特別天然記念物。

トキ　䴉，朱鷺，桃花鳥，鴾，鵇，鵇鵇
〈ibis〉広義には鳥綱コウノトリ目トキ科トキ亜科に属する鳥の総称で，狭義にはそのうちの1種をさすの鳥。全長76cm。分布：北アメリカ南部，南アメリカ，南ヨーロッパ，アジア，アフリカ，オーストラリア。

トキイロコンドル
〈Sarcorhamphus papa〉鳥綱タカ目コンドル科の鳥。体長76cm。分布：メキシコ中部からアルゼンチン北部，トリニダード。

トキイロヒキガエル
〈Bufo carens〉両生綱無尾目ヒキガエル科のカエル。

トキ科
コウノトリ目。

トキコウ　朱鷺鸛
〈Mycteria americana〉鳥綱コウノトリ目コウノトリ科の鳥。全長83〜90cm。分布：北アメリカ南部・西インド諸島・中央アメリカ・南アメリカ。

トキコウ　朱鷺鸛
〈wood stork〉鳥綱コウノトリ目コウノトリ科トキコウ属に含まれる鳥の総称。

トキサカオウム
オオバタンの別名。

トキハシゲリ　朱鷺嘴計里

〈*Ibidorhyncha struthersii*〉鳥綱チドリ目トキハシゲリ科の鳥。体長38～41cm。分布：南アジア中央部。

トキハシゲリ科
チドリ目。

トギレヘルメットイグアナ
〈*Corytophanes hernandesi*〉爬虫綱有鱗目イグアナ科の動物。

トキワスズメ 常盤雀
〈*Uraeginthus granatina*〉鳥綱スズメ目カエデチョウ科の鳥。全長14cm。分布：アンゴラ，ザンビア以南。

ドーキング
〈*Dorking*〉鳥綱キジ目キジ科の鳥。分布：イギリス。

ドクアマガエル
〈*Phrynohyas venulosa*〉両生綱無尾目アマガエル科のカエル。体長オス100mm，メス110mm。分布：メキシコの低地からエクアドル，ペルー，ガイアナ，パラグアイ，アルゼンチン北部まで，及びトリニダードトバゴ。

ドグエラヒヒ
〈*Papio anubis*〉哺乳綱霊長目オナガザル科の動物。体長60～86cm。分布：アフリカ西部から東部。

ドクガエル 毒蛙
〈*poison-dart frog*〉両生綱無尾目ドクガエル科に属するカエルの総称。

トクコウスイギュウ 徳宏水牛
〈*Dehong Water Buffalo*〉オス118.0cm，メス116.4cm。分布：雲南省徳宏州。

トクチジドリ 徳地地鶏
〈*Tokuchi Native Fowl*〉ニワトリの一品種。分布：山口県。

ドクトカゲ 毒蜥蜴
〈*venomous lizard*〉爬虫綱有鱗目ドクトカゲ科ドクトカゲ属に含まれるトカゲの総称。体長33～45.5cm。分布：アメリカ合衆国南西部からメキシコ西部，グアテマラ。

ドグ・ド・ボルドー
ボルドー・マスティフの別名。

ドクハキコブラ
〈*Hemachatus haemachatus*〉爬虫綱有鱗目ヘビ亜目コブラ科のヘビ。全長1～1.5m。分布：アフリカ。

トクモンキー
〈*Macaca sinica*〉哺乳綱霊長目オナガザル科の動物。頭胴長43～53cm。分布：スリランカ。

トゲアシモリドラゴン
〈*Gonocephalus spinipes*〉爬虫綱有鱗目アガマ科のトカゲ。

トゲイモリ
イボイモリの別名。

トゲウミヘビ 棘海蛇
〈*Lapemis curtus*〉爬虫綱有鱗目ヘビ亜目コブラ科のヘビ。全長0.9～1.1m。分布：インド洋，太平洋。日本には漂流による記録のみ。

トゲオアガマ
〈*Uromastyx spp.*〉爬虫綱有鱗目トカゲ亜目アガマ科のトカゲ。全長30～45cm。分布：インドから中近東を経て，北アフリカまで。

トゲオウミヘビ
〈*Aipysurus endouxii*〉爬虫綱有鱗目ヘビ亜目ウミヘビ科のヘビ。

トゲオオトカゲ
〈*Varanus acanthurus*〉爬虫綱有鱗目トカゲ亜目オオトカゲ科のトカゲ。全長約70cm。分布：オーストラリア（西部，北部，中部）。

トゲオカマドドリ 刺尾竈鳥
〈*Schizoeaca fuliginosa*〉鳥綱スズメ目カマドドリ科の鳥。全長18cm。分布：ベネズエラ，コロンビア，ペルー北部。

トゲオトカゲ
〈*Hoplocercus spinosus*〉爬虫綱有鱗目トカゲ亜目イグアナ科の動物。全長12～15cm。分布：南アメリカ。

トゲオヘビ
〈*shieldtail snake*〉トゲオヘビ（ウロペルティス）科。全長90cm。分布：インド南部，スリランカ。

トゲオマイコドリ 刺尾舞子鳥
〈*Ilicura militaris*〉鳥綱スズメ目マイコドリ科の鳥。体長12cm。分布：ブラジル南東部の低地や山麓。

トゲクサガエル
〈*bush frog*〉両生綱無尾目クサガエル科のカエル。体長2～8cm。分布：サハラ以南のアフリカ，マダガスカル。

トゲコメネズミ属

トケシムヌ

〈*Neacomys*〉哺乳綱齧歯目ネズミ科の動物。分布：パナマ東部から南アメリカの低地をヘてブラジル北部まで。

トゲジムヌラ
〈*Podogymnura aureospinula*〉哺乳綱食虫目ハリネズミ科の動物。頭胴長約20cm。分布：フィリピン中部のディナガット島。絶滅危惧IB類。

トゲスッポン
〈*Trionyx spiniferus*〉爬虫綱スッポン科のカメ。最大甲長オス21.6cm、メス54cm。分布：北米（カナダ最南部からメキシコ北部）。

トゲトカゲ
モロクトカゲの別名。

トゲトビネズミ
〈*Notomys alexis*〉哺乳綱齧歯目トゲトビネズミの動物。体長9～18cm。分布：オーストラリア西部、中部。

トゲネズミ
〈*Rattus coxingi*〉哺乳綱齧歯目ネズミ科の動物。天然記念物。絶滅危惧種。

トゲネズミ
アマミトゲネズミの別名。

トゲハシハチドリ
〈*Ramphomicron microrhynchum*〉鳥綱アマツバメ目ハチドリ科の鳥。体長8cm。分布：ベネズエラやコロンビアからボリビアまでのアンデス山脈。

トゲハシムシクイ
トゲハシムシクイ亜科。体長9～13cm。分布：東南アジア、ニューギニア、オーストラリア、ニュージーランド、太平洋諸島。

トゲヒラアシネズミ
〈*Tarsomys echinatus*〉哺乳綱齧歯目ネズミ科（ネズミ亜科）。頭胴長14.5～18cm。分布：フィリピンのミンダナオ島。絶滅危惧II類。

トゲフクロアナグマ
〈*Echymipera kalubu*〉哺乳綱有袋目ウォンバット科の動物。体長20～50cm。分布：ニューギニアとその周辺諸島。

トゲブッシュバイパー
〈*Atheris hispidu*〉体長50～73cm。分布：アフリカ中央部（ザイール/ウガンダ国境）。

トゲモモヘビクビ
〈*Acanthochelys pallidipectoris*〉爬虫綱カメ目ヘビクビガメ科のカメ。最大甲長17.5cm。分布：アルゼンチン北部からパラグアイにかけてのグラン・チャコ（ボリビア東部にも分布する？）。絶滅危惧II類。

トゲヤマガメ
〈*Heosemys spinosa*〉爬虫綱カメ目ヌマガメ科のカメ。最大甲長22cm。分布：タイ、ミャンマー（ビルマ）南部、マレーシア、シンガポール、インドネシア（スマトラ島、ボルネオ島と周辺の島嶼）。絶滅危惧II類。

トゲヤマネ　棘山鼠
〈*Platacanthomys lasiurus*〉齧歯目ネズミ科トゲヤマネ亜科の哺乳類でインド南部に分布する。

トゲルーセットオオコウモリ
〈*Rousettus spinalatus*〉哺乳綱翼手目オオコウモリ科の動物。前腕長8～8.5cm。分布：カリマンタン（ボルネオ）島、インドネシアのスマトラ島北部。絶滅危惧II類。

ドゴ・アルヘンティーノ
〈*Dogo Argentino*〉犬の一品種。体高61～69cm。原産：アルゼンチン。

トーゴキノボリマウス
〈*Leimacomys buettneri*〉齧歯目ネズミ科（キノボリマウス亜科）。頭胴長11.8cm。分布：トーゴ。絶滅危惧IA類。

トサイヌ　土佐犬
〈*Canis familiaris*〉哺乳綱食肉目イヌ科の動物。別名ジャパニーズ・マスティフ。体高62～65cm。分布：日本。天然記念物。

トサカゲリ　鶏冠鳧
〈*Vanellus senegallus*〉鳥綱チドリ目チドリ科の鳥。全長35cm。分布：セネガル・ガボン・中央アフリカ・スーダン南部・コンゴ・アンゴラ・ウガンダ・南アフリカ。

トサカヒメアオバト
〈*Ptilinopus granulifrons*〉鳥綱ハト目ハト科の鳥。全長23cm。分布：インドネシアのオビ島。絶滅危惧II類。

トサカムクドリ
〈*Creatophora cinerea*〉鳥綱スズメ目ムクドリ科の鳥。体長21cm。分布：エチオピアからケープ州（南ア）、アンゴラ。

トサカレンカク
〈*Irediparra gallinacea*〉鳥綱チドリ目レンカク科の鳥。全長23cm。分布：ボルネオ島、ス

ラウェシ島,ミンダナオ島,ニューギニア,オーストラリア北東部。

トサクキン 土佐九斤
〈Tosa Cochin〉ニワトリの一品種。分布:高知県。

ドサンコ(道産子)
ホッカイドウワシュの別名。

ドサンバ 道産馬
〈Equus caballus〉哺乳綱奇蹄目ウマ科の動物。

ドーセット・ダウン
〈Dorset Down〉羊の一品種。分布:イングランド南西部。

ドーセット・ホーン
〈Dorset Horn〉哺乳綱偶蹄目ウシ科の動物。分布:イングランド南西部。

トタテガエル
〈Trachycephalus jordani〉両生綱無尾目アマガエル科のカエル。体長75mm。分布:コロンビアからペルー北部に至る太平洋岸の低地。

トッカリ 海豹
〈earless seal〉哺乳綱鰭脚目アザラシ科に属する動物を総称するアイヌ語。

ドッグ・ド・ボルドー
ドグ・ド・ボルドーの別名。

トックリクジラ
キタトックリクジラの別名。

トックリツバメ
コシアカツバメの別名。

トッケイヤモリ 大守宮
〈Gekko gecko〉爬虫綱有鱗目トカゲ亜目ヤモリ科の動物。別名オオヤモリ。全長25〜35cm。分布:インド,南中国,ミャンマー,タイ,ラオス,カンボジア,ベトナム,フィリピン,マレーシア,インドネシアなど。

トッケンブルグ
ヤギの別名。

トッゲンブルグ
〈Toggenburg〉哺乳綱偶蹄目ウシ科の動物。別名アッペンツエール,シャモア。体高オス75〜85cm,メス70〜80cm。分布:スイス。

トド 魹,海馬,胡獱
〈Eumetopias jubatus〉哺乳綱食肉目アシカ科の動物。体長3〜3.3m。分布:北太平洋沿岸。絶滅危惧IB類。

トナカイ
〈Rangifer tarandus〉哺乳綱偶蹄目シカ科の動物。体長1.2〜2.2m。分布:北アメリカ北部,グリーンランド,北ヨーロッパから東アジアにかけて。絶滅危惧IB類と推定。

トノサマガエル 殿様蛙
〈Rana nigromaculata〉両生綱無尾目アカガエル科のカエル。体長オス38〜81mm,メス63〜94mm。分布:中国東部,朝鮮半島,ロシア極東部。関東平野から仙台平野を除く本州,四国,九州,種子島。北海道広島町に人為移入。

トパーズハチドリ
〈Topaza pella〉鳥綱アマツバメ目ハチドリ科の鳥。体長オス20cm,メス18cm。分布:ギアナ,ベネズエラ南東部,ブラジル北東部,エクアドル東部。

ドバト 土鳩,土鳩鴿,堂鳩
〈Columba livia var. domestica〉鳥綱ハト目ハト科の鳥。全長32cm。

ドバト
カワラバトの別名。

トビ 鳶,鴟,鵄
〈Milvus migrans〉鳥綱タカ目タカ科の鳥。別名トンビ。体長55〜60cm。分布:南ヨーロッパ,アフリカ・アジア各地,オーストラリア。

トピ
ダマリスクスの別名。

トビイロハイエナ
カッショクハイエナの別名。

トビイロホエジカ
〈Muntiacus feae〉哺乳綱偶蹄目シカ科の動物。別名ビルマキョン。分布:タイ,ビルマ南部。

トビウサギ 跳兎,跳兔
〈Pedetes capensis〉哺乳綱齧歯目トビウサギ科の動物。体長27〜40cm。分布:中央アフリカ,東アフリカからアフリカ南部。絶滅危惧II類。

トビズムカデ
〈Subspinipes mutilans scolopendra〉オオムカデ科の1亜種で,日本で最大のムカデで体長15cmになるものがある。

トビトカゲ 飛竜
〈flying dragon〉爬虫綱有鱗目トカゲ亜目アガマ科のトカゲ。全長20cm。分布:アジアの東

トビトカゲ
南部・南部。

トビトカゲ
マレートビトカゲの別名。

トビネズミ 跳鼠
〈Jaculus jaculus〉哺乳綱齧歯目トビネズミ科の動物。体長10～12cm。分布：北アフリカから西アジアにかけて。

トビネズミ 跳鼠
〈jerboa〉哺乳綱齧歯目トビネズミ科に属する動物の総称。

トビハツカネズミ亜科
体長7.6～11cm。分布：北アメリカ，中国。

トビヘビ
〈flying snake〉爬虫綱有鱗目ナミヘビ科トビヘビ属に含まれるヘビの総称。

トビヤモリ
パラシュートヤモリの別名。

トビリングテイル
〈Hemibelideus lemuroides〉哺乳綱有袋目フクロモンガ科の動物。体長31～40cm。分布：オーストラリア北東部。

ドブネズミ 溝鼠
〈Rattus norvegicus〉哺乳綱齧歯目ネズミ科の動物。別名ラット。体長20～28cm。分布：全世界（極地方を除く）。

ドーベルマン
〈Dobermann〉哺乳綱食肉目イヌ科の動物。別名ドーベルマン・ピンシャー。体高65～69cm。分布：ドイツ。

ドーベルマン・ピンシェル
〈Doberman pinscher〉原産地がドイツの警察犬。

ドーベントンコウモリ
ドーベントンホオヒゲコウモリの別名。

ドーベントンホオヒゲコウモリ ドーベントン蝙蝠
〈Myotis daubentonii〉哺乳綱翼手目ヒナコウモリ科のコウモリ。体長4～6cm。分布：ヨーロッパから西アジア，東アジアにかけて。国内では北海道。

トマスオナガテンレック
〈Microgale thomasi〉哺乳綱食虫目テンレック科の動物。頭胴長7.5～9.5cm。分布：マダガスカル南東部。絶滅危惧II類。

トマスケンショウコウモリ
〈Sturnira thomasi〉哺乳綱翼手目ヘラコウモリ科の動物。前腕長5cm。分布：フランス領グアドループ島。絶滅危惧IB類。

トマスシカマウス
〈Megadontomys thomasi〉哺乳綱齧歯目ネズミ科の動物。分布：メキシコ中部。

トーマストゲネズミ
〈Echimys thomasi〉哺乳綱齧歯目アメリカトゲネズミ科の動物。頭胴長27～28.7cm。分布：ブラジル南東部のサン・パウロ州のサン・セバスティアン島。絶滅危惧II類。

トマスモリジネズミ
〈Surdisorex norae〉哺乳綱食虫目トガリネズミ科の動物。頭胴長9.6～10.8cm。分布：ケニア。絶滅危惧II類。

トマセットセイシェルガエル
シマガエルの別名。

トマトガエル
アカトマトガエルの別名。

ドミニカホオヒゲコウモリ
〈Myotis dominicensis〉哺乳綱翼手目ヒナコウモリ科の動物。前腕長3cm。分布：ドミニカ国，フランス領グアドループ島。絶滅危惧II類。

トムソンガゼル
〈Gazella thomsoni〉哺乳綱偶蹄目ウシ科の動物。体長0.9～1.2m。分布：アフリカ東部。

トモエガモ 巴鴨
〈Anas formosa〉鳥綱ガンカモ目ガンカモ科の鳥。全長40cm。分布：東シベリア。絶滅危惧II類。

トモピアスコウモリ
〈Tomopeas ravus〉哺乳綱翼手目ヒナコウモリ科の動物。前腕長3.3cm。分布：ペルー北西部。絶滅危惧II類。

トラ 虎
〈Panthera tigris〉哺乳綱食肉目ネコ科の動物。別名ベンガルトラ，インドシナトラ，アモイトラ。体長1.4～2.8m。分布：南アジア，東アジア。絶滅危惧IB類。

トラ
シベリアトラの別名。

トラ
スマトラトラの別名。

トラウトンサシオコウモリ
〈*Saccolaimus mixtus*〉哺乳綱翼手目サシオコウモリ科の動物。前腕長6.2cm。分布：ニューギニア島，オーストラリア。絶滅危惧種。

トラケーナー
〈*Trakehnen*〉哺乳綱奇蹄目ウマ科の動物。体高160～170cm。原産：西ドイツ。

トラケーネン
トラケーナーの別名。

ドラーケンスベルゲル
〈*Dragensberger*〉牛の一品種。

ドラコンテングフルーツコウモリ
〈*Nyctimene draconilla*〉哺乳綱翼手目オオコウモリ科の動物。前腕長5cm。分布：ニューギニア島。絶滅危惧種。

トラツグミ　虎鶫
〈*Turdus dauma*〉鳥綱スズメ目ツグミ科の鳥。体長26～28cm。分布：東ヨーロッパから東は中国，日本，東南アジア，インドネシア，ニューギニア，オーストラリア東部・南部まで。北方のものは南に渡る。

トラドウケープヒキガエル
〈*Capensibufo tradouwi*〉両生綱無尾目ヒキガエル科のカエル。体長3～4.5cm。分布：アフリカ。

トラバンコアリクガメ
〈*Indotestudo forstenii*〉爬虫綱カメ目リクガメ科のカメ。背甲長最大35.5cm。分布：原産地はインド南西部であるが，インドネシアのハルマヘラ島やスラウェシ島にも移入されている。絶滅危惧II類。

トラフガエル
〈*Rana tigrina*〉両生綱無尾目アカガエル科の動物。

トラフサギ　虎斑鷺
〈*Tigrisoma lineatum*〉鳥綱サギ科の鳥。体長75cm。分布：ホンジュラス東部からパラグアイ，アルゼンチン北部にかけて分布。

トラフサギ
鳥綱コウノトリ目サギ科の鳥。全長60～80cm。分布：ニューギニア，アフリカ西部，中央，南アメリカ。

トラフサンショウウオ
タイガーサラマンダーの別名。

トラフズク　虎斑木菟，虎斑鴞
〈*Asio otus*〉鳥綱フクロウ目フクロウ科の鳥。体長35～37cm。分布：ヨーロッパ，北アフリカの一部，北アジア，北アメリカで繁殖。最北端の種は南方へ渡り，アメリカや極東で繁殖地を越えるものもある。国内では本州中部地方以北の平地か低山の森林で繁殖。

トラフネズミヘビ
〈*Spilotes pullatus*〉爬虫綱有鱗目ヘビ亜目ナミヘビ科のヘビ。全長1.5～2m。分布：中央，南アメリカ。

トラモズ
チゴモズの別名。

トランシルバニアン・ハウンド
〈*Transylvanian Hound*〉犬の一品種。

トランシルバニアン・ハウンド
エルデーイ・コポーの別名。

トランスペコスネズミヘビ
サバクナメラの別名。

ドリアキノボリカンガルー
〈*Dendrolagus dorianus*〉二門歯目カンガルー科。体長51～78cm。分布：ニューギニア。絶滅危惧II類。

ドリアスモンキー
〈*Cercopithecus dryas*〉オナガザル科オナガザル属。分布：ザイール。

トリスタンシトド
トリスタンフィンチの別名。

トリスタンハシブトシトド
トリスタンマシコの別名。

トリスタンバン
〈*Porphyrornis nesiotis*〉鳥綱ツル目クイナ科の鳥。全長25cm。分布：トリスタンダクーニャ島，ゴフ島。絶滅危惧II類。

トリスタンフィンチ
〈*Nesospiza acunhae*〉鳥綱スズメ目ホオジロ科の鳥。別名トリスタンシトド。全長18cm。分布：イギリス領トリスタン・ダ・クーニャ諸島。絶滅危惧II類。

トリスタンマシコ
〈*Nesospiza wilkinsi*〉鳥綱スズメ目ホオジロ科の鳥。別名トリスタンハシブトシトド。全長21cm。分布：イギリス領トリスタン・ダ・クーニャ諸島。絶滅危惧II類。

トリック
馬の一品種。体高152～155cm。原産：エスト

トリニタト

ニア共和国。

トリニダードモリポケットネズミ
〈*Heteromys anomalus*〉哺乳綱齧歯目ポケットネズミ科の動物。

ドリル
〈*Papio leucophaeus*〉哺乳綱霊長目オナガザル科の動物。頭胴長オス70cm、メス66cm。分布：ナイジェリア南東部、カメルーン西部のきわめて限られた地域と赤道ギニアのビオコ島。絶滅危惧IB類。

トリンケットヘビ
〈*Elaphe helena*〉爬虫綱有鱗目ヘビ亜目ナミヘビ科のヘビ。全長90～130cm。分布：スリランカ、インド、パキスタン、ネパール。

ドール赤狼
〈*Cuon alpinus*〉哺乳綱食肉目イヌ科の動物。別名アカオオカミ。体長90cm。分布：南アジア、東アジア、東南アジア。絶滅危惧II類。

ドルカスガゼル
〈*Gazella dorcas*〉ウシ科ガゼル属ガゼル亜属。分布：セネガルからモロッコ、北アフリカからイランをへてインド。

トルキスタンスキンクヤモリ
〈*Teratoscincus scincus*〉爬虫綱有鱗目トカゲ亜目ヤモリ科の動物。全長17cm。分布：旧ソ連をカスピ海東沿岸から中国西部にかけてと、アフガニスタン北部、パキスタン北東部、イラン北部など。

トルコ・アンゴラ
犬の一品種。

トルコザイライバ トルコ在来馬
〈*Native Turkish*〉哺乳綱奇蹄目ウマ科の動物。

トルコトゲマウス
〈*Acomys cilicicus*〉齧歯目ネズミ科（ネズミ亜科）。頭胴長10cm。分布：トルコのアナトリア。絶滅危惧IA類。

ドルコプシス
〈*dorcopsis*〉ワラビーに似た有袋目カンガルー科ドルコプシス属の哺乳類の総称。

トルコマン
〈*Turkoman*〉哺乳綱奇蹄目ウマ科の動物。体高152cm。原産：トルクメン共和国。

トルーサールミツマタカグラコウモリ
〈*Triaenops furculus*〉哺乳綱翼手目キクガシラコウモリ科の動物。前腕長4～5cm。分布：マダガスカル北西部、セイシェルのアルダブラ諸島およびコスモレイド諸島。絶滅危惧II類。

ドールシープ
〈*Ovis dalli*〉哺乳綱偶蹄目ウシ科の動物。別名ストーンシープ。オス95cm。分布：アラスカからカナダ北部。

ドールビッグホーン
ドールシープの別名。

ドルマンスンダトゲネズミ
〈*Maxomys dollmani*〉齧歯目ネズミ科（ネズミ亜科）。頭胴長15～17.5cm。分布：インドネシアのスラウェシ島。絶滅危惧II類。

ドレーヴェル
犬の一品種。

トレスマリアスシロアシマウス
〈*Peromyscus madrensis*〉齧歯目ネズミ科（アメリカネズミ亜科）。頭胴長10.5cm。分布：メキシコのトレス・マリアス諸島。絶滅危惧II類。

トレスマリアスワタオウサギ
〈*Sylvilagus graysoni*〉哺乳綱ウサギ目ウサギ科の動物。頭胴長46.4cm。分布：メキシコのトレス・マリアス諸島。絶滅危惧IB類。

ドレバー
ドレーファーの別名。

ドレーファー
〈*Drever*〉犬の一品種。別名スウェーディッシュ・ダックスブラッケ。体高29～41cm。原産：スウェーデン。

トレマリアアライグマ
〈*Procyon insularis*〉哺乳綱食肉目アライグマ科の動物。頭胴長58～65cm。分布：メキシコのトレス・マリアス諸島。絶滅危惧IB類。

ドレンチェ・パトライスホント
ドレンチェ・パートリッジ・ドッグの別名。

ドレンチェ・パートリッジ・ドッグ
犬の一品種。

ドロガメ
〈*American mud turtle*〉爬虫綱カメ目ドロガメ科のカメ。甲長11～27cm。分布：カナダ東部からアルゼンチン。

ドロガモ
カルガモの別名。

ドロシーマウスオポッサム
〈Marmosops dorothea〉オポッサム目オポッサム科。頭胴長11〜14cm。分布：ブラジルからボリビアにかけて。絶滅危惧II類。

トロッター
〈Equus caballus〉哺乳綱奇蹄目ウマ科の動物。

ドロートマスター
〈Droughtmaster〉牛の一品種。

トロートオオコウモリ
〈Pteropus sanctacrucis〉哺乳綱翼手目オオコウモリ科の動物。前腕長11〜12cm。分布：ソロモン諸島，サンタクルーズ諸島。絶滅危惧種。

トロピカル・ビークト・ホエール
コブハクジラの別名。

トロピキャル・ホエール
ニタリクジラの別名。

トローブリッジトガリネズミ
〈Sorex trowbridgii〉哺乳綱食虫目トガリネズミ科の動物。分布：北ユーラシア，北アメリカ，ツンドラ。

ドワーフサイレン
〈Pseudobranchus striatus〉両生綱有尾目サイレン科の動物。体長102〜251mm。分布：合衆国サウスカロライナ州南東部からフロリダ半島にかけて。

ドン
〈Don〉哺乳綱奇蹄目ウマ科の動物。体高154〜160cm。原産：旧ソ連。

トンガ
〈Tonga〉牛の一品種。

トンガツカツクリ
〈Megapodius pritchardii〉鳥綱キジ目ツカツクリ科の鳥。全長38cm。分布：トンガのニウアフォー島。絶滅危惧IB類。

トンキニーズ
〈Tonkinese〉猫の一品種。原産：ビルマ（ミャンマー）。

トンキンシシバナザル
〈Rhinopithecus avunculus〉哺乳綱霊長目オナガザル科の動物。頭胴長オス65cm，メス54cm。分布：ベトナム北部。絶滅危惧IA類。

ドングリキツツキ 団栗啄木鳥
〈Melanerpes formicivorus〉鳥綱キツツキ目キツツキ科の鳥。体長20cm。分布：オレゴン州北西部からバハカリフォルニア，合衆国南西部からパナマ西部およびコロンビア北部。

トンケアンマカク
〈Macaca tonkeana〉オナガザル科マカク属。頭胴長60cm。分布：スラウェシ島。

ドンケル
〈Dunker,Norwegian Hound〉哺乳綱食肉目イヌ科の動物。別名ダンカー。

トンビ
トビの別名。

トンプソンコビトトガリネズミ
〈Microsolex thompsoni〉哺乳綱食虫目トガリネズミ科の動物。分布：北アメリカ。

トンボワ
〈Tombowa〉牛の一品種。

【ナ】

ナイヴァシャタケネズミ
〈Tachyoryctes naivashae〉齧歯目ネズミ科（タケネズミ亜科）。分布：ケニアのナイヴァシャ湖の西側および南側。絶滅危惧IB類。

ナイコウチョ 内江猪
〈Neijiang Pig〉豚の一品種。分布：中国の南西部，四川省内江地区。

ナイサゴトウ
マゴンドウの別名。

ナイチンゲール
〈Erithacus megarhynchos〉鳥綱スズメ目ヒタキ科ツグミ亜科の鳥。別名サヨナキドリ。全長17cm。分布：ヨーロッパ中南部・小アジア・アフリカ北部。

ナイトアノール
〈Anolis equestris〉爬虫綱有鱗目トカゲ亜目イグアナ科の動物。全長30〜50cm。分布：キューバ，フロリダ（人為分布）。

ナイリクタイパン
〈Oxyuranus microlepidotus〉爬虫綱有鱗目ヘビ亜目コブラ科のヘビ。全長2〜2.5m。分布：オーストラリア。

ナイリクニンガウイ
〈Ningauri ridei〉体長5〜7.5cm。分布：オーストラリア中部。

ナイルオオトカゲ
〈Varanus niloticus〉爬虫綱有鱗目トカゲ亜目オオトカゲ科のトカゲ。全長最大2m。分布：

アフリカ大陸（北部およびサハラ砂漠を除く）。

ナイルスッポン
〈*Trionyx triunguis*〉爬虫綱カメ目スッポン科のカメ。

ナイルスナボア
〈*Eryx colubrinus*〉爬虫綱有鱗目ヘビ亜目ボア科のヘビ。全長30～60cm。分布：ケニアから北のアフリカ北東部，アラビア半島南端。

ナイルタイヨウチョウ
〈*Anthreptes platurus*〉タイヨウチョウ科。体長16～18cm。分布：セネガルからエジプト，エチオピア，ケニア北西部。

ナイルチドリ
〈*Pluvianus aegyptius*〉鳥綱チドリ目ツバメチドリ科の鳥。体長19～21cm。分布：アフリカ中部，西部，北東部。

ナイルリーチュエ
〈*Kobus megaceros*〉哺乳綱偶蹄目ウシ科の動物。肩高94cm。分布：スーダン，エチオピア西部。

ナイルワニ
〈*Crocodylus niloticus*〉爬虫綱ワニ目クロコダイル科のワニ。別名アフリカワニ。全長6m。分布：アフリカのサハラ以南とマダガスカル。

ナイロチック
〈*Nilotic*〉牛の一品種。

ナガアシジネズミ
〈*Crocidura longipes*〉哺乳綱食虫目トガリネズミ科の動物。分布：ナイジェリア西部のギニア，サバンナにある2ヵ所の湿地だけから知られている。絶滅危惧IB類。

ナガアシツパイ
〈*Tupaia longipes*〉哺乳綱ツパイ目ツパイ科の動物。分布：カリマンタン（ボルネオ）島。絶滅危惧IB類。

ナガエカサドリ
〈*Cephalopterus penduliger*〉鳥綱スズメ目カザリドリ科の鳥。全長43cm。分布：コロンビア西部からエクアドル西部にかけて。絶滅危惧II類。

ナガオドリ（長尾鳥）
オナガドリの別名。

ナガサカウズラ
エボシウズラの別名。

ナガス
シロナガスクジラの別名。

ナガスクジラ 長須鯨
〈*Balaenoptera physalus*〉哺乳綱クジラ目ナガスクジラ科のクジラ。別名フィンバック，フィンナー，カモン・ロークエル，レイザーバック，ヘリング・ホエール，ノソ，ノソクジラ。18～22m。分布：世界的に分布。しかし温帯および南半球で最もよく見られる。絶滅危惧IB類。

ナガハシハリモグラ
ミユビハリモグラの別名。

ナガハナオナガテンレック
〈*Microgale dryas*〉哺乳綱食虫目テンレック科の動物。頭胴長10.5～11cm。分布：マダガスカル北東部。絶滅危惧IA類。

ナガレアマガエル
〈*Litoria nannotis*〉両生綱無尾目カエル目アマガエル科のカエル。体長オス4～4.8cm，メス4.9～6.5cm。分布：オーストラリア北東部。絶滅危惧。

ナガレイモリ
〈*brook salamander*〉両生綱有尾目イモリ科の動物。全長7～30cm。分布：北アメリカ東部，西部，ヨーロッパ，アフリカ地中海沿岸，小アジア，東南アジア，中国，日本。

ナガレタゴガエル 流田子蛙
〈*Rana sakuraii*〉両生綱無尾目アカガエル科のカエル。体長オス38～56mm，メス43～60mm。分布：近畿，中部，関東，北陸の低い山間部の森林帯。

ナガレネズミ
〈*Crunomys fallax*〉齧歯目ネズミ科（ネズミ亜科）。頭胴長10.5cm。分布：フィリピンのルソン島。絶滅危惧IA類。

ナガレヒキガエル 流蟇
〈*Bufo torrenticola*〉両生綱無尾目ヒキガエル科のカエル。体長オス70～121mm，メス88～168mm。分布：石川，富山県から紀伊半島に至る本州の中央部。

ナキアヒル 鳴鶩，囁鶩
〈*Puddle Duck*〉鳥綱カモ目カモ科の鳥。別名合鴨。分布：日本。

ナキアリドリ 鳴蟻鳥
〈*Hypocnemis cantator*〉鳥綱スズメ目アリドリ科の鳥。全長10cm。分布：ガイアナ・ベネ

ズエラ・コロンビア東部・エクアドル東部・ペルー・ブラジル北西部。

ナキイスカ 鳴交喙
〈*Loxia leucoptera*〉鳥綱スズメ目アトリ科の鳥。体長17cm。分布：北アメリカ，ユーラシア北部，イスパニオラ島（西インド諸島）。渡りの南限は年によって異なる。

ナキウサギ 鳴兎，啼兎
〈*Ochotona hyperborea*〉哺乳綱ウサギ目ナキウサギ科に属する動物の総称。別名ハツカウサギ。体長18.3cm。分布：北アメリカ，東ヨーロッパ，中東，ヒマラヤ以北のアジア。

ナキウサギ 鳴兎，啼兎
〈*Pika*〉哺乳綱ウサギ目ナキウサギ科に属する動物の総称。別名ハツカウサギ。体長18.3cm。分布：北アメリカ，東ヨーロッパ，中東，ヒマラヤ以北のアジア。

ナキガオオマキザル
〈*Cebus olivaceus*〉哺乳綱霊長目オマキザル科のサル。体長37～46cm。分布：南アメリカ北東部。

ナキガオオマキザル
グルピオマキザルの別名。

ナキカナリア 鳴きカナリア
〈*Serinus canarius*〉鳥綱スズメ目アトリ科の鳥。

ナキカラスフウチョウ
〈*Phonygammus keraudrenii*〉フウチョウ科。体長28cm。分布：ニューギニアおよび東方，西方の島々（標高200～2000m），ヨーク岬半島の先端，オーストラリア北東部。

ナキクマゲラ
〈*Dryocopus galeatus*〉鳥綱キツツキ目キツツキ科の鳥。全長28cm。分布：ブラジル南東部，パラグアイ東部，アルゼンチン北東部。絶滅危惧IB類。

ナキサイチョウ
〈*Bycanistes bucinator*〉鳥綱サイチョウ科の鳥。体長65cm。分布：アフリカ東部・中央部。

ナキシャクケイ
〈*Pipile pipile pipile*〉鳥綱キジ目ホウカンチョウ科の鳥。

ナキシャクケイ
ホンナキシャクケイの別名。

ナキハクチョウ 鳴白鳥

〈*Cygnus buccinator*〉鳥綱ガンカモ目ガンカモ科。全長150cm。絶滅危惧種。

ナキヒタキモドキ 鳴鶲擬
〈*Nuttallornis borealis*〉鳥綱スズメ目タイランチョウ科の鳥。全長20cm。分布：アラスカからカナダ，アメリカ西部。

ナキマシコ
〈*Rhodopechys githaginea*〉鳥綱スズメ目アトリ科の鳥。全長15cm。分布：アフリカ北部・カナリア諸島・アラビア半島・イラン。

ナキミソサザイ 鳴鷦鷯
〈*Microcerculus marginatus*〉鳥綱スズメ目ミソサザイ科の鳥。全長11cm。分布：メキシコからコロンビア・ベネズエラ・エクアドル・ペルー・ボリビア北部・ブラジル西部。

ナキヤモリ
ホオグロヤモリの別名。

ナゲキバト 嘆鳩
〈*Zenaida macroura*〉鳥綱ハト目ハト科の鳥。体長30cm。分布：アラスカ南東部，カナダ南部からパナマ中部，カリブ海。

ナゴヤ 名古屋
〈*Gallus gallus var. domesticus*〉ニワトリの一品種。別名名古屋コーチン。

ナゴヤダルマガエル 達磨蛙
〈*Rana porosa brevipoda*〉両生綱無尾目アカガエル科のカエル。体長オス35～62mm，メス37～73mm。分布：香川県，山陽地方の東部および，近畿中部・東海・中部地方南部。

ナゴリ
〈*Nagori*〉牛の一品種。

ナタージャックヒキガエル
〈*Bufo calamita*〉両生綱無尾目ヒキガエル科のカエル。全長5～10cm。分布：ヨーロッパ。

ナタールアカウサギ
〈*Pronolagus crassicaudatus*〉哺乳綱ウサギ目ウサギ科の動物。分布：南アフリカ。

ナタールオヒキコウモリ
〈*Mormopterus acetabulosus*〉哺乳綱翼手目オヒキコウモリ科の動物。前腕長4cm前後。分布：エチオピア，南アフリカ共和国のクワズール・ナタール州，マダガスカル，モーリシャス，フランス領レユニオン島。絶滅危惧II類。

ナタールコビトカメレオン
〈*Bradypodion thamnobates*〉体長15～19cm。

ナタルセオ
分布：アフリカ南部（クワズールーナタール）。

ナタールセオレガメ
〈Kinixys natalensis〉爬虫綱カメ目リクガメ科のカメ。最大甲長15.5cm。分布：アフリカ南部（南アフリカ共和国東部，スワジランド，モザンビーク南部）。

ナツガモ
カルガモの別名。

ナツクイナ
ヒクイナの別名。

ナナイロフウキンチョウ
〈Tangara chilensis〉鳥綱スズメ目ホオジロ科の鳥。体長12.5cm。分布：アマゾン川流域の南アメリカ。

ナナイロメキシコインコ
〈Aratinga jandaya〉鳥綱オウム目インコ科の鳥。全長30cm。分布：ブラジル北東部。

ナナクサインコ　七草鸚哥
〈Platycercus eximius〉鳥綱オウム目インコ科の鳥。体長30cm。分布：オーストラリア南東部。

ナナミゾサイチョウ
〈Aceros nipalensis〉鳥綱ブッポウソウ目サイチョウ科の鳥。全長120cm。分布：ブータン，インド北東部，バングラデシュ，中国の雲南省およびチベット自治区，ミャンマーからインドシナ半島北部にかけて。絶滅危惧II類。

ナベコウ　鍋鸛
〈Ciconia nigra〉鳥綱コウノトリ目コウノトリ科の鳥。体長95〜100cm。分布：ユーラシア温帯域および南部，アフリカ南部。

ナベヅル　鍋鶴
〈Grus monacha〉鳥綱ツル目ツル科の鳥。全長100cm。分布：シベリア南東部。絶滅危惧II類。

ナー・ホエール
イッカクの別名。

ナポリタン・マスティフ
〈Neapolitan Mastiff〉犬の一品種。別名マスティノ・ナポリターノ。体高65〜75cm。原産：イタリア。

ナポレオンコクジャク
パラワンコクジャクの別名。

ナマカデバネズミ
〈Bathyergus janetta〉哺乳綱齧歯目デバネズミ科の動物。体長17〜24cm。分布：アフリカ南部。

ナマクアコビトアダー
〈Bitis schneideri〉爬虫綱トカゲ目（ヘビ亜目）クサリヘビ科のヘビ。頭胴長16〜25.4cm。分布：南アフリカ共和国西部，ナミビア南西部。絶滅危惧II類。

ナマケグマ　懶熊
〈Melursus ursinus〉哺乳綱食肉目クマ科の動物。体長1.4〜1.8m。分布：南アジア。絶滅危惧IB類。

ナマケモノ　樹懶
〈sloth〉哺乳綱貧歯目ナマケモノ科に属する動物の総称。

ナマケモノ
フタユビナマケモノの別名。

ナマリイロアリモズモドキ
〈Dysithamnus plumbeus〉鳥綱スズメ目アリドリ科の鳥。全長12.5cm。分布：ブラジル南東部。絶滅危惧II類。

ナマリイロヒラハシ
〈Myiagra rubecula〉鳥綱スズメ目ヒタキ科カササギヒタキ亜科の鳥。全長15cm。分布：オーストラリア北部から東部・南部，ニューギニア。

ナミエオオアカゲラ
〈Dendrocopos leucotos namiyei〉鳥綱キツツキ目キツツキ科の鳥。

ナミエガエル　波江蛙
〈Rana namiyei〉両生綱無尾目アカガエル科のカエル。体長オス79〜117mm，メス72〜91mm。分布：沖縄島北部。絶滅危惧II類。

ナミエヒナコウモリ
〈Vespertilio namiyei〉哺乳綱翼手目ヒナコウモリ科の動物。

ナミエヤマガラ
〈Parus varius namiyei〉鳥綱スズメ目シジュウカラ科の鳥。

ナミガタヤブチメドリ
〈Turdoides hindei〉スズメ目ヒタキ科（チメドリ亜科）。全長20cm。分布：ケニア。絶滅危惧IB類。

ナミチスイコウモリ　並血吸蝙蝠
〈Desmodus rotundus〉哺乳綱翼手目チスイコ

ウモリ科のコウモリ。体長7〜9.5cm。分布：メキシコから南アメリカにかけて。

ナミハリネズミ　並針鼠
〈*Erinaceus europaeus*〉哺乳綱食虫目ハリネズミ科の動物。体長22〜27cm。分布：ヨーロッパ。

ナミビアサケイ
クリムネサケイの別名。

ナミビアヒラセリクガメ
〈*Homopus bergeri*〉爬虫綱カメ目リクガメ科のカメ。背甲長最大10.9cm。分布：ナミビア南西部。絶滅危惧II類。

ナミビアミミナガコウモリ
〈*Laephotis namibensis*〉哺乳綱翼手目ヒナコウモリ科の動物。前腕長約3.5cm。分布：エチオピアからナミビアにかけて。絶滅危惧IB類。

ナミヒナコウモリ
ヒナコウモリの別名。

ナミマウスオポッサム
〈*Marmosa murina*〉哺乳綱有袋目オポッサム科の動物。体長11〜14.5cm。分布：南アメリカ北部および中部。

ナムダファムササビ
〈*Biswamoyopterus biswasi*〉哺乳綱齧歯目リス科の動物。頭胴長40.5cm。分布：インド北東部。絶滅危惧IA類。

ナモイカブトガメ
〈*Elseya belli*〉爬虫綱カメ目ヘビクビガメ科のカメ。別名ベルカブトガメ。背甲長最大29cm。分布：オーストラリア東部。絶滅危惧。

ナラガンセット
〈*Narraganset*〉シチメンチョウ科。分布：アメリカ合衆国。

ナンキョアザラシ
〈*Antarctic seal*〉哺乳綱鰭脚目アザラシ科Lobodontini属の哺乳類で、南極海に分布するカニクイアザラシLobodon carcinophagusをはじめ、ウェッデルアザラシLeptonychotes weddelli、ヒョウアザラシHydrurga leptonyx、ロスアザラシOmmatophoca rossiの4種の総称。

ナンキョクオオトウゾクカモメ　南極大盗賊鷗
〈*Catharacta maccormicki*〉鳥綱チドリ目トウゾクカモメ科の鳥。全長53cm。分布：南極大陸。

ナンキョクオットセイ
〈*Arctocephalus gazella*〉アシカ科ミナミオットセイ属。体長1.6〜2m。分布：南極海および亜南極水域。

ナンキョククジラドリ　南極鯨鳥
〈*Pachyptila desolata*〉鳥綱ミズナギドリ目ミズナギドリ科の鳥。全長30cm。分布：サウスシェトランド諸島、サウスジョージア島。

ナンキンオシ　南京鴛
〈*Nettapus coromandelianus*〉鳥綱ガンカモ目ガンカモ科の鳥。全長33cm。分布：インド・中国南部・フィリピン・マレー半島・スマトラ島・ボルネオ島・スラウェシ島・ニューギニア。

ナンキンネズミ　南京鼠
〈*Mus musculus wagneri*〉哺乳綱齧歯目ネズミ科の動物。

ナンキンヒメウズラ
ヒメウズラの別名。

ナンキンヤマイノシシ　南京山猪
〈*Nanjing Local Pig*〉豚の一品種。分布：南京郊外。

ナンシジカ
〈*Cervus nippon kopschi*〉別名チャンシージカ。

ナンジニア
キノボリジャコウネコの別名。

ナンジャ
ナンダの別名。

ナンダ
〈*Ptyas mucosus*〉爬虫綱有鱗目ヘビ亜目ナミヘビ科のヘビ。全長1.8m。分布：台湾、中国南部から南はインドネシア（スマトラ、ジャワ）、西はトルクメニスタン。

ナンディ
〈*Nandi*〉牛の一品種。

ナントウセレベスネズミ
〈*Bunomys coelestis*〉齧歯目ネズミ科（ネズミ亜科）。頭胴長16cm程度。分布：インドネシアのスラウェシ島。絶滅危惧IB類。

ナントウツヤネズミ
〈*Taeromys arcuatus*〉齧歯目ネズミ科（ネズミ亜科）。頭胴長20〜21.5cm。分布：インドネシアのスラウェシ島。絶滅危惧II類。

ナンバット
フクロアリクイの別名。

ナンバンチョウ
アカショウビンの別名。

ナンバンドリ
アカショウビンの別名。

ナンブコーラスガエル
〈*Pseudacris nigrita*〉両生綱カエル目アマガエル科のカエル。

ナンブシシバナヘビ
〈*Heterodon simus*〉爬虫綱有鱗目ヘビ亜目ナミヘビ科のヘビ。全長40～60cm。分布：米国東南部。

ナンブヒキガエル
〈*Bufo terrestris*〉両生綱無尾目ヒキガエル科のカエル。体長100mm。分布：合衆国ヴァージニア州東南部の一部からルイジアナ州にかけての沿岸地方及びフロリダ半島。

ナンブミズベヘビ
〈*Nerodia fasciata*〉爬虫綱有鱗目ヘビ亜目ナミヘビ科のヘビ。全長60～100cm。分布：米国南部。

ナンベイアカオノスリ
アカオノスリの別名。

ナンベイウシガエル
〈*Leptodactylus pentadactylus*〉両生綱無尾目ミナミガエル科のカエル。体長オス140～169mm、メス125～181mm。分布：ホンジュラスより南方へコロンビア沿岸地方、ブラジル北部のアマゾン水系。西はペルー、エクアドルまで。

ナンベイオナガヨタカ　南米尾長夜鷹
〈*Macropsalis creagra*〉鳥綱ヨタカ目ヨタカ科の鳥。分布：ブラジル南東部。

ナンベイガラガラ
〈*Crotalus durissus*〉爬虫綱有鱗目ヘビ亜目クサリヘビ科のヘビ。全長1～1.8m。分布：北、中央、南アメリカ。

ナンベイクイナ　南米秧鶏
〈*Rallus semiplumbeus*〉鳥綱ツル目クイナ科の鳥。別名ボゴタクイナ。全長25～30cm。分布：コロンビア、エクアドル、ペルー。絶滅危惧IB類。

ナンベイタゲリ
〈*Venellus chilensis*〉鳥綱チドリ目チドリ科の鳥。体長37～38cm。分布：南アメリカ、主としてアンデス山脈の東側。

ナンベイタマシギ
〈*Nycticryphes semicollaris*〉鳥綱チドリ目タマシギ科の鳥。全長20cm。分布：パラグアイ・ウルグアイ・ブラジル南東部・アルゼンチン北部・チリ中央部。

ナンベイハイイロチュウヒ
〈*Circus cinereus*〉鳥綱タカ目タカ科の鳥。

ナンベイヒクイナ
セボシクイナの別名。

ナンベイヘビクビガメ
ギザミネヘビクビの別名。

ナンベイヤチマウス属
〈*Akodon*〉哺乳綱齧歯目ネズミ科の動物。分布：コロンビア西部からアルゼンチン。

ナンベイレンカク
〈*Jacana jacana*〉鳥綱チドリ目レンカク科の鳥。体長20～23cm。分布：パナマからアルゼンチン中部およびトリニダード島。

ナンヤンウシ　南陽牛
〈*Nanyang Cattle*〉牛の一品種。原産：中国中部・河南省南陽地区。

ナンヨウクイナ　南洋秧鶏
〈*Rallus philippensis*〉鳥綱ツル目クイナ科の鳥。体長30cm。分布：フィリピン諸島、スラウェシ島、ニューギニア、オーストラリア、ニュージーランド、西太平洋の島々。

ナンヨウショウビン　南洋翡翠
〈*Halcyon chloris*〉鳥綱ブッポウソウ目カワセミ科の鳥。体長28cm。分布：アフリカ東部からインド西部の一部地域、東南アジアとニューギニアの大部分、オーストラリア北部・東部、南西太平洋の島々。

ナンヨウセイコウチョウ　南洋青紅鳥
〈*Erythrura trichroa*〉鳥綱スズメ目カエデチョウ科の鳥。体長12cm。分布：クイーンズランド州（オーストラリア）北東部、インドネシア、太平洋の島々、ニューギニア。

ナンヨウネズミ
〈*Rattus exulans*〉哺乳綱齧歯目ネズミ科の動物。

ナンヨウヘビウ
アジアヘビウの別名。

ナンヨウマミジロアジサシ　南洋眉白鯵刺

〈*Sterna lunata*〉鳥綱チドリ目カモメ科の鳥。全長36cm。

ナンヨウヨシキリ
　〈*Acrocephalus luscinia*〉スズメ目ヒタキ科（ウグイス亜科）。全長18cm。分布：アメリカ合衆国領北マリアナ諸島。絶滅危惧II類。

【ニ】

ニアカラアマガエル
　〈*Litoria nyakalensis*〉両生綱無尾目カエル目アマガエル科のカエル。体長オス3〜3.3cm。分布：オーストラリア北東部。絶滅危惧種。

ニアラ
　ニヤラの別名。

ニアンガラオヒキコウモリ
　〈*Mops niangarae*〉哺乳綱翼手目オヒキコウモリ科の動物。前腕長約5.2cm。分布：コンゴ民主共和国。絶滅危惧IA類。

ニイガタヤチネズミ　新潟谷地鼠
　〈*Aschizomys niigatae*〉哺乳綱齧歯目キヌゲネズミ科の動物。

ニオ
　カイツブリの別名。

ニオイガメ
　〈*musk turtle*〉爬虫綱カメ目ヌマガメ科ニオイガメ属に含まれるカメの総称。甲長11〜27cm。分布：カナダ東部からアルゼンチン。

ニオイガメ
　アメリカニオイガメの別名。

ニオイガモ　臭鴨
　〈*Biziura lobata*〉カモ科。体長オス61〜73cm、メス47〜60cm。分布：オーストラリア南部、タスマニア。

ニオイネズミ
　ニオイガモの別名。

ニオイネズミカンガルー
　〈*Hypsiprymnodon moschatus*〉哺乳綱有袋目カンガルー科の動物。体長16〜28cm。分布：オーストラリア北東部。

ニカクサイ　二角犀
　哺乳綱奇蹄目サイ科の動物のうち、鼻上の角が前後に二本並んで生えている種の総称。

ニカレンチョ　二花臉猪
　〈*Erhualian Pig*〉分布：長江南岸の江蘇, 常州から太湖の北岸。

ニクダレミツスイ　肉垂蜜吸
　〈*Foulehaio carunculata*〉鳥綱スズメ目ミツスイ科の鳥。

ニコバルオオコウモリ
　〈*Pteropus faunulus*〉哺乳綱翼手目オオコウモリ科の動物。前腕長11.8cm。分布：インド領ニコバル諸島。絶滅危惧II類。

ニコバルクマネズミ
　〈*Rattus burrus*〉齧歯目ネズミ科（ネズミ亜科）。頭胴長21.5cm。分布：インド領ニコバル諸島。絶滅危惧II類。

ニコバルジネズミ
　〈*Crocidura nicobarica*〉哺乳綱食虫目トガリネズミ科の動物。頭胴長10.7〜12cm。分布：インド領ニコバル諸島の大ニコバル島だけから知られる。絶滅危惧IB類。

ニコバルツカツクリ
　〈*Megapodius nicobariensis*〉鳥綱キジ目ツカツクリ科の鳥。全長43cm。分布：インド領ニコバル諸島。絶滅危惧II類。

ニコバルツパイ
　〈*Tupaia nicobarica*〉哺乳綱ツパイ目ツパイ科の動物。頭胴長19cm。分布：インド領ニコバル諸島の大ニコバル島と小ニコバル島。絶滅危惧IB類。

ニコバルヒヨドリ
　〈*Hypsipetes nicobariensis*〉鳥綱スズメ目ヒヨドリ科の鳥。全長20cm。分布：インド領ニコバル諸島。絶滅危惧II類。

ニコバルメクラトカゲ
　〈*Dibamus nicobaricus*〉爬虫綱有鱗目トカゲ亜目メクラトカゲ科のトカゲ。全長10〜13cm。分布：ニコバル諸島。

ニシアオジタ
　〈*Tiliqua occipitalis*〉スキンク科。全長30cm。分布：東部を除いたオーストラリアのほぼ南半分。

ニシアカガシラエボシドリ　西赤頭烏帽子鳥
　〈*Tauraco bannermani*〉鳥綱ホトトギス目エボシドリ科の鳥。全長43cm。分布：カメルーン西部。絶滅危惧II類。

ニシアジアチーター
　〈*Acinonyx jubatus venaticus*〉哺乳綱ネコ目ネコ科の動物。別名インドチーター。

ニシアバヒ
　〈*Avahi occidentalis*〉哺乳綱霊長目インドリ

ニシアフリ

科の動物。頭胴長25〜28.5cm。分布：マダガスカル北西部のベツィブカ川の北東部（サンビラノ地域のマノンガリボ特別保護区とチンギイ・ド・ベマラハ自然保護区にも飛び地状に分布）。絶滅危惧II類。

ニシアフリカアシナシスキンク
〈*Melanoceps occidentalis*〉スキンク科。全長10〜12cm。分布：アフリカ。

ニシアフリカコビトワニ
〈*Osteolaemus tetraspis*〉爬虫綱ワニ目クロコダイル科のワニ。体長1.5〜2m。分布：アフリカ。絶滅危惧II類。

ニシアフリカトカゲモドキ
〈*Hemitheconyx caudicinctus*〉爬虫綱有鱗目トカゲ亜目ヤモリ科の動物。全長18〜22cm。分布：アフリカ大陸西部（セネガル〜ナイジェリア）。

ニジイロコバシハチドリ
〈*Chalcostigma herrani*〉鳥綱アマツバメ目ハチドリ科の鳥。

ニシイワツバメ
イワツバメの別名。

ニシイワツバメ
ニジイロコバシハチドリの別名。

ニシイワハネジネズミ
〈*Elephantulus rupestris*〉ハネジネズミ目ハネジネズミ科。頭胴長10.8〜14.1cm。分布：ナミビアおよび南アフリカ共和国ケープ地方。絶滅危惧II類。

ニシオウギタイランチョウ
〈*Onychorhynchus occidentalis*〉鳥綱スズメ目タイランチョウ科の鳥。全長16cm。分布：エクアドル西部、ペルー北西部。絶滅危惧II類。

ニシオオノスリ
〈*Buteo rufinus*〉鳥綱タカ目タカ科の鳥。体長51〜66cm。分布：ヨーロッパ中・南東部から中央アジア、北アフリカ。

ニシオジロクロオウム
〈*Calyptorhynchus latirostris*〉鳥綱オウム目インコ科の鳥。全長55〜60cm。分布：オーストラリア南西部。絶滅危惧種。

ニシオナガミツスイ
オナガミツスイの別名。

ニシカキネハリトカゲ
〈*Sceloporus occidentalis*〉爬虫綱有鱗目トカゲ亜目イグアナ科の動物。全長6〜9cm。分布：北アメリカ。

ニシカナリアカナヘビ
〈*Gallotia galloti*〉爬虫綱有鱗目トカゲ亜目カナヘビ科の動物。全長30〜40cm。分布：カナリア諸島。

ニシガラガラ
〈*Crotalus viridis*〉爬虫綱有鱗目ヘビ亜目クサリヘビ科のヘビ。全長0.6〜1.6m。分布：北アメリカ。

ニシキガメ　錦亀
〈*Chrysemys picta*〉爬虫綱カメ目ヌマガメ科のカメ。最大甲長25.1cm。分布：カナダ南部, 米国（南東部と南西部を除く全域），メキシコ（チワワ北部）。

ニジキジ　虹雉
〈*Lophophorus impejanus*〉鳥綱キジ目キジ科の鳥。別名ヒマラヤニジキジ。体長56〜64cm。分布：アフガニスタン東部、パキスタン北西部、チベット南部、ミャンマー。

ニシキスズメ　錦雀
〈*Pytilia melba*〉鳥綱スズメ目カエデチョウ科の鳥。体長13cm。分布：サハラ以南のアフリカ。

ニシキセダカガメ
〈*Kachuga kachuga*〉カメ目ヌマガメ科（バタグールガメ亜科）。別名インドセダカガメ。背甲長最大56cm。分布：ネパール南部、インド北東部、バングラデシュ。絶滅危惧IB類。

ニシキハコガメ
〈*Terrapene ornata*〉爬虫綱カメ目ヌマガメ科のカメ。最大甲長15.4cm。分布：メキシコ北部、米国（アリゾナ南部からウイスコンシン南部、インディアナ、ルイジアナまで）。

ニシキビセイ
セイキインコの別名。

ニシキビセイ
ヒスイインコの別名。

ニシキフウキンチョウ
〈*Tangara fastuosa*〉スズメ目ホオジロ科（フウキンチョウ亜科）。全長14cm。分布：ブラジル北東部。絶滅危惧IB類。

ニシキヘビ　錦蛇，蟒蛇
〈python〉一般に大蛇とよばれる大形のヘビの，古くからの俗称。全長3〜6m。分布：アフリカから東南アジア，ニューギニア，オースト

ラリア。

ニシキマゲクビ
〈*Emydura subglobosa*〉爬虫綱カメ目ヘビクビガメ科のカメ。最大甲長25.5cm。分布：ニューギニア島(インドネシアのイリアン・ジャヤとパプアニューギニア)とケープヨーク半島(オーストラリア)突端付近。

ニシキューバフチア
〈*Mesocapromys sanfelipensis*〉哺乳綱齧歯目フチア科の動物。分布：キューバのロス・カナレオス諸島。絶滅危惧IA類。

ニシキューバムシクイ
〈*Teretistris fernandinae*〉鳥綱スズメ目アメリカムシクイ科の鳥。

ニシキリハシミツスイ
〈*Acanthorhynchus superciliosus*〉鳥綱スズメ目ミツスイ科の鳥。体長15cm。分布：オーストラリア南西端。

ニシキワタアシハチドリ
〈*Eriocnemis mirabilis*〉鳥綱アマツバメ目ハチドリ科の鳥。全長8〜9cm。分布：コロンビア南西部。絶滅危惧II類。

ニシクイガメ
〈*Malayemys subtrijuga*〉爬虫綱カメ目ヌマガメ科のカメ。最大甲長21cm。分布：タイ,ベトナム南部,マレー半島中部,スマトラ島,ジャワ島。

ニシグリーンマンバ
〈*Dendroaspis viridis*〉爬虫綱有鱗目コブラ科のヘビ。

ニシクロクビエランド
クロクビエランドの別名。

ニシケナシフルーツコウモリ
〈*Dobsonia peronii*〉哺乳綱翼手目オオコウモリ科の動物。前腕長10.8〜11.7cm。分布：インドネシアの小スンダ列島。絶滅危惧II類。

ニシコウライウグイス 西高麗鶯
〈*Oriolus oriolus*〉鳥綱スズメ目コウライウグイス科の鳥。体長25cm。分布：ヨーロッパ,アジア,アフリカ北西端。アジアに生息するものは留鳥,それ以外はアフリカの熱帯地域で越冬。

ニシコーカサスツール
カフカスアイベックスの別名。

ニシコーカサスツール
ツールの別名。

ニシコクマルガラス 黒丸烏, 黒丸鴉, 西黒丸鴉
〈*Corvus monedula*〉鳥綱スズメ目カラス科の鳥。体長33cm。分布：北端を除く西ヨーロッパからロシア中央部。

ニシコバネズミ
〈*Macruromys elegans*〉齧歯目ネズミ科(ネズミ亜科)。頭胴長15〜16cm。分布：ニューギニア島西部。絶滅危惧種。

ニシコモチヒキガエル
〈*Nectophrynoides occidentalis*〉両生綱無尾目カエル目ヒキガエル科のカエル。体長1.5〜2.5cm。分布：アフリカ西部(ニンバ山)。絶滅危惧IB類。

ニシジェントルキツネザル
〈*Hapalemur griseus occidentalis*〉キツネザル科ジェントルキツネザル属。頭胴長28cm。分布：マダガスカル島。

ニシシマバンディクート
〈*Perameles bougainville*〉バンディクート目バンディクート科。頭胴長20〜30cm。分布：オーストラリア西部。絶滅危惧。

ニシセグロカモメ
〈*Larus fuscus*〉鳥綱チドリ目カモメ科の鳥。全長53cm。

ニシダイヤガラガラ
〈*Crotalus atrox*〉爬虫綱有鱗目ヘビ亜目クサリヘビ科のヘビ。全長1〜2.1m。分布：北アメリカ。

ニシタイランチョウ 西太蘭鳥
〈*Tyrannus verticalis*〉鳥綱スズメ目タイランチョウ科の鳥。

ニシチビガエル
〈*Crinia insignifera*〉両生綱無尾目カメガエル科のカエル。体長1.5〜3cm。分布：オーストラリア。

ニシツノメドリ 西角目鳥
〈*Fratercula arctica*〉鳥綱チドリ目ウミスズメ科の鳥。体長28〜30cm。分布：北大西洋および隣接の北極地方。

ニシツバメチドリ
〈*Glareola pratincola*〉鳥綱チドリ目ツバメチドリ科の鳥。体長23.5〜26.5cm。分布：ユーラシア南部や北アフリカ。冬はアフリカ南部。

ニシツール

343

ニシトウネ
　カフカスアイベックスの別名。

ニシトウネン
　ヨーロッパトウネンの別名。

ニシニセハナナガマウス
　〈*Pseudohydromys occidentalis*〉齧歯目ネズミ科（ミズネズミ亜科）。頭胴長10cm。分布：ニューギニア島西部。絶滅危惧種。

ニシニューギニアオニネズミ
　〈*Mollomys gunung*〉齧歯目ネズミ科（ネズミ亜科）。頭胴長42cm。分布：ニューギニア島西部。絶滅危惧種。

ニジハチドリ
　〈*Aglaeactis cupripennis*〉鳥綱アマツバメ目ハチドリ科の鳥。

ニジハバト　虹羽鳩
　〈*Phaps chalcoptera*〉鳥綱ハト目ハト科の鳥。

ニシハリヅメガラゴ
　〈*Euoticus elegantulus*〉哺乳綱霊長目ロリス科の動物。体長10.5〜27cm。分布：西アフリカ。

ニシヒメアマツバメ
　ニシハリヅメガラゴの別名。

ニシフウキンチョウ
　〈*Piranga ludoviciana*〉鳥綱スズメ目ホオジロ科の鳥。体長17cm。分布：カナダ南西部、合衆国西部の山地で繁殖し、中央アメリカで越冬。

ニジフウキンチョウ
　〈*Iridosornis porphyrocephala*〉鳥綱スズメ目ホオジロ科の鳥。

ニシブッポウソウ
　〈*Coracias garrulus*〉鳥綱ブッポウソウ目ブッポウソウ科の鳥。体長30〜32cm。分布：地中海、東ヨーロッパからシベリア西部で繁殖。熱帯アフリカで越冬。

ニジボア
　〈*Epicrates cenchria*〉爬虫綱有鱗目ヘビ亜目ボア科のヘビ。全長1〜1.5m。分布：コスタリカからアルゼンチンまで。

ニシマキバドリ　西牧場鳥
　〈*Sturnella neglecta*〉鳥綱スズメ目ムクドリモドキ科の鳥。体長24cm。分布：カナダ南部からメキシコ中部にかけての、北アメリカ中部や西部で繁殖し、カナダ南西部からメキシコ中部で越冬。

ニシムラサキエボシドリ　西紫烏帽子鳥
　〈*Musophaga violacea*〉鳥綱カッコウ目エボシドリ科の鳥。体長43cm。分布：アフリカ西部（セネガルからカメルーン）。

ニシメガネザル
　〈*Tarsius bancanus*〉哺乳綱霊長目メガネザル科の動物。別名ボルネオメガネザル。体長12〜15cm。分布：東南アジア。

ニシモリタイランチョウ
　〈*Contopus sordidulus*〉鳥綱スズメ目タイランチョウ科の鳥。体長16.5cm。分布：北アメリカ西部の森林や、中央アメリカの山岳の森林で繁殖し、南アメリカのペルー、ボリビアで越冬。

ニジヤイロ
　ノドグロヤイロチョウの別名。

ニシヤモリ　西守宮
　〈*Gekko sp.*〉爬虫綱トカゲ亜目ヤモリ科のヤモリ。分布：福江島、久賀島、中通島、平戸島、男女群島に分布する日本固有種。

ニショクアリドリ
　〈*Gymnopithys bicolor*〉鳥綱スズメ目アリドリ科の鳥。

ニショクアリモズ
　〈*Dysithamnus occidentalis*〉鳥綱スズメ目アリドリ科の鳥。全長13.5cm。分布：コロンビア西部、エクアドル北東部。絶滅危惧II類。

ニショクコチュウハシ
　〈*Selenidera culik*〉鳥綱オオハシ科の鳥。体長35cm。分布：アマゾン川流域の北東部、ギアナ地方およびブラジル北部からアマゾン川下流域。

ニショクコメワリ
　〈*Tiaris bicolor*〉鳥綱スズメ目ホオジロ科の鳥。

ニショクジアリドリ　二色地蟻鳥
　〈*Grallaria rufocinerea*〉鳥綱スズメ目アリドリ科の鳥。全長15.5cm。分布：コロンビア。絶滅危惧IB類。

ニショクハナドリ　二色花鳥
　〈*Dicaeum bicolor*〉鳥綱スズメ目ハナドリ科の鳥。

ニショクフウキンチョウ
　〈*Chrysothlypis salmoni*〉鳥綱スズメ目ホオジロ科の鳥。

ニシヨコジマフクロウ
〈*Strix occidentalis*〉鳥綱フクロウ目フクロウ科の鳥。

ニセクビワコウモリ
〈*Hesperoptenus doriae*〉哺乳綱翼手目ヒナコウモリ科の動物。前腕長4cm前後。分布：マレー半島，マレーシアのカリマンタン（ボルネオ）島サラワク州。絶滅危惧IB類。

ニセタイヨウチョウ 偽太陽鳥
〈*Neodrepanis coruscans*〉マミヤイロチョウ科。体長10cm。分布：マダガスカル。

ニセフクロモモンガ
〈*Distoechurus pennatus*〉哺乳綱有袋目フクロモモンガ科の動物。体長10.5～13.5cm。分布：ニューギニア。

ニセメダマガエル
〈*Physalaemus nattereri*〉体長3～4cm。分布：南アメリカ大陸東部。

ニセメンフクロウ
〈*Phodilus badius*〉鳥綱フクロウ目メンフクロウ科の鳥。体長23～33cm。分布：北インド，東南アジア。

ニセヤブヒバリ 偽藪雲雀
〈*Heteromirafra ruddi*〉鳥綱スズメ目ヒバリ科の鳥。全長14cm。分布：南アフリカ共和国。絶滅危惧IA類。

ニセヨロイトカゲ
〈*Pseudocordylus sp.*〉爬虫綱有鱗目トカゲ亜目ヨロイトカゲ科のトカゲ。全長15～35cm。分布：南アフリカ。

ニーダーラウフフント
〈*Niederlaufhunds*〉犬の一品種。

ニタリクジラ 似鯨
〈*Balaenoptera edeni*〉哺乳綱クジラ目ナガスクジラ科のクジラ。別名トロピキャル・ホエール，カツオクジラ，イワシクジラ。11.5～14.5m。分布：世界中の熱帯，亜熱帯および温暖海域。

ニタリナガス
シロナガスクジラの別名。

ニッケイウズラチメドリ
〈*Cinclosoma cinnamomeum*〉鳥綱スズメ目ヒタキ科ハシリチメドリ亜科の鳥。

ニッケイカザリドリモドキ
〈*Pachyramphus cinnamomeus*〉鳥綱スズメ目カザリドリ科の鳥。

ニッケイハエトリ 肉桂蠅取
〈*Pyrrhomyias cinnamomea*〉鳥綱スズメ目タイランチョウ科の鳥。

ニッケイフウキンチョウ
〈*Schistochlamys ruficapillus*〉鳥綱スズメ目ホオジロ科の鳥。

ニッケイマイコドリ 肉桂舞子鳥
〈*Neopipo cinnamomea*〉鳥綱スズメ目マイコドリ科の鳥。

ニッケイメジロ 褐色目白
〈*Hypocryptadius cinnamomeus*〉鳥綱スズメ目メジロ科の鳥。体長13cm。分布：ミンダナオ島（フィリピン）。

ニッコウムササビ
〈*Petaurista leucogenys nikkonis*〉哺乳綱齧歯目リス科の動物。

ニッポンアシカ
〈*Zalophus californianus japonicus*〉哺乳綱食肉目アシカ科の動物。別名ニホンアシカ。絶滅危惧。

ニトバタゴニアガエル
〈*Atelognathus nitoi*〉両生綱無尾目カエル目ユビナガガエル科のカエル。体長オス4cm，メス4.4cm。分布：アルゼンチン中部。絶滅危惧II類。

ニホアハワイマシコ
〈*Telespiza ultima*〉鳥綱スズメ目ハワイミツスイ科の鳥。全長17cm。分布：アメリカ合衆国ハワイ州のニホア島。絶滅危惧II類。

ニホウラクダ
フタコブラクダの別名。

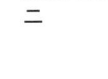

ニホンアカガエル 日本赤蛙
〈*Rana japonica*〉両生綱無尾目アカガエル科のカエル。体長オス34～63mm，メス43～67mm。分布：北端を除く本州，四国，九州，大隅諸島。また八丈島に人為移入。大陸では，江南省以南の中国南部。

ニホンアシカ
〈*Zolophus californianus japonicus*〉哺乳綱鰭脚目アシカ科の動物。

ニホンアナグマ 日本穴熊
〈*Meles meles anakuma*〉哺乳綱ネコ目イタチ科の動物。頭胴長オス平均61cm，メス平均55cm。分布：本州，四国，九州。

ニホンアマガエル　日本雨蛙
〈Hyla japonica〉両生綱無尾目アマガエル科のカエル。体長30～40mm。分布：バイカル湖以東のロシア、モンゴル、中国中部・北東部、朝鮮半島、済州島。国内では琉球列島を除く全国。

ニホンイイズナ
〈Mustela nivalis namiyei〉哺乳綱ネコ目イタチ科の動物。

ニホンイシガメ　石亀, 日本石亀
〈Mauremys japonica〉爬虫綱カメ目ヌマガメ科のカメ。別名イシガメ。甲長オス11cm前後、メス18cm前後。分布：本州、四国、九州およびその周辺の島嶼に分布する日本固有種。

ニホンイタチ　日本鼬
〈Mustela itatsi〉哺乳綱食肉目イタチ科の動物。頭胴長オス288～370mm、メス195～255mm。分布：北海道から屋久島にかけて。

ニホンイヌワシ
〈Aquila chrysaetos japonica〉鳥綱タカ目タカ科の鳥。絶滅危惧種。

ニホンイノシシ　日本猪
〈Sus scrofa leucomystax〉哺乳綱偶蹄目イノシシ科の動物。体長120～140cm。分布：本州、九州、四国、淡路島。

ニホンイモリ　井守, 日本井守
〈Cynops pyrrhogaster〉両生綱有尾目イモリ科のイモリ。別名アカハライモリ。全長オス8～10cm、メス10～13cm。分布：本州・四国・九州、佐渡島・隠岐島・壱岐島・五島列島・大隅諸島などに分布。

ニホンウサギコウモリ
〈Plecotus auritus sacrimontis〉哺乳綱翼手目ヒナコウモリ科の動物。

ニホンウズラ
ウズラの別名。

ニホンオオカミ　日本狼
〈Canis hodophilax〉哺乳綱食肉目イヌ科の動物。

ニホンカジカガエル
リュウキュウカジカガエルの別名。

ニホンカナヘビ　日本金蛇
〈Takydromus tachydromoides〉爬虫綱有鱗目トカゲ亜目カナヘビ科の動物。全長18～25cm。分布：北海道、本州、四国、九州およびその属島と、屋久島、種子島、中之島、諏訪之瀬島などに分布する日本固有種。

ニホンカモシカ　日本氈鹿, 日本羚羊
〈Capricornis crispus〉哺乳綱偶蹄目ウシ科の動物。別名タイワンカモシカ。頭胴長70～85cm。分布：台湾。国内では本州、四国、九州。絶滅危惧種。

ニホンカワウソ　日本獺
〈Lutra lutra whiteleyi〉哺乳綱食肉目イタチ科の動物。64.5～82cm。分布：高知県。絶滅危惧、特別天然記念物。

ニホンカワネズミ
カワネズミの別名。

ニホンキクガシラコウモリ
〈Rhinolophus ferrumequinum〉哺乳綱コウモリ目キクガシラコウモリ科の動物。

ニホンクマネズミ
〈Rattus rattus tanezumi〉哺乳綱齧歯目ネズミ科の動物。

ニホンケン　日本犬
〈Canis familiaris〉日本原産のイヌ。体高最大は秋田犬の62cm、最小はチンの25cm。分布：地域名を冠した犬種の原産地は当該の地域。

ニホンコキクガシラコウモリ
〈Rhinolophus cornutus cornutus〉哺乳綱コウモリ目キクガシラコウモリ科の動物。

ニホンコテングコウモリ
〈Murina aurata ussuriensis〉哺乳綱翼手目ヒナコウモリ科の動物。

ニホンコヤマコウモリ
〈Nyctalus noctula motoyoshii〉哺乳綱コウモリ目ヒナコウモリ科の動物。

ニホンザーネン
〈Japanese saanen〉羊の一品種。

ニホンザル　日本猿
〈Macaca fuscata〉哺乳綱霊長目オナガザル科の動物。頭胴長オス47～60cm、尾長7～11cm、メス6～11cm。分布：本州、四国、九州と周辺の島々、鹿児島県の屋久島。絶滅危惧IB類。

ニホンザル
サルの別名。

ニホンザル
ホンドザルの別名。

ニホンジカ 日本鹿
〈Cervus nippon〉哺乳綱偶蹄目シカ科の動物。体長1.5〜2m。分布：東アジア，東南アジア。国内では北海道，本州，四国，九州。絶滅危惧IA類。

ニホンスッポン
〈Trionyx sinensis〉爬虫綱スッポン科のカメ。甲長20〜30cm。分布：朝鮮半島，台湾，中国，インドシナ北部。国内では本州，四国，九州，壱岐，石垣島，西表島，与那国島。

ニホンスッポン
スッポンの別名。

ニホンスピッツ 日本スピッツ
〈Japanese Spitz〉哺乳綱食肉目イヌ科の動物。

ニホンタンカクシュ 日本短角種
〈Japanese Shorthorn〉哺乳綱偶蹄目ウシ科の動物。オス140cm，メス127cm。分布：岩手県，秋田県，青森県及び北海道。

ニホンチュウガタケン 日本中型犬
〈Japanese Middle Size Dog(Kai dog,Kishu dog,Shikoku dog)〉哺乳綱食肉目イヌ科の動物。

ニホンツキノワグマ
〈Selenarctos thibetanus japonicus〉哺乳綱食肉目クマ科の動物。分布：本州，四国，九州。

ニホンテリア 日本テリア
〈Japanese Terrier〉日本の愛玩犬。別名ジャパニーズ・テリア。体高33cm。分布：日本。

ニホンテン
ホンドテンの別名。

ニホンテングコウモリ 天狗蝙蝠
〈Murina leucogaster hilgendorfi〉哺乳綱翼手目ヒナコウモリ科の動物。

ニホントカゲ 石竜子，日本石竜子，日本蜥蜴，蜥蜴
〈Eumeces latiscutatus〉スキンク科。全長16〜25cm。分布：北海道，本州，四国，九州と周辺の島に分布。

ニホンドブネズミ
〈Rattus norvegicus caraco〉哺乳綱齧歯目ネズミ科の動物。

ニホンネコ
〈Felis catus〉哺乳綱食肉目ネコ科の動物。

ニホンネコ
ジャパニーズ・ボブテイルの別名。

ニホンノウサギ
ノウサギの別名。

ニホンハクショクシュ 日本白色種
〈Japanese White〉哺乳綱ウサギ目ウサギ科の動物。分布：長野県。

ニホンヒキガエル 日本蟇
〈Bufo bufo japonicus〉両生綱無尾目ヒキガエル科のカエル。体長80〜176mm。分布：本州の近畿以西，四国・九州，壱岐島，五島列島，屋久島，種子島および東日本の一部に分布。

ニホンマムシ 日本蝮
〈Agkistrodon blomhoffi〉爬虫綱有鱗目ヘビ亜目クサリヘビ科のヘビ。全長45〜60cm。分布：北海道，本州，四国，九州，さらに焼尻島，天売島，佐渡島，隠岐島，壱岐島，五島列島，屋久島，種子島，伊豆大島，八丈島などに分布。

ニホンモモンガ 日本鼯鼠，日本小飛鼠
〈Pteromys momonga〉ネズミ目リス科。別名ホンシュウモモンガ。13.9〜19.5cm。分布：本州，九州。

ニホンヤマコウモリ
〈Nyctalus lasiopterus aviator〉哺乳綱翼手目ヒナコウモリ科の動物。

ニホンヤマコウモリ
ヤマコウモリの別名。

ニホンヤマネ
ヤマネの別名。

ニホンヤモリ 日本守宮
〈Gekko japonicus〉爬虫綱有鱗目トカゲ亜目ヤモリ科の動物。全長10〜12cm。分布：本州，四国，九州，対馬，朝鮮，中国南部。

ニホンユビナガコウモリ 指長蝙蝠
〈Miniopterus schreibersi fuliginosus〉哺乳綱翼手目ヒナコウモリ科の動物。前腕長4.4〜5.1cm。分布：アフガニスタン，インド，東アジア。国内では本州，四国，九州，佐渡島，対馬，壱岐，福江島，屋久島。

ニホンライチョウ
鳥綱キジ目ライチョウ科の鳥。絶滅危惧種。

ニホンリス 日本栗鼠，本土栗鼠
〈Sciurus lis〉哺乳綱齧歯目リス科の動物。頭胴長18〜22cm。分布：本州，四国，淡路島。

ニホンリス
リスの別名。

ニマリ
〈Nimari〉牛の一品種。

ニヤラ
〈Tragelaphus angasi〉偶蹄目ウシ科の哺乳類で, 雄が長さ80cmに達するらせん状にねじれた角をもつアフリカ南部産のアンテロープ。体長1.4〜1.6m。分布：アフリカ南部。

ニュウナイスズメ　入内雀
〈Passer rutilans〉鳥綱スズメ目ハタオリドリ科の鳥。全長14cm。分布：アフガニスタン以東のアジアの温帯。国内では本州中部, 北海道, 南千島の落葉広葉樹林で繁殖し, 暖地に移動して越冬。

ニュウヨウショートホーン　乳用ショートホーン
ウシの一品種。

ニューカレドニアクイナ
〈Tricholimnas lafresnayanus〉鳥綱ツル目クイナ科の鳥。全長45〜48cm。分布：ニューカレドニア島。絶滅危惧種。

ニューカレドニアズクヨタカ
〈Aegotheles savesi〉鳥綱ヨタカ目ズクヨタカ科の鳥。全長28cm。分布：ニューカレドニア島。絶滅危惧。

ニューカレドニアミゾクチコウモリ
〈Chalinolobus neocaledonicus〉哺乳綱翼手目ヒナコウモリ科の動物。前腕長4.5cm。分布：ニューカレドニア島。絶滅危惧。

ニューギニアアマガエル
クツワアメガエルの別名。

ニューギニアオオコウモリ
〈Pteropus pohlei〉哺乳綱翼手目オオコウモリ科の動物。前腕長13.5cm。分布：インドネシアのヤーペン島。絶滅危惧種。

ニューギニアオオミミコウモリ
〈Pharotis imogene〉哺乳綱翼手目ヒナコウモリ科の動物。前腕長3.8〜3.9cm。分布：ニューギニア島南東部。絶滅危惧種。

ニューギニアオナガフクロウ
〈Uroglaux dimorpah〉鳥綱フクロウ目オナガフクロウ科の鳥。

ニューギニアオニネズミ
〈Mallomys rothschildi〉体長34〜38cm。分布：ニューギニア。

ニューギニアカブトガメ

〈Elseya novaeguineae〉爬虫綱カメ目ヘビクビガメ科のカメ。最大甲長30cm。分布：ニューギニア島（インドネシアのイリアン・ジャヤとパプアニューギニア）。パラオからの記録もある。

ニューギニアカブトトカゲ
〈Tribolonotus gracilis〉スキンク科。全長15〜20cm。分布：ニューギニア。絶滅危惧II類。

ニューギニアグラウンドボア
〈Candoia aspera〉爬虫綱有鱗目ヘビ亜目ボア科のヘビ。全長0.6〜1m。分布：ニューギニア。

ニューギニア・シンギング・ドッグ
〈New Guinea Singing Dog〉犬の一品種。体高35〜38cm。原産：ニューギニア。

ニューギニアスッポン
スッポンモドキの別名。

ニューギニアハシブトクイナ
パプアクイナの別名。

ニューギニアフルーツコウモリ
〈Aproteles bulmerae〉哺乳綱翼手目オオコウモリ科の動物。前腕長16.6cm。分布：ニューギニア島東部と中部。絶滅危惧種。

ニューギニアホソユビヤモリ
〈Cyrtodactylus louisiadensis〉爬虫綱有鱗目トカゲ亜目ヤモリ科の動物。全長30〜40cm。分布：オセアニア。

ニューギニアワニ
〈Crocodylus novaeguineae novaeguineae〉爬虫綱ワニ目クロコダイル科のワニ。

ニュージーランドアオバズク
〈Ninox novaeseelandiae〉鳥綱フクロウ目フクロウ科の鳥。体長25〜35cm。分布：オーストラリア, タスマニア, 小スンダ列島, モルッカ諸島, ニューギニア南部, ノーフォーク島, ニュージーランド。

ニュージーランドアシカ
〈Phocarctos hookeri〉哺乳綱食肉目アシカ科の動物。体長2〜3.3m。分布：ニュージーランド南部の亜南極諸島。絶滅危惧II類。

ニュージーランドウ
ノドジロムナオビウの別名。

ニュージーランドオオギハクジラ
〈Mesoplodon hectori〉哺乳綱クジラ目アカボウクジラ科のクジラ。別名ニュージーラン

ド・ビークト・ホエール，スキュービークト・ホエール。4〜4.5m。分布：南半球の冷温帯海域と，おそらく北太平洋東部。

ニュージーランドオガエル
ホッホシュテッタームカシガエルの別名。

ニュージーランドオットセイ
〈*Arctocephalus forsteri*〉アシカ科ミナミオットセイ属。体長はオス145〜250cm，メス125〜150cm。分布：スリー・キングズ島からスチュアート島，マッコリー島，オーストラリア西部から南部。

ニュージーランドカイツブリ
〈*Poliocephalus rufopectus*〉鳥綱カイツブリ目カイツブリ科の鳥。全長28〜30cm。分布：ニュージーランド北島。絶滅危惧IB類。

ニュージーランドクイナ
〈*Gallirallus australis*〉鳥綱ツル目クイナ科の鳥。体長53cm。分布：ニュージーランド。

ニュージーランドセンニョモシクイ
〈*Gerygone igata*〉鳥綱スズメ目ヒタキ科ゴウシュウムシクイ亜科の鳥。

ニュージーランドチドリ
〈*Charadrius obscurus*〉鳥綱チドリ目チドリ科の鳥。全長26〜28cm。分布：ニュージーランドの北島とスチュアート島。絶滅危惧IB類。

ニュージーランド・ドルフィン
セッパリイルカの別名。

ニュージーランドバト
〈*Hemiphaga novaeseelandiae*〉鳥綱ハト目ハト科の鳥。体長51cm。分布：ニュージーランド。

ニュージーランド・ハンタウェイ
〈*New Zealand Huntaway*〉犬の一品種。

ニュージーランド・ビークト・ホエール
ニュージーランドオオギハクジラの別名。

ニュージーランド・ビークト・ホエール
ミナミツチクジラの別名。

ニュージーランドヒタキ
〈*Petroica macrocephela*〉鳥綱スズメ目ヒタキ科の鳥。体長13cm。分布：ニュージーランド。

ニュージーランド・ホワイト
〈*New Zealand White*〉兎の一品種。分布：アメリカ。

ニュージーランド・ホワイトフロント・ドルフィン
セッパリイルカの別名。

ニュージーランドミズナギドリ
〈*Puffinus huttoni*〉鳥綱ミズナギドリ目ミズナギドリ科の鳥。全長36〜38cm。分布：ニュージーランド南島で繁殖。絶滅危惧IB類。

ニュージーランドミズナギドリ
ミナミオナガミズナギドリの別名。

ニュージーランドミツスイ
〈*Anthornis melanura*〉鳥綱スズメ目ミツスイ科の鳥。体長20cm。分布：ニュージーランド。

ニュージーランドムシクイ
〈*Finschia novaeseelandiae*〉トゲハシムシクイ科。体長13cm。分布：ニュージーランド南島，スチュアート島および近隣の島々。

ニュージーランド・ロムニー
〈*New Zealand Romney*〉哺乳綱偶蹄目ウシ科の動物。分布：ニュージーランド。

ニュートリア
ヌートリアの別名。

ニュートンハムスター
〈*Mesocricetus newtoni*〉齧歯目ネズミ科（キヌゲネズミ亜科）。頭胴長14〜17cm。分布：ルーマニア東部からブルガリアにかけて。絶滅危惧II類。

ニュートンヒルヤモリ
〈*Phelsuma edwardnewtonii*〉爬虫綱齧歯目ヤモリ科の動物。

ニュー・ハンプシャー
〈*New Hampshire*〉鳥綱キジ目キジ科の鳥。分布：米国。

ニューハンプシャー・レッド
〈*New Hampshire Red*〉鳥綱キジ目キジ科の鳥。分布：アメリカ合衆国。

ニューファンドランド
〈*Newfoundland*〉原産地がカナダの水中作業犬，家庭犬。体高66〜71cm。分布：カナダ。

ニュー・フォレスト・ポニー
〈*New Forest Pony*〉哺乳綱奇蹄目ウマ科の動物。体高121〜144cm。原産：イングランド（南イングランド）。

ニューブリテンクイナ
〈*Habropteryx insignis*〉鳥綱ツル目クイナ科

ニユフリテ

の鳥。

ニューブリテンミズネズミ
〈*Hydromys neobrittanicus*〉齧歯目ネズミ科（ミズネズミ亜科）。頭胴長約29cm。分布：パプアニューギニアのニューブリテン島。絶滅危惧種。

ニューブリテンメンフクロウ
〈*Tyto aurantia*〉鳥綱フクロウ目メンフクロウ科の鳥。全長27～33cm。分布：パプアニューギニアのニューブリテン島。絶滅危惧種。

ニューヘブリデスミカドバト
〈*Ducula bakeri*〉鳥綱ハト目ハト科の鳥。全長40cm。分布：バヌアツ北部および中部。絶滅危惧種。

ニューヘブリデスミツスイ
〈*Phylidonyris notabilis*〉鳥綱スズメ目ミツスイ科の鳥。

ニューメキシコサンショウウオ
〈*Plethodon neomexicanus*〉両生綱有尾目アメリカサンショウウオ科の動物。全長オス9.5～12.8cm、メス10.4～14.3cm。分布：アメリカ合衆国ニューメキシコ州のジェームズ山脈。絶滅危惧IB類。

ニョオウインコ　女王鸚哥
〈*Aratinga guarouba*〉鳥綱オウム目インコ科の鳥。全長34cm。分布：ブラジルのパラー州北部，マラニャン州北部，マト・グロッソ州北部，ロンドニア州。絶滅危惧IB類。

ニリ・ラビ
〈*Nili-Ravi*〉ウシの品種。分布：パキスタン，インド。

ニルガイ
〈*Boselaphus tragocamelus*〉哺乳綱偶蹄目ウシ科の動物。体長1.8～2.1m。分布：南アジア。

ニルギリキエリテン
〈*Martes gwatkinsii*〉哺乳綱食肉目イタチ科の動物。頭胴長51.5cm。分布：インド南西部。絶滅危惧II類。

ニルギリタール
〈*Hemitragus hylocrius*〉哺乳綱偶蹄目ウシ科の動物。頭胴長150～175cm。分布：インド南部のニルギリ丘陵周辺。絶滅危惧IB類。

ニルギリラングール
〈*Presbytis johnii*〉哺乳綱霊長目オナガザル

科の動物。頭胴長オス50.8～64.5cm。分布：インド南西部の西ガーツ山脈。絶滅危惧II類。

ニールコミミネズミ
〈*Leopoldamys neilli*〉齧歯目ネズミ科（ネズミ亜科）。頭胴長22cm程度。分布：タイ中央部と西部。絶滅危惧IB類。

ニワカナヘビ
〈*Lacerta agilis*〉爬虫綱有鱗目トカゲ亜目カナヘビ科の動物。全長12～22cm。分布：イベリア・イタリア半島などの半島部と極北部を除くヨーロッパからロシア南西部，カザフスタンなど。

ニワカマドドリ
〈*Anumbius annumbi*〉カマドドリ科。体長21cm。分布：ブラジル，ウルグアイ，パラグアイ，アルゼンチン。

ニワキバシリ
タンシキバシリの別名。

ニワシドリ　庭師鳥
〈*bowerbird*〉鳥綱スズメ目ニワシドリ科に属する鳥の総称。別名アズマヤドリ。体長21～38cm。分布：ニューギニア，オーストラリア。

ニワトリ　鶏
〈*Gallus gallus var. domesticus*〉鳥綱キジ目キジ科の鳥。

ニワムシクイ
〈*Sylvia borin*〉鳥綱スズメ目ヒタキ科ウグイス亜科の鳥。

ニンニクガエル
〈*Pelobates fuscus*〉両生綱無尾目スキアシガエル科のカエル。体長4～8cm。分布：ヨーロッパ，アジア。絶滅危惧II類と推定。

【ヌ】

ヌー
〈*Connochaetes taurinus*〉哺乳綱偶蹄目ウシ科の動物。別名ウシカモシカ，ワイルドビースト，ウィルドビースト。体長1.5～2.4m。分布：アフリカ東部および南部。

ヌエ
オオトラツグミの別名。

ヌエ
トラツグミの別名。

ヌクテー
〈*Canis lupus chanco*〉哺乳綱食肉目イヌ科の

動物。

ヌクプウカワリハシハワイミツスイ
マウイカワリハシハワイミツスイの別名。

ヌシオナガテンレック
〈*Microgale principula*〉哺乳綱食虫目テンレック科の動物。頭胴長6.5～8cm。分布：マダガスカル東部。絶滅危惧IB類。

ヌードマウス
マウスの突然変異種。

ヌートリア 沼狸
〈*Myocastor coypus*〉哺乳綱齧歯目カプロミス科の動物。体長47～58cm。分布：南アメリカ南部。国内では関東以西。

ヌバ・マウンテン
〈*Nuba Mountain*〉牛の一品種。

ヌビアアイベックス
〈*Capra nubiana*〉哺乳綱偶蹄目ウシ科の動物。頭胴長140～150cm。分布：イスラエル、ヨルダン、エジプトのシナイ半島、アラビア半島、スーダン北部。絶滅危惧IB類。

ヌビアアレチネズミ
〈*Gerbillus quadrimaculatus*〉齧歯目ネズミ科（アレチネズミ亜科）。分布：スーダン。絶滅危惧IA類。

ヌビアミドリゲラ
アフリカアオゲラの別名。

ヌビアン
〈*Nubian*〉山羊の一品種。分布：アフリカ。

ヌマウズラ 沼鶉
〈*Synoicus ypsilophorus*〉鳥綱キジ目キジ科の鳥。

ヌマガエル 沼蛙
〈*Rana limnocharis*〉両生綱無尾目アカガエル科のカエル。体長35～67mm。分布：台湾、山東省～甘粛省以南の中国からパキスタンまで、スリランカ、大・小スンダ列島。国内では本州中部以西、四国、九州、先島諸島を除く南西諸島。

ヌマカマドドリ 沼竈鳥
〈*Limnornis rectirostris*〉鳥綱スズメ目カマドドリ科の鳥。

ヌマガメ
〈*pond and river turtle*〉ヌマガメ科2亜科31属。甲長11.4～80cm。分布：アジアの熱帯、亜熱帯。

ヌマコトンラット属
〈*Holochilus*〉哺乳綱齧歯目ネズミ科の動物。分布：南アメリカの低地帯の大部分。

ヌマコメネズミ属
〈*Pseudoryzomys*〉哺乳綱齧歯目ネズミ科の動物。分布：ボリビア、ブラジル東部、アルゼンチン北部。

ヌマジカ 沼鹿
〈*Odocoileus dichotomus*〉哺乳綱偶蹄目シカ科の動物。

ヌマジカ
アメリカヌマジカの別名。

ヌマジカ
バラシンガジカの別名。

ヌマジチメドリ
〈*Pellorneum palustre*〉スズメ目ヒタキ科（チメドリ亜科）。全長15cm。分布：インド北東部、バングラデシュ北部。絶滅危惧II類。

ヌマシャコ
〈*Francolinus gularis*〉鳥綱キジ目キジ科の鳥。全長37cm。分布：ネパール西部、インド北部、バングラデシュ。絶滅危惧II類。

ヌマセンニュウ
〈*Locustella luscinioides*〉鳥綱スズメ目ヒタキ科ウグイス亜科の鳥。

ヌマチアメリカカヤネズミ
サワカヤマウスの別名。

ヌマチウサギ
〈*Sylvilagus aquaticus*〉哺乳綱ウサギ目ウサギ科の動物。体長45～55cm。分布：合衆国南東部。

ヌマチコメネズミ
〈*Oryzomys palustris*〉哺乳綱齧歯目のネズミ。

ヌマハコガメ
〈*Terrapene coahuila*〉カメ目ヌマガメ科（ヌマガメ亜科）。背甲長最大16.8cm。分布：メキシコ北部。絶滅危惧IB類。

ヌマヒメウソ
〈*Sporophila palustris*〉スズメ目ホオジロ科（ホオジロ亜科）。全長13cm。分布：ブラジル南東部、パラグアイ、ウルグアイ、アルゼンチン北部。絶滅危惧IB類。

ヌマヒヨドリ 沼鵯
〈*Thescelocichla leucopleura*〉鳥綱スズメ目ヒヨドリ科の鳥。

ヌマホオヒゲコウモリ
〈Myotis dasycneme〉哺乳綱翼手目ヒナコウモリ科の動物。前腕長4.5cm。分布：ユーラシア大陸の温帯地方。絶滅危惧II類。

ヌママムシ
〈Agkistrodon piscivorus〉爬虫綱有鱗目ヘビ亜目クサリヘビ科のヘビ。全長70〜190cm。分布：米国東部から南部。

ヌママングース
〈Atilax paludinosus〉哺乳綱食肉目ジャコウネコ科の動物。体長50cm。分布：ガンビアから，東はエチオピア，南は南アフリカまで。

ヌマムクドリモドキ 沼椋鳥擬
〈Pseudoleistes guirahuro〉鳥綱スズメ目ムクドリモドキ科の鳥。

ヌマヨコクビガメ 沼横頸亀
〈Pelomedusa subrufa〉爬虫綱カメ目ヨコクビガメ科のカメ。最大甲長32cm。分布：サハラ砂漠以南のアフリカ大陸全域，マダガスカル，アラビア半島の南端（サウジアラビアおよびイエメン）。

ヌマヨシキリ
〈Acrocephalus palustris〉鳥綱スズメ目ヒタキ科ウグイス亜科の鳥。

ヌマライナチョウ
カラフトライチョウの別名。

ヌマレイヨウ
シタツンガの別名。

ヌマレミング属
〈Synaptomys〉哺乳綱齧歯目ネズミ科の動物。

ヌマワニ 沼鰐
〈Crocodylus palustris〉爬虫綱ワニ目クロコダイル科のワニ。全長4m。分布：バングラデシュ，インド，ネパール，パキスタン，スリランカ。絶滅危惧II類。

ヌメサンショウウオ
〈Plethodon glutinosus〉両生綱有尾目アメリカサンショウウオ科の動物。体長11.5〜20cm。分布：アメリカ合衆国東部。

ヌレバカケス 濡羽橿鳥
〈Cissilopha sanblasiana〉鳥綱スズメ目カラス科の鳥。

【ネ】

ネイゴウチョ 寧郷猪

〈Ningxiang Pig〉分布：中国。

ネイハクロメンヨウ 寧波黒緬羊
〈Ningbo Black Sheep〉羊の一品種。分布：中国, 浙江省。

ネグラ・アンダルーザ
〈Negra Andaluza〉牛の一品種。

ネグロスジネズミ
〈Crocidura negrina〉哺乳綱食虫目トガリネズミ科の動物。分布：フィリピンのネグロス島のクエルノス・デ・ネグロス山だけから知られる。絶滅危惧IA類。

ネグロスドウクツヒラタガエル
〈Platymantis spelaeus〉両生綱無尾目カエル目アカガエル科のカエル。別名ケープエダアシガエル。体長4.1〜6cm（メスはオスより大型）。分布：フィリピン。絶滅危惧II類。

ネグロスハナドリ
ビサヤンハナドリの別名。

ネグロスヒムネバト
〈Gallicolumba keayi〉鳥綱ハト目ハト科の鳥。全長30cm。分布：フィリピンのネグロス島。絶滅危惧IA類。

ネグロスヒメアオバト
〈Ptilinopus arcanus〉鳥綱ハト目ハト科の鳥。全長16.5cm。分布：フィリピンのネグロス島。絶滅危惧IA類。

ネグロスモリチメドリ
〈Stachyris nigrorum〉スズメ目ヒタキ科（チメドリ亜科）。全長12cm。分布：フィリピンのネグロス島。絶滅危惧IB類。

ネコ 猫
〈cat〉広義には哺乳綱食肉目ネコ科に属する動物の総称で，狭義には家畜化されたイエネコFelis catusをさす。

ネコイタチ
マングースの別名。

ネコドリ 猫鳥
〈Ailuroedus crassirostris〉鳥綱スズメ目ニワシドリ科の鳥。体長33cm。分布：オーストラリア東部。

ネコマネドリ 猫真似鳥
〈Dumetella carolinensis〉マネシツグミ科。体長20cm。分布：カナダ南部，合衆国で繁殖，中央アメリカ，西インド諸島で越冬。

ネコメアマガエル

〈*Phyllomedusa tomopterna*〉両生綱無尾目ネコメアマガエル科のカエル。

ネコメタピオカガエル
〈*Lepidobatrachus llanensis*〉両生綱無尾目ミナミガエル科のカエル。体長オス65〜75mm、メス65〜100mm。分布：アルゼンチンのラ・リオヤ平原及びフォルモサ地方。

ネジツノカモシカ
クーズーの別名。

ネジレツノヤギ
マーコールの別名。

ネズミ　鼠
〈*rat*〉哺乳綱齧歯目ネズミ亜目に属する動物の総称。

ネズミイルカ　鼠海豚
〈*Phocoena phocoena*〉哺乳綱クジラ目ネズミイルカ科の動物。別名コモン・ポーパス、パフィング・ピッグ。1.4〜1.9m。分布：北半球の冷水温海域と亜北極海域。国内では日本海北部、銚子以北の太平洋岸の大陸棚上。絶滅危惧II類。

ネズミオタテドリ
〈*Scytalopus unicolor*〉鳥綱スズメ目オタテドリ科の鳥。

ネズミガシラインコ　鼠頭鸚哥
〈*Poicephalus senegalus*〉鳥綱オウム目インコ科の鳥。

ネズミカンガルー
〈*rat-kangaroo*〉哺乳綱有袋目カンガルー科ネズミカンガルー属に含まれる動物の総称。分布：オーストラリア、ニューギニア。

ネズミキツネザル
〈*Microcebus*〉哺乳綱霊長目キツネザル科ネズミキツネザル属に含まれる動物の総称。

ネズミクイ
〈*Dasycercus cristicauda*〉フクロネコ目フクロネコ科。別名マルガラ。体長12〜20cm。分布：オーストラリア西部、中部。絶滅危惧II類。

ネズミツバメチドリ
〈*Glareosa pratincola*〉鳥綱チドリ目ツバメチドリ科の鳥。

ネズミドリ　鼠鳥
〈*mousebird*〉鳥綱ネズミドリ目ネズミドリ科に属する鳥の総称。体長30〜35cm。分布：サハラ以南のアフリカ（マダガスカルは含まない）。

ネズミドリ目
鳥綱の1目。

ネズミハエトリ　鼠蠅取
〈*Phaeomyias murina*〉鳥綱スズメ目タイランチョウ科の鳥。

ネズミヒタキ
〈*Ficedula basilanica*〉スズメ目ヒタキ科（ヒタキ亜科）。全長12cm。分布：フィリピンのサマール島、レイテ島、ディナガット島、ミンダナオ島、バシラン島。絶滅危惧II類。

ネズミメジロタイランチョウ　鼠目白太蘭鳥
〈*Empidonax oberholseri*〉鳥綱スズメ目タイランチョウ科の鳥。

ネズミヤマアラシ属
〈*Trichys*〉哺乳綱齧歯目ヤマアラシ科の動物。分布：アフリカとアジア。

ネズミヤマシトド
〈*Phrygilus unicolor*〉鳥綱スズメ目ホオジロ科の鳥。

ネッカジカ
〈*Cervus nippon mandarinus*〉哺乳綱偶蹄目シカ科の動物。

ネッタイチョウ　熱帯鳥
〈*tropicbird*〉鳥綱ペリカン目ネッタイチョウ科に属する海鳥の総称。全長80〜110cm。分布：熱帯、亜熱帯海域。

ネッタイホリネズミ
〈*Geomys tropicalis*〉哺乳綱齧歯目ホリネズミ科の動物。分布：メキシコ。絶滅危惧II類。

ネッティングサンショウウオ
〈*Plethodon nettingi*〉両生綱有尾目アメリカサンショウウオ科の動物。全長7.6〜11.1cm。分布：アメリカ合衆国ウェスト・ヴァージニア州の山地。絶滅危惧II類。

ネベロング
〈*Nebelung*〉猫の一品種。

ネルスロップ
〈*Nelthropp*〉牛の一品種。

ネルソンウッドラット
〈*Neotoma nelsoni*〉齧歯目ネズミ科（アメリカネズミ亜科）。頭胴長20cm。分布：メキシコ中央部。絶滅危惧IB類。

ネルソンハコガメ
〈*Terrapene nelsoni*〉両生綱カメ目ヌマガメ科のカメ。

ネルソンミルクヘビ
〈*Lampropeltis triangulum nelsoni*〉爬虫綱有鱗目ヘビ亜目ナミヘビ科のヘビ。全長90～100cm。分布：メキシコ中部, グアナファト州から西へ太平洋岸まで, およびトレスマリアス諸島。

ネルソンモリポケットマウス
〈*Heteromys nelsoni*〉哺乳綱齧歯目ポケットマウス科の動物。全長35.6cm。分布：メキシコ南部, グアテマラ西部。絶滅危惧IA類。

ネルソンレイヨウジリス
〈*Ammospermophilus nelsoni*〉哺乳綱齧歯目リス科の動物。頭胴長15.2～16.5cm。分布：アメリカ合衆国カリフォルニア州南部のサン・ホアキン渓谷。絶滅危惧IB類。

ネロール
〈*Nellore*〉哺乳綱偶蹄目ウシ科の動物。別名オンゴール。体高オス76cm, メス72cm。分布：インド。

ネロール
オンゴールの別名。

【ノ】

ノヴァ・スコティア・ダック・トーリング・レトリーバー
　犬の一品種。

ノーウェイジアン・エルクハウンド
　犬の一品種。

ノーウェイジアン・ブーフンド
　犬の一品種。

ノウサギ　日本野兎, 野兎, 野兔
〈*Lepus brachyurus*〉本州, 四国, 九州の平地から高山にすむ野生のウサギ。別名エチゴウサギ, ヤマウサギ, ニホンノウサギ。頭胴長45～54cm。分布：本州, 四国, 九州およびそれらの属島。

ノウサギ
　ウサギの別名。

ノウリンドリ
　コジュケイの別名。

ノガン　鴇, 野雁
〈*Otis tarda*〉鳥綱ツル目ノガン科の鳥。体長75～105cm。分布：モロッコ, イベリア半島, ヨーロッパ北・中部の一部, トルコ, 旧ソ連南部の一部。絶滅危惧II類。

ノガン　鴇, 野雁
〈*bustard*〉鳥綱ツル目ノガン科の鳥。体長75～105cm。分布：モロッコ, イベリア半島, ヨーロッパ北・中部の一部, トルコ, 旧ソ連南部の一部。絶滅危惧II類。

ノガンモドキ　野雁擬
〈*seriema*〉鳥綱ツル目ノガンモドキ科に属する鳥の総称。体長70cm。分布：南アメリカ。

ノガンモドキ
　アカノガンモドキの別名。

ノギハラバシリスク
〈*Basiliscus vittatus*〉爬虫綱有鱗目トカゲ亜目イグアナ科の動物。全長60～70cm。分布：メキシコからコスタリカにかけての中米。

ノグチゲラ　野口啄木鳥
〈*Sapheopipo noguchii*〉鳥綱キツツキ目キツツキ科の鳥。全長31cm。分布：沖縄島北部。絶滅危惧IA類, 特別天然記念物。

ノコギリクサリヘビ
　ノコギリヘビの別名。

ノコギリヘビ
〈*Echis carinatus*〉爬虫綱有鱗目クサリヘビ科のヘビ。

ノコハシハチドリ
〈*Ramphodon naevius*〉鳥綱アマツバメ目ハチドリ科の鳥。

ノコヘリカブトガメ
〈*Elseya latisternum*〉爬虫綱カメ目ヘビクビガメ科のカメ。最大甲長28cm。分布：オーストラリア（ニューサウスウエルズ州北部からクィーンズランド最北部に至る太平洋岸）。

ノコヘリハコヨコクビ
〈*Pelusios sinuatus*〉爬虫綱カメ目ヨコクビガメ科のカメ。最大甲長30～40cm。分布：アフリカ大陸東部および南部（ソマリア, エチオピアから南アフリカ）。

ノコヘリマルガメ
〈*Cyclemys dentata*〉爬虫綱カメ目ヌマガメ科のカメ。最大甲長26cm。分布：インド, バングラデシュ, ミャンマー（ビルマ）, タイ, カンボジア, ラオス, ベトナム, 中国, マレーシア, インドネシア, フィリピン。

ノゴマ　野駒
〈*Erithacus calliope*〉鳥綱スズメ目ヒタキ科ツグミ亜科の鳥。体長15cm。分布：シベリアで繁殖し，アジアの熱帯地域で越冬。国内では北海道，南千島の平地から高山帯までの低木林で繁殖するほか，岩手県早池峰山（はやちねさん）でも少数が繁殖するらしい。

ノーザン・ジャイアント・ボトルノーズ・ホエール
ツチクジラの別名。

ノーザーン・ディリー・ショートホーン
〈*Northern Dairy Shorthorn*〉牛の一品種。

ノーザン・フォートゥーズド・ホエール
ツチクジラの別名。

ノジコ　野路子，野鵐
〈*Emberiza sulphurata*〉鳥綱スズメ目ホオジロ科の鳥。全長14cm。分布：本州中部で繁殖，中国東部，台湾，フィリピン北部で越冬。絶滅危惧II類。

ノシマンガベヒメカメレオン
〈*Brookesia peyrierasi*〉爬虫綱有鱗目トカゲ亜目カメレオン科のトカゲ。全長38〜43mm。分布：マダガスカル東部のノシマンガベ島とマランテトラ。

ノースアトランティック・ボトルノーズド・ホエール
キタトックリクジラの別名。

ノースウェストサラマンダー
〈*Ambystoma gracile*〉両生綱有尾目マルクチサラマンダー科の動物。

ノース・カントリー・チェビオット
〈*North Country Cheviot*〉羊の一品種。分布：スコットランド。

ノース・シービークト・ホエール
ヨーロッパオオギハクジラの別名。

ノース・スウェデイッシュ・ホース
〈*North Swedish Horse*〉馬の一品種。153cm。原産：スウェーデン。

ノースパシフィック・ビークト・ホエール
オオギハクジラの別名。

ノースパシフィック・フォートゥーズド・ホエール
ツチクジラの別名。

ノースパシフィック・ボトルノーズ・ホエール
ツチクジラの別名。

ノスリ　鵟，野鵟
〈*Buteo buteo*〉鳥綱タカ目タカ科の鳥。体長51〜57cm。分布：ヨーロッパからアジア一帯，ベーリング海。国内では北海道から四国。

ノソ
ナガスクジラの別名。

ノソクジラ
ナガスクジラの別名。

ノドアカオオガシラ
〈*Hypnelus ruficollis*〉鳥綱キツツキ目オオガシラ科の鳥。

ノドアカカワガラス
〈*Cinclus schulzi*〉鳥綱スズメ目カワガラス科の鳥。全長15.5cm。分布：ボリビア南部，アルゼンチン北西部。絶滅危惧II類。

ノドアカクロサギ
〈*Egretta vinaceigula*〉鳥綱コウノトリ目サギ科の鳥。別名アカノドサギ。全長43cm。分布：ザンビア，モザンビーク，ナミビア，ボツワナ。絶滅危惧II類。

ノドアカゴシキドリ　喉赤五色鳥
〈*Megalaima mystacophanos*〉鳥綱キツツキ目ゴシキドリ科の鳥。

ノドアカサンショクヒタキ
〈*Petroica phoenicea*〉鳥綱スズメ目ヒタキ科の鳥。体長14cm。分布：オーストラリア南東部，タスマニア島。

ノドアカハチドリ
〈*Archilochus colubris*〉鳥綱アマツバメ目ハチドリ科の鳥。体長9cm。分布：北アメリカ東部で繁殖。アメリカ南東部の海岸地帯からコスタリカ北西部で越冬。

ノドアカヒラハシ
〈*Myiagra ruficollis*〉鳥綱スズメ目ヒタキ科カササギヒタキ亜科の鳥。

ノドアカマルオカマドドリ
〈*Thripophaga cherriei*〉鳥綱スズメ目カマドドリ科の鳥。全長14.5cm。分布：ベネズエラ南部。絶滅危惧II類。

ノドアカミツドリ
〈*Euneornis campestris*〉鳥綱スズメ目ホオジロ科の鳥。

ノドアカヤブクグリ　喉赤藪潜
〈*Sclerurus mexicanus*〉鳥綱スズメ目カマドドリ科の鳥。

ノドオビムナジロウ
〈*Phalacrocorax campbelli*〉鳥綱ペリカン目ウ科の鳥。別名キャンベルウ。全長63cm。分布：ニュージーランドのキャンベル島。絶滅危惧II類。

ノドグロアメリカムシクイ
〈*Dendroica caerulescens*〉鳥綱スズメ目アメリカムシクイ科の鳥。

ノドグロオオハシモズ
クロノドハシボソオオハシモズの別名。

ノドグロオナガゴシキドリ
ホオアカオナガゴシキドリの別名。

ノドグロキハタオリ
〈*Ploceus velatus*〉鳥綱スズメ目ハタオリドリ科の鳥。

ノドグロキンイロハタオリ
メグロハタオリの別名。

ノドグロコビトドリモドキ　喉黒小人鳥擬
〈*Idioptilon granadense*〉鳥綱スズメ目タイランチョウ科の鳥。

ノドグロコマドリ
〈*Luscinia obscura*〉スズメ目ヒタキ科（ツグミ亜科）。全長13cm。分布：繁殖地は中国の甘粛省、陝西省、四川省、雲南省。越冬地はタイ北部。絶滅危惧II類。

ノドグロシトド
〈*Melanodera melanodera*〉鳥綱スズメ目ホオジロ科の鳥。

ノドグロショウノガン
〈*Eupodotis vigorsii*〉鳥綱ツル目ノガン科の鳥。体長56～60cm。分布：南アフリカ西部，ナミビア南部。

ノドグロシロミミツスイ
ミミジロミツスイの別名。

ノドグロダルマエナガ
〈*Paradoxornis davidianus*〉スズメ目ヒタキ科（ダルマエナガ亜科）。全長10cm。分布：ミャンマー東部、インドシナ半島北部、中国南部。絶滅危惧II類。

ノドグロチドリ
〈*Thinornis novaeseelandiae*〉鳥綱チドリ目チドリ科の鳥。全長20cm。分布：ニュージーランドのチャタム諸島のランゲティラ島。絶滅危惧IB類。

ノドグロツグミ　喉黒鶫
〈*Turdus ruficollis*〉鳥綱スズメ目ヒタキ科ツグミ亜科の鳥。全長25cm。

ノドグロハチドリ
〈*Archilochus alexandri*〉鳥綱アマツバメ目ハチドリ科の鳥。

ノドグロハチマキミツスイ
アオメミツスイの別名。

ノドグロヒタキ
〈*Ficedula strophiata*〉鳥綱スズメ目ヒタキ科の鳥。体長13cm。分布：ヒマラヤ山脈東部からベトナム南部にかけての山地に分布する。渡りをする個体群は分布域の南部で越冬。

ノドグロヒムネタイヨウチョウ　喉黒緋胸太陽鳥
〈*Nectarinia hunteri*〉鳥綱スズメ目タイヨウチョウ科の鳥。

ノドグロヒメアオバト　喉黒姫緑鳩
〈*Ptilinopus leclancheri*〉鳥綱ハト目ハト科の鳥。別名クロアゴヒメアオバト。

ノドグロヒメドリ
〈*Amphispiza bilineata*〉鳥綱スズメ目ホオジロ科の鳥。

ノドグロフウキンチョウ
〈*Euphonia cyanocephala*〉鳥綱スズメ目ホオジロ科の鳥。体長10cm。分布：アンデス山脈のベネズエラからアルゼンチン北西部あたりまで，ギアナ高地，ブラジル北東部，パラグアイ東部，アルゼンチン北東部。

ノドグロマユミソサザイ　喉黒眉鷦鷯
〈*Thryothorus atrogularis*〉鳥綱スズメ目ミソサザイ科の鳥。

ノドグロミツオシエ　喉黒蜜教
〈*Indicator indicator*〉鳥綱ミツオシエ科。体長20cm。分布：セネガルとエチオピアを結ぶ線から、南は南アフリカ。

ノドグロムシクイ
〈*Sylvia rueppellii*〉鳥綱スズメ目ヒタキ科の鳥。体長14cm。分布：ギリシアからイスラエル南部にかけて繁殖する。

ノドグロモズガラス　喉黒賜鴉
〈*Cracticus nigrogularis*〉鳥綱スズメ目フエガラス科の鳥。

ノドグロヤイロチョウ　喉黒八色鳥
〈*Pitta versicolor*〉鳥綱スズメ目ヤイロチョウ科の鳥。別名ニジヤイロ，ムナグロヤイロ

チョウ。

ノドグロルリアメリカムシクイ
ノドグロアメリカムシクイの別名。

ノドジマコバシチメドリ
〈*Minla strigula*〉チメドリ科。体長16cm。分布：ヒマラヤ地方，東南アジア。

ノドジロアオカケス
〈*Cyanolyca mirabilis*〉鳥綱スズメ目カラス科の鳥。全長23〜25cm。分布：メキシコ南部。絶滅危惧IB類。

ノドジロイワヒバリ
ヒマラヤイワヒバリの別名。

ノドジロウズラ 喉白鶉
〈*Odontophorus leucolaemus*〉鳥綱キジ目キジ科の鳥。

ノドジロオオトカゲ
〈*Varanus albigularis*〉爬虫綱有鱗目トカゲ亜目オオトカゲ科のトカゲ。全長最大2m。分布：アフリカ大陸南部および東岸（エチオピア以南）。

ノドジロオオハシモズ
シロノドハシボソオオハシモズの別名。

ノドジロオナガカマドドリ 喉白尾長竈鳥
〈*Synallaxis albigularis*〉鳥綱スズメ目カマドドリ科の鳥。

ノドジロオマキザル 喉白尾巻猿
〈*Cebus capucinus*〉哺乳綱霊長目オマキザル科の動物。頭胴長オス33〜46cm，メス32〜40.5cm。分布：コロンビア北部，西部までの中央アメリカ。

ノドジロキノガーレ
〈*Cynogale lowei*〉哺乳綱食肉目ジャコウネコ科の動物。分布：ベトナム北部。

ノドジロキノボリ 喉白木攀
〈*Climacteris leucophaea*〉鳥綱スズメ目キノボリ科の鳥。

ノドジロクイナ 喉白秧鶏
〈*Dryolimnas cuvieri*〉鳥綱ツル目クイナ科の鳥。

ノドジロクサムラドリ 喉白叢鳥
〈*Atrichornis clamosus*〉鳥綱スズメ目クサムラドリ科の鳥。体長20cm。分布：オーストラリア南西部。絶滅危惧種。

ノドジロクロイカル
〈*Pitylus grossus*〉鳥綱スズメ目ホオジロ科の鳥。体長20cm。分布：南アメリカ中央部および北部から南にボリビア北部。

ノドジロコマドリ
〈*Irania gutturalis*〉鳥綱スズメ目ツグミ科の鳥。体長17.5cm。分布：トルコからアフガニスタン。アラビア，イランからケニア，タンザニア，ジンバブエに至る地域まで南下して越冬。

ノドジロシギダチョウ 喉白鷸駝鳥
〈*Tinamus guttatus*〉鳥綱シギダチョウ目シギダチョウ科の鳥。

ノドジロシトド
〈*Zonotrichia albicollis*〉鳥綱スズメ目ホオジロ科の鳥。体長17cm。分布：カナダや合衆国北東部で繁殖し，合衆国やメキシコ北部で越冬。

ノドジロセスジムシクイ
〈*Amytornis striatus*〉オーストラリアムシクイ科。体長14〜16.5cm。分布：オーストラリア内陸部。

ノドジロセンニョムシクイ
〈*Gerygone olivacea*〉トゲハシムシクイ科。体長11cm。分布：オーストラリア北部および東部。オーストラリア南東部にまで渡る。ニューギニア南東部。

ノドジロニュートンヒタキ
〈*Newtonia fanovanae*〉スズメ目ヒタキ科（ヒタキ亜科）。全長12cm。分布：マダガスカル東部。絶滅危惧II類。

ノドジロハイイロモズ 喉白灰色鵙，緑薮鵙
〈*Telophorus kupeensis*〉鳥綱スズメ目モズ科の鳥。全長21cm。分布：カメルーン西部。絶滅危惧IA類。

ノドジロハシジロチメドリ
ノドジロヤマチメドリの別名。

ノドジロハチクイ
〈*Merops albicollis*〉鳥綱ブッポウソウ目ハチクイ科の鳥。体長23cm。分布：サハラ砂漠南部の狭い範囲で繁殖。アフリカ西部・中部まで南下して越冬。

ノドジロハチドリ
〈*Leucochloris albicollis*〉鳥綱アマツバメ目ハチドリ科の鳥。

ノドジロハリオアマツバメ
〈*Chaetura vauxi*〉鳥綱アマツバメ目アマツバ

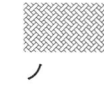

ノトシロヒ

メ科の鳥。

ノドジロヒバリチドリ
〈*Thinocorus orbignyianus*〉鳥綱ヒバリチドリ科の鳥。体長22cm。分布：アンデス山脈南部と南アメリカ南端部。

ノドジロヒメカマドドリ
ヒメカマドドリの別名。

ノドジロヒヨドリ 喉白鵯
〈*Pycnonotus xanthorrhous*〉鳥綱スズメ目ヒヨドリ科の鳥。別名キバラクロガシラ。

ノドジロヒラハシタイランチョウ
〈*Platyrinchus mystaceus*〉タイランチョウ科。体長10cm。分布：メキシコ南部からアルゼンチンおよびボリビア，トリニダードトバゴ。

ノドジロマイコドリ 喉白舞子鳥
〈*Corapipo leucorrhoa*〉鳥綱スズメ目マイコドリ科の鳥。別名シロエリマイコドリ。

ノドジロミミヨタカ 喉白耳夜鷹
〈*Eurostopodus guttatus*〉鳥綱ヨタカ目ヨタカ科の鳥。

ノドジロミユビナマケモノ
ミツユビナマケモノの別名。

ノドジロムシクイ
〈*Sylvia communis*〉鳥綱スズメ目ヒタキ科ウグイス亜科の鳥。体長14cm。分布：ヨーロッパ，アフリカ北部，中東，中央アジアの一部で繁殖し，インドやアフリカの熱帯地域で越冬。

ノドジロムシクイヒヨ
〈*Nicator chloris*〉鳥綱スズメ目ヒヨドリ科の鳥。体長22cm。分布：セネガルからガボンおよびコンゴ，ザイール，ウガンダ。

ノドジロムジヒタキ
〈*Alethe choloensis*〉スズメ目ヒタキ科（ツグミ亜科）。全長16cm。分布：マラウイ，モザンビーク。絶滅危惧II類。

ノドジロムナオビウ
〈*Phalacrocorax carunculatus*〉鳥綱ペリカン目ウ科の鳥。別名ニュージーランドウ。全長76cm。分布：ニュージーランド南島のマールバラ州。絶滅危惧II類。

ノドジロヤマチメドリ
〈*Kupeornis gilberti*〉スズメ目ヒタキ科（チメドリ亜科）。別名ノドジロハシジロチメドリ。全長22cm。分布：カメルーン西部，ナイジェリア東部。絶滅危惧II類。

ノドジロヤマミツスイ 喉白山蜜吸
〈*Melidectes nouhuysi*〉鳥綱スズメ目ミツスイ科の鳥。

ノドジロルリインコ
〈*Vini peruviana*〉鳥綱オウム目インコ科の鳥。体長18cm。分布：南太平洋のソシエテ諸島にすむ。しかし，タヒチ島では絶滅した。クック諸島に移入されている。絶滅危惧II類。

ノドチャミユビナマケモノ
〈*Bradypus variegatus*〉哺乳綱貧歯目ミユビナマケモノ科の動物。

ノドフオウギセッカ
〈*Bradypterus thoracicus*〉鳥綱スズメ目ヒタキ科ウグイス亜科の鳥。別名カラオオセッカ。

ノドフサザイチメドリ
〈*Napothera brevicaudata*〉鳥綱スズメ目ヒタキ科チメドリ亜科の鳥。

ノドフサハチドリ
〈*Heliomaster furcifer*〉鳥綱アマツバメ目ハチドリ科の鳥。

ノドブチカワウソ
〈*Hydrictis maculicollis*〉イタチ科カワウソ類。体長58〜69cm。分布：サハラ以南のアフリカ，ナミビアなどの砂漠地帯以外。

ノドフハリオアマツバメ
〈*Telacanthura ussheri*〉鳥綱アマツバメ目アマツバメ科の鳥。

ノドボシツグミヒタキ
〈*Modulatrix stictigula*〉鳥綱スズメ目ヒタキ科ツグミ亜科の鳥。

ノトルニス
〈*Notornis mantelli*〉鳥綱ツル目クイナ科の鳥。絶滅危惧種。

ノトルニス
タカヘの別名。

ノドワヒルヤモリ
〈*Phelsuma guttata*〉爬虫綱有鱗目トカゲ亜目ヤモリ科の動物。全長10〜13cm。分布：マダガスカル東部，ノシボラハ島。

ノニウス
〈*Nonius*〉馬の一品種。体高155〜165cm（小型），165〜175cm（大型）。原産：ハンガリー。

ノネズミ 野鼠
〈*field mouse*〉哺乳綱齧歯目ネズミ上科に属する動物のうち森林や原野に生息するネズミ

類の総称。

ノハラクサリヘビ
〈*Vipera ursinii*〉爬虫綱有鱗目ヘビ亜目クサリヘビ科のヘビ。全長50cm以下。分布：フランス南部，イタリア中部，オーストリアなどから中央アジア，トルコ，イラン北部に断続的。絶滅危惧IB類。

ノハラツグミ　野原鶫
〈*Turdus pilaris*〉鳥綱スズメ目ツグミ科の鳥。体長26cm。分布：グリーンランド，ユーラシア大陸北部から東は中央シベリアで繁殖。ヨーロッパ各地，南西アジアで越冬。

ノバリケン　蕃鴨，野蕃鴨
〈*Cairina moschata*〉カモ科。体長66～84cm。分布：中央，南アメリカ。

ノビタキ　野鶲
〈*Saxicola torquata*〉鳥綱スズメ目ツグミ科の鳥。体長12.5cm。分布：ユーラシア大陸の大部分，アフリカ。国内では本州中部以北に夏鳥として渡来。

ノーフォークアオハシインコ
〈*Cyanoramphus cookii*〉鳥綱オウム目インコ科の鳥。別名ノーフォークアオハシ。全長30～33cm。分布：オーストラリアのノーフォーク島。絶滅危惧種。

ノーフォークセンニョムシクイ
〈*Gerygone modesta*〉スズメ目ヒタキ科（オーストラリアムシクイ亜科）。全長10cm。分布：オーストラリアのノーフォーク島。絶滅危惧種。

ノーフォーク・テリア
〈*Norfolk Terrier*〉犬の一品種。体高25～26cm。原産：イギリス。

ノーフォークメジロ
〈*Zosterops albogularis*〉鳥綱スズメ目メジロ科の鳥。全長14.2cm。分布：オーストラリアのノーフォーク島。絶滅危惧種。

ノマウマ　野間馬
〈*Noma Pony*〉ウマの一品種。体高110cm。分布：愛媛県今治市の乃万（のま）地方。

ノヤギ
〈*Capra hircus aegagrus*〉哺乳綱偶蹄目ウシ科の動物。

ノヤギ
バザンの別名。

ノヤク
〈*Bos grunniens*〉哺乳綱偶蹄目ウシ科の動物。頭胴長オス280～325cm，メス200～220cm。分布：インド北西部からパキスタン北東部に広がるカシミール地方，中国のチベット自治区と甘粛省。絶滅危惧II類。

ノリーカー
〈*Norican*〉哺乳綱奇蹄目ウマ科の動物。体高150～167cm。原産：古代ローマの属州ノリクム。

ノリッジ・テリア
〈*Norwich Terrier*〉哺乳綱食肉目イヌ科の動物。

ノーリッチ・テリア
〈*Norwich Terrier*〉犬の一品種。体高25cm。原産：イギリス。

ノルウェーアカウシ　ノルウェー赤牛
〈*Norwegian Red*〉牛の一品種。

ノルウェジアン・エルクハウンド
〈*Norwegian Elkhound*〉原産地がノルウェーの獣猟犬。体高49～52cm。分布：ノルウェー。

ノルウェジアン・ビュードッグ
〈*Norwegian Buhund*〉犬の一品種。体高43～46cm。原産：ノルウェー。

ノールウェージアン・フォレスト
〈*Norwegian Forest*〉猫の一品種。原産：ノルウェー。

ノルウェジアン・ブフント
〈*Norwegian Buhund*〉哺乳綱食肉目イヌ科の動物。

ノルウェージアン・エルクハウンド
エルクハウンドの別名。

ノルウェージアン・フォレスト・キャット
〈*Norwegian Forest Cat*〉猫の一品種。

ノルウェーレミング
レミングの別名。

ノルスク・ブーフンド
ノーウェイジアン・ブーフンドの別名。

ノルスク・ルンデフンド
ルンデの別名。

ノルディック
〈*Nordic*〉哺乳綱偶蹄目ウシ科の動物。体高オス75～85cm，メス70～80cm。分布：ノル

ノルテイツ

ウェー, スウェーデン, フィンランド。

ノルディック・スピッツ
〈Nordic Spitz〉犬の一品種。

ノールバンバ ノール輓馬
〈Trait du Nord〉馬の一品種。体高160～165cm。原産：フランス。

ノルボッテン・スピッツ
〈Norrbottenspets〉犬の一品種。体高41～43cm。原産：スウェーデン。

ノルマン
〈Normande〉牛の一品種。

ノルマン・コブ
〈Norman Cob〉馬の一品種。153～163cm。原産：ノルマンディ。

ノルマンディ
〈Normandy〉哺乳綱偶蹄目ウシ科の動物。体高オス150cm, メス140cm。分布：フランス北西部。

ノレンコウモリ 暖簾蝙蝠
〈Myotis nattereri〉哺乳綱翼手目ヒナコウモリ科のコウモリ。前腕長3.8～4.2cm。分布：西ヨーロッパ, 北アフリカ, 東アジア。国内では北海道, 本州, 四国, 九州だが, 生息記録は12の都道府県下に限られている。

ノレンコウモリ
キュウシュウノレンコウモリの別名。

ノロ 麕,獐
〈Capreolus capreolus〉哺乳綱偶蹄目シカ科の動物。別名ノロジカ。体長1～1.3m。分布：ヨーロッパ, 西アジア。

ノローニャモズモドキ
〈Vireo gracilirostris〉鳥綱スズメ目モズモドキ科の鳥。別名ノロンハモズモドキ。全長14cm。分布：ブラジル北東部のフェルナンド・デ・ノローニャ島。絶滅危惧II類。

ノロマウス属
〈Bolomys〉哺乳綱齧歯目ネズミ科の動物。分布：ペルー南東部の山地から, 南はパラグアイとアルゼンチン中部まで。

ノロマザル
霊長目ノロマザル科(ロリス科)。

ノロンハモズモドキ
ノローニャモズモドキの別名。

【ハ】

ハイ
〈Calliophis japonicus boettgeri〉爬虫綱有鱗目ヘビ亜目コブラ科のヘビ。全長30～60cm。分布：奄美諸島の徳之島, 沖縄諸島の具志川島, 沖縄島, 渡嘉敷島に分布。

ハイイロアオウドリ
〈Phoebetria palpebrata〉鳥綱アホウドリ科の鳥。体長85cm。分布：南極大陸のまわりの海洋や島, 南アメリカ南部の海岸, オーストラリア, ニュージーランド。

ハイイロアザラシ 灰色海豹
〈Halichoerus grypus〉哺乳綱鰭脚目アザラシ科に属する海獣。体長2～2.5m。分布：北大西洋, バルト海。

ハイイロアジサシ 灰色鰺刺
〈Procelsterna cerulea〉鳥綱チドリ目カモメ科の鳥。全長27cm。

ハイイロアマガエル
〈Hyla versicolor〉両生綱無尾目アマガエル科のカエル。体長60mm。分布：カナダのマニトバ州からケベック州の南部と合衆国東部。フロリダ半島南部を除く。

ハイイロアラレチョウ 灰色霰鳥
〈Euschistospiza dybowskii〉鳥綱スズメ目カエデチョウ科の鳥。

ハイイロアリドリ 灰色蟻鳥
〈Cercomacra cinerascens〉アリドリ科。体長15cm。分布：アマゾン川流域。

ハイイロアリモズモドキ 灰色蟻鴗擬
〈Dysithamnus mentalis〉鳥綱スズメ目アリドリ科の鳥。

ハイイロイカル
〈Saltator coerulescens〉鳥綱スズメ目ホオジロ科の鳥。

ハイイロイタチキツネザル
〈Lepilemur dorsalis〉哺乳綱霊長目メガラダピス科の動物。頭胴長25～26cm。分布：マダガスカル北西部のアンパシンダ半島を含むサンビラノ地域, ノシベ島, ノシコンバ島。絶滅危惧II類。

ハイイロイワシャコ 岩鷓鴣
〈Alectoris graeca〉鳥綱キジ目キジ科の鳥。体長34～38cm。分布：ヨーロッパアルプス, 旧ユーゴスラビア南東部, ギリシア, ブルガリア。

ハイイロウタイムシクイ
〈*Hippolais pallida*〉スズメ目ヒタキ科。体長13cm。分布：ポルトガル，アフリカ北部から中央アジアで繁殖。アフリカの熱帯地域で越冬。

ハイイロウミツバメ 灰色海燕
〈*Oceanodroma furcata*〉鳥綱ミズナギドリ目ウミツバメ科の鳥。全長20cm。

ハイイロエボシドリ 灰色烏帽子鳥
〈*Crinifer piscator*〉鳥綱ホトトギス目エボシドリ科の鳥。

ハイイロオウギヒタキ
〈*Rhipidura fuliginosa*〉鳥綱スズメ目ヒタキ科オウギヒタキ亜科の鳥。

ハイイロオウチュウ 灰色烏秋
〈*Dicrurus leucophaeus*〉鳥綱スズメ目オウチュウ科の鳥。全長29cm。

ハイイロオオカミ
〈*Canis lupus*〉哺乳綱食肉目イヌ科の動物。絶滅危惧種。

ハイイロカケス
ズグロハイイロカケスの別名。

ハイイロカモメ
〈*Larus modestus*〉鳥綱チドリ目カモメ科の鳥。体長46cm。分布：チリ北部で繁殖。チリ，ペルー，エクアドルで越冬。

ハイイロガラ 灰色雀
〈*Parus afer*〉鳥綱スズメ目シジュウカラ科の鳥。

ハイイロガン 灰色雁
〈*Anser anser*〉カモ科。体長75〜90cm。分布：主にユーラシアの温帯域。

ハイイロギツネ 灰色狐
〈*Urocyon cinereoargenteus*〉哺乳綱食肉目イヌ科の動物。体長53〜81cm。分布：カナダ南部から南アメリカ北部にかけて。

ハイイロキバラヒタキ
ヒガシキバラヒタキの別名。

ハイイロクイナ 灰色秧鶏
〈*Ortygonax sanguinolentus*〉鳥綱ツル目クイナ科の鳥。別名アカアシクイナ。

ハイイロクスクス
〈*Phalanger orientalis*〉哺乳綱有袋目クスクス科の動物。体長38〜48cm。分布：ニューギニア，ソロモン諸島。

ハイイログマ 灰色熊
〈*Ursus horribilis*〉哺乳綱食肉目クマ科の動物。

ハイイログマ
ヒグマの別名。

ハイイロコクジャク 灰色小孔雀
〈*Polyplectron bicalcaratum*〉鳥綱キジ目キジ科の鳥。別名コクジャク。体長オス75cm，メス55cm。分布：インド東部，ビルマ，タイ，ラオス，ベトナム，中国南西部。

ハイイロコサイチョウ
〈*Tockus nasutus*〉鳥綱ブッポウソウ目サイチョウ科の鳥。

ハイイロコノハズク
〈*Otus ireneae*〉鳥綱フクロウ目フクロウ科の鳥。全長16.5cm。分布：ケニアのインド洋沿岸，タンザニアのウサンバラ山地。絶滅危惧II類。

ハイイロコバネヒタキ
〈*Bradypterus major*〉スズメ目ヒタキ科（ツグミ亜科）。全長15cm。分布：繁殖地はパキスタン北部。越冬地と思われるのはインド北西部など。絶滅危惧II類。

ハイイロジェントルキツネザル
〈*Hapalemur griseus*〉キツネザル科ジェントルキツネザル属。体長40cm。分布：マダガスカル北部，東部。

ハイイロジカマドドリ 灰色地竈鳥
〈*Geositta maritima*〉鳥綱スズメ目カマドドリ科の鳥。

ハイイロシシバナザル
ブレーリッヒモンキーの別名。

ハイイロジネズミ
〈*Crocidura pergrisea*〉哺乳綱食虫目トガリネズミ科の動物。頭胴長5.6cm。分布：ヒマラヤ西部カシミール地方のバルーチスターン，シガール，スコロルーンバなど。絶滅危惧II類。

ハイイロシマアシガエル
〈*Mixophyes ballbus*〉両生綱無尾目カエル目カメガエル科のカエル。体長オス6〜6.3cm，メス7.4〜8cm。分布：オーストラリア南東部。絶滅危惧種。

ハイイロジュケイ 灰色綬鶏
〈*Tragopan melanocephalus*〉鳥綱キジ目キジ科の鳥。全長オス68.5〜73cm，メス60cm。分

361

ハイイロシ

布：インドからパキスタンにかけてのヒマラヤ西部。絶滅危惧II類。

ハイイロショウネズミキツネザル
〈*Microcebus murinus*〉哺乳綱霊長目コビトキツネザル科の動物。頭胴長12.5cm。分布：マダガスカル島。

ハイイロタイランチョウ　灰色太蘭鳥
〈*Tyrannus dominicensis*〉鳥綱スズメ目タイランチョウ科の鳥。

ハイイロタチヨタカ　灰色立夜鷹
〈*Nyctibius griseus*〉鳥綱ヨタカ目タチヨタカ科の鳥。体長36～41cm。分布：メキシコ西部からウルグアイ，西インド諸島。

ハイイロチビヤモリ
〈*Sphaerodactylus elegans*〉体長7～7.5cm。分布：カリブ諸島。

ハイイロチャツグミ
〈*Catharus minimus*〉鳥綱スズメ目ヒタキ科ツグミ亜科の鳥。

ハイイロチュウヒ　灰色沢鷲
〈*Circus cyaneus*〉鳥綱タカ目タカ科の鳥。体長44～52cm。分布：北アメリカ，南アメリカ，ヨーロッパ北部，アジア北部。冬は南に渡る。

ハイイロツチスドリ　灰色土巣鳥
〈*Struthidea cinerea*〉鳥綱スズメ目ツチスドリ科の鳥。体長32cm。分布：オーストラリア北部・東部。

ハイイロテナガザル
〈*Hylobates moloch*〉哺乳綱霊長目テナガザル科の動物。別名ワウワウテナガザル。体長45～64cm。分布：東南アジア。絶滅危惧IA類。

ハイイロナゲキタイランチョウ　灰色嘆太蘭鳥
〈*Rhytipterna simplex*〉鳥綱スズメ目タイランチョウ科の鳥。

ハイイロネコ
〈*Felis bieti*〉ネコ科ネコ属。体長30～35cm。分布：中央アジア，中国西部，モンゴル南部。

ハイイロノガンモドキ　灰色鴇擬
〈*Chunga burmeisteri*〉鳥綱ツル目ノガンモドキ科の鳥。別名クロアシノガンモドキ，ヒメノガンモドキ。

ハイイロノスリ
〈*Buteo nitidus*〉鳥綱タカ目タカ科の鳥。体長38～43cm。分布：合衆国南西部，中央・南アメリカ。

ハイイロハクセキレイ　灰色白鶺鴒
〈*Motacilla clara*〉鳥綱スズメ目セキレイ科の鳥。別名ヤマセキレイ。

ハイイロハシナガムシクイ
〈*Macrosphenus concolor*〉鳥綱スズメ目ウグイス科の鳥。体長13cm。分布：シエラレオネからウガンダに至るアフリカ西部および中央部。

ハイイロハッカ
〈*Acridotheres ginginianus*〉鳥綱スズメ目ムクドリ科の鳥。

ハイイロハヤブサ
〈*Falco hypoleucos*〉鳥綱タカ目ハヤブサ科の鳥。全長33～43cm。分布：オーストラリア。絶滅危惧種。

ハイイロヒタキ
ムナフヒタキの別名。

ハイイロヒメアリサザイ
〈*Myrmotherula schisticolor*〉鳥綱スズメ目アリドリ科の鳥。

ハイイロヒメウソ
〈*Sporophila schistacea*〉鳥綱スズメ目ホオジロ科の鳥。

ハイイロヒヨドリ　灰色鵯
〈*Hypsipetes flavala*〉鳥綱スズメ目ヒヨドリ科の鳥。別名キバネヒヨドリ。

ハイイロヒレアシシギ　灰色鰭足鷸
〈*Phalaropus fulicarius*〉鳥綱チドリ目シギ科の鳥。体長20～22cm。分布：中央アメリカ，南アメリカ北部。

ハイイロヒワ
〈*Carduelis johannis*〉鳥綱スズメ目アトリ科の鳥。全長12.5～13.5cm。分布：ソマリア北部。絶滅危惧IB類。

ハイイロフエガラス　灰色笛鴉
〈*Strepera versicolor*〉鳥綱スズメ目フエガラス科の鳥。

ハイイロペリカン　灰色ぺりかん，灰色ペリカン，灰色伽藍鳥
〈*Pelecanus crispus*〉鳥綱ペリカン目ペリカン科の鳥。別名ダルマチアペリカン。体長170cm。分布：アドリア海から中国中部にかけてのユーラシア大陸で繁殖し，冬はエジプトやインド北部まで南下する。絶滅危惧II類。

ハイイロペリカン

フィリピンペリカンの別名。

ハイイロホオヒゲコウモリ
〈*Myotis grisescens*〉哺乳綱翼手目ヒナコウモリ科の動物。前腕長4.1〜4.6cm。分布：アメリカ合衆国のオクラホマ州からケンタッキー州, ジョージア州にかけて。絶滅危惧IB類。

ハイイロホシガラス　灰色星鴉
〈*Nucifraga columbiana*〉鳥綱スズメ目カラス科の鳥。体長35cm。分布：ブリティッシュ・コロンビア州（カナダ）からメキシコ北部に至る北アメリカ。

ハイイロマウスオポッサム
〈*Marmosa cinerea*〉哺乳綱有袋目オポッサム科の動物。

ハイイロマザマ
〈*Mazama gouazoubira*〉哺乳綱偶蹄目シカ科の動物。肩高35〜61cm。分布：中央・南アメリカ, メキシコからアルゼンチン。

ハイイロマングース
〈*Herpestes edwardsi*〉哺乳綱食肉目ジャコウネコ科の動物。体長43cm。分布：東および中央アラビアからネパール, インド, スリランカ。

ハイイロミカドバト
〈*Ducula pickeringii*〉鳥綱ハト目ハト科の鳥。全長40cm。分布：マレーシア, インドネシア, フィリピン。絶滅危惧II類。

ハイイロミズナギドリ　灰色水薙鳥
〈*Puffinus griseus*〉鳥綱ミズナギドリ目ミズナギドリ科の鳥。全長43cm。

ハイイロミツオシエ
〈*Prodotiscus regulus*〉鳥綱キツツキ目ミツオシエ科の鳥。

ハイイロムジミツスイ　灰色無地蜜吸
〈*Conopophila whitei*〉鳥綱スズメ目ミツスイ科の鳥。

ハイイロメガネモズ
〈*Prionops gabela*〉鳥綱スズメ目モズ科の鳥。全長19cm。分布：アンゴラ。絶滅危惧IB類。

ハイイロモズガラス　灰色鵙鴉
〈*Cracticus torquatus*〉鳥綱スズメ目フエガラス科の鳥。体長27cm。分布：砂漠地帯をのぞくオーストラリア。

ハイイロモズツグミ
〈*Colluricincla harmonica*〉鳥綱スズメ目ヒタキ科モズヒタキ亜科の鳥。体長24cm。分布：オーストラリアやニューギニアの一部地域。

ハイイロモズモドキ
〈*Vireo vicinior*〉モズモドキ科。体長14cm。分布：合衆国南西部からメキシコ北西部にかけての地域で繁殖。アリゾナ州南部およびテキサス州西部からメキシコのデュランゴ州, シナロア州にかけての地域で越冬。

ハイイロモリガエル
〈*Chiromantis xerampelina*〉両生綱無尾目アオガエル科のカエル。体長5〜9cm。分布：アフリカ。

ハイイロモリサザイ
ハイムネモリミソサザイの別名。

ハイイロモリツバメ　灰色森燕
〈*Artamus fuscus*〉鳥綱スズメ目モリツバメ科の鳥。

ハイイロヤギュウ
〈*Bos sauveli*〉哺乳綱偶蹄目ウシ科の動物。別名クープレイ, コープレー。体長2.1〜2.2m。分布：東南アジア。絶滅危惧IA類。

ハイイロヤケイ　灰色野鶏
〈*Gallus sonneratii*〉鳥綱キジ目キジ科の鳥。分布：インド半島中央部。

ハイイロヤセザル
ハヌマンラングールの別名。

ハイイロヤブヒバリ
〈*Mirafra apiata*〉鳥綱スズメ目ヒバリ科の鳥。体長15cm。分布：アフリカ南部。

ハイイロリス　灰色栗鼠
〈*Sciurus carolinensis*〉齧歯目リス科の哺乳類で, カナダ, アメリカ東部, イギリスなどでもっともふつうに見られるやや大型の樹上生のリス。

ハイイロリングテイル
〈*Pseudocheirus peregrinus*〉哺乳綱有袋目フクロモモンガ科の動物。体長30〜35cm。分布：オーストラリア東部, タスマニア。

ハイイロレンジャクモドキ　灰色連雀擬
〈*Ptilogonys cinereus*〉鳥綱スズメ目レンジャク科の鳥。

ハイエナ　鬣犬
〈*hyena*〉哺乳綱食肉目ハイエナ科に属する動物の総称。

ハイエボシガラ　灰烏帽子雀

ハイエリツ

〈*Parus inornatus*〉鳥綱スズメ目シジュウカラ科の鳥。

バイエリッシャー・ゲビルクスシュヴァイスフント
バヴァリアン・マウンテン・ハウンドの別名。

バイエルン・ブラッド・ハウンド
バーバリアン・マウンテン・ハウンドの別名。

ハイオビキングヘビ
〈*Lampropeltis alterna*〉爬虫綱有鱗目ヘビ亜目ナミヘビ科のヘビ。全長100〜130cm。分布：米国テキサス州南西部からメキシコの北部。

ハイガオアホウドリ
〈*Diomedea bulleri*〉鳥綱ミズナギドリ目アホウドリ科の鳥。

ハイガオアマドリ
〈*Nonnula ruficapilla*〉鳥綱キツツキ目オオガシラ科の鳥。

ハイガオアリモズ 灰顔蟻鵙
〈*Xenornis setifrons*〉鳥綱スズメ目アリドリ科の鳥。全長16cm。分布：パナマ東部からコロンビア北西部にかけて。絶滅危惧II類。

ハイガシラアオバト 灰頭緑鳩
〈*Treron pompadora*〉鳥綱ハト目ハト科の鳥。別名ハイビタイアオバト。

ハイガシラアゴヒゲヒヨドリ
〈*Alophoixus phaeocephalus*〉鳥綱スズメ目ヒヨドリ科の鳥。体長20cm。分布：マレー半島, スマトラ島, ボルネオ島。

ハイガシラアメリカムシクイ
〈*Basileuterus griseiceps*〉鳥綱スズメ目アメリカムシクイ科の鳥。全長14cm。分布：ベネズエラ北東部。絶滅危惧IA類。

ハイガシラアリドリ
〈*Myrmeciza griseiceps*〉鳥綱スズメ目アリドリ科の鳥。全長13.5〜14cm。分布：エクアドル南西部, ペルー北西部。絶滅危惧IB類。

ハイガシラウミワシ
〈*Ichthyophaga ichthyaetus*〉鳥綱ワシタカ目ワシタカ科の鳥。

ハイガシラキジカッコウ
クリイロバンケンモドキの別名。

ハイガシラコアホウドリ
〈*Diomedea chrysostoma*〉鳥綱ミズナギドリ目アホウドリ科の鳥。

ハイガシラコウラウン
ハイガシラヒヨドリの別名。

ハイガシラシュウダンハタオリ 灰頭集団機織
〈*Pseudonigrita arnaudi*〉鳥綱スズメ目ハタオリドリ科の鳥。

ハイガシラショウビン
〈*Halcyon leucocephala*〉鳥綱ブッポウソウ目カワセミ科の鳥。別名セグロアカハラショウビン。

ハイガシラソライロフウキンチョウ
〈*Thraupis sayaca*〉鳥綱スズメ目ホオジロ科の鳥。体長17cm。分布：ブラジルのアマゾン川流域南部からボリビア, パラグアイ, ウルグアイ, アルゼンチン北部に分布している。

ハイガシラチメドリ
〈*Alcippe poioicephala*〉鳥綱スズメ目ヒタキ科チメドリ亜科の鳥。

ハイガシラトビ
〈*Leptodon cayanensis*〉鳥綱ワシタカ目ワシタカ科の鳥。

ハイガシラヒタキ
ムネアカカナリアヒタキの別名。

ハイガシラヒヨドリ 灰頭鵯
〈*Pycnonotus priocephalus*〉鳥綱スズメ目ヒヨドリ科の鳥。別名ハイガシラコウラウン。

ハイガシラマダガスカルヒヨドリ
〈*Phyllastrephus cinereiceps*〉鳥綱スズメ目ヒヨドリ科の鳥。全長14cm。分布：マダガスカル。絶滅危惧II類。

ハイガシラメガネモズ
〈*Prionops poliolophus*〉鳥綱スズメ目モズ科の鳥。全長25cm。分布：ケニア, タンザニア。絶滅危惧II類。

ハイガシラヤブコマ
〈*Swynnertonia swynnertoni*〉スズメ目ヒタキ科（ツグミ亜科）。全長11.8〜12.5cm。分布：ジンバブエ, モザンビーク, タンザニア。絶滅危惧II類。

ハイガシラリス
タイワンリスの別名。

バイカルアザラシ
〈*Phoca sibirica*〉哺乳綱食肉目アザラシ科の動物。体長1.2〜1.4m。分布：東アジア（バイカル湖）。

パイクヘッド

ミンククジラの別名。
バイク・ホエール
　ミンククジラの別名。
ハイゴシアナツバメ
　〈*Collocalia francica*〉鳥綱アマツバメ目アマツバメ科の鳥。全長11cm。
ハイゴシカンムリアマツバメ
　〈*Hemiprocne longipennis*〉鳥綱アマツバメ目カンムリアマツバメ科の鳥。
バイジー
　ヨウスコウカワイルカの別名。
ハイズキンダルマエナガ
　〈*Paradoxornis przewalskii*〉スズメ目ヒタキ科（ダルマエナガ亜科）。全長13cm。分布：中国の甘粛省南西部, 四川省北部。絶滅危惧II類。
ハイズキンフウキンチョウ
　〈*Cnemoscopus rubrirostris*〉鳥綱スズメ目ホオジロ科の鳥。
バイソン
　〈*bison*〉哺乳綱偶蹄目ウシ科バイソン属に含まれる動物の総称。
ハイタカ 灰鷹, 鷂
　〈*Accipiter nisus*〉鳥綱タカ目タカ科の鳥。体長28〜38cm。分布：ヨーロッパ, アフリカ北西部からベーリング海, ヒマラヤ。国内では北海道, 本州中部以北。
ハイチアカハラツグミ
　〈*Turdus swalesi*〉スズメ目ヒタキ科（ツグミ亜科）。全長27cm。分布：ハイチ, ドミニカ共和国。絶滅危惧II類。
ハイチオオアマガエル
　〈*Hyla vasta*〉両生綱無尾目アマガエル科のカエル。体長100mm以上。分布：西インド諸島のイスパニオラ島, すなわちハイチとドミニカ。絶滅危惧II類。
ハイチスライダー
　〈*Trachemys decorata*〉カメ目ヌマガメ科（ヌマガメ亜科）。別名イスパニョーラスライダー。背甲長最大30cm。分布：ハイチ, ドミニカ共和国南西部。絶滅危惧II類。
ハイチソレノドン
　〈*Solenodon paradoxus*〉哺乳綱食虫目ソレノドン科の動物。体長28〜32cm。分布：カリブ諸島（ヒスパニオラ）。絶滅危惧IB類。

ハイチフチア
　〈*Plagiodontia aedium*〉哺乳綱齧歯目フチア科の動物。頭胴長31.2〜40.5cm。分布：ハイチ北部およびハイチのゴナヴ島, ドミニカ共和国。絶滅危惧II類。
ハイナン 海南牛
　〈*Hainan*〉牛の一品種。
ハイナンジムヌラ
　〈*Hylomys hainanensis*〉哺乳綱食虫目ハリネズミ科の動物。頭胴長12〜14.7cm。分布：中国の海南島。絶滅危惧IB類。
ハイナンノウサギ
　〈*Lepus hainanus*〉哺乳綱ウサギ目ウサギ科の動物。頭胴長23.7cm。分布：中国の海南島。絶滅危惧II類。
ハイナンミゾゴイ
　〈*Gorsachius magnificus*〉鳥綱コウノトリ目サギ科の鳥。全長54cm。分布：中国南部の海南島。絶滅危惧IA類。
ハイナンミヤマテッケイ
　〈*Arborophila ardens*〉鳥綱キジ目キジ科の鳥。全長28cm。分布：中国南部の海南島。絶滅危惧IB類。
ハイナンムシクイ
　〈*Phylloscopus hainanus*〉スズメ目ヒタキ科（ウグイス亜科）。全長11cm。分布：中国の海南島。絶滅危惧II類。
ハイノドオオヒタキモドキ 灰喉大鶲擬
　〈*Myiarchus cinerascens*〉鳥綱スズメ目タイランチョウ科の鳥。
ハイノドゴシキドリ
　〈*Gymnobucco bonapartei*〉鳥綱キツツキ目ゴシキドリ科の鳥。
バイパー
　クサリヘビの別名。
ハイバネカザリドリ
　〈*Tijuca condita*〉鳥綱スズメ目カザリドリ科の鳥。別名キイバネカザリドリ。全長21cm。分布：ブラジル南東部のリオ・デ・ジャネイロ。絶滅危惧II類。
ハイバネシャコ 灰羽鷓鴣
　〈*Francolinus africanus*〉鳥綱キジ目キジ科の鳥。
ハイバラエメラルドハチドリ
　〈*Amazilia tzacatl*〉鳥綱アマツバメ目ハチド

リ科の鳥。

ハイバラジュケイ
ミヤマジュケイの別名。

ハイバラブユムシクイ
〈Microbates cinereiventris〉鳥綱スズメ目ウグイス科の鳥。体長11.5cm。分布：中央および南アメリカ。ニカラグアからコロンビア，エクアドル，ペルー。

ハイバラメジロ 灰腹目白
〈Zosterops palpebrosa〉鳥綱スズメ目メジロ科の鳥。体長10cm。分布：アフガニスタンから中国，マレーシア，インドネシア。

ハイビタイアオバト
ハイガシラアオバトの別名。

ハイビタイカマドドリ 灰額竈鳥
〈Synallaxis frontalis〉鳥綱スズメ目カマドドリ科の鳥。

パイプヘビ
〈pipesnake〉パイプヘビ（アニリウス）科。全長1m。分布：アマゾン流域，ビルマ，インドネシアからインド東部。

ハイボウシヒメジアリドリ
〈Grallaricula nana〉アリドリ科。体長11cm。分布：アンデス山脈，コロンビアおよびベネズエラの山岳地帯。

パイボールド・ドルフィン
イロワケイルカの別名。

ハイムネキヌバネドリ 灰胸絹羽鳥
〈Temnotrogon roseigaster〉鳥綱キヌバネドリ目キヌバネドリ科の鳥。

ハイムネクモカリドリ
〈Arachnothera affinis〉鳥綱スズメ目タイヨウチョウ科の鳥。体長17cm。分布：マレー半島，ボルネオ島，スマトラ島，ジャワ島，バリ島。

ハイムネメジロ 灰胸目白
〈Zosterops lateralis〉鳥綱スズメ目メジロ科の鳥。体長11〜13cm。分布：オーストラリア，タスマニア島，南西太平洋の島々。

ハイムネメジロハエトリ
〈Lathrotriccus griseipectus〉鳥綱スズメ目タイランチョウ科の鳥。全長12cm。分布：エクアドル南西部，ペルー北部。絶滅危惧II類。

ハイムネモリミソサザイ 灰胸森鷦鷯
〈Henicorhina leucophrys〉鳥綱スズメ目ミソサザイ科の鳥。別名ハイイロモリサザイ。

ハイムネヤブドリ
〈Liocichla omeiensis〉スズメ目ヒタキ科（チメドリ亜科）。全長18cm。分布：中国四川省中部の峨眉山と二郎山。絶滅危惧II類。

ハイユウヤドクガエル
〈Dendrobates histrionicus〉両生綱無尾目ヤドクガエル科のカエル。体長25〜38mm。分布：コロンビア西部からエクアドル北西部。

バイラ
〈Baila〉牛の一品種。

ハイラックス
〈hyrax〉哺乳綱ハイラックス目ハイラックス科に属する動物の総称。

ハイラックス
ケープハイラックスの別名。

ハイラックス属
〈Procavia〉哺乳綱イワダヌキ目ハイラックス科の動物。体長44〜54cm。分布：南西および北東アフリカ，シナイ半島からレバノン，アラビア半島東部。

ハイランド
〈Highland〉哺乳綱偶蹄目ウシ科の動物。142cm。原産：スコットランド。

ハイランド・ポニー
〈Highland Pony〉馬の一品種。体高ウエスタン・アイランド・ポニー124〜144cm，メインランド・ポニー144cm。原産：スコットランド。

バイレンアレチネズミ
〈Gerbillus bilensis〉齧歯目ネズミ科（アレチネズミ亜科）。分布：エチオピア。絶滅危惧IA類。

パインスイツキコウモリ
〈Thyroptera lavali〉哺乳綱翼手目スイツキコウモリ科の動物。前腕長4cm。分布：ペルー東部。絶滅危惧II類。

パインヘビ
〈Pituophis melanoleucus〉爬虫綱有鱗目ヘビ亜目ナミヘビ科のヘビ。別名ゴファーヘビ。全長1〜2.5m。分布：カナダ南西部から米国を経てメキシコ北部。

ハインロートミズナギドリ
〈Puffinus heinrothi〉鳥綱ミズナギドリ目ミズナギドリ科の鳥。全長27cm。分布：パプア

ニューギニアのニューブリテン島, ソロモン諸島のコロンバンガラ島。絶滅危惧。

ハヴァニーズ
犬の一品種。

バヴァリアン・シュバイスフント
〈Bavarian Mountain Hound〉犬の一品種。体高51cm。原産：ドイツ。

バヴァリアン・マウンテン・ハウンド
〈Bavarian Mountain Hound〉犬の一品種。別名バイエリッシャー・ゲビルクスシュヴァイスフント。

バウェアンジカ
〈Axis kuhli〉哺乳綱偶蹄目シカ科の動物。肩高60〜70cm。分布：インドネシアのバウェアン島。絶滅危惧IB類。

ハウエルモリジャコウネズミ
〈Sylvisorex howelli〉哺乳綱食虫目トガリネズミ科の動物。分布：タンザニア東部のウサンバラ山地およびウルグル山地。絶滅危惧II類。

ハウエンスオオコウモリ
〈Pteropus howensis〉哺乳綱翼手目オオコウモリ科の動物。前腕長11.8〜12.2cm。分布：ソロモン諸島のオントン・ジャヴァ環礁。絶滅危惧種。

ハウズラ 歯鶉
鳥綱キジ目キジ科ハウズラ亜科に属する鳥の総称。

バウター
〈Columba livia var. domestida〉鳥綱ハト目ハト科の鳥。

バウダー・パフ
チャイニーズ・クレステッド・ドッグの別名。

バウバウガエル
〈Philoria frosti〉両生綱無尾目カエル目カメガエル科のカエル。体長オス4.3〜4.6cm, メス4.7〜5.5cm。分布：オーストラリア南東部。絶滅危惧。

バウンティヒメウ
〈Phalacrocorax ranfurlyi〉鳥綱ペリカン目ウ科の鳥。全長71cm。分布：ニュージーランドのバウンティ諸島。絶滅危惧II類。

ハエトリツグミ
〈Myadestes townsendi〉鳥綱スズメ目ヒタキ科ツグミ亜科の鳥。

パカ
〈Agouti paca〉哺乳綱齧歯目パカ科の動物。体長60〜80cm。分布：メキシコ南部から南アメリカ東部。

パーカーアリサザイ
〈Herpsilochmus parkeri〉鳥綱スズメ目アリドリ科の鳥。全長13cm。分布：ペルー北部。絶滅危惧II類。

パガイカグラコウモリ
〈Hipposideros breviceps〉翼手目キクガシラコウモリ科（カグラコウモリ亜科）。前腕長4.4〜4.5cm。分布：インドネシアのメンタワイ諸島の北パガイ島。絶滅危惧II類。

パガイヤマネマウス
〈Chiropodomys karlkoopmani〉齧歯目ネズミ科（ネズミ亜科）。頭胴長8〜11cm。分布：インドネシアのメンタワイ諸島の一部。絶滅危惧IB類。

パーカーナガクビガメ
〈Chelodina parkeri〉爬虫綱カメ目ヘビクビガメ科のカメ。背甲長最大26.7cm。分布：ニューギニア島南部。絶滅危惧種。

パカラナ
〈Dinomys branickii〉哺乳綱齧歯目パカラナ科の動物。頭胴長47.5〜51.3cm。分布：ベネズエラ北西部からボリビア西部にかけてのアンデス山脈の東部山麓, ペルーとブラジル西部のアマゾン川流域の低地帯。絶滅危惧IB類。

バキア
〈Bachia flavescens〉テグー科。全長17〜20cm。分布：南アメリカ。

ハギマシコ 萩猿子
〈Leucosticte arctoa〉鳥綱スズメ目アトリ科の鳥。体長14.5〜17cm。分布：アジア東部, 北アメリカ北西部。国内では北海道の高山で繁殖している模様。

バク 獏
〈tapir〉哺乳綱奇蹄目バク科バク属に含まれる動物の総称。

パグ
〈Pug〉哺乳綱食肉目イヌ科の動物。別名モップス。体高25〜28cm。分布：中国。

ハクオウチョウ
〈Garrulax leucolophus〉チメドリ科。体長28cm。分布：ヒマラヤから東南アジア, スマトラ。

ハクガン 白雁

ハクシヤ

〈Anser caerulescens〉カモ科。体長65〜84cm。分布：北アメリカ極北部。越冬地は東西両海岸、南はメキシコ湾まで。

バークシャー
〈Berkshire〉哺乳綱偶蹄目イノシシ科の動物。分布：イングランド西部。

ハクショクコーニッシュ 白色コーニッシュ
〈White Cornish〉ニワトリの一品種。分布：英国。

ハクショクシナガチョウ 白色シナガチョウ
〈White Chinese〉ガチョウの一品種。分布：中国大陸北部。

ハクショクツァイヤ 白色菜鶏
〈White Tsai-duck〉ニワトリの一品種。分布：台湾。

ハクショクハルクイン 白色ハルクイン
〈Melopsittacus undulatus〉鳥綱オウム目オウム科の鳥。

ハクショクプリマス・ロック 白色プリマス・ロック
〈White Plymouth Rock〉ニワトリの一品種。分布：アメリカ。

ハクショクホロホロチョウ 白色ホロホロチョウ
〈White Guinea Fowl〉分布：アフリカ。

ハクショクレグホーン 白色レグホーン
〈White Leghorn〉ニワトリの一品種。別名白レグ。分布：地中海沿岸。

ハクショクロック 白色ロック
〈White Rock〉ニワトリの一品種。別名白色プリマス・ロック。分布：アメリカ。

ハクジラ 歯鯨
〈toothed whale〉哺乳綱クジラ目ハクジラ亜目Odontocetiに属する動物の総称。

ハクセキレイ 白鶺鴒
〈Motacilla alba〉鳥綱スズメ目セキレイ科の鳥。体長18cm。分布：ユーラシアの熱帯を除くほとんどの地域で繁殖。北方のものは南下して赤道以北のアフリカ、アラビア、インド、東南アジアで越冬。国内では九州以北で繁殖し、やや南下して越冬。

バクチヤモリ
〈Geckolepis maculata〉爬虫綱有鱗目トカゲ亜目ヤモリ科の動物。全長6〜14cm。分布：マダガスカル北部，ノシベ島。

ハクチョウ 白鳥
〈swan〉鳥綱カモ目カモ科ハクチョウ属に含まれる鳥の総称。

ハクチョウ
コハクチョウの別名。

ハクトウワシ 白頭鷲
〈Haliaeetus leucocephalus〉鳥綱タカ目タカ科の鳥。体長79〜94cm。分布：北アメリカ。絶滅危惧II類と推定。

バクトリアアカシカ
〈Cervus elaphus bactrianus〉哺乳綱偶蹄目シカ科の動物。

バグナーリ
〈Bhagnari〉牛の一品種。

ハクニー
〈Hackney〉哺乳綱奇蹄目ウマ科の動物。体高150〜160cm。原産：イングランド。

ハクニー・ポニー
〈Hackney Pony〉哺乳綱奇蹄目ウマ科の動物。体高124〜144cm。原産：イングランド。

ハクバサンショウウオ 白馬山椒魚
〈Hynobius hidamontanus〉両生綱有尾目サンショウウオ科の動物。全長90〜100mm。分布：長野県白馬村。絶滅危惧II類。

ハクビシン 白鼻心，白鼻芯
〈Paguma larvata〉哺乳綱食肉目ジャコウネコ科の動物。頭胴長オス547〜735mm，メス545〜655mm。分布：インド、ネパール、チベット，中国（河北以南），陝西，台湾，海南島，ビルマ，タイ，西マレーシア，スマトラ，北ボルネオ，南アンダマン諸島。国内では本州，四国。

ハクブンチョウ
〈Padda oryzivora〉文鳥の一品種。

ハグルマブキオトカゲ
〈Oplurus cyclurus〉爬虫綱有鱗目トカゲ亜目イグアナ科の動物。全長10〜27cm。分布：マダガスル南東部・南部・南西部・西部。

ハグロキヌバネドリ 羽黒絹羽鳥
〈Trogon viridis〉鳥綱キヌバネドリ目キヌバネドリ科の鳥。別名シラオキヌバネドリ。

ハグロシロハラミズナギドリ 羽黒白腹水薙鳥
〈Pterodroma nigripennis〉鳥綱ミズナギドリ目ミズナギドリ科の鳥。全長31cm。

ハグロツバメチドリ
〈Glareola nordmanni〉鳥綱ハグロツバメチ

ドリ科の鳥。体長25cm。分布：中央アジアで繁殖し，アフリカのサハラ砂漠以南で越冬。

ハグロドリ
〈*Tityra cayana*〉鳥綱スズメ目カザリドリ科の鳥。体長22cm。分布：コロンビア，ベネズエラからアルゼンチン北部にかけての低地の降雨林。

ハグロミズナギドリ
ハグロシロハラミズナギドリの別名。

ハゲアリドリ　禿蟻鳥
〈*Gymnocichla nudiceps*〉鳥綱スズメ目アリドリ科の鳥。

ハゲインコ　禿鸚哥
〈*Gypopsitta vulturina*〉鳥綱インコ目インコ科の鳥。体長23cm。分布：ブラジル北東部。

ハゲウアカリ
〈*Cacajao calvus*〉哺乳綱霊長目オマキザル科の動物。別名シロウアカリ。体長38〜57cm。分布：南アメリカ北西部。絶滅危惧IB類。

ハゲガオカザリドリ
〈*Perissocephalus tricolor*〉鳥綱スズメ目カザリドリ科の鳥。

ハゲガオホウカンチョウ　禿顔鳳冠鳥
〈*Crax fasciolata*〉鳥綱キジ目ホウカンチョウ科の鳥。

ハゲコウ　禿鸛
〈*marabou*〉鳥綱コウノトリ目コウノトリ科ハゲコウ属に含まれる鳥の総称。

ハゲタカ　禿鷹
ともに腐肉食であるタカ目コンドル科のコンドル類，あるいはタカ科のハゲワシ類に用いられる通称。

ハゲチメドリ　禿知目鳥
〈*Picathartes gymnocephalus*〉チメドリ科。体長40cm。分布：ギニア，シエラレオネからトーゴに至る西アフリカ。絶滅危惧II類。

ハゲトキ
〈*Geronticus calvus*〉鳥綱コウノトリ目トキ科の鳥。別名ズアカミドリトキ。全長79cm。分布：南アフリカ共和国，レソト，スワジランド。絶滅危惧II類。

ハゲノドスズドリ
〈*Procnias nudicollis*〉スズメ目カザリドリ科。体長28cm。分布：ブラジル東部からパラグアイ南東部にかけての山地。

ハゲミツスイ
ズグロハゲミツスイの別名。

ハゲラ
〈*Veniliornis fumigatus*〉鳥綱キツツキ目キツツキ科の鳥。

ハゲワシ　禿鷲
〈*vulture*〉鳥綱タカ目タカ科に属するハゲワシ類の総称。

ハゲワシ
クロハゲワシの別名。

ハコガメ　箱亀
〈*box turtle*〉爬虫綱カメ目ヌマガメ科のカメで，腹甲の中央部が蝶番状に連結したものの総称。

ハコスッポン
インドハコスッポンの別名。

バゴット
〈*Bagot*〉分布：スイス。

ハコネサンショウウオ　箱根山椒魚
〈*Onychodactylus japonicus*〉両生綱有尾目サンショウウオ科の動物。全長100〜190mm。分布：九州と北海道を除き，四国を含めた日本各地の山地に分布。

ハコネサンショウウオモドキ
〈*Onychodactylus fisheri*〉両生綱有尾目サンショウウオ科の動物。体長119〜159mm。分布：ロシア沿海州から朝鮮半島にかけて。

ハゴロモインコ　羽衣鸚哥
〈*Aprosmictus erythropterus*〉鳥綱オウム目インコ科の鳥。

ハゴロモガラス　羽衣烏
〈*Agelaius phoeniceus*〉ムクドリモドキ科。体長オス20〜24cm，メス18〜19cm。分布：北アメリカおよび中央アメリカ。

ハゴロモキンパラ　羽衣金腹
〈*Cryptospiza salvadorii*〉鳥綱スズメ目カエデチョウ科の鳥。

ハゴロモシッポウ　羽衣七宝
〈*Lonchura cucullata*〉鳥綱スズメ目カエデチョウ科の鳥。

ハゴロモヅル　羽衣鶴
〈*Anthropoides paradisea*〉鳥綱ツル目ツル科の鳥。全長100cm。分布：おもに南アフリカ共和国，少数がナミビア，スワジランドに生息。絶滅危惧II類。

ハゴロモムシクイ
〈Setophaga ruticilla〉アメリカムシクイ科。別名サンショクアメリカムシクイ。体長11～13.5cm。分布：アラスカ南東部から東はカナダ中央部、南はテキサス州から合衆国東部までの地域で繁殖。合衆国南端からブラジルまでの地域で越冬。

パサボック・ハウンド
〈Posavac Hound〉犬の一品種。

ハサミアジサシ 鋏鰺刺
〈skimmer〉鳥綱チドリ目ハサミアジサシ科に属する海鳥の総称。全長35～45cm。分布：熱帯アフリカ、南アジア、北アメリカ南東部、中央アメリカ、南アメリカ。

ハサミオタイランチョウ 鋏尾太蘭鳥
〈Muscipipra vetula〉鳥綱スズメ目タイランチョウ科の鳥。

ハサミオハチドリ
〈Hylonympha macrocerca〉鳥綱アマツバメ目ハチドリ科の鳥。全長19cm。分布：ベネズエラ北東部のパリア半島。絶滅危惧IA類。

ハサミオヨタカ 鋏尾夜鷹
〈Hydropsalis brasiliana〉鳥綱ヨタカ目ヨタカ科の鳥。体長オス51cm、メス30cm。分布：ペルー東部、アマゾン以南のブラジル、パラグアイ、ウルグアイ、アルゼンチン北・中部。

バザン
〈Capra aegagrus〉哺乳綱偶蹄目ウシ科の動物。別名ノヤギ。体長1.2～1.6m。分布：西アジア。絶滅危惧II類。

バシキール
〈Bashkir〉馬の一品種。別名バシキルスキー。140cm。原産：旧ソ連。

バシキルスキー
バシキールの別名。

ハシグロアカバネボウシ
ハシグロボウシインコの別名。

ハシグロアビ 嘴黒阿比
〈Gavia immer〉鳥綱アビ目アビ科の鳥。別名アメリカアビ。体長69～91cm。分布：北アメリカ北部、グリーンランド、アイスランド。南に渡って越冬。

ハシグロエボシドリ
〈Tauraco persa〉鳥綱カッコウ目エボシドリ科の鳥。体長42cm。分布：セネガルから、東はザイールおよびタンザニア、南は南アフリカまでの各地。

ハシグロオオミツスイ
〈Gymnomyza samoensis〉鳥綱スズメ目ミツスイ科の鳥。全長28cm。分布：サモアのサバイイ島とウポル島、アメリカ合衆国領サモアのトゥトゥイラ島。絶滅危惧II類。

ハシグロカッコウ 嘴黒郭公
〈Coccyzus erythropthalmus〉鳥綱ホトトギス目ホトトギス科の鳥。体長30cm。分布：合衆国東部とカナダ南部で繁殖し、南アメリカで越冬。

ハシグロカワセミ
〈Alcedo semitorquata〉鳥綱ブッポウソウ目カワセミ科の鳥。

ハシグロクロハラアジサシ 嘴黒黒腹鰺刺
〈Chlidonias niger〉アジサシ科。体長22～24cm。分布：南ユーラシア、北アメリカの中部で繁殖。主に赤道以北の熱帯で越冬。

ハシグロサイチョウ
〈Anthracoceros montani〉鳥綱ブッポウソウ目サイチョウ科の鳥。全長70cm。分布：フィリピンのスールー諸島のホロ島、タウィタウィ島、サンガ・サンガ島。絶滅危惧IA類。

ハシグロナキマシコ
〈Rhodopechys obsoleta〉鳥綱スズメ目アトリ科の鳥。体長14cm。分布：中東、イラン、パキスタン北西部、中央アジア、中国西部などの地域にまばら。

ハシグロハエトリ 嘴黒蠅取
〈Aphanotriccus audax〉鳥綱スズメ目タイランチョウ科の鳥。

ハシグロヒタキ 嘴黒鶲
〈Oenanthe oenanthe〉鳥綱スズメ目ヒタキ科ツグミ亜科の鳥。体長15cm。分布：ユーラシアや北アメリカ北部で繁殖し、アフリカで越冬。

ハシグロボウシインコ
〈Amazona agilis〉鳥綱オウム目インコ科の鳥。別名ハシグロアカバネボウシ。全長25～27cm。分布：ジャマイカ中部と東部。絶滅危惧II類。

ハシグロヤマオオハシ 嘴黒山大嘴
〈Andigena nigrirostris〉鳥綱オオハシ科の鳥。体長51cm。分布：南アメリカ北部、コロンビアからエクアドル北東部。

ハシグロリュウキュウガモ 嘴黒琉球鴨

〈Dendrocygna arborea〉鳥綱ガンカモ目ガンカモ科の鳥。全長48〜56cm。分布：バハマ，キューバ，ハイチ，ドミニカ共和国などの西インド諸島。絶滅危惧II類。

ハシゴヘビ
〈Elaphe scalaris〉爬虫綱有鱗目ヘビ亜目ナミヘビ科のヘビ。全長120〜160cm。分布：イベリア半島からフランスの地中海沿岸，ミノルカ島。

ハシジロアビ 嘴白阿比
〈Gavia adamsii〉鳥綱アビ目アビ科の鳥。体長76〜91cm。分布：北極圏高緯度地方。

ハシジロキツツキ 嘴白啄木鳥
〈Campephilus principalis〉鳥綱キツツキ目キツツキ科の鳥。体長50cm。分布：キューバ東部の山岳地帯（おそらくアメリカ南東部にも分布）。絶滅危惧種。

ハシナガアカボシタイランチョウ 嘴長赤星太蘭鳥
〈Tyrannus vociferans〉鳥綱スズメ目タイランチョウ科の鳥。

ハシナガアリドリ 嘴長蟻鳥
〈Dichrozona cincta〉鳥綱スズメ目アリドリ科の鳥。

ハシナガイルカ 嘴長海豚
〈Stenella longirostris〉哺乳綱クジラ目マイルカ科の動物。別名ロングスナウト，スピナー，ロングビークト・ドルフィン，ロールオーバー。1.3〜2.1m。分布：大西洋，インド洋および太平洋の熱帯，ならびに亜熱帯海域。

ハシナガイロムシクイ
〈Orthotomus moreaui〉スズメ目ヒタキ科（ウグイス亜科）。全長11cm，翼開張42〜47cm。分布：タンザニア，モザンビーク。絶滅危惧IA類。

ハシナガウグイス
〈Cettia diphone diphone〉鳥綱スズメ目ヒタキ科の鳥。

ハシナガオオハシモズ 嘴長大嘴鵙
〈Falculea palliata〉鳥綱スズメ目オオハシモズ科の鳥。

ハシナガクイナモドキ
メスアカクイナモドキの別名。

ハシナガクモカリドリ 嘴長蜘蛛狩鳥
〈Arachnothera longirostra〉タイヨウチョウ科。体長15cm。分布：マレーシア，スマトラ，カリマンタン。

ハシナガサザイチメドリ
〈Rimator malacoptilus〉鳥綱スズメ目ヒタキ科チメドリ亜科の鳥。

ハシナガシギダチョウ
〈Nothoprocta taczanowskii〉鳥綱シギダチョウ目シギダチョウ科の鳥。全長33cm。分布：ペルー中部から南東部。絶滅危惧II類。

ハシナガシトド
〈Acanthidops bairdii〉鳥綱スズメ目ホオジロ科の鳥。

ハシナガシャコ 嘴長鷓鴣
〈Rhizothera longirostris〉鳥綱キジ目キジ科の鳥。体長36cm。分布：マレーシア，スマトラ島，カリマンタン島西部。

ハシナガタイランチョウ
〈Todirostrum cinereum〉タイランチョウ科。体長9〜10cm。分布：メキシコ南部からペルー北西部，ボリビア，ブラジル南東部。

ハシナガチドリ
〈Phegornis mitchellii〉鳥綱チドリ目チドリ科の鳥。

ハシナガチビオムシクイ
〈Sylvietta rufescens〉鳥綱スズメ目ヒタキ科ウグイス亜科の鳥。

ハシナガチメドリ
〈Xiphirhynchus superciliaris〉鳥綱スズメ目ヒタキ科チメドリ亜科の鳥。

ハシナガヌマミソサザイ 嘴長沼鷦鷯
〈Cistothorus palustris〉鳥綱スズメ目ミソサザイ科の鳥。別名セジロミソサザイ。

ハシナガノビタキ
〈Saxicola macrorhyncha〉スズメ目ヒタキ科（ツグミ亜科）。全長17cm。分布：アフガニスタン，パキスタン，インド北西部。絶滅危惧II類。

ハシナガハチドリ
〈Heliomaster longirostris〉鳥綱アマツバメ目ハチドリ科の鳥。

ハシナガバト 嘴長鳩
〈Henicophaps albifrons〉鳥綱ハト目ハト科の鳥。

ハシナガバンケン
〈Centropus sinensis〉鳥綱カッコウ目バンケン科の鳥。

ハシナガヒゲムシクイ
〈*Dasyornis longirostris*〉スズメ目ヒタキ科（オーストラリアムシクイ亜科）。全長17〜19cm。分布：オーストラリア南西部。絶滅危惧。

ハシナガヒバリ　嘴長雲雀
〈*Alaemon alaudipes*〉鳥綱スズメ目ヒバリ科の鳥。体長20cm。分布：アフリカ北部, サハラ砂漠, アラビアからイラン, アフガニスタン。

ハシナガヒメカッコウ　嘴長姫郭公
〈*Rhamphomantis megarhynchus*〉鳥綱ホトトギス目ホトトギス科の鳥。

ハシナガブユムシクイ
〈*Ramphocaenus melanurus*〉鳥綱スズメ目ヒタキ科ブユムシクイ亜科の鳥。

ハシナガホシガラス
〈*Nucifraga caryocatactes macrorhynchos*〉鳥綱スズメ目カラス科の鳥。

ハシナガミソサザイ　嘴長鷦鷯
〈*Hylorchilus sumichrasti*〉鳥綱スズメ目ミソサザイ科の鳥。全長14cm。分布：メキシコ南部。絶滅危惧II類。

ハシナガミツスイ　嘴長蜜吸
〈*Toxorhamphus novaeguineae*〉鳥綱スズメ目ミツスイ科の鳥。

ハシナガムシクイ
ウタイムシクイの別名。

ハシナガメジロ　嘴長目白
〈*Rukia longirostra*〉鳥綱スズメ目メジロ科の鳥。

ハシナガヨシキリ
〈*Acrocephalus caffer*〉スズメ目ヒタキ科（ウグイス亜科）。全長19cm。分布：フランス領ポリネシアのソシエテ諸島。絶滅危惧II類。

バージニアウサギコウモリ
〈*Plecotus townsendii virginianus*〉哺乳綱コウモリ目ヒナコウモリ科の動物。

バージニアキウズラ
コリンウズラの別名。

ハシビロガモ　小鴨, 嘴広鴨
〈*Anas clypeata*〉カモ科。体長44〜52cm。分布：ユーラシアおよび北アメリカの北極圏以南。冬は亜熱帯までの南に渡る。国内では北海道。

ハシビロコウ　嘴広鸛
〈*Balaeniceps rex*〉鳥綱コウノトリ目ハシビロコウ科の鳥。体長100〜120cm。分布：スーダン, ウガンダ, ザイールからザンビア。

パシフィックガラガラヘビ
〈*Crotalus viridis oreganus*〉爬虫綱有鱗目クサリヘビ科のヘビ。

パシフィック・ストライプト・ドルフィン
カマイルカの別名。

パシフィック・パイロットホエール
コビレゴンドウの別名。

パシフィック・ビークト・ホエール
タイヘイヨウアカボウモドキの別名。

パシフィックボア
〈*Candoia carinata*〉爬虫綱有鱗目ヘビ亜目ボア科のヘビ。全長75cm。分布：インドネシア東部（スラウェシから東）, パプアニューギニア, ソロモン。

パシフィック・ライトホエール・ポーパス
セミイルカの別名。

ハシブトアカゲラ
〈*Dendrocopos major brevirostris*〉鳥綱キツツキ目キツツキ科の鳥。

ハシブトアカボシタイランチョウ　嘴太赤星太蘭鳥
〈*Tyrannus crassirostris*〉鳥綱スズメ目タイランチョウ科の鳥。

ハシブトアジサシ　嘴太鯵刺
〈*Gelochelidon nilotica*〉鳥綱チドリ目カモメ科の鳥。全長37cm。

ハシブトインコ　嘴太鸚哥
〈*Rhynchopsitta pachyrhyncha*〉鳥綱オウム目インコ科の鳥。全長38cm。分布：メキシコ西部。絶滅危惧IB類。

ハシブトウミガラス　嘴太海烏, 嘴太海鳥
〈*Uria lomvia*〉鳥綱チドリ目ウミスズメ科の鳥。全長46cm。

ハシブトオウチュウ　嘴太烏秋
〈*Dicrurus annectans*〉鳥綱スズメ目オウチュウ科の鳥。

ハシブトオオイシチドリ
〈*Esacus magnirostris*〉鳥綱チドリ目イシチドリ科の鳥。体長53〜58cm。分布：北オーストラリア, ニューギニア, ニューカレドニア, ソロモン諸島, フィリピン, インドネシア, ア

ンダマン諸島などの海岸部。

ハシブトオオヨシキリ　嘴太大葦切
〈*Acrocephalus aedon*〉鳥綱スズメ目ヒタキ科ウグイス亜科の鳥。全長18cm。

ハシブトオニキバシリ
〈*Xiphocolaptes promeropirhynchus*〉鳥綱スズメ目オニキバシリ科の鳥。体長30cm。分布：メキシコから中央・南アメリカにかけてと，南アメリカの，コロンビアから東はガイアナ，南はアンデス山脈からボリビア。

ハシブトカザリドリ
〈*Porphyrolaema porphyrolaema*〉鳥綱スズメ目カザリドリ科の鳥。

ハシブトカッコウ　嘴太郭公
〈*Pachycoccyx audeberti*〉鳥綱ホトトギス目ホトトギス科の鳥。

ハシブトカマドドリ　嘴太竈鳥
〈*Automolus ochrolaemus*〉鳥綱スズメ目カマドドリ科の鳥。別名キノドハシブトカマドドリ。

ハシブトカモメ
〈*Gabianus pacificus*〉鳥綱チドリ目カモメ科の鳥。体長63cm。分布：オーストラリア西部，および南部の沿岸地域にのみ分布。

ハシブトガラ　嘴太雀
〈*Parus palustris*〉鳥綱スズメ目シジュウカラ科の鳥。別名ヘンソンハシブトガラ。全長12.5cm。分布：ヨーロッパ，アジア東部。国内では北海道，南千島。

ハシブトガラス　嘴太烏，嘴太鴉
〈*Corvus macrorhynchos*〉鳥綱スズメ目カラス科の鳥。体長48cm。分布：アジア。アフガニスタンから日本，東南にフィリピンまで。国内では全国の海岸，市街地，山地の森林にすむ。

ハシブトカワセミ
〈*Clytoceyx rex*〉鳥綱ブッポウソウ目カワセミ科の鳥。体長32cm。分布：ニューギニア本島。

ハシブトクロカナリア
〈*Serinus burtoni*〉鳥綱スズメ目アトリ科の鳥。体長18cm。分布：アフリカ西部および東部。

ハシブトクロヒタキ
リベリアクロヒタキの別名。

ハシブトゴイ　嘴太五位
〈*Nycticorax caledonicus*〉鳥綱コウノトリ目サギ科の鳥。全長58cm。

ハシブトコウテンシ
ハシブトヒバリの別名。

ハシブトシトド
〈*Lysurus castaneiceps*〉鳥綱スズメ目ホオジロ科の鳥。

ハシブトスミレフウキンチョウ
〈*Euphonia laniirostris*〉鳥綱スズメ目ホオジロ科の鳥。体長10cm。分布：南アメリカ南西部および中央アメリカ。

ハシブトセスジムシクイ
〈*Amytornis textilis*〉スズメ目ヒタキ科（オーストラリアムシクイ亜科）。全長16.5〜18.5cm。分布：オーストラリア南西部。絶滅危惧種。

ハシブトダーウィンフィンチ
〈*Camarhynchus crassirostris*〉鳥綱スズメ目ホオジロ科の鳥。

ハシブトハタオリ
〈*Amblyospiza albifrons*〉ハタオリドリ科/ハタオリドリ亜科。体長17〜19cm。分布：サハラ以南のアフリカの大部分。

ハシブトバト　嘴太鳩
〈*Trugon terrestris*〉鳥綱ハト目ハト科の鳥。分布：ニューギニア島，サラワティ島。

ハシブトハナドリ　嘴太花鳥
〈*Dicaeum agile*〉鳥綱スズメ目ハナドリ科の鳥。

ハシブトヒバリ　嘴太雲雀
〈*Ramphocoris clotbey*〉鳥綱スズメ目ヒバリ科の鳥。別名ハシブトコウテンシ。

ハシブトヒヨドリ
〈*Hypsipetes amaurotis magnirostris*〉鳥綱スズメ目ヒヨドリ科の鳥。

ハシブトヒワミツドリ
〈*Pseudodacnis hartlaubi*〉スズメ目ホオジロ科（フウキンチョウ亜科）。全長12cm。分布：コロンビア。絶滅危惧II類。

ハシブトペンギン
〈*Eudyptes robustus*〉鳥綱ペンギン目ペンギン科の鳥。別名スネアズペンギン。全長51〜61cm。分布：ニュージーランドのスネアズ諸島。絶滅危惧II類。

ハシブトホオダレムクドリ 嘴太頬垂椋鳥
〈*Callaeas cinerea*〉鳥綱スズメ目ホオダレムクドリ科の鳥。別名アオホオダレムクドリ。全長38cm。分布：ニュージーランド。絶滅危惧IB類。

ハシブトミツオシエ
〈*Indicator minor*〉鳥綱キツツキ目ミツオシエ科の鳥。

ハシブトミツスイ 嘴太蜜吸
〈*Melilestes megarhynchus*〉鳥綱スズメ目ミツスイ科の鳥。

ハシブトミフウズラ
ムナゲミフウズラの別名。

ハシブトモズビタキ
〈*Falcunculus frontatus*〉モズヒタキ科。体長18cm。分布：オーストラリア南東, 南西, 北西部。

ハシボシミズナギドリ
〈*Puffinnus tenuirostris*〉鳥綱コウノトリ目ミズナギドリ科の鳥。

ハシボソアオヒヨ 嘴細青鵯
〈*Pycnonotus gracilirostris*〉鳥綱スズメ目ヒヨドリ科の鳥。

ハシボソアリサザイ
〈*Formicivora iheringi*〉鳥綱スズメ目アリドリ科の鳥。全長11cm。分布：ブラジル東部。絶滅危惧II類。

ハシボソカモメ 嘴細鷗
〈*Larus genei*〉鳥綱チドリ目カモメ科の鳥。全長43cm。

ハシボソガラス 嘴細烏, 嘴細鴉
〈*Corvus corone*〉鳥綱スズメ目カラス科の鳥。体長47cm。分布：ユーラシア, 中東, ナイル川流域。国内では九州以北。

ハシボソキイロムシクイ
〈*Chloropeta gracilirostris*〉スズメ目ヒタキ科（ウグイス亜科）。全長13cm。分布：ブルンジ, ケニア, ルワンダ, タンザニア, ウガンダ, コンゴ民主共和国, ザンビア。絶滅危惧II類。

ハシボソキツツキ 嘴細啄木鳥
〈*Colaptes auratus*〉鳥綱キツツキ目キツツキ科の鳥。体長25.5〜36cm。分布：北アメリカからニカラグアにかけて。

ハシボソクロアジサシ
ヒメクロアジサシの別名。

ハシボソシトド
〈*Xenospingus concolor*〉鳥綱スズメ目ホオジロ科の鳥。全長16cm。分布：ペルー中部からチリ北部にかけて。絶滅危惧II類。

ハシボソシロチドリ
〈*Charadrius alexandrinus alexandrinus*〉鳥綱チドリ目チドリ科の鳥。

ハシボソヒバリ 嘴細雲雀
〈*Certhilauda curvirostris*〉鳥綱スズメ目ヒバリ科の鳥。

ハシボソミズナギドリ 嘴細水薙鳥
〈*Puffinus tenuirostris*〉鳥綱ミズナギドリ目ミズナギドリ科の鳥。体長41〜43cm。分布：繁殖はオーストラリア南部, タスマニア。繁殖後は北太平洋に渡って越冬。

ハシボソメジロ
〈*Zosterops tenuirostris*〉鳥綱スズメ目メジロ科の鳥。全長14cm。分布：オーストラリアのノーフォーク島。絶滅危惧種。

ハシボソモグリウミツバメ
モグリウミツバメの別名。

ハシボソヨシキリ
〈*Acrocephalus paludicola*〉スズメ目ヒタキ科（ウグイス亜科）。全長12〜13cm。分布：繁殖地はヨーロッパ東部のラトビア南部, リトアニア, ポーランド, ドイツ東部, ハンガリー, ウクライナ, ロシア西部。越冬地はアフリカ西部のサハラ砂漠南部。絶滅危惧II類。

ハシマガリチドリ 嘴曲千鳥
〈*Anarhynchus frontalis*〉鳥綱チドリ目チドリ科の鳥。体長20cm。分布：ニュージーランド。絶滅危惧II類。

バヂャーフェイスド・トルデュー
〈*Badger-faced Torddue*〉分布：ウェールズ。

バシュキール
〈*Bashkirsky*〉馬の一品種。体高134cm。原産：バシュキール自治共和国。

バシュキール・カーリー
〈*Bashkir Curly*〉哺乳綱奇蹄目ウマ科の動物。

ハシリカッコウ
〈*Carpococcyx radiceus*〉カッコウ目カッコウ科。全長60cm。分布：マレーシアのカリマンタン（ボルネオ）島北西部。絶滅危惧II類。

バシリスク
〈*Basiliscus basiliscus*〉爬虫綱有鱗目イグア

ナ科のトカゲ。

ハシリトカゲ
〈whiptail〉爬虫綱有鱗目トカゲ亜目テュートカゲ科のトカゲ。体長3.7〜45cm。分布：アメリカ合衆国南部から南アメリカ、西インド諸島。

ハシリヒキガエル
ナタージャックヒキガエルの別名。

ハジロアカハラヤブモズ
〈Laniarius atrococcineus〉鳥綱スズメ目モズ科の鳥。体長23cm。分布：アフリカ南部の一部地域。

ハジロアメリカムシクイ
〈Xenoligea montana〉鳥綱スズメ目アメリカムシクイ科の鳥。全長14.5cm。分布：ハイチ、ドミニカ共和国。絶滅危惧II類。

ハジロイロムシクイ
〈Apalis chariessa〉スズメ目ヒタキ科（ウグイス亜科）。全長15cm。分布：ケニア、タンザニア、モザンビーク、マラウイ。絶滅危惧II類。

ハジロウミバト
〈Cepphus grylle〉鳥綱チドリ目ウミスズメ科の鳥。体長30〜36cm。分布：北大西洋および北極圏の隣接地。

ハジロオオシギ
〈Catoptrophorus semipalmatus〉鳥綱チドリ目シギ科の鳥。

ハジロオーストラリアムシクイ
〈Malurus leucopterus〉鳥綱スズメ目ヒタキ科の鳥。体長12cm。分布：オーストラリアの西部・内陸部。

ハジロカイツブリ 羽白鸊鷉，羽白鳩
〈Podiceps nigricollis〉鳥綱カイツブリ目カイツブリ科の鳥。体長30〜35cm。分布：北アメリカ、ヨーロッパ、アジア、北部および南部アフリカ。

ハジロカザリドリ
〈Xipholena atropurpurea〉鳥綱スズメ目カザリドリ科の鳥。全長18cm。分布：ブラジル東部。絶滅危惧II類。

ハジロカザリドリモドキ
〈Pachyramphus polychopterus〉鳥綱スズメ目カザリドリ科の鳥。

ハジロカワカマドドリ 羽白川竈鳥
〈Cinclodes atacamensis〉鳥綱スズメ目カマドドリ科の鳥。

ハジロクロガラ 羽白黒雀
〈Parus leucomelas〉鳥綱スズメ目シジュウカラ科の鳥。

ハジロクロタイランチョウ 羽白黒太蘭鳥
〈Knipolegus aterrimus〉鳥綱スズメ目タイランチョウ科の鳥。

ハジロクロハラアジサシ 羽白黒腹鯵刺
〈Chlidonias leucoptera〉鳥綱チドリ目カモメ科の鳥。全長22cm。

ハジロクロミツスイ
ハジロミツスイの別名。

ハジロコウテンシ 羽白告天子
〈Melanocorypha leucoptera〉鳥綱スズメ目ヒバリ科の鳥。

ハジロコチドリ 羽白小千鳥
〈Charadrius hiaticula〉鳥綱チドリ目チドリ科の鳥。体長18〜20cm。分布：カナダ東部やユーラシアの北極圏で繁殖。ヨーロッパ、アフリカで越冬。

ハジロシジュウカラ
〈Parus nuchalis〉鳥綱スズメ目シジュウカラ科の鳥。全長12cm。分布：インド西部および南部。絶滅危惧II類。

ハジロシャクケイ 羽白舎久鶏
〈Penelope albipennis〉鳥綱キジ目ホウカンチョウ科の鳥。全長70cm。分布：ペルー北西部。絶滅危惧IA類。

ハジロシラコバト 羽白白子鳩
〈Streptopelia reichenowi〉鳥綱ハト目ハト科の鳥。

ハジロシロハラミズナギドリ
アオアシシロハラミズナギドリの別名。

ハジロナキサンショウクイ 羽白鳴山椒喰
〈Lalage sueurii〉鳥綱スズメ目サンショウクイ科の鳥。体長18cm。分布：スラウェシ、小スンダ列島、ジャワ、ニューギニア南東部、オーストラリア。

ハジロハクセキレイ 羽白白鶺鴒
〈Motacilla aguimp〉鳥綱スズメ目セキレイ科の鳥。別名アフリカハクセキレイ。

ハジロバト 羽白鳩
〈Zenaida asiatica〉鳥綱ハト目ハト科の鳥。

ハジロミズナギドリ 羽白水薙鳥

ハシロミツ

〈*Pterodroma solandri*〉鳥綱ミズナギドリ目ミズナギドリ科の鳥。全長49cm, 翼開張94cm。分布：オーストラリアのロード・ハウ島, フィリップ島。絶滅危惧種。

ハジロミツスイ 羽白蜜吸
〈*Certhionyx variegatus*〉鳥綱スズメ目ミツスイ科の鳥。別名ハジロクロミツスイ。

ハジロミフウズラ
〈*Ortyxelos meiffrenii*〉鳥綱ツル目ミフウズラ科の鳥。体長15cm。分布：サハラ以南のせまい帯状地帯。

ハジロムクドリ
〈*Neocichla gutturalis*〉鳥綱スズメ目ムクドリ科の鳥。

ハジロモズフウキンチョウ
〈*Lanio versicolor*〉鳥綱スズメ目ホオジロ科の鳥。体長13～15cm。分布：南アメリカ中央部, アマゾン川流域の南部地域。

ハジロモリガモ
〈*Cairina scutulata*〉鳥綱カモ目カモ科の鳥。全長78cm。分布：インド北東部からインドシナ半島, ジャワ島, スマトラ島まで。絶滅危惧IB類。

ハジロヨタカ
〈*Caprimulgus candicans*〉鳥綱ヨタカ目ヨタカ科の鳥。全長19～20cm。分布：ブラジル中部および南部, ボリビア北部, パラグアイ東部。絶滅危惧IA類。

ハジロラッパチョウ 羽白喇叭鳥
〈*Psophia leucoptera*〉鳥綱ツル目ラッパチョウ科の鳥。別名コシジロラッパチョウ。

ハスオビアオジタ
アオジタトカゲの別名。

ハスオビビロードヤモリ
〈*Oedura castelnaui*〉爬虫綱有鱗目トカゲ亜目ヤモリ科の動物。全長17cm。分布：オーストラリアのヨーク半島。

バスコナバロ
馬の一品種。体高122～133cm。原産：スペイン北部。

バスト（ウシ）
〈*Basuto*〉ウシの一品種。分布：南西アフリカの高原。

バスト（ウマ）
〈*Basuto*〉馬の一品種。体高143～147cm。原産：アフリカ南部, レソト王国。

バセー・アルティジャン・ノルマン
〈*Basset Artésian Normand*〉犬の一品種。体高25～36cm。原産：フランス。

ハセイルカ はせ海豚
〈*Delphinus capensis*〉哺乳綱クジラ目マイルカ科の動物。体長220～260cm。分布：世界中の温帯～熱帯海域。

バセー・グリフォン・ヴァンデオン
哺乳綱食肉目イヌ科の動物。

バセー・タルテジアン・ノルマン
犬の一品種。

バセット・アルテジアン・ノルマン
〈*Basset artésieu normand*〉哺乳綱食肉目イヌ科の動物。

バセット・グリフォン・バンデーン
〈*Basset Griffon vendéen*〉犬の一品種。

バセット・ハウンド
〈*Basset Hound*〉哺乳綱食肉目イヌ科の動物。体高33～38cm。分布：イギリス。

バセー・フォーヴ・ド・ブルターニュ
〈*Basset Fauve de Bretagne*〉哺乳綱食肉目イヌ科の動物。体高33～38cm。分布：フランス。

バセー・ブルー・ド・ガスコーニュ
〈*Basset Bleu de Gascogne*〉哺乳綱食肉目イヌ科の動物。体高30～36cm。分布：フランス。

パセリガエル
〈*Pelodytes punctatus*〉両生綱無尾目スキアシガエル科のカエル。体長3～5cm。分布：ヨーロッパ。

パセリガエル
〈*parsley frog*〉両生綱無尾目スキアシガエル科パセリガエル類の総称。体長4～10cm。分布：北アメリカ, ヨーロッパ, アフリカ北西部, 小アジア, インド東部, 東南アジア。

バセンジー
〈*Basenji*〉哺乳綱食肉目イヌ科の動物。別名コンゴ・ドッグ。体高41～43cm。分布：ザイール。

パソ・フィノ
〈*Paso Fino*〉馬の一品種。体高142～154cm。原産：プエルトリコ, ペルー, コロンビア。

パーソンカメレオン
〈*Calumma parsonii*〉爬虫綱有鱗目トカゲ亜目カメレオン科のトカゲ。全長45～60cm。分布：マダガスカル北部・東部。

パーソン・ジャック・ラッセル・テリア
〈*Parson Jack Russell Terrier*〉犬の一品種。体高23～38cm。原産：イギリス。

パーソン・ラッセル・テリア
〈*Parson Russell Terrier*〉犬の一品種。

ハタオリドリ　機織鳥
〈*weaver*〉鳥綱スズメ目ハタオリドリ科に属する鳥のうち，14属109種の総称。体長13～26cm。分布：おもにアフリカだが，一部はアラビア半島，インド，中国，インドネシア。

ハダカデバネズミ　裸出歯鼠
〈*Heterocephalus glaber*〉哺乳綱齧歯目デバネズミ科の動物。体長8～9cm。分布：アフリカ東部。

ハダカネズミ　裸鼠
〈*Heterocephalus glaber*〉哺乳綱齧歯目デバネズミ科の動物。

バタグールガメ
〈*Batagur baska*〉爬虫綱カメ目ヌマガメ科のカメ。最大甲長60cm。分布：インド東部，バングラデシュからミャンマー（ビルマ），タイ，カンボジア，マレーシア，シンガポール，スマトラ島。絶滅危惧IB類。

ハタケネズミ
タネジネズミの別名。

パタゴニアオポッサム
〈*Lestodelphys halli*〉オポッサム目オポッサム科。頭胴長13～14.5cm。分布：アルゼンチン南部。絶滅危惧II類。

パタゴニアカイツブリ
〈*Podiceps gallardoi*〉鳥綱カイツブリ目カイツブリ科の鳥。体長36cm。分布：パタゴニア南部。

パタゴニアカワカマドドリ
〈*Cinclodes patagonicus*〉鳥綱スズメ目カマドドリ科の鳥。

パタゴニアスカンク
フンボルトスカンクの別名。

パタゴニアチンチラマウス属
〈*Euneomys*〉哺乳綱齧歯目ネズミ科の動物。分布：チリとアルゼンチンの温帯。

パタゴニアノウサギ
マーラの別名。

パタゴニアヒタキタイランチョウ
〈*Coloramphus parvirostris*〉鳥綱スズメ目タイランチョウ科の鳥。

ハダシアレチネズミ属
〈*Taterillus*〉哺乳綱齧歯目ネズミ科の動物。分布：セネガルから東はスーダン南部，タンザニア。

ハダシイタチ
〈*Mustela nudipes*〉哺乳綱食肉目イタチ科の動物。分布：東南アジア，スマトラ，ボルネオ。

パタスザル
哺乳綱霊長目オナガザル科の動物。

パタスモンキー
〈*Erythrocebus patas*〉哺乳綱霊長目オナガザル科の動物。体長60～88cm。分布：アフリカ西部から東部。

ハダダトキ
〈*Bostrychia hagedash*〉鳥綱コウノトリ目トキ科の鳥。

バタック
馬の一品種。体高121～133cm。原産：インドネシア（スマトラ島）。

パタデール・テリア
〈*Patterdale Terrier*〉犬の一品種。体高30cm。原産：イギリス。

ハタネズミ　畑鼠
〈*Microtus montebelli*〉哺乳綱齧歯目キヌゲネズミ科の動物。頭胴長95～136mm。分布：北・中央アメリカ，北極からヒマラヤまでのユーラシア，北アフリカ。国内では本州，九州，佐渡島，能登島。

ハタネズミ属
〈*Microtus*〉哺乳綱齧歯目ネズミ科の動物。分布：北アメリカ，ユーラシア，北アフリカ。

バタフライアガマ
〈*Leiolepis belliana*〉爬虫綱有鱗目トカゲ亜目アガマ科のトカゲ。全長35cm。分布：中国南部・タイ・ミャンマー・インドシナ・マレー半島など。

バタフライ・スパニエル
パピヨンの別名。

ハタホオジロ
〈*Emberiza calandra*〉鳥綱スズメ目ホオジロ

ハタヤブリ
〈*Paraxerus vexillarius*〉哺乳綱齧歯目リス科の動物。全長35～40cm。分布：タンザニアの中央部と東部，およびモザンビークに分布がほぼ限られ，ジンバブエの東端にわずかにかかる。南アフリカ共和国の北東端にふたつの孤立個体群がある。絶滅危惧Ⅱ類。

ハタリス 畑栗鼠
〈*Citellus citellus*〉哺乳綱齧歯目リス科の動物。

バタワナ
〈*Batawana*〉牛の一品種。

バタンガスウシ バタンガス牛
〈*Batangas*〉牛の一品種。肩高メス105～120cm。原産：フィリピン。

バーチェルシマウマ
サバンナシマウマの別名。

バーチェルマダラカナヘビ
〈*Mesalina burchelli*〉爬虫綱有鱗目カナヘビ科の動物。

ハチクイ 蜂喰，蜂食
〈*Merops ornatus*〉鳥綱ブッポウソウ目ハチクイモドキ科の鳥。体長21～28cm。分布：オーストラリア，ニューギニア，小スンダ列島。

ハチクイ 蜂喰
〈*bee eater*〉広義には鳥綱ブッポウソウ目ハチクイ科に属する鳥の総称で，狭義にはそのうちの1種をさす。全長17～35cm（飾り尾羽を含む）。分布：ユーラシア，アフリカ，マダガスカル，ニューギニア，オーストラリア。

ハチクイモドキ 蜂喰擬
〈*Momotus momota*〉鳥綱ブッポウソウ目コビトドリ科。体長41cm。分布：メキシコ東部からペルー北西部，アルゼンチン北西部およびブラジル南東部。トリニダード・トバゴ両島。

ハチクイモドキ 蜂喰擬
〈*motmot*〉広義には鳥綱ブッポウソウ目ハチクイモドキ科に属する鳥の総称で，狭義にはそのうちの1種をさす。大半が全長28～45cm（長い尾を含める），コハチクイモドキのみ17cm（尾は含まない）。分布：中央，南アメリカ。

ハチクマ 八角鷹，蜂角鷹，蜂熊
〈*Pernis ptilorhynchus*〉鳥綱タカ目タカ科の鳥。全長オス57cm，メス61cm。

ハチジョウツグミ 八丈鶫
〈*Turdus naumanni naumanni*〉鳥綱スズメ目ツグミ科の鳥。

ハチドリ 蜂鳥
〈*hummingbird*〉鳥綱アマツバメ目ハチドリ科に属する鳥の総称。体長5.8～21.7cm。分布：アラスカ南部以南のアメリカ大陸全土，西インド諸島，フアン・フェルナンデス諸島。

ハチマキカザリドリモドキ
〈*Pachyramphus castaneus*〉鳥綱スズメ目カザリドリ科の鳥。

ハチマキミツスイ 鉢巻蜜吸
〈*Melithreptus lunatus*〉鳥綱スズメ目ミツスイ科の鳥。別名ズグロハチマキミツスイ。体長13～15cm。分布：オーストラリア東部および南西部（タスマニア島を除く）。

ハチマキムシクイ
〈*Trichocichla rufa*〉スズメ目ヒタキ科（ウグイス亜科）。全長19cm。分布：フィジーのヴィティ・レヴ島とヴァヌア・レヴ島。絶滅危惧ⅠA類。

バチャウール
〈*Bachaur*〉牛の一品種。

ハツカウサギ
ナキウサギの別名。

ハッカチョウ 八哥鳥
〈*Acridotheres cristatellus*〉鳥綱スズメ目ムクドリ科の鳥。全長26.5cm。

ハツカネズミ 二十日鼠
〈*Mus musculus*〉哺乳綱齧歯目ネズミ科の動物。別名マウス。体長7～10.5cm。分布：全世界（極地方を除く）。

ハッカン 白鷴，白閑
〈*Lophura nycthemera*〉鳥綱キジ目キジ科の鳥。体長オス90～127cm，メス55～68cm。分布：中国南部，ミャンマー東部，インドシナ半島，海南島。

ハック
〈*Hack*〉馬の一品種。142～153cm。原産：イギリス。

ハッコウチョウ 小喉白虫食，白喉鳥
〈*Sylvia curruca*〉鳥綱スズメ目ヒタキ科ウグイス亜科の鳥。別名コノドジロムシクイ。全長13cm。

バッタマウス属

〈*Onychomys*〉哺乳綱齧歯目ネズミ科の動物。分布：カナダ南西部と合衆国北西部から，南はメキシコ中北部まで。

パッチノーズヘビ
〈*Salvadora lineata*〉爬虫綱有鱗目ヘビ亜目ナメラ科のヘビ。

バッティコファーゲノン
〈*Cercopithecus nictitans buttikoferi*〉哺乳綱霊長目オナガザル科の動物。

ハツハナインコ 初花鸚哥
〈*Agapornis taranta*〉鳥綱オウム目インコ科の鳥。

バッファロー
スイギュウの別名。

バッフィング・ピッグ
ネズミイルカの別名。

ハッブスオオギハクジラ ハッブス扇歯鯨
〈*Mesoplodon carlhubbsi*〉哺乳綱クジラ目アカボウクジラ科のクジラ。別名アーチビークト・ホエール。5〜5.3m。分布：北太平洋西部および東部の冷温帯海域。国内では宮城県，茨城県，静岡県。

バーディック
〈*Echiopsis curta*〉爬虫綱トカゲ目（ヘビ亜目）コブラ科の動物。頭胴長60〜65cm。分布：オーストラリア南部。絶滅危惧種。

バテイレーサー
〈*Coluber hippocrepis*〉爬虫綱有鱗目ヘビ亜目ナミヘビ科のヘビ。全長150cm。分布：イベリア半島の西部，南部，東部，サルディニア島，北アフリカ西部。

ハーテビースト
〈*Alcelaphus buselaphus*〉哺乳綱偶蹄目ウシ科の動物。体長1.5〜2.5m。分布：アフリカ西部，東部，南部。

ハーテビースト
〈*hartebeest*〉哺乳綱偶蹄目ウシ科ハーテビースト属に含まれる動物の総称。

ハト 鳩
〈*dove*〉広義には鳥綱ハト目ハト科に属する鳥の総称で，狭義には伝書鳩などカワラバトから飼い鳥化された各品種，およびそれらが半野生化したドバトをさす。

ハト
カワラバトの別名。

ハードヴィック
〈*Herdwick*〉哺乳綱偶蹄目ウシ科の動物。分布：イングランド北西部。

ハートウィッグヤワゲネズミ
〈*Praomys hartwigi*〉齧歯目ネズミ科（ネズミ亜科）。分布：カメルーン山地，ナイジェリア南東の山地。絶滅危惧IB類。

バードスネーク
〈*Thelotornis kirtlandii*〉爬虫綱有鱗目ナミヘビ科のヘビ。

ハドソンオオソリハシシギ
アメリカオグロシギの別名。

ハドソンカマドドリ
〈*Thripophaga hudsoni*〉鳥綱スズメ目カマドドリ科の鳥。

ハドソンクロタイランチョウ
〈*Phaeotriccus hudsoni*〉鳥綱スズメ目タイランチョウ科の鳥。

パトナ・ビハール
〈*Patna Bihar*〉牛の一品種。

バートニィオナガアリドリ
〈*Drymophila rubricollis*〉アリドリ科。体長14cm。分布：ブラジル南西部，それに隣接するパラグアイおよびアルゼンチンの一部。

ハートマンヤマシマウマ
〈*Equus zebra hartmannae*〉哺乳綱奇蹄目ウマ科の動物。

ハト目
鳥綱の1目。

パトリーツィカグラコウモリ
〈*Asellia patrizii*〉翼手目キクガシラコウモリ科（カグラコウモリ亜科）。前腕長約4cm。分布：エリトリア，エチオピア。絶滅危惧II類。

バートンアレチネズミ
〈*Gerbillus burtoni*〉齧歯目ネズミ科（アレチネズミ亜科）。分布：スーダン。絶滅危惧IA類。

バートンイザリトカゲ
〈*Lialis burtonis*〉爬虫綱有鱗目トカゲ亜目イザリトカゲ科のトカゲ。全長50〜60cm。分布：東南端と西南端を除くオーストラリア，トレスストレイトの島々，ニューギニア南部。

ハナアカアマガエル
〈*Ololygon rubra*〉両生綱無尾目アマガエル科のカエル。体長2.5〜4cm。分布：中央，南ア

ハナイフサ

メリカ。

パナイフサオクモネズミ
〈Crateromys heaneyi〉齧歯目ネズミ科（ネズミ亜科）。頭胴長28〜34cm。分布：フィリピンのパナイ島。絶滅危惧IB類。

パナイモリチメドリ
〈Stachyris latistriata〉スズメ目ヒタキ科（チメドリ亜科）。全長15cm。分布：フィリピンのパナイ島。絶滅危惧II類。

ハナガオフウチョウ
〈Macgregoria pulchra〉鳥綱スズメ目フウチョウ科の鳥。全長39cm。分布：ニューギニア島。絶滅危惧種。

ハナガサインコ 花笠鸚哥
〈Psephotus haematogaster〉鳥綱オウム目インコ科の鳥。

ハナガメ
〈Ocadia sinensis〉爬虫綱カメ目ヌマガメ科のカメ。最大甲長27.1cm。分布：中国南部、台湾、海南島、ベトナム、ラオス。

ハナグマ 鼻熊
〈coati〉哺乳綱食肉目アライグマ科に属する2属4種の動物の総称。

ハナグマ
アカハナグマの別名。

ハナゴンドウ 花巨頭，鼻巨頭
〈Grampus griseus〉哺乳綱クジラ目マイルカ科の動物。別名グレイ・ドルフィン、ホワイトヘッド・グランパス、グレイ・グランパス、グランパス、マツバイルカ。2.6〜3.8m。分布：北半球および南半球の熱帯と温帯の深い水域。

ハナサキガエル 鼻先蛙
〈Rana narina〉両生綱無尾目アカガエル科のカエル。体長オス42〜55mm、メス65〜72mm。分布：沖縄島中部から北部。

ハナサシミツドリ
〈Diglossa baritula〉鳥綱スズメ目ホオジロ科の鳥。

ハナサトウチョウ
〈Loriculus flosculus〉鳥綱オウム目インコ科の鳥。別名ハナサトウ。全長11〜12cm。分布：インドネシアの小スンダ列島のフロレス島。絶滅危惧II類。

ハナジカ
タイワンジカの別名。

ハナジロエボシゲラ
〈Campephilus melanoleucos〉鳥綱キツツキ目キツツキ科の鳥。

ハナジロカマイルカ
〈Lagenorhynchus albirostris〉哺乳綱クジラ目マイルカ科の動物。別名ホワイトノーズ・ドルフィン、スクイッドハウンド、ホワイトビークト・ポーパス。2.5〜2.8m。分布：北大西洋の冷海域および亜寒帯域。

ハナジロゲノン
オオハナジロゲノンの別名。

ハナジロコノハズク
〈Otus sagittatus〉鳥綱フクロウ目フクロウ科の鳥。全長25〜28cm。分布：マレー半島、インドネシアのスマトラ島北部。絶滅危惧II類。

ハナジロハナグマ 鼻白鼻熊
〈Nasua narica〉哺乳綱食肉目アライグマ科の動物。体長80〜130cm。分布：アマゾン南東部、メキシコ、中央アメリカ、コロンビア西部およびエクアドル。

ハナジロヒゲサキ
〈Chiropotes albinasus〉オマキザル科サキ属。頭胴長38cm。分布：南アメリカ。

ハナジロヒメキンモグラ
〈Chlorotalpa sclateri〉哺乳綱食虫目キンモグラ科の動物。頭胴長10cm。分布：南アフリカ共和国、レソト。絶滅危惧II類。

ハナダカカメレオン
〈Calumma nasuta〉爬虫綱有鱗目トカゲ亜目カメレオン科のトカゲ。全長10cm。分布：マダガスカル東部に広く分布。

ハナダカクサリヘビ
〈Vipera ammodytes〉爬虫綱有鱗目ヘビ亜目クサリヘビ科のヘビ。全長65cm。分布：ヨーロッパ南東部からカフカズ地方まで。

ハナツノカメレオン
〈Furcifer rhinoceratus〉爬虫綱有鱗目トカゲ亜目カメレオン科のトカゲ。全長13〜27cm。分布：西マダガスカル西地区の北部。

ハナトガリガエル
〈Ceratobatrachus guentheri〉両生綱無尾目アカガエル科のカエル。体長オス65mm、メス80mm。分布：ソロモン諸島。

ハナドリ 花鳥
〈Dicaeum ignipectus〉鳥綱スズメ目ハナドリ科の鳥。別名ヒメハナドリ。

ハナドリ　花鳥
〈*flowerpecker*〉鳥綱スズメ目ハナドリ科に属する鳥の総称。体長7～19cm。分布：南アジア，ニューギニア，オーストラリア。

バナナガエル
オオバナナガエルの別名。

ハナナガサシオコウモリ
〈*Rhynchonycteris naso*〉哺乳綱コウモリ目サシオコウモリ科の動物。体長3.5～5cm。分布：メキシコから中央および南アメリカにかけて。

ハナナガサバンナガエル
〈*Ptychadena oxyrhynchus*〉体長4～7cm。分布：アフリカ西部および中央部から南東部。

ハナナガタニガエル
〈*Taudactylus acutirostris*〉両生綱無尾目カエル目カメガエル科のカエル。別名イカケヤガエル。体長オス2.2～2.7cm，メス2.9～3cm。分布：オーストラリア北東部。絶滅危惧種。

ハナナガネズミカンガルー
〈*Potorous tridactylus*〉哺乳綱有袋目カンガルー科の動物。

ハナナガハチネズミ
〈*Apomys gracilirostris*〉齧歯目ネズミ科（ネズミ亜科）。頭胴長14～20cm。分布：フィリピンのミンダナオ島。絶滅危惧II類。

ハナナガバンディクート
〈*Perameles nasuta*〉哺乳綱有袋目バンディクート科の動物。

ハナナガヘビ
〈*Rhinocheilus lecontei*〉爬虫綱有鱗目ヘビ亜目ナミヘビ科のヘビ。全長60～100cm。分布：米国南西部からメキシコ北部。

ハナナガヘラコウモリ
〈*Anoura geoffroyi*〉哺乳綱コウモリ目ヘラコウモリ科の動物。体長6～7.5cm。分布：メキシコから南アメリカ北部にかけて。

ハナナガヘラコウモリ
オナシハナナガコウモリの別名。

ハナナガマングース
〈*Herpestes naso*〉哺乳綱食肉目ジャコウネコ科の動物。体長55cm。分布：ナイジェリア南東部からガボン，ザイール。

ハナナガムチヘビ
〈*Ahaetulla nasuta*〉爬虫綱有鱗目ヘビ亜目ナミヘビ科のヘビ。全長1～1.2m。分布：アジア。

バナナシタナガコウモリ
〈*Musonycteris harrisoni*〉哺乳綱翼手目ヘラコウモリ科の動物。前腕長4cm。分布：メキシコ。絶滅危惧II類。

バナナヤモリ
〈*Gekko ulikovskii*〉爬虫綱トカゲ亜目ヤモリ科のヤモリ。

ハナヒメアマガエル
〈*Microhyla pulchra*〉両生綱無尾目ヒメガエル科のカエル。

ハナビラヘビ
〈*Eristicophis mcmahoni*〉爬虫綱有鱗目ヘビ亜目クサリヘビ科のヘビ。全長40～60cm。分布：イラン東部，アフガニスタン，パキスタン。

ハナブトオオトカゲ
〈*Varanus salvadorii*〉爬虫綱有鱗目トカゲ亜目オオトカゲ科のトカゲ。全長最大244cm。分布：ニューギニア島（分水嶺の南側）。

ハナブトワキモンユタ
〈*Uta tumidarostra*〉爬虫綱有鱗目トカゲ亜目イグアナ科の動物。全長13～15cm。分布：北アメリカ。

ハナベルナー
〈*Haná-Berner*〉牛の一品種。

パナマアカコウモリ
〈*Lasiurus castaneus*〉哺乳綱翼手目ヒナコウモリ科の動物。前腕長4.5cm。分布：コスタリカからフランス領ギアナにかけて。絶滅危惧II類。

パナマカイマン
〈*Caiman crocodilus fuscus*〉爬虫綱ワニ目アリゲーター科のワニ。

パナマキノボリネズミ
〈*Tylomys panamensis*〉齧歯目ネズミ科（アメリカネズミ亜科）。頭胴長20cm。分布：パナマ南東部。絶滅危惧II類。

パナマコモチアシナシ
〈*Gymnopis multiplicata*〉両生綱有尾目アシナシイモリ科の動物。体長320～400mm。分布：グァテマラからパナマにかけて。

パナマシカマウス属
〈*Isthmomys*〉哺乳綱齧歯目ネズミ科の動物。分布：パナマ。

パナマスベオアルマジロ
〈*Cabassous centralis*〉哺乳綱貧歯目アルマジロ科の動物。体長30〜40cm。分布：中央アメリカ，南アメリカ北部。

パナマノドジロフトオハチドリ
〈*Selasphorus ardens*〉鳥綱アマツバメ目ハチドリ科の鳥。全長7cm。分布：パナマ西部と中部。絶滅危惧II類。

パナマヒメキノボリネズミ
〈*Rhipidomys scandens*〉齧歯目ネズミ科（アメリカネズミ亜科）。頭胴長13.2cm。分布：パナマ東部。絶滅危惧II類。

ハナマルスッポン
ビブロンマルスッポンの別名。

パナミントアリゲータートカゲ
〈*Gerrhonotus panamintinus*〉爬虫綱トカゲ目（トカゲ亜目）アンギストカゲ科のトカゲ。頭胴長9〜15cm。分布：アメリカ合衆国カリフォルニア州中東部。絶滅危惧II類。

ハナレインコ
〈*Phigys solitarius*〉鳥綱インコ目インコ科の鳥。体長20cm。分布：フィジー諸島。

バーニーズ・ハウンド
ベルン・ラウフフンドの別名。

バーニーズ・マウンテン・ドッグ
〈*Bernese Mountain Dog*〉犬の一品種。別名ベルナー・ゼネンフンド，ベルナー・ゼルネフント。体高58〜70cm。原産：スイス。

バヌアツツカツクリ
〈*Megapodius layardi*〉鳥綱キジ目ツカツクリ科の鳥。全長30〜34cm。分布：バヌアツのニューヘブリデス諸島，バンクス諸島。絶滅危惧種。

ハヌマンラングール
〈*Presbytis entellus*〉哺乳綱霊長目オナガザル科の動物。別名ハイイロヤセザル。体長51〜78cm。分布：南アジア，スリランカ。

ハネアカガエル
〈*Rana dalmatina*〉両生綱無尾目アカガエル科のカエル。体長5〜9cm。分布：ヨーロッパ。

ハネオツパイ
〈*Ptilocercus lowii*〉哺乳綱霊長目ツパイ科の動物。体長10〜14cm。分布：東南アジア。

ハネグロイロムシクイ
タンザニアイロムシクイの別名。

ハネジネズミ　跳地鼠
〈*elephant shrew*〉体型はカンガルーネズミに似るが，吻が長くとがった（英名はこれによる）小獣の総称。

ハネジネズミ目
〈*Macroscelidea*〉ハネジネズミ科。体長10.4〜11.5cm。分布：東，中央，南アフリカ。

ハネナガヨタカ
フキナガシヨタカの別名。

ハネハブ
〈*Porthidium nummifer*〉爬虫綱有鱗目ヘビ亜目クサリヘビ科のヘビ。全長40〜60cm。分布：メキシコ中部からパナマ。

ハネビロノスリ
〈*Buteo platypterus*〉鳥綱ワシタカ目ワシタカ科の鳥。

ハノーヴェリアン・シュヴァイスフント
〈*Hanoverian Schweisshund*〉哺乳綱食肉目イヌ科の動物。

ハノーヴェリアン・ハウンド
〈*Hanoverian Hound*〉犬の一品種。

ハノーバー
〈*Hanover*〉哺乳綱奇蹄目ウマ科の動物。体高162〜174cm。原産：西ドイツ。

ババコト
インドリの別名。

ハバシニワシドリ
〈*Scenopoeetes dentirostris*〉鳥綱スズメ目ニワシドリ科の鳥。

ハバシハチドリ
〈*Androdon aequatorialis*〉鳥綱アマツバメ目ハチドリ科の鳥。

ハハジマメグロ
〈*Apalopteron familiare hahasima*〉鳥綱スズメ目ミツスイ科の鳥。16cm。分布：小笠原諸島。特別天然記念物。

ハバシミソサザイ
オナガミソサザイの別名。

バーバーチズガメ
〈*Graptemys barbouri*〉爬虫綱カメ目ヌマガメ科のカメ。最大甲長32.7cm。分布：米国（アラバマ南東部，ジョージア南西部，フロリダ西部）。

バーバートカゲ バーバー石竜子
〈*Eumeces barbouri*〉スキンク科。全長18cm。分布：沖縄島, 渡嘉敷島, 久米島, 伊平屋島, 奄美大島, 加計呂麻島, 与路島, 請島, 徳之島に分布する日本固有種。

ババトラフガエル
〈*Rana rugulosa*〉両生綱カエル目アカガエル科のカエル。

ハバナ
ハバナ・ブラウンの別名。

ハバナ・ブラウン
〈*Havana Brown*〉猫の一品種。別名ハバナ。

ハバネーズ
〈*Havanese*〉犬の一品種。体高20～28cm。原産：キューバ。

バーバーヒルヤモリ
〈*Phelsuma barbouri*〉爬虫綱有鱗目トカゲ亜目ヤモリ科の動物。全長10～13cm。分布：マダガスカル中央部。

バハマアシナガコウモリ
〈*Natalus tumidifrons*〉哺乳綱翼手目アシナガコウモリ科の動物。前腕長3cm。分布：バハマ。絶滅危惧II類。

バハマアライグマ
〈*Procyon maynardi*〉哺乳綱食肉目アライグマ科の動物。頭胴長71.3cm。分布：バハマのニュープロヴィデンス島。絶滅危惧IB類。

バハマカオグロムシクイ
〈*Geothlypis rostrata*〉鳥綱スズメ目アメリカムシクイ科の鳥。

バハマツチイグアナ
〈*Cyclura cychlura*〉爬虫綱トカゲ目（トカゲ亜目）イグアナ科の動物。頭胴長オス40～48cm, メス34～37cm。分布：バハマ。絶滅危惧II類。

バハマツバメ
〈*Callichelidon cyaneoviridis*〉鳥綱スズメ目ツバメ科の鳥。

バハマフチア
〈*Geocapromys ingrahami*〉哺乳綱齧歯目フチア科の動物。頭胴長33～35cm。分布：バハマ。絶滅危惧II類。

バーバリー
〈*Barbari*〉哺乳綱偶蹄目ウシ科の動物。体高65～75cm。分布：インド, パキスタン。

バーバリアン・シュバイスフント
バーバリアン・マウンテン・ハウンドの別名。

バーバリアン・マウンテン・ハウンド
犬の一品種。別名バイエルン・ブラッド・ハウンド, バーバリアン・シュバイスフント。

バーバリーエイプ
バーバリーマカクの別名。

バーバリーザル
バーバリーマカクの別名。

バーバリーシープ
〈*Ammotragus lervia*〉バーラルと同じくヒツジとヤギの双方に似たところがある偶蹄目ウシ科の哺乳類。別名タテガミヒツジ。体長1.3～1.7m。分布：アフリカ北部。絶滅危惧II類。

バーバリーシマハイエナ
〈*Hyaena hyaena barbara*〉哺乳綱食肉目ハイエナ科の動物。

バーバリーヒョウ
〈*Panthera pardus panthera*〉哺乳綱食肉目ネコ科の動物。

バーバリーマカク
〈*Macaca sylvanus*〉哺乳綱霊長目オナガザル科の動物。別名バーバリーエイプ, バーバリーエープ。頭胴長オス55～62cm, メス45cm。分布：アルジェリア, モロッコ, イギリス領ジブラルタル（移入）。絶滅危惧II類。

パピヨン
〈*Papillon*〉哺乳綱食肉目イヌ科の動物。別名コンチネンタル・トイ・スパニエル, バタフライ・スパニエル, エパニュール・ナン・コンチネンタル。体高20～28cm。原産：フランス。

バビルサ
〈*Babyrousa babyrussa*〉哺乳綱偶蹄目イノシシ科の動物。体長0.9～1.1m。分布：東南アジア（スラベシ, ドギアン, マンゴール諸島）。絶滅危惧II類。

ハブ 波布, 飯匙倩
〈*Trimeresurus flavoviridis*〉爬虫綱有鱗目ヘビ亜目クサリヘビ科のヘビ。別名ホンハブ。全長100～250cm。分布：奄美諸島, 沖縄諸島。

バフ
〈*Buff*〉シチメンチョウ科。分布：アメリカ合衆国。

パプアウズラチメドリ
〈*Cinclosoma ajax*〉鳥綱スズメ目ヒタキ科の

ハフアオウ

鳥。体長23cm。分布：ニューギニア南部の低地。

パプアオウギワシ
〈*Harpyopsis novaeguineae*〉鳥綱タカ目タカ科の鳥。体長75〜90cm。分布：ニューギニア。絶滅危惧種。

パプアオウチュウ
〈*Chaetorhynchus papuensis*〉鳥綱スズメ目オウチュウ科の鳥。

パプアオオセッカ
〈*Megalurus albolimbatus*〉スズメ目ヒタキ科（ウグイス亜科）。全長15cm。分布：ニューギニア島南部。絶滅危惧種。

パプアオナガフクロウ
〈*Uroglaux dimorpha*〉鳥綱フクロウ目フクロウ科の鳥。体長30〜33cm。分布：ニューギニア全域にまばらに分布。ヤーペン島にも分布。

パプアオリーブニシキヘビ
〈*Apodora papuana*〉爬虫綱有鱗目ヘビ亜目ニシキヘビ科のヘビ。全長3.6〜4.3m。分布：アジア、オーストラリアとその周辺。

パプアカグラコウモリ
〈*Hipposideros papua*〉翼手目キクガシラコウモリ科（カグラコウモリ亜科）。前腕長5cm。分布：ニューギニア島、インドネシアのモルッカ諸島、ハルマヘラ島、バチャン島など。絶滅危惧種。

パプアガマグチヨタカ
〈*Podargus papuensis*〉鳥綱ガマグチヨタカ科の鳥。体長50cm。分布：ニューギニアとオーストラリア北東部。

パプアクイナ
〈*Megacrex inepta*〉鳥綱ツル目クイナ科の鳥。別名ニューギニアハシブトクイナ。

パプアゴジュウカラ
〈*Neositta papuensis*〉鳥綱スズメ目ゴジュウカラ科の鳥。

パプアシワコブサイチョウ
〈*Aceros plicatus*〉鳥綱ブッポウソウ目サイチョウ科の鳥。

パフアダー
〈*Bitis arietans*〉爬虫綱有鱗目ヘビ亜目クサリヘビ科のヘビ。全長1〜1.9m。分布：熱帯雨林や砂漠を除くアフリカ全域、アラビア半島南部。

パプアニシキヘビ
〈*Liasis popuanus*〉爬虫綱有鱗目ヘビ亜目ボア科のヘビ。全長2.3m。分布：ニューギニア。

パプアニワシドリ
〈*Archboldia papuensis*〉鳥綱スズメ目ニワシドリ科の鳥。全長37cm。分布：ニューギニア島。絶滅危惧種。

パプアハゲミツスイ
〈*Philemon novaeguineae*〉鳥綱スズメ目ミツスイ科の鳥。

パプアハナドリ
カラハナドリの別名。

パプアヒクイドリ
〈*Casuarius unappendiculatus*〉鳥綱ヒクイドリ目ヒクイドリ科の鳥。体高150cm。分布：ニューギニア島北部。絶滅危惧種。

パプアヒメフクロネコ
〈*Dasyurus albopunctatus*〉フクロネコ目フクロネコ科。頭胴長オス22.8〜35cm、メス24.1〜27.5cm。分布：ニューギニア島。絶滅危惧種。

パプアフクロモモンガ
〈*Petaurus abidi*〉二門歯目フクロモモンガ科。頭胴長25.7〜27.6cm。分布：ニューギニア島中北部。絶滅危惧種。

パプアプラニガーレ
〈*Planigale novaeguineae*〉フクロネコ目フクロネコ科。頭胴長7.9cm。分布：ニューギニア島南部。絶滅危惧種。

パプアモリツバメ
〈*Artamus maximus*〉鳥綱スズメ目モリツバメ科の鳥。

バフイロムシクイ
〈*Phylloscopus subaffinis*〉鳥綱スズメ目ヒタキ科ウグイス亜科の鳥。

パフィング・ピッグ
イロワケイルカの別名。

バフムジツグミ
〈*Turdus grayi*〉鳥綱スズメ目ツグミ科の鳥。体長23〜24cm。分布：メキシコ南東部、中央アメリカ、コロンビアの海岸地域。

ハブモドキ
〈*Macropisthodon rudis*〉爬虫綱有鱗目ヘビ亜目ナミヘビ科のヘビ。全長80〜90cm。分布：台湾、中国南部。

ハブモドキボア
　パシフィックボアの別名。

バーブリーフモンキー
　〈Semnopithecus barbei〉オナガザル科ラングール属。頭胴長43～60cm。分布：中国南部、インドシナ北部からビルマ。

ハフリンガー
　〈Haflinger〉哺乳綱奇蹄目ウマ科の動物。137～140cm。原産：南オーストリア。

バブーン
　ヒヒの別名。

バーボン・レッド
　〈Bourbon Red〉シチメンチョウ科。分布：アメリカ合衆国。

ハマカマドドリ 浜竈鳥
　〈Cinclodes nigrofumosus〉鳥綱スズメ目カマドドリ科の鳥。別名ウミベカマドリ。

ハマシギ 浜鷸
　〈Calidris alpina〉鳥綱チドリ目シギ科の鳥。体長16～22cm。分布：北極圏、温帯の北部。亜熱帯にまで南下して越冬。

ハマダラインコ
　〈Touit stictoptera〉鳥綱オウム目インコ科の鳥。全長18cm。分布：コロンビア、エクアドル、ペルー北部にかけて。絶滅危惧II類。

ハマヒバリ 浜雲雀
　〈Eremophila alpestris〉鳥綱スズメ目ヒバリ科の鳥。体長15cm。分布：ユーラシアの北極圏および山地，アジア中・南西部，アトラス山脈，北アメリカの大部分で繁殖。北方の亜種は繁殖地の南部で越冬。アンデス山脈には隔離されて移動しないものが生息。

ハマヒメドリ 浜姫鳥
　〈Ammodramus maritimus〉鳥綱スズメ目ホウジロ科の鳥。

バーマン
　〈Birman〉猫の一品種。原産：ビルマ（ミャンマー）。

バーミーズ
　〈Burmese〉猫の一品種。別名バーメーズ。原産：タイ。

バミューダシロハラミズナギドリ
　バミューダミズナギドリの別名。

バーミューダトカゲ
　〈Eumeces longirostris〉爬虫綱トカゲ目（トカゲ亜目）トカゲ科のトカゲ。頭胴長5.3～7.6cm。分布：イギリス領バーミューダ諸島。絶滅危惧IA類。

バミューダミズナギドリ
　〈Pterodroma cahow〉鳥綱ミズナギドリ目ミズナギドリ科の鳥。別名バーミューダシロハラミズナギドリ。体長41cm。分布：非繁殖期は不明。バミューダ島東沖の5つの小島で繁殖。絶滅危惧IB類。

バーミラ
　〈Burmilla〉猫の一品種。原産：イギリス。

ハミルトンガメ
　〈Geoclemys hamiltonii〉爬虫綱カメ目ヌマガメ科のカメ。最大甲長36cm。分布：パキスタン，インド北部，バングラデシュ（インダス，ブラマプートラ，ガンジス川流域）。

ハミルトン・シュトーバレ
　〈Hamiltonstövare〉哺乳綱食肉目イヌ科の動物。別名ハミルトン・ハウンド。体高51～61cm。分布：スウェーデン。

ハミルトン・ステバレ
　ハミルトン・シュトーバレの別名。

ハミルトンツームコウモリ
　〈Taphozous hamiltoni〉哺乳綱翼手目サシオコウモリ科の動物。頭胴長8cm。分布：チャド，ケニア，スーダン。絶滅危惧II類。

ハミルトン・ハウンド
　ハミルトン・シュトーバレの別名。

ハミルトンムカシガエル
　〈Leiopelma hamiltoni〉両生綱無尾目カエル目ムカシガエル科のカエル。体長3.5～4.3cm。分布：ニュージーランド。絶滅危惧II類。

パームシベット
　〈Paradoxurus hermaphroditus〉哺乳綱食肉目ジャコウネコ科ハクビシン亜科の動物。体長43～71cm。分布：南アジア，東アジア，東南アジア。

パームシベット
　〈palm civet〉広義には哺乳綱食肉目ジャコウネコ科ハクビシン亜科に属する動物の総称で，狭義にはそのうちの1種をさす。

ハムスター
　〈hamster〉ゴールデンハムスターに代表される小獣で，齧歯目ネズミ科キヌゲネズミ亜科Cricetinaeの哺乳類の総称。

バーメーズ
バーミーズの別名。

ハメリンクシミミトカゲ
〈*Ctenotus zastictus*〉トカゲ目（トカゲ亜目）トカゲ科（スベトカゲ亜科）。頭胴長5.8cm。分布：オーストラリア西部。絶滅危惧種。

バメンダイロムシクイ
〈*Apalis bamendae*〉スズメ目ヒタキ科（ウグイス亜科）。全長11cm。分布：カメルーン。絶滅危惧II類。

ハーモンアカネズミ
〈*Apodemus hermonensis*〉齧歯目ネズミ科（ネズミ亜科）。頭胴長7～9cm。分布：イスラエルからレバノンにかけて。絶滅危惧IB類。

ハモンドメジロタイランチョウ
〈*Empidonax hammondii*〉鳥綱スズメ目タイランチョウ科の鳥。

ハヤアシコヤスガエル
〈*Eleutherodactylus sisyphodemus*〉両生綱無尾目カエル目ユビナガガエル科のカエル。体長オス1.2～1.4cm、メス1.6～1.8cm。分布：ジャマイカ西部。絶滅危惧II類。

ハヤセガメ
〈*Rheodytes leukops*〉爬虫綱カメ目ヘビクビガメ科のカメ。背甲長最大26.2cm。分布：オーストラリア北東部のフィッツロイ川水系。絶滅危惧種。

ハヤブサ 隼
〈*Falco peregrinus*〉鳥綱タカ目ハヤブサ科の鳥。体長36～48cm。分布：ほぼ全世界。サハラ砂漠地帯、中央アジア、南アメリカの大部分には生息しない。

ハヤブサ 隼
〈*falcon*〉広義には鳥綱タカ目ハヤブサ科に属する鳥の総称で、狭義にはそのうちの1種をさす。

ハヤブサ科
鳥綱タカ目ハヤブサ科の鳥。体長25～60cm。分布：全大陸。

ハラアカマルガメ
ミスジハコガメの別名。

バライロガモ 薔薇色鴨
〈*Rhodonessa caryophyllacea*〉鳥綱ガンカモ目ガンカモ科の鳥。全長62cm。分布：ネパール中部、インド北東部、ミャンマーに局地的に分布していたが、絶滅した可能性がある。絶滅危惧IA類。

バライロカモメ
ヒメクビワカモメの別名。

バライロクロヒタキ
〈*Petroica rodinogaster*〉鳥綱スズメ目ヒタキ科の鳥。

バライロマシコ
〈*Urocynchramus pylzowi*〉鳥綱スズメ目アトリ科の鳥。

バライロムクドリ
〈*Sturnus roseus*〉鳥綱スズメ目ムクドリ科の鳥。体長23cm。分布：東ヨーロッパ、西および中央アジア。インドに渡って越冬。

バラエリキヌバネドリ
〈*Harpactes diardii*〉鳥綱キヌバネドリ科の鳥。体長30cm。分布：スマトラ島、マレー半島からボルネオ島にかけての東南アジア。

ハラオビカメレオン
〈*Calumma gastrotaenia*〉爬虫綱有鱗目トカゲ亜目カメレオン科のトカゲ。全長9～14cm。分布：マダガスカル東部に広く分布。

バラオムナジロバト
〈*Gallicolumba canifrons*〉鳥綱ハト目ハト科の鳥。

ハラガケガメ
〈*Claudius angustatus*〉爬虫綱カメ目ドロガメ科のカメ。最大甲長16.5cm。分布：中米（メキシコのベラクルスからグァテマラ、ベリーズ。ユカタン半島は除く）。

ハラガケドロガメ
キンタロドロガメの別名。

パラグァイカイマン
〈*Caiman crocodilus yacare*〉爬虫綱ワニ目アリゲータ科のワニ。

パラグアナツチヤモリ
〈*Lepidoblepharis montecanoensis*〉爬虫綱トカゲ目（トカゲ亜目）ヤモリ科の動物。頭胴長1.8～2.1cm。分布：ベネズエラ北西部のパラグアナ半島。絶滅危惧IA類。

パラクモザル
〈*Ateles marginatus*〉哺乳綱霊長目オマキザル科の動物。頭胴長50～65cm。分布：ブラジル北部、アマゾン川南側のタパジョース川とトカンティンス川に挟まれた地域。絶滅危惧IB類。

ハラグロミミナシガエル
〈*Discoglossus nigriventer*〉両生綱無尾目ミミナシガエル科のカエル。

パラシュートヤモリ
〈*Ptychozoon kuhli*〉爬虫綱有鱗目トカゲ亜目ヤモリ科の動物。全長19cm。分布：タイ，マレーシア。

ハラジロイルカ
〈*Cephalorhynchus eutropia*〉哺乳綱クジラ目マイルカ科の動物。別名ホワイトベリード・ドルフィン，チリアン・ドルフィン，チリアン・ブラック・ドルフィン。1.2〜1.7m。分布：チリの沿岸水域。

ハラジロカマイルカ
〈*Lagenorhynchus obscurus*〉哺乳綱クジラ目マイルカ科の動物。別名フィズロイズ・ドルフィン。1.6〜2.1m。分布：ニュージーランド，南アフリカおよび南アメリカの沿岸の温暖海域。

ハラジロワシ
チュウヒワシの別名。

バラシンガジカ
〈*Cervus duvauceli*〉哺乳綱偶蹄目シカ科の動物。別名インドヌマジカ，ヌマジカ。頭胴長180cm。分布：ネパール，インド。絶滅危惧II類。

ハラスジヤマガメ
〈*Rhinoclemmys funerea*〉爬虫綱カメ目ヌマガメ科のカメ。最大甲長32.5cm。分布：ホンジュラス，ニカラグア国境（ココ川）からパナマ中部。

パラダイスキノボリヘビ
パラダイストビヘビの別名。

パラダイストビヘビ
〈*Chrysopelea paradisi*〉爬虫綱有鱗目ヘビ亜目ナミヘビ科のヘビ。全長1〜1.2m。分布：アジア。

バラディ
〈*Baladi*〉牛の一品種。

パラドックスジネズミ
〈*Crocidura paradoxura*〉哺乳綱食虫目トガリネズミ科の動物。頭胴長6.6cm。分布：インドネシアの西スマトラ州のシンガラン山だけから知られるが，西ジャワ州のパンランゴ山にもいるらしい。絶滅危惧IB類。

バラノドカザリドリモドキ
〈*Pachyramphus aglaiae*〉タイランチョウ科。体長15cm。分布：テキサス南部およびアリゾナ南部からコスタリカ。

バラノドズキンフウキンチョウ
〈*Nemosia rourei*〉スズメ目ホオジロ科（フウキンチョウ亜科）。全長14cm。分布：ブラジル南東部。絶滅危惧IA類。

バラノドチビハチドリ
〈*Acestrura bombus*〉鳥綱アマツバメ目ハチドリ科の鳥。全長6〜7cm。分布：エクアドル，ペルー。絶滅危惧IB類。

ハラブチガエル
〈*Rana adenopleura*〉両生綱無尾目アカガエル科の動物。分布：石垣島，西表島。

バラフヤブモズ
〈*Tchagra cruenta*〉鳥綱スズメ目モズ科の鳥。

パラマウスオポッサム
〈*Gracilinanus emiliae*〉オポッサム目オポッサム科。頭胴長7〜9cm。分布：コロンビア，ブラジル北東部，スリナム。絶滅危惧II類。

バラミス
〈*Burramys parvus*〉二門歯目バラミス科。別名ブーラミス。頭胴長10〜13cm。分布：オーストラリア南東部。絶滅危惧。

バラムネアメリカムシクイ
〈*Granatellus pelzelni*〉アメリカムシクイ科。体長13cm。分布：ベネズエラ南部およびギアナ地方からアマゾン川流域のブラジル，ボリビア北部。

バラムネオナガバト
〈*Macropygia amboinensis*〉鳥綱ハト目ハト科の鳥。体長30〜45cm。分布：オーストラリアの東海岸，ニューギニア，インドネシア，フィリピン。

バラムネフウキンチョウ
〈*Rhodinocichla rosea*〉鳥綱スズメ目ホオジロ科の鳥。体長20cm。分布：メキシコ西部，コスタリカからコロンビア，ベネズエラあたりにまで分布する。

パラモネズミ属
〈*Thomasomys*〉哺乳綱齧歯目ネズミ科の動物。分布：コロンビアとベネズエラの高地から，南はブラジル南部とアルゼンチン北東部まで。

ハラルカ
ジャララカの別名。

ハラル

バーラル
〈*Pseudois nayaur*〉哺乳綱偶蹄目ウシ科の動物。別名ブルーシープ。体長1.2～1.7m。分布：南アジアから東アジアにかけて。

ハラルド マイヤーオビト カゲ
〈*Zonosaurus haraldmeieri*〉爬虫綱有鱗目トカゲ亜目ヨロイトカゲ科のトカゲ。全長30cm。分布：マダガスカル北端部。

パラワンアナグマ
〈*Mydaus marchei*〉哺乳綱食肉目イタチ科の動物。体長32～46cm。分布：パラワン諸島、ブスアンガ諸島。絶滅危惧II類。

パラワンクマネズミ
〈*Palawanomys furvus*〉齧歯目ネズミ科（ネズミ亜科）。頭胴長12.5～16cm。分布：フィリピンのパラワン島。絶滅危惧IB類。

パラワンコクジャク
〈*Polyplectron emphanum*〉鳥綱キジ目キジ科の鳥。別名ナポレオンコクジャク。全長オス50cm、メス40cm。分布：フィリピンのパラワン島。絶滅危惧IB類。

パラワンコノハズク
〈*Otus fuliginosus*〉鳥綱フクロウ目フクロウ科の鳥。全長19～20cm。分布：フィリピンのパラワン島。絶滅危惧II類。

パラワンジネズミ
〈*Crocidura palawanensis*〉哺乳綱食虫目トガリネズミ科の動物。頭胴長7～9.5cm。分布：フィリピンのパラワン島。絶滅危惧II類。

パラワンチャイロチメドリ
〈*Malacopteron palawanense*〉スズメ目ヒタキ科（チメドリ亜科）。全長17cm。分布：フィリピンのパラワン島、バラバック島。絶滅危惧IB類。

パラワンツパイ
〈*Tupaia palawanensis*〉哺乳綱ツパイ目ツパイ科の動物。頭胴長19cm。分布：フィリピンのパラワン島、ブスアンガ島、クリオン島、クーヨ諸島。絶滅危惧II類。

パラワンヒタキ
〈*Ficedula platenae*〉スズメ目ヒタキ科（ヒタキ亜科）。全長12cm。分布：フィリピンのパラワン島、バラバック島。絶滅危惧IB類。

パラワンミノチメドリ
〈*Ptilocichla falcata*〉スズメ目ヒタキ科（チメドリ亜科）。全長18cm。分布：フィリピンのパラワン島、バラバック島。絶滅危惧IB類。

パラワンモリチメドリ
〈*Stachyris hypogrammica*〉スズメ目ヒタキ科（チメドリ亜科）。全長15cm。分布：フィリピンのパラワン島。絶滅危惧II類。

パラワンヤマスンダリス
〈*Sundasciurus rabori*〉哺乳綱齧歯目リス科の動物。頭胴長16.3～18.6cm。分布：フィリピンのパラワン島の山岳部。絶滅危惧II類。

パラワンヤマネコ
〈*Prionailurus bengalensis minutus*〉哺乳綱食肉目ネコ科のベンガルヤマネコの1亜種。体長36cm。分布：フィリピンのパラワン島やネグロス島。

バリ
馬の一品種。体高121～133cm。原産：インドネシア（バリ島）。

ハリア
〈*Harrier*〉哺乳綱食肉目イヌ科の動物。体高46～56cm。分布：イギリス。

バリア
〈*Baria*〉牛の一品種。

バリアケン パリア犬
〈*Pariah dog*〉哺乳綱食肉目イヌ科の動物。

ハリアナ
〈*Hariana*〉哺乳綱偶蹄目ウシ科の動物。体高オス140cm、メス130cm。分布：インド。

バリウシ バリ牛
〈*Balinese*〉哺乳綱偶蹄目ウシ科の動物。メスの肩高111cm。分布：バリ。

ハリオアマツバメ 針尾雨燕
〈*Chaetura caudacuta*〉鳥綱アマツバメ目アマツバメ科の鳥。体長20cm。分布：アジアやヒマラヤで繁殖。ニュージーランド以北で越冬。国内では本州中部以北の夏鳥。

バリオガエル
〈*Insuetophrynus acarpicus*〉両生綱無尾目カエル目ユビナガガエル科のカエル。体長オス4.1～5.6cm、メス3.5～5.3cm。分布：チリ中部。絶滅危惧II類。

ハリオカマドドリ 針尾竈鳥
〈*Aphrastura spinicauda*〉鳥綱スズメ目カマドドリ科の鳥。体長15cm。分布：チリ中央から南方の、アンデス山脈の標高、低い斜面や、丈の低い森林。

ハリオシギ　針尾鷸
〈Gallinago stenura〉鳥綱チドリ目シギ科の鳥。全長25cm。

ハリオセアオマイコドリ
ハリオルリマイコドリの別名。

ハリオタイランチョウ　針尾太蘭鳥
〈Culicivora caudacuta〉鳥綱スズメ目タイランチョウ科の鳥。

ハリオツバメ　針尾燕
〈Hirundo smithii〉鳥綱スズメ目ツバメ科の鳥。

ハリオハチクイ
〈Merops philippinus〉鳥綱ブッポウソウ目ハチクイ科の鳥。全長23cm。

ハリオハチドリ
〈Chaetocercus jourdanii〉鳥綱アマツバメ目ハチドリ科の鳥。

ハリオヒメカメレオン
〈Brookesia vadoni〉爬虫綱有鱗目トカゲ亜目カメレオン科のトカゲ。全長57～58mm。分布：マダガスカル東部のマソアラ半島。

ハリオマイコドリ　針尾舞子鳥
〈Teleonema filicauda〉鳥綱スズメ目マイコドリ科の鳥。体長13cm。分布：南アメリカ北部の，アンデス山脈の東側。

ハリオルリマイコドリ　針尾瑠璃舞子鳥
〈Chiroxiphia lanceolata〉鳥綱スズメ目マイコドリ科の鳥。別名ハリオセアオマイコドリ。

ハリカール
〈Hallikar〉哺乳綱偶蹄目ウシ科の動物。体高オス140cm，メス120cm。分布：インド南部。

バリケン　蕃鴨
〈muscovy duck〉ペルー原産のノバリケンCairina moschataを馴化した肉用の家禽。

ハリスオリンゴ
〈Bassaricyon lasius〉哺乳綱食肉目アライグマ科の動物。頭胴長38cm。分布：コスタリカ中部。絶滅危惧IB類。

ハリースコミルクヘビ
〈Lampropeltis triangulum amaura〉爬虫綱有鱗目ヘビ亜目ナミヘビ科のヘビ。分布：メキシコ中部の太平洋岸に寄った地域。

ハリテンレック
〈Setifer setosus〉哺乳綱モグラ目テンレック科の動物。体長15～22cm。分布：マダガスカル。

バリトウノザイライドリ　バリ島の在来鶏
〈Bali native fowl〉牛の一品種。原産：バリ島。

バリトラ
〈Panthera tigris balica〉哺乳綱食肉目ネコ科の動物。

バリニーズ
〈Balinese〉猫の一品種。原産：アメリカ。

ハリネズミ　針鼠
〈hedgehog〉広義には哺乳綱食虫目ハリネズミ科ハリネズミ亜科に属する動物の総称で，狭義にはそのうちの1種をさす。分布：アフリカ，ヨーロッパ，アジア。

ハリネズミ
ナミハリネズミの別名。

ハリバネムシクイタイランチョウ　針羽虫喰太蘭鳥
〈Pseudocolopteryx acutipennis〉鳥綱スズメ目タイランチョウ科の鳥。

ハリモグラ　針土竜
〈Tachyglossus aculeatus〉哺乳綱単孔目ハリモグラ科の動物。体長30～45cm。分布：オーストラリア（タスマニア含む），ニューギニア。

ハリモミライチョウ
〈Dendragapus canadensis〉ライチョウ科。体長38～43cm。分布：アラスカ西部からカナダ東部および合衆国北部。

ハリモモチュウシャク
鳥綱チドリ目シギ科の鳥。

ハリモモチュウシャクシギ　針腿中杓，針腿中杓鷸
〈Numenius tahitiensis〉鳥綱チドリ目シギ科の鳥。全長40～44cm。分布：繁殖地はアメリカ合衆国のアラスカ州南西部。越冬地は太平洋からオセアニアの島嶼。絶滅危惧II類。

バリラ
キムネハワイマシコの別名。

バリントンリクイグアナ
〈Conolophus pallidus〉爬虫綱トカゲ目（トカゲ亜目）イグアナ科の動物。頭胴長38～50cm。分布：エクアドルのガラパゴス諸島。絶滅危惧II類。

ハルアマガエル
〈Hyla crucifer〉両生綱無尾目アマガエル科の

カエル。

バルカン
〈*Balkan*〉哺乳綱偶蹄目ウシ科の動物。体高オス70cm, メス65cm。分布：アルバニア, ブルガリア, ギリシア, ユーゴスラビア。

バルカンコガラ
〈*Parus lugubris*〉鳥綱スズメ目シジュウカラ科の鳥。

バルカンスキ・ゴニッツ
犬の一品種。

バルカン・ハウンド
〈*Balkan Hound*〉犬の一品種。体高43～53cm。原産：旧ユーゴスラビア。

バルカンヘビガタトカゲ
ヨーロッパヘビトカゲの別名。

バルカンレーサー
〈*Coluber gemonensis*〉爬虫綱有鱗目ヘビ亜目ナミヘビ科のヘビ。全長1m未満。分布：アドリア海の東岸からギリシア, ギオウラ島。

バルキスタンツキノワグマ
〈*Ursus thibetanus gedrosianus*〉哺乳綱食肉目クマ科の動物。

バルキテリウム
〈*Baluchitherium*〉奇蹄目サイ科の1属で, 地上最大の哺乳類。

ハルクイン
〈*Melopsittacus undulatus var. domestica*〉鳥綱オウム目インコ科の鳥。

バルーチ
〈*Baluchi*〉分布：イラン。

バルチスタンコミミトビネズミ
〈*Salpingotulus michaelis*〉哺乳綱齧歯目トビネズミ科の動物。分布：パキスタン。

ハルツゲドリ
ウグイスの別名。

パルテネーズ
〈*Parthenese*〉牛の一品種。

ハルデン・シュテーバー
〈*Haldenstövare*〉犬の一品種。体高51～64cm。原産：ノルウェー。

ハルデンステーヴェル
ハルデン・シュテーバーの別名。

バルド スターナ
〈*Valdstana*〉牛の一品種。

ハルト・ポルスキ
犬の一品種。

ハルドンアガマ
〈*Stelio stelio*〉爬虫綱有鱗目トカゲ亜目アガマ科のトカゲ。全長28～38cm。分布：アジア南西部, アフリカ北東部, ギリシア。

バルバドスアライグマ
〈*Procyon gloveranni*〉アライグマ科アライグマ属。分布：バルバドス島。

バルバドス・ブラックベリー
〈*Barbados Blackbelly*〉哺乳綱偶蹄目ウシ科の動物。分布：バルバドス島。

バルバドス レーサー
〈*Liophis perfuscus*〉爬虫綱トカゲ目（ヘビ亜目）ナミヘビ科のヘビ。頭胴長75～80cm。分布：バルバドス。絶滅危惧IB類。

バルビー
〈*Barbet*〉犬の一品種。体高46～56cm。分布：フランス。

バルブ
〈*Barb*〉哺乳綱奇蹄目ウマ科の動物。体高142～152cm。原産：北アフリカ（バーバリー）。

バルベ
犬の一品種。

パルマーシマリス
〈*Tamias palmeri*〉哺乳綱齧歯目リス科の動物。全長20.4～23.3cm。分布：アメリカ合衆国ネヴァダ州南部のチャールストン山地。絶滅危惧II類。

パルマスオオコウモリ
〈*Pteropus pumilus*〉哺乳綱翼手目オオコウモリ科の動物。前腕長10.9cm。分布：フィリピン, インドネシアのミアンガス島とタラウド諸島。絶滅危惧II類。

ハルマヘラクイナ
〈*Habroptila wallacii*〉鳥綱ツル目クイナ科の鳥。別名ハルマヘラクロクイナ。全長35～38cm。分布：インドネシアのハルマヘラ島。絶滅危惧II類。

ハルマヘラクロクイナ
ハルマヘラクイナの別名。

パルマヤブワラビー
パルマワラビーの別名。

パルマワラビー
〈*Macropus parma*〉哺乳綱有袋目カンガルー科の動物。別名パルマヤブワラビー。体長45〜53cm。分布：オーストラリア東部。絶滅危惧種。

バルマンハタオリ
〈*Malimbus ballmanni*〉鳥綱スズメ目ハタオリドリ科の鳥。全長16cm。分布：コートジボアール南西部，シエラレオネ東部，リベリア。絶滅危惧IB類。

バレアリック
〈*Balearic*〉哺乳綱奇蹄目ウマ科の動物。

バレアレスイワカナヘビ
〈*Podarcis lilfordi*〉爬虫綱有鱗目トカゲ亜目カナヘビ科の動物。全長18〜22cm。分布：バレアレス諸島。絶滅危惧II類。

ハレギオオコウモリ
〈*Pteropus ornatus*〉哺乳綱翼手目オオコウモリ科の動物。前腕長15cm。分布：ニューカレドニア島，その北東にあるフランス領ロワヨテ諸島。絶滅危惧種。

ハーレクィンガエル
〈*Atelopus zeteki*〉両生綱無尾目ヒキガエル科のカエル。全長4〜5.5cm。分布：中央アメリカ。絶滅危惧。

ハーレクインサンゴヘビ
トウブサンゴヘビの別名。

パレスチナクサリヘビ
〈*Vipera palaestinae*〉爬虫綱有鱗目クサリヘビ科のヘビ。

ハレナジネズミ
〈*Crocidura harenna*〉哺乳綱食虫目トガリネズミ科の動物。分布：エチオピアのバレ山地ハレナ・フォレストだけから知られている。絶滅危惧IA類。

バレヤマメジロ
〈*Zosterops winifrecdae*〉鳥綱スズメ目メジロ科の鳥。全長11cm。分布：タンザニア。絶滅危惧II類。

ハーレラドロガメ
〈*Kinosternon herrerai*〉爬虫綱カメ目ドロガメ科のカメ。最大甲長17cm。分布：メキシコ東部・中部（タマウリーパス州南部，ベラクルス州北部，サンルイスポトシ州東部，イダルゴ州，プエーブラ州）。

バレンダス・エスパノーラス
〈*Barrendas Españolas*〉牛の一品種。

ハロウェルアマガエル ハロウェル雨蛙
〈*Hyla hallowellii*〉両生綱無尾目アマガエル科のカエル。体長30〜35mm。分布：喜界島，奄美大島，加計呂麻島，請島，徳之島，与論島，沖縄島，西表島などの南西諸島に分布。

バロツェ
〈*Barotse*〉牛の一品種。

パロミノ
〈*Palomino*〉哺乳綱奇蹄目ウマ科の動物。体高145〜162cm。原産：アメリカ合衆国。

ハワイオオバン
〈*Fulica alai*〉鳥綱ツル目クイナ科の鳥。全長39cm。分布：アメリカ合衆国ハワイ州。絶滅危惧II類。

ハワイガラス
〈*Corvus tropicus*〉鳥綱スズメ目カラス科の鳥。全長48cm。分布：アメリカ合衆国ハワイ州のハワイ島。絶滅危惧IA類。

ハワイガン
〈*Branta sandvicensis*〉カモ科。体長56〜71cm。分布：ハワイ諸島のみ。絶滅危惧II類。

ハワイキバシリ
〈*Oreomystis mana*〉鳥綱スズメ目ハワイミツスイ科の鳥。全長11cm。分布：アメリカ合衆国ハワイ州のハワイ島。絶滅危惧IB類。

ハワイシロハラミズナギドリ ハワイ白腹水薙鳥
〈*Pterodroma phaeopygia*〉鳥綱ミズナギドリ目ミズナギドリ科の鳥。全長約43cm，翼開張90cm。分布：太平洋の熱帯に生息し，エクアドルのガラパゴス諸島で繁殖。絶滅危惧II類。

ハワイツグミ
〈*Phaeornis obscurus*〉鳥綱スズメ目ヒタキ科ツグミ亜科の鳥。

ハワイノスリ
〈*Buteo solitarius*〉鳥綱タカ目タカ科の鳥。体長41〜46cm。分布：ハワイ島。マウイ島やオアフ島にも。

ハワイヒタキ
〈*Chasiempis sandwichensis*〉カササギビタキ科。体長14cm。分布：ハワイ諸島。

ハワイマガモ
〈*Anas wyvilliana*〉鳥綱カモ目カモ科の鳥。全長44〜49cm。分布：アメリカ合衆国ハワイ

州のカウアイ島。絶滅危惧II類。

ハワイマンクスミズナギドリ
〈Puffinus newelli〉鳥綱ミズナギドリ目ミズナギドリ科の鳥。全長31〜35cm。分布：アメリカ合衆国ハワイ州のカウアイ島で繁殖。絶滅危惧II類。

ハワイミツスイ
〈Viridonia virens〉鳥綱スズメ目ハワイミツスイ科の鳥。体長11cm。分布：ハワイ諸島。

ハワイミツスイ
〈Hawaiian honeycreeper〉鳥綱スズメ目ハワイミツスイ科に属する鳥の総称。体長10〜20cm。分布：ハワイ諸島。

ハワイモンクアザラシ
〈Monachus schauinslandi〉哺乳綱食肉目アザラシ科の動物。別名タイヘイヨウモンクアザラシ。全長オス2.1mオス、メス2.3m。分布：アメリカ合衆国ハワイ州。絶滅危惧IB類。

バン　鷭
〈Gallinula chloropus〉鳥綱ツル目クイナ科の鳥。体長33cm。分布：南北アメリカ, アフリカ, ヨーロッパ, ジャワ島以北のアジア, 西太平洋の島々。国内では全国。

ハンエリヨタカ　半襟夜鷹
〈Lurocalis semitorquatus〉鳥綱ヨタカ目ヨタカ科の鳥。別名タンビヨタカ。

バンガイガラス
〈Corvus unicolor〉鳥綱スズメ目カラス科の鳥。全長39cm。分布：インドネシアのバンガイ諸島。絶滅危惧II類。

バンガイヒタキ
〈Eutrichomyias rowleyi〉スズメ目ヒタキ科（カササギビタキ亜科）。全長18cm。分布：インドネシアのサンギへ島。絶滅危惧IA類。

ハンガリアン
〈Columba livia var. domestica〉鳥綱ハト目ハト科の鳥。

ハンガリアン・グレーハウンド
〈Hungarian Greyhound〉犬の一品種。体高64〜70cm。原産：ハンガリー。

ハンガリアン・ビズラ
ビズラの別名。

ハンガリアン・プミ
〈Hungarian Pumi〉哺乳綱食肉目イヌ科の動物。

ハンガリアン・プーリー
プーリーの別名。

ハンガリアン・ポインター
ビズラの別名。

ハンガリーソウゲンウシ　ハンガリー草原牛
〈Hungarian Steppe〉分布：ハンガリー。

バンクイナ　鵲秧鶏
〈Amaurornis olivaceus〉鳥綱ツル目クイナ科の鳥。

バンクスオオコウモリ
〈Pteropus fundatus〉哺乳綱翼手目オオコウモリ科の動物。前腕長14cm。分布：バヌアツのニューヘブリデス諸島, バンクス諸島。絶滅危惧種。

バングラデシュスイギュウ　バングラデシュ水牛
〈Bangladesh Water Buffalo〉分布：バングラデシュ。

バングラデシュホウボクヨウトン　バングラデシュ放牧養豚
〈Grazing of native pigs in Bangladesh〉分布：バングラデシュ。

ハングルアカシカ
カシミールアカシカの別名。

パンケーキガメ
〈Malacochersus tornieri〉爬虫綱カメ目リクガメ科のカメ。最大甲長17.7cm。分布：アフリカ東部（ケニアとタンザニア）。絶滅危惧II類。

バンゲルダーコウモリ
〈Antrozous dubiaquercus〉哺乳綱翼手目ヒナコウモリ科の動物。前腕長5〜5.7cm。分布：メキシコのトレス・マリアス諸島, ベリーズ, ホンジュラス, コスタリカなど。絶滅危惧II類。

バンケン　大蕃鵑, 蕃鵑, 蛮鵑
〈Centropus bengalensis〉鳥綱ホトトギス目ホトトギス科の鳥。全長42cm。

バンケン　蛮鵑
〈coucal〉鳥綱ホトトギス目ホトトギス科バンケン属に含まれる鳥の総称。

パンサーカメレオン
〈Furcifer pardalis〉爬虫綱有鱗目トカゲ亜目カメレオン科のトカゲ。全長最大52cm。分布：マダガスカル北東部, レユニオン。絶滅

危惧。

ハンザキ
オオサンショウウオの別名。

バンシェ
ワタボウシタマリンの別名。

バンジロウインコ 蕃柘榴鸚哥
〈*Balbopsittacus lunulatus*〉鳥綱オウム目インコ科の鳥。

ハンター
〈*Hunter*〉馬の一品種。160〜162cm。原産：イギリス。

パンダ 熊猫
〈*panda*〉ジャイアントパンダとレッサーパンダの2種からなる食肉目パンダ科Ailuridaeの哺乳類の総称。

パンダ
ジャイアントパンダの別名。

ハンターズハーテビースト
ヒロラの別名。

バンディクート
〈*bandicoot*〉哺乳綱有袋目バンディクート科に属する動物の総称。分布：オーストラリアとニューギニア。

バンデッドテグー
テグーの別名。

バンテン
〈*Bos javanicus*〉哺乳綱偶蹄目ウシ科の動物。別名ジャワヤギュウ。体長1.8〜2.3m。分布：東南アジア。絶滅危惧IB類。

ハンテンフクロネコ
ディブラーの別名。

ハントウアカネズミ
〈*Apodemus peninsulae*〉哺乳綱齧歯目ネズミ科の動物。

ハンドウイルカ 半道海豚
〈*Tursiops truncatus*〉哺乳綱クジラ目マイルカ科の動物。別名グレイ・ポーパス，ブラック・ポーパス，ボトルノーズ・ドルフィン，アトランティック（パシフィック）ボトルノーズ・ドルフィン，カウフィッシュ，バンドウイルカ。1.9〜3.9m。分布：世界の寒帯から熱帯海域までの広い分布を示す。国内では北海道南部以南の沿岸から沖合い。

ハントウホオヒゲコウモリ
〈*Myotis peninsularis*〉哺乳綱翼手目ヒナコウモリ科の動物。前腕長3.85〜3.95cm。分布：メキシコのバハ・カリフォルニア半島。絶滅危惧II類。

バンドトカゲモドキ
〈*Coleonyx variegatus*〉爬虫綱有鱗目トカゲ亜目ヤモリ科の動物。全長11〜15cm。分布：アメリカ合衆国南西部（カリフォルニア州・ネバダ州・ユタ州・アリゾナ州），メキシコ北西部。

バンドリ
ムササビの別名。

バンドリ
モモンガの別名。

ハンドリーシタナガコウモリ
〈*Lonchophylla handleyi*〉哺乳綱翼手目ヘラコウモリ科の動物。前腕長4〜4.8cm。分布：コロンビア，エクアドル，ペルー。絶滅危惧II類。

ハンドリーマウスオポッサム
〈*Marmosops handleyi*〉オポッサム目オポッサム科。頭胴長10〜12cm。分布：コロンビア。絶滅危惧IA類。

ハンバーグ
〈*Hamburg*〉ニワトリの一品種。原産：英国。

パンパスギツネ
〈*Dusicyon gymnocercus*〉イヌ科クルペオギツネ属。体長62cm。分布：パラグアイ，南東ブラジル，南は東アルゼンチンからネグロ川。

パンパスキャット
コロコロの別名。

パンパスジカ
〈*Blastocerus bezoarticus*〉偶蹄目シカ科の哺乳類。肩高69cm。分布：ブラジル，アルゼンチン，パラグアイ，ボリビア。

パンパステンジクネズミ
〈*Cavia aperea*〉哺乳綱齧歯目テンジクネズミ科の動物。体長20〜30cm。分布：南アメリカ北西部から東部にかけて。

パンパスネコ
〈*Lynchailurus pajeros*〉哺乳綱食肉目ネコ科の動物。

バンバラ
〈*Bambara*〉牛の一品種。

バンバンパララ
カンムリモズヒタキの別名。

ハンプシャー
〈Hampshire〉哺乳綱偶蹄目イノシシ科の動物。分布：アメリカ。

ハンプシャー・ダウン
〈Hampshire Down〉哺乳綱偶蹄目ウシ科の動物。分布：イングランド。

ハンプバック・ホエール
ザトウクジラの別名。

ハンブルグ
〈Hamburgh〉鳥綱キジ目キジ科の鳥。分布：オランダ，ドイツ。

バーンベルダー
〈Barnvelder〉鳥綱キジ目キジ科の鳥。分布：オランダ。

【ヒ】

ビアクカササギビタキ
〈Monarcha brehmii〉スズメ目ヒタキ科（カササギビタキ亜科）。全長17cm。分布：インドネシアのビアク島。絶滅危惧。

ビアクセンニョムシクイ
〈Gerygone hypoxantha〉スズメ目ヒタキ科（オーストラリアムシクイ亜科）。全長10cm。分布：インドネシアのビアク島。絶滅危惧。

ピアソンアマガエル
〈Litoria pearsoniana〉両生綱無尾目カエル目アマガエル科のカエル。体長オス2.4～2.9cm，メス3～3.7cm。分布：オーストラリア東部。絶滅危惧種。

ピアソンオオアシジャコウネズミ
〈Solisorex pearsoni〉哺乳綱食虫目トガリネズミ科の動物。頭胴長12.5～13.4cm。分布：スリランカ。絶滅危惧IB類。

ビアデッド・コリー
〈Bearded Collie〉哺乳綱食肉目イヌ科の動物。体高51～56cm。分布：イギリス。

ビアトカ
〈Vyatka〉哺乳綱奇蹄目ウマ科の動物。体高132～142cm。原産：バルチック沿岸諸国。

ビィイ
犬の一品種。

ヒイロサンショウクイ 緋色山椒喰
〈Pericrocotus flammeus〉鳥綱スズメ目サンショウクイ科の鳥。体長23cm。分布：インド亜大陸，中国南部と東南アジアのほぼ全域。

ヒイロタイヨウチョウ 緋色太陽鳥
〈Aethopyga mystacalis〉鳥綱スズメ目タイヨウチョウ科の鳥。

ヒイロニシキヘビ
アカニシキヘビの別名。

ヒインコ 緋鸚哥
〈Eos bornea〉鳥綱インコ目インコ科の鳥。体長31cm。分布：モルッカ諸島。

ヒインコ 緋鸚哥
〈lory〉鳥綱オウム目ヒインコ科に属する鳥の総称。

ビウ
〈Biu〉牛の一品種。

ピエトレン
〈Pietrain〉哺乳綱偶蹄目イノシシ科の動物。分布：ベルギー。

ビエモンキー
〈Rhinopithecus bieti〉哺乳綱霊長目オナガザル科の動物。頭胴長オス83cm，メス74～83cm。分布：中国のチベット自治区，雲南省。絶滅危惧IB類。

ピエモンテーゼ
〈Piemontese〉哺乳綱偶蹄目ウシ科の動物。体高オス140cm，メス130cm。分布：イタリア北部。

ヒオウギインコ 緋扇鸚哥
〈Deroptyus accipitrinus〉鳥綱インコ目インコ科の鳥。体長35cm。分布：アマゾン川以北の南アメリカ，コロンビア南東部およびペルー北東部。絶滅危惧II類。

ヒオドシジュケイ 緋繻綬鶏
〈Tragopan satyra〉鳥綱キジ目キジ科の鳥。

ヒガシアオジタトカゲ
アオジタトカゲの別名。

ヒガシアゴヒゲ
〈Pogona barbata〉爬虫綱有鱗目トカゲ亜目アガマ科のトカゲ。全長40cm。分布：オーストラリア東部・南東部。

ヒガシアフリカカーペットクサリヘビ
〈Echis pyramidum〉爬虫綱有鱗目ヘビ亜目クサリヘビ科のヘビ。全長50～85cm。分布：アフリカ。

ヒガシアフリカグリーンマンバ
〈Dendroaspis angusticeps〉爬虫綱有鱗目ヘビ亜目コブラ科のヘビ。全長1.5～2.5m。分布：

アフリカ。

ヒガシアフリカコカタケンポウギュウ（東アフリカ小型肩峰牛）
スモール・イースト・アフリカン・ゼブウの別名。

ヒガシアフリカトカゲモドキ
〈*Holodactylus africanus*〉爬虫綱トカゲ亜目トカゲモドキ科の動物。

ヒガシアメリカオオギハクジラ
〈*Mesoplodon europaeus*〉哺乳綱クジラ目アカボウクジラ科のクジラ。別名ガルフストリーム・ビークト・ホエール、ヨーロピアン・ビークト・ホエール、アンティリアン・ビークト・ホエール。4.5〜5.2m。分布：大西洋の深い亜熱帯と暖温帯の海域。

ヒガシイワゴジュウカラ 東岩五十雀
〈*Sitta tephronota*〉鳥綱スズメ目ゴジュウカラ科の鳥。

ヒガシウォータードラゴン
〈*Physignathus lesueuri*〉爬虫綱有鱗目トカゲ亜目アガマ科のトカゲ。全長70cm。分布：オーストラリア東部沿岸域。

ヒガシウサギワラビー
〈*Lagorchestes leporoides*〉哺乳綱有袋目カンガルー科の動物。別名ウサギワラビー。

ヒガシオオコノハズク
〈*Otus lempiji*〉鳥綱フクロウ目フクロウ科の鳥。体長20cm。分布：東南アジア。

ヒガシオーストラリアトビネズミ
〈*Notomys mordax*〉哺乳綱齧歯目トビネズミ科の動物。

ヒガシキノボリハイラックス
〈*Dendrohyrax validus*〉哺乳綱イワダヌキ目ハイラックス科の動物。頭胴長40〜60cm。分布：基産地はタンザニアのキリマンジャロ山。タンザニア東部、ザンジバル島、ペンバ島とケニア南部のペヴルバ、タンブトゥ島。絶滅危惧II類。

ヒガシキバラヒタキ
〈*Eopsaltria australis*〉鳥綱スズメ目ヒタキ科ヒタキ亜科の鳥。体長16cm。分布：オーストラリア東部・南東部。

ヒガシキホオミツスイ
〈*Melipotes ater*〉鳥綱スズメ目ミツスイ科の鳥。体長32cm。分布：ニューギニア東部のフオン半島の山岳地帯、標高1200〜3300メートル。

ヒガシコーカサスツール
カフカスツールの別名。

ヒガシコチョウゲンボウ
〈*Falco columbarius pacificus*〉鳥綱タカ目タカ科の鳥。

ヒガシコバネズミ
〈*Macruromys major*〉齧歯目ネズミ科（ネズミ亜科）。頭胴長22.5〜25cm。分布：ニューギニア島東部。絶滅危惧。

ヒガシシナアジサシ
〈*Sterna bernsteini*〉鳥綱チドリ目カモメ科の鳥。全長38〜42cm。絶滅危惧IA類。

ヒガシシナアジサシ
ササグロオオアジサシの別名。

ヒガシシマバンディクート
〈*Perameles gunnii*〉バンディクート目バンディクート科。体長27〜35cm。分布：オーストラリア南東部、タスマニア。絶滅危惧II類。

ヒガシシマフクロアナグマ
ヒガシシマバンディクートの別名。

ヒガシセレベスネズミ
〈*Bunomys prolatus*〉齧歯目ネズミ科（ネズミ亜科）。頭胴長16.5cm程度。分布：インドネシアのスラウェシ島。絶滅危惧IB類。

ヒガシタイガースネーク
〈*Telescopus semiannulatus*〉爬虫綱有鱗目ヘビ亜目ナミヘビ科のヘビ。全長0.8〜1m。分布：アフリカ。

ヒガシダイヤガラガラ
〈*Crotalus adamanteus*〉爬虫綱有鱗目ヘビ亜目クサリヘビ科のヘビ。全長80〜240cm。分布：米国東南部。

ヒガシツール
カフカスツールの別名。

ヒガシニシキタイヨウチョウ
チャムネタイヨウチョウの別名。

ヒガシニセハナナガマウス
〈*Pseudohydromys murinus*〉齧歯目ネズミ科（ミズネズミ亜科）。頭胴長8〜11cm。分布：ニューギニア島北東部。絶滅危惧種。

ヒガシハリヅメガラゴ
〈*Galago inustus*〉哺乳綱霊長目ロリス科の動物。頭胴長16cm。分布：ルワンダ、ブルンジ、

ヒガシヒメ

ヒガシヒメモリバト
〈Columba eversmanni〉鳥綱ハト目ハト科の鳥。全長25～31cm。分布：ウズベキスタン，タジキスタン，トルクメニスタン，キルギス，カザフスタン南部，アフガニスタン，パキスタン西部，イラン北部。絶滅危惧II類。

ヒガシブラウンスネーク
〈Pseudonaja textilis〉爬虫綱有鱗目ヘビ亜目コブラ科のヘビ。全長1.5～2.2m。分布：オーストラリアとその周辺。

ヒガシマキバドリ
〈Sturnella magna〉ムクドリモドキ科。体長23～25cm。分布：北アメリカ南部および東部から南アメリカ北部。

ヒガシマレーシアザイライブタ 東マレーシア在来豚
〈Native pig-East Malaysia〉35cm。分布：マレーシア。

ヒガシマレーシアザイライヤギ 東マレーシア在来山羊
〈Native goat-East Malaysia〉オス62cm，メス53cm。分布：東マレーシア。

ヒガシメンフクロウ
〈Tyto longimembris〉鳥綱フクロウ目フクロウ科の鳥。全長46cm。

ヒガシラインコ
〈Pionopsitta pleata〉鳥綱オウム目オウム科の鳥。

ヒガシラゴシキドリ 緋頭五色鳥
〈Capito aurovirens〉鳥綱キツツキ目ゴシキドリ科の鳥。

ヒガシローランド・ゴリラ
イースタンローランドゴリラの別名。

ヒガラ 日雀
〈Parus ater〉鳥綱スズメ目シジュウカラ科の鳥。体長11.5cm。分布：イギリスから日本に至るユーラシア大陸，アフリカ北部。国内では屋久島以北の混交林，針葉樹林で繁殖し，冬は低山に下りる。

ヒガラモドキ
〈Charitospiza eucosma〉鳥綱スズメ目ホオジロ科の鳥。

ヒカリトカゲ
〈Proctoporus shrevei〉テグー科。全長10～13cm。分布：トリニダード。

ヒカリワタアシハチドリ
〈Eriocnemis vestitus〉鳥綱アマツバメ目ハチドリ科の鳥。体長9cm。分布：ベネズエラ北西部からエクアドル東部およびペルー北部。

ピカルディ・シェパード
〈Picardy Shepherd〉犬の一品種。

ピカルディ・スパニエル
〈Picardy Spaniel〉犬の一品種。

ヒキガエル 蟇，蟇蛙，蟾蜍
〈toad〉両生綱無尾目ヒキガエル科に属するカエルの総称。体長2～23cm。分布：世界各地。

ヒキガエル
ニホンヒキガエルの別名。

ヒクイドリ 火喰鳥
〈cassowary〉鳥綱ダチョウ目ヒクイドリ科に属する鳥の総称。分布：オーストラリア，ニューギニア。

ヒクイドリ
オオヒクイドリの別名。

ヒクイナ 緋水鶏，緋秧鶏
〈Porzana fusca〉鳥綱ツル目クイナ科の鳥。別名ナツクイナ。全長23cm。分布：アジア東部からインド，ボルネオ，スラウェシ。国内では全国。

ビクイナ
ビクーニャの別名。

ピクシーボブ
〈Pixiebob〉猫の一品種。

ビクーナ
ビクーニャの別名。

ビクニア
ビクーニャの別名。

ビクーニャ
〈Vicugna vicugna〉ラマに似たラクダ科の偶蹄類。別名ビクーナ。体長1.5～1.6m。分布：南アメリカ西部。絶滅危惧IB類。

ピークフェース・ペルシア
〈Peke-faced Persian〉哺乳綱食肉目ネコ科の動物。

ヒグマ 羆
〈Ursus arctos〉哺乳綱食肉目クマ科の動物。別名ハイイログマ。体長2～3m。分布：北アメリカ北部，北西部，北ヨーロッパ，アジア。

国内では北海道, 国後, 択捉。

ピグミーウサギ
〈*Brachylagus idahoensis*〉哺乳綱ウサギ目ウサギ科の動物。体長22〜29cm。分布：合衆国西部。

ピグミーオウギハクジラ
レッサー・ビークト・ホエールの別名。

ピグミーカバーヘッド
〈*Austrelaps labialis*〉爬虫綱トカゲ目（ヘビ亜目）コブラ科の動物。頭胴長55〜72cm。分布：オーストラリア南東部のカンガルー島とその対岸。絶滅危惧種。

ピグミー・ゴート
〈*Capra hircus*〉ヤギの一品種。

ピグミーシロナガスクジラ
〈*Balaenoptera musculus brevicauda*〉哺乳綱クジラ目ナガスクジラ科のクジラ。体長はオス20.6m, メス21.8m。分布：南インド洋, 南太平洋。

ピグミースローロリス
〈*Nycticebus pygmaeus*〉哺乳綱霊長目ロリス科の動物。頭胴長21〜29cm, 尾は痕跡的。分布：中国南部, カンボジア, ラオス, ベトナム。絶滅危惧II類。

ピグミーチンパンジー
〈*Pan paniscus*〉哺乳綱霊長目ヒト科の動物。別名ボノボ。体長70〜83cm。分布：中央アフリカ。絶滅危惧IB類。

ピグミーツパイ
〈*Tupaia minor*〉ツパイ科ツパイ属。体長11.5〜13.5cm。分布：東南アジア。

ピグミーネズミキツネザル
〈*Microcebus myoxinus*〉哺乳綱霊長目コビトキツネザル科の動物。頭胴長6〜7cm。分布：マダガスカル西海岸のキリンディの森とアナラベ私設保護区。絶滅危惧II類。

ピグミー・ビークト・ホエール
レッサー・ビークト・ホエールの別名。

ピグミーマーモセット
〈*Cebuella pygmaea*〉哺乳綱霊長目マーモセット科の動物。体長12〜15cm。分布：南アメリカ西部。

ビーグル
〈*Beagle*〉哺乳綱食肉目イヌ科の動物。体高33〜41cm。分布：イギリス。

ビーグル・ハリアー
〈*Beagle Harrier*〉犬の一品種。

ヒゲイノシシ
〈*Sus barbatus*〉哺乳綱偶蹄目イノシシ科の動物。80cm。分布：マレイ半島, スマトラ島, ジャワ島, ボルネオ島およびパラワン島。

ヒゲウズラ 鬚鶉
〈*Dendrortyx barbatus*〉鳥綱キジ目キジ科の鳥。全長22〜32cm。分布：メキシコ南部。絶滅危惧IA類。

ヒゲガラ 髭雀, 鬚雀
〈*Panurus biarmicus*〉ダルマエナガ科。体長15cm。分布：西ヨーロッパ, トルコ, イランからアジアを含み中国東北部まで。

ヒゲクサムシクイ
〈*Melocichla mentalis*〉鳥綱スズメ目ウグイス科の鳥。体長18〜20cm。分布：北はアフリカ西部からエチオピアにかけての地域, 南はアンゴラおよびザンベジ川を含む地域まで。

ヒゲゴシキドリ
〈*Lybius dubius*〉鳥綱ゴシキドリ科の鳥。体長25cm。分布：アフリカのサハラ砂漠南部。

ヒゲサキ
〈*bearded saki*〉哺乳綱霊長目オマキザル科ヒゲサキ属に含まれる動物の総称。

ヒゲサキザル
〈*Chiropotes satanas*〉オマキザル科サキ属。体長33〜46cm。分布：南アメリカ北部。絶滅危惧IB類。

ヒゲジアリドリ
〈*Grallaria alleni*〉鳥綱スズメ目アリドリ科の鳥。全長17cm。分布：コロンビア。絶滅危惧IB類。

ヒゲシャクケイ
〈*Penelope barbata*〉鳥綱キジ目ホウカンチョウ科の鳥。全長55cm。分布：エクアドル南部からペルー北西部。絶滅危惧II類。

ヒゲセッカ
〈*Chaetornis striatus*〉スズメ目ヒタキ科（ウグイス亜科）。全長20cm。分布：パキスタン, インド, ネパール, バングラデシュ。絶滅危惧II類。

ヒゲセンニュウ
マミジロヨシキリの別名。

ヒゲチメドリ

ヒゲチャイ

〈*Babax lanceolatus*〉鳥綱スズメ目ヒタキ科チメドリ亜科の鳥。

ヒゲチャイロチメドリ
〈*Malacopteron magnirostre*〉鳥綱スズメ目ヒタキ科チメドリ亜科の鳥。

ヒゲドリ
〈*Procnias tricarunculata*〉カザリドリ科。体長オス30cm, メス25cm。分布：ホンジュラスからパナマ西部。絶滅危惧II類。

ヒゲヒヨドリ 鬚鵯
〈*Bleda syndactyla*〉鳥綱スズメ目ヒヨドリ科の鳥。

ヒゲフウキンチョウ
〈*Trichothraupis melanops*〉鳥綱スズメ目ホオジロ科の鳥。

ヒゲペンギン
〈*Pygoscelis antarctica*〉鳥綱ペンギン目ペンギン科の鳥。体長68cm。分布：南極。絶滅危惧II類。

ヒゲミズヘビ
〈*Erpeton tentaculatum*〉爬虫綱有鱗目ヘビ亜目ナミヘビ科のヘビ。全長50cm。分布：タイ, カンボジア, ベトナム。

ヒゲムシクイ
〈*Dasyornis brachypterus*〉スズメ目ヒタキ科（オーストラリアムシクイ亜科）。体長22cm。分布：オーストラリア南東部のブリズベーンからビクトリア州東部にかけての海岸沿いの細長い地域。絶滅危惧種。

ヒゲメロミス
〈*Pogonomelomys bruijni*〉齧歯目ネズミ科（ネズミ亜科）。頭胴長15cm。分布：ニューギニア島南部。絶滅危惧種。

ヒゲワシ 鬚鷲
〈*Gypaetus barbatus*〉鳥綱タカ目タカ科の鳥。体長100〜115cm。分布：アフリカ, 南ヨーロッパから中央アジア。絶滅危惧種。

ヒゴロモ
〈*Oriolus traillii*〉鳥綱スズメ目コウライウグイス科の鳥。体長25cm。分布：ヒマラヤ山脈の山麓部, 中国南部, 東南アジアの大部分。

ビサヤンハナドリ
〈*Dicaeum haematostictum*〉鳥綱スズメ目ハナドリ科の鳥。別名ネグロスハナドリ。全長9cm。分布：フィリピンのパナイ島, ギマラス島, ネグロス島。絶滅危惧IB類。

ビザンガモ 微山鴨
〈*Weishan Duck*〉分布：中国山東省。

ヒシクイ 鴻, 菱喰, 菱食
〈*Anser fabalis*〉鳥綱ガンカモ目ガンカモ科の鳥。全長83cm。天然記念物。

ビジョスズメ 美女雀
〈*Pytilia afra*〉鳥綱スズメ目カエデチョウ科の鳥。

ビショップアナホリトゲネズミ
〈*Clyomys bishopi*〉哺乳綱齧歯目アメリカトゲネズミ科の動物。属としてのサイズ：頭胴長10.5〜23cm。分布：ブラジル南東部のサン・パウロ州。絶滅危惧II類。

ビジョハチドリ
〈*Goethalsia bella*〉鳥綱アマツバメ目ハチドリ科の鳥。

ビション・アヴァネ
ハヴァニーズの別名。

ビション・ア・ポワール・フリーゼ
ビション・フリーゼの別名。

ビション・フリーゼ
〈*Bichon Frise*〉哺乳綱食肉目イヌ科の動物。別名ビション・ア・ポワール・フリーゼ。体高23〜31cm。分布：テネリフェ。

ビション/ヨーキー
〈*Bichon/Yorkie*〉犬の一品種。

ヒジリガメ
〈*Hieremys annandalii*〉爬虫綱カメ目ヌマガメ科のカメ。最大甲長80cm。分布：ベトナム南部, ラオス, タイ, マレーシア北部。絶滅危惧II類。

ヒジリカワセミ
〈*Halcyon sancta*〉鳥綱ブッポウソウ目カワセミ科の鳥。

ヒジリカワセミ
ヒジリショウビンの別名。

ヒジリショウビン
〈*Halcyon sancta*〉鳥綱ブッポウソウ目カワセミ科の鳥。体長19〜23cm。分布：オーストラリア, タスマニア, インドネシア, ニューギニア, ソロモン諸島, 太平洋南西部の島々, ニュージーランド。

ヒスイインコ 翡翠鸚哥
〈*Psephotus chrysopterygius*〉鳥綱オウム目インコ科の鳥。別名キビタイヒスイインコ, ニシ

キビセイ。体長27cm。分布：オーストラリア北東部のヨーク岬半島の草原地帯。絶滅危惧。

ビスカッチャ
〈*Lagostomus maximus*〉哺乳綱齧歯目チンチラ科の動物。体長45〜65cm。分布：南アメリカ中部，南部。絶滅危惧IB類と推定。

ヒズキンクロムクドリモドキ
〈*Amblyramphus holosericeus*〉鳥綱スズメ目ムクドリモドキ科の鳥。

ビスケイアン・ライト・ホエール
セミクジラの別名。

ヒスパニオラガラス
〈*Corvus leucognaphalus*〉鳥綱スズメ目カラス科の鳥。全長42〜46cm。分布：ハイチ，ドミニカ共和国。絶滅危惧II類。

ヒスパニオラノスリ
〈*Buteo ridgwayi*〉鳥綱タカ目タカ科の鳥。全長35〜40cm。分布：ハイチ，ドミニカ共和国と周辺の島々。絶滅危惧IB類。

ヒスパニョラコヨタカ
〈*Siphonorhis brewsteri*〉鳥綱ヨタカ目ヨタカ科の鳥。

ヒスパニョラヒメキツツキ
〈*Nesoctites micromegas*〉鳥綱キツツキ目キツツキ科の鳥。

ビスマークウーリーコウモリ
〈*Kerivoula myrella*〉哺乳綱翼手目ヒナコウモリ科の動物。前腕長3.8〜3.9cm。分布：パプアニューギニアのビスマーク諸島。絶滅危惧種。

ビスマークコゲチャヤブワラビー
キタコゲチャヤブワラビーの別名。

ビズラ
〈*Hungarian Vizsla*〉犬の一品種。別名ハンガリアン・ビズラ，ハンガリアン・ポインター。体高57〜64cm。原産：ハンガリー。

ビセイインコ 美声鸚哥
〈*Psephotus haematonotus*〉鳥綱オウム目インコ科の鳥。全長27cm。分布：オーストラリア南東部の1250m以下の草原，農地に生息。

ピーターオオコウモリ
〈*Pteropus tuberculatus*〉哺乳綱翼手目オオコウモリ科の動物。前腕長12cm。分布：ソロモン諸島。絶滅危惧種。

ピーターオヒキコウモリ
〈*Mormopterus jugularis*〉哺乳綱翼手目オヒキコウモリ科の動物。前腕長3.7cm前後。分布：マダガスカル。絶滅危惧II類。

ヒタキ 鶲
〈*flycatcher*〉鳥綱スズメ目ヒタキ科ヒタキ亜科に属する鳥の総称。

ヒタキサンショウクイ
〈*Hemipus picatus*〉鳥綱スズメ目サンショウクイ科の鳥。別名マダラサンショウクイ。

ヒダサンショウウオ 飛騨山椒魚
〈*Hynobius kimurae*〉両生綱有尾目サンショウウオ科の動物。全長80〜150mm。分布：本州中央部の山地に広く分布する。関東・中部・北陸・近畿・山陰の標高200〜1000m付近に多く生息。

ピータースダイカー
〈*Cephalophus callipygus*〉ウシ科ダイカー属。体長80〜115cm。分布：カメルーン，ガボンから中央アフリカ共和国，ザイール。

ピーターズテングコウモリ
〈*Murina grisea*〉哺乳綱翼手目ヒナコウモリ科の動物。前腕長3.25cm。分布：ヒマラヤ，インド北西部。絶滅危惧IB類。

ピーターズメダマガメ
〈*Morenia petersi*〉爬虫綱カメ目ヌマガメ科のカメ。最大甲長20cm。分布：バングラデシュ，インド東部（ガンジス川流域西部とブラマプートラ川流域西部）。

ピーターボールド
〈*Peterbald*〉猫の一品種。

ピーターミゾコウモリ
〈*Nycteris grandis*〉哺乳綱翼手目ミゾコウモリ科の動物。体長7〜9.5cm。分布：西アフリカ，中央アフリカ，東アフリカ，アフリカ南部。

ビータル
〈*Beetal*〉哺乳綱偶蹄目ウシ科の動物。85cm。分布：インド西北部，パキスタン北部。

ピチアルマジロ
〈*Zaedyus pichiy*〉哺乳綱貧歯目アルマジロ科の動物。体長26〜34cm。分布：南アメリカ南部。

ビチエジネズミ
〈*Crocidura attila*〉哺乳綱食虫目トガリネズミ科の動物。分布：カメルーンのカメルーン山地からコンゴ民主共和国東部へかけての地域。絶滅危惧II類。

ピッカースジルクサガエル
〈*Hyperolius pickersgilli*〉両生綱無尾目カエル目クサガエル科のカエル。体長オス2.2cm, メス3cm。分布：南アフリカ共和国。絶滅危惧II類。

ビッグベントアカミミガメ
〈*Trachemys gaigeae*〉カメ目ヌマガメ科（ヌマガメ亜科）。背甲長最大25.9cm。分布：アメリカ合衆国のニューメキシコ州, テキサス州およびメキシコ南部。絶滅危惧II類。

ビッグホーン
〈*Ovis canadensis*〉哺乳綱偶蹄目ウシ科の動物。体長1.5～1.8m。分布：カナダ南西部, 合衆国西部および中部, メキシコ北部。

ピッコロ・レブリエロ・イタリアーノ
イタリアン・グレーハウンドの別名。

ヒッサール
〈*Hissar*〉牛の一品種。

ヒツジ 羊
〈*Ovis aries*〉哺乳綱偶蹄目ウシ科ヒツジ属に含まれる動物の総称。

ピットウ
〈*Phalacrocorax featherstoni*〉鳥綱ペリカン目ウ科の鳥。全長63cm。分布：ニュージーランドのチャタム諸島。絶滅危惧II類。

ピットマンジネズミ
〈*Crocidura pitmani*〉哺乳綱食虫目トガリネズミ科の動物。分布：ザンビアの中央部および北部。絶滅危惧II類。

ピトケアンヨシキリ
〈*Acrocephalus vaughani*〉スズメ目ヒタキ科（ウグイス亜科）。全長17cm。分布：イギリス領ピトケアン島およびヘンダーソン島, フランス領ポリネシアのトゥブアイ諸島のリマタラ島。絶滅危惧II類。

ヒトコブラクダ 単峰駱駝
〈*Camelus dromedarius*〉哺乳綱偶蹄目ラクダ科の動物。体長2.2～3.4m。分布：アフリカ北部, 東部, 西アジア, 南アジア。

ヒトスジジネズミオポッサム
〈*Monodelphis unistriata*〉オポッサム目オポッサム科。頭胴長14cm程度。分布：ブラジル南東部のサン・パウロ近郊で記録がある。絶滅危惧II類。

ヒトスジヒレアシトカゲ
〈*Delma labialis*〉爬虫綱トカゲ目（トカゲ亜目）ヒレアシトカゲ科のトカゲ。頭胴長9～11.5cm。分布：オーストラリア北東部。絶滅危惧種。

ヒトツバハナナガマウス
〈*Mayermys ellermani*〉齧歯目ネズミ科（ミズネズミ亜科）。頭胴長9～10.5cm。分布：ニューギニア島北東部。絶滅危惧種。

ヒトニザル
哺乳綱霊長目ヒトニザル上科（ヒト上科ともいう）に属する動物の総称。

ヒトリカマドドリ 独竈鳥
〈*Eremobius phoenicurus*〉鳥綱スズメ目カマドドリ科の鳥。

ヒドリガモ 緋鳥鴨
〈*Anas penelope*〉鳥綱ガンカモ目ガンカモ科の鳥。全長48cm。

ビードロアマガエルモドキ
〈*Centrolenella colymbiphyllum*〉両生綱無尾目アマガエルモドキ科のカエル。

ヒナイドリ 比内鶏
〈*Gallus gallus var. domesticus*〉鳥綱キジ目キジ科の鳥。天然記念物。

ヒナコウモリ 雛蝙蝠
〈*Vespertilio superans*〉哺乳綱翼手目ヒナコウモリ科の動物。前腕長4.7～5.4cm。分布：東シベリア, 東中国, 台湾。国内では北海道, 本州, 四国, 九州。

ヒナコウモリ 雛蝙蝠
〈*frosted bat*〉広義には哺乳綱翼手目ヒナコウモリ科ヒナコウモリ属に含まれる動物の総称で, 狭義にはそのうちの1種をさす。

ヒナフクロウ
〈*Ciccaba woodfordii*〉鳥綱フクロウ目フクロウ科の鳥。別名アフリカヒナフクロウ。

ビナンゴジュウカラ
〈*Sitta formosa*〉鳥綱スズメ目ゴジュウカラ科の鳥。全長16.5cm。分布：インド北東部, ブータン。絶滅危惧II類。

ビナンスズメ 美男雀
〈*Pytilia phoenicoptera*〉鳥綱スズメ目カエデチョウ科の鳥。

ヒノドハチドリ
〈*Panterpe insignis*〉鳥綱アマツバメ目ハチドリ科の鳥。

ヒノドフウキンチョウ

〈*Compsothraupis loricata*〉鳥綱スズメ目ホオジロ科の鳥。

ヒノマルチョウ 日の丸鳥
〈*Erythrura psittacea*〉鳥綱スズメ目カエデチョウ科の鳥。体長11cm。分布：ニューカレドニア島。

ビーバー
〈*beaver*〉哺乳綱齧歯目ビーバー科ビーバー属に含まれる動物の総称。別名カイリ。

ビーバー
アメリカビーバーの別名。

ピパ
〈*Surinam toad*〉ピパ(コモリガエル)科。体長4.5～12cm。分布：アフリカ, 中央アメリカ南部, 南アメリカ。

ピパ
コモリガエルの別名。

ヒバカリ 日計, 日量
〈*Amphiesma vibakari vibakari*〉爬虫綱有鱗目ヘビ亜目ナミヘビ科のヘビ。全長40～60cm。分布：本州, 四国, 九州, また佐渡島, 隠岐島, 壱岐島, 五島列島などに分布。

ヒバリ 雲雀, 告天子, 天鷚
〈*Alauda arvensis*〉鳥綱スズメ目ヒバリ科の鳥。体長18cm。分布：ヨーロッパ, アフリカ最北端, 中東, 中央アジア北部および東アジア, 日本。バンクーバー島(カナダ), ハワイ, オーストラリア, ニュージーランドにも移入。

ヒバリ 雲雀
〈*lark*〉広義には鳥綱スズメ目ヒバリ科に属する鳥の総称で, 狭義にはそのうちの1種をさす。体長13～20cm。分布：ヨーロッパ, アジア, アメリカ, オーストラリア。

ヒバリカマドドリ 雲雀竈鳥
〈*Coryphistera alaudina*〉鳥綱スズメ目カマドドリ科の鳥。

ヒバリシギ 雲雀鷸
〈*Calidris subminuta*〉鳥綱チドリ目シギ科の鳥。全長15cm。

ヒバリシギ
アメリカヒバリシギの別名。

ヒバリチドリ 雲雀千鳥
〈*seed-snipe*〉鳥綱チドリ目ヒバリチドリ科に属する鳥の総称。別名タネシギ。全長19～30cm。分布：南アメリカ西部山岳地帯。

ヒバリヒメドリ
〈*Chondestes grammacus*〉鳥綱スズメ目ホオジロ科の鳥。

ヒバリモドキ
〈*Cincloramphus cruralis*〉鳥綱スズメ目ウグイス科の鳥。体長オス24cm, メス19cm。分布：オーストラリア中央部および南部(タスマニア島は除く)。

ビハンイモリ
〈*Paramesotriton caudopunctatus*〉両生綱有尾目イモリ科の動物。体長オス124～133mm, メス117～141mm。分布：中国広西省と貴州省。

ヒヒ 狒々
〈*baboon*〉サハラ砂漠以南のアフリカ大陸と, アラビア半島の南端部に生息する霊長目オナガザル科のヒヒ属PapioとゲラダヒヒTheropithecusに属する旧世界ザルの総称。別名バブーン。

ビー・ビー・ブロンズ
〈*Broad Breasted Bronze*〉七面鳥の一品種。別名ムナビロブロンズ。

ビーファロー
〈*Beefalo*〉牛の一品種。原産：アメリカ。

ヒプナレマムシ
〈*Hypnale hypnale*〉爬虫綱有鱗目クサリヘビ科のヘビ。

ビーフマスター
〈*Beefmaster*〉牛の一品種。原産：アメリカ。

ビブロンジムグリクサリヘビ
〈*Atractaspis bibroni*〉爬虫綱有鱗目ヘビ亜目ジムグリクサリヘビ科のヘビ。全長50～70cm。分布：アフリカ。

ビブロンボア
〈*Candoia bibroni*〉爬虫綱有鱗目ヘビ亜目ボア科のヘビ。全長平均1.2m。分布：ソロモン, バヌアツ, ローヤルティ諸島, フィジー, サモア。

ビブロンマルスッポン
〈*Pelochelys bibroni*〉爬虫綱カメ目スッポン科のカメ。別名ハナマルスッポン。背甲長最大102cm。分布：ニューギニア島南部。絶滅危惧種。

ヒマラヤアナツバメ ヒマラヤ穴燕
〈*Collocalia brevirostris*〉鳥綱アマツバメ目アマツバメ科の鳥。

ヒマラヤイ

ヒマラヤイワヒバリ
〈*Prunella himalayana*〉鳥綱スズメ目イワヒバリ科の鳥。別名ノドジロイワヒバリ。

ヒマラヤグマ
ツキノワグマの別名。

ヒマラヤゴーラル
ゴーラルの別名。

ヒマラヤジャコウジカ
〈*Moschus chrysogaster*(*ssp.*)〉哺乳綱偶蹄目ジャコウジカ科の動物。

ヒマラヤセッケイ
〈*Tetraogallus himalayensis*〉鳥綱キジ目キジ科の鳥。体長51～56cm。分布：アフガニスタン東部から東はネパール西部，中国北西部。

ヒマラヤタール
〈*Hemitragus jemlahicus*〉哺乳綱偶蹄目ウシ科の動物。体長0.9～1.4m。分布：南アジア。絶滅危惧II類。

ヒマラヤニジキジ
ニジキジの別名。

ヒマラヤン
〈*Himalayan*〉ペルシアネコとシャムネコを交配して作出された新しい長毛種の家ネコ。

ヒマラヤン・シープドッグ
〈*Himalayan Sheepdog*〉犬の一品種。体高51～55cm。

ヒミズ　日不見
〈*Urotrichus talpoides*〉哺乳綱食虫目モグラ科の動物。頭胴長89～104mm。分布：本州，四国，九州，淡路島，小豆島，隠岐諸島，対馬，五島列島。

ヒミズトガリネズミ
〈*Blarinella quadraticauda*〉哺乳綱食虫目トガリネズミ科の動物。分布：中国南部。

ヒミズモグラ
ヒミズの別名。

ヒムネオオハシ　緋胸大嘴
〈*Ramphastos vitellinus*〉鳥綱キツツキ目オオハシ科の鳥。

ヒムネキキョウインコ　緋胸桔梗鸚哥
〈*Neophema splendida*〉鳥綱オウム目オウム科オウム亜科キキョウインコ属の鳥。別名ヒムネキキョウ。全長19～22cm。分布：オーストラリア南西部から南東部にかけて。絶滅危惧種。

ヒムネシトド
〈*Rhodospingus cruentus*〉鳥綱スズメ目ホオジロ科の鳥。

ヒムネタイヨウチョウ　緋胸太陽鳥
〈*Nectarinia senegalensis*〉タイヨウチョウ科。体長15cm。分布：セネガルからケニアに至るアフリカ西部および東部，南はジンバブエまで。

ヒムネバト　緋胸鳩
〈*Gallicolumba luzonica*〉鳥綱ハト目ハト科の鳥。体長28～30cm。分布：ルソン島およびポリリョ島（フィリピン）。

ヒムネハナドリ
ハナドリの別名。

ヒムネヒメアオバト
〈*Ptilinopus marchei*〉鳥綱ハト目ハト科の鳥。全長40cm。分布：フィリピンのルソン島。絶滅危惧II類。

ヒメアオカケス　姫青橿鳥
〈*Cyanolyca nana*〉鳥綱スズメ目カラス科の鳥。全長20～23cm。分布：メキシコ南部。絶滅危惧IB類。

ヒメアオバト　姫青鳩，姫緑鳩
〈*Ptilinopus porphyraceus*〉鳥綱ハト目ハト科の鳥。

ヒメアカダイカー
アダースダイカーの別名。

ヒメアカマザマ
〈*Mazama rufina*〉哺乳綱偶蹄目シカ科の動物。肩高35cm。分布：ベネズエラ北部，エクアドル，ブラジル南東部。

ヒメアカミソサザイ　姫赤鷦鷯
〈*Cinnycerthia peruana*〉鳥綱スズメ目ミソサザイ科の鳥。

ヒメアゴヒゲヒヨドリ　姫顎鬚鵯
〈*Criniger finschii*〉鳥綱スズメ目ヒヨドリ科の鳥。

ヒメアジサシ　姫鯵刺
〈*Sterna nereis*〉鳥綱チドリ目カモメ科の鳥。全長22～27cm，翼開張45～50cm。分布：オーストラリア西部，南部とタスマニア島，ニューカレドニア島，ニュージーランド北島。絶滅危惧種。

ヒメアシナシトカゲ
〈*Anguis fragilis*〉爬虫綱有鱗目トカゲ亜目ア

シナシトカゲ科のトカゲ。全長40～48cm。分布：ヨーロッパ。

ヒメアマガエル　姫雨蛙
〈*Microhyla ornata*〉両生綱無尾目ヒメガエル科のカエル。体長オス22～26mm, メス24～32mm。分布：インドから山西省以南の中国南部まで。スリランカ，マレー半島，台湾等含む。国内は奄美大島・喜界島以南の琉球列島。

ヒメアマツバメ　姫雨燕
〈*Apus affinis*〉鳥綱アマツバメ目アマツバメ科の鳥。全長13cm。分布：アフリカ，中東からインド，中国南部，フィリピン，ボルネオ島，大スンダ列島など。国内では本州に局地的（おもに市街地）に分布。

ヒメアリクイ　姫蟻喰, 姫蟻食
〈*Cyclopes didactylus*〉哺乳綱貧歯目アリクイ科の動物。体長16～21cm。分布：中央アメリカから南アメリカ北部にかけて。

ヒメアルマジロ
〈*Chlamyphorus truncatus*〉異節目（貧歯目）アルマジロ科。頭胴長8.4～11.7cm。分布：アルゼンチン。絶滅危惧IB類。

ヒメイソヒヨ　姫磯鵯
〈*Monticola gularis*〉鳥綱スズメ目ヒタキ科ツグミ亜科の鳥。全長18cm。

ヒメイヌワシ
〈*Aquila wahlbergi*〉鳥綱ワシタカ目ワシタカ科の鳥。別名コイヌワシ。

ヒメイワシャコ　姫岩鷓鴣
〈*Ammoperdix griseogularis*〉鳥綱キジ目キジ科の鳥。体長24cm。分布：旧ソ連南部，イランからインド北西部。

ヒメイワワラビー
〈*Petrogale concinna*〉哺乳綱有袋目カンガルー科の動物。体長29～35cm。分布：オーストラリア北部。

ヒメウ　姫鵜
〈*Phalacrocorax pelagicus*〉鳥綱ペリカン目ウ科の鳥。全長73cm。分布：太平洋の亜寒帯，寒帯，チュコート海。

ヒメウオクイネズミ属
〈*Daptomys*〉哺乳綱齧歯目ネズミ科の動物。分布：フランス領ギアナ，およびペルーとベネズエラの低い山地。

ヒメウォンバット
ウォンバットの別名。

ヒメウサギワラビー
〈*Lagorchestes asomatus*〉哺乳綱有袋目カンガルー科の動物。

ヒメウズラ　姫鶉
〈*Excalfactoria chinensis*〉鳥綱キジ目キジ科の鳥。別名ナンキンヒメウズラ。体長14cm。分布：インド西部，東南アジア，フィリピン，インドネシア，ニューギニア，オーストラリア北東部。

ヒメウズラシギ　姫鶉鷸
〈*Calidris bairdii*〉鳥綱チドリ目シギ科の鳥。全長15cm。

ヒメウズラシギダチョウ
〈*Nothura minor*〉鳥綱シギダチョウ目シギダチョウ科の鳥。全長18cm。分布：ブラジル南東部。絶滅危惧II類。

ヒメウソ
〈*Sporophila falcirostris*〉鳥綱スズメ目ホオジロ科の鳥。全長12cm。分布：ブラジル南東部, パラグアイ東部, アルゼンチン北東部。絶滅危惧IB類。

ヒメウミガメ　姫海亀
〈*Lepidochelys olivacea*〉爬虫綱カメ目ウミガメ科のカメ。別名オリーブヒメウミガメ。最大甲長平均68cm。分布：世界の熱帯から亜熱帯の海域に分布し，日本では主に東シナ海以南の海域に回遊してくる。絶滅危惧IB類。

ヒメウミスズメ　姫海雀
〈*Alle alle*〉鳥綱チドリ目ウミスズメ科の鳥。体長20～25cm。分布：北大西洋および隣接する北極圏。

ヒメウミツバメ　小足海燕
〈*Hydrobates pelagicus*〉鳥綱ミズナギドリ目ウミツバメ科の鳥。体長15cm。分布：大西洋北東部や地中海西部にある島で繁殖し，冬は海洋へと分散する。

ヒメウギワシ
〈*Morphnus guianensis*〉鳥綱タカ目タカ科の鳥。体長79～89cm。分布：ホンジュラスからアルゼンチン北部。

ヒメオウチュウ　姫烏秋
〈*Dicrurus aeneus*〉鳥綱スズメ目オウチュウ科の鳥。

ヒメオオガシラ
〈*Micromonacha lanceolata*〉鳥綱キツツキ目オオガシラ科の鳥。

ヒメオオモ

ヒメオオモズ 姫大鵙
〈*Lanius minor*〉鳥綱スズメ目モズ科の鳥。別名ヒメハイイロモズ。

ヒメオナガテンレック
〈*Microgale gracilis*〉哺乳綱食虫目テンレック科の動物。頭胴長9～10.5cm。分布：マダガスカル南東部。絶滅危惧II類。

ヒメオニキバシリ
〈*Sittasomus griseicapillus*〉鳥綱スズメ目オニキバシリ科の鳥。

ヒメガエル
ヒメアマガエルの別名。

ヒメカエルガメ
〈*Phrynops gibbus*〉爬虫綱カメ目ヘビクビガメ科のカメ。最大甲長23cm。分布：南米（コロンビア、エクアドル東部、ペルー、ベネズエラ、ギアナ、ブラジル北部、トリニダード島のオリノコ川とアマゾン河の水系）。

ヒメカザリオウチュウ 姫飾烏秋
〈*Dicrurus remifer*〉鳥綱スズメ目オウチュウ科の鳥。

ヒメカッコウ 姫郭公
〈*Cacomantis merulinus*〉鳥綱ホトトギス目ホトトギス科の鳥。

ヒメカッコウサンショウクイ
ズグロオオサンショウクイの別名。

ヒメカマドドリ 姫竈鳥
〈*Xenops contaminatus*〉鳥綱スズメ目カマドドリ科の鳥。別名ノドジロヒメカマドドリ。

ヒメカモメ 姫鷗
〈*Larus minutus*〉鳥綱チドリ目カモメ科の鳥。全長26cm。

ヒメガラガラ
〈*Sistrurus catenatus*〉爬虫綱有鱗目ヘビ亜目クサリヘビ科のヘビ。全長0.8～1m。分布：北アメリカ。

ヒメガラガラヘビ
アメリカヒメガラガラの別名。

ヒメカラスモドキ
〈*Aplonis pelzelni*〉鳥綱スズメ目ムクドリ科の鳥。全長18cm。分布：ミクロネシア連邦のポンペイ島。絶滅危惧IA類。

ヒメカレハゲラ
〈*Meiglyptes tristis*〉鳥綱キツツキ目キツツキ科の鳥。

ヒメカワウソジネズミ
〈*Micropotamogale lamottei*〉哺乳綱食虫目テンレック科の動物。体長12～20cm。分布：西アフリカ（ニンバ山地域）。絶滅危惧IB類。

ヒメキクガシラコウモリ
〈*Rhinolophus hipposideros*〉翼手目キクガシラコウモリ科（キクガシラコウモリ亜科）。体長4cm。分布：ヨーロッパ、北アフリカから西アジアにかけて。絶滅危惧II類。

ヒメキスジフキヤガエル
〈*Phyllobates lugubris*〉両生綱無尾目ヤドクガエル科のカエル。体長18.5～23.5mm。分布：コスタリカからパナマ北西部のカリブ海側の低地。

ヒメキツツキ
〈*Piculet*〉ヒメキツツキ亜科。全長8～15cm。分布：アメリカ、アフリカ、ユーラシア。

ヒメキヌゲネズミ
〈*Phodopus sungorus*〉哺乳綱齧歯目ネズミ科の動物。

ヒメキヌゲネズミ
〈*Phodopus*〉哺乳綱齧歯目ネズミ科キヌゲネズミ亜科ヒメキヌゲネズミ属の総称。分布：シベリア、モンゴル、中国北部。

ヒメキヌバネドリ 姫絹羽鳥
〈*Trogon violaceus*〉鳥綱キヌバネドリ目キヌバネドリ科の鳥。体長23～26cm。分布：メキシコ南東部から南アメリカ中部にかけて。

ヒメキノボリネズミ属
〈*Rhipidomys*〉哺乳綱齧歯目ネズミ科の動物。分布：パナマ東端部の低地から、南は南アメリカ北部をへてブラジル中部まで。

ヒメキンメフクロウ
アメリカキンメフクロウの別名。

ヒメキンモグラ属
〈*Chlorotalpa*〉キンモグラ科。分布：カメルーンからケープ地方。

ヒメクイナ 姫水鶏, 姫秧鶏
〈*Porzana pusilla*〉鳥綱ツル目クイナ科の鳥。全長19.5cm。分布：ユーラシアの温帯、アフリカ南部、マダガスカル、オーストラリア、ニュージーランド。国内では四国、本州、北海道。

ヒメクジラドリ 南極鯨鳥
〈*Pachyptila turtur*〉鳥綱ミズナギドリ科の

鳥。体長27cm。分布：南半球にある大陸の海岸で繁殖する。冬は海ですごす。

ヒメビワインコ 姫首輪鸚哥
〈*Psittacella modesta*〉鳥綱オウム目インコ科の鳥。

ヒメビワカモメ 姫首輪鷗
〈*Rhodostethia rosea*〉鳥綱チドリ目カモメ科の鳥。別名バライロカモメ。体長30〜32cm。分布：シベリアの北極圏，カナダ，グリーンランド。

ヒメマタカ
〈*Hieraaetus pennatus*〉鳥綱タカ目タカ科の鳥。体長46〜53cm。分布：アフリカ北西部，ヨーロッパ南西部，ヨーロッパ南東部から東はアジアにも入り込んで繁殖。ヨーロッパのものはほとんどがサハラ以南のアフリカ，アジアのものはほとんどがインドで越冬。

ヒメグリソン
〈*Galictis cuja*〉哺乳綱食肉目イタチ科の動物。体長40〜45cm。分布：中央および南アメリカ。

ヒメクロアジサシ 姫黒鯵刺
〈*Anous minutus*〉鳥綱チドリ目カモメ科の鳥。別名インドヒメクロアジサシ。全長39cm。

ヒメクロウミツバメ 姫黒海燕
〈*Oceanodroma monorhis*〉鳥綱ミズナギドリ目ウミツバメ科の鳥。全長19cm。分布：日本，朝鮮半島，中国黄海の沿岸の島。

ヒメクロクイナ 姫黒秧鶏
〈*Laterallus jamaicensis*〉鳥綱ツル目クイナ科の鳥。別名クロコビトクイナ。

ヒメコウテンシ 姫告天子
〈*Calandrella cinerea*〉鳥綱スズメ目ヒバリ科の鳥。別名カラフトコヒバリ。全長14cm。

ヒメコウライウグイス
〈*Oriolus isabellae*〉鳥綱スズメ目コウライウグイス科の鳥。全長18cm。分布：フィリピンのルソン島。絶滅危惧IA類。

ヒメコシコブサイチョウ
〈*Aceros narcondami*〉鳥綱ブッポウソウ目サイチョウ科の鳥。全長45〜50cm。分布：インド領アンダマン諸島のナコンダム島。絶滅危惧II類。

ヒメコシミノチメドリ
〈*Micromacronus leytensis*〉スズメ目ヒタキ科（チメドリ亜科）。全長8cm。分布：フィリピンのサマール島，レイテ島，ミンダナオ島。絶滅危惧II類。

ヒメゴジュウカラ 姫五十雀
〈*Sitta pygmaea*〉鳥綱スズメ目ゴジュウカラ科の鳥。

ヒメコノハドリ 姫木葉鳥
〈*Aegithina tiphia*〉コノハドリ科。別名キバラヒメコノハドリ。体長14cm。分布：インド，スリランカから東南アジア，ジャワ，カリマンタン。

ヒメコバシガラス 姫小嘴鴉
〈*Corvus caurinus*〉鳥綱スズメ目カラス科の鳥。

ヒメコビトドリモドキ 姫小人鳥擬
〈*Snethlagea minor*〉鳥綱スズメ目タイランチョウ科の鳥。

ヒメコミミトガリネズミ
〈*Cryptotis parva*〉哺乳綱食虫目トガリネズミ科の動物。分布：アメリカ合衆国東部，エクアドル，スリナム。

ヒメコンドル
〈*Cathartes aura*〉鳥綱タカ目コンドル科の鳥。体長65〜80cm。分布：カナダ南部からティエラ・デル・フエゴ，カリブ海，フォークランド諸島。

ヒメサバクガラス 姫砂漠鴉
〈*Pseudopodoces humilis*〉鳥綱スズメ目カラス科の鳥。

ヒメシジュウカラガン
〈*Branta canadensis minima*〉鳥綱カモ目カモ科の鳥。

ヒメシッポウ 姫七宝
〈*Lonchura nana*〉鳥綱スズメ目カエデチョウ科の鳥。

ヒメショウドウツバメ 台湾小洞燕，姫小洞燕
〈*Riparia paludicola*〉鳥綱スズメ目ツバメ科の鳥。別名タイワンショウドウツバメ。

ヒメショウビン
〈*Ceyx picta*〉鳥綱ブッポウソウ目カワセミ科の鳥。体長12cm。分布：熱帯アフリカ。

ヒメシロハラミズナギドリ 姫白腹水薙鳥
〈*Pterodroma longirostris*〉鳥綱ミズナギドリ目ミズナギドリ科の鳥。全長25cm。

ヒメシワコブサイチョウ

ヒメスクロ

ヒメスクロ
ヒメコシコブサイチョウの別名。

ヒメズグロシロハラバンケン
セネガルバンケンの別名。

ヒメスナネズミ
〈*Brachiones przewalskii*〉哺乳綱齧歯目ネズミ科の動物。分布：中国北部とモンゴル。

ヒメスンダトゲネズミ
〈*Maxomys baeodon*〉齧歯目ネズミ科（ネズミ亜科）。頭胴長12.5～14cm程度。分布：マレーシアのカリマンタン（ボルネオ）島。絶滅危惧IB類。

ヒメソリハシハチドリ
〈*Avocettula recurvirostris*〉鳥綱アマツバメ目ハチドリ科の鳥。

ヒメタイランチョウ　姫太蘭鳥
〈*Tyrannulus elatus*〉鳥綱スズメ目タイランチョウ科の鳥。

ヒメタンビムシクイ
〈*Camaroptera brevicaudata*〉鳥綱スズメ目ヒタキ科ウグイス亜科の鳥。

ヒメチョウゲンボウ　姫長元坊
〈*Falco naumanni*〉鳥綱ワシタカ目ハヤブサ科の鳥。別名ムジチョウゲンボウ。全長29～32cm。分布：繁殖地はユーラシア大陸のヨーロッパから中央アジアにかけて。越冬地はアフリカ大陸の中部から南部。絶滅危惧II類。

ヒメツメガエル
〈*Hymenochirus spp.*〉両生綱無尾目ピパ科のカエル。

ヒメテングフルーツコウモリ
〈*Nyctimene minutus*〉哺乳綱翼手目オオコウモリ科の動物。前腕長5.1～5.5cm。分布：インドネシアのスラウェシ島、オビ島、ブル島。絶滅危惧II類。

ヒメトガリネズミ　姫尖鼠
〈*Sorex gracillimus*〉哺乳綱モグラ目トガリネズミ科の動物。頭胴長49～58mm。分布：ロシア沿海地方、サハリン。国内では北海道本島、利尻島、礼文島。

ヒメトゲオイワトカゲ
〈*Egernia depressa*〉スキンク科。全長7～17cm。分布：西オーストラリア州の中央部を中心としたオーストラリア西部。

ヒメトビネズミ
〈*Alactagulus pumilio*〉哺乳綱齧歯目トビネズミ科の動物。分布：ヨーロッパ、ロシア南部。

ヒメドリ
〈*Spizella pusilla*〉鳥綱スズメ目ホオジロ科の鳥。

ヒメドルコプシス
〈*Dorcopsulus macleayi*〉二門歯目カンガルー科。頭胴長40～46cm。分布：ニューギニア島東部。絶滅危惧種。

ヒメニオイガメ
〈*Kinosternon minor*〉爬虫綱カメ目ドロガメ科のカメ。最大甲長14.5cm。分布：米国南東部（テネシー南部、バージニア南部からミシシッピ東部、ジョージア、フロリダ中部）。

ヒメヌマサイレン
ドワーフサイレンの別名。

ヒメヌマチウサギ
〈*Sylvilagus palustris*〉哺乳綱ウサギ目ウサギ科の動物。分布：フロリダからバージニア南部。

ヒメネズミ　姫鼠
〈*Apodemus argenteus*〉哺乳綱齧歯目ネズミ科の動物。頭胴長72～100mm。分布：北海道、本州、四国、九州の全域、淡路島、小豆島、佐渡島、隠岐、対馬、五島列島、種子島、屋久島。

ヒメノガン　姫鴇，姫野雁
〈*Tetrax tetrax*〉鳥綱ツル目ノガン科の鳥。体長40～45cm。分布：南ヨーロッパ、アフリカ北西部から東は中央アジア。

ヒメノガンモドキ
ハイイロノガンモドキの別名。

ヒメハイイロタイランチョウ　姫灰色太蘭鳥
〈*Entotriccus striaticeps*〉鳥綱スズメ目タイランチョウ科の鳥。

ヒメハイイロチュウヒ
〈*Circus pygargus*〉鳥綱タカ目タカ科の鳥。

ヒメハイイロモズ
ヒメオオモズの別名。

ヒメハゲミツスイ　姫禿蜜吸
〈*Philemon citreogularis*〉鳥綱スズメ目ミツスイ科の鳥。

ヒメハゲラ
〈*Veniliornis passerinus*〉鳥綱キツツキ目キツツキ科の鳥。

ヒメハジロ　姫羽白

〈*Bucephala albeola*〉鳥綱ガンカモ目ガンカモ科の鳥。全長35cm。

ヒメハタオリ
〈*Ploceus luteolus*〉鳥綱スズメ目ハタオリドリ科の鳥。

ヒメハチクイ
〈*Merops pusillus*〉鳥綱ブッポウソウ目ハチクイ科の鳥。

ヒメハチドリ
〈*Stellula calliope*〉鳥綱アマツバメ目ハチドリ科の鳥。体長8cm。分布：北アメリカ西部で繁殖。メキシコ南西部で越冬。

ヒメハブ 姫波布
〈*Trimeresurus okinavensis*〉爬虫綱有鱗目ヘビ亜目クサリヘビ科のヘビ。全長30～80cm。分布：奄美諸島，沖縄諸島の沖縄島，伊平屋島，伊江島，久米島，渡嘉敷島などに分布。

ヒメハマシギ 姫浜鷸
〈*Calidris mauri*〉鳥綱チドリ目シギ科の鳥。全長16cm。

ヒメハリオアマツバメ
〈*Rhaphidura leucopygialis*〉鳥綱アマツバメ目アマツバメ科の鳥。

ヒメハリテンレック
〈*Echinopus telfairi*〉哺乳綱食虫目テンレック科の動物。

ヒメバン 姫鷭
〈*Gallinula angulata*〉鳥綱ツル目クイナ科の鳥。

ヒメヒシクイ
ヒシクイの別名。

ヒメヒミズ 姫日不見
〈*Dymecodon pilirostris*〉哺乳綱食虫目モグラ科の動物。頭胴長70～84mm。分布：本州，四国，九州。

ヒメフクロウ 姫梟
〈*Glaucidium brodiei*〉鳥綱フクロウ目フクロウ科の鳥。

ヒメフクロウインコ 姫梟鸚哥
〈*Geopsittacus occidentalis*〉鳥綱インコ目インコ科の鳥。体長23cm。分布：オーストラリア中央部の乾燥および半乾燥地帯。絶滅危惧種。

ヒメフクロモグラ
〈*Notoryctes caurinus*〉フクロモグラ目フクロモグラ科。頭胴長9cm。分布：オーストラリア北西部。絶滅危惧。

ヒメヘビ
〈*Calamaria pfefferi*〉爬虫綱有鱗目ヘビ亜目ナミヘビ科のヘビ。別名リュウキュウハナナシ。全長16～20cm。分布：宮古島，伊良部島，沖縄島。

ヒメヘビ
ミヤコヒメヘビの別名。

ヒメホオヒゲコウモリ 姫頬髭蝙蝠
〈*Myotis ikonnikovi*〉哺乳綱コウモリ目ヒナコウモリ科の動物。前腕長3.3～3.6cm。分布：シベリア東部，朝鮮半島北部，サハリン。国内では北海道，中国地方を除く本州。

ヒメポケットマウス
〈*Perognathus longimembris*〉哺乳綱齧歯目ポケットマウス科の動物。頭胴長5.6～7.1cm。分布：アメリカ合衆国南西部のオレゴン州南東部，ネヴァダ州，ユタ州西部と南部，カリフォルニア州南部，アリゾナ州。絶滅危惧II類。

ヒメポタモガーレ
ヒメカワウソジネズミの別名。

ヒメホリカワコウモリ 姫堀川蝙蝠
〈*Eptesicus nilssonii*〉哺乳綱コウモリ目ヒナコウモリ科の動物。別名キタクビワコウモリ。前腕長3.8～4.3cm。分布：フランス，ノルウェーから東シベリア，北インド。国内では北海道。

ヒメマイコドリ 姫舞子鳥
〈*Machaeropterus regulus*〉鳥綱スズメ目マイコドリ科の鳥。体長9cm。分布：コロンビア，ベネズエラ，エクアドル東部，ペルー北東部，およびブラジル西部と東部にある低地。

ヒメマーガレットネズミ
〈*Margaretamys parvus*〉齧歯目ネズミ科（ネズミ亜科）。頭胴長9.5～11.5cm。分布：インドネシアのスラウェシ島。絶滅危惧II類。

ヒメマザマ
哺乳綱偶蹄目シカ科のシカ。

ヒメマルハシ
〈*Pomatorhinus ruficollis*〉鳥綱スズメ目ヒタキ科チメドリ亜科の鳥。

ヒメミズナギドリ
〈*Puffinus assimilis*〉鳥綱ミズナギドリ目ミズナギドリ科の鳥。体長25～30cm。分布：北・南大西洋，南太平洋，インド洋。大西洋の島々，

ヒメミスナ

アンティポディーズ諸島で繁殖。

ヒメミズナギドリ
マンクスミズナギドリの別名。

ヒメミツユビカワセミ
〈*Ceyx pusillus*〉鳥綱ブッポウソウ目カワセミ科の鳥。

ヒメミフウズラ　姫三斑鶉
〈*Turnix sylvatica*〉鳥綱ツル目ミフウズラ科の鳥。別名チャムネミフウズラ。体長13〜15cm。分布：スペイン南部、アフリカ、南・東南アジア、インドネシア、フィリピン。

ヒメミユビトビネズミ
トビネズミの別名。

ヒメメジロ　姫目白
〈*Oculocincta squamifrons*〉鳥綱スズメ目メジロ科の鳥。別名コビトメジロ。体長10cm。分布：カリマンタン島。

ヒメモグリマウス
〈*Oxymycterus hiska*〉齧歯目ネズミ科（アメリカネズミ亜科）。頭胴長10cm。分布：ペルー南東部。絶滅危惧II類。

ヒメモリバト　姫森鳩
〈*Columba oenas*〉鳥綱ハト目ハト科の鳥。全長33cm。分布：ヨーロッパからカザフ地方、バルハシ湖付近。

ヒメモリハヤブサ
〈*Micrastur plumbeus*〉鳥綱タカ目ハヤブサ科の鳥。全長30〜37cm。分布：コロンビア南西部からエクアドル北西部。絶滅危惧IB類。

ヒメヤスリヘビ
〈*Acrochordus granulatus*〉爬虫綱有鱗目ヘビ亜目ヤスリヘビ科のヘビ。全長0.6〜1.2m。分布：アジア，オセアニア。

ヒメヤチネズミ　姫谷地鼠
〈*Clethrionomys rutilus*〉哺乳綱齧歯目ネズミ科のネズミ。

ヒメヤブミツスイ　姫藪蜜吸
〈*Timeliopsis fulvigula*〉鳥綱スズメ目ミツスイ科の鳥。

ヒメヤブモズ　姫藪鵙
〈*Nilaus afer*〉鳥綱スズメ目モズ科の鳥。体長15cm。分布：アフリカの熱帯地域。

ヒメヤマセミ　姫山翡翠
〈*Ceryle rudis*〉鳥綱ブッポウソウ目カワセミ科の鳥。体長25cm。分布：アフリカ・中東、南アジア。

ヒメヨシゴイ　姫葦五位
〈*Ixobrychus exilis*〉鳥綱コウノトリ目サギ科の鳥。

ヒメヨシゴイ
コヨシゴイの別名。

ヒメラケットハチドリ
〈*Discosura longicauda*〉鳥綱アマツバメ目ハチドリ科の鳥。体長オス9.5cm、メス7.5cm。分布：ベネズエラ南部やギアナに分布する個体群と、ブラジル東部に分布する個体群がいる。

ヒメレンジャク　姫連雀
〈*Bombycilla cedrorum*〉鳥綱スズメ目レンジャク科の鳥。別名スギレンジャク。体長18cm。分布：カナダや合衆国の大部分の地域で繁殖する。冬期はカナダ南部から南アメリカ北部に分布域を広げる。

ヒモハクジラ
〈*Mesoplodon layardii*〉哺乳綱クジラ目アカボウクジラ科のクジラ。別名レイヤーズ・ビークト・ホエール，ストラップトゥース・ビークト・ホエール。5〜6.2m。分布：南極収束線から南緯30°付近にかけての冷温帯海域。

ヒャクメオオトカゲ
〈*Varanus gouldii*〉爬虫綱有鱗目トカゲ亜目オオトカゲ科のトカゲ。全長120cm。分布：オーストラリア（西部および北部），ニューギニア島（南部）。

ヒヤシンスコンゴウ
スミレコンゴウインコの別名。

ヒャッポダ　百歩蛇
〈*Deinagkistrodon acutus*〉爬虫綱有鱗目ヘビ亜目クサリヘビ科のヘビ。全長80〜120cm。分布：台湾，中国南部、ベトナム北部。

ヒャッポダ
〈*Agkistrodon acutus*〉爬虫綱有鱗目ヘビ亜目クサリヘビ科のヘビ。

ヒャン
〈*Calliophis japonicus japonicus*〉爬虫綱有鱗目ヘビ亜目コブラ科のヘビ。全長30〜60cm。分布：奄美大島，加計呂麻島、与路島，請島。

ヒュイットユウレイガエル
〈*Heleophryne hewitti*〉両生綱無尾目カエル目ユウレイガエル科のカエル。体長オス4.7cm，メス5cm。分布：南アフリカ共和国。絶滅危

惧IB類。

ヒューゲン・ハウンド
〈Hygenhund〉犬の一品種。体高47〜58cm。原産：ノルウェー。

ヒューストンヒキガエル
〈Bufo houstonensis〉両生綱無尾目カエル目ヒキガエル科のカエル。体長5.1〜7.9cm。分布：アメリカ合衆国テキサス州東南部。絶滅危惧IB類。

ヒューチャ
〈Capromys pilorides〉哺乳綱齧歯目カプロミス科の動物。

ピューマ
〈Felis concolor〉哺乳綱食肉目ネコ科の動物。体長105〜196cm。分布：アメリカ北東部、カナダ南部からパタゴニア。

ビュルテンベルク
〈Württemberg〉馬の一品種。体高162cm。原産：西ドイツ。

ヒョウ 豹
〈Panthera pardus〉哺乳綱食肉目ネコ科の動物。体長0.9〜1.9m。分布：西アジア、中央アジア、南アジア、東アジア、東南アジア、アフリカ。絶滅危惧種。

ヒョウアザラシ 豹海象, 豹海豹
〈Hydrurga leptonyx〉哺乳綱鰭脚目アザラシ科の動物。体長2.5〜3.2m。分布：南極海および亜南極水域。

ヒョウガエル 豹蛙
〈Rana pipiens〉両生綱無尾目アカガエル科の動物。体長5〜9cm。分布：カナダ南部、アメリカ合衆国北部。

ヒョウトカゲ
〈Gambelia wislizenii〉爬虫綱有鱗目トカゲ亜目イグアナ科の動物。全長22〜38cm。分布：アメリカ合衆国西部からメキシコにかけて。

ヒョウモンガメ 豹紋亀
〈Geochelone pardalis〉爬虫綱カメ目リクガメ科のカメ。最大甲長72cm。分布：アフリカ東部及び南部（スーダンからアンゴラおよび南アフリカ共和国）。

ヒョウモンシチメンチョウ 豹紋七面鳥
〈Agriocharis ocellata〉鳥綱キジ目キジ科の鳥。

ヒョウモントカゲモドキ
〈Eublepharis macularius〉爬虫綱有鱗目トカゲ亜目ヤモリ科の動物。全長18〜25cm。分布：イラン東部、アフガニスタン南西部、パキスタン、インド北西部。

ヒョウモンナメラ
〈Elaphe situla〉爬虫綱有鱗目ヘビ亜目ナミヘビ科のヘビ。全長1m以下。分布：イタリア南部、シシリー島東部、マルタ、バルカン半島の西部と南部からトルコを経て、カフカズ地方。

ヒョウモンヘビ
ヒョウモンナメラの別名。

ヒヨクドリ 比翼鳥
〈Cicinnurus regius〉フウチョウ科。体長16cm。分布：ニューギニア（標高300mまでの地域、稀に850mまで）。

ヒヨケザル 日避猿
〈flying lemur〉哺乳綱皮翼目ヒヨケザル科に属する動物の総称。

ヒヨドリ 鵯
〈Hypsipetes amaurotis〉鳥綱スズメ目ヒヨドリ科の鳥。体長27cm。分布：日本、台湾、中国南部。

ヒヨドリ 鵯
〈bulbul〉広義には鳥綱スズメ目ヒヨドリ科に属する鳥の総称で、狭義にはそのうちの1種をさす。体長15〜27cm。分布：アフリカ、小アジア、中東、インド、アジア南部、極東、ジャワ、ボルネオなど。その他の地域へも移入に成功。

ヒヨミツスイ 鵯蜜吸
〈Plectorhyncha lanceolata〉鳥綱スズメ目ミツスイ科の鳥。

ヒラオヒルヤモリ
〈Phelsuma laticauda〉爬虫綱有鱗目トカゲ亜目ヤモリ科の動物。全長10〜13cm。分布：マダガスカル北部、ノシベ島。

ヒラオミズアシナシイモリ
〈Typhlonectes compressicandus〉両生綱有尾目ミズアシナシイモリ科の動物。体長30〜60cm。分布：南アメリカ。

ヒラオミズトカゲ
〈Tropidophorus beccari〉爬虫綱有鱗目スキンク科のトカゲ。

ヒラオヤモリ
〈Cosymbotus platyurus〉爬虫綱有鱗目トカゲ亜目ヤモリ科の動物。全長12cm。分布：インド、ミャンマー、タイ、ラオス、カンボジア、イ

ヒラオリク

ンドネシア, フィリピン, マレーシア, ニューギニアなど.

ヒラオリクガメ
〈*Pyxis planicauda*〉爬虫綱カメ目リクガメ科のカメ. 背甲長最大13.7cm. 分布：マダガスカル西部. 絶滅危惧IB類.

ヒラセガメ
〈*Pyxidea mouhotii*〉爬虫綱カメ目ヌマガメ科のカメ. 最大甲長20cm. 分布：中国南部, 海南島, ベトナム, ラオス, カンボジア, タイ, ミャンマー(ビルマ), インド北部(アッサムなど).

ヒラタウミガメ
〈*Natator depressus*〉爬虫綱カメ目ウミガメ科のカメ. 甲長80〜95cm. 分布：オーストラリア北部沿岸. 絶滅危惧種.

ヒラタスッポン
〈*Dogania subplana*〉爬虫綱カメ目スッポン科のカメ.

ヒラタトカゲ
〈*Platysaurus sp.*〉爬虫綱有鱗目トカゲ亜目ヨロイトカゲ科のトカゲ. 全長15〜20cm. 分布：南アフリカ.

ヒラタニオイガメ
〈*Sternotherus depressus*〉爬虫綱カメ目ドロガメ科のカメ. 背甲長最大11.5cm. 分布：アメリカ合衆国アラバマ州のブラックウォリアー川水系. 絶滅危惧II類.

ヒラタピパ
コモリガエルの別名.

ヒラタヘビクビ
〈*Platemys platycephala*〉爬虫綱カメ目ヘビクビガメ科のカメ. 最大甲長18cm. 分布：南米(ベネズエラ, コロンビア, エクアドル東部, ペルー, ボリビア北部, ギアナ, ブラジルのオリノコ/アマゾン水系).

ヒラタヤマガメ
〈*Geoemyda depressa*〉カメ目ヌマガメ科(バタグールガメ亜科). 背甲長最大26.3cm. 分布：ミャンマーのアラカン山脈周辺. 絶滅危惧IA類.

ヒラハシハエトリ　平嘴蠅取
〈*Tolmomyias sulphurescens*〉鳥綱スズメ目タイランチョウ科の鳥.

ヒラハシハチドリ
〈*Cyanophaia bicolor*〉鳥綱アマツバメ目ハチドリ科の鳥.

ヒラユビイモリ
〈*Triturus helveticus*〉両生綱有尾目イモリ科の動物. 体長80〜90mm. 分布：ブリテン島, ポーランド・チェコ以西の大陸ヨーロッパ, 南はイベリア半島北部まで.

ヒラリーカエルガメ
〈*Phrynops hilarii*〉爬虫綱カメ目ヘビクビガメ科のカメ. 最大甲長40cm. 分布：南米(ブラジル南部, ウルグアイ, アルゼンチン北部, パラグアイ, ボリビア[?])のパラナ川および近隣の水系).

ビリー
〈*Billy*〉犬の一品種. 体高61〜66cm. 原産：フランス.

ピリガニセマウス
〈*Pseudomys pilligaensis*〉齧歯目ネズミ科(ネズミ亜科). 頭胴長6〜8cm. 分布：オーストラリア東部. 絶滅危惧種.

ヒルカグラコウモリ
〈*Hipposideros corynophyllus*〉翼手目キクガシラコウモリ科(カグラコウモリ亜科). 前腕長4.8〜5cm. 分布：ニューギニア島中部. 絶滅危惧種.

ピー・ルージュ・フランドル
〈*Pie Rouge Flandre*〉牛の一品種.

ピールズ・ブラックチンド・ドルフィン
ミナミカマイルカの別名.

ピールズ・ポーパス
ミナミカマイルカの別名.

ビルビ
ミミナガバンディクートの別名.

ビルマアオハブ
〈*Trimeresurus erythrurus*〉爬虫綱有鱗目ヘビ亜目クサリヘビ科のヘビ. 全長50〜100cm. 分布：インド東部(アッサム), バングラデシュ, ミャンマー.

ビルマアブラコウモリ
〈*Pipistrellus joffrei*〉哺乳綱翼手目ヒナコウモリ科の動物. 前腕長3.9cm. 分布：ミャンマー(旧ビルマ). 絶滅危惧IA類.

ビルマウシ(ビルマ牛)
バーミーズの別名.

ビルマオオセダカガメ
〈*Kachuga trivittata*〉カメ目ヌマガメ科(バタ

グールガメ亜科)。背甲長最大58cm。分布：ミャンマー。絶滅危惧IB類。

ビルマカラヤマドリ
〈*Syrmaticus humiae*〉鳥綱キジ目キジ科の鳥。別名ビルマヤマドリ。全長オス90cm，メス60cm。分布：インド北東部，ミャンマー北部，中国南部，タイ北東部。絶滅危惧II類。

ビルマキヌバネドリ
〈*Harpactes wardi*〉鳥綱キヌバネドリ目キヌバネドリ科の鳥。全長38cm。分布：インド東部からミャンマー北部，中国の雲南省，ベトナム北部にかけて。絶滅危惧II類。

ビルマキョン
トビイロホエジカの別名。

ビルマクジャクスッポン
ミヤビスッポンの別名。

ビルマサイチョウ
〈*Ptilolaemus tickelli*〉鳥綱ブッポウソウ目サイチョウ科の鳥。

ビルマジャコウネコ
〈*Viverra megaspila*〉哺乳綱食肉目ジャコウネコ科の動物。体長76cm。分布：ビルマ南部，タイ，インドシナ，マレー半島のペナンまで分布。

ビルマシワコブサイチョウ
〈*Aceros subruficollis*〉鳥綱ブッポウソウ目サイチョウ科の鳥。全長88cm。分布：ミャンマー（旧ビルマ），タイ，インドネシアのスマトラ島。絶滅危惧II類。

ビルマニシキヘビ
〈*Python molurus bivittatus*〉爬虫綱有鱗目ヘビ亜目ボア科のヘビ。全長最大6.5cm。分布：中国南部から，ミャンマー，インドシナ，ボルネオ，ジャワ，スラウェシ，(マレー半島にはいない)。

ビルマネコ
〈*Burmese cat*〉猫の一品種。

ビルマノウサギ
〈*Lepus peguensis*〉哺乳綱ウサギ目ウサギ科の動物。分布：ビルマからインドシナ，中国。

ビルマホシガメ
〈*Geochelone platynota*〉爬虫綱カメ目リクガメ科のカメ。背甲長最大26cm。分布：ミャンマー中央部。絶滅危惧IA類。

ビルマメダマガメ
〈*Morenia ocellata*〉爬虫綱カメ目ヌマガメ科のカメ。最大甲長22cm。分布：ミャンマー（ビルマ）南部。

ビルマヤブチメドリ
〈*Turdoides gularis*〉鳥綱スズメ目ヒタキ科チメドリ亜科の鳥。

ビルマヤマドリ
ビルマカラヤマドリの別名。

ヒル・ラドナー
〈*Hill Radner*〉羊の一品種。分布：イギリス。

ヒレアシ　鰭足
〈*finfoot*〉鳥綱ツル目ヒレアシ科に属する鳥の総称。体長60cm。分布：中央・南アメリカ，アフリカ，東南アジア。

ヒレアシシギ　鰭足鷸
〈*phalarope*〉鳥綱チドリ目ヒレアシシギ科に属する鳥の総称。全長16.5～19cm。分布：北半球で繁殖し，熱帯や南半球で越冬。

ヒレアシトウネン
〈*Calidris pusilla*〉鳥綱チドリ目シギ科の鳥。

ヒレアシトカゲ　鰭脚蜥蜴
〈*snake lizard*〉ヒレアシトカゲ（ピゴプス）科Pygopodidaeに含まれる系統的にはヤモリに近いトカゲ類の総称。体長6.5～31cm。分布：オーストラリア。

ヒレナガゴンドウ
〈*Globicephala melas*〉哺乳綱クジラ目マイルカ科の動物。別名ポットヘッド・ホエール，カーイング・ホエール，ロングフィン・パイロットホエール，アトランティック・パイロットホエール。3.8～6m。分布：北太平洋を除く冷温帯と周極海域。

ピレニアン・シープドッグ
〈*Pyrenean Sheepdog*〉犬の一品種。別名ベルジェ・デ・ピレネー。

ピレニアン・マウンテン・ドッグ
グレート・ピレネーズの別名。

ピレニアン・マスティフ
〈*Pyrenean Mastiff*〉犬の一品種。別名マスティン・デ・ロス・ピリオネス。体高72～86cm。原産：スペイン。

ピレネーカナヘビ
〈*Lacerta bonnali*〉爬虫綱トカゲ目（トカゲ亜目）カナヘビ科のヘビ。頭胴長4.5～6.5cm。分布：スペイン北東部，フランス南西部。絶

絶滅危惧II類。

ピレネーデスマン
〈*Galemys pyrenaicus*〉哺乳綱食虫目モグラ科の動物。体長12.5cm。分布：西ヨーロッパ。絶滅危惧II類。

ピレネーファイアサラマンダー
〈*Salamandra salamandra fastuosa*〉両生綱有尾目イモリ科の動物。体長150mm。分布：スペインのピレネー山脈とそれに連なるカンタブリアン山脈。

ヒレンジャク 緋連雀
〈*Bombycilla japonica*〉鳥綱スズメ目レンジャク科の鳥。全長17.5cm。

ビロウドキンクロ
〈*Melanitta fusca stejnegeri*〉鳥綱ガンカモ目ガンカモ科の鳥。

ヒロオウミヘビ 広尾海蛇
〈*Laticauda laticaudata*〉爬虫綱有鱗目ヘビ亜目コブラ科のヘビ。全長70〜120cm。分布：南西諸島,台湾,中国から南太平洋,インド洋東部。

ヒロオコノハヤモリ
〈*Phyllurus platurus*〉爬虫綱有鱗目ヤモリ科のヤモリ。

ヒロオトゲハシムシクイ
〈*Acanthiza apicalis*〉トゲハシムシクイ科。体長10cm。分布：オーストラリア南部および中央部。

ヒロオビフィジーイグアナ
〈*Brachylophus fasciatus*〉爬虫綱有鱗目トカゲ亜目イグアナ科の動物。全長50〜70cm。分布：フィジー諸島,トンガ諸島。絶滅危惧IB類。

ヒロガオネズミカンガルー
〈*Potorous platyops*〉哺乳綱有袋目カンガルー科の動物。

ヒロガシラヘビ
〈*Hoplocephalus bungaroides*〉爬虫綱トカゲ目(ヘビ亜目)コブラ科の動物。頭胴長70〜88cm。分布：オーストラリア南東部。絶滅危惧種。

ヒロクチマルガエル
〈*Cyclorana novaehollandiae*〉両生綱無尾目アマガエル科のカエル。体長60〜100mm。分布：オーストラリアのクィーンズランド州東部からニューサウスウェールズ州の一部にか

けて。

ヒロクチミズヘビ
〈*Homalopsis buccata*〉爬虫綱有鱗目ヘビ亜目ナミヘビ科のヘビ。全長オス80cm,メス130cm。分布：タイからインドシナ,マレー半島,インドネシア(スマトラからスラウェシ)。

ヒロスジマングース
〈*Galidictis fasciata*〉哺乳綱食肉目マングース科の動物。頭胴長30〜36cm。分布：マダガスカル東部。絶滅危惧II類。

ヒロズトカゲ
〈*Eumeces laticeps*〉スキンク科。全長17〜32cm。分布：フロリダ半島を除く北米南西部。

ビロード カワウソ
〈*Lutrogale perspicillata*〉哺乳綱食肉目イタチ科の動物。頭胴長65〜79cm。分布：イラク南部,パキスタン,インド,中国南部,インドシナ半島,マレー半島,スマトラ島,ジャワ島,カリマンタン島。絶滅危惧II類。

ビロードキンクロ 天鵞絨金黒
〈*Melanitta fusca*〉鳥綱ガンカモ目ガンカモ科の鳥。体長51〜58cm。分布：北アメリカ北西部,西部および東部,ヨーロッパ,アジア北西部および東部。

ビロードネズミ属
〈*Eothenomys*〉哺乳綱齧歯目ネズミ科の動物。分布：アジア東部。

ビロードハチドリ
〈*Lafresnaya lafresnayi*〉鳥綱アマツバメ目ハチドリ科の鳥。

ビロードマミヤイロチョウ
〈*Philepitta castanea*〉鳥綱スズメ目マミヤイロチョウ科の鳥。

ビロードムクドリモドキ
〈*Lampropsar tanagrinus*〉鳥綱スズメ目ムクドリモドキ科の鳥。

ビロードムシクイ
〈*Lamprolia victoriae*〉カササギビタキ科。体長13cm。分布：フィジー諸島。絶滅危惧II類。

ヒロハシ 広嘴
〈*broadbill*〉鳥綱スズメ目ヒロハシ科に属する鳥の総称。体長13〜28cm。分布：中国ヒマラヤ地方から東南アジア,サハラ以南のアフリカ。

ヒロハシクジラドリ
〈*Pachyptila vittata*〉鳥綱ミズナギドリ目ミズナギドリ科の鳥。体長25～30cm。分布：南半球の海洋。南半球洋上の島々，ニュージーランド南島沿岸で繁殖。

ヒロハシコビトドリモドキ　広嘴小人鳥擬
〈*Microcochlearius josephinae*〉鳥綱スズメ目タイランチョウ科の鳥。

ヒロハシサギ　広嘴鷺
〈*Cochlearius cochlearius*〉鳥綱コウノトリ目サギ科の鳥。体長45～50cm。分布：メキシコからボリビア，アルゼンチン北部。

ヒロハシハチクイモドキ
〈*Electron platyrhynchum*〉鳥綱ブッポウソウ目ハチクイモドキ科の鳥。

ヒロハシマイコドリ　広嘴舞子鳥
〈*Sapayoa aenigma*〉鳥綱スズメ目マイコドリ科の鳥。

ヒロハシムシクイ
〈*Clytomyias insignis*〉鳥綱スズメ目ヒタキ科の鳥。体長15cm。分布：ニューギニア。

ヒロバナジェントルキツネザル
オオタケキツネザルの別名。

ヒロラ
〈*Damaliscus hunteri*〉哺乳綱偶蹄目ウシ科の動物。別名ヒロラダマリスクス，ハンターズハーテビースト，ハンターハーテビースト。頭胴長160～200cm。分布：ケニアのタナ川とソマリアのジュッバ川の間にある約100kmの帯状の地域。絶滅危惧IA類。

ヒロラダマリスクス
〈*Beatragus hunteri*〉ウシ科ヒロラ属。体長120～200cm。分布：ケニア東部，ソマリア南部。

ヒロラダマリスクス
ヒロラの別名。

ヒワ　鶸
〈finch〉鳥綱スズメ目アトリ科ヒワ亜科に属する鳥の総称。全長11～19cm。分布：南・北アメリカ，ユーラシア，アフリカ（マダガスカルを除く）。

ヒワコンゴウインコ　鶸金剛鸚哥
〈*Ara ambigua*〉鳥綱オウム目インコ科の鳥。

ヒワミズラモグラ
〈*Euroscaptor mizura hiwaensis*〉哺乳綱モグラ目モグラ科の動物。

ヒワミツドリ
〈*Dacnis cayana*〉鳥綱スズメ目ホオジロ科の鳥。

ピンク・ドルフィン
アマゾンカワイルカの別名。

ピンク・ポーパス
アマゾンカワイルカの別名。

ピンシャー
犬の一品種。別名ジャーマン・ピンシャー。

ビンズイ　便鶇, 便追, 木鶇
〈*Anthus hodgsoni*〉鳥綱スズメ目セキレイ科の鳥。別名キヒバリ。全長15.5cm。分布：アジアの温帯，亜寒帯で繁殖し，インド，ボルネオ島など熱帯に渡って越冬。国内では四国以北の山地で繁殖し，冬は平地へ移動。

ビンセントヤブリス
〈*Paraxerus vincenti*〉哺乳綱齧歯目リス科の動物。分布：モザンビーク北部。絶滅危惧II類。

ビンソンミゾコウモリ
〈*Nycteris vinsoni*〉哺乳綱翼手目ミゾコウモリ科の動物。前腕長約5cm。分布：モザンビーク。絶滅危惧IA類。

ヒンターベルダー
〈*Hinterwälder*〉哺乳綱偶蹄目ウシ科の動物。体高オス125～130cm，メス115～120cm。分布：ドイツ南部。

ピンチョウ
〈*Pinchow*〉牛の一品種。

ピンツガウエル
〈*Pinzgauer*〉哺乳綱偶蹄目ウシ科の動物。体高オス138～153cm，メス125～135cm。分布：オーストリア中部。

ヒンテルベルデル
〈*Hinterwälder*〉牛の一品種。

ピント
〈*Pinto*〉哺乳綱奇蹄目ウマ科の動物。別名ペイント・ホース。体高145～155cm。原産：アメリカ合衆国。

ピンドス
〈*Pindos*〉馬の一品種。体高121～132cm。原産：ギリシア。

ビントロング

〈*Arctictis binturong*〉哺乳綱食肉目ジャコウネコ科の動物。体長61～96cm。分布：南アジア，東南アジア。

【フ】

ファイアサラマンダー
〈*Salamandra salamandra*〉両生綱有尾目イモリ科の動物。体長18～28cm。分布：ヨーロッパ，アフリカ，アジア。

ファイアースキンク
〈*Lygosoma fernandi*〉爬虫綱有鱗目スキンク科のトカゲ。体長22～37cm。分布：アフリカ西部および中央部。

プアーウィルヨタカ
〈*Phalaenoptilus nuttallii*〉鳥綱ヨタカ目ヨタカ科の鳥。体長20cm。分布：アメリカ西部およびメキシコで繁殖。メキシコ中部にまで南下して越冬。

ファーガソンフクロシマリス
〈*Dactylopsila tatei*〉二門歯目フクロモモンガ科。別名テートフクロシマリス。頭胴長17.3～21.3cm。分布：パプアニューギニアのダントルカストー諸島のファーガソン島。絶滅危惧。

ファデランス
〈*Bothrops lanceolatus*〉爬虫綱有鱗目クサリヘビ科のヘビ。

ファラオ・ハウンド
〈*Pharaoh Hound*〉犬の一品種。体高53～64cm。原産：マルタ。

ファラノーク
コバマングースの別名。

ファラベラ
〈*Falabella*〉哺乳綱奇蹄目ウマ科の動物。体高71～76cm。原産：アルゼンチン。

ファルドリスフルーツコウモリ
〈*Melonycteris fardoulisi*〉哺乳綱翼手目オオコウモリ科の動物。前腕長5.7～6.1cm。分布：ソロモン諸島。絶滅危惧種。

ファレン
〈*Phalene*〉犬の一品種。体高20～28cm。原産：ベルギー。

ファロージカ
〈*Dama dama*〉哺乳綱偶蹄目シカ科の動物。

フィアスアダー
〈*Azemiops feae*〉爬虫綱有鱗目ヘビ亜目クサリヘビ科のヘビ。全長50～90cm。分布：アジア。

フィジーイグアナ
ヒロオビフィジーイグアナの別名。

フィジーエダアシガエル
〈*Platymantis vitiensis*〉両生綱無尾目カエル目アカガエル科のカエル。別名フィジーヒラタガエル。体長3.5～5cm。分布：フィジー。絶滅危惧IB類。

フィジーキツネオオコウモリ
〈*Pteralopex acrodonta*〉哺乳綱翼手目オオコウモリ科の動物。前腕長11～12cm。分布：フィジーのタヴェウニ島。絶滅危惧IA類。

フィジークイナ
〈*Nesoclopeus poecilopterа*〉鳥綱ツル目クイナ科の鳥。

フィジーシロオビイグアナ
ヒロオビフィジーイグアナの別名。

フィジータテガミイグアナ
〈*Brachylophus vitiensis*〉爬虫綱トカゲ目（トカゲ亜目）イグアナ科の動物。頭胴長18.5～22.3cm。分布：フィジー北西部。絶滅危惧IA類。

フィジーヒラタガエル
フィジーエダアシガエルの別名。

フィジーミズナギドリ
〈*Pterodroma macgillivrayi*〉鳥綱ミズナギドリ目ミズナギドリ科の鳥。全長30cm。分布：フィジーのガウ島。絶滅危惧IA類。

フィジーミツスイ
〈*Myzomela jugularis*〉鳥綱スズメ目ミツスイ科の鳥。

フィジームシクイ
〈*Cettia ruficapilla*〉鳥綱スズメ目ウグイス科の鳥。体長13～16cm。分布：フィジー。

フィスクイエヘビ
〈*Lamprophis fiskii*〉爬虫綱トカゲ目（ヘビ亜目）ナミヘビ科のヘビ。頭胴長27～32.7cm。分布：南アフリカ共和国西部。絶滅危惧II類。

フィズロイズ・ドルフィン
ハラジロカマイルカの別名。

フィッシャー
〈*Martes pennanti*〉哺乳綱食肉目イタチ科の動物。体長47～75cm。分布：カナダから合衆

国北部にかけて。

フィッシャーカメレオン
〈Bradipodion fischeri〉爬虫綱有鱗目トカゲ亜目カメレオン科のトカゲ。全長最大オス36cm, メス33cm。分布：ケニア, タンザニア。

フィッシャージネズミ
〈Crocidura fischeri〉哺乳綱食虫目トガリネズミ科の動物。分布：ケニアのングルマンおよびタンザニアのヒモ。絶滅危惧II類。

フィッチ
フェレットの別名。

フィニッシュ
〈Finnish〉牛の一品種。

フィニッシュ・スピッツ
〈Finnish Spitz〉犬の一品種。体高38〜51cm。原産：フィンランド。

フィニッシュ・ハウンド
〈Finnish Hound〉犬の一品種。体高56〜62cm。原産：フィンランド。

フィニッシュ・ラップ・ドッグ
〈Finnish Lapphund〉犬の一品種。体高46〜52cm。原産：フィンランド。

フィニッシュ・ランドレース
〈Finnish Landrace〉羊の一品種。分布：フィンランド。

フィヨードランドペンギン
キマユペンギンの別名。

フィヨルド
〈Fjord〉哺乳綱奇蹄目ウマ科の動物。体高131〜144cm。原産：ノルウェー。

フィラ・ブラジレイロ
〈Fila Brasileiro〉哺乳綱食肉目イヌ科の動物。

フィラミン
〈Philamin〉牛の一品種。

フイリアザラシ
ワモンアザラシの別名。

フィリピオットセイ
フェルナンデスオットセイの別名。

フィリピン・イフガオザイライブタ フィリピン・イフガオ在来豚
〈Ifugao native pig-the Philippines〉45cm。分布：フィリピン。

フィリピンオウム
〈Cacatua haematuropygia〉鳥綱オウム目インコ科の鳥。全長30〜31cm。分布：フィリピンのパラワン島, サン・ミゲル諸島, タウィタウィ島, ミンダナオ島西部のサンボアンガ, マスバテ島, シアルガオ島。絶滅危惧IA類。

フィリピンオオコウモリ
〈Acerodon jubatus〉哺乳綱翼手目オオコウモリ科の動物。前腕長18.2〜20.5cm。分布：フィリピン。絶滅危惧IB類。

フィリピンカワセミ
〈Alcedo argentata〉鳥綱ブッポウソウ目カワセミ科の鳥。全長14cm。分布：フィリピン南部の島々。絶滅危惧IB類。

フィリピンキメジロ
〈Zosterops nigrorum〉鳥綱スズメ目メジロ科の鳥。

フィリピンクイナ
ナンヨウクイナの別名。

フィリピンクマタカ
〈Spizaetus philippensis〉鳥綱タカ目タカ科の鳥。全長64〜69cm。分布：フィリピン。絶滅危惧II類。

フィリピンザイライバ フィリピン在来馬
〈Native horse-the Philippines〉オス121.0cm, メス119.6cm。分布：フィリピン。

フィリピンザイライヤギ フィリピン在来山羊
〈Native goat-the Philippines〉50cm。分布：フィリピン。

フィリピンスイギュウ フィリピン水牛
〈Philippine Carabao〉オス127〜137cm, メス124〜129cm。分布：フィリピン。

フィリピンタルシア
フィリピンメガネザルの別名。

フィリピンツパイ
〈Urogale everetti〉哺乳綱ツパイ目ツパイ科の動物。頭胴長18.2〜23.5cm。分布：フィリピンのミンダナオ島, ディナガット島, シアルガオ島。絶滅危惧II類。

フィリピンノトウケイ フィリピンの闘鶏
〈Philippine fighting cock〉分布：フィリピン。

フィリピンハリオアマツバメ
〈Mearnsia picina〉鳥綱アマツバメ目アマツバメ科の鳥。

フィリピンヒメミフウズラ
〈Turnix worcesteri〉鳥綱ツル目ミフウズラ科

フイリヒン

の鳥。全長14cm。分布：フィリピンのルソン島。絶滅危惧II類。

フィリピンヒヨケザル
〈Cynocephalus volans〉哺乳綱霊長目皮翼目ヒヨケザル科の動物。体長33〜38cm。分布：フィリピンのミンダナオ島, バシラン島, サマール島, ボホール島。絶滅危惧II類。

フィリピンペリカン
〈Pelecanus philippensis〉鳥綱ペリカン目ペリカン科の鳥。全長150cm。分布：インド, スリランカ, カンボジア。絶滅危惧II類。

フィリピンホカケトカゲ
〈Hydrosaurus pustulatus〉爬虫綱有鱗目トカゲ亜目アガマ科のトカゲ。全長90cm。分布：フィリピン。絶滅危惧II類と推定。

フィリピン・ミンドロザイライブタ フィリピン・ミンドロ在来豚
〈Mindoro native pig-the Philippines〉分布：フィリピン。

フィリピンメガネザル
〈Tarsius syrichta〉哺乳綱霊長目メガネザル科の動物。別名フィリピンタルシア。頭胴長11〜12.7cm。分布：フィリピン諸島南東部。

フィリピンワシ 猿喰鷲
〈Pithecophaga jefferyi〉鳥綱タカ目タカ科の鳥。別名サルクイワシ。体長86〜102cm。分布：フィリピン。絶滅危惧IA類。

フィリピンワシコノハズク
〈Bubo philippensis〉鳥綱フクロウ目フクロウ科の鳥。全長40cm。分布：フィリピン。絶滅危惧IB類。

フィリピンワシミミズク
〈Pseudoptynx philippensis〉鳥綱フクロウ目フクロウ科の鳥。

フィリピンワニ
〈Crocodylus novaeguineae mindorensis〉爬虫綱ワニ目クロコダイル科のワニ。

フィリピンワニ
ミンドロワニの別名。

フィールド・スパニエル
〈Field Spaniel〉哺乳綱食肉目イヌ科の動物。体高46cm。分布：イギリス。

フィールドニセマウス
〈Pseudomys fieldi〉齧歯目ネズミ科（ネズミ亜科）。頭胴長10.4cm。分布：オーストラリア中部。絶滅危惧種。

フィンキャトル
〈Finncattle〉哺乳綱偶蹄目ウシ科の動物。体高オス130cm, メス120cm。分布：フィンランド。

フィンドリーホオヒゲコウモリ
〈Myotis findleyi〉哺乳綱翼手目ヒナコウモリ科の動物。前腕長3.5cm。分布：メキシコのトレス・マリアス諸島。絶滅危惧IB類。

フィンナー
ナガスクジラの別名。

フィンニッシュ
〈Finnish〉哺乳綱奇蹄目ウマ科の動物。

フィンニッシュ・スピッツ
〈Finnish Spitz, Suomen Pystikorva〉哺乳綱食肉目イヌ科の動物。

フィンニッシュ・ハウンド
〈Finnish Hound, Finsk Hound, Finske Stövare〉哺乳綱食肉目イヌ科の動物。

フィンバック
ナガスクジラの別名。

フィンランドハンヨウシュ フィンランド汎用種
〈Finnish All-Purpose Horse〉馬の一品種。体高150〜157cm。原産：フィンランド。

フウカイチョ 楓涇猪
〈Fengjing Pig〉分布：上海市南西部の楓涇。

フウキンチョウ 風琴鳥
〈tanager〉鳥綱スズメ目ホオジロ科フウキンチョウ亜科に属する鳥の総称。体長10〜28cm。分布：カナダからチリ北部, アンティル諸島を含めてアルゼンチン中部までの西半球とほぼすべての熱帯地方。

フウキンチョウモドキ
〈Oreothraupis arremonops〉鳥綱スズメ目ホオジロ科の鳥。全長20cm。分布：コロンビア西部, エクアドル北西部。絶滅危惧II類。

ブッサルグマングース
〈Dologale dybowskii〉哺乳綱食肉目ジャコウネコ科の動物。体長27.5cm。分布：ザイール北東部, 中央アフリカ共和国, スーダン南部, ウガンダ西部。

フウチョウ 風鳥
〈bird of paradise〉鳥綱スズメ目フウチョウ科に属する鳥の総称。体長12〜100cm。分布：

モルッカ諸島, ニューギニア, オーストラリア。

フウチョウモドキ
〈*Sericulus chrysocephalus*〉鳥綱スズメ目ニワシドリ科の鳥。

フェアテスイロガタインコ
〈*Hapalopsittaca fuertesi*〉鳥綱オウム目インコ科の鳥。別名コロンビアホオアカインコ。全長23～24cm。分布：コロンビア南西部。絶滅危惧IA類。

フエガラス 笛烏, 笛鳥, 笛鴉
〈*Strepera graculina*〉フエガラス科。体長46cm。分布：オーストラリア東部。

フエガラス 笛鴉
〈*bell-magpie*〉スズメ目フエガラス科の鳥, または同科フエガラス属の鳥の総称, もしくは同属の1種をさす。体長18～53cm。分布：オーストラリアとニューギニア, 1種はニュージーランドに移入。

フエコチドリ
〈*Charadrius melodus*〉鳥綱チドリ目チドリ科の鳥。全長17～18cm。分布：繁殖地は北アメリカ中央部のグレートプレーンズから五大湖沿岸にかけての地域とカナダのニューファンドランド州からアメリカ合衆国のノース・カロライナ州にかけての海岸部。越冬地はアメリカ合衆国の大西洋岸からバハマまでのメキシコ湾岸にかけて。絶滅危惧II類。

フェネック
〈*Fennecus zerda*〉食肉目イヌ科の哺乳類。

フェネックギツネ
〈*Vulpes zerda*〉哺乳綱食肉目イヌ科の動物。体長24～41cm。分布：北アフリカ, 西アジア。

フエフキガモ
リュウキュウガモの別名。

フエフキタイランチョウ 笛吹太蘭鳥
〈*Sirystes sibilator*〉鳥綱スズメ目タイランチョウ科の鳥。

フエフキミソサザイ 鳴鷦鷯
〈*Microcerculus ustulatus*〉鳥綱スズメ目ミソサザイ科の鳥。体長12cm。分布：ベネズエラ南部, ガイアナ, ブラジル北部。

プエブラシロアシマウス
〈*Peromyscus mekisturus*〉齧歯目ネズミ科（アメリカネズミ亜科）。頭胴長9cm。分布：メキシコ中央部。絶滅危惧II類。

プエーブラミルクヘビ
〈*Lampropeltis triangulum campbelli*〉爬虫綱有鱗目ヘビ亜目ナミヘビ科のヘビ。全長70～90cm。分布：メキシコのプエーブラ, モレロス, オアハカの3州。

フェル
〈*Fell*〉哺乳綱奇蹄目ウマ科の動物。140cm。原産：イギリス。

プエルトエデンガエル
〈*Atelognathus grandisonae*〉両生綱無尾目カエル目ユビナガガエル科のカエル。体長オス3.3cm。分布：チリ南部。絶滅危惧II類。

プエルトリココビトドリ
〈*Todus mexicanus*〉鳥綱ブッポウソウ目コビトドリ科の鳥。

プエルトリココヤスガエル
〈*Eleutherodactylus portoricensis*〉両生綱無尾目ミナミガエル科のカエル。体長42mm。分布：プエルトリコ。

プエルトリコヒキガエル
〈*Peltophryne lemur*〉両生綱無尾目カエル目ヒキガエル科のカエル。体長11.4cm。分布：アメリカ領プエルト・リコ, イギリス領ヴァージン諸島。絶滅危惧II類。

プエルトリコフウキンチョウ
〈*Nesospingus speculiferus*〉鳥綱スズメ目ホオジロ科の鳥。

プエルトリコボア
〈*Epicrates inornatus*〉爬虫綱有鱗目ボア科のヘビ。

プエルトリコヨタカ
〈*Caprimulgus noctitherus*〉鳥綱ヨタカ目ヨタカ科の鳥。全長22～22.5cm。分布：アメリカ領プエルト・リコ。絶滅危惧IA類。

フェルナンデスオットセイ
〈*Arctocephalus philippii*〉哺乳綱食肉目アシカ科の動物。別名フィリピオットセイ。全長オス1.5～2.1m, メス1.4～1.5m。分布：チリのフアン, フェルナンデス諸島とサン・フェリクス諸島。絶滅危惧II類。

フェルナンデスベニイタダキハチドリ
〈*Sephanoides fernandensis*〉鳥綱アマツバメ目ハチドリ科の鳥。全長オス11.5～12cm, メス10.5cm。分布：チリのフアン・フェルナンデス諸島。絶滅危惧IA類。

フェルナンデスミズナギドリ

フエルナン

〈*Pterodroma defilippiana*〉鳥綱ミズナギドリ目ミズナギドリ科の鳥。全長約25cm。分布：南太平洋東部に生息し，チリのデスベンチュラドス諸島とフアン・フェルナンデス諸島で繁殖。絶滅危惧II類。

フェルナンドポースベイドリ
〈*Speirops brunnea*〉鳥綱スズメ目メジロ科の鳥。

フェルナンドポーファイアースキンク
〈*Riopa fernandi*〉スキンク科。全長20～36cm。分布：アフリカ。

フェルナンドポーメジロモドキ
〈*Speirops brunneus*〉鳥綱スズメ目メジロ科の鳥。全長11cm。分布：赤道ギニアのビオコ島（旧称フェルナンドポー島）。絶滅危惧II類。

フェルナンドミミナガコウモリ
〈*Lonchorhina fernandezi*〉哺乳綱翼手目ヘラコウモリ科の動物。前腕長4.2～4.3cm。分布：ベネズエラ南部。絶滅危惧II類。

フェル・ポニー
馬の一品種。体高132～142cm。原産：イングランド。

フェレット
〈*Mustela putorius furo*〉食肉目イタチ科の哺乳類。おもにヨーロッパでネズミの駆除やアナウサギ狩りに使われてきたイタチに似て，全身白色の家畜化された動物。体長30～36cm。分布：ヨーロッパ。

フェレット
ヨーロッパケナガイタチの別名。

フォークコビトキツネザル
〈*Phaner furcifer*〉哺乳綱霊長目キツネザル科の動物。頭胴長24cm。分布：マダガスカル島。

フォークランドオオカミ
〈*Dusicyon australis*〉哺乳綱食肉目イヌ科の動物。

フォークランドツグミ
〈*Turdus falcklandii*〉鳥綱スズメ目ツグミ科の鳥。体長25～27cm。分布：チリ，アルゼンチン，フォークランド諸島，フアン・フェルナンデス諸島。

フォークランドミソサザイ
〈*Troglodytes cobbi*〉鳥綱スズメ目ミソサザイ科の鳥。全長12cm。分布：イギリス領フォークランド諸島。絶滅危惧II類。

フォックスジネズミ
〈*Crocidura foxi*〉哺乳綱食虫目トガリネズミ科の動物。分布：ナイジェリアのジョス高原。絶滅危惧II類。

フォックス・テリア
〈*Fox Terrier*〉哺乳綱食肉目イヌ科の動物。

フォックス・テリア・スムース
〈*Fox Terrier Smooth*〉犬の一品種。別名スムース・フォックス・テリア。

フォックス・テリア・ワイヤー
〈*Fox Terrier Wire*〉犬の一品種。別名ワイヤー・フォックス・テリア。

フォックスハウンド
〈*Foxhound*〉哺乳綱食肉目イヌ科の動物。別名イングリッシュ・フォックスハウンド。体高58～69cm。分布：イギリス。

フォッサ
〈*Cryptoprocta ferox*〉食肉目ジャコウネコ科（フォッサ亜科）。体長60～76cm。分布：マダガスカル。絶滅危惧IB類。

フォラオ・ハウンド
〈*Pharaoh Hound*〉哺乳綱食肉目イヌ科の動物。

フォールス・パイロットホエール
オキゴンドウの別名。

フォルデルベルデル
〈*Vorderwälder*〉牛の一品種。

フキナガシオウチュウ
カザリオウチュウの別名。

フキナガシタイランチョウ 吹流太蘭鳥
〈*Gubernetes yetapa*〉鳥綱スズメ目タイランチョウ科の鳥。

フキナガシハチドリ
〈*Trochilus polytmus*〉鳥綱アマツバメ目ハチドリ科の鳥。体長25cm。分布：ジャマイカ。

フキナガシフウチョウ 吹流し風鳥
〈*Pteridophora alberti*〉フウチョウ科。体長22cm。分布：ニューギニアの中央山脈（標高1500～2850m）。

フキナガシヨタカ 吹流夜鷹
〈*Semeiophorus vexillarius*〉鳥綱ヨタカ目ヨタカ科の鳥。別名ハネナガヨタカ。

ブークー
〈*Kobus vardoni*〉偶蹄目ウシ科の哺乳類。体

長1.3～1.8m。分布：アフリカ西部から東部。

フクラガエル
〈*Breviceps adspersus*〉両生綱無尾目ジムグリガエル科のカエル。体長3～6cm。分布：アフリカ。

フクレヤブモズ
〈*Dryoscopus gambensis*〉鳥綱スズメ目モズ科の鳥。体長18cm。分布：西, 中央および東アフリカ。

フクロアナグマ
タスマニアデビルの別名。

フクロアマガエル
フクロガエルの別名。

フクロアリクイ　袋蟻喰, 袋蟻食
〈*Myrmecobius fasciatus*〉フクロネコ目フクロアリクイ科。別名ナンバット, オオムシナメ。体長20～28cm。分布：オーストラリア南西部。絶滅危惧II類。

フクロウ　鵂, 鴞, 梟
〈*Strix uralensis*〉鳥綱フクロウ目フクロウ科の鳥。全長50cm。分布：ユーラシアの亜寒帯, 温帯の高地, サハリン, 日本。国内では九州以北に3亜種。

フクロウ　梟
〈*owl*〉広義には鳥綱フクロウ目フクロウ科に属する鳥の総称で, 狭義にはそのうちの1種をさす。体長12～71cm。分布：南極を除いてほとんど全世界。

フクロウオウム　梟鸚鵡
〈*Strigops habroptilus*〉鳥綱インコ目インコ科の鳥。別名カカポ。体長63cm。分布：ニュージーランド。もとは全島に広く分布していたが, 今ではリトル・バリア島とコッドフィッシュ島の2カ所に移入されたものだけ。絶滅危惧種。

フクロウグエノン
〈*Cercopithecus hamlyni*〉哺乳綱霊長目オナガザル科の動物。頭胴長56cm。分布：ザイールからルワンダ北西部。

フクロウサギ
ミミナガバンディクートの別名。

フクロウ目
鳥綱の1目。

フクロウヨタカ
オーストラリアズクヨタカの別名。

フクロオオカミ　袋狼
〈*Thylacinus cynocephalus*〉哺乳綱有袋目フクロネコ科の動物。絶滅危惧種。

フクロガエル
〈*Gastrotheca marsupiata*〉両生綱無尾目アマガエル科のカエル。

フクロギツネ　袋狐
〈*Trichosurus vulpecula*〉哺乳綱有袋目クスクス科の動物。別名フクロロリス。体長35～58cm。分布：オーストラリア（タスマニアを含む）。

フクログマ
哺乳綱有袋目クスクス科のコアラの異名。

フクロシマリス
〈*Dactylopsila trivirgata*〉哺乳綱有袋目フクロモモンガ科の動物。体長24～28cm。分布：オーストラリア北東部, ニューギニア。

フクロテナガザル　袋手長猿
〈*Hylobates syndactylus*〉哺乳綱霊長目ショウジョウ科の動物。体長90cm。分布：東南アジア。

フクロトビネズミ
〈*Antechinomys laniger*〉哺乳綱有袋目フクロネコ科の動物。体長7～10cm。分布：オーストラリア中部, 南部。絶滅危惧II類と推定。

フクロネコ　袋猫
〈*Dasyurus quoll*〉哺乳綱有袋目フクロネコ科の動物。体長28～45cm。分布：タスマニア。絶滅危惧種。

フクロネズミ
オポッサムの別名。

フクロミツスイ　袋密吸
〈*Tarsipes rostratus*〉有袋目フクロミツスイ科の哺乳類。体長6.5～9cm。分布：オーストラリア南西部。

フクロムササビ
〈*Schoinobates volans*〉哺乳綱有袋目クスクス科の動物。体長35～48cm。分布：オーストラリア東部。

フクロモグラ　袋土竜
〈*Notoryctes typhlops*〉フクロモグラ目フクロモグラ科。体長12～18cm。分布：オーストラリア南部。絶滅危惧IB類。

フクロモモンガ
〈*Petaurus breviceps*〉哺乳綱有袋目フクロモ

フクロモモ

モンガ科の動物。

フクロモモンガ
哺乳綱有袋目フクロモモンガ科の動物の総称。分布：オーストラリアの南東、東、北および南西部、タスマニア、ニューギニア。

フクロモモンガダマシ
フクロモモンガモドキの別名。

フクロモモンガモドキ
〈Gymnobelideus leadbeateri〉二門歯目フクロモモンガ科。別名フクロモモンガダマシ。体長15〜17cm。分布：オーストラリア南東部（中央高地、ビクトリア）。絶滅危惧IB類。

フクロヤマネ　袋山鼠
〈Cercaertus nanus〉有袋目クスクス科の哺乳類。

フクロリス
フクロギツネの別名。

ブケデイ
〈Bukedi〉牛の一品種。

ブーゲンヴィルショウビン
〈Actenoides bougainvillei〉鳥綱ブッポウソウ目カワセミ科の鳥。全長32cm。分布：パプアニューギニアのブーゲンヴィル島、ソロモン諸島のガダルカナル島。絶滅危惧種。

ブコビンメクラネズミ
〈Spalax graecus〉齧歯目ネズミ科（メクラネズミ亜科）。頭胴長20〜27cm。分布：ルーマニアからウクライナにかけて。絶滅危惧II類。

フサエリショウノガン　房襟小鴇
〈Chlamydotis undulata〉鳥綱ツル目ノガン科の鳥。別名フサエリノガン。体長55〜65cm。分布：カナリア諸島、アフリカ北部、中近東、アジア南西部・中部で繁殖。アジアで繁殖するものはアラビア半島、パキスタン、イラン、インド北西部で越冬。

フサエリノガン
フサエリショウノガンの別名。

フサオオポッサム
〈Glironia venusta〉オポッサム目オポッサム科。頭胴長16〜21cm。分布：エクアドル、ペルー、ボリビア。絶滅危惧II類。

フサオオリンゴ
オリンゴの別名。

フサオクモネズミ
〈Crateromys schadenbergi〉齧歯目ネズミ科（ネズミ亜科）。頭胴長35.5〜47.5cm。分布：フィリピンのルソン島。絶滅危惧II類。

フサオグンディ
〈Pectinator spekei〉グンディ科。分布：エチオピア、ソマリア、ケニア北部。

フサオスナネズミ
〈Sekeetamys calurus〉哺乳綱齧歯目ネズミ科の動物。分布：エジプト東部、イスラエル南部、ヨルダン、サウジアラビア。

フサオネズミカンガルー
〈Bettongia penicillata〉哺乳綱有袋目カンガルー科の動物。体長30〜38cm。分布：オーストラリア南西部。

フサオマキザル　房尾巻猿
〈Cebus apella〉哺乳綱霊長目オマキザル科の動物。体長33〜42cm。分布：南アメリカ北部、中部、東部。

フサオマングース
〈Bdeogale crassicauda〉哺乳綱食肉目ジャコウネコ科の動物。体長43cm。分布：モザンビーク、マラウィ、ザンビア、タンザニア、ケニア。

フサオヤマアラシ　総尾豪猪
〈brush-tailed porcupine〉哺乳綱齧歯目ヤマアラシ科フサオヤマアラシ属に含まれる動物の総称。

フサオヤマアラシ
アジアフサオヤマアラシの別名。

フサオヤマアラシ属
〈Atherurus〉哺乳綱齧歯目ヤマアラシ科の動物。分布：アフリカ中央部とアジア。

フサボウシハエトリ　房帽子蠅取
〈Mitrephanes phaeocercus〉鳥綱スズメ目タイランチョウ科の鳥。

フサホロホロチョウ　総珠鶏
〈Acryllium vulturinum〉鳥綱キジ目ホロホロチョウ科の鳥。体長50cm。分布：サハラ以南のアフリカ。

フサムクドリモドキ　房椋鳥擬
〈Macroagelarius subalaris〉鳥綱スズメ目ムクドリモドキ科の鳥。

フサユビカナヘビ
〈Acanthodactylus erythrurus〉爬虫綱有鱗目トカゲ亜目カナヘビ科の動物。全長18〜23cm。分布：ヨーロッパ、アフリカ。

フタオヒハ

フジイロシロハラテリムク
〈*Cinnyricinclus leucogaster*〉鳥綱スズメ目ムクドリ科の鳥。

フジイロハチドリ
〈*Boissonneaua jardini*〉鳥綱アマツバメ目ハチドリ科の鳥。

フジイロムシクイ
〈*Leptopoecile sophiae*〉鳥綱スズメ目ウグイス科の鳥。体長11cm。分布：パキスタン，北西インド，ネパール，シッキム州（インド），天山山脈から四川省に至る中国。

フジノドテリオハチドリ
〈*Metallura baroni*〉鳥綱アマツバメ目ハチドリ科の鳥。全長10～11cm。分布：エクアドル南部。絶滅危惧II類。

フジノドハチドリ
〈*Philodice mitchellii*〉鳥綱アマツバメ目ハチドリ科の鳥。

プシバルスキーウマ
モウコノウマの別名。

プジバルスキーガゼル
〈*Procapra przewalskii*〉ウシ科チベットガゼル属。別名プルジェワリスキーガゼル。頭胴長100～110cm。分布：中国。絶滅危惧IA類。

フジホオヒゲコウモリ
〈*Myotis mystacinus fujiensis*〉哺乳綱コウモリ目ヒナコウモリ科の動物。

フジミズラモグラ
〈*Euroscaptor mizura mizura*〉哺乳綱モグラ目モグラ科の動物。

フジムネアルキバト　藤胸歩鳩
〈*Claravis mondetoura*〉鳥綱ハト目ハト科の鳥。

ブシヤ
〈*Buscha*〉牛の一品種。

ブジョンヌイ
ブーデニーの別名。

プーズー
〈*Pudu pudu*〉哺乳綱偶蹄目シカ科マザマジカ属プーズー亜属に含まれる動物の総称。肩高35～38cm。分布：チリ，アルゼンチン。

プーズージカ
〈*Pudu puda*〉哺乳綱偶蹄目シカ科の動物。体長85cm。分布：南アメリカ南西部。絶滅危惧II類。

フズール
〈*Hutsul*〉馬の一品種。体高123～133cm。原産：ポーランド。

ブタ　豚
〈*Sus domesticus*〉哺乳綱偶蹄目イノシシ科に属する動物。

ブタアシバンディクート
〈*Chaeropus ecaudatus*〉哺乳綱バンディクート目バンディクート科の動物。別名ブタアシフクロウサギ。

ブタアシフクロウサギ
ブタアシバンディクートの別名。

フタイロタマリン
〈*Saguinus bicolor*〉哺乳綱霊長目マーモセット科の動物。分布：南アメリカ北部。

フタイロヒタキ
〈*Seisura inquieta*〉鳥綱スズメ目ヒタキ科カササギヒタキ亜科の鳥。

フタイロマーモセット
〈*Callithrix chrysoleuca*〉哺乳綱霊長目キヌザル科の動物。頭胴長19～24cm。分布：ブラジル北西部，アマゾン川南側のマデイラ川中流右岸。絶滅危惧II類。

フタオカマドドリ　双尾竈鳥
〈*Sylviorthorhynchus desmursii*〉カマドドリ科。別名オナガトゲオドリ。体長24cm。分布：チリ，アルゼンチン。

ブタオザル　豚尾猿
〈*Macaca nemestrina*〉哺乳綱霊長目オナガザル科の動物。頭胴長オス49.5～56.4cm，メス46.7～56.4cm。分布：インド東部からインドシナ半島にかけて，スマトラ島，カリマンタン島。絶滅危惧II類。

フタオビアルキバト
〈*Claravis godefrida*〉鳥綱ハト目ハト科の鳥。全長19～23cm。分布：ブラジル南東部，パラグアイ東部，アルゼンチン北東部。絶滅危惧IA類。

フタオビチドリ
〈*Charadrius vociferus*〉鳥綱チドリ目チドリ科の鳥。体長21～25cm。分布：カナダ南部からメキシコ中南部，西インド諸島，ペルー沿岸部，チリ最北部にかけての地域で繁殖，南アメリカ北部で越冬。

フタオビハエトリ　二帯蠅取
〈*Myiophobus fasciatus*〉鳥綱スズメ目タイラ

フタオヒヤ

ンチョウ科の鳥。

フタオビヤナギムシクイ 双帯柳虫食
〈*Phylloscopus plumbeitarsus*〉鳥綱スズメ目ヒタキ科の鳥。

ブタゲモズ 豚毛鵙
〈*Pityriasis gymnocephala*〉ブタゲモズ科。体長25cm。分布：カリマンタン（ボルネオ）島。

ブタゴエガエル
〈*Rana grylio*〉両生綱無尾目アカガエル科のカエル。体長32～49mm。分布：合衆国サウスカロライナ州からテキサス州東部にかけての沿岸地方，及びフロリダ半島。バハマに人為移入。

フタコブラクダ 双峰駱駝
〈*Camelus bactrianus*〉哺乳綱偶蹄目ラクダ科の動物。別名ゴビフタコブラクダ。体長2.5～3m。分布：東アジア。絶滅危惧IA類。

フタスジアメリカムシクイ
〈*Helmitheros vermivorus*〉鳥綱スズメ目アメリカムシクイ科の鳥。

フタスジガーターヘビ
〈*Thamnophis elegans hammondi*〉爬虫綱有鱗目ナミヘビ科のヘビ。

フタスジサラマンダー
〈*Eurycea bislineata*〉両生綱サンショウウオ目アメリカサンショウウオ科の動物。

フタスジタイランチョウ 二筋太蘭鳥
〈*Mecocerculus leucophrys*〉鳥綱スズメ目タイランチョウ科の鳥。

フタスジモズモドキ
〈*Vireo solitarius*〉鳥綱スズメ目モズモドキ科の鳥。

フタツケヅメシャコ 二距鷓鴣
〈*Francolinus bicalcaratus*〉鳥綱キジ目キジ科の鳥。別名フタツヅメコモンシャコ。

フタツヅメコモンシャコ
フタツケヅメシャコの別名。

フタツハバシゴシキドリ
〈*Lybius bidentalus*〉鳥綱キツツキ目ゴシキドリ科の鳥。体長23cm。分布：アフリカ西部（東はエチオピアおよびケニアまで），南限はアンゴラ北部。

ブタバナアナグマ
〈*Arctonyx collaris*〉哺乳綱食肉目イタチ科の動物。体長55～70cm。分布：東南アジア，東アジア。

ブタバナガメ
スッポンモドキの別名。

ブタバナコウモリ
キティブタバナコウモリの別名。

ブタハナコビトコウモリ
キティブタバナコウモリの別名。

ブタバナスカンク
〈*Conepatus*〉哺乳綱食肉目イタチ科の動物。全長60cm。分布：アメリカ合衆国南部，ニカラグア。

フタモンナメラ
〈*Elaphe bimaculata*〉爬虫綱有鱗目ヘビ亜目ナミヘビ科のヘビ。全長70cm。分布：中国（山東，河北，四川，湖北，浙江で囲まれる地域）。

フタユビアンフューマ
〈*Amphiuma means*〉アンフューマ科。体長1000mm以上。分布：合衆国ヴァージニア州からフロリダ半島まで，西はミシシッピ州まで分布。

フタユビナマケモノ
〈*Choloepus didactylus*〉哺乳綱貧歯目ナマケモノ科の動物。体長46～86cm。分布：南アメリカ北部。

フタユビナマケモノ
〈*Two-toed sloth*〉哺乳綱貧歯目フタユビナマケモノ科の動物の総称。体長56～60cm。分布：ニカラグアからコロンビア，ベネズエラ，ギアナを通ってブラジル北部から中部，ペルー北部。

ブチアマガエル
〈*Hyla punctata*〉両生綱無尾目アマガエル科のカエル。体長33～38mm。分布：アマゾン川流域，オリノコ川上流，ブラジル中部からアルゼンチンにかけて。またトリニダード島にも分布。

ブチイシガメ
〈*Clemmys marmorata*〉爬虫綱カメ目ヌマガメ科のカメ。最大甲長20cm。分布：米国太平洋岸（ワシントン，オレゴン，カリフォルニア，ネバダ西部）メキシコ（カリフォルニア半島北部）。絶滅危惧II類。

ブチイモリ
〈*Notophthalmus viridescens*〉両生綱有尾目イモリ科の動物。体長60～140mm。分布：カ

ナダのニューブランズウイック州からオンタリオ州。合衆国ミシガン州からミシシッピ州東部以東大西洋沿岸の州まで。

フチオハチドリ
〈*Boissonneaua flavescens*〉鳥綱アマツバメ目ハチドリ科の鳥。

フチガイシャコ
マダラシャコの別名。

ブチクスクス
〈*Phalanger maculatus*〉哺乳綱有袋目クスクス科の動物。

プチ・グリフォン・ド・ガスコーニュ
〈*Petit Griffon de Gascogne*〉犬の一品種。

ブチサンショウウオ 斑山椒魚
〈*Hynobius naevius*〉両生綱有尾目サンショウウオ科の動物。全長80〜130mm。分布：鈴鹿山脈以西の本州、四国、九州。

プチ・シアン・リオン
〈*Petit Chien Lion, Löwchen*〉哺乳綱食肉目イヌ科の動物。別名リトル・ライオン・ドッグ。

フチゾリリクガメ
〈*Testudo marginata*〉爬虫綱カメ目リクガメ科のカメ。最大甲長35cm。分布：ギリシャおよびアルバニア最南部。

ブチタイランチョウ 斑太蘭鳥
〈*Myiodynastes maculatus*〉鳥綱スズメ目タイランチョウ科の鳥。

フチドリアマガエル
〈*Hyla leucophyllata*〉両生綱無尾目アマガエル科のカエル。体長オス33〜36mm、メス40〜44mm。分布：アマゾン川流域及びギアナ三国。

ブチハイエナ 斑鬣犬
〈*Crocuta crocuta*〉哺乳綱食肉目ハイエナ科の動物。体長1.3m。分布：西アフリカから東アフリカ、アフリカ南部。

プチ・バセット・グリフォン・ヴァンデアン
犬の一品種。

ブチバネトビトカゲ
〈*Draco spilopterus*〉犬の一品種。

プチ・ブラバンソン
犬の一品種。

プチ・ブルー・ド・ガスコーニュ
〈*Petit Bleu de Gascogne*〉犬の一品種。

ブチミミヒゲナシヨタカ
〈*Eurostopodus argus*〉鳥綱ヨタカ科の鳥。体長30cm。分布：オーストラリア。ニューギニアのアルー諸島で越冬。

ブチリンサン
〈*Prionodon pardicolor*〉哺乳綱食肉目ジャコウネコ科の動物。体長37〜43cm。分布：南アジア、東アジア、東南アジア。

フックフィンド・ポーパス
カマイルカの別名。

フッケンミヤマテッケイ
〈*Arborophila gingica*〉鳥綱キジ目キジ科の鳥。全長25〜30cm。分布：中国南東部。絶滅危惧II類。

ブッシュドッグ
ヤブイヌの別名。

ブッシュバック
〈*Tragelaphus scriptus*〉哺乳綱偶蹄目ウシ科の動物。体長1.1〜1.5m。分布：アフリカ西部, 中部, 東部, 南部。

ブッシュベビー
ショウガラゴの別名。

ブッシュマスター
〈*Lachesis muta*〉爬虫綱有鱗目ヘビ亜目クサリヘビ科のヘビ。全長2〜3.5m。分布：ニカラグア南部からブラジル。絶滅危惧II類。

ブッシュマンウサギ
〈*Bunolagus monticularis*〉哺乳綱ウサギ目ウサギ科の動物。頭胴長43cm。分布：南アフリカ共和国の西ケープ州。絶滅危惧IB類。

ブッポウソウ 仏法僧
〈*Eurystomus orientalis*〉鳥綱ブッポウソウ目ブッポウソウ科の鳥。体長29cm。分布：オーストラリア北・東部, ニューギニア, 東南アジア, インド, 中国。国内では本州, 四国, 九州の夏鳥。

ブッポウソウ 仏法僧
〈roller〉広義には鳥綱ブッポウソウ目ブッポウソウ科に属する鳥の総称で、狭義にはそのうちの1種をさす。全長25〜45cm。分布：アフリカ, マダガスカル, ユーラシア, オーストラリア。

ブッポウソウ目
鳥綱の1目。

プティ・グリフォン・ブルー・ド・ガスコーニュ

フテイトリ

〈Petit Griffon Bleu de Gascogne〉犬の一品種。体高43〜52cm。原産：フランス。

ブテイドリ　武定鶏
〈Wuding Fowl〉ニワトリの一品種。分布：中国雲南省武定，緑勧。

プティ・ブルー・ド・ガスコーニュ
〈Petit Bleu de Gascogne〉犬の一品種。体高48〜58cm。原産：フランス。

ブーデニー
〈Budennyi〉馬の一品種。体高155〜162cm。原産：旧ソ連。

プーデル・ポインター
犬の一品種。

フトアゴヒゲトカゲ
〈Pogona vitticeps〉爬虫綱有鱗目トカゲ亜目アガマ科のトカゲ。全長40cm。分布：オーストラリアの東半分の，やや内陸側に広く分布。

フトアマガエル
メキシコフトアマガエルの別名。

フトイモリ
〈Pachytriton brevipes〉両生綱有尾目イモリ科の動物。体長200mm以上。分布：中国南東部（浙江省，広西省，広東省，福建省，江西省，江蘇省）。

ブドウイロカケス　葡萄色樫子鳥，葡萄色樫鳥
〈Garrulus lanceolatus〉鳥綱スズメ目カラス科の鳥。別名ミヤマコンヨウキン，インドカケス。

ブドウイロボウシインコ　葡萄色帽子鸚哥
〈Amazona vinacea〉鳥綱オウム目インコ科の鳥。別名ブドウイロボウシ。全長30cm。分布：ブラジル南東部のミナス・ジェライス州から南部のリオ・グランデ・ド・スル州にかけて，パラグアイ東部，アルゼンチン北東部。絶滅危惧IB類。

フトオガラゴ
オオガラゴの別名。

フトオコビトキツネザル
〈Cheirogaleus medius〉哺乳綱霊長目コビトキツネザル科の動物。体長17〜26cm。分布：マダガスカル西部，南部。

フトオスミンソプシス
オプトスミントプシスの別名。

フトオハチドリ
〈Selasphorus platycercus〉鳥綱アマツバメ目ハチドリ科の鳥。

プードル
〈Poodle〉家庭犬，愛玩犬。サイズによりスタンダード・プードル，ミニチュア・プードル，トイ・プードルに分けられる。体高25〜60cm。原産：フランス。

プードルポインター
〈Pudelpointer〉犬の一品種。

フトワキイロメジロ
〈Zosterops poliogaster〉鳥綱スズメ目メジロ科の鳥。体長11cm。分布：アフリカ北東部。

ブトンモンキー
〈Macaca brunnescens〉哺乳綱霊長目オナガザル科の動物。頭胴長40〜52cm。分布：インドネシアのムナ島，ブトン島。絶滅危惧II類。

フナガモ　船鴨
〈Tachyeres brachypterus〉鳥綱ガンカモ目ガンカモ科の鳥。

フナシスズメバト　斑無雀鳩
〈Columbina minuta〉鳥綱ハト目ハト科の鳥。

フニンオオガエル
〈Batrachophrynus macrostomus〉両生綱無尾目ユビナガガエル科のカエル。体長12.4〜28.5cm。分布：ペルー南部，ボリビア。絶滅危惧II類。

フニンクイナ
〈Laterallus tuerosi〉鳥綱ツル目クイナ科の鳥。全長12〜15cm。分布：ペルー中部。絶滅危惧IB類。

ブービエ・デ・アルデンヌ
〈Bouvier des Ardennes〉犬の一品種。

ブービエ・デ・フランダース
〈Bouvier des Flandres〉犬の一品種。別名ベルジアン・キャトル・ドッグ。体高58〜69cm。原産：ベルギー。

プーミー
〈Pumi〉犬の一品種。体高33〜48cm。原産：ハンガリー。

フミルイ
エゾライチョウの別名。

ブームスラング
〈Dispholidus typus〉爬虫綱有鱗目ヘビ亜目ナミヘビ科のヘビ。全長1.5〜2m。分布：アフリカ。

フモトキアシガエル
　〈*Rana boylei*〉両生綱カエル目ヒメガエル科のカエル。

フユクイナ
　クイナの別名。

ブユムシクイ
　〈*Polioptila caerulea*〉鳥綱ヒタキ科の鳥。体長11.5〜13cm。分布：カナダ南部からグアテマラ，キューバに至る北アメリカ。サウスカロライナ州南部の大西洋沿岸地域，ミシシッピ州南部およびテキサス州南部で越冬。

ブユムシクイ
　〈*Blue-gray Gnatcatcher*〉鳥綱スズメ目ヒタキ科に属するブユムシクイ亜科の総称。体長10〜13cm。

フヨウチョウ　芙蓉鳥
　〈*Aegintha temporalis*〉鳥綱スズメ目カエデチョウ科の鳥。体長12cm。分布：オーストラリア東部。移入された個体群が，オーストラリア南西部と南太平洋（ソシエテ諸島とマルキーズ諸島）。

ブライスアカガエル
　〈*Rana blythii*〉両生綱無尾目アカガエル科のカエル。

ブライドルド・ドルフィン
　タイセイヨウマダライルカの別名。

ブライドルド・ドルフィン
　マダライルカの別名。

フライベルク
　〈*Friberger*〉馬の一品種。体高150〜157cm。原産：スイス。

ブラインド・リバー・ドルフィン
　ガンジスカワイルカの別名。

ブラウン・アトラス
　〈*Brown Atlas*〉牛の一品種。

ブラウンアノール
　〈*Anolis sagrei*〉体長15〜20cm。分布：カリブ諸島。

ブラウンキツネザル
　カッショクキツネザルの別名。

ブラウンキムネヤブモズ
　〈*Laniarius brauni*〉鳥綱スズメ目モズ科の鳥。別名ブラウンヤブモズ。全長20cm。分布：アンゴラ北西部。絶滅危惧IB類。

ブラウンクモザル
　〈*Ateles fusciceps*〉哺乳綱霊長目オマキザル科の動物。頭胴長60〜72cm。分布：パナマ東部からエクアドル北部にかけてのアンデス山脈西側。絶滅危惧II類。

ブラウンコーンスネーク
　〈*Elaphe guttata emoryi*〉爬虫綱有鱗目ヘビ亜目ナミヘビ科のヘビ。全長60〜90cm。分布：米国中央部からメキシコ東北部。

ブラウンサラマンダー
　〈*Ambystoma gracile gracile*〉マルクチサラマンダー科。体長143〜219mm。分布：アラスカ州最南東部からカリフォルニア州にかけての合衆国西海岸。

ブラウンショウネズミキツネザル
　〈*Microcebus rufus*〉哺乳綱霊長目コビトキツネザル科の動物。頭胴長12.5cm。分布：マダガスカル島。

ブラウン・スイス
　〈*Brown Swiss*〉哺乳綱偶蹄目ウシ科の動物。オス140cm，メス128cm。分布：スイス。

ブラウンスナボア
　〈*Eryx johnii*〉爬虫綱有鱗目ヘビ亜目ボア科のヘビ。全長100cm。分布：インド北西部，パキスタン，アフガニスタン，イラン。

ブラウン・ハイエナ
　カッショクハイエナの別名。

ブラウンバシリスク
　〈*Basiliscus basiliscus*〉爬虫綱有鱗目トカゲ亜目イグアナ科の動物。全長80cm。分布：ニカラグア，コスタリカ，パナマ，コロンビア，エクアドル，ベネズエラ。

ブラウンホエザル
　〈*Alouatta fusca*〉哺乳綱霊長目オマキザル科の動物。頭胴長50〜65cm。分布：ブラジル東部沿岸域，アルゼンチン北東部。絶滅危惧II類。

ブラウンヤブモズ
　ブラウンキムネヤブモズの別名。

ブラク・サン・ジェルマン
　〈*Braque St.Germain*〉犬の一品種。体高51〜61cm。原産：フランス。

ブラク・デュピュイ
　犬の一品種。

ブラク・デュ・ブルボネ

フラクトウ

〈Braque du Bourbonnais〉犬の一品種。体高56cm。原産：フランス。

ブラク・ドーヴェルニュ
犬の一品種。

ブラク・ド・ラリエージュ
犬の一品種。

ブラク・フランセ
犬の一品種。

ブラシウサギ
〈Sylvilagus bachmani〉哺乳綱ウサギ目ウサギ科の動物。分布：オレゴン西部からメキシコのバハ・カリフォルニア，カスケード山脈とシエラ・ネバダ山脈。

ブラジリアオタテドリ
〈Scytalopus novacapitalis〉鳥綱スズメ目オタテドリ科の鳥。全長11.5cm。分布：ブラジル中央部。絶滅危惧II類。

ブラジリアヤチマウス
〈Akodon lindberghi〉齧歯目ネズミ科（アメリカネズミ亜科）。頭胴長8.5～9.5cm。分布：ブラジル南東部。絶滅危惧II類。

ブラジリアン
〈Brazilian〉哺乳綱偶蹄目ウシ科の動物。体高60～65cm。分布：ポルトガル。

ブラジリアン・ガード・ドッグ
〈Fila Brasileiro〉犬の一品種。体高61～76cm。原産：ブラジル。

ブラジリアン・テリア
〈Brazilian Terrier〉犬の一品種。

ブラジリアン・マスティフ
〈Brazilian Mastiff〉犬の一品種。

ブラジルアグーチ
〈Dasyprocta prymnolopha〉哺乳綱齧歯目アグーチ科の動物。

ブラジルオオミミコウモリ
〈Histiotus alienus〉哺乳綱翼手目ヒナコウモリ科の動物。前腕長4.5cm前後。分布：ブラジル南東部，ウルグアイ。絶滅危惧II類。

ブラジルオナガカマドドリ
〈Synallaxis infuscata〉鳥綱スズメ目カマドドリ科の鳥。全長16cm。分布：ブラジル東部。絶滅危惧IB類。

ブラジルカイマン
〈Paleosuchus trigonatus〉爬虫綱ワニ目アリゲーター科のワニ。別名シュナイダームカシカイマン。全長1.7m。分布：南アメリカ熱帯域のアマゾン，オリノコ。

ブラジルカオジロヘラコウモリ
〈Chiroderma doriae〉哺乳綱翼手目ヘラコウモリ科の動物。前腕長5cm前後。分布：ブラジル南東部のミナス・ジェライス州，サン・パウロ州。絶滅危惧II類。

ブラジルキノボリヤマアラシ
〈Coendou prehensilis〉哺乳綱齧歯目キノボリヤマアラシ科の動物。別名キノボリヤマアラシ。体長52cm。分布：南アメリカ北部，東部，トリニダード。

ブラジルコビトドリモドキ
〈Hemitriccus kaempferi〉鳥綱スズメ目タイランチョウ科の鳥。全長10cm。分布：ブラジル南部のサンタ・カタリーナ州。絶滅危惧IB類。

ブラジルサンゴヘビ
〈Micrurus corallinus〉爬虫綱有鱗目ヘビ亜目コブラ科のヘビ。

ブラジルシタナガコウモリ
〈Lonchophylla bokermanni〉哺乳綱翼手目ヘラコウモリ科の動物。前腕長3.9～4.1cm。分布：ブラジル南東部のミナス・ジェライス州，サン・パウロ州のジャボティカバール。絶滅危惧II類。

ブラジルシロスジコウモリ
〈Platyrrhinus recifinus〉哺乳綱翼手目ヘラコウモリ科の動物。前腕長4cm前後。分布：ブラジル東部。絶滅危惧II類。

ブラジルスズメフクロウ
〈Glaucidium brasilianum〉鳥綱フクロウ目フクロウ科の鳥。別名アカスズメフクロウ。

ブラジルトゲコメネズミ
〈Abrawayaomys ruschii〉齧歯目ネズミ科（アメリカネズミ亜科）。頭胴長20cm程度。分布：ブラジル南東部。絶滅危惧IB類。

ブラジルニジボア
〈Epicrates cenchria cenchria〉爬虫綱有鱗目ヘビ亜目ボア科のヘビ。全長40～50cm。分布：アマゾン河流域，ギアナ。

ブラジルバク
アメリカバクの別名。

ブラジルヒメアリサザイ
〈Myrmotherula fluminensis〉鳥綱スズメ目ア

リドリ科の鳥。全長10cm。分布：ブラジル南東部のリオ・デ・ジャネイロ州。絶滅危惧II類。

ブラジルヘビクビガメ
〈Hydromedusa maximiliani〉爬虫綱カメ目ヘビクビガメ科のカメ。背甲長最大21cm。分布：ブラジル南東部。絶滅危惧II類。

ブラジルミヤマカマドドリ
〈Asthenes luizae〉鳥綱スズメ目カマドドリ科の鳥。全長17cm。分布：ブラジル南東部のミナス・ジェライス州。絶滅危惧IB類。

ブラスイス
〈Braswiss〉牛の一品種。

ブラツキー・クリサリク
〈Prazsky Krysavik〉犬の一品種。

ブラック
〈Black〉シチメンチョウ科。分布：アメリカ合衆国。

ブラック・アンド・タン・クーンハウンド
〈Black and Tan Coonhound〉犬の一品種。別名アメリカン・ブラック・アンド・タン・クーンハウンド。体高58〜69cm。原産：アメリカ。

ブラック・アンド・タン・テリア
マンチェスター・テリアの別名。

ブラック・アンド・タン・トイ・テリア
トイ・マンチェスター・テリアの別名。

ブラック・アンド・ホワイト・ドルフィン
イロワケイルカの別名。

ブラック・イースト・インディアン
〈Black East Indea〉鳥綱ガンカモ目ガンカモ科の鳥。分布：イギリス。

ブラック・ウェルシュ・マウンテン
〈Black Welsh Mountain〉分布：イギリス。

ブラックタイガースネーク
〈Notechis ater〉爬虫綱有鱗目ヘビ亜目コブラ科のヘビ。全長1.2〜2.4m。分布：オーストラリア。

ブラックタマリン
〈Saguinus midas〉哺乳綱霊長目マーモセット科の動物。分布：ブラジル，スリナム，ガイアナ，フランス領ギアナ。

ブラックチン・ドルフィン
ミナミカマイルカの別名。

ブラックテグー
〈Tupinambis nigropunctatus〉爬虫綱有鱗目トカゲ亜目テグトカゲ科のトカゲ。

ブラック・ノルウェジアン・エルクハウンド
〈Black Norwegian Elkhound〉犬の一品種。体高46〜51cm。原産：ノルウェー。

ブラックバック
〈Antilope cervicapra〉哺乳綱偶蹄目ウシ科の動物。体長1.2m。分布：南アジア。絶滅危惧II類。

ブラックヒゲサキ
クロヒゲサキの別名。

ブラック・フィンレス・ポーパス
スナメリの別名。

ブラック・フォレスト・ハウンド
〈Black Forest Hound〉犬の一品種。

ブラックヘッド・ペルシアン
〈Blackhead Persian〉哺乳綱偶蹄目ウシ科の動物。分布：南アフリカ共和国。

ブラック・ベンガルヤギ ブラック・ベンガル山羊
〈Black Bengal Goat〉哺乳綱偶蹄目ウシ科の動物。45〜50cm。分布：インド東部。

ブラック・ポーパス
コハリイルカの別名。

ブラック・ポーパス
スナメリの別名。

ブラックマンガベイ
〈Cercocebus aterrimus〉哺乳綱霊長目オナガザル科の動物。頭胴長71cm。分布：ザイール。

ブラックマンバ
〈Dendroaspis polylepis〉爬虫綱有鱗目ヘビ亜目コブラ科のヘビ。全長2.2〜3.5m。分布：アフリカ。

ブラック・ライト・ホエール
セミクジラの別名。

ブラックレーサー
〈Alsophis ater〉爬虫綱トカゲ目（ヘビ亜目）ナミヘビ科のヘビ。頭胴長70〜85cm。分布：ジャマイカ。絶滅危惧IA類。

ブラック・ロシアン・テリア
犬の一品種。別名ロシアン・ブラック・テリア，チョルニュイ・テリア。

ブラッコ・イタリアーノ
　〈Bracco Italiano〉犬の一品種。体高56〜67cm。原産：イタリア。

ブラッザゲノン
　ブラッザモンキーの別名。

ブラッザヒゲザル
　〈Cercopithecus neglectus〉体長50〜59cm。分布：アフリカ中部から東部。

ブラッザモンキー
　〈Cercopithecus neglectus〉霊長目オナガザル科の旧世界ザル。頭胴長41〜61cm。分布：カメルーンからエチオピア，ケニアからアンゴラ。

ブラッセル・グリフォン
　犬の一品種。

フラットコーテッド・レトリーバー
　〈Flat-coated Retriever〉哺乳綱食肉目イヌ科の動物。体高56〜58cm。分布：イギリス。

ブラッドハウンド
　〈Bloodhound〉哺乳綱食肉目イヌ科の動物。別名シャン・ド・サン・ユベール。体高58〜69cm。分布：ベルギー。

プラットハウンド
　〈Plott Hound〉犬の一品種。

フラットヘッド
　キタトックリクジラの別名。

フラットヘッド
　ミナミトックリクジラの別名。

プラテミスヘビクビガメ
　〈Platemys platycephala platycephala〉爬虫綱カメ目ヘビクビガメ科のカメ。

ブラニンスキ・ゴニッツ
　犬の一品種。

ブラフォード
　〈Braford〉牛の一品種。

ブラホーン
　〈Brahorn〉牛の一品種。

ブラマ
　〈Brahma〉鳥綱キジ目キジ科の鳥。分布：インド。

プラマー・テリア
　〈Plummer Terrier〉犬の一品種。

ブラーマン
　〈Brahman〉哺乳綱偶蹄目ウシ科の動物。体高オス170cm，メス150cm。分布：アメリカ南部。

ブーラミス
　〈Pygmy possum〉ブーラミス科。分布：オーストラリアの南東，東，北および南西部，タスマニア，ニューギニア。

ブーラミス
　バラミスの別名。

ブラーミニメクラヘビ　ブラーミニ盲蛇
　〈Ramphotyphlops braminus〉爬虫綱有鱗目ヘビ亜目メクラヘビ科のヘビ。全長15cm。分布：アジア，オセアニア，太平洋の諸島，アフリカ，中米など多くの地域に移入される。国内ではトカラ吐噶喇列島以南の南西諸島と八丈島，小笠原諸島の一部などに分布。

フラミンゴ
　〈flamingo〉鳥綱フラミンゴ目フラミンゴ科に属する鳥の総称。全長80〜145cm。分布：世界中の熱帯，温帯域。

フラミンゴ目
　鳥綱の1目。

ブラリナトガリネズミ
　〈Blarina brevicauda〉北アメリカの東部の森林や低木林にごくふつうに見られる尾の短いトガリネズミ。体長12〜14cm。分布：カナダ南部からアメリカ北部，東部にかけて。

ブラリナマウス
　〈Blarinomys breviceps〉哺乳綱齧歯目ネズミ科の動物。分布：ブラジル中東部。

ブラリナモリジネズミ
　〈Myosorex blarina〉哺乳綱食虫目トガリネズミ科の動物。分布：コンゴ民主共和国，ルワンダ，ブルンジのキヴ湖の西部および東部山地（イジウィ島を含む）。絶滅危惧II類。

フラワージネズミ
　〈Crocidura floweri〉哺乳綱食虫目トガリネズミ科の動物。分布：エジプトのギーザおよびナイル・デルタだけから知られる。絶滅危惧IB類。

ブランガス
　〈Brangus〉牛の一品種。原産：アメリカ南部。

フランケオナシケンショウコウモリ
　〈Epomops franqueti〉哺乳綱翼手目ケンショウコウモリ科の動物。体長11〜15cm。分布：

西アフリカ, 中央アフリカ。

ブランジェアマガエル
〈*Scinax boulengeri*〉両生綱無尾目アマガエル科のカエル。体長オス37.5〜42.9mm, メス44.8〜52.8mm。分布：ニカラグアからパナマにかけてのカリブ海沿岸及びコスタリカからパナマ東部にかけての太平洋岸。

フランス・アルデンヌ
〈*French Ardennes*〉馬の一品種。体高154〜162cm。原産：フランス。

フランス・アングロ・アラブ
〈*French Angro-Arab*〉馬の一品種。体高150〜167cm。原産：フランス。

フランス・トロッター
〈*French Trotter*〉馬の一品種。体高155〜165cm。原産：フランス。

フランスファイアサラマンダー
〈*Salamandra salamandra terrestris*〉両生綱有尾目イモリ科の動物。体長140〜200mm。分布：ドイツ, チェコ西部, スイス西部, イタリア北西部以西の大陸ヨーロッパ。南はフランスのピレネー山脈まで。

フランセ・トリコロール
〈*Français Tricolore*〉犬の一品種。

フランセ・ハウンド
犬の一品種。

フランセ・ブラン・エ・ノワール
〈*Français Branc et Noir*〉犬の一品種。

フランソワリーフモンキー
〈*Semnopithecus francoisi*〉オナガザル科ラングール属。頭胴長51〜67cm。分布：ベトナム北東部, 中国の広西チワン族自治区, 貴州省。

フランソワルトン
〈*Trachypithecus francoisi*〉哺乳綱霊長目オナガザル科の動物。頭胴長オス48.5〜63.5cm, メス55〜59cm。分布：中国の雲南省, 貴州省, 広西壮族自治区, ベトナム北東部。絶滅危惧II類。

ブランディングガメ
〈*Emydoidea blandingii*〉爬虫綱カメ目ヌマガメ科のカメ。最大甲長27.4cm。分布：米国（五大湖周辺, ネブラスカ, ニューヨーク）, カナダ（五大湖周辺, ノバスコシア）。

フランドル
〈*Flandre*〉牛の一品種。

ブランバックヨザル
〈*Aotus brumbacki*〉哺乳綱霊長目オマキザル科の動物。頭胴長24〜37cm。分布：コロンビア東部。絶滅危惧II類。

ブランビー
〈*Brumby*〉哺乳綱奇蹄目ウマ科の動物。

ブランフォードギツネ
〈*Vulpes cana*〉イヌ科キツネ属。体長42cm。分布：西アジア, 南アジア。

ブランブルケイメロミス
〈*Melomys rubicola*〉齧歯目ネズミ科（ネズミ亜科）。頭胴長14cm。分布：オーストラリア北東部。絶滅危惧種。

プーリー
〈*Puli*〉犬の一品種。体高36〜48cm。原産：ハンガリー。

ブリアード
〈*Briard*〉犬の一品種。別名ベルジェ・ド・ブリー。体高57〜69cm。原産：フランス。

フリオゾー
〈*Furioso*〉馬の一品種。160cm。原産：イギリス。

フリオゾー・ノーススター
〈*Furioso-North Star*〉馬の一品種。体高160〜165cm。原産：ハンガリー。

プリーオンタニガエル
〈*Taudactylus pleione*〉両生綱無尾目カエル目カメガエル科のカエル。体長オス2.5〜2.7cm, メス2.6〜2.8cm。分布：オーストラリア東部。絶滅危惧種。

ブリケ・グリフォン・バンデーン
〈*Briquet Griffon Vendéen*〉犬の一品種。体高48〜56cm。原産：フランス。

プリゴジンアオヒヨドリ
〈*Chlorocichla prigoginei*〉鳥綱スズメ目ヒヨドリ科の鳥。全長20cm。分布：コンゴ民主共和国東北部。絶滅危惧II類。

フリージアン
〈*Friesian*〉哺乳綱偶蹄目ウシ科の動物。150cm。原産：オランダ北部。

ブリスベンマゲクビ
〈*Emydura signata*〉爬虫綱カメ目ヘビクビガメ科のカメ。最大甲長25cm。分布：オーストラリア（ニューサウスウエルズ州北東部からクィーンズランド州南東部にかけての太平洋

ブリタニー
　ブリタニー・スパニエルの別名。

ブリタニー・スパニエル
　〈Brittany〉犬の一品種。別名ブリタニー。体高46〜52cm。原産：フランス。

プリチャードナガクビガメ
　〈Chelodina pritchardi〉爬虫綱カメ目ヘビクビガメ科のカメ。背甲長最大22.8cm。分布：ニューギニア島南部。絶滅危惧種。

ブリッタニー・スパニール
　犬の一品種。

ブリティシュ・サドルバック
　〈British Saddleback〉馬の一品種。分布：イングランド南部。

ブリティシュ・トッゲンブルグ
　〈British Toggenburg〉山羊の一品種。70〜80cm。分布：スイス東部。

ブリティシュ・フリーシアン
　〈British Friesian〉牛の一品種。分布：オランダ北部。

ブリティッシュ・アルパイン
　〈British Alpine〉哺乳綱偶蹄目ウシ科の動物。分布：イギリス。

ブリティッシュ・サドルバック
　〈British Saddleback〉哺乳綱偶蹄目イノシシ科の動物。分布：イギリス。

ブリティッシュ・ショートヘア
　〈British Shorthair〉猫の一品種。原産：イギリス。

ブリティッシュ・ホワイト
　〈British White〉哺乳綱偶蹄目ウシ科の動物。体高オス150cm、メス130cm。分布：イギリス。

ブリトンコヤスガエル
　〈Eleutherodactylus brittoni〉両生綱無尾目ミナミガエル科のカエル。体長16mm。分布：プエルトリコ。

プリビロフトガリネズミ
　〈Sorex hydrodromus〉哺乳綱食虫目トガリネズミ科の動物。頭胴長9.2〜10.3cm。分布：アメリカ合衆国アラスカ州のプリビロフ諸島のセント・ポール島。絶滅危惧IB類。

プリマス・ロック
　〈Gallus gallus var. domesticus〉鳥綱キジ目キジ科の鳥。分布：アメリカ合衆国。

プリマスロック
　〈Gallus gallus var. domesticus〉鳥綱キジ目キジ科の鳥。

ブリュッセル・グリフォン
　〈Griffon Bruxellois〉犬の一品種。別名グリフォン・ブリュッセル。体高18〜20cm。原産：ベルギー。

ブリュー・ド・メイヌ
　〈Blue-faced Maine〉羊の一品種。分布：フランス。

プリンシペメジロ
　〈Zosterops ficedulinus〉鳥綱スズメ目メジロ科の鳥。全長10cm。分布：サントメ・プリンシペ。絶滅危惧II類。

プリンシペメジロモドキ
　〈Speirops leucophaeus〉鳥綱スズメ目メジロ科の鳥。全長13cm。分布：サントメ・プリンシペのプリンシペ島。絶滅危惧II類。

ブルー・アルビオン
　〈Blue Albion〉牛の一品種。

ブルインコ
　〈Charmosyna toxopei〉鳥綱オウム目インコ科の鳥。全長16cm。分布：インドネシアのモルッカ諸島南部のブル島。絶滅危惧II類。

フルヴァツキ・オフツァル
　クロアチアン・シープドッグの別名。

フルエドリ
　〈Cinclocerthia ruficauda〉マネシツグミ科。体長23〜25cm。分布：小アンティル島。

ブルオニサンショウクイ
　〈Coracina fortis〉鳥綱スズメ目サンショウクイ科の鳥。全長35cm。分布：インドネシアのブル島。絶滅危惧II類。

ブルガルダククサリヘビ
　〈Vipera bulgardaghica〉爬虫綱トカゲ目（ヘビ亜目）クサリヘビ科のヘビ。頭胴長48〜51cm。分布：トルコ中南部。絶滅危惧IA類。

プルジェワリスキーウマ
　プシバルスキーウマの別名。

プルジェワリスキーガゼル
　プジバルスキーガゼルの別名。

ブルーシープ

バーラルの別名。

ブルスネーク
〈*Pituophis melanoleucus sayi*〉爬虫綱有鱗目ヘビ亜目ナミヘビ科のヘビ。全長120～250cm。分布：カナダのアルバータ州から米国中部を縦断してメキシコ北部まで。

ブルーダイカー
〈*Cephalophus monticola*〉ウシ科ダイカー属。体長55～72cm。分布：ナイジェリアからガボン，ケニア，南アフリカ。

ブルターニュ・スパニエル
〈*Brittany Spaniel*〉哺乳綱食肉目イヌ科の動物。

ブルーチック・クーンハウンド
〈*Bluetick Coonhound*〉犬の一品種。

ブルツェワルスキーノウマ
モウコノウマの別名。

フルーツヘラコウモリ
〈*Ariteus flavescens*〉哺乳綱翼手目ヘラコウモリ科の動物。前腕長4cm。分布：ジャマイカ。絶滅危惧II類。

ブルーティク・クーンハウンド
〈*Bluetick Coonhound*〉犬の一品種。体高51～69cm。原産：アメリカ。

ブルー・デュ・メーヌ
〈*Bleue du Maine*〉哺乳綱偶蹄目ウシ科の動物。分布：フランス。

ブル・テリア
〈*Bull Terrier*〉哺乳綱食肉目イヌ科の動物。体高53～56cm。分布：イギリス。

ブルドッグ
〈*bulldog*〉原産地がイギリスの家庭犬。別名イングリッシュ・ブルドッグ。体高31～36cm。分布：イギリス。

ブルトン
〈*Breton*〉哺乳綱奇蹄目ウマ科の動物。体長150～165cm。原産：フランス。

ブルーノイシアタマガエル
〈*Aparasphenodon brunoi*〉両生綱無尾目アマガエル科のカエル。

ブルーノ・ジュラ・ハウンド
〈*Bruno Jura Hound*〉犬の一品種。

ブルーバード
〈*bluebird*〉鳥綱スズメ目ヒタキ科ツグミ亜科

ルリツグミ属，あるいはコノハドリ科ルリコノハドリ属に含まれる鳥の総称。別名ルリツグミ。

ブルー・ピカルディ・スパニエル
〈*Blue Picardy Spaniel*〉犬の一品種。

ブルーフェイスド・レスター
〈*Blue-faced Leicester*〉羊の一品種。分布：イギリス。

ブルーフェースト・レスター
〈*Blue-faced Leicester*〉哺乳綱偶蹄目ウシ科の動物。分布：イギリス。

ブル・ボクサー
〈*Bull Boxer*〉犬の一品種。

ブルーボタンインコ
〈*Agapornis personata var. blew*〉鳥綱オウム目オウム科の鳥。

ブルボネ・ポインター
〈*Bourbonnais Pointer*〉犬の一品種。

ブルーホワイト・ドルフィン
スジイルカの別名。

ブルーマウンテンヌマトカゲ
〈*Eulamprus leuraensis*〉トカゲ目（トカゲ亜目）トカゲ科（スベトカゲ亜科）。頭胴長7.2～8cm。分布：オーストラリア南東部。絶滅危惧。

フルマカモメ　フルマ鷗，管鼻鷗，古間鷗
〈*Fulmarus glacialis*〉鳥綱ミズナギドリ目ミズナギドリ科の鳥。体長45～50cm。分布：北太平洋，北大西洋。

フルマカモメ
ミズナギドリ科フルマカモメ類の総称。

ブル・マスティフ
〈*Bullmastiff*〉原産地がイギリスの番犬。体高64～69cm。分布：イギリス。

ブルミツリンヒタキ
〈*Rhinomyias addita*〉スズメ目ヒタキ科（ヒタキ亜科）。別名ブルヤブヒタキ。全長15cm。分布：インドネシアのブル島。絶滅危惧II類。

ブルーモンキー
〈*Cercopithecus mitis*〉霊長目オナガザル科の旧世界ザル。頭胴長49～66cm。分布：アンゴラ北西部からエチオピア南西部，南アフリカ。

フルヤカモメ
フルマカモメの別名。

ブルヤブヒタキ
　ブルミツリンヒタキの別名。

フレアシマアシガエル
　〈Mixophyes fleayi〉両生綱無尾目カエル目カメガエル科のカエル。体長オス6.3～7cm，メス7.9～8.9cm。分布：オーストラリア東部。絶滅危惧。

フレイザーヒレアシ
　〈Delma fraseri〉爬虫綱有鱗目トカゲ亜目イザリトカゲ科のトカゲ。全長30～45cm。分布：オーストラリア。

ブレイドブラジルヤマガエル
　〈Holoaden bradei〉両生綱無尾目カエル目ユビナガガエル科のカエル。体長オス2.1～3.1cm，メス3.2～3.7cm。分布：ブラジル南東部。絶滅危惧IA類。

ブレイヤーオナガカタトカゲ
　〈Tetradactylus breyeri〉爬虫綱トカゲ目（トカゲ亜目）ヨロイトカゲ科のトカゲ。頭胴長4～7.2cm（メスのほうが大きくなる傾向がある）。分布：南アフリカ共和国東部。絶滅危惧II類。

ブーレキクガシラコウモリ
　〈Rhinolophus paradoxolophus〉翼手目キクガシラコウモリ科（キクガシラコウモリ亜科）。前腕長5.4cm。分布：タイ北東部，ラオス，ベトナム北部。絶滅危惧II類。

フレーザーズ・ポーパス
　サラワクイルカの別名。

ブレスボック
　〈Damaliscus albifrons〉哺乳綱偶蹄目ウシ科の動物。

フレックフィー
　〈German Simmental〉分布：ドイツ。

フレデリクスボルグ
　〈Frederiksborg〉哺乳綱奇蹄目ウマ科の動物。体高155～165cm。原産：デンマーク。

プレーリーキングヘビ
　〈Lampropeltis calligastra〉爬虫綱有鱗目ヘビ亜目ナミヘビ科のヘビ。全長70～110cm。分布：米国の東部から中部。

ブレーリッヒモンキー
　〈Rhinopithecus brelichi〉哺乳綱霊長目オナガザル科の動物。頭胴長66～76.2cm。分布：中国の貴州省。絶滅危惧IB類。

プレーリードッグ
　〈Cynomys ludovicianus〉哺乳綱齧歯目リス科の動物。体長28～30cm。分布：カナダ南西部からメキシコ北部にかけて。

プレーリードッグ
　〈prairie dog〉齧歯目リス科Cynomys属の哺乳類の総称。北アメリカのプレーリーに，複雑な構造の巣穴を掘って，大きな集団ですむジリスに似た草食性のリス類。

フレンチ・アルパイン
　〈French Alpine〉哺乳綱偶蹄目ウシ科の動物。体高オス70cm，メス65cm。分布：フランス。

フレンチ・ガスコニー・ポインター
　〈French Gascony Pointer〉犬の一品種。

フレンチ・カナディアン
　〈French Canadian〉牛の一品種。

フレンチ・スパニエル
　〈French Spaniel〉犬の一品種。

フレンチ・ピレニアン・ポインター
　〈French Pyrenean Pointer〉犬の一品種。

フレンチ・ブルドッグ
　〈French Bulldog〉原産地がフランスの家庭犬。体高31cm。分布：フランス。

フレンチ・ポインター
　〈French Pointer〉哺乳綱食肉目イヌ科の動物。

ブレンビルツノトカゲ
　〈Phrynosoma coronatum blainvillei〉爬虫綱有鱗目イグアナ科の動物。

プロイッスグエノン
　〈Cercopithecus preussi〉哺乳綱霊長目オナガザル科の動物。頭胴長オス57.4cm。分布：ナイジェリア東部とカメルーン西部のごく限られた地域と赤道ギニアのビオコ島。絶滅危惧IB類。

プロサーパインイワワラビー
　〈Petrogale persephone〉二門歯目カンガルー科。頭胴長オス50.1～64cm，メス52.6～63cm。分布：オーストラリア北東部。絶滅危惧。

ブロックキミミコウモリ
　〈Vampyressa brocki〉哺乳綱翼手目ヘラコウモリ科の動物。頭胴長5cm前後。分布：コロンビア，ペルー北東部，ガイアナ，スリナム。絶滅危惧II類。

フーロックテナガザル
〈*Hylobates hoolock*〉哺乳綱霊長目テナガザル科の動物。分布：アッサム，ビルマ，バングラデシュ。

プロット・ハウンド
〈*Plott Hound*〉犬の一品種。体高51〜61cm。原産：アメリカ。

ブロードリーヒラタトカゲ
〈*Platysaurus broadleyi*〉体長15〜20cm。分布：南アフリカ（オーグラビズ滝国立公園）。

ブロホルマー
犬の一品種。

フロリダアカハラガメ
〈*Pseudemys nelsoni*〉爬虫綱カメ目ヌマガメ科のカメ。最大甲長34cm。分布：米国（フロリダ，ジョージア南西部）。

フロリダオオカミ
アメリカアカオオカミの別名。

フロリダキングヘビ
〈*Lampropeltis getula floridana*〉爬虫綱有鱗目ヘビ亜目ナミヘビ科のヘビ。全長90〜120cm。分布：米国フロリダ州の中部と南部。小さな固体群が北部に。

フロリダスッポン
〈*Apalone ferox*〉爬虫綱スッポン科のカメ。最大甲長オス33cm，メス60cm。分布：米国（フロリダ半島を中心に北東はサウスカロライナ，北西はジョージアまで）。

フロリダスナトカゲ
〈*Neoseps reynoldsi*〉爬虫綱トカゲ目（トカゲ亜目）トカゲ科のトカゲ。頭胴長5〜6.5cm。分布：アメリカ合衆国フロリダ半島中央部のレイク・ウェールズ・リッジ。絶滅危惧II類。

フロリダソロモンネズミ
〈*Solomys salamonis*〉齧歯目ネズミ科（ネズミ亜科）。頭胴長20〜30cm。分布：ソロモン諸島。絶滅危惧種。

フロリダネズミ
〈*Podomys floridanus*〉齧歯目ネズミ科（アメリカネズミ亜科）。頭胴長11.2〜12.7cm。分布：アメリカ合衆国のフロリダ半島。絶滅危惧II類。

フロリダパインヘビ
〈*Pituophis melanoleucus mugitus*〉爬虫綱有鱗目ヘビ亜目ナミヘビ科のヘビ。全長120〜230cm。分布：米国東南部。

フロリダミミズトカゲ
〈*Rhineura floridana*〉爬虫綱有鱗目トカゲ亜目フロリダミミズトカゲ科のトカゲ。全長25〜35cm。分布：北アメリカ。

フロレスオニネズミ
〈*Papagomys armandvillei*〉齧歯目ネズミ科（ネズミ亜科）。頭胴長41〜45cm。分布：インドネシアのフロレス島。絶滅危惧II類。

フロレスカササギビタキ
〈*Monarcha sacerdotum*〉スズメ目ヒタキ科（カササギビタキ亜科）。全長15.5cm。分布：インドネシアの小スンダ列島のタユング・ケリタ・メッセ島。絶滅危惧IB類。

フロレスガラス
〈*Corvus florensis*〉鳥綱スズメ目カラス科の鳥。全長40cm。分布：インドネシアの小スンダ列島のフロレス島。絶滅危惧II類。

フロレスジャコウネズミ
〈*Suncus mertensi*〉哺乳綱食虫目トガリネズミ科の動物。頭胴長6.2〜6.8cm。分布：インドネシアのフロレス島だけから知られる。絶滅危惧IA類。

プロングホーン
〈*Antilocapra americana*〉哺乳綱偶蹄目プロングホーン科の動物。体長1.0〜1.5m。分布：北アメリカ西部および中部。

ブロンズ
〈*Bronze*〉シチメンチョウ科。分布：米国。

ブロンズウシガエル
ブロンズガエルの別名。

ブロンズオナガタイヨウチョウ
〈*Nectarinia kilimensis*〉鳥綱スズメ目タイヨウチョウ科の鳥。体長オス23cm，メス15cm。分布：ザイール東部やウガンダからモザンビークにかけてのアフリカ東部の山岳地帯。

ブロンズガエル
〈*Rana clamitans*〉両生綱無尾目アカガエル科のカエル。体長100mm。分布：合衆国ノースカロライナ州南端からテキサス州東部にかけて，フロリダ半島南部にはいない。

ブロンズタイヨウチョウ
キンバネオナガタイヨウチョウの別名。

ブロンズトキ
〈*Plegadis falcinellus*〉鳥綱コウノトリ目トキ科の鳥。体長56〜66cm。分布：中央アメリカ，アフリカ，ユーラシア南部，オーストララ

シアに広く，ただし分散して分布。

ブロンズフクロネコ
〈Dasyurus spartacus〉フクロネコ目フクロネコ科。頭胴長オス34.5～38cm，メス30.5cm。分布：ニューギニア島。絶滅危惧種。

ブロンズミドリカッコウ　青銅緑郭公
〈Chrysococcyx caprius〉鳥綱カッコウ目カッコウ科の鳥。体長18～20cm。分布：サハラ砂漠以南のアフリカ。

ブロンド・ダキテーヌ
〈Blonde d'Aquitaine〉牛の一品種。原産：フランス西南部。

ブロンド・デ・ピレネー
〈Blonde des Pyrenees〉牛の一品種。

ブーロンネ
〈Boulonnais〉哺乳綱奇蹄目ウマ科の動物。体高最小150cm，最大172cm。原産：フランス（北西部）。

フワンペイ　漢北牛
〈Hwangpei〉牛の一品種。

プンガヌール
〈Punganoor〉牛の一品種。

ブンザンギュウ　文山牛
〈Wenshan Cattle〉牛の一品種。別名広南牛。オス117cm，メス109cm。分布：中国，雲南省文山苗族自治区。

ブンチョウ　文鳥
〈Padda oryzivora〉鳥綱スズメ目カエデチョウ科の鳥。体長14cm。分布：ジャワ島，バリ島。アフリカ，中国，南アジアおよびハワイには移入。絶滅危惧II類。

フンボルトウーリーモンキー
〈Lagothrix lagotricha〉哺乳綱霊長目オマキザル科の動物。体長50～65cm。分布：南アメリカ中部。絶滅危惧II類。

フンボルトスカンク
〈Conepatus humboldti〉別名パタゴニアスカンク。体長25～37cm。分布：南アメリカ南部。絶滅危惧II類と推定。

フンボルトペンギン
〈Spheniscus humboldti〉鳥綱ペンギン目ペンギン科の鳥。体長68cm。分布：ペルーとチリの沿岸部から南緯40度にかけて。絶滅危惧II類。

【ヘ】

ベアデッド・コリー
　犬の一品種。

ベアードネズミヘビ
〈Elaphe bairdi〉爬虫綱有鱗目ナミヘビ科のヘビ。

ベアードバク　中米獏
〈Tapirus bairdi〉哺乳綱奇蹄目バク科の動物。別名チュウベイバク。体長2m。分布：メキシコ南部から南アメリカ北部にかけて。絶滅危惧II類。

ベイキャット
　ボルネオヤマネコの別名。

ベイサオリックス
〈Oryx beisa〉哺乳綱偶蹄目ウシ科の動物。

ヘイス・コンバーター
〈Hays Converter〉牛の一品種。

ベイチー
　ヨウスコウカワイルカの別名。

ヘイチスイギュウ
　アノアの別名。

ヘイマンオナガコウモリ
〈Rhinopoma macinnesi〉哺乳綱翼手目オナガコウモリ科の動物。前腕長5～6cm。分布：エチオピア，ソマリア，ケニア。絶滅危惧II類。

ヘイマンコケンショウフルーツコウモリ
〈Micropteropus intermedius〉哺乳綱翼手目オオコウモリ科の動物。前腕長5.8～6.4cm。分布：アンゴラ北東部，コンゴ民主共和国南東部。絶滅危惧II類。

ベイラ
〈Dorcatragus megalotis〉哺乳綱偶蹄目ウシ科の動物。頭胴長70～87cm。分布：ソマリア，エチオピアのごく限られた地域。絶滅危惧II類。

ベイルジネズミ
〈Crocidura bottegoides〉哺乳綱食虫目トガリネズミ科の動物。分布：エチオピアのバレ山地およびアルバッソ山から知られている。絶滅危惧II類。

ヘイワインコ　平和鸚哥
〈Eunymphicus cornutus〉鳥綱オウム目インコ科の鳥。別名キゴシヘイワインコ。全長32cm。分布：ニューカレドニア島，ウヴェア

ペインテッドツパイ
〈*Tupaia picta*〉ツパイ科ツパイ属。分布：ボルネオ島北部。

ペイント・ホース
ピントの別名。

ベウイックコハクチョウ
〈*Cygnus bewickii*〉鳥綱カモ目カモ科の鳥。

ペーガ
〈*Pega*〉哺乳綱奇蹄目ウマ科の動物。分布：イタリア，エジプト。

ヘキサン 碧鵲
〈*Cissa chinensis*〉鳥綱スズメ目カラス科の鳥。体長35cm。分布：インド北部から中国南部，マレーシア，スマトラ島，カリマンタン島。

ヘキチョウ 碧鳥
〈*Lonchura maja*〉鳥綱スズメ目カエデチョウ科の鳥。全長10.5cm。

ペキニーズ
〈*Pekingese*〉哺乳綱食肉目イヌ科の動物。体高15〜28cm。分布：中国。

ペキン
〈*Pekin*〉鳥綱ガンカモ目ガンカモ科の鳥。分布：中国大陸。

ペキンクロウシ ペキン黒牛
〈*Peking Black*〉牛の一品種。別名北京黒白乳用種。

ペキンダック 北京ダック，北京家鴨
〈*Peking duck*〉鳥綱カモ目カモ科の鳥。分布：中国。

ペキン・バンタム
〈*Pekin Bantams*〉ニワトリの一品種。

ペキンユケイ 北京油鶏
〈*Beijin You Fowl*〉ニワトリの一品種。分布：中国。

ヘクターイルカ
〈*Cephalorhynchus hectori*〉体長1.2〜1.5m。分布：ニュージーランド。絶滅危惧IB類。

ペグーホソユビヤモリ
〈*Cyrtodactylus peguense*〉爬虫綱有鱗目トカゲ亜科ヤモリ科の動物。全長12cm。分布：ミャンマー，タイ。

ヘーゲカエルガメ
〈*Phrynops vanderhaegei*〉爬虫綱カメ目ヘビクビガメ科のカメ。最大甲長27cm。分布：ブラジル南部，パラグアイおよびアルゼンチン北部のパラナ川水系。ウルグアイ(?)，ボリビア(?)。

ヘサキリクガメ
〈*Geochelone yniphora*〉爬虫綱カメ目リクガメ科のカメ。最大甲長44.6cm。分布：マダガスカル北西部。絶滅危惧IB類。

ベゾアール
パザンの別名。

ヘソイノシシ
ペッカリーの別名。

ベチュアナ
〈*Bechuana*〉牛の一品種。

ペチョラ
〈*Petschora*〉牛の一品種。

ベーツアンテロープ
〈*Neotragus batesi*〉ウシ科ローヤルアンテロープ属。体長50〜58cm。分布：南東ナイジェリア，カメルーン，ガボン，コンゴ，西ウガンダ，ザイール。

ペッカリー
〈*peccary*〉哺乳綱偶蹄目ペッカリー科に属する動物の総称。別名ヘソイノシシ。

ベッカリジネズミ
〈*Crocidura beccarii*〉哺乳綱食虫目トガリネズミ科の動物。分布：インドネシアのスマトラ島西部のシンガラン山だけから知られる。絶滅危惧IB類。

ベックミズナギドリ
〈*Pterodroma becki*〉鳥綱ミズナギドリ目ミズナギドリ科の鳥。全長29cm。分布：パプアニューギニア，ソロモン諸島。絶滅危惧種。

ベッコウサンショウウオ 鼈甲山椒魚
〈*Hynobius stejnegeri*〉両生綱有尾目サンショウウオ科の動物。全長85〜145mm。分布：熊本，宮崎，鹿児島各県。

ベッコウムツアシ
〈*Manouria impressa*〉爬虫綱カメ目リクガメ科のカメ。別名インプレッサムツアシガメ，ベッコウムツアシガメ。最大甲長28cm。分布：ミャンマー(ビルマ)，マレーシア，ベトナム，中国南部，海南島。絶滅危惧II類。

ベティナ
〈*Betina*〉分布：フランス。

ベトガーヒメツメガエル
〈*Hymenochirus boettgeri*〉両生綱無尾目ピパ科の動物。体長32〜40mm。分布：ナイジェリア、カメルーンからザイール川沿いにザイール東部まで。

ベトナムオナシカグラコウモリ
〈*Paracoelops megalotis*〉翼手目キクガシラコウモリ科（カグラコウモリ亜科）。前腕長4.2cm、耳介3cm。分布：ベトナム。絶滅危惧IA類。

ベトナムコブイモリ
〈*Paramesotriton deloustali*〉両生綱有尾目イモリ科の動物。全長20cm。分布：ベトナム北部。絶滅危惧II類。

ベトナムモグラ
〈*Euroscaptor parvidens*〉哺乳綱食虫目モグラ科の動物。頭胴長14cm。分布：ベトナムのディリンおよび中国国境のラコーだけから知られている。絶滅危惧IA類。

ベトナムレイヨウ
サオラの別名。

ベドラブランカヒヤトカゲ
〈*Niveoscincus palfreymani*〉トカゲ目（トカゲ亜目）トカゲ科（スベトカゲ亜科）。頭胴長7.5〜9.5cm。分布：オーストラリアのタスマニア島。絶滅危惧種。

ベドリントン・テリア
〈*Bedrington Terrier*〉原産地がイギリスの家庭犬。体高38〜43cm。分布：イギリス。

ペトロポリスシブキガエル
〈*Thoropa petropolitana*〉両生綱無尾目カエル目ユビナガガエル科のカエル。体長オス1.8〜2.4cm、メス2.2〜2.7cm。分布：ブラジル南東部。絶滅危惧IA類。

ペナントアカコロブス
〈*Procolobus pennantii*〉オナガザル科プロコロブス属。頭胴長45〜67cm。分布：ビオコ島、ザイール西部、北部、東部、ウガンダ南西部、ルワンダ、ブルンジ、タンザニア、ザンジバル。

ベニアジサシ 紅鰺刺
〈*Sterna dougallii*〉鳥綱チドリ目カモメ科の鳥。体長39cm。分布：どの大陸の海岸でも繁殖し、非繁殖期には分布域内で渡りをする。

ベニアマガサ
〈*Bungarus flaviceps*〉爬虫綱有鱗目コブラ科のヘビ。

ベニアメリカムシクイ
〈*Ergaticus ruber*〉鳥綱スズメ目アメリカムシクイ科の鳥。

ベニイタダキ
〈*Coryphospingus cucullatus*〉鳥綱スズメ目ホオジロ科の鳥。

ベニイタダキハチドリ
〈*Sephanoides sephanoides*〉鳥綱アマツバメ目ハチドリ科の鳥。体長11cm。分布：チリおよびアルゼンチン西部で繁殖、アルゼンチン東部で越冬。

ベニイロフラミンゴ
〈*Phoenicopterus ruber ruber*〉鳥綱コウノトリ目フラミンゴ科の鳥。

ベニオーストラリアヒタキ
〈*Ephthianura tricolor*〉オーストラリアヒタキ科。体長11〜12cm。分布：オーストラリア内陸部および西部。

ベニガオインコ
アカガオイロガタインコの別名。

ベニガオザル 紅顔猿
〈*Macaca arctoides*〉哺乳綱霊長目オナガザル科の動物。頭胴長オス51.7〜65cm、メス48.5〜58.5cm。分布：インド東部から中国南部にかけて、タイ西部、ベトナム。絶滅危惧II類。

ベニカザリフウチョウ
〈*Paradisaea decora*〉鳥綱スズメ目フウチョウ科の鳥。全長32cm。分布：ニューギニア島。絶滅危惧種。

ベニガーターヘビ
〈*Thamnophis sirtalis concinnus*〉爬虫綱有鱗目ヘビ亜目ナミヘビ科のヘビ。分布：米国のオレゴン州北西部からワシントン州西南部。

ベニキジ 紅雉
〈*Ithaginis cruentus*〉鳥綱キジ目キジ科の鳥。別名ケバネキジ。体長45cm。分布：ヒマラヤ山脈、ネパール、チベット、中国、ミャンマー。

ベニコンゴウインコ 紅金剛鸚哥
〈*Ara chloroptera*〉鳥綱オウム目インコ科の鳥。体長90cm。分布：南アメリカ北部・中央部。

ベニサンショウクイ 紅山椒喰
〈*Pericrocotus solaris*〉鳥綱スズメ目サンショウクイ科の鳥。

ベニジュケイ

〈*Tragopan temminckii*〉鳥綱キジ科の鳥。体長63cm。分布：チベット，中国中部，インド北東部，ビルマ，ベトナム北部。

ベニスズメ 紅雀
〈*Amandava amandava*〉鳥綱スズメ目カエデチョウ科の鳥。全長9.5cm。

ベニタイランチョウ 紅太蘭鳥
〈*Pyrocephalus rubinus*〉タイランチョウ科。別名シュイロタイランチョウ。体長14〜16.5cm。分布：合衆国南西部からアルゼンチン南部で繁殖。冬にはカリフォルニアやメキシコ湾岸に迷い込むものが何羽かいる。

ベニナメラ
〈*Elaphe porphyracea*〉爬虫綱有鱗目ヘビ亜目ナミヘビ科のヘビ。全長80〜90cm。分布：台湾，中国中部以南，インドからインドシナ北部，マレー半島，スマトラ。

ベニノジコ
〈*Foudia madagascariensis*〉ハタオリドリ科/ハタオリドリ亜科。体長13cm。分布：マダガスカル島。モーリシャス島，セイシェル島には移入。

ベニハシガラス 紅嘴鴉
〈*Pyrrhocorax pyrrhocorax*〉鳥綱スズメ目カラス科の鳥。体長40cm。分布：西ヨーロッパ，アジア南部から中国。

ベニハシゴジュウカラモズ 紅嘴五十雀鵙
〈*Hypositta corallirostris*〉鳥綱オオハシモズ科の鳥。体長13〜15cm。分布：マダガスカル島東部。

ベニハシヒメショウビン
〈*Ispidina picta*〉鳥綱ブッポウソウ目カワセミ科の鳥。

ベニハタオリ
モーリシャスベニノジコの別名。

ベニハチクイ 紅蜂喰
〈*Merops nubicus*〉鳥綱ブッポウソウ目ハチクイ科の鳥。体長36〜39cm。分布：アフリカ北・南部の熱帯で繁殖，赤道近くで越冬。

ベニバト 紅鳩
〈*Streptopelia tranquebarica humilis*〉鳥綱ハト目ハト科の鳥。全長22cm。

ベニバラウソ
〈*Pyrrhula pyrrhula cassinii*〉鳥綱スズメ目アトリ科の鳥。

ベニバラツメナガタヒバリ 紅腹爪長田雲雀
〈*Macronyx ameliae*〉鳥綱スズメ目セキレイ科の鳥。

ベニハワイミツスイ
〈*Vestiaria coccinea*〉アトリ/ハワイミツスイ亜科。別名イーウィ。体長15cm。分布：カウアイ島，オアフ島，モロカイ島，マウイ島，ハワイ島。ラナイ島では絶滅。

ベニビタイカマドドリ 紅額竈鳥
〈*Metopothrix aurantiacus*〉鳥綱スズメ目カマドドリ科の鳥。

ベニビタイガラ 紅額雀
〈*Cephalopyrus flammiceps*〉鳥綱スズメ目ツリスガラ科の鳥。

ベニビタイキンランチョウ
〈*Euplectes hordeaceus*〉鳥綱スズメ目ハタオリドリ科の鳥。

ベニヒワ 紅鶸
〈*Acanthis flammea*〉鳥綱スズメ目アトリ科の鳥。体長14cm。分布：北極付近，イギリス，中央ヨーロッパ。

ベニフウキンチョウ
〈*Ramphocelus bresilius*〉鳥綱スズメ目ホオジロ科の鳥。体長18cm。分布：ブラジル北東部，アルゼンチン北東部。

ベニフウチョウ 紅風鳥
〈*Paradisaea rubra*〉鳥綱スズメ目フウチョウ科の鳥。

ベニヘラサギ 紅箆鷺
〈*Ajaia ajaja*〉鳥綱コウノトリ目トキ科の鳥。体長81cm。分布：合衆国南東部，中央アメリカ，コロンビア，エクアドル，ペルー東部，ボリビア，アルゼンチン北部。

ベニホオヒゲコウモリ
〈*Myotis ruber*〉哺乳綱翼手目ヒナコウモリ科の動物。前腕長4cm前後。分布：ブラジル南東部，パラグアイ，アルゼンチン北部。絶滅危惧II類。

ベニマシコ 紅猿子
〈*Uragus sibiricus*〉鳥綱スズメ目アトリ科の鳥。全長15cm。分布：アジアの亜寒帯で繁殖し，やや南下して越冬。国内では青森県以北の平地の低木林，林縁などで繁殖し，本州の低山で越冬。

ベニマユキノボリ

ヘニマユフ
〈*Climacteris erythrops*〉キノボリ科。体長14〜16cm。分布：オーストラリア南東部。

ベニマユフウキンチョウ
〈*Heterospingus xanthopygius*〉鳥綱スズメ目ホオジロ科の鳥。

ベニモンヤドクガエル
アカオビヤドクガエルの別名。

ベニモンヤドクガエル
ハイユウヤドクガエルの別名。

ペニンスラークーター
〈*Pseudemys peninsularis*〉爬虫綱カメ目ヌマガメ科のカメ。最大甲長40.3cm。分布：米国（フロリダ半島）。

ペネイア
〈*Peneia*〉馬の一品種。体高104〜143cm。原産：ギリシア（ペロポネソス半島のペネイア地方）。

ベネズエラウオクイネズミ
〈*Ichthyomys pittieri*〉齧歯目ネズミ科（アメリカネズミ亜科）。頭胴長13cm程度。分布：ベネズエラ北部。絶滅危惧II類。

ベネズエラウズラ
〈*Odontophorus columbianus*〉鳥綱キジ目キジ科の鳥。

ベネズエラジアリドリ
〈*Grallaria chthonia*〉鳥綱スズメ目アリドリ科の鳥。全長17cm。分布：ベネズエラ西部。絶滅危惧II類。

ベネズエラヒメウオクイネズミ
〈*Neusticomys venezuelae*〉齧歯目ネズミ科（アメリカネズミ亜科）。頭胴長10.9〜13.1cm。分布：ベネズエラからガイアナにかけて。絶滅危惧IB類。

ペパーアマガエル
〈*Litoria piperata*〉両生綱無尾目アマガエル科のカエル。体長オス2〜2.7cm, メス2.4〜3.1cm。分布：オーストラリア東部。絶滅危惧種。

ヘビ 蛇
〈*snake*〉爬虫綱有鱗目ヘビ亜目に属する四肢の退化した爬虫類の総称。

ヘビアタマトカゲ
〈*Ophidiocephalus taeniatus*〉爬虫綱トカゲ目（トカゲ亜目）ヒレアシトカゲ科のトカゲ。頭胴長9〜11.5cm。分布：オーストラリア中部。絶滅危惧種。

ヘビウ 蛇鵜
〈*darter*〉鳥綱ペリカン目ヘビウ科に属する水鳥の総称。全長76〜98cm。分布：アメリカ，アフリカ，アジア，オーストラリア。

ヘビクイワシ 蛇喰鷲
〈*Sagittarius serpentarius*〉ヘビイワシ科。体長125〜150cm。分布：サハラ以南のアフリカ。

ヘビクビガメ 蛇頸亀
〈*snake-necked turtle*〉爬虫綱カメ目ヘビクビガメ科に属するカメの総称。甲長14〜48cm。分布：南アメリカ，オーストラリア，ニューギニア。

ベヒシュタインホオヒゲコウモリ
〈*Myotis bechsteini*〉哺乳綱翼手目ヒナコウモリ科の動物。前腕長3.8〜4.5cm。分布：イギリス南部からスペイン，地中海のコルシカ島，シシリー島にかけて。絶滅危惧II類。

ヘビメアシナシスキンク
〈*Acontophiops lineatus*〉爬虫綱トカゲ目（トカゲ亜目）トカゲ科のトカゲ。頭胴長14〜17cm（最大18.5cm）。分布：南アフリカ共和国ノース・プロビンス州のウッドブッシュからウォークバーグにかけて。絶滅危惧II類。

ヘブリディーン
マンクス・ロフタンの別名。

ヘミガルス
〈*hemigalus*〉パームシベットに似るが，背に太い横縞をもつ食肉目ジャコウネコ科ヘミガルス亜科Hemigalinaeの哺乳類の総称。

ヘミガルス
タイガーシベットの別名。

ヘヤフォード
ヘレフォードの別名。

ヘラクチガエル
〈*Triprion spatulatus*〉両生綱無尾目アマガエル科のカエル。

ベラクルスウズラバト
〈*Geotrygon carrikeri*〉鳥綱ハト目ハト科の鳥。全長29〜31.5cm。分布：メキシコ南東部。絶滅危惧IB類。

ベラクルスシロアシマウス
〈*Peromyscus bullatus*〉齧歯目ネズミ科（アメリカネズミ亜科）。頭胴長11cm。分布：メキ

シコ中央部。絶滅危惧IB類。

ヘラコウモリ　篦蝙蝠
〈*American leaf-nosed bat*〉翼手目ヘラコウモリ科Phyllostomidaeの哺乳類の総称。体長4〜13.5cm。分布：アメリカ合衆国南西端から中央アメリカ，カリブ海の島々をへて，アルゼンチン北部。

ヘラサギ　篦鷺
〈*Platalea leucorodia*〉鳥綱コウノトリ目トキ科の鳥。体長79〜89cm。分布：ユーラシア温帯域および南部，インド，アフリカ西・北東部の熱帯域。

ヘラサギ　篦鷺
〈*spoonbill*〉広義には鳥綱コウノトリ目トキ科ヘラサギ亜科に属する鳥の総称で，狭義にはそのうちの1種をさす。全長48〜110cm。分布：北アメリカ南部，南アメリカ，南ヨーロッパ，アジア，アフリカ，オーストラリア。

ヘラジカ　篦鹿
〈*Alces alces*〉哺乳綱偶蹄目シカ科の動物。別名オオシカ。体長2.5〜3.5m。分布：アラスカ，カナダ，ヨーロッパ北部から北アジア，東アジアにかけて。

ヘラシギ　篦鷸
〈*Eurynorhynchus pygmeus*〉鳥綱チドリ目シギ科の鳥。体長14〜16cm。分布：シベリア北東部で繁殖。インド南東部からミャンマーまでの海岸や中国南東部の海岸で越冬。絶滅危惧II類。

ペラジックヤモリ
〈*Nactus pelagicus*〉爬虫綱有鱗目トカゲ亜目ヤモリ科の動物。全長10〜16cm。分布：オセアニア。

ヘラバヘビ
〈*Iguanognathus werneri*〉爬虫綱トカゲ目（ヘビ亜目）ナミヘビ科のヘビ。頭胴長26cm。分布：インドネシアのスマトラ島。絶滅危惧II類。

ヘラムオオミミナガコウモリ
〈*Nyctophilus heran*〉哺乳綱翼手目ヒナコウモリ科の動物。前腕長3.5〜3.8cm前後。分布：インドネシアの小スンダ列島のロンブレン島。絶滅危惧IB類。

ベランジェツパイ
〈*Tupaia belangeri*〉ツパイ科ツパイ属。分布：インドシナ。

ヘランシャンナキウサギ
〈*Ochotona helanshanensis*〉哺乳綱ウサギ目ナキウサギ科の動物。分布：中国。絶滅危惧IA類。

ペリカン
〈*pelican*〉鳥綱ペリカン目ペリカン科に属する水鳥の総称。全長1.27〜1.7m。分布：東ヨーロッパ，アフリカ，インド，スリランカ，東南アジア，オーストラリア，北アメリカ，南アメリカ北部。

ペリカン
ハイイロペリカンの別名。

ペリカン目
鳥綱の1目。

ヘリグロヒキガエル
〈*Bufo melanostictus*〉両生綱無尾目ヒキガエル科のカエル。体長80〜110mm。分布：台湾，中国南西部・南部からスリランカに至るまで。南はスマトラからバリ島まで。西はネパールを経てパキスタンまで。

ヘリグロヒメトカゲ　縁黒姫蜥蜴，縁黒姫蜥蜴
〈*Ateuchosaurus pellopleurus*〉スキンク科。全長8〜12cm。分布：沖縄諸島，奄美諸島および吐噶喇列島，大隅諸島に分布する日本固有種。

ベリショーヌ・デュ・シェール
〈*Berrichonne du Cher*〉哺乳綱偶蹄目ウシ科の動物。体高オス68〜72cm，メス65〜70cm。分布：フランス。

ヘリスジヒルヤモリ
〈*Phelsuma lineata*〉爬虫綱有鱗目トカゲ亜目ヤモリ科の動物。全長10〜14cm。分布：南西部を除いたマダガスカル。

ヘリニコス・イクニラティス
犬の一品種。

ベリングゥエイアダー
〈*Bitis peringueyi*〉爬虫綱有鱗目ヘビ亜目クサリヘビ科のヘビ。全長25〜30cm。分布：アフリカ。絶滅危惧。

ベーリングシー・ビークト・ホエール
オオギハクジラの別名。

ヘリング・ホエール
ナガスクジラの別名。

ペルーヴィアン・インカ・オーキッド
〈*Peruvian Inca Orchid*〉犬の一品種。

ペルーオヒキコウモリ
〈Mormopterus phrudus〉哺乳綱翼手目オヒキコウモリ科の動物。前腕長3.4～3.5cm。分布：ペルー南部。絶滅危惧IB類。

ベルーガ
シロイルカの別名。

ペルーカイツブリ
オオギンカイツブリの別名。

ペルーカツオドリ
〈Sula variegata〉鳥綱ペリカン目カツオドリ科の鳥。体長74cm。分布：ペルーおよびチリ北部の沿岸。

ベルカブトガメ
ナモイカブトガメの別名。

ベルガマスコ
〈Bergamasco〉犬の一品種。体高56～61cm。原産：イタリア。

ベルガマスコ・シープドッグ
犬の一品種。

ベルギーカイリョウシュ ベルギー改良種
〈Belgian Improved Landrace〉分布：ベルギー。

ペルーキバラフウキンチョウ
〈Buthraupis aureodorsalis〉スズメ目ホオジロ科（フウキンチョウ亜科）。全長20cm。分布：ペルー北部。絶滅危惧II類。

ペルークサカリドリ
〈Phytotoma raimondii〉鳥綱スズメ目クサカリドリ科の鳥。全長18.5cm。分布：ペルー北西部。絶滅危惧IA類。

ペルーケナガアルマジロ
〈Chaetophractus nationi〉異節目（貧歯目）アルマジロ科。頭胴長26.8cm。分布：ボリビア，チリ北部。絶滅危惧II類。

ペルーゲマルジカ
〈Hippocamelus antisensis〉哺乳綱偶蹄目シカ科の動物。分布：ペルー，エクアドル，ボリビア，アルゼンチン北部。

ペルシア
〈Persian（アメリカ），Pedigree Longhair（イギリス）〉猫の一品種。

ペルシアクサリヘビ
〈Vipera latifii〉爬虫綱トカゲ目（ヘビ亜目）クサリヘビ科のヘビ。頭胴長62～71cm。分布：イラン北部。絶滅危惧II類。

ペルシアサンショウウオ
〈Batrachuperus persicus〉両生綱有尾目サンショウウオ科の動物。全長10～19.6cm。分布：カスピ海南岸のエルブルズ山脈とタルイシスキエ山脈。絶滅危惧II類。

ペルシアトラ
〈Panthera tigris virgata〉哺乳綱食肉目ネコ科の動物。別名カスピトラ。

ペルシアネコ
〈Persian cat〉猫の一品種。

ペルシアノロバ
オナガーの別名。

ペルシアモグラ
〈Talpa streeti〉哺乳綱食虫目モグラ科の動物。分布：イラン北西部のコルデスターンのヘゼル・ダラクで採集された1標本が知られるだけである。絶滅危惧IA類。

ベルジャン
〈Belgian〉哺乳綱奇蹄目ウマ科の動物。体高165～175cm。原産：ベルギー。

ペルシアン・アラブ
〈Persian Arab〉馬の一品種。体高145～153cm。原産：イラン。

ベルジアン・キャトル・ドッグ
ブービエ・デ・フランダースの別名。

ベルジアン・シェパード
〈Belgian Shepherd〉犬の一品種。別名ベルジアン・シープドッグ，グローネンダール，ターピュレン，マリノワ，ラークノワ。原産：ベルギー。

ベルジアン・ターピュレン
〈Tervuren〉犬の一品種。体高56～66cm。原産：ベルギー。

ベルジアン・ヘーア
〈Belgian Hare〉分布：ベルギー。

ベルジェ・デ・ピレネー
ピレニアン・シープドッグの別名。

ベルジェ・ド・ピカール
〈Berger de Picard〉犬の一品種。別名ベルジェ・ド・ピカルディー。体高55～66cm。原産：フランス。

ベルジェ・ド・ピカルディー
ベルジェ・ド・ピカールの別名。

ベルジェ・ド・ブリー

ブリアードの別名。

ベルジェ・ド・ボース
　ボースロンの別名。

ベルジェ・ピカール
　ベルジェ・ド・ピカールの別名。

ペルーシギダチョウ
　〈*Nothoprocta kalinowskii*〉鳥綱シギダチョウ目シギダチョウ科の鳥。全長34cm。分布：ペルー北西部,中部。絶滅危惧IA類。

ペルーシタナガコウモリ
　〈*Lonchophylla hesperia*〉哺乳綱翼手目ヘラコウモリ科の動物。前腕長4cm。分布：エクアドル,ペルー。絶滅危惧II類。

ペルシャ
　ペルジャン・ロングヘアの別名。

ベルジャン・ドロート
　〈*Belgian Draught*〉馬の一品種。162～170cm。原産：ベルギー。

ペルジャン・ロングヘア
　〈*Persian Longhair*〉猫の一品種。別名ペルシャ。原産：イギリス。

ペルシュロン
　〈*Percheron*〉哺乳綱奇蹄目ウマ科の動物。体高最小150cm,最大180cm。原産：フランス。

ベルセオレガメ
　〈*Kinixys belliana*〉爬虫綱カメ目リクガメ科のカメ。最大甲長21cm。分布：サハラ砂漠以南のアフリカ大陸とマダガスカル島。

ペルータイランチョウ
　〈*Tumbezia salvini*〉鳥綱スズメ目タイランチョウ科の鳥。

ペルータカネマウス
　〈*Punomys lemminus*〉哺乳綱齧歯目ネズミ科の動物。分布：ペルー南部の山地。

ベルツノガエル
　〈*Ceratophrys ornata*〉両生綱無尾目ミナミガエル科のカエル。体長オス100mm,メス125mm。分布：アルゼンチン,ウルグアイのパンパ地帯及びブラジルのリオ・グランデ・ド・スル州。

ベルツビル・スモール・ホワイト
　〈*Beltsville Small White*〉シチメンチョウ科。分布：米国。

ペルーツリスドリ
　〈*Cacicus koepckeae*〉鳥綱スズメ目ムクドリモドキ科の鳥。全長22cm。分布：ペルー北部と東部。絶滅危惧II類。

ペルディゲイロ・デ・ブルゴス
　〈*Perdiguero de Burgos*〉犬の一品種。体高66～76cm。原産：スペイン。

ペルディゲイロ・ポルトゥゲス
　〈*Perdiguero Portugueso*〉犬の一品種。体高52～56cm。原産：ポルトガル。

ベルテッド・ギャロウェー
　〈*Belted Galloway*〉牛の一品種。原産：イギリス。

ヘルデルラント
　〈*Gelderlander*〉哺乳綱奇蹄目ウマ科の動物。152～162cm。原産：オランダ。

ペルーテンジクネズミ
　〈*Cavia tschudii*〉哺乳綱齧歯目テンジクネズミ科の動物。

ベルナー・ゼネンフンド
　バーニーズ・マウンテン・ドッグの別名。

ベルナー・ゼルネフント
　バーニーズ・マウンテン・ドッグの別名。

ベルナー・ラウフフント
　〈*Berner Laufhund*〉犬の一品種。体高46～58cm。原産：スイス。

ベルネイキノボリマウス
　〈*Dendromus vernayi*〉齧歯目ネズミ科(キノボリマウス亜科)。属としてのサイズ,頭胴長5～10cm。分布：アンゴラ中央部。絶滅危惧IA類。

ペルーネズミ
　〈*Lenoxus apicalis*〉哺乳綱齧歯目ネズミ科の動物。分布：ペルー南東部とボリビア西部。

ベルーハ
　シロイルカの別名。

ペルーバト
　〈*Columba oenops*〉鳥綱ハト目ハト科の鳥。全長オス34cm,メス31～34cm。分布：エクアドル南東部,ペルー北部。絶滅危惧II類。

ペルビアン・パソ
　〈*Peruvian Paso*〉哺乳綱奇蹄目ウマ科の動物。140～150cm。原産：ペルー。

ペルービアン・ビークト・ホエール
　レッサー・ビークト・ホエールの別名。

ペルービアン・ヘアレス
〈*Peruvian Hairless*〉犬の一品種。別名インカ・ヘアレス・ドッグ。

ペルーヒメウオクイネズミ
〈*Neusticomys peruviensis*〉齧歯目ネズミ科（アメリカネズミ亜科）。頭胴長12.8cm。分布：ペルー東部。

ペルーヘラコウモリ
〈*Platalina genovensium*〉哺乳綱翼手目ヘラコウモリ科の動物。前腕長5cm。分布：ペルー。絶滅危惧II類。

ヘルベンダー
〈*Cryptobranchus alleganiensis*〉両生綱有尾目オオサンショウウオ科の動物。体長30〜75cm。分布：北アメリカ。

ヘルマンリクガメ
〈*Testudo hermanni*〉爬虫綱カメ目リクガメ科のカメ。最大甲長20cm以下。分布：スペイン（バレアーレス諸島），フランス南部からトルコのヨーロッパ側，サルディニア，コルシカ。

ヘルメットガエル
〈*Caudiverbera caudiverbera*〉両生綱無尾目ミナミガエル科のカエル。体長オス97〜165mm，メス136〜148mm。分布：チリ中部・南部。

ヘルメット・ドルフィン
クライメンイルカの別名。

ヘルメットハエトリ
〈*Colopteryx galeatus*〉鳥綱スズメ目タイランチョウ科の鳥。

ヘルメットハチドリ
〈*Oxypogon guerinii*〉鳥綱アマツバメ目ハチドリ科の鳥。体長11cm。分布：ベネズエラ北西部，コロンビア北・中部。

ヘルメットマイコドリ
カンムリマイコドリの別名。

ヘルメットモズ 大嘴鵙
〈*Euryceros prevostii*〉鳥綱オオハシモズ科の鳥。体長27〜31cm。分布：マダガスカル島北東部。

ヘルメットヤモリ
〈*Geckonia chazaliae*〉爬虫綱有鱗目トカゲ亜目ヤモリ科の動物。全長8cm。分布：アフリカ北部。

ペルーモグリウミツバメ
〈*Pelecanoides garnotii*〉鳥綱ミズナギドリ目モグリウミツバメ科の鳥。全長22cm。分布：南太平洋の南アメリカ沿岸部に生息し，沿岸の小島で繁殖。絶滅危惧IB類。

ベルン・マウンテン・ドッグ
〈*Bernese Mountain Dog*〉哺乳綱食肉目イヌ科の動物。

ベルン・ラウフフンド
犬の一品種。別名バーニーズ・ハウンド。

ヘレニック・シェパード・ドッグ
〈*Hellenic Shepherd Dog*〉犬の一品種。

ヘレニック・ハウンド
〈*Hellenic Hound*〉犬の一品種。

ヘレフォード
〈*Hereford*〉哺乳綱偶蹄目ウシ科の動物。オス約137cm，メス約130cm。分布：イギリス。

ベレンクマネズミ
〈*Rattus pelurus*〉齧歯目ネズミ科（ネズミ亜科）。頭胴長23.5〜27cm。分布：インドネシアのベレン島。絶滅危惧II類。

ペレンデール
〈*Perendale*〉羊の一品種。分布：ニュージーランド。

ベーレンニシキヘビ
〈*Morelia boeleni*〉爬虫綱有鱗目ヘビ亜目ニシキヘビ科のヘビ。全長1.8〜2.4m。分布：ニューギニア。

ベローシファカ
〈*Propithecus verreauxi*〉哺乳綱霊長目インドリ科の動物。体長43〜45cm。分布：マダガスカル西部，南部。絶滅危惧IA類。

ペロ・シン・ペロ・デル・ペルー
インカ・オーキッド・ドッグの別名。

ペロ・デ・アグア・エスパニョール
スパニッシュ・ウォーター・ドッグの別名。

ペロ・デ・パストル・マヨルカン
〈*Perro de Pastor Mallorquin*〉犬の一品種。体高48〜56cm。原産：バレアレス諸島。

ペロ・デ・プレサ・カナリオ
〈*Canary Dog*〉犬の一品種。体高55〜65cm。原産：カナリア諸島。

ペロ・デ・プレサ・マヨルカン
〈*Perro de Presa Mallorquin*〉犬の一品種。体高58〜61cm。原産：バレアレス諸島。

ベンガル
〈Bengal〉猫の一品種。原産：アメリカ。

ベンガルアジサシ ベンガル鯵刺
〈Thalasseus bengalensis〉鳥綱チドリ目カモメ科の鳥。

ベンガルオオトカゲ
〈Varanus bengalensis〉爬虫綱有鱗目トカゲ亜目オオトカゲ科のトカゲ。分布：イラン東部からインドシナを経て北は中国南部，南はマレー半島，インドネシア（スマトラ，ジャワ，スンダ諸島）。

ベンガルギツネ
〈Vulpes bengalensis〉イヌ科キツネ属。体長45〜60cm。分布：インド，パキスタンおよびネパール。

ベンガルショウノガン
〈Houbaropsis bengalensis〉鳥綱ツル目ノガン科の鳥。別名ベンガルノガン。体長66〜68cm。分布：インド北東部，ネパール，カンボジア，ベトナム南部。絶滅危惧IB類。

ベンガルトラ
〈Panthera tigris tigris〉哺乳綱食肉目ネコ科の動物。別名インドトラ。

ベンガルトラ
トラの別名。

ベンガルノガン
ベンガルショウノガンの別名。

ベンガルハゲワシ
〈Gyps bengalensis〉鳥綱ワシタカ目ワシタカ科の鳥。

ベンガルヤマネコ
〈Felis bengalensis〉哺乳綱食肉目ネコ科の動物。体長35〜60cm。分布：ジャワ，スマトラ，ボルネオ，フィリピン，台湾，日本，朝鮮半島。絶滅危惧。

ペンギン
〈penguin〉鳥綱ペンギン目ペンギン科に属する海鳥の総称。分布：南極，ニュージーランド，オーストラリア南部，アフリカ南部，ペルー，ガラパゴス諸島。

ペンギン目
鳥綱の1目。

ベンゲラ・ドルフィン
コシャチイルカの別名。

ベンソンイソヒヨドリ
〈Pseudocossyphus bensoni〉スズメ目ヒタキ科（ツグミ亜科）。全長16cm。分布：マダガスカル南西部。絶滅危惧II類。

ヘンソンハシブトガラ
ハシブトガラの別名。

ヘンダーソンクイナ
〈Nesophylax atra〉鳥綱ツル目クイナ科の鳥。全長18cm。分布：イギリス領ヘンダーソン島。絶滅危惧II類。

ヘンダーソンヒメアオバト
〈Ptilinopus insularis〉鳥綱ハト目ハト科の鳥。全長20〜25cm。分布：イギリス領ヘンダーソン島。絶滅危惧II類。

ヘンディウーリーモンキー
〈Lagothrix flavicauda〉哺乳綱霊長目オマキザル科の動物。頭胴長60〜75cm。分布：ペルー北部。絶滅危惧IA類。

ペンバオオコウモリ
〈Pteropus voeltzkowi〉哺乳綱翼手目オオコウモリ科の動物。前腕長15〜16cm。分布：タンザニアのペンバ島。絶滅危惧IA類。

ペンブローク・ウェルシュ・コーギー
哺乳綱食肉目イヌ科の動物。

ベンミミナガコウモリ
〈Micronycteris behnii〉哺乳綱翼手目ヘラコウモリ科の動物。前腕長4cm前後。分布：ペルー，ブラジル中央部。絶滅危惧II類。

【ホ】

ボアコンストリクター
〈Boa constrictor〉爬虫綱有鱗目ヘビ亜目ボア科のヘビ。全長2〜3m。分布：メキシコからアルゼンチンまでと，小アンチル諸島（ドミニカ，セントルシア）。

ホアジン
ツメバケイの別名。

ホーアチン
ツメバケイの別名。

ポアトゥー
〈Poitou, French〉哺乳綱奇蹄目ウマ科の動物。体高135〜150cm。分布：フランス中西部。

ポアトバン
〈Poitevin〉哺乳綱奇蹄目ウマ科の動物。

ボア（ヘビ）
〈boa〉爬虫綱有鱗目ボア科ボア亜科に属する

ホアヤキ

ヘビの総称。全長2〜4m。分布：北アメリカ西部，熱帯アメリカ，アフリカ中部以北，マダガスカル，アジア西部，フィジー諸島，ソロモン諸島，ニューギニア。

ボア（ヤギ）
〈Boer〉ヤギの一品種。体高70〜100cm。原産：南アフリカ。

ボイヴィンネコツメヤモリ
〈Homophoris boivini〉爬虫綱有鱗目トカゲ亜目ヤモリ科の動物。全長30cm。分布：マダガスカル北部のアンツラナナ。

ボイキン・スパニエル
犬の一品種。

ホイグリンカモメ ホイグリン鷗
〈Larus heuglini〉鳥綱チドリ目カモメ科の鳥。

ホイッティカーフトスベトカゲ
〈Cyclodina whitakeri〉爬虫綱有鱗目（トカゲ亜目）トカゲ科のトカゲ。頭胴長8〜10.1cm。分布：ニュージーランド北島の北部沖の島嶼と南部のポリルア湾周辺。絶滅危惧II類。

ホイッププアーウィルヨタカ
〈Caprimulgus vociferus〉鳥綱ヨタカ目ヨタカ科の鳥。体長25cm。分布：アメリカ東部，カナダ南部，さらにアメリカ南西部とメキシコでも繁殖，越冬はメキシコからパナマまでの中央アメリカ一帯。

ホイペット
〈whippet〉競走犬。原産：イギリス。

ポインター
〈Pointer〉哺乳綱食肉目イヌ科の動物。体高61〜69cm。分布：イギリス。

ホウオウジャク 鳳凰雀
〈Vidua paradisaea〉ハタオリドリ科/テンニンチョウ亜科。体長オス41cm（繁殖期）・15cm（非繁殖期），メス13cm。分布：アフリカ中央部からジンバブエ。

ホウカンチョウ 鳳冠鳥
〈curassow〉鳥綱キジ目ホウカンチョウ科に属する鳥の総称。全長52〜96cm。分布：北アメリカの南端部，中央アメリカ，南アメリカ。

ボウシインコ 帽子鸚哥
〈amazon〉鳥綱オウム目オウム科ボウシインコ属に含まれる鳥の総称。

ボウシゲラ
〈Mulleripicus pulverulentus〉鳥綱キツツキ目キツツキ科の鳥。体長51cm。分布：北インドから中国南西部，タイ，ベトナム，マレーシア，インドネシア。

ボウシテナガザル 帽子手長猿
〈Hylobates pileatus〉哺乳綱霊長目テナガザル科の動物。頭胴長不明，尾はない。分布：タイ，カンボジア。絶滅危惧II類。

ボウシトカゲモドキ
〈Coleonyx mitratus〉爬虫綱有鱗目トカゲ亜目ヤモリ科の動物。全長18cm。分布：グァテマラ，ホンデュラス，エルサルバドル，ニカラグア，コスタリカ。

ボウシフウキンチョウ
〈Creurgops verticalis〉鳥綱スズメ目ホオジロ科の鳥。

ボウシムナオビハチドリ
〈Augastes lumachellus〉鳥綱アマツバメ目ハチドリ科の鳥。

ホウシャガメ 放射亀
〈Geochelone radiata〉爬虫綱カメ目リクガメ科のカメ。最大甲長40cm。分布：マダガスカル島南部。絶滅危惧II類。

ボウシラングール
〈Presbytis pileata〉哺乳綱霊長目オナガザル科の動物。頭胴長オス53.3〜71cm，メス49〜66cm。分布：バングラデシュ東部およびインド北東部のアッサム州のジャムナ川とマナス川東部，ミャンマー北部および西部。絶滅危惧II類。

ボウズミツスイ
ズグロハゲミツスイの別名。

ホウセキカナヘビ
〈Lacerta lepida〉爬虫綱有鱗目トカゲ亜目カナヘビ科の動物。全長36〜60cm。分布：イベリア半島，南フランスなど。

ホウセキトカゲ
ホウセキカナヘビの別名。

ホウセキドリ 宝石鳥
〈Pardalotus punctatus〉鳥綱スズメ目ハナドリ科の鳥。別名ダイヤモンドハナドリ。体長9cm。分布：オーストラリア南部・東部。

ホウセキドリ 宝石鳥
〈pardalote〉スズメ目ハナドリ科ホウセキドリ属Pardalotusの鳥の総称。全長8〜12cm。分布：オーストラリア。

ホウセキハチドリ
〈*Polyplancta aurescens*〉鳥綱アマツバメ目ハチドリ科の鳥。

ボウドインズ・ビークト・ホエール
タイヘイヨウオオギハクジラの別名。

ボウユビヤモリ
〈*Stenodactylus cf.sthenodactylus*〉爬虫綱有鱗目トカゲ亜目ヤモリ科の動物。全長7〜15cm。分布：北アフリカからアラビア半島を経て,イランあたりの中近東まで。

ポーウリ
ユミハシハワイミツスイの別名。

ホウロクシギ　焙烙鷸
〈*Numenius madagascariensis*〉鳥綱チドリ目シギ科の鳥。全長62cm。

ホエアマガエル
〈*Hyla gratiosa*〉両生綱無尾目アマガエル科のカエル。体長51〜70mm。分布：合衆国ノースカロライナ州からルイジアナ州に至る沿岸の州に分布。内陸ではケンタッキー州などの一部に点在する。

ホエザル　吠猿
〈*Alouatta guariba*〉哺乳綱霊長目オマキザル科の動物。

ホエザル　吠猿
〈*howler monkey*〉哺乳綱霊長目オマキザル科ホエザル属に含まれる動物の総称。

ホエジカ
〈*Muntiacus muntjac*〉哺乳綱偶蹄目シカ科の動物。別名インドキョン。肩高オス57cm,メス49cm。分布：インド,スリランカ,チベット,中国南西部,ビルマ,タイ,ベトナム,マレーシア,スマトラ,ジャワ,ボルネオ。

ホオアカ　頬赤
〈*Emberiza fucata*〉鳥綱スズメ目ホオジロ科の鳥。全長16cm。分布：ヒマラヤから中国南部,シベリア南部から朝鮮半島,日本などで繁殖し,おもに東南アジアで越冬。国内では九州以北の牧場,農耕地,高原などで繁殖し,本州中部以南で越冬。

ホオアカインコ
アカガタインコの別名。

ホオアカオナガゴシキドリ
〈*Trachyphonus erythrocephalus*〉鳥綱キツツキ目ゴシキドリ科の鳥。体長23cm。分布：エチオピア東部,ケニア,タンザニア北部。

ホオアカカエデチョウ
ホオコウチョウの別名。

ホオアカコバシタイヨウチョウ　頬赤子嘴太陽鳥,頬赤小嘴太陽鳥
〈*Anthreptes singalensis*〉鳥綱スズメ目タイヨウチョウ科の鳥。別名ホオアカタイヨウチョウ,コバシタイヨウチョウ。

ホオアカセイコウチョウ
〈*Erythrura coloria*〉鳥綱スズメ目カエデチョウ科の鳥。全長10cm。分布：フィリピンのミンダナオ島。絶滅危惧II類。

ホオアカタイヨウチョウ
ホオアカコバシタイヨウチョウの別名。

ホオアカトキ　頬赤朱鷺
〈*Geronticus eremita*〉鳥綱コウノトリ目トキ科の鳥。体長71〜79cm。分布：アフリカ北西部,トルコ。絶滅危惧IA類。

ホオカザリヅル　頬飾鶴
〈*Bugeranus carunculatus*〉鳥綱ツル目ツル科の鳥。全長150cm。分布：主として南アフリカ共和国の中央部に分布。そのほか孤立した分布地がエチオピア中部と南アフリカ共和国東部にある。絶滅危惧II類。

ホオカザリハチドリ
〈*Lophornis ornata*〉鳥綱アマツバメ目ハチドリ科の鳥。体長7cm。分布：トリニダード,南アメリカ北部。

ホオカムリペンギン
マユダチペンギンの別名。

ホオグロアリサザイ
〈*Conopophaga melanops*〉鳥綱スズメ目アリサザイ科の鳥。体長11.5cm。分布：ブラジル東部の海岸沿いの低地。

ホオグロエンジフウキンチョウ
〈*Habia atrimaxillaris*〉スズメ目ホオジロ科（フウキンチョウ亜科）。全長18cm。分布：コスタリカ南部。絶滅危惧II類。

ホオグロオーストラリアムシクイ
ライラックムシクイの別名。

ホオグロカエデチョウ　頬黒楓鳥
〈*Estrilda erythronota*〉鳥綱スズメ目カエデチョウ科の鳥。

ホオグロシトド
〈*Oriturus superciliosus*〉鳥綱スズメ目ホオジロ科の鳥。

ホオグロスズメ
〈*Passer melanurus*〉鳥綱スズメ目ハタオリドリ科の鳥。

ホオグロモリツバメ 頬黒森燕
〈*Artamus personatus*〉鳥綱スズメ目モリツバメ科の鳥。体長19cm。分布：オーストラリア。

ホオグロヤモリ 頬黒守宮
〈*Hemidactylus frenatus*〉爬虫綱有鱗目トカゲ亜目ヤモリ科の動物。別名ナキヤモリ。全長9〜11cm。分布：奄美大島以南、琉球列島、東南アジアなど。

ホオコウチョウ 頬紅鳥
〈*Estrilda melpoda*〉鳥綱スズメ目カエデチョウ科の鳥。別名ホオアカカエデチョウ。全長9.5cm。

ホオケツノガエル
〈*Ceratophrys stolzmanni*〉両生綱無尾目ユビナガガエル科のカエル。

ホオジロ 黄道眉, 画眉鳥, 頬白
〈*Emberiza cioides*〉鳥綱スズメ目ホオジロ科の鳥。全長16.5cm。分布：シベリア南部からアムール川、中国東北地方、朝鮮半島、日本。

ホオジロ 頬白
〈*bunting*〉広義には鳥綱スズメ目ホオジロ科に属する鳥の総称で、狭義にはそのうちの1種をさす。体長10〜20cm。分布：ほとんど全世界に分布するが、東南アジアの東南端とオーストラリアには分布しない（ニュージーランドには移入）。

ホオジロアリモズ 頬白蟻鵙
〈*Biatas nigropectus*〉鳥綱スズメ目アリドリ科の鳥。全長18cm。分布：ブラジル南東部、アルゼンチン北東部。絶滅危惧II類。

ホオジロエボシドリ 頬白烏帽子鳥
〈*Tauraco leucotis*〉鳥綱ホトトギス目エボシドリ科の鳥。

ホオジロオリーブキンパラ
〈*Nesocharis capistrata*〉鳥綱スズメ目カエデチョウ科の鳥。

ホオジロカイツブリ
〈*Tachybaptus rufolavatus*〉鳥綱カイツブリ目カイツブリ科の鳥。全長25cm。分布：マダガスカル中央高地。絶滅危惧IA類。

ホオジロカザリドリ
〈*Ampelion stresemanni*〉鳥綱スズメ目カザリドリ科の鳥。全長18cm。分布：ペルー西部。絶滅危惧II類。

ホオジロカマドドリ 頬白竈鳥
〈*Xenops minutus*〉カマドドリ科。体長12cm。分布：メキシコ南東部からエクアドル西部。さらにアンデス山脈東側のアルゼンチン北部、パラグアイ、ブラジル南部。

ホオジロガモ 頬白鴨
〈*Bucephala clangula*〉カモ科。体長42〜50cm。分布：ユーラシア、北アメリカの北部。冬は南に渡る。

ホオジロカンムリヅル
〈*Balearica regulorum*〉鳥綱ツル科の鳥。体長105cm。分布：ウガンダ、ケニアから南アフリカにかけて分布する。

ホオジロクロガメ
〈*Siebenrockiella crassicollis*〉爬虫綱カメ目ヌマガメ科のカメ。最大甲長20cm。分布：ミャンマー（ビルマ）、タイ、ベトナム南部からマレー半島、スマトラ島、ジャワ島、ボルネオ島。

ホオジロコタイランチョウ 頬白小太蘭鳥
〈*Acrochordopus burmeisteri*〉鳥綱スズメ目タイランチョウ科の鳥。

ホオジロシマアカゲラ
〈*Picoides borealis*〉鳥綱キツツキ目キツツキ科の鳥。体長18cm。分布：アメリカ南東部。絶滅危惧II類。

ホオジロタイランチョウ 頬白太蘭鳥
〈*Legatus leucophaius*〉鳥綱スズメ目タイランチョウ科の鳥。

ホオジロテナガザル
〈*Hylobates leucogenys*〉哺乳綱霊長目テナガザル科のサル。体長45〜64cm。分布：東南アジア。

ホオジロハクセキレイ
〈*Motacilla alba leucopsis*〉鳥綱スズメ目セキレイ科の鳥。

ホオジロヒヨドリ 頬白鵯
〈*Pycnonotus leucogenys*〉鳥綱スズメ目ヒヨドリ科の鳥。体長20cm。分布：ヒマラヤ山脈、インド北西部からイラン南部。

ホオジロマンガベイ
〈*Cercocebus albigena*〉オナガザル科マンガベイ属。頭胴長オス45〜62cm、メス44〜58cm。

ホオジロムクドリ
〈*Sturnus contra*〉鳥綱スズメ目ムクドリ科の鳥。

ホオスジイシガメ
〈*Mauremys iversoni*〉爬虫綱カメ目バタグールガメ科のカメ。

ホオダレサンショウクイ 頰垂山椒喰
〈*Campephaga lobata*〉鳥綱スズメ目サンショウクイ科の鳥。全長オス19cm, メス9.4cm。分布：コートジボアール, ガーナ, ギニア, リベリア, シエラレオネ。絶滅危惧II類。

ホオダレホウカンチョウ
〈*Crax globulosa*〉鳥綱キジ目ホウカンチョウ科の鳥。全長82～89cm。分布：ブラジル西部のアマゾン川流域, コロンビア南部, エクアドル東部, ペルーのロレト州およびマドレ・デ・ディオス州, ボリビア北部。絶滅危惧II類。

ホオダレムクドリ 頰垂椋鳥
〈*Heteralocha acutirostris*〉鳥綱スズメ目ホオダレムクドリ科の鳥。

ホオダレムクドリ 頰垂椋鳥
〈wattle bird〉広義には鳥綱スズメ目ホオダレムクドリ科に属する鳥の総称で, 狭義にはそのうちの1種をさす。体長25～48cm。分布：ニュージーランド。

ホオヒゲオニキバシリ
〈*Xiphocolaptes falcirostris*〉鳥綱スズメ目オニキバシリ科の鳥。全長28～29cm。分布：ブラジル北東部。絶滅危惧II類。

ホオヒゲコウモリ 頰髭蝙蝠
〈*Myotis mystacinus*〉哺乳綱翼手目ヒナコウモリ科の動物。前腕長3.4～3.7cm。分布：アイルランドからヨーロッパ, シベリア, サハリン。国内では北海道。

ホオヒゲコウモリ 頰髭蝙蝠
〈whiskered bat〉広義には哺乳綱翼手目ヒナコウモリ科ホオヒゲコウモリ属に含まれる動物の総称で, 狭義にはそのうちの1種をさす。

ホオブクロアレチネズミ
〈*Desmodilliscus braueri*〉哺乳綱齧歯目ネズミ科の動物。分布：セネガルから東へスーダン南部。

ホオケトカゲ
〈water lizard〉爬虫綱有鱗目アガマ科ホカケトカゲ属に含まれるトカゲの総称。

ホクオウハクセキレイ
〈*Motacilla alba*〉鳥綱スズメ目セキレイ科の鳥。

ボクサー
〈*Canis familiaris*〉哺乳綱食肉目イヌ科の動物。体高53～63cm。分布：ドイツ。

ホクセイブガーターヘビ
〈*Thamnophis ordinoides*〉爬虫綱有鱗目ナミヘビ科のヘビ。

ホクブコオロギガエル
キタコオロギガエルの別名。

ボクブミズベヘビ
〈*Nerodia sipedon*〉爬虫綱有鱗目ナミヘビ科のヘビ。

ホクリクサンショウウオ 北陸山椒魚
〈*Hynobius takedai*〉両生綱有尾目サンショウウオ科の動物。全長90～110mm。分布：石川県, 富山県。絶滅危惧IB類。

ポケットゴーファー
〈pocket gopher〉哺乳綱齧歯目ホリネズミ科に属する動物の総称。

ポケットゴファー
ホリネズミの別名。

ポケットマウス
〈*Heteromyidae*〉哺乳綱齧歯目ポケットマウス科の動物。分布：北・中央アメリカ, および南アメリカ北部。

ボゴタクイナ
ナンベイクイナの別名。

ボゴタテンシハチドリ
〈*Heliangelus zusii*〉鳥綱アマツバメ目ハチドリ科の鳥。全長13cm。分布：コロンビア。絶滅危惧IA類。

ボサヴスキ・ゴニッツ
犬の一品種。

ボサンスキ・オストロドゥラキ・ゴニッツ・バラク
犬の一品種。

ホザンチョ 保山猪
〈Baoshan Pig〉別名保山大耳猪。分布：中国南部の雲南省保山地区。

ホシオタテドリ
〈*Psilorhamphus guttatus*〉鳥綱スズメ目オタ

ホシカシラ
テドリ科の鳥。

ホシガシラオニキバシリ
〈*Lepidocolaptes affinis*〉鳥綱スズメ目オニキバシリ科の鳥。

ホシガメ 星亀
〈*Geochelone elegans*〉爬虫綱カメ目リクガメ科のカメ。最大甲長38cm。分布：インド，パキスタン，スリランカ。絶滅危惧II類と推定。

ホシガラス 星烏，星鴉
〈*Nucifraga caryocatactes*〉鳥綱スズメ目カラス科の鳥。全長35cm。分布：ヨーロッパ，アジアの亜寒帯，高山。国内では四国以北の亜高山帯針葉樹林・ハイマツ林に住み，冬はやや低地に下りる。

ホシキバシリ 星木走
〈*Salpornis spilonotus*〉鳥綱スズメ目キバシリ科の鳥。体長13cm。分布：サハラ以南のアフリカおよびインド。

ホシゴイ
ゴイサギの別名。

ホシハジロ 星羽白
〈*Aythya ferina*〉鳥綱ガンカモ目ガンカモ科の鳥。全長オス48cm，メス43cm。分布：ユーラシア大陸。国内では北海道。

ホシハタリス
〈*Spermophilus suslicus*〉哺乳綱齧歯目リス科の動物。頭胴長19〜22cm。分布：ヨーロッパ中央部および南部（ポーランド南部，ルーマニア北東部，ウクライナを含む）から，北はロシアのオカ川，東はヴォルガ川までのステップ地帯。絶滅危惧II類。

ホシハナドリ 星花鳥
〈*Rhamphocharis crassirostris*〉鳥綱スズメ目ハナドリ科の鳥。

ホシバナモグラ 星鼻鼴鼠
〈*Condylura cristata*〉哺乳綱食虫目モグラ科の動物。体長18〜19cm。分布：カナダ東部，アメリカ北東部。

ホシフクサマウス
〈*Lemniscomys striatus*〉体長10〜14cm。分布：西アフリカ，アフリカ南部から東アフリカにかけて。

ホシベニヘビ
〈*Calliophis maculiceps*〉爬虫綱有鱗目コブラ科のヘビ。

ホシムクドリ 星椋鳥
〈*Sturnus vulgaris*〉鳥綱スズメ目ムクドリ科の鳥。体長21cm。分布：ヨーロッパ，西アジア。北アメリカ，南アフリカ，オーストラリア南部，ニュージーランドへは移入。

ホシメキシコインコ
〈*Aratinga euops*〉鳥綱オウム目インコ科の鳥。別名ホシメキシコ。全長26cm。分布：キューバ。絶滅危惧II類。

ホシヤブガメ
〈*Psammobates geometricus*〉爬虫綱カメ目リクガメ科のカメ。背甲長最大16.5cm。分布：南アフリカ共和国。絶滅危惧IB類。

ホースガエル
〈*Rana hosii*〉両生綱無尾目アカガエル科の動物。

ボスカヘリユビカナヘビ
〈*Acanthodactylus boskianus*〉爬虫綱有鱗目カナヘビ科のヘビ。

ホースキノボリヒキガエル
マレーキノボリガマの別名。

ボストン・テリア
〈*Canis familiaris*〉哺乳綱食肉目イヌ科の動物。体高38〜43cm。分布：アメリカ。

ボスニアン
〈*Bosnian*〉哺乳綱奇蹄目ウマ科の動物。

ボスニアン・ラフコーテッド・ハウンド
〈*Bosnian Rough-coated Hound*〉犬の一品種。

ボースロン
〈*Beauceron*〉犬の一品種。別名ベルジェ・ド・ボース。体高64〜71cm。原産：フランス。

ホソオオトカゲ
ミドリホソオオトカゲの別名。

ホソオクマネズミ
〈*Phloeomys cumingi*〉齧歯目ネズミ科（ネズミ亜科）。頭胴長28〜48.5cm。分布：フィリピンのルソン島と周辺島嶼。絶滅危惧II類。

ホソオハチドリ
〈*Microstilbon burmeisteri*〉鳥綱アマツバメ目ハチドリ科の鳥。

ホソオビアオジタ
〈*Tiliqua multifasciata*〉スキンク科。全長40〜45cm。分布：東部と南部を除いたオーストラリア。

ホソオムジテリムク
〈*Poeoptera lugubris*〉鳥綱スズメ目ムクドリ科の鳥。

ホソオヤマアラシ
〈*Chaetomys subspinosus*〉哺乳綱齧歯目アメリカトゲネズミ科の動物。頭胴長38～45cm。分布：ブラジル東部のセルジッペ州，バイーア州，エスピリト・サント州，リオ・デ・ジャネイロ州。絶滅危惧II類。

ホソオヤマネ
〈*Myomimus personatus*〉哺乳綱齧歯目ヤマネ科の動物。頭胴長6～11cm。分布：トルコ東部から中央アジアにかけて。絶滅危惧II類。

ホソオライチョウ 細尾雷鳥
〈*Tympanuchus phasianellus*〉鳥綱キジ目キジ科の鳥。

ホソコミミトガリネズミ
〈*Cryptotis gracilis*〉哺乳綱食虫目トガリネズミ科の動物。頭胴長約6.9cm。分布：コスタリカ南東部，パナマ西部。絶滅危惧II類。

ホソシマウマ
グレビーシマウマの別名。

ホソズジネズミ
〈*Crocidura stenocephala*〉哺乳綱食虫目トガリネズミ科の動物。分布：コンゴ民主共和国東部，カフジ山の山岳湿地。絶滅危惧II類。

ホソスジマングース
〈*Mungotictis decemlineata*〉哺乳綱食肉目マングース科の動物。頭胴長25～35cm。分布：マダガスカル西部および南西部。絶滅危惧II類。

ホソツパイ
〈*Tupaia gracilis*〉ツパイ科ツパイ属。分布：ボルネオ島北部と周辺の島々。

ホソツラナメラ
〈*Gonyosoma oxycephalum*〉爬虫綱有鱗目ヘビ亜目ナミヘビ科のヘビ。全長150～230cm。分布：タイ，カンボジア，ベトナムからインドネシア，フィリピン南部。

ホソナマケザル
ホソロリスの別名。

ホソフタオハチドリ
〈*Thaumastura cora*〉鳥綱アマツバメ目ハチドリ科の鳥。

ホソマングース
〈*Herpestes sanguineus*〉哺乳綱食肉目ジャコウネコ科の動物。体長35cm。分布：サハラ以南のアフリカ。

ホソメクラヘビ
〈*thread snake*〉爬虫綱有鱗目ヘビ亜目ホソメクラヘビ科のヘビ。全長15～41cm。分布：南アメリカ北部からバハマ諸島，アメリカ合衆国南西部，アフリカ東部からサウジアラビアを通りパキスタン。

ホソモリジネズミ
〈*Myosorex tenuis*〉哺乳綱食虫目トガリネズミ科の動物。分布：南アフリカ共和国のトランスヴァール地方およびモザンビーク西部。絶滅危惧II類。

ホソユビミカドヤモリ
〈*Rhacodactylus auriculatus*〉爬虫綱有鱗目トカゲ亜目ヤモリ科の動物。全長20cm。分布：ニューカレドニア。

ホソロリス
〈*Loris tardigradus*〉哺乳綱霊長目ロリス科の動物。体長17.5～26cm。分布：南アジア，スリランカ。絶滅危惧II類。

ボーダー・コリー
〈*Border Collie*〉哺乳綱食肉目イヌ科の動物。体高46～54cm。分布：イギリス。

ボーダー・テリア
〈*Border Terrier*〉原産地がイギリスの家庭犬。体高25cm。分布：イギリス。

ポタモガーレ
〈*Potamogale velox*〉哺乳綱食虫目テンレック科の動物。体長29～35cm。分布：西アフリカ，中央アフリカ。絶滅危惧IB類。

ポタモガーレ
〈*otter-shrew*〉広義には哺乳綱食虫目ポタモガーレ科に属する動物の総称で，狭義にはそのうちの1種をさす。

ボーダー・レスター
〈*Border Leicester*〉哺乳綱偶蹄目ウシ科の動物。分布：イギリス。

ボタンインコ 牡丹鸚哥
〈*Agapornis lilianae*〉鳥綱オウム目インコ科の鳥。全長13.5cm。分布：ザンビア北部，タンザニア南西部のアカシアが生えるサバンナ，渓谷に生息。

ボタンインコ 牡丹鸚哥
〈*love bird*〉オウム目オウム科ボタンインコ属

Agapornisの鳥の総称。

ボーダンクロオウム
〈*Calyptorhynchus baudinii*〉鳥綱オウム目インコ科の鳥。別名オジロクロオウム。全長55〜60cm。分布：オーストラリア南西部。絶滅危惧種。

ボーダンノドツナギガエル
〈*Smilisca baudinii*〉両生綱無尾目アマガエル科のカエル。体長76mm。分布：アメリカ合衆国テキサス州の南端から，南方はコスタリカの低地の熱帯域まで。

ボタンバト　牡丹鳩
〈*Ptilinopus jambu*〉鳥綱ハト目ハト科の鳥。

ポーチ
メキシコジムグリガエルの別名。

ポーチュギース・ウォーター・ドッグ
〈*Portuguese Water Dog*〉犬の一品種。別名カオ・デ・アグア。

ポーチュギース・ウォッチドッグ
〈*Portuguese Watchdog*〉犬の一品種。

ポーチュギース・キャトル・ドッグ
〈*Portuguese Cattle Dog*〉犬の一品種。

ポーチュギース・シープ・ドッグ
〈*Portuguese Shepherd dog*〉犬の一品種。

ホッカイドウイヌ　北海道犬
〈*Canis familiaris*〉哺乳綱食肉目イヌ科の動物。別名アイヌ犬，道犬。体高オス50cm，メス45cm。分布：北海道。天然記念物。

ホッカイドウウシュ　北海道和種
〈*Hokkaido Pony*〉馬の一品種。別名ドサンコ，道産子。体高125〜135cm。原産：北海道。

ホッキョクギツネ　北極狐
〈*Alopex lagopus*〉哺乳綱食肉目イヌ科の動物。体長53〜55cm。分布：カナダ北部，アラスカ，グリーンランド，北ヨーロッパ，北アジア。

ホッキョククジラ　北極鯨
〈*Balaena mysticetus*〉哺乳綱クジラ目セミクジラ科のクジラ。別名グレート・ポーラー・ホエール，アークティック・ホエール，アークティックライト・ホエール，グリーンランド・ライト・ホエール，グリーンランド・ホエール。14〜18m。分布：寒冷な北極や亜北極圏水域にすみ，めったに積氷から遠く離れない。絶滅危惧IB類。

ホッキョクグマ　北極熊
〈*Thalarctos maritimus*〉哺乳綱食肉目クマ科の動物。体長2.1〜3.4m。分布：北極，カナダ北部。絶滅危惧II類。

ホッキョクノウサギ
〈*Lepus arcticus*〉体長43〜66cm。分布：カナダ北部，グリーンランド。

ホッグジカ
〈*Axis porcinus*〉哺乳綱偶蹄目シカ科の動物。肩高66〜74cm。分布：インド北部，スリランカ，ビルマ，タイ，ベトナム。

ボッタホリネズミ
〈*Thomomys bottae*〉体長11.5〜30cm。分布：合衆国西部からメキシコ北部にかけて。

ホッテントットキンモグラ属
〈*Amblysomus*〉キンモグラ科。分布：ケープ地方南，東部。

ポットヘッド・ホエール
ヒレナガゴンドウの別名。

ポットヘッドホエール
コビレゴンドウの別名。

ホッビットハナフルーツコウモリ
〈*Syconycteris hobbit*〉哺乳綱翼手目オオコウモリ科の動物。前腕長4.5〜5cm。分布：ニューギニア島。絶滅危惧種。

ホッホシュテッタームカシガエル
〈*Leiopelma hochstetteri*〉体長3.5〜5cm。分布：ニュージーランド（北島）。

ポデンゴ・イビセンコ
イビザン・ハウンドの別名。

ポデンゴ・カナリオ
〈*Podenco Canario*〉犬の一品種。

ポデンゴ・ポーチュギース
犬の一品種。

ポデンゴ・ポルトゥゲス・ペケノ
〈*Podengo Portugueso Pequeño*〉犬の一品種。体高20〜31cm。原産：ポルトガル。

ポデンゴ・ポルトゥゲス・メディオ
〈*Podengo Portugueso Medio*〉犬の一品種。体高39〜56cm。原産：ポルトガル。

ポト
〈*Perodicticus potto*〉哺乳綱霊長目ロリス科の動物。体長30〜40cm。分布：西アフリカ，中央アフリカ。

ホトウドリ 浦東鶏
〈Pudong Fowl〉分布：中国，上海市周辺。

ポトク
〈Pottok〉哺乳綱奇蹄目ウマ科の動物。

ホトシギ
ヤマシギの別名。

ホトソンカンガルーハムスター
〈Calomyscus hotsoni〉齧歯目ネズミ科（キヌゲネズミ亜科）。頭胴長7cm程度。分布：パキスタン北部。絶滅危惧IB類。

ホトトギス 郭公，沓手鳥，子規，時鳥，杜宇，杜魄，杜鵑，不如帰，蜀魂，蜀鳥，霍公鳥
〈Cuculus poliocephalus〉鳥綱ホトトギス目ホトトギス科の鳥。全長28cm。分布：ヒマラヤからウスリー，マレー半島，ボルネオ島，大スンダ列島，マダガスカル島で繁殖。国内では九州以北の夏鳥。

ホトトギス 杜鵑
〈cuckoo〉広義には鳥綱ホトトギス目ホトトギス科に属する鳥の総称で，狭義にはそのうちの1種をさす。

ホトトギス目
鳥綱の1目。

ボトルヘッド
キタトックリクジラの別名。

ボナパルトカモメ ボナパルト鷗
〈Larus philadelphia〉鳥綱チドリ目カモメ科の鳥。全長29cm。

ボナペインコ
エビチャインコの別名。

ポニー
〈Pony〉小格馬の総称で，イギリスでは体高148cm以下のものをポニーと規定している。

ポニー・オブ・アメリカ
〈Pony of the Americas〉哺乳綱奇蹄目ウマ科の動物。体高112〜132cm。

ボニーハーデル
〈Bonyháder〉牛の一品種。

ボネリークマタカ
〈Hieraaetus fasciatus〉鳥綱ワシタカ目ワシタカ科の鳥。

ボネリームシクイ
〈Phylloscopus bonelli〉鳥綱スズメ目ヒタキ科ウグイス亜科の鳥。

ホノオアリドリ 炎蟻鳥
〈Phlegopsis nigromaculata〉鳥綱スズメ目アリドリ科の鳥。体長18cm。分布：アマゾン川流域。

ボノボ
ピグミーチンパンジーの別名。

ボバック
〈Marmota bobac〉齧歯目リス科の哺乳類。別名タルバガン，タルバハン。

ホフヴァルト
〈Hovawart〉犬の一品種。体高58〜70cm。原産：ドイツ。

ボブキャット
〈Lynx rufus〉哺乳綱食肉目ネコ科の動物。体長65〜110cm。分布：カナダ南部，合衆国，メキシコ。

ホプキンズクリークネズミ
〈Pelomys hopkinsi〉齧歯目ネズミ科（ネズミ亜科）。頭胴長13.5cm。分布：ルワンダ北部とウガンダ南部のパピルス沼沢地。絶滅危惧II類。

ホフマンナマケモノ
〈Choloepus hoffmanni〉哺乳綱貧歯目ナマケモノ科の動物。

ボヘミアン・テリア
シェスキー・テリアの別名。

ボボリンク
〈Dolichonyx oryzivorus〉ムクドリモドキ科。体長16〜18cm。分布：カナダ南部から合衆国中央部で繁殖。南アメリカ，主にアルゼンチン北部で越冬。

ボホールリードバック
〈Redunca redunca〉ウシ科リードバック属。体長1.1〜1.6m。分布：アフリカ西部から東部。

ホームセオレガメ
〈Kinixys homeana〉爬虫綱カメ目リクガメ科のカメ。最大甲長21cm。分布：アフリカ中部から西部（リベリアからカメルーンおよびザイール東部）。

ポメラニアン
〈Canis familiaris〉哺乳綱食肉目イヌ科の動物。別名ツベルク・スピッツ。体高28cm。分布：ドイツ。

ホライモリ 洞井守

ホラスアマ

〈*Proteus anguinus*〉両生綱有尾目ホライモリ科の動物。別名オルム。体長20〜30cm。分布：ヨーロッパ。絶滅危惧II類。

ホーラスアマツバメ
〈*Apus horus*〉鳥綱アマツバメ目アマツバメ科の鳥。

ポラック・ホエール
イワシクジラの別名。

ボラン
〈*Boran*〉哺乳綱偶蹄目ウシ科の動物。体高オス125cm、メス120cm。分布：ケニア北部，エチオピア南部，ソマリア南西部。

ホランジェ・スムースホント
ダッチ・スムースホントの別名。

ホランジェ・ヘルデルスホント
ダッチ・シェパード・ドッグの別名。

ポーランド・チャイナ
〈*Sus scrofa var. domesticus*〉哺乳綱偶蹄目イノシシ科の動物。分布：アメリカ。

ポリアジネズミ
〈*Crocidura polia*〉哺乳綱食虫目トガリネズミ科の動物。分布：コンゴ民主共和国北部のメジェからの1標本が知られるのみ。絶滅危惧IA類。

ホリイヒメアオバト
〈*Ptilinopus pelewensis*〉鳥綱ハト目ハト科の鳥。

ポーリッシュ
〈*Polish*〉鳥綱キジ目キジ科の鳥。分布：ポーランド。

ポーリッシュ・オフチャレク・ニジンニ
犬の一品種。

ポーリッシュ・オフチャレク・ポダランスキ
犬の一品種。

ポーリッシュ・ハウンド
〈*Polish Hound*〉犬の一品種。体高56〜66cm。原産：ポーランド。

ポーリッシュ・ローランド・シープドッグ
〈*Polish Lowland Sheepdog*〉犬の一品種。別名ポルスキー・オフチャレク・ニツィニー。体高41〜51cm。原産：ポーランド。

ホリネズミ 掘鼠
〈*Geomyidae*〉齧歯目ホリネズミ科Geomyidaeに属する動物の総称で,25種が北アメリカに分布。別名ポケットゴファー。体長12〜30cm。分布：カナダ中央部および南西部からアメリカ合衆国西部および南東部をへてパナマ・コロンビア国境地帯まで。

ボリビアオオミミマウス
〈*Galenomys garleppi*〉哺乳綱齧歯目ネズミ科の動物。分布：ペルー南部，ボリビア西部，チリ北部の高地。

ボリビアオオリオネズミ
〈*Kunsia tomentosus*〉齧歯目ネズミ科（アメリカネズミ亜科）。体長29cm。分布：南アメリカ中部。絶滅危惧II類。

ボリビアカマドドリ
〈*Asthenes heterura*〉鳥綱スズメ目カマドドリ科の鳥。全長16.5cm。分布：ボリビア西部。絶滅危惧II類。

ボリビアキムネカマドドリ
〈*Asthenes berlepschi*〉鳥綱スズメ目カマドドリ科の鳥。全長16cm。分布：ボリビア西部。絶滅危惧II類。

ボリビアクロムクドリモドキ
〈*Oreopsar bolivianus*〉鳥綱スズメ目ムクドリモドキ科の鳥。

ボリビアチンチラネズミ
〈*Abrocoma boliviensis*〉哺乳綱齧歯目チンチラネズミ科の動物。分布：ボリビア。絶滅危惧II類。

ボリビアマウスオポッサム
〈*Gracilinanus aceramarcae*〉オポッサム目オポッサム科。頭胴長9〜11cm。分布：ボリビア中央部。絶滅危惧IA類。

ボリビアマユカマドドリ
〈*Simoxenops striatus*〉鳥綱スズメ目カマドドリ科の鳥。全長19cm。分布：ボリビア西部。絶滅危惧II類。

ボリビアマユシトド
〈*Poospiza boliviana*〉鳥綱スズメ目ホオジロ科の鳥。

ボリビアリスザル
〈*Saimiri boliviensis*〉体長27〜32cm。分布：南アメリカ西部から中部。

ポールキャット
〈*polecat*〉一般には哺乳綱食肉目イタチ科のケナガイタチをさすが，同じ属に含まれるステップケナガイタチや，別属のマダライタチ，ゾリラ，スカンク類など，ネコほどの大きさの

イタチ類のそれぞれにも使われる。

ボルグ
〈*Borgu*〉牛の一品種。

ポルスキー・オフチャレク・ニツィニー
ポーリッシュ・ローランド・シープドッグの別名。

ポルスキー・オフチャレク・ポダランスキー
〈*Owczarek Podhalanski*〉犬の一品種。体高61～86cm。原産：ポーランド。

ホルスタイン
〈*Bos taurus*〉哺乳綱偶蹄目ウシ科の動物。別名ホル種。体高155～165cm。原産：西ドイツ。

ホルストガエル　ホルスト蛙
〈*Rana holsti*〉両生綱無尾目アカガエル科のカエル。体長100～119mm。分布：沖縄島北部, 渡嘉敷島。絶滅危惧II類。

ホルスフィールドリクガメ
ヨツユビリクガメの別名。

ポルスレーヌ
〈*Porcelaine*〉犬の一品種。体高56～58cm。原産：フランス。

ボルゾイ
〈*Borzoi*〉原産地がソ連の獣猟犬。別名ロシアン・ウルフハウンド。体高69～79cm。分布：ロシア。

ボルチモアムクドリモドキ
〈*Icterus galbula*〉ムクドリモドキ科。体長16～17cm。分布：北アメリカ北部で繁殖。南アメリカ中央部および北部で越冬。

ホルツアカガエル
〈*Rana holtzi*〉両生綱無尾目カエル目アカガエル科のカエル。体長3.9～4.4cm。分布：トルコのキリキア地方のトロス山脈の標高2400mにある湖付近。絶滅危惧IB類。

ポルトガル・ウォーター・ドッグ
〈*Poltuguese Water Dog*〉哺乳綱食肉目イヌ科の動物。体高41～56cm。分布：ポルトガル。

ポルトガル・シープドッグ
〈*Portuguese Sheepdog*〉犬の一品種。体高41～56cm。原産：ポルトガル。

ポルトガル・ポインター
〈*Portuguese Pointer*〉犬の一品種。

ポール・ドーセット
〈*Poll Dorset*〉分布：オーストラリア。

ボルドー・マスチフ
ドグ・ド・ボルドーの別名。

ボルドー・マスティフ
〈*Bordeaux Mastiff*〉犬の一品種。体高58～69cm。原産：フランス。

ボルニアン・ドルフィン
サラワクイルカの別名。

ボールニシキヘビ
〈*Python regius*〉爬虫綱有鱗目ヘビ亜目ボア科のヘビ。全長1m前後。分布：セネガルからウガンダにかけて。

ボルネオイタチアナグマ
〈*Melogale everetti*〉哺乳綱食肉目イタチ科の動物。頭胴長30～33cm。分布：マレーシアのカリマンタン（ボルネオ）島。絶滅危惧II類。

ボルネオオナガマウス
〈*Haeromys margarettae*〉齧歯目ネズミ科（ネズミ亜科）。頭胴長7.5cm。分布：マレーシアのカリマンタン（ボルネオ）島。絶滅危惧II類。

ボルネオオランウータン
オランウータンの別名。

ボルネオカワガメ
〈*Orlitia borneensis*〉爬虫綱カメ目ヌマガメ科のカメ。最大甲長80cm。分布：マレーシアとインドネシア（マレー半島, ボルネオ島, スマトラ島）。

ボルネオカワネズミ
〈*Chimarrogale phaeura*〉哺乳綱食虫目トガリネズミ科の動物。頭胴長9.1～11cm。分布：マレーシアのカリマンタン（ボルネオ）島サバ州のキナバル山およびトルス・マデイ山。絶滅危惧IB類。

ボルネオコクジャク
〈*Polyplectron schleiermacheri*〉鳥綱キジ目キジ科の鳥。全長オス50cm, メス35.5cm。分布：カリマンタン（ボルネオ）島。絶滅危惧IA類。

ボルネオメガネザル
ニシメガネザルの別名。

ボルネオヤマスンダリス
〈*Sundasciurus jentinki*〉哺乳綱齧歯目リス科の動物。頭胴長12～14.4cm。分布：カリマン

タン（ボルネオ）島のマレーシアのサバ州にあるキナバル山とインドネシアの東カリマンタン州。絶滅危惧II類。

ボルネオヤマネコ
〈Catopuma badia〉哺乳綱食肉目ネコ科の動物。頭胴長50〜67cm。分布：カリマンタン（ボルネオ）島。絶滅危惧II類。

ボルピノ・イタリアーノ
イタリアン・ボルピノの別名。

ホルブルックスキアシガエル
〈Scaphiopus holbrookii〉両生綱無尾目スキアシガエル科のカエル。体長50〜70mm。分布：合衆国東部に広く分布。フロリダ州から北はマサチューセッツ州まで, 西はミズーリ州からルイジアナ州にかけて。

ホルモゴール
〈Kholmogor〉哺乳綱偶蹄目ウシ科の動物。体高オス146cm, メス132cm。分布：ロシア。

ポルワース
〈Polworth〉哺乳綱偶蹄目ウシ科の動物。分布：オーストラリア。

ボローネーズ
〈Bolognese〉体高25〜31cm。分布：イタリア。

ポロ・ポニー
〈Polo Pony〉馬の一品種。151cm。原産：アルゼンチン。

ホロホロチョウ 珠鶏
〈Numida meleagris〉鳥綱キジ目キジ科の鳥。体長53〜58cm。分布：チャド東部からエチオピア, 東は大地溝帯, 南はザイール北部の国境地帯, ケニア北部, ウガンダ。

ホロホロチョウ 珠鶏
〈Guinea fowl〉広義には鳥綱キジ目キジ科ホロホロチョウ亜科に属する鳥の総称で, 狭義にはそのうちの1種をさす。全長39〜56cm。分布：アフリカ。

ホワイト・クレステッド
〈White Crested〉分布：英国。

ホワイト・ストライプト・ドルフィン
カマイルカの別名。

ホワイトスポッティド・ドルフィン
マダライルカの別名。

ホワイトノーズド・ドルフィン
ハナジロカマイルカの別名。

ホワイト・パーク
〈White Park〉哺乳綱偶蹄目ウシ科の動物。分布：イギリス。

ホワイトビークト・ポーパス
ハナジロカマイルカの別名。

ホワイトフィン・ドルフィン
ヨウスコウカワイルカの別名。

ホワイトフラッグ・ドルフィン
ヨウスコウカワイルカの別名。

ホワイト・フラニ
〈White Fulani〉哺乳綱偶蹄目ウシ科の動物。体高オス150cm, メス120cm。分布：ナイジェリア北部。

ホワイトフランクト・ポーパス
イシイルカの別名。

ホワイトブルー・ベルジアン
〈White-blue Belgian〉哺乳綱偶蹄目ウシ科の動物。体高オス150cm, メス138cm。分布：ベルギー。

ホワイトヘッド・グランパス
ハナゴンドウの別名。

ホワイトベリー
スジイルカの別名。

ホワイトベリード・ドルフィン
サラワクイルカの別名。

ホワイトベリード・ドルフィン
ハラジロイルカの別名。

ホワイトベリード・ポーパス
マイルカの別名。

ホワイト・ホエール
シロイルカの別名。

ホワイト・ホーランド
〈White Holland〉シチメンチョウ科。分布：オランダ。

ポワトー
〈Poitou〉140〜150cm。分布：フランス。

ポワトゥバン
〈Poitevin〉馬の一品種。体高160〜175cm。原産：フランス。

ホンカロテス
〈Calotes calotes〉爬虫綱有鱗目アガマ科のトカゲ。

ホンケワタガモ 本毛綿鴨

〈*Somateria mollissima*〉カモ科。体長50～71cm。分布：ユーラシア, 北アメリカの極北部と温帯北部。

ボンゴ
〈*Tragelaphus euryceros*〉哺乳綱偶蹄目ウシ科の動物。体長220～235cm。分布：東, 中央, 西アフリカ。

ホンコンイモリ
〈*Paramesotriton hongkongensis*〉両生綱有尾目イモリ科の動物。体長150mm。分布：香港島及び九龍半島。

ホンシュウトガリネズミ
シントウトガリネズミの別名。

ホンシュウモモンガ
ニホンモモンガの別名。

ホンシュウモモンガ
モモンガの別名。

ホンジュラスエメラルドハチドリ
〈*Amazilia luciae*〉鳥綱アマツバメ目ハチドリ科の鳥。全長9～10cm。分布：ホンジュラス中部と北部。絶滅危惧IA類。

ホンジュラスコミミトガリネズミ
〈*Cryptotis hondurensis*〉哺乳綱食虫目トガリネズミ科の動物。分布：ホンジュラス（グアテマラ, エルサルバドル, ニカラグアにも生息の可能性あり）。絶滅危惧II類。

ホンジュラスミルクヘビ
〈*Lampropeltis triangulum hondurensis*〉爬虫綱有鱗目ヘビ亜目ナミヘビ科のヘビ。全長100～120cm。分布：ホンジュラス, ニカラグア, コスタリカのカリブ海側。

ホンズアカミドリ
ミドリズアカインコの別名。

ボンスマラ
〈*Bonsmara*〉牛の一品種。

ホンセイインコ 本青鸚哥
〈*Psittacula krameri*〉鳥綱インコ目インコ科の鳥。別名ツキノワインコ。体長44cm。分布：アフリカ西部～東部, アジア南部・南東部。

ホンセイインコ 本青鸚哥
オウム目オウム科ホンセイインコ属 Psittaculaの鳥の総称。

ホンセイインコ
ワカケホンセイインコの別名。

ボンタンクマネズミ
〈*Rattus bontanus*〉齧歯目ネズミ科（ネズミ亜科）。頭胴長18.5～23.5cm。分布：インドネシアのスラウェシ島。絶滅危惧II類。

ポンティククサリヘビ
〈*Vipera pontica*〉爬虫綱トカゲ目（ヘビ亜目）クサリヘビ科のヘビ。頭胴長22～37cm。分布：トルコ東北部, グルジア南部。絶滅危惧IA類。

ポンテオードメル・スパニエル
犬の一品種。別名エスパニュール・ド・ポンオードメル。

ボンテブレスボック
ボンテボックの別名。

ボンテボック
〈*Damaliscus dorcas*〉偶蹄目ウシ科の哺乳類。体長1.2～2.1m。分布：アフリカ南部。絶滅危惧II類。

ボンテンジュウシマツ
ジュウシマツの別名。

ホントウアカヒゲ
〈*Erithacus komadori namiyei*〉鳥綱スズメ目ツグミ科の鳥。14cm。分布：沖縄本島, 慶良間諸島。

ホンドギツネ 本土狐
〈*Vulpes vulpes japonica*〉哺乳綱食肉目イヌ科のキツネ（アカギツネ）の亜種で, 本州, 四国, 九州に分布し, おもに山地に生息する。頭胴長52～76cm。分布：本州, 四国, 九州。

ホンドザル 日本猿
〈*Macaca fuscata fuscata*〉哺乳綱霊長目オナガザル科の動物。頭胴長オス53～60cm, メス47～55cm。分布：北海道, 佐渡島, 対馬, 沖縄などを除く日本全国。

ホンドタヌキ
〈*Nyctereutes procyonoides*〉哺乳綱食肉目イヌ科のタヌキ。

ホンドタヌキ
エゾタヌキの別名。

ホンドテン
〈*Martes melampus melampus*〉哺乳綱食肉目イタチ科の動物。

ホンドモモンガ
ニホンモモンガの別名。

ホンドリス

ホントリス
〈*Sciurus vulgaris lis*〉哺乳綱齧歯目リス科のリス。

ホンドリス
ニホンリスの別名。

ホンナキシャクケイ 本鳴舎久鶏
〈*Aburria pipile*〉鳥綱キジ目ホウカンチョウ科の鳥。別名ナキシャクケイ。体長68cm。分布：南アメリカ、アマゾン川からオリノコ川流域。絶滅危惧IA類。

ボンネットモンキー
〈*Macaca radiata*〉哺乳綱霊長目オナガザル科の動物。頭胴長35〜60cm。分布：インド南部。

ホンハブ
ハブの別名。

ボンベイ
〈*Bombay*〉猫の一品種。原産：アメリカ。

ホンミドリズアカ
ミドリズアカインコの別名。

ボーンミューラークサリヘビ
〈*Vipera bornmuelleri*〉爬虫綱トカゲ目（ヘビ亜目）クサリヘビ科のヘビ。頭胴長40〜48cm。分布：レバノン中北部からシリアとの国境にかけて。絶滅危惧II類。

ポンワール
〈*Ponwar*〉牛の一品種。

【マ】

マイエンズ・ドルフィン
スジイルカの別名。

マイコドリ 舞子鳥
〈*manakin*〉鳥綱スズメ目マイコドリ科に属する鳥の総称。体長9〜15cm。分布：中央、南アメリカの熱帯林。

マイヒメバト 舞姫鳩
〈*Reinwardtoena reinwardtsi*〉鳥綱ハト目ハト科の鳥。体長50cm。分布：ニューギニア、モルッカ諸島。

マイルカ 真海豚
〈*Delphinus delphis*〉哺乳綱クジラ目マイルカ科の動物。別名サドルバック・ドルフィン、ホワイトベリード・ポーパス、クリスクロス・ドルフィン、アワーグラス・ドルフィン、ケープ・ドルフィン。1.7〜2.4m。分布：世界中の暖温帯、亜熱帯ならびに熱帯海域。

マウイカワリハシハワイミツスイ
〈*Hemignathus lucidus*〉鳥綱スズメ目ハワイミツスイ科の鳥。全長14cm。分布：アメリカ合衆国ハワイ州のカウアイ島、マウイ島、ハワイ島。絶滅危惧IA類。

マウス
〈*Mus musculus domesticus*〉哺乳綱齧歯目ネズミ科のハツカネズミの畜用品種。

マウス
ハツカネズミの別名。

マウスオポッサム
〈*mouse-opossum*〉哺乳綱有袋目オポッサム科マウスオポッサム属に含まれる動物の総称。

マウレ
〈*Maure*〉牛の一品種。

マウンテン・カー
〈*Mountain Cur*〉犬の一品種。

マウンテンガゼル
〈*Gazella gazella*〉哺乳綱偶蹄目ウシ科の動物。分布：アラビア半島、パレスチナ。

マウンテンゴリラ
〈*Gorilla gorilla beringei*〉哺乳綱霊長目オランウータン科の動物。体長1.3〜1.9m。分布：中央アフリカ、東アフリカ。絶滅危惧IA類。

マウンテンニアラ
〈*Tragelaphus buxtoni*〉哺乳綱偶蹄目ウシ科の動物。ヒメディクディク：頭胴長オス240〜260cm、メス190〜220cm。分布：エチオピアの山地。絶滅危惧IB類。

マウンテンリードバック
〈*Redunca fulvorufula*〉ウシ科リードバック属。体長110〜136cm。分布：カメルーン、エチオピア、東アフリカ、南アフリカ。

マエカケカザリドリ
〈*Querula purpurata*〉鳥綱スズメ目カザリドリ科の鳥。体長28cm。分布：コスタリカからボリビア北部、南アメリカ、ブラジルのアマゾン川流域。

マエガミジカ 前髪鹿
〈*Elaphodus cephalophus*〉長さ1〜3cmのごく短い角をもつ小型の偶蹄目シカ科の哺乳類。肩高63cm。分布：中国南部・南東部・中央部、ビルマ北東部。

マエガミホエジカ
〈*Muntiacus crinifrons*〉哺乳綱偶蹄目シカ科

の動物。別名クロキョン，クロホエジカ。肩高60〜62.5cm，角長6.5cm。分布：中国南東部。絶滅危惧II類。

マガイナンベイウシガエル
〈*Leptodactylus knudseni*〉両生綱無尾目ミナミガエル科のカエル。体長オス97〜165mm，メス136〜181mm。分布：ボリビア，ペルー，ブラジル，ベネズエラ，ギアナ三国の大アマゾン水系。

マカコキツネザル
クロキツネザルの別名。

マカック
〈*macaque*〉哺乳綱霊長目オナガザル科マカック属に含まれる動物の総称。

マカテアヒメアオバト
〈*Ptilinopus chalcurus*〉鳥綱ハト目ハト科の鳥。全長20〜23cm。分布：フランス領ポリネシアのトゥアモトゥ諸島のマカテア島。絶滅危惧II類。

マガモ 真鴨
〈*Anas platyrhynchos*〉カモ科。体長50〜65cm。分布：北半球熱帯域以北。オーストラリア，ニュージーランドにも移入。

マカロニペンギン
〈*Eudyptes chrysolophus*〉鳥綱ペンギン目ペンギン科の鳥。体長70cm。分布：亜南極，南アメリカ。絶滅危惧II類。

マガン 真雁
〈*Anser albifrons*〉カモ科。体長66〜86cm。分布：北極圏。冬は温帯までの南に渡る。天然記念物。

マキエゴシキインコ 蒔絵五色鸚哥
〈*Barnardius barnardi*〉鳥綱オウム目インコ科の鳥。

マキエチドリ
〈*Peltohyas australis*〉鳥綱チドリ目チドリ科の鳥。

マキエテリムク
〈*Lamprotornis iris*〉鳥綱スズメ目ムクドリ科の鳥。

マキゲカナリア 巻毛金糸雀
〈*Serinus canaria var. domesticus*〉鳥綱スズメ目アトリ科の鳥。

マキノセンニュウ 牧野仙入
〈*Locustella lanceolata*〉鳥綱スズメ目ヒタキ科ウグイス亜科の鳥。全長12cm。分布：西シベリアからオホーツク海沿岸，カムチャツカ，サハリン，北海道，千島列島で繁殖し，インドシナ，マレー半島，ボルネオ，大スンダ列島などに渡って越冬。

マキバシギ
〈*Bartramia longicauda*〉鳥綱チドリ目シギ科の鳥。

マキバタヒバリ 牧場田雲雀
〈*Anthus pratensis*〉鳥綱スズメ目セキレイ科の鳥。体長14.5cm。分布：グリーンランドから中央アジアにかけて分布する。一部の鳥はアフリカ北部に渡る。

マキバドリ
〈*meadowlark*〉鳥綱スズメ目ムクドリモドキ科マキバドリ属に含まれる鳥の総称。

マキバドリモドキ
〈*Tmetothylacus tenellus*〉鳥綱スズメ目セキレイ科の鳥。体長14cm。分布：アフリカの角（ソマリア）からタンザニア。

マクジャク 真孔雀
〈*Pavo muticus*〉鳥綱キジ目キジ科の鳥。全長オス180〜250cm，メス100〜110cm。分布：インドシナ半島，マレー半島，ジャワ島。絶滅危惧II類。

マクスウェルダイカー
〈*Cephalophus maxwelli*〉ウシ科ダイカー属。体長55〜90cm。分布：ナイジェリアからガンビア，セネガル。

マグダレナシギダチョウ
〈*Crypturellus saltuarius*〉鳥綱シギダチョウ目シギダチョウ科の鳥。全長30cm。分布：コロンビア北部。絶滅危惧IA類。

マグダレナヨコクビガメ
〈*Podocnemis lewyana*〉爬虫綱カメ目ヨコクビガメ科のカメ。背甲長最大46.3cm。分布：コロンビア北部，ベネズエラ北西部。絶滅危惧IB類。

マグダレーナラット
〈*Xenomys nelsoni*〉哺乳綱齧歯目ネズミ科の動物。分布：メキシコ中西部。

マクミランジネズミ
〈*Crocidura macmillani*〉哺乳綱食虫目トガリネズミ科の動物。分布：エチオピアのコテレーのワラモだけから知られている。絶滅危惧IA類。

マクラクランヨロイトカゲ
〈*Cordylus mclachlani*〉爬虫綱トカゲ目（トカゲ亜目）ヨロイトカゲ科のトカゲ。頭胴長5〜7.3cm。分布：南アフリカ共和国南西部。絶滅危惧II類。

マグレガーフトスベトカゲ
〈*Cyclodina macgregori*〉爬虫綱トカゲ目（トカゲ亜目）トカゲ科のトカゲ。頭胴長最大11.2cm。分布：ニュージーランド北島の北部沖の島嶼と南部のポリリア沖の島嶼。絶滅危惧II類。

マーゲイ
〈*Felis wiedi*〉哺乳綱食肉目ネコ科の動物。体長46〜79cm。分布：北アメリカ南部から中央アメリカ，南アメリカにかけて。絶滅危惧II類と推定。

マゲラング
〈*Magelang*〉分布：インドネシア。

マコウジネズミ
〈*Crocidura macowi*〉哺乳綱食虫目トガリネズミ科の動物。分布：ケニアのトゥルカナ湖南方のニール山だけから知られている。絶滅危惧IA類。

マコードナガクビガメ
〈*Chelodina mccordi*〉爬虫綱カメ目ヘビクビガメ科のカメ。背甲長最大21.3cm。分布：インドネシアの小スンダ列島のロティ島。絶滅危惧II類。

マコードハコガメ
〈*Cuora mccordi*〉爬虫綱カメ目ヌマガメ科のカメ。最大甲長13.4cm。分布：中国（広西チュワン族自治区）。

マーコール
〈*Capra falconeri*〉哺乳綱偶蹄目ウシ科の動物。別名ネジレツノヤギ。体長1.4〜1.8m。分布：中央アジア，南アジア。絶滅危惧IB類。

マゴンドウ
〈*Globicephala melaena*〉哺乳綱クジラ目マイルカ科の動物。体長はオス6.2m，メス5.1m。分布：北大西洋の暖海域。

マゴンドウ
コビレゴンドウの別名。

マサイ
〈*Masai*〉牛の一品種。

マサイキリン
〈*Giraffa camelopardalis tippelskirchi*〉哺乳綱偶蹄目キリン科の動物。

マサソーガ
ヒメガラガラの別名。

マサフエラハリオカマドリ
〈*Aphrastura masafuerae*〉鳥綱スズメ目カマドリ科の鳥。全長16.5cm。分布：チリのファン・フェルナンデス諸島。絶滅危惧II類。

マザマジカ
〈*mazama*〉哺乳綱偶蹄目シカ科マザマジカ属マザマジカ亜属に含まれる動物の総称。

マザマジカ
アカマザマの別名。

マサラテングフルーツコウモリ
〈*Nyctimene masalai*〉哺乳綱翼手目オオコウモリ科の動物。前腕長5cm。分布：パプアニューギニアのニューアイルランド島。絶滅危惧種。

マージ
〈*Murge Horse*〉馬の一品種。体高150cm。原産：イタリア。

マジェンタミズナギドリ　脇筋水薙鳥
〈*Pterodroma magentae*〉鳥綱ミズナギドリ目ミズナギドリ科の鳥。全長38〜42cm。分布：ニュージーランドのチャタム諸島で繁殖。絶滅危惧IA類。

マシコ　猿子
鳥綱スズメ目アトリ科に属する鳥のうち，マシコ属Carpodacusなど30数種の総称。

マシコシトド
〈*Piezorhina cinerea*〉鳥綱スズメ目ホオジロ科の鳥。

マショーナ
〈*Mashona*〉牛の一品種。

マジョルカン
〈*Majorcan*〉哺乳綱奇蹄目ウマ科の動物。体高152cm。分布：マリョルカ島。

マスカリーンシロハラミズナギドリ
〈*Pterodroma aterrima*〉鳥綱ミズナギドリ目ミズナギドリ科の鳥。別名マスカリーンミズナギドリ。全長36cm。分布：フランス領レユニオン島。絶滅危惧IA類。

マスカレンガエル
〈*Ptychadena mascareniensis*〉両生綱無尾目アカガエル科のカエル。体長40〜50mm。分布：エジプトから西はシェラレオーネ，南は

南アフリカ共和国までとマダガスカル島,セイシェル諸島,マスカレン諸島。

マスクゼンマイトカゲ
〈*Leiocephaluspersonatus*〉爬虫綱有鱗目トカゲ亜目イグアナ科の動物。全長15〜27cm。分布:西インド諸島のヒスパニオラ島。

マスクティティ
〈*Callicebus personatus*〉哺乳綱霊長目オマキザル科の動物。頭胴長28〜39cm。分布:ブラジル南東部の大西洋沿岸域と内陸部。絶滅危惧II類。

マスクトガリネズミ
〈*Sorex cinereus*〉哺乳綱食虫目トガリネズミ科の動物。分布:北ユーラシア,北アメリカ,ツンドラ。

マスクラット
〈*Ondatra zibethicus*〉哺乳綱齧歯目キヌゲネズミ科の動物。体長25〜35cm。分布:北アメリカ,西ヨーロッパから北アジア,東アジアにかけて。国内では江戸川流域の東京都,埼玉,千葉県。

マスクラット
ニオイガモの別名。

マスコビー
バリケンの別名。

マスティノ・ナポリターノ
ナポリタン・マスティフの別名。

マスティフ
〈*Mastiff*〉哺乳綱食肉目イヌ科の動物。別名オールド・イングリッシュ・マスティフ。体高70〜76cm。分布:イギリス。

マスティン・エスパニョール
スパニッシュ・マスティフの別名。

マスティン・デ・ロス・ピリオネス
ピレニアン・マスティフの別名。

マストミス
〈*Praomys natalensis*〉哺乳綱齧歯目ネズミ科の動物。

マズラウシ マズラ牛
〈*Madurese*〉牛の一品種。肩高オス130cm,メス110cm。原産:インドネシア。

マスル・ディッガー
コククジラの別名。

マゼランガン
〈*Chloephaga picta*〉カモ科。体長60〜65cm。分布:南アメリカ南部,フォークランド諸島。

マゼランチドリ
〈*Pluvianellus socialis*〉鳥綱チドリ目マゼランチドリ科の鳥。体長20cm。分布:ティエラ・デル・フエゴ北部からパタゴニア南部にかけての地域で繁殖。アルゼンチン北部の海岸で越冬。

マゼランペンギン
〈*Spheniscus magellanicus*〉鳥綱ペンギン目ペンギン科の鳥。体長70cm。分布:チリからブラジルにかけての南アメリカ南部の沿岸。

マダガスカルアデガエル
〈*Mantella madagascariensis*〉両生綱無尾目マダガスカルガエル科のカエル。体長22〜31mm。分布:マダガスカル東部。

マダガスカルイエローハウスコウモリ
〈*Scotophilus borbonicus*〉哺乳綱翼手目ヒナコウモリ科の動物。前腕長6〜6.5cm。分布:マダガスカル,フランス領レユニオン島。絶滅危惧IA類。

マダガスカルウミワシ
〈*Haliaeetus vociferoides*〉鳥綱タカ目タカ科の鳥。全長70〜80cm,翼開張200cm。分布:マダガスカル北西部。絶滅危惧IA類。

マダガスカルオウチュウ
〈*Dicrurus forficatus*〉鳥綱スズメ目オウチュウ科の鳥。体長33cm。分布:マダガスカル島,コモロ諸島の一部。

マダガスカルオオシシバナヘビ
〈*Leioheterodon madagascariensis*〉爬虫綱有鱗目ヘビ亜目ナミヘビ科のヘビ。全長1〜1.5m。分布:マダガスカル。

マダガスカルカイツブリ
〈*Tachybaptus pelzelnii*〉鳥綱カイツブリ目カイツブリ科の鳥。全長25cm。分布:マダガスカル北部,西部,中央高地。絶滅危惧II類。

マダガスカルキンイロガエル
キンイロアデガエルの別名。

マダガスカルクイナ
〈*Mentocrex kioloides*〉鳥綱ツル目クイナ科の鳥。

マダガスカルクイナ
チャムネクイナの別名。

マダガスカルクサガエル

マダガスカ

マダガスカル〇〇〇〇
〈Heterixalus madagascariensis〉両生綱無尾目クサガエル科のカエル。体長オス35mm、メス40mm。分布：マダガスカル島北東部の沿岸、アンドリンギトラの辺りにも見られる。

マダガスカルクロクイナ
〈Amaurornis olivieri〉鳥綱ツル目クイナ科の鳥。別名マダガスカルヒクイナ。全長19cm。分布：マダガスカル西部。絶滅危惧IA類。

マダガスカルサギ
〈Ardea humbloti〉鳥綱コウノトリ目サギ科の鳥。全長100cm。分布：マダガスカル西部。絶滅危惧II類。

マダガスカルサシオコウモリ
〈Emballonura atrata〉哺乳綱翼手目サシオコウモリ科の動物。前腕長4cm前後。分布：マダガスカル。絶滅危惧II類。

マダガスカルシャコ
〈Margaroperdix madagarensis〉鳥綱キジ目キジ科の鳥。体長30cm。

マダガスカルジャコウネコ
〈Fossa fossa〉食肉目ジャコウネコ科（エウプレレス亜科）。頭胴長40～47cm。分布：マダガスカル東部。絶滅危惧II類。

マダガスカル・ゼビウ
〈Madagascar Zebu〉牛の一品種。

マダガスカルチドリ
〈Charadrius thoracicus〉鳥綱チドリ目チドリ科の鳥。全長13cm。分布：マダガスカル。絶滅危惧II類。

マダガスカルテングキノボリヘビ
テングキノボリヘビの別名。

マダガスカルヒクイナ
マダガスカルクロクイナの別名。

マダガスカルヒメショウビン
〈Ispidina madagascariensis〉鳥綱ブッポウソウ目カワセミ科の鳥。

マダガスカルヒヨドリ
〈Tylas eduardi〉鳥綱スズメ目ヒヨドリ科の鳥。

マダガスカルヒルヤモリ
〈Phelsuma madagascariensis〉爬虫綱有鱗目トカゲ亜目ヤモリ科の動物。全長20～28cm。分布：西部の南半分を除いたマダガスカルのほぼ全域、ノシベ島・ノシボラハ島。

マダガスカルヘビワシ
オナガヘビワシの別名。

マダガスカルヘラオヤモリ
〈Uroplatus fimbriatus〉爬虫綱有鱗目トカゲ亜目ヤモリ科の動物。全長30cm。分布：マダガスカルの東半分、ノシマンガベ島、ノシボラハ島。

マダガスカルボア
〈Acrantophis madagascariensis〉爬虫綱トカゲ目（ヘビ亜目）ボア科の動物。頭胴長220～290cm。分布：マダガスカル北部、北西部、中央高地。絶滅危惧II類。

マダガスカルミドリヤモリ
ヘリスジヒルヤモリの別名。

マダガスカルムジクイナ
〈Sarothruna watersi〉鳥綱ツル目クイナ科の鳥。全長14～17cm。分布：マダガスカル。絶滅危惧IB類。

マダガスカルメジロ
〈Zosterops maderaspatana〉鳥綱スズメ目メジロ科の鳥。

マダガスカルメジロガモ
〈Aythya innotata〉鳥綱カモ目カモ科の鳥。全長45～56cm。分布：マダガスカル中央高地の北部。絶滅危惧IA類。

マダガスカルメンフクロウ
〈Tyto soumagnei〉鳥綱フクロウ目メンフクロウ科の鳥。全長27.5～30cm。分布：マダガスカル。絶滅危惧IB類。

マダガスカルモズ
〈Vanga shrike〉マダガスカルモズ科。全長13～32cm。分布：マダガスカルに分布（コモロ諸島のムワリ島にルリイロマダガスカルモズの1亜種を産する）。

マダガスカルモリカメレオン
〈Furcifer campani〉爬虫綱トカゲ目（トカゲ亜目）カメレオン科の動物。頭胴長5.5～6cm。分布：マダガスカル中部。絶滅危惧II類。

マダガスカルヨコクビガメ
〈Erymnochelys madagascariensis〉爬虫綱カメ目ヨコクビガメ科のカメ。背甲長最大43.5cm。分布：マダガスカル。絶滅危惧IB類。

マダガスカルルーセットオオコウモリ
〈Rousettus madagascariensis〉哺乳綱翼手目オオコウモリ科の動物。前腕長6.5～7.6cm。分布：マダガスカル。絶滅危惧II類。

マダガスカルルリバト
〈*Alectroenas madagascariensis*〉鳥綱ハト目ハト科の鳥。体長26cm。分布：マダガスカル。

マタガラシ
リュウキュウツバメの別名。

マタベレ
〈*Matabele*〉牛の一品種。

マタマタ
〈*Chelus fimbriatus*〉爬虫綱カメ目ヘビクビガメ科のカメ。最大甲長45.6cm。分布：ベネズエラ，コロンビア，エクアドル，ペルー，ボリビア，ギアナ，仏領ギアナ，ブラジルのオリノコ川とアマゾン河流域。

マダラアオジタ
〈*Tiliqua nigrolutea*〉スキンク科。全長35cm。分布：オーストラリア南東の隅とタスマニア。

マダラアナホリガエル
〈*Hemisus marmoratum*〉両生綱無尾目アナホリガエル科のカエル。体長30～38mm。分布：サハラ砂漠以南，セネガルからソマリアより南アフリカ共和国に至るまで。

マダライタチ
〈*Vormela peregusna*〉哺乳綱食肉目イタチ科の動物。体長33～35cm。分布：ヨーロッパ東南部から西アジア，中央アジア，東アジアにかけて。絶滅危惧II類。

マダライモリ
〈*Triturus marmoratus*〉両生綱有尾目イモリ科の動物。体長120～160mm。分布：フランス南部・西部からイベリア半島にかけて。

マダライルカ 安良里海豚，斑海豚
〈*Stenella attenuata*〉哺乳綱クジラ目マイルカ科の動物。別名スポッティッド・ドルフィン，ホワイトスポッティッド・ドルフィン，ブライドルド・ドルフィン，スポッター，スポッティッド・ポーパス，スレンダービークト・ドルフィン，アラリイルカ。1.7～2.4m。分布：大西洋，太平洋およびインド洋の熱帯および一部温帯海域。

マダラウズラ 斑鶉
〈*Odontophorus guttatus*〉鳥綱キジ目キジ科の鳥。

マダラウミスズメ 斑海雀
〈*Brachyramphus marmoratus*〉鳥綱チドリ目ウミスズメ科の鳥。体長24～25cm。分布：北太平洋，南限は日本とカリフォルニアを結ぶ線。

マダラウミヘビ 斑海蛇
〈*Hydrophis cyanocinctus*〉爬虫綱ヘビ亜目コブラ科のヘビ。分布：東アジア沿岸からペルシア湾まで分布。国内では南西諸島沿岸，本州でもまれに見つかる。

マダラオオガシラ 斑大頭
〈*Bucco tamatia*〉鳥綱キツツキ目オオガシラ科の鳥。

マダラオオカミ
タイリクオオカミの別名。

マダラオハチドリ
〈*Phlogophilus hemileucurus*〉鳥綱アマツバメ目ハチドリ科の鳥。

マダラカンムリカッコウ 斑冠郭公
〈*Clamator glandarius*〉鳥綱カッコウ目カッコウ科の鳥。体長40cm。分布：ヨーロッパ南西部から小アジア，アフリカで繁殖。北方のものは北アフリカやサハラ砂漠の南で，南方のものはアフリカ中部で越冬。

マダラクイナ 斑秧鶏
〈*Pardirallus maculatus*〉鳥綱ツル目クイナ科の鳥。別名シラフクイナ。

マダラクチボソガエル
〈*Hemisus marmoratus*〉両生綱無尾目アカガエル科のカエル。体長3～4cm。分布：アフリカ。

マダラコシジロカラカラ
〈*Phalcoboenus carunculatus*〉鳥綱ワシタカ目ハヤブサ科の鳥。

マダラサラマンドラ
ファイアサラマンダーの別名。

マダラサンショウクイ
ヒタキサンショウクイの別名。

マダラシギダチョウ 斑鷸駝鳥
〈*Nothura maculosa*〉鳥綱シギダチョウ目シギダチョウ科の鳥。

マダラシャコ 斑鷓鴣
〈*Francolinus hartlaubi*〉鳥綱キジ目キジ科の鳥。別名フチガイシャコ。

マダラシロハラミズナギドリ 斑白腹水薙鳥
〈*Pterodroma inexpectata*〉全長36cm。

マダラスカンク

マタラスカ

〈*Spilogale putorius*〉哺乳綱食肉目イタチ科の動物。体長30～34cm。分布：合衆国東部から中央部にかけて，メキシコ北東部。

マダラスカンク
〈*spotted skunk*〉広義には哺乳綱食肉目イタチ科マダラスカンク属に含まれる動物の総称で，狭義にはそのうちの1種をさす。全長約40cm。分布：アメリカ，メキシコ，コスタリカ。

マダラスキアシヒメ
〈*Scaphiophryne marmorata*〉両生綱無尾目ヒメガエル科のカエル。体長35～50mm。分布：マダガスカル東岸。西岸からも記録はある。

マダラスナボア
〈*Eryx miliaris*〉爬虫綱有鱗目ヘビ亜目ボア科のヘビ。全長50～60cm。分布：中央アジア（ロシア南部からイラン北部）。

マダラタイランチョウ
〈*Fluvicola nengeta*〉鳥綱スズメ目タイランチョウ科の鳥。体長13cm。分布：エクアドル西部，あるいはペルーとブラジル東部の2つの個体群がある。

マダラタマリン
フタイロタマリンの別名。

マダラチャクワラ
〈*Sauromalus varius*〉爬虫綱有鱗目トカゲ亜目イグアナ科の動物。全長50～60cm。分布：北アメリカ。絶滅危惧。

マダラチュウヒ 斑沢鵟
〈*Circus melanoleucos*〉鳥綱タカ目タカ科の鳥。体長46～51cm。分布：シベリア東部からモンゴル地方，朝鮮北部，ミャンマー北部。冬は南に渡る。

マダラトカゲモドキ 斑蜥蜴擬
〈*Goniurosaurus kuroiwae orientalis*〉爬虫綱有鱗目トカゲ亜目ヤモリ科の動物。分布：伊江島，渡嘉敷島，渡名喜島，阿嘉島に分布する日本固有亜種。

マダラナキサンショウクイ 斑鳴山椒喰
〈*Lalage nigra*〉鳥綱スズメ目サンショウクイ科の鳥。別名カササギサンショウクイ。

マダラニワシドリ
〈*Chlamydera maculata*〉鳥綱スズメ目ニワシドリ科の鳥。体長28cm。分布：オーストラリア東部の，内陸部と沿岸の一部。

マダラハゲワシ
〈*Gyps rueppellii*〉鳥綱タカ目タカ科の鳥。体長89～94cm。分布：セネガルからナイジェリア北部，スーダン，エチオピア西部，ウガンダ，ケニア，タンザニア北部。

マダラバタフライコウモリ
〈*Chalinolobus superbus*〉哺乳綱翼手目ヒナコウモリ科の動物。前腕長4.75cm。分布：ガーナ，コンゴ民主共和国北東部，コートジボアール。絶滅危惧II類。

マダラヒタキ 斑鶲
〈*Ficedula hypoleuca*〉鳥綱スズメ目ヒタキ科の鳥。体長13cm。分布：ヨーロッパの大部分，西アジアからエニセイ川にかけての地域，アフリカ北西部。タンザニア以北のアフリカで越冬。

マダラヒメボア
〈*Tropidophis haetianus*〉爬虫綱有鱗目ドワーフボア科のヘビ。

マダラフルマカモメ 斑フルマ鷗
〈*Daption capense*〉鳥綱ミズナギドリ目ミズナギドリ科の鳥。体長38～40cm。分布：南半球の海洋，南アメリカ西岸。南半球洋上の島々で繁殖。

マダラヘビ 斑蛇
〈*Oriental king snake*〉爬虫綱有鱗目ナミヘビ科マダラヘビ属に含まれるヘビの総称。

マダラヤドクガエル
〈*Dendrobates auratus*〉両生綱無尾目ヤドクガエル科のカエル。体長25～40mm。分布：ニカラグア南部からコロンビアのゴルフォ・デ・ウラバまで。またハワイのオアフ島に人為移入されている。

マダンガメジロ
〈*Madanga ruficollis*〉鳥綱スズメ目メジロ科の鳥。体長13～14cm。分布：ブル島（インドネシア）北西部。絶滅危惧II類。

マツアメリカムシクイ
〈*Dendroica pinus*〉鳥綱スズメ目アメリカムシクイ科の鳥。

マツカケス 松橿鳥
〈*Gymnorhinus cyanocephala*〉鳥綱スズメ目カラス科の鳥。

マツカサトカゲ 松毬蜥蜴
〈*Trachydosaurus rugosus*〉スキンク科。全長30cm。分布：オーストラリアの，北部と沿岸域を除いた東部と，内陸部を除いた南部。

マツカサヤモリ
〈*Teratolepis fasciata*〉爬虫綱有鱗目トカゲ亜目ヤモリ科の動物。全長10cm。分布：パキスタン南西部，インド北北東。

マックレーケナシコウモリ
〈*Pteronotus macleayi*〉哺乳綱翼手目クチビルコウモリ科の動物。前腕長4cm。分布：キューバ，ハイチ，ジャマイカ。絶滅危惧II類。

マッケイユビナシトカゲ
〈*Anomalopus mackayi*〉トカゲ目（トカゲ亜目）トカゲ科（スベトカゲ亜科）。頭胴長10～12.5cm。分布：オーストラリア東部。絶滅危惧種。

マツゲハブ
〈*Bothriechis schlegelii*〉爬虫綱有鱗目ヘビ亜目クサリヘビ科のヘビ。全長60cm以下。分布：メキシコ東南部からコロンビア，ベネズエラ西部，エクアドル北部まで。

マッコウクジラ 抹香鯨
〈*Physeter macrocephalus*〉哺乳綱クジラ目マッコウクジラ科のクジラ。別名グレート・スパーム・ホエール，カチャロット。11～18m。分布：世界中の深い海域（遠洋・沿岸）。国内では千島～常盤沖と黒潮以南。絶滅危惧II類。

マッタシワニオテユー
〈*Neusticurus ecpleopus*〉爬虫綱有鱗目テユー科の動物。

マツタラグワー
リュウキュウツバメの別名。

マツテーラ
リュウキュウツバメの別名。

マツテン
〈*Martes martes*〉哺乳綱食肉目イタチ科の動物。体長40～55cm。分布：ヨーロッパから西アジア，北アジア。

マッド パピー
〈*Necturus maculosus*〉両生綱有尾目ホライモリ科の動物。体長200～300mm。分布：北は合衆国ニューヨーク州東部からカナダのマニトバ州南東部，南はルイジアナ州北部まで。ニューイングランドへ移入。

マッド パピー
〈*mudpuppy*〉両生綱有尾目ホライモリ科マッドパピー属の総称。全長11～33cm。分布：ユーゴスラビア，イタリア北部，北アメリカ東部，中部。

マツネズミ属
〈*Pitymys*〉哺乳綱齧歯目ネズミ科の動物。分布：アメリカ合衆国東部と南部，メキシコ東部，ユーラシア。

マツバイルカ
ハナゴンドウの別名。

マデイラアブラコウモリ
〈*Pipistrellus maderensis*〉哺乳綱翼手目ヒナコウモリ科の動物。前腕長約3.25cm。分布：ポルトガル領マデイラ諸島，スペイン領カナリア諸島。絶滅危惧II類。

マデイラミズナギドリ
〈*Pterodroma madeira*〉鳥綱ミズナギドリ目ミズナギドリ科の鳥。全長34cm，翼開張89cm。分布：ポルトガル領マデイラ諸島。絶滅危惧IA類。

マテバ
〈*Mateba*〉牛の一品種。

マトウ 馬頭
〈*Ma T'ou*〉哺乳綱偶蹄目ウシ科の動物。体高60～70cm。分布：中国中央部。

マドラスツパイ
〈*Anathana ellioti*〉ツパイ科マドラスツパイ属。体長17～20cm。分布：南アジア。

マナヅル 真鶴，真那鶴，真名鶴
〈*Grus vipio*〉鳥綱ツル目ツル科の鳥。全長125cm。分布：繁殖地は中国東北部を中心に，モンゴル北東部，ロシアのアムール川およびウスリー川沿いにかけて。越冬地は長江下流域，朝鮮半島の非武装地帯付近，鹿児島県の出水平野。絶滅危惧II類。

マナティー
〈*manatee*〉哺乳綱海牛目マナティー科に属する水生動物の総称。

マナティー
アメリカマナティーの別名。

マニプル
〈*Manipur*〉哺乳綱奇蹄目ウマ科の動物。体高112～132cm。原産：インド（アッサム地方，マニプル地方）。

マーニン
シマウサギワラビーの別名。

マヌスオウギビタキ
〈*Rhipidura semirubra*〉スズメ目ヒタキ科（オ

マヌスフチ

ウギビタキ亜科)。全長14.5cm。分布:パプアニューギニアのアドミラルティ諸島のマヌス島,サン・ミゲル島,トング島,サン・ミゲル諸島のアノバット島,フェダーフ諸島のシビサ島。絶滅危惧種。

マヌスブチクスクス
クロフクスクスの別名。

マヌスメンフクロウ
〈*Tyto manusi*〉鳥綱フクロウ目メンフクロウ科の鳥。全長33cm。分布:パプアニューギニアのアドミラルティ諸島のマヌス島。絶滅危惧種。

マヌルネコ
〈*Otocolobus manul*〉食肉目ネコ科の哺乳類で,体毛が長く美しい野生ネコ。体長50〜65cm。分布:イランから中国西部。

マヌルヤマネコ
マヌルネコの別名。

マネシツグミ 真似師鶫,真似鶫
〈*Mimus polyglottos*〉マネシツグミ科。体長23〜28cm。分布:カナダ南部,合衆国,メキシコ,カリブ海に浮かぶ島々。バミューダ諸島とハワイ諸島には移入。

マネシツグミ 真似鶫
〈mockingbird〉スズメ目マネシツグミ科の鳥の1種,またはマネシツグミ科の鳥の総称。体長20〜33cm。分布:アメリカのうち,カナダ南部からフエゴ島まで。

マネシヤドクガエル
〈*Dendrobates imitator*〉両生綱無尾目ヤドクガエル科のカエル。体長20mm。分布:ペルーのアンデス東部のサン・マルタン地方。

マハガンオオコウモリ
〈*Pteropus mahaganus*〉哺乳綱翼手目オオコウモリ科の動物。前腕長13.4〜14cm。分布:ソロモン諸島のサンタ・イザベル島とブーゲンヴィル島。絶滅危惧種。

マビラジネズミ
〈*Crocidura selina*〉哺乳綱食虫目トガリネズミ科の動物。分布:ウガンダの3地区の低地森林から知られるのみ。絶滅危惧IB類。

マヒワ 真鶸
〈*Carduelis spinus*〉鳥綱スズメ目アトリ科の鳥。体長13cm。分布:北アメリカ,メキシコの山地で繁殖,冬期は多くの個体群がこの範囲内で南に渡る。

マーブルキャット
〈*Felis marmorata*〉食肉目ネコ科の哺乳類。体長45〜53cm。分布:南アジアから東南アジアにかけて。絶滅危惧II類と推定。

マーブルサラマンダー
〈*Ambystoma opacum*〉マルクチサラマンダー科。体長90〜120mm。分布:合衆国ニューハンプシャー州から南はフロリダ州北部,西はテキサス州東部まで。

マホガニーフクロモモンガ
〈*Petaurus gracilis*〉二門歯目フクロモモンガ科。頭胴長オス24.7〜26.5cm,メス21.5〜26.1cm。分布:オーストラリア北東部。絶滅危惧。

マミジロ 眉白
〈*Turdus sibiricus*〉鳥綱スズメ目ヒタキ科ツグミ亜科の鳥。全長23cm。分布:アジア中北部からサハリン,日本で繁殖し,中国南部,インドシナに渡って越冬。国内では本州中部以北の平地から山地のよく茂った広葉樹林,針広混交林に夏鳥として渡来。

マミジロアジサシ 眉白鰺刺
〈*Sterna anaethetus*〉鳥綱チドリ目カモメ科の鳥。全長36cm。分布:熱帯,亜熱帯の海に分布,ただしハワイ諸島など,大陸から遠い島にはいない。国内では八重山列島で繁殖。

マミジロアリドリ 眉白蟻鳥
〈*Myrmoborus leucophrys*〉鳥綱スズメ目アリドリ科の鳥。

マミジロイカル
〈*Saltator maximus*〉鳥綱スズメ目ホオジロ科の鳥。体長20cm。分布:中央アメリカ,南アメリカ北部・東部。

マミジロウ
〈*Phalacrocorax varius*〉鳥綱ペリカン目ウ科の鳥。体長66〜84cm。分布:オーストラリア,ニュージーランド。

マミジロエナガカマドドリ
〈*Leptasthenura xenothorax*〉鳥綱スズメ目カマドドリ科の鳥。全長17cm。分布:ペルー南部。絶滅危惧IA類。

マミジロオウギビタキ
〈*Rhipidura aureola*〉カササギビタキ科。体長17cm。分布:スリランカ,インド,パキスタン,バングラデシュ。

マミジロオニヒタキ

〈*Poecilodryas superciliosa*〉鳥綱スズメ目ヒタキ科ヒタキ亜科の鳥。

マミジロオリーブヒヨ
　マミジロヒヨドリの別名。

マミジロカマドドリ　眉白竈鳥
　〈*Synallaxis gularis*〉鳥綱スズメ目カマドドリ科の鳥。

マミジロキクイタダキ
　〈*Regulus ignicapillus*〉鳥綱スズメ目ヒタキ科ウグイス亜科の鳥。

マミジロキノボリ
　〈*Climacteris affinis*〉鳥綱スズメ目キノボリ科の鳥。体長15cm。分布：オーストラリア内陸部。

マミジロキビタキ　眉白黄鶲
　〈*Ficedula zanthopygia*〉鳥綱スズメ目ヒタキ科ヒタキ亜科の鳥。全長13cm。分布：モンゴル高原、ウスリー、朝鮮半島で繁殖し、マレー半島などへ渡って越冬。

マミジロクイナ　眉白水鶏，眉白秧鶏
　〈*Poliolimnas cinereus*〉鳥綱ツル目クイナ科の鳥。全長18cm。分布：フィリピン、マレー半島、インドシナ、ニューギニア、オーストラリア北部、ミクロネシア、メラネシア。国内では硫黄列島。

マミジロゲリ
　〈*Vanellus gregarius*〉鳥綱チドリ目チドリ科の鳥。全長27～30cm。分布：繁殖地は中央アジア。越冬地は北東アフリカ、アラビア半島南部、イラク、イラン、パキスタンからインド西部。絶滅危惧II類。

マミジロコウラウン
　メグロヒヨドリの別名。

マミジロコガラ　眉白小雀
　〈*Parus gambeli*〉鳥綱スズメ目シジュウカラ科の鳥。

マミジロゴジュウカラ
　〈*Sitta victoriae*〉鳥綱スズメ目ゴジュウカラ科の鳥。全長11.5cm。分布：ミャンマー南西部。絶滅危惧II類。

マミジロコタイランチョウ　眉白小太蘭鳥
　〈*Tyranniscus vilissimus*〉鳥綱スズメ目タイランチョウ科の鳥。

マミジロシトド
　〈*Coryphaspiza melanotis*〉鳥綱スズメ目ホオジロ科の鳥。全長14cm。分布：ペルーの南東部と東部、ボリビア北部、ブラジル中央部と南東部、パラグアイ東部、アルゼンチン北部。絶滅危惧II類。

マミジロスズメハタオリ
　〈*Plocepasser mahali*〉ハタオリドリ科/スズメハタオリドリ亜科。別名シロハラススズメハタオリ。体長16～18cm。分布：エチオピアから南アフリカ。

マミジロタヒバリ　眉白田鶸，眉白田雲雀
　〈*Anthus novaeseelandiae*〉鳥綱スズメ目セキレイ科の鳥。体長18cm。分布：サハラ以南のアフリカ、中央・東・南アジアの大部分、ニューギニア、オーストラリア、ニュージーランド。北方のものはこれら地域の南部に移動。

マミジロツメナガセキレイ
　〈*Motacilla flava simillima*〉鳥綱スズメ目セキレイ科の鳥。

マミジロナキサンショウクイ　眉白鳴山椒喰
　〈*Lalage leucomela*〉鳥綱スズメ目サンショウクイ科の鳥。

マミジロノビタキ　眉白野鶲
　〈*Saxicola rubetra*〉鳥綱スズメ目ヒタキ科ツグミ亜科の鳥。

マミジロバンケン
　〈*Centropus superciliosus*〉鳥綱ホトトギス目ホトトギス科の鳥。体長40cm。分布：スーダンのナイル川流域からアフリカ東部、アンゴラ、ジンバブウェ、南アフリカにまで分布する。

マミジロヒヨドリ　眉白鵯
　〈*Pycnonotus luteolus*〉鳥綱スズメ目ヒヨドリ科の鳥。別名マミジロオリーブヒヨ。

マミジロミツドリ
　〈*Coereba flaveola*〉アメリカムシクイ科。体長10cm。分布：西インド諸島、中央アメリカおよびアルゼンチン北部までの南アメリカ。

マミジロモリツバメ　眉白森燕
　〈*Artamus superciliosus*〉鳥綱スズメ目モリツバメ科の鳥。

マミジロモリフウキンチョウ
　〈*Hemispingus atropileus*〉鳥綱スズメ目ホオジロ科の鳥。体長13～14cm。分布：アンデス山脈。

マミジロヤブムシクイ
　〈*Sericornis frontalis*〉トゲハシムシクイ科。体長12cm。分布：オーストラリア西部、南部

および東部, タスマニア島。

マミジロヨシキリ
〈*Acrocephalus melanopogon*〉鳥綱スズメ目ヒタキ科ウグイス亜科の鳥。別名ヒゲセンニュウ。

マミチャジナイ 眉茶鶇
〈*Turdus obscurus*〉鳥綱スズメ目ヒタキ科ツグミ亜科の鳥。全長23cm。

マミハウチワドリ 眉葉団扇鳥
〈*Prinia inornata*〉鳥綱スズメ目ヒタキ科ウグイス亜科の鳥。

マミムナジロバト 眉胸白鳩
〈*Gallicolumba kubaryi*〉鳥綱ハト目ハト科の鳥。全長28cm。分布：ミクロネシア連邦のトラック諸島, ポンペイ島。絶滅危惧IB類。

マミヤイロチョウ 眉八色鳥
〈*asity*〉鳥綱スズメ目マミヤイロチョウ科マミヤイロチョウ属に含まれる鳥の総称。体長10〜15cm。分布：マダガスカル。

マムシ 蝮
〈*Agkistrodon halys*〉爬虫綱有鱗目クサリヘビ科マムシ亜科のヘビ。

マムシ 蝮
〈*pit viper*〉爬虫綱有鱗目クサリヘビ科マムシ亜科マムシ属に含まれるヘビの総称。

マムシ
ニホンマムシの別名。

マメオナガマウス
〈*Haeromys pusillus*〉齧歯目ネズミ科（ネズミ亜科）。頭胴長5.5〜7.5cm。分布：マレーシアのカリマンタン（ボルネオ）島。絶滅危惧II類。

マメカワセミ
〈*Ceyx lepidus*〉鳥綱ブッポウソウ目カワセミ科の鳥。

マメクロクイナ 豆黒秧鶏
〈*Atlantisia rogersi*〉鳥綱ツル目クイナ科の鳥。全長13〜16cm。分布：イギリス領トリスタン・ダ・クーニャ諸島。絶滅危惧II類。

マメジカ 豆鹿
〈*chevrotain*〉哺乳綱偶蹄目マメジカ科に属する動物の総称。

マメシギダチョウ 豆鷸駝鳥
〈*Taoniscus nanus*〉鳥綱シギダチョウ目シギダチョウ科の鳥。全長15cm。分布：ブラジル

東部から南西部にかけて。絶滅危惧II類。

マメハチドリ 豆蜂鳥
〈*Calypte helenae*〉鳥綱アマツバメ目ハチドリ科の鳥。体長6cm。分布：キューバおよびピノス島。

マメルリハインコ
〈*Forpus coelestis*〉鳥綱インコ科の鳥。体長12cm。分布：エクアドル西部とペルー北西部。

マーモセット
〈*Mermoset*〉哺乳綱霊長目マーモセット科の動物。

マーモセット
キヌザルの別名。

マーモット
〈*marmot*〉哺乳綱齧歯目リス科マーモット属に含まれる動物の総称。

マーモット
アルプスマーモットの別名。

マヤシロアシマウス
〈*Peromyscus mayensis*〉齧歯目ネズミ科（アメリカネズミ亜科）。頭胴長12cm。分布：グアテマラ。絶滅危惧IB類。

マユカマドドリ 眉竈鳥
〈*Philydor guttulatus*〉鳥綱スズメ目カマドドリ科の鳥。別名キノドマユカマドドリ。

マユグロアホウドリ
〈*Diomedea melanophris*〉鳥綱ミズナギドリ目アホウドリ科の鳥。体長83〜93cm。分布：南緯65〜10度の南半球の海洋。繁殖は南半球洋上に散在する数島。

マユグロモリムシクイ
〈*Seicercus burkii*〉鳥綱スズメ目ヒタキ科ウグイス亜科の鳥。

マユダチペンギン
〈*Eudyptes sclateri*〉鳥綱ペンギン目ペンギン科の鳥。別名シュレーターペンギン, ホオカムリペンギン。全長67cm。分布：ニュージーランド周辺の島々。絶滅危惧II類。

マユブトカマドドリ
〈*Philydor amaurotis*〉鳥綱スズメ目カマドドリ科の鳥。体長16cm。分布：ブラジル南東部とアルゼンチン北東部にある, 海岸沿いの丘陵地に分布している。

マヨットオウチュウ

マヨット オウチュウ
〈*Dicrurus waldenii*〉鳥綱スズメ目オウチュウ科の鳥。全長28cm。分布：フランス領マヨット島。絶滅危惧IA類。

マヨットキツネザル
〈*Lemur fulvus mayottensis*〉キツネザル科キツネザル属。頭胴長40cm。分布：マダガスカル島。

マヨルカサンバガエル
〈*Alytes muletensis*〉両生綱無尾目スズガエル科のカエル。体長3～4.5cm。分布：マヨルカ島。絶滅危惧IA類。

マーラ
〈*Dolichotis patagonum*〉哺乳綱齧歯目テンジクネズミ科の動物。体長43～78cm。分布：南アメリカ南部。

マラ
コシアカウサギワラビーの別名。

マライタオウギビタキ
〈*Rhipidura malaitae*〉スズメ目ヒタキ科（オウギビタキ亜科）。全長15cm。分布：ソロモン諸島のマライタ島。絶滅危惧種。

マライタテングフルーツコウモリ
〈*Nyctimene malaitensis*〉哺乳綱翼手目オオコウモリ科の動物。前腕長6.5cm。分布：ソロモン諸島のマライタ島。絶滅危惧種。

マライヤマネコ
〈*Felis planiceps*〉食肉目ネコ科の哺乳類。前頭部が平たんでいわゆるネコらしくない顔つきのヤマネコ。体長41～50cm。分布：東南アジア。絶滅危惧II類。

マラカイトハリトカゲ
〈*Sceloporus malachiticus*〉爬虫綱有鱗目トカゲ亜目イグアナ科の動物。全長19～26cm。分布：メキシコ～パナマにかけての中米。

マラゲーニャ
〈*Malaguena*〉哺乳綱偶蹄目ウシ科の動物。体高オス75～85cm、メス70～80cm。分布：スペイン南部。

マラジョージネズミオポッサム
〈*Monodelphis maraxina*〉オポッサム目オポッサム科。頭胴長13～19cm。分布：ブラジル北東部のアマゾン川河口のマラジョー島。絶滅危惧II類。

マーラ属
〈*Dolichotis*〉哺乳綱齧歯目テンジクネズミ科の動物。体長50～75cm。分布：アルゼンチン中部および南部。

マラニャンクジャクガメ
〈*Trachemys adiutrix*〉カメ目ヌマガメ科（ヌマガメ亜科）。別名カルバルホクジャクガメ。背甲長14.7cm以上。分布：ブラジル北東部のマラニャン州。絶滅危惧IB類。

マラバーラングール
〈*Semnopithecus hypoleucos*〉オナガザル科ラングール属。頭胴長61～70cm。分布：インド南西部。

マラバール
〈*Malabar*〉哺乳綱偶蹄目ウシ科の動物。体高65～70cm。分布：インド南西部。

マラバルキノボリヒキガエル
〈*Pedostibes tuberculosus*〉両生綱無尾目カエル目ヒキガエル科のカエル。体長3.5cm。分布：インド南部。絶滅危惧II類。

マラバルジャコウネコ
〈*Viverra civettina*〉哺乳綱食肉目ジャコウネコ科の動物。頭胴長76cm。分布：インド南西部。絶滅危惧IA類。

マラヤウデナガガエル
〈*Leptobrachium hendricksoni*〉両生綱無尾目スキアシガエル科のカエル。体長45～63mm。分布：マレー半島（タイ南部からマレーシアにかけて）。

マラヤオオリス
〈*Ratufa bicolor*〉哺乳綱齧歯目リス科の動物。

マリアナオオコウモリ
〈*Pteropus mariannus*〉哺乳綱翼手目オオコウモリ科の動物。前腕長14.3cm前後。分布：アメリカ合衆国領北マリアナ諸島およびグアム島。絶滅危惧IB類。

マリアナガラス
〈*Corvus kubaryi*〉鳥綱スズメ目カラス科の鳥。別名グアムガラス，クバリーガラス。全長38cm。分布：アメリカ合衆国領北マリアナ諸島およびグアム島。絶滅危惧IA類。

マリアナキメジロ
〈*Zosterops rotensis*〉鳥綱スズメ目メジロ科の鳥。全長10cm。分布：アメリカ合衆国領北マリアナ諸島のロタ島。絶滅危惧IA類。

マリアナツカツクリ
〈*Megapodius laperouse*〉鳥綱キジ目ツカツクリ科の鳥。全長38cm。分布：アメリカ合衆国領北マリアナ諸島，パラオ。絶滅危惧II類。

マリアナメ

マリアナメジロ
〈Zosterops conspicillata〉鳥綱スズメ目メジロ科の鳥。

マリノワ
ベルジアン・シェパードの別名。

マルヴィ
〈Malvi〉牛の一品種。原産：インド。

マルオアマガサヘビ
〈Bungarus fasciatus〉爬虫綱有鱗目ヘビ亜目コブラ科のヘビ。全長1.5～2.3m。分布：アジア。

マルオカマドドリ 丸尾竈鳥
〈Thripophaga macroura〉鳥綱スズメ目カマドドリ科の鳥。全長18cm。分布：ブラジル南東部。絶滅危惧II類。

マルオセッカ
〈Eremiornis carteri〉鳥綱スズメ目ウグイス科の鳥。体長14cm。分布：オーストラリア北部および西部の内陸地。

マルオツノトカゲ
〈Phrynosoma modestum〉爬虫綱有鱗目トカゲ亜目イグアナ科の動物。全長8～10cm。分布：アメリカ合衆国のアリゾナ州南東部からニューメキシコ州南部を経てテキサス州西部までと、南はメキシコまで。

マルオハチドリ
〈Polytmus guainumbi〉鳥綱アマツバメ目ハチドリ科の鳥。体長10cm。分布：ベネズエラからブラジル南部。

マルオマスクラット
〈Neofiber alleni〉哺乳綱齧歯目ネズミ科の動物。分布：フロリダ。

マルガシラツルヘビ
〈Imantodes cenchoa〉爬虫綱有鱗目ヘビ亜目ナミヘビ科のヘビ。全長1.5m。分布：メキシコ南部からパラグアイ、ボリビア、アルゼンチン北部まで。

マルガヒメオオトカゲ
〈Varanus gilleni〉爬虫綱有鱗目トカゲ亜目オオトカゲ科のトカゲ。全長30cm。分布：オーストラリア（中部，西部）。

マルガラ
ネズミクイの別名。

マルガリータカンガルーマウス
〈Dipodomys margaritae〉哺乳綱齧歯目ポケットマウス科の動物。別名サンタマルガリータカンガルーネズミ。全長2.4cm。分布：メキシコのバハ・カリフォルニア半島の南西沖にあるサンタ・マルガリータ島。絶滅危惧IA類。

マルキジアーナ
〈Marchigiana〉牛の一品種。

マルケサスウズラバト
〈Gallicolumba rubescens〉鳥綱ハト目ハト科の鳥。全長20cm。分布：フランス領ポリネシアのマルケサス諸島。絶滅危惧IB類。

マルケサスコバト
〈Ducula galeata〉鳥綱ハト目ハト科の鳥。全長55cm。分布：フランス領ポリネシアのマルケサス諸島のヌク・ヒヴァ島。絶滅危惧IA類。

マルケサスショウビン
〈Todirhamphus godeffroyi〉鳥綱ブッポウソウ目カワセミ科の鳥。全長17cm。分布：フランス領ポリネシアのマルケサス諸島。絶滅危惧IB類。

マルケサスバト
マルケサスウズラバトの別名。

マルケサスヒタキ
〈Pomarea mendozae〉スズメ目ヒタキ科（カササギヒタキ亜科）。全長19cm。分布：フランス領ポリネシアのマルケサス諸島。絶滅危惧IB類。

マルジタウキガエル
〈Phrynoglossus laevis〉両生綱無尾目アカガエル科のカエル。体長26～62mm。分布：ボルネオ・ジャワ・スマトラ・スラウェシ・バリ・スンバワ・フロレス各島、フィリピン、タイ南部、マレー半島。

マルスッポン
〈Pelochelys cantorii〉爬虫綱カメ目スッポン科のカメ。別名カントールマルスッポン。背甲長最大129cm。分布：インド，バングラデシュ，マレー半島，インドシナ半島，中国南部，フィリピン，インドネシア，ニューギニア島。絶滅危惧II類。

マルタバシリ
マルタバシリ亜科。別名ハシリチメドリ類。体長18～30cm。分布：東南アジア，ニューギニア，オーストラリア。

マルチーズ
〈Maltese〉哺乳綱食肉目イヌ科の動物。体高25cm。分布：マルタ。

マルチナ・フランカ
〈*Martina Franca, Apulian, Martinese*〉哺乳綱奇蹄目ウマ科の動物。分布：イタリア。

マルティニクレーサー
〈*Liophis cursor*〉爬虫綱トカゲ目（ヘビ亜目）ナミヘビ科のヘビ。頭胴長53〜67cm。分布：フランス領マルティニク島。絶滅危惧IA類。

マルティニムクドリモドキ
〈*Icterus bonana*〉鳥綱スズメ目ムクドリモドキ科の鳥。全長19〜20cm。分布：フランス領マルティニク島。絶滅危惧IB類。

マルハシ 丸嘴
〈*Pomatorhinus erythrogenys*〉鳥綱スズメ目ヒタキ科チメドリ亜科の鳥。

マルハシ 丸嘴
〈*scimitar babbler*〉スズメ目ヒタキ科チメドリ亜科マルハシ属Pomatorhinusおよび近縁属の鳥の総称。

マルハシツグミモドキ 丸嘴鶇擬
〈*Toxostoma curvirostre*〉鳥綱スズメ目マネシツグミ科の鳥。体長28cm。分布：合衆国南西部の内陸部やメキシコの広い地域。

マルハシフウキンチョウ
〈*Conothraupis speculigera*〉鳥綱スズメ目ホオジロ科の鳥。

マルハナヒョウモントカゲ
〈*Gambelia silus*〉爬虫綱トカゲ目（トカゲ亜目）イグアナ科の動物。頭胴長7.5〜12.5cm。分布：アメリカ合衆国カリフォルニア州中部。絶滅危惧IB類。

マルミミゾウ 丸耳象
〈*Loxodonta africana cyclotis*〉哺乳綱長鼻目ゾウ科の動物。体長3〜4m。分布：西アフリカ，中央アフリカ。絶滅危惧IB類。

マルミミツメナシコウモリ
〈*Amorphochilus schnablii*〉哺乳綱翼手目ツメナシコウモリ科の動物。前腕長3.5〜4cm。分布：エクアドル西部およびプナ島，ペルー西部，チリ北部。絶滅危惧II類。

マルメタピオカガエル
〈*Lepidobatrachus laevis*〉両生綱無尾目ミナミガエル科のカエル。体長110〜120mm。分布：アルゼンチンとパラグアイのチャコ地帯の東部及び北部。

マルワリ
カチアワリの別名。

マレー
〈*Malay*〉鳥綱キジ目キジ科の鳥。分布：東南アジア。

マレーアカチャシャコ
アカチャシャコの別名。

マレーアナツバメ
ショクヨウアナツバメの別名。

マレーウオミミズク
〈*Ketupa ketupu*〉鳥綱フクロウ科の鳥。体長42cm。分布：ミャンマーやボルネオ島からジャワ島にかけての東南アジア。

マレーオオトカゲ
ミズオオトカゲの別名。

マレーカグラコウモリ
〈*Hipposideros nequam*〉翼手目キクガシラコウモリ科（カグラコウモリ亜科）。前腕長4.4〜4.6cm。分布：マレーシア。絶滅危惧IA類。

マレーガビアル
〈*Tomistoma schlegeli*〉爬虫綱ワニ目クロコダイル科のワニ。全長3〜5m。分布：ボルネオ，スマトラ，マレー半島。絶滅危惧。

マレーカワネズミ
カワネズミの別名。

マレーキノボリガマ
〈*Pedostibes hosii*〉両生綱無尾目ヒキガエル科のカエル。体長オス53〜78mm，メス89〜105mm。分布：タイの南端，マレーシア半島部，ボルネオ，スマトラ。

マレーグマ
〈*Helarctos malayanus*〉哺乳綱食肉目クマ科の動物。体長1.1〜1.4m。分布：東南アジア。絶滅危惧IB類。

マレー・グレイ
〈*Murray Grey*〉哺乳綱偶蹄目ウシ科の動物。分布：オーストラリア。

マレーコウノトリ
〈*Ciconia stormi*〉鳥綱コウノトリ目コウノトリ科の鳥。別名コブハシコウ。全長80cm。分布：マレー半島，インドネシアのスマトラ島，カリマンタン（ボルネオ）島。絶滅危惧IB類。

マレーコノハガエル
〈*Megophrys aceras*〉両生綱無尾目スキアシガエル科のカエル。体長88mm。分布：マレー半島（タイ，マレーシア）。

マレーシアザイライバ マレーシア在来馬

マレシアト

〈Native horse-Malaysia〉オス124.7cm, メス122.1cm. 分布：マレーシア・サバ, サラワク.

マレーシアトウケイ マレーシア闘鶏
〈Malaysian fighting cock〉分布：マレーシア.

マレーシアミミヨタカ
〈Eurostopodus temminckii〉鳥綱ヨタカ目ヨタカ科の鳥.

マレージネズミ
〈Crocidura malayana〉哺乳綱食虫目トガリネズミ科の動物. 頭胴長7～9.5cm. 分布：マレーシアの半島部のペラ州と近接する島々. 絶滅危惧IB類.

マレージャコウネコ
パームシベットの別名.

マレーズアカミユビゲラ
〈Dinopium rafflesii〉鳥綱キツツキ目キツツキ科の鳥. 体長28cm. 分布：東南アジア（ミャンマー南部のテナセリムからマレー半島を経てスマトラ, カリマンタン島）.

マレートビガエル
ジャワトビガエルの別名.

マレートビトカゲ
〈Draco volans〉爬虫綱有鱗目トカゲ亜目アガマ科のトカゲ. 全長15～20cm. 分布：アジア.

マレーバク
〈Tapirus indicus〉哺乳綱奇蹄目バク科の動物. 別名アジアバク. 体長1.8～2.5m. 分布：東南アジア. 絶滅危惧II類.

マレーハコガメ
〈Cuora amboinensis〉爬虫綱カメ目ヌマガメ科のカメ. 最大甲長20cm. 分布：インド北部, バングラデシュ, ミャンマー（ビルマ）, タイ, ベトナム, マレーシア, シンガポール, インドネシア, フィリピン.

マレーハチクイ
ルリノドハチクイの別名.

マレーパームシベット
パームシベットの別名.

マレーヒヨケザル
〈Cynocephalus variegatus〉哺乳綱皮翼目ヒヨケザル科の動物. 体長33～42cm. 分布：東南アジア.

マレーヒレアシ
アジアヒレアシの別名.

マレーフルーツコウモリ
〈Cynopterus brachyotis〉哺乳綱翼手目オオコウモリ科の動物.

マレーマ・シープドッグ
〈Maremma Sheepdog〉哺乳綱食肉目イヌ科の動物.

マレーマムシ
〈Calloselasma rhodostoma〉爬虫綱有鱗目ヘビ亜目クサリヘビ科のヘビ. 全長0.7～1m. 分布：アジア.

マレーマメジカ
ジャワマメジカの別名.

マレーミツユビコゲラ
〈Sasia abnormis〉鳥綱キツツキ目キツツキ科の鳥. 体長9cm. 分布：ミャンマー, タイからマレー半島を経てスマトラ, カリマンタン, ジャワ西部その他のインドネシアの島々.

マレーヤマアラシ
〈Hystrix brachyura〉哺乳綱齧歯目ヤマアラシ科の動物. 頭胴長70cm. 分布：ネパール, インドの西ベンガル州低地帯からシッキム州, アッサム州にかけての標高1500mの地帯. 中国中央部と南部, 海南島, ミャンマー, タイ, インドシナ半島, マレー諸島, スマトラ島, カリマンタン島. 絶滅危惧II類.

マレーヤマネコ
〈Prionailurus planiceps〉哺乳綱食肉目ネコ科の動物. 頭胴長40～50cm. 分布：ミャンマーからマレー半島にかけて, カリマンタン（ボルネオ）島, インドネシアのスマトラ島. 絶滅危惧II類.

マレンマ
〈Maremma〉馬の一品種. 体高155cm. 原産：イタリアのラティウム地方とトスカニー地方.

マレンマーナ
〈Maremmana〉牛の一品種. 152～153cm. 原産：イタリア.

マンガイアショウビン
〈Todirhamphus ruficollaris〉鳥綱ブッポウソウ目カワセミ科の鳥. 全長19cm. 分布：ニュージーランド領クック諸島のマンガイア島. 絶滅危惧II類.

マンガベイ
〈mangabey〉哺乳綱霊長目オナガザル科マンガベイ属に含まれる動物の総称.

マンガラルガ

〈*Mangalarga*〉哺乳綱奇蹄目ウマ科の動物。

マンガリッツァ
〈*Mangalitsa*〉分布：ハンガリー。

マンクサキ
モンクサキザルの別名。

マンクス
〈*Manx*〉猫の一品種。原産：イギリス。

マングース
〈*mongoose*〉広義には哺乳綱食肉目ジャコウネコ科のマングース亜科とマラガシーマングース亜科に属する動物の総称で，狭義にはそのうちの1種をさす。別名ネコイタチ。

マングース
ハイイロマングースの別名。

マングースキツネザル
〈*Lemur mongoz*〉哺乳綱霊長目キツネザル科の動物。頭胴長30〜35cm。分布：マダガスカル北西部のアンツヒヒからマハバビ川にかけて，コモロのモヘリ島とアンジュアン島。絶滅危惧II類。

マンクスコミズナギドリ
マンクスミズナギドリの別名。

マンクスミズナギドリ 姫水薙鳥
〈*Puffinus puffinus*〉鳥綱ミズナギドリ目ミズナギドリ科の鳥。体長30〜38cm。分布：繁殖は北大西洋および地中海の島々。繁殖期後は南で越冬。南限は南アメリカ。

マンクス・ロフタン
〈*Manx Loaghtan*〉別名ヘブリディーン。分布：イギリス。

マングローブエメラルドハチドリ
〈*Amazilia boucardi*〉鳥綱アマツバメ目ハチドリ科の鳥。全長10〜11cm。分布：コスタリカ。絶滅危惧II類。

マングローブオオトカゲ
〈*Varanus indicus*〉爬虫綱有鱗目トカゲ亜目オオトカゲ科のトカゲ。全長1m以下。分布：オーストラリア北部，ハルマヘラ島からニューギニア島と周辺の島嶼，ソロモン諸島，カロリン諸島，マーシャル諸島。

マングローブクイナ
〈*Eulabeornis castaneoventris*〉鳥綱ツル目クイナ科の鳥。別名キアシアカクイナ。

マングローブセンニョムシクイ
〈*Gerygone levigaster*〉鳥綱スズメ目ヒタキ科ゴウシュウムシクイ亜科の鳥。

マングローブヒタキ
〈*Peneoenanthe pulverulenta*〉鳥綱スズメ目ヒタキ科ヒタキ亜科の鳥。

マングローブフィンチ
〈*Camarhynchus heliobates*〉スズメ目ホオジロ科（ホオジロ亜科）。全長14cm。分布：エクアドルのガラパゴス諸島。絶滅危惧IB類。

マングローブヘビ
〈*Boiga dendrophila*〉爬虫綱有鱗目ヘビ亜目ナミヘビ科のヘビ。全長2〜2.5m。分布：アジア。

マングローブミツスイ
〈*Meliphaga fasciogularis*〉鳥綱スズメ目ミツスイ科の鳥。別名サザナミミツスイ。

マングローブメジロ
〈*Zosterops chloris*〉鳥綱スズメ目メジロ科の鳥。

マンシャンハブ
〈*Trimeresurus mangshanensis*〉爬虫綱トカゲ目（ヘビ亜目）クサリヘビ科のヘビ。頭胴長183cm。分布：中国の湖南省宜章県。絶滅危惧II類。

マンシュウダルマエナガ
マンシャンハブの別名。

マンシュウトラ
シベリアトラの別名。

マンシュウノウサギ
〈*Lepus mandshuricus*〉哺乳綱ウサギ目ウサギ科の動物。分布：中国東北部，朝鮮半島北部，シベリア東部。

マンタラゲシ
ツバメの別名。

マンチェスター・テリア
〈*Manchester Terrier*〉哺乳綱食肉目イヌ科の動物。別名ブラック・アンド・タン・テリア。体高38〜41cm。分布：イギリス。

マンチカン
〈*Munchkin*〉猫の一品種。

マンチュリアン 満州牛
〈*Manchurian*〉牛の一品種。

マンテクェイラ
〈*Mantequeira*〉牛の一品種。

マンテクェラ・レオネーザ

マントオヒ

〈*Mantequera Leonesa*〉牛の一品種。

マントオヒキコウモリ
〈*Otomops secundus*〉哺乳綱翼手目オヒキコウモリ科の動物。前腕長5.7〜5.8cm。分布：ニューギニア島北東部。絶滅危惧種。

マントヒヒ
〈*Papio hamadryas*〉哺乳綱霊長目オナガザル科の動物。頭胴長76cm。分布：エチオピア，ソマリア，サウジアラビア，イエメン南部。

マントホエザル
〈*Alouatta palliata*〉オマキザル科ホエザル属。頭胴長オス47〜63cm，メス36〜60cm。分布：ベラクルス南部からコロンビアの北端を経てエクアドル。

マンドリル
〈*Papio sphinx*〉哺乳綱霊長目オナガザル科の動物。体長63〜81cm。分布：中央アフリカ西部。絶滅危惧II類。

マンバ
〈*mamba*〉爬虫綱有鱗目コブラ科マンバ属に含まれるヘビの総称。

マンバーヤギ　マンバー山羊
〈*Member Goat*〉哺乳綱偶蹄目ウシ科の動物。オス85cm，メス70cm以上。分布：中近東諸国。

【ミ】

ミーアキャット
〈*Suricata suricatta*〉哺乳綱食肉目ジャコウネコ科の動物。体長25〜35cm。分布：アフリカ南部。

ミアンジニタケネズミ
〈*Tachyoryctes annectens*〉齧歯目ネズミ科（タケネズミ亜科）。分布：ケニアのミアンジニ，ナイヴァシャ湖の東。絶滅危惧IB類。

ミイロヤドクガエル
〈*Epipedobates tricolor*〉両生綱無尾目ヤドクガエル科のカエル。体長16.5〜26.5mm。分布：エクアドル南西部のアンデス山脈の太平洋側斜面及びペルーの隣接域。

ミカイリョウガタカセンスイギュウ　未改良型河川水牛
〈*Indigenous river buffalo*〉分布：インド亜大陸。

ミカゲハリトカゲ
〈*Sceloporus orcutti*〉爬虫綱有鱗目イグアナ科のトカゲ。

ミカゲヨルトカゲ
〈*Xantusia henshawi*〉体長5〜7cm。分布：アメリカ合衆国南西部（カリフォルニア南部），メキシコ（バハカリフォルニア）。

ミカヅキインコ　三日月鸚哥
〈*Polytelis swainsonii*〉鳥綱オウム目インコ科の鳥。全長40cm。分布：オーストラリア南東部。絶滅危惧種。

ミカヅキオオガシラ
〈*Malacoptila striata*〉鳥綱キツツキ目オオガシラ科の鳥。

ミカヅキキバネミツスイ　三日月黄羽蜜吸
〈*Phylidonyris pyrrhoptera*〉鳥綱スズメ目ミツスイ科の鳥。

ミカヅキシマアジ　三日月縞味
〈*Anas discors*〉鳥綱ガンカモ目ガンカモ科の鳥。全長39cm。

ミカヅキマユアリサザイ
〈*Herpsilochmus pectoralis*〉鳥綱スズメ目アリドリ科の鳥。全長11.5cm。分布：ブラジル東部。絶滅危惧II類。

ミカドカワカマドドリ
〈*Cinclodes aricomae*〉鳥綱スズメ目カマドドリ科の鳥。全長20.5cm。分布：ペルー南部，ボリビア。絶滅危惧IA類。

ミカドガン　帝雁
〈*Anser canagicus*〉鳥綱ガンカモ目ガンカモ科の鳥。体長65cm。分布：アラスカ，シベリア東部の沿岸のツンドラで繁殖し，合衆国西部，カムチャツカまで南下し越冬。

ミカドキジ　帝雉
〈*Syrmaticus mikado*〉鳥綱キジ目キジ科の鳥。全長オス87cm。絶滅危惧種。

ミカドスズメ　帝雀
〈*Vidua regia*〉鳥綱スズメ目ハタオリドリ科の鳥。体長オス30cm，メス13cm。分布：アフリカ南部の一部地域。

ミカドネズミ　御門鼠，帝鼠
〈*Clethrionomys rutilus mikado*〉哺乳綱齧歯目キヌゲネズミ科の動物。頭胴長80〜107mm。分布：北海道本島のみ。

ミカドバト　帝鳩
〈*Ducula aenea*〉鳥綱ハト目ハト科の鳥。体

長43～46cm。分布：インド，東南アジア，フィリピン，インドネシア，ニューギニア。

ミカドボウシインコ 帝帽子鸚哥
〈Amazona imperialis〉鳥綱オウム目インコ科の鳥。全長45cm。分布：ドミニカ国。絶滅危惧II類。

ミカワ 三河
〈Mikawa〉分布：愛知県。

ミカンチビアシナシイモリ
〈Siphonops annulatus〉両生綱有尾目アシナシイモリ科の動物。体長20～40cm。分布：南アメリカ。

ミグエルホソメガエル
〈Eupsophus migueli〉両生綱無尾目カエル目ユビナガガエル科のカエル。体長3.5～3.7cm。分布：チリ中部。絶滅危惧II類。

ミクロガエル
〈Microbatrachella capensis〉両生綱無尾目カエル目アカガエル科のカエル。体長1.8cm。分布：南アフリカ共和国。絶滅危惧IB類。

ミケリス 三毛栗鼠
〈Callosciurus prevosti〉齧歯目リス科の哺乳類。背中と尾が光沢のある黒色，体側と頬が白色，腹面と四肢が赤茶色の目だった配色をもつ樹上生のリス。体長13～28cm。分布：東アジア，東南アジア。

ミコアイサ 神子秋沙，巫子秋沙
〈Mergus albellus〉鳥綱ガンカモ目ガンカモ科の鳥。体長43cm。分布：ユーラシア北部で繁殖し，インド北部や中国南東部あたりまで南下し越冬。国内では北海道。

ミサキウマ 御崎馬
〈Misaki Pony〉哺乳綱奇蹄目ウマ科の動物。別名岬馬。体高130～135cm。原産：宮崎県都井岬。

ミサゴ 魚鷹，鶚
〈Pandion haliaetus〉鳥綱タカ目タカ科の鳥。体長55～58cm。分布：繁殖は北アメリカ，ユーラシア（主に渡りをするもの），アメリカ北東部，オーストラリア。越冬するものや非繁殖期のものはその他の各地に渡る。

ミサゴノスリ
〈Busarellus nigricollis〉鳥綱タカ目タカ科の鳥。体長48～51cm。分布：メキシコから南はアルゼンチン。

ミジカツノトカゲ
ダグラスツノトカゲの別名。

ミシシッピアカミミガメ ミシシッピ赤耳亀
〈Trachemys scripta elegans〉爬虫綱カメ目ヌマガメ科のカメ。甲長9～28cm。分布：メキシコ最北部，米国（ニューメキシコ東部からアラバマ）。国内では本州，四国，九州，沖縄島などに定着，近年，石垣島や北海道でも見つかっている。

ミシシッピチズガメ
〈Graptemys kohnii〉爬虫綱カメ目ヌマガメ科のカメ。最大甲長25.4cm。分布：米国（テキサス東部からカンサス南東部，ミシシッピ西部を経てイリノイ南部およびミズーリ南部まで）。

ミシシッピニオイガメ
〈Kinosternon odoratum〉爬虫綱カメ目ドロガメ科のカメ。最大甲長13.7cm。分布：カナダ南部（オンタリオ，ケベック南部），米国東部（メイン，ウィスコンシン南部からテキサス，フロリダ）。

ミシシッピニオイガメ
アメリカニオイガメの別名。

ミシシッピーワニ
アメリカアリゲーターの別名。

ミシマウシ 見島牛
〈Mishima Cattle〉牛の一品種。オス122cm，メス115cm。原産：山口県。

ミズアシナシイモリ
〈Typhlonectes sp.〉両生綱有尾目ミズアシナシイモリ科の動物。体長450～595mm。分布：南米北部。

ミズイロフウキンチョウ
〈Tangara cabanisi〉スズメ目ホオジロ科（フウキンチョウ亜科）。全長14cm。分布：メキシコ南部，グアテマラ西部。絶滅危惧IB類。

ミズオオトカゲ
〈Varanus salvator〉爬虫綱有鱗目トカゲ亜目オオトカゲ科のトカゲ。全長2m。分布：スリランカとインドからインドシナ，中国南部，香港，マレー半島，インドネシア及びフィリピンまで。

ミズオポッサム
〈Chironectes minimus〉哺乳綱有袋目オポッサム科の動物。体長26～40cm。分布：南メキシコから南アメリカ中部。

ミズガエル

ミスカキカ
〈*Telmatobius sp.*〉両生綱無尾目ミナミガエル科のカエル。体長60〜150mm。分布：ボリビアとペルーの国境にあるチチカカ湖。

ミズカキカワネズミ
〈*Nectogale elegans*〉哺乳綱食虫目トガリネズミ科の動物。体長9〜13cm。分布：南アジア。

ミズカキコオイガエル
〈*Colostethus inguinalis*〉体長2〜3cm。分布：中央アメリカ南部から南アメリカ大陸北西部。

ミズカキチドリ
〈*Charadrius semipalmatus*〉鳥綱チドリ目チドリ科の鳥。

ミズカキポタモガーレ
〈*Micropotamogale ruwenzorii*〉哺乳綱食虫目テンレック科の動物。ヒメポタモガーレとほぼ同じ。分布：コンゴ民主共和国北東部、ウガンダ西部。絶滅危惧IB類。

ミズカキヤモリ
〈*Palmatogecko rangei*〉爬虫綱有鱗目トカゲ亜目ヤモリ科の動物。全長12〜14cm。分布：アフリカ。

ミズコイドリ
アカショウビンの別名。

ミズコブラ
〈*Boulengerina annulata*〉爬虫綱有鱗目ヘビ亜目コブラ科のヘビ。全長1.4〜2.7m。分布：アフリカ。

ミズコブラモドキ
〈*Hydrodynastes gigas*〉爬虫綱有鱗目ヘビ亜目ナミヘビ科のヘビ。全長1.5〜2m。分布：南アメリカ。

ミズコメネズミ属
〈*Nectomys*〉哺乳綱齧歯目ネズミ科の動物。分布：南アメリカの低地、アルゼンチン北東部まで。

ミズジアリツグミ 三筋蟻鶫
〈*Myrmornis torquata*〉鳥綱スズメ目アリドリ科の鳥。

ミズジオナガサンショウウオ
〈*Eurycea guttolineata*〉体長10〜18cm。分布：アメリカ合衆国東部。

ミズシカ
〈*Cervus unicolor*〉体長2〜2.5m。分布：南アジアおよび東南アジア。

ミズジサラマンダー
〈*Eurycea longicauda guttolineata*〉ムハイサラマンダー科。体長100〜160mm。分布：合衆国ルイジアナ州南東部からミシシッピ川以東バージニア州まで。南は半島部を除くフロリダ州南西部まで。

ミスジジネズミオポッサム
〈*Monodelphis americano*〉哺乳綱有袋目オポッサム科の動物。

ミスジドロガメ
〈*Kinosternon baurii*〉爬虫綱カメ目ドロガメ科のカメ。最大甲長12.7cm。分布：米国東部・東南部（バージニアからジョージア、フロリダ）。

ミスジハコガメ
〈*Cuora trifasciata*〉爬虫綱カメ目ヌマガメ科のカメ。最大甲長20cm。分布：中国南部、海南島、ベトナム北部、ミャンマー（ビルマ）北部（？）。絶滅危惧IB類。

ミスジパームシベット
〈*Arctogalidia trivirgata*〉哺乳綱食肉目ジャコウネコ科の動物。体長51cm。分布：アッサム、ビルマ、タイ、マレー半島、インドシナ半島、中国（雲南）、スマトラ、ジャワ、ボルネオ、リオーリンガ群島、バンカ島、ビリトン島、北ナツナ諸島。

ミズジャコウネコ 水麝香猫
〈*Cymogale bennettii*〉水生で、カワウソあるいはラッコに似た体型をもつ食肉目ジャコウネコ科の哺乳類。体長47cm。分布：ザイールのキサンガニおよびキバレーイツリ地方。

ミズジヤドクガエル
〈*Phobobates trivittatus*〉両生綱無尾目ヤドクガエル科のカエル。体長オス31.5〜42mm、メス49.5mm。分布：ギアナ三国及びコロンビア、ペルー、エクアドル、ブラジルのアマゾン河流域。

ミズテンレック
〈*Limnogale mergulus*〉哺乳綱食虫目テンレック科の動物。体長12〜17cm。分布：マダガスカル東部。絶滅危惧IB類。

ミズトガリネズミ 水尖鼠
〈*Neomys fodiens*〉哺乳綱食虫目トガリネズミ科の動物。体長6.5〜9.5cm。分布：ヨーロッパから北アジア。

ミズナギドリ 水凪鳥、水薙鳥
〈*shearwater*〉鳥綱ミズナギドリ目ミズナギドリ科に属する海鳥の総称。全長26〜87cm。

分布：全海洋。

ミズナギドリ
　コミズナギドリの別名。

ミズニシキヘビ
　〈*Liasis fuscus*〉爬虫綱有鱗目ヘビ亜目ニシキヘビ科のヘビ。全長2〜3m。分布：オーストラリアとその周辺。

ミズネズミ　水鼠
　〈water rat〉多くのものが水生に適応している齧歯目ネズミ科ミズネズミ亜科 Hydromyinae の哺乳類の総称。

ミズネズミモドキ
　〈*Xeromys myoides*〉齧歯目ネズミ科（ミズネズミ亜科）。頭胴長11〜13cm。分布：オーストラリア北部と東部。絶滅危惧種。

ミズバシリ　水走
　〈*Lochmias nematura*〉鳥綱スズメ目カマドドリ科の鳥。

ミズハタネズミ
　〈*Arvicola terrestris*〉体長12〜23cm。分布：西ヨーロッパから西アジア，北アジアにかけて。

ミズハタネズミ属
　〈*Arvicola*〉哺乳綱齧歯目ネズミ科の動物。分布：北アメリカとユーラシア北部。

ミズベアメリカムシクイ
　〈*Phaeothlypis rivularis*〉鳥綱スズメ目アメリカムシクイ科の鳥。

ミズベケナシフルーツコウモリ
　〈*Dobsonia emersa*〉哺乳綱翼手目オオコウモリ科の動物。前腕長10.8cm。分布：インドネシアのビアク島，ヌムフォル島，オウィ島など。絶滅危惧種。

ミズベシトド
　〈*Donacospiza albifrons*〉鳥綱スズメ目ホオジロ科の鳥。

ミズベトガリネズミ
　〈*Sorex palustris*〉哺乳綱食虫目トガリネズミ科の動物。分布：北ユーラシア，北アメリカ，ツンドラ。

ミズベハチドリ
　〈*Leucippus fallax*〉鳥綱アマツバメ目ハチドリ科の鳥。

ミズベマネシツグミ　水辺真似師鶫
　〈*Donacobius atricapillus*〉鳥綱スズメ目ミソサザイ科の鳥。体長23cm。分布：パナマ東部からボリビア，アルゼンチン北部。

ミズマメジカ
　〈*Hyemoschus aquaticus*〉マメジカ科。体長70〜80cm。分布：アフリカ西部から中部にかけて。

ミズラモグラ　角髪鼴鼠，角髪土竜
　〈*Euroscaptor mizura*〉哺乳綱食虫目モグラ科の動物。頭胴長8〜10.7cm。分布：青森県から広島県までの本州の山地。絶滅危惧II類。

ミズーリ・フォックス・トロッター
　〈Missouri Fox Trotter〉馬の一品種。体高142〜152cm。原産：アメリカ合衆国（ミズーリ，アーカンソー）。

ミゾゴイ　溝五位，頭黒溝五位
　〈*Gorsachius goisagi*〉鳥綱コウノトリ目サギ科の鳥。別名ヤマエボ，エボサギ。全長49cm，翼開張87cm。分布：繁殖地は本州から九州にかけて。越冬地は台湾やフィリピン。絶滅危惧IB類。

ミゾコウモリ　溝蝙蝠
　〈slit-faced bat〉翼手目ミゾコウモリ科 Nycteridae の哺乳類の総称。体長4〜8cm。分布：アフリカ，アジアの中部，西部，地中海東部，紅海。

ミソサザイ　三十三才，鷦鷯
　〈*Troglodytes troglodytes*〉鳥綱スズメ目ミソサザイ科の鳥。別名ミソッチョ。体長8cm。分布：カナダ中央部・南部，アラスカ，合衆国西海岸および東部の一部地域，ヨーロッパ，アジア，北アフリカで繁殖。北方に生息するものは南下して越冬。国内では全国に1年中生息。

ミソサザイ　鷦鷯
　〈wren〉広義には鳥綱スズメ目ミソサザイ科に属する鳥の総称で，狭義にはそのうちの1種をさす。体長8〜22cm。分布：北・中央・南アメリカに分布するほか，ミソサザイはユーラシアに産し，北アフリカに進出中。

ミソサザイモドキ
　〈*Chamaea fasciata*〉チメドリ科。体長15cm。分布：合衆国のオレゴン州西部から南はバハカリフォルニア北部まで。

ミソッチョ
　ミソサザイの別名。

ミゾハシカッコウ
　〈*Crotophaga sulcirostris*〉鳥綱カッコウ目

ミソハシク

カッコウ科の鳥。体長34cm。分布：合衆国南西部から南アメリカ北部。

ミゾバシクロムクドリモドキ
〈Gnorimopsar chopi〉鳥綱スズメ目ムクドリモドキ科の鳥。

ミタン
〈Mithun〉哺乳綱偶蹄目ウシ科の動物。体高オス140cm, メス130cm。分布：インド。

ミチバシリ 道走
〈roadrunner〉鳥綱ホトトギス目ホトトギス科ミチバシリ亜科に属する鳥の総称。

ミチバシリ
オオミチバシリの別名。

ミチョアカンホリネズミ
〈Zygogeomys trichopus〉哺乳綱齧歯目ホリネズミ科の動物。頭胴長20〜25cm。分布：メキシコ南部。絶滅危惧IB類。

ミツアナグマ
ラーテルの別名。

ミツウネヤマガメ
〈Melanochelys tricarinata〉カメ目ヌマガメ科（バタグールガメ亜科）。背甲長最大16.3cm。分布：ネパール南東部, インド東部, バングラデシュ。絶滅危惧II類。

ミツオシエ 密教, 蜜教
〈honeyguide〉鳥綱キツツキ目ミツオシエ科に属する鳥の総称。全長10〜20cm。分布：アフリカ, アジアの常緑林と開けた疎林。

ミツオビアルマジロ
〈Tolypeutes tricinctus〉異節目（貧歯目）アルマジロ科。頭胴長25〜27.3cm。分布：ブラジル東部および中央部。絶滅危惧II類。

ミツスイ 蜜吸
〈Myzomela cardinalis〉鳥綱スズメ目ミツスイ科の鳥。体長13cm。分布：バヌアツの島々, サモア諸島, サンタクルーズ諸島, ソロモン諸島。

ミツスイ 蜜吸
〈Australian honeyeater〉鳥綱スズメ目ミツスイ科に属する鳥の総称。体長9.5〜32cm。分布：オーストラリア, ニューギニア, ニュージーランド, 南西太平洋の島々と小笠原諸島, ハワイ諸島, インドネシア, 南アフリカ。

ミツヅノコノハガエル
〈Megophrys nasuta〉両生綱無尾目スキアシガエル科のカエル。体長オス70〜105mm, メス90〜135mm。分布：マレー半島南部, スマトラ, ボルネオ。

ミッチェルアゴヒゲ
〈Pogona cf.mitchelli〉爬虫綱有鱗目トカゲ亜目アガマ科のトカゲ。全長35〜40cm。分布：オーストラリアのウェスタンオーストラリア北西部からノーザンテリトリー南西部にかけて。

ミッテルスピッツ
〈Mittelspitz〉哺乳綱食肉目イヌ科の動物。

ミッテンドルフクサマウス
〈Lemniscomys mittendorfi〉齧歯目ネズミ科（ネズミ亜科）。全長3.1cm以下。分布：カメルーン西部の山地。絶滅危惧IB類。

ミットサラマンダー
オオミットサラマンダーの別名。

ミツドリ 蜜鳥
〈honeycreeper〉鳥綱スズメ目ホオジロ科フウキンチョウ亜科に属する鳥のうち, 7属28種の総称。全長9〜28cm。分布：カナダからチリ北部, アンティル諸島を含めてアルゼンチン中部までの西半球とほぼすべての熱帯地方。

ミツユビアリクイ
オオアリクイの別名。

ミツユビアンフューマ
〈Amphiuma tridactylum〉アンフューマ科。体長0.4〜1.1m。分布：北アメリカ。

ミツユビカモメ 三趾鷗
〈Rissa tridactyla〉鳥綱チドリ目カモメ科の鳥。体長39〜46cm。分布：北極圏, 温帯の海岸部。国内では九州以北に冬鳥として渡来するほか, 南千島で繁殖する。

ミツユビカラカネトカゲ
〈Chalcides chalcides〉爬虫綱有鱗目スキンク科のトカゲ。

ミツユビカワセミ
〈Ceyx erithacus〉鳥綱ブッポウソウ目カワセミ科の鳥。

ミツユビキリハシ
〈Jacamaralcyon tridactyla〉鳥綱キツツキ目キリハシ科の鳥。全長15cm。分布：ブラジル南東部。絶滅危惧IB類。

ミツユビシギダチョウ 三趾鷸駝鳥
〈Tinamotis pentlandii〉鳥綱シギダチョウ目

シギダチョウ科の鳥。

ミツユビナマケモノ
〈*Bradypus tridactylus*〉哺乳綱貧歯目ナマケモノ科の動物。

ミツユビハコガメ
〈*Terrapene carolina triunguis*〉爬虫綱カメ目イシガメ科のカメ。

ミトラサンドスキンク
〈*Scincus mitranus*〉スキンク科。全長12～16cm。分布：中東。

ミドリアカオウロコインコ
〈*Pyrrhura viridicata*〉鳥綱オウム目インコ科の鳥。全長25cm。分布：コロンビア北部。絶滅危惧II類。

ミドリアシゲハチドリ
〈*Haplophaedia aureliae*〉鳥綱アマツバメ目ハチドリ科の鳥。

ミドリアデガエル
〈*Mantella viridis*〉両生綱無尾目マダガスカルガエル科のカエル。体長オス22～25mm、メス25～30mm。分布：マダガスカルのアントシラナナのモンターニュ・ド・フランシス。絶滅危惧II類と推定。

ミドリイワサザイ 緑岩鷦鷯
〈*Acanthisitta chloris*〉イワサザイ科。体長8cm。分布：ニュージーランド。

ミドリインコ 緑鸚哥
〈*Brotogeris jugularis*〉鳥綱オウム目インコ科の鳥。

ミドリウチワインコ
〈*Prioniturus luconensis*〉鳥綱オウム目インコ科の鳥。全長29cm。分布：フィリピンのルソン島，マリンドゥケ島。絶滅危惧IB類。

ミドリオオガシラ
〈*Boiga cyanea*〉爬虫綱有鱗目ヘビ亜目ナミヘビ科のヘビ。全長1.6～1.9m。分布：アジア。

ミドリオオゴシキドリ
〈*Megalaima zeylanica*〉鳥綱キツツキ目ゴシキドリ科の鳥。

ミドリオナガタイヨウチョウ 緑尾長太陽鳥
〈*Nectarinia famosa*〉鳥綱スズメ目タイヨウチョウ科の鳥。体長オス25cm、メス15cm。分布：エチオピアから南アフリカにかけての山岳地帯に分散して分布する。

ミドリオヒゲヒヨドリ
〈*Bleda eximia*〉鳥綱スズメ目ヒヨドリ科の鳥。体長20cm。分布：アフリカ西部（シエラレオネから中央アフリカ共和国およびコンゴ）。絶滅危惧II類。

ミドリオリーブシトド
〈*Arremonops chloronotus*〉鳥綱スズメ目ホオジロ科の鳥。

ミドリカケス 緑橿鳥
〈*Cyanocorax yncas*〉鳥綱スズメ目カラス科の鳥。

ミドリカッコウ 緑郭公
〈*Chrysococcyx cupreus*〉鳥綱ホトトギス目ホトトギス科の鳥。

ミドリカナヘビ
〈*Lacerta viridis*〉爬虫綱有鱗目トカゲ亜目カナヘビ科の動物。全長30～40cm。分布：イベリア半島と北部を除いたヨーロッパ全域からロシア南西部，イラン。

ミドリカマハシ
ミドリモリヤツガシラの別名。

ミドリガメ 緑亀
爬虫綱カメ目に属し，ペットとして人気のあるアメリカ原産のヌマガメ科の子ガメ類をいう。

ミドリカラスモドキ 緑烏擬
〈*Aplonis panayensis*〉鳥綱スズメ目ムクドリ科の鳥。

ミドリキクイタダキモドキ 緑菊戴擬
〈*Myiopagis viridicata*〉鳥綱スズメ目タイランチョウ科の鳥。

ミドリキヌバネドリ 緑絹羽鳥
〈*Trogon rufus*〉鳥綱キヌバネドリ目キヌバネドリ科の鳥。

ミドリキミミミツスイ
〈*Meliphaga analoga*〉鳥綱スズメ目ミツスイ科の鳥。体長15～17cm。分布：ニューギニア，アル諸島およびヘールヴィンク諸島。

ミドリキリハシ
〈*Galbula galbula*〉鳥綱キツツキ目キリハシ科の鳥。

ミドリクロツバメ
〈*Psalidoprocne obscura*〉鳥綱スズメ目ツバメ科の鳥。体長17cm。分布：シエラレオネからカメルーン。

ミドリゴシキドリ

ミトリコハ

〈*Cryptolybia olivacea*〉鳥綱キツツキ目ゴシキドリ科の鳥。体長20cm。分布：ケニア東部, タンザニア, マラウィ, アフリカ南部。

ミドリコバシミツスイ 緑小嘴蜜吸
〈*Meliphaga plumula*〉鳥綱スズメ目ミツスイ科の鳥。

ミドリコムシクイ
〈*Camaroptera brachyura*〉鳥綱スズメ目ウグイス科の鳥。体長12.5cm。分布：サハラ以南のアフリカ。

ミドリコンゴウインコ 緑金剛鸚哥
〈*Ara militaris*〉鳥綱オウム目インコ科の鳥。全長70～71cm。分布：メキシコ西部と南部およびベネズエラからアルゼンチン北部にかけて。絶滅危惧II類。

ミドリサトウチョウ 緑砂糖鳥
〈*Loriculus vernalis*〉鳥綱オウム目インコ科の鳥。

ミドリザル
哺乳綱霊長目オナガザル科の動物。

ミドリズアカインコ 緑頭赤鸚哥
〈*Aratinga wagleri*〉鳥綱オウム目インコ科の鳥。別名ホンミドリズアカ, ホンズアカミドリ。

ミドリズキンヒロハシハチクイモドキ
ミドリヒロハシハチクイモドキの別名。

ミドリズキンフウキンチョウ
〈*Tangara seledon*〉鳥綱スズメ目ホオジロ科の鳥。体長13cm。分布：ブラジル南東部からアルゼンチン北東部。

ミドリスズメ
シマキンカの別名。

ミドリスズメインコ
〈*Nannopsittaca panychlora*〉鳥綱オウム目インコ科の鳥。

ミドリタイヨウチョウ 緑太陽鳥
〈*Nectarinia batesi*〉鳥綱スズメ目タイヨウチョウ科の鳥。別名ミドリチビタイヨウチョウ。

ミドリチトカゲ
〈*Prasinohaema semoni*〉スキンク科。全長10～15cm。分布：ニューギニア。

ミドリチビタイヨウチョウ
ミドリタイヨウチョウの別名。

ミドリチュウゴシキドリ
〈*Stactolaema olivacea*〉鳥綱キツツキ目ゴシキドリ科の鳥。

ミドリツバメ 緑燕
〈*Tachycineta bicolor*〉鳥綱スズメ目ツバメ科の鳥。体長12.5～15cm。分布：アラスカ中部およびカナダから合衆国中東部で繁殖, 冬は合衆国南部, カリブ海, 中央アメリカで過ごす。

ミドリツヤトカゲ
〈*Lamprolepis smaragdina*〉スキンク科。全長18～22cm。分布：アジア, オセアニア。

ミドリトウヒチョウ
〈*Pipilo chlorurus*〉鳥綱スズメ目ホオジロ科の鳥。

ミドリニシキヘビ
〈*Morelia viridis*〉爬虫綱有鱗目ヘビ亜目ニシキヘビ科のヘビ。全長1～1.5m。分布：オーストラリアとその周辺。

ミドリハシボソミツオシエ
〈*Prodotiscus zambesiae*〉鳥綱キツツキ目ミツオシエ科の鳥。

ミドリハチクイ
〈*Merops orientalis*〉鳥綱ブッポウソウ目ハチクイ科の鳥。

ミドリヒキガエル
〈*Bufo viridis*〉両生綱無尾目ヒキガエル科のカエル。体長60～90mm。分布：スウェーデン南端, ライン川以東のヨーロッパ。地中海の主な島々。東は中国西端まで, アフリカ北岸, 南西アジア。

ミドリビタイヤリハチドリ
〈*Doryfera ludovicae*〉鳥綱アマツバメ目ハチドリ科の鳥。

ミドリヒメキンモグラ
〈*Chlorotalpa duthieae*〉哺乳綱食虫目キンモグラ科の動物。頭胴長9.5～11.1cm。分布：南アフリカ共和国。絶滅危惧II類。

ミドリヒロハシ 緑広嘴
〈*Calyptomena viridis*〉ヒロハシ科。体長20cm。分布：ミャンマーの海岸地方およびタイの半島部からスマトラ, カリマンタン両島。

ミドリヒロハシハチクイモドキ
〈*Electron carinatum*〉鳥綱ブッポウソウ目ハチクイモドキ科の鳥。別名ミドリズキンヒロハシハチクイモドキ。

ミドリフウキンチョウ
〈*Chlorophonia cyanea*〉鳥綱スズメ目ホオジロ科の鳥。体長11cm。分布：ベネズエラからアルゼンチン北部までの地域にまばら。

ミドリフタオハチドリ
〈*Lesbia victoriae*〉鳥綱アマツバメ目ハチドリ科の鳥。体長オス最大25cm, メス最大14cm。分布：コロンビアおよびエクアドルからペルー南部。

ミドリボウシヒメムシクイ
〈*Eremomela scotops*〉鳥綱スズメ目ヒタキ科ウグイス亜科の鳥。

ミドリボウシフウキンチョウ
〈*Tangara meyerdeschauenseei*〉スズメ目ホオジロ科（フウキンチョウ亜科）。全長15cm。分布：ペルー南東部。絶滅危惧II類。

ミドリホウセキドリ
〈*Pardalotus quadragintus*〉鳥綱スズメ目ハナドリ科の鳥。全長9.5cm。分布：オーストラリアのタスマニア島。絶滅危惧種。

ミドリホソオオトカゲ
〈*Varanus prasinus*〉爬虫綱有鱗目トカゲ亜目オオトカゲ科のトカゲ。体長75～100cm。分布：ニューギニア島およびその周辺の島嶼（インドネシア, パプアニューギニア）。

ミドリマダガスカルガエル
ミドリアデガエルの別名。

ミドリマントガエル
〈*Mantidactylus pulcher*〉両生綱無尾目マダガスカエルガエル科のカエル。体長オス25mm, メス22～28mm。分布：マダガスカル東岸。

ミドリミヤマツグミ
〈*Cochoa viridis*〉鳥綱スズメ目ツグミ科の鳥。体長28～30cm。分布：ヒマラヤ地方, 東南アジア北部の山岳地帯。

ミドリメジロ 緑目白
〈*Zosterops virens*〉鳥綱スズメ目メジロ科の鳥。

ミドリメジロタイランチョウ 緑目白太蘭鳥
〈*Empidonax virescens*〉タイランチョウ科。体長14～16.5cm。分布：合衆国（五大湖地方からテキサス東部, メキシコ湾岸, フロリダ中部）で繁殖。中央・南アメリカで越冬。

ミドリメジロハエトリ
ミドリメジロタイランチョウの別名。

ミドリモズ
〈*Vireolanius pulchellus*〉モズモドキ科。体長14cm。分布：メキシコ南部からパナマ西部。

ミドリモリヤツガシラ 緑森戴勝
〈*Phoeniculus purpureus*〉カマハシ科。体長38～41cm。分布：サハラ以南のアフリカ。

ミドリヤブモズ 緑藪鵙
〈*Telophorus sulfureopectus*〉鳥綱スズメ目モズ科の鳥。

ミドリヤマセミ
〈*Chloroceryle americana*〉鳥綱ブッポウソウ目カワセミ科の鳥。体長19cm。分布：合衆国最南部からペルー西部, アルゼンチン中部, ウルグアイ, トリニダード, トバゴ両島。

ミドリユミハチドリ
〈*Phaethornis guy*〉鳥綱ハチドリ科の鳥。体長13cm。分布：コスタリカからペルーにかけて分布する。また, トリニダード島にも分布する。

ミドリワカケインコ
〈*Psittacula columboides*〉鳥綱インコ科の鳥。体長38cm。分布：インド南西部。

ミドル・エイジアン・オフチャルカ
犬の一品種。

ミナミアカハラモグリマウス
〈*Juscelinomys talpinus*〉齧歯目ネズミ科（アメリカネズミ亜科）。分布：ブラジル南東部より部分骨格が出土。絶滅危惧II類。

ミナミアシカ
オタリアの別名。

ミナミアシナガミズネズミモドキ
〈*Leptomys signatus*〉齧歯目ネズミ科（ミズネズミ亜科）。頭胴長14.4cm。分布：ニューギニア島南部。絶滅危惧種。

ミナミアフリカオットセイ
〈*Arctocephalus pusillus*〉アシカ科ミナミオットセイ属。体長1.8～2.3m。分布：アフリカ南部, オーストラリア南西部, タスマニア。

ミナミアフリカサンゴヘビ
〈*Aspidelaps lubricus*〉爬虫綱有鱗目ヘビ亜目コブラ科のヘビ。全長50～80cm。分布：アフリカ。

ミナミアメリカオットセイ 南膃肭臍
〈*Arctocephalus australis*〉哺乳綱鰭脚目アシカ科の海産動物。体長はオス189cm, メス

143cm。分布：ブラジル南部からウルグアイをへてマゼラン海峡をまわり，ロス・コノス群島をへてペルーまで。

ミナミイシガメ　南石亀
〈*Mauremys mutica*〉爬虫綱カメ目ヌマガメ科のカメ。別名シロイシガメ。甲長17cm。分布：八重山群島の与那国島，西表島，石垣島，京都府と滋賀県のごく一部，国外では中国南部，海南島，インドシナ北部，台湾。

ミナミイボイモリ
〈*Tylototriton verrucosus*〉両生綱有尾目イモリ科の動物。体長125〜220mm。分布：中国雲南省西部。絶滅危惧IB類と推定。

ミナミイワマウス
〈*Petromyscus barbouri*〉齧歯目ネズミ科（キノボリマウス亜科）。頭胴長8cm程度。分布：南アフリカ共和国。絶滅危惧IB類。

ミナミウミカワウソ
〈*Lutra felina*〉哺乳綱食肉目イタチ科の動物。別名ミナミカワウソ。頭胴長50〜60cm。分布：ペルー，チリのチロエ島。絶滅危惧IB類。

ミナミオウギタイランチョウ
〈*Onychorhynchus swainsoni*〉鳥綱スズメ目タイランチョウ科の鳥。全長19cm。分布：ブラジル南東部。絶滅危惧IB類。

ミナミオオガシラ
〈*Boiga irregularis*〉爬虫綱有鱗目ヘビ亜目ナミヘビ科のヘビ。全長2〜2.3m。分布：アジア，オーストラリアとその周辺。

ミナミオオギハクジラ
〈*Mesoplodon grayi*〉哺乳綱クジラ目アカボウクジラ科のクジラ。別名スカンパーダウン・ホエール，サザン・ビークト・ホエール。4.5〜5.6m。分布：南緯30°以南の冷温帯海域。

ミナミオオセグロカモメ
〈*Larus dominicanus*〉鳥綱チドリ目カモメ科の鳥。体長54〜65cm。分布：南アメリカ，南極大陸，アメリカ南部，オーストラリア南部，ニュージーランド。

ミナミオットセイ
ミナミアメリカオットセイの別名。

ミナミオナガミズナギドリ　南尾長水薙鳥
〈*Puffinus bulleri*〉鳥綱ミズナギドリ目ミズナギドリ科の鳥。全長42cm。

ミナミオニクイナ
〈*Rallus antarcticus*〉鳥綱ツル目クイナ科の鳥。全長20cm。分布：チリ中部およびアルゼンチン北部から南アメリカ南端のティエラ・デル・フエゴ島にかけて。絶滅危惧IA類。

ミナミカブトホウカンチョウ
〈*Pauxi unicornis*〉鳥綱キジ目ホウカンチョウ科の鳥。全長85〜95cm。分布：ペルー南東部，ボリビア中部。絶滅危惧IB類。

ミナミカマイルカ
〈*Lagenorhynchus australis*〉哺乳綱クジラ目マイルカ科の動物。別名ブラックチン・ドルフィン，ピールズ・ブラックチンド・ドルフィン，サザン・ドルフィン，ピールズ・ポーパス。約2〜2.2m。分布：フォークランド諸島を含む南アメリカ南部の冷沿岸海域。

ミナミカマハシ
〈*Rhinopomastus cyanomelas*〉鳥綱ブッポウソウ目カマハシ科の鳥。体長28cm。分布：ソマリア，ケニアからアフリカ東部をへて，アンゴラ，アフリカ南部にまで分布する。

ミナミガラガラ
ナンベイガラガラの別名。

ミナミガラス　南鴉
〈*Corvus orru*〉鳥綱スズメ目カラス科の鳥。

ミナミカワウソ
ミナミウミカワウソの別名。

ミナミキンイロアマガエル
〈*Litoria raniformis*〉両生綱無尾目カエル目アマガエル科のカエル。体長オス5.5〜6.5cm，メス6〜10.4cm。分布：オーストラリア南東部，タスマニア島。絶滅危惧。

ミナミクジャクガメ
〈*Trachemys dorbigni*〉爬虫綱カメ目ヌマガメ科のカメ。最大甲長26.7cm。分布：ブラジル最南部，ウルグアイ，アルゼンチン北東部。

ミナミクロガラ
〈*Parus niger*〉鳥綱スズメ目シジュウカラ科の鳥。体長16cm。分布：アフリカ南東部，タンザニアまで。

ミナミケバナウォンバット
〈*Lasiorhinus latifrons*〉哺乳綱有袋目ウォンバット科の動物。体長77〜95cm。分布：オーストラリア南部。

ミナミコアリクイ
コアリクイの別名。

ミナミコビトマングース

コビトマングースの別名。

ミナミコブバト
〈*Ducula pacifica*〉鳥綱ハト科の鳥。体長35cm。分布：ニューギニア北東部からトンガ諸島，フィジー諸島，ニューカレドニア諸島を経て太平洋南西部までの島々。

ミナミサバンナノウサギ
〈*Lepus whytei*〉哺乳綱ウサギ目ウサギ科の動物。分布：マラウィ。

ミナミジサイチョウ
〈*Bucorvus cafer*〉サイチョウ科。体長90〜130cm。分布：赤道以南のアフリカ。

ミナミシマフクロウ
〈*Bubo zeylonensis*〉鳥綱フクロウ目フクロウ科の鳥。体長54〜57cm。分布：中東（ただし稀），インドおよび東南アジア。

ミナミジムグリガエル
〈*Kaloula baleata*〉両生綱無尾目ヒメガエル科のカエル。体長オス50〜60mm，メス55〜65mm。分布：マレー半島から小スンダ列島にかけて。またボルネオ，スラウェシ及びフィリピンにも分布。

ミナミセミクジラ
セミクジラの別名。

ミナミゾウアザラシ　南象海豹
〈*Mirounga leonina*〉哺乳綱鰭脚目アザラシ科の動物。体長4.2〜6m。分布：南極海および亜南極水域。

ミナミツチクジラ
〈*Berardius arnuxii*〉哺乳綱クジラ目アカボウクジラ科のクジラ。別名サザン・フォートゥーズド・ホエール，サザン・ビークト・ホエール，ニュージーランド・ビークト・ホエール，サザン・ジャイアント・ボトルノーズド・ホエール，サザン・ポーパス・ホエール。7.8〜9.7m。分布：南半球にある沖合いの深い水域。南緯34°以南。

ミナミツミ
〈*Accipiter virgatus*〉鳥綱タカ目タカ科の鳥。体長28〜36cm。分布：ヒマラヤ西部から東は中国南部まで，東南アジア，インドネシア，フィリピン。

ミナミトカゲ
爬虫綱トカゲ目トカゲ科のトカゲ。

ミナミトックリクジラ
〈*Hyperoodon planifrons*〉哺乳綱クジラ目アカボウクジラ科のクジラ。別名アンタークティック・ボトルノーズド・ホエール，フラットヘッド。6〜7.5m。分布：南極から北少なくとも南緯30°付近までの南半球の冷たく深い海域。

ミナミトリシマヤモリ　南鳥島守宮
〈*Perochirus ateles*〉爬虫綱有鱗目トカゲ亜目ヤモリ科の動物。全長15cm。分布：ミクロネシアの島々。国内では南硫黄島，南鳥島のみから報告されている。

ミナミヒョウガエル
〈*Rana utricularia*〉両生綱無尾目アカガエル科のカエル。体長5〜12cm。分布：北アメリカ。

ミナミホソオツパイ
〈*Dendrogale melanura*〉哺乳綱ツパイ目ツパイ科の動物。体長10〜15cm。分布：東南アジア。絶滅危惧II類。

ミナミミズベヘビ
ナンブミズベヘビの別名。

ミナミムクドリモドキ　南椋鳥擬
〈*Curaeus curaeus*〉鳥綱スズメ目ムクドリモドキ科の鳥。

ミナミメグロヤブゴマ
〈*Drymodes brunneopygia*〉鳥綱スズメ目ヒタキ科ツグミ亜科の鳥。

ミナミメンフクロウ　南仮面梟
〈*Tyto capensis*〉鳥綱フクロウ目メンフクロウ科の鳥。

ミナミモリジネズミ
〈*Myosorex varius*〉哺乳綱食虫目トガリネズミ科の動物。分布：中央，南アフリカ。

ミナミヤモリ　南守宮
〈*Gekko hokouensis*〉爬虫綱有鱗目トカゲ亜目ヤモリ科の動物。全長10〜12cm。分布：中国東南部・台湾。国内では九州南部，大東諸島を除く南西諸島全域に分布，伊豆諸島の八丈島に移入集団が定着している。

ミナミワタリガラス　南渡鴉
〈*Corvus coronoides*〉鳥綱スズメ目カラス科の鳥。

ミニオサシオコウモリ
〈*Emballonura semicaudata*〉哺乳綱翼手目サシオコウモリ科の動物。前腕長4cm前後。分布：アメリカ合衆国領北マリアナ諸島およびグアム島，ミクロネシア連邦およびパラオの

ミニチュア

カロリン諸島，バヌアツのニューヘブリデス諸島，サモア，フィジー。絶滅危惧IB類。

ミニチュア
〈Miniature〉哺乳綱奇蹄目ウマ科の動物。体高70～90cm。分布：シチリア島，サルデーニャ島。

ミニチュア・シェトランド
〈Miniature Shetland〉馬の一品種。原産：スコットランド。

ミニチュア・シュナウザー
〈Miniature Schnauzer〉哺乳綱食肉目イヌ科の動物。体高33～36cm。分布：ドイツ。

ミニチュア・シュナウザー
シュナウザーの別名。

ミニチュア・ダックスフンド
〈Miniature Dachshund〉犬の一品種。体高13～23cm。原産：ドイツ。

ミニチュア・ピンシャー
〈Miniature Pinscher〉哺乳綱食肉目イヌ科の動物。別名ツベルク・ピンシャー。体高25～30cm。分布：ドイツ。

ミニチュア・プードル
〈Miniature Poodle〉犬の一品種。体高28～38cm。原産：フランス。

ミニチュア・プードル
プードルの別名。

ミニチュア・ブル・テリア
〈Miniature Bull Terrier〉犬の一品種。体高25～35cm。原産：イギリス。

ミニチュア・メキシカン・ヘアレス
〈Miniature Mexican Hairless〉犬の一品種。

ミニブタ
〈miniature pig〉哺乳綱偶蹄目イノシシ科の動物で，とくに実験動物用に小形化されたブタをいう。

ミネアカミドリチュウハシ
〈Aulacorhynchus sulcatus〉鳥綱オオハシ科の鳥。体長36cm。分布：コロンビア北部，ベネズエラ北部。

ミネソタイチゴウ　ミネソター号
〈Minnesota No.1〉分布：アメリカ。

ミネソタニゴウ　ミネソタ二号
〈Minnesota No.2〉分布：アメリカ。

ミネソタ・ホーメル・ミニチュア・ピッグ
〈Minnesot-Hormel Miniature〉分布：アメリカ。

ミノキジ　蓑雉
〈Pucrasia macrolopha〉鳥綱キジ目キジ科の鳥。

ミノバト　蓑鳩
〈Caloenas nicobarica〉鳥綱ハト目ハト科の鳥。別名キンミノバト。体長33cm。分布：ニコバル諸島およびアンダマン諸島からインドネシア，フィリピンを経て，ニューギニア，ソロモン諸島。

ミノヒキ　蓑曳
〈Minohiki〉鳥綱キジ目キジ科の鳥。分布：静岡県，愛知県。天然記念物。

ミノリクマネズミ
〈Rattus feliceus〉齧歯目ネズミ科（ネズミ亜科）。頭胴長20～23.5cm。分布：インドネシアのセラム島。絶滅危惧II類。

ミノルカ
〈Gallus gallus var. domesticus〉鳥綱キジ目キジ科の鳥。

ミノールカメレオン
〈Furcifer minor〉爬虫綱有鱗目トカゲ亜目カメレオン科のトカゲ。全長20cm。分布：マダガスカル中央地区。絶滅危惧II類。

ミフウズラ　三斑鶉，三府鶉，三趾鶉
〈Turnix suscitator〉鳥綱ツル目ミフウズラ科の鳥。全長14cm。分布：アジアの亜熱帯と熱帯。国内では南西諸島。

ミフウズラ　三斑鶉
〈button quail〉広義には鳥綱ツル目ミフウズラ科に属する鳥の総称で，狭義にはそのうちの1種をさす。体長11～20cm。分布：アフリカ，スペイン南部，イラン南部から中国東部，オーストラリア。

ミミイザリトカゲ
〈Aprasia aurita〉爬虫綱トカゲ目（トカゲ亜目）ヒレアシトカゲ科のトカゲ。頭胴長10～12cm。分布：オーストラリア南部。絶滅危惧種。

ミミカイツブリ　耳鷿鷈，耳鳰
〈Podiceps auritus〉鳥綱カイツブリ目カイツブリ科の鳥。体長31～38cm。分布：北アメリカ北部・ユーラシア北部の北極圏。

ミミカザリインコ
〈Psittaculirostris salvadorii〉鳥綱オウム目イ

ンコ科の鳥。全長19cm。分布：ニューギニア島北西部。絶滅危惧種。

ミミキジ 耳雉
〈*Crossoptilon mantchuricum*〉鳥綱キジ目キジ科の鳥。別名カケイ、チャイロミミキジ、カッショクカケイ。全長96～100cm。分布：中国の陝西省、河北省。絶滅危惧II類。

ミミキジ 耳雉
〈*eared pheasant*〉鳥綱キジ目キジ科ミミキジ属に含まれる鳥の総称。

ミミキヌバネドリ 耳絹羽鳥
〈*Euptilotis neoxenus*〉鳥綱キヌバネドリ目キヌバネドリ科の鳥。全長32cm。分布：メキシコ北部の山地、アメリカ合衆国のアリゾナ州、ニューメキシコ州。絶滅危惧IB類。

ミミグロカッコウ 耳黒郭公
〈*Misocalius osculans*〉鳥綱ホトトギス目ホトトギス科の鳥。

ミミグロコタイランチョウ 耳黒小太蘭鳥
〈*Oreotriccus plumbeiceps*〉鳥綱スズメ目タイランチョウ科の鳥。

ミミグロネコドリ
〈*Ailuroedus melanotis*〉ニワシドリ科。体長29cm。分布：ニューギニア（標高900～1800m）、ミソール島およびアル諸島、オーストラリア北東部。

ミミグロハチドリ
〈*Adelomyia melanogenys*〉鳥綱アマツバメ目ハチドリ科の鳥。

ミミグロヒキガエル
〈*Bufo melanochloris*〉両生綱無尾目ヒキガエル科のカエル。体長オス43～65mm、メス65～97mm。分布：コスタリカ中東部。

ミミグロヒゲハエトリ 耳黒髭蠅取
〈*Pogonotriccus ophthalmicus*〉鳥綱スズメ目タイランチョウ科の鳥。

ミミグロヒメアオヒタキ
〈*Cyornis ruckii*〉スズメ目ヒタキ科（ヒタキ亜科）。全長17cm。分布：インドネシアのスマトラ島。絶滅危惧II類。

ミミグロミツスイ
〈*Manorina melanotis*〉鳥綱スズメ目ミツスイ科の鳥。全長25cm。分布：オーストラリア南東部。絶滅危惧種。

ミミグロモリチメドリ
〈*Stachyris oglei*〉スズメ目ヒタキ科（チメドリ亜科）。全長13cm。分布：インド北東部。絶滅危惧II類。

ミミグロモリフウキンチョウ
〈*Hemispingus melanotis*〉鳥綱スズメ目ホオジロ科の鳥。

ミミグロレンジャク
ミミグロレンジャクモドキの別名。

ミミグロレンジャクモドキ 耳黒連雀擬
〈*Hypocolius ampelinus*〉鳥綱スズメ目レンジャク科の鳥。別名ミミグロレンジャク。体長22cm。分布：西南アジアおよび中東。ヒマラヤの山麓地帯、インド北部、パキスタンに渡ることもある。

ミミゲコビトキツネザル
〈*Allocebus trichotis*〉哺乳綱霊長目コビトキツネザル科の動物。頭胴長12.5～16cm。分布：マダガスカル東部の降雨林。絶滅危惧IA類。

ミミゲモモンガ
〈*Trogopterus xanthipes*〉哺乳綱齧歯目リス科の動物。頭胴長26.7～30.5cm。分布：中国の河北省東北部、山西省、四川省、雲南省、チベット自治区南東部。絶滅危惧IB類。

ミミコウモリ
ウサギコウモリの別名。

ミミジロオオガシラ 耳白大頭
〈*Nystalus chacuru*〉鳥綱キツツキ目オオガシラ科の鳥。

ミミジロカイツブリ 耳白鳰
〈*Rollandia rolland*〉鳥綱カイツブリ目カイツブリ科の鳥。

ミミジロキリハシ
〈*Galbalcyrhynchus leucotis*〉鳥綱キツツキ目キリハシ科の鳥。

ミミジロゴシキドリ
〈*Smilorhis leucotis*〉鳥綱キツツキ目ゴシキドリ科の鳥。

ミミジロコバシミツスイ
〈*Lichenostomus penicillatus*〉鳥綱スズメ目ミツスイ科の鳥。体長18cm。分布：オーストラリアの大部分の地域。

ミミジロセグロミツスイ
〈*Grantiella picta*〉鳥綱スズメ目ミツスイ科の鳥。全長16cm。分布：オーストラリア東

部。絶滅危惧種。

ミミジロネコドリ
ネコドリの別名。

ミミジロマルハシミツドリ
〈*Conirostrum leucogenys*〉鳥綱スズメ目アメリカムシクイ科の鳥。

ミミジロミツスイ 耳白蜜吸
〈*Meliphaga leucotis*〉鳥綱スズメ目ミツスイ科の鳥。別名ノドグロシロミミミツスイ。

ミミジロワシ
マダガスカルウミワシの別名。

ミミズク 角鴟, 木菟
鳥綱フクロウ目に属する鳥のうち、外耳のようにみえる冠羽（羽角）をもつ種をいい、とくにオオコノハズクをさすことが多い。

ミミズトカゲ
〈worm lizard〉爬虫綱有鱗目ミミズトカゲ科に属するトカゲの総称。体長10〜75cm。分布：北アメリカの亜熱帯地方、西インド諸島、南アメリカ、アフリカ、イベリア半島、アジア西部。

ミミズトカゲ
シロハラミミズトカゲの別名。

ミミセンザンコウ
センザンコウの別名。

ミミナガバンディクート
〈*Macrotis lagotis*〉バンディクート目バンディクート科。別名ビルビ、ウサギバンディクート、フクロウサギ。体長30〜55cm。分布：オーストラリア西部、中部。絶滅危惧II類。

ミミナガフクロウ
カンムリズクの別名。

ミミナガフクロウサギ
ミミナガバンディクートの別名。

ミミナガマーモセット
シロミミマーモセットの別名。

ミミナガヤギ
ヤギの別名。

ミミナシオオトカゲ
〈*Lanthanotus borneensis*〉爬虫綱有鱗目トカゲ亜目ミミナシオオトカゲ科のトカゲ。全長40〜44cm。分布：ボルネオ島。絶滅危惧II類。

ミミナシサンドスキンク
〈*Scincus hemprichii*〉爬虫綱有鱗目スキンク

科のトカゲ。

ミミハゲワシ
〈*Sarcogyps calvus*〉鳥綱ワシタカ目ワシタカ科の鳥。

ミミヒダハゲワシ 耳襞禿鷲
〈*Aegypius tracheliotus*〉鳥綱タカ目タカ科の鳥。体長100〜105cm。分布：サハラ以南のアフリカ、中近東、アラビア半島南部。

ミミヒミズ 耳日不見
〈*Uropsilus soricipes*〉哺乳綱食虫目モグラ科の動物。頭胴長6.4〜8cm。分布：中国の四川省中央部の標高1500〜2700mの狭い地域。絶滅危惧IB類。

ミミヒメウ
〈*Phalacrocorax auritus*〉鳥綱ペリカン目ウ科の鳥。体長74〜91cm。分布：北アメリカ。

ミミフサミツスイ 耳房蜜吸
〈*Moho bishopi*〉鳥綱スズメ目ミツスイ科の鳥。全長オス30cm、メス26cm。分布：アメリカ合衆国ハワイ州。絶滅危惧IA類。

ミミヨタカ 耳夜鷹
〈*Otophanes mcleodii*〉鳥綱ヨタカ目ヨタカ科の鳥。

ミヤコウマ 宮古馬
〈*Miyako Pony*〉馬の一品種。体高120〜125cm。原産：沖縄県宮古群島宮古島。

ミヤコカナヘビ 宮古金蛇
〈*Takydromus toyamai*〉爬虫綱ヘビ亜目カナヘビ科の動物。分布：宮古諸島の宮古島、伊良部島、下地島に分布する日本固有種。

ミヤコショウビン 宮古翡翠
〈*Halcyon miyakoensis*〉鳥綱ブッポウソウ目カワセミ科の鳥。

ミヤコトカゲ 宮古蜥蜴, 宮古蜥蜴
〈*Emoia atrocostata*〉スキンク科。全長18cm。分布：東南アジアからオセアニアにかけ広域。国内では宮古諸島の宮古島、大神島、池間島、伊良部島、来間島に分布。

ミヤコドリ 都鳥
〈*Haematopus ostralegus*〉鳥綱チドリ目ミヤコドリ科の鳥。体長40〜46cm。分布：ユーラシア大陸で繁殖し、南下してアフリカおよびインド洋で越冬。

ミヤコドリ
〈*oystercatcher*〉広義には鳥綱チドリ目ミヤコ

ドリ科に属する鳥の総称で、狭義にはそのうちの1種をさす。全長37~45cm。分布：ヨーロッパ、アジア、アフリカ、オーストラリア、南・北アメリカ。

ミヤコヒキガエル　宮古蟇
〈*Bufo gargarizans miyakonis*〉両生綱無尾目ヒキガエル科のカエル。体長オス61~113mm、メス77~119mm。分布：琉球列島の宮古島、伊良部島。また南・北大東島にも人為移入。

ミヤコヒバァ　宮古ヒバァ
〈*Amphiesma pryeri concelarum*〉爬虫綱ヘビ亜目ナミヘビ科のヘビ。分布：宮古島に分布。

ミヤコヒメヘビ　宮古姫蛇
〈*Calamaria pfefferi*〉爬虫綱ヘビ亜目ナミヘビ科のヘビ。別名ヒメヘビ。分布：宮古島、伊良部島に分布。

ミヤビスッポン
〈*Nilssonia formosa*〉爬虫綱カメ目スッポン科のカメ。別名ビルマクジャクスッポン。背甲長最大65cm。分布：ミャンマー。絶滅危惧II類。

ミヤマアオハシインコ　深山青嘴鸚哥
〈*Cyanoramphus malherbi*〉鳥綱オウム目インコ科の鳥。

ミヤマアオヒヨドリ　深山青鵯
〈*Pycnonotus montanus*〉鳥綱スズメ目ヒヨドリ科の鳥。別名ミヤマコウラウン。

ミヤマイモリ
〈*Triturus alpestris*〉両生綱有尾目イモリ科の動物。

ミヤマインコ　深山鸚哥
〈*Leptosittaca branickii*〉鳥綱オウム目インコ科の鳥。全長34~35cm。分布：コロンビア中部からペルー南部にかけて。絶滅危惧II類。

ミヤマウグイス　深山鶯
〈*Cettia acanthizoides*〉鳥綱スズメ目ヒタキ科ウグイス亜科の鳥。

ミヤマオウム　深山鸚鵡
〈*Nestor notabilis*〉鳥綱インコ目インコ科の鳥。別名ケア。体長46cm。分布：ニュージーランド南島。絶滅危惧II類。

ミヤマオナガカマドドリ　深山尾長竈鳥
〈*Synallaxis azarae*〉鳥綱スズメ目カマドドリ科の鳥。

ミヤマカエデチョウ　深山楓鳥
〈*Estrilda rhodopyga*〉鳥綱スズメ目カエデチョウ科の鳥。

ミヤマガラス　深山烏, 深山鴉
〈*Corvus frugilegus*〉鳥綱スズメ目カラス科の鳥。体長47cm。分布：ヨーロッパのほとんど、中東、中央アジア、および東アジア。シベリアに生息する個体群はイラン南部、インド北部、中国南部にまで南下して越冬。

ミヤマコウラウン
ミヤマアオヒヨドリの別名。

ミヤマコンヨウキン
ブドウイロカケスの別名。

ミヤマシシド
ミヤマシトドの別名。

ミヤマシトド　深山鵐
〈*Zonotrichia leucophrys*〉鳥綱スズメ目ホオジロ科の鳥。全長17cm。

ミヤマジュケイ
〈*Tragopan blythii*〉鳥綱キジ目キジ科の鳥。別名ハイバラジュケイ。体長63~69cm。分布：アッサム地方、ミャンマー、チベット。絶滅危惧II類。

ミヤマズクヨタカ　深山菟夜鷹
〈*Aegotheles albertisii*〉鳥綱ヨタカ目ズクヨタカ科の鳥。

ミヤマチドリ
ヤマチドリの別名。

ミヤマチャイロヒタキ
〈*Ficedula disposita*〉スズメ目ヒタキ科（ヒタキ亜科）。全長12cm。分布：フィリピンのルソン島。絶滅危惧IB類。

ミヤマテッケイ　深山竹鶏
〈*Arborophila crudigularis*〉鳥綱キジ目キジ科の鳥。

ミヤマハッカン　深山白鷳
〈*Lophura leucomelana*〉鳥綱キジ目キジ科の鳥。

ミヤマハナサシミツドリ
〈*Diglossa venezuelensis*〉スズメ目ホオジロ科（フウキンチョウ亜科）。全長12cm。分布：ベネズエラ北東部。絶滅危惧IA類。

ミヤマヒタキ　深山鶲
〈*Muscicapa ferruginea*〉鳥綱スズメ目ヒタキ科ヒタキ亜科の鳥。全長12.5cm。

ミヤマヒタキモドキ 深山鶲擬
〈*Contopus pertinax*〉鳥綱スズメ目タイランチョウ科の鳥。

ミヤマヒヨドリ 深山鵯
〈*Hypsipetes mcclellandii*〉鳥綱スズメ目ヒヨドリ科の鳥。別名シロスジヤマヒヨドリ。

ミヤマホオジロ 深山頬白
〈*Emberiza elegans*〉鳥綱スズメ目ホオジロ科の鳥。全長15.5cm。分布：ウスリーから朝鮮半島，中国西部で繁殖し，中国南部などで越冬。国内では各地の低山の林に冬鳥として渡来。

ミヤママツムシ
ヤマヒバリの別名。

ミヤママユシトド
〈*Poospiza alticola*〉スズメ目ホオジロ科（ホオジロ亜科）。全長15cm。分布：ペルー西部。絶滅危惧IB類。

ミヤマメジロ
〈*Zosterops oleagineus*〉鳥綱スズメ目メジロ科の鳥。全長13cm。分布：ミクロネシア連邦のヤップ島と周辺の小島。絶滅危惧II類。

ミヤマモズタイランチョウ 深山鵙太蘭鳥
〈*Agriornis montana*〉鳥綱スズメ目タイランチョウ科の鳥。

ミヤラヒメヘビ 宮良姫蛇
〈*Calamaria pavimentata miyarai*〉鳥綱スズメ目ヒタキ科ゴウシュウムシクイ亜科の鳥。全長32〜36cm。分布：与那国島に分布。

ミューズ・ライン・イーゼル
〈*Meuse-Rhine-Yssel*〉牛の一品種。原産：オランダ東南部。

ミユビゲラ 三趾啄木鳥
〈*Picoides tridactylus*〉鳥綱キツツキ目キツツキ科の鳥。体長22cm。分布：北アメリカ北部（南限は合衆国北部），ユーラシア北部（南限はスカンジナビア半島南部），シベリア南部，中国西部。国内では北海道で少数が記録されたのみ。

ミユビゲラ
エゾミユビゲラの別名。

ミユビコミミトビネズミ属
〈*Salpingotus*〉分布：アジア。

ミユビシギ 三趾鷸
〈*Crocethia alba*〉鳥綱チドリ目シギ科の鳥。体長20cm。分布：カナダ北極部，グリーンランド，シベリアで繁殖し，ほとんど世界中の海岸にて越冬。

ミユビトビネズミ 三指跳鼠
〈*Dipus sagitta*〉哺乳綱齧歯目トビネズミ科の動物。分布：中国，旧ソ連。

ミユビトビネズミ属
〈*Jaculus*〉分布：アフリカ北部，ロシア，イラン，アフガニスタン，パキスタン。

ミユビナマケモノ
〈*three-toed sloth*〉哺乳綱貧歯目ナマケモノ科ミユビナマケモノ属に含まれる動物の総称。体長58〜70cm。分布：ホンジュラスからコロンビア，ベネズエラ，ギアナを通ってボリビア，パラグアイ，アルゼンチン北部，エクアドル西部。

ミユビハリモグラ 三指針土竜
〈*Zaglossus bruijni*〉哺乳綱単孔目ハリモグラ科の動物。体長60〜100cm。分布：ニューギニア。絶滅危惧IB類。

ミュラークマネズミ
〈*Rattus muelleri*〉体長18.5〜24cm。分布：東南アジア。

ミュラースキンク
〈*Sphenomorphus muelleri*〉スキンク科。全長40〜60cm。分布：ニューギニア。

ミュラーテナガザル
〈*Hylobates muelleri*〉哺乳綱霊長目テナガザル科の動物。分布：ボルネオ。

ミュールジカ
〈*Odocoileus hemionus*〉哺乳綱偶蹄目シカ科の動物。体長0.85〜2.1m。分布：北アメリカ西部。

ミュレンバーグイシガメ
〈*Clemmys muhlenbergii*〉爬虫綱カメ目ヌマガメ科のカメ。別名アカミミアメリカイシガメ。最大甲長11.4cm。分布：米国（マサチューセッツ，ニューヨーク，ペンシルバニア，ノースカロライナ，サウスカロライナ，ジョージア）。絶滅危惧IB類。

ミュンスターレンダー
犬の一品種。

ミリタリードラゴン
〈*Ctenophorus isolepis*〉爬虫綱有鱗目トカゲ亜目アガマ科のトカゲ。全長22〜30cm。分布：オーストラリア中部・西部。

ミーリーマウスド・ポーパス
シロハラセミイルカの別名。

ミルキング・クリオロ
〈Milking Criollo〉牛の一品種。別名クリオジョ。

ミルクヘビ
〈Lampropeltis triangulum〉爬虫綱有鱗目ヘビ亜目ナミヘビ科のヘビ。全長0.5〜2m。分布：北, 中央, 南アメリカ。

ミルンエドワードイタチキツネザル
〈Lepilemur mustelinus edwardsi〉キツネザル科イタチキツネザル亜科。分布：マダガスカル島。

ミロスイワカナヘビ
〈Podarcis milensis〉爬虫綱トカゲ目(トカゲ亜目)カナヘビ科のヘビ。頭胴長5〜6.5cm。分布：ギリシアのキクラデス諸島, 北スポラデス諸島。絶滅危惧II類。

ミン
〈Da Min〉哺乳綱偶蹄目イノシシ科の動物。分布：中国。

ミンキー
ミンククジラの別名。

ミンク
〈mink〉哺乳綱食肉目イタチ科の動物のうち, 東ヨーロッパからシベリア西部にいるヨーロッパミンクMustela lutreolaと, カナダ, アメリカ合衆国にいるアメリカミンクM.visonの2種をさす。

ミンク
アメリカミンクの別名。

ミンク
コイワシクジラの別名。

ミンククジラ ミンク鯨
〈Balaenoptera acutorostrata〉哺乳綱クジラ目ナガスクジラ科のクジラ。別名パイクヘッド, リトル・パイクト・ホエール, パイク・ホエール, リトル・フィンナー, シャープヘッディッド・フィンナー, レッサー・フィンバック, レッサー・ロークエル, コイワシクジラ, ミンク, ミンキー, コイワシクジラ。7〜10m。分布：熱帯, 温帯, 両極の極地海域のほぼ全世界の海域。

ミンダナオオオサンショウクイ
〈Coracina mcgregori〉鳥綱スズメ目サンショウクイ科の鳥。全長21cm。分布：フィリピンのミンダナオ島。絶滅危惧II類。

ミンダナオコノハズク
〈Otus mirus〉鳥綱フクロウ目フクロウ科の鳥。全長19〜20cm。分布：フィリピンのミンダナオ島。絶滅危惧II類。

ミンダナオコノハドリ
〈Chloropsis flavipennis〉鳥綱スズメ目コノハドリ科の鳥。全長23cm。分布：フィリピンのレイテ島, ミンダナオ島。絶滅危惧IB類。

ミンダナオジネズミ
〈Crocidura grandis〉哺乳綱食虫目トガリネズミ科の動物。分布：フィリピンのミンダナオ島のマリンダン山だけから知られる。絶滅危惧IB類。

ミンダナオジムヌラ
〈Podogymnura truei〉哺乳綱食虫目ハリネズミ科の動物。体長13〜15cm。分布：東南アジア(ミンダナオ島)。絶滅危惧IB類。

ミンダナオヒムネバト
〈Gallicolumba cringer〉鳥綱ハト目ハト科の鳥。全長30cm。分布：フィリピン。絶滅危惧II類。

ミンダナオミツリンヒタキ
〈Rhinomyias goodfellowi〉スズメ目ヒタキ科(ヒタキ亜科)。全長18cm。分布：フィリピンのミンダナオ島。絶滅危惧II類。

ミンドロオビオバト
ミンドロミカドバトの別名。

ミンドロクマネズミ
〈Rattus mindorensis〉齧歯目ネズミ科(ネズミ亜科)。頭胴長15〜19cm。分布：フィリピンのミンドロ島。絶滅危惧II類。

ミンドロコノハズク
〈Otus mindorensis〉鳥綱フクロウ目フクロウ科の鳥。全長18〜19cm。分布：フィリピンのミンドロ島。絶滅危惧II類。

ミンドロサイチョウ
〈Penelopides mindorensis〉鳥綱ブッポウソウ目サイチョウ科の鳥。全長50〜65cm。分布：フィリピンのミンドロ島。絶滅危惧IB類。

ミンドロジネズミ
〈Crocidura mindorus〉哺乳綱食虫目トガリネズミ科の動物。頭胴長9〜9.5cm。分布：フィリピンのミンドロ島のアルコン山, シブヤン島, グイテイン−グイテイン山から知られる。絶滅危惧IB類。

ミントロス

ミンドロスイギュウ
〈*Bubalus* [*Anoa*] *mindorensis*〉哺乳綱偶蹄目反芻亜目ウシ科ウシ亜科スイギュウ属。絶滅危惧種。

ミンドロスイギュウ
タマラオの別名。

ミンドロネズミ
〈*Anonymomys mindorensis*〉齧歯目ネズミ科（ネズミ亜科）。頭胴長12.5cm程度。分布：フィリピンのミンドロ島。絶滅危惧II類。

ミンドロハナドリ
〈*Dicaeum retrocinctum*〉鳥綱スズメ目ハナドリ科の鳥。全長9cm。分布：フィリピンのミンドロ島、ネグロス島。絶滅危惧IA類。

ミンドロバンケン
〈*Centropus steerii*〉カッコウ目カッコウ科。全長46cm。分布：フィリピンのミンドロ島。絶滅危惧IA類。

ミンドロヒムネバト
〈*Gallicolumba platenae*〉鳥綱ハト目ハト科の鳥。全長30cm。分布：フィリピンのミンドロ島。絶滅危惧IA類。

ミンドロミカドバト
〈*Ducula mindorensis*〉鳥綱ハト目ハト科の鳥。全長47cm。分布：フィリピンのミンドロ島。絶滅危惧IB類。

ミンドロヤマスイギュウ
タマラオの別名。

ム **ミンドロワニ**
〈*Crocodylus mindorensis*〉爬虫綱ワニ目クロコダイル科のワニ。別名フィリピンワニ。全長最大3m程度。分布：フィリピン。絶滅危惧IA類。

【ム】

ムーアカベヤモリ
〈*Tarentola mauritanica*〉爬虫綱有鱗目トカゲ亜目ヤモリ科の動物。全長15〜16cm。分布：スペインからギリシャまでの地中海沿岸地域、北アフリカ。

ムーアモンキー
〈*Macaca maura*〉哺乳綱霊長目オナガザル科の動物。頭胴長45〜51cm。分布：インドネシアのスラウェシ島南西半島部。絶滅危惧IB類。

ムオビアルマジロ
ムツオビアルマジロの別名。

ムカクヘヤフォード　無角ヘヤフォード
〈*Polled Hereford*〉分布：アメリカ。

ムカクワシュ　無角和種
〈*Japanese Polled*〉牛の一品種。オス137cm、メス125cm。原産：山口県。

ムカシウサギ　昔兎
ウサギ目ウサギ科ムカシウサギ亜科Palaeolaginaeの哺乳類の総称。後肢と耳が非常に短い原始的なウサギ。

ムカシガエル　昔蛙
〈*New Zealand frog*〉両生綱無尾目ムカシガエル科に属するカエルの総称。体長2〜5cm。分布：北アメリカ西部、ニュージーランド。

ムカシガエル
アーチームカシガエルの別名。

ムカシクビワフルーツコウモリ
〈*Myonycteris relicta*〉哺乳綱翼手目オオコウモリ科の動物。前腕長6.9〜7.5cm。分布：ケニア、タンザニア。絶滅危惧II類。

ムカシジシギ
〈*Coenocorypha aucklandica*〉鳥綱チドリ目シギ科の鳥。

ムカシトカゲ　昔蜥蜴
〈*Sphenodon punctatus*〉爬虫綱有鱗目トカゲ亜目ムシトカゲ科のトカゲ。全長60〜71cm。分布：ニュージーランドの島嶼と、南島の北縁。絶滅危惧。

ムカシフチア
〈*Isolobodon portoricensis*〉哺乳綱齧歯目フチア科の動物。分布：ハイチ、ドミニカ共和国、アメリカ領プエルト・リコ。絶滅危惧IA類。

ムカシヘビ
〈*protocolubroid*〉モリボア科。全長30〜60cm。分布：西インド諸島。

ムギマキ　麦蒔，麦播
〈*Ficedula mugimaki*〉鳥綱スズメ目ヒタキ科ヒタキ亜科の鳥。全長13cm。

ムクオスヒキガエル
〈*Bufo coniferus*〉両生綱無尾目ヒキガエル科のカエル。体長オス53〜72mm、メス76〜94mm。分布：コスタリカからパナマにかけて、及びコロンビアとエクアドル北部の太平洋側。

ムクゲアルマジロ

〈*Dasypus pilosus*〉異節目(貧歯目)アルマジロ科。頭胴長約32cm。分布：ペルー南西部の山地のみ。絶滅危惧II類。

ムクゲキンモグラ
〈*Chrysospalax villosus*〉哺乳綱食虫目キンモグラ科の動物。頭胴長12.5〜17.5cm。分布：南アフリカ共和国。絶滅危惧II類。

ムクゲネズミ 尨毛鼠
〈*Clethrionomys rex*〉頭胴長112〜143mm。分布：サハリン。国内では北海道の日高・大雪山系，天塩町，利尻島，礼文島，色丹島，志発島。

ムクドリ 椋鳥
〈*Sturnus cineraceus*〉鳥綱スズメ目ムクドリ科の鳥。別名サクラドリ。全長24cm。分布：中国東北地方，ウスリー，日本などで繁殖し，北方のものは中国南部まで南下して越冬。国内では九州以北の市街地，村落などで繁殖し，冬はやや南下。

ムクドリ 椋鳥
〈*starling*〉広義には鳥綱スズメ目ムクドリ科に属する鳥の総称で，狭義にはそのうちの1種をさす。体長16〜45cm。分布：アフリカ，ヨーロッパから東南アジア，オセアニア(オーストララシアまで)。

ムクドリモドキ 椋鳥擬
〈*icterid*〉鳥綱スズメ目ムクドリモドキ科に属する鳥の総称。体長15〜53cm。分布：南，北アメリカ。

ムササビ 鼯鼠
〈*Petaurista leucogenys*〉哺乳綱齧歯目リス科の動物。別名バンドリ，オカツギ，ソバオシキ，モマ。頭胴長27〜48cm。分布：北海道と沖縄を除く全都府県。

ムジアオハシインコ
〈*Cyanoramphus unicolor*〉鳥綱オウム目インコ科の鳥。全長30cm。分布：ニュージーランドのアンティポディーズ諸島。絶滅危惧II類。

ムジアマツバメ
〈*Cypseloides fumigatus*〉鳥綱アマツバメ目アマツバメ科の鳥。

ムジエボシドリ 無地烏帽子鳥
〈*Corythaixoides concolor*〉鳥綱カッコウ目エボシドリ科の鳥。別名ムジハイイロエボシドリ。体長48cm。分布：アフリカ南部，北限はアンゴラおよびザイール。

ムージェンハブ
〈*Bothrops moojeni*〉爬虫綱有鱗目ヘビ亜目クサリヘビ科のヘビ。全長168cm。分布：ブラジル，パラグアイ。

ムジオウム
タイハクオウムの別名。

ムジオニクイナ 無地鬼秧鶏
〈*Rallus wetmorei*〉鳥綱ツル目クイナ科の鳥。全長24〜27cm。分布：ベネズエラ北部沿岸の一部地域のみ。絶滅危惧IB類。

ムジカザリドリ
〈*Lipaugus vociferans*〉カザリドリ科。体長25〜28cm。分布：アマゾン川流域，ベネズエラ南部，ギアナ，ブラジル南東部の海岸地方。

ムジキバシリモドキ
〈*Rhabdornis inornatus*〉キバシリモドキ科。体長15cm。分布：サマール島(フィリピン)。

ムシクイ 虫喰
〈*leaf warbler*〉鳥綱スズメ目ヒタキ科ウグイス亜科のメボソムシクイ属，ズグロムシクイ属，ハシナガムシクイ属に含まれる約40種の鳥の総称。

ムシクイカマドドリ 虫喰竈鳥
〈*Thripadectes flammulatus*〉鳥綱スズメ目カマドドリ科の鳥。

ムシクイキンパラ 虫喰金腹
〈*Parmoptila woodhousei*〉鳥綱スズメ目カエデチョウ科の鳥。

ムシクイタイランチョウ
〈*Pseudocolopteryx dinellianus*〉鳥綱スズメ目タイランチョウ科の鳥。全長9cm。分布：繁殖地はパラグアイ南部，アルゼンチン北部。ボリビア南東部で一部が越冬。絶滅危惧II類。

ムシクイフィンチ
〈*Certhidea olivacea*〉鳥綱スズメ目ホオジロ科の鳥。

ムジコオニキバシリ
アカコオニキバシリの別名。

ムジサイチョウ
〈*Anorrhinus galeritus*〉鳥綱ブッポウソウ目サイチョウ科の鳥。

ムジセッカ 無地雪加
〈*Phylloscopus fuscatus*〉鳥綱スズメ目ヒタキ科ウグイス亜科の鳥。全長12cm。

ムジタヒバリ 無地田雲雀
〈*Anthus campestris*〉鳥綱スズメ目セキレイ

ムシチョウ
科の鳥。

ムジチョウゲンボウ
ヒメチョウゲンボウの別名。

ムジトウヒチョウ
〈Pipilo fuscus〉鳥綱スズメ目ホオジロ科の鳥。

ムジナ
タヌキの別名。

ムジハイイロエボシドリ
ムジエボシドリの別名。

ムジヒメアリサザイ
〈Myrmotherula unicolor〉鳥綱スズメ目アリドリ科の鳥。全長9cm。分布：ブラジル南東部。絶滅危惧II類。

ムジヒメシャクケイ　無地姫舎久鶏
〈Ortalis vetula〉鳥綱キジ目ホウカンチョウ科の鳥。体長46cm。分布：テキサス南部からニカラグア西部およびコスタリカ北西部。ジョージア州沖の島々に移入。

ムジボウシカマドドリ　無地帽子竈鳥
〈Synallaxis gujanensis〉鳥綱スズメ目カマドドリ科の鳥。

ムジホシムクドリ
〈Sturnus unicolor〉鳥綱スズメ目ムクドリ科の鳥。

ムジミソサザイ　無地鷦鷯
〈Thryothorus modestus〉鳥綱スズメ目ミソサザイ科の鳥。

ムジミドリヤマセミ
オオミドリヤマセミの別名。

ムジユキヒメドリ
ユキヒメドリの別名。

ムジルリツグミ
〈Sialia currucoides〉鳥綱スズメ目ヒタキ科の鳥。体長18cm。分布：北アメリカ西部で繁殖し、メキシコ以北に移動し越冬。

ムスタング
〈Mustang〉哺乳綱奇蹄目ウマ科の動物。体高142～152cm。原産：アメリカ合衆国。

ムスメインコ　娘鸚哥
〈Vini kuhlii〉鳥綱オウム目ヒインコ科の鳥。全長19cm。分布：フランス領ポリネシアのトゥブアイ諸島のリマタラ島，キリバスのライン諸島。絶滅危惧IB類。

ムーズ・ライン・アイセル
〈Meuse-Rhine-Ijssel〉哺乳綱偶蹄目ウシ科の動物。体高オス145cm，メス135cm。分布：オランダ南部。

ムソウオクイネズミ
〈Neusticomys mussoi〉齧歯目ネズミ科（アメリカネズミ亜科）。頭胴長9～12cm。分布：ベネズエラ北西部。絶滅危惧IB類。

ムチヘビ　鞭蛇
ナミヘビ科に属するむちのように細長い無毒ヘビの総称。

ムツアシガメ
〈Testudo impressa〉爬虫綱カメ目リクガメ科のカメ。

ムツイタガメ
〈Notochelys platynota〉爬虫綱カメ目ヌマガメ科のカメ。最大甲長32cm。分布：タイ，ベトナム南部，ビルマ，マレーシア，シンガポール，インドネシア（ボルネオ島，スマトラ島，ジャワ島など）。

ムツオビアルマジロ
〈Euphractus sexcinctus〉哺乳綱貧歯目アルマジロ科の動物。

ムツコブヨコクビガメ
〈Podocnemis sextuberculata〉爬虫綱カメ目ヨコクビガメ科のカメ。最大甲長34cm。分布：南米（ブラジル北部，コロンビア南西部およびペルー北東部のアマゾン河流域）。絶滅危惧II類。

ムッスラーナ
〈Clelia clelia〉爬虫綱有鱗目ヘビ亜目ナミヘビ科のヘビ。全長2～2.5m。分布：中央，南アメリカ。

ムーディ
〈Mudi〉犬の一品種。体高36～51cm。原産：ハンガリー。

ムドクヘビ　無毒蛇
〈harmless snake〉爬虫綱有鱗目ヘビ亜目ナミヘビ科のヘビ。全長13cm～3.5m。分布：スカンジナビア半島の北極圏付近からシベリア南部，南アメリカのフエゴ島，アフリカの喜望峰，オーストラリア北東部に及ぶ広域，アイルランド，アイスランド，ニュージーランド。

ムナオビアリサザイ
〈Conopophaga aurita〉鳥綱スズメ目アリサザイ科の鳥。

ムナオビイロムシクイ
〈*Apalis thoracica*〉鳥綱スズメ目ヒタキ科ウグイス亜科の鳥。別名クロエリイロムシクイ。体長13cm。分布：ケニアから南アフリカにかけて分布する。

ムナオビオナガゴシキドリ
〈*Trachyphonus vaillantii*〉鳥綱キツツキ目ゴシキドリ科の鳥。

ムナオビクイナ　胸帯秧鶏
〈*Rallus torquatus*〉鳥綱ツル目クイナ科の鳥。別名クビワクイナ。

ムナオビゴジュウカラ　胸帯五十雀
〈*Sitta krueperi*〉鳥綱スズメ目ゴジュウカラ科の鳥。

ムナオビツグミ
〈*Ixoreus naevius*〉鳥綱スズメ目ツグミ科の鳥。体長20～25cm。分布：アラスカ北、中部から南はカリフォルニア北部に至る北アメリカ西海岸。

ムナオビハチドリ
〈*Augastes scutatus*〉鳥綱アマツバメ目ハチドリ科の鳥。

ムナオビミツリンヒタキ
〈*Rhinomyias brunneata*〉スズメ目ヒタキ科（ヒタキ亜科）。全長16.5cm。分布：繁殖地は中国南東部。越冬地はタイ、マレー半島からシンガポール、ブルネイにかけて。絶滅危惧II類。

ムナグロ　胸黒
〈*Pluvialis dominica*〉鳥綱チドリ目チドリ科の鳥。体長24～28cm。分布：北アメリカの北極圏内で繁殖、南アメリカ中部で越冬。

ムナグロアメリカムシクイ
〈*Vermivora bachmanii*〉アメリカムシクイ科。体長12cm。分布：合衆国南東部。キューバで越冬。絶滅危惧IA類。

ムナグロアリサザイ
〈*Formicivora rufa*〉鳥綱スズメ目アリドリ科の鳥。体長13cm。分布：スリナム、ブラジルの一部、パラグアイ、ボリビアとペルー。

ムナグロイロムシクイ
〈*Apalis lynesi*〉スズメ目ヒタキ科（ウグイス亜科）。全長12cm。分布：モザンビーク北部ナムリ山。絶滅危惧II類。

ムナグロオオガシラ　胸黒大頭
〈*Notharchus pectoralis*〉鳥綱キツツキ目オオガシラ科の鳥。

ムナグロシャコ　胸黒鷓鴣
〈*Francolinus francolinus*〉鳥綱キジ目キジ科の鳥。別名クロシャコ、クビワシャコ。体長オス55cm、メス42cm。分布：ユーラシア南部。キプロス島、トルコ東部からパキスタン、インド北部。

ムナグロシラヒゲドリ
〈*Psophodes olivaceus*〉ハシリチメドリ科。体長25～30cm。分布：クィーンズランド州北部からヴィクトリア州に至るオーストラリアの東海岸。

ムナグロセワタビタキ
〈*Batis copensis*〉鳥綱スズメ目ヒタキ科の鳥。体長12cm。分布：アフリカ南部の一部地域。

ムナグロダルマエナガ
〈*Paradoxornis flavirostris*〉スズメ目ヒタキ科（ダルマエナガ亜科）。全長20cm。分布：インド北東部、バングラデシュ北部、ミャンマー西部。絶滅危惧II類。

ムナグロチュウヒワシ
〈*Circaetus pectoralis*〉体長65cm。分布：アフリカ東部～南部。

ムナグロノジコ
〈*Spiza americana*〉鳥綱スズメ目ホオジロ科の鳥。体長16cm。分布：カナダ中部や合衆国東部・内陸部で繁殖し、メキシコ南部から南アメリカ北部で越冬。

ムナグロヘキチョウ
〈*Lonchura maja ferruginosa*〉鳥綱カエデチョウ科の鳥。

ムナグロマンゴーハチドリ
〈*Anthracothorax nigricollis*〉鳥綱アマツバメ目ハチドリ科の鳥。

ムナグロミフウズラ
〈*Turnix melanogaster*〉鳥綱ツル目ミフウズラ科の鳥。別名カオグロミフウズラ。全長17～19cm。分布：オーストラリア東部。絶滅危惧。

ムナグロムクドリ
〈*Cinnyricinclus femoralis*〉鳥綱スズメ目ムクドリ科の鳥。全長17cm。分布：ケニア、タンザニア。絶滅危惧II類。

ムナグロムクドリモドキ　胸黒椋鳥擬
〈*Icterus cucullatus*〉鳥綱スズメ目ムクドリモドキ科の鳥。

ムナクロヤ

ムナグロヤイロチョウ
〈*Pitta iris*〉鳥綱スズメ目ヤイロチョウ科の鳥。体長18cm。分布：オーストラリア北部。

ムナグロヤイロチョウ
ノドグロヤイロチョウの別名。

ムナグロワタアシハチドリ
〈*Eriocnemis nigrivestis*〉鳥綱アマツバメ目ハチドリ科の鳥。全長8～9cm。分布：エクアドル北西部。絶滅危惧IA類。

ムナゲミフウズラ
〈*Turnix olivii*〉鳥綱ツル目ミフウズラ科の鳥。別名ハシブトミフウズラ。全長18～22cm。分布：オーストラリア北東部のヨーク岬半島。絶滅危惧。

ムナジロアマツバメ
〈*Aeronautes saxatilis*〉鳥綱アマツバメ目アマツバメ科の鳥。体長17cm。分布：中央アメリカ北部および合衆国西部。

ムナジロウロコインコ
〈*Pyrrhura albipectus*〉鳥綱オウム目インコ科の鳥。全長24cm。分布：エクアドル南東部。絶滅危惧II類。

ムナジロエンビハチドリ
〈*Tilmatura dupontii*〉鳥綱アマツバメ目ハチドリ科の鳥。

ムナジロオオコウモリ
〈*Pteropus insularis*〉哺乳綱翼手目オオコウモリ科の動物。前腕長10～11cm。分布：ミクロネシア連邦のトラック諸島。絶滅危惧IA類。

ムナジロオナガカマドドリ　胸白尾長竈鳥
〈*Synallaxis albescens*〉カマドドリ科。体長16cm。分布：コスタリカ南西部からアルゼンチン（アンデス山脈東側），トリニダード島，マルガリータ島。

ムナジロガラス　胸白鴉
〈*Corvus albus*〉鳥綱スズメ目カラス科の鳥。体長45cm。分布：サハラ以南のアフリカ，マダガスカル島。

ムナジロカワガラス　胸白河烏
〈*Cinclus cinclus*〉鳥綱スズメ目カワガラス科の鳥。体長18～21cm。分布：ヨーロッパ，中央アジア。

ムナジロクイナモドキ
〈*Mesitornis variegata*〉鳥綱ツル目クイナモドキ科の鳥。体長25cm。分布：マダガスカル島西部の3つの小地域。絶滅危惧II類。

ムナジロゴジュウカラ
〈*Sitta carolinensis*〉鳥綱スズメ目ゴジュウカラ科の鳥。体長14cm。分布：カナダ南部の一部地域，合衆国の大部分，メキシコの山岳地帯。

ムナジロシマコキン　胸白縞胡錦
〈*Lonchura pectoralis*〉鳥綱スズメ目カエデチョウ科の鳥。

ムナジロセスジムシクイ
〈*Amytornis dorotheae*〉スズメ目ヒタキ科（オーストラリアムシクイ亜科）。全長17cm。分布：オーストラリア北部。絶滅危惧種。

ムナジロチビハチドリ
〈*Acestrura berlepschi*〉鳥綱アマツバメ目ハチドリ科の鳥。全長6～7cm。分布：エクアドル西部。絶滅危惧IB類。

ムナジロツグミモドキ　胸白鶫擬
〈*Ramphocinclus brachyurus*〉鳥綱スズメ目マネシツグミ科の鳥。全長23cm。分布：フランス領マルティニク島，セントルシア。絶滅危惧IB類。

ムナジロテン
〈*Martes foina*〉イタチ科テン属。体長42～48cm。分布：ヨーロッパ。

ムナジロバト　胸白鳩
〈*Gallicolumba xanthonura*〉鳥綱ハト目ハト科の鳥。

ムナジロヒゲオカマドドリ
〈*Premnoplex tatei*〉鳥綱スズメ目カマドドリ科の鳥。全長14cm。分布：ベネズエラ北部。絶滅危惧IB類。

ムナジロホロホロチョウ　胸白珠鶏
〈*Agelastes meleagrides*〉鳥綱キジ目キジ科の鳥。全長40～45cm。分布：シエラレオネ，リベリア，コートジボアール，ガーナの西部。絶滅危惧II類。

ムナジロミソサザイ　胸白鷦鷯
〈*Salpinctes mexicanus*〉鳥綱スズメ目ミソサザイ科の鳥。

ムナジロムジアマツバメ
〈*Cypseloides lemosi*〉鳥綱アマツバメ目アマツバメ科の鳥。全長14cm。分布：コロンビア南西部。絶滅危惧II類。

ムナビロブロンズ

ビー・ビー・ブロンズの別名。

ムナフイカル
〈*Saltator albicollis*〉鳥綱スズメ目ホオジロ科の鳥。

ムナフコウライウグイス
〈*Oriolus xanthonotus*〉鳥綱スズメ目コウライウグイス科の鳥。

ムナフジチメドリ
〈*Pellorneum ruficeps*〉鳥綱スズメ目ヒタキ科チメドリ亜科の鳥。

ムナフセッカ
〈*Cisticola textrix*〉鳥綱スズメ目ウグイス科の鳥。体長9～10cm。分布：ザイール, アンゴラ南部, ザンビア, 南アフリカ共和国（南部およびトランスヴァール州以南の木のまばらに生えた高原）。

ムナフタイヨウチョウ　胸斑太陽鳥
〈*Hypogramma hypogrammicum*〉鳥綱スズメ目タイヨウチョウ科の鳥。

ムナフチュウハシ　胸斑中嘴
〈*Pteroglossus torquatus*〉鳥綱キツツキ目オオハシ科の鳥。

ムナフハナドリ　胸斑花鳥
〈*Dicaeum chrysorrheum*〉鳥綱スズメ目ハナドリ科の鳥。

ムナフヒタキ
〈*Muscicapa striata*〉鳥綱スズメ目ヒタキ科の鳥。体長14cm。分布：ユーラシア大陸, 北はロシア北部およびシベリア西部, 東はモンゴル北部, 南はアフリカ北西・南部, ヒマラヤ。アフリカ中・南部, アラビア半島, インド北西部で越冬。

ムナフヒメドリ
〈*Spizella arborea*〉鳥綱スズメ目ホオジロ科の鳥。体長16cm。分布：アラスカやカナダ北部で繁殖。合衆国のテキサス州より北で越冬。

ムナフムシクイチメドリ
〈*Macronous gularis*〉鳥綱スズメ目ヒタキ科チメドリ亜科の鳥。

ムネアカアオバト　胸赤鳩
〈*Treron bicincta*〉鳥綱ハト目ハト科の鳥。体長29cm。分布：インドと東南アジアの一部。

ムネアカアフリカヒロハシ
ムネアカヒロハシの別名。

ムネアカアマドリ

〈*Nonnula rubecula*〉鳥綱キツツキ目オオガシラ科の鳥。体長15cm。分布：ベネズエラ南部, ペルー北部, ブラジル南部からパラグアイおよびアルゼンチン北部。

ムネアカアメリカムシクイ
〈*Granatellus venustus*〉鳥綱スズメ目アメリカムシクイ科の鳥。

ムネアカアリスイ　胸赤蟻吸
〈*Jynx ruficollis*〉鳥綱キツツキ目キツツキ科の鳥。

ムネアカイカル
〈*Pheucticus ludovicianus*〉鳥綱スズメ目ホオジロ科の鳥。体長20cm。分布：カナダ中南部, 合衆国東部。メキシコおよび南アメリカ北部まで南下して越冬。

ムネアカオタテドリ
〈*Liosceles thoracicus*〉鳥綱スズメ目オタテドリ科の鳥。体長20cm。分布：ブラジル西部と, コロンビア, エクアドル, ペルーのアマゾン川流域の降雨林。

ムネアカオナガカマドドリ
ムネアカカマドドリの別名。

ムネアカカナリアヒタキ
〈*Culicicapa ceylonensis*〉鳥綱スズメ目ヒタキ科ヒタキ亜科の鳥。別名ハイガシラヒタキ。

ムネアカカマドドリ　胸赤竈鳥
〈*Synallaxis erythrothorax*〉鳥綱スズメ目カマドドリ科の鳥。別名ムネアカオナガカマドドリ。

ムネアカカンムリバト
〈*Goura scheepmakeri*〉鳥綱ハト目ハト科の鳥。全長71～79cm。分布：ニューギニア島。絶滅危惧種。

ムネアカクイナ　胸赤秧鶏
〈*Anurolimnas castaneiceps*〉鳥綱ツル目クイナ科の鳥。

ムネアカコウヨウチョウ
〈*Quelea cardinalis*〉鳥綱スズメ目ハタオリドリ科の鳥。体長11cm。分布：ケニアからモザンビークにかけて分布。

ムネアカゴシキドリ
〈*Megalaima haemacephala*〉鳥綱キツツキ目ゴシキドリ科の鳥。体長16.5cm。分布：パキスタンから東は中国, フィリピン, 南はインドネシア西部にまで分布する。

ムネアカコ

ムネアカゴジュウカラ
〈*Sitta canadensis*〉鳥綱スズメ目ゴジュウカラ科の鳥。体長11〜13cm。分布：カナダ南部からメキシコ。

ムネアカコバネヒタキ
〈*Brachypteryx hyperythra*〉スズメ目ヒタキ科（ツグミ亜科）。全長13cm。分布：ヒマラヤ東部など。絶滅危惧II類。

ムネアカサザイチメドリ
〈*Spelaeornis caudatus*〉スズメ目ヒタキ科（チメドリ亜科）。全長10cm。分布：ネパール北東部、ブータン、インド北東部。絶滅危惧II類。

ムネアカシルスイキツツキ
〈*Sphyrapicus ruber*〉鳥綱キツツキ目キツツキ科の鳥。体長19cm。分布：北アメリカ北西部。

ムネアカセイタカシギ
〈*Cladorhynchus leucocephalus*〉鳥綱チドリ目セイタカシギ科の鳥。体長38〜41cm。分布：オーストラリア南部。

ムネアカタイヨウチョウ 胸赤太陽鳥
〈*Nectarinia sperata*〉鳥綱スズメ目タイヨウチョウ科の鳥。

ムネアカタヒバリ 胸赤田鶏, 胸赤田雲雀
〈*Anthus cervinus*〉鳥綱スズメ目セキレイ科の鳥。全長15.5cm。

ムネアカタマリン
シロクチタマリンの別名。

ムネアカハチクイ
〈*Nyctyornis amictus*〉鳥綱ブッポウソウ目ハチクイ科の鳥。体長32cm。分布：タイ南部やマレー半島、スマトラ島、ボルネオ島。

ムネアカバト
ムネアカアオバトの別名。

ムネアカハナドリ
ヤドリギハナドリの別名。

ムネアカハナドリモドキ
〈*Prionochilus percussus*〉ハナドリ科。体長8〜9cm。分布：マレー半島、スマトラ、ジャワ、カリマンタン、フィリピン。

ムネアカヒメキツツキ
〈*Picumnus rufiventris*〉鳥綱キツツキ目キツツキ科の鳥。

ムネアカヒロハシ 胸赤広嘴
〈*Smithornis rufolateralis*〉鳥綱スズメ目ヒロハシ科の鳥。別名ムネアカアフリカヒロハシ。

ムネアカヒワ
〈*Carduelis cannabina*〉鳥綱スズメ目アトリ科の鳥。体長14cm。分布：ヨーロッパの大部分とアフリカ北部、中東と中央アジアの一部地域。冬には南に渡る個体群もいる。

ムネアカヒワミツドリ
〈*Dacnis berlepschi*〉スズメ目ホオジロ科（フウキンチョウ亜科）。全長12cm。分布：コロンビア南西部、エクアドル北西部。絶滅危惧II類。

ムネアカボウシタイランチョウ 胸赤帽子太蘭鳥
〈*Xenotriccus callizonus*〉鳥綱スズメ目タイランチョウ科の鳥。

ムネアカマイコドリ 胸赤舞子鳥
〈*Pipra aureola*〉鳥綱スズメ目マイコドリ科の鳥。別名アカクロマイコドリ。

ムネアカマユシトド
〈*Poospiza rubecula*〉鳥綱スズメ目ホオジロ科の鳥。全長15cm。分布：ペルー西部。絶滅危惧IB類。

ムネアカミツスイ
〈*Myzomela chermesina*〉鳥綱スズメ目ミツスイ科の鳥。全長13cm。分布：フィジーのロトゥマ島。絶滅危惧II類。

ムネアカミヤマテッケイ
〈*Arborophila mandellii*〉鳥綱キジ目キジ科の鳥。全長28cm。分布：インド北東部, ブータン。絶滅危惧II類。

ムネアカモリハタオリ
〈*Malimbus ibadanensis*〉鳥綱スズメ目ハタオリドリ科の鳥。全長19cm。分布：ナイジェリア南西部。絶滅危惧IA類。

ムネアカヤイロ
アカハラヤイロチョウの別名。

ムネアカヤブシトド
〈*Atlapetes semirufus*〉鳥綱スズメ目ホオジロ科の鳥。

ムネジロクロツバメ 胸白黒燕
〈*Psalidoprocne pristoptera*〉鳥綱スズメ目ツバメ科の鳥。

ムネフサミツスイ 胸房蜜吸
〈*Moho nobilis*〉鳥綱スズメ目ミツスイ科の鳥。

ムネムラサキインコ
〈*Vini stepheni*〉鳥綱オウム目インコ科の鳥。全長19cm。分布：イギリス領ヘンダーソン島。絶滅危惧Ⅱ類。

ムフロン
〈*Ovis musimon*〉偶蹄目ウシ科の哺乳類で、家畜ヒツジの有力な祖先とみられている野生ヒツジの1種。70cm。分布：地中海沿岸地域。

ムフロン
アジアムフロンの別名。

ムラー
〈*Murrah*〉オス142cm、メス133cm。分布：インド北部。

ムラクモインコ　叢雲鸚哥
〈*Poicephalus meyeri*〉鳥綱オウム目インコ科の鳥。

ムラコーザー
馬の一品種。原産：ハンガリー。

ムーラコッツ
〈*Murakoz*〉馬の一品種。体高163cm。原産：ハンガリー。

ムラサキエボシドリ　紫烏帽子鳥
〈*Musophaga rossae*〉鳥綱ホトトギス目エボシドリ科の鳥。

ムラサキオーストラリアムシクイ
〈*Malurus splendens*〉鳥綱スズメ目ヒタキ科の鳥。体長14cm。分布：オーストラリア。

ムラサキカザリドリ
〈*Xipholena punicea*〉鳥綱スズメ目カザリドリ科の鳥。

ムラサキガシラジャコウインコ
〈*Glossopsitta porphyrocephala*〉鳥綱インコ目インコ科の鳥。体長16cm。分布：オーストラリア南西部および南部（タスマニアを除く）。

ムラサキケンバネハチドリ
〈*Campylopterus hemileucurus*〉鳥綱アマツバメ目ハチドリ科の鳥。体長15cm。分布：メキシコ南部からパナマ西部。

ムラサキコバシタイヨウチョウ　紫小嘴太陽鳥
〈*Anthreptes longuemarei*〉鳥綱スズメ目タイヨウチョウ科の鳥。

ムラサキサギ　紫鷺
〈*Ardea purpurea*〉鳥綱コウノトリ目サギ科の鳥。体長78〜90cm。分布：ユーラシア南部, アフリカ。国内では八重山列島。

ムラサキシギ
〈*Calidris maritima*〉鳥綱チドリ目シギ科の鳥。別名ムラサキハマシギ。

ムラサキタイヨウチョウ　紫太陽鳥
〈*Nectarinia asiatica*〉タイヨウチョウ科。体長10cm。分布：イラン, インド, スリランカ, インドシナ。

ムラサキツグミ
〈*Grandala coelicolor*〉鳥綱スズメ目ツグミ科の鳥。別名シコンツグミ。体長22cm。分布：ヒマラヤ地方、チベット南東部および中国西部の山岳地帯。

ムラサキツバメ　紫燕
〈*Progne subis*〉鳥綱スズメ目ツバメ科の鳥。体長18cm。分布：北アメリカで繁殖し, アマゾン川流域で越冬するが, ときにはフロリダのような北方地域で冬を越す場合もある。

ムラサキトキワスズメ　青腹常盤雀
〈*Uraeginthus ianthinogaster*〉鳥綱スズメ目カエデチョウ科の鳥。体長14cm。分布：アフリカ東部のエチオピアからソマリア, 南はタンザニアにかけて分布する。

ムラサキノジコ
〈*Passerina versicolor*〉鳥綱スズメ目ホオジロ科の鳥。

ムラサキハブ
〈*Trimeresurus purpureomaculatus*〉爬虫綱有鱗目ヘビ亜目クサリヘビ科のヘビ。全長60〜100cm。分布：タイ, ミャンマー, マレー半島, スマトラ, アンダマン諸島, ニコバル諸島。

ムラサキハマシギ
ムラサキシギの別名。

ムラサキフタオハチドリ
〈*Aglaiocercus coelestis*〉鳥綱アマツバメ目ハチドリ科の鳥。

ムラサキボウシハチドリ
〈*Goldmania violiceps*〉鳥綱アマツバメ目ハチドリ科の鳥。

ムラサキミツドリ
〈*Cyanerpes caeruleus*〉鳥綱スズメ目ホオジロ科の鳥。体長10cm。分布：パナマの一部地域と南アメリカ北部の各地。

ムラサキミヤマツグミ
〈*Cochoa purpurea*〉鳥綱スズメ目ヒタキ科ツグミ亜科の鳥。

ムラサキモリバト
〈*Columba punicea*〉鳥綱ハト目ハト科の鳥。全長36〜41cm。分布：インド北東部,バングラデシュ,中国南部からインドシナ半島にかけて。絶滅危惧II類。

ムラサキヤイロチョウ
〈*Pitta granatina*〉鳥綱スズメ目ヤイロチョウ科の鳥。体長15cm。分布：ミャンマーの半島部,スマトラ島,カリマンタン島。

ムリキ
ウーリークモザルの別名。

ムルゲーゼ
〈*Murgese*〉馬の一品種。150〜160cm。原産：イタリア。

ムルシア・グラナダ
〈*Murcia-Granada*〉哺乳綱偶蹄目ウシ科の動物。体高オス80cm,メス75cm。分布：スペイン南部。

ムルシアーナ
〈*Murciana*〉牛の一品種。

ムルナウベルデルフェルゼル
〈*Murnau-Wälderfelser*〉牛の一品種。

【メ】

メイシャントン 梅山猪
〈*Meishan Pig*〉分布：上海市北部。

メイナントン 美濃猪
〈*Meinong Pig*〉メス54.6cm。分布：台湾南西部。

メイン・クーン
〈*Maine Coon*〉猫の一品種。原産：アメリカ。

メエメエガエル
〈*Hypopachus variolosus*〉両生綱無尾目ヒメガエル科のカエル。体長45mm。分布：合衆国のテキサス州,メキシコのソノラ州からコスタリカの海抜1500m以下の地域まで。

メガネアメリカムシクイ
〈*Geothlypis formosa*〉鳥綱スズメ目アメリカムシクイ科の鳥。

メガネアリドリ 眼鏡蟻鳥
〈*Gymnopithys rufigula*〉鳥綱スズメ目アリドリ科の鳥。

メガネイルカ
〈*Australophocaena dioptrica*〉哺乳綱クジラ目ネズミイルカ科の動物。1.3〜2.2m。分布：南アメリカの大西洋南岸といくつかの沖合いの島々の周辺。

メガネウサギワラビー
〈*Lagorchestes conspicillatus*〉哺乳綱有袋目カンガルー科の動物。体長40〜48cm。分布：オーストラリア北部。

メガネカイマン
〈*Caiman crocodilus apaporiensis*〉爬虫綱ワニ目アリゲーター科のワニ。全長2.5m。分布：メキシコ南部からアルゼンチン北部。

メガネグマ 眼鏡熊
〈*Tremarctos ornatus*〉哺乳綱食肉目クマ科の動物。体長1.5〜2m。分布：南アメリカ西部。絶滅危惧II類。

メガネケワタガモ
〈*Somateria fischeri*〉鳥綱カモ目カモ科の鳥。全長55cm,翼開張90cm。分布：繁殖地はアメリカ合衆国のアラスカ州,ロシア北東部の海岸地域。越冬地はベーリング海とアリューシャン列島沿岸。絶滅危惧II類。

メガネコウライウグイス
〈*Sphecotheres vieilloti*〉鳥綱スズメ目コウライウグイス科の鳥。別名クワドリ。

メガネコウライウグイス
〈*Figbird*〉鳥綱スズメ目コウライウグイス科の鳥。全長20〜30cm。分布：アフリカ,アジア,フィリピン諸島,マレーシア,ニューギニア,オーストラリア。

メガネザル 眼鏡猿
〈*tarsier*〉哺乳綱霊長目メガネザル科に属する動物の総称。別名タルシア。

メガネタイランチョウ 眼鏡太蘭鳥
〈*Hymenops perspicillatus*〉鳥綱スズメ目タイランチョウ科の鳥。

メガネヒタキ
〈*Platysteira cyanea*〉カササギビタキ科。体長13cm。分布：スーダン,ウガンダ,ケニアを含むアフリカ西部,中央部および東部。

メガネフクロウ
〈*Pulsatrix perspicillata*〉鳥綱フクロウ目フクロウ科の鳥。体長43〜46cm。分布：メキシコ南部からアルゼンチン北西部およびブラジル南部。

メガネヘビ
インドコブラの別名。

メガネムクドリ
〈*Sarcops calvus*〉鳥綱スズメ目ムクドリ科の鳥。体長22cm。分布：フィリピン，スールー諸島。

メガネヤマネ
〈*Eliomys quercinus*〉哺乳綱齧歯目ヤマネ科の動物。頭胴長10～17.5cm。分布：スペイン，フランスからウラル山脈にかけて，北アフリカの地中海沿岸地帯。絶滅危惧II類。

メキシカン・ヘアレス
〈*Mexican Hairless*〉哺乳綱食肉目イヌ科の動物。体高28～31cm。分布：メキシコ。

メキシコアカボウシインコ
〈*Amazona viridigenalis*〉鳥綱オウム目インコ科の鳥。別名メキシコアカボウシ。全長30～33cm。分布：メキシコ北東部。絶滅危惧IB類。

メキシコアシナガコウモリ
〈*Natalus stramineus*〉体長4～4.5cm。分布：アメリカ西部から南アメリカ北部。

メキシコインコ
〈*Aratinga canicularis*〉鳥綱オウム目インコ科の鳥。

メキシコインコ
〈*conure*〉鳥綱オウム目オウム科クサビインコ属に含まれる鳥の総称。

メキシコウサギ
〈*Romerolagus diazi*〉哺乳綱ウサギ目ウサギ科の動物。体長23～32cm。分布：メキシコ中部。絶滅危惧IB類。

メキシコエンビモリハチドリ
〈*Thalurania ridgwayi*〉鳥綱アマツバメ目ハチドリ科の鳥。全長9～10cm。分布：メキシコ西部。絶滅危惧II類。

メキシコカケス
〈*Aphelocoma ultramarina*〉鳥綱スズメ目カラス科の鳥。

メキシコカザリハチドリ
〈*Lophornis brachylopha*〉鳥綱アマツバメ目ハチドリ科の鳥。全長7～7.5cm。分布：メキシコ南西部。絶滅危惧IB類。

メキシコカワガメ
カワガメの別名。

メキシコカワガラス
〈*Cinclus mexicanus*〉鳥綱スズメ目カワガラス科の鳥。別名アメリカカワガラス。体長18～21cm。分布：アラスカからメキシコ南部。

メキシコキノボリサンショウウオ
メキシコミットサラマンダーの別名。

メキシコクロホエザル
〈*Alouatta villosa*〉オマキザル科ホエザル属。頭胴長オス60～64cm，メス50～54cm。分布：ユカタン半島，グアテマラ北部，ベリーズ。

メキシコゴファーガメ
〈*Gopherus flavomarginatus*〉爬虫綱カメ目リクガメ科のカメ。背甲長最大40cm。分布：メキシコ北部。絶滅危惧II類。

メキシコサラマンダー
〈*Ambystoma mexicanum*〉両生綱の有尾目イモリ亜目マルクチサンショウウオ科マルクチサンショウウオ属。別名アホロートル，メキシコサンショウウオ。体長180～250mm。分布：メキシコ峡谷のソチミルコ湖とそのまわりの運河。絶滅危惧II類。

メキシコサンショウウオ
メキシコサラマンダーの別名。

メキシコサンビームヘビ
メキシコパイソンの別名。

メキシコジムグリガエル
〈*Rhinophrynus dorsalis*〉両生綱無尾目メキシコジムグリガエル科のカエル。体長6～8cm。分布：中央アメリカ。

メキシコツルヘビ
〈*Oxybelis aeneus*〉爬虫綱有鱗目ヘビ亜目ナミヘビ科のヘビ。全長1.3～1.7m。分布：北，南アメリカ。

メキシコドクトカゲ
〈*Heloderma horridum*〉爬虫綱有鱗目トカゲ亜目ドクトカゲ科のトカゲ。全長50～70cm。分布：メキシコ，グアテマラ。絶滅危惧II類。

メキシコパイソン
〈*Loxocemus bicolor*〉メキシコパイソン科。全長1m以下。分布：メキシコ南部からコスタリカ。絶滅危惧IB類と推定。

メキシコハダカアシナシイモリ
〈*Dermophis mexicanus*〉両生綱有尾目アシナシイモリ科の動物。体長350～600mm。分布：メキシコのベラクルス以南よりパナマ西部の太平洋岸まで。

メキシコハタネズミ

メキシコヒ

メキシコヒ
〈*Microtus mexicanus*〉齧歯目ネズミ科(ハタネズミ亜科)。頭胴長10〜16cm. 分布：アメリカ合衆国南西部からメキシコ南部にかけて。絶滅危惧II類。

メキシコヒメドリ
〈*Spizella wortheni*〉鳥綱スズメ目ホオジロ科の鳥. 全長13.5cm. 分布：繁殖地はメキシコのサカテカス州西部, タマウリパス州西南部。越冬地はメキシコのベラクルス州南部, プエブラ州南部。絶滅危惧IB類。

メキシコフトアマガエル
〈*Pachymedusa dacnicolor*〉両生綱無尾目アマガエル科のカエル. 体長オス82mm, メス103mm. 分布：メキシコのソノラ州南部からテワンテペク地峡に至る地域の太平洋側.

メキシコプレーリードッグ
〈*Cynomys mexicanus*〉哺乳綱齧歯目リス科の動物. 分布：メキシコ北部のコアウイラ州, ヌエボ・レオン州, サカテカス州, サン・ルイス・ポトシ州. 絶滅危惧IB類.

メキシコホエザル
〈*Alouatta pigra*〉体長52〜64cm. 分布：メキシコ, 中央アメリカ. 絶滅危惧II類.

メキシコマシコ
〈*Carpodacus mexicanus*〉鳥綱スズメ目アトリ科の鳥. 体長15cm. 分布：北アメリカおよびメキシコ以北の中央アメリカ.

メキシコミットサラマンダー
〈*Bolitoglossa mexicana*〉ムハイサラマンダー科. 体長120〜150mm. 分布：メキシコのベラクルスからホンジュラスの大西洋沿岸まで.

メキシコルリカザリドリ
〈*Cotinga amabilis*〉カザリドリ科. 体長20cm. 分布：メキシコ南部からコスタリカ北部.

メキシコワタオウサギ
〈*Sylvilagus cunicularius*〉哺乳綱ウサギ目ウサギ科の動物. 分布：メキシコのシナロア南部からオアハカ東部, ベラクルス.

メクニス・ブラック・パイド
〈*Meknis Black Pied*〉牛の一品種.

メグミジネズミ
〈*Crocidura beatus*〉哺乳綱食虫目トガリネズミ科の動物. 頭胴長6.8〜7.7cm. 分布：フィリピンのミンダナオ島, レイテ島, マリピピ島. 絶滅危惧II類.

メクラウナギ
〈*Myxine glutinosa*〉体長最大40cm. 分布：北大西洋, 地中海.

メクラトカゲ
〈*blind lizard*〉メクラトカゲ(ディバムス)科. 体長12〜16.5cm. 分布：ニューギニアからインドネシア, メキシコ東部.

メクラネズミ 盲鼠
〈*Spalax leucodon*〉哺乳綱齧歯目メクラネズミ科の動物.

メクラネズミ 盲鼠
〈*blind molerat*〉姿, 習性ともモグラ(食虫目)によく似るが, 齧歯目ネズミ科メクラネズミ属Spalaxの哺乳類の総称.

メクラヘビ 盲蛇
〈*Typhlops braminus*〉爬虫綱有鱗目メクラヘビ科のヘビ.

メクラヘビ 盲蛇
〈*blind snake*〉爬虫綱有鱗目メクラヘビ科に属するヘビの総称. 全長12〜90cm. 分布：熱帯南アメリカ北部からメキシコ, バハマ諸島, サハラ以南のアフリカ, ヨーロッパ南部から東南アジアをへて台湾, 南日本, オセアニア.

メクレンブルク
〈*Mecklenburg*〉馬の一品種. 体高154〜165cm. 原産：東ドイツ.

メグロ 眼黒, 目黒
〈*Apalopteron familiare*〉鳥綱スズメ目ミツスイ科の鳥. 全長14cm. 分布：小笠原諸島の母島, 向島, 妹島, 姪島. 絶滅危惧II類, 特別天然記念物.

メグロ
ハハジマメグロの別名.

メグロ
ムコジマメグロの別名.

メグロトウヒチョウ
〈*Pipilo aberti*〉鳥綱スズメ目ホオジロ科の鳥.

メグロハエトリ 目黒蠅取
〈*Camptostoma imberbe*〉鳥綱スズメ目タイランチョウ科の鳥.

メグロハタオリ
〈*Ploceus ocularis*〉鳥綱スズメ目ハタオリドリ科の鳥. 別名ノドグロキンイロハタオリ. 体長16cm. 分布：アフリカのサハラ砂漠以南の一部地域.

メグロヒヨドリ　目黒鵯
〈*Pycnonotus goiavier*〉鳥綱スズメ目ヒヨドリ科の鳥。別名マミジロコウラウン。

メグロメジロ
オオハシメジロの別名。

メジェジネズミ
〈*Crocidura caliginea*〉哺乳綱食虫目トガリネズミ科の動物。分布：コンゴ民主共和国北東部のメジェなど2ヵ所から知られている。絶滅危惧IA類。

メージャーフデオアシナガマウス
〈*Eliurus majori*〉齧歯目ネズミ科（アシナガマウス亜科）。頭胴長15.5cm程度。分布：マダガスカル。絶滅危惧IB類。

メジロ　眼白, 繍眼児, 目白
〈*Zosterops japonica*〉鳥綱スズメ目メジロ科の鳥。体長11cm。分布：中国, インドシナ, 日本。国内では南西諸島から北海道までの平地, 低山の森林。

メジロ　眼白
〈*white-eye*〉広義には鳥綱スズメ目メジロ科に属する鳥の総称で, 狭義にはそのうちの1種をさす。体長10〜14cm。分布：アフリカ, アジア, ニューギニア, オーストラリア, オセアニア。

メジロ
ハイバラメジロの別名。

メジロアメリカムシクイ
〈*Catharopeza bishopi*〉鳥綱スズメ目アメリカムシクイ科の鳥。全長14cm。分布：セントビンセント・グレナディーン諸島。絶滅危惧II類。

メジロガモ　目白鴨
〈*Aythya nyroca*〉鳥綱ガンカモ目ガンカモ科の鳥。全長40cm, 翼開張65cm。分布：繁殖地はドイツ東部から南のヨーロッパ, 西アジアから中国のチベット自治区南部まで。越冬地は地中海沿岸, ペルシア湾沿岸, ナイル渓谷, ミャンマー。暖冬にはロシア西部で越冬するものが多い。絶滅危惧II類。

メジロカモメ
〈*Larus leucophthalmus*〉鳥綱チドリ目カモメ科の鳥。全長39〜43cm, 翼開張110〜115cm。分布：紅海周辺, アデン湾周辺。絶滅危惧II類。

メジロガラ
〈*Sylviparus modestus*〉鳥綱スズメ目シジュウカラ科の鳥。

メジロカラスモドキ
〈*Aplonis brunneicapilla*〉鳥綱スズメ目ムクドリ科の鳥。全長20cm。分布：パプアニューギニアのブーゲンヴィル島, ソロモン諸島のショワズール島, ガダルカナル島, レンドバ島。絶滅危惧。

メジロキバネミツスイ　目白黄羽蜜吸
〈*Phylidonyris novaehollandiae*〉鳥綱スズメ目ミツスイ科の鳥。体長17〜19cm。分布：オーストラリア南西部および東部, タスマニア島。

メジロコガラス　目白小鴉
〈*Corvus bennetti*〉鳥綱スズメ目カラス科の鳥。

メジロコタイランチョウ　目白小太蘭鳥
〈*Xanthomyias sclateri*〉鳥綱スズメ目タイランチョウ科の鳥。

メジロシギダチョウ
〈*Crypturellus ptaritepui*〉鳥綱シギダチョウ目シギダチョウ科の鳥。全長27cm。分布：ベネズエラ南東部。絶滅危惧II類。

メジロシマドリ
〈*Actinodura ramsayi*〉鳥綱スズメ目ヒタキ科チメドリ亜科の鳥。

メジロタイランチョウ　目白太蘭鳥
〈*Empidonax traillii*〉鳥綱スズメ目タイランチョウ科の鳥。

メジロハシリチメドリ
〈*Orthonyx spaldingii*〉鳥綱スズメ目ヒタキ科ハシリチメドリ亜科の鳥。

メジロヒメモズモドキ
〈*Hylophilus decurtatus*〉モズモドキ科。体長9〜10cm。分布：メキシコ南東部からパナマ中央部。

メジロヒヨドリ　目白鵯
〈*Hypsipetes propinquus*〉鳥綱スズメ目ヒヨドリ科の鳥。

メジロミツスイ　目白蜜吸
〈*Glycichaera fallax*〉鳥綱スズメ目ミツスイ科の鳥。

メジロモズモドキ
〈*Vireo griseus*〉鳥綱スズメ目モズモドキ科の鳥。

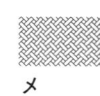

メジロヤブシトド
〈*Atlapetes leucopis*〉鳥綱スズメ目ホオジロ科の鳥。

メスアカクイナモドキ
〈*Monias benschi*〉鳥綱ツル目クイナモドキ科の鳥。別名ハシナガクイナモドキ。全長32cm。分布：マダガスカル南西部。絶滅危惧II類。

メスーエンコビトヤモリ
〈*Lygodactylus methueni*〉爬虫綱トカゲ目（トカゲ亜目）ヤモリ科の動物。頭胴長3.5〜4.2cm。分布：南アフリカ共和国北東部。絶滅危惧II類。

メスグログンカンドリ
〈*Fregata aquila*〉鳥綱ペリカン目グンカンドリ科の鳥。全長91cm，翼開張198cm。分布：イギリス領ボースン・バード島。絶滅危惧IA類。

メスグロホウカンチョウ　雌黒鳳冠鳥
〈*Crax alector*〉鳥綱キジ目ホウカンチョウ科の鳥。

メソポタミアハナスッポン
〈*Rafetus euphraticus*〉爬虫綱カメ目スッポン科のカメ。背甲長最大68cm。分布：ティグリス‐ユーフラテス川水系（トルコ南部，シリア，イラク，イラン）。絶滅危惧IB類。

メダイチドリ　眼大千鳥，目大千鳥
〈*Charadrius mongolus*〉鳥綱チドリ目チドリ科の鳥。全長19cm。

メダマヤマネ
〈*Graphiurus ocularis*〉哺乳綱齧歯目（ネズミ亜目）ヤマネ科の動物。頭胴長13〜14.5cm。分布：南アフリカ共和国西部。絶滅危惧II類。

メティス・トロッター
〈*Metis Trotter*〉馬の一品種。体高155〜160cm。原産：旧ソ連。

メナジュー
〈*Maine-Anjou*〉牛の一品種。

メナードキリサキヘビ
〈*Lytorhynchus maynardi*〉爬虫綱有鱗目ヘビ亜目ナミヘビ科のヘビ。全長35〜40cm。分布：アフガニスタン，パキスタン。

メニートゥーズド・ブラックフィッシュ
カズハゴンドウの別名。

メニーホーンアダー
〈*Bitis cornuta*〉爬虫綱有鱗目ヘビ亜目クサリヘビ科のヘビ。全長25〜34cm。分布：アフリカ。

メーヌ・アンジュ
〈*Maine Anjou*〉哺乳綱偶蹄目ウシ科の動物。体高オス145cm，メス140cm。分布：フランス西部。

メヘリーキクガシラコウモリ
〈*Rhinolophus mehelyi*〉翼手目キクガシラコウモリ科（キクガシラコウモリ亜科）。前腕長5〜5.5cm。分布：スペイン，ヨーロッパ南部，コルシカ島，シシリー島などの地中海の島々，モロッコ，イラン。絶滅危惧II類。

メボソムシクイ　目細虫喰，目細虫食
〈*Phylloscopus borealis*〉鳥綱スズメ目ヒタキ科ウグイス亜科の鳥。別名メボソ（旧）。全長13cm。分布：ヨーロッパ，アジアの亜寒帯，アラスカで繁殖し，中国南部，インドシナ，大スンダ列島などへ渡って越冬。国内では四国，本州，南千島に夏鳥として渡来。

メラーカメレオン
〈*Chamaeleo melleri*〉爬虫綱有鱗目トカゲ亜目カメレオン科のトカゲ。全長60cm。分布：アフリカ東部（ケニア南部，マラウィ南部，タンザニア）。

メラーマングース
〈*Rhynchogale melleri*〉哺乳綱食肉目ジャコウネコ科の動物。体長47cm。分布：ザイール南部，タンザニア，マラウィ，ザンビア，モザンビーク中央部および北部。

メリアムカンガルーネズミ
〈*Dipodomys merriami*〉体長8〜14cm。分布：合衆国南西部からメキシコ北部。

メリアムホリネズミ
〈*Crategeomys merriami*〉体長14〜26cm。分布：メキシコ東部。

メリケンアジサシ
〈*Sterna forsteri*〉鳥綱チドリ目カモメ科の鳥。

メリケンキアシシギ　メリケン黄足鷸
〈*Heteroscelus incanus*〉鳥綱チドリ目シギ科の鳥。体長26〜29cm。分布：アラスカで繁殖。中央アメリカの太平洋岸からオーストラリアにかけての地域で越冬。

メリノー
〈*Merino*〉哺乳綱偶蹄目ウシ科の動物。

メリノー・ダルル

〈Merino d'Arles〉哺乳綱偶蹄目ウシ科の動物。体高オス60〜80cm,メス55〜70cm。分布：フランス。

メリノー・プレコス
〈Merino Précoce〉哺乳綱偶蹄目ウシ科の動物。体高オス70〜80cm,メス65〜70cm。分布：フランス。

メルテンスオオトカゲ
〈Varanus mertensi〉爬虫綱有鱗目トカゲ亜目オオトカゲ科のトカゲ。全長約1m。分布：オーストラリア(北部)。

メルトレンガ
〈Mertolenga〉牛の一品種。

メロンヘッド・ホエール
カズハゴンドウの別名。

メワチ
〈Mewati〉牛の一品種。

メンガタカササギビタキ
〈Monarcha trivirgatus〉鳥綱スズメ目ヒタキ科の鳥。体長15cm。分布：インドネシア東部,ニューギニア,オーストラリア北東部・東部。

メンカブリインコ 面冠鸚哥
〈Prosopeia personata〉鳥綱オウム目インコ科の鳥。

メンズビアマーモット
ティンシャンマーモットの別名。

メンタウェーコバナテングザル
〈Nasalis concolor〉オナガザル科テングザル属。頭胴長45〜55cm。分布：ムンタワイ島。

メンタウェールトン
〈Presbytis potenziani〉哺乳綱霊長目オナガザル科の動物。別名メンタワイラングール。頭胴長オス50cm。分布：インドネシアのメンタワイ諸島。絶滅危惧II類。

メンタワイコバナテングザル
メンタワイシシバナザルの別名。

メンタワイコミミネズミ
〈Leopoldamys siporanus〉齧歯目ネズミ科(ネズミ亜科)。頭胴長29cm程度。分布：インドネシアのメンタワイ諸島。絶滅危惧II類。

メンタワイシシバナザル
〈Simias concolor〉哺乳綱霊長目オナガザル科の動物。別名メンタワイコバナテングザル。頭胴長オス51.5cm,メス50cm。分布：インドネシアのメンタワイ諸島。絶滅危惧IB類。

メンタワイマカク
〈Macaca pagensis〉哺乳綱霊長目オナガザル科の動物。頭胴長45〜53cm。分布：インドネシアのメンタワイ諸島。絶滅危惧IA類。

メンタワイラングール
メンタウェールトンの別名。

メンタワイルトン
メンタウェールトンの別名。

メンドサビスカーチャネズミ
〈Tympanoctomys barrerae〉哺乳綱齧歯目デグー科の動物。頭胴長12.1cm。分布：アルゼンチン中西部。絶滅危惧II類。

メンハタオリドリ
〈Ploceus intermedius〉鳥綱スズメ目ハタオリドリ科の鳥。全長13cm。

メンフクロウ 仮面梟,面梟
〈Tyto alba〉鳥綱フクロウ目メンフクロウ科の鳥。体長33〜35cm。分布：南・北アメリカ,ヨーロッパ,アフリカ,アラビア,インド,東南アジア,オーストラリア。

メンフクロウ 面梟
〈barn owl〉広義には鳥綱フクロウ目メンフクロウ科に属する鳥の総称で,狭義にはそのうちの1種をさす。全長23〜53cm。分布：極北を除いたヨーロッパ,東南アジア,アフリカ,カナダ国境までの北アメリカ,南アメリカ,オーストラリア。

メンヨウ 綿羊
家畜のヒツジに対して使われる別の呼称。

【モ】

モウコウマ 蒙古馬
〈Mongolian Horse〉ウマの一品種。別名モンゴリアン。体高123〜142cm。原産：モンゴル。

モウコガゼル
〈Procapra gutturosa〉ウシ科チベットガゼル属。体長110〜148cm。分布：モンゴル,内モンゴル。

モウコノウマ 蒙古野馬
〈Equus przewalskii〉哺乳綱奇蹄目ウマ科の野生馬。別名プルツェワルスキーノウマ,プシバルスキーウマ。体長2.2〜2.6m。分布：モンゴル。絶滅危惧種。

モウコノロバ 蒙古野驢馬

モウコヒツジ

〈*Equus hemionus hemionus*〉アジアの山岳地帯に住む野生ロバ。

モウコヒツジ
〈*Ovis aries*〉羊の一品種。原産：中国北部の内蒙古自治区の草原から西部の甘粛省, 寧夏省の半砂漠地帯。

モウドクフキヤガエル
〈*Phyllobates terribilis*〉両生綱無尾目ヤドクガエル科のカエル。

モエギハコガメ
〈*Cistoclemmys galbinifrons*〉爬虫綱カメ目ヌマガメ科のカメ。最大甲長19cm。分布：中国南部, 海南島, ベトナム, ラオス。

モカ・ナショナル
〈*Mocha National*〉牛の一品種。

モグラ 鼹鼠, 土竜
〈*mole*〉哺乳綱食虫目モグラ科モグラ亜科に属する動物の総称。分布：ヨーロッパ, アジア, 北アメリカ。

モグラジネズミ 鼹鼠地鼠, 土竜地鼠
〈*Anourosorex squamipes*〉哺乳綱食虫目トガリネズミ科の動物。分布：中国南部からタイ北部。

モグラネズミ 土竜鼠
〈*mole-rat*〉体型がモグラ（食虫目）に似る, 齧歯目ネズミ科モグラネズミ属Myospalaxの哺乳類の総称。

モグラヘビ
〈*Pseudaspis cana*〉爬虫綱有鱗目ヘビ亜目ナミヘビ科のヘビ。全長1.5～2.1m。分布：アフリカ。

モグラレミング属
〈*Ellobiini*〉哺乳綱齧歯目ネズミ科の動物。分布：中央アジア。

モグリアメガエル
〈*Cyclorana australis*〉体長7～10.5cm。分布：オーストラリア北部。

モグリアレチネズミ
〈*Gerbillus occiduus*〉齧歯目ネズミ科（アレチネズミ亜科）。頭胴長9～10cm。分布：モロッコ。絶滅危惧IA類。

モグリウミツバメ 潜海燕, 潜水海燕, 嘴細潜海燕
〈*Pelecanoides urinator*〉鳥綱ミズナギドリ目モグリウミツバメ科の鳥。体長20～25cm。分布：繁殖は南半球の多くの島々, オーストラリア南岸, タスマニア, ニュージーランド。

モグリウミツバメ 潜水海燕
〈*diving petrel*〉広義には鳥綱ミズナギドリ目モグリウミツバメ科に属する海鳥の総称で, 狭義にはそのうちの1種をさす。分布：南極海域, 南アメリカ, 南オーストラリア, ニュージーランド。

モグリマウス属
〈*Oxymycterus*〉哺乳綱齧歯目ネズミ科の動物。分布：ペルー南東部, ボリビア西部から, 東はブラジルの大部分, 南はアルゼンチン北部まで。

モコ
〈*Kerodon rupestris*〉哺乳綱齧歯目テンジクネズミ科の動物。別名イワテンジクネズミ。体長38cm。分布：ブラジル北東部。

モジョサリ
〈*Mojosari*〉分布：インドネシア。

モズ 伯労, 百舌, 鵙
〈*Lanius bucephalus*〉鳥綱スズメ目モズ科の鳥。別名モズタカ, タカモンズ, スズメタカ。全長20cm。分布：中国東部, サハリン, 日本などで繁殖し, 中国南部に渡って越冬。国内では九州以北で繁殖し, 暖地に移って越冬。

モズ 百舌
〈*shrike*〉広義には鳥綱スズメ目モズ科に属する鳥の総称で, 狭義にはそのうちの1種をさす。体長15～35cm。分布：アフリカ, ヨーロッパ, 旧ソ連, インド, アジア, フィリピン, 日本, ボルネオ, ニューギニア, 北アメリカ。

モズカザリドリ
〈*Laniisoma elegans*〉鳥綱スズメ目カザリドリ科の鳥。全長16cm。分布：ブラジル南東部, ベネズエラ北西部。絶滅危惧II類。

モスケミソサザイ
〈*Troglodytes troglodytes mosukei*〉鳥綱ツグミ科の鳥。

モズサンショウクイ 鵙山椒喰
〈*Tephrodornis pondicerianus*〉鳥綱スズメ目サンショウクイ科の鳥。

モズタカ
アカモズの別名。

モズタカ
チゴモズの別名。

モズタカ
モズの別名。

モズヒタキ 百舌鶲
鳥綱スズメ目ヒタキ科モズヒタキ亜科に属する鳥の総称。体長12〜28cm。分布：オーストララシアおよび東洋区。

モズフウキンチョウ
〈Lanio fulvus〉鳥綱スズメ目ホオジロ科の鳥。

モズモドキ 鵙擬
〈vireo〉鳥綱スズメ目モズモドキ科に属する鳥の総称。体長17〜20cm。分布：北・中央・南アメリカ，西インド諸島（モズモドキ亜科のみ）。

モダン・ゲーム
〈Modern Game〉鳥綱キジ目キジ科の鳥。分布：イギリス。

モチャデグー
〈Octodon pacificus〉哺乳綱齧歯目デグー科の動物。頭胴長21〜22.5cm。分布：チリのモチャ島。絶滅危惧II類。

モップアタマトカゲ
〈Uranoscodon superciliosus〉爬虫綱有鱗目トカゲ亜目イグアナ科の動物。全長30〜45cm。分布：南アメリカ。

モップス
パグの別名。

モデナ・オ・ビアンカ・パダナ
〈Modena o bianca Padana〉牛の一品種。

モナクスジネズミ
〈Crocidura monax〉哺乳綱食虫目トガリネズミ科の動物。分布：ケニア西部およびタンザニア北部の山地森林から知られている。絶滅危惧II類。

モナドトビトカゲ
〈Draco spilonotus〉体長15〜20cm。分布：アジア南東部（スラウェシ北部）。

モナメクラヘビ
〈Typhlops monensis〉爬虫綱トカゲ目（ヘビ亜目）メクラヘビ科のヘビ。頭胴長最大20cm前後。分布：アメリカ領プエルト・リコのモナ島。絶滅危惧IB類。

モナモンキー
〈Cercopithecus mona〉霊長目オナガザル科オナガザル属の中型のサル。頭胴長46〜56cm。分布：セネガルからウガンダ西部。絶滅危惧IB類。

モノクルコブラ
タイコブラの別名。

モハーベジリス
〈Spermophilus mohavensis〉哺乳綱齧歯目リス科の動物。頭胴長15.2〜16.5cm。分布：アメリカ合衆国カリフォルニア州南部のモハーベ砂漠北西部とオーエンス渓谷。絶滅危惧II類。

モマ
ムササビの別名。

モモ
モモンガの別名。

モモアカアデガエル
〈Mantella crocea〉両生綱無尾目マダガスカルガエル科のカエル。体長18〜24mm。分布：マダガスカルのアンダシベ。

モモアカアルキガエル
〈Kassina maculata〉両生綱無尾目クサガエル科のカエル。体長65mm。分布：ケニア沿岸地方から南アフリカ共和国北東部にかけて。

モモアカノスリ
〈Parabuteo unicinctus〉鳥綱タカ目タカ科の鳥。体長48〜56cm。分布：合衆国南西部，中央・南アメリカ。

モモアカヒメハヤブサ
〈Microhierax caerulescens〉鳥綱タカ目ハヤブサ科の鳥。体長14〜19cm。分布：インドから南東のマレーシア。

モモイロインコ 桃色鸚哥
〈Eolophus roseicapillus〉鳥綱インコ目インコ科の鳥。別名モモイロオウム。体長35cm。分布：オーストラリアのほぼ全域。

モモイロオウム
モモイロインコの別名。

モモイロバト
〈Columba mayeri〉鳥綱ハト目ハト科の鳥。別名モーリシャスバト。体長30〜40cm。分布：モーリシャス。絶滅危惧IB類。

モモイロペリカン 桃色伽藍鳥
〈Pelecanus onocrotalus〉鳥綱ペリカン目ペリカン科の鳥。体長140〜175cm。分布：南ヨーロッパ，アフリカ，アジア。

モモグロオオツリスドリ
〈Gymnostinops cassini〉鳥綱スズメ目ムクド

モモクロカ

リモドキ科の鳥。全長42cm。分布：コロンビア北西部。絶滅危惧IB類。

モモグロカツオドリ
〈*Papasula abbotti*〉鳥綱ペリカン目カツオドリ科の鳥。体長79cm。分布：東インド洋。絶滅危惧II類。

モモジタトカゲ
〈*Tiliqua gerrardi*〉スキンク科。全長42～48cm。分布：オーストラリア東部海岸域。

モモジロコウモリ 股白蝠蝠, 腿白蝠蝠
〈*Myotis macrodactylus*〉哺乳綱翼手目ヒナコウモリ科の動物。前腕長3.4～4.1cm。分布：東シベリア, 南サハリン。国内では北海道, 本州, 四国, 九州, 佐渡島, 対馬。

モモジロコツバメ 腿白小燕
〈*Neochelidon tibialis*〉鳥綱スズメ目ツバメ科の鳥。

モモンガ
哺乳綱齧歯目リス科モモンガ属に含まれる動物の総称。別名バンドリ, モモ。

モモンガ
ニホンモモンガの別名。

モリアオガエル 森青蛙
〈*Rhacophorus arboreus*〉両生綱無尾目アオガエル科のカエル。体長オス42～60mm, メス59～82mm。分布：本州, 佐渡島, 四国に分布。

モリアカネズミ
〈*Apodemus sylvaticus*〉体長8～11cm。分布：西ヨーロッパから北アジアにかけて, 北アフリカ。

モリアブラコウモリ 森油蝠蝠
〈*Pipistrellus endoi*〉哺乳綱翼手目ヒナコウモリ科の動物。前腕長3.2～3.4cm。分布：本州, 四国。

モリイシガメ
〈*Clemmys insculpta*〉爬虫綱カメ目ヌマガメ科のカメ。最大甲長23.4cm。分布：カナダ南東部, 米国東部（ミネソタ, アイオワからバージニアおよびメイン）。絶滅危惧II類。

モリイノシシ 森猪
〈*Hylochoerus meinertzhageni*〉偶蹄目イノシシ科の哺乳類。リベリアからエチオピア, タンザニアにかけてのアフリカ中央部の森林とサバンナにすむ大型のイノシシ。体長1.3～2.1m。分布：アフリカ西部, 中部, 東部。絶滅危惧IB類と推定。

モリウサギ
〈*Sylvilagus brasiliensis*〉哺乳綱ウサギ目ウサギ科の動物。分布：メキシコのタマウリパス南部からペルー, ボリビア, アルゼンチン北部, ブラジル南部, ベネズエラ。

モリゲラ
〈*Piculus chrysochloros*〉鳥綱キツツキ目キツツキ科の鳥。

モリコキンメフクロウ
〈*Athene blewitti*〉鳥綱フクロウ目フクロウ科の鳥。全長23cm。分布：インド。絶滅危惧IA類。

モリコモチヤモリ
〈*Hoplodactylus granulatus*〉爬虫綱有鱗目トカゲ亜目ヤモリ科のトカゲ。

モリジェネット
〈*Genetta maculata*〉哺乳綱食肉目ジャコウネコ科の動物。体長40～50cm。分布：西アフリカの南部, 中央アフリカ, 南アフリカ（ケープ地方を除く）。

モリジシギ
〈*Gallinago nemoricola*〉鳥綱チドリ目シギ科の鳥。全長28～32cm。分布：繁殖地はヒマラヤからインド北西部, 中国のチベット自治区, ブータン, 中国にかけて。越冬地はインド, バングラデシュ, ミャンマー, ベトナム北部。絶滅危惧II類。

モリシャコ 森鷓鴣
〈*Francolinus lathami*〉鳥綱キジ目キジ科の鳥。

モーリシャスオオサンショウクイ
〈*Coracina typica*〉鳥綱スズメ目サンショウクイ科の鳥。別名モーリシャスオニサンショウクイ。全長22cm。分布：モーリシャス。絶滅危惧II類。

モーリシャスオニサンショウクイ
モーリシャスオオサンショウクイの別名。

モーリシャスオリーブメジロ
モーリシャスメジロの別名。

モーリシャスチョウゲンボウ
〈*Falco punctatus*〉鳥綱タカ目ハヤブサ科の鳥。体長28～33cm。分布：モーリシャス島南西部。絶滅危惧II類。

モーリシャスバト
モモイロバトの別名。

モーリシャスヒヨドリ
〈*Hypsipetes olivaceus*〉鳥綱スズメ目ヒヨドリ科の鳥。全長22〜23cm。分布：モーリシャス。絶滅危惧II類。

モーリシャスベニノジコ
〈*Foudia rubra*〉鳥綱スズメ目ハタオリドリ科の鳥。別名ベニハタオリ。全長14cm。分布：モーリシャス。絶滅危惧IA類。

モーリシャスベニバト
モモイロバトの別名。

モーリシャスボア
〈*Casarea dussumieri*〉ボアモドキ科。全長1〜1.5m。分布：ラウンド島。絶滅危惧IB類。

モーリシャスホンセイインコ
〈*Psittacula echo*〉鳥綱オウム目インコ科の鳥。別名シマホンセイインコ。全長42cm。分布：モーリシャス。絶滅危惧IA類。

モーリシャスメジロ
〈*Zosterops chloronothos*〉鳥綱スズメ目メジロ科の鳥。全長10cm。分布：モーリシャス。絶滅危惧IA類。

モリショウビン
〈*Halcyon macleayii*〉鳥綱ブッポウソウ目カワセミ科の鳥。

モリセオレガメ
〈*Kinixys erosa*〉爬虫綱カメ目リクガメ科のカメ。甲長20〜30cm。分布：アフリカ。

モリタイランチョウ　森太蘭鳥
〈*Contopus virens*〉鳥綱スズメ目タイランチョウ科の鳥。

モーリタニアアレチネズミ
〈*Gerbillus mauritaniae*〉齧歯目ネズミ科（アレチネズミ亜科）。分布：モーリタニア。絶滅危惧IA類。

モーリタニアヒキガエル
〈*Bufo mauritanicus*〉両生綱無尾目ヒキガエル科のカエル。体長100〜130mm。分布：モーリタニア北西部からリビア西北部にかけての沿岸地方。マリ，オートボルタ，ニジェールにも不連続。

モーリチウス・クレオーレ
〈*Mauritius Creole*〉牛の一品種。

モリツグミ
〈*Hylocichla mustelina*〉鳥綱スズメ目ツグミ科の鳥。体長19〜22cm。分布：カナダ南部からパナマに至る北アメリカ東部および中央アメリカ東部。

モリツバメ　森燕
〈*Artamus leucorhynchus*〉鳥綱スズメ目モリツバメ科の鳥。全長19cm。

モリツバメ　森燕
〈*wood-swallow*〉鳥綱スズメ目モリツバメ科の鳥の総称。全長19cm。分布：インド，東南アジア，メラネシア，ニューギニア，オーストラリア。

モリネズミ　森鼠
〈*Neotoma*〉齧歯目ネズミ科モリネズミ属 Neotomaの哺乳類の総称。分布：合衆国からメキシコ中部まで。

モリハコヨコクビ
〈*Pelusios gabonensis*〉爬虫綱カメ目ヨコクビガメ科のカメ。最大甲長30cm。分布：西アフリカ（リベリアからザイールとザンビアからタンザニア西部）。

モリバト　森鳩
〈*Columba palumbus*〉鳥綱ハト目ハト科の鳥。体長40〜42cm。分布：ヨーロッパ，北アフリカ，西南アジア，イラン，インド。アゾレス諸島にも分布。

モリハリネズミ
〈*Mesechinus hughi*〉哺乳綱食虫目ハリネズミ科の動物。頭胴長20cm前後。分布：中国の陝西省と山西省。絶滅危惧II類。

モリヒタキ
〈*Fraseria ocreata*〉鳥綱スズメ目ヒタキ科ヒタキ亜科の鳥。

モリヒバリ　森雲雀
〈*Lullula arborea*〉鳥綱スズメ目ヒバリ科の鳥。体長15cm。分布：ヨーロッパ，アフリカ北部，中東。北の個体群は西方や南方に渡る。

モリフクロウ　森梟
〈*Strix aluco*〉鳥綱フクロウ目フクロウ科の鳥。体長37〜39cm。分布：ヨーロッパ，北アフリカ，西アジアの一部，中国，朝鮮，台湾。

モリフチア
〈*Mysateles gundlachi*〉哺乳綱齧歯目フチア科の動物。分布：キューバのラ・フベントゥド島。絶滅危惧II類。

モリマウスオポッサム
〈*Gracilinanus dryas*〉オポッサム目オポッサム科。頭胴長10〜12cm。分布：ベネズエラ西

モリムシク

部, コロンビア東部。絶滅危惧II類。

モリムシクイ 森虫食
〈*Phylloscopus sibilatrix*〉鳥綱スズメ目ヒタキ科ウグイス亜科の鳥。体長12cm。分布：ヨーロッパで繁殖し, 赤道直下のアフリカで越冬。

モリヤマガメ
〈*Geoemyda silvatica*〉カメ目ヌマガメ科（バタグールガメ亜科）。背甲長最大13.1cm。分布：インド南西部。絶滅危惧IB類。

モリレミング
〈*Myopus schisticolor*〉哺乳綱齧歯目ネズミ科の動物。

モルガン
〈*Morgan*〉哺乳綱奇蹄目ウマ科の動物。体高142～154cm。原産：アメリカ合衆国。

モールサラマンダー
〈*mole salamander*〉アンビストマ科。全長8～22cm。分布：北アメリカ。

モルーチョ
〈*Salamanca*〉分布：スペイン。

モルッカツカツクリ
〈*Eulipoa wallacei*〉鳥綱キジ目ツカツクリ科の鳥。全長33～34cm。分布：インドネシアのモルッカ諸島, ミソール島。絶滅危惧II類。

モールバイパー
〈*Atractaspis irregularis*〉爬虫綱有鱗目クサリヘビ科のヘビ。

モルモット
テンジクネズミの別名。

モレレットワニ
〈*Crocodylus moreletii*〉爬虫綱ワニ目クロコダイル科のワニ。全長3.5m。分布：メキシコ東部, グァテマラ北部, ベリーズ。

モロクトカゲ
〈*Moloch horridus*〉爬虫綱有鱗目トカゲ亜目アガマ科のトカゲ。全長15cm。分布：オーストラリア中部・西部。絶滅危惧II類と推定。

モロッコアレチネズミ
〈*Gerbillus hoogstraali*〉齧歯目ネズミ科（アレチネズミ亜科）。頭胴長8～10cm。分布：モロッコ。絶滅危惧IA類。

モロッコガゼル
エドミガゼルの別名。

モワイエンヌ・エ・オートベルジック
〈*Moyenne et Hautebelgique*〉牛の一品種。

モンガラ
〈*Mongalla*〉牛の一品種。

モンキオオヨコクビガメ
モンキヨコクビガメの別名。

モンキタイランチョウ 紋黄太蘭鳥
〈*Laniocera rufescens*〉鳥綱スズメ目タイランチョウ科の鳥。

モンキハゲラ
〈*Veniliornis frontalis*〉鳥綱キツツキ目キツツキ科の鳥。

モンキヨコクビガメ
〈*Podocnemis unifilis*〉爬虫綱カメ目ヨコクビガメ科のカメ。別名テレケイヨコクビガメ。最大甲長68cm。分布：南米（ベネズエラ, コロンビア, エクアドル, ペルー, ガイアナ, ブラジルおよびボリビアのオリノコ水系とアマゾン水系）。絶滅危惧II類。

モンクアザラシ
〈*monk seal*〉哺乳綱鰭脚目アザラシ科に属する海獣。

モンクサキザル
〈*Pithecia monachus*〉哺乳綱霊長目オマキザル科の動物。体長37～48cm。分布：南アメリカ北部, 西部。

モンゴリアン 蒙古牛
〈*Mongolian*〉哺乳綱偶蹄目ウシ科の動物。分布：中国北部, 西部。

モンゴリアン
モウコウマの別名。

モンゴリアン・ファットテイル
〈*Mongolian Fat-tail*〉哺乳綱偶蹄目ウシ科の動物。体高オス67cm, メス61cm。分布：モンゴル。

モンツェラトギャリワスプ
〈*Diploglossus montisserrati*〉爬虫綱トカゲ目（トカゲ亜目）アンギストカゲ科のトカゲ。頭胴長18cm。分布：イギリス領モントセラト島。絶滅危惧IA類。

モンツキヒロハシ 紋付広嘴
〈*Eurylaimus steerii*〉鳥綱スズメ目ヒロハシ科の鳥。全長18cm。分布：フィリピン。絶滅危惧II類。

モンテクリストキノボリアリゲータートカゲ
〈*Abronia montecristoi*〉爬虫綱トカゲ目（ト

カゲ亜目）アンギストカゲ科のトカゲ。頭胴長8.5〜9.3cm。分布：エルサルバドル, ホンジュラス。絶滅危惧IA類。

モンペリエヘビ
〈*Malpolon monspessulanus*〉爬虫綱有鱗目ヘビ亜目ナミヘビ科のヘビ。全長1.5〜2m。分布：ヨーロッパ, アフリカ, アジア。

モンベリエール
〈*Montbéliarde*〉牛の一品種。

【ヤ】

ヤイロチョウ 八色鳥
〈*Pitta brachyura*〉鳥綱スズメ目ヤイロチョウ科の鳥。別名アカダンナ, チョウセンツグミ, ヤイロツグミ。体長20cm。分布：インド亜大陸。渡りをする個体群はインド南部やスリランカで越冬。国内では愛媛県・長崎県・宮崎県・長野県。絶滅危惧II類。

ヤイロチョウ 八色鳥
〈*pitta*〉広義には鳥綱スズメ目ヤイロチョウ科に属する鳥の総称で, 狭義にはそのうちの1種をさす。体長15〜28cm。分布：アフリカ, 東南アジア, ニューギニア, ソロモン諸島, オーストラリアの常緑・落葉樹林, 竹林, マングローブ林, 峡谷の林, 二次林, 農園および果樹園, よく茂った庭園にすむ。

ヤイロツグミ
ヤイロチョウの別名。

ヤエヤマアオガエル 八重山青蛙
〈*Rhacophorus owstoni*〉両生綱無尾目アオガエル科のカエル。体長オス42〜51mm, メス50〜67mm。分布：石垣島, 西表島。

ヤエヤマイシガメ 八重山石亀
〈*Mauremys mutica kami*〉分布：吐噶喇列島の悪石島, 沖縄諸島の沖縄島やその周辺の島嶼, 宮古島, 八重山諸島などで確認, 本来の分布域は石垣島, 西表島, 与那国島。

ヤエヤマカグラコウモリ
カグラコウモリの別名。

ヤエヤマコキクガシラコウモリ 八重山小菊頭蝙蝠
〈*Rhinolophus perditus*〉前腕長4.0〜4.4cm。分布：西表島, 石垣島, 竹富島, 小浜島。絶滅危惧＝石垣島 危急＝西表島。

ヤエヤマシロガシラ
〈*Pycnonotus sinensis orii*〉鳥綱スズメ目ヒヨドリ科の鳥。19cm。分布：八重山諸島。

ヤエヤマセマルハコガメ
セマルハコガメの別名。

ヤエヤマタカチホ 八重山高千穂
〈*Achalinus formosanus chigirai*〉爬虫綱ヘビ亜目ナミヘビ科のヘビ。分布：石垣島, 西表島に分布。

ヤエヤマハラブチガエル 八重山腹斑蛙
〈*Rana psaltes*〉両生綱無尾目アカガエル科のカエル。体長42〜44mm。分布：石垣島, 西表島, 台湾。

ヤエヤマヒバァ 八重山ヒバァ
〈*Amphiesma pryeri ishigakiense*〉爬虫綱有鱗目ヘビ亜目ナミヘビ科のヘビ。全長70〜95cm。分布：石垣島, 西表島に分布。

ヤガランデ
ジャガランディの別名。

ヤギ 山羊
〈*Capra hircus*〉哺乳綱偶蹄目ウシ科の動物。肩高：オス66〜72cm, メス61〜64cm。分布：ガラパゴス諸島。国内では鼻島列島の鼻島・嫁島・媒島, 父島列島の弟島・兄島・西島・父島。

ヤギ 山羊
〈*goat*〉哺乳綱偶蹄目ウシ科ヤギ属Capraに含まれる動物の総称。

ヤギ
バザンの別名。

ヤギュウ 野牛
偶蹄目ウシ科の哺乳類。一般にウシとよばれているもののうち, スイギュウ類を除いたグループで, ウシ属Bosとバイソン属Bisonの2属を指す。

ヤク
〈*Bos grunniens*〉哺乳綱偶蹄目ウシ科の動物。別名毛牛, 犛牛。体長3.3mまで。分布：南アジアおよび東アジア。絶滅危惧II類。

ヤク
ノヤクの別名。

ヤクシカ 屋久鹿
〈*Cervus nippon yakushimae*〉哺乳綱偶蹄目シカ科の動物。

ヤクシマザル
〈*Macaca fuscata yakui*〉哺乳綱霊長目オナガザル科の動物。分布：屋久島。

ヤクシマタゴガエル　屋久島田子蛙
〈*Rana tagoi yakushimensis*〉両生綱無尾目アカガエル科のカエル。体長オス37〜48mm，メス42〜54mm。分布：屋久島。

ヤクシャインコ
〈*Eos histrio*〉鳥綱オウム目インコ科の鳥。全長31cm。分布：インドネシアのサンギヘ諸島，タラウド諸島，ミアンガス島。絶滅危惧IB類。

ヤクート
〈*Yakut*〉牛の一品種。

ヤクヤモリ　屋久守宮
〈*Gekko yakuensis*〉爬虫綱有鱗目トカゲ亜目ヤモリ科の動物。全長12〜15cm。分布：屋久島，種子島，九州南部に分布する日本固有種。

ヤケイ　野鶏
〈*jungle fowl*〉鳥綱キジ目キジ科ヤケイ属に含まれる鳥の総称。

ヤコウセイサギ　夜行性サギ
〈*Night heron*〉鳥綱コウノトリ目サギ科の鳥。全長50〜70cm。分布：南北アメリカ，ヨーロッパ，アフリカ，アジア。

ヤコブ
〈*Jacob*〉分布：イギリス。

ヤシアマツバメ
〈*Cypsiurus parvus*〉鳥綱アマツバメ目アマツバメ科の鳥。体長15cm。分布：サハラ以南のアフリカ（エチオピアのほぼ全域，ソマリア，アフリカ南部を除く）。

ヤシオウム　椰子鸚鵡
〈*Probosciger aterrimus*〉鳥綱インコ目インコ科の鳥。体長50〜63cm。分布：ニューギニア（周辺の小島を含む），オーストラリア北東部。

ヤシカマドドリ　椰子竈鳥
〈*Berlepschia rikeri*〉鳥綱スズメ目カマドドリ科の鳥。

ヤシドリ　椰子鳥
〈*Dulus dominicus*〉ヤシドリ科。体長18cm。分布：イスパニョーラ島，ゴナヴ島。

ヤシハゲワシ
〈*Gypohierax angolensis*〉鳥綱タカ目タカ科の鳥。体長56〜62cm。分布：熱帯アフリカ。

ヤシハワイミツスイ
〈*Ciridops anna*〉鳥綱スズメ目ハワイミツスイ科の鳥。

ヤシヤモリ
〈*Gekko vittatus*〉爬虫綱有鱗目トカゲ亜目ヤモリ科の動物。全長22〜30cm。分布：インド＝オーストラリア群島，ニューギニア，ビスマーク群島，サンタクルス群島，ソロモン群島。

ヤシリス　椰子栗鼠
〈*palm squirrel*〉齧歯目リス科ヤシリス属Funambulusに属する哺乳類の総称で，インドからマラヤ，スマトラ，ボルネオなどに広く分布する背中に数本の明色の縞模様をもったリス。

ヤジリハブモドキ
〈*Xenodon rabdocephalus*〉爬虫綱有鱗目ヘビ亜目ナミヘビ科のヘビ。全長0.6〜1.2m。分布：中央，南アメリカ。

ヤジリヒメキツツキ
〈*Picumnus minutissimus*〉鳥綱キツツキ目キツツキ科の鳥。体長9cm。分布：ギアナ地方。

ヤスリヘビ
〈*wart snake*〉爬虫綱有鱗目ヤスリヘビ科に属するヘビの総称。

ヤスリヘビ
ジャワヤスリヘビの別名。

ヤセイシチメンショウ
シチメンチョウの別名。

ヤセイホロホロチョウ
ホロホロチョウの別名。

ヤセフキヤガマ
ヤセヤドクガエルの別名。

ヤセヤドクガエル
〈*Atelopus varius*〉両生綱無尾目アテロプス科の動物。

ヤチセンニュウ
〈*Locustella naevia*〉鳥綱スズメ目ウグイス科の鳥。体長12.5cm。分布：ヨーロッパ，南はスペイン北部およびバルカン半島まで。バルト海沿岸地域，ロシア西部。中央アジア，東は天山山脈まで。アフリカ北西部，イラン，インド，アフガニスタンで越冬。

ヤチネズミ　谷地鼠，東北谷地鼠，野地鼠
〈*Eothenomys andersoni*〉哺乳綱齧歯目キヌゲネズミ科の動物。頭胴長79〜118mm。分布：本州の中部・北陸以北と紀伊半島の南部。

ヤチネズミ　谷地鼠
〈*red-backed vole*〉哺乳綱齧歯目キヌゲネズミ

科ヤチネズミ属に含まれる動物の総称。分布：日本，ユーラシア北部，北アメリカ。

ヤツガシラ　戴勝，八頭
〈*Upupa epops*〉ヤツガシラ科。体長28cm。分布：ヨーロッパ，アジア，アフリカ，マダガスカル。北方の個体は熱帯で越冬。

ヤドクガエル
〈*poison-arrow frog*〉ヤドクガエル（デンドロバテス）科。体長2〜5cm。分布：コスタリカからブラジル南部。

ヤドクガエル属
無尾目ヤドクガエル科。

ヤドリギジナイ
ヤドリギツグミの別名。

ヤドリギツグミ　宿り木鶫
〈*Turdus viscivorus*〉鳥綱スズメ目ヒタキ科ツグミ亜科の鳥。体長28cm。分布：ヨーロッパ，アフリカ北西部，中東，中央アジアに分布する。東の個体群には渡りをするものもいる。

ヤドリギハナドリ　宿木花鳥
〈*Dicaeum hirundinaceum*〉ハナドリ科。別名ムネアカハナドリ。体長10cm。分布：オーストラリア，アル諸島。

ヤナギムシクイ　柳虫食
〈*Phylloscopus trochiloides*〉鳥綱スズメ目ヒタキ科ウグイス亜科の鳥。

ヤブアリドリ　藪蟻鳥
〈*Rhopornis ardesiaca*〉鳥綱スズメ目アリドリ科の鳥。全長19cm。分布：ブラジル東部。絶滅危惧IB類。

ヤブアリモズ　藪蟻鵙
〈*Thamnistes anabatinus*〉鳥綱スズメ目アリドリ科の鳥。

ヤブイヌ　藪犬
〈*Speothos venaticus*〉哺乳綱食肉目イヌ科の動物。体長57〜75cm。分布：中央アメリカから南アメリカ北部および中部にかけて。絶滅危惧II類。

ヤブイノシシ
〈*Potamochoerus porcus*〉哺乳綱偶蹄目イノシシ科のイノシシ。

ヤブウグイス　藪鶯
鳥綱スズメ目ヒタキ科ウグイス亜科に属するウグイスCettia diphoneの別称。

ヤブウズラ　藪鶉
〈*Perdicula asiatica*〉鳥綱キジ目キジ科の鳥。別名クサヤブウズラ。

ヤブガラ　藪雀
〈*Psaltriparus minimus*〉鳥綱スズメ目エナガ科の鳥。体長11cm。分布：ブリティッシュ・コロンビア州（カナダ）からグアテマラに至る北アメリカ西部。

ヤブクグリ
〈*Gnateater*〉ヤブクグリ科。全長11〜14cm。分布：南アメリカ。

ヤブゲラ
〈*Blythipicus pyrrhotis*〉鳥綱キツツキ目キツツキ科の鳥。

ヤブサザイ　藪鷦鷯
〈*Xenicus longipes*〉鳥綱スズメ目イワサザイ科の鳥。

ヤブサメ　藪鮫，藪雨，藪鮫
〈*Cettia squameiceps*〉鳥綱スズメ目ヒタキ科ウグイス亜科の鳥。全長10.5cm。分布：中国東北地方，ウスリー，朝鮮半島，サハリン，日本で繁殖し，中国南部からマレー半島に渡って越冬。国内では屋久島以北に夏鳥として渡来。

ヤブサヨナキドリ
ヨナキツグミの別名。

ヤブシギダチョウ
〈*Crypturellus cinnamomeus*〉鳥綱シギダチョウ目シギダチョウ科の鳥。体長30cm。分布：メキシコ，コスタリカ，コロンビア，ベネズエラ。

ヤブシチメンチョウ
ヤブツカツクリの別名。

ヤブスジカモシカ
ブッシュバックの別名。

ヤブスズメモドキ
〈*Aimophila aestivalis*〉鳥綱スズメ目ホオジロ科の鳥。

ヤブダイカー
サバンナダイカーの別名。

ヤブタヒバリ　藪田雲雀
〈*Anthus spragueii*〉鳥綱スズメ目セキレイ科の鳥。

ヤブツカツクリ　藪塚造
〈*Alectura lathami*〉鳥綱キジ目ツカツクリ科の鳥。別名ヤブシチメンチョウ。体長70cm。分布：オーストラリア東部のヨーク岬から

ヤブノウサ

ニューサウスウェールズ中部に至る海岸部・沿岸部。

ヤブノウサギ
ステップノウサギの別名。

ヤブハエトリ　藪蠅取
〈*Sublegatus arenarum*〉鳥綱スズメ目タイランチョウ科の鳥。

ヤブヒバリ　藪雲雀
〈*Mirafra javanica*〉鳥綱スズメ目ヒバリ科の鳥。体長12.5～14cm。分布：アフリカの一部，アラビア，インド，マレーシア，インドネシア，オーストラリア。

ヤブヒヨドリ
〈*Ixos siquijorensis*〉鳥綱スズメ目ヒヨドリ科の鳥。別名セブヒヨドリ。全長25cm。分布：フィリピンのシキホール島，タブラス島，ロンブロン島。絶滅危惧IB類。

ヤブフウキンチョウ
〈*Chlorospingus ophthalmicus*〉鳥綱スズメ目ホオジロ科の鳥。

ヤブミツスイ　藪蜜吸
〈*Timeliopsis griseigula*〉鳥綱スズメ目ミツスイ科の鳥。

ヤブモズ　藪百舌
〈bush-shrike〉スズメ目モズ科ヤブモズ亜科Malaconotinaeの鳥の総称。

ヤマ
ラマの別名。

ヤマアカガエル　山赤蛙
〈*Rana ornativentris*〉両生綱無尾目アカガエル科のカエル。体長オス42～60mm，メス36～78mm。分布：本州，四国，北西部を除く九州，佐渡島。

ヤマアノア
〈*Bubalus quarlesi*〉哺乳綱偶蹄目ウシ科の動物。体長1.5m。分布：スラベシおよびブトン島。絶滅危惧IB類。

ヤマアラシ　豪猪，山嵐
〈porcupine〉哺乳綱齧歯目ヤマアラシ科およびキノボリヤマアラシ科に属する動物の総称。分布：アフリカ，インド，東南アジア，スマトラ，ジャワおよび周辺の島々，ヨーロッパ南部。

ヤマアラシ
インドタテガミヤマアラシの別名。

ヤマイタチ
オコジョの別名。

ヤマイヌ
ニホンオオカミの別名。

ヤマウオクイネズミ
〈*Anotomys leander*〉齧歯目ネズミ科(アメリカネズミ亜科)。頭胴長13cm。分布：エクアドル北西部。絶滅危惧IB類。

ヤマウサギ
ノウサギの別名。

ヤマウスグロサンショウウオ
ウスグロサンショウウオの別名。

ヤマウズラ　山鶉
広義には鳥綱キジ目キジ科キジ亜科ヤマウズラ属に含まれる鳥の総称で，狭義にはそのうちのヤマウズラ属をさす。

ヤマウズラバト　山鶉鳩
〈*Geotrygon montana*〉鳥綱ハト目ハト科の鳥。体長23cm。分布：メキシコ，中央アメリカからボリビア，ブラジル，カリブ海。

ヤマエボ
ミゾゴイの別名。

ヤマカガシ　山楝蛇，山棟蛇
〈*Rhabdophis tigrinus*〉爬虫綱有鱗目ヘビ亜目ナミヘビ科のヘビ。全長60～120cm。分布：朝鮮半島，沿海州，中国，台湾。国内では本州，四国，九州のほか佐渡島，隠岐島，壱岐島，五島列島，屋久島，種子島などに分布。

ヤマガシラ
ヤツガシラの別名。

ヤマガタオリゴソーマトカゲ
〈*Oligosoma homalonotum*〉爬虫綱トカゲ目(トカゲ亜目)トカゲ科のトカゲ。頭胴長最大14.3cm。分布：ニュージーランドのグレート・バリア島。絶滅危惧II類。

ヤマガメ
クサガメの別名。

ヤマカメレオン
〈*Chamaeleo montium*〉爬虫綱有鱗目トカゲ亜目カメレオン科のトカゲ。全長15～35cm。分布：カメルーン，赤道ギニアのビオコ島。

ヤマガモ　山鴨
〈*Merganetta armata*〉カモ科。体長43～46cm。分布：アンデス山地。

ヤマガラ　山雀
〈*Parus varius*〉鳥綱スズメ目シジュウカラ科の鳥。全長14cm。分布：朝鮮半島, 日本, 台湾。国内では全国の平地から低山の広葉樹林。

ヤマカラスモドキ
〈*Aplonis santovestris*〉鳥綱スズメ目ムクドリ科の鳥。全長17.5cm。分布：バヌアツのエスピリトゥ・サント島。絶滅危惧種。

ヤマキアシガエル
〈*Rana muscosa*〉両生綱無尾目カエル目アカガエル科のカエル。体長5.1〜8cm。分布：アメリカ合衆国のシエラ・ネヴァダ山脈, カリフォルニア州南部。絶滅危惧II類。

ヤマキヌバネドリ　山絹羽鳥
〈*Harpactes oreskios*〉鳥綱キヌバネドリ目キヌバネドリ科。体長30cm。分布：ミャンマーからベトナム, ジャワ, カリマンタン。

ヤマキバシショウビン
〈*Halcyon megarhyncha*〉鳥綱ブッポウソウ目カワセミ科の鳥。

ヤマキリス
〈*Funisciurus carruthersi*〉哺乳綱齧歯目リス科の動物。頭胴長19.8〜26cm。分布：ブルンジのタンガニーカ湖西側の山塊から, 北はウガンダのルウェンゾリ山まで。絶滅危惧II類。

ヤマキングヘビ
〈*Lampropeltis zonata*〉爬虫綱有鱗目ヘビ亜目ナミヘビ科のヘビ。全長60〜90cm。分布：北米西部の沿岸に沿った山地に断続的に。

ヤマクイ属
〈*Microcavia*〉哺乳綱齧歯目テンジクネズミ科の動物。別名サバクテンジクネズミ。体長22cm。分布：アルゼンチンとボリビア。

ヤマゲラ　山啄木鳥
〈*Picus canus*〉鳥綱キツツキ目キツツキ科の鳥。全長30cm。分布：北海道の森林に生息。

ヤマコウモリ　山蝙蝠, 日本山蝙蝠
〈*Nyctalus aviator*〉哺乳綱翼手目ヒナコウモリ科の動物。前腕長5.7〜6.6cm。分布：中国東部, 朝鮮半島。国内では北海道, 本州, 四国, 九州, 対馬。

ヤマコウモリ
ニホンヤマコウモリの別名。

ヤマザキヒタキ　山崎鶲
〈*Saxicola ferrea*〉鳥綱スズメ目ヒタキ科ツグミ亜科の鳥。全長13cm。

ヤマサンショウウオ　山山椒魚
〈*Hynobius tenuis*〉両生綱サンショウウオ目サンショウウオ科の動物。分布：北アルプス北部の西側, 岐阜県北部や富山県の山地に分布。

ヤマシギ　山鷸
〈*Scolopax rusticola*〉鳥綱チドリ目シギ科の鳥。体長33〜35cm。分布：ユーラシアの温帯地域で繁殖。多くは地中海, インド, 東南アジアで越冬。国内では本州以北の湿った森林で繁殖し, 本州中部以南の雑木林などで越冬。

ヤマシナトガリネズミ
〈*Sorex leucogaster*〉哺乳綱食虫目トガリネズミ科の動物。頭胴長5.2〜6.2cm。分布：千島列島北部のパラムシル島。絶滅危惧II類。

ヤマシマウマ　山縞馬
〈*Equus zebra*〉哺乳綱奇蹄目ウマ科の動物。ハートマンヤマシマウマ：頭胴長260cm。分布：アンゴラ, ナミビア, 南アフリカ共和国。絶滅危惧IB類。

ヤマシマハナナガネズミ
〈*Chrotomys whiteheadi*〉齧歯目ネズミ科（ミズネズミ亜科）。頭胴長15〜20cm。分布：フィリピンのルソン島。絶滅危惧II類。

ヤマジャコウジカ
〈*Moschus chrysogaster*〉体長70〜100cm。分布：南アジア。

ヤマジャコウネズミ
〈*Suncus montanus*〉哺乳綱食虫目トガリネズミ科の動物。頭胴長8〜10.5cm。分布：スリランカの中央部と南部, インド南部のニルギリ丘陵とパルニ丘陵。絶滅危惧II類。

ヤマショウビン　山翡翠
〈*Halcyon pileata*〉鳥綱ブッポウソウ目カワセミ科の鳥。全長28cm。

ヤマスイギュウ
ヤマアノアの別名。

ヤマスンダトゲネズミ
〈*Maxomys alticola*〉齧歯目ネズミ科（ネズミ亜科）。頭胴長14〜17.5cm。分布：マレーシアのカリマンタン（ボルネオ）島。絶滅危惧IB類。

ヤマセキレイ
ハイイロハクセキレイの別名。

ヤマセミ 山魚狗, 山翡翠, 鹿子翡翠
〈*Ceryle lugubris*〉鳥綱ブッポウソウ目カワセミ科の鳥。全長38cm。分布：カシミール、アッサム、ビルマ、インドシナ半島、中国南部、朝鮮半島、日本。国内では九州以北の渓流、湖沼。

ヤマダスキーサラマンダー
ウスグロサンショウウオの別名。

ヤマチドリ
〈*Charadrius montanus*〉鳥綱チドリ目チドリ科の鳥。別名ミヤマチドリ。全長16〜18cm。分布：繁殖地はアメリカ合衆国中央部のモンタナ州からニューメキシコ州にかけて。越冬地はカリフォルニア州からテキサス州にかけて。絶滅危惧II類。

ヤマツパイ
〈*Tupaia montana*〉ツパイ科ツパイ属。分布：ボルネオ島北部。

ヤマツバメ
イワツバメの別名。

ヤマドリ 鶉, 鵺, 鸐雉, 山鳥, 山雉
〈*Phasianus soemmerringii*〉鳥綱キジ目キジ科の鳥。全長オス125cm, メス55cm。分布：本州から九州。

ヤマネ 山鼠, 日本山鼠
〈*Glirulus japonicus*〉哺乳綱齧歯目ヤマネ科の動物。頭胴長6.8〜8.4cm。分布：本州、四国、九州、島根県の隠岐諸島の島後。絶滅危惧IB類、天然記念物。

ヤマネ
ヤマネ科。分布：ヨーロッパ、アフリカ、トルコ、アジア、日本。

ヤマネコ 山猫
〈*wild cat*〉哺乳綱食肉目ネコ科の動物のうち、小形ないし中形の野生ネコ類の俗称で、イエネコとピューマ以外のネコ亜科のものをさす。

ヤマネコ
ベンガルヤマネコの別名。

ヤマバク 山獏
〈*Tapirus pinchaque*〉哺乳綱奇蹄目バク科の動物。体長1.8m。分布：南アメリカ北西部。絶滅危惧IB類。

ヤマバト
キジバトの別名。

ヤマハナグマ
〈*Nasuella olivacea*〉哺乳綱食肉目アライグマ科の動物。体長70〜80cm。分布：エクアドル、コロンビア、ベネズエラ西部。

ヤマハナナガリス
〈*Hyosciurus heinrichi*〉哺乳綱齧歯目リス科の動物。頭胴長19.5〜24cm。分布：インドネシアのスラウェシ島の標高1500m以上の山岳地。絶滅危惧II類。

ヤマパプアチメドリ
〈*Ptilorrhoa castanonota*〉ハシリチメドリ科。体長23cm。分布：ニューギニア、バタンタ島、ヤーペン島。

ヤマピカリャー
イリオモテヤマネコの別名。

ヤマビタイヘラオヤモリ
〈*Uroplatus sikorae*〉爬虫綱有鱗目トカゲ亜目ヤモリ科の動物。全長18cm。分布：マダガスカルの東海岸側。

ヤマビーバー
〈*Aplodontia rufa*〉哺乳綱齧歯目ヤマビーバー科の動物。体長30〜46cm。分布：カナダ南西部から合衆国南西部にかけて。

ヤマヒバリ 山鶲, 山雲雀
〈*Prunella montanella*〉鳥綱スズメ目イワヒバリ科の鳥。別名ミヤママツムシ。全長15.5cm。

ヤマフクロアマガエル
〈*Gastrotheca monticola*〉両生綱無尾目アマガエル科のカエル。体長4〜6cm。分布：南アメリカ。

ヤマブチツグミヒタキ
〈*Arcanator orostruthus*〉スズメ目ヒタキ科（ツグミ亜科）。全長17cm。分布：タンザニア北東部のウサンバラ山地、東部のウトゥンガ山地、およびモザンビーク北部のナムリ山地の3ヵ所。絶滅危惧II類。

ヤマヤ
イリオモテヤマネコの別名。

ヤマムジヒタキ
〈*Sheppardia montana*〉鳥綱スズメ目ヒタキ科ツグミ亜科の鳥。全長13cm。分布：タンザニア。絶滅危惧II類。

ヤマムスメ 山娘
〈*Urocissa caerulea*〉鳥綱スズメ目カラス科の鳥。

ヤマムスメインコ 山娘鸚哥

〈*Oreopsittacus arfaki*〉鳥綱インコ目インコ科の鳥。体長15cm。分布：ニューギニア西, 中, 北東部。

ヤマモリマウス
〈*Grammomys gigas*〉齧歯目ネズミ科（ネズミ亜科）。尾のサイズからの推定, 頭胴長14cm。分布：ケニアのケニア（キリニャガ）山。絶滅危惧IB類。

ヤマワタオウサギ
〈*Sylvilagus nuttalli*〉哺乳綱ウサギ目ウサギ科の動物。分布：ブリティッシュ・コロンビア南部からサスカチェワン南部, カリフォルニア南部から東部, ネバダ北西部, アリゾナ中部, ニューメキシコ北西部。

ヤミトガリネズミ
〈*Sorex sinalis*〉哺乳綱食虫目トガリネズミ科の動物。頭胴長7cm。分布：中国の甘粛省および陝西省の山地から少数の標本が知られるだけである。絶滅危惧II類。

ヤモリ 守宮
〈gecko〉爬虫綱有鱗目ヤモリ科に属するトカゲの総称。体長1.5～24cm。分布：世界各地の北緯50度以南, 南緯47度以北。

ヤモリ
ニホンヤモリの別名。

ヤリハシハチドリ 槍嘴蜂鳥
〈*Ensifera ensifera*〉鳥綱アマツバメ目ハチドリ科の鳥。体長25cm。分布：ベネズエラからボリビア北部。

ヤルカンドノウサギ
〈*Lepus yarkandensis*〉哺乳綱ウサギ目ウサギ科の動物。分布：中国。

ヤロスラフ
〈*Yaroslav*〉牛の一品種。

ヤワゲマウス属
〈*Habromys*〉哺乳綱齧歯目ネズミ科の動物。分布：メキシコ中部から, 南はエルサルバドルまで。

ヤワゲルソンネズミ
〈*Tryphomys adustus*〉齧歯目ネズミ科（ネズミ亜科）。頭胴長17.5cm。分布：フィリピンのルソン島。絶滅危惧II類。

ヤンツー・リバー・ドルフィン
ヨウスコウカワイルカの別名。

ヤンバルガメ
リュウキュウヤマガメの別名。

ヤンバルクイナ 山原水鶏, 山原秧鶏
〈*Rallus okinawae*〉鳥綱ツル目クイナ科の鳥。全長30cm。分布：沖縄島北部。絶滅危惧IB類, 天然記念物。

【ユ】

ユウガアジサシ
〈*Thalasseus elegans*〉鳥綱チドリ目カモメ科の鳥。

ユウビソロモンメジロ
〈*Zosterops luteirostris*〉鳥綱スズメ目メジロ科の鳥。全長12cm。分布：ソロモン諸島のギゾ島。絶滅危惧種。

ユウレイガエル
〈*Heleophryne rosei*〉両生綱無尾目カエル目ユウレイガエル科のカエル。体長オス5cm, メス6cm。分布：南アフリカ共和国。絶滅危惧II類。

ユカタンハブ
〈*Porthidium yucatanicum*〉爬虫綱有鱗目ヘビ亜目クサリヘビ科のヘビ。全長35～45cm。分布：メキシコのユカタン半島先端部。

ユカタン・ミニチュア・ピッグ
〈*Yucatan Miniature*〉分布：メキシコ。

ユカタンヨルネズミ
〈*Otonyctomys hatti*〉哺乳綱齧歯目ネズミ科の動物。分布：メキシコのユカタン半島とその周辺, およびグアテマラ。

ユーカリインコ
〈*Purpureicephalus spurius*〉鳥綱オウム目インコ科の鳥。分布：オーストラリア南西部の森林に生息。

ユキウサギ 雪兎, 雪兔
〈*Lepus timidus*〉哺乳綱ウサギ目ウサギ科の動物。分布：アラスカ, ラブラドル, グリーンランド, スカンジナビア, 旧ソ連北部からシベリア, 北海道, シホテ・アリニ山脈, アルタイ, 天山北部, ウクライナ北部, リトアニア。

ユキカザリドリ
〈*Carpodectes nitidus*〉カザリドリ科。体長19～21cm。分布：ホンジュラスのカリブ海側斜面, ニカラグア, コスタリカ, パナマ西部。

ユキコサギ
〈*Egretta thula*〉鳥綱サギ科の鳥。体長60cm。

ユキシヤコ

分布：合衆国からチリ南部にかけて繁殖する。北方と南方の個体群は冬に暖かい地域に渡る。

ユキシャコ 雪鷓鴣
〈*Lerwa lerwa*〉鳥綱キジ目キジ科の鳥。

ユキスズメ 雪雀
〈*Montifringilla nivalis*〉スズメ科。体長17.5cm。分布：スペインからモンゴル。

ユキドリ
シロフルマカモメの別名。

ユキハタネズミ
〈*Dinaromys bogdanovi*〉哺乳綱齧歯目ネズミ科の動物。分布：旧ユーゴスラビア。

ユキバト
〈*Columba leuconota*〉鳥綱ハト目ハト科の鳥。体長31～34cm。分布：ヒマラヤ山脈，ミャンマー北西部，中国西部，トルキスタン南西部。

ユキヒツジ
シベリアビッグホーンの別名。

ユキヒメドリ 雪姫鳥
〈*Junco hyemalis*〉鳥綱スズメ目ホオジロ科の鳥。体長16cm。分布：カナダ，合衆国北・中部で繁殖。北の地域に生息するものは南下してメキシコまで渡る。

ユキヒョウ 雪豹
〈*Panthera uncia*〉哺乳綱偶蹄目ウシ科の動物。別名チベットカモシカ。体長1～1.3m。分布：中央アジア，南アジア，東アジア。絶滅危惧IB類。

ユキボウシカッコウ 雪帽子郭公
〈*Caliechthrus leucolophus*〉鳥綱ホトトギス目ホトトギス科の鳥。

ユキホオジロ 雪頬白
〈*Plectrophenax nivalis*〉鳥綱スズメ目ホオジロ科の鳥。体長16.5cm。分布：北極付近。フランス北部，旧ソ連南部，合衆国のカリフォルニア州北西部，カンザス州中央部およびヴァージニア州で越冬。

ユキヤマウズラ 雪山鶉
〈*Anurophasis monorthonyx*〉鳥綱キジ目キジ科の鳥。

ユーゴスラヴェンスキ・トロボイニ・ゴニッツ
ユーゴスラビアン・マウンテン・ハウンドの別名。

ユーゴスラビアン・トライカラー・ハウンド
〈*Yugoslavian Tricoloured Hound*〉犬の一品種。体高46～56cm。原産：旧ユーゴスラビア。

ユーゴスラビアン・マウンテン・ハウンド
〈*Yugoslavian Mountain Hound*〉犬の一品種。体高46～56cm。原産：旧ユーゴスラビア。

ユジノルースカヤ・オフチャルカ
サウス・ロシアン・オフチャルカの別名。

ユタヒョウガエル
〈*Rana onca*〉両生綱無尾カエル目アカガエル科のカエル。体長4.4～8.4cm。分布：アメリカ合衆国のネヴァダ州，アリゾナ州，ユタ州にまたがるヴァージン川流域。絶滅危惧II類。

ユトランド
〈*Jutland*〉哺乳綱奇蹄目ウマ科の動物。体高155～165cm。原産：デンマーク。

ユビナガウズラ 趾長鶉
〈*Dactylortyx thoracicus*〉鳥綱キジ目キジ科の鳥。

ユビナガオオクサガエル
〈*Leptopelis xenodactylus*〉両生綱無尾カエル目クサガエル科のカエル。体長5cm。分布：南アフリカ共和国。絶滅危惧II類。

ユビナガガエル
〈*leptodactylid frog*〉両生綱無尾ユビナガガエル科のカエル。体長2～30cm。分布：北アメリカ南部から南アメリカ。

ユビナガコウモリ 指長蝙蝠
〈*Miniopterus schreibersi*〉哺乳綱翼手目ヒナコウモリ科の動物。

ユビナガコウモリ
ニホンユビナガコウモリの別名。

ユビナガサラマンダー
オオユビサンショウウオの別名。

ユビナガフクロウ
〈*Gymnoglaux lawrencii*〉鳥綱フクロウ目フクロウ科の鳥。別名カッコウ鳥。

ユビナガホオヒゲコウモリ
〈*Myotis capaccinii*〉哺乳綱翼手目ヒナコウモリ科の動物。前腕長3.8～4cm。分布：アフリカ北部，スペインからイランにかけて。絶滅危惧II類。

ユーフロシネ・ドルフィン
スジイルカの別名。

ユミハシハチドリ

〈Phaethornis superciliosus〉鳥綱アマツバメ目ハチドリ科の鳥。別名オナガカクレハチドリ。体長15cm。分布：メキシコ東部からボリビアおよびブラジル中部。

ユミハシハワイミツスイ
〈Hemignathus obscurus〉アトリ/ハワイミツスイ亜科。別名ポーウリ。体長19cm。分布：カウアイ島。オアフ島,ラナイ島,ハワイ島では絶滅。

ユメゴンドウ　夢巨頭
〈Feresa attenuata〉哺乳綱クジラ目マイルカ科の動物。別名スレンダー・ブラックフィッシュ,スレンダー・パイロットホエール。2.1〜2.6m。分布：世界中の熱帯から亜熱帯の沖合いの海域。

ユーラシア
〈Eurasier〉犬の一品種。体高48〜61cm。原産：ドイツ。

ユーラシアイノシシ
イノシシの別名。

ユーラシアオオヤマネコ
オオヤマネコの別名。

ユーラシアカワウソ
〈Lutra lutra〉イタチ科カワウソ類。体長57〜70cm。分布：ヨーロッパ,アジア。絶滅危惧II類。

ユーラシアコヤマコウモリ
コヤマコウモリの別名。

ユーラシアハタネズミ
〈Microtus arvalis〉体長9〜12cm。分布：西ヨーロッパから西アジア,中央アジアにかけて。

ユラ・ラウフフント：ザンクス・フーベルト
〈Jura Laufhund: St.Hubert〉犬の一品種。別名サン・ユベール。体高46〜58cm。原産：スイス。

ユラ・ラウフフント：ブルーノ
〈Jura Laufhund: Bruno〉犬の一品種。体高46〜58cm。原産：スイス。

ユリカモメ　百合鷗
〈Larus ridibundus〉鳥綱チドリ目カモメ科の鳥。体長41cm。分布：ユーラシアと北アメリカ東部で繁殖する。シベリアとヨーロッパ北東部の個体群はアフリカやアジアへ渡る。

ユーンゲライブクロコモリガエル
キタカモノハシガエルの別名。

ユーンゲラタニガエル
〈Taudactylus eungellensis〉両生綱無尾目カエル目カメガエル科のカエル。体長オス2.5〜2.8cm,メス2.8〜3.6cm。分布：オーストラリア北東部。絶滅危惧種。

【ヨ】

ヨイロハナドリ
〈Dicaeum quadricolor〉鳥綱スズメ目ハナドリ科の鳥。全長約10cm。分布：フィリピンのセブ島。絶滅危惧IA類。

ヨウスコウアリゲーター　揚子江鰐
〈Alligator sinensis〉爬虫綱ワニ目アリゲーター科のワニ。全長2m。分布：中国東部の揚子江下流域の山地。絶滅危惧IA類。

ヨウスコウカワイルカ　揚子江河海豚
〈Lipotes vexillifer〉ラプラタカワイルカ科。別名ヤンツー・リバー・ドルフィン,バイジー,ペイチー,ホワイトフィン・ドルフィン,ホワイトフラッグ・ドルフィン,チャイニーズ・ドルフィン,バイジー。1.4〜2.5m。分布：中国の揚子江の三峡から河口まで。絶滅危惧IA類。

ヨウスコウダルマエナガ
カオジロダルマエナガの別名。

ヨウム　洋武鳥,洋鵡
〈Psittacus erithacus〉鳥綱インコ目インコ科の鳥。体長33cm。分布：アフリカ中部。シエラレオネから東はケニアおよびタンザニア北西部。

ヨウモウキツネザル
アバヒの別名。

ヨウモウクモザル
ウーリークモザルの別名。

ヨークシャー
〈Yorkshire〉イギリスのイングランド北部ヨークシャーで成立したブタの品種。

ヨークシャー・テリア
〈Yorkshire Terrier〉哺乳綱食肉目イヌ科の動物。体高23cm。分布：イギリス。

ヨコクビガメ
〈side-necked turtle〉爬虫綱カメ目ヨコクビガメ科に属するカメの総称。甲長12〜90cm。分布：熱帯南アメリカ,サハラ以南のアフリカ,マダガスカル,セイシェル諸島,モーリ

シャス諸島。

ヨコジマウロコミツスイ
ヨコジマミツスイの別名。

ヨコジマオオガシラ
〈*Nystalus radiatus*〉鳥綱キツツキ目オオガシラ科の鳥。

ヨコジマオニキバシリ
〈*Dendrocolaptes certhia*〉オニキバシリ科。体長28cm。分布：メキシコからボリビア北部、アマゾン川流域。

ヨコジマチョウゲンボウ
〈*Falco zoniventris*〉鳥綱ワシタカ目ハヤブサ科の鳥。

ヨコジマテリカッコウ 横縞照郭公
〈*Chalcites lucidus*〉鳥綱ホトトギス目ホトトギス科の鳥。

ヨコジマミツスイ 横縞蜜吸
〈*Ramsayornis fasciatus*〉鳥綱スズメ目ミツスイ科の鳥。別名ヨコジマウロコミツスイ。

ヨコジマモリハヤブサ
〈*Micrastur ruficollis*〉鳥綱タカ目ハヤブサ科の鳥。体長31〜38cm。分布：中央、南アメリカ。

ヨコスジジャッカル
〈*Canis adustus*〉哺乳綱食肉目イヌ科の動物。体長65〜81cm。分布：アフリカ中部、西部、南部。

ヨコバイアダー
ペリングゥエイアダーの別名。

ヨコバイガラガラヘビ
〈*Grotalus cerastes*〉体長45〜80cm。分布：アメリカ合衆国南西部、メキシコ北部。

ヨコバイガラガラヘビ
サイドワインダーの別名。

ヨコハマ
〈*Yokohama*〉鳥綱キジ目キジ科の鳥。分布：アジア、日本。

ヨコフウズラ 横斑鶉
〈*Philortyx fasciatus*〉鳥綱キジ目キジ科の鳥。

ヨコフリオウギビタキ
〈*Rhipidura leucophrys*〉カササギビタキ科。体長20cm。分布：オーストラリア全土。タスマニア島、ニューギニア、ソロモン諸島、ビスマーク諸島およびモルッカ諸島にも稀。

ヨゴレフウキンチョウ
〈*Mitrospingus cassinii*〉鳥綱スズメ目ホオジロ科の鳥。

ヨザル 夜猿
〈*Aotus trivirgatus*〉哺乳綱霊長目オマキザル科の動物。体長30〜42cm。分布：中央アメリカから南アメリカ北西部。絶滅危惧II類。

ヨシガモ 葦鴨, 葭鴨
〈*Anas falcata*〉鳥綱ガンカモ目ガンカモ科の鳥。全長48cm。分布：中央シベリア高原。国内では北海道。

ヨシキリ 葦切, 葭切
〈*reed warbler*〉鳥綱スズメ目ヒタキ科ウグイス亜科ヨシキリ属に含まれる鳥の総称。

ヨシゴイ 葦五位, 葭五位
〈*Ixobrychus sinensis*〉鳥綱コウノトリ目サギ科の鳥。全長36cm。分布：東アジアからインド、フィリピン、スンダ列島、ミクロネシア。国内では九州以北。

ヨシゴイ 葭五位
〈*little bittern*〉広義には鳥綱コウノトリ目サギ科ヨシゴイ属に含まれる鳥の総称で、狭義にはそのうちの1種をさす。全長27〜58cm。分布：世界中。

ヨシネズミ
アフリカアシネズミの別名。

ヨジリオオトカゲ
〈*Varanus timorensis*〉爬虫綱有鱗目トカゲ亜目オオトカゲ科のトカゲ。全長60cm。分布：チモール諸島（インドネシア）、オーストラリア北部、ニューギニア島（南部）。

ヨスジヤシリス
〈*Lariscus hosei*〉哺乳綱齧歯目リス科の動物。頭胴長17.2〜19cm。分布：マレーシアのカリマンタン（ボルネオ）島のサラワク州とサバ州の山岳地帯。絶滅危惧II類。

ヨセミテヒキガエル
〈*Bufo canorus*〉両生綱無尾目ヒキガエル科のカエル。体長3.1〜7.7cm。分布：アメリカ合衆国カリフォルニア州のシエラ・ネヴァダ山脈の標高2000〜3000mの地域。絶滅危惧IB類。

ヨタカ 蚊母鳥, 怪鴟, 夜鷹
〈*Caprimulgus indicus*〉鳥綱ヨタカ目ヨタカ科の鳥。全長29cm。分布：アジアの熱帯から温帯に分布し、東部のものはボルネオ島、スマ

トラ島などに渡って越冬。国内では九州以北の夏鳥。

ヨタカ　怪鴟
〈nightjar〉広義には鳥綱ヨタカ目ヨタカ科に属する鳥の総称で、狭義にはそのうちの1種をさす。体長19〜29cm。分布：ニュージーランド、南アメリカ南部と大部分の海洋島を除く熱帯、温帯に広く分布。

ヨタカ目
鳥綱の1目。

ヨツヅノカメレオン
〈Chamaeleo quadricornis〉爬虫綱有鱗目トカゲ亜目カメレオン科のトカゲ。全長38cm。分布：アフリカ西部（カメルーン）。

ヨツヅノカモシカ
〈Tetracerus quadricornus〉体長80〜100cm。分布：南アジア。絶滅危惧II類。

ヨツヅノレイヨウ　四角羚羊
〈Tetracerus quadricornis〉哺乳綱偶蹄目ウシ科の動物。頭胴長80〜110cm。分布：インド、ネパール。絶滅危惧II類。

ヨツツノヒツジ
〈Ovis aries〉哺乳綱偶蹄目ウシ科の動物。

ヨツボシミドリインコ　四星緑鸚哥
〈Graydidascalus brachyurus〉鳥綱オウム目インコ科の鳥。

ヨツメイシガメ
〈Sacalia quadriocellata〉爬虫綱カメ目ヌマガメ科のカメ。最大甲長14.3cm。分布：中国南部、海南島、ベトナム。絶滅危惧II類。

ヨツメオポッサム
〈Philander opossum〉哺乳綱有袋目オポッサム科の動物。

ヨツメヒルヤモリ
〈Phelsuma quadriocellata〉爬虫綱有鱗目トカゲ亜目ヤモリ科の動物。全長10〜12cm。分布：マダガスカル（東マダガスカル）。

ヨツユビトビネズミ
〈Allactaga tetradactyla〉哺乳綱齧歯目トビネズミ科の動物。体長10〜12cm。分布：北アフリカ。絶滅危惧IB類。

ヨツユビリクガメ
〈Testudo horsfieldi〉爬虫綱カメ目リクガメ科のカメ。別名ホルスフィールドリクガメ。最大甲長22cm。分布：カスピ海周辺から東へは旧ソ連を経て中国の新疆西部、南へはイラン、アフガニスタン、パキスタン。絶滅危惧II類。

ヨナキツグミ
〈Erithacus luscinia〉鳥綱スズメ目ヒタキ科ツグミ亜科の鳥。別名ヤブサヨナキドリ。

ヨナグニウマ　与那国馬
〈Yonaguni Pony〉馬の一品種。体高110〜120cm。原産：沖縄県八重山群島与那国島。

ヨナクニカラスバト
〈Columba janthina stejnegeri〉鳥綱ハト目ハト科の鳥。40cm。分布：八重山諸島。

ヨナグニシュウダ　与那国臭蛇
〈Elaphe carinata yonaguniensis〉爬虫綱有鱗目ヘビ亜目ナミヘビ科のヘビ。全長80〜200cm。分布：与那国島。

ヨームド
〈Yomud〉馬の一品種。体高145〜152cm。原産：トルクメン共和国。

ヨリハナガマ
〈Pseudobufo subasper〉両生綱無尾目ヒキガエル科のカエル。体長オス77〜93mm、メス92〜155mm。分布：マレー半島、スマトラ東部、ボルネオ南部。

ヨルトカゲ
〈Xantusia arizonae〉爬虫綱有鱗目トカゲ亜目ヨルトカゲ科のトカゲ。

ヨルトカゲ
〈night lizard〉爬虫綱有鱗目トカゲ亜目ヨルトカゲ科のトカゲ。体長3.5〜12cm。分布：キューバ東部、パナマからメキシコ中部、アメリカ合衆国南西部。

ヨルナメラ
〈Elaphe flavirufa〉爬虫綱有鱗目ヘビ亜目ナミヘビ科のヘビ。全長90〜165cm。分布：メキシコ中部からニカラグアの主にメキシコ湾、カリブ海側。

ヨルネズミ
〈Nyctomys sumichrasti〉哺乳綱齧歯目ネズミ科の動物。体長11〜13cm。分布：メキシコ南部から中央アメリカ南部にかけて。

ヨルマウス
〈Calomys laucha〉体長7cm。分布：南アメリカ中部、東部。

ヨルマウス属
〈Calomys〉哺乳綱齧歯目ネズミ科の動物。分

布：南アメリカの低地の大部分。

ヨロイジネズミ　鎧地鼠
〈*Scutisorex somereni*〉食虫目トガリネズミ科の哺乳類。体長10〜15cm。分布：中央アジアから東アフリカにかけて。

ヨロイトカゲ　鎧蜥蜴
〈*Cordylus warreni*〉爬虫綱有鱗目ヨロイトカゲ科のトカゲ。

ヨロイトカゲ
〈*girdle-tailed lizard*〉爬虫綱有鱗目ヨロイトカゲ科に属するトカゲの総称。体長5〜27.5cm。分布：サハラ以南のアフリカ、マダガスカル。

ヨロイトカゲ
オオヨロイトカゲの別名。

ヨロイハブ
〈*Tropidolaemus wagleri*〉爬虫綱有鱗目ヘビ亜目クサリヘビ科のヘビ。全長50〜80cm。分布：タイ南部からマレー半島、インドネシア(ジャワとその東部を除く)、フィリピン。

ヨーロッパアオゲラ
〈*Picus viridis*〉鳥綱キツツキ目キツツキ科の鳥。体長30cm。分布：スカンジナビア半島南部からのユーラシア西部一帯、ヨーロッパから北アフリカの山地、トルコ、イラン、ロシア西部。

ヨーロッパアカガエル
〈*Rana temporaria*〉両生綱無尾目アカガエル科のカエル。体長5〜10cm。分布：ヨーロッパ。

ヨーロッパアシナシトカゲ
ヨーロッパヘビトカゲの別名。

ヨーロッパアブラコウモリ
〈*Pipistrellus pipistrellus*〉体長3.5〜4.5cm。分布：ヨーロッパから北アフリカにかけて、西アジア、中央アジア。

ヨーロッパアマガエル
〈*Hyla arborea*〉両生綱無尾目アマガエル科のカエル。体長3〜5cm。分布：ヨーロッパ。

ヨーロッパアマツバメ
〈*Apus apus*〉鳥綱アマツバメ目アマツバメ科の鳥。体長14cm。分布：ヨーロッパのほぼ全域、北アフリカおよび中央アジアの一部から東は太平洋近くまで。熱帯アフリカで越冬。

ヨーロッパイノシシ
イノシシの別名。

ヨーロッパイワシャコ
アカアシイワシャコの別名。

ヨーロッパウグイス
〈*Cettia cetti*〉鳥綱スズメ目ウグイス科の鳥。体長14cm。分布：地中海地方から東はイラン、トルキスタン地方まで。最近では北方にも。

ヨーロッパウズラ
ウズラの別名。

ヨーロッパオオギハクジラ
〈*Mesoplodon bidens*〉哺乳綱クジラ目アカボウクジラ科のクジラ。別名ノース・シービークト・ホエール。4〜5m。分布：北大西洋東部および西部の温帯、亜北極域の海域。

ヨーロッパオオヤマネコ
オオヤマネコの別名。

ヨーロッパオオライチョウ　黄嘴大雷鳥
〈*Tetrao urogallus*〉ライチョウ科。別名キバシオオライチョウ。体長オス87cm、メス60cm。分布：北ヨーロッパ。スコットランドを含む。

ヨーロッパカヤクグリ
〈*Prunella modularis*〉鳥綱スズメ目イワヒバリ科の鳥。別名イケガキスズメ。体長14cm。分布：ヨーロッパ。南はスペイン中央部、イタリア、東はウラル山脈、レバノン、トルコ、イラク北部、カフカス。

ヨーロッパキジバト
コキジバトの別名。

ヨーロッパクサリヘビ
〈*Vipera berus*〉爬虫綱有鱗目ヘビ亜目クサリヘビ科のヘビ。全長65〜90cm。分布：ヨーロッパ、アジア。

ヨーロッパグリーンレーサー
イエローグリーンレーサーの別名。

ヨーロッパケナガイタチ
〈*Mustela putorius*〉哺乳綱食肉目イタチ科の動物。体長35〜51cm。分布：ヨーロッパ。

ヨーロッパコノハズク　木葉木菟, 木葉梟
〈*Otus scops*〉鳥綱フクロウ目フクロウ科の鳥。体長19〜20cm。分布：南ヨーロッパや北アフリカからシベリア南西部で繁殖。北方種と南方の一部の種は熱帯アフリカで越冬。

ヨーロッパコマドリ　ヨーロッパ駒鳥
〈*Erithacus rubecula*〉鳥綱スズメ目ツグミ科

の鳥。別名ロビン。体長14cm。分布：ヨーロッパ, 北アフリカから東にシベリア西部およびイラン北部。

ヨーロッパジェネット
〈*Genetta genetta*〉哺乳綱食肉目ジャコウネコ科の動物。体長40〜55cm。分布：西アフリカ, 東アフリカ, アフリカ南部, 西ヨーロッパ。

ヨーロッパジシギ
〈*Gallinago media*〉体長27〜29cm。分布：ヨーロッパ北部, アジア北西部, アフリカ。

ヨーロッパジネズミ
〈*Crocidura russula*〉哺乳綱食虫目トガリネズミ科の動物。分布：ユーラシア, アフリカ。

ヨーロッパスズガエル
〈*Bombina bombina*〉両生綱無尾目スズガエル科のカエル。体長40〜50mm。分布：デンマーク, ドイツ西部からウラル山脈, コーカサス山脈に至るヨーロッパ中部, 東部。

ヨーロッパスナヤツメ
〈*Lampetra fluviatilis*〉体長18〜49cm。分布：北大西洋, 地中海北西部, ヨーロッパ。

ヨーロッパチチブコウモリ　秩父蝙蝠
〈*Barbastella barbastellus*〉哺乳綱翼手目ヒナコウモリ科の動物。前腕長3.6〜4.4cm。分布：イギリス, フランス, モロッコからカフカス地方まで。絶滅危惧II類。

ヨーロッパトウネン　ヨーロッパ当年, 西当年
〈*Calidris minuta*〉鳥綱チドリ目シギ科の鳥。別名ニシトウネン。全長13cm。

ヨーロッパトガリネズミ
〈*Sorex araneus*〉哺乳綱食虫目トガリネズミ科の動物。体長5〜8cm。分布：ヨーロッパから北アジア。

ヨーロッパナメラ
〈*Coronella austriaca*〉爬虫綱有鱗目ヘビ亜目ナミヘビ科のヘビ。全長50〜60cm。分布：ヨーロッパ, 中東。

ヨーロッパナメラモドキ
〈*Macroprotodon cucullatus*〉爬虫綱有鱗目ヘビ亜目ナミヘビ科のヘビ。全長60〜65cm。分布：ヨーロッパ, アフリカ。

ヨーロッパヌマガメ
〈*Emys orbicularis*〉爬虫綱カメ目ヌマガメ科のカメ。最大甲長18.2cm。分布：北アフリカ, ヨーロッパ, トルコ, イラン北部, 旧ソ連西部。

ヨーロッパバイソン
〈*Bison bonasus*〉哺乳綱偶蹄目ウシ科の動物。体長2.1〜3.4m。分布：ヨーロッパ東部。絶滅危惧IB類。

ヨーロッパハシボソガラス
ハシボソガラスの別名。

ヨーロッパハタリス
〈*Spermophilus citellus*〉哺乳綱齧歯目リス科の動物。頭胴長17.6〜23cm。分布：ドイツ南東部, ポーランド南西部, チェコ, スロバキア, オーストリア, ハンガリー, ルーマニア, ブルガリア, カフカス地方南部からパレスティナにかけて。絶滅危惧II類。

ヨーロッパハチクイ
〈*Merops apiaster*〉鳥綱ブッポウソウ目ハチクイ科の鳥。体長25〜27cm。分布：アフリカ北西部, ヨーロッパ, 西南アジア, アフリカ南部で繁殖。アフリカ西・南東部で越冬。

ヨーロッパハチクマ
ハチクマの別名。

ヨーロッパヒキガエル
〈*Bufo bufo*〉両生綱無尾目ヒキガエル科のカエル。全長8〜20cm。分布：ヨーロッパ, アフリカ, アジア。

ヨーロッパヒナコウモリ
〈*Vespertilio murinus*〉哺乳綱翼手目ヒナコウモリ科の動物。体長5〜6.5cm。分布：ヨーロッパから西アジア, 中央アジア, 東アジアにかけて。

ヨーロッパビーバー
〈*Castor fiber*〉哺乳綱齧歯目ビーバー科の動物。体長83〜100cm。分布：ヨーロッパ。絶滅危惧種。

ヨーロッパヒメウ
〈*Phalacrocorax aristotelis*〉鳥綱ペリカン目ウ科の鳥。体長65〜80cm。分布：西, 南ヨーロッパおよび北アフリカの沿岸部。

ヨーロッパビンズイ　ヨーロッパ便追
〈*Anthus trivialis*〉鳥綱スズメ目セキレイ科の鳥。全長15.5cm。

ヨーロッパフラミンゴ
〈*Phoenicopterus roseus*〉鳥綱コウノトリ目フラミンゴ科の鳥。別名オオフラミンゴ。

ヨーロッパヘビトカゲ
〈*Ophisaurus apodus*〉爬虫綱有鱗目トカゲ亜目アンギストカゲ科のトカゲ。全長100〜

ヨーロッパミンク
〈Mustela lutreola〉哺乳綱食肉目イタチ科の動物。体長30〜40cm。分布：ヨーロッパ。絶滅危惧IB類。120cm。分布：バルカン半島，南西アジア，中央アジアの一部。

ヨーロッパミンク
〈Mustela lutreola〉哺乳綱食肉目イタチ科の動物。体長30〜40cm。分布：ヨーロッパ。絶滅危惧IB類。

ヨーロッパムナグロ
〈Pluvialis apricaria〉鳥綱チドリ目チドリ科の鳥。

ヨーロッパモグラ
〈Talpa europea〉体長10〜16cm。分布：ヨーロッパから北アジア。

ヨーロッパモーマット
アルプスマーモットの別名。

ヨーロッパヤチネズミ
〈Clethrionomys glareolus〉体長7〜13.5cm。分布：西ヨーロッパから北アジア。

ヨーロッパヤマウズラ
〈Perdix perdix〉鳥綱キジ目キジ科の鳥。体長30cm。分布：ヨーロッパ西，中部。

ヨーロッパヤマカガシ
〈Natrix natrix〉爬虫綱有鱗目ヘビ亜目ナミヘビ科のヘビ。全長120〜200cm。分布：ヨーロッパのほぼ全域から中国北西部，ロシアのバイカル湖付近まで。北は北緯67度まで。

ヨーロッパヤマコウモリ
ヤマコウモリの別名。

ヨーロッパヤマネ
〈Muscardinus avellanarius〉哺乳綱齧歯目ネズミ科の動物。体長6.5〜8.5cm。分布：ヨーロッパ。

ヨーロッパヤマネコ
〈Felis silvestris〉哺乳綱食肉目ネコ科の動物。体長50〜75cm。分布：ヨーロッパ，西アジア，中央アジア，アフリカ。

ヨーロッパヨシキリ
〈Acrocephalus scirpaceus〉鳥綱スズメ目ヒタキ科ウグイス亜科の鳥。

ヨーロッパヨタカ
〈Caprimulgus europaeus〉鳥綱ヨタカ目ヨタカ科の鳥。体長28cm。分布：ヨーロッパ（東は中央アジア，北はスカンジナヴィア南部）で繁殖，アフリカで越冬。

ヨーロッパレーサー
イエローグリーンレーサーの別名。

ヨーロピアン・ショートヘア
〈European Shorthair〉猫の一品種。原産：イタリア。

ヨーロピアン・バーミーズ
〈European Burmese〉猫の一品種。

ヨーロピアン・ビークト・ホエール
ヒガシアメリカオオギハクジラの別名。

ヨンショクヤブモズ
〈Telophorus quadricolor〉鳥綱スズメ目モズ科の鳥。体長20.5cm。分布：アフリカ東部および南部の海岸地域。

【ラ】

ラ
ラバの別名。

ライエルミズカキサンショウウオ
〈Hydromantes platycephalus〉体長7〜11cm。分布：アメリカ合衆国西部（カリフォルニア）。

ライオン
〈Panthera leo〉哺乳綱食肉目ネコ科の動物。別名シシ（獅子）。体長1.7〜2.5m。分布：アフリカ，南アジア。絶滅危惧II類。

ライオンタマリン
〈Leontopithecus rosalia〉哺乳綱霊長目キヌザル科の動物。別名ゴールデンライオンタマリン。体長20〜25cm。分布：南アメリカ東部。絶滅危惧IA類。

ライカ
〈Laika〉犬の一品種。別名ウエスト・シベリアン・ライカ。

ライガー
〈liger〉哺乳綱食肉目ネコ科の1代雑種。

ライチョウ 雷鳥
〈Lagopus mutus japonicus〉鳥綱キジ目キジ科の鳥。別名タケドリ，ガンチョウ，ライノトリ。38cm。分布：北半球の亜寒帯と寒帯。国内では本州中部。特別天然記念物。

ライチョウ 雷鳥
〈ptarmigan〉広義には鳥綱キジ目キジ科ライチョウ亜科に属する鳥の総称で，狭義にはそのうちの1種をさす。全長31〜91cm。分布：北アメリカ，アジア北部，ヨーロッパ。

ライディング・ポニー
〈Riding Pony〉馬の一品種。132cm。原産：

イギリス。

ライト・サセックス
〈Light Sussex〉分布：英国。

ライト・ファブロール
〈Light Faverolles〉分布：フランス北部ファブロール。

ライト・ホエール
セミクジラの別名。

ライノセラスアダー
〈Bitis nasicornis〉爬虫綱有鱗目ヘビ亜目クサリヘビ科のヘビ。全長50～100cm。分布：アフリカ中部，東はスーダン南部，ウガンダ，西はアンゴラ，ギニア。

ライノセラスバイパー
ライノセラスアダーの別名。

ライノトリ
ライチョウの別名。

ライマンナガクビ
〈Chelodina reimanni〉爬虫綱カメ目ヘビクビガメ科のカメ。最大甲長20.6cm。分布：ニューギニア島南部（インドネシアのイリアン，ジャヤ南東部とパプアニューギニア南西部にかけてのメラウケ川流域）。

ライラックニシブッポウソウ
〈Coracias caudata〉鳥綱ブッポウソウ目ブッポウソウ科の鳥。体長40cm。分布：エチオピアからアフリカ東部，アンゴラから南アフリカ北部。

ライラックムシクイ
〈Malurus coronatus〉鳥綱スズメ目ヒタキ科ゴウシュウムシクイ亜科の鳥。別名ホオグロオーストラリアムシクイ。

ライランド
〈Ryeland〉分布：イングランド。

ライン
〈Rhine〉馬の一品種。体高162～172cm。原産：西ドイツ。

ラインラントジュウバンバ ラインラント重輓馬
〈Rhineland Heavy Draft〉哺乳綱奇蹄目ウマ科の動物。

ラウンドスベトカゲ
〈Leiolopisma telfairii〉爬虫綱トカゲ目（トカゲ亜目）トカゲ科のトカゲ。頭胴長最大17.1cm。分布：モーリシャスのラウンド島。

絶滅危惧II類。

ラオスオオカミヘビ
〈Lycodon laoensis〉爬虫綱有鱗目ヘビ亜目ナミヘビ科のヘビ。全長40cm。分布：中国（雲南），タイ，ラオス，ベトナム，カンボジア，マレー半島。

ラオスモリチメドリ
〈Stachyris herberti〉スズメ目ヒタキ科（チメドリ亜科）。全長18cm。分布：ラオス中部，ベトナム中部のアンナン地方。絶滅危惧II類。

ラガマフィン
〈Ragamuffin〉猫の一品種。

ラグ
カマイルカの別名。

ラグ
タイセイヨウカマイルカの別名。

ラクダ 駱駝
〈camel〉哺乳綱偶蹄目ラクダ科ラクダ属に含まれる動物の総称。

ラグドール
〈Ragdoll〉猫の一品種。原産：アメリカ。

ラグナヨツスジトカゲ
〈Eumeces lagunensis〉体長16～20cm。分布：メキシコ（バハカリフォルニア）。

ラークノア
〈Laekenois〉犬の一品種。

ラークノワ
ベルジアン・シェパードの別名。

ラケットオナガ
〈Crypsirina cucullata〉鳥綱スズメ目カラス科の鳥。全長30～31cm。分布：ミャンマー中央部。絶滅危惧II類。

ラケットカワセミ
〈Tanysiptera galatea〉鳥綱ブッポウソウ目カワセミ科の鳥。体長33～43cm。分布：ニューギニアおよび沖合の島々，モルッカ諸島。

ラケットニシブッポウソウ
〈Coracias spatulata〉鳥綱ブッポウソウ科の鳥。体長40cm。分布：アンゴラ南部，ザイール南東部およびジンバブウェから南アフリカ北東部。

ラケットハチドリ
〈Ocreatus underwoodii〉鳥綱アマツバメ目ハチドリ科の鳥。体長オス12cm，メス7.5cm。

分布：ベネズエラからボリビアにかけてのアンデス山脈。絶滅危惧II類と推定。

ラケットヨタカ
〈*Macrodipteryx longipennis*〉鳥綱ヨタカ目ヨタカ科の鳥。体長28cm。分布：アフリカの温帯域。

ラケノア
〈*Laekenois*〉犬の一品種。体高56〜66cm。原産：ベルギー。

ラーケンフェルダー
〈*Lakenvelder*〉哺乳綱偶蹄目ウシ科の動物。分布：オランダ。

ラゴスクビワコウモリ
〈*Eptesicus platyops*〉哺乳綱翼手目ヒナコウモリ科の動物。頭胴長6.2cm。分布：セネガル、ナイジェリア、赤道ギニア。絶滅危惧II類。

ラゴット・ロマニョーロ
〈*Lagotto Romagnole*〉犬の一品種。

ラコム
〈*Lacombe*〉哺乳綱偶蹄目イノシシ科の動物。分布：カナダ。

ラサ・アプソ
〈*Lhasa Apso*〉哺乳綱食肉目イヌ科の動物。体高25〜28cm。分布：チベット。

ラザコヒバリ
〈*Calandrella razae*〉鳥綱スズメ目ヒバリ科の鳥。全長オス13cm、メス12cm。分布：カーボベルデ。絶滅危惧IB類。

ラージ・イロコス
〈*Large Ilocos*〉牛の一品種。

ラージ・ブラック
〈*Large Black*〉哺乳綱偶蹄目イノシシ科の動物。別名コーンウォール。分布：イングランド。

ラージ・フレンチ・ポインター
〈*Large French Pointer*〉犬の一品種。体高56〜68cm。原産：フランス。

ラージ・ホワイト
〈*Large White*〉哺乳綱偶蹄目イノシシ科の動物。分布：イギリス北部。

ラージ・ミュンスターレンダー
ラージ・モンスターランダーの別名。

ラージ・モンスターランダー
犬の一品種。別名グロース・ミュンスターレンダー。

ラース
〈*Rath*〉牛の一品種。

ラタステクサリヘビ
〈*Vipera latastei*〉爬虫綱有鱗目ヘビ亜目クサリヘビ科のヘビ。全長60〜75cm。分布：ヨーロッパ、アフリカ。

ラチフィクサリヘビ
ペルシアクサリヘビの別名。

ラーチャー
〈*Lurcher*〉犬の一品種。体高69〜76cm。原産：アイルランド。

ラチャ
〈*Lacha*〉哺乳綱偶蹄目ウシ科の動物。体高オス68〜70cm、メス55〜66cm。分布：スペイン。

ラッコ 海獺, 猟虎
〈*Enhydra lutris*〉哺乳綱食肉目イタチ科に属する海獣。体長55〜130cm。分布：北太平洋。国内では根室半島を中心とする海域。絶滅危惧IB類。

ラッセルクサリヘビ
〈*Daboia russelii*〉爬虫綱有鱗目ヘビ亜目クサリヘビ科のヘビ。全長1〜1.5m。分布：アジア。

ラッセルスナボア
ラフスナボアの別名。

ラッソヨーロピアン・ライカ
〈*Russo-European Laika*〉犬の一品種。体高53〜61cm。原産：ロシアとフィンランド。

ラット 大黒鼠
〈*Rattus norvegicus var. albinus*〉哺乳綱齧歯目ネズミ科の動物。

ラット
ドブネズミの別名。

ラット・テリア
〈*Rat Terrier*〉犬の一品種。

ラッパチョウ 喇叭鳥
〈*Psophia crepitans*〉鳥綱ツル目ラッパチョウ科の鳥。別名セアカラッパチョウ。体長46〜53cm。分布：ギアナ、ベネズエラ東部からエクアドル西部にかけて、ペルー北部、ブラジル・アマゾン川北部。

ラッパチョウ 喇叭鳥

〈trumpeter〉鳥綱ツル目ラッパチョウ科に属する鳥の総称。体長43〜53cm。分布：南東ベネズエラ、ギアナ。

ラップフンド
〈Lapphund, Lapinkoira, Swedish Lapp Spitz〉哺乳綱食肉目イヌ科の動物。

ラップヤワゲネズミ
〈Myomys ruppi〉齧歯目ネズミ科（ネズミ亜科）。属としてのサイズ：頭胴長7.5〜12.5cm。分布：エチオピア南西部および中央高地。絶滅危惧II類。

ラディウスジネズミ
〈Crocidura ludia〉哺乳綱食虫目トガリネズミ科の動物。分布：コンゴ民主共和国北部のメジェおよびタンダラ。絶滅危惧II類。

ラーテル
〈Mellivora capensis〉哺乳綱食肉目イタチ科の動物。別名ミツアナグマ。体長60〜77cm。分布：西アフリカ、中央アフリカ、東アフリカ、アフリカ南部、西アジア、南アジア。

ラーテル
〈ratel〉哺乳綱食肉目イタチ科ラーテル属に含まれる動物の総称。

ラトナジネズミ
〈Crocidura latona〉哺乳綱食虫目トガリネズミ科の動物。分布：コンゴ民主共和国北東部の低地雨林。絶滅危惧II類。

ラトビアン
馬の一品種。体高154〜162cm。原産：ラトビア共和国。

ラナ
〈Rana〉牛の一品種。

ラナイヒトリツグミ
〈Myadestes lanaiensis〉スズメ目ヒタキ科（ツグミ亜科）。全長20cm。分布：アメリカ合衆国ハワイ州。絶滅危惧IA類。

ラナーハヤブサ
〈Falco biarmicus〉鳥綱ハヤブサ科の鳥。体長オス34cm、メス50cm。分布：ヨーロッパ南東部、中東、アフリカの大部分の地域。

ラニヨンタイランチョウ
〈Phylloscartes lanyoni〉鳥綱スズメ目タイランチョウ科の鳥。全長11cm。分布：コロンビア西部。絶滅危惧IB類。

ラバ 騾馬
〈Equus asinus × Equus caballus〉哺乳綱奇蹄目ウマ科の動物。155〜165cm。分布：ヨーロッパ。

ラバヒメアオバト
〈Ptilinopus huttoni〉鳥綱ハト目ハト科の鳥。全長オス38〜48.5cm、メス38〜43cm。分布：フランス領ポリネシアのトゥブアイ諸島のラバ島。絶滅危惧II類。

ラバーボア
〈Charina bottae〉爬虫綱有鱗目ヘビ亜目ボア科のヘビ。全長35〜80cm。分布：北アメリカ。絶滅危惧II類と推定。

ラパーム
〈LePerm〉猫の一品種。

ラバルマアマガエルモドキ
〈Centrolenella valerioi〉アマガエルモドキ科。体長2〜3cm。分布：中央アメリカ。

ラパンポロコイラ
〈Lapinporokoira〉犬の一品種。

ラビノヤマイグアナ
〈Liolaemus rabinoi〉爬虫綱トカゲ目（トカゲ亜目）イグアナ科の動物。頭胴長6cm前後。分布：アルゼンチン中部。絶滅危惧II類。

ラピンポロコイラ
〈Lapinporokoira〉犬の一品種。体高48〜56cm。原産：フィンランド。

ラフアオヘビ
ラフアメリカアオヘビの別名。

ラフアメリカアオヘビ
〈Opheodrys aestivus〉爬虫綱有鱗目ヘビ亜目ナミヘビ科のヘビ。全長55〜80cm。分布：米国の東部、南部からメキシコ東部。

ラフィネスクウサギコウモリ
〈Plecotus rafinesquii〉哺乳綱翼手目ヒナコウモリ科の動物。前腕長4〜4.6cm。分布：アメリカ合衆国南東部。絶滅危惧II類。

ラフェイロ・ド・アレンティジョ
〈Rafeiro do Alentejo〉犬の一品種。体高76cm。原産：ポルトガル。

ラフ・コリー
〈Rough Collie〉犬の一品種。体高51〜61cm。原産：イギリス。

ラフスケールスネーク
ザラハダヘビの別名。

ラフスナボア
〈Eryx conicus〉爬虫綱有鱗目ヘビ亜目ボア科のヘビ。全長40〜90cm。分布：スリランカ、インド、ネパール、パキスタン。

ラフ・フェル
〈Rough Fell〉分布：イングランド北部。

ラプラタカワイルカ
〈Pontoporia blainvillei〉ラプラタカワイルカ科。別名ラプラタ・ドルフィン。1.3〜1.7m。分布：南アメリカ東部の温帯海域。

ラブラドードル
〈Labradoodle〉犬の一品種。

ラブラドール・レトリーバー
〈Labrador Retriever〉哺乳綱食肉目イヌ科の動物。体高54〜57cm。分布：カナダ。

ラボードカメレオン
〈Furcifer labordi〉爬虫綱有鱗目トカゲ亜目カメレオン科のトカゲ。全長オス23〜31cm、メス15〜25cm。分布：マダガスカル南西部。絶滅危惧II類。

ラポニアン・ハーダー
〈Laponian Herder, Vallhund, Lapinporokoira〉哺乳綱食肉目イヌ科の動物。

ラボールテングフルーツコウモリ
〈Nyctimene rabori〉哺乳綱翼手目オオコウモリ科の動物。前腕長7.15〜8cm。分布：フィリピンのネグロス島。絶滅危惧IA類。

ラマ
〈Lama glama〉哺乳綱偶蹄目ラクダ科の動物。別名リャマ、ヤマ。体長120〜225cm。分布：アンデス、ボリビア西部、チリ北東部、アルゼンチン北西部。

ラ・マンチャ
〈La Mancha〉哺乳綱偶蹄目ウシ科の動物。体高オス80〜95cm、メス75〜80cm。分布：アメリカ合衆国。

ラムブーイエ・メリノー
〈Rambouillet Merino〉分布：スペイン。

ラロトンガカラスモドキ
〈Aplonis cinerascens〉スズメ目ムクドリ科（ムクドリ亜科）。全長20cm。分布：ニュージーランド領クック諸島のラロトンガ島。絶滅危惧II類。

ラロトンガヒタキ
〈Pomarea dimidiata〉スズメ目ヒタキ科（カササギヒタキ亜科）。全長14cm。分布：ニュージーランド領クック諸島のラロトンガ島。絶滅危惧IA類。

ランカシャー・ヒーラー
〈Lancashire Heeler〉犬の一品種。体高25〜31cm。原産：イギリス。

ラングール
〈langur〉哺乳綱霊長目オナガザル科コロブス亜科のうち、パキスタン以東のアジアに分布するラングール属に含まれる動物の総称。

ランザサラマンドラ
〈Salamandra lanzai〉両生綱有尾目イモリ科の動物。全長最小16.2cm。分布：イタリアの西ピエモンテ地方のコツィエ・アルプス地域。絶滅危惧II類。

ランシャン
〈Langshan〉鳥綱キジ目キジ科の鳥。分布：中国大陸北部。

ランジンクマネズミ
〈Rattus ranjiniae〉齧歯目ネズミ科（ネズミ亜科）。頭胴長16〜16.5cm程度。分布：インド南西部。絶滅危惧II類。

ランセリンクシミミトカゲ
〈Ctenotus lancelini〉トカゲ目（トカゲ亜目）トカゲ科（スベトカゲ亜科）。頭胴長8cm。分布：オーストラリア西部の小島嶼。絶滅危惧種。

ランデ
〈Landais〉哺乳綱奇蹄目ウマ科の動物。113〜131cm。原産：フランス。

ランディコサメビタキ
〈Muscicapa randi〉スズメ目ヒタキ科（ヒタキ亜科）。全長12cm。分布：フィリピンのルソン島。絶滅危惧IB類。

ランドアカウサギ
〈Pronolagus randensis〉哺乳綱ウサギ目ウサギ科の動物。分布：南アフリカ、ボツワナ東部、ジンバブウェ、ナミビア。

ランドスィーア
〈Lanseer〉犬の一品種。体高66〜71cm。原産：ドイツ。

ランドベルガー
犬の一品種。

ランドレース

⟨Landrace⟩哺乳綱偶蹄目イノシシ科の動物。分布：デンマーク。

ランピモリジネズミ
⟨Myosorex rumpii⟩哺乳綱食虫目トガリネズミ科の動物。分布：カメルーンのルンピ丘陵。絶滅危惧IA類。

ランブイエ
⟨Rambouillet⟩哺乳綱偶蹄目ウシ科の動物。体高オス70〜75cm，メス60〜65cm。分布：フランス。

ランブイエ・メリノー
⟨Rambouillet Merino⟩羊の一品種。

ランプール・グレイハウンド
⟨Rampur Greyhound⟩犬の一品種。

ランポバタンクマネズミ
⟨Rattus mollicomulus⟩齧歯目ネズミ科（ネズミ亜科）。頭胴長15〜16cm。分布：インドネシアのスラウェシ島。絶滅危惧II類。

ランポバタンパルロネズミ
⟨Paruromys ursinus⟩齧歯目ネズミ科（ネズミ亜科）。頭胴長22〜26cm。分布：インドネシアのスラウェシ島。絶滅危惧IB類。

【リ】

リオコメネズミ
⟨Phaenomys ferrugineus⟩齧歯目ネズミ科（アメリカネズミ亜科）。頭胴長15cm程度。分布：ブラジル南東部。絶滅危惧IB類。

リカオン
⟨Lycaon pictus⟩哺乳綱食肉目イヌ科の動物。体長76〜110cm。分布：アフリカ。絶滅危惧IB類。

リクイグアナ
ガラパゴスリクイグアナの別名。

リクガメ　陸亀
⟨land tortoise⟩爬虫綱カメ目リクガメ科に属するカメの総称。甲長10〜140cm。分布：大陸の熱帯，亜熱帯地方。

リクゼンイルカ　陸前海豚
ハクジラ亜目ネズミイルカ科の哺乳類。

リクゼンイルカ
イシイルカの別名。

リコルドツチイグアナ
⟨Cyclura ricordi⟩爬虫綱トカゲ目（トカゲ亜目）イグアナ科の動物。頭胴長オス38〜44cm，メス33〜37cm。分布：ハイチ，ドミニカ共和国。絶滅危惧IA類。

リーサスモンキー
⟨Macaca mulatta⟩哺乳綱霊長目オナガザル科のアカゲザルの英名。

リス　栗鼠
⟨Sciuridae⟩哺乳綱齧歯目リス科リス属に含まれる動物の総称。体長6.6〜73cm。分布：世界中に分布するが，オーストラリア区，ポリネシア，マダガスカル，南アフリカの南部，砂漠を除く。

リス
キタリスの別名。

リス
ニホンリスの別名。

リスカッコウ
⟨Piaya cayana⟩鳥綱ホトトギス目ホトトギス科の鳥。

リスザル　栗鼠猿
⟨Saimiri sciureus⟩哺乳綱霊長目オマキザル科の動物。頭胴長オス25〜37cm，メス23〜29.5cm。分布：中央アメリカ，南アメリカ北部からボリビア，ブラジルに至る中央部。

リスザル　栗鼠猿
⟨squirrel monkey⟩哺乳綱霊長目オマキザル科リスザル属に含まれる動物の総称。

リソウワイチョ　李宋矮猪
⟨Li-Song Miniature⟩分布：中国。

リーチュエ
⟨Kobus leche⟩哺乳綱偶蹄目ウシ科の動物。体長1.3〜2.4m。分布：アフリカ中部から南部にかけて。

リディア
⟨Lidia⟩分布：スペイン。

リトアニアン（ウシ）
⟨Lithuanian⟩牛の一品種。メス122cm，オス130cm。原産：リトアニア共和国。

リトアニアン（ウマ）
⟨Lithuanian⟩馬の一品種。体高152〜163cm。原産：リトアニア共和国。

リードバック
⟨Redunca arundinum⟩哺乳綱偶蹄目ウシ科の動物。体長134〜167cm。分布：タンザニア，アンゴラ。

リトリカク

リドリーカグラコウモリ
〈Hipposideros ridleyi〉翼手目キクガシラコウモリ科（カグラコウモリ亜科）。前腕長4.6〜4.8cm。分布：マレーシア、シンガポール、カリマンタン（ボルネオ）島北部。絶滅危惧II類。

リトリーバー
犬の一品種。

リトル・キラー・ホエール
カズハゴンドウの別名。

リトル・パイクト・ホエール
ミンククジラの別名。

リトル・パイド・ドルフィン
セッパリイルカの別名。

リトル・フィンナー
ミンククジラの別名。

リトル・ライオン・ドッグ
プチ・シアン・リオンの別名。

リトル・ライオン・ドッグ
ローシェンの別名。

リバーウーリーコウモリ
〈Kerivoula muscina〉哺乳綱翼手目ヒナコウモリ科の動物。前腕長3.4cm。分布：ニューギニア島南部と東部。絶滅危惧種。

リバーカグラコウモリ
〈Hipposideros muscinus〉翼手目キクガシラコウモリ科（カグラコウモリ亜科）。前腕長4.5〜4.8cm。分布：ニューギニア島南部。絶滅危惧種。

リバクーター
〈Pseudemys concinna〉爬虫綱カメ目ヌマガメ科のカメ。最大甲長43.7cm。分布：メキシコ（コアウイラ、ヌエボレオン、タマウリーパス）米国（ニューメキシコ、イリノイ、バージニア、フロリダ）。

リビアアレチネズミ
〈Gerbillus syrticus〉齧歯目ネズミ科（アレチネズミ亜科）。頭胴長8〜10cm。分布：リビア。絶滅危惧IA類。

リビアネコ
リビアヤマネコの別名。

リビアヤマネコ
〈Felis libyca〉哺乳綱食肉目ネコ科の動物。

リビアン
〈Libyan〉牛の一品種。

リピッツァ
〈Lipizzaner〉馬の一品種。体高152〜165cm。原産：スロヴェニア、オーストリア。

リーフモンキー
〈leaf-monkey〉広義には哺乳綱霊長目オナガザル科コロブス亜科Colobinaeに属する動物の総称で、狭義かつ普通にはそのうちアジア産のラングール属Presbytisのものをさし、さらに狭義にはマレー半島、スマトラ島、ジャワ島、ボルネオ島に分布するリーフモンキー亜属のものをさす。

リベリアカバ
コビトカバの別名。

リベリアクロヒタキ
〈Melaenornis annamarulae〉スズメ目ヒタキ科（ヒタキ亜科）。別名ハシブトクロヒタキ。全長23cm。分布：リベリアのニンバ山地、ギニア、コートジボアールのタイ国立公園、シエラレオネのゴラ森林。絶滅危惧II類。

リベリアヒヨドリ
〈Phyllastrephus leucolepis〉鳥綱スズメ目ヒヨドリ科の鳥。全長15cm。分布：リベリア南東部。絶滅危惧IA類。

リベリアマングース
〈Liberiictis kuhni〉哺乳綱食肉目マングース科の動物。頭胴長40〜50cm。分布：リベリア北東部、コートジボアール、シエラレオネ、ギニア南部に及ぶ可能性がある。1989年までは、リベリア西部にも生息していた。絶滅危惧IB類。

リーボック
〈Pelea capreolus〉偶蹄目ウシ科の哺乳類で、細く長い首と四肢をもった、優美なつくりの体をもつ小型のアンテロープ。肩高76cm。分布：南アフリカ。

リボンサンゴヘビ
〈Micrurus lemniscatus〉爬虫綱有鱗目ヘビ亜目コブラ科のヘビ。全長0.7〜1.4m。分布：南アメリカ。

リマー
キツネザルの別名。

リムガゼル
〈Gazella leptoceros〉哺乳綱偶蹄目ウシ科の動物。頭胴長100〜110cm。分布：アルジェリア、リビア、エジプト、チャド中央部。絶滅危惧IB類。

リムーザン
〈*Limousin*〉哺乳綱偶蹄目ウシ科の動物。別名リムージン。体高オス145cm, メス135cm。分布：フランス中部。

リームタニガエル
〈*Taudactylus liemi*〉両生綱無尾目カメガエル科のカエル。体長オス2.1〜2.9cm, メス2.8〜2.9cm。分布：オーストラリア東部。絶滅危惧種。

リャノハシリトカゲ
〈*Cnemidophorus gramivagus*〉テグー科。全長17〜28cm。分布：南アメリカ。

リャマ
ラマの別名。

リュウキュウアオバト
ズアカアオバトの別名。

リュウキュウアオヘビ 琉球青蛇
〈*Cyclophiops semicarinatus*〉爬虫綱有鱗目ヘビ亜目ナミヘビ科のヘビ。全長60〜90cm。分布：吐噶喇列島(宝島,小宝島), 奄美諸島, 沖縄諸島。

リュウキュウアカガエル 琉球赤蛙
〈*Rana okinavana*〉両生綱無尾目アカガエル科のカエル。体長オス34〜41mm, メス42〜49mm。分布：奄美大島, 徳之島, 沖縄中部から北部にかけて, 久米島。

リュウキュウイヌ 琉球犬
〈*Ryukyu dog*〉体高オス46〜50cm, メス43〜47cm。分布：沖縄本島北部の山原（やんばる）地方と八重山群島の石垣島。

リュウキュウイノシシ
〈*Sus scrofa riukiuanus*〉哺乳綱偶蹄目イノシシ科の動物。頭胴長95〜110cm, 肩高65〜70cm。分布：奄美大島, 徳之島, 沖縄島, 石垣島, 西表島。絶滅危惧II類。

リュウキュウオオクイナ
オオクイナの別名。

リュウキュウオオコノハズク
〈*Otus bakkamoena pryeri*〉鳥綱フクロウ目フクロウ科の鳥。25cm。分布：沖縄本島・屋我地島, 八重山諸島。

リュウキュウカジカガエル 日本河鹿蛙, 琉球河鹿蛙
〈*Buergeria japonicus*〉両生綱無尾目アオガエル科のカエル。別名ニホンカジカガエル。体長25〜35mm。分布：吐噶喇列島の口之島以南の琉球列島（ただし宮古列島や与那国島などを除く）, 台湾。

リュウキュウガモ 琉球鴨
〈*Dendrocygna javanica*〉鳥綱ガンカモ目ガンカモ科の鳥。別名フエフキガモ。全長41cm。

リュウキュウガモ 琉球鴨
〈*whistling duck*〉鳥綱カモ目カモ科リュウキュウガモ属に含まれる鳥の総称。

リュウキュウカラスバト 琉球烏鳩
〈*Columba jouyi*〉鳥綱ハト目ハト科の鳥。

リュウキュウキノボリトカゲ
〈*Japalura polygonata*〉爬虫綱有鱗目アガマ科のトカゲ。

リュウキュウコノハズク 琉球木葉木菟
〈*Otus elegans*〉鳥綱フクロウ目フクロウ科の鳥。

リュウキュウツバメ 琉球燕
〈*Hirundo tahitica*〉鳥綱スズメ目ツバメ科の鳥。別名マタガラシ, マツテーラ, マツタラグワー。全長13cm。分布：西はインド南部, 北は日本の奄美諸島, 東は南西大西洋のトンガ, 南はオーストラリアのタスマニア島。国内では奄美大島以南に少数。

リュウキュウツミ
〈*Accipiter gularis iwasakii*〉鳥綱タカ目タカ科の鳥。31〜39cm。分布：石垣島, 西表島。

リュウキュウトカゲ
オキナワトカゲの別名。

リュウキュウトカゲモドキ
〈*Eublepharis kiroiwae*〉爬虫綱有鱗目ヤモリ科の動物。

リュウキュウトゲネズミ
アマミトゲネズミの別名。

リュウキュウハナナシ
ヒメヘビの別名。

リュウキュウベニヘビ
〈*Calliophis japonicus*〉爬虫綱有鱗目コブラ科のヘビ。

リュウキュウヤマガメ 琉球山亀
〈*Geoemyda spengleri japonica*〉爬虫綱カメ目ヌマガメ科のカメ。別名ヤンバルガメ。甲長16cm。分布：沖縄島, 渡嘉敷島, 久米島（日本固有種）。絶滅危惧IB類, 天然記念物。

リュウキュウユビナガコウモリ　琉球指長蝙蝠
〈*Miniopterus fuscus*〉哺乳綱翼手目ヒナコウモリ科の動物。別名コユビナガコウモリ。前腕長4.3〜4.5cm。分布：奄美諸島，沖永良部島，沖縄島，久米島，石垣島，西表島。絶滅危惧II類。

リュウキュウヨシゴイ　琉球葦五位，琉球葭五位
〈*Ixobrychus cinnamomeus*〉鳥綱コウノトリ目サギ科の鳥。全長40cm。分布：東アジアからインド，フィリピン，スンダ列島。国内では南西諸島。

リーワードレーサー
〈*Alsophis rijersmai*〉爬虫綱トカゲ目（ヘビ亜目）ナミヘビ科のヘビ。頭胴長65〜79cm。分布：イギリス領アングイラ島，フランス領サン・マルタン島とサン・バルテルミー島。絶滅危惧IB類。

リンカーン
〈*Lincoln*〉哺乳綱偶蹄目ウシ科の動物。分布：イングランド中東部。

リンカントカゲ
〈*Apterygodon vittatus*〉爬虫綱有鱗目スキンク科のトカゲ。

リンカーン・レッド
〈*Lincoln Red*〉牛の一品種。原産：イングランド。

リングアシナシイモリ
〈*Siphonops annulatus*〉体長20〜40cm。分布：南アメリカ大陸北部。

リングテイル
〈*Ringtail possum*〉リングテイル科。分布：オーストラリアの南東，東，北および南西部，タスマニア，ニューギニア。

リングテール
〈*ring-tail*〉有袋目クスクス科リングテール属Pseudocheirusの哺乳類の総称。

リングブラウンスネーク
〈*Pseudonaja modesta*〉爬虫綱有鱗目ヘビ亜目コブラ科のヘビ。全長60cm。分布：オーストラリア。

リンコウチョ　臨高猪
〈*Lingao Pig*〉分布：中国南部・広東省の海南，東南。

リンサン
〈*linsang*〉食肉目ジャコウネコ科の哺乳類。

リンドン
〈*Pseudonovibos spiralis*〉哺乳綱偶蹄目ウシ科の動物。肩高110〜120cm。分布：カンボジア北東部，ベトナム中部。絶滅危惧IB類。

リンネアシナシイモリ
〈*Caecilia tentaculata*〉体長45〜63cm。分布：中央アメリカ南部から南アメリカ大陸北部。

【ル】

ルーアン
〈*Rouen*〉鳥綱ガンカモ目ガンカモ科の鳥。分布：フランス。

ルイジアードウーリーコウモリ
〈*Kerivoula agnella*〉哺乳綱翼手目ヒナコウモリ科の動物。前腕長3.8cm。分布：ニューギニア島南東部，パプアニューギニアのルイジアード諸島。絶滅危惧種。

ルイジアナミルクヘビ
〈*Lampropeltis triangulum amaura*〉爬虫綱有鱗目ヘビ亜目ナミヘビ科のヘビ。全長40〜56cm。分布：米国ルイジアナ州とその周辺の，アーカンソー，オクラホマ，テキサス。

ルーイング
〈*Luing*〉牛の一品種。

ルウェンゾリヌマネズミ
〈*Dasymys montanus*〉齧歯目ネズミ科（ネズミ亜科）。体長11〜19cm。分布：シエラレオネからスーダンとウガンダ，ケニア，南は南アフリカ共和国とナミビアまで。絶滅危惧II類。

ルーカス・テリア
〈*Lucas Terrier*〉犬の一品種。

ルグワーレ
〈*Lugware*〉牛の一品種。

ルサジカ
〈*Cervus timorensis*〉偶蹄目シカ科の哺乳類で，ジャワ，スマトラ，スラウェシ，バリ，フロレス島などのインドネシアの諸島に分布する中型のシカ。肩高オス98〜110cm，メス86〜98cm。分布：インドネシアの島々。

ルシターノ
〈*Lusitano*〉馬の一品種。体高145〜155cm。原産：ポルトガル。

ルシュエールホオヒゲコウモリ
〈*Myotis lesueuri*〉哺乳綱翼手目ヒナコウモリ科の動物。前腕長3.45cm。分布：南アフリカ

共和国のケープ地方。絶滅危惧II類。

ルスタキ
〈*Rustaqi*〉牛の一品種。

ルーズベルトオオアノール
〈*Anolis roosevelti*〉爬虫綱トカゲ目（トカゲ亜目）イグアナ科の動物。頭胴長14〜16cm。分布：アメリカ領プエルト・リコのクレブラ島。絶滅危惧IA類。

ルーズベルトキョン
〈*Muntiacus rooseveltorum*〉哺乳綱偶蹄目シカ科の動物。分布：ベトナム北部。

ルスベンキングヘビ
〈*Lampropeltis ruthveni*〉爬虫綱有鱗目ヘビ亜目ナミヘビ科のヘビ。全長70〜80cm。分布：メキシコのハリースコ，ミチョアカン，ケレタロ。

ルソンアナツバメ
〈*Collocalia whiteheadi*〉鳥綱アマツバメ目アマツバメ科の鳥。全長14cm。分布：フィリピンのルソン島，ミンダナオ島。絶滅危惧II類。

ルソンオオコウモリ
〈*Pteropus leucopterus*〉哺乳綱翼手目オオコウモリ科の動物。前腕長約14.3cm。分布：フィリピンのルソン島，カタンドゥアネス島，ディナガット島。絶滅危惧IB類。

ルソンカワビタキ
〈*Rhyacornis bicolor*〉鳥綱スズメ目ツグミ科の鳥。体長14cm。分布：ルソン島（フィリピン）。絶滅危惧IB類。

ルソンコノハズク
〈*Otus longicornis*〉鳥綱フクロウ目フクロウ科の鳥。全長19cm。分布：フィリピンのルソン島。絶滅危惧II類。

ルソンジネズミ
〈*Crocidura grayi*〉哺乳綱食虫目トガリネズミ科の動物。頭胴長6.8〜7.7cm。分布：フィリピンのルソン島，ミンドロ島。絶滅危惧II類。

ルソンズアカウチワインコ
〈*Prioniturus montanus*〉鳥綱オウム目インコ科の鳥。別名ルソンズアカウチワ。全長30cm。分布：フィリピンのルソン島。絶滅危惧II類。

ルソンセイコウチョウ
〈*Erythrura viridifacies*〉鳥綱スズメ目カエデチョウ科の鳥。全長12.5cm。分布：フィリピンのルソン島，ネグロス島。絶滅危惧IB類。

ルソンテングフルーツコウモリ
〈*Otopteropus cartilagonodus*〉哺乳綱翼手目オオコウモリ科の動物。前腕長4.1〜5.2cm。分布：フィリピンのルソン島。絶滅危惧II類。

ルソンミツリンヒタキ
〈*Rhinomyias insignis*〉スズメ目ヒタキ科（ヒタキ亜科）。全長18cm。分布：フィリピンのルソン島。絶滅危惧IB類。

ルソンヤイロチョウ
〈*Pitta kochi*〉鳥綱スズメ目ヤイロチョウ科の鳥。別名コンコンヤイロ。全長20.5〜21.5cm。分布：フィリピンのルソン島。絶滅危惧II類。

ルチノー
〈*Melopsittacus undulatus*〉鳥綱オウム目インコ科の鳥。

ルツェルナー・ラウフフント
〈*Luzerner Laufhund*〉犬の一品種。体高46〜58cm。原産：スイス。

ルツェルン・ハウンド
〈*Lucernese Hound, Luzerner Laufhund*〉哺乳綱食肉目イヌ科の動物。

ルッツサンパウロガエル
〈*Paratelmatobius lutzii*〉両生綱無尾目カエル目ユビナガガエル科のカエル。体長オス1.9〜2.2cm，メス1.9〜2.3cm。分布：ブラジル南東部。絶滅危惧IA類。

ルッツシブキガエル
〈*Thoropa lutzi*〉両生綱無尾目カエル目ユビナガガエル科のカエル。体長オス2.2〜2.8cm，メス3cm。分布：ブラジル南東部。絶滅危惧IA類。

ルドルフズ・ロークエル
イワシクジラの別名。

ルヒオツヤネズミ
〈*Taeromys hamatus*〉齧歯目ネズミ科（ネズミ亜科）。頭胴長18〜21cm。分布：インドネシアのスラウェシ島。絶滅危惧II類。

ルビーキクイタダキ
〈*Regulus calendula*〉鳥綱スズメ目ウグイス科の鳥。体長9.5〜11.5cm。分布：北アメリカ，アラスカ北西部から南はアリゾナ州まで，ノヴァスコシアに至る東カナダにも。南下し，メキシコ北部までの地域で越冬。

ルビダヤマガメ
〈*Rhinoclemmys rubida*〉カメ目ヌマガメ科（バタグールガメ亜科）。背甲長23cm。分布：

メキシコ中部および南部。絶滅危惧II類。

ルビートパーズハチドリ
〈*Chrysolampis mosquitus*〉鳥綱アマツバメ目ハチドリ科の鳥。体長9cm。分布：トリニダード・トバゴ，南アメリカ北・中部。

ルビーハチドリ
〈*Clytolaema rubricauda*〉鳥綱アマツバメ目ハチドリ科の鳥。

ルフィラハタオリ
〈*Ploceus ruweti*〉鳥綱スズメ目ハタオリドリ科の鳥。全長13cm。分布：コンゴ民主共和国南部のルフィラ湖周辺。絶滅危惧II類。

ルリ 瑠璃
鳥綱スズメ目ヒタキ科に属するオオルリまたはコルリの略称。

ルリイカル
〈*Guiraca caerulea*〉鳥綱スズメ目ホオジロ科の鳥。体長15〜19cm。分布：合衆国南部からコスタリカにかけての地域。分布域内の南地域で越冬。

ルリイロオオハシモズ
ルリイロマダガスカルモズの別名。

ルリイロマダガスカルモズ
〈*Leptopterus madagascarinus*〉鳥綱スズメ目オオハシモズ科の鳥。別名ルリマダガスカルモズ，ルリイロオオハシモズ。

ルリオオサンショウクイ
〈*Coracina azurea*〉鳥綱スズメ目サンショウクイ科の鳥。体長22cm。分布：シエラレオネからザイール。

ルリオーストラリアムシクイ
〈*Malurus cyaneus*〉オーストラリアムシクイ科。体長13cm。分布：オーストラリア南東部，タスマニア島。

ルリオタイヨウチョウ
〈*Aethopyga gouldiae*〉タイヨウチョウ科。体長10cm。分布：インドシナからネパール。

ルリカケス 瑠璃鵶，瑠璃橿鳥，瑠璃懸巣
〈*Garrulus lidthi*〉鳥綱スズメ目カラス科の鳥。全長38cm。分布：奄美大島。絶滅危惧II類，天然記念物。

ルリガシラセイキチョウ 瑠璃頭青輝鳥
〈*Uraeginthus cyanocephala*〉鳥綱スズメ目カエデチョウ科の鳥。体長13cm。分布：ソマリアからケニアおよびタンザニア。

ルリガシラハシリブッポウソウ
〈*Atelornis pittoides*〉鳥綱ブッポウソウ目ジブッポウソウ科の鳥。

ルリガラ 瑠璃雀
〈*Parus cyanus*〉鳥綱スズメ目シジュウカラ科の鳥。全長13cm。

ルリカワセミ
〈*Alcedo meninting*〉鳥綱ブッポウソウ目カワセミ科の鳥。

ルリゴウシュウムシクイ
ルリオーストラリアムシクイの別名。

ルリコシインコ 瑠璃腰鸚哥
〈*Psittinus cyanurus*〉鳥綱オウム目インコ科の鳥。

ルリゴジュウカラ 瑠璃五十雀
〈*Sitta frontalis*〉鳥綱スズメ目ゴジュウカラ科の鳥。

ルリコノハドリ 瑠璃木葉鳥
〈*Irena puella*〉ルリコノハドリ科。体長27cm。分布：インド西部，ネパールから東南アジア，フィリピン。

ルリコンゴウインコ 瑠璃金剛鸚哥
〈*Ara ararauna*〉鳥綱インコ目インコ科の鳥。体長86cm。分布：パナマ東部からボリビア北部およびブラジル南東部。

ルリサンジャク 瑠璃山鵲
〈*Cyanocorax chrysops*〉鳥綱スズメ目カラス科の鳥。

ルリツグミ 瑠璃鶫
〈*Sialia sialis*〉鳥綱スズメ目ツグミ科の鳥。体長14〜19cm。分布：北アメリカ東部，中央アメリカ。

ルリツグミ
ブルーバードの別名。

ルリノジコ 瑠璃野路子
〈*Passerina cyanea*〉鳥綱スズメ目ホオジロ科の鳥。体長14cm。分布：カナダ南東部や合衆国東部で繁殖し，合衆国北東部からカリブ海の島々，中央アメリカあたりで越冬。

ルリノドシロメジリハチドリ
〈*Lampornis clemenciae*〉鳥綱アマツバメ目ハチドリ科の鳥。

ルリノドハチクイ
〈*Merops viridis*〉鳥綱ブッポウソウ目ハチクイ科の鳥。別名マレーハチクイ。

ルリノドハチドリ
〈*Lepidopyga coeruleogularis*〉鳥綱アマツバメ目ハチドリ科の鳥。

ルリハインコ　瑠璃羽鸚哥
〈*Forpus passerinus*〉鳥綱オウム目インコ科の鳥。別名スズメインコ。分布：南アメリカ北東部，トリニダード島，南アメリカ北西部のペリハ山脈。

ルリハコバシチメドリ
〈*Minla cyanouroptera*〉鳥綱スズメ目ヒタキ科チメドリ亜科の鳥。体長15cm。分布：ヒマラヤ山脈東部からマレー半島の山岳地帯。

ルリバネハチドリ
〈*Pterophanes cyanopterus*〉鳥綱アマツバメ目ハチドリ科の鳥。

ルリハラハチドリ
〈*Lepidopyga lilliae*〉鳥綱アマツバメ目ハチドリ科の鳥。全長オス8.9～9.4cm。分布：コロンビア北部。絶滅危惧IA類。

ルリビタキ　瑠璃鶲
〈*Tarsiger cyanurus*〉鳥綱スズメ目ヒタキ科ツグミ亜科の鳥。全長14.5cm。分布：ユーラシアの亜寒帯，ヒマラヤなどで繁殖し，インド西部，インドシナ，中国南部へ渡って越冬。国内では四国，本州中部以北の亜高山帯の針葉樹林で繁殖し，低山に下って越冬。

ルリフウチョウモドキ
〈*Loria loriae*〉鳥綱スズメ目フウチョウ科の鳥。

ルリホウオウ　瑠璃鳳凰
〈*Vidua hypocherina*〉鳥綱スズメ目ハタオリドリ科の鳥。

ルリホオハチクイ
〈*Merops superciliosus*〉鳥綱ブッポウソウ目ハチクイ科の鳥。

ルリマダガスカルモズ
ルリイロマダガスカルモズの別名。

ルリミツドリ
〈*Cyanerpes cyaneus*〉鳥綱スズメ目ホオジロ科の鳥。体長12cm。分布：中央アメリカ，南アメリカ北部。

ルリミツユビカワセミ
〈*Ceyx azureus*〉鳥綱ブッポウソウ目カワセミ科の鳥。

ルリミヤマツグミ
〈*Cochoa azurea*〉スズメ目ヒタキ科（ツグミ亜科）。全長23cm。分布：インドネシアのジャワ島。絶滅危惧II類。

ルリムネハチドリ
〈*Urochroa bougueri*〉鳥綱アマツバメ目ハチドリ科の鳥。

ルリヤイロチョウ　瑠璃八色鳥
〈*Pitta cyanea*〉鳥綱スズメ目ヤイロチョウ科の鳥。別名ウロコヤイロ。

ルングウェジネズミ
〈*Crocidura desperata*〉哺乳綱食虫目トガリネズミ科の動物。分布：タンザニア南部のルングウェ山地およびウズングワ山系。絶滅危惧IA類。

ルンデ
〈*Lundehund*〉犬の一品種。別名ノルスク・ルンデフンド。体高31～39cm。原産：ノルウェー。

ルンデフンド
ルンデの別名。

【レ】

レア
〈*Rhea americana*〉鳥綱ダチョウ目レア科の鳥。別名アメリカダチョウ。頭高130cm。分布：ブラジル南部からパタゴニア。

レイクツリーバイパー
〈*Atheris nitschei*〉爬虫綱有鱗目クサリヘビ科のヘビ。

レイザーバック
ナガスクジラの別名。

レイサンハワイマシコ
〈*Telespiza cantans*〉鳥綱スズメ目ハワイミツスイ科の鳥。全長19cm。分布：アメリカ合衆国ハワイ州のレイサン島。絶滅危惧II類。

レイサンマガモ
〈*Anas laysanensis*〉鳥綱カモ目カモ科の鳥。全長40cm。分布：アメリカ合衆国ハワイ州のレイサン島。絶滅危惧II類。

レイサンヨシキリ
〈*Acrocephalus familiaris*〉スズメ目ヒタキ科（ウグイス亜科）。全長13cm。分布：アメリカ合衆国ハワイ州のニホア島。絶滅危惧II類。

レイチェノウヘビメトカゲ
〈*Panaspis reichenowi*〉スキンク科。全長10

〜15cm。分布：アフリカ。
レイテヤマガメ
〈*Geoemyda leytensis*〉カメ目ヌマガメ科（バタグールガメ亜科）。背甲長最大21cm。分布：フィリピンのレイテ島、パラワン島。絶滅危惧IB類。
レイニイジネズミ
〈*Crocidura raineyi*〉哺乳綱食虫目トガリネズミ科の動物。分布：ケニアのガルゲス山だけから知られている。絶滅危惧IA類。
レイヤーズ・ビークト・ホエール
ヒモハクジラの別名。
レイヨウ
アンテロープの別名。
レインボーアガマ
〈*Agama agama*〉爬虫綱有鱗目トカゲ亜目アガマ科のトカゲ。全長30〜40cm。分布：アフリカ。
レインボーボア
ニジボアの別名。
レオネーザ
〈*Leonesa*〉牛の一品種。
レオポン
〈*Panthera pardus* × *Panthera leo*〉雄ヒョウと雌ライオンの一代雑種。
レオン・サモラ
〈*Leon-Zamora*〉哺乳綱奇蹄目ウマ科の動物。分布：スペイン、西部のレオン県サモラ。
レオンベルガー
〈*Leonberger*〉犬の一品種。体高65〜80cm。原産：ドイツ。
レグホーン
〈*Leghorn*〉鳥綱キジ目キジ科の鳥。分布：地中海沿岸。
レークランド・テリア
〈*Lakeland Terrier*〉哺乳綱食肉目イヌ科の動物。体高33〜38cm。分布：イギリス。
レジアナ
〈*Reggiana*〉牛の一品種。
レースオオトカゲ
〈*Varanus varius*〉爬虫綱有鱗目トカゲ亜目オオトカゲ科のトカゲ。全長平均1.5m。分布：オーストラリア（東南部）。
レスター

レスター
〈*Leicester*〉哺乳綱偶蹄目ウシ科の動物。分布：イングランド中央部。
レスティンガコバシハエトリ
〈*Phylloscartes kronei*〉鳥綱スズメ目タイランチョウ科の鳥。全長12cm。分布：ブラジル南東部のサン・パウロ州。絶滅危惧II類。
レースランナー
〈*Cnemidophorus spp.*〉爬虫綱有鱗目テユー科のトカゲ。
レックス
猫の一品種。
レッサーアンティルイグアナ
〈*Iguana delicatissima*〉爬虫綱トカゲ目（トカゲ亜目）イグアナ科の動物。頭胴長オス38〜43cm、メス35〜39cm。分布：イギリス領アングイラ島からフランス領マルティニク島にかけて。絶滅危惧II類。
レッサー・カチャロット
コマッコウの別名。
レッサークーズー
〈*Tragelaphus imberbis*〉哺乳綱偶蹄目ウシ科の動物。体長160〜175cm。分布：エチオピア、ウガンダ、スーダン、ソマリア、ケニア、タンザニア北・中央部。
レッサーサイレン
〈*Siren intermedia*〉両生綱有尾目レッサー科の動物。
レッサー・スパーム・ホエール
コマッコウの別名。
レッサーパンダ
〈*Ailurus fulgens*〉哺乳綱食肉目クマ科の動物。別名アカパンダ。体長50〜64cm。分布：南アジアから東南アジア。絶滅危惧IB類。
レッサー・ビークト・ホエール
〈*Mesoplodon peruvianus*〉哺乳綱クジラ目アカボウクジラ科のクジラ。別名ペルービアン・ビークト・ホエール、ピグミー・ビークト・ホエール。約3.4〜3.7m。分布：太平洋の東部熱帯海域、主にペルー沖の中程度から深い海域。
レッサーピパ
〈*Pipa snethlageae*〉両生綱無尾目ピパ科の動物。体長66〜92mm。分布：ブラジル、コロンビア、ペルーのアマゾン川水系。
レッサー・フィンバック
ミンククジラの別名。

レッサーフォッサ
マダガスカルジャコウネコの別名。

レッサー・ロークエル
ミンククジラの別名。

レッドコーンスネーク
⟨*Elaphe guttata guttata*⟩爬虫綱有鱗目ヘビ亜目ナミヘビ科のヘビ。全長80～182cm。分布：米国東南部。

レッドサラマンダー
アカサンショウウオの別名。

レッド・シンディ
⟨*Red Sindhi*⟩哺乳綱偶蹄目ウシ科の動物。体高オス130cm，メス120cm。分布：パキスタン南東部。

レッドステップ
⟨*Red Steppe*⟩牛の一品種。

レッド・ソコト
⟨*Red Sokoto*⟩哺乳綱偶蹄目ウシ科の動物。体高60～65cm。分布：ニジェール，ナイジェリア。

レッド・デーニッシュ
⟨*Red Danish*⟩哺乳綱偶蹄目ウシ科の動物。別名赤色デンマーク。体高オス148cm，メス132cm。分布：デンマーク。

レッドヒルサンショウウオ
⟨*Phaeognathus hubrichti*⟩両生綱有尾目アメリカサンショウウオ科の動物。全長10.2～25.6cm。分布：アメリカ合衆国アラバマ州南部のアラバマ川とコネクー川に挟まれたレッド・ヒルズ。絶滅危惧IB類。

レッド・フラニ
⟨*Red Fulani*⟩哺乳綱偶蹄目ウシ科の動物。体高オス140cm，メス120cm。分布：ナイジェリア北部。

レッド・ポーリッシュ
⟨*Red Polish*⟩哺乳綱偶蹄目ウシ科の動物。体高オス148cm，メス132cm。分布：デンマーク。

レッド・ポール
⟨*Red Poll*⟩牛の一品種。原産：イングランド。

レッド・ボロロ
⟨*Red Bororo*⟩牛の一品種。

レッドボーン・クーンハウンド
⟨*Redbone Coonhound*⟩犬の一品種。体高53～66cm。原産：アメリカ。

レッドムフロン
アジアムフロンの別名。

レティンタ・アンダルーザ
⟨*Retinta Andaluza*⟩牛の一品種。

レバネーズ
⟨*Lebanese*⟩牛の一品種。

レーフヒェン
ローシェンの別名。

レベディンスカヤ
⟨*Lebedinskaja*⟩牛の一品種。

レミング
⟨*Lemmus lemmus*⟩哺乳綱齧歯目キヌゲネズミ科の動物。体長10～11cm。分布：北・中央アメリカ，北極からヒマラヤまでのユーラシア，北アフリカ。

レミング
⟨*lemming*⟩齧歯目ネズミ科レミング属Lemminiの哺乳類の総称。

レミング属
⟨*Lemmus*⟩哺乳綱齧歯目ネズミ科の動物。

レムリナヨザル
ヨザルの別名。

レユニオンオオサンショウクイ
⟨*Coracina newtoni*⟩鳥綱スズメ目サンショウクイ科の鳥。別名レユニオンオニサンショウクイ。全長22cm。分布：フランス領レユニオン島。絶滅危惧IB類。

レユニオンシロハラミズナギドリ
⟨*Pterodroma baraui*⟩鳥綱ミズナギドリ目ミズナギドリ科の鳥。全長38cm。分布：フランス領レユニオン島で繁殖。絶滅危惧IA類。

レルマサンショウウオ
⟨*Ambystoma lermaense*⟩両生綱有尾目トラフサンショウウオ科の動物。全長オス22.9～25.1cm，メス16.3～19.3cm。分布：メキシコ中部。絶滅危惧IA類。

レンカク 水雉，蓮角
⟨*Hydrophasianus chirurgus*⟩鳥綱チドリ目レンカク科の鳥。体長31cm。分布：インドから中国南部，東南アジア，インドネシア。北方の種は東南アジアで越冬。

レンカク 蓮角
チドリ目レンカク科Jacanidaeの鳥の総称，またはそのうちの1種をさす。全長はレンカクを除き15～30cm。分布：アフリカのサハラよ

レンガフウキンチョウ
〈*Piranga flava*〉鳥綱スズメ目ホオジロ科の鳥。

レンジャク
鳥綱スズメ目レンジャク科の鳥。体長15〜23cm。分布：ヨーロッパ，アジア，北・中央アメリカ。

レンジャク　連雀
〈*waxwing*〉広義には鳥綱スズメ目レンジャク科，狭義にはそのうちのレンジャク属に含まれる鳥の総称。

レンジャクノジコ　蓮雀野路子，連雀野路子
〈*Melophus lathami*〉鳥綱スズメ目ホオジロ科の鳥。

レンジャクバト　連雀鳩
〈*Ocyphaps lophotes*〉鳥綱ハト目ハト科の鳥。別名オカメバト。全長30〜36cm。分布：オーストラリア。

レンジャクモドキ　連雀擬
〈*Phainopepla nitens*〉鳥綱スズメ目レンジャク科の鳥。別名キヌゲレンジャク。体長20cm。分布：アメリカ南西部，南カリフォルニアからバハカリフォルニアおよび中央メキシコで繁殖。南下して越冬。

レンジャーヒキガエル
〈*Bufo rangeri*〉体長5〜11cm。分布：南アフリカ。

レンネルオオメジロ
〈*Woodfordia superciliosa*〉鳥綱スズメ目メジロ科の鳥。体長14cm。分布：レンネル島（ソロモン諸島）。

【ロ】

ロアタンアグーチ
〈*Dasyprocta ruatanica*〉哺乳綱齧歯目アグーチ科の動物。分布：ホンジュラスのバイア諸島。絶滅危惧IB類。

ロイヤルアホウドリ
〈*Diomedea epomophora*〉鳥綱ミズナギドリ目アホウドリ科の鳥。

ロイヤルセイコウチョウ
〈*Erythrura regia*〉鳥綱スズメ目カエデチョウ科の鳥。全長10cm。分布：バヌアツ。絶滅危惧種。

ロイヤルティユビナガコウモリ
〈*Miniopterus robustior*〉哺乳綱翼手目ヒナコウモリ科の動物。前腕長4cm。分布：フランス領ロワヨテ諸島。絶滅危惧。

ロイヤルニシキヘビ
ボールニシキヘビの別名。

ロイヤルペンギン
〈*Eudyptes schlegeli*〉鳥綱ペンギン目ペンギン科の鳥。体長76cm。分布：マックォーリー島。

ローウェアレチネズミ
〈*Gerbillus lowei*〉齧歯目ネズミ科（アレチネズミ亜科）。頭胴長11cm。分布：スーダン。絶滅危惧IA類。

ロウバシガン　蠟嘴雁，蠟嘴鷹
〈*Cereopsis novaehollandiae*〉鳥綱ガンカモ目ガンカモ科の鳥。体長75〜91cm。分布：オーストラリア南部（沖合いの島々およびタスマニアを含む）。絶滅危惧種。

ロエストグエノン
〈*Cercopithecus lhoesti*〉オナガザル科オナガザル属。頭胴長46〜56cm。分布：カメルーン，ザイール東部からウガンダ西部，ルワンダ。絶滅危惧種。

ローカイ
〈*Lokai*〉馬の一品種。体高142〜147cm。原産：ウズベク共和国，タジク共和国。

ローカル・インディアン・デイリー
〈*Local Indian Dairy*〉分布：パキスタン，インド。

ロシアジュウバンバ　ロシア重輓馬
〈*Russian Heavy Draft*〉哺乳綱奇蹄目ウマ科の動物。体高142〜152cm。原産：ウクライナ共和国。

ロシアデスマン
〈*Desmana moschata*〉哺乳綱食虫目モグラ科の動物。体長18〜21cm。分布：ロシア西部，ベラルーシ，ウクライナ，カザフスタン。絶滅危惧II類。

ロシアメクラネズミ
〈*Spalax microphthalmus*〉齧歯目ネズミ科（メクラネズミ亜科）。頭胴長20〜27cm。分布：ウクライナからロシア南部のヴォルガ川流域にかけて。絶滅危惧II類。

ロシア・ヨーロピアン・ライカ
〈*Russo-European Laika*〉犬の一品種。

ロシアン・ウルフハウンド
　ボルゾイの別名。

ロシアン・シープドッグ
　〈Russian Sheepdog〉犬の一品種。別名コーカサス・オーチャッカ, サウス・ロシア・オーチャッカ, セントラル・アジア・オーチャッカ。

ロシアン・ショートヘア
　〈Russian Shorthair〉猫の一品種。別名ロシアン・ブルー。原産：ロシア。

ロシアン・ハウンド
　〈Russian Hound〉哺乳綱食肉目イヌ科の動物。

ロシアン・ブラック・テリア
　〈Russian Black Terrier〉犬の一品種。

ロシアン・ブラック・テリア
　ブラック・ロシアン・テリアの別名。

ロシアン・ブルー
　〈Russian Blue〉猫の一品種。

ロシアン・ブルー
　ロシアン・ショートヘアの別名。

ロシアン・ライカ
　犬の一品種。

ローシェン
　〈Löwchen〉犬の一品種。別名リトル・ライオン・ドッグ, レーフヒェン。体高25〜33cm。原産：フランス。

ロージーボア
　〈Lichanura trivirgata〉爬虫綱有鱗目ヘビ亜目ボア科のヘビ。全長60〜100cm。分布：米国南西部からメキシコ北西部。

ロスアザラシ
　〈Ommatophoca rossi〉哺乳綱鰭脚目アザラシ科の動物。体長1.7〜3m。分布：南極海域。絶滅危惧II類。

ロスチャイルドクスクス
　オビクスクスの別名。

ロセイギュウ　魯西牛
　〈Luxi Cattle〉分布：中国中部・華北の山東省魯台嘉祥地区。

ロゼッタカメレオン
　〈Brookesia perarmata〉爬虫綱有鱗目トカゲ亜目カメレオン科のトカゲ。全長11cm。分布：マダガスカル西地区のアンチンギー。絶滅危惧II類。

ローソンアゴヒゲ
　〈Pogona cf.henrylawsoni〉爬虫綱有鱗目トカゲ亜目アガマ科のトカゲ。全長25cm。分布：オーストラリアのクインズランド内陸部。

ローチヤマネ
　〈Myomimus roachi〉哺乳綱齧歯目ヤマネ科の動物。頭胴長9〜12cm。分布：ブルガリアからトルコ北西部にかけて。絶滅危惧II類。

ロッキースズメフクロウ
　〈Glaucidium gnoma〉鳥綱フクロウ目フクロウ科の鳥。体長17cm。分布：北アメリカ西部（北はアラスカ, 東はロッキー山脈まで）からグアテマラ。

ロッキーナキウサギ
　アメリカナキウサギの別名。

ロッキー・マウンテン・ポニー
　〈Rocky Mountain Pony〉馬の一品種。142〜143cm。原産：アメリカ。

ロック
　オウハンプリマス・ロックの別名。

ロットワイラー
　〈Rottweiler〉哺乳綱食肉目イヌ科の動物。体高58〜69cm。分布：ドイツ。

ローデシアン・リッジバック
　〈Rhodesian Ridgeback〉哺乳綱食肉目イヌ科の動物。別名アフリカン・ライオン・ドッグ。体高61〜69cm。分布：南アフリカ。

ロード・アイランド・レッド
　〈Rhode Island Red〉鳥綱キジ目キジ科の鳥。分布：米国。

ロードハウオリゴソーマトカゲ
　〈Oligosoma lichenigera〉トカゲ目（トカゲ亜目）トカゲ科（スベトカゲ亜科）。頭胴長8cm。分布：オーストラリアのロード・ハウ島およびノーフォーク島とそれらの周辺の小島嶼。絶滅危惧種。

ロードハウクイナ
　〈Tricholimnas sylvestris〉鳥綱ツル目クイナ科の鳥。別名ロードハウコバネクイナ。全長32〜42cm。分布：オーストラリアのロード・ハウ島。絶滅危惧。

ロードハウコバネクイナ
　ロードハウクイナの別名。

ロードハウハイイロメジロ
　〈Zosterops tephropleurus〉鳥綱スズメ目メジ

ロトフイ

ロ科の鳥。全長10cm。分布：オーストラリアのロード・ハウ島。絶滅危惧種。

ロートフィー
〈Rotvieh〉牛の一品種。

ロドリゲスアカガオハタオリ
ロドリゲスベニノジコの別名。

ロドリゲスオオコウモリ
〈Pteropus rodricensis〉哺乳綱翼手目オオコウモリ科の動物。体長35cm。分布：インド洋（ロドリゲス島）。絶滅危惧IA類。

ロドリゲスベニノジコ
〈Foudia flavicans〉鳥綱スズメ目ハタオリドリ科の鳥。別名ロドリゲスアカガオハタオリ。全長12～13cm。分布：モーリシャスのロドリゲス島。絶滅危惧II類。

ロドリゲスヤブセンニュウ
〈Bebrornis rodericanus〉鳥綱スズメ目ヒタキ科ウグイス亜科の鳥。全長14cm。分布：モーリシャスのロドリゲス島。絶滅危惧IA類。

ロートンオオミミオヒキコウモリ
〈Otomops wroughtoni〉哺乳綱翼手目オヒキコウモリ科の動物。前腕長6.8cm，耳介3.3cmほど。分布：インド南部。絶滅危惧IA類。

ロナルド セイ
オークニーの別名。

ロバ 驢馬
〈Equus asinus〉哺乳綱奇蹄目ウマ科ウマ属ロバ亜属のアフリカノロバとそれを家畜化したロバ，およびアジアノロバ亜属のアジアノロバに対する総称。110cm。分布：イラン南部。絶滅危惧種。

ロバートアシナガマウス
〈Gymnuromys roberti〉齧歯目ネズミ科（アシナガマウス亜科）。頭胴長12.5～16cm。分布：マダガスカル。絶滅危惧II類。

ロハニ
〈Lohani〉哺乳綱偶蹄目ウシ科の動物。体高オス110cm，メス100cm。分布：パキスタン。

ロビン
ヨーロッパコマドリの別名。

ロマーニャ
〈Romagna〉哺乳綱偶蹄目ウシ科の動物。体高オス158cm，メス149cm。分布：イタリア。

ロマニョーラ
〈Romagnola〉哺乳綱偶蹄目ウシ科の動物。体高オス170cm，メス158cm。分布：イタリア北部。

ロマノフ
〈Romanov〉哺乳綱偶蹄目ウシ科の動物。体高オス69cm，メス66cm。分布：旧ソ連。

ロミメクラミミズスキンク
〈Typhlosaurus lomii〉爬虫綱トカゲ目（トカゲ亜目）トカゲ科のトカゲ。頭胴長10～11cm。分布：南アフリカ共和国北ケープ州西部。絶滅危惧II類。

ロムニー・マーシュ
〈Romney Marsh〉羊の一品種。別名ケント種。原産：イングランド南東部。

ロムニーマーシュ
〈Ovis aries〉哺乳綱偶蹄目ウシ科の動物。

ローヤルアンテロープ
〈Neotragus pygmaeus〉偶蹄目ウシ科の哺乳類。体長45～55cm。分布：シエラレオネ，リベリア，コートジボアール，ガーナ。

ロライママウス
〈Podoxymys roraimae〉哺乳綱齧歯目ネズミ科の動物。分布：ブラジルとベネズエラとガイアナの接するロライマ山。

ローラーカナリア
〈Serinus canaria var. domesticus〉鳥綱スズメ目アトリ科の鳥。別名ローラー，鳴きローラー。

ローランドゴリラ
ウェスタンローランドゴリラの別名。

ロリス
〈loris〉哺乳綱霊長目ロリス科ロリス亜科に属する動物の総称。

ロールオーバー
ハシナガイルカの別名。

ローレンスフルーツコウモリ
〈Haplonycteris fischeri〉哺乳綱翼手目オオコウモリ科の動物。前腕長5.2cm。分布：フィリピンのミンドロ島。絶滅危惧II類。

ローンアンテロープ
〈Hippotragus equinus〉哺乳綱偶蹄目ウシ科の動物。体長1.9～2.7m。分布：アフリカ西部，中部，東部。

ロンク
〈Lonk〉分布：イングランド北部。

ロングスナウティッド・ドルフィン
　タイセイヨウマダライルカの別名。

ロングスナウト
　ハシナガイルカの別名。

ロングビークト・ドルフィン
　ハシナガイルカの別名。

ロングフィン・パイロットホエール
　ヒレナガゴンドウの別名。

ロングヘア
　ベルジャン・ロングヘアの別名。

ロングホーン
　〈Longhorn〉牛の一品種。原産：イングランド。

【ワ】

ワイアー・フォックス・テリア
　〈Wire Fox Terrier〉犬の一品種。体高39cm。原産：イギリス。

ワイアーヘッド・ビズラ
　〈Wire-haired Vizsla〉犬の一品種。体高56～61cm。原産：ハンガリー。

ワイアーヘッド・ポインティング・グリフォン
　〈Wire-haired Pointing Griffon〉哺乳綱食肉目イヌ科の動物。体高56～61cm。分布：フランス。

ワイアンドット
　〈Wyandotte〉鳥綱キジ目キジ科の鳥。分布：アメリカ。

ワイゲオケナシフルーツコウモリ
　〈Dobsonia beauforti〉哺乳綱翼手目オオコウモリ科の動物。前腕長10～10.8cm。分布：インドネシアのワイゲオ島。絶滅危惧。

ワイゲオツカツクリ
　〈Aepypodius bruijnii〉鳥綱キジ目ツカツクリ科の鳥。全長41～46cm。分布：インドネシアのワイゲオ島。絶滅危惧種。

ワイトマンコヤスガエル
　〈Eleutherodactylus wightmanae〉両生綱無尾目ミナミガエル科のカエル。体長19mm。分布：プエルトリコ。

ワイマテオリゴソーマトカゲ
　〈Oligosoma waimatense〉爬虫綱トカゲ目（トカゲ亜目）トカゲ科のトカゲ。頭胴長最大10.7cm。分布：ニュージーランド南島。絶滅危惧II類。

ワイマラナー
　〈Weimaraner〉哺乳綱食肉目イヌ科の動物。別名ワイマール・ポインター。体高56～69cm。分布：ドイツ。

ワイマール・ポインター
　ワイマラナーの別名。

ワイヤー・フォックス・テリア
　フォックス・テリア・ワイヤーの別名。

ワイヤヘアード・フォックス・テリア
　〈wirehaired fox terrier〉原産地がイギリスの家庭犬。

ワイルド・アビシニアン
　〈Wild Abyssinian〉猫の一品種。原産：シンガポール。

ワイルドビースト
　ヌーの別名。

ワウワウテナガザル
　ハイイロテナガザルの別名。

ワオキツネザル
　〈Lemur catta〉哺乳綱霊長目キツネザル科の動物。体長39～46cm。分布：マダガスカル南部,南西部。絶滅危惧II類。

ワオマングース
　〈Galidia elegans〉哺乳綱食肉目ジャコウネコ科の動物。体長37cm。分布：マダガスカル。

ワカクサインコ　若草鸚哥
　〈Agapornis swinderniana〉鳥綱オウム目インコ科の鳥。

ワカクサフウキンチョウ
　〈Chlorornis riefferii〉鳥綱スズメ目ホオジロ科の鳥。

ワカケホンセイインコ　輪掛本青鸚哥
　〈Psittacula krameri manillensis〉別名ホンセイインコ。

ワカナインコ　若菜鸚哥
　〈Neophema elegans〉鳥綱オウム目インコ科の鳥。

ワカヤマヤチネズミ
　〈Eothenomys imaizumii〉齧歯目ネズミ科（ハタネズミ亜科）。頭胴長7.9～12.7cm。分布：紀伊半島。絶滅危惧II類。

ワキアカイロムシクイ
　〈Apalis pulchra〉鳥綱スズメ目ウグイス科の鳥。体長12.5cm。分布：アフリカ,カメルー

ワキアカカ

ンからスーダンおよびケニアまで。

ワキアカカイツブリ
ホオジロカイツブリの別名。

ワキアカコビトクイナ
〈*Laterallus levraudi*〉鳥綱ツル目クイナ科の鳥。全長14～16cm。分布：ベネズエラ北部のオリノコ川流域。絶滅危惧II類。

ワキアカコビトハエドリ
ワキアカヒメハエドリの別名。

ワキアカスズメ　脇赤雀
〈*Oreostruthus fuliginosus*〉鳥綱スズメ目カエデチョウ科の鳥。

ワキアカダイカー
〈*Cephalophus rufilatus*〉ウシ科ダイカー属。体長60～70cm。分布：セネガルからカメルーン，スーダン，ウガンダ。

ワキアカタイヨウチョウ
〈*Nectarinia superba*〉タイヨウチョウ科。体長15cm。分布：シエラレオネから東は中央アフリカ共和国，南はコンゴまで。

ワキアカチドリ
アカモモチドリの別名。

ワキアカツグミ　脇赤鶫
〈*Turdus iliacus*〉鳥綱スズメ目ヒタキ科ツグミ亜科の鳥。全長21cm。

ワキアカトウヒチョウ
〈*Pipilo erythrophthalmus*〉鳥綱スズメ目ホオジロ科の鳥。別名トウヒチョウ。体長22cm。分布：カナダ南西部, 合衆国南部からバハカリフォルニア。

ワキアカヒメハエドリ
〈*Euscarthmus rufomarginatus*〉鳥綱スズメ目タイランチョウ科の鳥。別名ワキアカコビトハエドリ。全長11cm。分布：スリナム南部，ブラジル南東部，ボリビアのサンタ・クルス州北東部，パラグアイのコンセプシオン県。絶滅危惧II類。

ワキアカボウシインコ
〈*Amazona xanthops*〉鳥綱オウム目インコ科の鳥。別名ワキアカボウシ。全長26～27cm。分布：ブラジルのマラニャン州南部からパラグアイ北部およびボリビア東部にかけて。絶滅危惧II類。

ワキアカミドリモズ
〈*Vireolanius melitophrys*〉鳥綱スズメ目モズモドキ科の鳥。

ワキグロクサムラドリ　脇黒叢鳥
〈*Atrichornis rufescens*〉クサムラドリ科。体長16.5～18cm。分布：オーストラリア中東部。絶滅危惧種。

ワキジロバン　脇白鷭
〈*Porphyriops melanops*〉鳥綱ツル目クイナ科の鳥。

ワキジロヒメアリサザイ
〈*Myrmotherula axillaris*〉アリドリ科。体長10cm。分布：中央アメリカからブラジル南東部。

ワキスジミズナギドリ
マジェンタミズナギドリの別名。

ワキチャオタテドリ
〈*Scytalopus psychopompus*〉鳥綱スズメ目オタテドリ科の鳥。全長11.5cm。分布：ブラジル東部。絶滅危惧IB類。

ワキフチメドリ
〈*Crocias langbianis*〉鳥綱スズメ目ヒタキ科チメドリ亜科の鳥。全長22cm。分布：ベトナム。絶滅危惧IA類。

ワキマクアマガエル
〈*Hyla ebraccata*〉両生綱無尾目アマガエル科のカエル。体長30mm。分布：メキシコ南部からコロンビア北西部にかけて。

ワキムラサキカザリドリ
〈*Iodopleura pipra*〉鳥綱スズメ目カザリドリ科の鳥。全長8cm。分布：ブラジル東部。絶滅危惧II類。

ワキモンアオガエル
〈*Rhacophorus bipunctatus*〉両生綱無尾目アオガエル科のカエル。体長オス37～40mm，メス56.1～56.6mm。分布：インドのヒマラヤ地区東部からビルマ，マレー半島にかけて。

ワギュウ　和牛
〈*Bos taurus*〉哺乳綱偶蹄目ウシ科の動物。

ワグナークサリヘビ
〈*Vipera wagneri*〉爬虫綱トカゲ目（ヘビ亜目）クサリヘビ科のヘビ。頭胴長35～45cm。分布：イラン北部, トルコ東部。絶滅危惧IB類。

ワシ　鷲
〈*eagle*〉鳥綱タカ目に属する鳥のうち, 大形で強力な種に対する呼称。

ワシカモメ 鷲鷗
〈*Larus glaucescens*〉鳥綱チドリ目カモメ科の鳥。全長65cm。

ワシミミズク 鷲木菟
〈*Bubo bubo*〉鳥綱フクロウ目フクロウ科の鳥。体長60〜75cm。分布：北アフリカ，ユーラシア（イギリス諸島は除く）。

ワシントンジリス
〈*Spermophilus washingtoni*〉哺乳綱齧歯目リス科の動物。頭胴長15.2〜17.8cm。分布：アメリカ合衆国のワシントン州南東部とオレゴン州北東部。絶滅危惧II類。

ワタオウサギ 綿尾兎
〈*cottontail*〉哺乳綱ウサギ目ウサギ科ワタオウサギ属に含まれる動物の総称。

ワタオウサギ
トウブワタオウサギの別名。

ワタセジネズミ 渡瀬地鼠
〈*Crocidura horsfieldi watasei*〉モグラ目トガリネズミ科。5.7〜7.6cm。分布：スリランカ，カシミール，ミャンマー北部，インドシナ半島，紅頭嶼。国内では奄美大島，徳之島，伊江島，与論島，沖縄本島，沖永良部島。

ワタハラハチドリ
〈*Chalybura buffonii*〉鳥綱アマツバメ目ハチドリ科の鳥。

ワタボウシインコ
ワタボウシミドリインコの別名。

ワタボウシタマリン
〈*Saguinus oedipus*〉哺乳綱霊長目キヌザル科の動物。別名ワタボウシパンシェ。体長20〜25cm。分布：南アメリカ北西部。絶滅危惧IB類。

ワタボウシハチドリ
〈*Microchera albocoronata*〉鳥綱アマツバメ目ハチドリ科の鳥。

ワタボウシパンシェ
ワタボウシタマリンの別名。

ワタボウシミドリインコ 綿帽子緑鸚哥
〈*Brotogeris pyrrhopterus*〉鳥綱オウム目インコ科の鳥。別名ワタボウシインコ。

ワタリアホウドリ 渡信天翁
〈*Diomedea exulans*〉鳥綱ミズナギドリ目アホウドリ科の鳥。体長107〜135cm。分布：南緯60度以北の南半球の海洋。南半球洋上の数島で繁殖。絶滅危惧II類。

ワタリガラス 渡鴉
〈*Corvus corax*〉鳥綱スズメ目カラス科の鳥。体長64cm。分布：南東部を除く北アメリカ。東南アジアおよびインドを除くアジア。北アフリカからサハラ砂漠南部。

ワッツスンダトゲネズミ
〈*Maxomys wattsi*〉齧歯目ネズミ科（ネズミ亜科）。頭胴長16.5〜18.5cm。分布：インドネシアのスラウェシ島。絶滅危惧IB類。

ワニ
爬虫綱ワニ目の総称。

ワニガメ 鰐亀
〈*Macroclemys temminckii*〉爬虫綱カメ目カミツキガメ科のカメ。最大甲長80cm。分布：米国南部（メキシコ湾に注ぐフロリダのスワニー川からイリノイ，テキサスのサンアントニオ川水系）。絶滅危惧II類。

ワニトカゲ
〈*xenosaur*〉爬虫綱有鱗目トカゲ亜目ワニトカゲ科に属するトカゲの総称。体長10〜15cm。分布：メキシコ東部からグアテマラ，中国南部。

ワニトカゲ
シナワニトカゲの別名。

ワニドリ
鳥綱チドリ目ツバメチドリ科の鳥。

ワピチ
〈*Cervus canadensis*〉哺乳綱偶蹄目シカ科の動物。別名エルク。肩高130〜152cm。分布：北アメリカ北西部，中国天山山脈，中国東北部，甘粛省，モンゴル。

ワーブーアオバト
〈*Ptilinopus magnificus*〉鳥綱ハト目ハト科の鳥。体長35〜45cm。分布：オーストラリアの東海岸（ヨーク岬からニューサウスウェールズ州北部まで），ニューギニアの低地。絶滅危惧II類。

ワモンアザラシ 輪紋海豹
〈*Phoca hispida*〉哺乳綱食肉目アザラシ科の海産動物。別名フイリアザラシ（斑入海豹）。頭胴長120〜150cm。分布：北太平洋と北大西洋および北極海の北極圏。

ワモンアリドリ
アオメウロコアリドリの別名。

ワモンスキ

ワモンスキンク
〈Chalcides ocellatus〉スキンク科。全長18〜30cm。分布：ヨーロッパ，アフリカ，アジア。

ワモンチズガメ
〈Graptemys oculifera〉爬虫綱カメ目ヌマガメ科のカメ。最大甲長21.6cm。分布：(ルイジアナとミシシッピのパール川流域)。絶滅危惧IB類。

ワモンニシキヘビ
〈Bothrochilus boa〉爬虫綱有鱗目ヘビ亜目ボア科のヘビ。全長150cm。分布：ビスマーク諸島。

ワライガエル 笑蛙
〈Rana ridibunda〉両生綱無尾目アカガエル科のカエル。体長90〜150mm。分布：フランス以東のヨーロッパからロシア南部，中国新疆ウィグル自治区まで。南はアフガニスタン，パキスタンまで。

ワライカモメ 笑鷗
〈Larus atricilla〉鳥綱チドリ目カモメ科の鳥。体長42cm。分布：合衆国東部および南部，カリブ諸島で繁殖し，冬にはペルー以北まで渡る。

ワライカワセミ 笑翡翠
〈Dacelo novaeguineae〉鳥綱ブッポウソウ目カワセミ科の鳥。体長40〜45cm。分布：オーストラリア東，南東部。タスマニアおよびオーストラリア南西部にも移入。

ワライバト 笑鳩
〈Streptopelia senegalensis〉鳥綱ハト目ハト科の鳥。

ワライハヤブサ
〈Herpetotheres cachinnans〉鳥綱タカ目ハヤブサ科の鳥。体長43〜51cm。分布：中央，南アメリカ。

ワライフクロウ
〈Sceloglaux albifacies〉鳥綱フクロウ目フクロウ科の鳥。

ワラストビガエル
〈Rhacophorus nigropalmatus〉両生綱無尾目アオガエル科のカエル。体長7〜10cm。分布：アジア南東部。

ワラビー
〈wallaby〉哺乳綱有袋目カンガルー科ワラビー属に含まれる動物の総称。

ワラルー
〈wallaroo〉哺乳綱有袋目カンガルー科カンガルー属の動物のうち，英名でワラルーとよばれる4種の総称。

ワリアアイベックス
〈Capra ibex walie〉哺乳綱偶蹄目ウシ科の動物。頭胴長150〜170cm。分布：エチオピア。絶滅危惧IA類。

ワールベルクケンショウコウモリ
〈Epomophorus wahlbergi〉体長12〜15.5cm。分布：東アフリカ，中央アフリカ，アフリカ南部。

ワレンギャリワスプ
〈Diploglossus warreni〉爬虫綱有鱗目アンギストカゲ科のトカゲ。

ワレンヨロイトカゲ
ヨロイトカゲの別名。

ワンガンヒキガエル
〈Bufo valliceps〉両生綱無尾目ヒキガエル科のカエル。体長50〜130mm。分布：合衆国ルイジアナ州からメキシコ東部にかけてのメキシコ湾岸。ユカタン半島からコスタリカにかけての太平洋岸。

ワンダフル・ビークト・ホエール
アカボウモドキの別名。

ワンプーアオバト
ワープーアオバトの別名。

【ン】

ンガンダ
〈Nganda〉牛の一品種。

ングニ
〈Nguni〉哺乳綱偶蹄目ウシ科の動物。体高オス140cm，メス120cm。分布：南アフリカ共和国ズールランド，スワジランド，モザンビーク。

ンダマ
〈N'dama〉哺乳綱偶蹄目ウシ科の動物。体高オス120cm，メス110cm。分布：ギニア。

動物1.4万 名前大辞典

2009年6月25日 第1刷発行

発 行 者／大高利夫
編集・発行／日外アソシエーツ株式会社
　　　　　〒143-8550 東京都大田区大森北1-23-8　第3下川ビル
　　　　　電話(03)3763-5241(代表)　FAX(03)3764-0845
　　　　　URL　http://www.nichigai.co.jp/
発 売 元／株式会社紀伊國屋書店
　　　　　〒163-8636 東京都新宿区新宿3-17-7
　　　　　電話(03)3354-0131(代表)
　　　　　ホールセール部(営業)　電話(03)6910-0519

　　　　　電算漢字処理／日外アソシエーツ株式会社
　　　　　印刷・製本／株式会社平河工業社

不許複製・禁無断転載　〈中性紙H-三菱書籍用紙イエロー使用〉
〈落丁・乱丁本はお取り替えいたします〉
ISBN978-4-8169-2189-6　　Printed in Japan, 2009

本書はディジタルデータでご利用いただくことができます。詳細はお問い合わせください。

各種生物の基礎情報を簡単に調べられる

植物3.2万 名前大辞典
A5・780頁　定価9,800円(本体9,333円)　2008.6刊
野草・ハーブから熱帯植物まで、植物32,000件を収録。

動物1.4万 名前大辞典
A5・550頁　定価9,800円(本体9,333円)　2009.6刊
哺乳類・鳥類から爬虫類・両生類まで、動物14,000件を収録。

昆虫2.8万 名前大辞典
A5・820頁　定価9,800円(本体9,333円)　2009.2刊
チョウ・甲虫からクモ・多足類まで、昆虫・ムシ28,000件を収録。

魚介類2.5万 名前大辞典
A5・750頁　定価9,800円(本体9,333円)　2008.11刊
魚や貝、カニ、エビ、イカからサンゴ・クラゲまで、魚類・貝類、およびその他の水生生物25,000件を収録。

各種生物の基礎情報を収録した最大規模の辞典。漢字表記や学名、科名、正式名、大きさ、形状など、生物の特定に必要な情報を簡便に記載。

環境史事典 ―トピックス1927-2006
A5・650頁　定価14,490円(本体13,800円)　2007.6刊

昭和初頭から2006年までの日本の環境問題に関する出来事5,000件を年月日順に一覧できる記録事典。戦前の土呂久鉱害、ゴミの分別収集開始からクールビズ・ロハスまで幅広いテーマを収録。

植物文化人物事典　江戸から近現代・植物に魅せられた人々
大場秀章 編　A5・640頁　定価7,980円(本体7,600円)　2007.4刊

本草学の時代から現代まで、植物に関して功績を残した人物を集大成。植物学者、農業技術者、園芸家、文人、植物画家、写真家などの1,157人を収録。

データベースカンパニー
日外アソシエーツ
〒143-8550　東京都大田区大森北1-23-8
TEL.(03)3763-5241　FAX.(03)3764-0845　http://www.nichigai.co.jp/